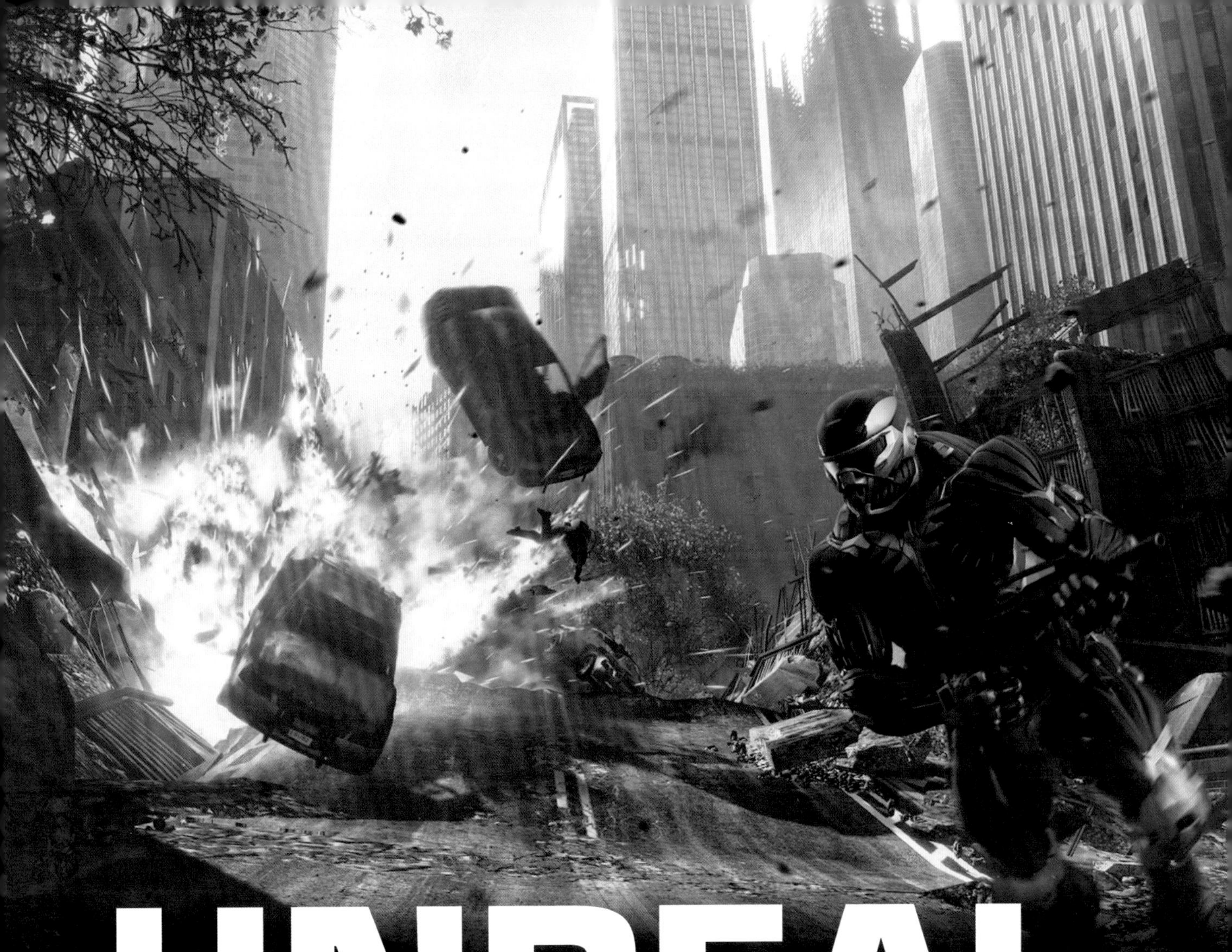

UNREAL ENGINE 4

从入门到精通

何伟◎编著

中国铁道出版社有限公司
CHINA RAILWAY PUBLISHING HOUSE CO., LTD.

内容简介

本书从软件基础知识讲解到完整案例剖析，全面深入地介绍了Unreal Engine 4的各种命令和工具的功能与使用方法，以及在项目开发中的具体应用。

全书共分8章，分别介绍了Unreal Engine的基础知识和几个主要关卡编辑器，Blueprint（蓝图）的定义、蓝图的类型、蓝图的重要节点、蓝图编辑器的界面布局及蓝图节点的工作流程和方法，材质贴图的具体使用方法，Paint工具的使用方法和如何自定义地形材质，Procedural Nature Pack的功能和具体使用方法，SpeedTree和Substance Bitmap2Material两款第三方插件的功能及使用方法，以及《梦幻森林》和《元大都古建筑群落遗址复原》两个综合案例。

本书内容全面、实用，讲解细致，从软件命令功能到使用方法再到行业应用都进行了详细介绍，适合Unreal Engine初级用户全面、深入地阅读学习，可作为游戏开发、虚拟现实开发相关行业从业人员的参考书，也可作为大中专院校和社会培训机构相关专业的教材。

图书在版编目（CIP）数据

Unreal Engine 4从入门到精通/何伟编著. —北京：中国铁道出版社，2018.5（2023.3重印）
ISBN 978-7-113-23969-5

Ⅰ. ①U… Ⅱ. ①何… Ⅲ. ①游戏程序-程序设计 Ⅳ. ①TP317.6

中国版本图书馆CIP数据核字(2017)第269481号

书　　名：Unreal Engine 4 从入门到精通
作　　者：何　伟

责任编辑：于先军　　编辑部电话：（010）51873026　　邮箱：46768089@qq.com
封面设计：MXK DESIGN STUDIO
责任印制：赵星辰

出版发行：中国铁道出版社有限公司（100054，北京市西城区右安门西街8号）
印　　刷：番茄云印刷（沧州）有限公司
版　　次：2018年5月第1版　　2023年3月第13次印刷
开　　本：880mm×1 230mm　1/16　　印张：37　　字数：935千
书　　号：ISBN 978-7-113-23969-5
定　　价：168.00元

编委会

配套资源下载地址：

http://www.crphdm.com/2017/0927/13698.shtml

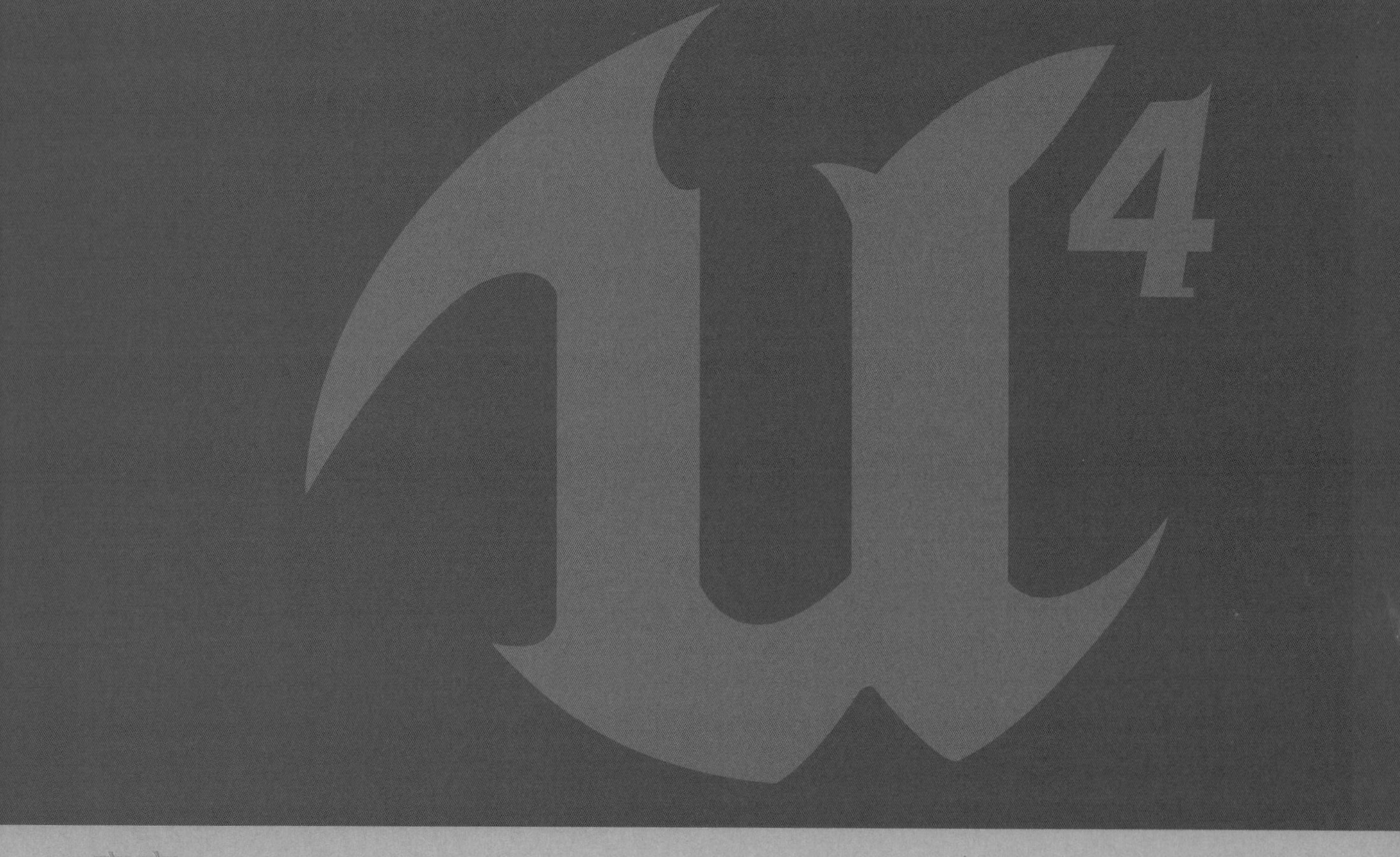

序言一

2016年号称是“中国虚拟现实的元年”，当然这不是事实，只是一批不懂“虚拟现实”的外行和企业家无知的兴奋与炒作，这一点我在2015年下半年就已经指出。不幸被我言中，从2016年下半年就没有人提这件事情了，热情满满的投资者们也基本上都铩羽而归了。“虚拟现实”是严肃的科学研究以及科学与艺术相结合的艰苦设计实践，不是房地产，怎容得外行来炒作。

我认为虚拟现实分为：艺术的虚拟现实、艺术的虚拟不现实、科学的虚拟现实，以及科学与艺术结合的虚拟现实。

用绘画艺术来虚拟现实在2万年前就有了，在摄影技术和数字艺术诞生之前，表现过去、再现现实和虚拟未来全靠绘画艺术，所以虚拟现实不是2016年才有的。

艺术不但可以虚拟现实还可以“虚拟不现实”，例如荷兰画家埃舍尔，他的许多版画都源于悖论、幻觉和双重意义，他努力追求图景的完备而不顾及它们的不一致，或者说让那些不可能同时在场者同时在场。他像一名施展了魔法的魔术师，利用几乎没有人能摆脱的逻辑和高超的画技，将一个极具魅力的“不可能世界”立体地呈现在人们面前，这就是艺术的“虚拟不现实”。

科学的虚拟现实，是由美国VPL公司创建人拉尼尔（Jaron Lanier）在20世纪80年代初提出的，涉及计算机图形学、人机交互技术、传感技术、人工智能等领域，它用计算机生成逼真的三维视觉、听觉、嗅觉等，使人作为参与者通过适当装置，自然地对虚拟世界进行体验和交互的仿真平台。我个人的观点，科学的虚拟现实强调的是比艺术的虚拟现实更接近于真实的“仿真”，是对真实系统某些属性的更加“逼近”。

如今，计算机科学技术赋予虚拟现实新的内含，数字艺术赋予虚拟现实以形象和灵魂，形成了科学与艺术结合的虚拟现实。在这里，科学技术是核心，而数字艺术是外壳，二者相互融合，缺一不可。近年来，对科学与艺术结合的虚拟现实的需求日益广泛，它们应用于水利电力、工业仿真、地质灾害、桥梁道路设计、城市规划、房地产销售、室内设计、古迹复原、教育教学培训、医学可视化、文化娱乐、虚拟旅游，以及军事等众多领域。科学与艺术结合的虚拟现实提供切实可行的解决方案，而且正在改变着21世纪我们的生活。在虚拟现实的环境中，以往我们常用的一些美学评价标准和艺术与设计创作的方式都发生了颠覆性的变化，这些变化在我们虚拟现实的设计中应该加以注意。

游戏引擎是为运行某一类游戏设计的能够被机器识别的代码指令的集合，它像一个发动机，控制着游戏的设计和运行。游戏引擎为游戏设计者提供设计游戏所需的各种工具，按游戏设计要求的顺序，调用游戏构成的资源，使游戏设计者能够相对容易和快速地做出游戏，而不用“从猿到人”的一切都重新做起。以往游戏引擎只是用于游戏设计，现在慢慢的开始用于动画设计和一些影视作品的创意与制作，为这些领域的创意、制作与合成打开了一扇新的大门。所以我们学习和用好游戏引擎，在当下具有重要的意义和作用。

何伟是一个一直跟踪新技术并走在新技术学习、开发与应用前列的年轻人；何伟是一个好为人师、愿意向他人传授学习经验的人，同时又是一个愿意与别人分享新技术学习心得和新技术开发成果的好心人，他还是一个具有很多动手实践经验的设计者，于是何伟在百忙的实践工作之余写出了这本手册，他这种精神是值得年轻的同行学习的。

有人说，虚拟现实是最后的媒体，因为现实都虚拟了，那么出现在这个“现实”里面的一切（包括媒体）都是虚拟与“现实”的循环了。当然有人还说，在虚拟现实之后又出现了所谓的“增强现实技术”（Augmented Reality technique，简称AR技术）或者“混合现实”（Mixed Reality technique，简称MR技术），但是无论什么“现实”，21世纪，我们处在一个以计算机为技术为特征的迅速变化的时代。美国未来学家雷•库兹韦尔先生曾预测，到2027年，电脑将在意识上超过人脑；在2045年左右，我们就能达到一个奇妙的境地，技术发展足够迅速，“严格定义上的生物学上”的人类将不被理解，它将不存在。以计算机科学技术为平台的人工智能，将对于人类未来的生活产生重大影响，我们每一个人都要有应对这样生活和生存的准备和储备。

清华大学　**林　华**

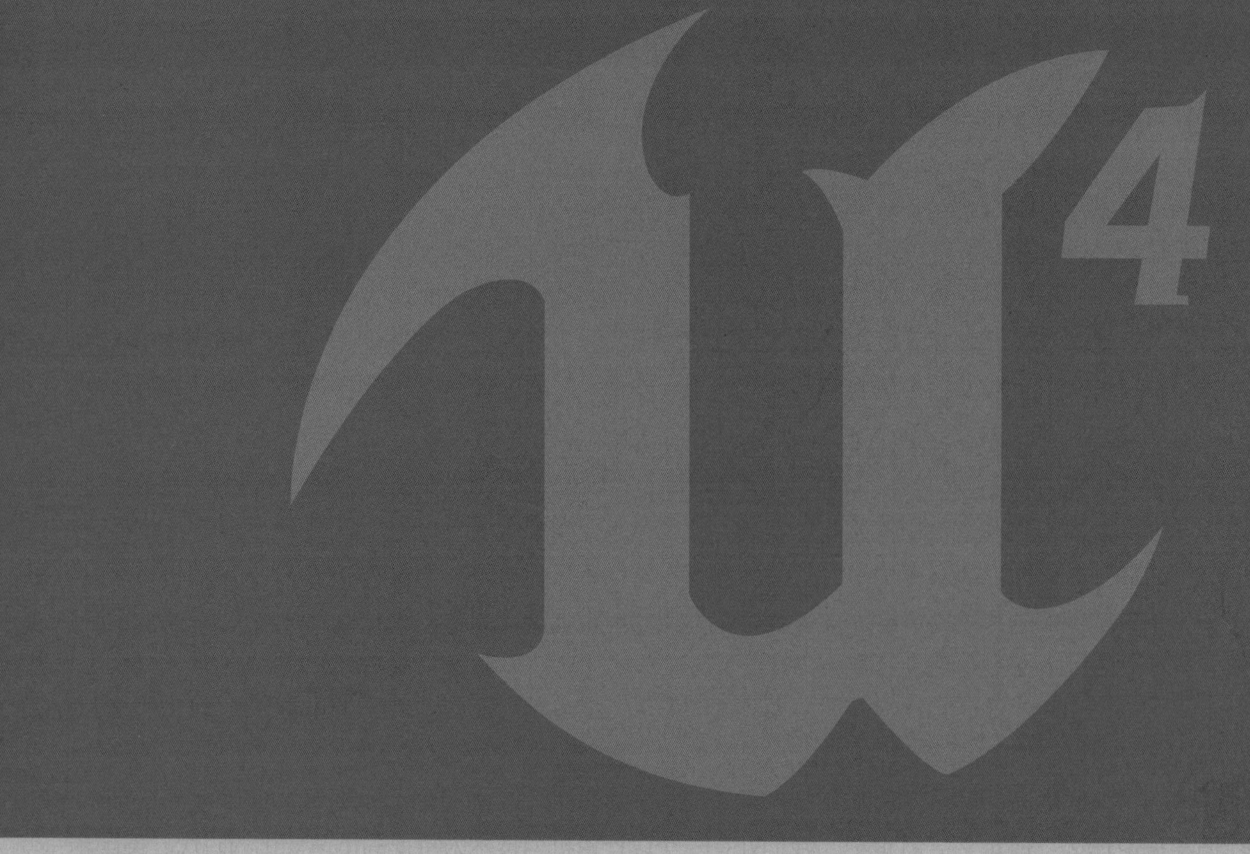

序言二

在罗马共和国晚期的庞贝古城遗址“神秘别墅”内的一间房间壁画上，绘制了如真人大小的人物和神像。在这个空间中，画面透视的比例和视觉参照物的形象和实际空间一致。可以想象古罗马时期的房屋主人，在昏暗的烛光下凝视着房间中的图像，跳动的蜡烛光线投射在真人比例的壁画上，似乎每一幅壁画中的人物都活了过来。这个简单例子说明人造的视觉沉浸空间并不是新鲜事物。

心理的深度沉浸状态也是众所周知的。这种状态被匈牙利心理学家米哈里•齐克森米哈里描述为“心流”——当我们愉快地接受某种挑战的时候，我们的精神会沉浸其中而不能自拔。

1994年，英国的科尔•约翰逊首先使用了“虚拟游览”这个术语，用电脑重建了16世纪的达德利城堡。游客可以在虚拟环境中进行巡游，并根据游客的选择，屏幕会出现相应的提示和解释。

何伟使用两种不同但互补的沉浸体验设计概念为Unreal Engine设计了教材。作为一个例子，他的作品完美地结合了上述两种沉浸体验：令人信服的视觉环境和极具挑战性的任务流程。

Unreal Engine除了游戏领域，在其他领域一样可以创造极度沉浸的体验。它可以成功地运用在以文化遗产驱动的正在成长中的中国创意产业上。

基于电脑生成的虚拟现实沉浸体验将被应用在越来越广泛的行业。

何伟的新书不仅可以作为人们学习Unreal Engine的优秀指导，同时也能成为人们理解虚拟现实开发技术的开始。

新加坡南洋理工大学艺术设计媒体学院副院长

安德烈·乃奈提

新加坡南洋理工大学艺术设计媒体学院博士

骆駪駪

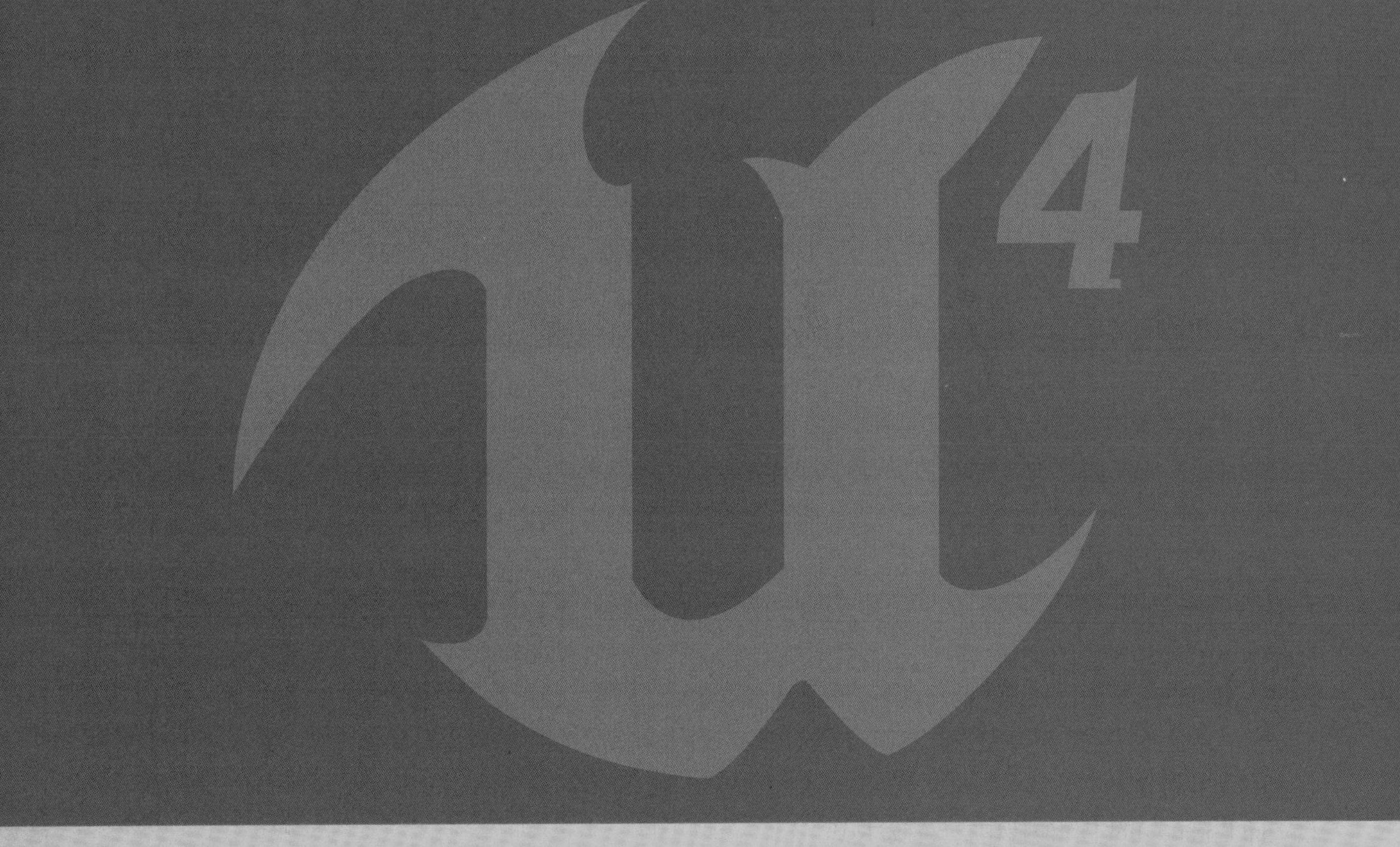

前言

曾经在一个城市的开发区规划项目案例中，甲方提出了“绿色和水主题”的概念，在创意设计和技术执行中，动用了当时几乎所有先进的技术：通过全息膜营造一种灵气之水天上来的整体感觉，漫天飞舞的绿叶晕染整体未来城区；通过3D投影跟随水滴和翩翩起舞的彩蝶的主观镜头去深入到城市中去；通过互动感应装置与城市中的景观进行互动。这一切尝试，都是在努力消除与作品的距离感，使观众能真正进入到作品中去——这是目标。但无论效果多么酷炫震撼，还是让人感觉游离在外，只是形式上的进入，无法做到真正的沉浸体验，这是当时的遗憾之处。

这些项目案例虽然当时也取名叫虚拟漫游，但直到真正的虚拟现实的出现，才真正为创意设计打开了一扇新的大门，我们开始构建一种创新的语言并形成新的虚拟世界观来与作品进行沟通交流。

我们在构建的世界中，它平行于现实世界，打破了时间和空间的维度，这个世界有自己的森林法则，人们可以自由穿梭在平行的两个时空中。这是我们即将创建的虚拟世界，沉浸、真实、有趣、激发无限想象，这是蓝数工坊（BDS）在虚拟世界的宣言“联接FUN的虚拟世界”。

我们的作品在构建一个这样的虚拟世界，它的内容是具有极度真实感的还原存在，所以不断提升制作的工具引擎，从体验式Unity 3D到极度真实还原的Unreal Engine（UE，虚幻引擎），以期实现体验者在环境中的带入感，同时让体验者在参与过程中进入三维空间的沉浸享受。其次，它的表现形式要有虚拟世界场景中的仪式感，在形式中建立一种规范，激发体验者的无限想象，产生猎奇心理。同时，在这里我们需要建立这个世界的生存法则，进入者需要了解角色定位和生存规则。

Unreal Engine为我们构建联通了虚拟世界和现实世界。Unreal Engine占有全球商用游戏引擎80%的市场份额。Unreal Engine由于以往“贵族血统”的身份而较少在民间出现，其高昂的价格和专业性，使它基本被大型游戏公司所垄断，在GDC 2015举行期间，Unreal Engine的CEO Tim Sweeney正式宣布所有开发者均可免费使用Unreal Engine，至此Unreal Engine开始在国内推广开来。但介绍其应用开发的书籍和相关学习资料却寥寥无几，市场中缺少一本系统地讲解Unreal Engine功能与行业应用的专业书籍，正是基于此，我们编写了该书。

本书共分8章。第1章主要介绍了Unreal Engine的发展历程、下载与安装、如何启动引擎，以及Unreal Engine几个主要关卡编辑器的应用。第2章主要介绍了Blueprint（蓝图）——可视化脚本系统，它为设计人员提供了一般仅供程序员使用的所有概念及工具。具体包括蓝图的定义、类型、重要节点，以及蓝图编辑器界面布局，最后通过几个综合实例来讲解蓝图节点的工作流程和方法。第3章对Unreal Engine 4中的材质贴图部分进行了详细介绍。内容按照由静态贴图（包括金、木、土）到动态贴图（包括水、火、日夜更替）的顺序由浅入深进行讲解。第4章主要介绍LandscapeAutoMaterial地形自动布置系统如何快速帮助我们构建一个真实而优美的室外自然场景，通过地形自动布置系统我们将了解到Paint工具的使用方法和如何自定义地形材质，包括了解材质编辑器、编写材质的Function Material、编写地形混合Material和应用地形Material并调整参数等。第5章主要介绍Unreal Engine开发的素材包——Procedural Nature Pack，重点在于样条模型的介绍和使用方法。第6章主要介绍了SpeedTree和Substance Bitmap2Material两款和Unreal Engine 4结合最紧密的第三方插件，以及如何与Unreal Engine 4协同作业。第7章以《梦幻森林》项目设计开发为案例，引领读者初步了解并熟悉第三方建模软件3ds Max、材质贴图制做软件Quixel SUITE与Unreal Engine 4的工作流程和开发技巧，掌握Unreal Engine 4的灯光、雾特效、如何构建灯光、如何使用植被工具及如何打包等知识。第8章通过《元大都古建筑群落遗址复原》案例的设计开发过程带领读者深入学习Unreal Engine 4的工作流程和交互开发技巧。

本书从基础知识介绍到完整案例剖析，便于初学者学习，也方便教师授课。本书在编写过程中得到了北京蓝数工坊数字科技有限公司的大力支持，同时冯子洋、盖婷、石岳、汤睿哲及作者的家人为本书的编写提供了很多帮助，在此表示衷心的感谢！在本书编写过程中，恰巧我的女儿波妞出生，谨以此献给她作为诞生的礼物！

由于作者水平和学识有限，且书中涉及的知识内容较多，难免有错误和不妥之处，恳请广大读者批评指正，并多提宝贵意见。

作者

2018年4月

作者简介

何伟，北京工业大学软件学院讲师，教育部ITAT教育工程IT专业资深讲师，清华大学企业转型升级课题组互联网+项目导师。中国会展经济研究会智慧会展委员会副主任，虚拟现实网站87870特聘行业专家，内蒙古虚拟现实（VR）研究院客座教授、副院长。北京蓝数工坊数字科技有限公司创始人&CEO，沉浸式&交互技术数字视觉研究实验室（IIDR）负责人。

9年数字领域设计、开发经验，6年高校教育实践与教学。曾参与上海世博会、世界园艺博览会等标杆性数字设计方案，与中国电影家协会、麦丽丝导演、崔永元联合摄制和出品大型文献纪录片《内蒙古民族电影70年》（此片献礼内蒙古自治区成立70周年，同时作为第26届金鸡百花电影节特别影片）。在国内较早将Unreal Engine课程引入大学课堂，近几年，开始从事Unity和Unreal Engine相关教学的工作，负责Unity和Unreal Engine课程大纲的建立与更新，组织Unity和Unreal Engine课程的编纂和修订。

获国家知识产权专利12项，发表相关行业学术论文数篇，出版图书《Unity虚拟现实开发圣典》（中国铁道出版社）和《VR+：虚拟现实构建未来商业与生活新方式》（人民邮电出版社）。

2011年成立北京蓝数工坊数字科技有限公司，2014年，公司探索沉浸式交互领域的开发和研究，在虚拟现实、增强现实、可穿戴设备等人机交互领域有新的技术突破和成绩。蓝数工坊（BDS）公司坚持自主产品的研发与技术创新，拥有自主知识产权，先后受到中央电视台、北京电视台等媒体专访。研发的M^3（又称M立方或米立方）虚拟动态异形互动投影系统在国内属于领先技术，已被应用于城市亮化、公共空间、旅游演艺、商业剧目、舞台晚会、展览展示等领域。

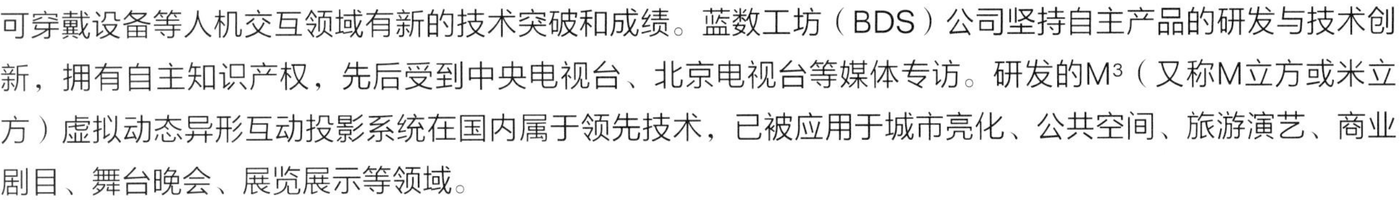

蓝数工坊（BDS）公司创建的IIDR研究实验室作为技术研发平台，聚焦于品牌提升、多媒体演艺、城市公共空间领域的视觉工程整体解决方案及前沿数字技术的应用开发和探索，旨在挖掘艺术、人文主义和技术之间的融合。

中国数字电影发展所面临的危机更多的是来自于我们自身环境的实用主义和商业主义的双重威胁，而非好莱坞电影的冲击，数字是诱惑也是陷阱，我们要正视数字技术对电影业产生的革命性挑战，中国电影应该在这场挑战中寻求自己的生存空间。

上海电影制片厂厂长　**任仲伦**

虚拟现实技术与数字技术的开发与应用将为中国会展行业带来一场巨大的变革与挑战！让科技改变世界，让世界更精彩！

展擎博览公关策划公司董事长、美国红石会展CEO　**夏迪**

文艺青年何伟，是位非常资深的虚拟现实开发者，不仅有很高的理论水准，同时又有非常丰富的实战经验。现场演出，最强调现场互动和体验，因此一直游离在科技发展的边界之外。但随着虚拟现实技术的发展，现实体验与虚拟现实体验之间的边界，终于被技术突破。通过虚拟现实技术，观众获得更加强烈的现场体验，其应用前景十分广阔。也许在未来，剧场会成为真正的造梦中心。

中国民营演出联盟副主席、北京九维文化传媒有限公司董事长　**张力刚**

书中与时空对话，了解虚拟世界观所提出的“影游结合”，是一种深度利用IP价值的二次发酵，能非比寻常有效地在影视和游戏两方的受众之间形成快速转化，最终完成用户积累，并将IP本身的影响力和知名度呈几何倍数扩大，借助游戏虚幻引擎延展原创IP作品的内涵，是一种技术革新变化下的创新趋势，在科学性和激励性之间找到平衡点，并将会引导产业未来的创新发展。

中国电影艺术研究中心研究馆员、资深电影人　**岳晓湄**

这是一本引领你意识遨游宇宙天穹，上下求索构建虚拟时空闯入未来的书，你会发现意识再造的多维体验，是人类不可逆转的演变进程。你幻想深入其中穿越虚拟世界，原来引擎简约胜似流线。

中国电影家协会民族委员会副会长、电影家协会名誉主席、著名导演　**麦丽丝**

VR游戏是“造梦”的艺术，让人沉浸其中。而新的数字技术让“梦”更加真实，人们不仅可以沉浸其中，甚至可以左右其命运，成为“梦”的导演，而Unreal Engine让梦想真正照进现实。

87870 CEO　**Andrew（韩国）**

在虚拟现实飞速发展的当下，最为紧缺的就是虚拟现实专业人才。而专业人才的培养，最为紧缺的就是专业的教程和书籍。本书的出现恰好填补了这一空白，作者深入浅出，系统地介绍了Unreal Engine，无论对于初学者还是专业人士都是一本不可多得的好书。

中关村文创游戏产业发展联盟主席　**牛涛**

游戏制作终极的目标是做到虚实不分，让玩家产生真实的体验错觉。越真实越考究开发的细节处理能力，Unreal Engine 4引擎呈现出的无与伦比的光影渲染、材质的深度展现、基于现实的刚性物体碰撞……让开发者离终极目标越来越近。而这本书又为我们提供了通关密钥。

北京蓝数工坊数字科技有限公司　首席数字娱乐总工程师　**刘浩君**

在2015年之前，Unreal Engine还是一门遥不可及的技术，我们只能从酷炫的大型游戏，高端的影视看到它的呈现，随着经济全球化的态势，它试图着将自己发散到其他更广阔的应用中去，许多人对它知之甚少，殊不知它对于灯光节的交互开发，艺术创作甚至创意发展都有着不可或缺的辅助作用，而为了让它更好地扩散到国内更广泛的领域，该书成为第一把打开Unreal Engine世界的金钥匙。

广州国际灯光节制作人、锐丰文化总经理　**黄沛凌**

创意城市理念与实践几乎与互联网的高速发展同步，随着新一代科技如物联网、人工智能、虚拟现实、增强现实，纳米光学、新能源等的演进，全新的交互体验不仅只在科幻电影里发生，也已经频繁出现在人们的城市生活中。何伟老师精心撰写的这本虚幻引擎的实操教案将让你成为连接现实世界和虚拟世界背后的魔法师。

加意创始人、百度原首席设计师　**郭宇**

作为打破虚拟与现实边界的同路人，对于何伟所构筑的作品世界观抱有极大的好奇，他为我们所提供的“天国钥匙”指向了未来的无限可能，无论是感觉的重塑抑或机能的再造，这本书抽丝剥茧，例案翔实，值得一阅。

万娱引力创始人、触电局座　**周箫**

虚拟现实将开创一个全新的艺术领域，在艺术的表达呈现中会成为与电影、戏剧、音乐、舞蹈等其他艺术并肩的一种门类。那虚拟现实技术会给行业应用带来什么样的颠覆和创新，我们或许可以在这本书中找到答案。

寰宇融汇鸟巢俱乐部创始人　**诸葛永斌**

虚拟现实为我们打开了一扇通往未来的大门，未来的世界将是无缝隙链接集高速网络、AI、VR、AR、MR甚至XR等技术综合型体感空间。本书以虚幻引擎的开发由浅入深了解未来科技，同时大量的行业案例也让从业者产生共鸣，值得强烈推荐。

913VR创始人/CEO　**陈科**

目录

第 1 章

初识 Unreal Engine

1.1 Unreal Engine 概述

Unreal Engine 简写为 UE，中文译为虚幻引擎，Unreal Engine 是目前世界上知名的、授权较广的游戏引擎之一，占有全球商用游戏引擎 80% 的市场份额。

第一代虚幻游戏引擎在 1998 年由 Epic Games 公司发行。Epic Games 公司为适应游戏编程的特殊性需要而专门为虚幻系列游戏引擎创建了 UnrealScript 编程语言，该语言让游戏引擎变得容易方便，因而虚幻游戏引擎开始名声大噪。2002 年，Epic 发布了 Unreal Engine 2，能够对物体的属性进行实时修改，也支持了当时的次世代游戏机，PlayStation2、XBox 等。2006 年，Epic 发布了 Unreal Engine 3，同时 Unreal Engine 3 又发布了一个极其重要的特性——Kismet 可视化脚本工具。Kismet 工作方式是以各种节点连接成一个逻辑流程图，使用 Kismet 不需要掌握任何编程知识，借助 Kismet 不需要写一行代码就可以开发一个完整的游戏。2014 年 5 月 19 日，Epic 发布了 Unreal Engine 4，它用 C++ 语言代替了 UnrealScript 语言来开发游戏，不仅如此，游戏引擎的源代码已经可以从 Github 开源社区下载，这意味着开发者对游戏引擎有着绝对的控制权，实质上你可以修改任何东西，包括物理引擎、渲染和图形用户界面。同时 Unreal Engine 4 的跨平台性可以支持 Xbox One、PlayStation4（包括索尼的 Project Morpheus 虚拟现实设备）、Windows PC、Linux、Mac OSX、HTML5、iOS 和安卓，就连虚拟现实设备 Oculus Rift 也支持。2015 年初，Unreal Engine 4 宣布完全免费下载和使用，之前的版本是需要支付一定费用的，现在，可以用来开发游戏，并发行，而且不需要为 Unreal Engine 4 游戏引擎支付一分钱，只有在赚到了 3000 美元收益之后，才需要支付 5% 的技术使用费。

虚幻引擎已经成为整个游戏业界运用范围最广、整体运用程度最高、次世代画面标准最高的一款引擎。基于它开发的大作无数，除《虚幻竞技场 3》外，还包括《战争机器》《质量效应》《生化奇兵》等。在美国和欧洲，虚幻引擎主要用于主机游戏的开发，在亚洲，中韩众多知名游戏开发商购买该引擎主要用于次世代网游的开发，如《剑灵》《TERA》《战地之王》《一舞成名》等。iPhone 上的游戏有《无尽之剑》（1、2、3）、《蝙蝠侠》等。如图 1-1～图 1-4 所示为虚幻引擎相关作品。

图 1-1

图 1-2

图 1-3

图 1-4

1.2　Unreal Engine 下载与安装

Unreal Engine 4 可以通过登录官方网站下载安装，Unreal Engine 4 官方网站下载安装文件地址为：https://www.unrealengine.com。

登录网址后，单击网页右上方的“下载”按钮，如图 1-5 所示。

图 1-5

单击后若没有注册加入 Unreal Engine 社区，则会提醒用户在线创建 Epic 账户进行注册，以获得免费使用 Unreal Engine 的权利，若已注册则忽略跳过此步，如图 1-6 所示。

注册登录后会提示选择相应需要下载的系统版本（本教程以 Windows 系统为例），如图 1-7 所示。

图 1-6

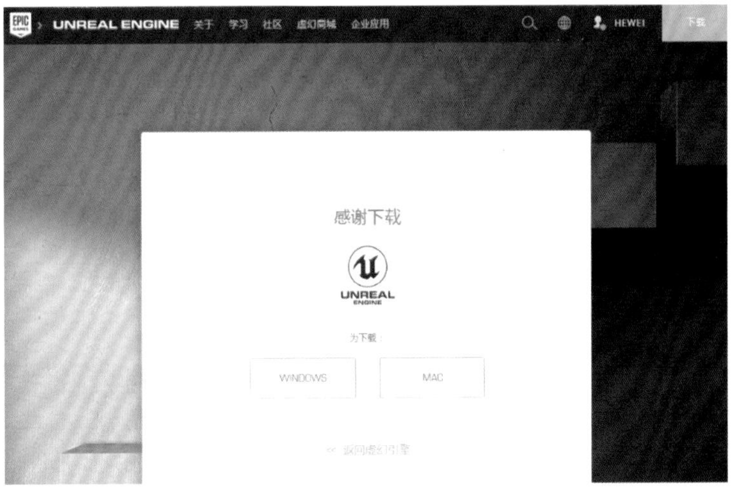

图 1-7

下载完成后，安装 EpicInstaller-6.1.0.msi 启动器（该启动器用以管理 Epic 旗下各产品），如图 1-8 所示。

EpicInstaller-6.1.0.msi

图 1-8

启动器用来管理 Unreal Engine 各种应用和数据类别。我们可以通过虚幻商城来购买下载所需的资源素材，也可以上传售卖或分享自己的资源。社区为我们提供了虚幻的最新资讯和交流沟通的渠道。通过学习板块可以找到相应的文档支持和视频案例教学。工作模块则集中显示了虚幻引擎开发的几个相关内容，如图 1-9 所示。

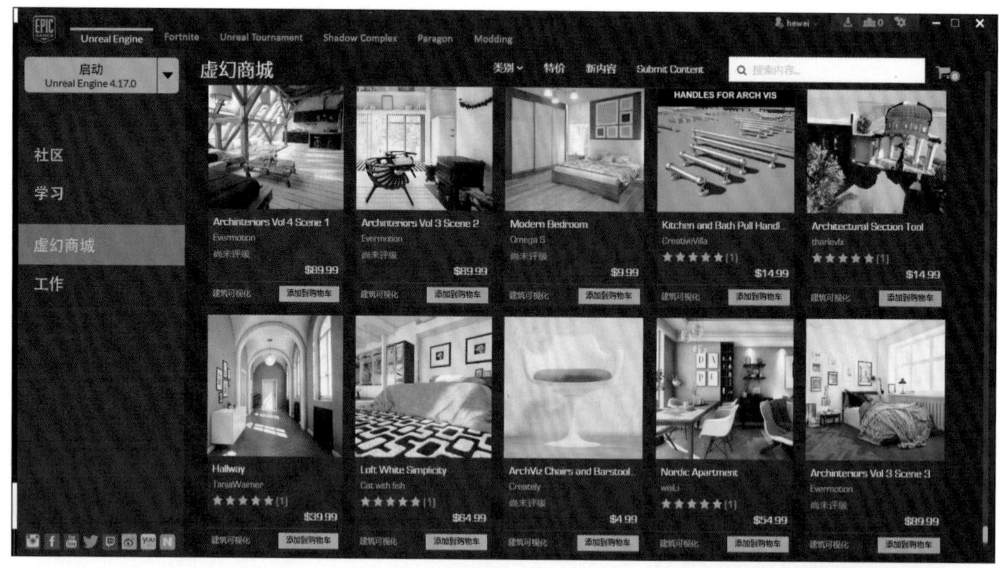

图 1-9

激活工作模块，单击添加版本图标，选择安装所需要的 Unreal Engine 版本，如安装 Unreal Engine 4.17.0 版本，如图 1-10 所示。

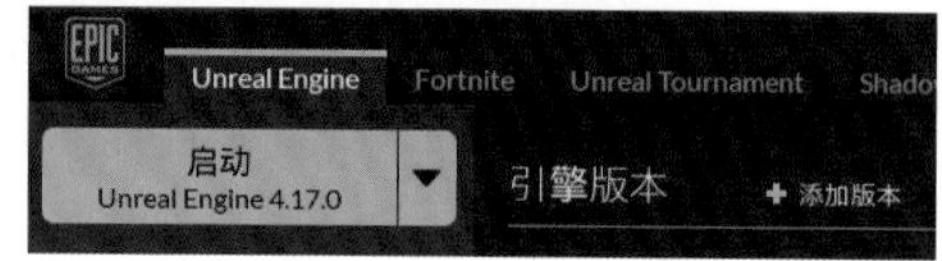

图 1-10

下载安装好 Unreal Engine 4.17.0 版本后，一般需要先打开 Epic Games Launcher 启动器才能打开 Unreal Engine，由于 Epic Games Launcher 需要联网且加载，因网络或其他原因启动有时稍慢，因此可以不通过启动 Epic Games Launcher 而直接打开 Unreal Engine，具体方法如下：

（1）找到桌面的 Epic Games Launcher 图标，右击选择属性，在“快捷方式”选项卡中复制起始位置（D:\Professional\Epic Games\），注意这里不要复制引号，如图 1-11 所示。

（2）打开“我的电脑”，在地址栏粘贴刚才复制的地址路径，按 Enter 键确认。

（3）在搜索到的文件夹下找到相应要激活打开的 Unreal Engine 版本图标，以虚幻引擎 4.17 版本为例（D:\Professional\Epic Games\UE_4.17\Engine\Binaries\Win64\UE4Editor.exe），若方便以后在桌面直接找到 4.17 版本软件，可将 UE4Editor.exe 图标发送到桌面快捷方式。

备注：若需要程序开发（虚幻引擎需要 C++ 进行开发）Unreal Engine 4，则需要安装 Visual Studio 软件，可在官网（https://www.visualstudio.com/）进行下载安装，如图 1-12 所示。

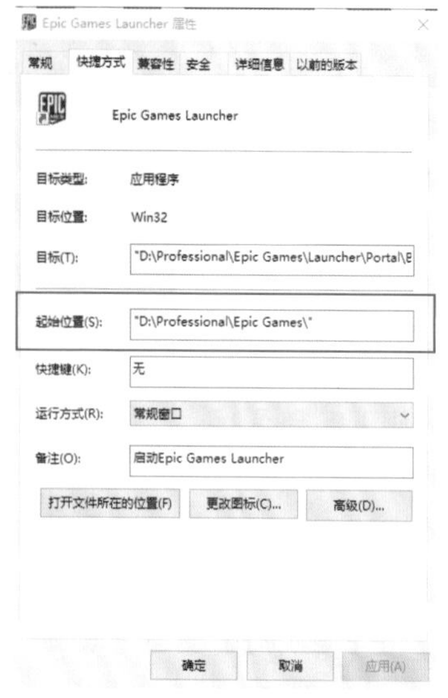

图 1-11

图 1-12

1.3　Unreal Engine 启动

启动 EpicGameLauncher，选择左侧“工作”菜单，右侧“引擎版本”即当前使用电脑已安装的 Unreal Engine 各版本；“我的项目”即当前已创建的 Unreal Engine 各工程文件；“保管库”即当前从虚幻商城下载的所有商品，可以快速从保管库创建新项目，保管库允许删除或更新其中的商品，但不影响已创建的项目。保管库中的“创建工程”是一个完整的工程文件，而“添加到工程”是一个外部资源，可以被添加到我们的工程项目中，如图 1-13 所示。

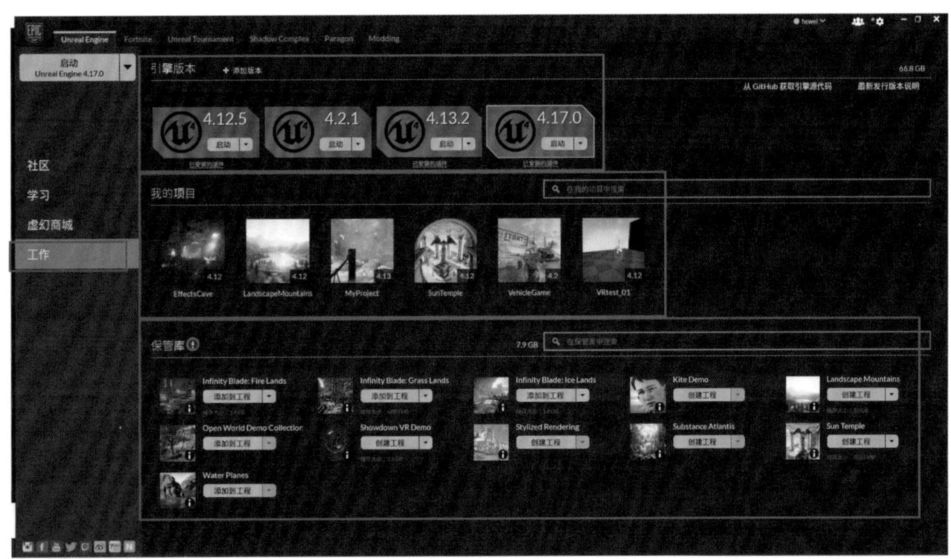

图 1-13

选择启动 Unreal Engine 4.17.0 版本软件，其中 Projects 面板为已创建的文件，New Project 面板为即将新创建的工程文件，新创建的工程文件分为 Blueprint（蓝图，通过可视化的脚本进行开发，对于美术人员来说是一项福音）和 C++（从零开始，通过 C++ 程序来进行项目开发）两种开发模式，如图 1-14 所示。

图 1-14

以 Blueprint 创建方式为例，其中既有空模板也有已经按照不同使用需求创建好的模板方式（如第一人称、飞行等方式），如图 1-15 所示。

选择好模板方式后选择设置方式，这里选择桌面端开发模式 Desktop/Console，另一种为移动端开发；画面质量选择最高“Maximum Quality”（最高），最后一项选择 With Starter Content（带有初学者内容），如图 1-16 所示。

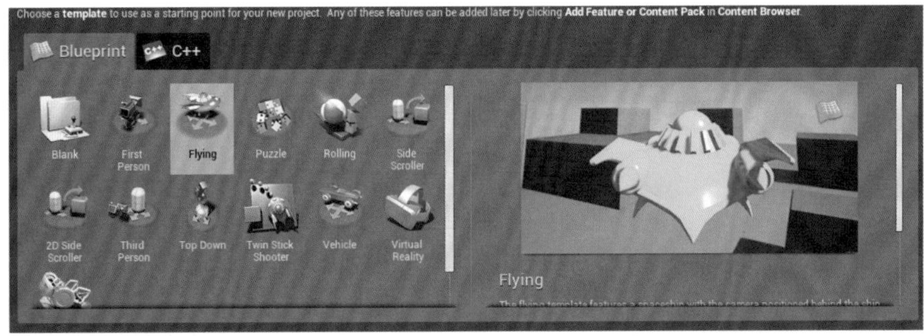

图 1-15

接下来选择存储路径与工程文件名称，注意名称之间不能有空格符号（否则无法创建），单击创建按钮即可，如图 1-17 所示。

图 1-16

图 1-17

选择创建命令后即进入 Unreal Engine 4 关卡编辑窗口（由多个面板构成），该窗口被称为关卡编辑器。在 Unreal Engine 4 中，设计 3D 场景的空间被称为关卡，进行关卡编辑的窗口称为关卡编辑器，如图 1-18 所示。

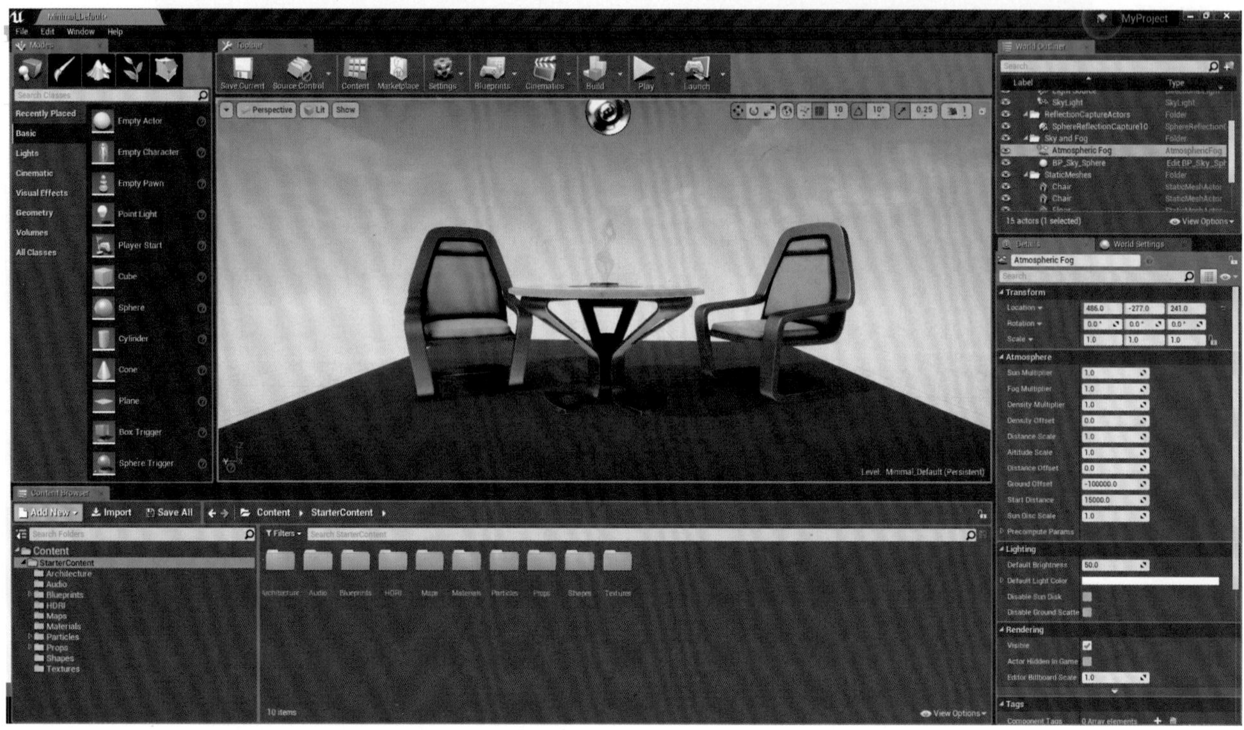

图 1-18

当进入主界面后，Unreal Engine 4 的语言显示模式默认会根据电脑系统语言进行自动识别显示，当然也可以手动进行修改。例如中英文切换显示，选择主菜单栏的 Edit>Editor Preferences 命令，在 Editor Preferences 面板中选择 General 下的 Region & Language 选项，然后选择 Editor Language 编辑器语言中所需要的语言方式即可，如图 1-19 所示。

图 1-19

1.4　Unreal Engine 关卡编辑器

以上启动了 Unreal Engine 4，现在简单了解一下关卡编辑器中出现的各功能面板，具体如图 1-20 所示。

图 1-20

1.4.1　主菜单栏

主菜单栏包括 4 个菜单目录：File、Edit、Window、Help。

其中，File（文件）菜单主要有关卡和工程文件的保存、打开等编辑功能，也包括外部资源的导入和内部文件导出等功能模块，如图 1-21 所示。

Edit（编辑）菜单有历史记录操作以及剪切、拷贝、粘贴、复制、删除等命令，如图 1-22 所示。

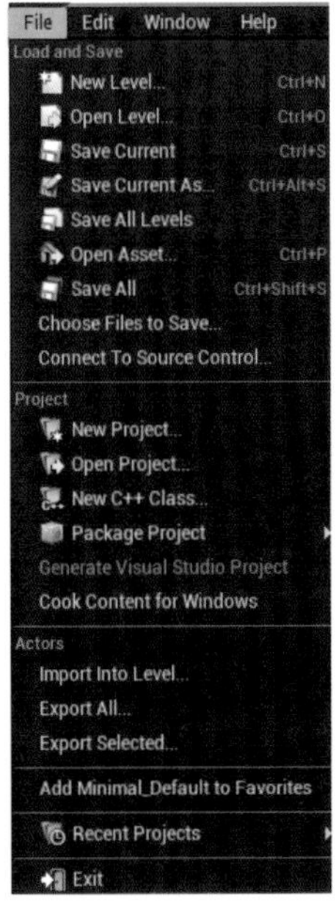

图 1-21

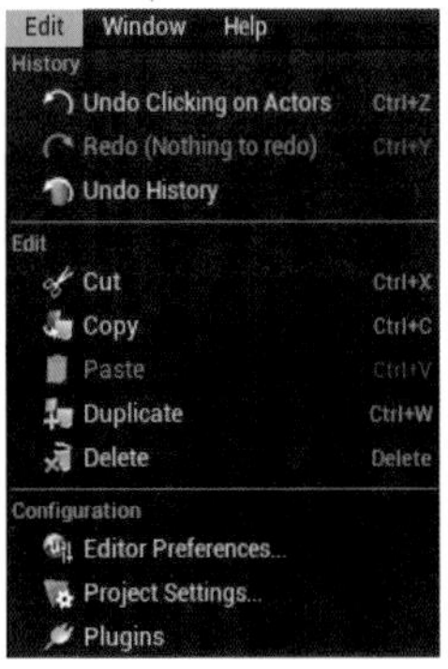

图 1-22

此外，Edit 菜单也包括经常应用到的两个配置窗口：Editor Preferences（编辑器偏好设置，和 Project Settingsl 项目工程设置），如图 1-23 和图 1-24 所示这两个窗口在之后也会有详细的介绍。Unreal Engine 4 的语言显示模式就是在 Editor Preferences 设置面板中激活修改的。

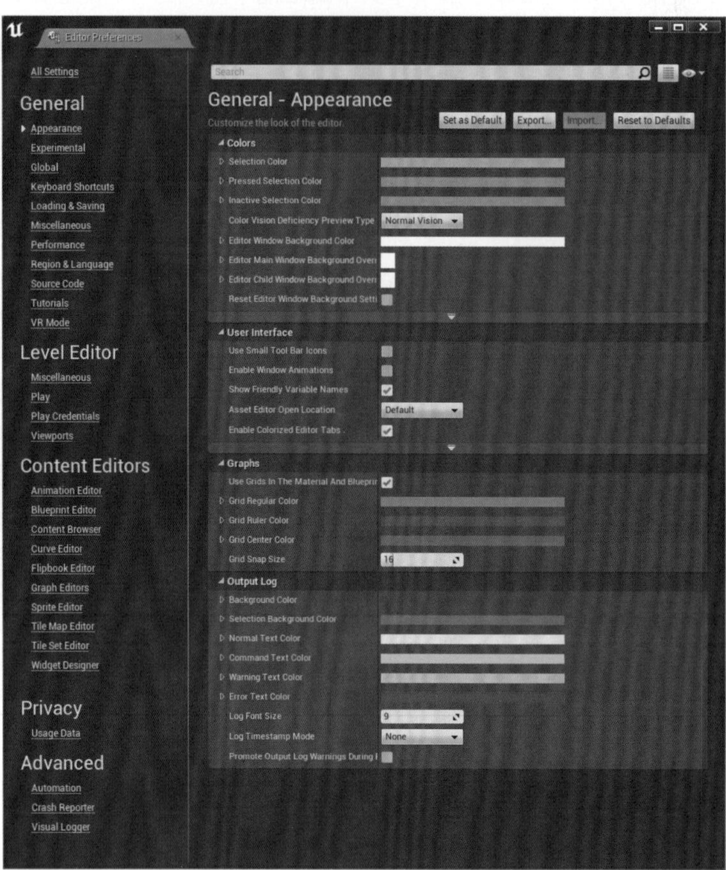

图 1-23

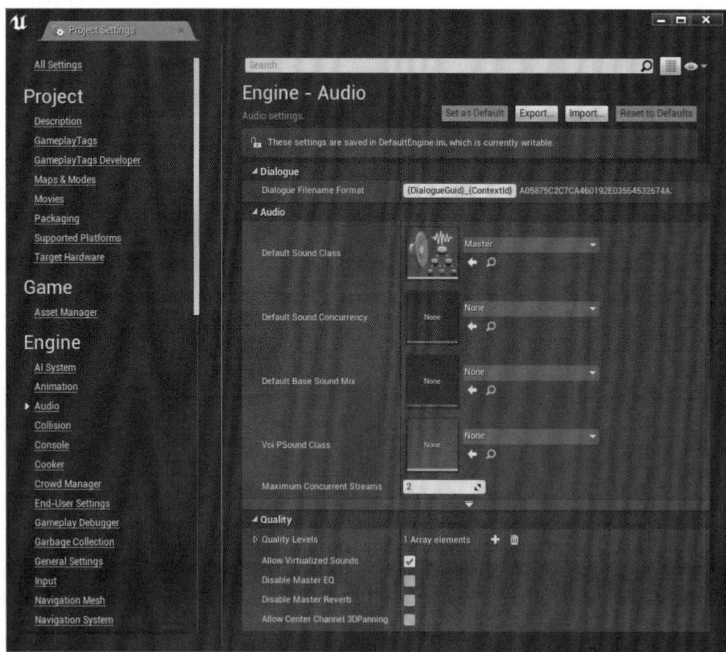

图 1-24

Window（窗口）菜单主要用来显示、隐藏窗口面板，以及设置窗口面板布局等。例如，关卡编辑窗口面板中已勾选的选项表示已显示的当前窗口面板，如图 1-25 所示。

Help（帮助）菜单主要是一些帮助文档、教程、官方论坛和互动等，Unreal Engine 4 中大部分解释说明可以通过官方的帮助文档来查看学习，如图 1-26 所示。

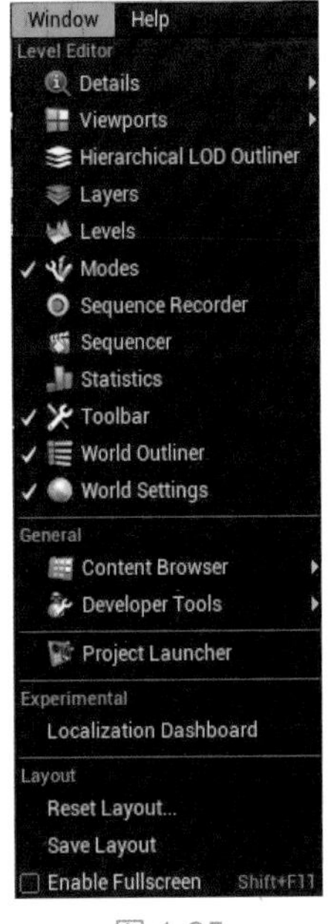

图 1-25

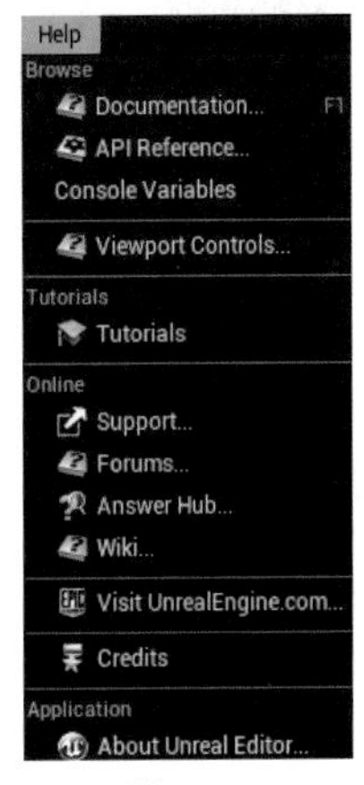

图 1-26

1.4.2　Modes（模式）面板

Modes 面板主要用于切换编辑模式，包括 Place（处置模型）、Paint（笔刷）、Landscape（创建地形）、Foliage（创建植物）和 Geometry Editing（编辑几何体），如图 1-27 所示。单击不同的模式图标，其下方会显示不同模式的功能命令。Place 主要用于放置或移动物体，其中有基本的几何体模型、灯光、摄像机、后期效果、可编辑几何体（需要配合 Geometry Editing 进行几何体编辑）、体积等。Landscape 和 Foliage 可以用 Paint 效果生成不同的地貌形态和自然风景，这些在之后的章节中都会有较为详细的介绍。Geometry Editing 模式应用较少，我们创建的大多模型基本都是通过其他三维软件创建的，原因在于，Unreal Engine 4 并不是一个建模软件。

图 1-27

1.4.3　Viewport（视图）操作窗口

Viewport 窗口主要用于三维模型的显示和操作，是我们进行 3D 空间操作的主要视窗，如图 1-28 所示。

单击 Viewport 窗口左上角的 Perspective 图标左侧的下拉按钮，可选择切换不同的窗口类别，有透视图和 6 个正交视图，以及电影视图显示模式。不同窗口类别名称的右侧同时标注显示了其快捷键方式，如 Perspective 视图的快捷键为 Alt+G，如图 1-29 所示。

iewport 窗口左上角的 Lit 图标为 3D 场景空间模型的显示方式，如图 1-30 所示，如光照显示模式和线框显示模式，如图 1-31 所示。在 Buffer Visualization 中我们可以查看场景中的不同通道，如金属性、反射等，如图 1-32 所示。在 Collision 碰撞中我们也可以切换不同的碰撞显示模式，如图 1-33 所示。

VViewport 窗口左上角的 Show 图标为是否显示场景中某些特定效果，如是否显示抗锯齿效果、是否显示碰撞等，左侧已勾选的复选框表示显示该属性。如 Light Types 是否显示某类灯光类型（灯光分为点光灯、聚光灯、平行光和天光四类），如图 1-34 所示。

图 1-28

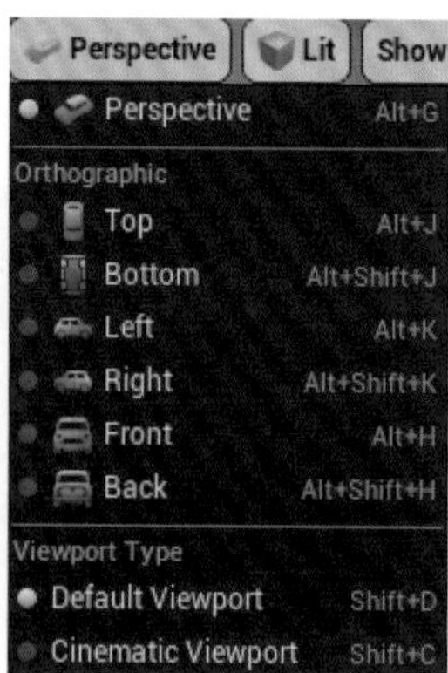

图 1-29

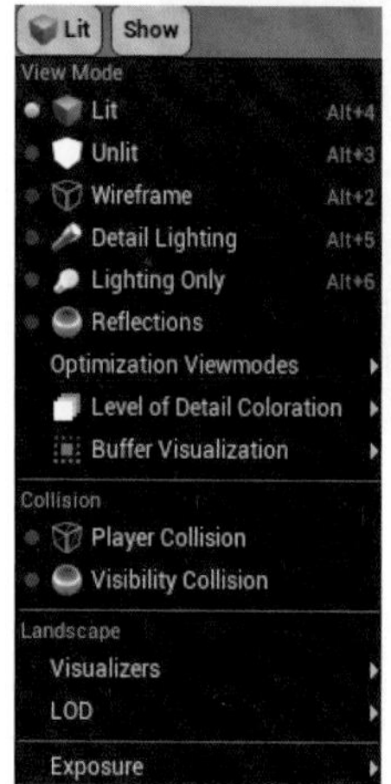

图 1-30

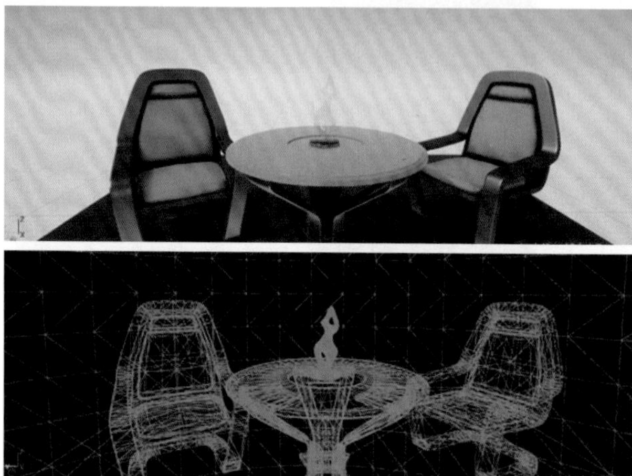

图 1-31

图 1-32

图 1-33

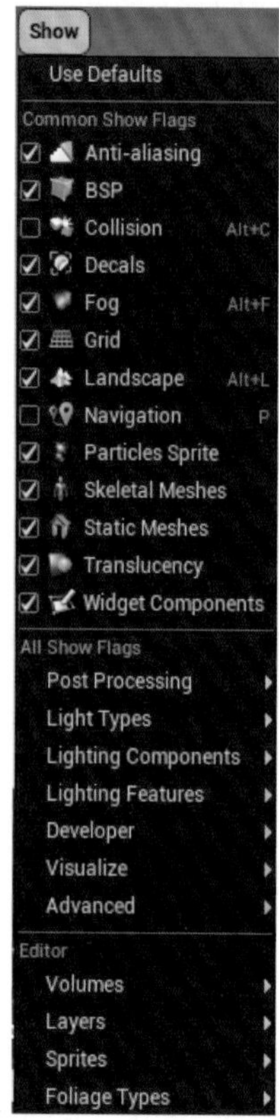

图 1-34

Viewport 视图窗口右上角的各图标如图 1-35 所示。如旋转角度图标，右侧为每旋转角度度数，左侧黄色高亮显示为激活当前旋转角度命令。

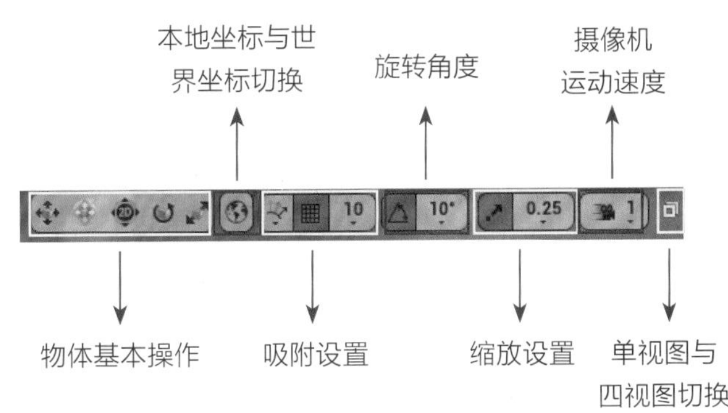

图 1-35

1．Viewport 窗口操作方法一

鼠标左键拖动：

按住鼠标左键前后拖动可前后移动显示位置，按住鼠标左键左右拖动可左右旋转显示位置。

鼠标右键拖动：

按住鼠标右键前后左右拖动，可上下左右旋转视窗相机朝向。

鼠标同时左右键拖动：

同时按住鼠标左右键前后拖动可上下移动显示，左右拖动鼠标可左右平移显示。

2．Viewport 窗口操作方法二

Alt+ 鼠标左键拖动：

围绕一个单独的支点或兴趣点翻转视口。

Alt+ 鼠标右键拖动：

向前推动相机使其接近或远离一个单独支点或兴趣点。

Alt+ 鼠标中键拖动：

根据鼠标移动方向将相机向左、右、上、下移动。

3．Viewport 窗口操作方法三

通过字母、数字或方向键操作视窗仅在透视窗口中有效，默认情况下，必须按住鼠标右键。其中，字母键与鼠标右键同时按下时方有效，数字键或方向键不一定需要同时按下鼠标右键，具体如表 1-1 所示。

表1-1　字母、数字或方向键操作

前后左右移动			
向前移动	W	8	↑
向后移动	S	2	↓
向右移动	D	6	→
向左移动	A	4	←
上下移动			
向上移动	E	9	Page Up
向下移动	Q	7	Page Down
缩放（鼠标释放后会恢复原状）			
放大	C	3	
缩小	Z	1	

1.4.4　Content Browser（资源浏览器）窗口

Content Browser 窗口简称 CB，相当于素材资源管理库，根据不同的物体类型放在不同的文件夹下，如“Maps”文件夹主要用来存放关卡文件，如图 1-36 所示。

查看素材时需要双击相应的文件夹，鼠标停留在模型文件上即可显示其相关的数据信息，用鼠标右键选择 show in Explorer 即显示当前文件存放路径，如图 1-37 所示。

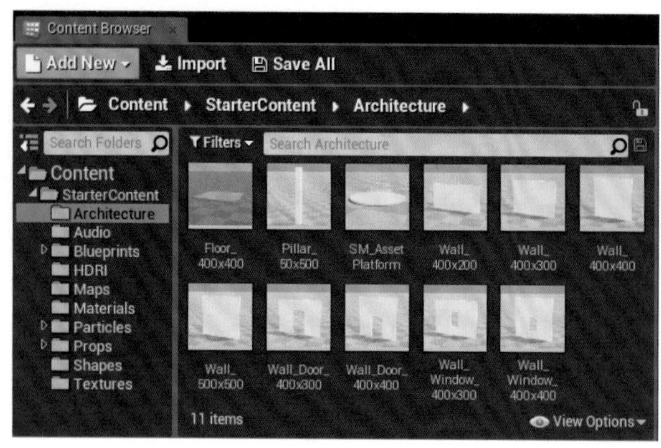

图 1-36

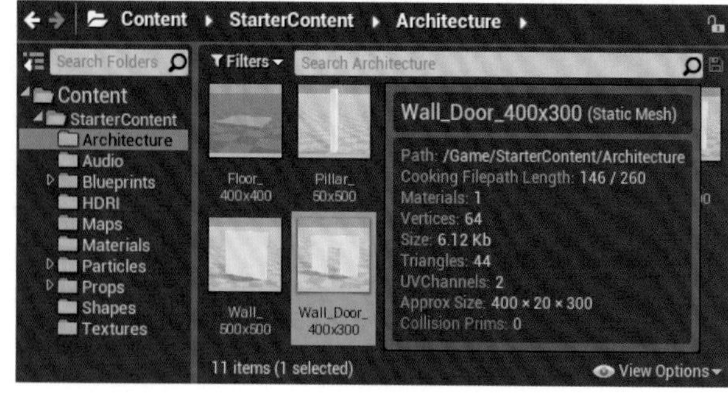

图 1-37

双击模型图标即可进入资源窗口，如图 1-38 所示。该视图窗口操作与 Viewport 操作窗口一致。按住 L 键，同时拖动鼠标左键即可查看不同方向光照对模型的影响。当在资源窗口中修改了模型参数，需要单击左上角的“Save”（保存）图标，修改参数的模型才能在 Viewport 操作窗口中产生变化。资源窗口中的“Find in CB”图标即可显示当前模型在 Content Browser 窗口中的存放位置。若查看模型的碰撞体则激活显示“Colision”图标即可。

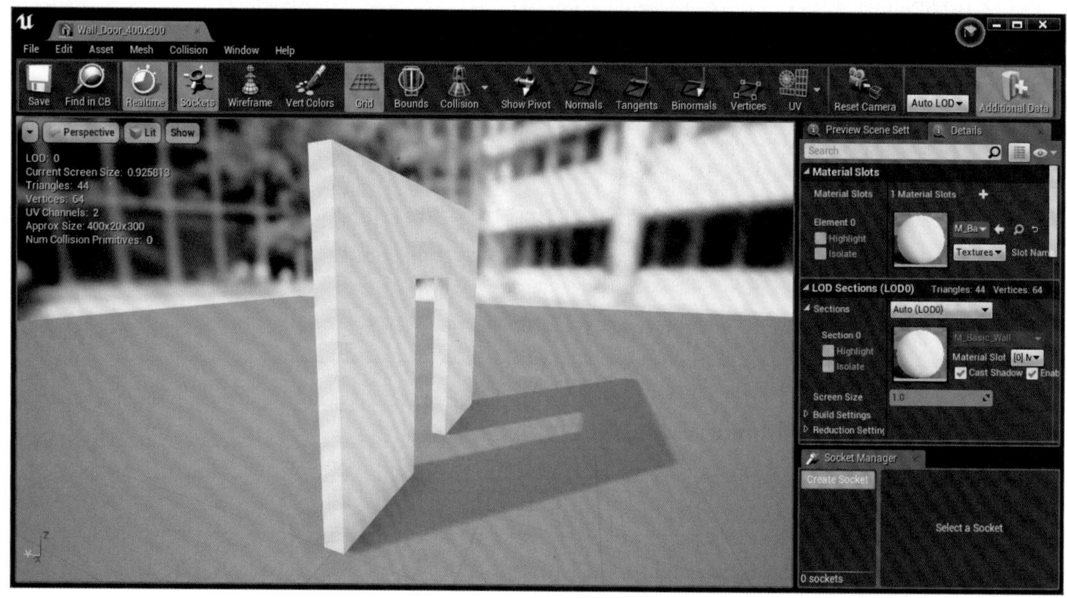

图 1-38

1.4.5 World Outliner（世界大纲）

World Outliner 用于存放置于编辑关卡（Viewport 操作窗口）中的组件。如果在视图窗口中放置了某些组件，那么该组件就会被添加到 World Outliner 视图中，可以通过 World Outliner 快速选择或编辑组件。注意，在 World Outliner 中删除文件夹时，只有文件夹被删除，文件夹里的资源不会被删除，只是被保留在上一级文件夹下，如图 1-39 所示。

1.4.6 参数设置面板

参数设置面板有两项：Details（细节设置）和 World Settings（世界设置或全局设置）。World Settings 主要针对的是整个项目的设置。Details 主要针对放置于 Viewport 窗口中的组件。在 Viewport 窗口或 World Outliner 视图中选择组件后，该组件的详细设置就会出现在如图 1-40 所示的窗口中，通过改变参数设置即可改变该组件的属性。

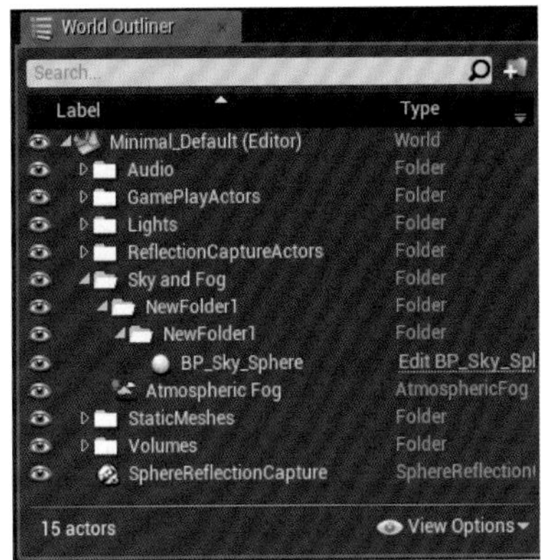

图 1-39

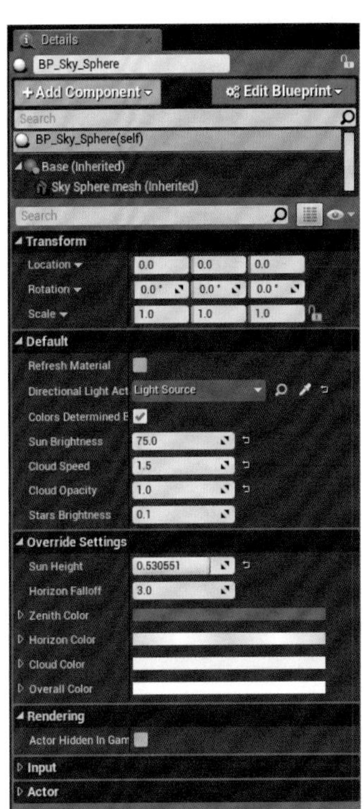

图 1-40

1.4.7　常用快捷键

以下是几个常用的快捷键，如表 1-2 所示。

表1-2　常用快捷键

按　　键	动 作 反 应	按　　键	动 作 反 应
鼠标左键	选择 actor	鼠标右键	选择 actor 并打开右键菜单
鼠标左键 + 拖动	前后移动和左右旋转摄像头	鼠标右键 + 拖动	旋转摄像头方向
鼠标左键 + 鼠标右键 + 拖动	摄像头上下左右移动	E+ 任何鼠标按键	摄像机向上移动
鼠标中键 + 拖动	摄像头上下左右移动	Q+ 任何鼠标按键	摄像机向下移动
滑轮向上	摄像机向前移动	Z+ 任何鼠标按键	增加视野（鼠标释放后会恢复原状）
滑轮向下	摄像机向后移动	C+ 任何鼠标按键	缩小视野（鼠标释放后会恢复原状）
F	聚焦选中的 actor	Ctrl+S	保存场景
箭头方向键	摄像机前后左右移动	Ctrl+N	创建新场景
W	选中平移工具	Ctrl+O	打开一个已有的场景
E	选中旋转工具	Ctrl+Alt+S	另存为新场景
R	选中缩放工具	Alt+ 鼠标左键 + 拖动	复制当前选中的 actor
W+ 任何鼠标按键	摄像机向前移动	Alt+ 鼠标右键 + 拖动	摄像机前后移动
S+ 任何鼠标按键	摄像机向后移动	Alt+P	进入 Play 预览模式
A+ 任何鼠标按键	摄像机向左移动	Esc	退出预览模式
D+ 任何鼠标按键	摄像机向右移动	F11	进入仿真模式

第 2 章

Blueprint（蓝图）节点

2.1　认识 Blueprint

虚幻引擎中的蓝图——可视化脚本系统是一个完整的游戏脚本系统，它为设计人员提供了一般仅供程序员使用的所有概念及工具。本节我们将了解蓝图的定义、类型及其编辑器界面布局。

2.1.1　Blueprint 概述

Blueprint 是 Unreal Engine 4 中的可视化脚本，它是一个完整的游戏脚本系统，其理念是在基于节点的编辑器中创建游戏可玩性元素，其工作原理是通过各种用途的节点构成图表来进行工作，这些节点包括针对蓝图每个实例的对象构建、独立的函数及一般的游戏性事件，然后使用连线把节点、事件、函数及变量连接到一起，从而创建复杂的游戏性元素。Blueprint 非常灵活、强大，它的用法和其他脚本语言一样，也是通过定义在引擎中的面向对象的类或者对象。Blueprint 由于拥有可视化特点，使得它非常易于上手，例如一些常见的函数，在 Blueprint 中将以节点的形式出现，需要的参数及返回值也会以引脚的形式存在于节点中，我们不用知道函数的运作流程，也不用写一行代码，只需知道函数的意义便可为我们所用。Blueprint 的便利之处甚至可以让从未接触过编程的人制作出属于自己的游戏。

另外，在 Unreal Engine 4 C++ 实现上也为程序员提供了用于蓝图功能的语法标记，通过这些标记可以协助程序员创建一个基础系统，进而对这个系统进行扩展。

2.1.2　Blueprint 类型

常见的蓝图类型有 Level Blueprint（关卡蓝图）、Blueprint Class（蓝图类）、Blueprint Macro（蓝图宏库）和 Blueprint Interface（蓝图接口）。

Level Blueprint 是作用于整个关卡的全局事件图标。默认情况下，每个关卡都会有一个 Level Blueprint，我们可以在 Unreal Engine 编辑器中编辑该蓝图但不能通过编辑器创建新的 Level Blueprint。在 Level Blueprint 中我们可以获得关卡中的游戏元素及其功能。

Blueprint Class，简称 Blueprint（蓝图），是一种允许内容创建者轻松基于现有游戏性类添加功能的资源。Blueprint 在 Unreal Engine 编辑器中可以可视化地创建，不需要写代码，它会被作为类保存在内容包中。Blueprint 实际上是用户自定义的一种新类别或类型的 Actor，这些 Actor 被创建后可以作为实例放入关卡中。

Blueprint Macro 蓝图宏库是存放了一组 Macro 宏的容器。这些 Blueprint Macro 存放了常用的节点序列以及针对执行和数据变换的输入和输出，用户使用它们会非常方便、节约时间。蓝图宏库中的宏会在所有引用它们的图表间共享。

Blueprint Interface 蓝图接口是一个函数或多个函数的集合，仅有函数名称，没有函数实现。接口可以添加到其他蓝图中，任何具有该接口的蓝图必须实现接口中存在的函数。本质上和一般编程中的接口概念一样，允许通过公共接口来共享及访问多种不同类型的对象。在 Blueprint Interface 中不能添加变量和组件，也不能编辑图表。

2.1.3　Blueprint 编辑器

Blueprint 编辑器的界面布局如图 2-1 所示，它拥有 6 个面板，分别为 Menu（菜单）、Toolbar（工具栏）、Components（组件）、My Blueprint（我的蓝图）、Graph Editor（图表编辑器）和 Details panel（详细信息）。针对编辑器的一些基础、常用操作都在位于编辑器上端的 Menu 和 Toolbar（工具栏）中；在 Components（组件面板）中可以创建添加 Component，允许组件一创建就添加到蓝图上；在 My Blueprint（我的蓝图）中显示了蓝图中的图表、脚本、函数、宏、变量等的树形列表。这实质上是该蓝图的大纲视图，使我们可以轻松地查看蓝图的现有元素及创建新的元素。不同类型的蓝图在“我的蓝图”选项卡的树形列表中显示不同类型的项目；在 Components 和 My Blueprint 中都会一一列举出所创建的元素；Graph Editor 是供我们添加节点、布局蓝图的编辑器，它根据不同类型的蓝图会提供一种或多种图表；Details panel 是一个情境关联的区域，可以在蓝图编辑器中编辑所选中选项的属性。

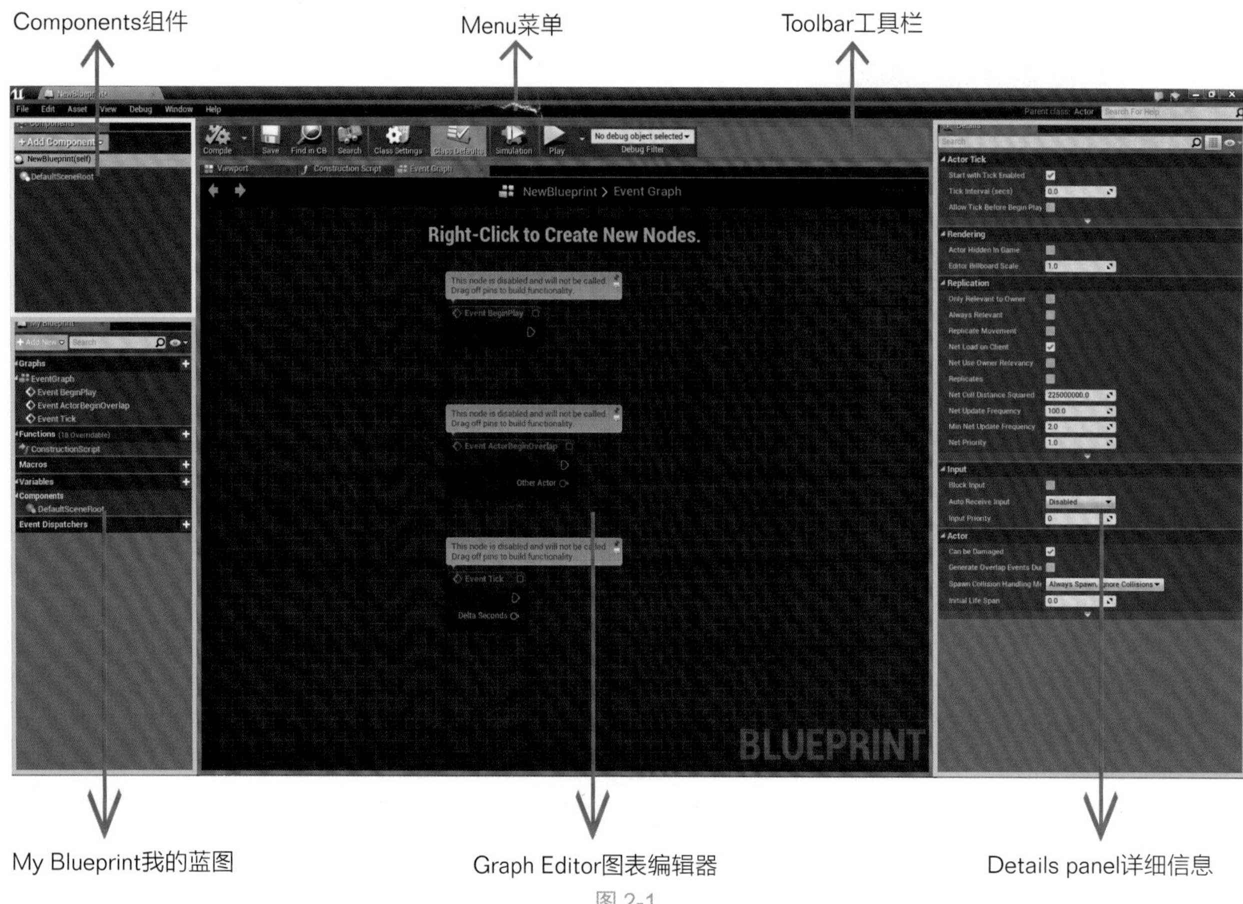

图 2-1

不同类型的蓝图有不同类型的蓝图编辑器，但大部分蓝图编辑器的核心功能都是 Graph（图表）模式，通过在图表中布局蓝图网络来创建游戏脚本，实现游戏功能。

Construct Script（构建脚本）是蓝图中的一种常见图表类型，当在 Unreal Engine 编辑器中放置或更新 Actor 时会执行它，但在游戏过程中不会被执行。这便于我们创建一些自定义的游戏道具，提升工作效率。我们将会在 2.3 节中针对 Construction Script 制作一个小实例来进一步理解它的功能用途。

2.2 Event 类型节点

Events（事件）是从游戏性代码中调用的节点，在 EventGraph（事件图表）中开始执行个体网络。它们使蓝图执行一系列操作，对游戏中发生的特定事件（如游戏开始、关卡重置、受到伤害等）进行回应。这些事件可在蓝图中访问，以便实现新功能，或覆盖 / 扩充默认功能。任意数量的 Events 均可在单一 EventGraph 中使用，但每种类型只能使用一个。

2.2.1 EventBeginPlay 节点

EventBeginPlay（事件节点）是游戏开始时将通过在所有 Actor 上触发此事件。游戏开始后生成的所有 Actor 上均会立即调用此事件。本节通过实现一个游戏运行时灯光关闭的效果来认识这个节点的用法及作用效果，同时还会讲解到其他的节点及蓝图布局的入门知识。

创建一个 Unreal Engine 4 第三人称工程项目。在创建好的游戏关卡中，从关卡编辑器右侧模式面板中找到 PointLight 并拖动到视口中，从而放置一个 PointLight，命名为“PointLight”，如图 2-2 所示。

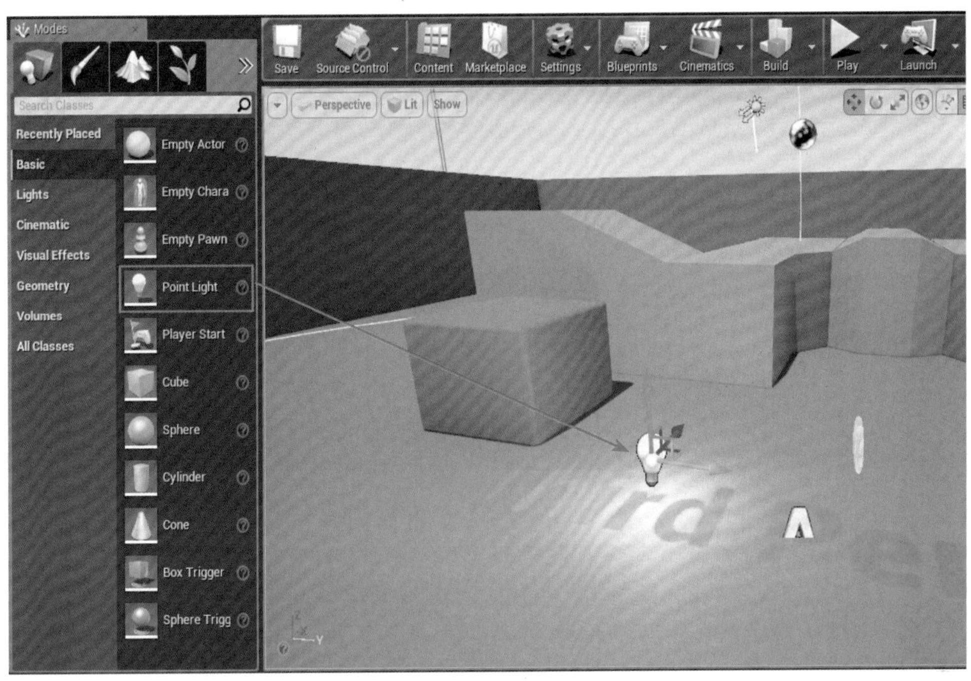

图 2-2

选择工具栏中的“Blueprints>Open Level Blueprint”选项，打开 Level Blueprint（关卡蓝图），如图 2-3 所示。

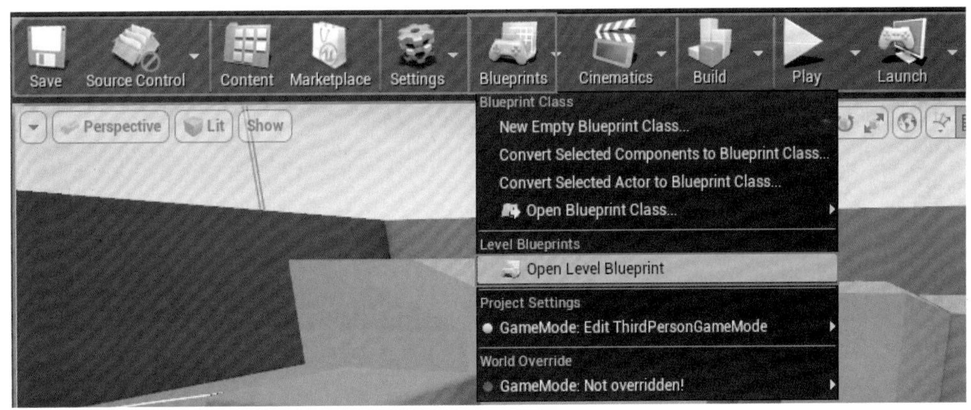

图 2-3

Level Blueprint 编辑器的界面如图 2-4 所示，与蓝图编辑器布局不同的是，它没有组件面板。我们在 2.1.2 节中提到过关卡蓝图，它是一种特殊类型的蓝图，作用于整个关卡的全局事件图表。关卡事件或者关卡中的 Actor 特定实例，用于激活以函数调用或者流程控制操作的形式呈现的动作序列。

在 Unreal Engine 关卡编辑器中选中刚刚放置的 PointLight，在 Level Blueprint 的图表编辑器面板中右击，出现关联菜单，通过从关联菜单中选择一种节点类型，可以把新节点添加到图表中。关联菜单中所列出的节点类型，根据访问该类型列表的方式及当前选中的对象的不同而有所差别。在关联菜单中找到并选择 Create a Reference to PointLight 选项，在 Level Blueprint 中创建一个 PointLight 的引用，如图 2-5 所示。

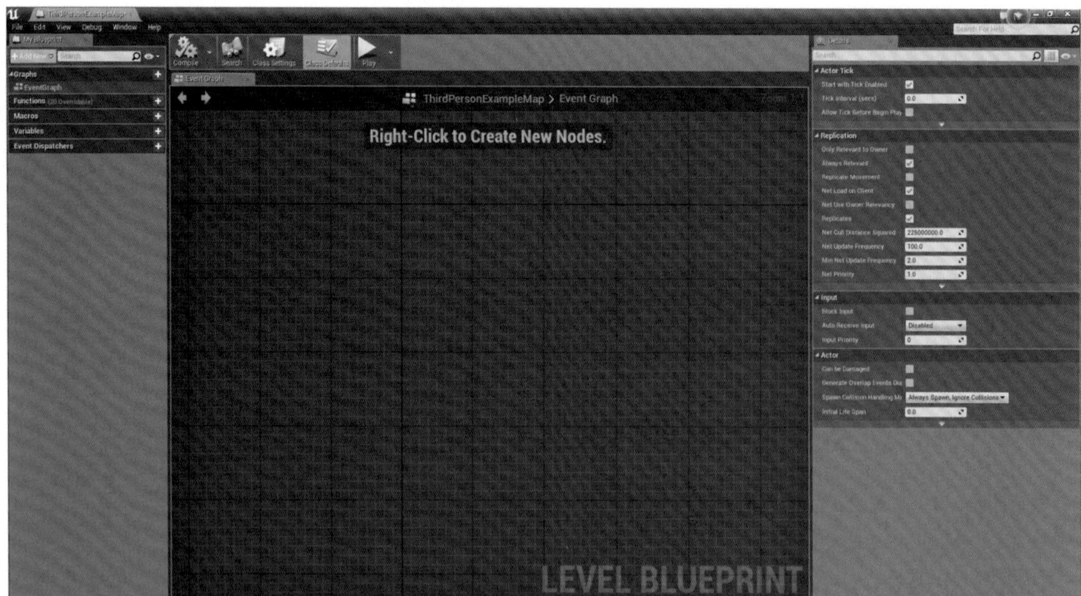

图 2-4

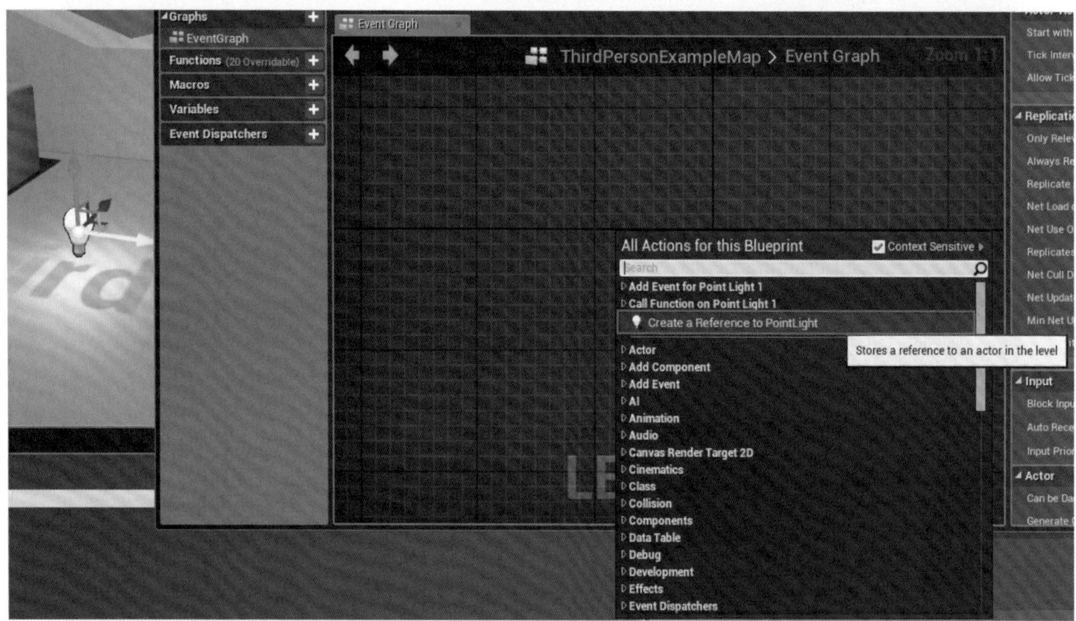

图 2-5

引用结果如图 2-6 所示，在图表编辑器中产生了一个 PointLight 类型的蓝色变量节点。蓝色的变量节点属于 Object 类节点。

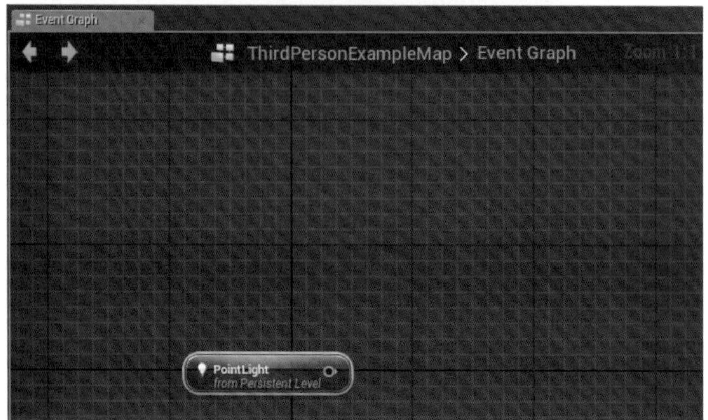

图 2-6

在图表编辑器的空白处再次右击，出现关联菜单，在菜单搜索栏中输入“event begin”，缩小函数节点的搜索范围，找到并选择“Add Event Event BeginPlay”选项，创建 Event BeginPlay 事件节点，如图 2-7 所示。

在图表编辑器面板中出现了一个红色的 Event BeginPlay 事件节点。接下来回到 PointLight 节点，找到节点右侧的 data pins（数据引脚）。数据引脚被用来输入数据到节点或从节点输出数据。数据引脚为特定类型，可以与相同类型的变量相连接（这些变量也有其相应的数据引脚），或与另一节点的同类型数据引脚相连。现在按住鼠标左键拖动 PointLight 的蓝色数据引脚到图表编辑器的空白处，之后松开鼠标，出现关联列表，在搜索栏输入“toggle”，缩小搜索范围，找到并选择“Rendering>Toggle Visibility(PointLightComponent)”选项，如图 2-8 所示。

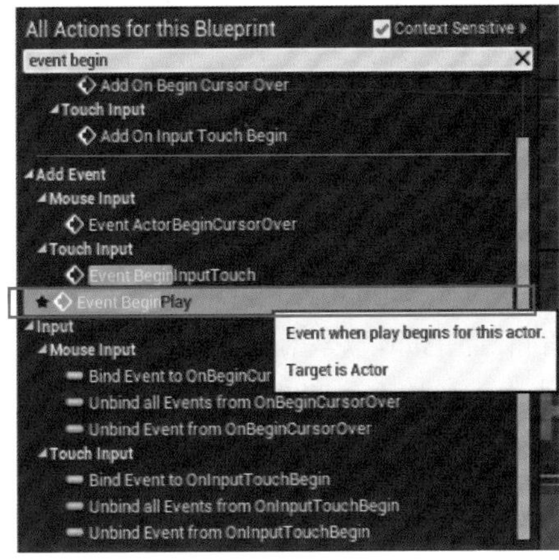

图 2-7

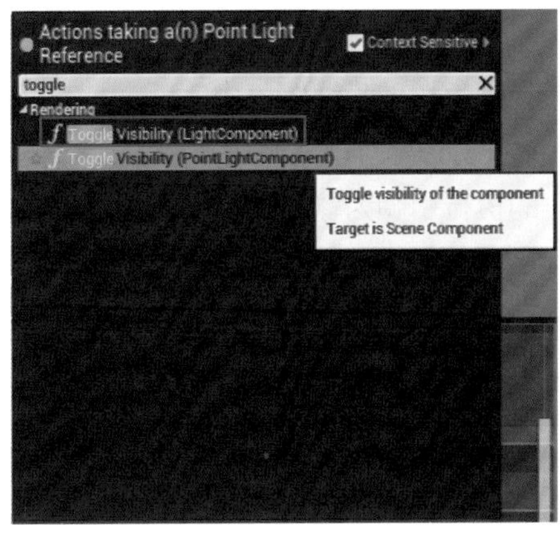

图 2-8

图表编辑器面板中多了两个节点，分别是 Get Point Light Component 节点和 Toggle Visibility 节点，并且 3 个节点之间的数据引脚由蓝色连接线连接在了一起，如图 2-9 所示。这些连线为数据连线，它们把一个数据引脚连接到同种类型的另一个数据引脚上，代表着数据流向。数据连线显示为带颜色的箭头，用于可视化地表示数据的转移，箭头的方向代表数据移动的方向。

现在来了解这 3 个节点间的关系。Get Point Light Component 节点的作用是从 Point Light 类型的变量中获得 Point Light Component 组件，再通过 Get Point Light Component 节点调用 Toggle Visibility 节点，从而设置 Point Light Component 组件中的 Toggle Visibility 属性来切换 Point Light 类型变量的可视性。Get Point Light Component 这个节点有两个蓝色数据引脚分别居于左右两侧，两个引脚分别用来输入变量与输出返回值。左侧为 Target 引脚，是用来接收 Point Light 类型变量的输入方；右侧为 Point Light Component 引脚，是返回 Point Light Component 类型数据的输出方，如图 2-9 所示。

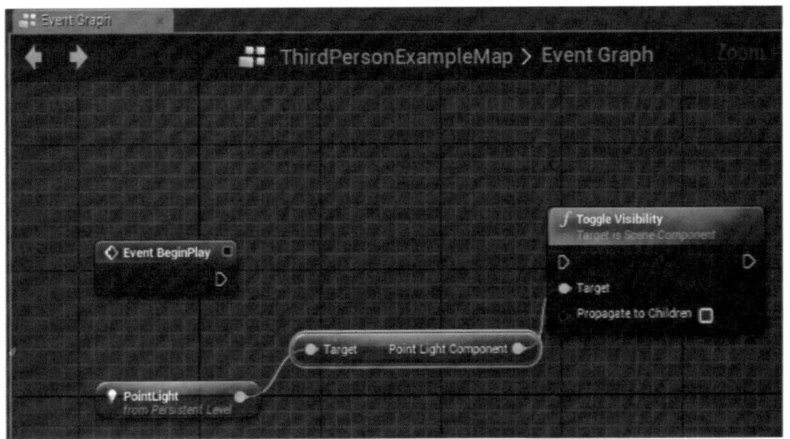

图 2-9

现在我们创建好了实现游戏运行时关闭灯光的所有节点，但离实现效果还差最关键的一步。虽然已经有了 Toggle Visibility 这个控制灯光开关的节点，但目前来说它只是被摆在了图表编辑器中，游戏运行时它并不会被执行。在使用其他脚本语言时，代码都是整整齐齐地被一行一行地写好，那么计算机也只能机械地从执行入口开始一行一行地执行代码内容。但在图表编辑器中，节点可以随意摆放，若不告诉计算机一个节点的执行顺序，它不会明白下一步要执行哪个节点内容。因此，在可被执行的节点上会存在着至少一个 Execution Pin 执行引脚，该引脚为一个白色的五边形，形如箭头，用于把节点连接到一起，来创建一个执行流。当激活一个输入执行引脚时，则执行该节点。一旦执行完一个节点，那么它将会激活一个输出执行引脚来继续执行流。函数调用 (Function Call) 节点仅有一个输入执行引脚和一个输出执行引脚，因为函数仅有一个入口点和一个出口点。 其他类型的节点可以有多个输入和输出执行引脚，根据所激活的引脚的不同，可以产生不同的行为。

在 Level Blueprint 图表编辑器中，Event BeginPlay 事件节点右侧有一个执行引脚，Toggle Visibility 节点有两个执行引脚分别居于节点的左右两侧。位于一个节点左侧的执行引脚是输入执行引脚，用来接收执行信息；位于右侧的执行引脚为输出执行引脚，用于输出信息，以通知下一个节点执行。Event BeginPlay 事件节点是在游戏运行时就被自动调用执行的节点，因此不需要被其他节点通知再执行，它只需要通知下一个该被执行的节点是哪一个就可以了，与它的右侧执行引脚相连的节点也即代表着游戏一开始运行就要被执行的节点。根据情况，从游戏运行开始就需要被执行的是 Toggle Visibility 节点，因此将 Event BeginPlay 事件节点右侧的输出执行引脚与 Toggle Visibility 节点左侧的输入执行引脚相连，如图 2-10 所示。执行引脚间的连线代表执行的流程。执行连线显示为白色的箭头，箭头从一个输出执行引脚指向一个输入执行引脚。箭头的方向表明执行流程的走向。

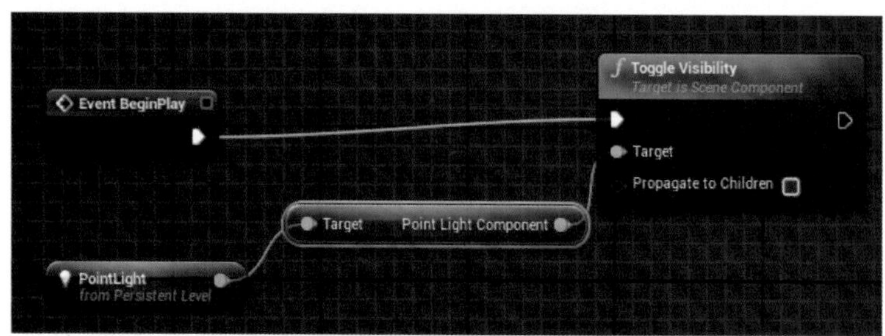

图 2-10

接下来编译 Level Blueprint。找到并单击图表编辑器上方的 Compile 按钮，如图 2-11 所示，未编译时的 Compile 按钮有一个大大的问号，编译好之后按钮会变成一个绿色的对号“√”形状。

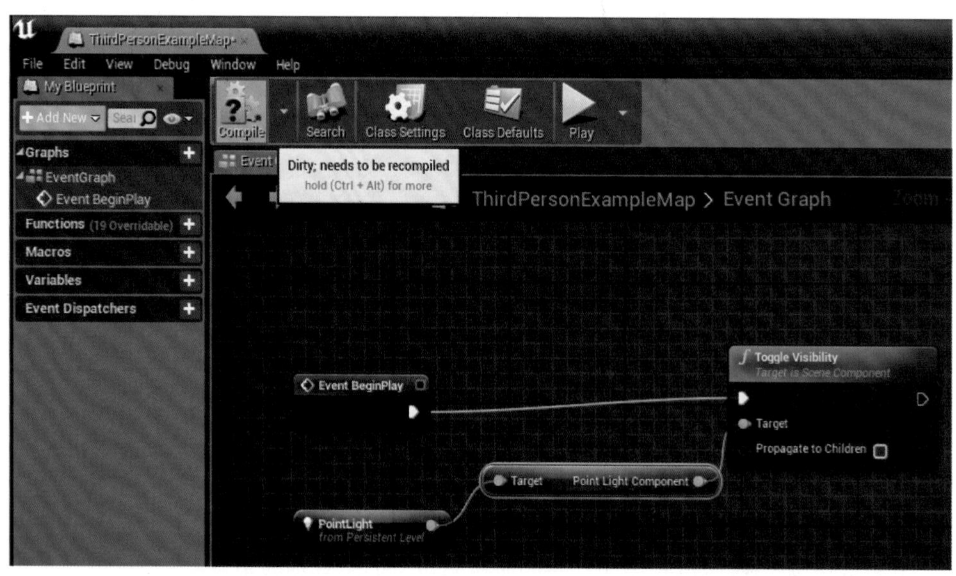

图 2-11

一切准备就绪，保存项目后，在 Level Blueprint（编辑器）或者 Unreal Engine 关卡编辑器中的工具栏中找到 Play（运行）按钮来运行游戏，如图 2-12 所示。

图 2-12

在游戏运行前默认开着灯光，运行后灯光自动关闭，效果如图 2-13 所示。

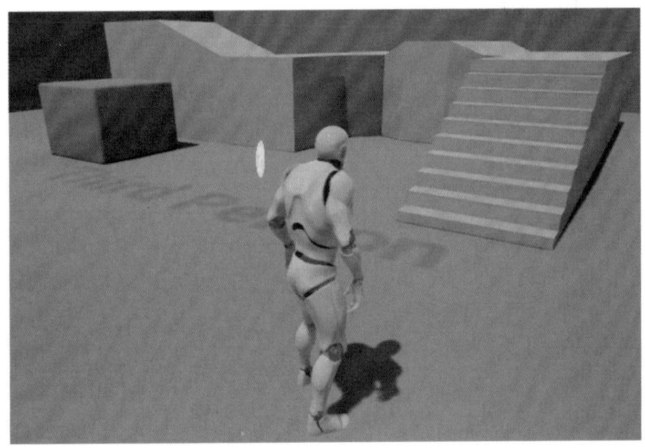

图 2-13

2.2.2　OnActorBeginOverlap 节点

OnActorBeginOverlap 是在两个 Actor 的碰撞开始重叠，或两者移到一起，或其中一个创建时与另一个重叠的情况下会被调用执行的一个碰撞事件类型节点。此外执行的前提是：Actor 之间的碰撞响应必须允许重叠，以及执行事件的两个 Actor 的 Generate Overlap Events 生成重叠事件均设为 true（如果想让一个对象生成重叠事件，则该标志需要设置为真）（关于碰撞请参考 2.8.1 节）。本节来实现一个通过碰撞使灯光切换状态的机制。

继续沿用 2.2.1 节中创建的 PointLight，现在从 Unreal Engine 关卡编辑器左侧的 Modes 面板中选择 “Basic>Box Trigger” 选项放置到场景中，默认命名为 TriggerBox。让 TriggerBox 完全包围住 PointLight，如图 2-14 所示。

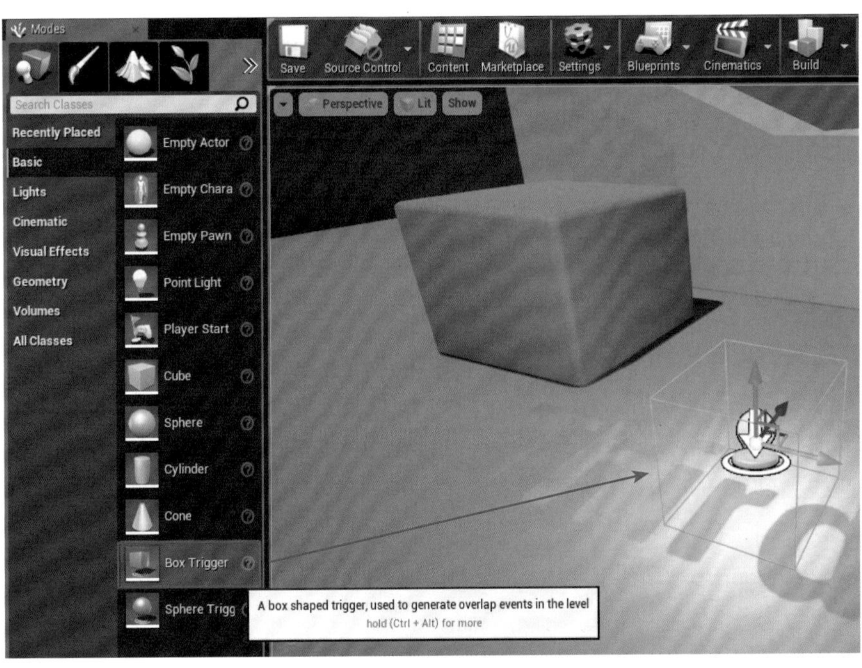

图 2-14

打开 Level Blueprint（关卡蓝图），设置节点如图 2-15 所示。

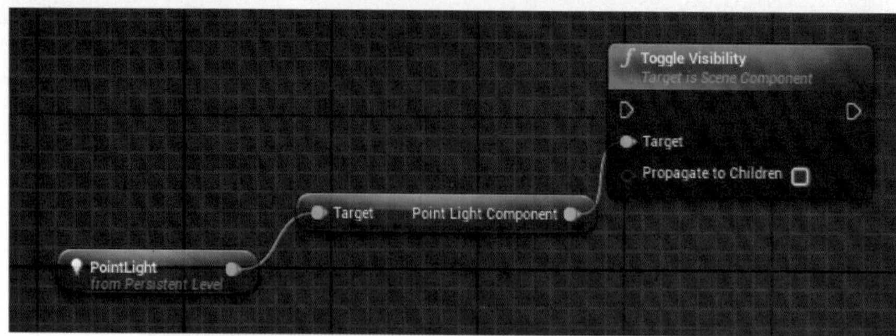

图 2-15

在 2.2.1 节中，通过使用 Event BeginPlay 事件节点使得游戏一开始运行，PointLight 就会熄灭，现在使用 OnActorBeginOverlap 碰撞事件节点。选中在场景中添加的 Trigger Box，在图表编辑器空白处右击，出现关联菜单，在搜索栏输入“actor begin”，找到并选择“Add Event for Trigger Box 3(Trigger Box 3 是计算机添加的 Trigger Box 自动标记的名字，名字会因计息机的不同而不同）>Collision>Add On Actor Begin Overlap”选项，如图 2-16 所示。

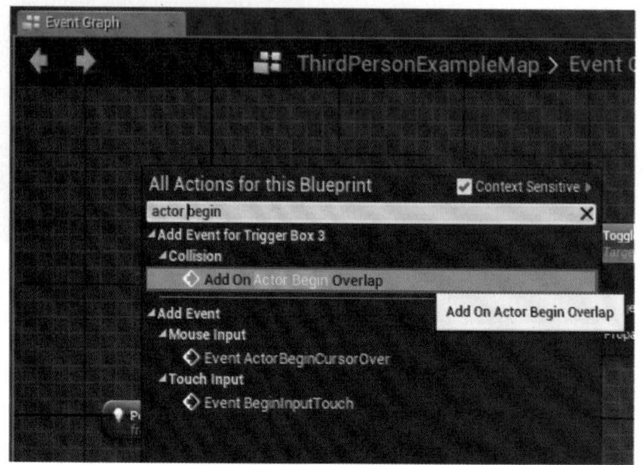

图 2-16

这时，图表编辑器面板中增加了一个红色的 OnActorBeginOverlap(TriggerBox) 碰撞事件节点，括号里的名字就是所指定的 Actor 的名字，表明当 TriggerBox 被检测到与其他 Actor 发生交叠碰撞时，该 OnActorBegin Overlap(TriggerBox) 事件节点就会被执行。将 OnActorBeginOverlap(TriggerBox) 事件节点的执行引脚与 Toggle Visibility 左侧的执行引脚相连来确立执行顺序，如图 2-17 所示。

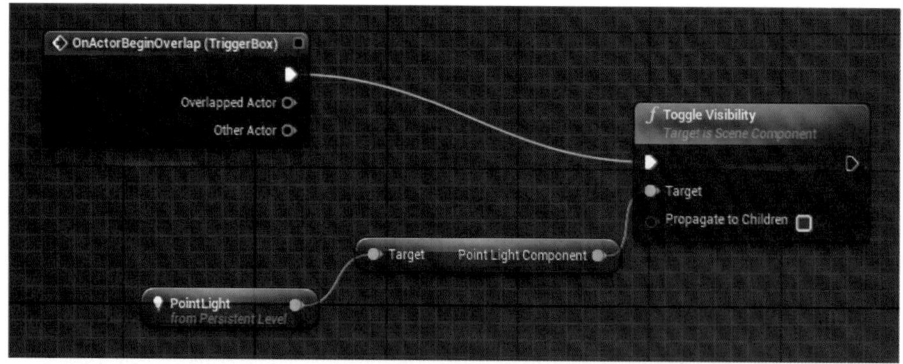

图 2-17

编译 Level Blueprint 后运行游戏，这时，Level Blueprint 的图表编辑器面板会被框选，这表明游戏正在运行。PointLight 默认为打开状态，当与 PointLight 接触的瞬间，OnActorBeginOverlap(TriggerBox) 事件节点被触发，继而执行 Toggle Visibility 节点，PointLight 切换为关闭状态，且在 Level Blueprint 中可以看到执行引脚间的连线会产生一个可视化的标识符。当一个节点完成执行并激活了下一个节点时，执行引脚间的连线突出显示，表明正在从一个节点转移到另一个节点，此时则是有执行流沿着执行引脚间连线，从 OnActorBeginOverlap(TriggerBox) 事件节点流向 Toggle Visibility 节点，如图 2-18 所示。

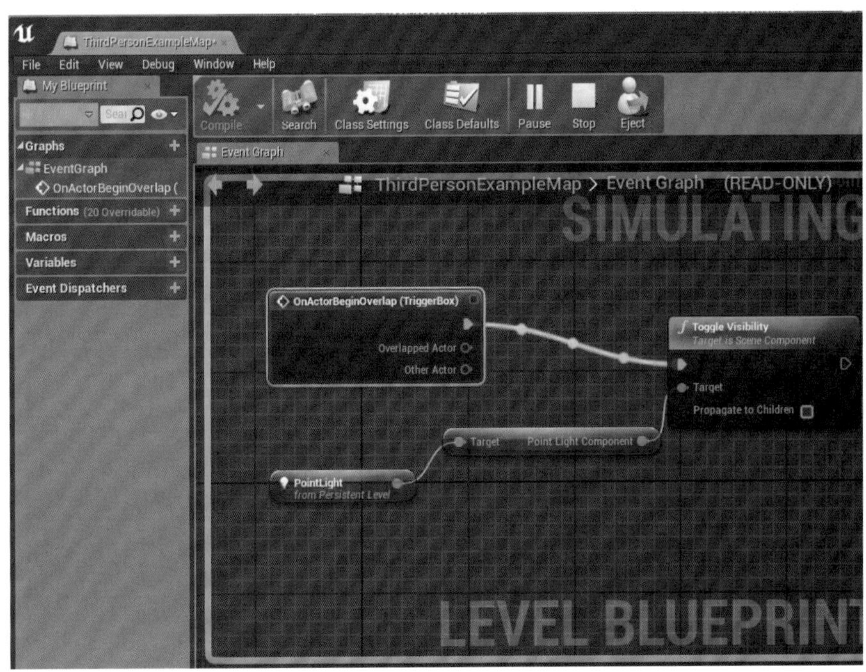

图 2-18

了解了 OnActorBeginOverlap 碰撞事件节点后，就会明白 OnActorEndOverlap 碰撞事件节点的意义与作用效果，即在两个 Actor 的碰撞停止重叠，或它们将分离，或在其中一个将被销毁的情况下该节点会被执行。当然，前提条件和 OnActorBeginOverlap 一样：Actor 之间的碰撞响应必须允许重叠，以及执行事件的两个 Actor 的 Generate Overlap Events 均设为 true。下面来实现效果：接触灯光时灯光打开，离开时则熄灭。在 Level Blueprint（图表编辑器）的空白处右击，出现关联菜单，在搜索栏输入“actor end”，找到并选择“Add Event for Trigger Box 3(Trigger Box 3 依旧是对指定物体的标记名）>Collision>Add On Actor End Overlap”选项，如图 2-19 所示。

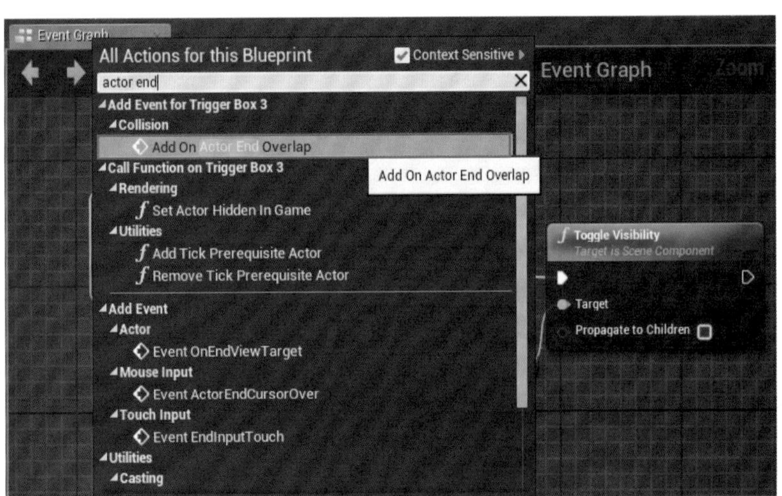

图 2-19

图表编辑器面板中添加了一个红色的 Add Event for Trigger Box 3(Trigger Box 3) 碰撞事件节点，执行引脚间的连线如图 2-20 所示。

编译 Level Blueprint 后运行游戏，PointLight 默认为打开状态，当接触 PointLight 后灯光熄灭，远离 PointLight 后灯光再次被打开，效果如图 2-21 所示。

我们还可以进一步丰富这个切换灯光开关状态的机制。在 Level Blueprint 图表编辑器空白处右击，在关联菜单搜索栏中输入“delay”，找到并选择 Utilities>Flow Control>Delay 选项，如图 2-22 所示。

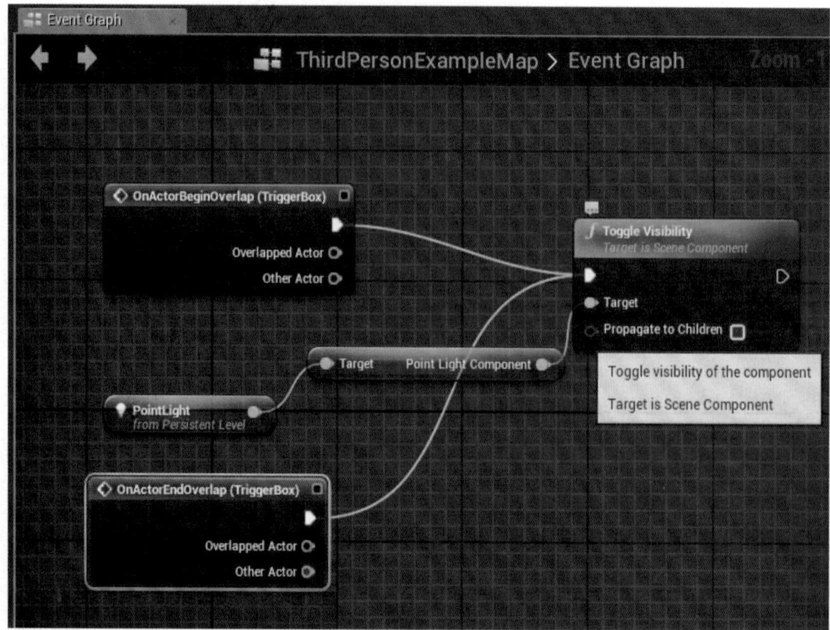

图 2-20

图 2-21

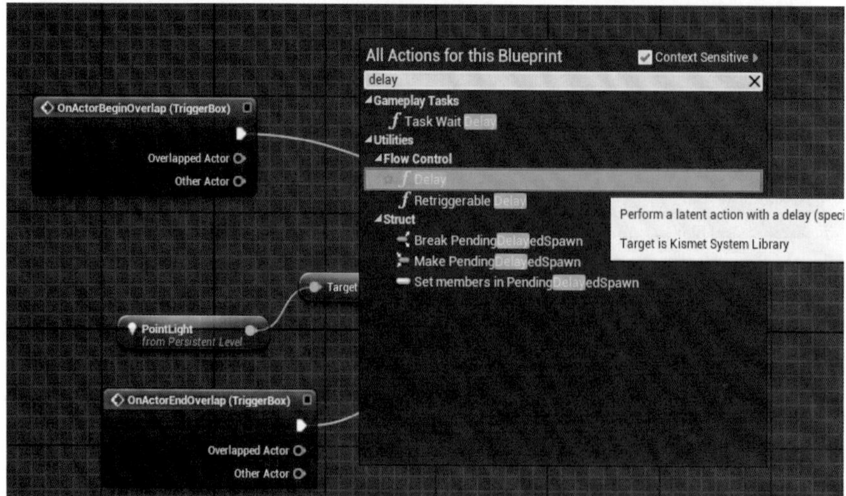

图 2-22

新添加的 Delay 节点是用来延后下一个节点的执行时机的，它有两个执行引脚，与右侧的 Completed 执行引脚连接的节点就是延时结束后将会被执行的节点。在 Delay 左侧还有一个绿色的数据引脚 Duration，它是用来设置一个 Float 类型的延时时长的，单位为秒 (s)，设置时可以直接在后面的文本框里输入一个 Float 类型常量，也可以添加一个 Float 类型变量后赋给它。现在我们添加两个 Delay 节点，两个节点的 Duration 参数均为 1，执行引脚间连线的连接顺序如图 2-23 所示，按顺序一一拖动节点的执行引脚到指定的执行引脚即可改变原来的连接状态，也可以按住键盘上的 Alt 或 Ctrl 键单击想要改变的连线即可删除或者改变连线方向。现在蓝图的运作效果即：当接触 PointLight 时，经过 1s 延时后，灯光状态切换；当远离 PointLight 时，经过 1s 延时后，灯光状态再次切换。

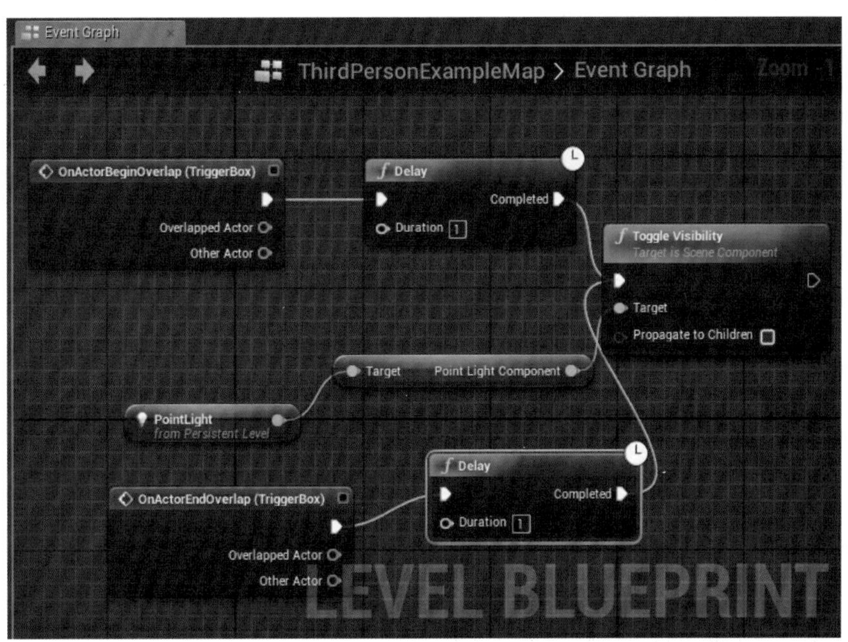

图 2-23

2.2.3　OnComponentBeginOverlap 节点

在 2.2.2 节中介绍了 OnActorBeginOverlap 碰撞事件节点的用途以及作用效果，想必对 Overlap 这个关键词已经不再陌生，本节我们将学习 OnComponentBeginOverlap 碰撞事件节点的用途以及作用效果，它也是通过检测碰撞来被调用执行的，只是这次指定的对象为 Component 组件而不是 Actor。接下来仍然是通过接触灯光从而改变灯光状态这个机制来体会 OnComponentBeginOverlap 事件节点的作用。

继续沿用之前创建的工程项目，先创建一个新的 Blueprint。打开 Unreal Engine 编辑器，在 Content Browser 中的空白处右击，在弹出的快捷菜单中选择 Create Basic Asset>Blueprint Class 选项，如图 2-24 所示。

在弹出的“Pick Parent Class”窗口中，为新创建的蓝图选择父类。所有的类都可以作为一个蓝图的父类，当然也包括我们自己创建的类。这里说明几个比较常用的父类，Actor 是可以放置或生成在关卡中的任意对象。Actor 是支持三维变换的通用类，比如平移、旋转和缩放变换。Actor 可以通过游戏代码（C++ 或蓝图）来创建（我们会在 2.8 节介绍 Spawn 类型节点）及销毁；Pawn 是可以从控制器获得输入信息处理的 Actor；Character 是一个包含了行走、跑步、跳跃以及更多动作的 Pawn；Player Controller 是一个通过玩家来控制 Pawn 的 Actor；Game Mode 定义了游戏是如何被执行的、游戏规则、如何得分及其他方面的内容。根据实际情况，在这里选择 Actor 作为父类，如图 2-25 所示。

选择好父类后，为新创建的蓝图命名为 Light，如图 2-26 所示。

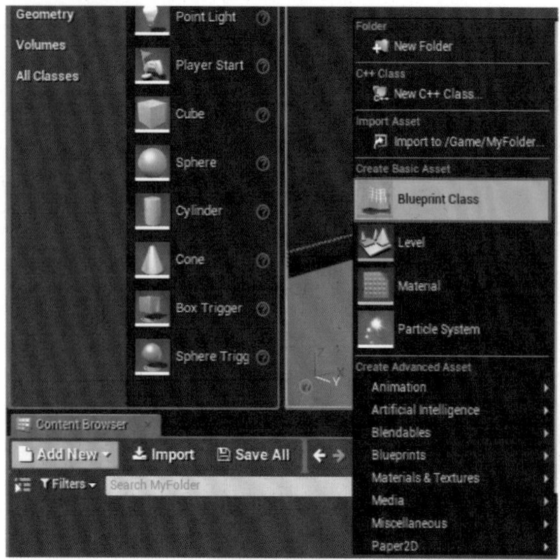

图 2-24

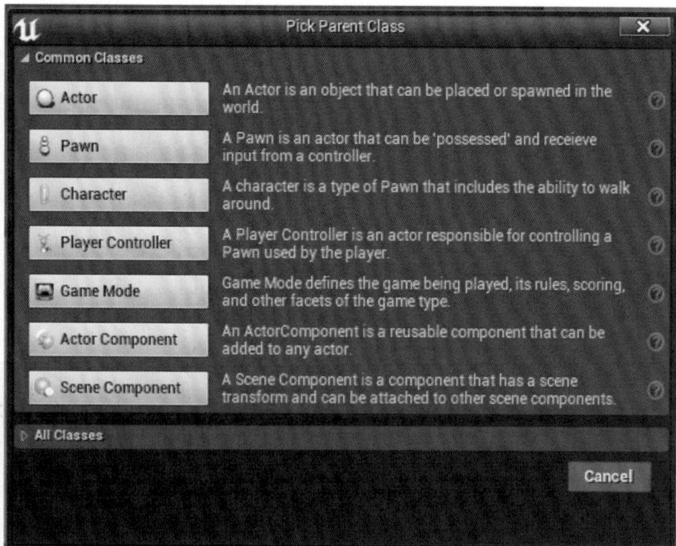

图 2-25

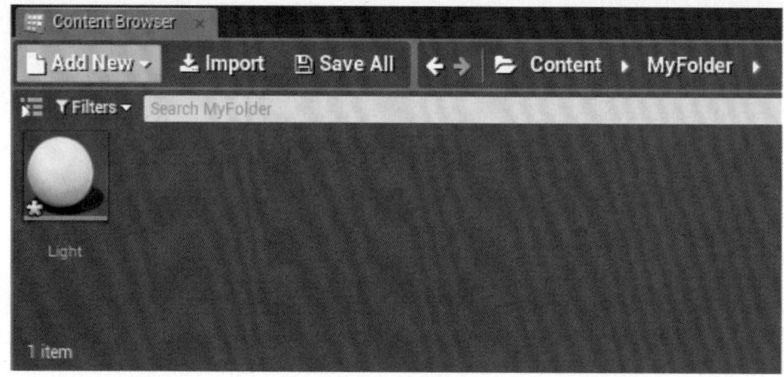

图 2-26

双击创建的 Light 蓝图，以 Actor 为父类的蓝图的编辑器界面如图 2-27 所示。它的编辑器面板有 3 个选项卡，分别为 Viewport、Construction Script 和 Event Graph。在第一个 Viewport 面板中可以查看、摆放或编辑创建的 Component 组件。组件是一种特殊类型的对象，作为 Actor 中的一个子对象。组件一般用于需要简单地切换部件的地方，以便改变具有该组件的 Actor 的某个特定方面的行为或功能。

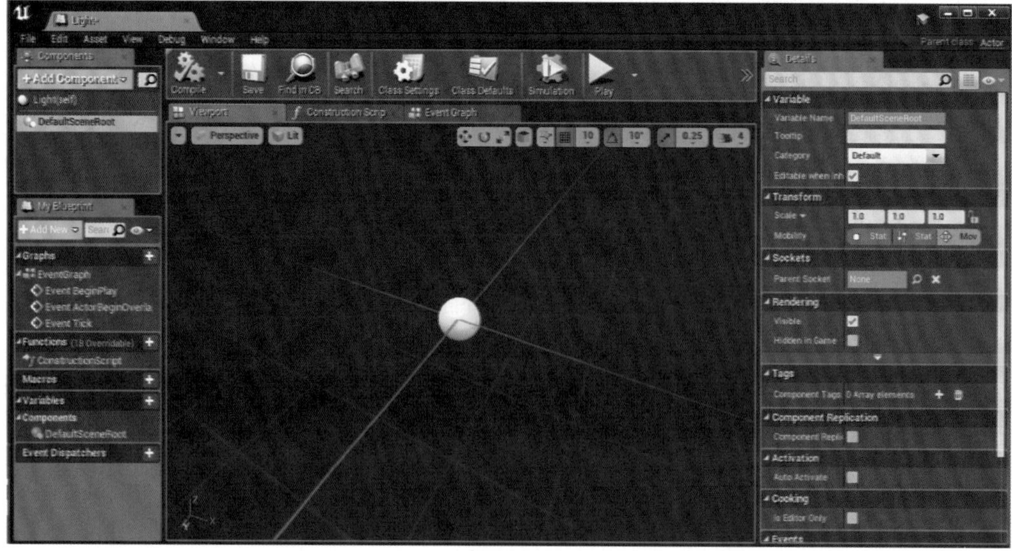

图 2-27

Construction Script 编辑器面板如图 2-28 所示，我们在 2.1.3 节中提到过它，当在 Unreal Engine 关卡编辑器中放置或更新 Actor 时会执行它，但在游戏过程中不会被执行。我们将在 2.3 节对它进行详细讲解。

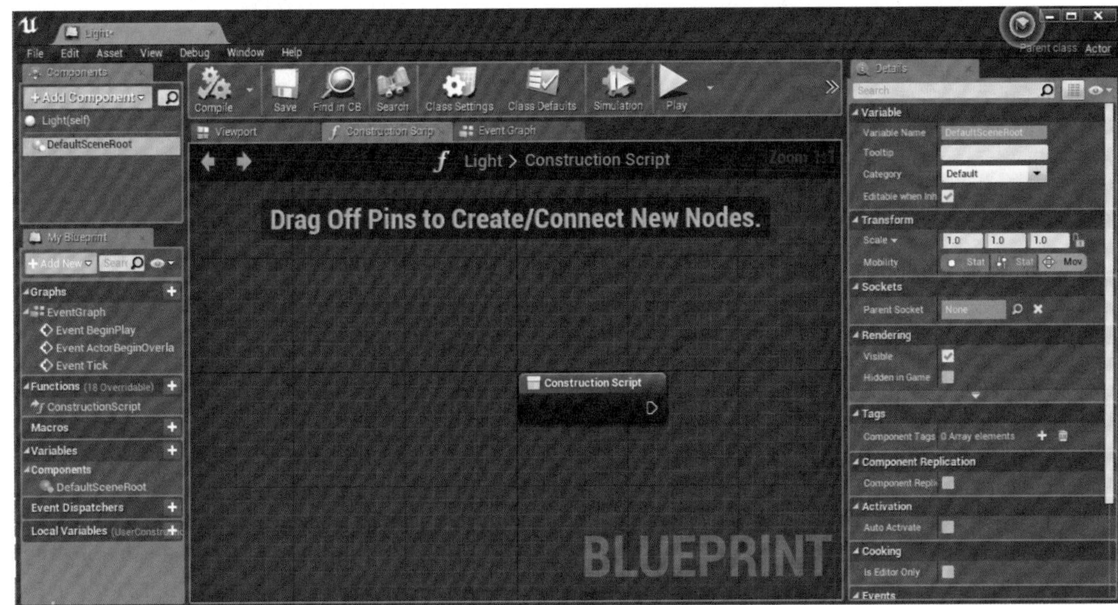

图 2-28

Event Graph 图表编辑器面板如图 2-29 所示。Event Graph 是用来编写游戏脚本的，当游戏运行时会被执行。该图表使用事件和函数调用来执行动作，以便对和该蓝图相关的游戏事件做出反应。事件图表通常用于给蓝图的所有实例添加功能，以及设置交互性和动态反应。

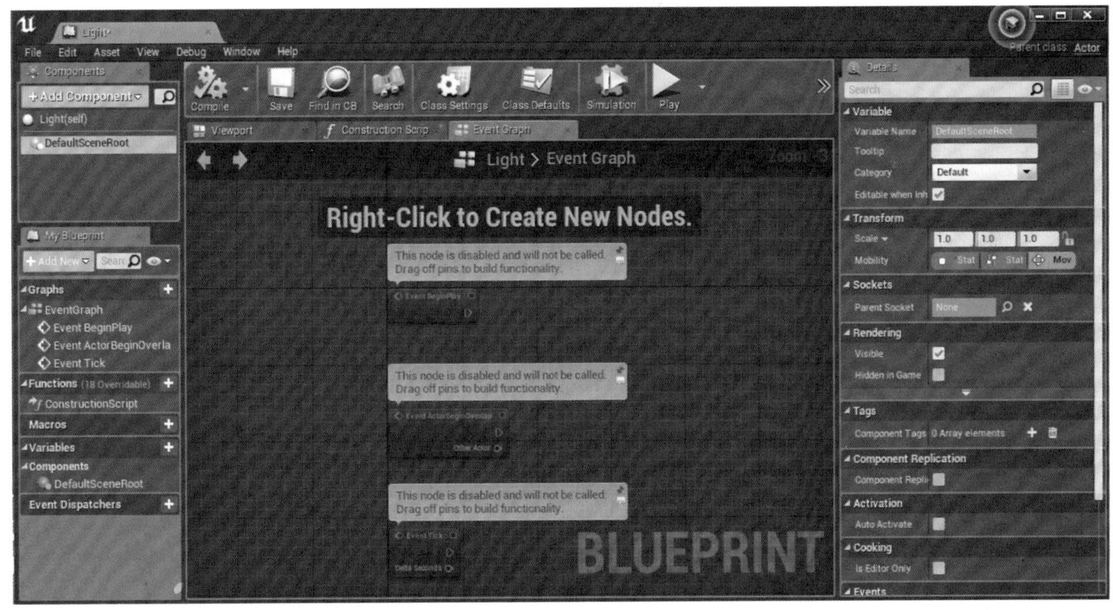

图 2-29

接下来需要为 Light 蓝图添加组件。在蓝图中添加组件的方式有很多种，第一种方法是从 Content Browser 中拖动获得。现在从 Unreal Engine 4 自带的资源库中选择“SM_Lamp_Wall>Static Mesh”选项，按住鼠标左键拖动它到 Light 蓝图的 Viewport 面板中，从而在 Light 蓝图中添加了一个 Static Mesh 组件，默认命名为“SM_Lamp_Wall”，如图 2-30 所示。

第二种方法添加组件的方法是在蓝图编辑器中直接添加。具体操作是：找到 Component 面板，单击“Add Component”按钮，出现列表菜单，如图 2-31 所示。

在列表菜单的搜索栏中输入“point”缩小搜索范围，找到并选择“Lights>Point Light”选项，如图2-32所示。

图 2-30

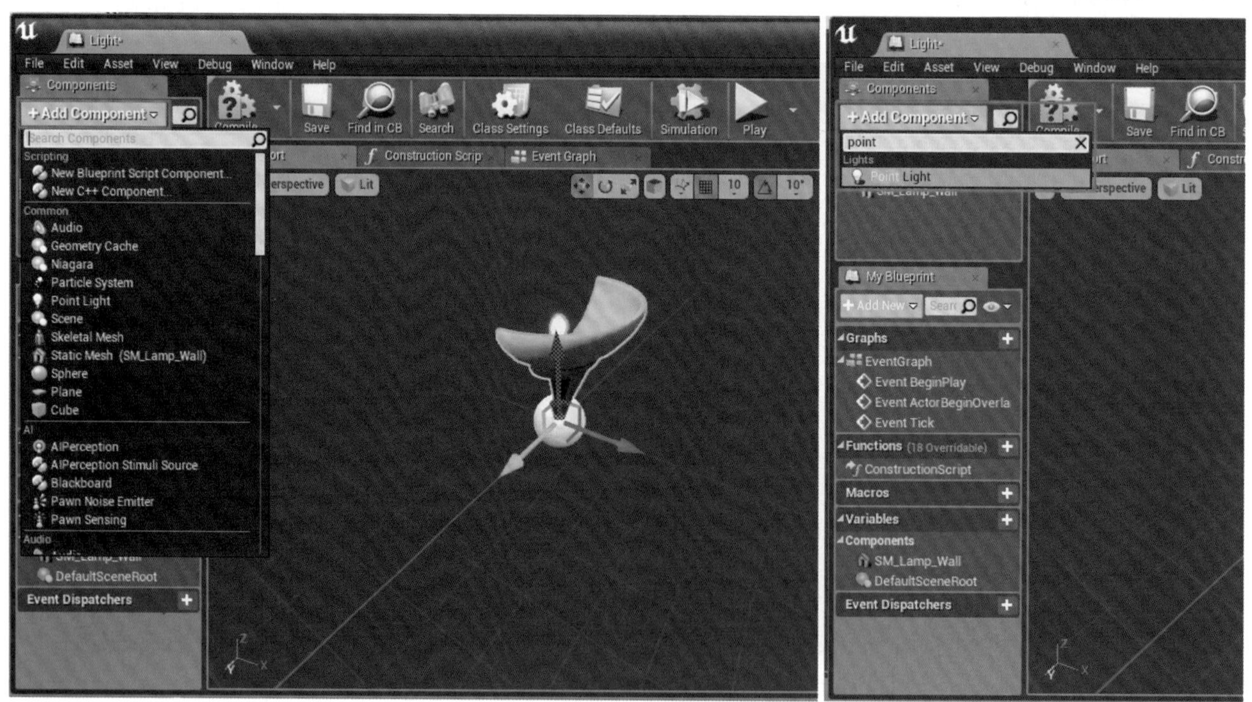

图 2-31　　图 2-32

这样即将一个 Point Light 组件添加到了 Light 蓝图中，默认命名为“PointLight”。调整 PointLight 的位置，如图 2-33 所示。

需要注意的是，每当创建一个组件，蓝图都会为其创建一个名称相同的变量。

单击 Add Component 按钮，在列表搜索栏中输入“coll”，在出现的级联菜单中选择“Collision>Box Collision”选项，如图 2-34 所示。

这样就添加了一个 Box Collision Component，默认命名为“Box”，并让它包围住壁灯。现在 Light 蓝图中有 3 个组件，如图 2-35 所示。

回到 Unreal Engine 关卡编辑器，在 Content Browser 中找到 Light 蓝图并按住鼠标左键将其拖动放置到 Viewport（视口）中，从而创建了一个 Light 蓝图的实例对象，默认命名为“Light”。在视口中将 Light 调整到一个合适的位置，且这个位置可以让 Character 接触到，如图 2-36 所示。

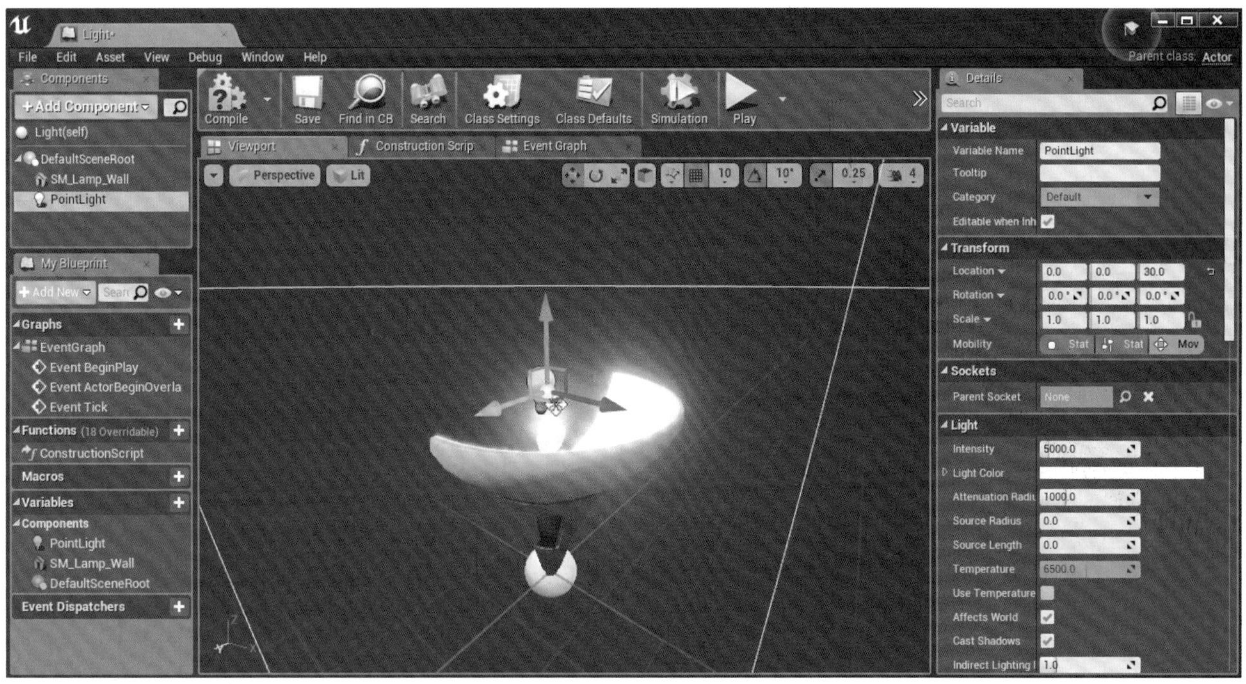

图 2-33

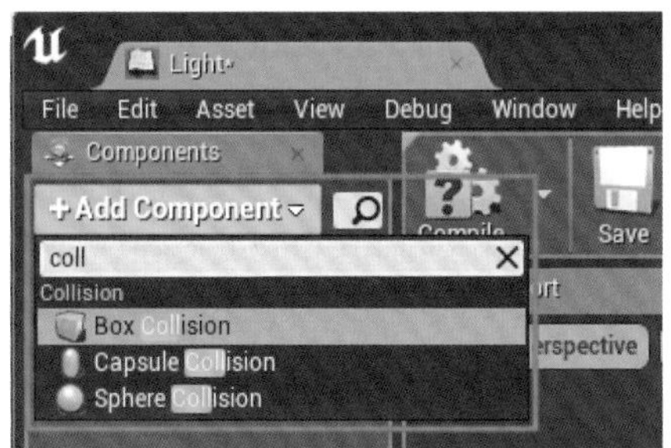

图 2-34

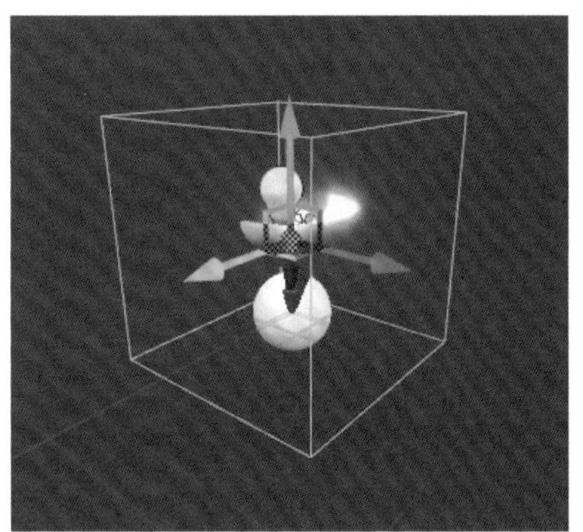
图 2-35

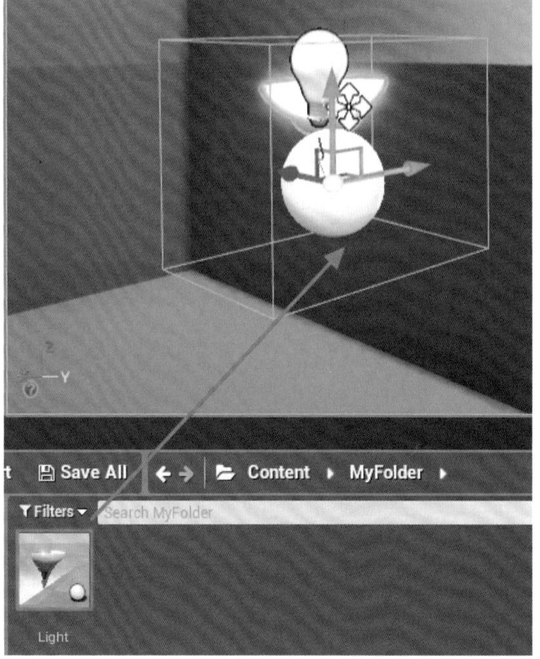

图 2-36

再次回到 Light 蓝图，打开 Event Graph 图标编辑面板。根据组件类型的不同，在 Event Graph 图表中添加事件和函数。在 Components 面板中选中 Box 后，在图表编辑器面板空白处右击，在弹出的快捷菜单中选择 Add Event for Box>Collision>Add On Component Begin Overlap，如图 2-37 所示。

此时，图表编辑器面板中添加了一个红色的 OnComponentBeginOverlap(Box) 碰撞事件节点，括号中为指认的组件的名字，即为 Box 这个 Collision 碰撞体添加了一个碰撞检测事件，当它与其他 Actor 之间发生交叠碰撞后，OnComponentBeginOverlap(Box) 事件节点将会被触发执行。现在我们来确定接触了 Box 之后将要执行的节点。很简单，和前面几个小节一样，我们要做的是接触灯后改变灯的开关状态，因此要添加的是 Toggle Visibility 节点。按住鼠标左键拖动 OnComponentBeginOverlap(Box) 事件节点右侧的执行引脚到空白处，松开鼠标出现关联菜单，在搜索栏中输入“toggle”，在弹出的菜单中选择单击 Rendering>Toggle Visibility(PointLight)，选项，括号中的 PointLight 为调用这个节点的变量名，即这个节点控制的是 Light 蓝图中已添加的 PointLight 组件的可视状态，如图 2-38 所示。

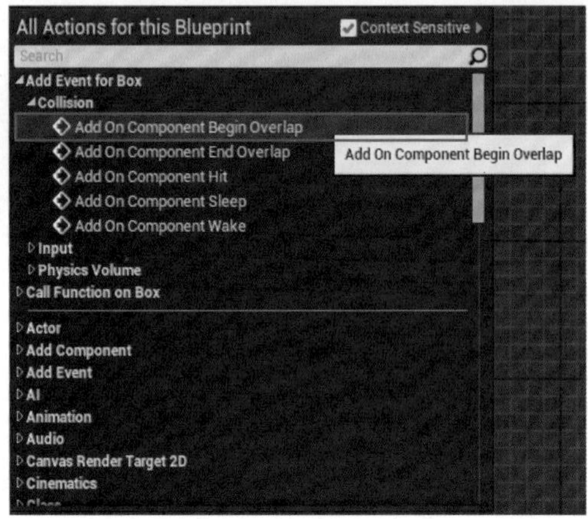

图 2-37

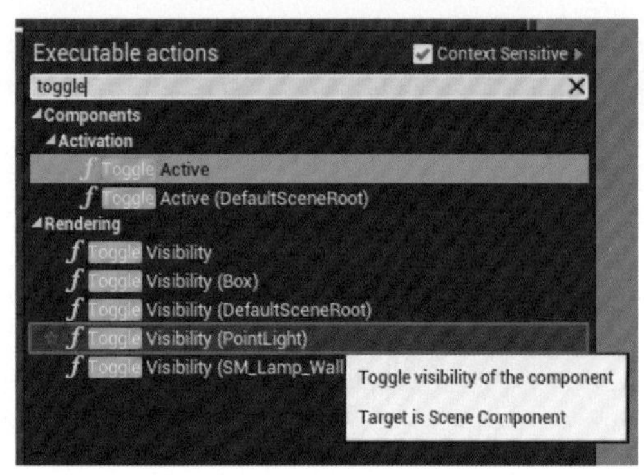

图 2-38

在 2.2.2 节通过学习 OnActorBeginOverlap 碰撞事件节点从而引出了 OnActorEndOverlap 碰撞事件节点，那么，在理解了 OnComponentBeginOverlap 碰撞事件节点的用处后，同样也存在 OnComponentEndOverlap 碰撞事件节点，它是当指认组件与其他 Actor 之间的碰撞消失时会被触发执行的一个节点。现在我们按照之前添加 OnComponentBeginOverlap(Box) 事件节点的方法添加一个 OnComponentEndOverlap(Box) 事件节点，并与 Toggle Visibility 节点之间通过执行引脚相连，如图 2-39 所示。

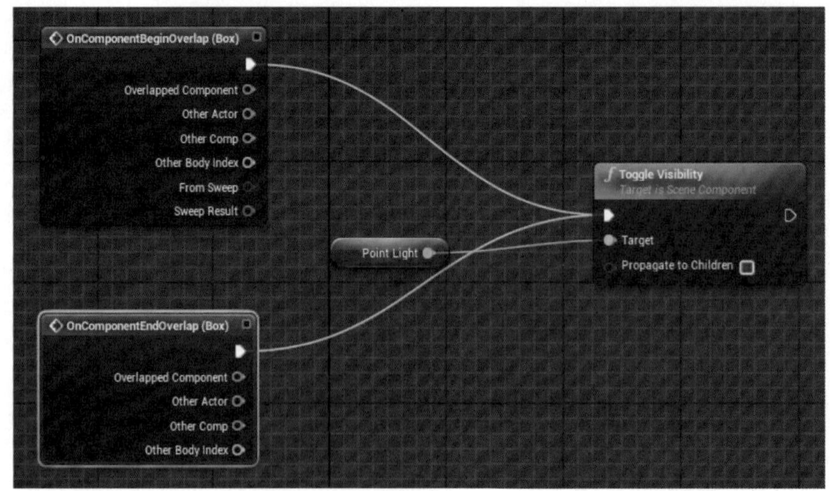

图 2-39

编译 Light 蓝图并保存蓝图后运行游戏，Light 中的 PointLight 默认为打开状态，当接触 Light 后，PointLight 关闭，远离 Light，PointLight 打开，效果如图 2-40 所示。

图 2-40

2.2.4　键盘响应事件节点

游戏除了通过控制角色行走等基础交互之外，还会有其他的让玩家通过外部设备与游戏进行的交互行为。因此本节我们来认识关于外部设备之一——键盘的响应事件节点。

本节中我们要做的依旧是通过控制灯的开关状态来学习节点，只是这次添加了人为可控性，通过按键盘上的按键来控制灯的状态。我们继续沿用 2.2.3 节中的 Light 蓝图，打开 Light 蓝图，在 Components 面板中搜索“text”，在弹出的下拉菜单中选择“Rendering>Text Render”选项，如图 2-41 所示。

Text Render 是一个平面文字 Rendering 组件，用于为蓝图添加具有提示性、说明性的文字。添加了 Text Render 组件后，在 Viewport 面板中为它调整一个合适的位置，供之后做提示文字，如图 2-42 所示。

选中 Text Render，在右边 Details 面板中找到 Variable 下的 Variable Name 变量名，将其修改为“Message”，再到 Text 下的 Text 文本一栏处把要显示的文本设置为“Press F to toggle”，如图 2-43 所示。

图 2-41

图 2-42

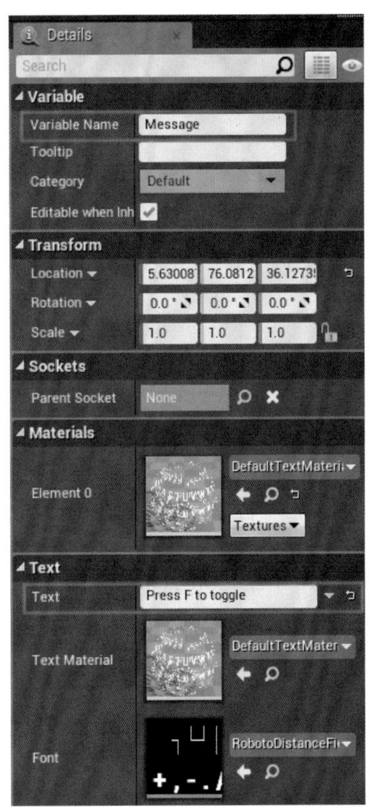

图 2-43

切换到 Event Graph 面板。现在设定一个机制：当角色接触灯时，出现文字提示，此时玩家按下键盘上的 F 键可切换灯光状态；当角色远离灯时，文字提示消失且玩家无法控制灯光状态。因此现在需要取消 OnComponentBeginOverlap(Box) 事件节点和 OnComponentEndOverlap(Box) 事件节点各自与 PointLight 的 Toggle Visibility 节点间的连线关系，按 Alt 键单击想要删除的连线，如图 2-44 所示。

连线删除后，首先拖动 OnComponentBeginOverlap(Box) 事件节点的执行引脚到空白处，松开鼠标，在关联菜单中输入“enable input”，找到并添加“Input>Enable Input”节点，如图 2-45 所示，即当 Box 有与任何 Actor 的接触时，游戏可接受外部设备的输入。

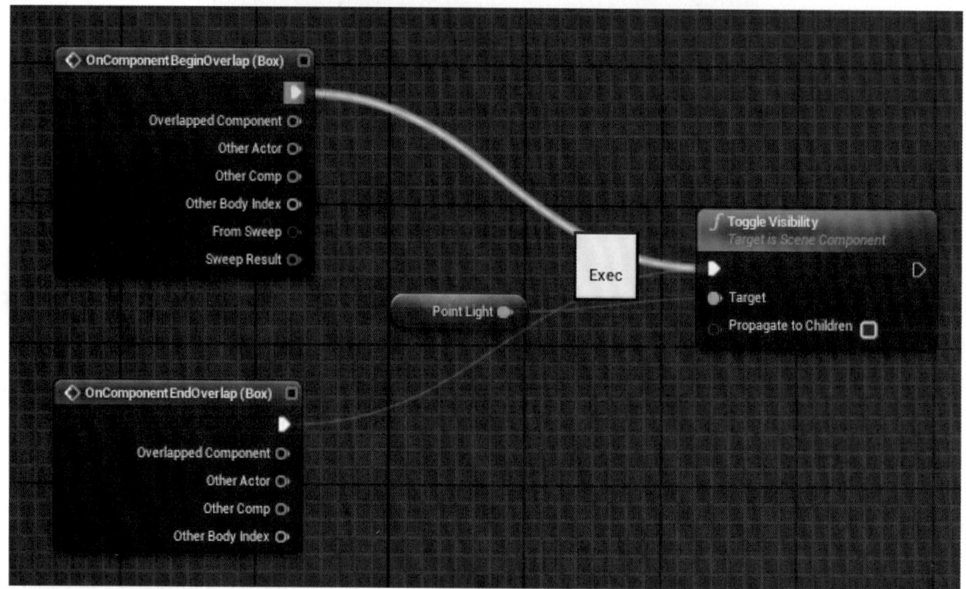

图 2-44

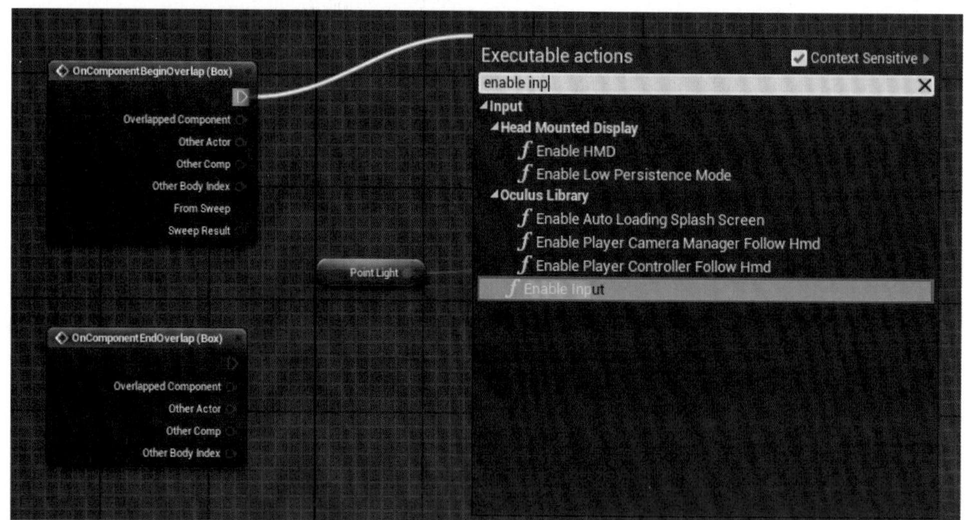

图 2-45

拖动 OnComponentEndOverlap(Box) 事件节点的执行引脚到空白处，松开鼠标，在关联菜单中输入“disable”，找到并选择 Input>Disable Input 选项，如图 2-46 所示，即当 Box 没有与 Actor 的接触时，游戏不接受外部设备的输入。

拖动 Enable Input 节点上的蓝色 Player Controller 引脚至空白处，松开鼠标，在关联菜单中输入“get”，找到并添加“Game>Get Player Controller”节点，如图 2-47 所示，即让 Enable Input 节点知道需要接收来自哪个玩家的输入信息。

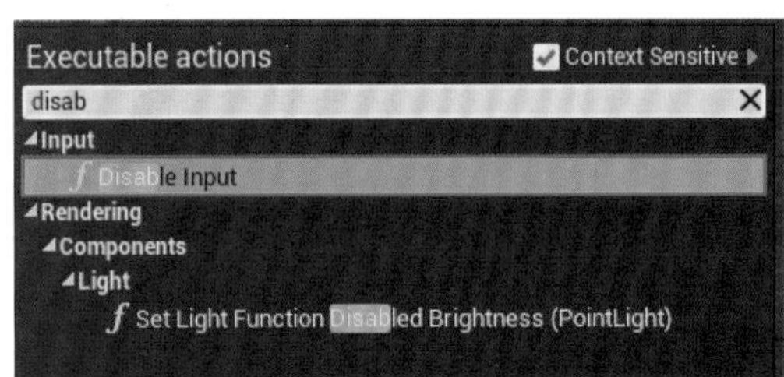

图 2-46

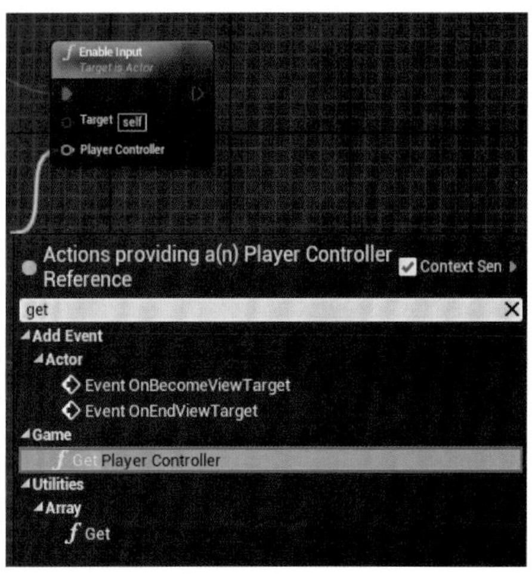

图 2-47

添加好的 Get Player Controller 节点默认的 Player Index 为 0 不需要改变。此外，Disable Input 节点也要知道应该拒绝执行来自哪个玩家的输入信息，且根据情况，它需要拒绝的玩家和 Enable Input 节点需要接收的玩家是一致的，因此它的 Player Controller 引脚也要连接到 Player Index 为 0 的 Get Player Controller 节点上。接下来要设置切换 Message 组件的可视性，同样也是用 Toggle Visibility 节点，只不过是 Message 组件的 Toggle Visibility 节点。拖动 Enable Input 节点右侧的执行引脚，松开鼠标在列表搜索栏中输入“toggle”，找到并添加 Rendering>Toggle Visibility(Message)，如图 2-48 所示。

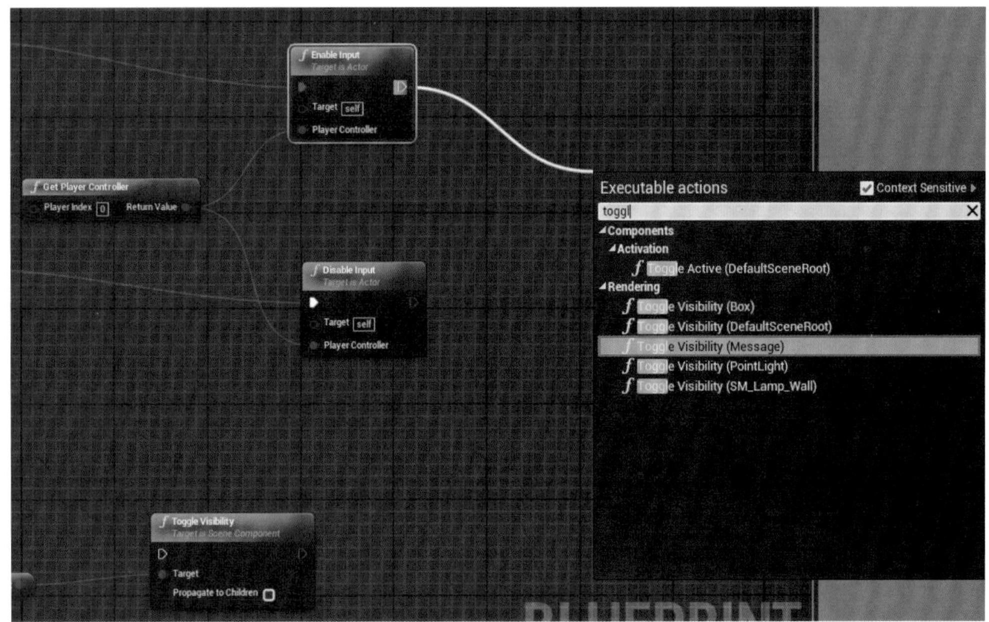

图 2-48

将 Disable Input 节点右侧的执行引脚与 Toggle Visibility 节点左侧的执行引脚相连，如图 2-49 所示。这样就实现了通过检测碰撞切换 Message 的显示状态。

现在添加键盘响应事件，根据情况，需要用键盘上的 F 键控制灯光的状态。在面板空白处右击，在弹出的关联菜单的搜索栏中输入“F”（或“f”），如图 2-50 所示。在“Input>Keyboard Events”集合下有许多存在“F”关键字的节点，均为键盘响应事件，第一个名为“F”的节点即为需要的 F 键响应事件节点，单击“F”关键字添加节点。由此可举一反三，当需要其他按键的响应事件时只需输入按键名或者关键词“keyboard”并在“Input>Keyboard Events”集合下查找即可，而鼠标的响应事件节点只需搜索关键词“mouse”然后在“Input | Mouse Input”集合下查找即可。

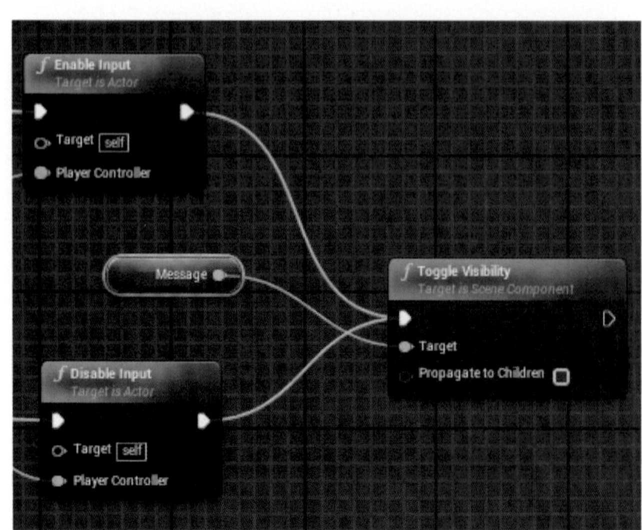

图 2-49

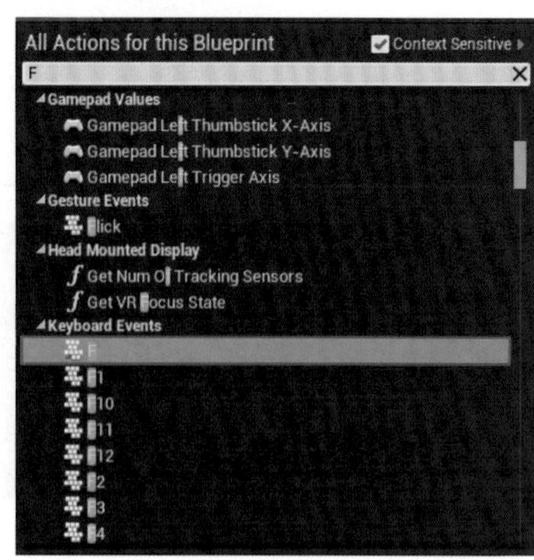

图 2-50

在图表编辑器面板中添加了一个红色的 F 键响应事件节点，它有两个用于输出的执行引脚，分别是 Pressed 和 Released 执行引脚，前者在按下键盘 F 键时被执行，后者在松开键盘 F 键时被执行。根据情况，只需在输入 F 键时控制 PointLight 开关即可，因此将 Pressed 执行引脚与之前创建好的 PointLight 的 Toggle Visibility 节点的输入执行引脚相连即可，如图 2-51 所示。

切换到 Viewport 面板，选中 Message 组件，在 Details 面板中找到 Rendering 下的 Visible 是否可视，设置不勾选 Visible 选项，使得游戏运行时默认 Message 为不可视状态，如图 2-52 所示。

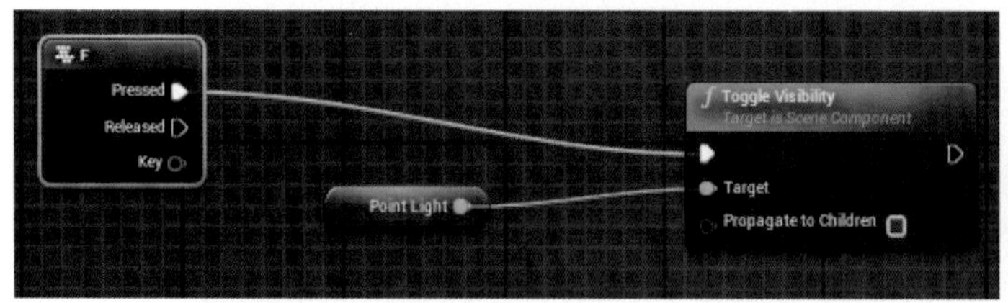

图 2-51

图 2-52

编译 Light 蓝图并保存，运行游戏，Light 蓝图中的 PointLight 默认为打开状态。当角色接触 Light 蓝图实例对象，出现文字提示；当角色远离 Light，文字提示消失，效果如图 2-53 所示。

当角色接触 Light，按键盘上的 F 键，PointLight 熄灭，效果如图 2-54 所示。

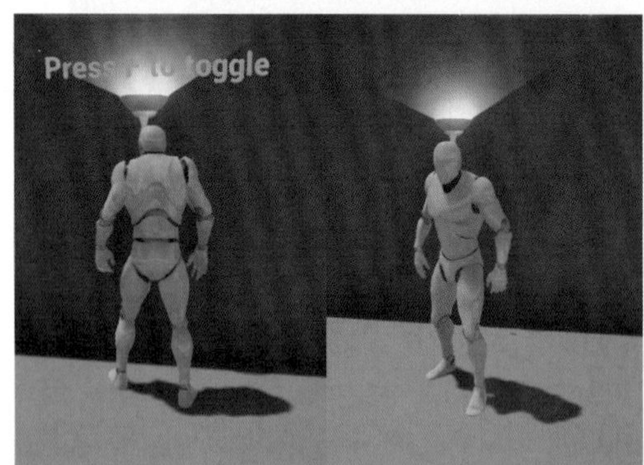

图 2-53

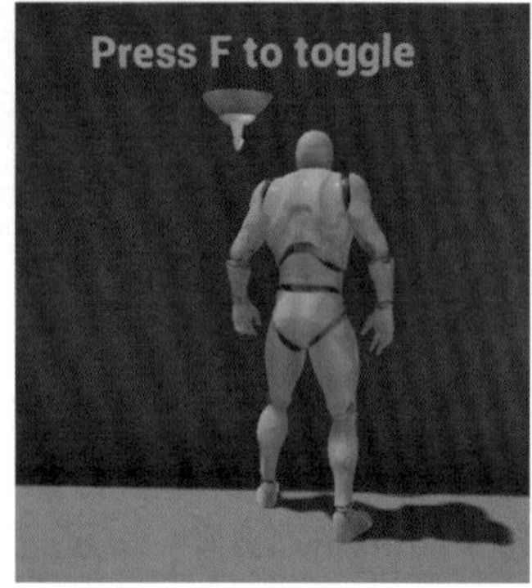

图 2-54

随着学习的深入，我们创建的节点以及连线会越来越多，因此对节点的归纳、整理与说明非常重要。返回 Light 蓝图编辑器，切换到 Event Graph 面板，将实现某一功能的所有节点做一个划分并标注相关说明。按住 Shift 键单击或者拖动鼠标选择所有想要选择的节点，如图 2-55 所示。

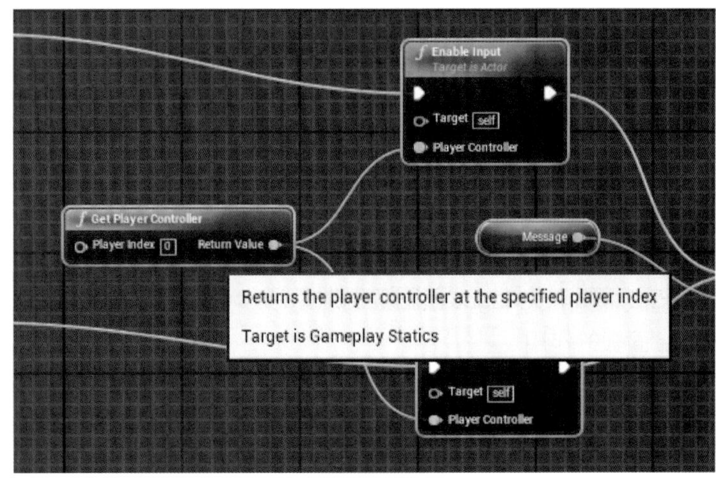

图 2-55

选择节点后，按键盘上的 C 键，其会被注释框选中。通过使用注释框可以让图表更易读懂，也可以用来提供信息。可以更改左上角文本框中默认为“Comment”的注释信息来设置描述内容，如图 2-56 所示。

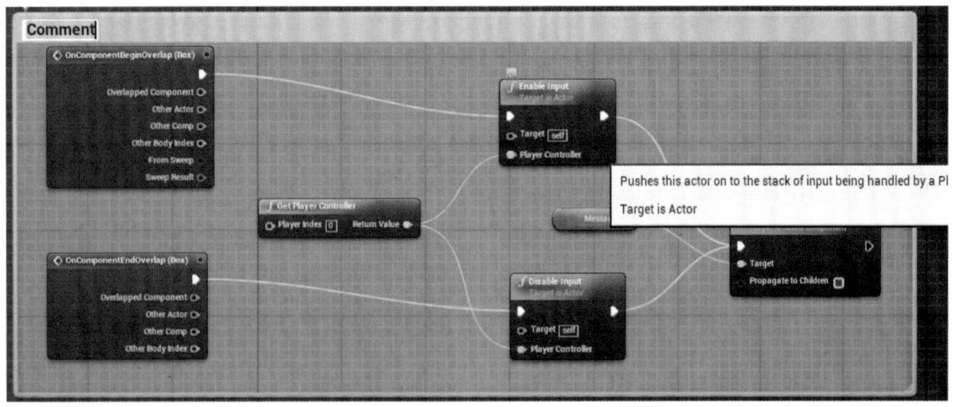

图 2-56

按照之前的步骤为实现另一功能的几个节点添加注释框，如图 2-57 所示。

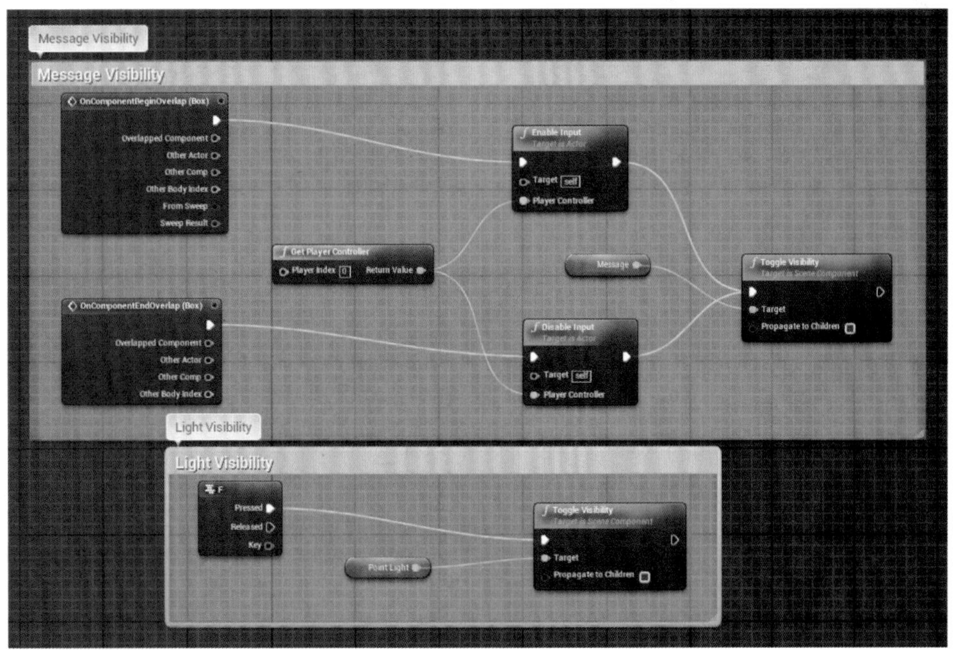

图 2-57

2.3 Construction Script 面板

在前面 2.1.3 节和 2.2.3 节大家已经简单地了解了 Construction Script 面板正如之前所说，Construction Script 构建脚本是蓝图中常见的图表类型，它只有在 Unreal Engine 关卡编辑器中放置或更新 Actor 时会被调用执行，在游戏运行过程中不会被执行。执行该图表使得该蓝图实例执行初始化操作。这个功能非常强大，因为如在世界中执行追踪、设置网格物体及材质等可以用于实现情境关联的设置。在本节中将继续沿用 Light 蓝图，利用 Construction Script 面板，为 Light 蓝图实例对象添加可自定义调节的灯光颜色与灯光开关属性，从而熟悉 Construction Script 面板的作用。

打开 Light 蓝图，切换到 Construction Script 图表编辑器面板，在空白处右击，在弹出的菜单中输入“set light color”，选择 Set Light Color(PointLight)(和前面说明过的情况一样，括号中为调用该节点的实例对象名) 选项，如图 2-58 所示。

在图表编辑器面板中添加了利用 PointLight 调用的 Set Light Color 节点，其中 New Light Color 是为灯光设置的颜色参数。现在拖动 Set Light Color 节点的 New Light Color 深蓝色引脚至空白处，松开鼠标，选择关联菜单中的 Promote to variable 选项提升为变量，为 Set Light Color 节点中的 Linear Color Structure 类型参数 New Light Color 赋予一个相同类型的变量，如图 2-59 所示。在蓝图中，数据引脚所表示的值可以通过 Promote to variable 命令转换为一个变量。这个命令会在蓝图中创建一个新的变量，并将其连接到那个提升为变量的数据引脚上。对于输出数据引脚来说，可以使用 Set 节点来设置新变量的值。从本质上讲，这仅是手动地添加一个新变量到图表中并将其和数据引脚相连的快捷方式。我们可以把一个节点上的任何输入或输出引脚提升为变量，除非该引脚是无类型的数组引脚。

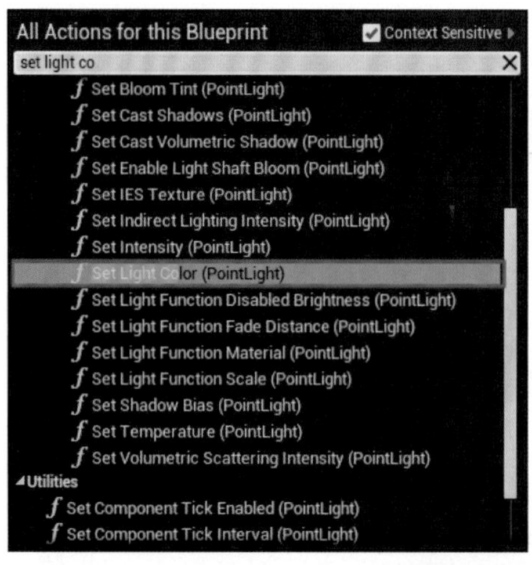

图 2-58

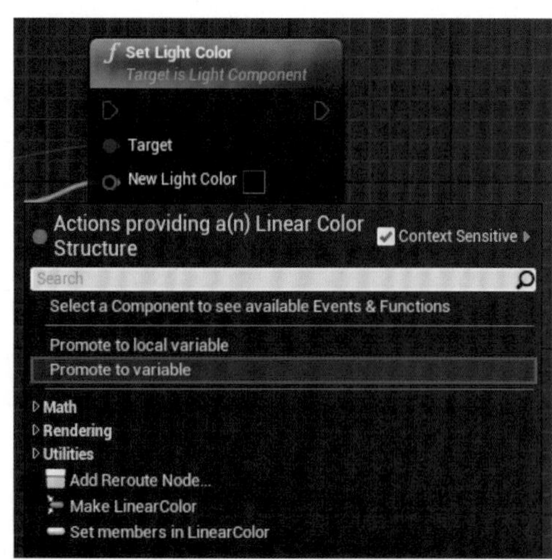

图 2-59

添加的变量默认名为 New Var 0，如图 2-60 所示。此时，可以看到 Point Light 变量本身以及它的引脚均为浅蓝色，与它相连线的 Target 引脚也为浅蓝色；刚刚创建的 New Var 0 变量本身及它的引脚均为深蓝色，与它相连线的 New Light Color 引脚也为深蓝色。可见，颜色在蓝图中很重要性。节点与引脚都有典型的颜色编码，节点的颜色反映出它的节点类型，引脚的颜色反映出它们接收的连接类型，颜色相同的引脚接收的连接类型一致，如 PointLight 为 Object 类别的变量，而 Target 是一个 Object 类别的参数，它需要 Object 类的变量，由此引脚之间可以相互连接；New Var 0 变量和 New

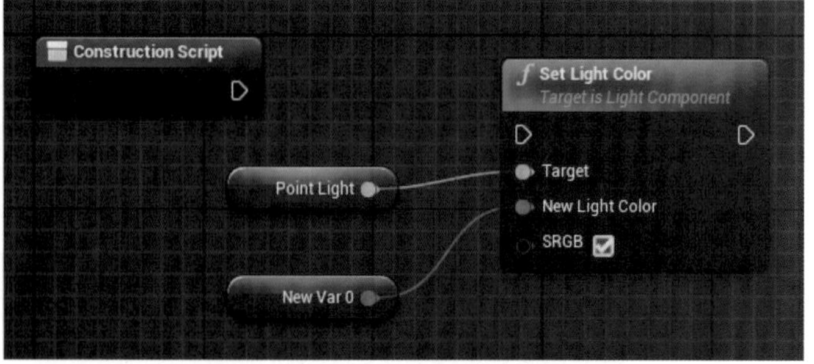

图 2-60

Light Color 参数同样都为 Structure 类别。和数据引脚的颜色一样，数据连线的颜色是由数据类型决定的。需要说明的是，也存在连接两个不同类型引脚的情况，此时将创建一个转换节点。关于变量类型将在 2.5 节进行讲解。

选择 New Var 0，在 Details 面板中选择 Variable>Variable Name 选项，将变量名改为 LightColor 进行编译，在 Default Value 下会出现一个名为 Light Color 的调色器，单击色彩条可以调出 Color Picker 编辑器，如图 2-61 所示。

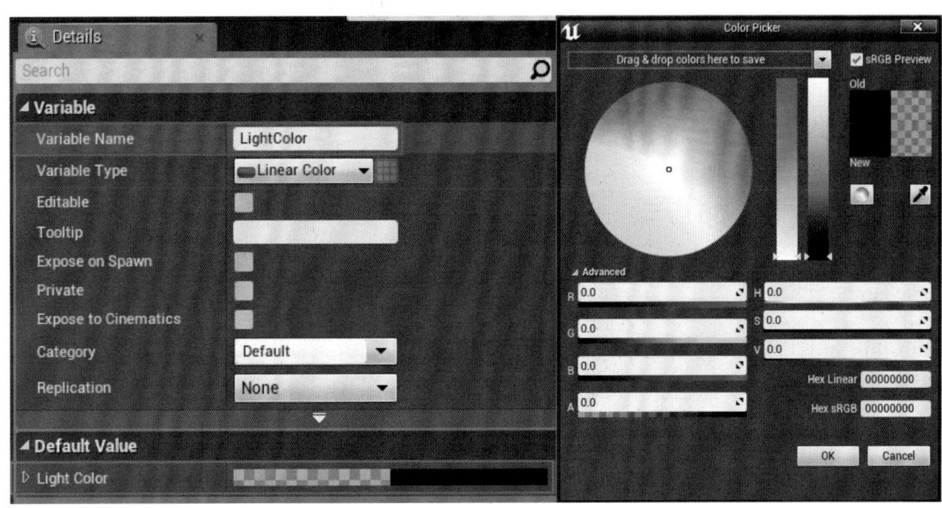

图 2-61

为 Light Color 调一个颜色值，该颜色值将传递给参数 New Light Color，使得 Light Color 成为 PointLight 的灯光颜色，如图 2-62 所示。

图 2-62

返回 Construction Script 面板，可以看到，紫色节点 Construction Script 从最开始就默认存在于面板中，它是 Construction Script 图表的执行入口点，需要把将要执行的节点与执行入口点连接起来才能达到想要的效果。因此，将 Construction Script 节点与 Set Light Color 节点间的执行引脚相连，如图 2-63 所示，最后编译图表。

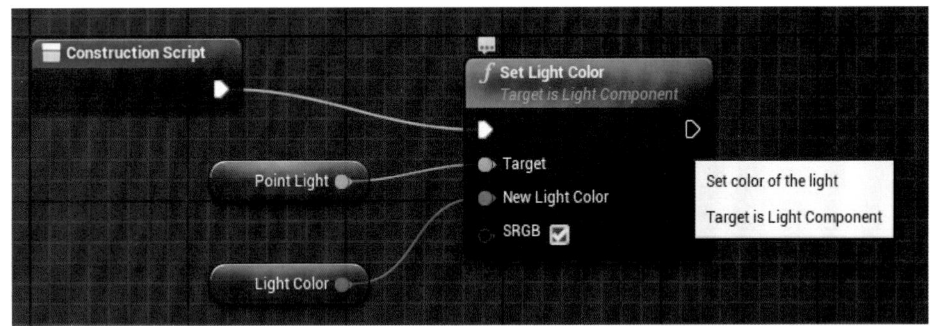

图 2-63

返回 Unreal Engine 关卡编辑器，不用运行游戏就可发现之前创建的 Light 实例对象的 PointLight 灯光颜色变为了在 Light Color 变量中调节的颜色，效果如图 2-64 所示。

当我们在 Unreal Engine 关卡编辑器中对 Light 进行编辑与调节时，在它的 Construction Script 面板中都会有执行流从 Construction Script 节点沿着执行引脚间连线流出，如图 2-65 所示。

图 2-64

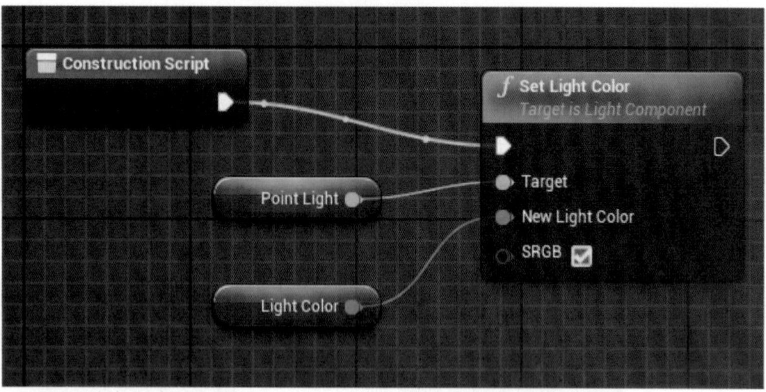

图 2-65

游戏运行后灯光效果如图 2-66 所示。

停止游戏的运行，再次返回 Light 蓝图，选择 LightColor 变量，在 Details 面板中找到 Variable 类目，勾选 Editable 复选框，设置 Category 为默认的 Default，如图 2-67 所示。Editable 用来设置变量是否可以在 Blueprint Defaults 蓝图默认值及蓝图的 Details 面板中编辑该变量的值，而 Category 决定了在“蓝图默认值”“我的蓝图选卡”及“蓝图的 Details 面板”中该变量出现的位置。如果默认它为 Default，那么 LightColor 变量就属于 Default 组下。

图 2-66

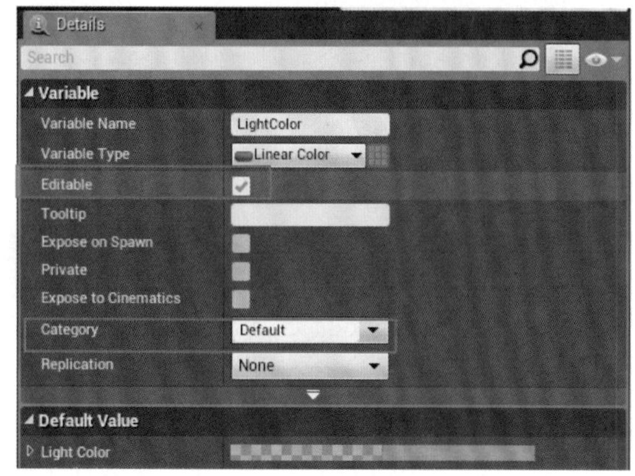

图 2-67

编译 Light 蓝图后返回 Unreal Engine 关卡编辑器，选择视口中的 Light 实例对象，查看右侧的 Details 面板，如图 2-68 所示，可见 LightColor 出现在了 Default 组下。

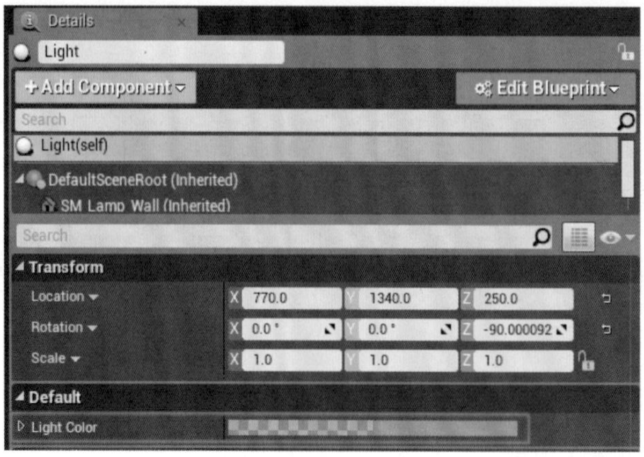

图 2-68

这样，便可在 Unreal Engine 关卡编辑器中随时编辑 Light 的灯光颜色了，如图 2-69 所示。

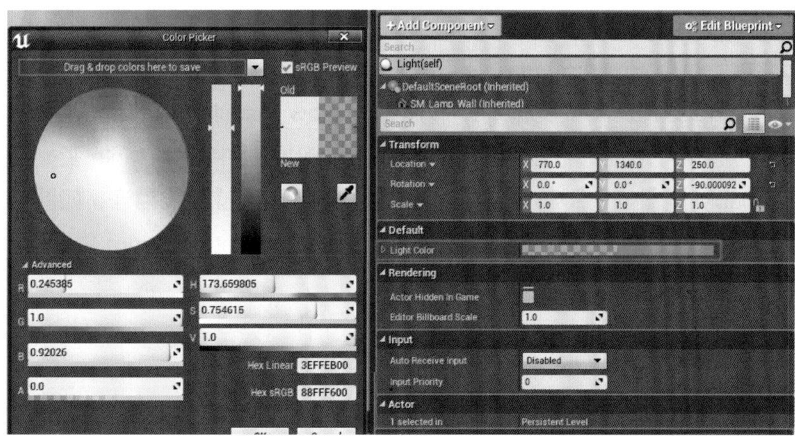

图 2-69

接下来要为 Light 添加一个可自定义控制 PointLight 开关的属性，返回 Light 蓝图，在 Construction Script 面板中添加 Set Visibility(PointLight) 节点，如图 2-70 所示。

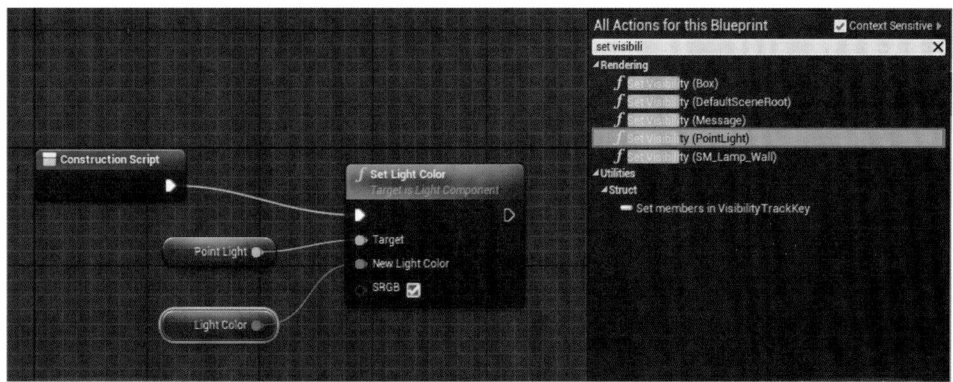

图 2-70

添加一个控制灯光是否打开的变量。之前通过创建组件和利用 Promote to Variable 命令的方式添加过变量，现在来学习最基本的一种添加变量的方式。My Blueprint 面板顶部的 +Add New 按钮用于创建新变量、函数、宏、事件图表及事件调度器。单击该按钮，在弹出的下拉菜单中选择 Variable 变量，如图 2-71 所示。

创建变量后打开 Details 面板，设置变量的 Variable Name 为 Visiable。Variable Type 变量类型用来设置变量的类型，并决定该变量是否为数组。将 Variable Type 设置为红色的 Boolean（布尔）类型，Boolean 类型只有 true 和 False 两个值。勾选 Editable 复选框，将变量的 Category 手动输入设置为 LightProperties，如图 2-72 所示。

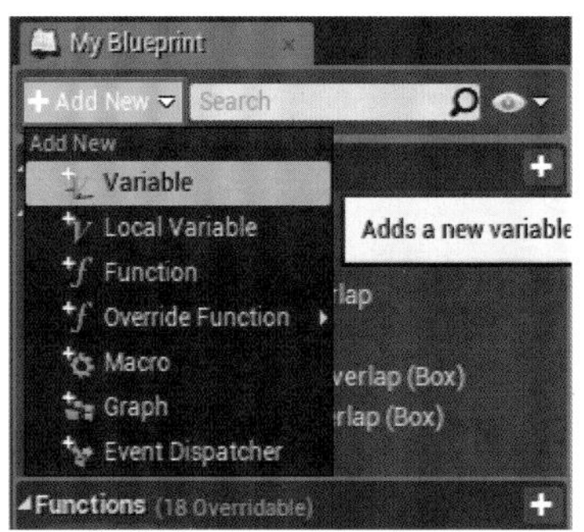

图 2-71

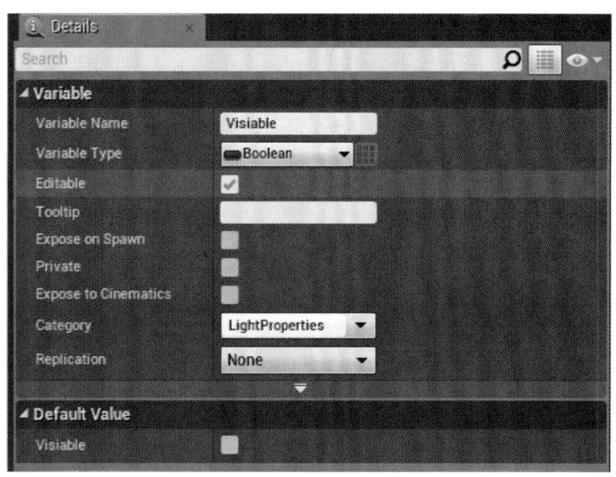

图 2-72

将之前创建的 LightColor 的 Category 也设置为 LightPro-perties。打开 My Blueprint 面板，可以看到，Visiable 和 LightColor 两个变量被放置在 Variables 下的 Light Properties 组下，如图 2-73 所示。

返回 Construction Script 面板。Set Visibility 节点中的 New Visibility 参数是一个 Boolean 型参数，它用来设置灯光的开关状态。选中并按住鼠标左键拖动 My Blueprint 面板中的 Visiable 变量到 New Visibility 引脚处，松开鼠标左键，Visiable 变量的引脚与 New Visibility 引脚自动通过红线相连，如图 2-74 所示。也可以按住 Ctrl 键，拖动 Visiable 变量到图表编辑器面板空白处，在 Construction Script 中获得 Visiable 节点，然后手动将两个引脚相连。

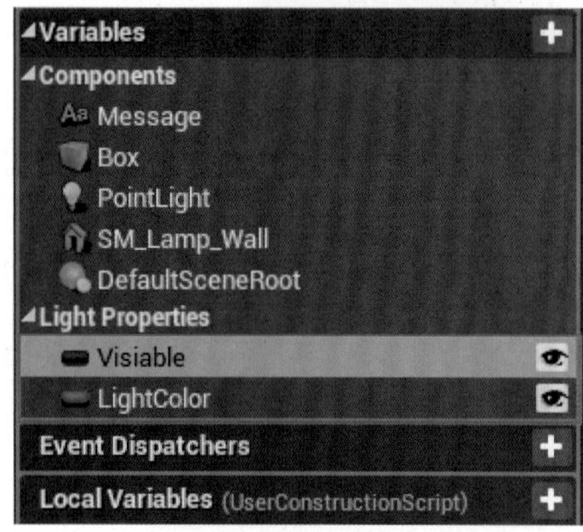

图 2-73

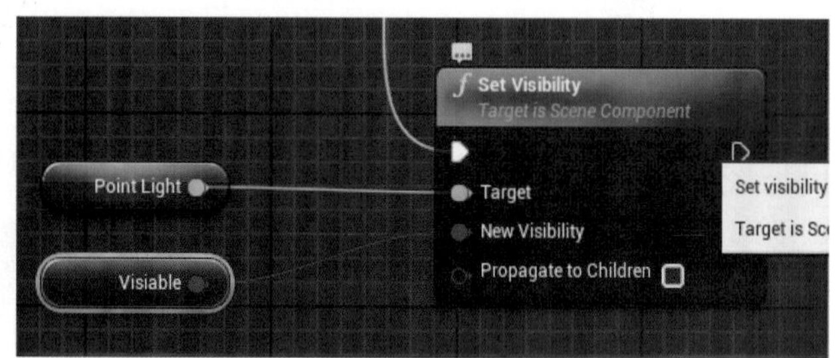

图 2-74

编译图表，返回 Unreal Engine 关卡编辑器界面，选中 Light 实例对象，可以看到在 Details 面板中，出现了 Light Properties 类目，并且在这个类目中有 Visiable 和 Light Color 两个属性。取消勾选 Visiable 复选框，场景中的 Light 实例对象的灯光关闭，如图 2-75 所示。

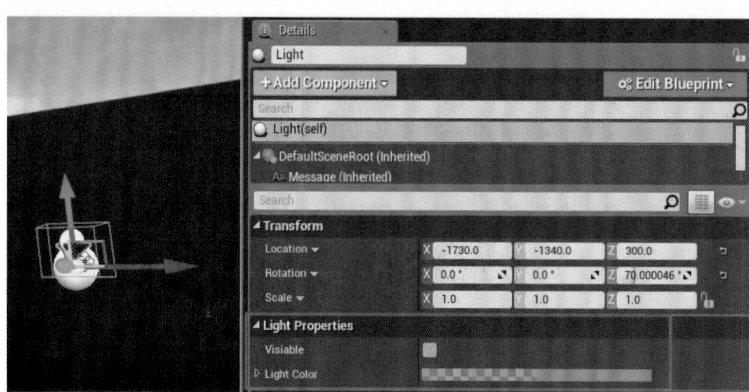

图 2-75

反之勾选 Visiable 复选框，场景中的 Light 实例对象的灯光打开，且呈现出的灯光颜色与 Light Color 所设定的颜色相同，如图 2-76 所示。

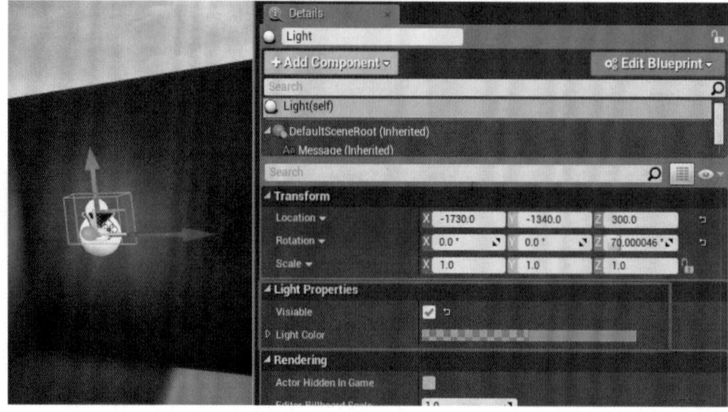

图 2-76

2.4　Math 类型节点

Math 类型节点包括几类变量之间的加法、减法、乘法、除法、比较以及随机数等数学范畴的节点，比较容易理解，应用也比较简单。本节我们就以加法为例，来介绍如何使用 Math 类型节点。

继续沿用之前创建的工程项目，在 Content Browser 中的空白处右击，在弹出的菜单中选择 Create Basic Asset>Blueprint Class 选项，添加一个蓝图，如图 2-77 所示。

在弹出的 Pick Parent Class 对话框中选择 Common Classes>Actor 选项，如图 2-78 所示。

我们把新创建的蓝图命名为 VariableWorkShop，如图 2-79 所示。

打开 VariableWorkShop 蓝图，切换到 Event Graph 图表面板，在空白处右击，在弹出的菜单中找到 Math 类目并展开，如图 2-80 所示。Math 类目下有许多二级类目，它们分别包含了针对不同类型的变量而存在的数学范畴的节点。

下面以 Float 项为例，展开 Float 类目，可以看到其中包含的所有节点，如图 2-81 所示。其中最常用的如 float – float，即两个 Float 类型变量间的减法运算，float * float 即两个 Float 类型变量间的乘法运算等。

图 2-77

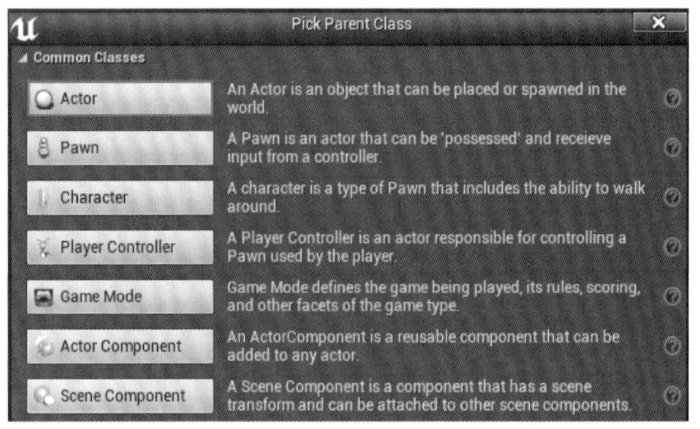

图 2-78

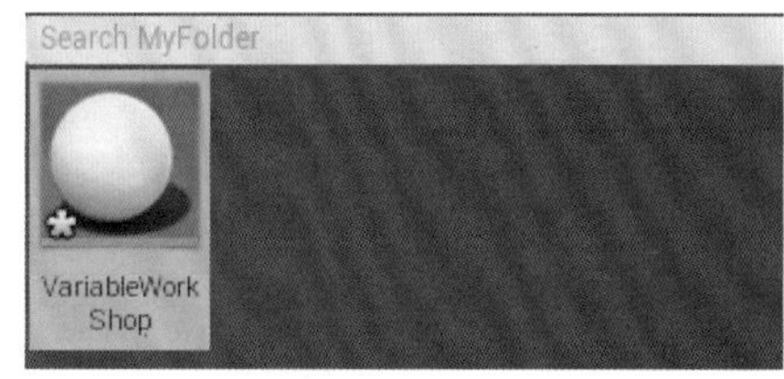

图 2-79

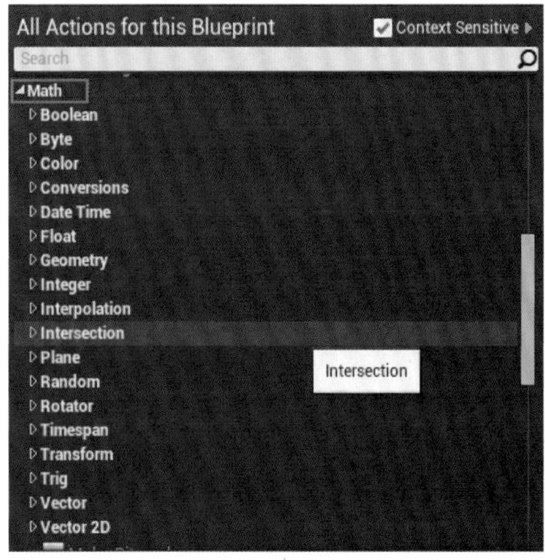

图 2-80

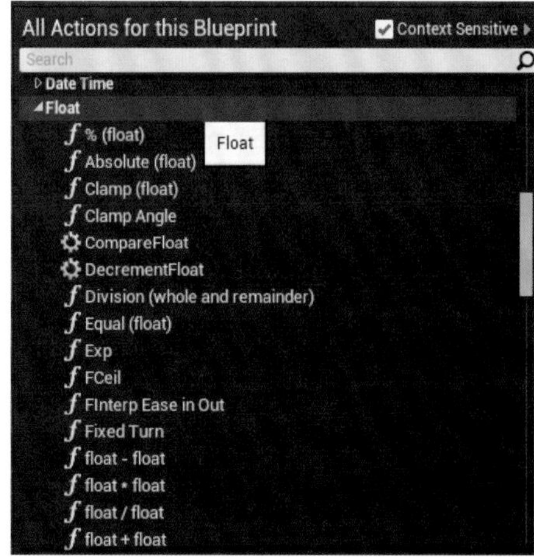

图 2-81

添加一个 float + float 节点，结果如图 2-82 所示。在该节点中，左侧有两个绿色的数据引脚，右侧有一个绿色数据引脚，绿色代表 Float 类型，说明需要传入两个 Float 类型数据，然后该节点会返回一个 Float 类型数据。我们可以创建变量后将变量传递给该节点，也可以在引脚后面的文本框中输入常量进行加法运算。若需要两个以上参数间进行加法运算，可以单击节点右下角的 Add pin + 按钮添加数据引脚。

现在实现：只要运行游戏，屏幕中就会显示出加法节点的计算结果。

为加法节点的两个参数分别设置两个常量，拖动加法节点右侧引脚于空白处，松开鼠标，选择菜单中的 Promote to variable 选项，将加法节点的计算结果传递给一个新建变量，如图 2-83 所示。

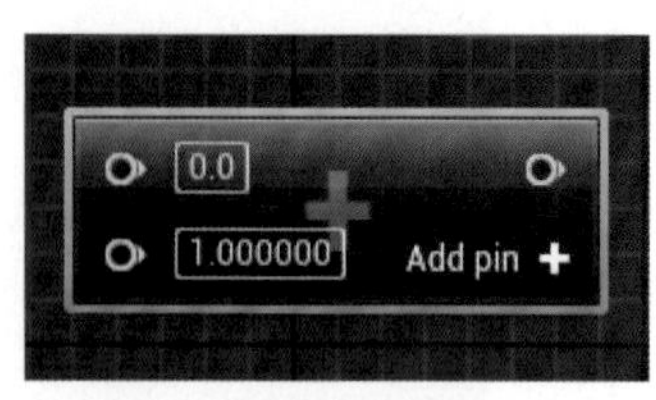

图 2-82

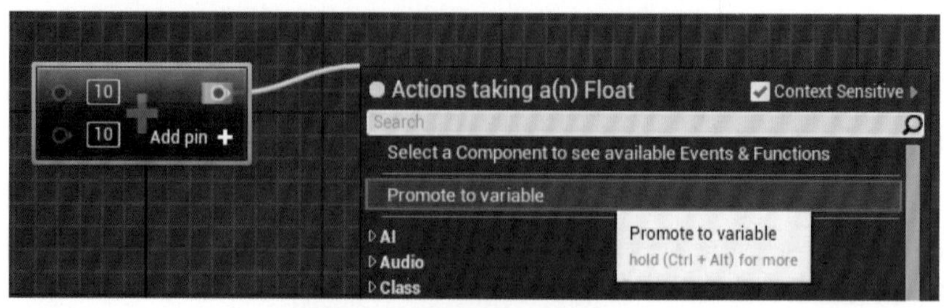

图 2-83

将新创建的变量改名为 Result，图表面板如图 2-84 所示。

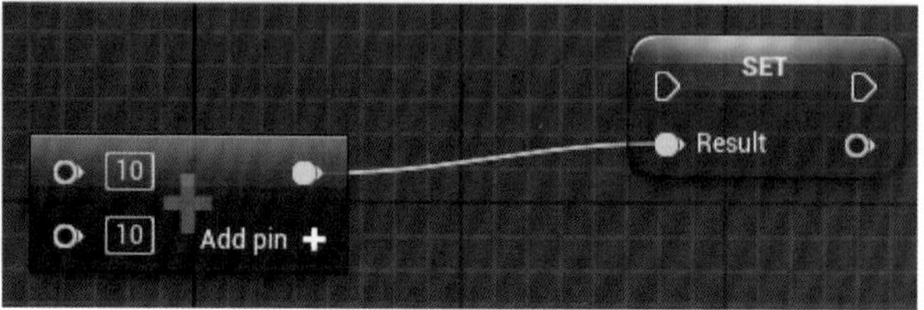

图 2-84

添加 Event BeginPlay 事件节点，将该节点的执行引脚与 SET 节点的执行引脚相连，拖动 SET 节点右侧的输出数据引脚至空白处，松开鼠标，在弹出的关联菜单的搜索栏中输入“print”，然后选择 Utilities>String>Print String 选项，如图 2-85 所示。

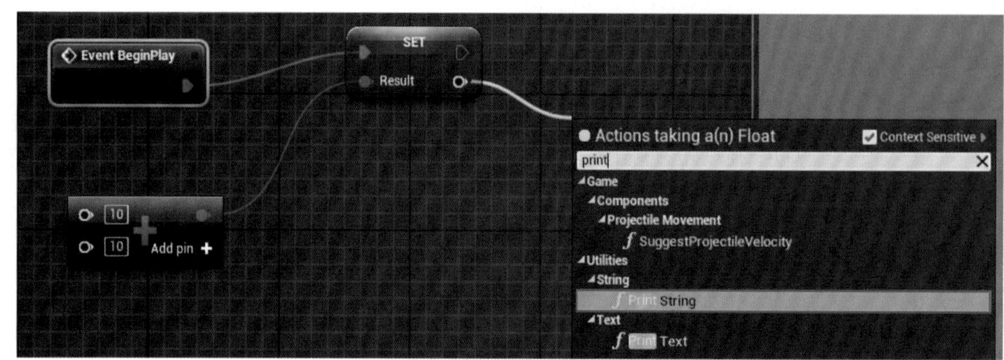

图 2-85

Print String 节点用来将 String 字符串打印到视口界面上，该节点的左侧 In String 引脚为代表 String 类型的粉色，即它接收的数据类型为 String 类型，因此当 SET 节点输出的 Float 类型返回值传给 Print String 时，它们之间需要进行类型间的转换。连接在 SET 输出数据引脚与 In String 引脚之间的节点，即为系统自动匹配的类型转换节点。最后将各个节点的执行引脚连接起来，如图 2-86 所示。

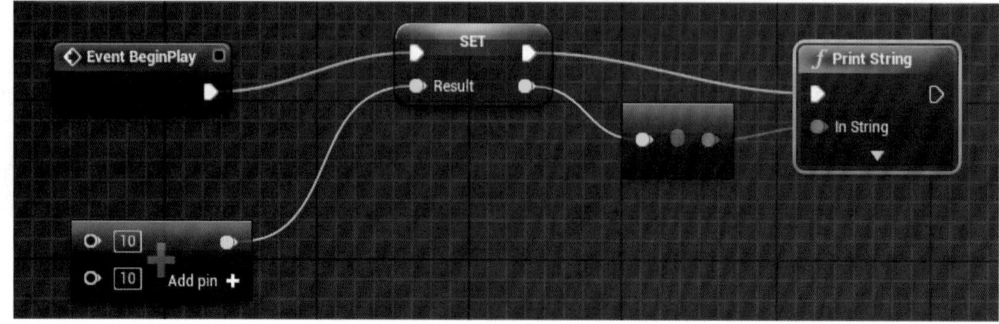

图 2-86

编译图表后，返回 Unreal Engine 关卡编辑器，将 Content Browser 中的 VariableWorkShop 蓝图拖动放置到游戏场景中，效果如图 2-87 所示。

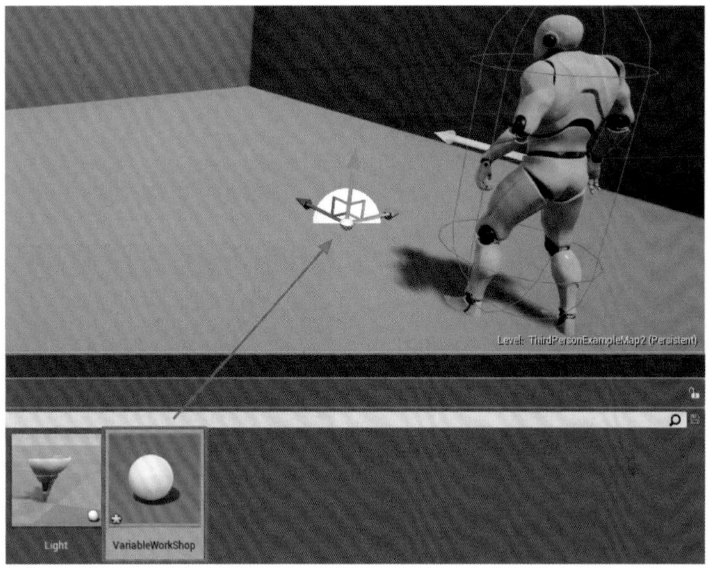

图 2-87

运行游戏，可以看到游戏屏幕左上角出现了 20.0 字样，这是经过加法计算得出的结果，如图 2-88 所示。

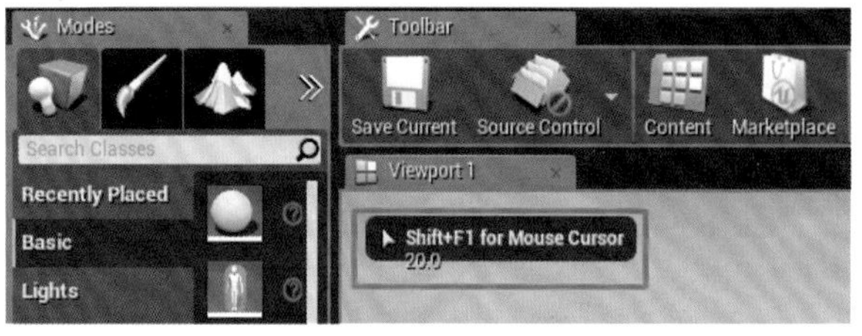

图 2-88

再次返回 VariableWorkShop 蓝图，尝试为加号节点的参数传递变量。在 My Blueprint 面板中创建一个新的变量，如图 2-89 所示。

创建了变量后，可在 Variables 组下查看变量。新建的变量类型为 Boolean 布尔类型，命名为 Var。现在拖动变量 Var 到 Event Graph 面板空白处，松开鼠标，弹出一个小菜单，包括 Get 和 Set 两个选项，选择 Get 选项可以添加 Get 节点从而获取变量或变量值，选择 Set 选项可以添加 Set 节点从而对变量值进行设置。Get 节点向部分节点网络提供一个变量值。一旦创建了 Get 节点，就可以把它们连接到适当类型的任何节点中。Set 节点允许修改变量的值，不过需要注意的是，Set 节点必须通过执行引脚连线进行调用才能执行。此外，拖动变量到面板中时按住 Ctrl 键可直接创建一个 Get 节点，而按住 Alt 键可直接创建一个 Set 节点。现在单击 Get 节点，获取变量，如图 2-90 所示。

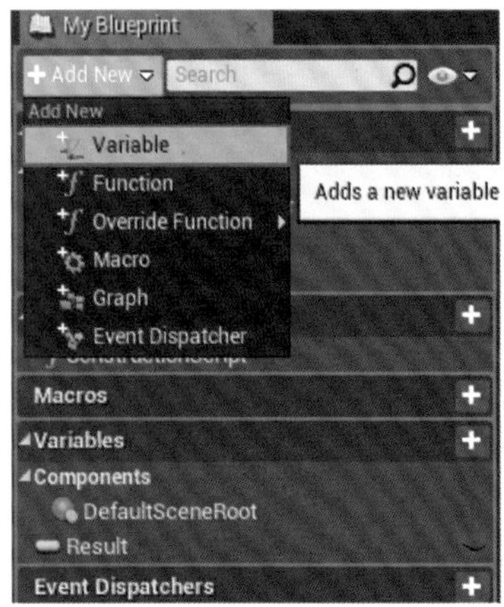

图 2-89

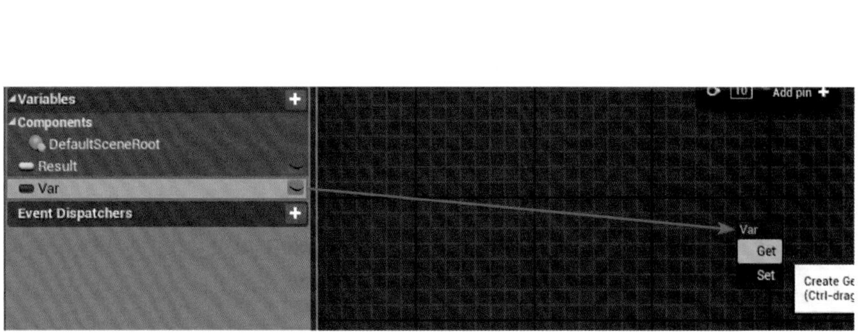

图 2-90

在面板空白处右击，在弹出的菜单中选择 Integer>integer + integer 选项，从而添加了一个整型变量间的加法节点，如图 2-91 所示。

将 Var 传递给加法节点中的一个参数，即将两者的数据引脚相连，结果如图 2-92 所示，由于变量与参数两者类型不同，因此需要类型转换节点将 Boolean 类型的 Var 变量转换为 Integer 类型再将其赋给加法节点。

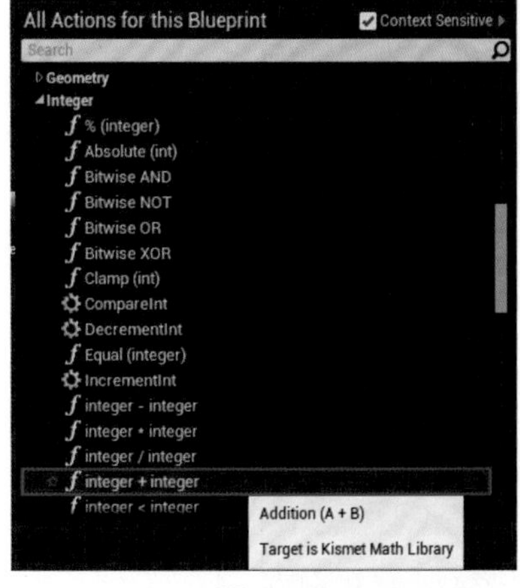

图 2-91

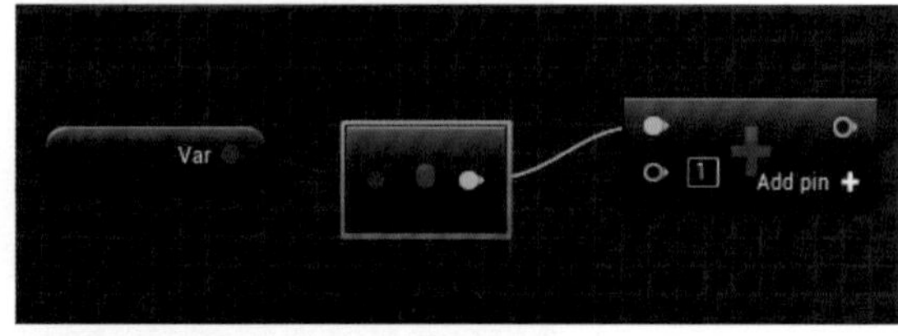

图 2-92

2.5 Variable 变量

在编程语言中，变量是一种十分重要的占位符，在蓝图中，它同样也是不可缺少的组成部分。本节将从变量的定义出发，来了解蓝图中各种类型的变量。

2.5.1 Variable 变量概述

前面已经介绍过 Variable 变量，想必读者对 Variable 变量已有所了解。在蓝图中，变量是存放一个值或引用世界中的一个 Object 或 Actor 的属性。这些用于界面内部访问，或者通过设置也可以在外部进行访问，以便应用放置在关卡中的蓝图实例的设计人员可以修改它们的值。我们可以创建各种类型的变量，包括数据类型的变量（比如布尔型、整型及浮点型）及用于存放类似于 Object、Actor 及特定类的引用型变量。此外，还可以创建每种变量类型的 Array 数组。每种变量类型都进行了颜色编码，以方便识别，如图 2-93 所示。

图 2-93

下面对常用的变量类型进行介绍。

Boolean 代表布尔型 (true/false) 数据；Integer 代表整型数据或者没有小数位的数值，如 0、152 和 –226；Float 代表浮点型数据或具有小数位的数值，如 0.0553、101.2887 和 –78.322。

String 代表字符串型数据或者一组字母数字字符，如“Hello World”；Text 代表显示的文本数据，尤其是在文本需要进行本地化的地方；Name 名字类型变量比较特殊，简单来说，它就是用来存储名字的变量，例如类名。名字也是一串文本，只是它可以用来识别游戏中的一些元素。

Vector 向量、Rotator 旋转体和 Transform 变换这 3 个变量类型都属于 Structure 类别。Vector 代表向量型数据，或者代表由 3 个浮点型数值的元素或坐标轴构成的数值，如 XYZ 或 RGB 信息。Rotator 代表旋转量数据，这是一组在三维空间中定义了旋转度的数值。Transform 代表变换数据，它包括平移（三维位置）、旋转及缩放。

Structure 结构体是由一系列具有相同类型或不同类型的数据构成的数据集合，如 Vector 变量中存储了 3 个同为 Float 的数据，而 Transform 中存储了 Location、Rotation、Scale3 个数据，其中 Location 和 Scale 皆为 Vector 类型，Rotation 为 Rotator 类型。

Object Types 对象中包含了多种多样的可作为对象来调用的蓝图类型。我们在蓝图中创建的任意

Component，当它们需要被调用时，都是作为 Object 类型变量存在的。

Enum 枚举是一个被命名的整型常数的集合，例如 {Alice、Tom、Jerry} 这个名字常量集合，就可以被作为一个 Enum 类型变量来使用。

此外，还有一个 Array 数组类型变量没有提及，任意类型都可以创建 Array 变量，Array 可以存储多个同一类型的变量。

关于 Variable 变量的添加与创建我们已经不再陌生，我们可以通过拖动输入数据引脚来创建变量。我们也可以在 My Blueprint 面板中单击 + Add New>Variable 来添加变量，还可以在 My Blueprint 面板下找到 Varibales 组，单击右端的“+”号键即可添加，如图 2-94 所示。

变量添加好之后，可以在 Details 面板中对选中的变量设置属性，如图 2-95 所示。不同类型的变量有不同的属性，接下来认识其中的一些基本属性。在 Variable 类目下，Variable Name、Variable Type、Editable 和 Category 前面已经介绍过，分别可以设置变量名、变量类型、可编辑性以及它的类目。Tooltip 用来设置该变量的工具提示信息，当用鼠标在变量上面浮动时会显示在这里填写的文本注释。Expose on Spawn 也是一个常用属性，它用来决定当变量所在蓝图作为 Spawn 资源时，该变量是否会作为参数数据引脚存在于 Spawn 节点中。Private 即设定该变量是否应该是私有变量，如果是私有的，则不能被该蓝图的子类所修改。Replication 选择是否应该在客户端之间复制该变量的值、是否应该通过调用函数产生一个通知。在 Variable 类目下，还有一个 Default Value 类目，当图表被编译后，在 Default Value 下会显示出该变量的默认值。

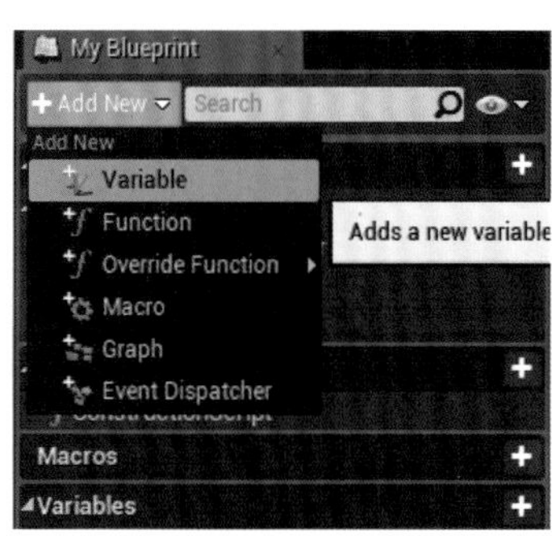

图 2-94

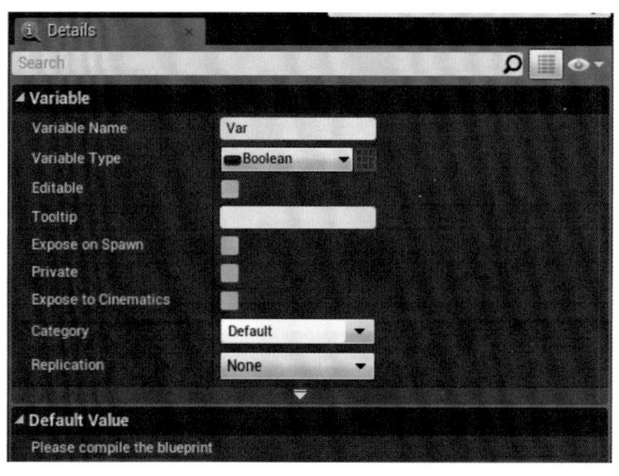

图 2-95

2.5.2　Structure 变量

本节介绍 Structure 类目下几个常用的变量类型。

打开之前创建的 VariableWorkShop 蓝图，创建一个 Transform 类型的 Structure 变量，命名为 MyStruct，如图 2-96 所示。

将 MyStruct 变量添加到 Event Graph 图表中，拖动右侧引脚到空白处，松开鼠标，在列表中选择 Break Transform 选项，如图 2-97 所示。

添加了 Break Transform 节点的图表面板如图 2-98 所示。Break Transform 将 MyStruct 结构体变量的 3 个数据 Location、Rotation、Scale 分解了出来并作为返回值返回。

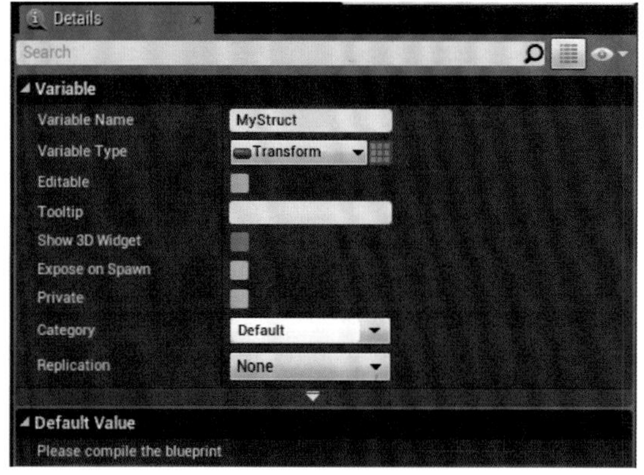

图 2-96

现在再创建一个变量，命名为 My Hit，在变量类型搜索栏中输入“hit”，选择 Structure>Hit Result 选项，如图 2-99 所示。Hit Result 类型变量是用来进行碰撞检测的，它会根据实际情况存储检测到的 Actor 对象。

将 My Hit 变量添加到 Event Graph 图表面板中，拖动右侧数据引脚于空白处后松开鼠标，在关联菜单中找到并选择 Break Hit Result 选项，如图 2-100 所示。

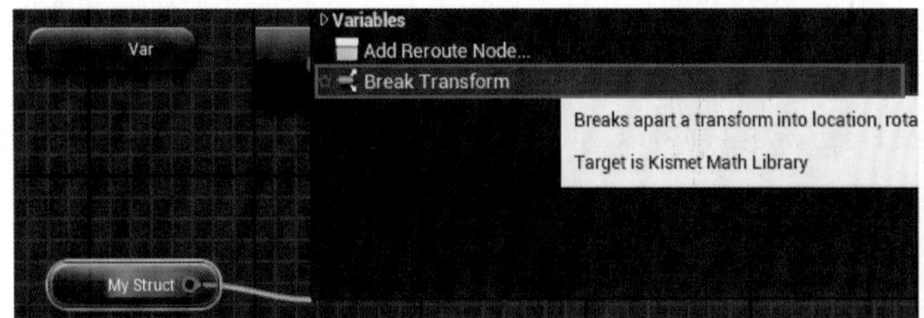

图 2-97

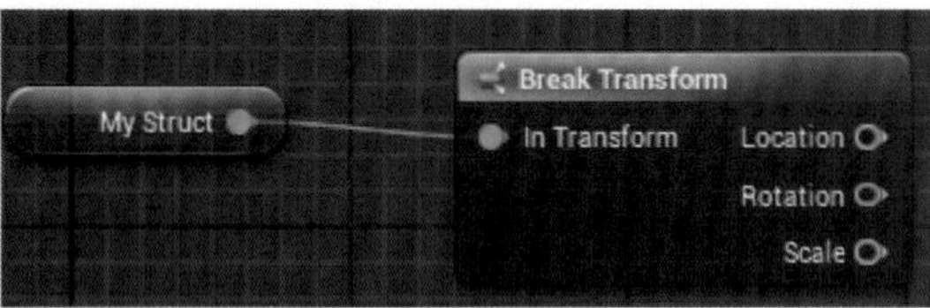

图 2-98

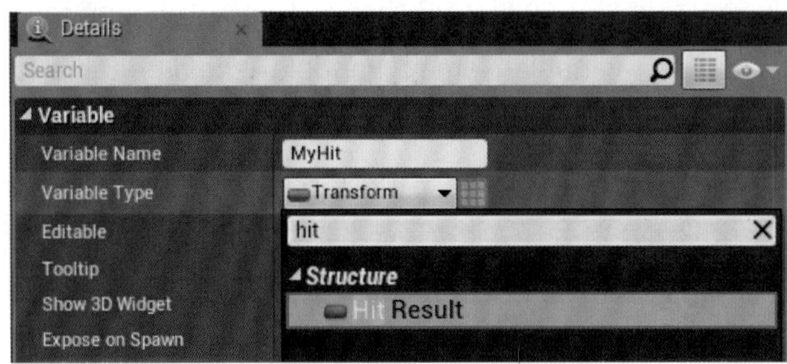

图 2-99

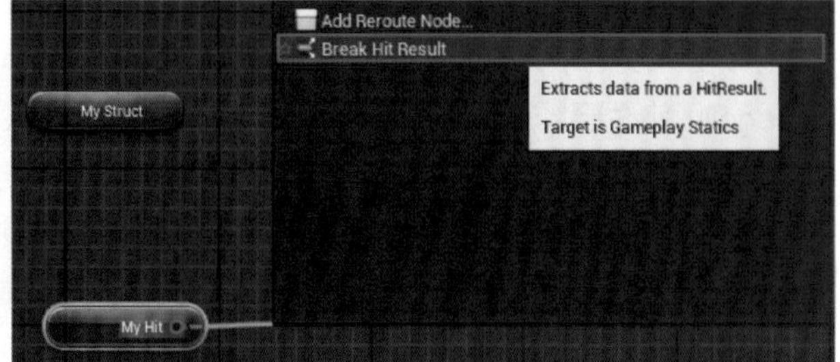

图 2-100

添加 Break Hit Result 节点后的图表面板如图 2-101 所示。Break Hit Result 节点与之前的 Break Transform 节点同理，将 Structure 变量中的数据分解出来并作为返回值返回。

在实际应用中，会有一部分节点的返回值为 Hit Result 类型的情况。在面板空白处右击，在弹出的列表菜单中搜索“line trace”，找到并选择 Collision>LineTraceForObjects 选项，如图 2-102 所示。

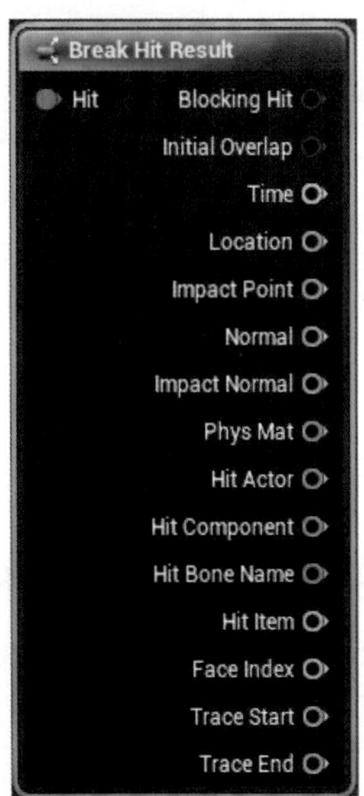

图 2-101

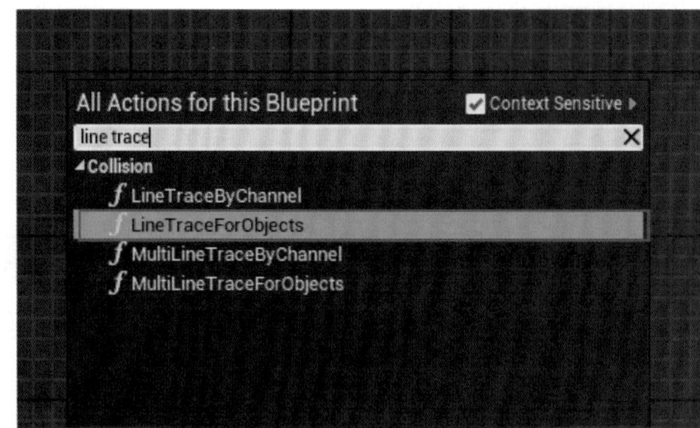

图 2-102

添加了 LineTraceForObjects 节点后，根据引脚颜色不难发现，其 Out Hit 返回值为 Structure 类型。拖动 Out Hit 引脚至空白处，松开鼠标，在关联菜单中找到并选择 Break Hit Result 选项，如图 2-103 所示。

添加 Break Hit Result 节点后的图表界面如图 2-104 所示。

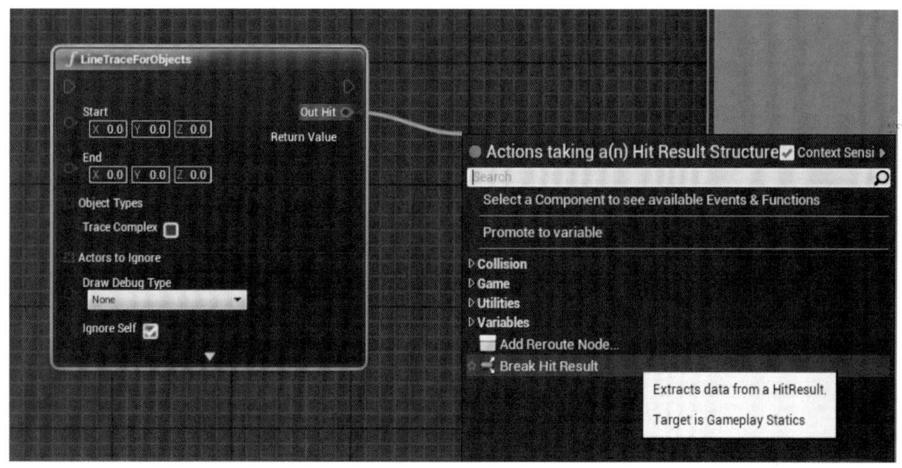

图 2-103

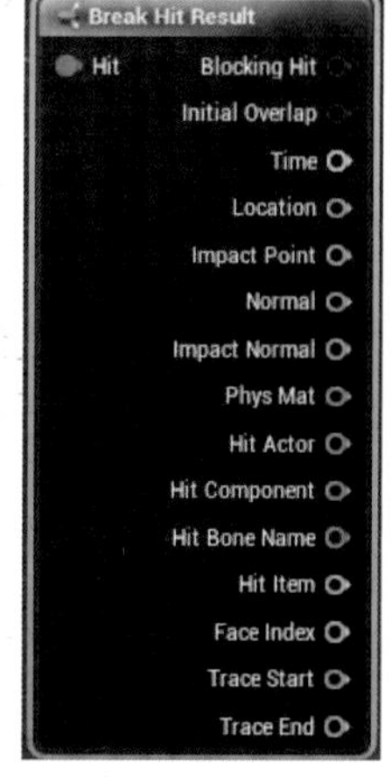

图 2-104

2.5.3　Object 变量

本节我们来进一步了解 Object Types 变量。

打开 VariableWorkShop 蓝图，创建一个变量，命名为 MyObj，在 Variable Type 中展开 Object Types 类目，如图 2-105 所示，Object Types 中存在许多可作为 Object 变量的蓝图类。

事实上，创建 Object 变量有很多更为灵活的方式，现在我们来实践一种较为常用的创建方式，切换到 VariableWorkShop 蓝图中的 Viewport 面板，之后将蓝图编辑器窗口缩小，并将 Unreal Engine 关卡编辑器中的 Content Browser 面板区域显示出来。在 Content Browser 中找到“SM_MatPreviewMesh_02”这个 Static Mesh 静态模型，现在，我们拖动这个 Static Mesh 到 VariableWorkShop 蓝图的 Viewport 面板中，松开鼠标，如图 2-106 所示，这个 Static Mesh 作为组件被添加到了 VariableWorkShop 蓝图中。

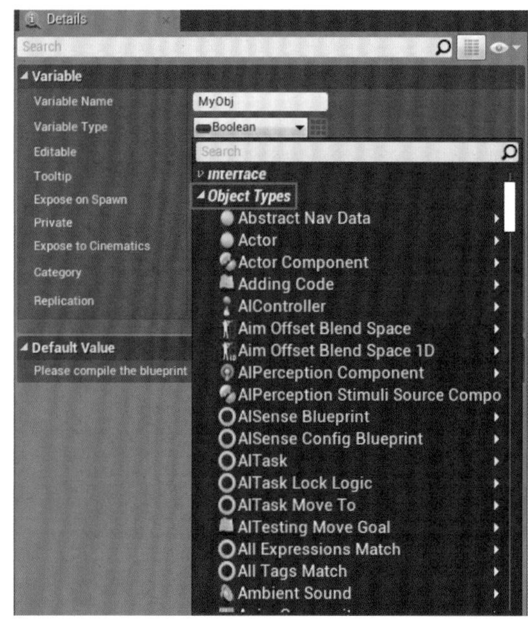

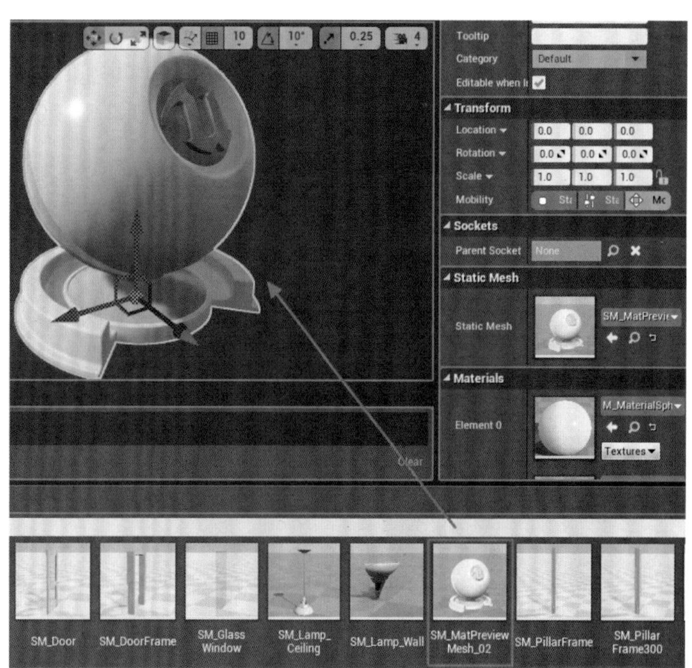

图 2-105　　　　　图 2-106

将 VariableWorkShop 蓝图切换到 Event Graph 图表编辑器面板，将 Components 面板下的 DefaultSceneRoot> SM_MatPreviewMesh_02 拖动到图表编辑器面板中，松开鼠标后，在图表编辑器面板中添加了一个浅蓝色节点，如图 2-107 所示，从而将 SM_MatPreviewMesh_02 这个 Static Mesh 作为一个 Object 变量添加到了 Event Graph 图表中。由此可以根据实际情况添加各式各样的 Object 变量。

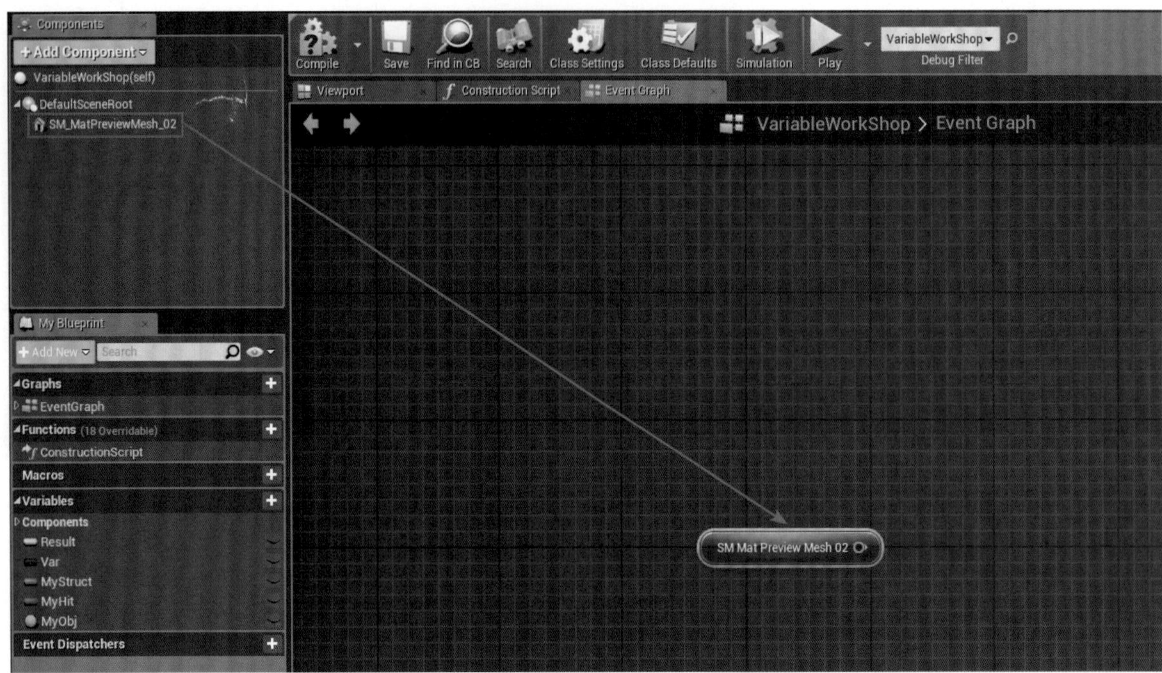

图 2-107

2.5.4 Enum 枚举变量

本节来认识 Enum 枚举变量并学会如何创建自己的枚举类型。

继续沿用之前创建的工程项目，打开 VariableWorkShop 蓝图，创建一个变量，命名为 MyEnum。在 Variable Type 中展开 Enum 类目，其下包含了 Unreal Engine 中已经存在的 Enum 类型，此处选择 EBlend Mode 类型，如图 2-108 所示。

创建变量后，编译图表，在 MyEnum 的 Details 面板中选择 Default Value>My Enum 选项，可以看到 EBlend Mode 枚举类型中存在的所有常量数据，如图 2-109 所示。

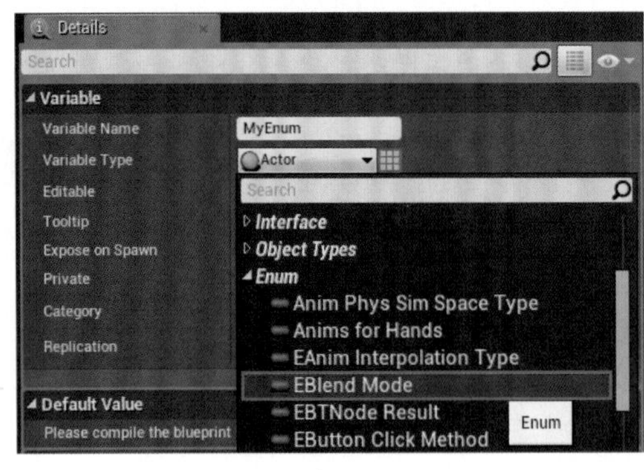

图 2-108

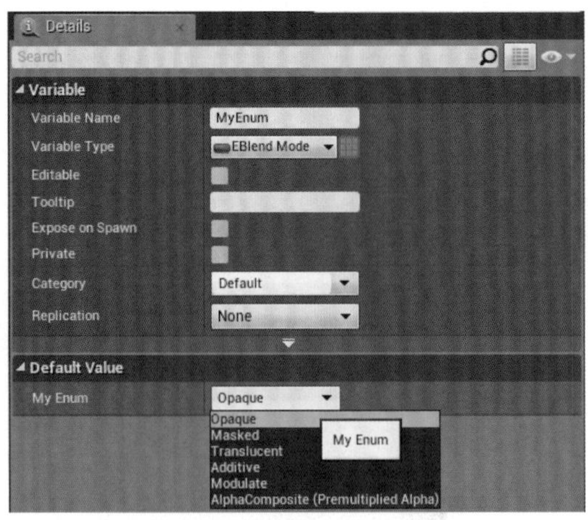

图 2-109

现在来创建一个枚举类型。返回 Unreal Engine 关卡编辑器，在 Content Browser 面板中右击，在弹出的关联菜单中选择 Create Advanced Asset>Blueprints>Enumeration，如图 2-110 所示。

这样便创建了一个 Enumeration 枚举类型，将其命名为 MyEnum，如图 2-111 所示。

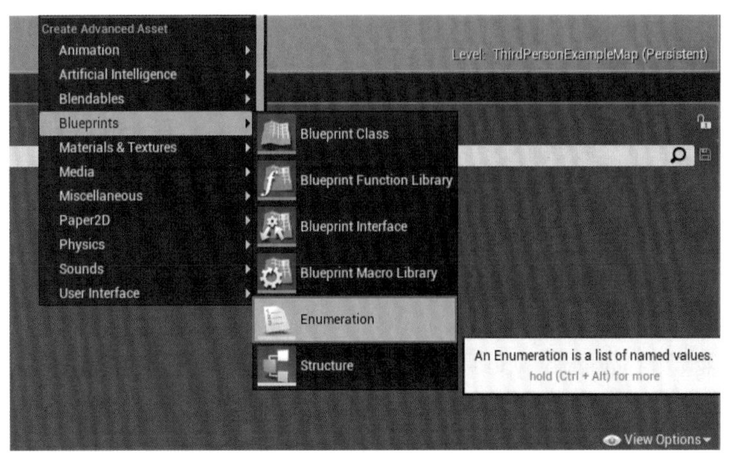

图 2-110

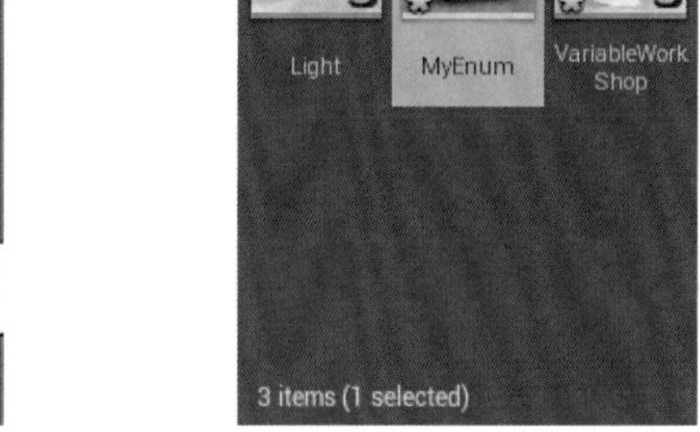

图 2-111

双击 MyEnum 枚举类型，编辑器界面如图 2-112 所示。在 Enumerators 面板中可以显示和编辑当前枚举类型中的常量数据，单击面板右侧的 New 按钮可以添加常量数据。

为 MyEnum 枚举类型添加 3 个常量数据，如图 2-113 所示，在每个数据栏右侧可以调整该数据的顺序位置或删除数据。

返回 VariableWorkShop 蓝图，选择 MyEnum 变量，在 Details 面板中变更它的变量类型，在 Variable Type 列表中搜索“my”，找到并选择 Enum>My Enum 选项，如图 2-114 所示，MyEnum 是我们自己创建的 Enum 枚举类。

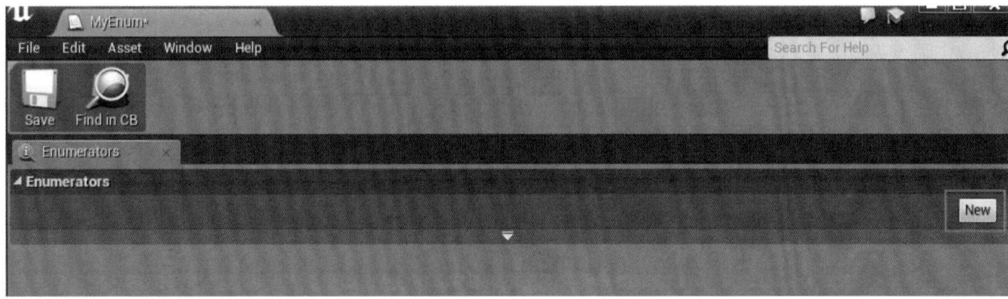

图 2-112

图 2-113

重新定义变量的类型后，编译图表，在 Default Value 中的 My Enum 取值有了变化，它的常量数据变为了我们之前在 MyEnum 中定义的数据，如图 2-115 所示。

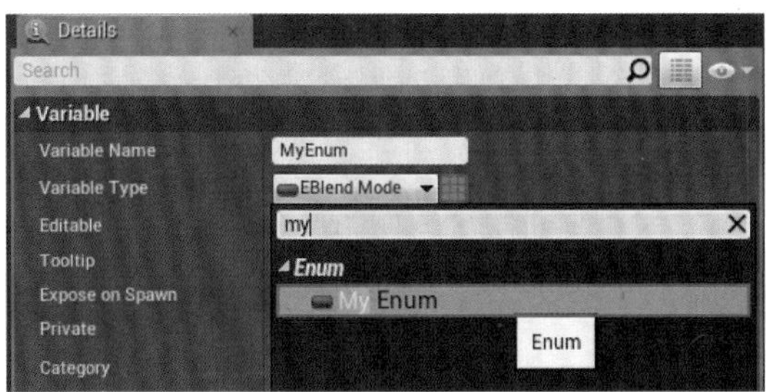

图 2-114

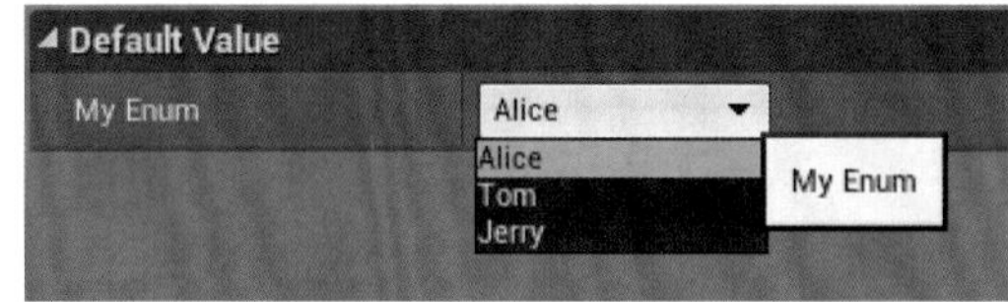

图 2-115

2.5.5 Array 变量

任何一个变量类型都有针对自身的 Array 变量类型，因此 Array 变量非常重要。创建一个 Array 变量十分简单，本节就来介绍 Array 变量的创建及应用。

打开 VariableWorkShop 蓝图，创建一个 String 变量类型，命名为 Array，如图 2-116 所示。

创建 String 变量类型后，在 Variable Type 一栏右侧会出现一个九宫格粉色阵列图表，它代表是否将当前变量定义为该 Variable Type 类型的 Array 数组。如果选中它，那么 Array 变量将会变成 Array String 字符串数组类型。

如之前所述，选中数组图标并编译，变量的 Variable Type 属性和 Default Value 类目会发生变化，如图 2-117 所示，阵列图标会显示在 Variable Type 上，这代表该变量已经是一个 Array 类变量了，且经过编译后，在 Default Value 类目下即可为变量手动添加数组元素，如此处添加了 3 个 String 元素，分别为 Alice Tom Jerry。

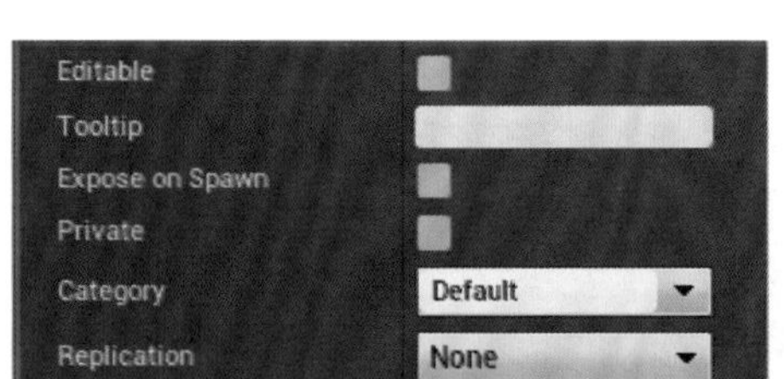

图 2-116

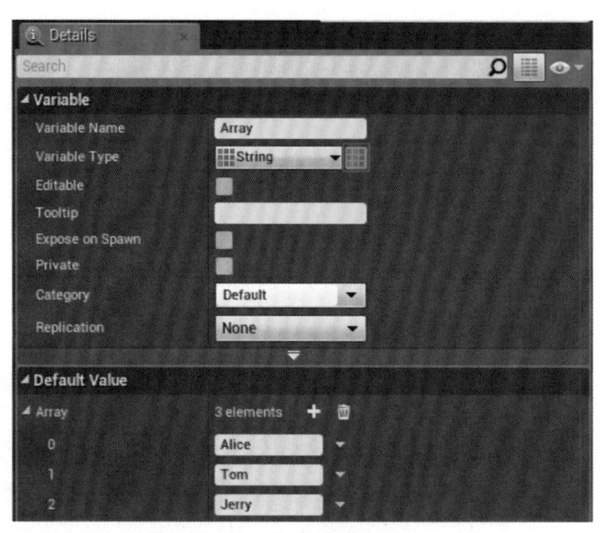

图 2-117

按住 Ctrl 键将 Array 变量拖动到 Event Graph 图表编辑器中，可以看到变量节点右侧的输出数据引脚也变成了一个九宫格图标，它也是 Array 数组类型变量的一个象征。拖动引脚，松开鼠标后可以在 Utilities>Array 下浏览一系列 Array 类型变量特有的可调用节点，如图 2-118 所示。

选择 Utilities>Array>Get 选项，获得 Get 节点，如图 2-119 所示，Get 节点可以获得指定位于下标位置的阵列元素，在它左侧有两个数据引脚，带有阵列图标的数据引脚用来与 Array 类型变量相连，与不同类型的 Array 变量相连，Get 节点的颜色会根据变量而改变，即自动与该类型匹配。浅绿色的引脚所代表的 Integer 参数用来接收指定的元素下标，默认为 0。Get 节点的输出值类型同节点所连接的 Array 变量类型一致。

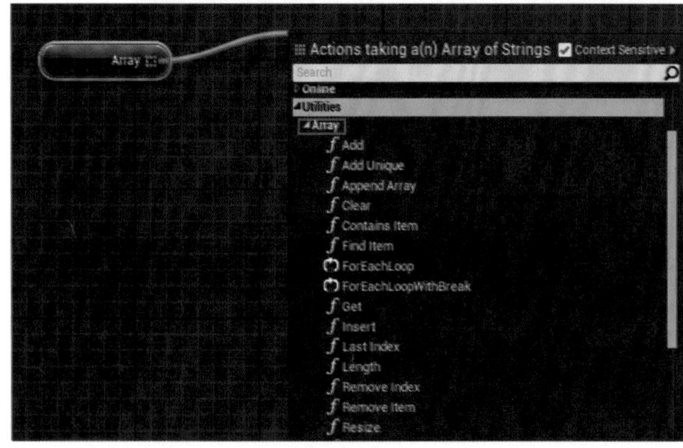

图 2-118

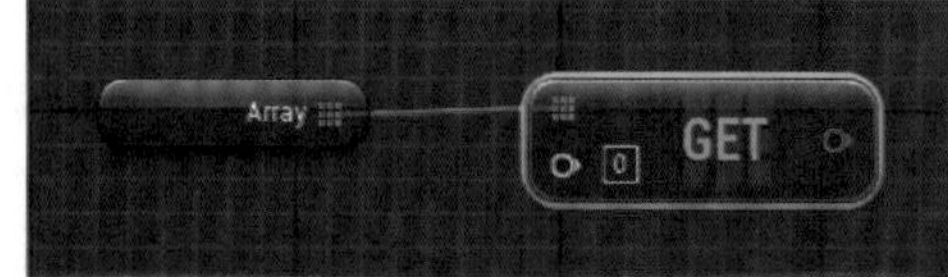

图 2-119

接下来按图 2-120 所示创建节点并连接，使得游戏运行后按 E 键后屏幕即可打印出 Array 变量中的第一个元素。

编译图表，在 Unreal Engine 关卡编辑器视口中创建完成 VariableWorkShop 蓝图对象后运行游戏，按 E 键，屏幕上打印出“Alice”，如图 2-121 所示。

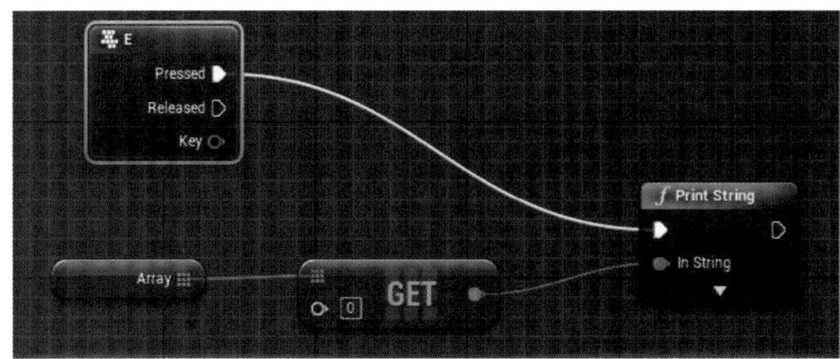

图 2-120

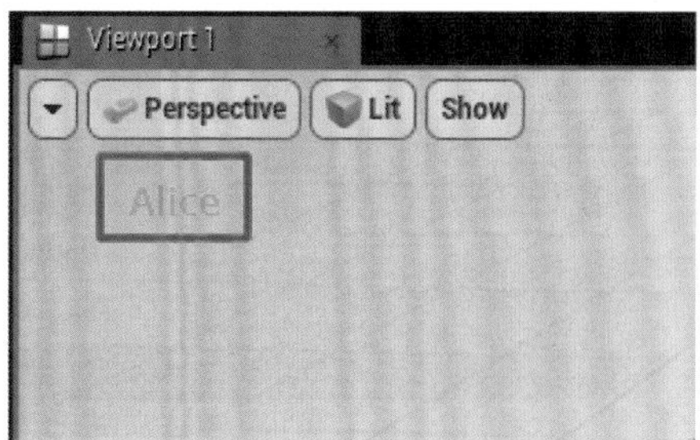

图 2-121

接下来实现一个让某一类型的所有实例对象随机变换摆放形式的机制。

在游戏场景中创建多个 SM_MatPreviewMesh_02 静态模型实例对象，如图 2-122 所示。

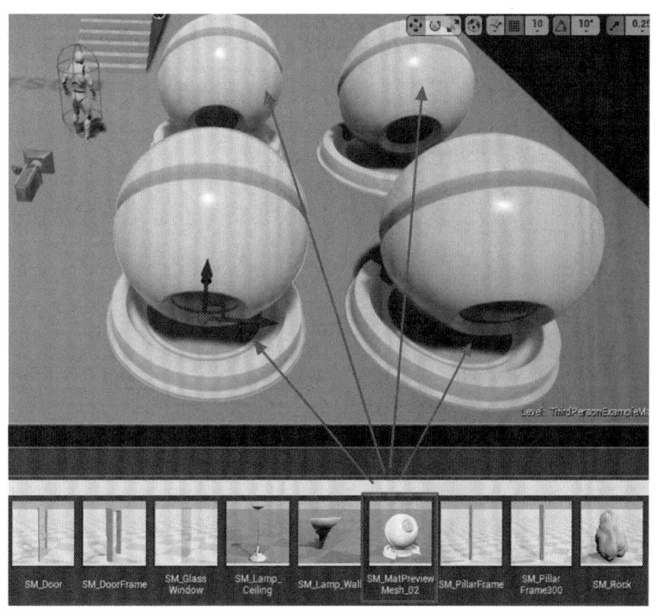

图 2-122

创建一个以 Actor 为父类的 Blueprint（蓝图），命名为 MyArray。打开 MyArray 蓝图，在 Event Graph 图表编辑器中，调出关联菜单，搜索“get all”，添加 Utilities>Get All Actors Of Class 节点，如图 2-123 所示。

Get All Actors Of Class 节点可以获取 Unreal Engine 关卡编辑器中同一 Class 蓝图类的所有 Actor 对象，并返回一个 Object 数组作为返回值，在节点的 Actor Class 参数处可以设置蓝图类，如设置 StaticMeshActor 蓝图类，如图 2-124 所示。

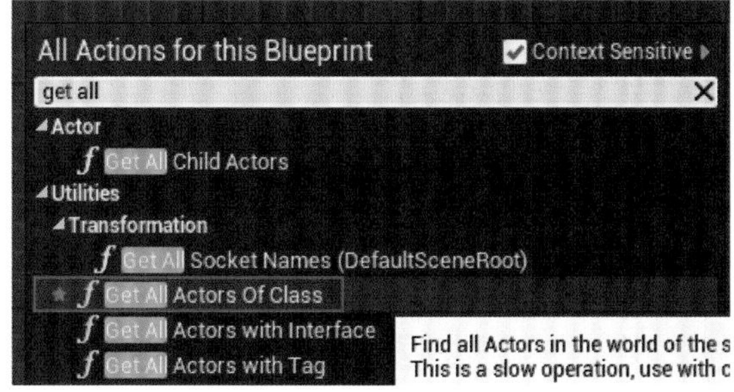

图 2-123

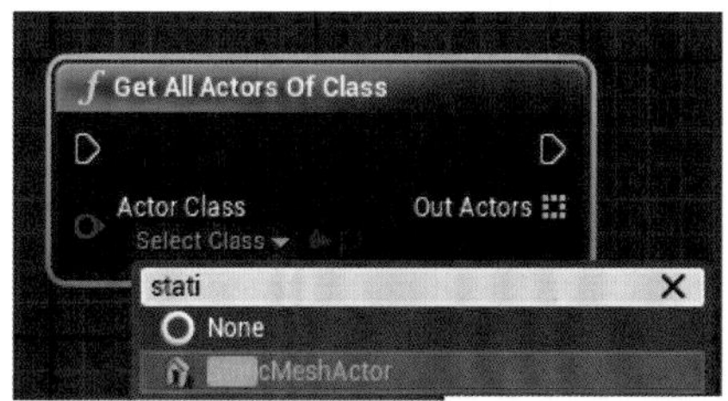

图 2-124

继续添加一个 Utilities>Transformation>AddActorLocalRotation 节点，如图 2-125 所示，该节点可改变指认 Actor 对象的 LocalRotation 本地旋转度的数值。

再添加一个 Math>Random>Random Rotator 节点，如图 2-126 所示，该函数可产生随机的 Rotator 变量。

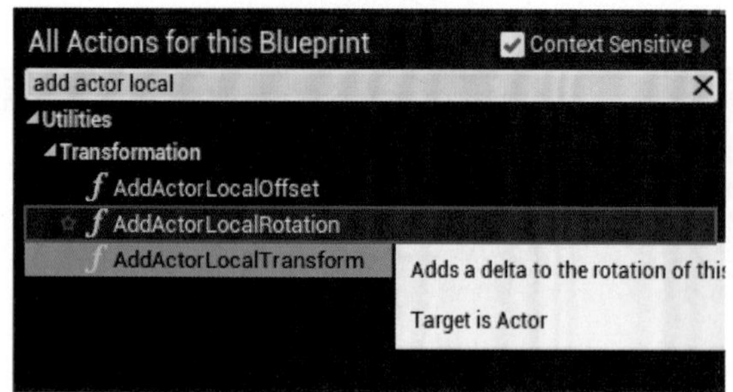

图 2-125

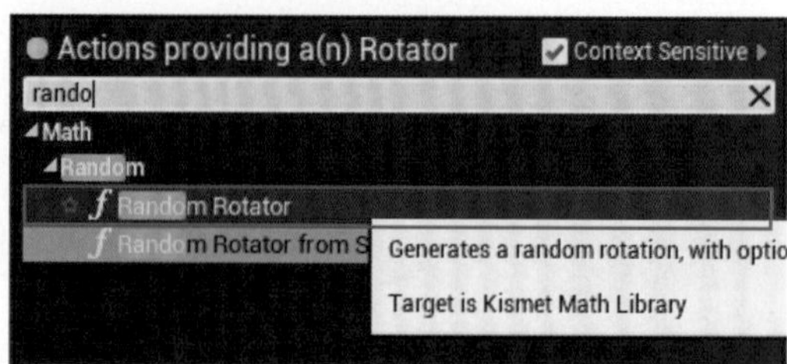

图 2-126

最后添加一个 F 键响应事件节点。节点间的连线如图 2-127 所示。其中，AddActorLocalRotation 节点左侧有两个数据引脚，Target 引脚用来指认 Actor 对象，Delta Rotation 引脚用来接收增加的 Rotator 变量值。现在，Target 指认的 Actor 对象为 Get All Actors Of Class 返回的一个 Object 阵列数据，对此，AddActorLocalRotation 节点会为其中的每一个 Actor 数据的 Local Rotation 增加对应的 Delta Rotation 值。

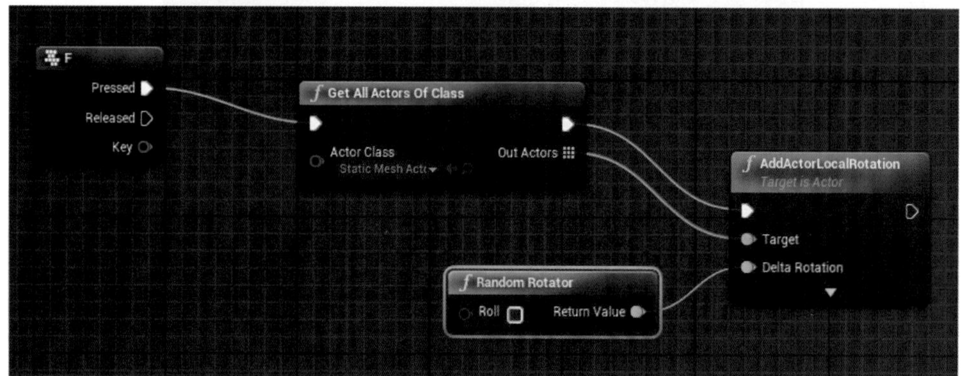

图 2-127

编译图表并保存，运行游戏，按 F 键，效果如图 2-128 所示。

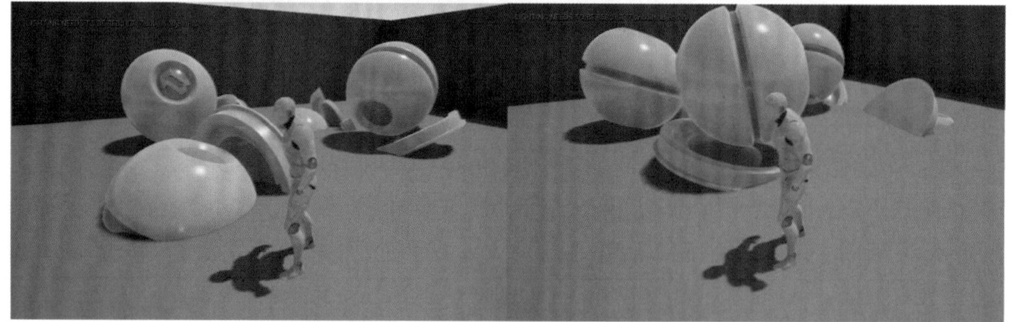

图 2-128

2.5.6 变量属性——Show 3D Widget

本节来认识 Variable 变量中一个较为特殊的属性——Show 3D Widget 属性。该属性可以将变量以 3D Widget 的形式显示在 Unreal Engine 视口中，使得变量在游戏场景中变得可视化。Show 3D Widget 是 Vector 变量和 Transform 变量特有的属性，非常实用，利用它可以在场景中自定义一些几何体的外形。

继续沿用之前创建的工程项目，现在来实现一个机制：在 Unreal Engine 关卡编辑器视口中拖动一个控件来改变立方体的高度。首先创建一个以 Actor 为父类的蓝图，命名为 Size。打开 Size 蓝图并切换到 Viewport 面板，在 Size 蓝图中添加一个 Cube 立方体，如图 2-129 所示。

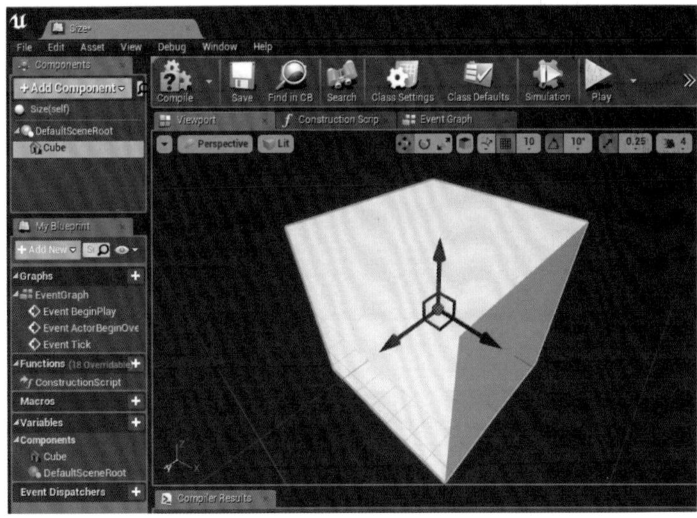

图 2-129

创建一个 Vector 类型变量，命名为 TopPoint，该 Vector 变量将成为调整立方体高度的调节控件。切换到 Construction Script 图表面板，在其中获取 Top Point 变量并调用 Top Point 的 Math>Vector>Break Vector 节点，该节点可分解出 Top Point 的 X、Y、Z 数据，如图 2-130 所示。由于改变的是立方体的高度，也就是改变 Z 轴方向的数值，因此 Top Point 将会通过在 Z 轴方向上的上下移动来改变立方体的高度，所以只需获取 Top Point 的 Z 轴坐标即可。

拖动 Construction Script 节点的执行引脚调出关联菜单，搜索“scale”，找到并选择 Transformation>Set Relative Scale 3D(Cube) 节点，如图 2-131 所示。该节点可改变指认对象的相对缩放值。

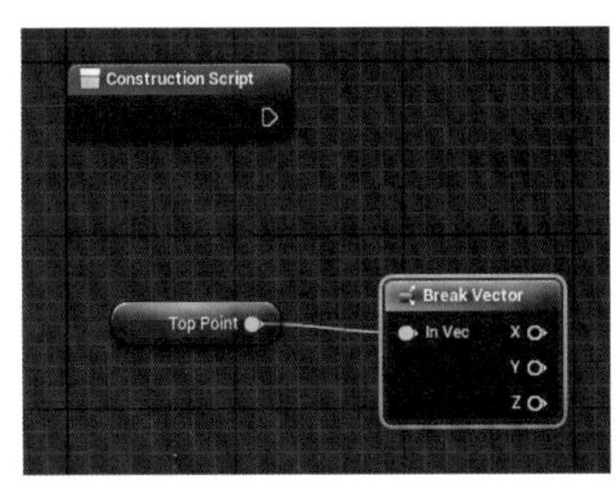

图 2-130

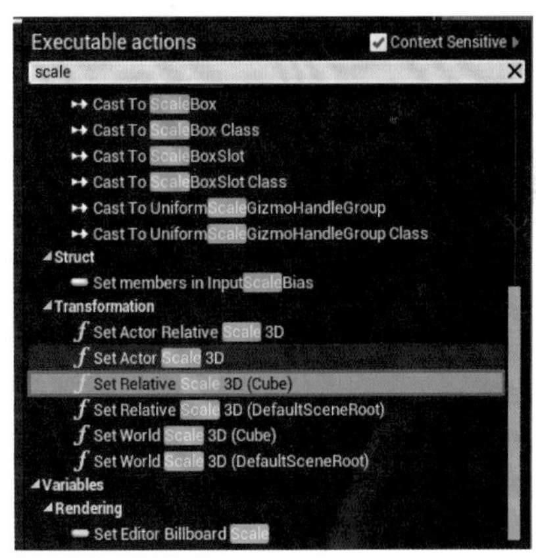

图 2-131

Set Relative Scale 3D 节点的 New Scale 3D 参数是用来为指认对象赋予 Scale 缩放值的，因此创建一个 Math>Vector>Make Vector 矢量节点，该节点与 Break Vector 节点相对应，它用来接收 X、Y、Z 值，从而返回一个 Vector 三维向量值。将 Make Vector 节点的 Vector 向量返回值传递给 Set Relative Scale 3D 节点的 New Scale 3D 参数，而 Make Vector 节点返回的向量的 Z 轴数值应与 Top Point 的 Z 轴数值有一个线性对应关系，因此，可以将 Top Point 调用的 Break Vector 节点所返回的 Z 值直接传递给 Make Vector 节点的 Z 参数，即两者的 Z 值 1 ：1 对应，也可以根据情况缩小或扩大这个比例，例如将 Top Point 的 Z值坐标缩小 100 倍后，再赋给立方体的 Z 轴方向缩放值。节点连接如图 2-132 所示。

编译图表后，勾选 Top Point 的 Editable 和 Show 3D Widget 复选框，如图 2-133 所示。Editable 属性大家都了解，此处就不再进行讲解。Show 3D Widget 属性可将 TopPoint 的 Vector 变量变得可操作、可视化。

只有勾选 Editable 属性复选框，Show 3D Widget 属性复选框才能被勾选。

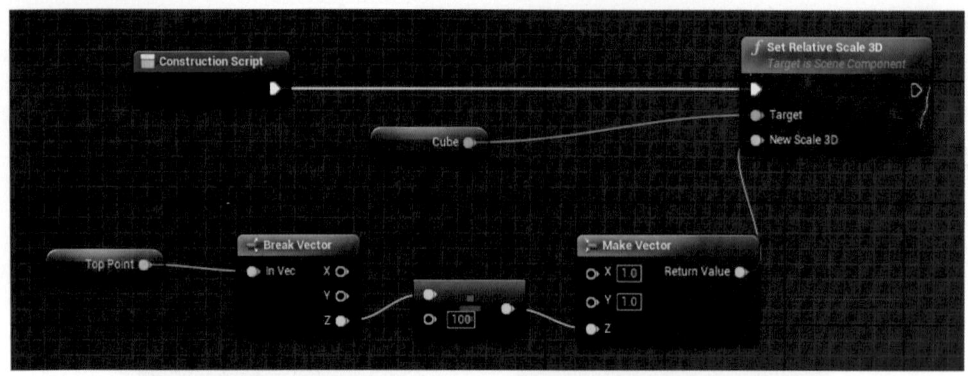

图 2-132

再次编译图表，返回Unreal Engine关卡编辑器，将Size蓝图放置到视口中，如图2-134所示，可以看到，在 Size 蓝图对象中不仅存在一个立方体，还有一个紫色控件，它便是以 3D Widget 形式显示的 Top Point。

选中 Top Point 控件，改变其 Z 轴坐标值，Cube 也会随着其位置的变化而线性缩放，改变高度，如图 2-135 所示。

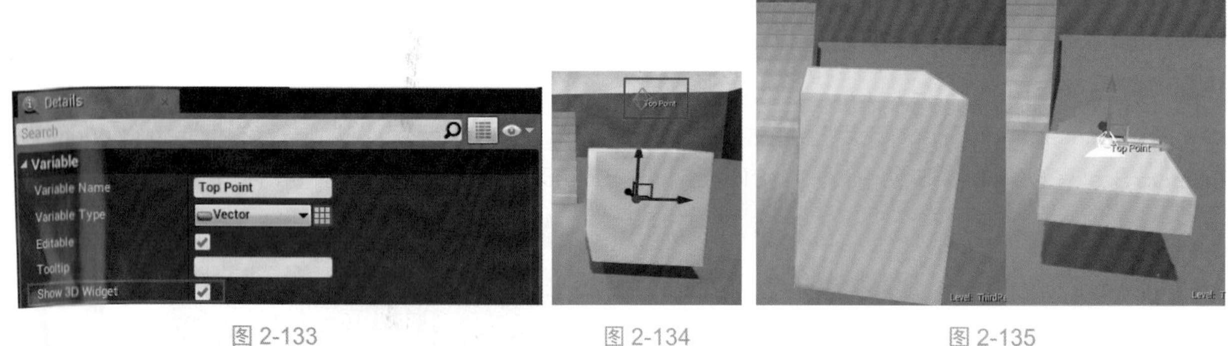

图 2-133　　图 2-134　　图 2-135

2.6 For 循环和 While 循环

循环属于一种 Flow Control 流程控制操作。Flow Control 使得循环能在蓝图中清楚地控制执行的流程。此种控制可以多种形式进行，例如，基于某些值为真的情况来选择图表的某个分支来执行，多次执行某个特定分支，以特定顺序执行多个分支，等等。默认的流程控制操作包括分支（if 语句）、循环（for 和 While 语句）、门及序列。

本节将介绍 4 种循环节点，它们分别是 ForLoop、ForLoopWithBreak、ForEachLoop 和 WhileLoop 节点。

2.6.1 ForLoop 节点

ForLoop 节点是一个循环节点，它的工作原理等同于标准的代码循环，将会在开始和结束之间的每个索引触发执行脉冲，它会在我们自定义的执行次数下循环执行 LoopBody 循环体。ForLoop 节点非常实用，在今后学习蓝图的过程中，ForLoop 节点必不可少。本节将通过循环打印字符串的示例来了解该节点的用法。

继续沿用之前创建的工程项目，创建一个以 Actor 为父类的蓝图，命名为 Loops，打开 Loops 蓝图，切换到Event Graph 图表编辑器面板，在图表中添加一个 Utilities>Flow Control>ForLoop 节点，如图 2-136 所示。

ForLoop 节点如图 2-137 所示。它的左侧有两个 Integer 参数，分别为 First Index 和 Last Index。其中，First Index 表示循环首个索引的整数值，Last Index 表示循环最后索引的整数值。ForLoop 会以 First Index 为

初始计数来执行 LoopBody，LoopBody 即为循环体，当其在不同的索引间移动时，对循环的每次迭代输出执行脉冲。Index 在循环过程中输出循环的当前索引，每执行完毕 LoopBody，Index 输出的索引数值加一，直到 Index 值大于 Last Index 值，则循环结束。右侧除了 LoopBody 执行引脚外还有一个 Completed 执行引脚，当循环完成时，则会触发执行该输出引脚。

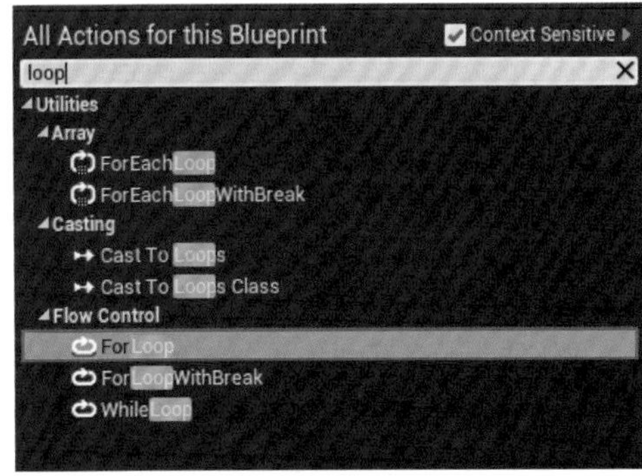

图 2-136

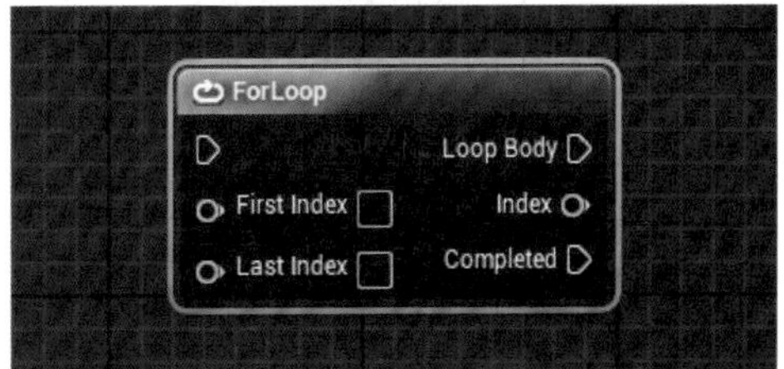

图 2-137

设置 ForLoop 节点中的 First Index 和 Last Index 分别为 0 和 10。现在要将 Index 在循环过程中打印出来，拖动 Index 引脚至空白处，松开鼠标，在关联菜单中搜索“to text”，找到并选择 Utilities>Text>ToText(int) 选项，如图 2-138 所示。其中，ToText(int) 是用来将 Integer 类型数据转换为 Text 文本的节点。

如果在打印 Index 的基础上，还想丰富打印内容，可在关联菜单中搜索“format”，找到并选择 Utilities>Text>Format Text 选项，如图 2-139 所示。

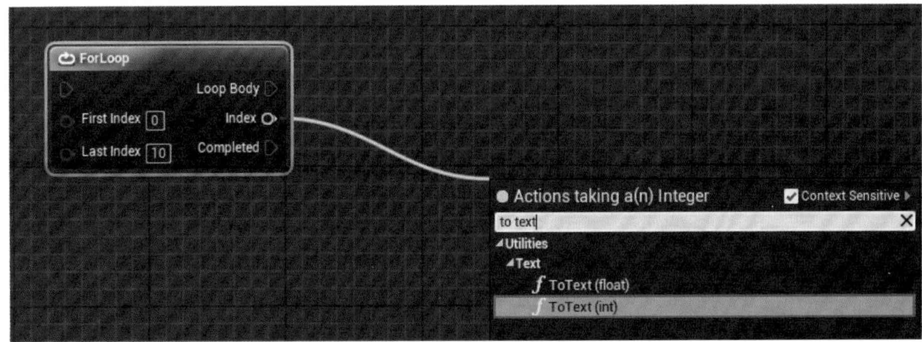

图 2-138

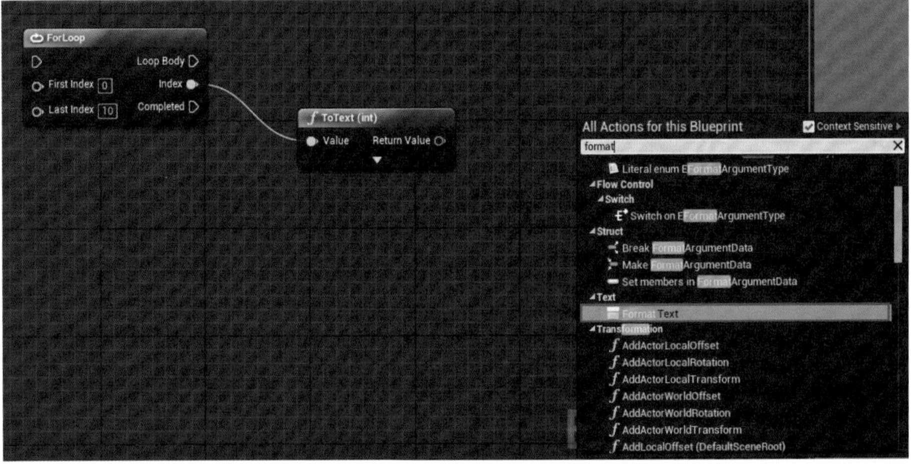

图 2-139

添加了 Format Text 节点后如图 2-140 所示，它有一个 Text 类型的 Format 参数，用于指定需要规范版式的 Text 文本，右侧 Text 类型的 Result 引脚返回的就是经过规范后的 Text 类型数据。

在 Format 文本框中输入指定的文本内容，另外，需要将 index 动态变换的数值加入到文本内容中。在 Format 文本框中添加“{ 参数名 }”后按 Enter 键，节点上就会出现以大括号中所写的字符串为名的输入数据引脚，此时为该引脚传递数据，那么在 Result 返回值中，“{ 参数名 }”的位置将会由参数数据代替，如图 2-141 所示，在文本框中输入“The loop has run{index} times”并按 Enter 键后，节点生成了一个 index 引脚。

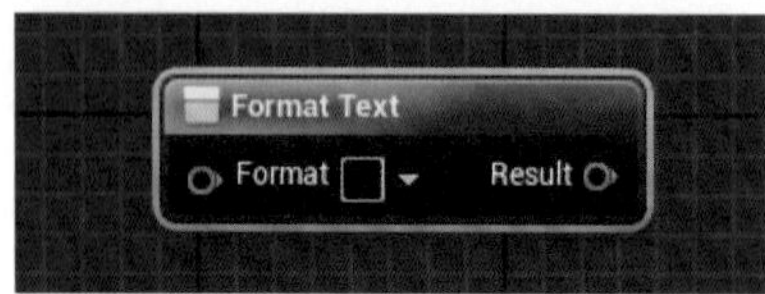

图 2-140

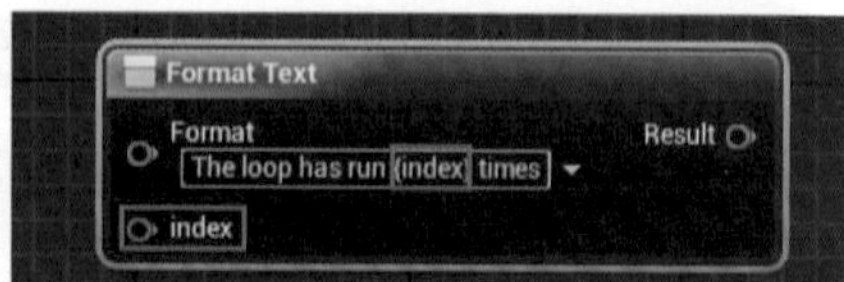

图 2-141

如图 2-142 所示，连接各个节点，将 ForLoop 的 Index 值传递给 ToText(int) 进行整型与文本型间的类型转换，之后再传递给自定义的 Format Text 的 index 参数，Format Text 节点将 index 接收的数据加入到返回的 Result 文本中。

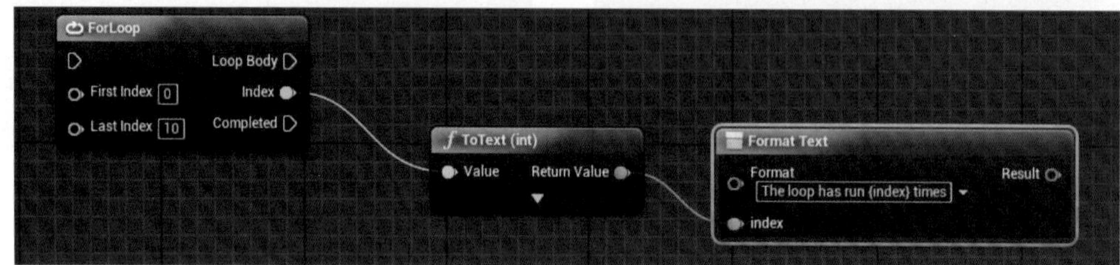

图 2-142

之后添加一个 Print Text 节点来打印 Format Text 节点输出的文本数据，再添加一个键盘响应事件节点，例如 F 键响应事件节点，将它与 ForLoop 节点相连，从而触发一系列节点的执行。此外，还可以在 ForLoop 循环结束时打印一行文字来提示执行完毕。因此在 ForLoop 节点的 Completed 执行引脚处连接一个 Print String 节点，在 In String 参数处输入“The loop is done!”。此外，若在游戏运行中出现键盘事件没有响应的情况，则可以添加一个 Enable Input 节点，该节点可以在游戏运行时对指定的 Player Controller 的输入做出响应。再添加一个 Event BeginPlay 事件节点，将 Enable Input 节点与 Event BeginPlay 事件节点相连，使得游戏一开始就可以响应输入的内容，如图 2-143 所示。

编译图表，运行游戏，按 F 键，游戏视口界面上出现了所设定的打印文本，如图 2-144 所示。

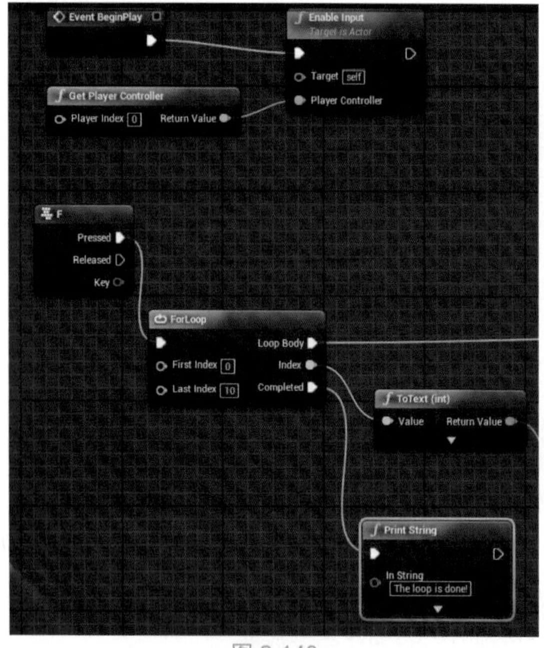

图 2-143

图 2-144

2.6.2　ForLoopWithBreak 节点

ForLoopWithBreak 节点也是一个循环节点，它与 ForLoop 节点的不同在于可以为它设置中断循环的条件。本节沿用 2.6.1 节中的 Loops 蓝图，来学习 ForLoopWithBreak 节点。

打开 Loops 蓝图，切换到 Event Graph 图表编辑器，如图 2-145 所示。图表中的节点布局是在 2.6.1 节中设置好的，它运行的效果是从 0 开始计数执行循环体，直到索引数大于 10，循环结束。但如果在索引范围内循环，当某一时刻图表的执行效果已经满足了需求而不需要再进行循环时，即并不能让 ForLoop 节点中途中断循环的执行，只能等待它全部执行完，这样既浪费时间又占用资源。因此，当出现这样的情况时，应使用 ForLoopWithBreak 节点进行循环。ForLoopWithBreak 节点包含了能中断循环的输入引脚。除此之外，它运行的方式与 ForLoop 节点非常相似。

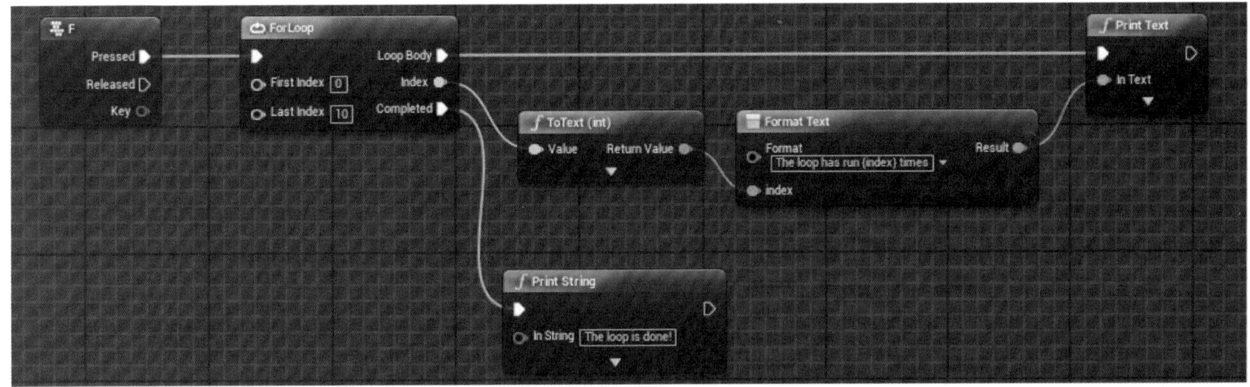

图 2-145

现在将 ForLoop 节点删掉，在关联菜单中搜索“loop”，找到并选择 Utilities>Flow Control>ForLoopWithBreak 节点，如图 2-146 所示。

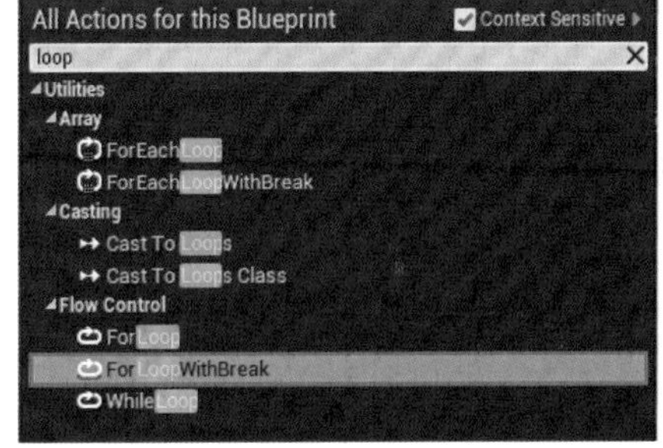

图 2-146

添加 ForLoopWithBreak 节点后，将它的 First Index 和 Last Index 的值分别设置为 1 和 20000，节点引脚间的连线如图 2-147 所示，连接方式与调用 ForLoop 节点实现循环时的情况完全一致。

我们注意到，ForLoopWithBreak 节点与 ForLoop 节点的外形几乎一致，但 ForLoopWithBreak 节点左侧多了一个 Break 执行引脚，该引脚是用来执行中断循环操作的。它的用法非常简单，但也有需要注意的地方，例如我们或许会想当然地将一个键盘响应事件节点的执行引脚与 Break 执行引脚相连，希望在我们按下某一个按键时中断循环，如图 2-148 所示。这样的图表在游戏运行后并不能实现想要的效果，如根据现在的情况，在循环过程中按下 B 键，循环依旧会继续，并不会被中断，因为在循环执行的过程中，游戏并不会响应我们的一切操作。

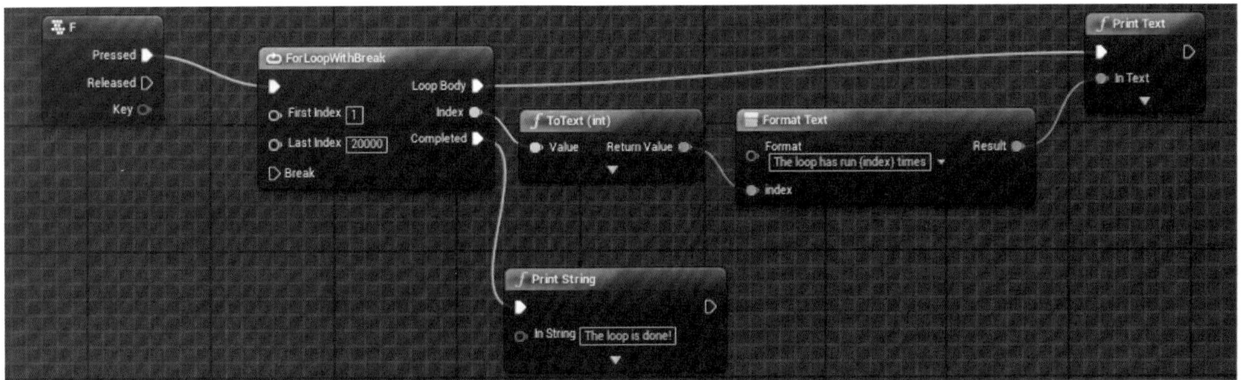

图 2-147

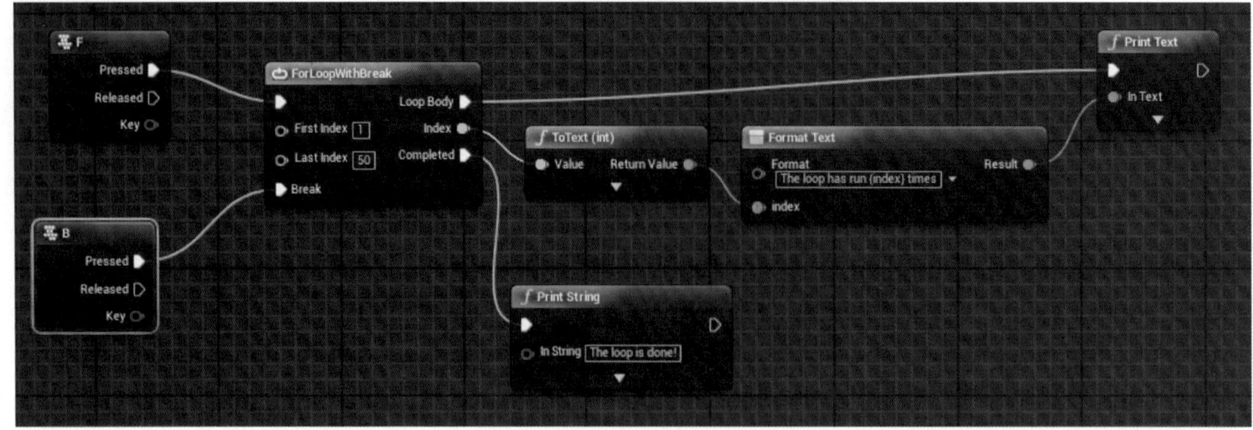

图 2-148

现在创建一个 Custom Event（自定义事件）节点，方法和添加其他节点一样。调出节点列表，搜索“Custom Event”，找到并选择 Add Event>Add Custom Event 节点，如图 2-149 所示。

Custom Event 自定义事件节点提供了一种创建自定义事件的方法，我们能够在蓝图序列的任何地方调用这些事件。和其他事件或执行节点一样，我们可以把其他节点附加到 Custom Event 的输出执行引脚上，这样当触发了该自定义事件时将会开始执行那个节点网络。此外，在 Details 面板中可以定义节点名和 Inputs 输入参数等属性，如图 2-150、图 2-151 所示。

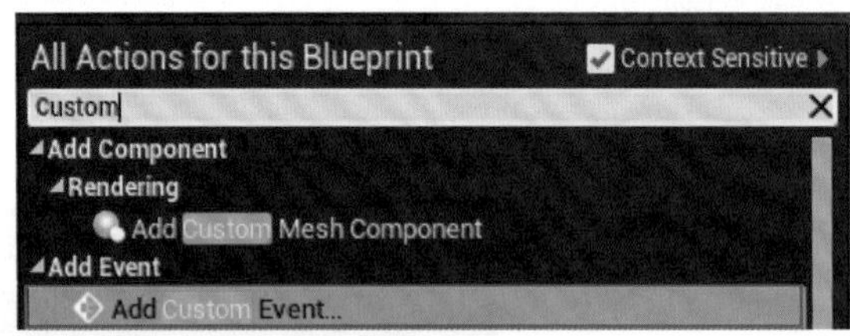

图 2-149

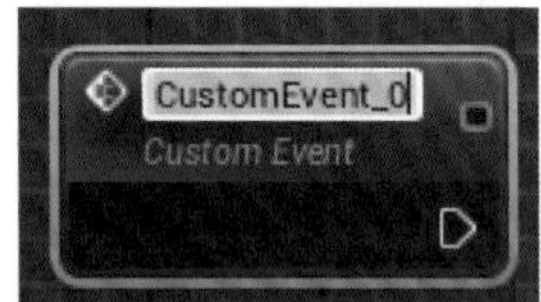

图 2-150

但需要注意的是，和常规的 Events 不同，Custom Event 没有触发执行的预备条件。我们可以观察到自定义设定的输入参数会像返回值一样罗列在节点的右侧构成输出引脚，也即该事件节点是用于在被触发后将接收到的数据传递给接下来的节点的，由此可以推断，它一定有一个用于接收数据并调用Custom Event的节点。调用 Custom Event 事件的节点在关联菜单中的 Call Function 类目下，后面会使用到它。

我们将 Custom Event 节点命名为 BreakTheLoop，如图 2-152 所示。

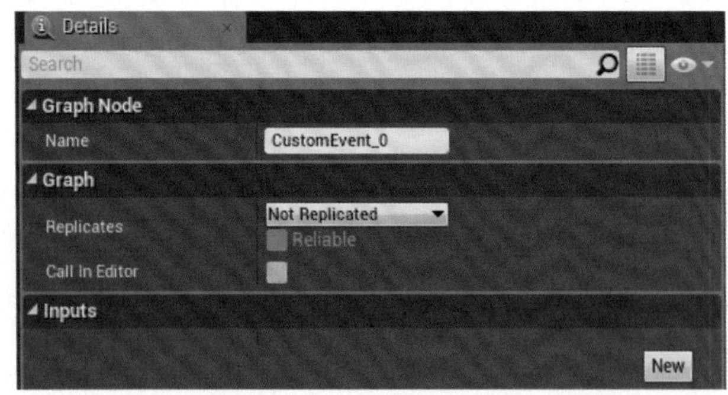

图 2-151

图 2-152

BreakTheLoop 节点将作为中断循环执行的触发点来调用，因此将 BreakTheLoop 节点的执行引脚与 ForLoopWithBreak 节点的 Break 执行引脚相连。接下来要设立一个中止循环的条件，假设规定当循环计数小于 20 时，系统正常执行循环体，当不满足这个条件时，系统通过执行 BreakTheLoop 节点，中断循环。根据设定，先拖动 ForLoopWithBreak 节点上的 Index 引脚，在关联菜单中找到并添加 integer > integer 节点，两个 Integer 参数一个为 Index，一个为常量 20。拖动 integer > integer 节点的 Boolean 输出引脚，在关联菜单中找到并单击 Branch 分支节点，如图 2-153 所示。Branch 节点与编程语言中常用的 if 语句类似，它是一种创建基于判断的流程的简单方式。在执行后，Branch 节点会查找附加的布尔变量的输入值，并在合适的输出节点下方输出执行脉冲值。Condition 引脚用来显示那个输出引脚将被触发的布尔值，如 Condition 接收的状态为 true ，则 true 执行引脚输出执行脉冲，反之则 False 执行引脚输出执行脉冲。

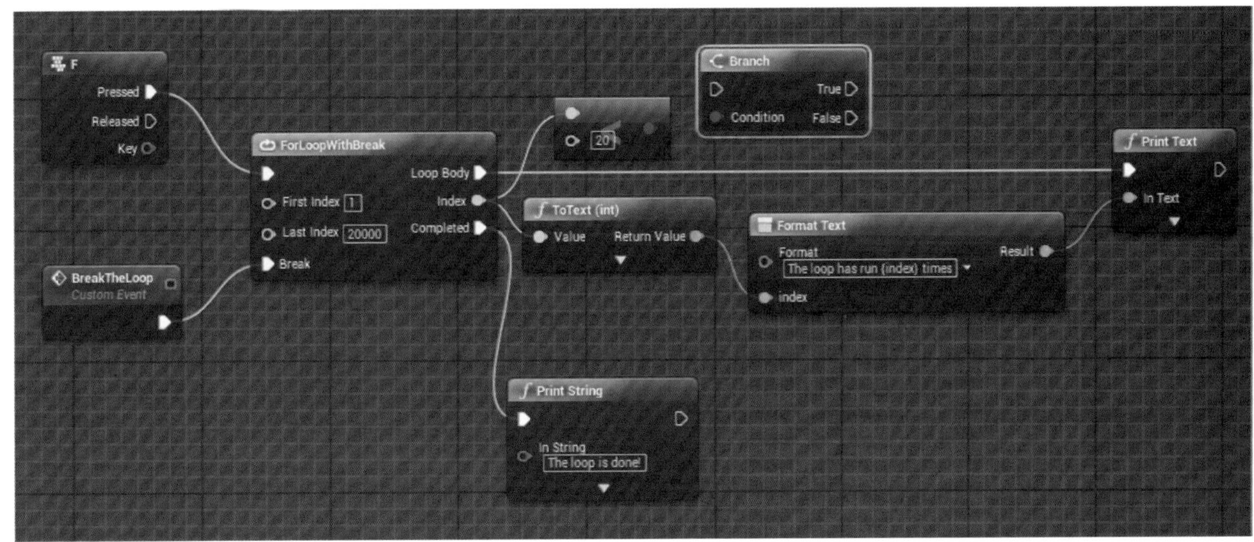

图 2-153

当 Index 小于 20 时，执行 Print Text 节点，即将 Branch 的 true 执行引脚与 Print Text 的输入执行引脚相连，而它的 False 执行引脚连接一个 Call Function>BreakTheLoop 节点，该节点即为 BreakTheLoop Custom Event 节点的调用方，Custom Event 上设置的任何输入参数在该触发节点中都将呈现为输入数据引脚，以便它们可以传入到 Custom Event 中。BreakTheLoop 的触发节点被执行时会调用与它同名的 Custom Event 事件节点，即 Break the Loop 事件节点，从而中断循环执行。最终节点布局及节点间连线如图 2-154 所示。

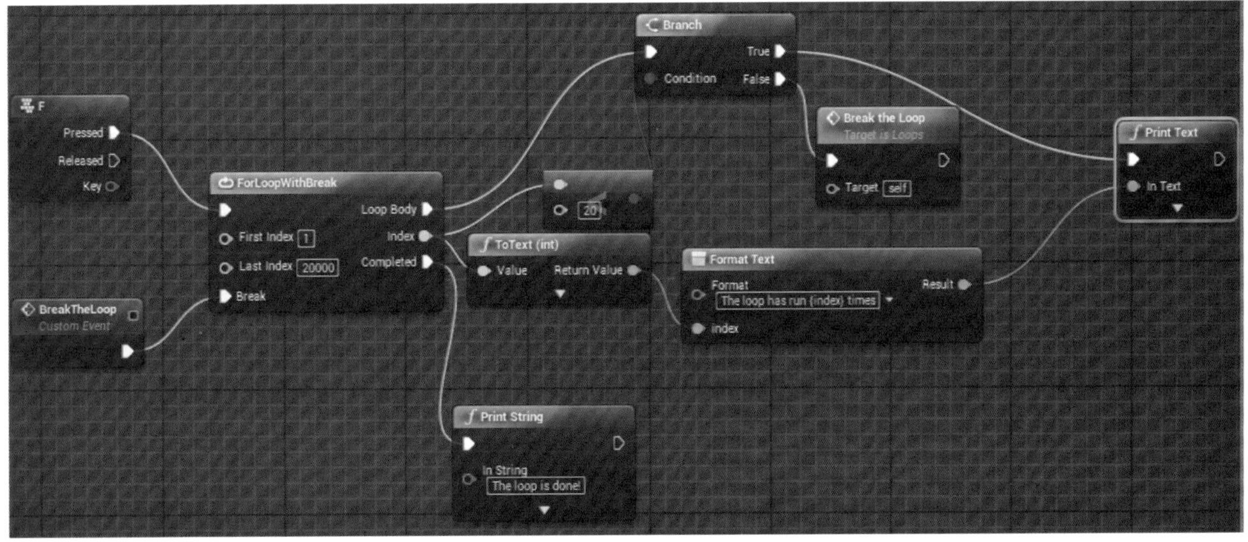

图 2-154

编译并保存图表后，运行游戏，按 F 键，Loops 蓝图执行效果如图 2-155 所示。

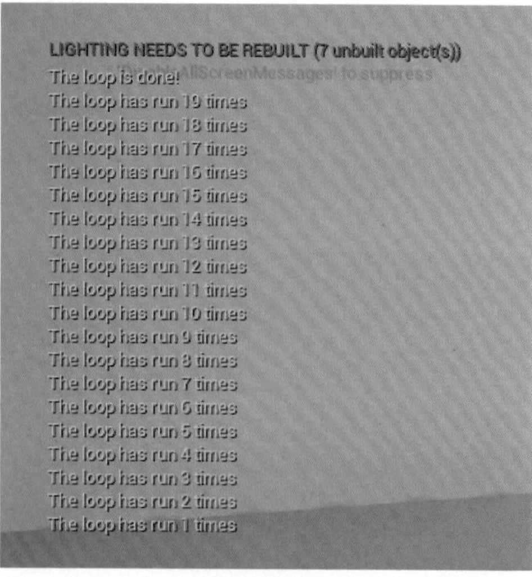

图 2-155

2.6.3 ForEachLoop 节点

ForEachLoop 节点也是用于执行循环机制的，它是针对 Array 数组而存在的循环节点。本节通过打印 String Array 变量，以及切换一组 Actor 的显示状态来学习 ForEachLoop 节点的用法与作用。

继续沿用 Loops 蓝图。首先打印一个字符串数组。打开 Loops 蓝图，切换到 Event Graph 图表编辑器面板，添加一个 Utilities>Array>ForEachLoop 节点，如图 2-156 所示。

ForEachLoop 节点如图 2-157 所示，在它的左侧有一个 Array 类型的参数，要为其赋予一个 Array 变量，从而使得 ForEachLoop 节点从调用这个数组变量中的第一个元素开始执行 LoopBody，直到最后一个元素被调用，即循环的计数次数等于 Array 的元素个数。右侧的 Array Element 和 Array Index 两个返回值返回的分别为当前调用的元素内容与下标。此外，代表参数 Array 和返回值 Array Element 的两个引脚默认为灰色，它们会根据传递给 Array 参数的变量类型来自动匹配类型。对于其他的几个执行引脚前面已进行过介绍，这里就不再赘述。

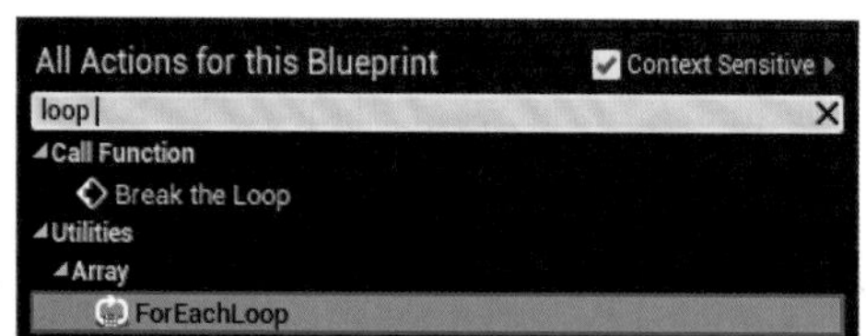

图 2-156

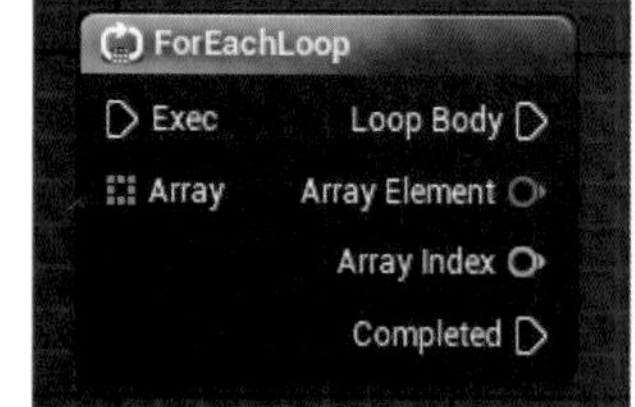

图 2-157

创建一个 String 类型的数组变量，命名为 Name，编译蓝图后，在 Default Value 下为该变量添加几个 String 元素，在此添加了 3 个元素，分别为 Alice Tom 和 Jerry，如图 2-158 所示。

将创建好的 Name 变量添加到编辑器面板中，添加一个键盘响应事件节点，如 F 键，再添加一个 Print String 节点来打印 Name 数组中的元素。节点及引脚间的连接如图 2-159 所示。

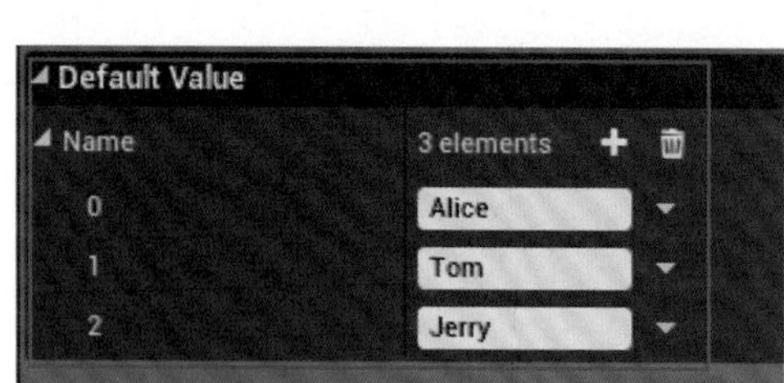

图 2-158

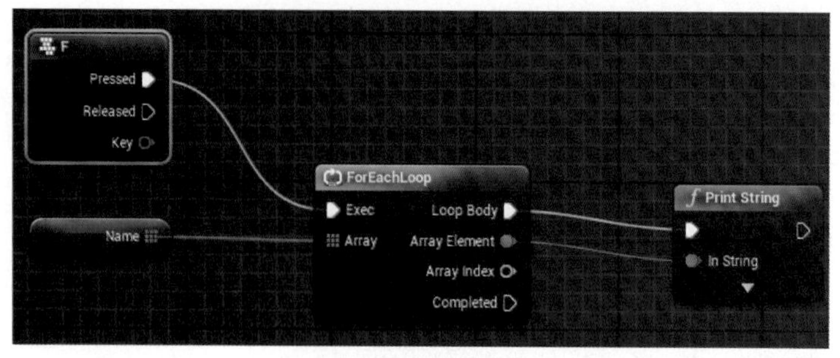

图 2-159

编译蓝图后，运行游戏，按 F 键，蓝图执行效果如图 2-160 所示。可以看到，Name 中的 3 个元素按下标顺序一一被打印了出来。

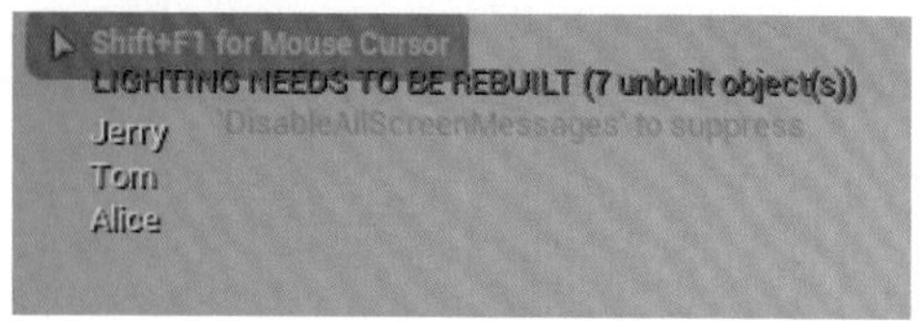

图 2-160

现在来实现切换同一类型的 Actors 的显示状态。打开 Unreal Engine 关卡编辑器，在 Content Browser 面板中找到 Particle

System 粒子系统 P_Steam_Lit，并在游戏场景放置 3 个该 Particle System 粒子系统，如图 2-161 所示。这 3 个 P_Steam_Lit 粒子系统将是供切换显示状态的 Actors。

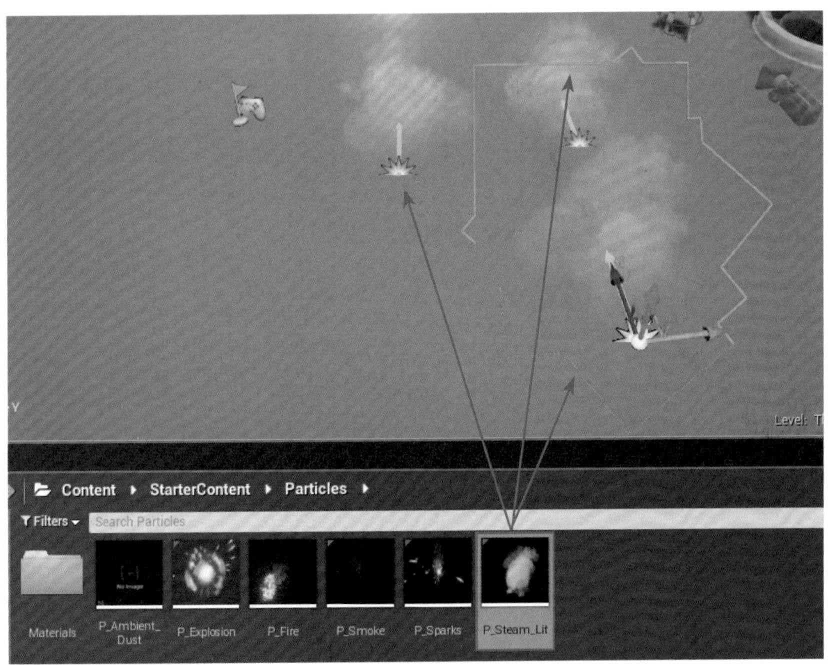

图 2-161

打开 Loops 蓝图，在 Event Graph 编辑器面板中找到并添加一个 Utilities>Get All Actors Of Class 节点，如图 2-162 所示。

将 Get All Actors Of Class 节点中的 Actor Class 参数设置成 P_Steam_Lit 所属类，可以在 Unreal Engine 关卡编辑器的 World Outliner 面板中查看每个 Actor 属于哪个类。在 World Outliner 面板中选择任意一个 P_Steam_Lit，发现它后面的 Type 栏中显示的类名为 Emitter，因而它属于 Emitter 类，如图 2-163 所示。

返回 Loops 蓝图，将 Get All Actors Of Class 节点中的 Actor Class 参数设为 Emitter 后，添加一个 ForEach Loop 节点，节点间连线如图 2-164 所示。Get All Actors Of Class 节点将游戏场景中属于 Emitter 类的所有 Actor 都添加到 Out Actors 这个 Array 返回值中，然后输出给 ForEachLoop 节点。

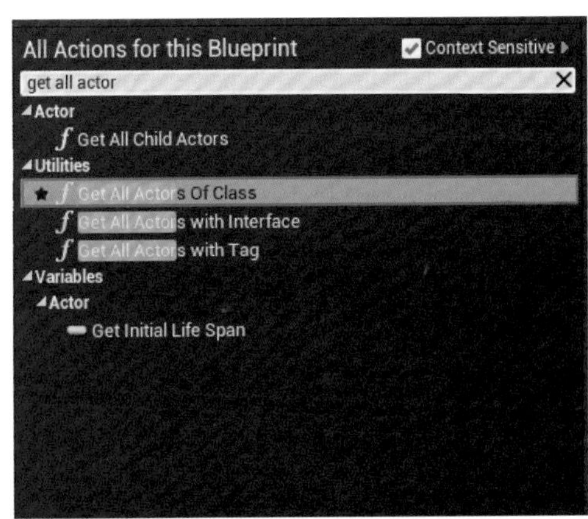

图 2-162

图 2-163

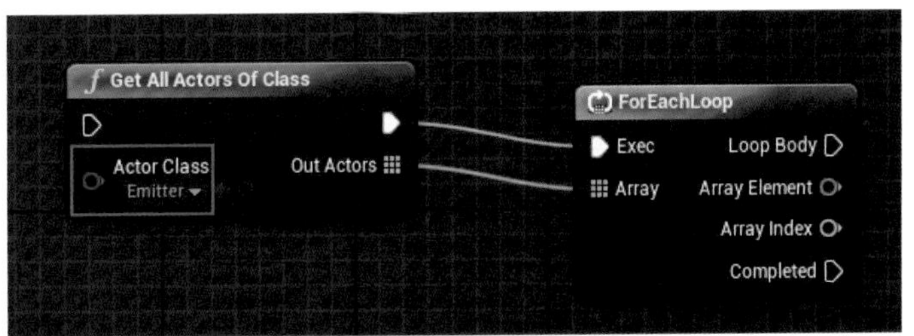

图 2-164

拖动 ForEachLoop 节点的 LoopBody 执行引脚，在关联列表中找到并添加 Rendering>Set Actor Hidden In Game 节点，如图 2-165 所示，该节点用来切换 Actor 的显示状态。

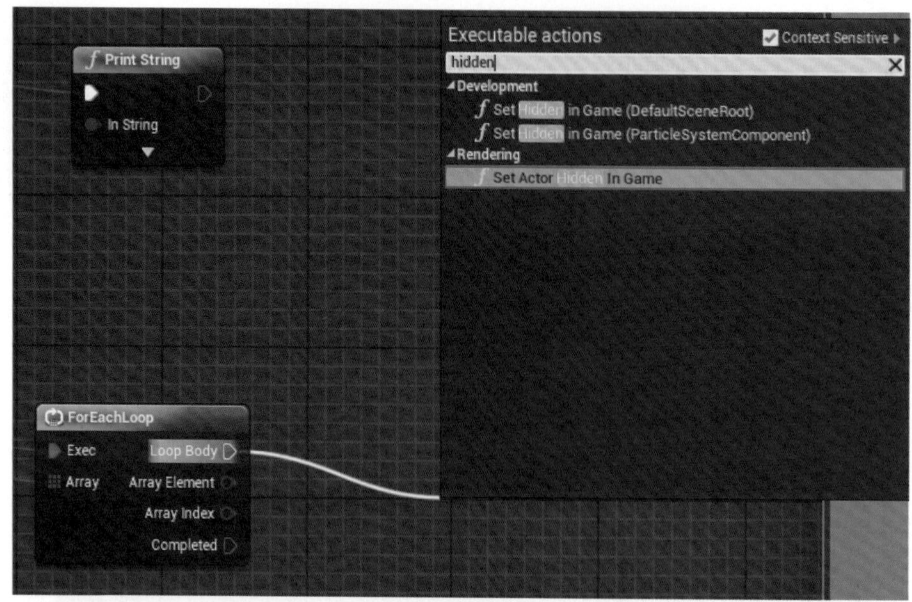

图 2-165

拖动 Completed 执行引脚，在节点列表中找到并添加 Utilities>Flow Control>FlipFlop 节点，如图 2-166 所示。

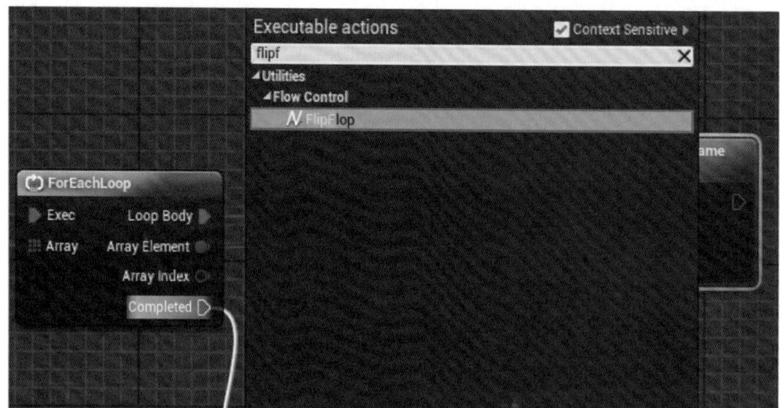

图 2-166

FlipFlop 节点右侧有 A 和 B 两个执行引脚，该节点取入执行输出并在两个执行输出间切换。其第一次被调用时，将会输出 A；第二次被调用时，将会输出 B，然后是 A，之后又是 B，循环往复。FlipFlop 节点同时有布尔变量输出，方便追溯输出 A 何时被调用。例如通过一个 F 键节点控制 FlipFlop 节点的执行，按一次 F 键，FlipFlop 节点的 A 输出，再按一次 F 键，FlipFlop 节点的 B 输出，再按 F 键，又由 A 输出，即 A 输出引脚在首次及之后 FlipFlop 被触发的每个奇数次被调用，B 输出引脚在第二次及之后 FlipFlop 被触发的每个偶数次被调用，如此来回反复。而 Is A 输出的布尔变量值会在每次 FlipFlop 节点被触发后，在 true 和 False 间切换，返回的是 true 还是 False 值是由当前的输出方是否是 A 来决定的，若 A 输出，Is A 返回值为 true，若不是则为 False。我们在此将 FlipFlop 节点的执行引脚与 Completed 引脚相连，如图 2-167 所示，即在执行完循环才会执行一次 FlipFlop 节点，为的是在每次执行完设定的节点时都可以切换 Boolean 值，从而利用该

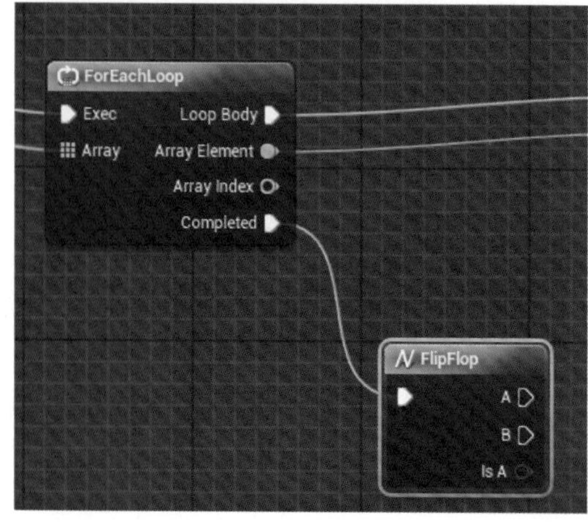

图 2-167

Boolean 值切换 Actors 的显示状态。

添加一个 Boolean 变量，命名为 Show，如图 2-168 所示。Show 变量将用来存储 FlipFlop 节点中的 Is A 返回值，再将值传递给 New Hidden 参数，该参数控制着 Actor 的显示状态，当 New Hidden 为 true 时，Actor 隐藏，为 False 时显示。

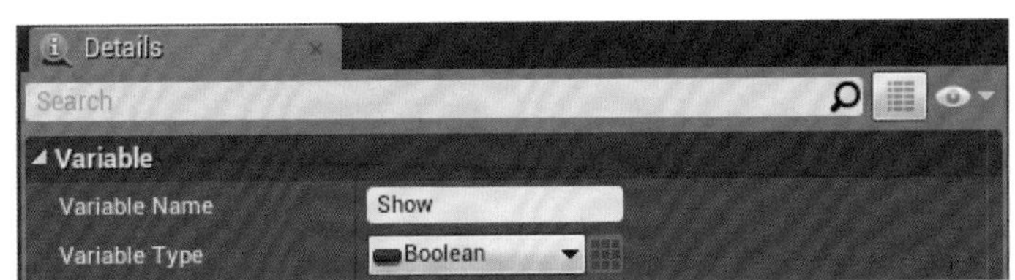

图 2-168

编译图表，在 Details 面板的 Default Value 类目中设定 Show 的值为 False。

按住 Alt 键，拖动 Show 变量到面板中，从而添加 SET Show 节点。根据情况，将 FlipFlop 节点、SET Show 节点以及 Set Actor Hidden In Game 节点之间连线。此外，再添加一个键盘响应事件节点，我们设为 V 键，将 V 键响应事件节点与 Get All Actors Of Class 节点相连，如图 2-169 所示。

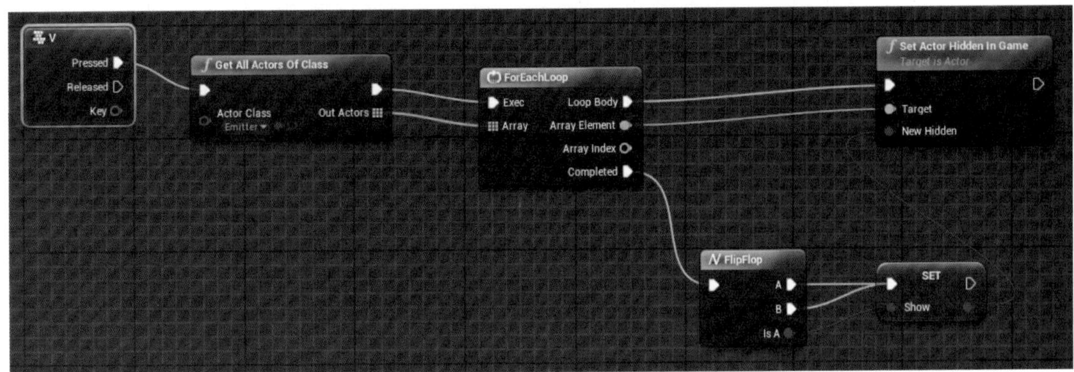

图 2-169

编译并保存图表，运行游戏。当我们第一次按 V 键，Get All Actors Of Class 节点收集所有 Emitter 类的 Actors，经过 ForEachLoop 节点调用每个 Actor 并将其设为 New Hidden 状态。由于 FlipFlop 和 SET Show 节点都在执行完 ForEachLoop 循环后才会被调用执行一次，因此此时 Set Actor Hidden In Game 节点中的 New Hidden 参数获得的为 Show 变量的初始值，即为 False，因此设定 Actor 为显示状态，如图 2-170 所示，3 个 P_Steam_Lit 粒子系统皆为显示状态。循环体执行结束后，FlipFlop 节点被调用执行，由 A 输出，此时将 Show 变量设为 true，该值将用于下一次的执行。

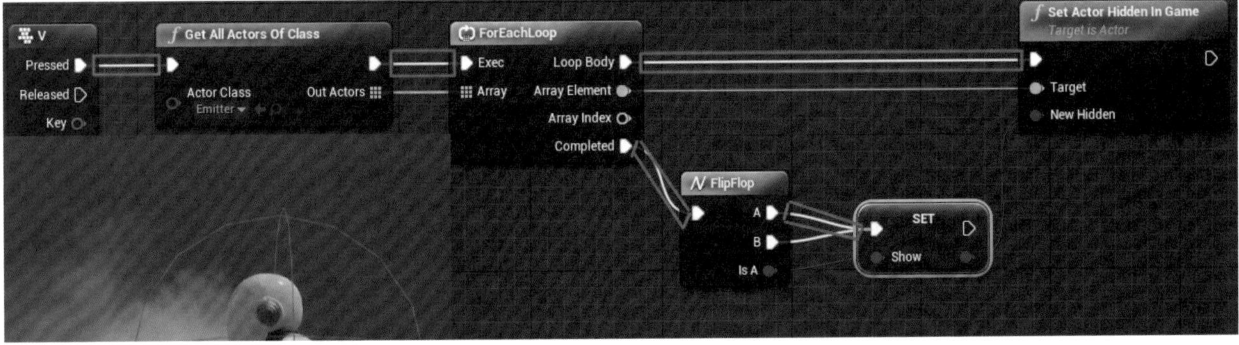

图 2-170

再次按 V 键，和第一次的运作流程一样，New Hidden 参数获得的 Show 变量的值为 true，Actors 隐藏，如图 2-171 所示。循环执行完成后，执行 FlipFlop 节点，B 输出，Show 变量变为 False，继续等待下一次执行。

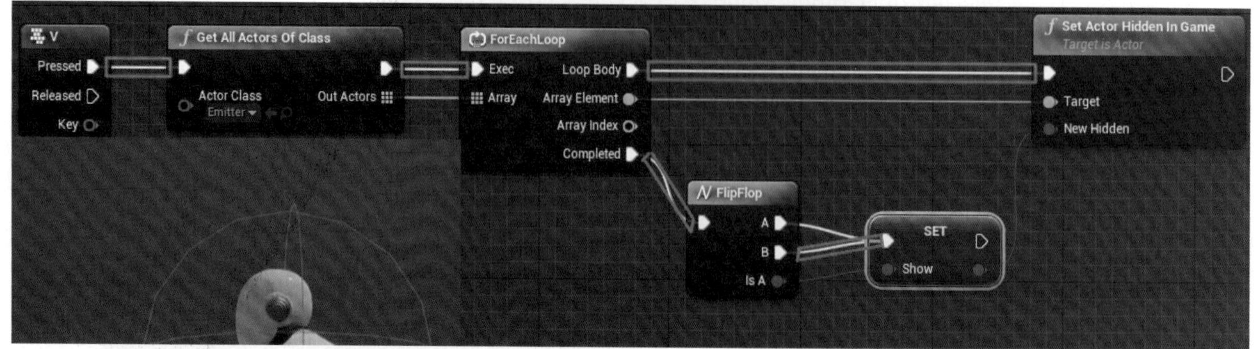

图 2-171

2.6.4 WhileLoop 节点

WhileLoop 节点也是一个循环节点，它的运作方式是当满足条件时则执行循环体。只要特定值为 true，则 WhileLoop 节点将会输出一个结果。在循环的每个迭代中，它会查看其输入布尔值的当前状态。一旦它读取到 False，该循环中断。本节通过为一个 Array 变量添加 19 个元素来认识 WhileLoop 节点。

打开 Loops 蓝图，切换到 Event Graph 图表编辑器面板，添加 Utilities>Flow Control>WhileLoop 节点，如图 2 172 所示，WhileLoop 右侧的 LoopBody 执行引脚和 Completed 执行引脚前面已经介绍过，分别用于执行循环体和在循环完成后执行，左侧有一个 Boolean 类型参数 Condition，它的作用是，如果将循环条件的结果传递给它，当它为 true 时执行循环体，否则循环结束。

添加一个 Integer 类型的 Array 变量，命名为 MyArray，如图 2-173 所示。

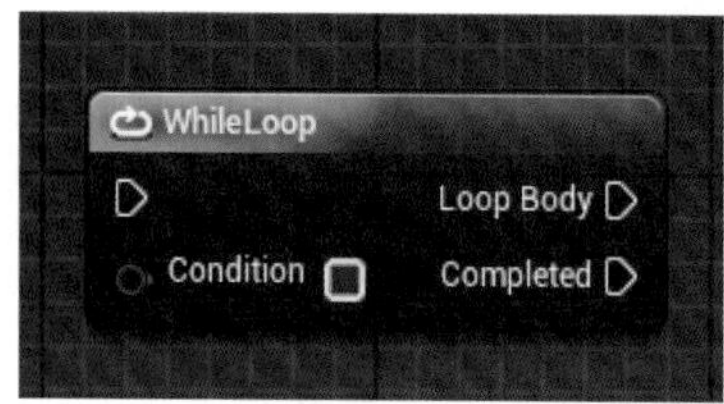

图 2-172

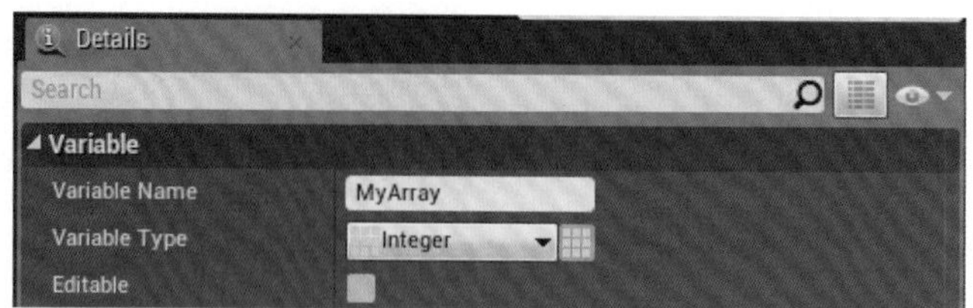

图 2-173

添加一个 Utilities>Array>Add 节点，Add Item 添加项目节点可取入一个数组和一个变量，它将该变量插入到数组的尾部，并相应地调整数组的大小。Add 节点左侧有两个参数，其中一个为 Array 参数，两个参数的类型会根据程序为它们传递的变量类型而自动匹配，Array 参数用来接收需要添加元素的数组变量，另一个参数接收的则是将要添加的元素。Add 节点右侧有一个 Integer 返回值，它返回的是当前添加的参数的下标。我们将 Add 节点的输入执行引脚与 WhileLoop 节点的 LoopBody 执行引脚相连，如图 2-174 所示。

将 MyArray 变量传递给 Add 节点。添加一个 Math Random Random Integer 节点，如图 2-175 所示，该节点可随机产生整型数，且可设定一个最大值以保证产生的随机数不大于这个值。

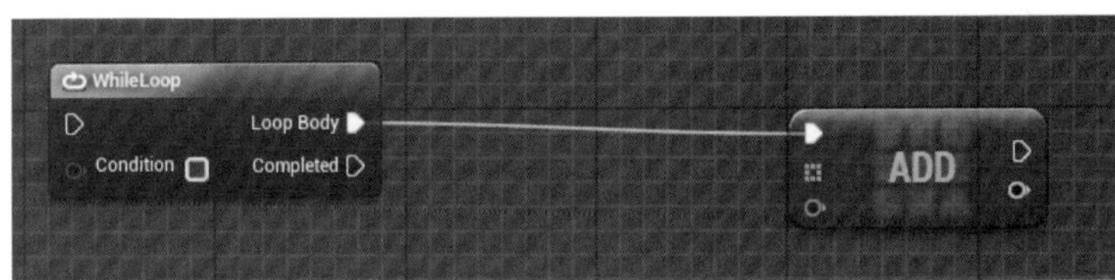

图 2-174

图 2-175

将 Random Integer 的返回值传递给 Add 节点，最大值 Max 设为 100，然后再添加一个 Utilities>Array>LENGTH 长度节点。该节点用来返回数组的大小或数组中元素项的个数，如利用 LENGTH 节点获取 My Array 变量的元素个数，如图 2-176 所示。

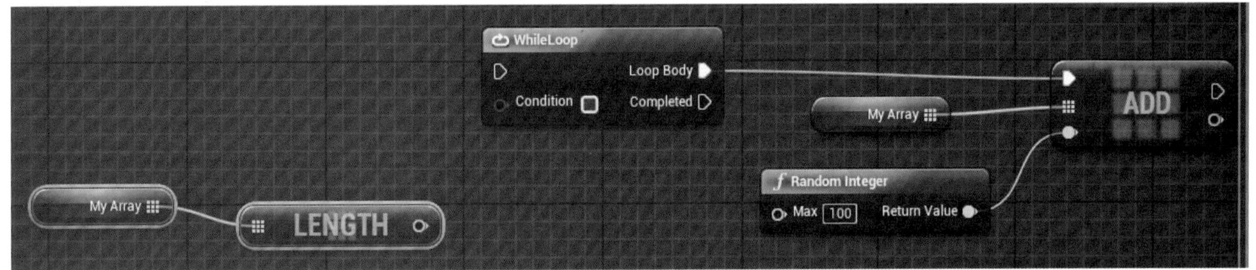

图 2-176

设定当 My Array 的元素个数小于 20 时则执行循环体，否则中止循环，因此 LENGTH 节点的输出数据引脚与 WhileLoop 节点的 Condition 引脚之间通过 Integer>Integer 节点相连。此外，如果想在循环执行完毕后将 My Array 中的元素打印出来，则还需要利用 ForEachLoop 节点依次打印 My Array 中的元素，节点布局如图 2-177 所示。

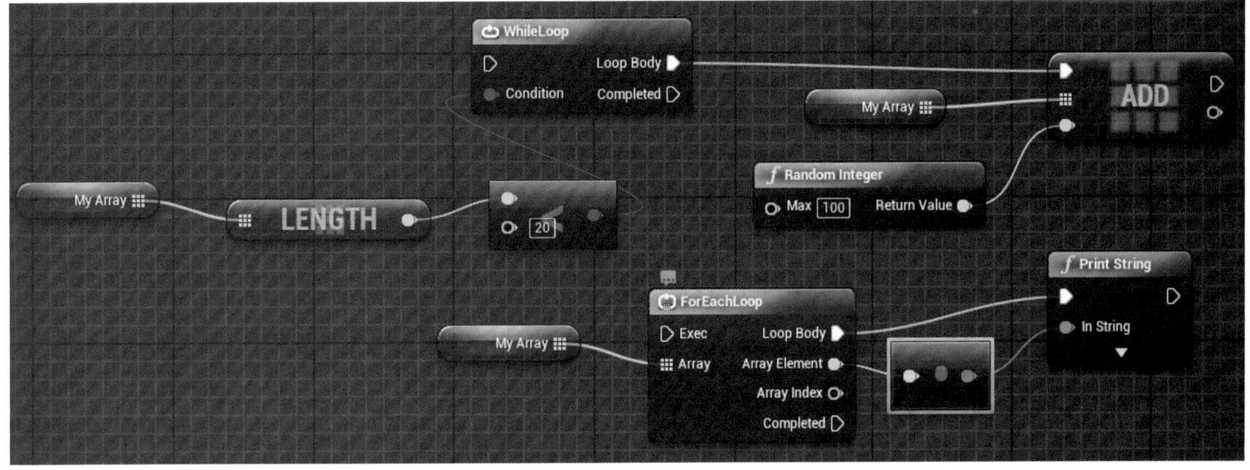

图 2-177

将 ForEachLoop 节点的输入端执行引脚与 WhileLoop 节点的 Completed 执行引脚相连，此外，再添加一个 Utilities>Array>Clear 节点，Clear 节点将清除相连接的数组中的所有数据，重置数组，并删除数组中的所有索引值。将 MyArray 变量传递给 Clear 节点，并将 Clear 节点的输入端执行引脚与 ForEachLoop 节点的 Completed 执行引脚相连，效果即为每次产生 19 个元素并打印完成后将 MyArray 清空，如此一来，我们可以让整个循环过程执行无数次。最后，添加一个键盘响应事件节点，如 F 键节点，将它的 Pressed 引脚与 WhileLoop 节点的输入执行引脚相连，如图 2-178 所示。

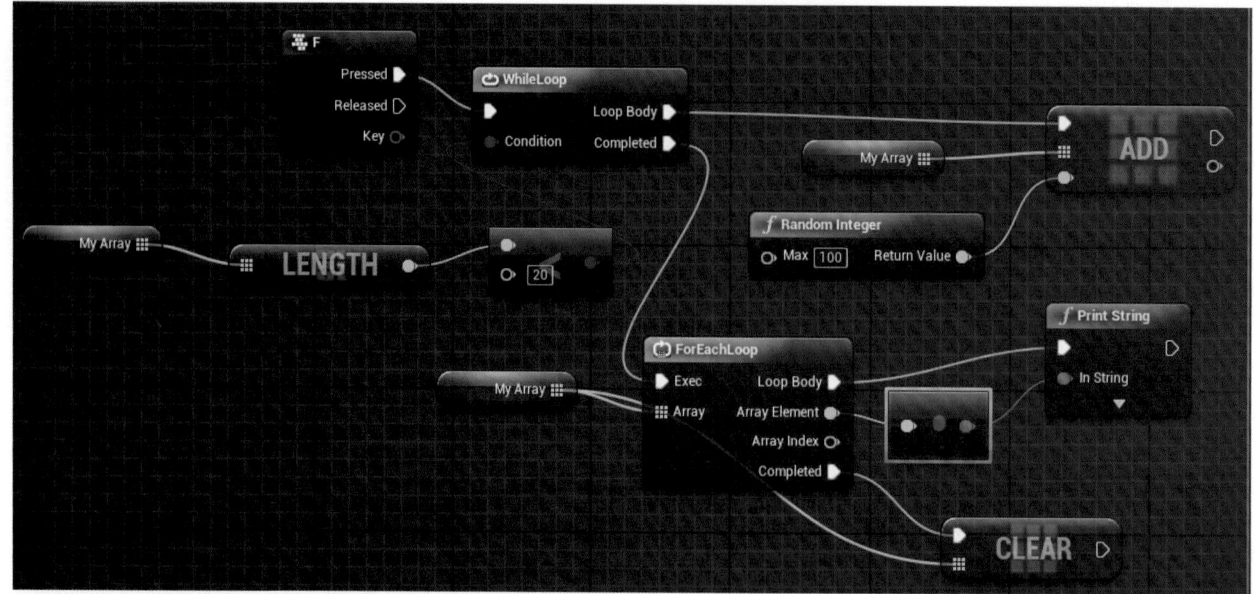

图 2-178

编译并保存图表，运行游戏，按 F 键，效果如图 2-179 所示。

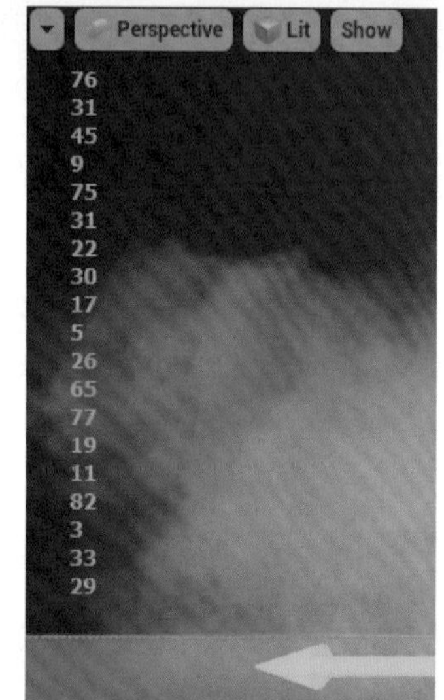

图 2-179

2.7 Macro 宏

我们在 2.1.2 节简单提到过蓝图宏库和宏这个概念。蓝图宏或宏从本质上讲和合并的节点图表一样。它们具有由通道节点指定的一个入口点和一个出口点。每个通道可以具有多个执行引脚或数据引脚，当在其他蓝图及图表中使用该宏节点时这些引脚会呈现在宏节点上。

在 Unreal Engine 4 中，蓝图宏库是一个存放了一组宏的容器，或者是可以像节点那样放置到其他蓝图中的自包含图表。这些蓝图宏库非常节约时间，因为它们存放了常用的节点序列及针对执行和数据变换的输入和输出。

宏会在所有引用它们的图表间共享，但是如果它们在编译过程中是合并的节点，那么它们会自动展开为图表。这意味着蓝图宏库不需要进行编译，但是对宏所做的修改，仅当重新编译了包含引用该宏的图表的蓝图时，这些修改才会反映在图表中。

宏可以在类蓝图或关卡蓝图中进行创建，就像蓝图函数一样。蓝图宏还可以放到蓝图宏库中。本节我们将在类蓝图中自定义创建一个宏来实现一个会伴有延迟的 WhileLoop 循环，并运用它来打印。

首先观察一下 WhileLoop 宏图表。打开 Loops 蓝图，找到 2.6 节中构造的节点布局，双击 WhileLoop 节点，出现了 StandardMacros 蓝图宏库编辑器界面，如图 2-180 所示。StandardMacros 为 WhileLoop 宏所在的蓝图宏库，在图表面板中可以看到 WhileLoop 宏节点布局，在图表面板右侧的 My Blueprint 面板中有一个 Macros 类目，它包含着 StandardMacros 蓝图宏库中的所有宏，并且这些宏被归纳到相应的类目。返回 WhileLoop 图表面板，可以看到 WhileLoop 宏是通过 4 个节点之间相关

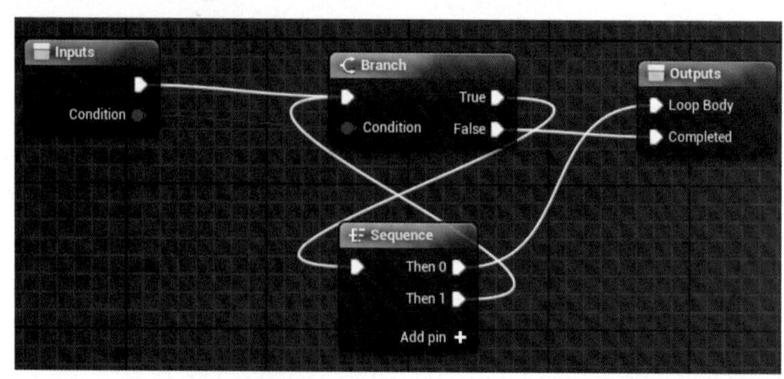

图 2-180

联来实现的，其中 Inputs（输入通道节点）和 Outputs（输出通道节点）是在宏中默认存在的两个节点。Inputs 节点提供的参数 Condition 是需要我们在使用 WhileLoop 节点时为它传入变量或赋值的，Outputs 节点提供的 LoopBody 和 Completed 执行引脚是在 WhileLoop 节点中用作输出的执行引脚，即用来和接下来要执行的节点相连。通过为 Inputs 节点的参数传递数据，从而有数据流入 Branch 节点，根据 Condition 参数值判断是执行 true 还是执行 False，执行 False 则不再执行循环体，而是执行与 WhileLoop 节点的 Completed 执行引脚相连的一系列节点；执行 true 则会执行 Sequence 节点，Sequence 序列节点属于流程控制类型节点，它使得单个执行脉冲能按顺序触发一系列事件。节点可能有任意数量的输出，所有的输出引脚都会在序列节点一获得输入时就被调用。输出引脚将总是按顺序被调用，但不会有任何延迟。对一般用户来说，输出引脚看起来好像被同时触发了一样。Sequence 节点右侧默认有两个执行引脚，分别为 Then 0 和 Then 1。我们也可以单击 Add pin + 再继续添加想要的任意数量的输出。就默认情况来说，Sequence 节点首先会执行 Then 0，即执行与 LoopBody 相连的一系列节点，然后执行 Then 1，即再次执行 Branch 节点，形成循环机制。

了解了 WhileLoop 宏的运作原理，接下来就要按照这个思路在 Loops 蓝图中创建一个用于执行延时循环的蓝图宏。打开 Loops 蓝图，在 My Blueprint面板中单击 + Add New 按钮，在列表中单击 Macro 宏，如图 2-181 所示。

添加了宏后，在 My Blueprint 面板中找到 Macros 类目下创建的宏，将它命名为 WhileLoopWithDelay，如图 2-182 所示。

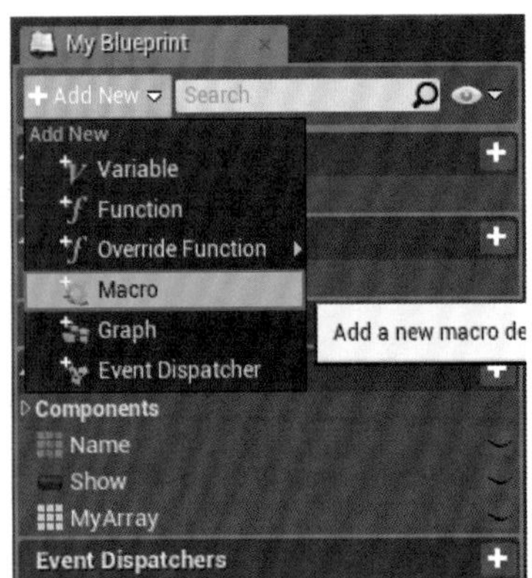

图 2-181

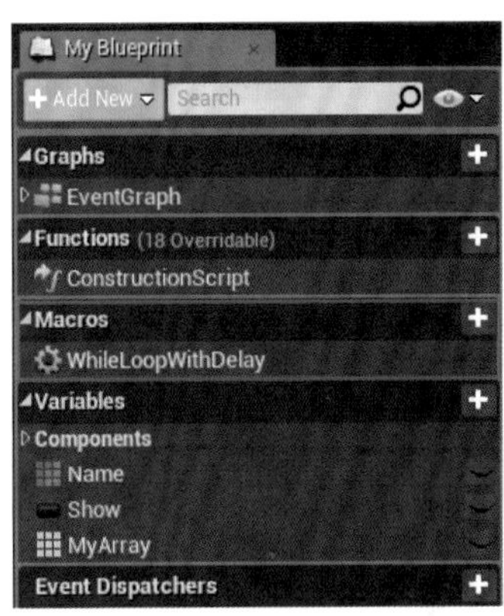

图 2-182

将图表面板切换到 WhileLoopWithDelay 的图表面板，如图 2-183 所示，图表中默认有两个节点，分别是 Inputs 和 Outputs。可以选中其中任意一个节点，或者选中 My Blueprint 面板中的 WhileLoopWithDelay 宏，此时 Details 面板将出现 WhileLoopWithDelay 宏的相关属性，如图 2-184 所示。

图 2-183

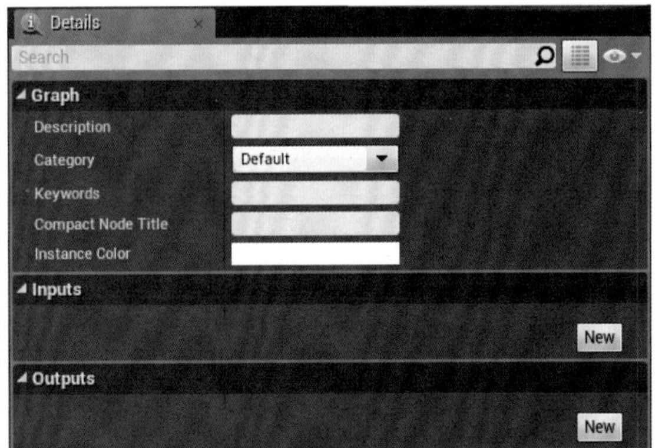

图 2-184

若要添加输入和输出执行引脚及数据引脚，则需要单击 Details 面板中 Inputs 和 Outputs 类目下的 New 按钮，例如单击 Inputs 类目下的 New 按钮，如此一来，Inputs 节点有了一个代表 Boolean 类型的输入引脚。

我们可以改变引脚名称和类型，它们都在 Inputs 分组下，如图 2-185 所示。

添加输出引脚也是类似的方法，只需在Details面板中的Outputs分组下单击New按钮并设定名称和类型。现在为 Inputs 节点和 Outputs 节点设定的引脚如图 2-186 所示。其中，Inputs 节点中的 Duration 参数指的是延时时长。

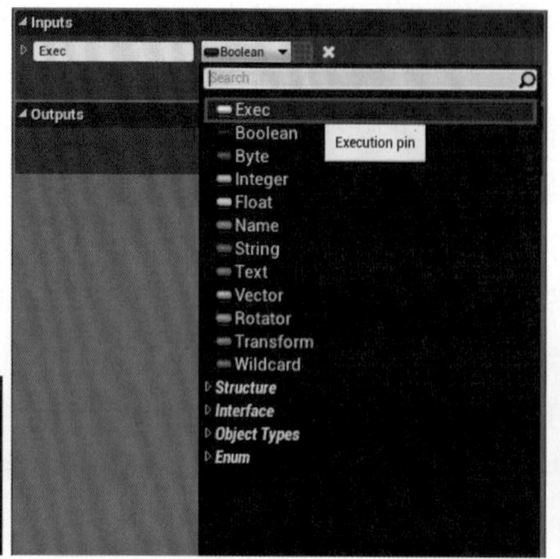

图 2-185

图 2-186

和 WhileLoop 宏一样，我们需要 Branch 节点和 Sequence 节点，Branch 根据循环条件的成立与否来决定是否执行 true，即判断是否调用 Sequence 节点，Sequence 节点将先执行 Then 0，从而执行 LoopBody 循环体，然后 Sequence 节点会接着执行 Then 1。在 WhileLoop 宏中，Then 1 与 Branch 节点的输入执行引脚相连，形成了一个循环执行体系，而我们的 WhileLoopWithDelay 宏设定的是在循环与循环之间有一段执行的时间差，因此在 Then 1 执行引脚与 Branch 节点的输入执行引脚之间需要加入一个 Utilities>Flow Control>Delay 延时节点，如图 2-187 所示。

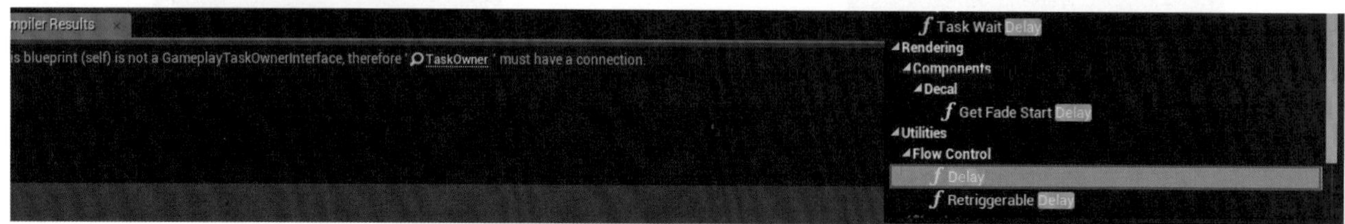

图 2-187

最后，WhileLoopWithDelay 宏的节点布局如图 2-188 所示，这样我们便实现了一个伴有延时效果的循环机制。

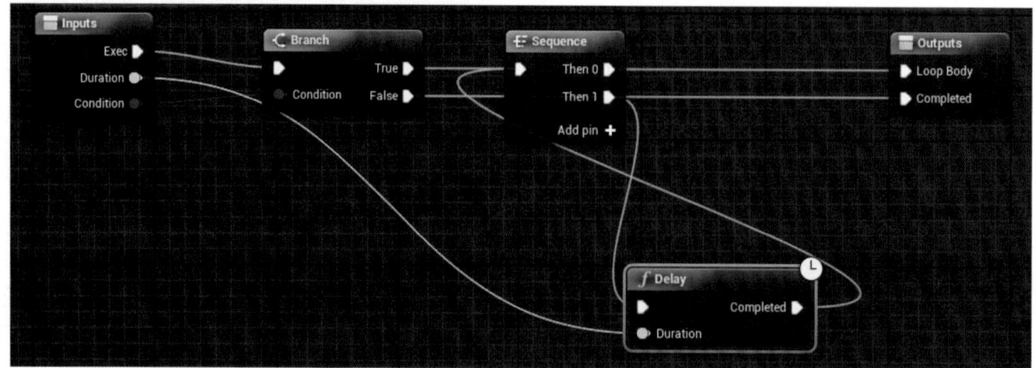

图 2-188

保存并编译 WhileLoopWithDelay 宏，现在我们来利用 WhileLoopWithDelay 节点打印字符串。返回 Loops 蓝图的 Event Graph 图表编辑器面板，和我们一直以来搜索节点的方式一样，找到并添加

Utilities>WhileLoopWithDelay 节点，如图 2-189 所示。

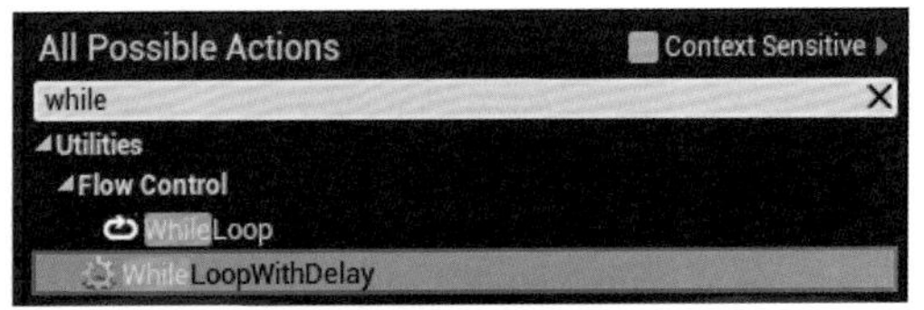

图 2-189

按图 2-190 完成节点布局。设 F 键为执行循环的响应事件按键，打印内容为“Hello”。在 WhileLoopWithDelay 节点中，Duration 参数设为 1，即循环间的时间间隔为 1s；勾选 Condition 参数将它设为 true，即循环条件始终成立。

保存并编译图表，运行游戏，按 F 键，效果如图 2-191 所示，每隔 1 秒后，视口屏幕上将会打印出现下一个“Hello”字样。

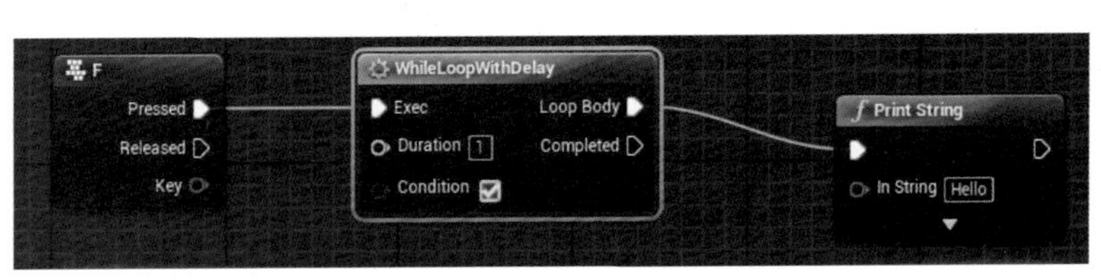

图 2-190

图 2-191

2.8　Spawn 类型节点

Spawn，顾名思义，即生产。Spawn 节点可以生成指定的实例对象，本节将对 Spawn Emitter 和 SpawnActor 节点以及变量的 Expose On Spawn 进行介绍。

2.8.1　Spawn Emitter 节点

Spawn Emitter 节点可以实现在指定位置产生 Emitter 类型实例对象这一机制，很容易理解也很容易应用，在本节将实现一个接触指定物体后产生爆炸的效果。

继续沿用之前创建的工程项目，创建一个以 Actor 为父类的蓝图，命名为 Pickup。打开 Pickup 蓝图，切换到 Viewport 面板，在 Unreal Engine 关卡编辑器 Content Browser 面板中找到 SM_Statue 静态模型，拖动到 Pickup 蓝图的 Viewport 面板中，从而在 Pickup 蓝图中添加了一个 SM_Statue 静态模型组件，如图 2-192 所示。

在 Pickup 蓝图中选中 SM_Statue 组件，找到 Details 面板下的 Collision 类目，展开其中的 Collision Presets 类目，如图 2-193 所示，可以看到 Collision 类目下有许多碰撞属性，其中较为常用的为 Generate Overlap Events（生成重叠事件）、Collision Presets（碰撞预制）和 Collision Responses（碰撞响应）。

Collision 类目下较为常用的 3 个碰撞属性介绍如下。

- Generate Overlap Events（生成重叠事件）：如果想让一个对象生成重叠事件，如 Event Actor Begin Overlap（Actor 开始处重叠事件）或 Event Actor End Overlap（Actor 结束处重叠事件），则该标志需要设置为真。进一步讲，要想让该选项有用，所涉及的对象需要可以彼此重叠。
- Collision Presets（碰撞预制）：包含 Collision Responses 碰撞响应项的一组预制。
- Collision Responses（碰撞响应）：是否同物理资源中的特定物理刚体发生碰撞。该项将 Trace Responses（踪迹响应）[这些项定义了当对象同踪迹交互（通常仅通过射线投射完成）时如何表现。可以使用任何一项来跟踪从一个对象到另一个对象的射线投射。] 和 Object Responses（对象响应）（一个对象可以选择阻挡、重叠或简单地忽略同它交互的对象。）中的所有项设置为选中的值。

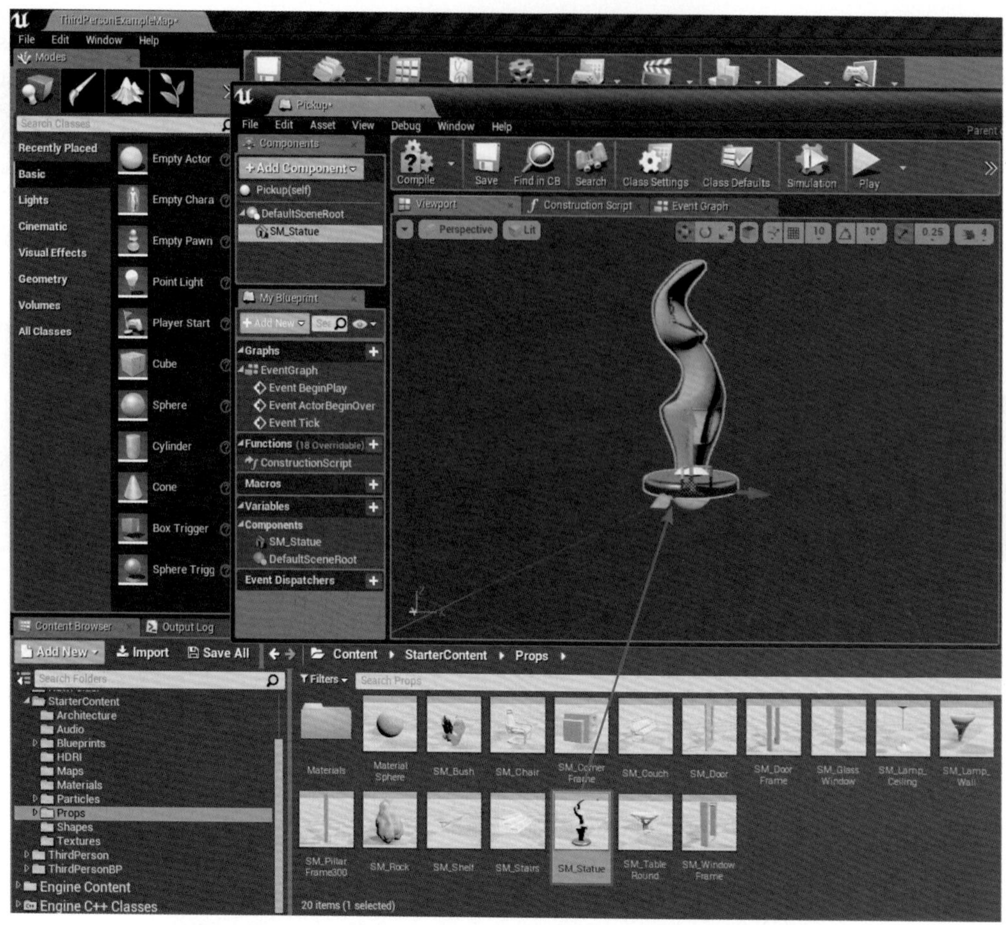

图 2-192

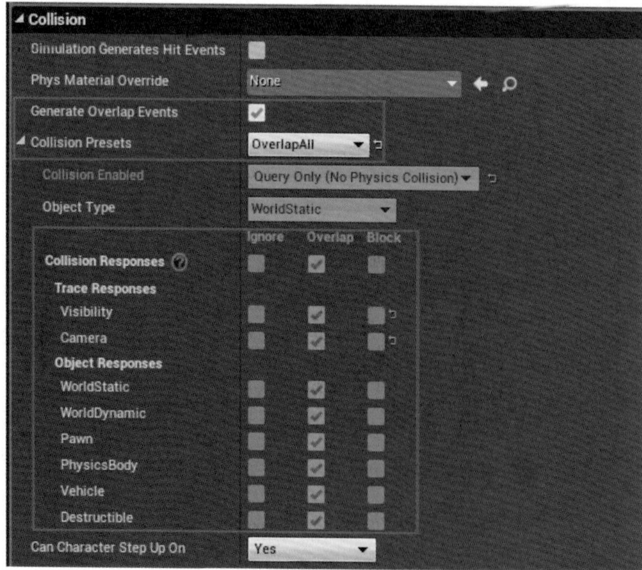

图 2-193

在 Collision Responses 中的常用命令功能介绍如下。

• Visibility（可见性）：从一个位置到另一个位置的踪迹，如果“阻挡”此种类型的对象挡住了踪迹的去路，那么该踪迹将被“阻挡”。

• Camera（相机）：和 Visibility 一样，但应该用于从相机处进行踪迹跟踪的设置。

• WorldStatic（世界静态）：体积和世界几何体应该是 WorldStatic。

• WorldDynamic（世界动态）：Pawns、PhysicsBodies 物理刚体、Vehicles 载具及 Destructible Actors 之外的可移动 Actors。

• Pawn ：角色。

• PhysicsBody（物理刚体）：任何在世界中模拟的或者可以在世界中模拟的物理对象。

• Vehicle（载具）：一个应该具有的很好的响应，以便我们可以让 Pawns 跳入到载具中。

• Destructible ：可破坏的 Actors。

现在找到 Collision Presets 属性，展开列表选项，可以看到里面有许多碰撞响应预制类型，如 NoCollision（无碰撞）、BlockAll（可阻挡所有元素）、OverlapAll（可交叠所有元素）、BlockAllDynamic（可阻挡所有动态元素）等，也可以选择 Custom 自定义一个碰撞响应预制，如图 2-194 所示。

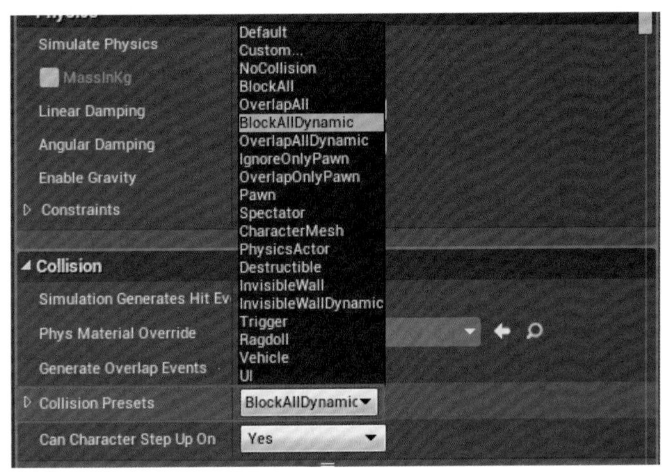

图 2-194

根据情况，我们需要通过碰撞检测来控制触发爆炸效果的时机，因此将 SM_Statue 组件的 Collision Presets 设为 OverlapAll。Overlap 看上去就像它们忽略彼此一样，如果没有 Generate Overlap Events（生成重叠事件），那么它们本质上是一样的。因此要通过碰撞触发事件，还需要勾选 Generate Overlap Events 复选框，如图 2-195 所示。

做好了以上的准备工作才能布局节点。切换到 Event Graph 图表编辑器面板，选中 SM_Statue 组件，添加 Add Event for SM Statue>Collision>Add On Component Begin Overlap（碰撞事件节点），如图 2-196 所示。

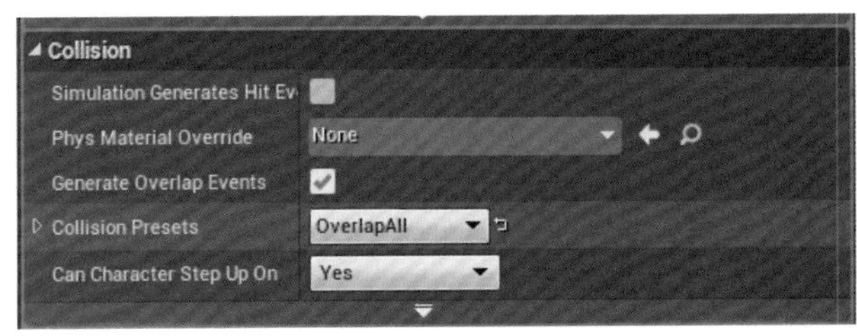

图 2-195

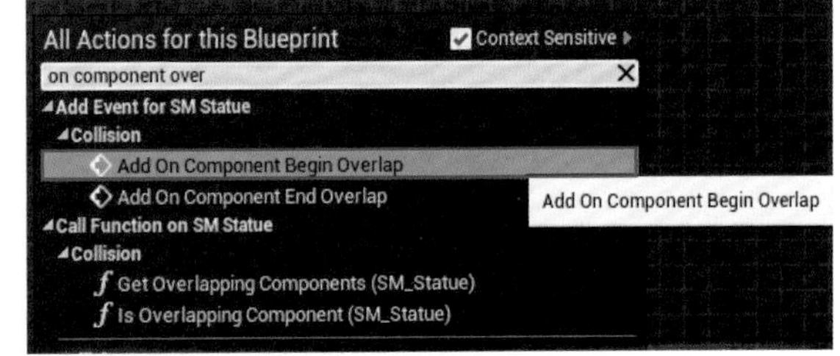

图 2-196

当 SM_Statue 组件与其他 Actor 对象之间产生碰撞时则会执行 OnComponentBeginOverlap(SM_Statue) 事件节点。碰撞发生后将要产生爆炸效果，因此接下来要执行的是在 SM_Statue 所在位置生成有爆炸效果的粒子系统，这时需要的便是 Spawn Emitter 节点。在节点列表中找到并添加 Effects>Components>Particle System>Spawn Emitter at Location 节点，如图 2-197 所示。

添加的 Spawn Emitter at Location 节点如图 2-198 所示。节点左侧有 4 个参数，分别为 Emitter Template、Location、Rotation 和 Auto Destroy。Emitter Template 接收需要生产的实例对象资源，Spawn Emitter at

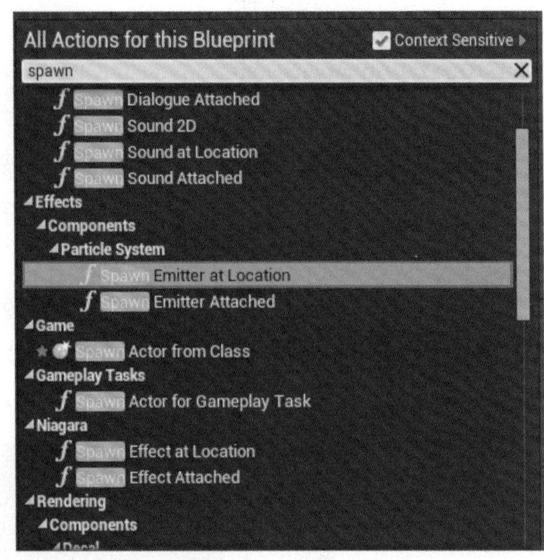

图 2-197

Location 节点中的 Emitter Template 参数只认定 Particle System 粒子系统类的资源对象；Location 设定生产的资源的世界坐标位置；Rotation 设定资源在世界坐标系中的旋转角度。Spawn Emitter at Location 节点有一个返回值，它返回的是世界坐标、旋转角度都经过设定后的粒子系统类型实例对象的引用。

单击 Emitter Template 参数提供的资源列表，找到并单击 P_Explosion，如图 2-199 所示。P_Explosion Particle System 是 Unreal Engine 4 自带的粒子系统资源，它可以呈现较为逼真的爆炸效果。

添加一个 Utilities>Transformation>GetActorLocation 节点，将它的返回值引脚与 Spawn Emitter at Location 节点的 Location 引脚相连。GetActorLocation 节点用来获得指认 Actor 对象的坐标，它的左侧有一个 Target 参数，该参数接收的是我们指认的 Actor 对象。Target 参数默认为 self，即当前 Actor 蓝图对象本身。当爆炸产生时，P_Explosion 粒子系统实例对象的坐标位置应与 Pickup 实例对象坐标位置统一，因此 GetActorLocation 节点 Target 值设为默认值 self。再添加一个 Utilities>DestroyActor 节点，将它的输入端执行引脚与 Spawn Emitter at Location 节点的输出端执行引脚相连。DestroyActor 节点用于销毁指认的 Actor 对象，它同样有一个 Target 参数，该参数接收的就是指认的 Actor 对象，根据情况，发生爆炸后应销毁 Pickup 实例对象，因此 Target 参数值设定为默认的 self。节点布局如图 2-200 所示。

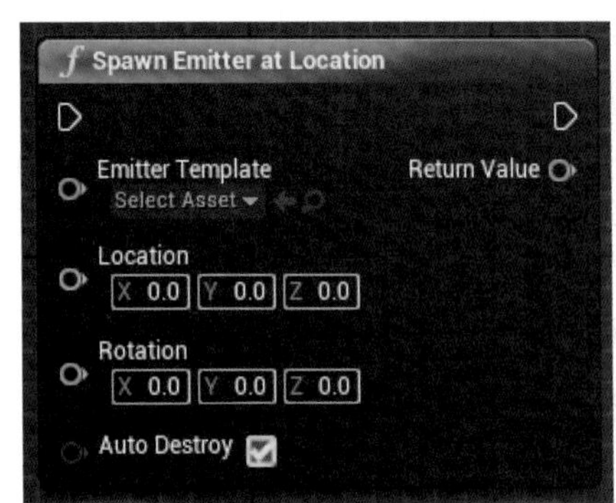

图 2-198

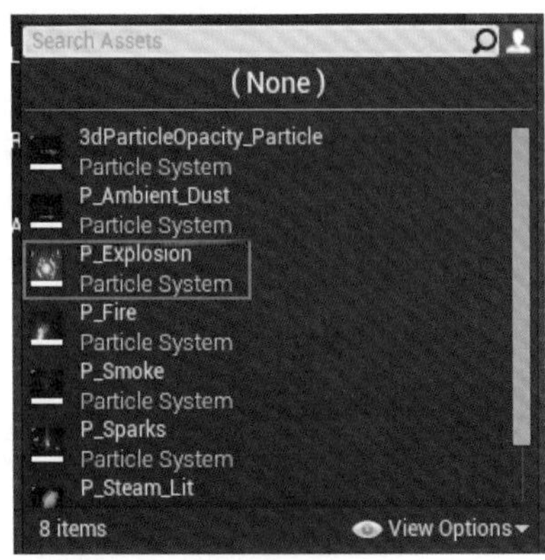

图 2-199

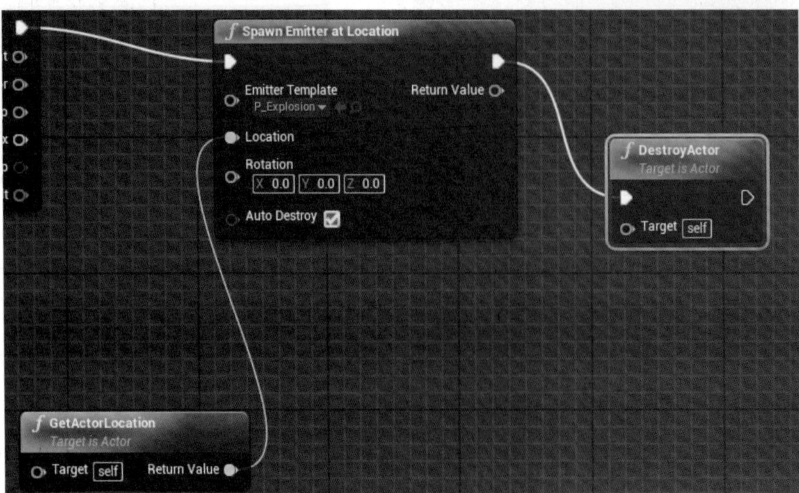

图 2-200

保存并编译图表，返回 Unreal Engine 关卡编辑器，从 Content Browser 面板中拖动 Pickup 蓝图放置到游戏视口中，从而创建一个 Pickup 蓝图实例对象，如图 2-201 所示。

运行游戏，当接触 Pickup 实例对象，P_Explosion 粒子系统生成，呈现爆炸效果，Pickup 实例对象被销毁，效果如图 2-202 所示。

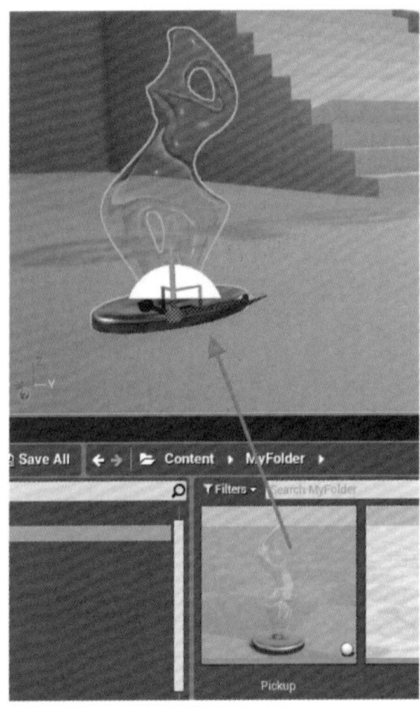

图 2-201

图 2-202

此外，还可以丰富一下这个机制的效果：当爆炸发生后，角色的行走速度会得到提升。

打开 Pickup 蓝图，切换到 Event Graph 图表编辑器面板，在 Spawn Emitter at Location 节点和 DestroyActor 节点之间添加一个 Utilities>Casting>Cast To ThirdPersonCharacter 节点，如图 2-203 所示，使用 Cast 投射节点是蓝图通信的常见形式之一，使用 Cast 节点时，便是在询问对象“你是否为该对象的特殊版本”。如果是，则访问；如不是，则忽略请求。简单而言，就是在尝试检查发出转换的对象是否为被转换的特定对象。例如现在使用 Cast To ThirdPersonCharacter 节点用于尝试将指认对象转换为 ThirdPersonCharacter 类变量，若转换成功，则访问指认对象并将其作为 ThirdPersonCharacter 类变量引用返回，返回值命名为 As Third Person Character，从而可以对返回的变量引用进行一系列操作；否则将执行 Cast Failed。其中，位于 Cast To ThirdPersonCharacter 节点左侧的 Object 参数是用来接收指认对象。

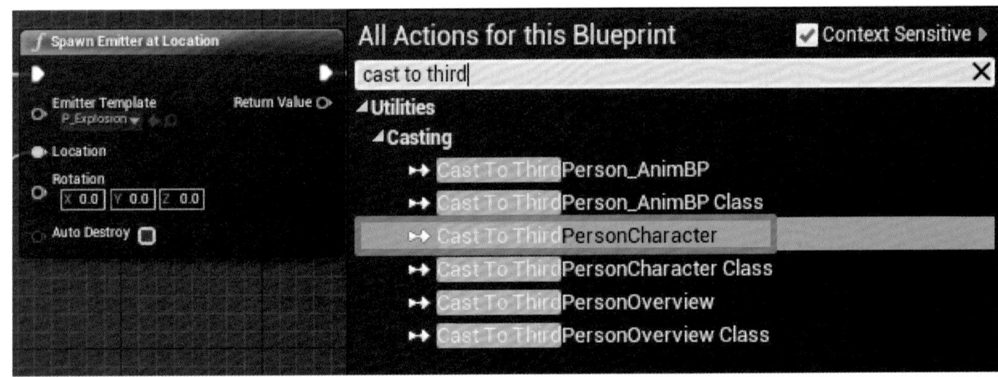

图 2-203

我们希望角色移动速度提升，这需要通过设定 ThirdPersonCharacter 变量 Movement 组件中的速度属性来实现，如同我们在 2.2.1 节中利用 PointLight 的 Point Light Component 组件调用 Toggle Visibility 属性来实现灯光状态的切换一样。拖动 Cast To ThirdPersonCharacter 节点上的 As Third Person Character 引脚，在节点列表中找到并添加 Variable>Character>Get Character Movement 节点，如图 2-204 所示。

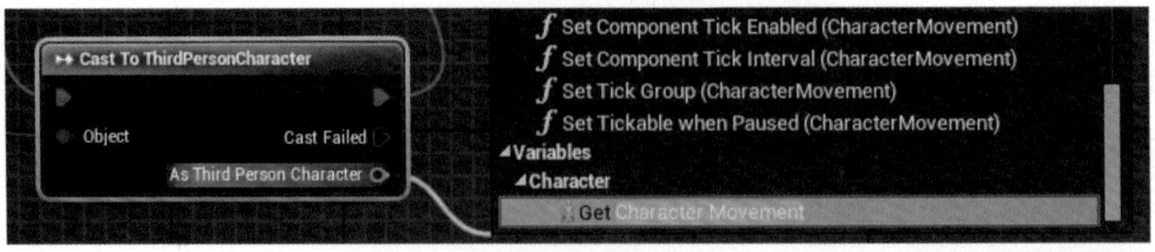

图 2-204

拖动 Character Movement 引脚，在节点列表中找到并添加 Variable>Character Movement Walking>Set Max Walk Speed 节点，该节点用于设置指认对象的 Max Walk Speed 最大移动速度值，角色的速度大小会在 0 到 Max Walk Speed 值范围区间变化，而它的 Target 参数同样是用来接收指认对象的。最后将 Cast To ThirdPersonCharacter 节点的 Object 引脚与 OnComponentsBeginOverlap(SM_Statue) 节点的 Other Actor 引脚相连，Other Actor 即为与 SM_Statue 组件发生碰撞的实例对象引用，如果发生碰撞的 Actor 为 ThirdPersonCharacter 对象，则销毁当前 Pickup 蓝图实例对象并设置该 ThirdPersonCharacter 对象速度最大值为 1000，如图 2-205 所示。

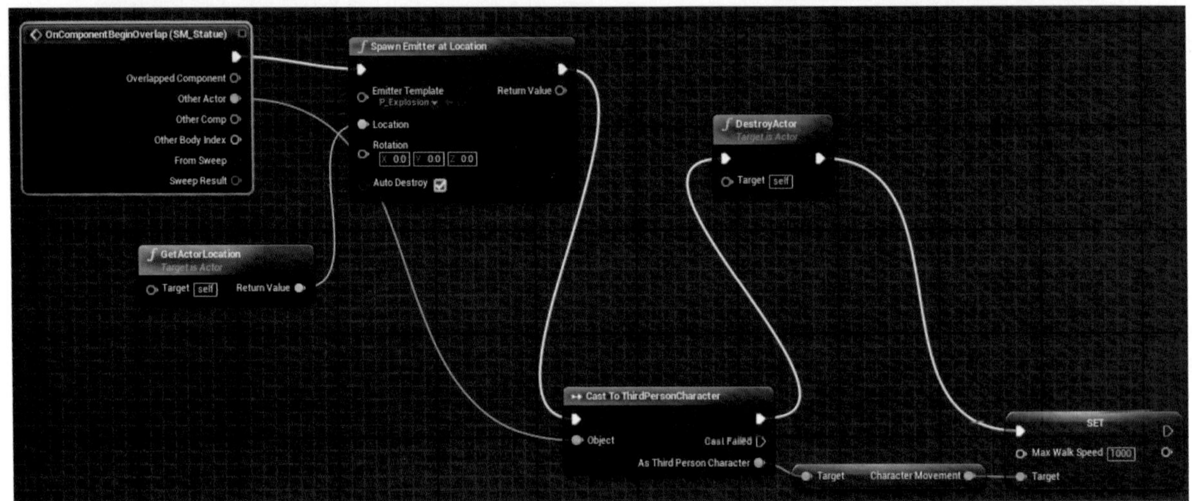

图 2-205

2.8.2 SpawnActor 节点

在 2.8.1 节我们学习了 SpawnEmitter 节点，本节我们将学习 SpawnActor 节点，它的作用与 SpawnEmitter 节点一样都是用于生产指认资源的实例对象，只是 SpawnEmitter 节点针对于粒子系统，SpawnActor 针对任意 Actor 类的对象。

继续沿用之前创建的工程项目，现在我们要实现一个机制：在游戏运行过程中，通过键盘的控制，使得在指认位置产生某一 Actor 资源的实例对象。

创建一个以 Actor 为父类的蓝图，命名为 PhysicsBox，它将是要控制生产的 Actor 资源。此前一直是通过从 Content Browser 中拖动到蓝图中的方式为蓝图添加组件，事实上添加组件的方式多种多样，现在介绍另一种方式。在 PhysicsBox 蓝图中单击 Components 面板中的 + Add Component 按钮添加一个 StaticMesh 组件，选中添加的 StaticMesh 组件，找到 Details 面板中 Static Mesh 类目下的 Static Mesh 属性，可以在这里为 Static Mesh 组件设定一个静态模型资源。展开列表菜单，找到并选择 SM_CornerFrame 资源，如图 2-206 所示。

选中 StaticMesh，找到 Details 面板下的 Physics 类目，勾选 Simulate Physics 和 Enable Gravity 复选框，这两个选项可以自动计算物理信息及重力，让 StaticMesh 拥有自然的物理效果，如图 2-207 所示。

返回 Unreal Engine 关卡编辑器，在 Modes 面板中搜索“point”，找到 Target Point，它将作为一个空物体被添加到游戏视口中，设定它的世界坐标位置为 PhysicsBox 实例对象的“出生地”。拖动 Target Point 到视口中的任意位置，默认命名为 TargetPoint，如图 2-208 所示。

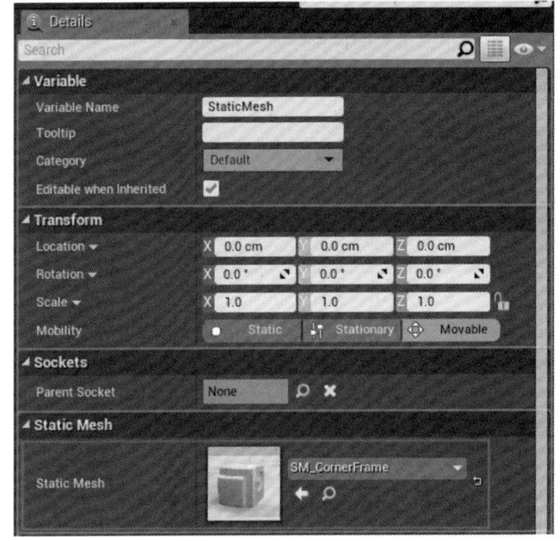

图 2-206

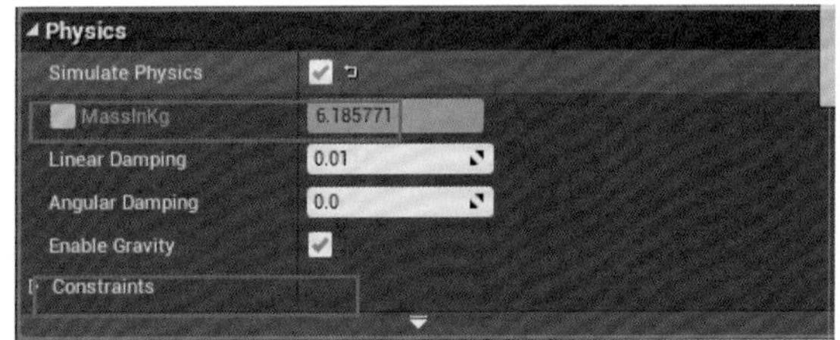

图 2-207

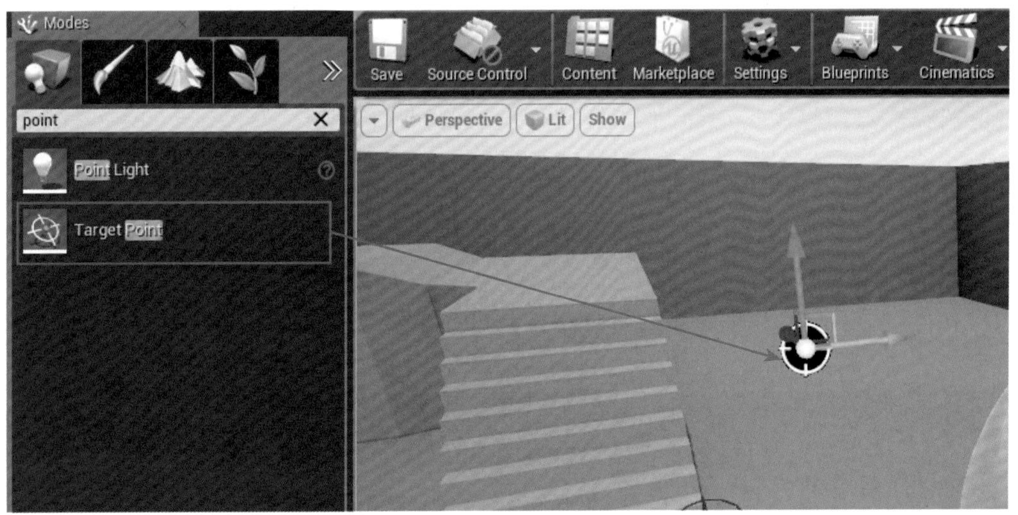

图 2-208

打开关卡蓝图，在 Event Graph 图表编辑器中添加 Game>Spawn Actor from Class 节点，将它的 Class 参数设为 Physics Box，从而节点名称变为 SpawnActor Physics Box，如图 2-209 所示，它意味着将要生产 Physics Box 资源实例对象。

在 Unreal Engine 关卡编辑器中选中创建的 TargetPoint，之后在关卡蓝图图表编辑器的空白处右击，单击关联菜单中的 Create a Reference to TargetPoint，从而在关卡蓝图中添加 TargetPoint 实例对象的引用，如图 2-210 所示。

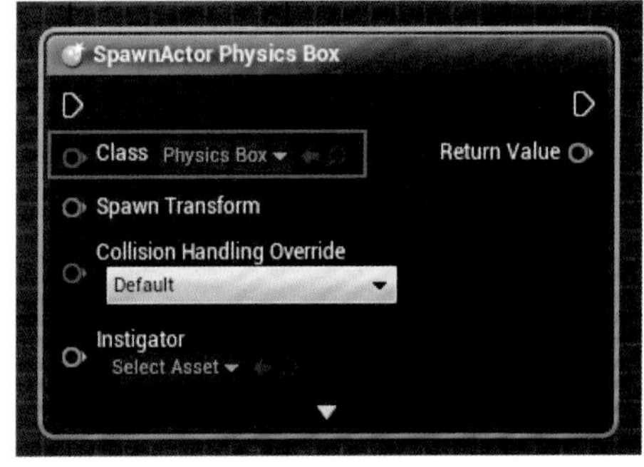

图 2-209

拖动 TargetPoint 右侧引脚，调出关联菜单后在列表中找到并添加 Utilities>Transformation>GetActorTransform 节点，该节点可获得指认 Actor 的 Transform 信息。将 GetActorTransform 节点的 Return Value 引脚与 SpawnActor Physics Box 节点的 Spawn Transform 引脚相连，从而将 TargetPoint 的 Transform 信息传递给 SpawnActor Physics Box 节点，如图 2-211 所示。

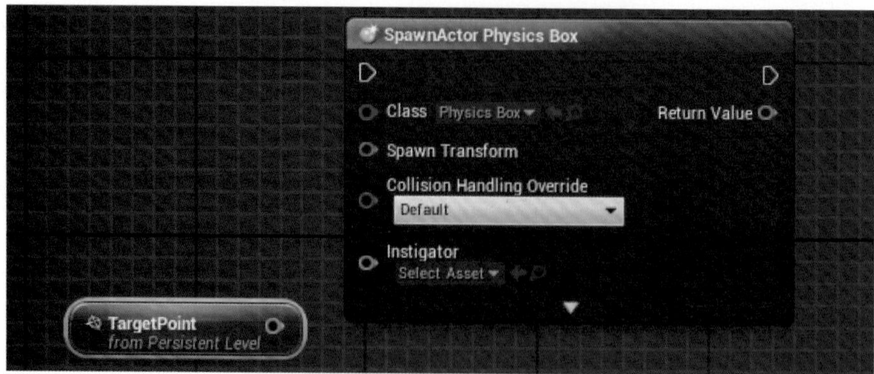

图 2-210

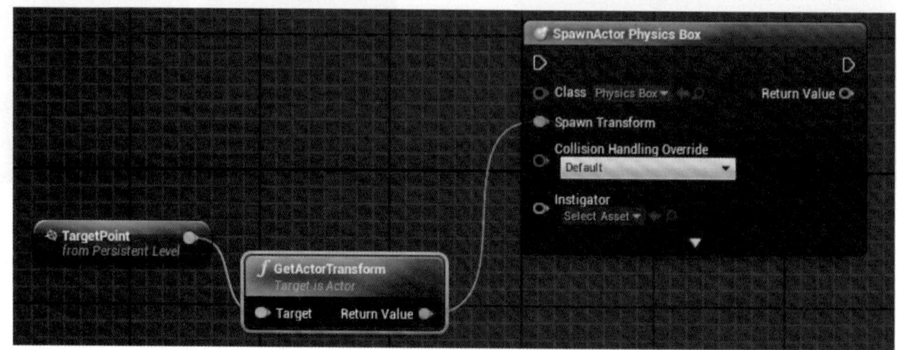

图 2-211

添加一个键盘响应事件节点来控制 PhysicsBox 的生成，这里设定 G 键，如图 2-212 所示。

编译并保存图表，运行游戏，每当按 G 键，都会在 Target Point 的所在位置生成一个自然下落的 PhysicsBox，如图 2-213 所示。

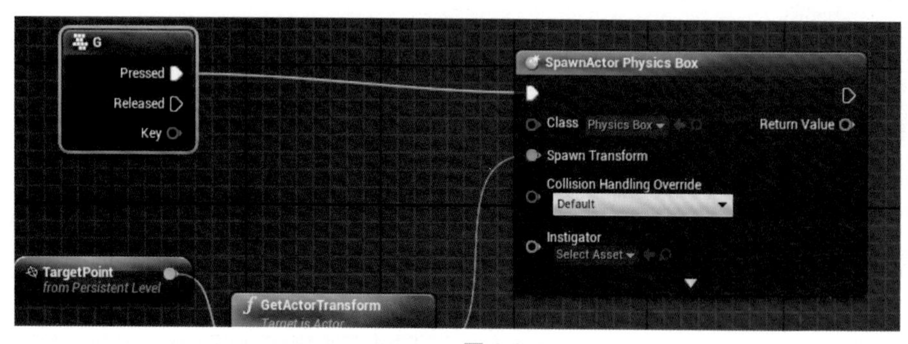

图 2-212

图 2-213

2.8.3 变量属性——Expose on Spawn

在 2.8.1 和 2.8.2 节中我们学习了 Spawn Actor 和 Spawn Emitter 两个节点的用法，在本节中我们将学习利用变量的 Expose on Spawn 属性，实现通过 Spawn 系列节点传递数据为变量复制。

继续沿用之前创建的工程项目，现在想要实现一个机制：同 2.8.2 节一样，在游戏运行过程中，通过键盘的控制，使得在指认位置产生某一 Actor 资源的实例对象，但每个实例对象都有不同的初速度。

创建一个以 Actor 为父类的蓝图，命名为 PhysicsBoxes。打开 PhysicsBoxes 蓝图，在蓝图中添加一个名为 SM_CornerFrame 的 StaticMesh 组件。添加后将组件命名为 StaticMesh。选中 StaticMesh，勾选 Details

面板下的 Physics>Simulate Physics 和 Enable Gravity 复选框以添加物理效果，如图 2-214 所示。

切换到蓝图的 Construction Script 面板，选中 Components 面板下的 StaticMesh，在图表面板中添加 Physics>Set Physics Linear Velocity(StaticMesh) 节点，如图 2-215 所示。该节点可为指认对象添加一个物理线性速度。

图 2-214

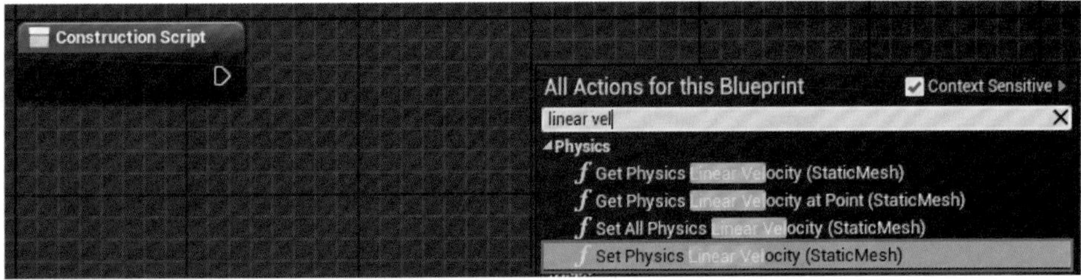

图 2-215

添加一个 Vector 类变量，命名为 initialVel，该变量用于为 StaticMesh 实例对象传递初始速度。选中 initialVel 变量，在 Details 面板中勾选 Editable 和 Expose on Spawn 两个属性，如图 2-216 所示。其中，Editable 属性我们之前已介绍过，而 Expose on Spawn 属性主要用于当当前蓝图被作为 Spawn 系列节点的加载资源时，该变量会被“曝光”在该 Spawn 节点上，即加载当前蓝图资源的 Spawn 节点上会为该变量添加一个引脚，从而可以通过 Spawn 节点为该变量传递数据。

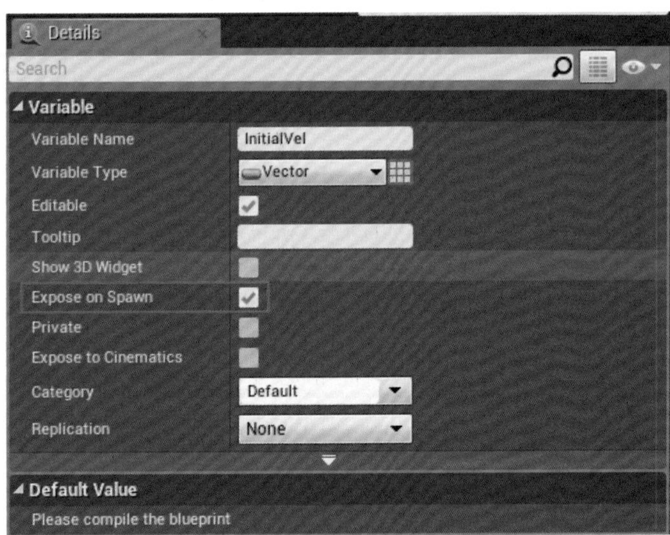

图 2-216

返回 Construction Script 图表编辑器，节点间的连线如图 2-217 所示。

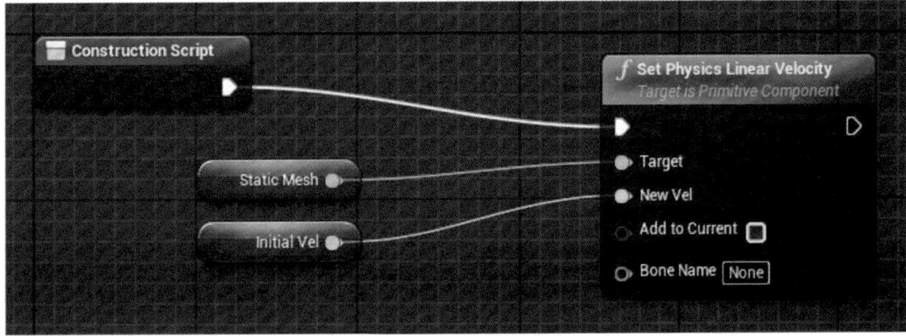

图 2-217

现在回到关卡蓝图的图表编辑器面板，添加一个 P 键响应事件节点和 SpawnActor 节点，将 SpawnActor 节点的 Class 参数设为 Physics Boxes，即设定加载资源为我们创建的 PhysicsBoxes 蓝图，此时 SpawnActor

节点变为 SpawnActor Physics Boxes 节点，且在节点上出现了 Initial Vel 参数，如图 2-218 所示，该参数即为在 PhysicsBoxes 蓝图中被勾选了 Expose on Spawn 属性的变量 InitialVel，如此就可以在关卡蓝图中通过 SpawnActor 节点创建 PhysicsBoxes 实例对象并为该对象的 InitialVel 变量赋值，再将值传递给 PhysicsBoxes 蓝图中 Construction Script 图表内的 Set Physics Linear Velocity 节点，为 PhysicsBoxes 蓝图实例对象赋予初速度。

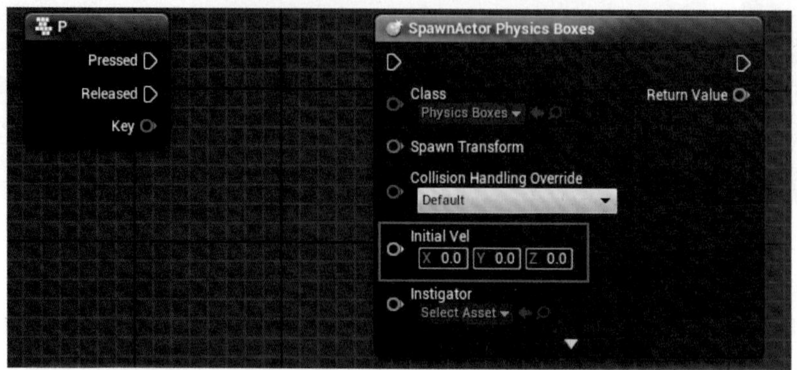

图 2-218

为 InitialVel 参数赋值。添加一个 Math>Random>Random Unit Vector 节点，该节点可随机产生单位三维矢量，随后添加一个 vector * float 乘法节点，将 Random Unit Vector 节点产生的单位矢量扩大 1000 倍，产生一个新的矢量 Vector。最后将乘法节点的返回值传递给 SpawnActor Physics Boxes 节点，如图 2-219 所示。

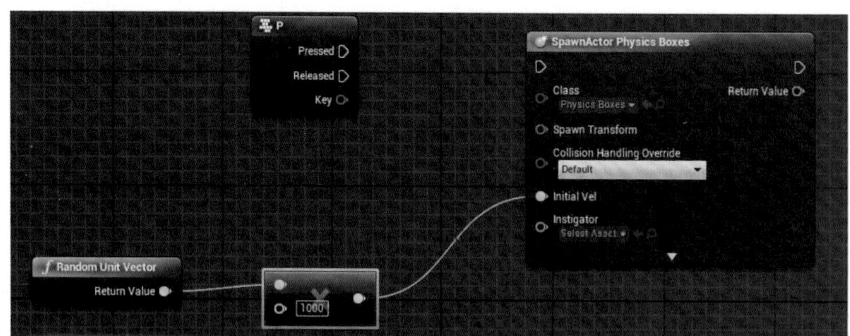

图 2-219

返回 Unreal Engine 关卡编辑器，在游戏视口中添加一个 Target Point，如图 2-220 所示，默认命名为 TargetPoint2。它的世界坐标位置将作为 PhysicsBoxes 的生成地点。

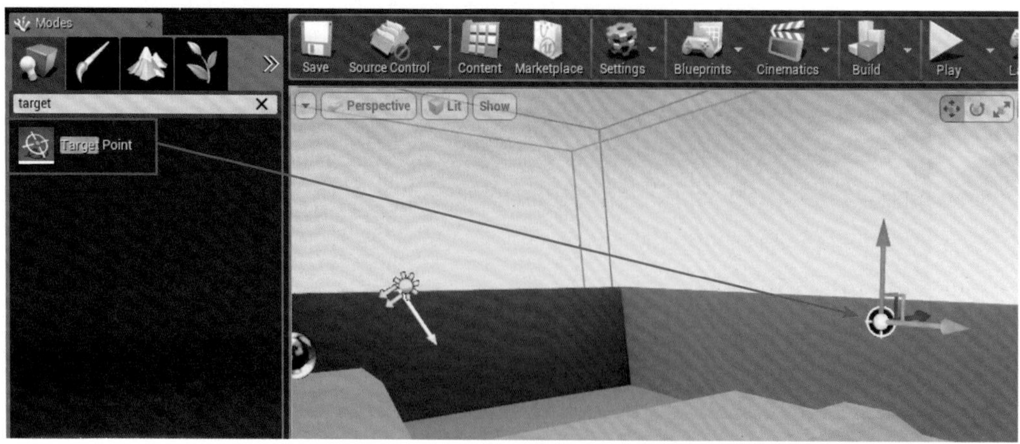

图 2-220

选中 TargetPoint2，打开关卡蓝图，在图表面板中添加 TargetPoint2 对象的引用，添加一个 GetActorTransform 节点获取 TargetPoint2 的 Transform 信息，将返回的 Transform 信息传递给 SpawnActor Physics Boxes

节点。最后利用 P 键响应事件节点来控制 PhysicsBoxes 的生成，如图 2-221 所示。

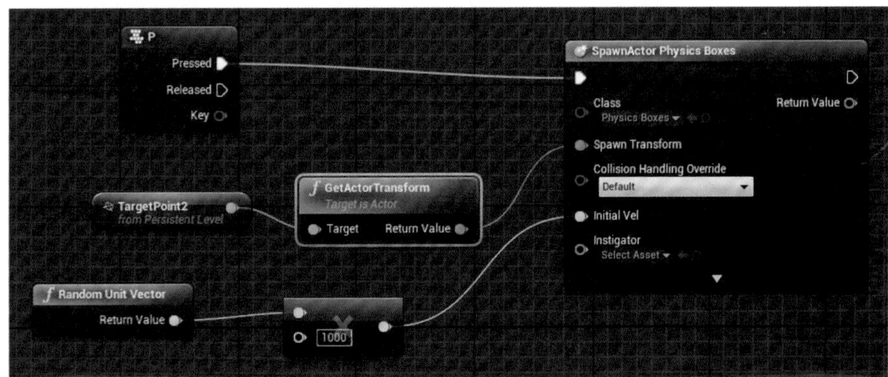

图 2-221

编译并保存图表，运行游戏，每按下一次 P 键，视口中就会生成一个带有初速度的 PhysicsBoxes，如图 2-222 所示。

图 2-222

2.9 ProjectileMovement 组件

ProjectileMovement 组件可以让当前蓝图实例对象呈现出和子弹一般的物理效果，它无法成为任何组件的子组件。本节将学习如何使用 ProjectileMovement 组件并体会它的作用。

创建一个以 Actor 为父类的 Projectile 蓝图。打开蓝图，切换到 Viewport 面板，创建一个 StaticMesh 组件和 Sphere Collision 碰撞体组件。在 Details 面板下设 StaticMesh 的 Static Mesh>Static Mesh 资源为 SM_CornerFrame，并勾选 Physics>Simulate Physics 和 Enable Gravity，设 Sphere Collision 为 StaticMesh 组件的子组件，在 Details 面板下更改 Sphere Collision 的 Shape>Sphere Radius 属性，使得 Sphere Collision 可包裹住 StaticMesh，如图 2-223 所示。

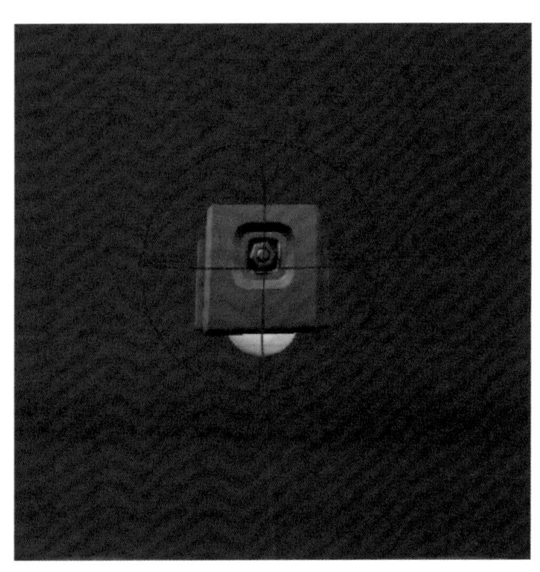

图 2-223

单击 Components 面板下的 + Add Component，找到 Movement>Projectile Movement，如图 2-224 所示，添加该组件可让 StaticMesh 组件及其子组件拥有子弹般的物理效果。

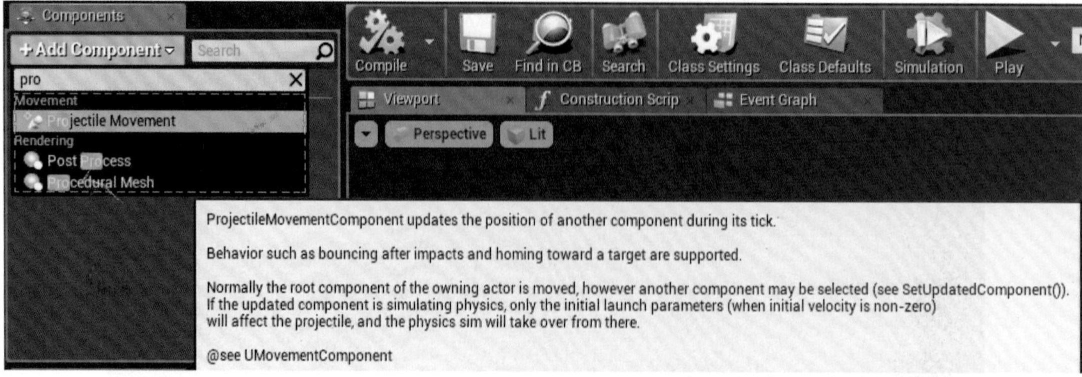

图 2-224

选中 Projectile Movement 组件，找到 Details 面板，如图 2-225 所示，可以看到它有许多属性可供我们设置，其中最常用的也是最实用的便是 Projectile>Initial Speed，它用来设置子弹效果的初速度。

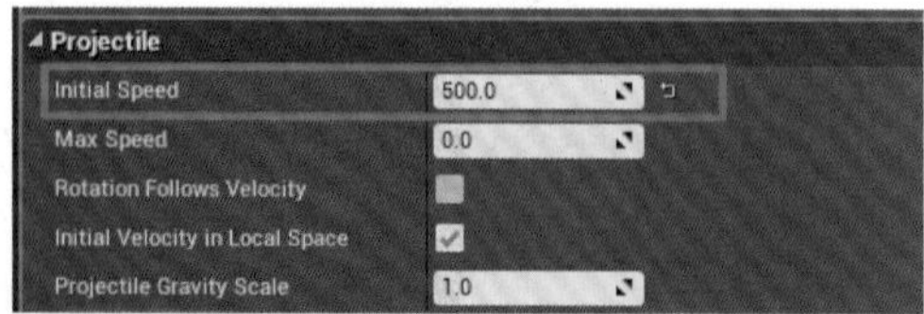

图 2-225

编译并保存蓝图，为了先测试体验 Projectile Movement 组件的效果，先返回 Unreal Engine 关卡编辑器，在视口中添加一个 Projectile 蓝图实例对象，默认命名为 Projectile，将 Projectile 置于半空中，以方便查看效果，如图 2-226 所示。

图 2-226

运行游戏，可以观察到 Projectile 如同子弹一样被发射了出去，这便是 Projectile Movement 组件的作用效果。

停止游戏的运行，现在将这个运作效果变得合理化、可操控化：通过单击实现角色发射 Projectile 的效果。

返回 Unreal Engine 关卡编辑器，找到 World Outliner 面板下的 ThirdPersonCharacter 实例对象，我们需要编辑它的蓝图。单击 ThirdPersonCharacter 后面的 Edit ThirdPersonCharacter，如图 2-227 所示。

图 2-227

打开 ThirdPersonCharacter 的蓝图编辑器后切换到 Event Graph 图表编辑器面板，如图 2-228 所示，图表中已经有了一部分节点，它们都是用来控制第三人称的动作行为的。我们将在面板空白处编辑完成自定义的节点布局。

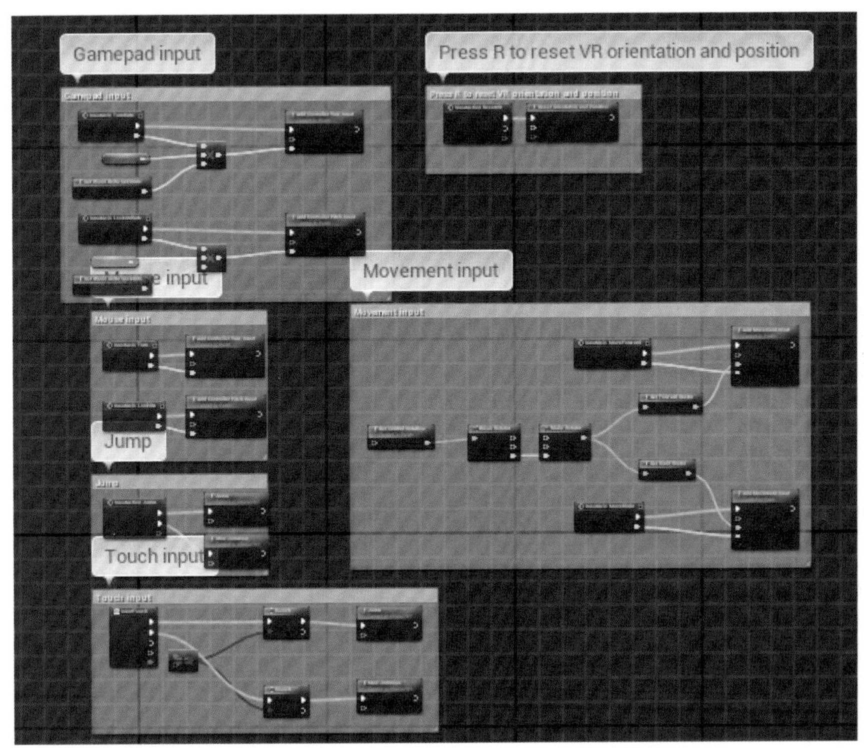

图 2-228

想实现通过单击鼠标生成并发射 Projectile 的效果，需要先添加一个 Input>Mouse Events>Left Mouse Button 节点，该节点是一个鼠标响应事件类型节点，如图 2-229 所示。

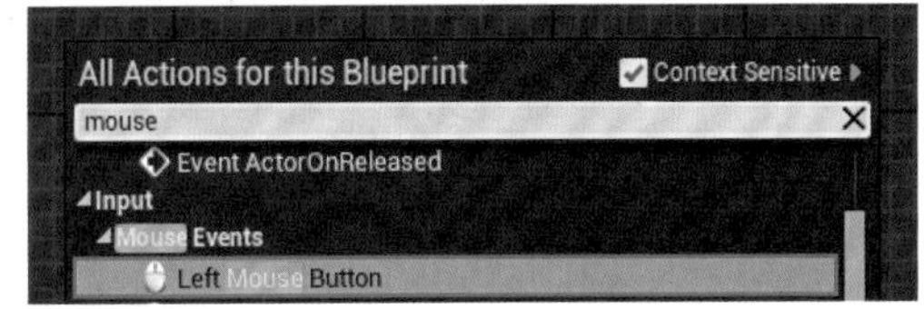

图 2-229

创建一个 SpawnActor 节点，将 Class 参数设为 Projectile。将 SpawnActor 的输入执行引脚与 Left Mouse Button 节点的 Pressed 执行引脚相连。

现在需要设置 Projectile 的生成位置，即需要为 SpawnActor 节点的 Spawn Transform 参数传递数据。在之前我们根据实际情况为不同的生成对象设置过生成地点，这些对象都是利用 TargetPoint 这个空物体来获得生成地点的 Transform 信息的，这次我们想实现由 ThirdPersonCharacter 发射 Projectile 的效果，那么生成位置应为 ThirdPersonCharacter 的正前方的某一位置，这个位置不能完全与角色的世界坐标重合，需要与角色有一定距离才会自然。因此，添加一个 GetActorLocation 节点和 Utilities>Transformation>GetActorRotation 节点。GetActorRotation 节点用来获取指认对象的 Rotation 信息，这里我们要利用它来获得角色的法线方向矢量，即正面朝向方向的矢量。添加 Math>Vector>Get Forward Vector 节点，该节点可获得指认 Rotation 信息的法线方向矢量信息。将法线方向矢量，即 Get Forward Vector 返回值，利用 vector * float 乘法节点扩大到合适的大小后，将乘法节点的返回值利用 vector + vector 加法节点与 GetActorLocation 相加，加法节点的返回值即为我们需要的 Projectile 的生成位置，如图 2-230 所示。

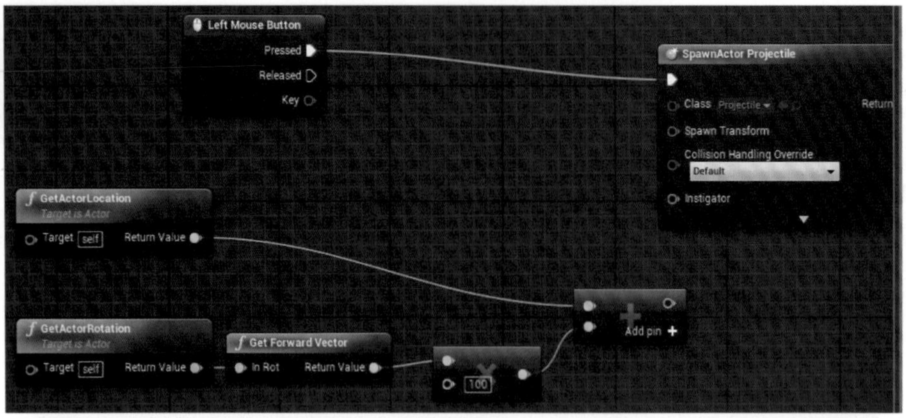

图 2-230

由于需要传递给 SpawnActor 节点 Transform 信息，因此添加 Math>Transform>Make Transform 节点，该节点可利用接收到的 Location、Rotation 和 Scale 信息生成 Transform 信息。我们将 Vector 加法节点返回值和 GetActorRotation 节点返回值分别传递给 Make Transform 节点的 Location 参数和 Rotation 参数，最后将 Make Transform 节点的返回值传递给 SpawnActor 节点的 Spawn Transform 参数，如图 2-231 所示。

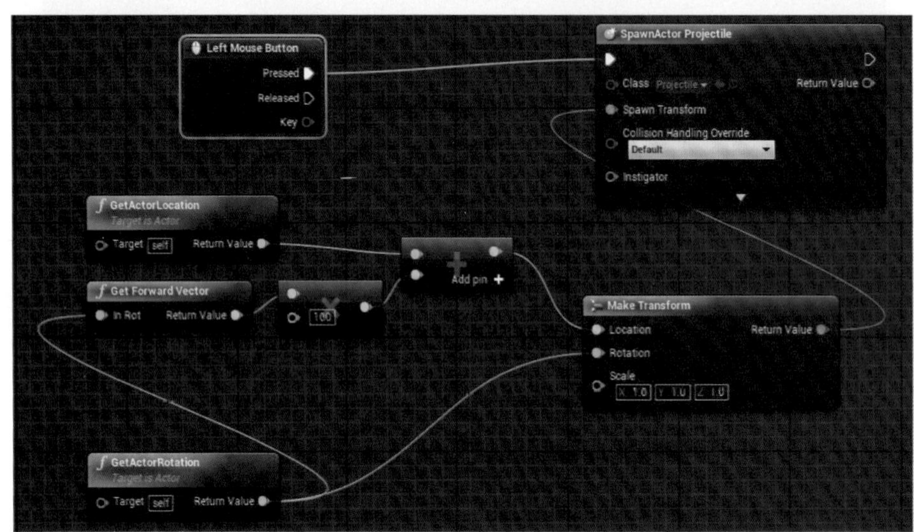

图 2-231

编译并保存图表，运行游戏。当每按下鼠标左键时，ThirdPersonCharacter 前方都会生成并发射一个 Projectile 实例对象，如图 2-232 所示。

图 2-232

2.10 Blueprint（蓝图）通信

在使用蓝图时，如需在蓝图之间传递或共享信息，可根据需求使用数种不同类型的通信。有 4 种最常用的蓝图通信方法，分别为直接蓝图通信、事件分配器、蓝图接口和蓝图投射，蓝图投射通信方法已在前面介绍过，本节将分别讲述另外 3 种蓝图通信方法，即直接蓝图通信、事件调度器和蓝图接口。

2.10.1　直接蓝图通信

当应用蓝图时，有时可能会发现需要访问另一个蓝图中包含的函数、事件及变量。最简单的方法是通过一个公开暴露的对象变量来引用“目标”蓝图，然后指出想使用的蓝图实例。在之前的学习中，可以在 Level Blueprint（关卡蓝图）中直接引用游戏场景中的 Actor 对象，本节将学习如何在非 Level Blueprint（关卡蓝图）中引用游戏场景中的 Actor 对象。

现在将实现一个机制：通过与某类物体接触后控制游戏场景中一指定物体上升，如同时通过一个控制器控制指定物体上升。

继续沿用之前创建的工程项目，创建一个以 Actor 为父类的蓝图，命名为 ShrubMove，该蓝图为指定上升的物体的所属蓝图类。打开 ShrubMove 蓝图，添加一个 StaticMesh 组件。选中 StaticMesh 组件，在 Details 面板下设置 Static Mesh>Static Mesh 为 SM_Bush。

打开 ShrubMove 蓝图，切换到 Event Graph 图表编辑器面板，添加 Custom Event 节点并命名为 MoveUp，添加 AddActorLocalOffset 节点，将 Delta Location 参数中的 Z 值设为 10，将 MoveUp 节点的执行引脚与 AddActorLocalOffset 节点的输入执行引脚相连，如图 2-233 所示。

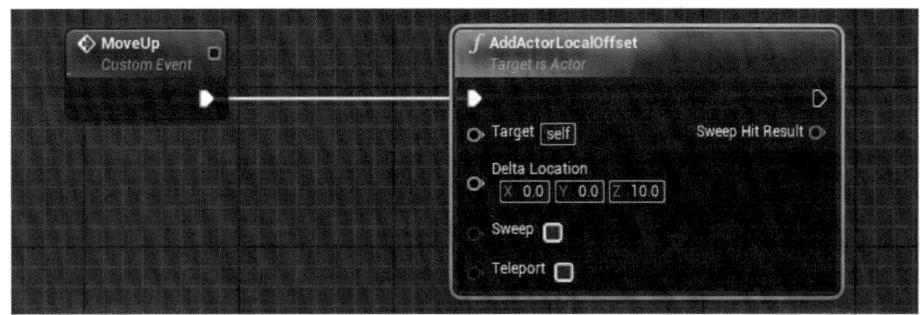

图 2-233

编译并保存 ShrubMove 蓝图，返回 Unreal Engine 关卡编辑器，再创建一个以 Actor 为父类的蓝图，命名为 ShrubMover，用来控制指定的 ShrubMove 蓝图实例对象上升。打开 ShrubMover 蓝图，添加一个 StaticMesh 组件，并在 Details 面板下设置组件的 Static Mesh>Static Mesh 为 MaterialSphere 静态模型。

打开 ShrubMover 蓝图，添加一个变量，命名为 Shrub to Move，设定为 Shrub Move 类型，勾选 Editable 复选框，如图 2-234 所示。

在 Event Graph 图表编辑器中添加 Add Event>Collision>Event ActorBeginOverlap 节点，当实例对象与其他 Actor 间发生碰撞时，Event ActorBeginOverlap 节点将会被执行。之后再添加一个 Utilities>Is Valid 节点，将 Shrub To Move 变量赋给 IsValid 节点的 Input Object 参数，如图 2-235 所示。IsValid 节点会检测传递给 Input Object 的变量是否有效，若有效则执行 IsValid，无效则执行 Is Not Valid。

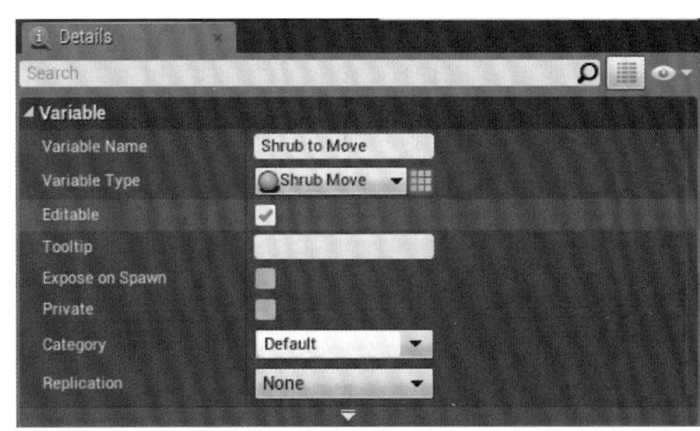

图 2-234

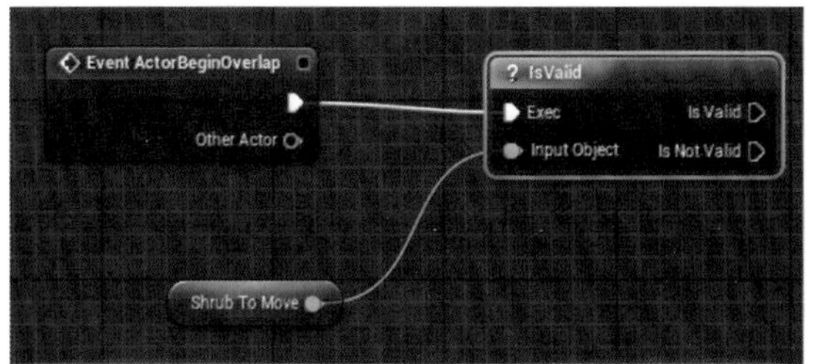

图 2-235

利用 Shrub To Move 变量，调用 Move Up 自定义事件的调用方——Call Function>Move Up 节点，如图

2-236 所示，且将 IsValid 节点的 Is Valid 执行引脚与 Move Up 节点的输入执行引脚相连，即发生碰转后，当 Shrub To Move 变量有效时，执行 Move Up 节点，从而执行 AddActorLocalOffset 节点，实现 Shrub To Move 沿 Z 轴上升。

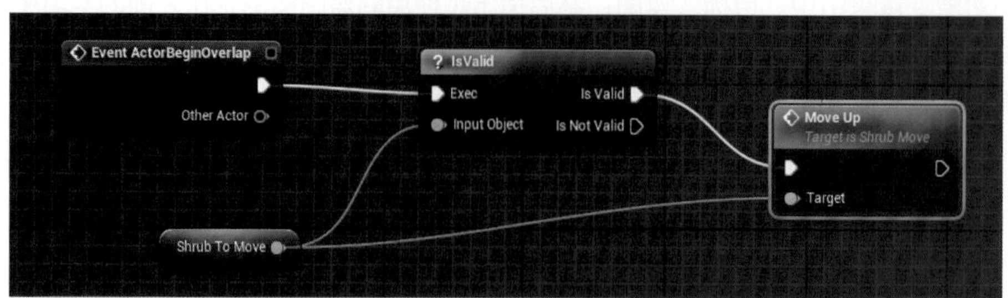

图 2-236

将 ShrubMover 蓝图切换到 Viewport 编辑器界面，选中 StaticMesh 组件，在 Details 面板下找到 Collision>Collision Presets，设置 Collision Presets 为 OverlapAll，如图 2-237 所示。

编译并保存 ShrubMover 蓝图，返回 Unreal Engine 关卡编辑器，在视口中分别添加一个 ShrubMove 和 ShrubMover 实例对象，之后选中 ShrubMover 对象，在 Details 面板下找到 Default>Shrub To Move 属性，将该属性设置为刚刚添加的 ShrubMove 对象，如图 2-238 所示。如此则指定了利用“控制器”控制上升的物体，ShrubMover 蓝图由此得以引用游戏场景中的 ShrubMove 实例对象。

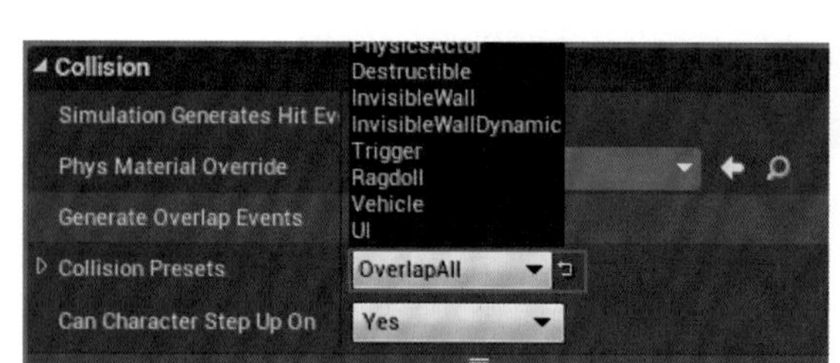

图 2-237

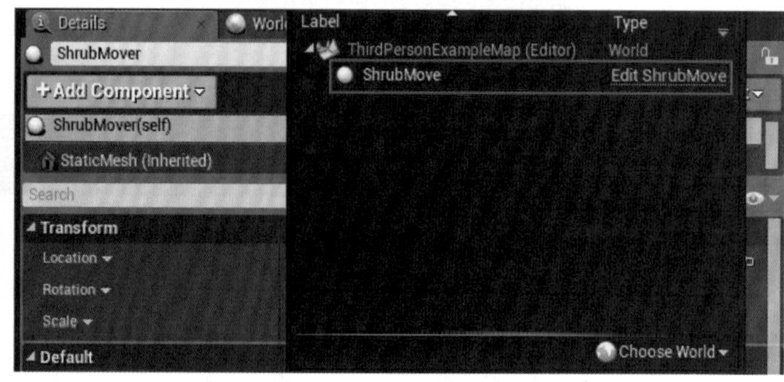

图 2-238

运行游戏后，当角色每次与 ShrubMover 实例对象发生碰撞后，指定的 ShrubMove 实例对象沿 Z 轴上升 10 像素，如图 2-239 所示。

还有一种方式可以引用游戏场景中的对象，这种方式在之前的学习中接触过很多次，即利用 Get All Actors Of Class 节点控制对象，该节点可以获取游戏场景中指认类型的所有对象。现在返回 ShrubMover 蓝图，在 Event Graph 图表编辑器中添加 Get All Actors Of Class 节点，设置该节点的 Actor Class 参数为 Shrub Move，并将 Event ActorBeginOverlap 节点的执行引脚与 Get All Actors Of Class 节点的输入执行引脚相连，如图 2-240 所示。

图 2-239

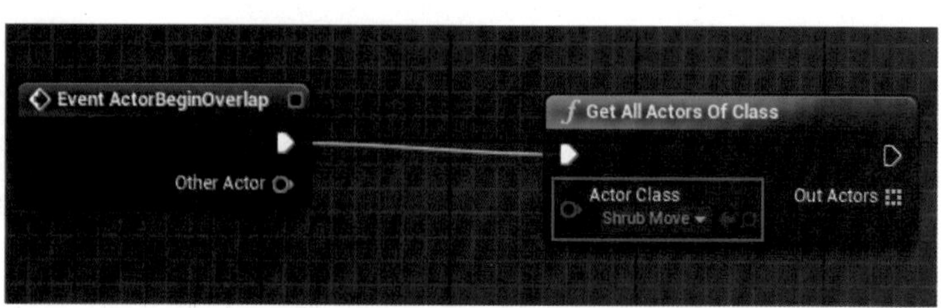

图 2-240

之后添加 ForEachLoop 节点和 Cast To ShrubMove 节点，节点间引脚连线如图 2-241 所示。通过 Get All Actors Of Class 节点获得了游戏场景中的所有 Shrub Move 对象的引用后，利用 ForEachLoop 节点将所有 Shrub Move 对象的引用一一传递给 Cast To ShrubMove 节点，从而依次对每一个 Shrub Move 进行操作。

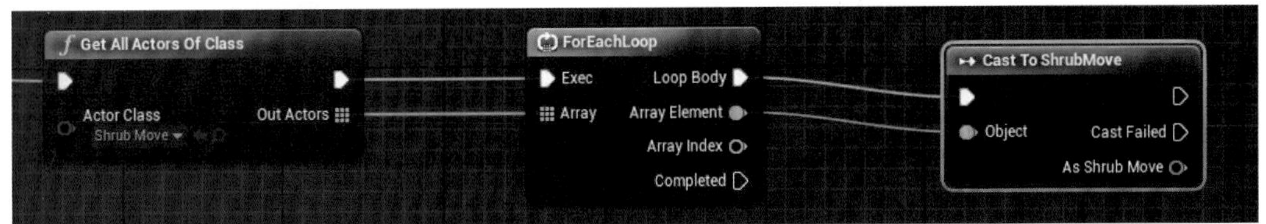

图 2-241

之后通过拖动 Cast To ShrubMove 节点的 As Shrub Move 返回值引脚，添加并调用 Move Up 节点，如图 2-242 所示，从而在角色与 Shrub Mover 实例对象发生碰撞后，每个 Shrub Move 对象都会沿 Z 轴上升。编译并保存 ShrubMover 蓝图，返回 Unreal Engine 关卡编辑器，向视口中添加多个 Shrub Move 对象，之后运行游戏，控制角色与 ShrubMover 对象发生碰撞，可以发现每发生一次碰撞，所有 Shrub Move 对象都会沿 Z 轴上升 10 像素单位，如图 2-243 所示。

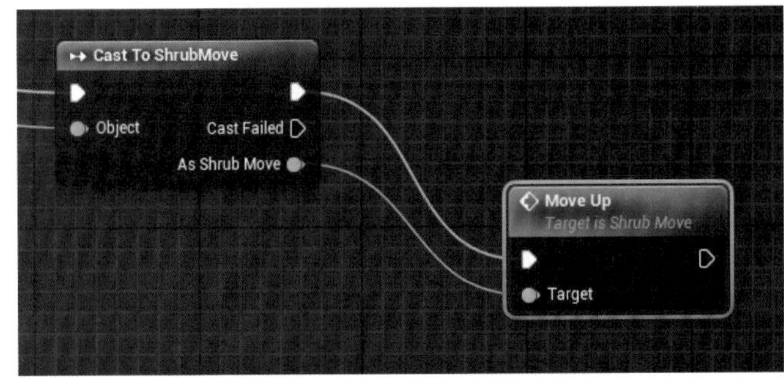

图 2-242

图 2-243

2.10.2　事件调度器

Event Dispatcher 事件调度器适用于告知其他“正在倾听的”蓝图已发生事件。事件发生时，正在倾听的蓝图便会作出反应，并相互独立地执行预期的操作。通过向事件调度器绑定一个或多个事件，我们可以在调用该事件调度器后触发所有事件。这些事件可以在类蓝图中进行绑定，同时事件调度器也允许在关卡蓝图中激活这些事件。

继续沿用之前创建的工程项目，创建一个以 Actor 为父类的蓝图，命名为 MoveBox。打开 MoveBox 蓝图，添加一个 StaticMesh。选中 StaticMesh，在 Details 面板下设置 Static Mesh>Static Mesh 为 SM_CornerFrame，如图 2-244 所示。

图 2-244

本节要实现通过键盘操作使得 MoveBox 位置上升，以及当角色接触到 MoveBox 时会打印“Hello”这两个效果。

打开 MoveBox 蓝图，切换到 Event Graph 图表编辑器面板，添加一个 Custom Event 事件节点，命名为 MoveBy，为它添加一个 Float 参数，命名为 Duration。在 Components 面板中选择 Static Mesh 选项，在图表编辑器面板添加 AddLocalOffset 节点，该节点用来为指认对象的 Location 坐标增加一个设定的 Delta Location 增值坐标值，如图 2-245 所示。

添加一个 Make Vector 节点，将 MoveBy 节点的 Duration 参数传递给 Make Vector 节点的 Z 参数，再将 Make Vector 节点的返回值传递给 AddLocalOffset 节点的 Delta Location 参数，即是说每执行一次当前节点，Static Mesh 都会沿 Z 轴增加一个 Duration 值，如图 2-246 所示。

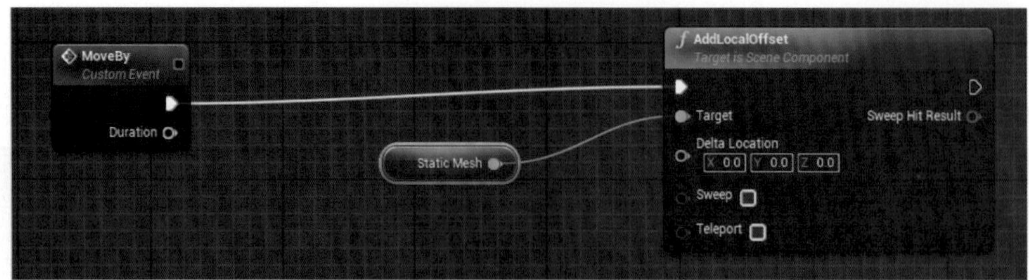

图 2-245

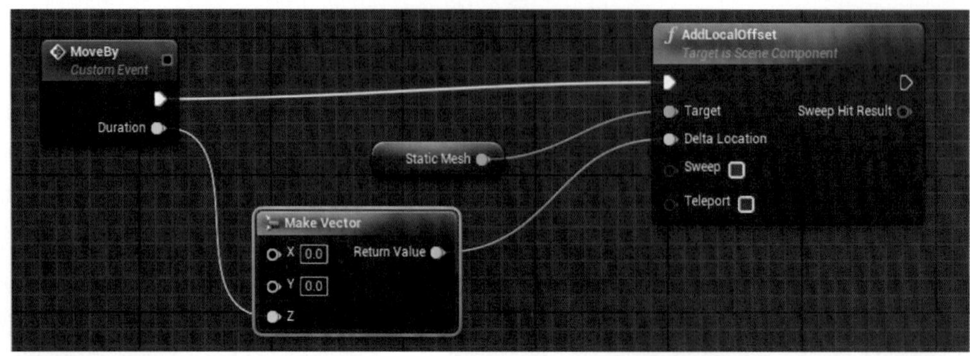

图 2-246

返回 Unreal Engine 关卡编辑器，在视口中添加一个 MoveBox 实例对象，默认命名为 MoveBox，如图 2-247 所示。

选中 MoveBox 对象，打开关卡蓝图，在图表编辑器中添加 Call Function on Move Box 176（此处的 Move Box 176 只是系统为 MoveBox 设定的名字，根据实际情况每个人物都不尽相同）>Move Box>Move By 节点，如图 2-248 所示。我们在 2.6.2 节中已经接触过 Custom Event 节点并学习了调用它的方法，只是现在我们在两个蓝图中分别调用和执行自定义事件。

添加一个 F 键响应事件节点，设 Move By 节点的 Duration 为 20，即按下 F 键时，MoveBox 实例对象会沿 Z 轴上升 20 像素单位，如图 2-249 所示。

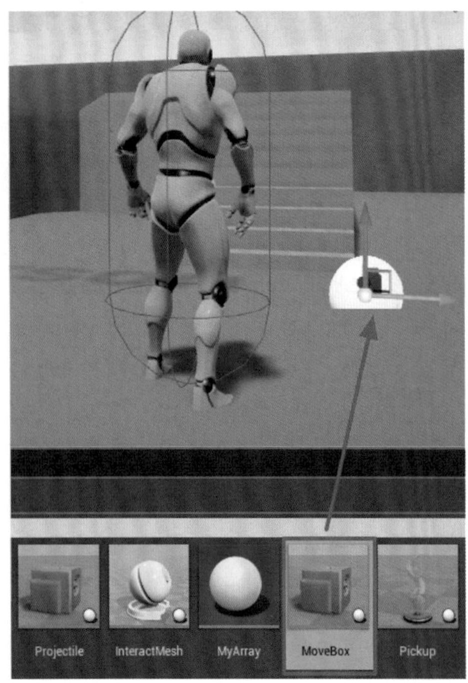

图 2-247

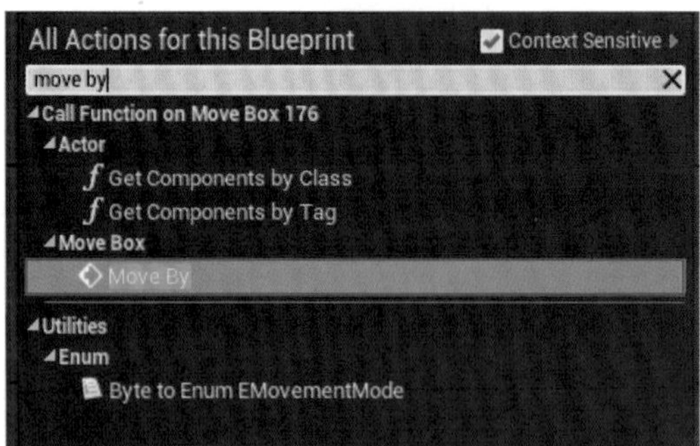

图 2-248

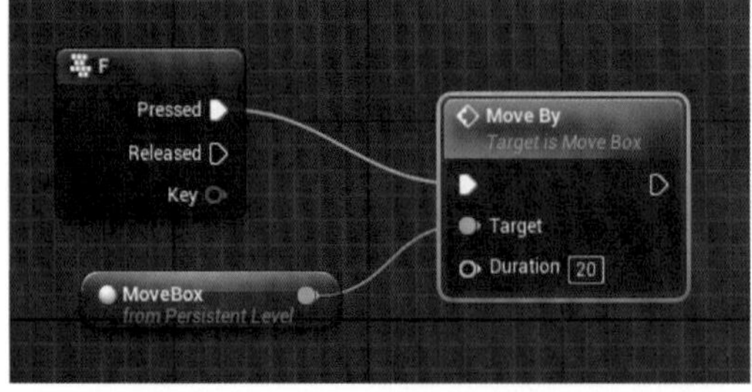

图 2-249

现在我们实现了通过键盘控制 MoveBox 上升的机制，接下来要实现接触 MoveBox 后打印“Hello”的效果。

打开 MoveBox 蓝图，单击 My Blueprint 面板中的 + Add New 按钮，单击菜单中的 Event Dispatcher 事件调度器，如图 2-250 所示。

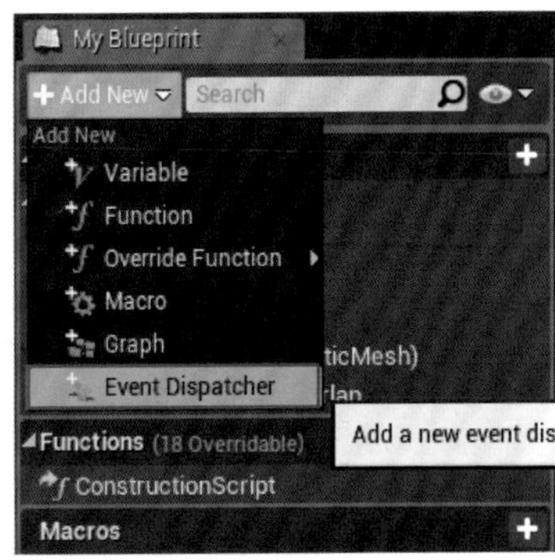

图 2-250

将刚创建的 Event Dispatchers 命名为 YouHitMe，如图 2-251 所示。我们可以在 Details 面板中设置它的类目，默认情况下类目为 Default；此外，还可以给它添加输入，从而允许向绑定到 YouHitMe 事件调度器的每个事件发送变量，使得数据不仅可以在类蓝图中流动，且可以在类蓝图和关卡蓝图之间流动。

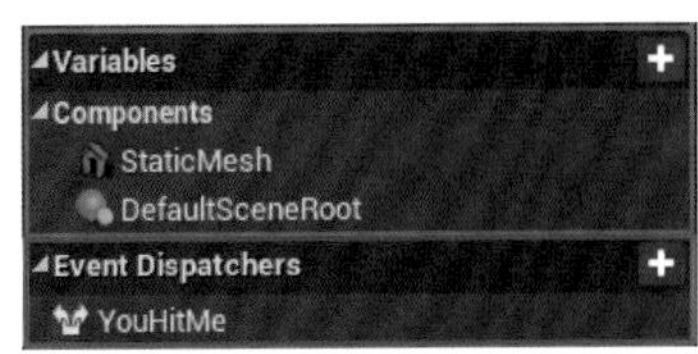

图 2-251

在图表编辑器面板中添加一个 Add Event>Collision>Event Hit 节点，当当前蓝图的实例对象与其他 Actor 之间存在碰撞，且只要其中一个相关 Actor 的碰撞设置中 Simulation Generates Hit Events 设为 true，Event Hit 事件便会执行，它不同于 Event ActorBeginOverlap 或 Event ActorEndOverlap 节点只在两个 Actor 重叠状态变化的一瞬间执行，它是在两个 Actor 之间存在碰撞的时间段中不断被调用执行。

拖动 Event Hit 的执行引脚至空白处，再次调出关联菜单，找到并添加 Default>Call YouHitMe 节点，如图 2-252 所示，该节点用来调用 YouHitMe 事件调度器。我们可以在类蓝图也可以在关卡蓝图中调用事件调度器，即添加 Call 节点，这要根据实际需求而定。

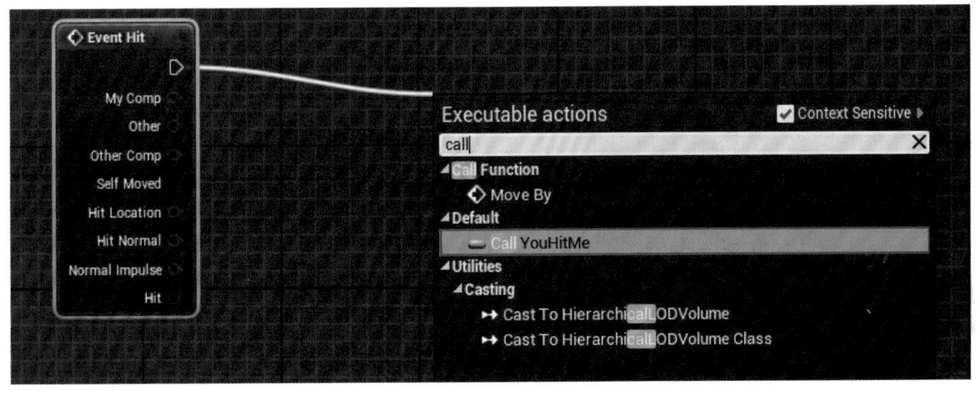

图 2-252

返回 Unreal Engine 关卡编辑器，选中视口中的 MoveBox 实例对象，再打开关卡蓝图，添加 Add Event for Move Box 176（此处 Move Box 176 也同样因人而异）>Default>Add You Hit Me 节点，添加与 YouHitMe 事件调度器绑定的事件节点，如图 2-253 所示。

在 MoveBox 蓝图中创建了事件调度器后，可以添加事件节点、绑定节点及解除绑定连接到与该事件调度器绑定的事件节点。事件调度器节点同 Call 调用事件调度器节点一样，根据需求可以添加到类蓝图也可以添加到关卡蓝图。我们在 MoveBox 蓝图中已经设定通过 Call YouHitMe 节点来调用 YouHitMe 事件调度器，使用 Call 节点调用一个事件调度器将会触发绑定到该事件调度器的所有事件。根据情况，当 MoveBox 实例对象与其他 Actor 之间存在重叠碰撞的过程中要执行打印行为，即 MoveBox 执行 Event Hit 时调用 YouHitMe 事件调度器来触发 Print String，因此添加一个 Print String 节点，将它的执行引脚与 YouHitMe(MoveBox) 节点的执行引脚相连，将 Print String 节点的 In String 参数设置为“Hello”，如图 2-254 所示。

编译和保存 MoveBox 蓝图与关卡蓝图，运行游戏，每按一次 F 键，MoveBox 实例对象就会升高 20 像素单位，如图 2-255 所示。

让角色与 MoveBox 实例对象接触，可以看到一直有“Hello”被打印出来，如图 2-256 所示。

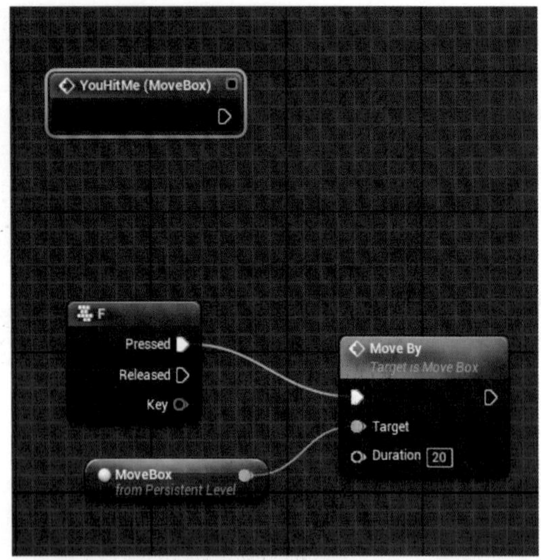

图 2-253

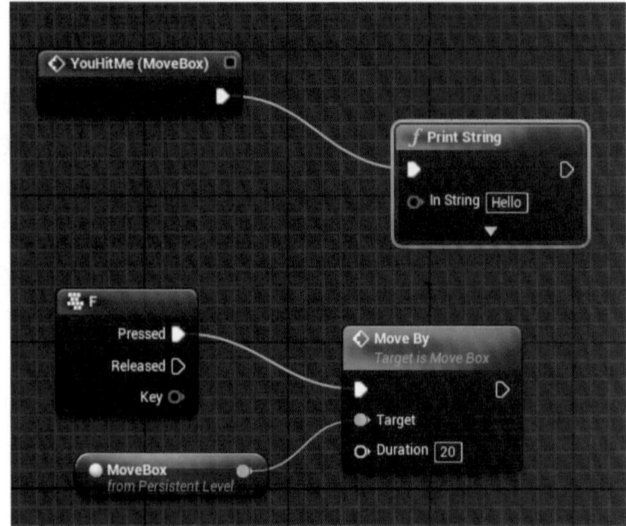

图 2-254

图 2-255

图 2-256

2.10.3 蓝图接口

如果你接触过程序语言，想必对于 Interface 接口一定不会陌生。接口可实现与多种类型对象（均共享特定功能）形成互动的一般方法。在数个蓝图中存在一些相似功能，但在调用后执行不同的效果的情况下适合通过蓝图接口通信。例如猫和狗是两个完全不同的物种，但它们都是动物，都会叫，因此可以创建一个包含输出叫声函数的蓝图接口，让猫和狗应用此蓝图接口后即可将二者视为相同对象，在任意一个对象发出叫声时调用叫声函数，并使得它们发出不同的声音，这样猫输出的就是“喵”，狗输出的就是“汪”。在蓝图接口中无法实现函数的函数体，而是在执行这些函数的蓝图中实现。在本节中，我们将利用 LineTraceByChannel 检测对象类型，针对不同类型的对象通过蓝图接口实现不同的移动效果。

在学习接口之前，我们首先来熟悉一下 LineTraceByChannel 这个节点。LineTraceByChannel 节点可以在规定的 Start 和 End 矢量坐标区间绘制线段或射线，通过射线检测碰撞物，返回是否发生碰撞的布尔数据 Return Value 以及碰撞数据 Out Hit。

我们在之前的学习中接触到了几种创建蓝图后向其中添加组件的方式，这次我们将学习一种新的方式来达成在创建蓝图的同时完成添加组件的工作。

继续沿用之前创建的工程项目，在 Content Browser面板中找到将要在创建的蓝图中使用的组件资源，在此我们选择 SM_CornerFrame 静态模型资源，右击该模型，找到并选择 Common>Asset Actions>Create Blueprint Using This 选项，如图 2-257 所示，该功能可创建蓝图使用资源，而选择的组件将作为所创建蓝图的根组件。

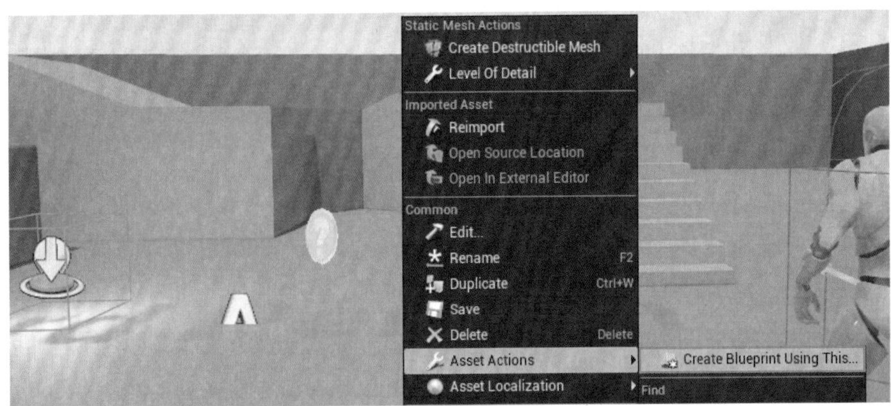

图 2-257

之后弹出一个 Create Blueprint 对话框，在此可设置蓝图的添加路径。选中一个文件夹，即可将蓝图添加到该文件夹中。在 Name 输入栏中设置蓝图的名字，在此设为 Interact，如图 2-258 所示，单击“OK”按钮，创建 Interact 蓝图。

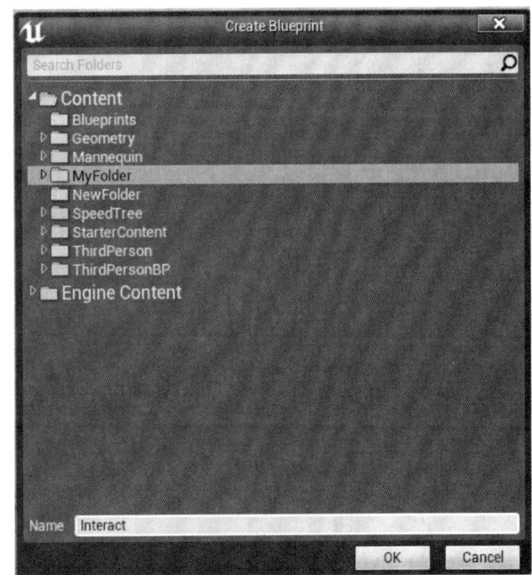

图 2-258

打开 Interact 蓝图，可以看到 SM_CornerFrame 模型组件作为根组件默认存在于 Interact 蓝图中，其命名为 StaticMesh。之后再添加一个 PointLight 组件，如图 2-259 所示。

在 Interact 蓝图中打开 Event Graph 图表编辑器面板，添加一个 Custom Event 事件节点，命名为 ChangeLightColor，为节点添加一个 Linear Color 类型参数 Color。在图表中获取 Point Light 引用，并通过 Point Light 节点调用添加 Set Light Color 节点。将 ChangeLightColor 节点的 Color 引脚与 Set Light Color 节点的 New Light Color 引脚相连，如图 2-260 所示，该图表布局可实现：当 ChangeLightColor 被触发，则 Point Light 灯光颜色变为 Color 色。

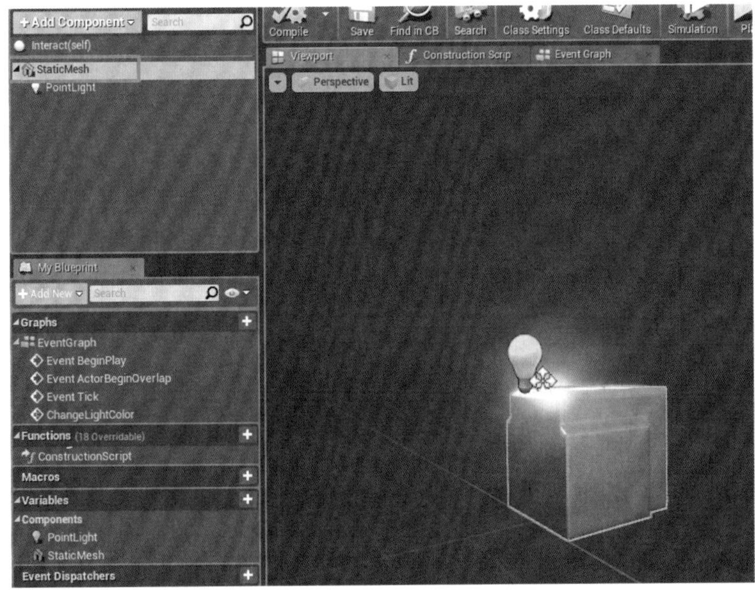

图 2-259

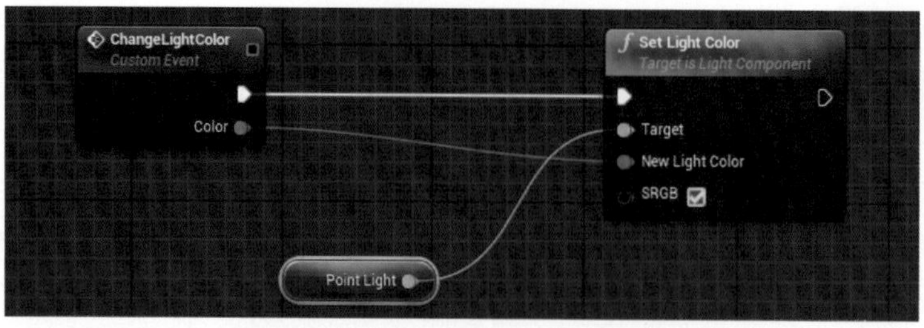

图 2-260

编译并保存 Interact 蓝图。返回 Unreal Engine 关卡编辑器，打开 ThirdPersonCharacter 蓝图并切换到 Event Graph 图表编辑器面板。添加 Left Mouse Button 鼠标响应事件节点，再添加一个 Collision > LineTraceByChannel 节点，如图 2-261 所示。

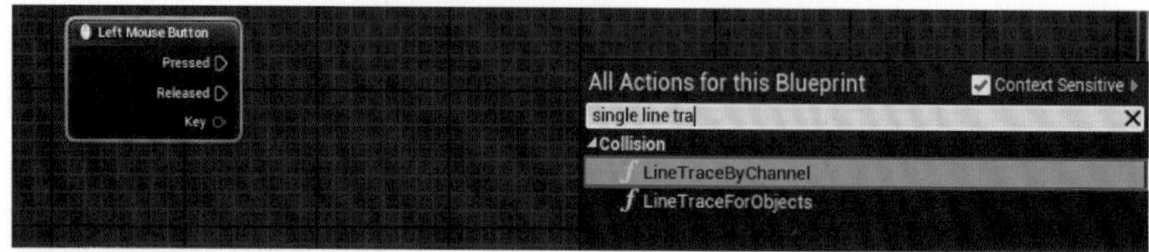

图 2-261

我们要利用 LineTraceByChannel 节点检测角色前方是否有物体存在，因此 LineTraceByChannel 节点检测的起始点坐标应为角色的全局坐标。添加 GetActorLocation 节点，将返回值传递给 LineTraceByChannel 节点的 Start 参数。此外再将 Left Mouse Button 节点的 Pressed 执行引脚与 LineTraceByChannel 节点的接收执行引脚相连，如图 2-262 所示。

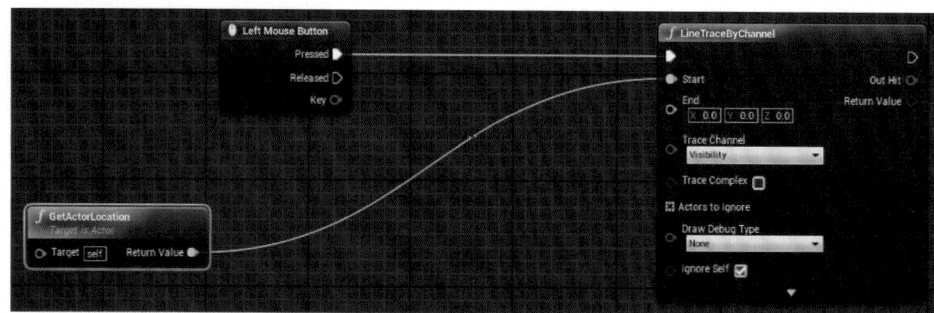

图 2-262

设置好 LineTraceByChannel 节点的检测起始点后再设置终点。终点要与角色有一定距离，且起点与终点的连线应为角色正面的法线，因此首先添加 Utilities>Transformation>Get Right Vector(Mesh) 节点，该节点可获得角色的法线矢量，之后将该节点的返回值传递给 vector * float 乘法节点，设乘法节点的 float 参数值设为 5000，即将法线扩大 5000 倍。将扩大后的法线与角色全局坐标相加，相加的结果即为我们需要的检测终点，如图 2-263 所示。

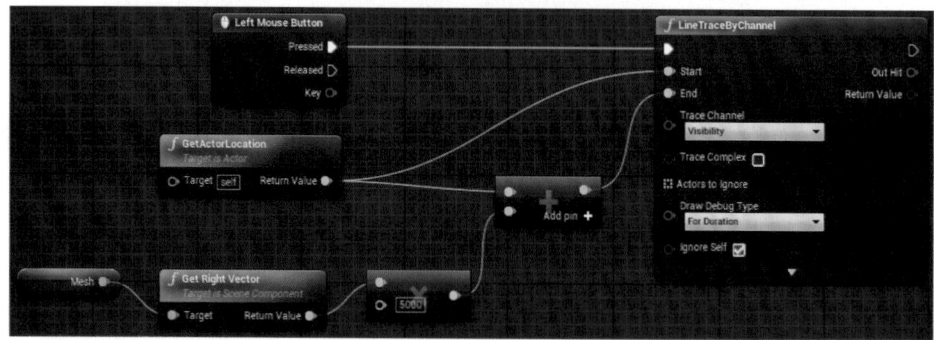

图 2-263

编译并保存 ThirdPersonCharacter 蓝图，运行游戏，单击可以看到角色正前方有一条红色的射线出现，如图 2-264 所示。

接下来将要实现：当检测到 Interact 实例对象后，Interact 对象中 PointLight 组件的灯光颜色会改变。返回 ThirdPersonCharacter 蓝图，添加一个 Branch 节点，该节点根据检测范围内有无物体的情况来控制执行不同的行为，因此将 LineTraceByChannel 的输出执行引脚与 Branch 的输入执行引脚相连，再将 LineTraceByChannel 的返回值传递给 Branch 的 Condition，拖动 LineTraceByChannel 的 Out Hit 引脚来添加 Break Hit Result 节点，它将 Out Hit 结构体类型返回值分解，由此可以获得结构体中的元素，如图 2-265 所示。

图 2-264

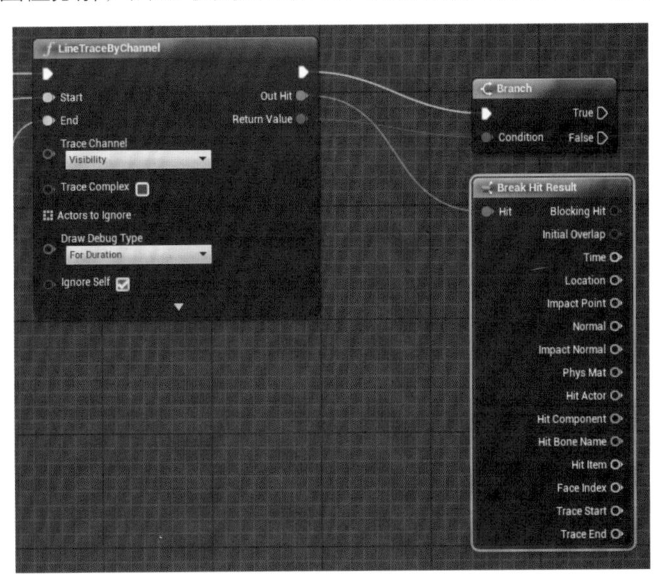

图 2-265

拖动 Break Hit Result 节点中的 Hit Actor 引脚，在节点列表中找到 Utilities>Casting>Cast To Interact，即尝试将检测到的物体对象投射演化成 Interact 类型对象。将 Branch 节点的 true 执行引脚与 Cast To Interact 节点的接收执行引脚相连，即 LineTraceByChannel 节点在检测范围内检测到有物体存在时则尝试将检测物投射转化为 Interact 类型对象，如图 2-266 所示。

拖动 Cast To Interact 节点的 As Interact 引脚，在节点列表中找到并单击添加 Change Light Color节点。为 Change Light Color 节点的 Color 参数设置一个颜色，Interact 对象在被检测到后，它的 PointLight 灯光颜色将会变为 Color 所设定的颜色，如图 2-267 所示。

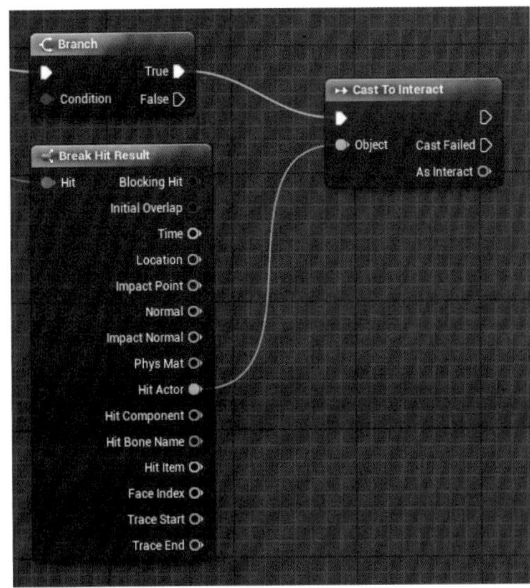

图 2-266

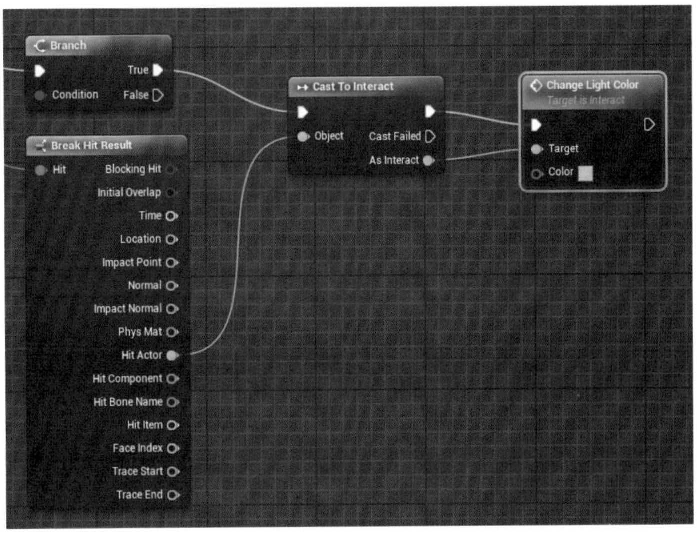

图 2-267

编译并保存 ThirdPersonCharacter 蓝图，返回 Unreal Engine 关卡编辑器，向视口中拖动添加一个 Interact 实例对象，Interact 对象中的 PointLight 默认呈现白色灯光，运行游戏后单击，当 Interact 对象被检测到后，PointLight 呈现蓝色灯光，如图 2-268 所示。

了解了 LineTraceByChannel 节点及与其相关的一系列节点的用法和作用效果后，下面将利用它们来学习关于 Interface 接口的用法和作用效果。

在 Content Browser 面板中右击，添加 Create Advanced Asset> Blueprints>Blueprint Interface 节点，即创建一个蓝图接口，如图 2-269 所示。

图 2-268

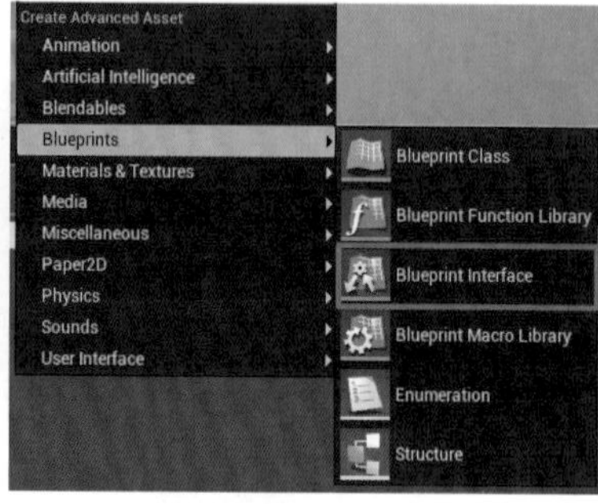

图 2-269

将蓝图接口命名为 Interface，打开 Interface 蓝图接口，如图 2-270 所示，可以看到，在蓝图接口中默认存在一个函数 New Function 0，但该函数甚至整个图表编辑器面板的操作权限都为 READ-ONLY（只读操作），因此接口只提供函数名，不可在蓝图接口中实现函数体。

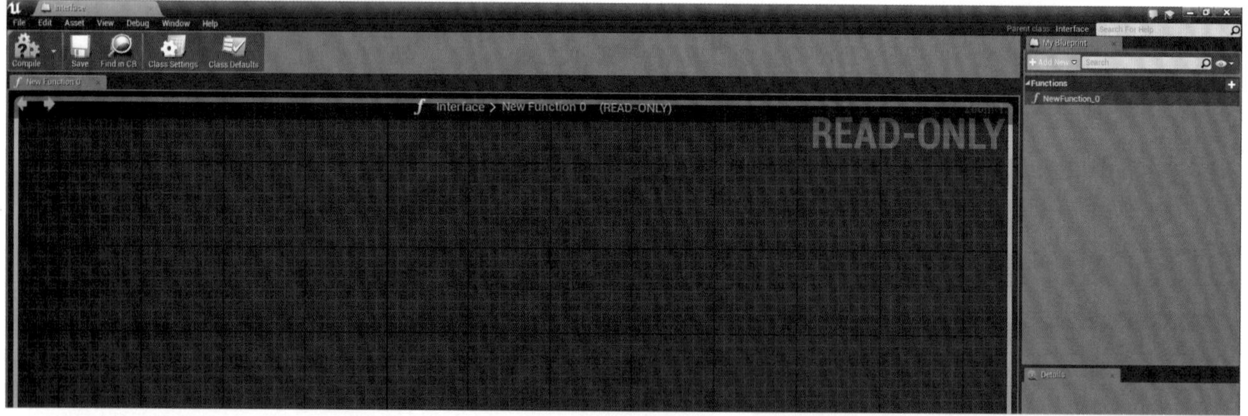

图 2-270

将 New Function 0 函数更名为 OnInteract，如图 2-271 所示，编译并保存蓝图接口。

图 2-271

返回 Unreal Engine 关卡编辑器，在 Content Browser 面板中找到 SM_Chair 静态模型和 SM_MatPreviewMesh_02 静态模型，分别以它们为根组件创建两个蓝图，各自命名为 InteractChair 和 InteractMesh，如图 2-272 所示。

首先打开 InteractChair 蓝图，单击工具条中的 Class Settings 类设置，然后找到 Details 面板中 Interfaces> Implemented Interfaces 下的 Add 按钮，该按钮可以添加当前蓝图需要使用的蓝图接口。单击 Add 按钮，出现列表菜单，选择 Interface 选项，如图 2-273 所示。

图 2-272

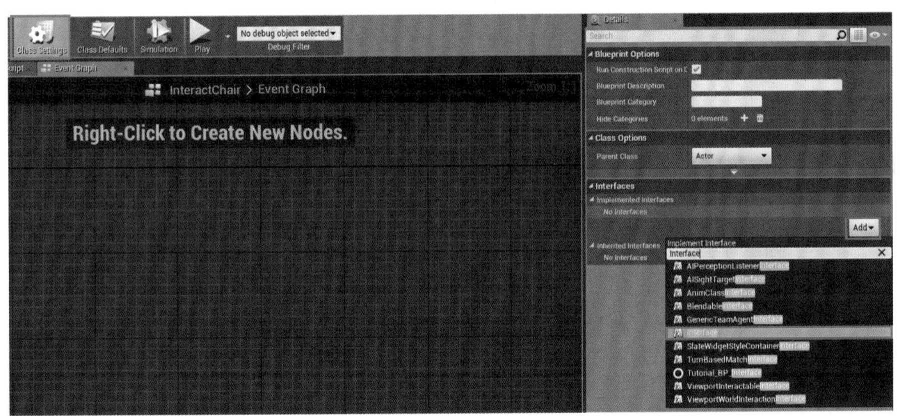

图 2-273

现在可以看到，InteractChair 蓝图可执行的蓝图接口 Interface 已被添加到 Implemented Interfaces 类目下了，如图 2-274 所示。

接下来在 InterfaceChair 蓝图中的 Event Graph 图表面板中添加一个 Add Event>Event On Interact 节点，如图 2-275 所示。

图 2-274

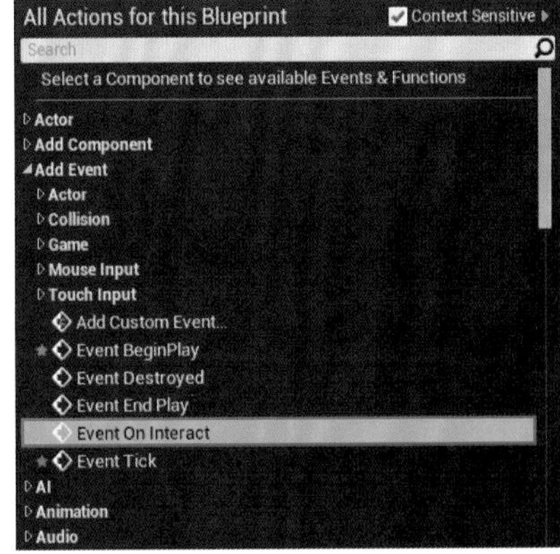

图 2-275

现在便可以实现 On Interact 函数了，即将需要执行的节点与 Event On Interact 节点通过执行引脚相连即可，在此添加了一个 AddActorLocalOffset 节点，它可以控制 Actor 对象产生位移，设 Delta Location 中的 Z 为 10，即每当 AddActorLocalOffset 节点被执行后，InteractChair 实例对象的 Z 轴坐标增加 10 像素单位，如

图 2-276 所示。

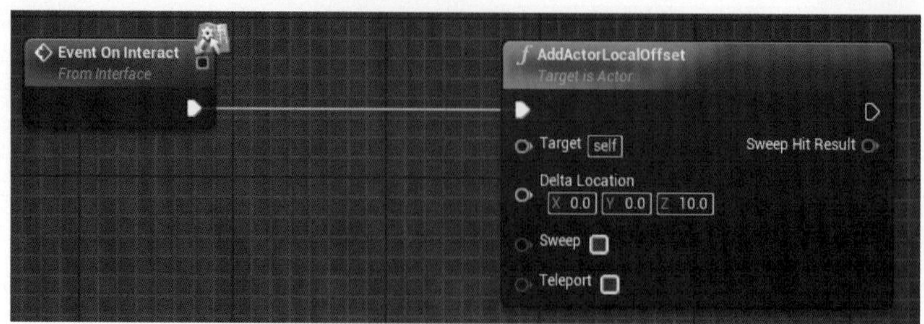

图 2-276

编译并保存 InteractChair 蓝图，接着来编译 InteractMesh 蓝图。同 InteractChair 蓝图一样，在 InteractChair 蓝图中添加 Interface 接口，再在 Event Graph 编辑器中添加 Event On Interact 和 AddActorLocalOffset 节点并通过执行引脚相连，将 AddActorLocalOffset 节点中 Delta Location 参数的 Y 值设为 10，即每当 AddActorLocalOffset 节点被执行后，InteractMesh 实例对象的 Y 轴坐标增加 10 像素单位，如图 2-277 所示，之后编译并保存 InteractMesh 蓝图。

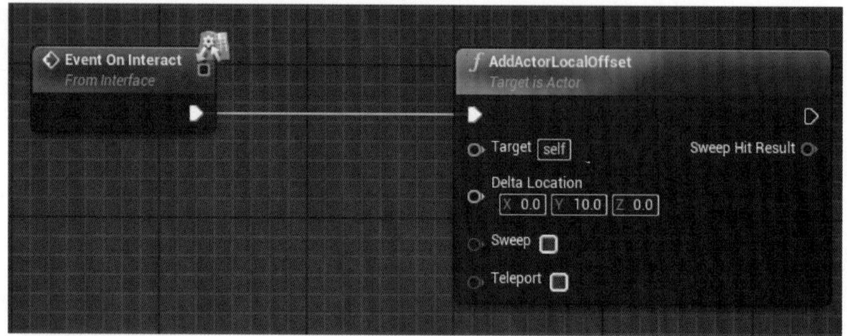

图 2-277

返回 ThirdPersonCharacter 蓝图，将 Cast To Interact 节点分别与 Branch 节点和 Break Hit Result 节点之间的引脚连线断开，添加 Class>Interface>On Interact 节点，将 Branch 的 true 执行引脚与 On Interact 节点的输入执行引脚相连，将 Break Hit Result 节点的 Hit Actor 引脚与 On Interact 节点的 Target 引脚相连，如图 2-278 所示，即当 LineTraceByChannel 节点在检测范围内检测到有物体存在时则执行被检测到的物体 Hit Actor的 On Interact 函数。

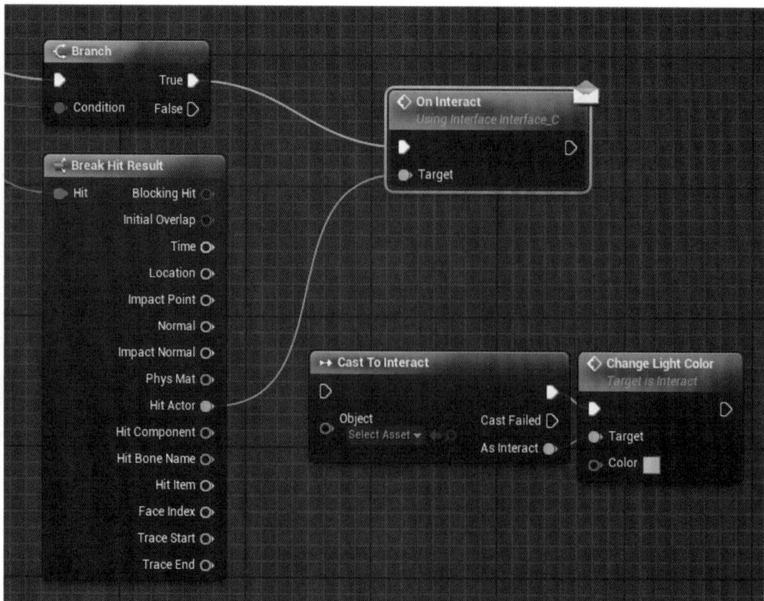

图 2-278

编译并保存 ThirdPersonCharacter 蓝图后，返回 Unreal Engine 关卡编辑器，在游戏视口中创建 InteractChair 和 InteractMesh 实例对象。运行游戏。在游戏中按鼠标左键进行物体检测，每检测到 InteractChair 实例对象后，该对象的位置沿 Z 轴上升 10 像素；每检测到 InteractMesh 实例对象后，该对象的位置沿 Y 轴上升 10 像素，如图 2-279 所示。

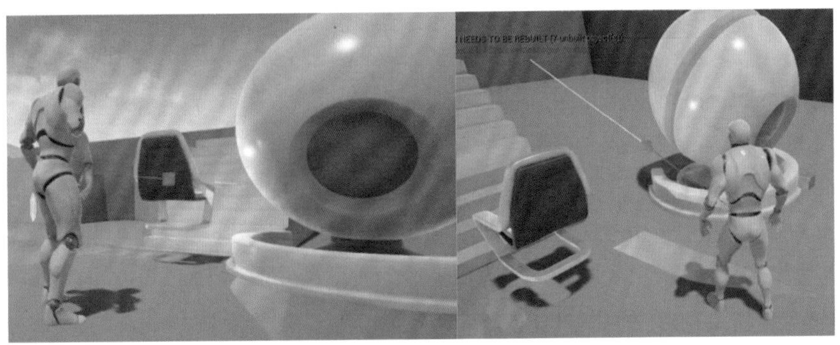

图 2-279

2.11　Random 类型节点

Random 类型下有许多节点，它们皆属于 Math 这个类目。本节将介绍关于产生随机数的 Random 节点和生产随机流以控制随机性的 Random Stream 随机流节点。

2.11.1　Random 随机数

关于 Random 产生随机数的节点有很多，但用法大同小异，可以举一反三，因此在本节以最常用的 Random Unit Vector 节点为例进行讲解与学习。现在针对 Random Unit Vector 节点做一个机制：在场景中创建一个可自定义控制静态模型个数，且模型分布是随机设定的一个游戏道具。

继续沿用之前创建的工程项目，创建一个以 Actor 为父类的蓝图，命名为 ManyBoxes。打开 ManyBoxes，切换到 Construction Script 图表编辑器面板，添加一个 ForLoop 节点，如图 2-280 所示。

创建一个 Integer 变量，命名为 HowMany，勾选它的 Editable 属性，如图 2-281 所示。HowMany 变量用于设定静态模型的个数。

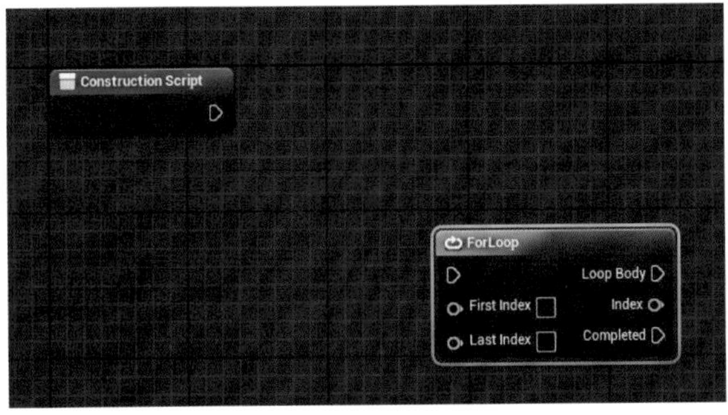

图 2-280

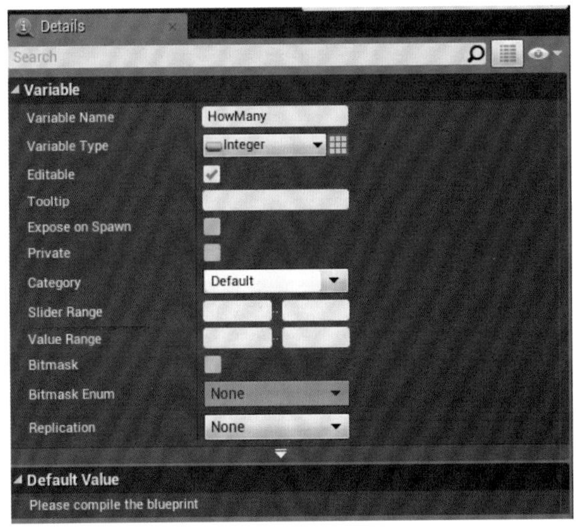

图 2-281

设 ForLoop 节点的 First Index 参数为 1，再将 HowMany 传递给 ForLoop 节点的 Last Index 参数，如图

2-282 所示。

添加一个 Add Component>Common>Add Static Mesh Component 节点，如图 2-283 所示，该节点可添加指定的静态模型。利用 ForLoop 循环节点在规定的次数内调用 Add Static Mesh Component 节点从而生成指定的静态模型。

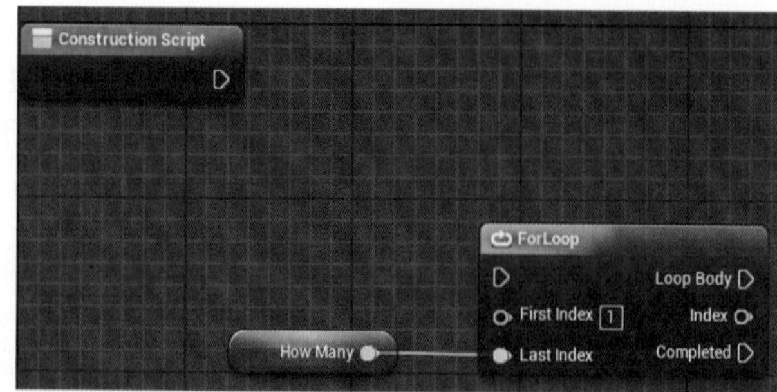

图 2-282

选择 Add Static Mesh Component 节点，在 Details 面板中找到 Static Mesh>Static Mesh，在此可以设置利用 Add Static Mesh Component 节点生成的静态模型。可以直接在 Static Mesh 属性提供的菜单中查找并设置静态模型，也可以从 Unreal Engine 关卡编辑器的 Content Browser 面板中找到静态模型并将其拖到 Static Mesh 项来设置，如图 2-284 所示，我们在此将 Static Mesh 属性设置为 SM_CornerFrame 静态模型。

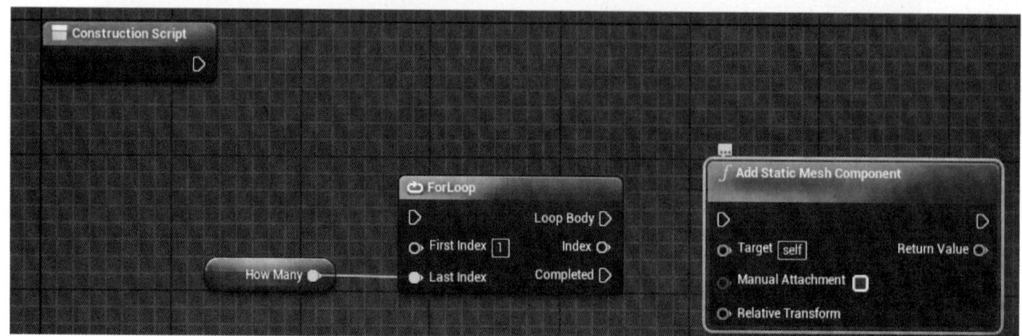

图 2-283

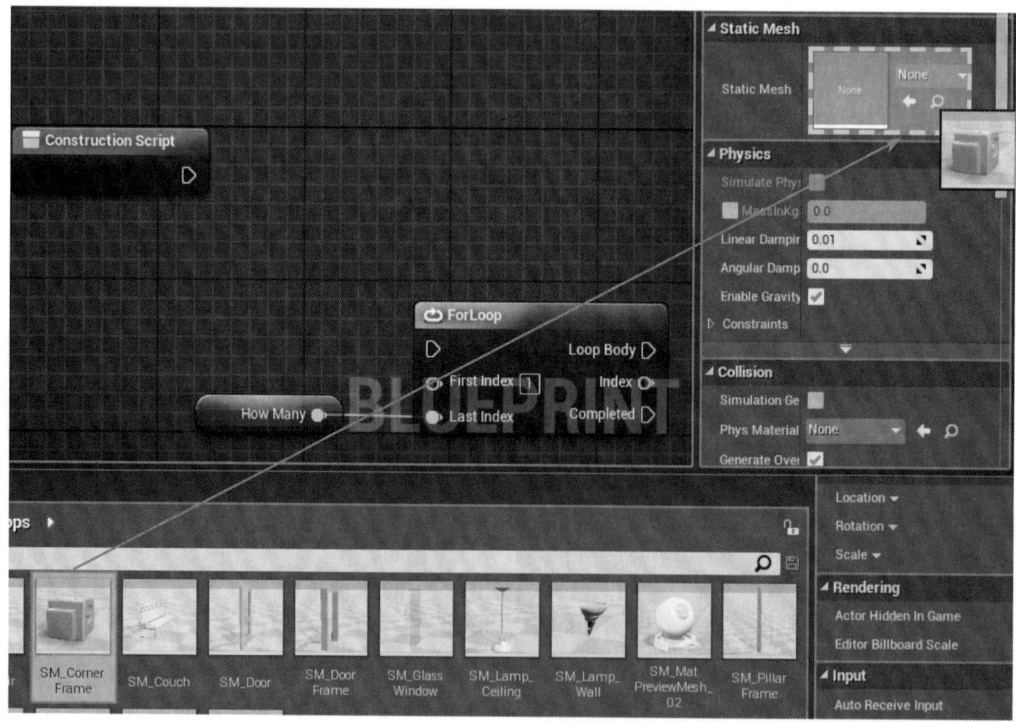

图 2-284

在 Add Static Mesh Component 节点上有一个 Relative Transform 参数，它用来设置添加的 Static Mesh 的相对位置。根据情况，每个静态模型位置不一且随机放置，因此这时就要用到 Math>Random>Random Unit Vector 随机单位矢量节点，如图 2-285 所示。

添加一个 vector * float 乘法节点，将 Random Unit Vector 节点返回的 Vector 值扩大 100 倍，再将乘法

节点的返回值传递给 Add Static Mesh Component 节点的 Relative Transform 参数，两者之间系统自动转换类型，最后连接各个节点间的执行引脚，如图 2-286 所示。

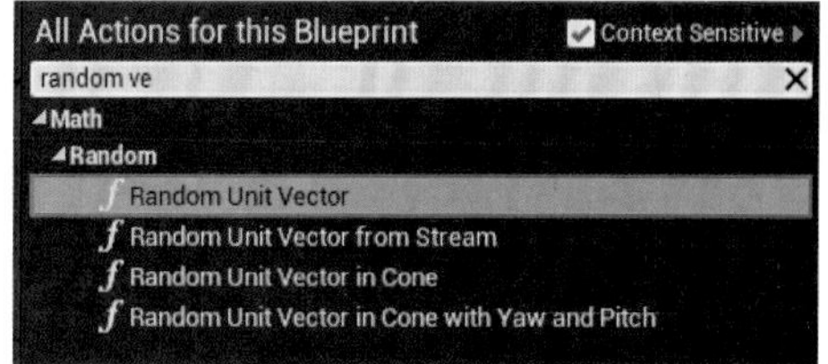

图 2-285

编译并保存 ManyBoxes 蓝图，返回 Unreal Engine 关卡编辑器，在视口中创建一个 ManyBoxes 实例对象，默认命名为 ManyBoxes。选中 ManyBoxes，在 Details 面板中的 Default 类目下选择 How Many 选项，在此可以设置 How Many 的值从而控制静态模型的个数，如图 2-287 所示，How Many 设定为 21。效果如图 2-288 所示。

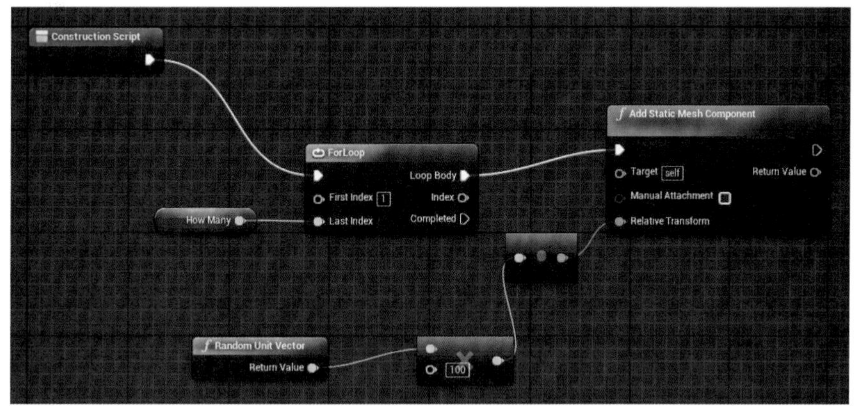

图 2-286

图 2-287

图 2-288

2.11.2　Random Stream 随机流

本节我们来学习 Random Stream 随机流节点的使用方法和作用。我们在 2.11.1 节中学习了 Random Unit

Vector 节点，制作了一个游戏道具，即 ManyBoxes 蓝图，ManyBoxes 对象中有自定义个数的静态模型且随机分布。但可以发现，当对 ManyBoxes 对象进行移动等并不希望改变静态模型分布的基础操作时，ManyBoxes 中的所有静态模型会重新定位，如图 2-289 中改变了 ManyBoxes 的位置，其中的模型分布也都有了变化，这是因为在游戏未运行时对 ManyBoxes 进行的任何操作都会执行 ManyBoxes 蓝图的 Construction Script 图表，因此 Random Unit Vector 节点会重新为每个静态模型生成新的随机坐标。

图 2-289

为了避免这种情况，就要利用随机流这个概念了。随机流允许在蓝图、关卡蓝图及针对动画的动画蓝图中重复地生成及应用随机数。当设置类似于散射物体或者构建程序化的场景时，可能需要一种随机的效果，但是同时又想确保每次计算蓝图时产生一致的分布。使用随机值会导致每次计算蓝图时产生不同的分布，这意味着当移动蓝图或者执行其他的导致需要重新计算图表的动作时，会产生完全不同的效果。通过使用随机流，可以基于一个种子值调整效果来获得期望的结果，然后在维持整体效果的过程中执行任何其他修改。在对 ManyBoxes 对象进行编辑操作时，在不需要改变其中静态模型分布的情况下，利用随机流可以使得 Random Unit Vector 生成的随机坐标数据保持不变，而在需要改变时又可以改变它。

打开 ManyBoxes 蓝图，删除与 Add Static Mesh Component 节点上的 Relative Transform 引脚相连的一系列节点，如图 2-290 所示。

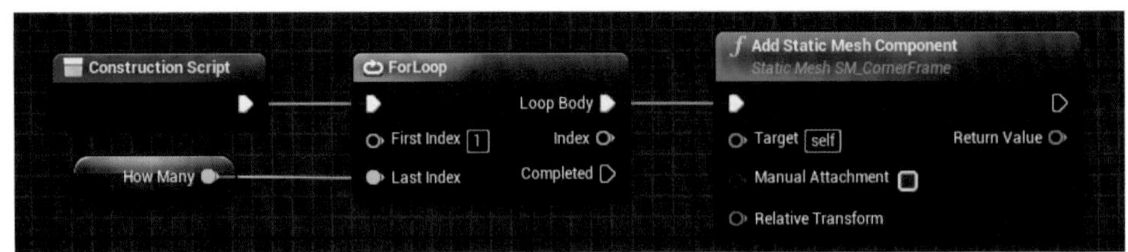

图 2-290

分别添加一个 Make Transform 和 Make Vector 节点，将 Make Transform 节点的返回值与 Add Static Mesh Component 节点的 Relative Transform 参数相连，将 Make Vector 节点的返回值与 Make Transform 节点的 Location 参数相连，如图 2-291 所示。

随机流在蓝图中以一种特殊类型的结构体变量呈现。添加一个 Structure>Random Stream 类型变量，命名为 RandomStream，勾选它的 Editable 属性，使得在 Unreal Engine 关卡编辑器中可以编辑 RandomStream 的 Initial Seed 初始种子属性，如图 2-292 所示。

在图表编辑器面板添加一个 Math>Random>Random Float in Range from Stream 节点，如图 2-293 所示。

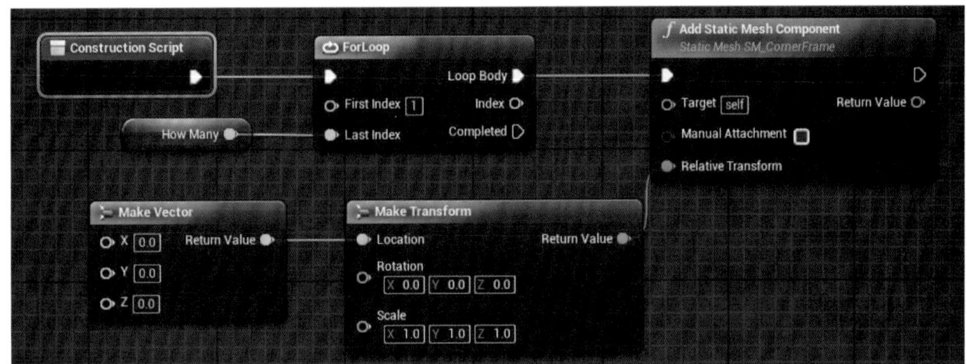

图 2-291

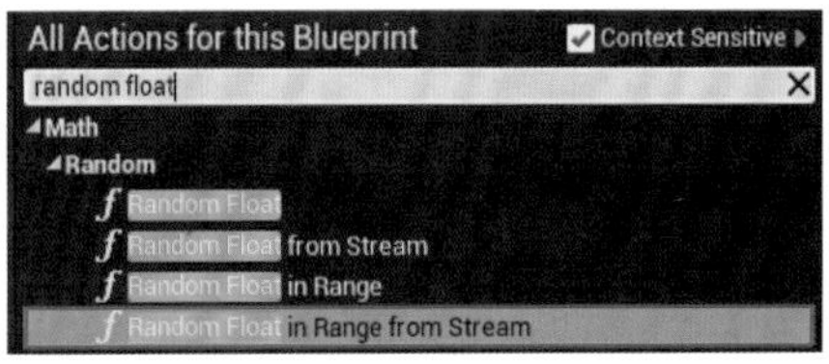

All Actions for this Blueprint
Context Sensitive
random float
Math
Random
Random Float
Random Float from Stream
Random Float in Range
Random Float in Range from Stream

图 2-293

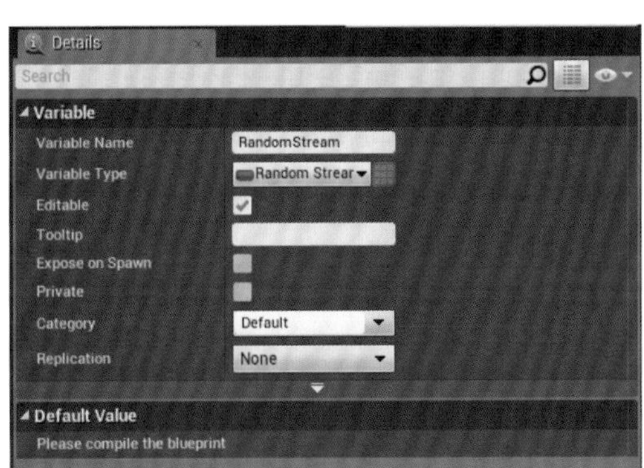

图 2-292

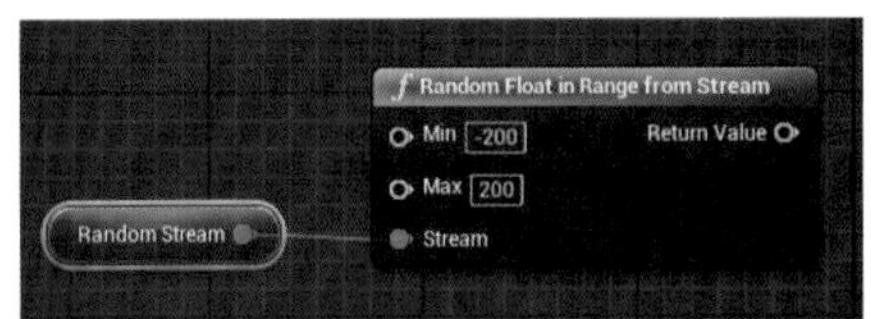

图 2-294

创建的 Random Float in Range from Stream 节点其左侧有 3 个参数，Min 和 Max 两个 Float 类型参数用来设定返回值的大小区间，即随机输出 (Min，Max) 范围之间的一个浮点值；Random Stream 类型参数 Stream 用来接收一个随机流变量，因此将创建的 Random Stream 变量传递给 Stream 参数，如图 2-294 所示。

将 Random Float in Range from Stream 节点的返回值传递给 Make Vector 节点的 X 参数作为生成的静态模型的 X 坐标值，同样还要设置模型的 Y、Z 坐标值，因此将 Random Float in Range from Stream 节点与 Random Stream 变量节点再各复制出两组，将两个 Random Float in Range from Stream 节点的返回值分别传递给 Make Vector 节点的 Y 与 Z 参数，如图 2-295 所示。

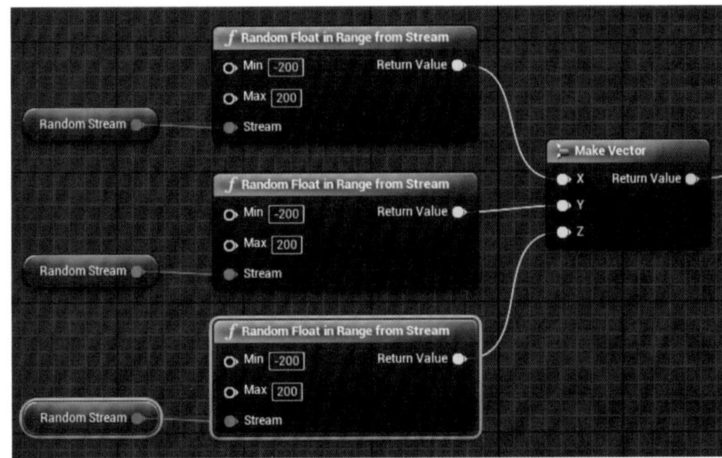

图 2-295

保存并编译 ManyBoxes 蓝图，返回 Unreal Engine 关卡编辑器，移动场景中的 ManyBoxes，可以发现所有静态模型的分布在移动过程中并没有发生变化，如图 2-296 所示。

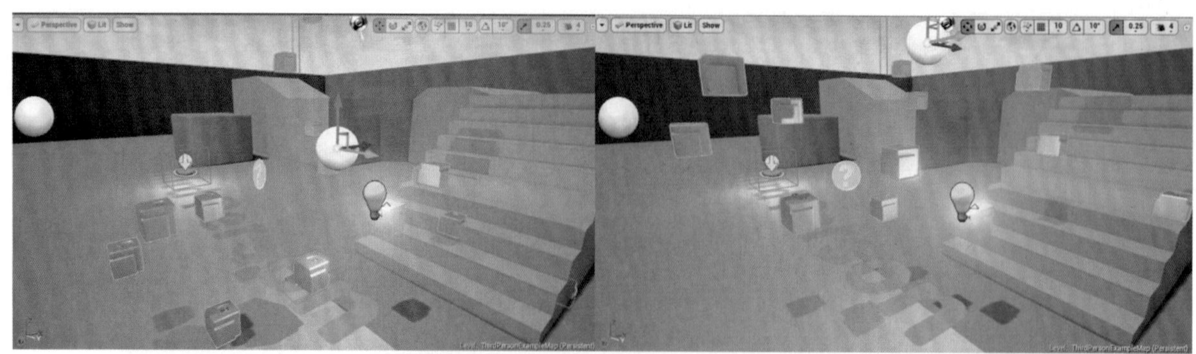

图 2-296

若想变更静态模型的摆放位置，可以改变 Random Stream 的 Initial Seed 初始种子属性，初始种子属性用于计算随机值流。每次计算一个单独的随机种子所产生的随机值序列都将是一样的，这验证了前面提到的一致性，不同的种子生成不同的值序列。所以，修改一个 Random Stream 的初始种子将会导致所生成的值发生变化。这可以用于调整一种随机效果，直到获得需要的序列或分布为止。选择 ManyBoxes，在 Details 面板下的 Default 类目中改变 Random Stream>Initial Seed 数据即可变更模型分布，如图 2-297～图 2-300 所示。

图 2-297

图 2-299

图 2-298

图 2-300

2.12 Timeline 节点

Timeline 时间轴节点是蓝图中的特殊节点，该节点使我们可以快速地设计基于时间的简单动画，并基于游戏中的事件进行播放。时间轴节点专门用来处理简单的、非过场动画式的任务，可以设置简单的值从中产生动画，且可以随着时间变化来激活事件。本节通过实现灯光的闪烁效果来体会 Timeline 节点的用法。

继续沿用之前创建的工程项目，在 Content Browser 中找到 SM_CornerFrame 静态模型并以它为根组件创建蓝图，右击，找到并选择 Common>Asset Actions>Create Blueprint Using This 选项，为创建的蓝图命名为 Flashy。打开 Flashy 蓝图，添加一个 PointLight 组件，如图 2-301 所示。

切换到 Event Graph 面板，在关联菜单中找到并选择 Add Timeline 选项从而添加 Timeline 节点，如图 2-302 所示。

创建后的 Timeline 节点如图 2-303 所示，节点默认命名为 Timeline_0。

该节点的左侧有 6 个执行引脚和 1 个数据引脚，6 个执行引脚用来触发该 Timeline 的播放模式，分别介绍如下。

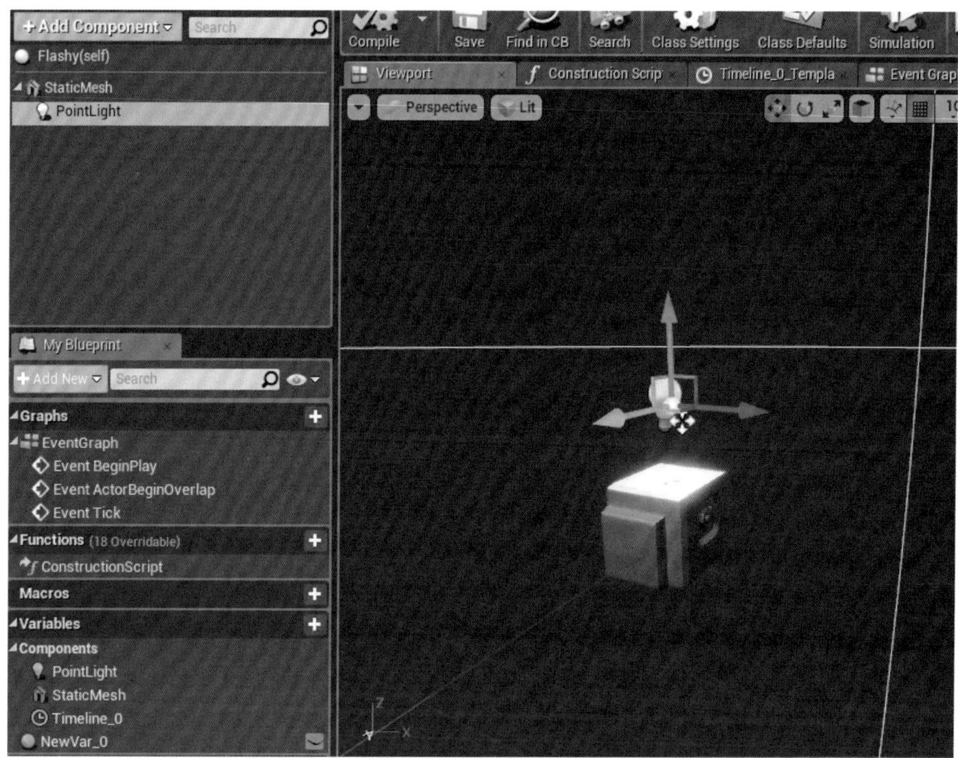

图 2-301

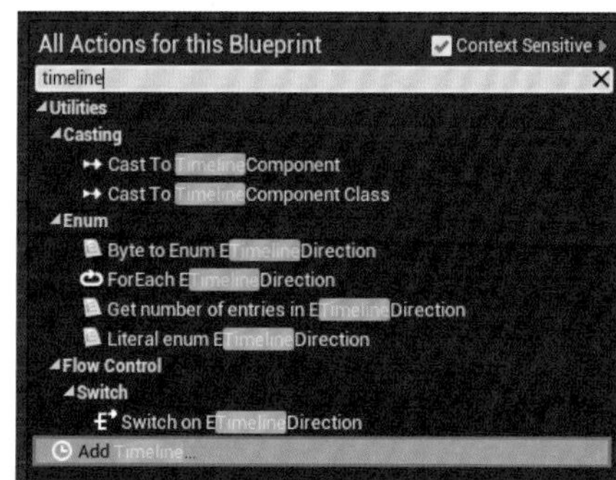

图 2-302

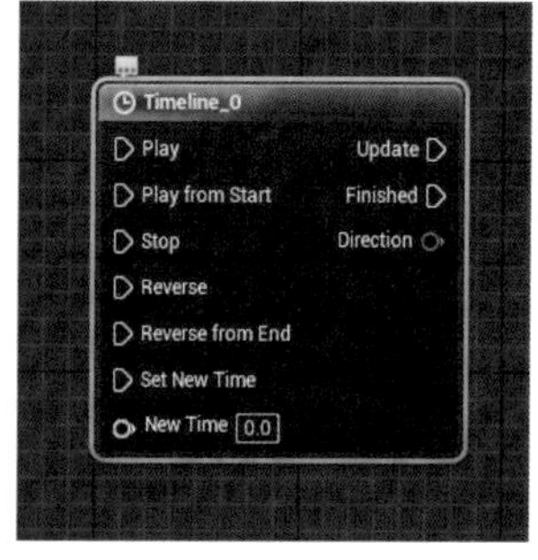

图 2-303

- Play（播放）：时间轴从当前时间处开始正向播放。
- Play from Start（从开始处播放）：时间轴从开始处正向播放。
- Stop（暂停）：在当前时间处停止播放时间轴。
- Reverse（反向播放）：从当前时间处反向播放时间轴。
- Reverse from End（从结尾处开始反向播放）：从头开始反向播放时间轴。
- Set New Time（设置新时间）：将当前时间设置为 New Time（新时间）输入中设置的变量（或输入），New Time 数据引脚取入一个代表时间的浮点值，以秒为单位，当调用 Set New Time（设置新时间）输入时，时间轴可以跳转到该浮点值设置的时间处。

Timeline 节点右侧有 2 个执行引脚和 1 个数据引脚，分别介绍如下。

- Update（更新）：一调用当前时间轴就输出一个执行信号。
- Finished（完成）：当播放结束时输出一个执行信号，该引脚不会被 Stop 函数触发。
- Direction（方向）：输出枚举数据，指明了时间轴的当前播放方向。

双击 Timeline_0 节点，出现 Timeline Editor 时间轴编辑器，如图 2-304 所示，在这个面板中可以对时间轴进行设置。

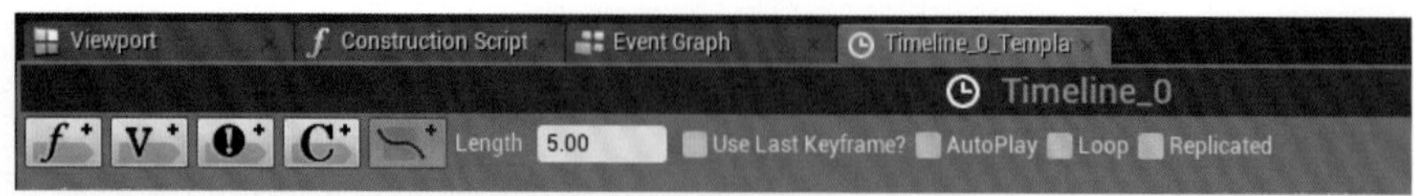

图 2-304

现在来了解编辑器中的各按钮或复选框的功能。

：添加新的浮点轨迹到时间轴，以对标量浮点值进行动画处理。

：添加新的向量轨迹到时间轴，以对浮点向量值（如旋转值或平移值）进行动画处理。

：添加一个事件轨迹，该轨迹会提供另一个执行输出引脚，此引脚将在轨迹的关键帧时间处被触发。

：添加新的线性颜色轨迹到时间轴，以对颜色进行动画处理。

：添加外部曲线到时间轴。此按钮仅在 Content Browser 内容浏览器中选择外部曲线后才能被激活。

Length：设置时间轴回放长度。

Use Last Keyframe?：如此选项未激活，将忽略序列的最后关键帧。这可以帮助防止动画循环时被跳过。

AutoPlay：如启用该选项，此时间轴节点无须输入即可开始，而且将在关卡一开始就播放。

Loop：如启用该按钮，除非通过 Stop 命令输入引脚来停止，时间轴动画将会无限制地重复播放。

Replicated：如启用，时间轴动画将跨客户端被复制。

时间轴使用轨迹来定义单个数据的动画。可以为浮点值、向量值、颜色值或事件。单击添加浮点型轨道按钮，由此新建了一个轨道 NewTrack_0，界面布局如图 2-305 所示。

图 2-305

Track Name 轨迹名称用于为此区域内的轨迹输入新名称；External Curve group 外部曲线组使我们可以从内容浏览器中选择外部曲线资源，而不用自己创建曲线；Track timeline 轨迹时间轴为此轨迹的关键帧图表，我们可以把关键帧放置到这里，将看到作为运算结果的插值曲线。

放置完轨迹后，可以开始添加关键帧以定义动画。每个轨迹可以具有多个关键帧，关键帧定义了一个时间和一个数值。通过在这些关键帧之间插值数据来计算在整个时间轴上任何点处的值。

首先将轨道的名字 NewTrack_0 改为 Brightness，之后在轨迹时间轴面板中，在数值为 0 处的函数线 CurveFloat_0 上按住 Shift 键并单击添加关键帧，也可以右击，如图 2-306 所示，单击 Actions>Add key to CurveFloat_0，为 CurveFloat_0 添加一个关键帧。

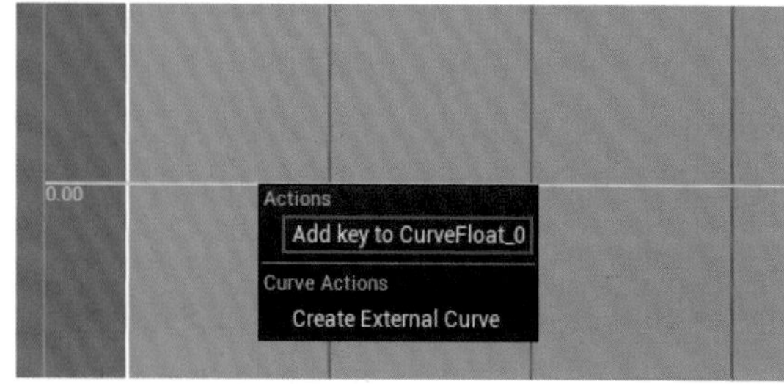

图 2-306

按照上述方法，为 CurveFloat_0 添加 3 个关键帧。将 Timeline_0 的 Length 设为 1，之后在 CurveFloat_0 上选中一个关键帧，在轨迹顶部附近的 Time 时间和 Value 数值文本框中输入值，将它的时间和数值设为 0.0 和 0.0，选中另外一个关键帧，将它的 Time、Value 分别设为 1.0、0.0，如图 2-307 所示。

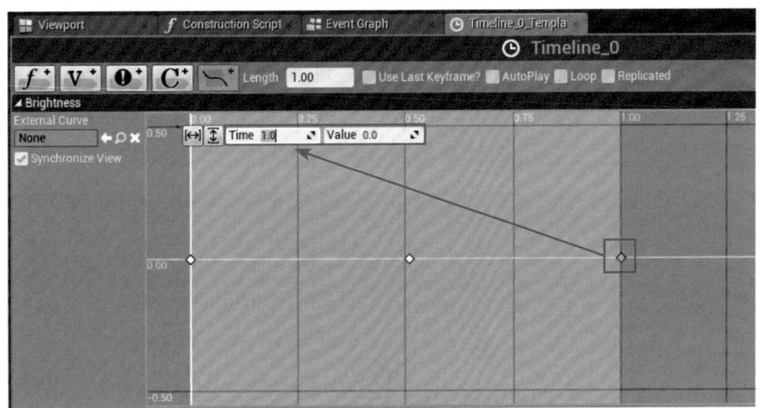

图 2-307

选中最后一个关键帧，将它的 Time、Value 设为 0.5、5000.0。当坐标轴中无法完整显示函数曲线时，可以单击坐标轴面板左上方的 Zoom To Fit Horizontal（变焦至水平适配按钮）和 Zoom To Fit Vertical（变焦至垂直适配按钮）。最后勾选 AutoPlay 和 Loop 两个复选框，设定时间线自动播放且是循环播放模式，如图 2-308 所示。

通过按下键盘上的 Delete 键，可以删除选中的关键帧；要想沿着时间轴移动关键帧，请选择该关键帧，然后单击并拖动它。通过使用 Ctrl 键，可以选中多个关键帧。水平拖动关键帧，将会更新该关键帧的 Time，而垂直拖动关键帧，将会更新 Value。

还可以通过右击一个关键帧，选择给定关键帧的插值类型。同曲线插值一样，关键帧插值也具有相同的插值类型。插值类型如图 2-309 所示，当前曲线默认插值类型为 Linear 线性。

完成编辑轨迹后，定义的轨迹的数据或事件执行将由与轨迹名称相同的数据或执行引脚来输出。返回 Event Graph 面板，可以看到 Timeline_0 节点右上方有一个循环标志出现，且右侧增加了一个 Float 类型的返回值 Brightness，该返回值返回的即是在 Brightness 轨道中根据 CurveFloat_0 曲线与时间相对应的数值，如图 2-310 所示。

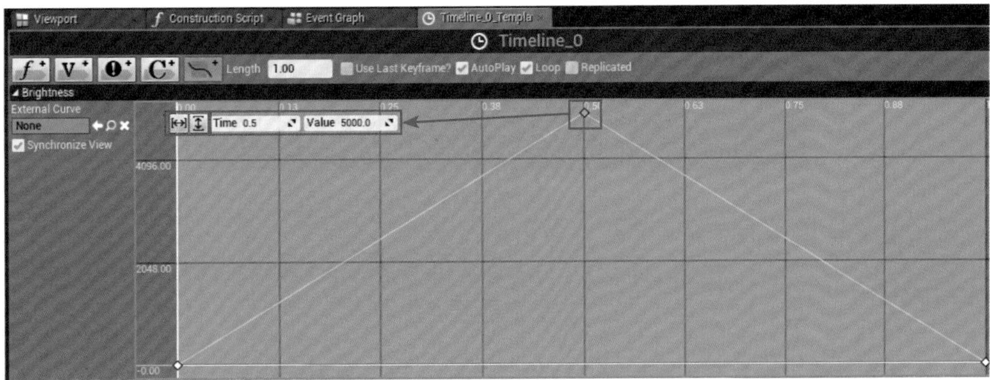

图 2-308

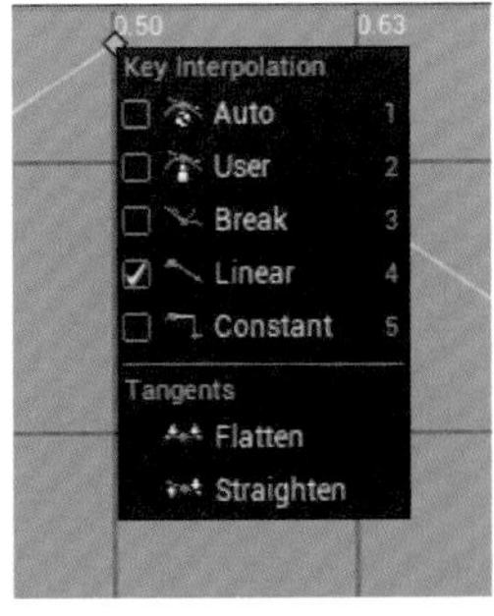

图 2-309

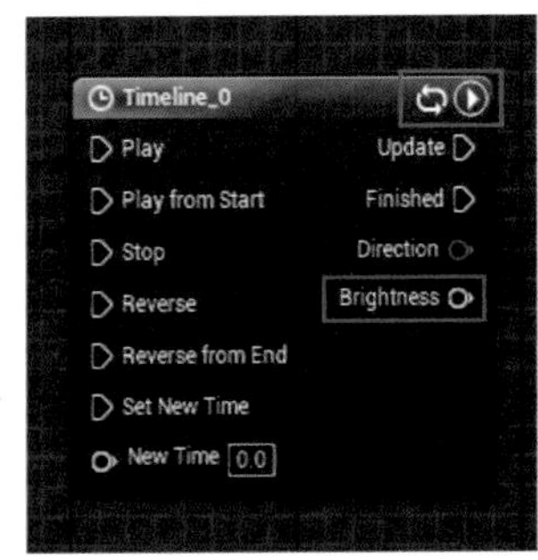

图 2-310

在 Event Graph 中获取 PointLight 组件引用，利用它调出 Rendering>Components>Light>Set Intensity 节点，从而调节 PointLight 的灯光亮度。将 Timeline_0 的 Update 执行引脚与 Set Intensity 的接收执行引脚相连，再将 Timeline_0 的 Brightness 引脚与 Set Intensity 的 New Intensity 引脚相连，如图 2-311 所示，由此可以实现 PointLight 的亮度随 Timeline_0 设定的函数曲线实时变化。

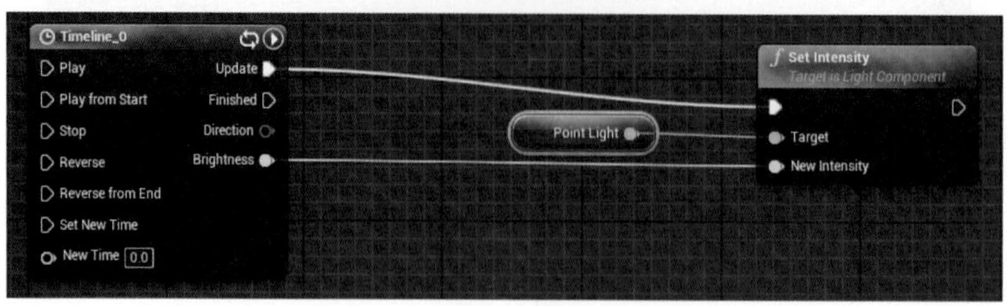

图 2-311

编译并保存 Flashy 蓝图，返回 Unreal Engine 4 关卡编辑器，在场景中添加一个 Flashy 实例对象，运行游戏后可以观察到 Flashy 中 PointLight 的闪烁效果，如图 2-312 所示。

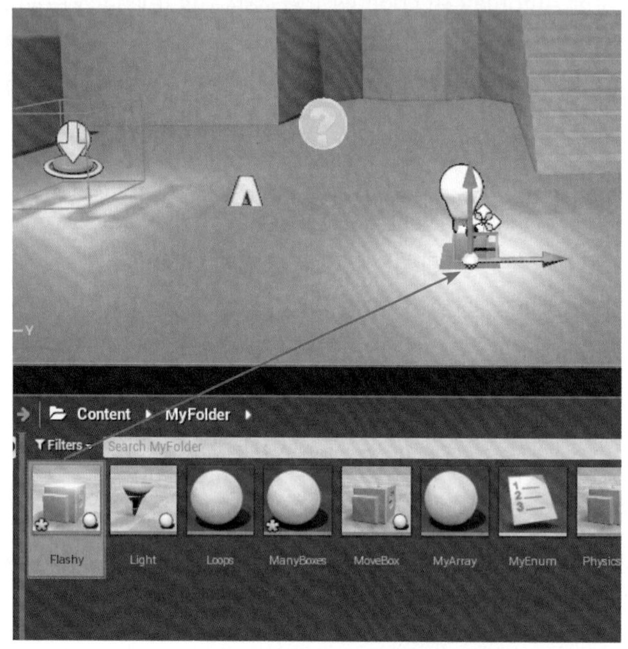

图 2-312

2.13 UMG

前面已大致介绍了蓝图系统，并讲到了关卡蓝图和蓝图类等，通过它们可以编写游戏脚本和游戏道具脚本。但对于一个游戏来说，我们还需要实现游戏的 UI 用户界面交互功能，这时便需要用到 UMG 工具。本节将就 UMG 的功能与操作方法进行系统的学习。

2.13.1 UMG 概述

虚幻动态图形 UI 设计器（UMG）是一款视觉 UI 创作工具，可用于创作想要呈现给用户的 UI 元素，比如游戏内的 HUD、菜单或与界面相关的其他图形。UMG 的核心是控件，即用于构成界面的一系列预先制作的功能（如 Button 按钮、Slider 滑块、Progress Bar 进度条等）。这些控件在专门的控件蓝图中进行编辑，编辑时将用到两个选项卡进行构建：Designer 设计器选项卡实现界面的视觉布局，而 Graph 图形选项卡则实现使用控件时提供的功能。

2.13.2　Widget Blueprint 控件蓝图

为了使用 UMG 需要我们接触并学习一种新的蓝图类型——Widget Blueprint 控件蓝图，在控件蓝图中可以设计 UI 布局样式及编写脚本功能。本节我们来学习控件蓝图编辑器界面布局及针对控件蓝图的基础操作。

继续沿用之前创建的工程项目，首先创建一个控件蓝图，在 Content Browser 中右击，找到并选择 Create Advanced Asset>User Interface>Widget Blueprint 选项，如图 2-313 所示。

至此，便创建完成了一个控件蓝图，并为其命名为 MyUI，如图 2-314 所示。

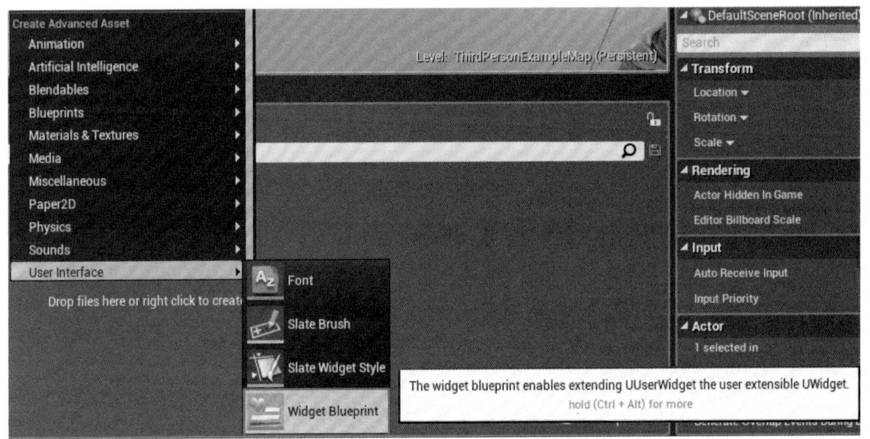

图 2-313

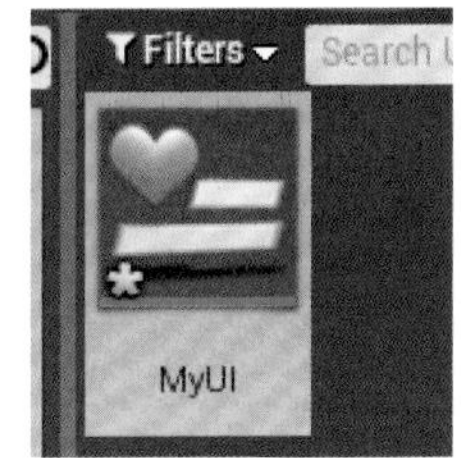

图 2-314

打开 MyUI 蓝图，控件蓝图编辑器布局如图 2-315 所示。

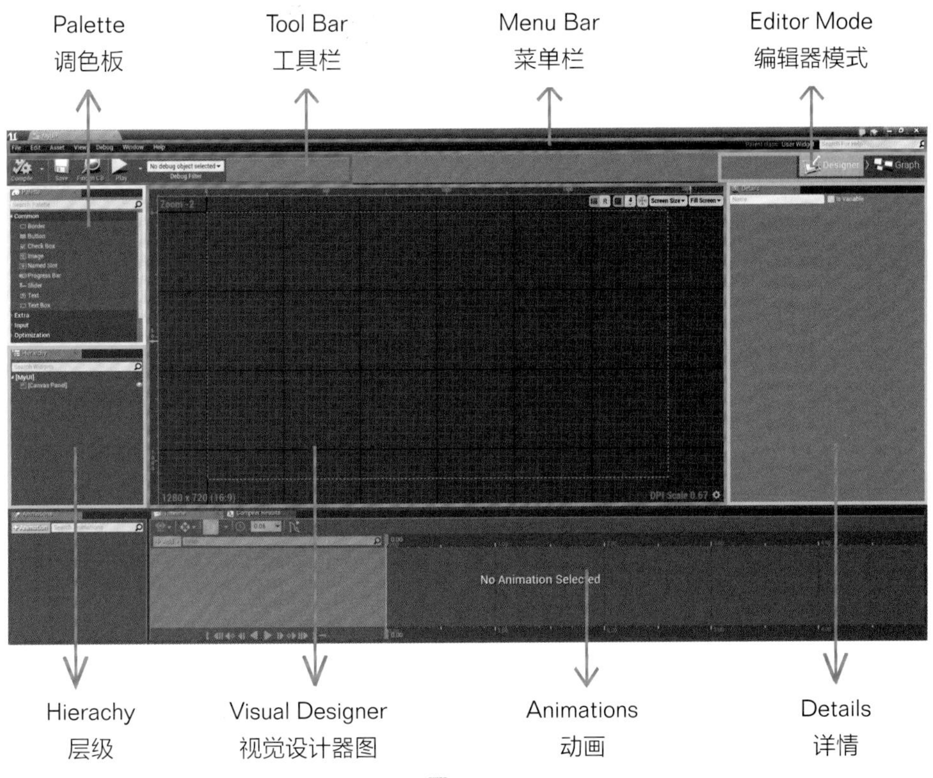

图 2-315

控件蓝图编辑器被分为 8 个窗口，分别为 Menu Bar 菜单栏、Tool Bar 工具栏、Editor Mode 编辑器模式、Palette 调色板、Hierarchy 层级、Visual Designer 视觉设计器图表、Details 详情、Animations 动画。Editor Mode 编辑器模式窗口可以将 UMG 控件蓝图编辑器在 Designer 设计器和 Graph 图形模式之间切换；Palette

调色板窗口是一个控件列表，可以将其中的控件拖放到视觉设计器图表中；Hierarchy 层级窗口显示用户控件的父级结构，可以将控件拖动到此窗口；Visual Designer 视觉设计器图表是布局的视觉呈现，在此窗口中可以操纵已拖动到视觉设计器图表中的控件，此外在此窗口的右上方有一些关于操作和布局的设定，可以在这里设置 Canvas Panel 画板的长宽比例规格及大小等；Details 详情面板已经很熟悉了，它显示当前所选控件的属性；Animations 动画面板是 UMG 的动画轨，可以用于设置控件的关键帧动画。

现在向视觉设计器图表中添加控件。从 Palette 面板中找到 Common>Button 控件，选中并按住鼠标左键拖动至视觉设计器图表中，之后松开鼠标左键，可以看到 Button 控件被添加到了视觉设计器图表中，这里它的默认命名为“Button_143”。此外，在 Hierarchy 面板中，还可以看到 Canvas Panel 画板控件下增加了一个子控件 Button，如图 2-316 所示。Canvas Panel 控件类似于其他控件的容器，可为内部包含的控件提供附加功能。

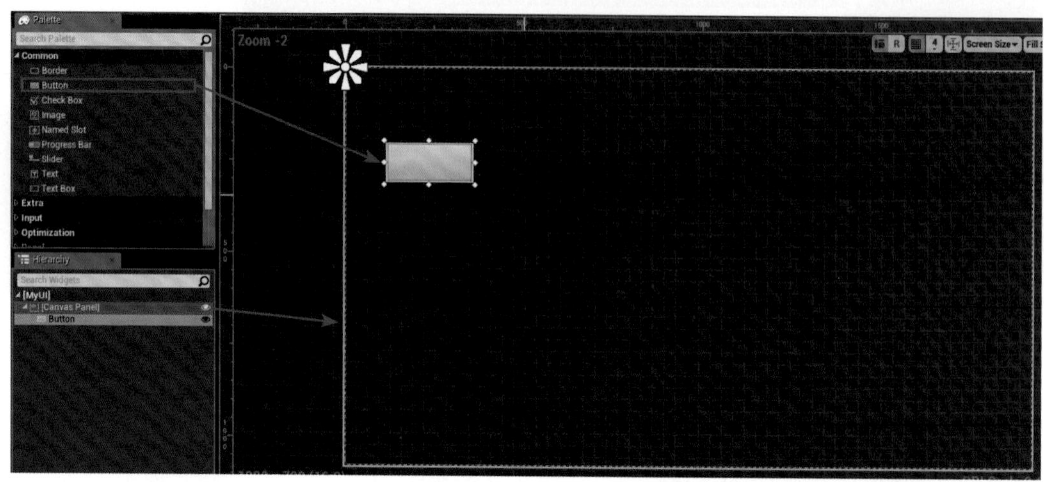

图 2-316

选中添加的 Button_143 控件，右侧 Details 面板会显示出该控件的一系列属性，如图 2-317 所示。

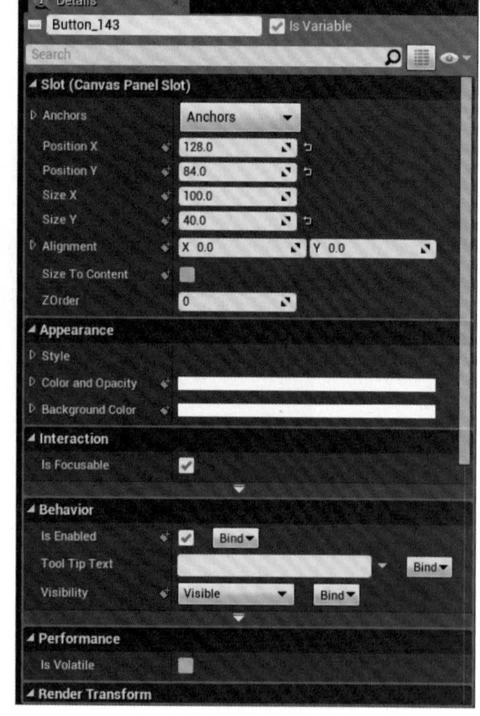

图 2-317

在 Palette 面板中找到 Common>Text 控件，选中并拖动它至视觉设计器图表中的 Button_143 控件中，效果如图 2-318 所示，在 Button_143 控件中嵌入了一个 Text 控件，即 Text 控件成为 Button 控件的子控件，在 Hierarchy 面板中可以看到 Button 控件下增加了一个 Text 子控件。

编译并保存 MyUI 蓝图。创建控件蓝图并设计好布局之后，若要令其显示在游戏内，需要在关卡蓝图或角色蓝图中调用它。打开关卡蓝图，添加 Event BeginPlay 节点，再添加一个 User Interface>Create Widget 节点，该节点用来调用 Class 类指定的控件蓝图，它应用到了名为 Owning Player 的玩家控制器，此处留空则会使用默认玩家控制器。将 Create My UI Widget 节点的 Class 参数设为 My UI，之后添加一个 User Interface>Viewport>Add to Viewport 节点，该节点可用于在屏幕上绘制指定的控件蓝图，将控件像新窗口一样添加到根窗口中。添加的节点及节点间的引脚连线如图 2-319 所示。

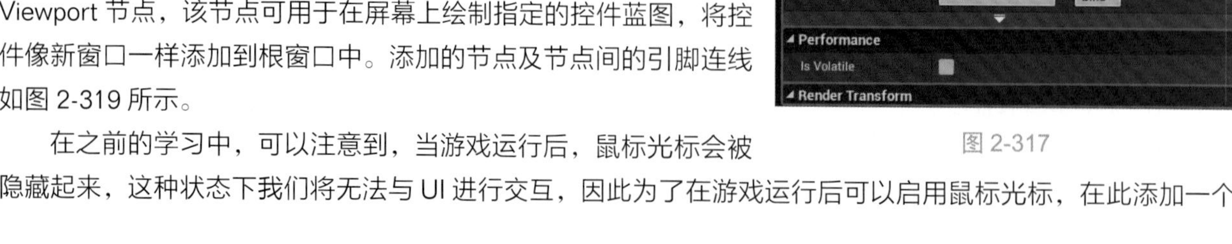

在之前的学习中，可以注意到，当游戏运行后，鼠标光标会被隐藏起来，这种状态下我们将无法与 UI 进行交互，因此为了在游戏运行后可以启用鼠标光标，在此添加一个

Class>Player Controller>Set Show Mouse Cursor 节点，需要注意的是，我们在节点列表中搜索该节点时，可能会出现找不到的现象，此时取消勾选节点列表右上方的 Context Sensitive 复选框，该功能负责筛选出与被拖动的引脚、节点相关的节点进行显示，并屏蔽掉其他节点，如图 2-320 所示。

选中 Set Show Mouse Cursor 节点的 Show Mouse Cursor（显示鼠标）单选按钮，添加一个 Get Player Controller 节点，将其返回值传递给 Set Show Mouse Cursor 节点的 Target 参数。节点及节点间的引脚连线如图 2-321 所示。

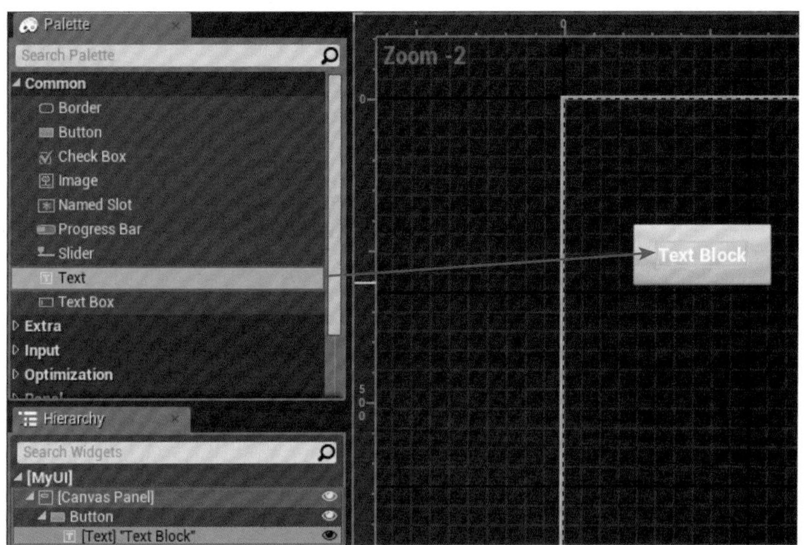

图 2-318

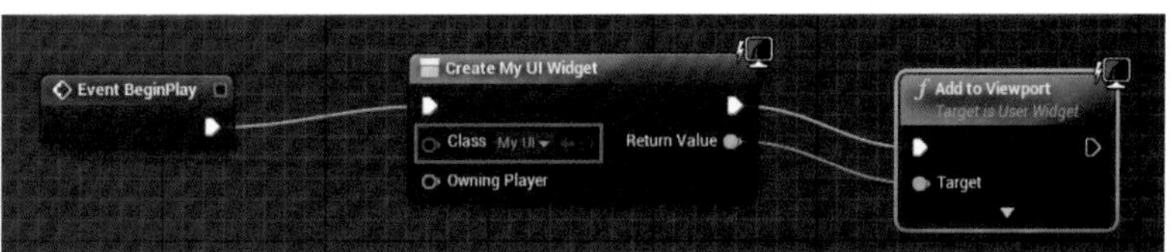

图 2-319

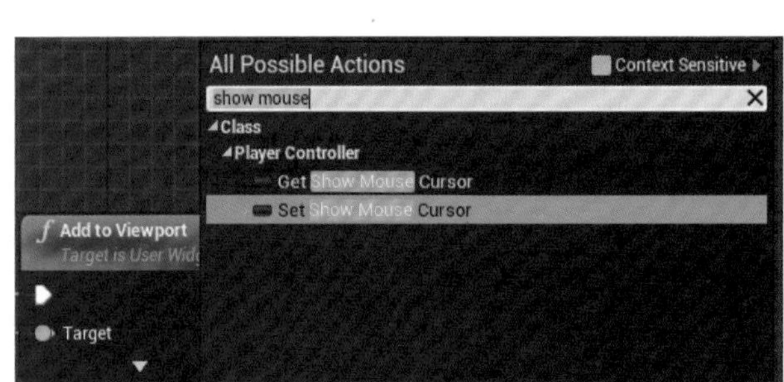

图 2-320

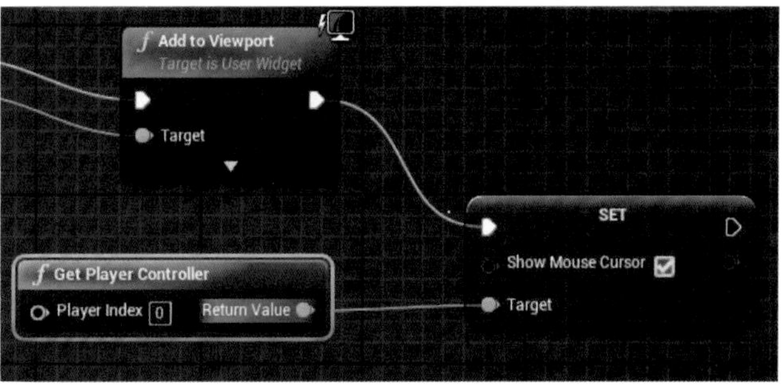

图 2-321

编译并保存关卡蓝图，运行游戏，可以看到 MyUI 蓝图被添加到了屏幕上，且鼠标光标未被隐藏，可通过鼠标与 UI 进行交互，如图 2-322 所示。

除了之前我们从 Platette 面板中向视觉设计器图表中添加 UMG 自带的控件外，还可以自行创建带有内容的控件，继而添加到视觉设计器图表中，该控件会被视为用户控件。现在再创建一个控件蓝图，命名为 MyButton，如图 2-323 所示。

打开 MyButton 蓝图，删除默认存在的 Canvas Panel 控件，之后向视觉设计器图表中添加 Button 控件，再向 Button 控件中添加 Text 控件，如图 2-324 所示。

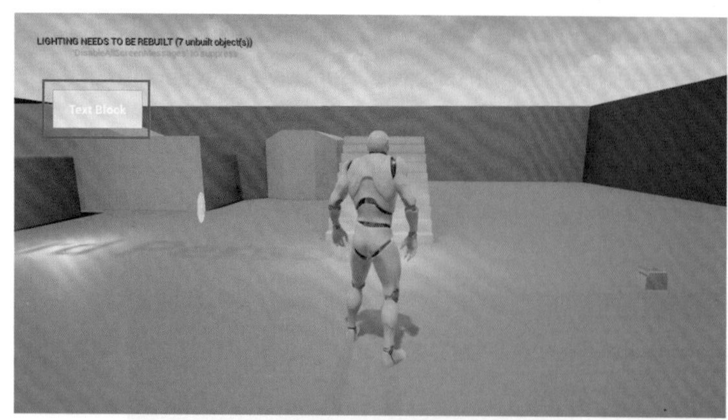

图 2-322

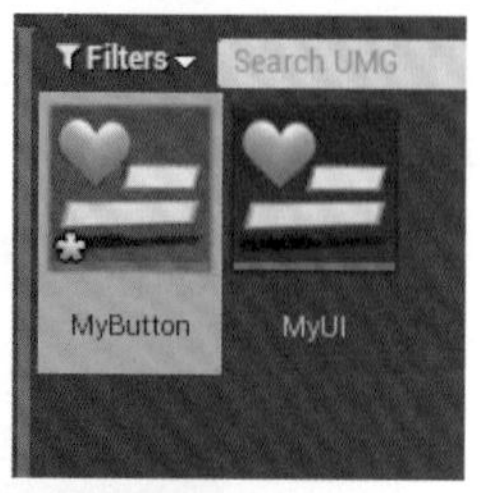

图 2-323

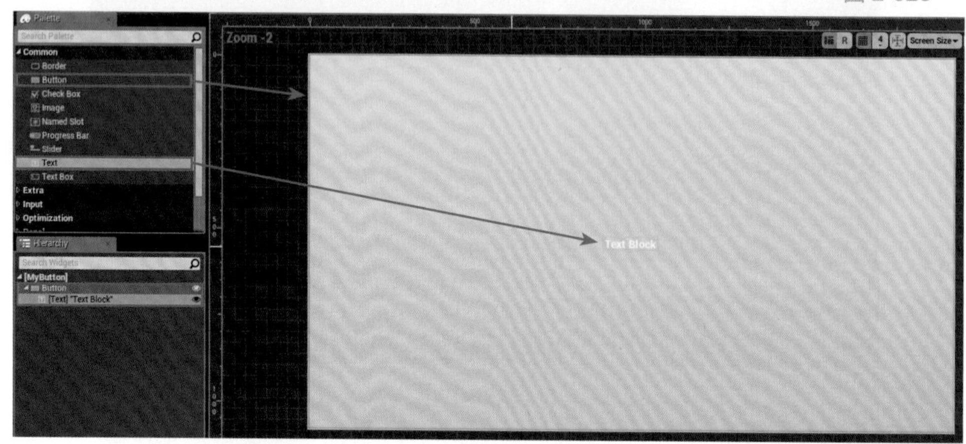

图 2-324

选中添加的 Button 控件，找到并改变 Details 面板中的 Appearance>Background Color 背景色参数，如图 2-325、图 2-326 所示。

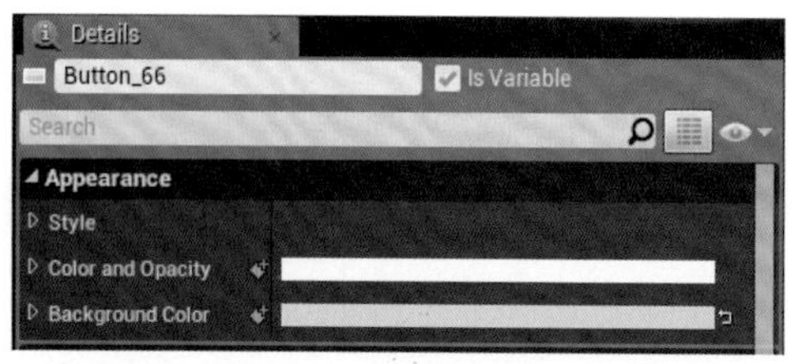

图 2-325

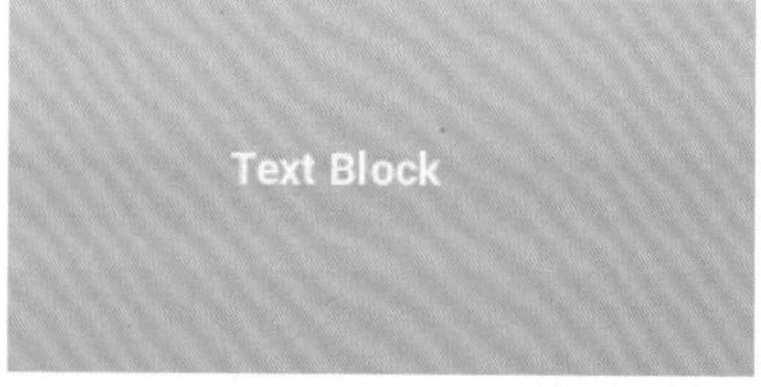

图 2-326

编译并保存 MyButton 蓝图，之后回到 MyUI 蓝图，在 Palette 面板中找到 User Created>My Button 控件，其即为刚刚创建的 My Button 控件。拖动 My Button 控件到视觉设计器图表中，如此便在其中添加了刚刚创建的控件，如图 2-327 所示。

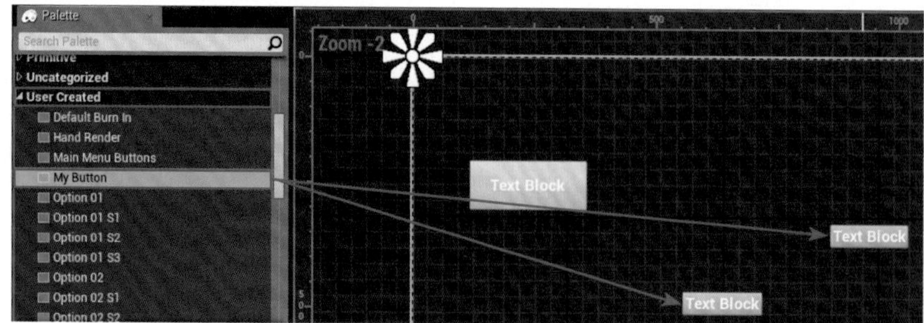

图 2-327

编译并保存 MyUI 蓝图，运行游戏，可以看到 UI 效果，如图 2-328 所示。

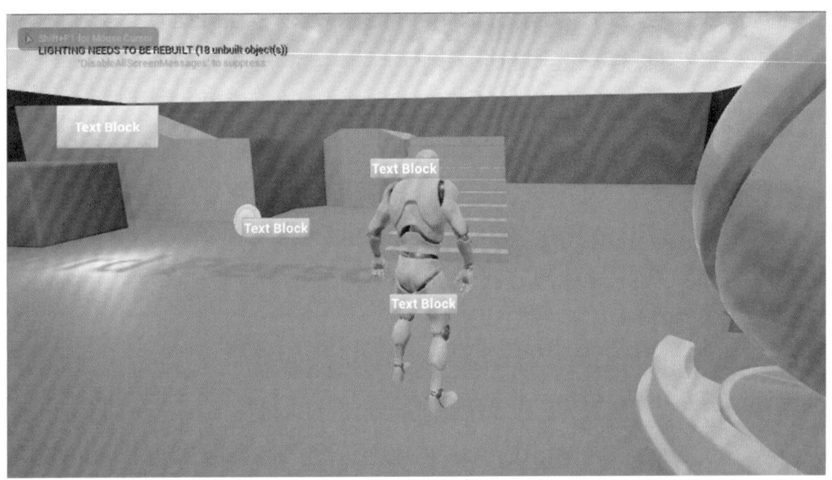

图 2-328

当对用户控件的控件蓝图进行改变时，在各个控件蓝图的视觉设计器图表中添加的该类控件都会发生同样的变化。现在来试着改变 MyButton 蓝图中 Button 控件的背景颜色，如图 2-329 所示，将 Button 背景色从蓝色改为紫色，编译并保存蓝图。

图 2-329

返回 MyUI 蓝图，可以发现，添加的 My Button 控件的背景色都变成了紫色，如图 2-330 所示。

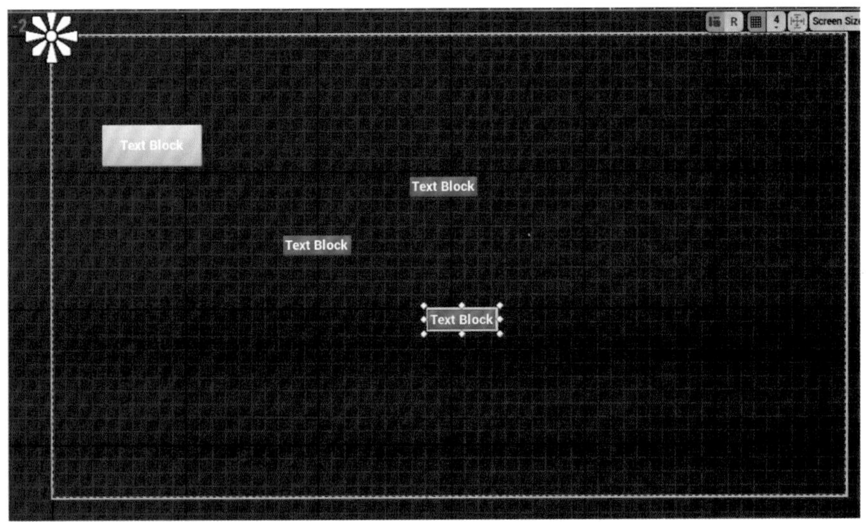

图 2-330

当通过 UMG 创建 UI 屏幕时，排布各种元素的布局仅是第一步。对于每个按钮、状态条、文本框等，UMG 的 Details 面板中都提供了可以直接分配的数个“样式”选项，这些选项将影响对象的显示方式。现在来简单学习一下针对 UMG 控件常见样式选项的基本操作。

不同控件的样式选项各不相同。选中视觉设计器图表中的 Button_143，首先可以看到在 Canvas Panel 控件的左上方出现了一个形似花朵的图标，如图 2-331 所示，它是 Anchors 锚，用来定义 UI 控件在画布面板上的预期位置，并在不同的屏幕尺寸下维持这一位置。锚在正常情况下以 Min(0，0) 和 Max(0，0) 表示左上角，以 Min(1，1) 和 Max(1，1) 表示右下角。锚位于 Canvas Panel 左上角则定义左上角为 Button_143 控件在 Canvas Panel 中的预期位置，无论屏幕尺寸如何变化，Button_143 控件都将维持在这个位置，与 Canvas Panel 的上边界和左边界保持固定距离。

锚的位置可以改变。我们可以“分开”锚图案，手动设置锚位置和 Min/Max 设置及应用偏移，以设置控件如何针对不同的屏幕尺寸做出反应。这可以用来将一个控件根据另一个控件的位置进行锚定。例如，在 Canvas Panel 中添加了一个 Canvas Panel 子控件，并且为这个子控件添加了 Image 图像子控件和 Progress Bar 进度条子控件，这两个控件的锚皆位于 Canvas Panel 子控件的左上角，如图 2-332 所示。

图 2-331

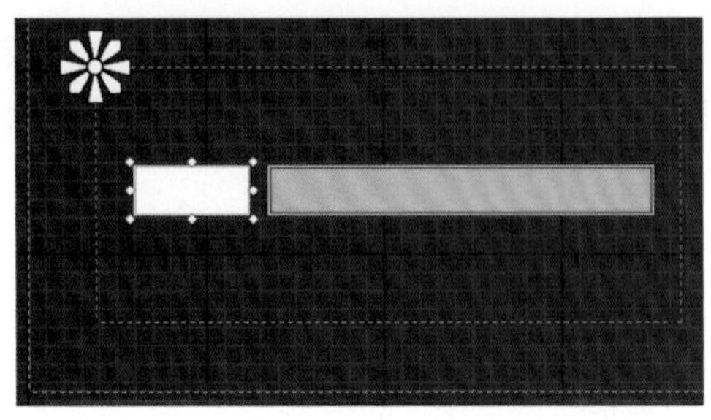

图 2-332

当拖动 Canvas Panel 子控件的上边界或左边界来改变控件尺寸时，Image 和 Progress Bar 控件的位置会跟随 Canvas Panel 控件的左上角位置发生变化，因为两个控件会始终保持各自与上边界和左边界的距离，如图 2-333 所示。

若此时拖动 Canvas Panel 子控件的右边界或下边界来改变控件尺寸，可以看到 Image 和 Progress Bar 控件的位置不会发生变化，如图 2-334 所示。

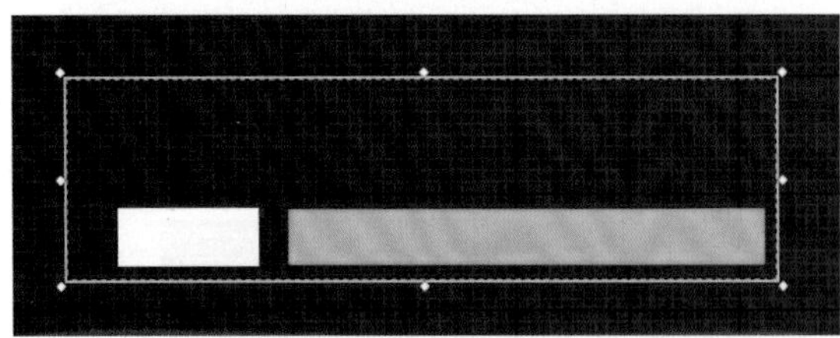

图 2-333

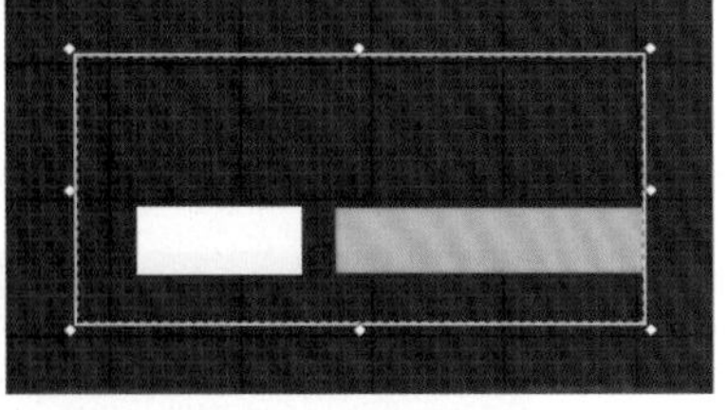

图 2-334

我们希望两个控件可以相对于 Canvas Panel 子控件的 4 个边界处于相对固定位置，此时则要将锚图案拆分，如图 2-335 所示。

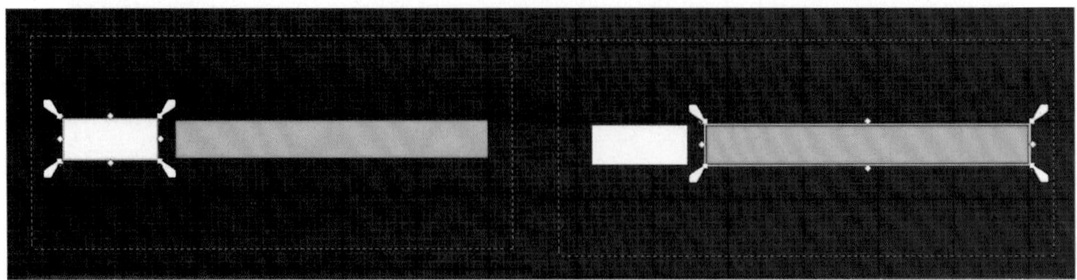

图 2-335

此时无论怎样调整 Canvas Panel 子控件的边界，Image 和 Progress Bar 控件都会与各个边界保持相对固定距离，如图 2-336 所示。

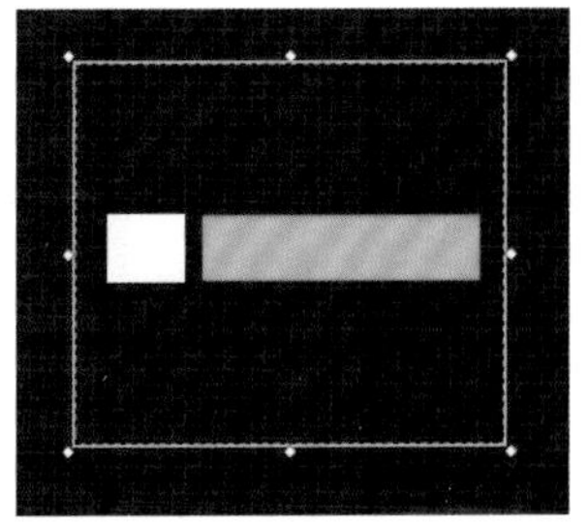

图 2-336

除了手动设置锚位置外，还可以从一系列预设的锚位置中进行选择（通常情况下，这些选择足以使控件保持在某一特定位置）。选中之前创建的 Button_143 控件，在 Details 面板中选择 Slot(Canvas Panel Slot)>Anchors 选项，弹出 Anchors 下拉列表，这里提供了几种预设方案供选择，如图 2-337 所示。这可能是为控件设置锚点的最常用方法，并且应该能够满足大多数需求。银色框表示锚点，选择后，将会使锚图案移动到该位置。

现在继续介绍 Button_143 的各种样式选项，如图 2-338 所示。

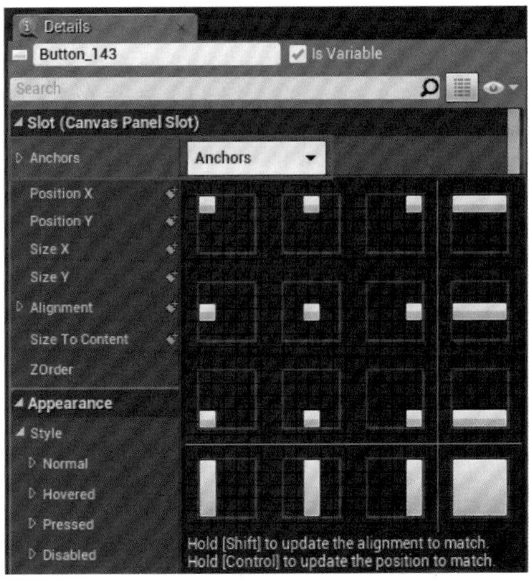

图 2-337

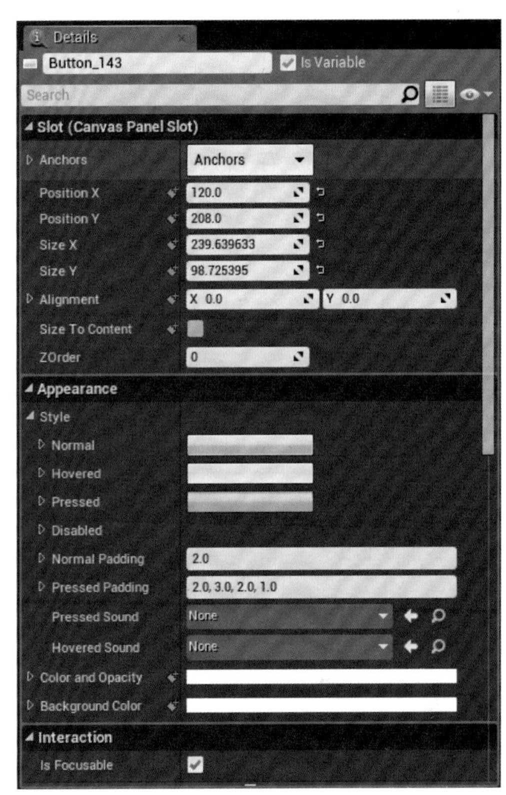

图 2-338

首先是 Slot 槽类目。槽就是将各个控件绑定在一起的隐形黏合剂，更明确的说就是，在 Panel 平板中，必须创建一个槽，然后选择要在这个槽中放置哪些控件。在 UMG 中，当向面板控件添加子控件时，面板控件会自动使用正确类型的槽。每个槽都各不相同，网格槽只能理解为“行”和“列”，而画布槽则完全理解如何通过锚来对内容进行布局。与槽相关的所有属性都位于 Details 面板中的 Slot 类目下。择 Button_143 控件，可以看到 Details 面板中的 Slot(Canvas Panel Slot) 类目，其中括号中的内容即用来标识当前控件所用的槽类型。在 Slot(Canvas Panel Slot) 类目中除了刚刚了解过的 Anchors（属性）外，还有一些属性用来设置控件的 Position（位置）、Size（大小）、Alignment（对齐）、Size To Content（适配文字大小）和 ZOrder（渲染顺序）。

下面介绍 Slot(Canvas Panel Slot) 类目中的几个属性的作用效果。如图 2-339 所示为未勾选 Size To Content 复选框的 Button 效果，图 2-340 为勾选后的效果。

下列图为 Slot(Canvas Panel Slot)>ZOrder 的作用效果，在图 2-341、图 2-342 中，Button_143 控件的 ZOrder 为 1，My Button 控件的 ZOrder 为 0。若 Button_143 控件的 ZOrder 和 My Button 控件的 ZOrder 均为 0，则系统会按照添加顺序决定渲染顺序。

图 2-339

图 2-340

图 2-341

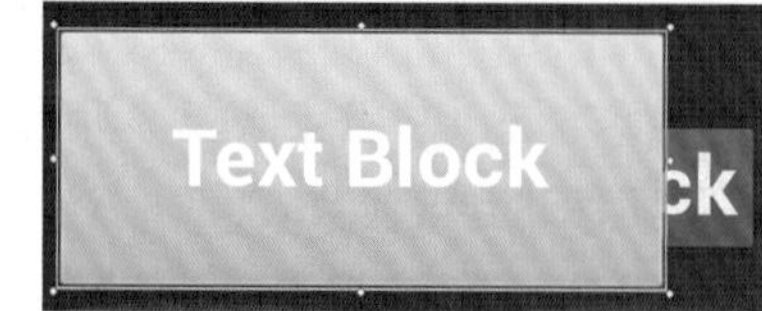

图 2-342

槽类型相同的控件有一致的 Slot 属性，而槽类型不同的控件的 Slot 类目内容是不同的。找到并选中 Button_143 控件的 TextBlock 子控件 TextBlock_119，观察 Slot(Button Slot) 类目，对比 Slot(Canvas Panel Slot)类目，如图 2-343、图 2-344 所示。在 Slot(Button Slot) 类目中，有 Padding、Horizontal Alignment 和 Vertical Alignment 属性，而 Slot(Canvas Panel Slot) 类目中没有这些属性，这就是槽类型差异所致。

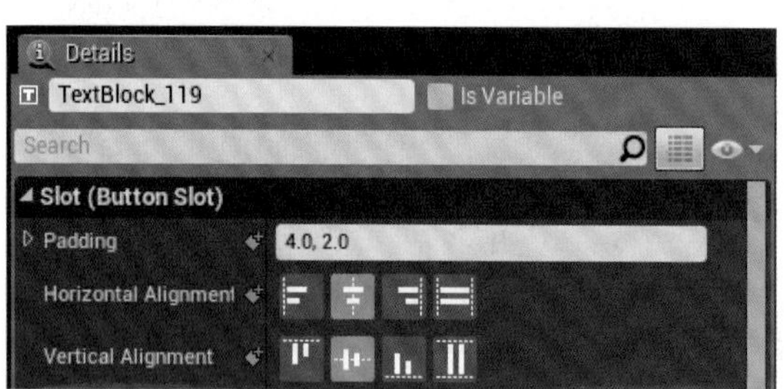

图 2-343

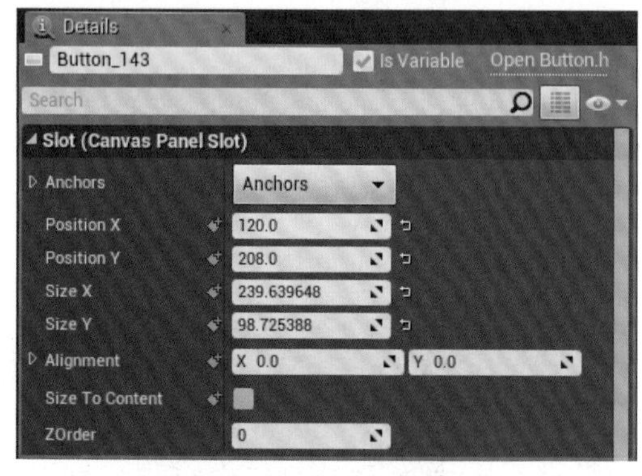

图 2-344

接下来是 Appearance 外观，它是一种最常见的设定样式的形式，用于根据控件当前所处的状态来指定控件的显示方式。例如按钮控件会根据正常、按下、光标悬停或禁用这些不同的状态而发生变化。在 Appearance 类目中可以设置 Button 的 Style（风格）、Color and Opacity（文字的颜色和透明度）以及 Background Color（背景颜色）。

Interaction 类目中的属性用来协助 Events 类目中的事件。我们会在之后介绍 Events 类目的同时简单了解 Interaction。

Button 控件还有 Behavior、Performance、Render Transform、Navigation 和 Events 类目样式属性，如图 2-345 所示。

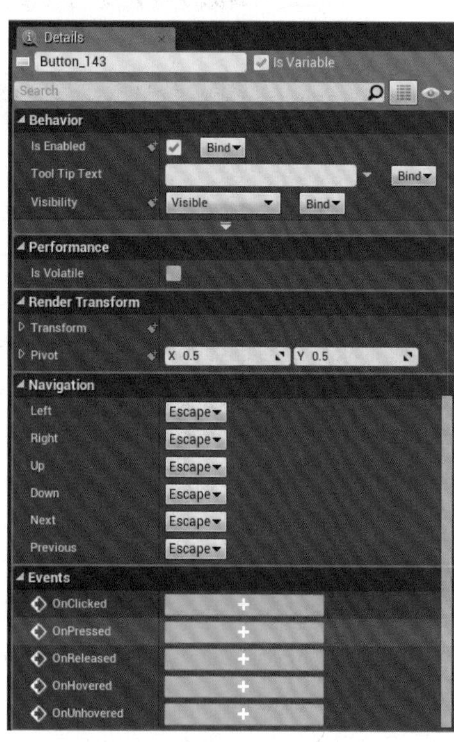

图 2-345

在 Behavior 类目中，Is Enabled 设置 Button 是否启用；Tool Tip Text 为 Button 设置注释，当鼠标悬浮在 Button 控件上时会显示注释；Visibility 设置可视性。

在 Render Transform 渲染转换类目可用于修改控件的外观。利用渲染转换设置，可以平移、缩放、修剪或旋转控件，还可以调整控件的枢轴点。需要说明的是，渲染转换与布局转换是相对的，并且不会被它们的父操作所裁剪。

Events 事件类目十分重要且常用，在该类目中可以为控件添加可绑定事件，从而将控件蓝图中的功能绑定到事件。可绑定事件是 UMG 用于模仿目前平板正在使用的行为的方式，平板需要一个处理程序来判断事件是否已处理。此外，按钮控件除了 Events 类目下的 OnClicked 事件，也可以通过设置 Interaction 类目中的 Click Method（单击方式）或 Touch Method（触控方式）来指定单击事件的处理方式，还可以通过 Is Focusable（可聚焦选项）指定按钮是否仅可以使用鼠标单击，不可用键盘选择。

现在，单击 Button_143 控件 Events 类目中的 OnClicked 项。控件蓝图编辑器从 Designer 模式切换到了 Graph 模式，如图 2-346 所示。可以看到图标编辑器中有一个 OnClicked(Button_143) 响应事件节点，这就是我们通过 Events 类目添加的鼠标响应事件节点，我们可以将一系列节点与 OnClicked 节点相连，从而实现当该控件被鼠标单击时将会执行的行为。在编辑器右侧的 My Blueprint 面板中，目前存在的 Variables 变量皆为向视觉设计器图表中添加且定义为变量的控件的引用，也可以单击 Variables 字样右侧的“+”图标添加各种类型的变量。

图 2-346

需要说明的是，控件一定要定义为变量才可作为变量来调用，关于定义为变量的设置需要返回 Designer 模式，选中控件后找到 Details 面板，在面板上方的命名输入框右侧有一个 Is Variable 复选框，如图 2-347 所示，勾选该复选框控件则被定义为变量，取消勾选则不可作为变量，即无法在 Graph 模式下被调用。

图 2-347

不同类型的控件，它们的类目、属性不尽相同。现在来看看关于 TextBlock 控件的属性。选中 Button_143 的 TextBlock 子控件——TextBlock_119，如图 2-348 所示。

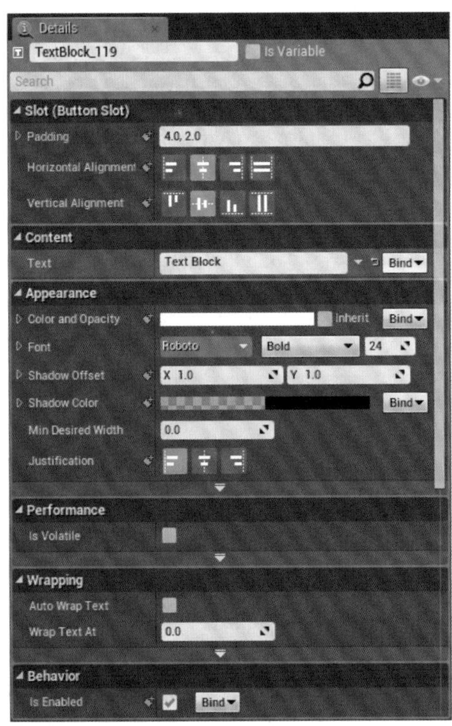

图 2-348

Slot(Button Slot) 类目中有 Padding 填充以及 Horizontal Alignment 水平对齐和 Vertical Alignment 垂直对齐属性。填充样式选项是指围绕控件创建的边框。Content 类目下的 Text 属性可以设置文本内容，Appearance 类目用来设置文本样式，例如文字颜色和透明度、字体、阴影、文本框大小及文字对齐方式。Wrapping 类目中的属性用来设置文本换行。

需要说明的是，在 Content> Text 属性后面有一个 Bind 绑定按钮，该功能可以将控件的属性绑定到蓝图中的功能或属性变量，它是 UMG 最有用的一个方面。将属性绑定到蓝图中的功能或属性变量后，只要调用功能或更新属性，都会在控件中反映出来。

绑定分为功能绑定和属性绑定。首先试着通过功能绑定实现 TextBlock_119 控件文本的动态变化。选择 Bind>Create Binding 选项，这将创建一个新的功能，如图 2-349 所示。

这时我们又来到了 Graph 模式，可以发现在 My Blueprint 面板下增加了与文本内容绑定的 Function 函数，如图 2-350 所示，我们命名其为 GetText_0。

我们先来了解一下绑定的函数。在 GetText_0 函数的图表编辑器中，默认存在两个节点，一个节点的名字与函数名相同，它作为函数的入口节点；另一个名为 Return Node 节点，作为函数的结果节点。我们可以在 Details 面板自定义函数的 Inputs（输入）和 Outputs（输出）。Return Node 节点可以返回 Outputs 输出数据，该返回值不仅可以在调用该函数时被获取，同时还会在游戏运行后实时返回给绑定的属性，在当前这个例子中即返回给 TextBlock_119 控件的 Text 属性。接下来，如同在 1.7 节编辑宏的 Inputs 和 Outputs 一样，选中 Get Text 0 节点或 Return Node 节点，在 Details 面板下设定一个 Text 类型的 Outputs 元素 Return Value，如图 2-351、图 2-352 所示。

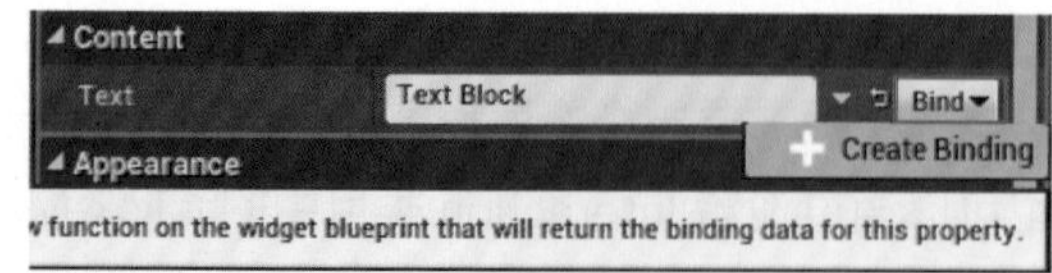

图 2-349

图 2-350

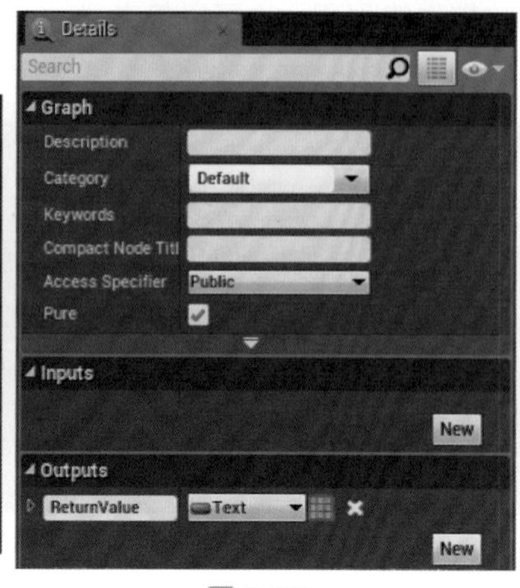

图 2-351

图 2-352

创建一个 Text 变量，命名为 My Text，默认值为“Start”，如图 2-353 所示。

将 My Text 变量传递给 Return Value，如图 2-354 所示。游戏运行后，My Text 变量值即为 TextBlock_119 控件的 Text 文本内容。

保存并编译控件蓝图，设定好了 Get Text 0 函数后，现在实现当单击 Button_143 时，利用 Get Text 0 函数获取 TextBlock_119 控件的文本内容并将其打印。当然，我们可以直接利用 TextBlock_119 引用调用 Widget>GetText、Widget>SetText 节点获取或改变文本内容，但当 TextBlock_119 控件定义为非变量，即 Is Variable 项为 False 状态时，则无法获取到 TextBlock_119 变量引用，因此学会使用绑定函数是必不可少的。

返回 Event Graph 图表编辑器，在编辑器中存在一个我们之前添加的 OnClicked(Button_143) 鼠标响应事件节点，再添加一个 Print String 节点和 Get Text 0 节点，节点间的引脚间连线如图 2-355 所示。

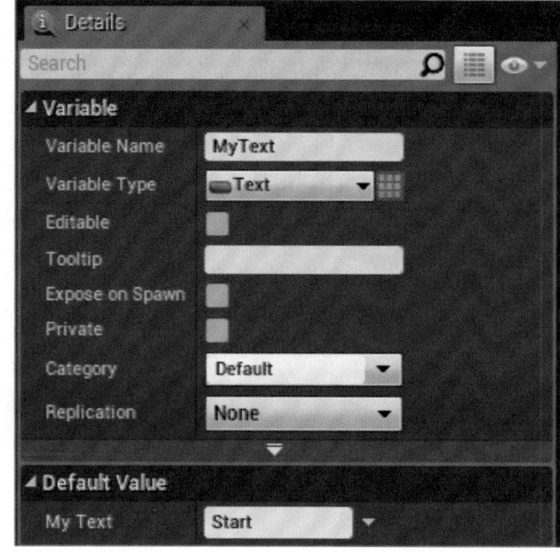

图 2-353

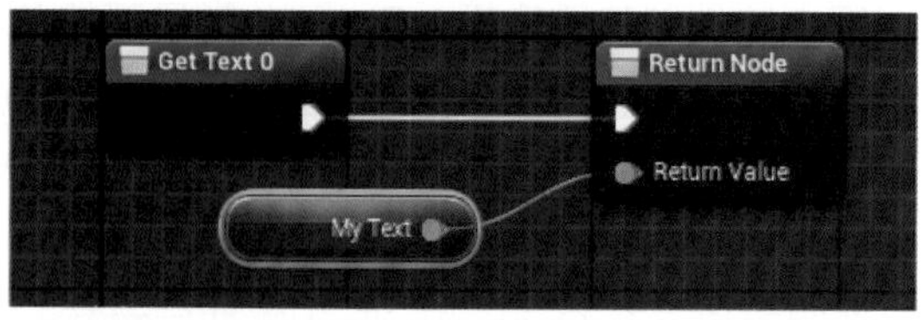

图 2-354

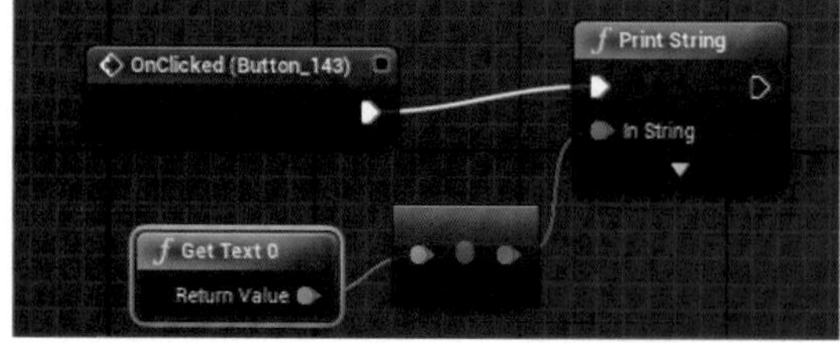

图 2-355

保存并编译控件蓝图。游戏运行后，TextBlock_119 的文本内容为 MyText 变量值“Start”，单击 Button_143，文本内容被打印出来，效果如图 2-356 所示。

返回控件蓝图，现在开始实现动态改变文本内容。在 Event Graph 图表中，添加一个 Set My Text 节点，为 Set My Text 节点的 My Text 参数赋予“End”常量，如图 2-357 所示，通过单击 Button_143 控件改变 My Text 的变量值，再利用 Get Text 0 函数实时将变量值返回给文本，从而改变 TextBlock_119 控件的文本内容。

保存并编译控件蓝图，运行游戏，单击 Button_143 控件后，TextBlock 控件的文本从“Start”变为“End”，如图 2-358 所示。

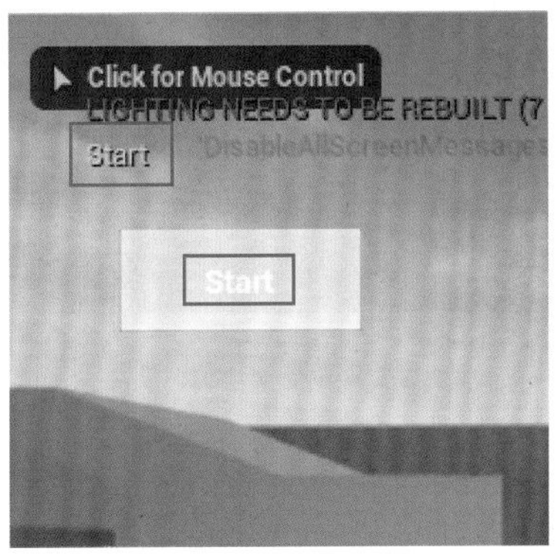

图 2-356

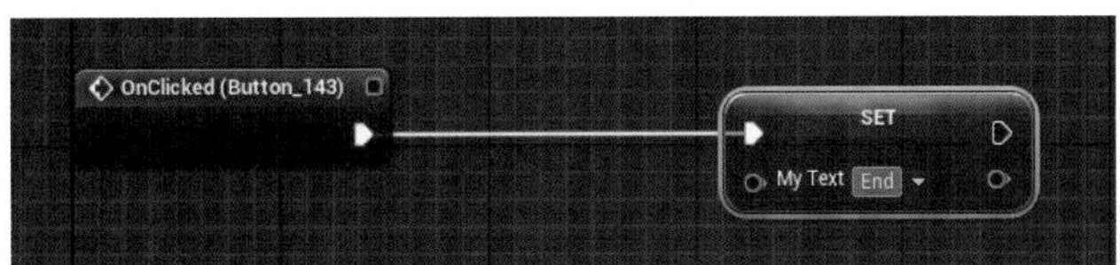

图 2-357

图 2-358

通过利用功能绑定，我们在单击 Button_143 控件时改变了 TextBlock_119 控件的文本内容，此外还可以利用属性绑定实现同样的效果。属性绑定包括指定一个绑定到控件属性的属性变量。更新属性变量后，绑定到该属性变量的设置会自动更新并反映在控件中。例如现在，我们将 TextBlock_119 控件的 Content>Text 属性与 Get_Text_0 函数的功能绑定变更为与 MyText 变量的属性绑定，如图 2-359 所示，按照刚刚在 Event Graph 中的节点布局，游戏运行后依然可以实现单击 fButton_143 后变更 TextBlock_119 的文本内容的目的。

现在想为 Button_143 控件再添加一些单击效果：单击 Button_143 控件后，Button_143 控件会变大。在之前的学习中，我们了解到，Slot 类目控制着控件在父控件中的布局属性，因此要想改变 Button_143 的大小，就需要调用调整 Slot(Canvas Panel Slot) 类目中的 Size 属性。按照这个思路现在来实现这个机制。打开 MyUI 控件蓝图，在 Event Graph 图表中添加 Button_143 变量引用，再通过它添加 Variables>Layout>Get Slot 节点，如图 2-360 所示。

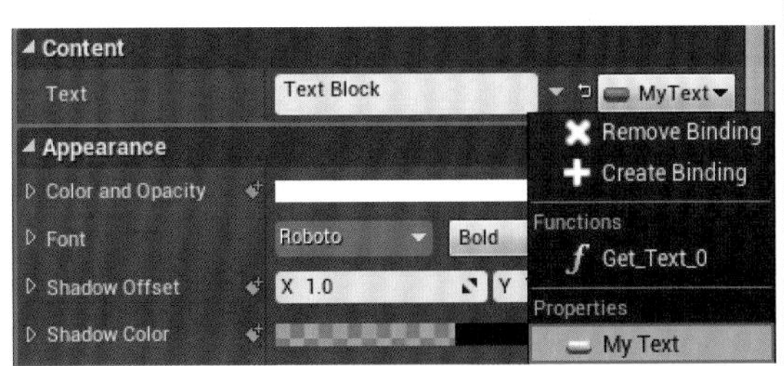

图 2-359

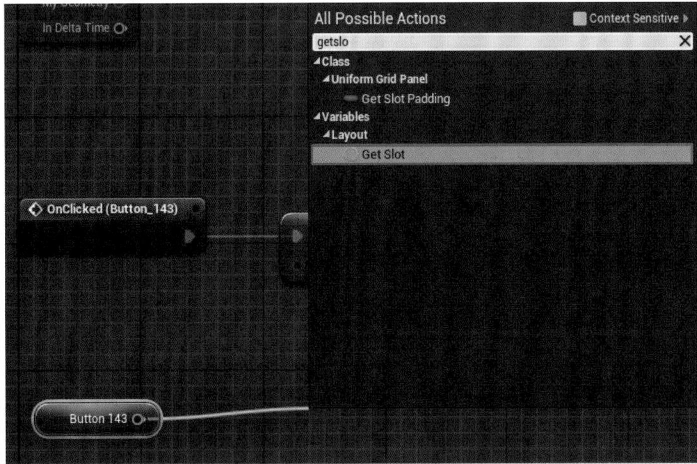

图 2-360

虽然通过 Get Slot 节点获得了 Button_143 控件的 Slot 成员，但想要设置控件的布局属性，需要将其投射到正确的槽类型。现在拖动 Get Slot 节点的 Slot 引脚调出关联菜单，在列表中找到并添加

Utilities>Casting>Cast To CanvasPanelSlot 节点，如图 2-361 所示。

拖动 Cast To CanvasPanelSlot 节点中的 As Canvas Panel Slot 引脚调出关联菜单，在列表中找到并添加 Layout>Canvas Slot>Set Size 节点，在 Set Size 节点中的 In Size 参数处可以设置控件的大小，这里设置 X 为 400 像素，Y 为 400 像素。节点以及节点引脚间连线如图 2-362 所示。

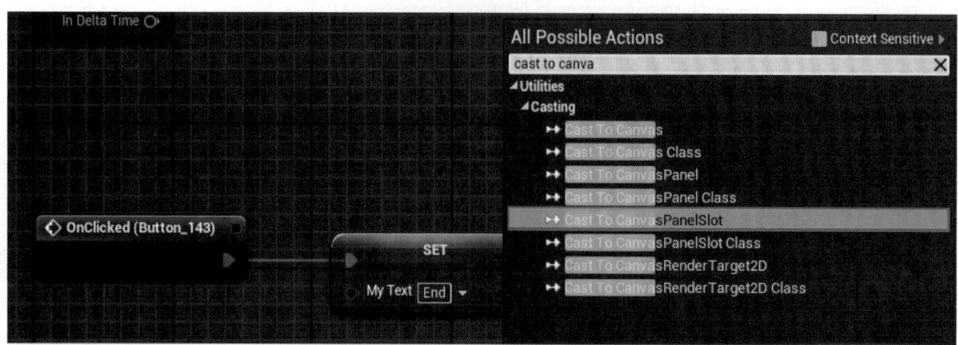

图 2-361

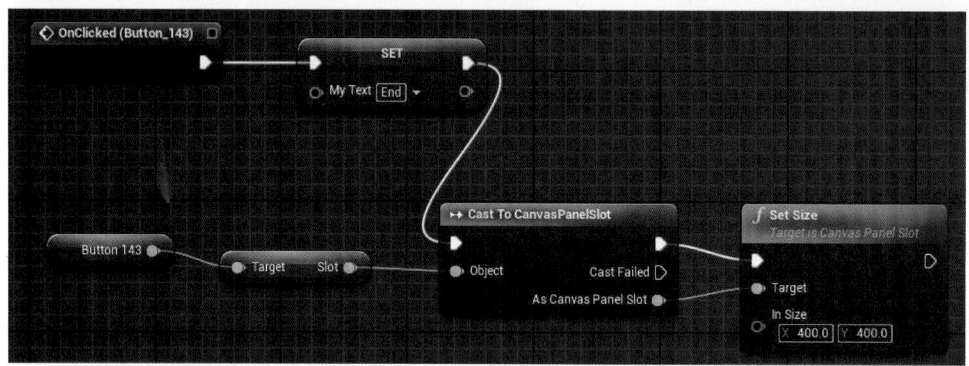

图 2-362

编译并保存控件蓝图，运行游戏，单击 Button_143 控件前后的变化效果如图 2-363 所示。

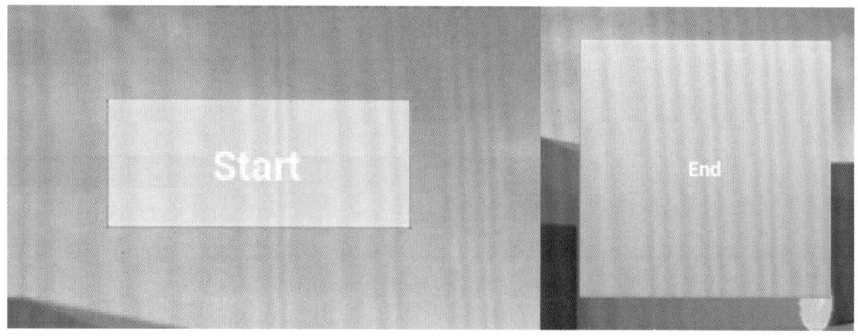

图 2-363

至此，我们对控件蓝图已经有了一个初步认识。首先我们认识了控件蓝图编辑器的布局，之后我们在 Designer 模式下学习了添加控件及自定义控件的方式；其次初步了解了控件的几大属性类目，最后针对属性中的事件及属性绑定在 Graph 模式下展开学习。在本节中我们只是对 UMG 最常用的一部分功能进行了简略的学习，目的是为了熟悉 UMG 工具。

2.13.3 UMG 控件的认识

本节我们来认识 UMG 常用控件。

Common 分组下的控件非常常用。Border 边框是一种容器控件，可以容纳一个子控件，可以为子控件提供环绕的边框图像以及可调整的填充样式，如图 2-364 所示。

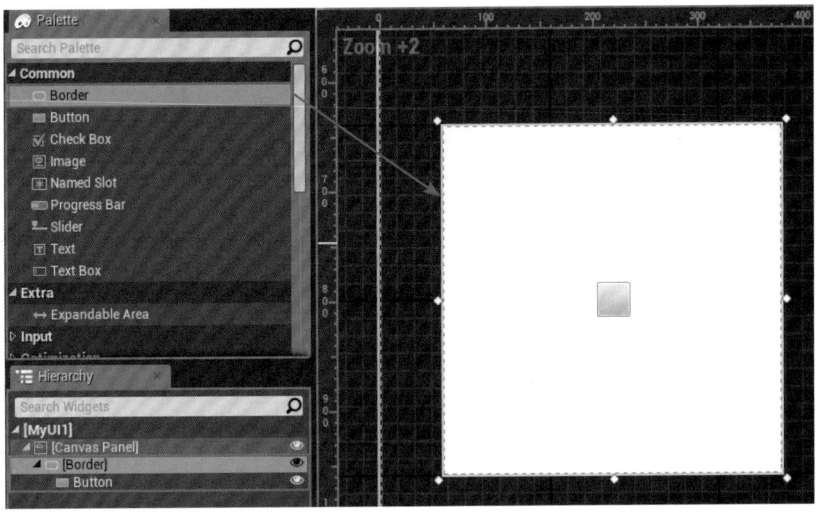

图 2-364

选中 Border 控件，在 Details 面板下的 Appearance 类目中可以设计控件的样式，例如在 Brush>Image 属性处添加背景图片，如图 2-365 所示。

我们为 Border 控件的 Image 属性随意赋予了一张图片，效果如图 2-366 所示。

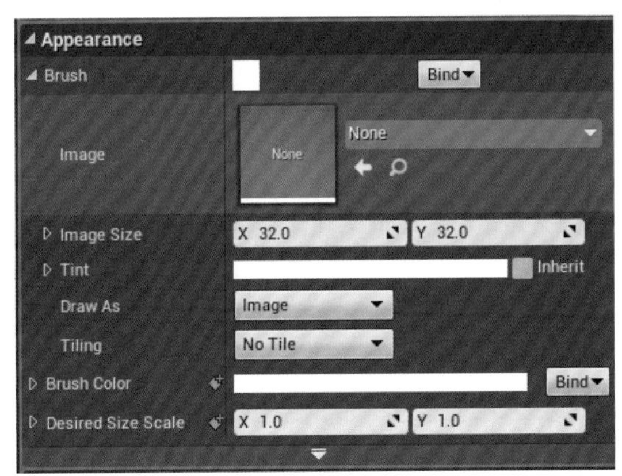

图 2-365

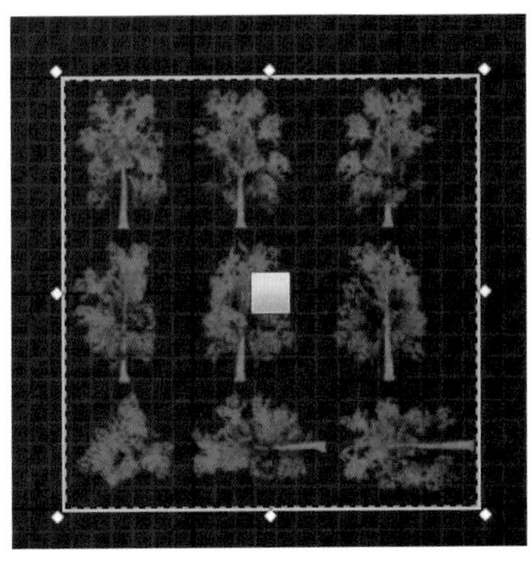

图 2-366

Button 按钮是一种单子控件及可单击的基元控件，可实现基本的交互。可以将其他控件放到按钮中，从而在 UI 中制作一个更为复杂有趣的可单击元素。

Check Box 复选框控件用于显示几种切换状态，即“未选中”“已选中”以及“不确定”。可以将复选框用作经典的复选框、切换按钮或者单选按钮。复选框控件默认状态为 Unchecked 未选中，我们可以在 Appearance>Checked State 属性处设置复选框控件的 Unchecked 未选中、Checked 已选中和 Undetermined 不确定状态，如图 2-367 所示。

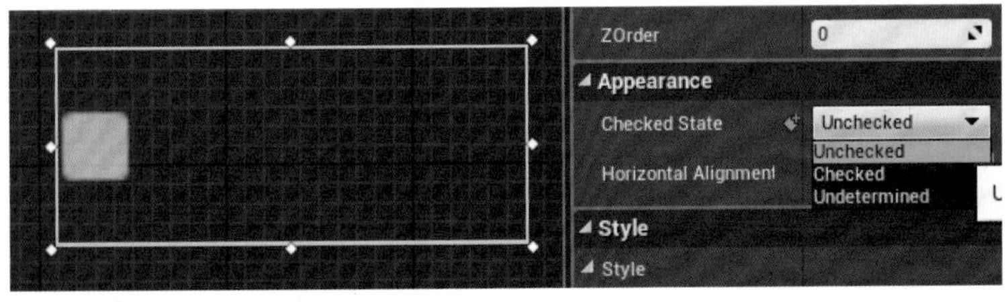

图 2-367

已选中状态和不确定状态如图 2-368 所示。

Image 图像控件用于在 UI 中显示平板刷、纹理或材质，如图 2-369 所示。

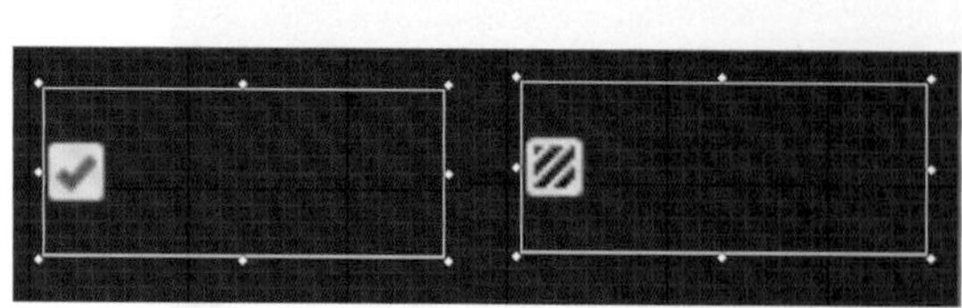

图 2-368

图 2-369

我们可以在 Image 控件的 Appearance 类目下设置图片样式，如图 2-370 所示，在此为控件赋予一张图片。

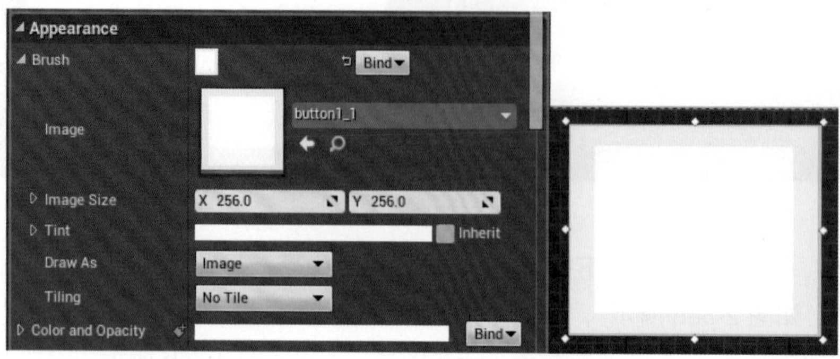

图 2-370

Named Slot 命名槽用于为用户控件显示可使用任何其他控件来填充的外部槽，对创建自定义控件功能而言，此控件非常有用。新建一个控件蓝图，命名为 Template，删除 Canvas Panel 控件并在视觉设计器中添加一个 HorizontalBox 控件，即将 Canvas Panel 控件替换为 HorizontalBox 控件，为 HorizontalBox 控件添加一个 Button子控件和一个 Named Slot 子控件，还可以为 Button 控件添加一个 Text 子控件。将 Named Slot 控件命名为 Add Widget Here，如图 2-371 所示。

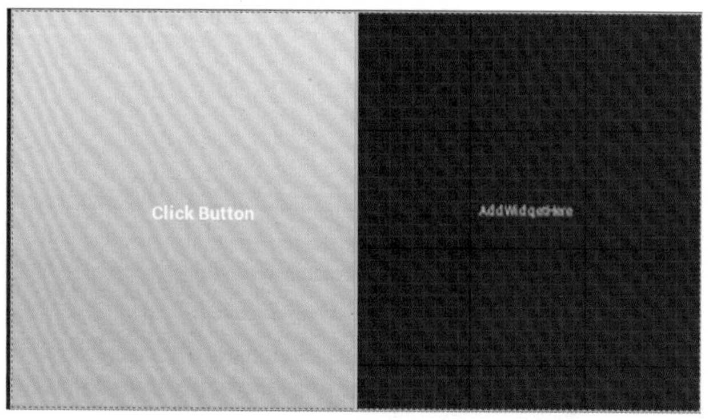

图 2-371

打开 MyUI 控件蓝图，向 Canvas Panel 控件中添加 Template 子控件，如图 2-372、图 2-373 所示，可以看到在 Hierarchy 面板中的 Template 控件下列有一个 AddWidgetHere 控件，如图 2-374 所示。

从 Platette 面板中拖动一个 Button 控件到 Hierarchy 面板中的 Template>AddWidgetHere 控件下，从而为 Template>AddWidgetHere 控件添加一个 Button 子控件，如图 2-375 所示。

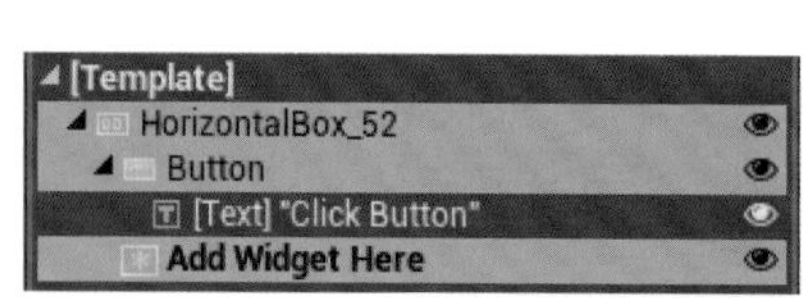

图 2-372

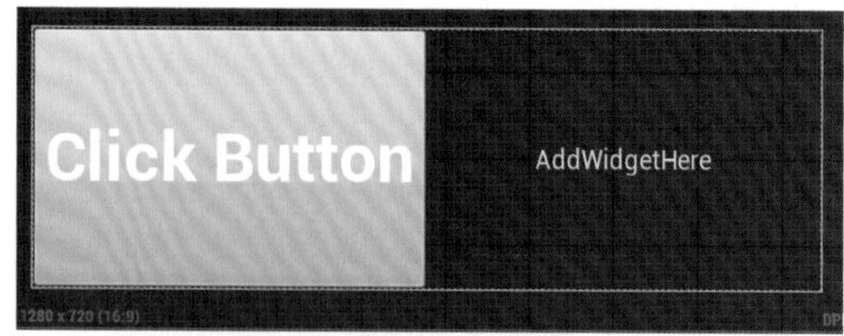

图 2-373

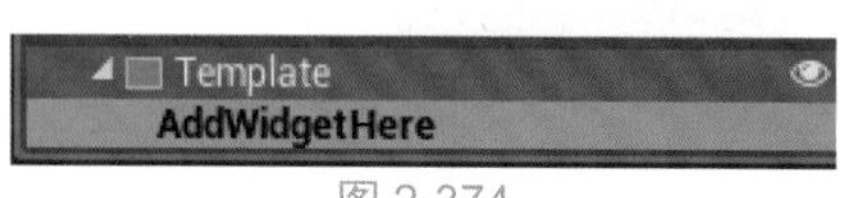

图 2-374

图 2-375

最终效果如图 2-376 所示。通过上述操作可以知道，当一个自定义控件被添加到某一控件蓝图中后，可以为自定义控件中的 Named Slot 控件添加子控件。

Progress Bar 进度条控件是一种简单的可填充条形图，可以重新设置样式以便多次重复使用，比如用于表示经验值、体力值、获得的点数等。进度条默认样式如图 2-377 所示。

图 2-376

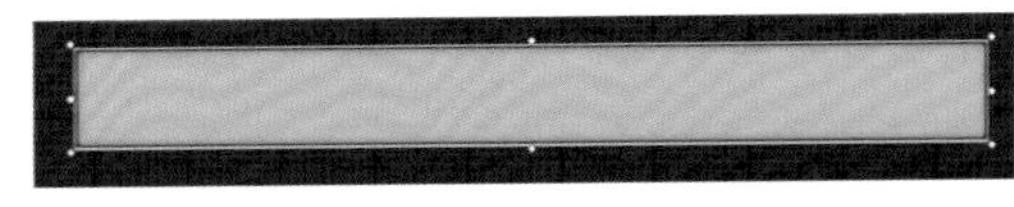

图 2-377

我们可以在 Style 类目下设置进度条的图片样式，在 Progress 类目下设置 Percent 进度数值以及 Bar Fill Type 进度条填充形式，如图 2-378 所示，进度条 Percent 为 0.7，Bar Fill Type 为 Left to Right，如图 2-379 所示。此外，还可以在 Appearance 类目下设置填充颜色和透明度。

Slider 滑块是一种简单的控件，可显示滑动条和图柄，用于控制值在 0~1 之间变动。我们可以在 Appearance 类目中设置 Value 滑块数值、Orientation 滑块方向以及 Slider Bar Color 滑条颜色、Slider Handle Color 滑柄颜色，还有 Step Size 步长。在图 2-380、图 2-381 中，滑块的数值设为 0.6。

Text 是在屏幕上显示文本的基本方式，可用于对选项或其他 UI 元素进行文本说明。在之前的学习中我们经常为 Button 控件添加 Text 子控件。

Text Box 文本框允许用户输入自定义的文本，但仅允许输入单行文本。我们可以在 Content 类目下设置 Text 默认文本内容和 Hint Text 提示文本内容，如图 2-382、图 2-383 所示，将文本框控件的 Hint Text 设置为"Hello World"。在 Style 类目下可以设置关于 Background Image 背景图片、Padding 文本位置、Font 字体、Foreground/Background Color 字体颜色、Read Only Foreground 只读模式下的前景字体颜色以及 Scroll Bar style 滚动条位置和样式。此外，还可以在 Appearance 类目下设置文本框 Is Read Only 是否只读以及 Is Password 是否为密码效果。

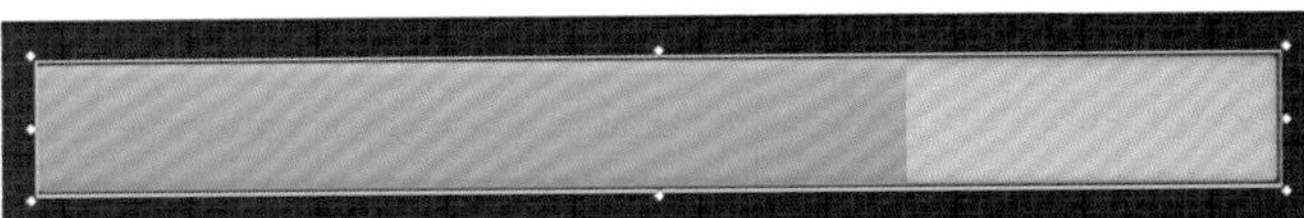

图 2-378

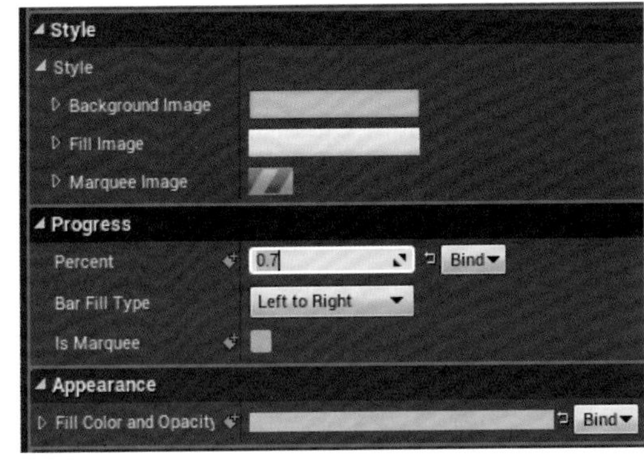

图 2-379

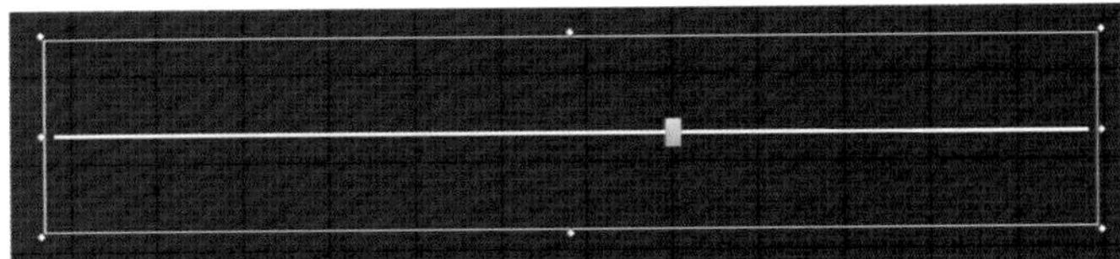

图 2-380

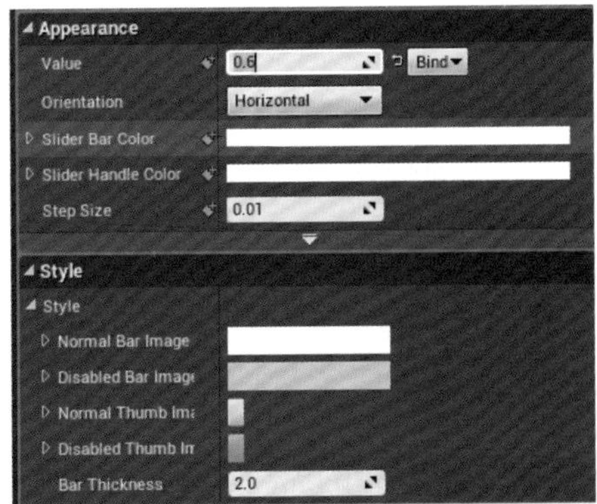

图 2-381

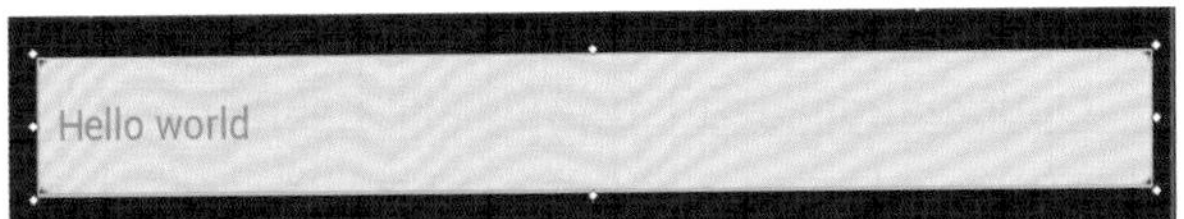

图 2-382

Input 分组下列出了一些关于如何允许用户进行输入的选项。ComboBox(String) 组合框（字符串）用于通过下拉菜单向用户提供选项列表，用户可以从中选择一项。在 Content 类目下可以在 Default Options 中设置选项个数和内容，还可以在 Selected Option 属性处设置默认显示的内容。需要注意的是，在 Selected Option、Content Padding 处设置的效果需要编译后查看。在 Style 类目下可以设计各式各样的组合框控件样式。在图 2-384、图 2-385 中，我们设置组合框具备两个元素，内容分别为“zero”和“one”，Selected Option 设为“zero”。

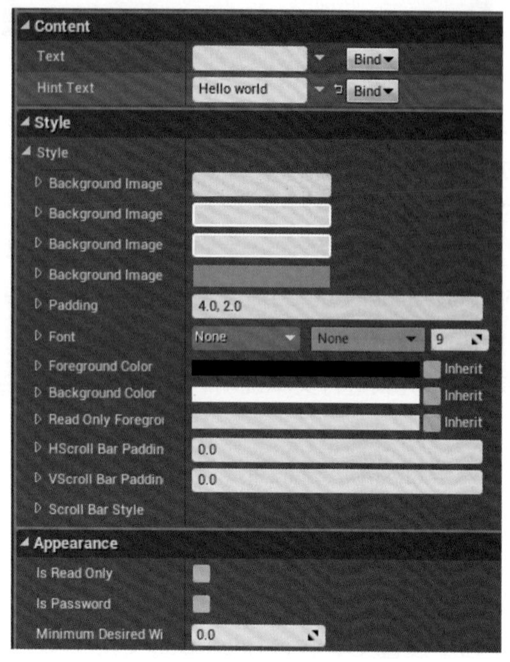

图 2-383

图 2-384

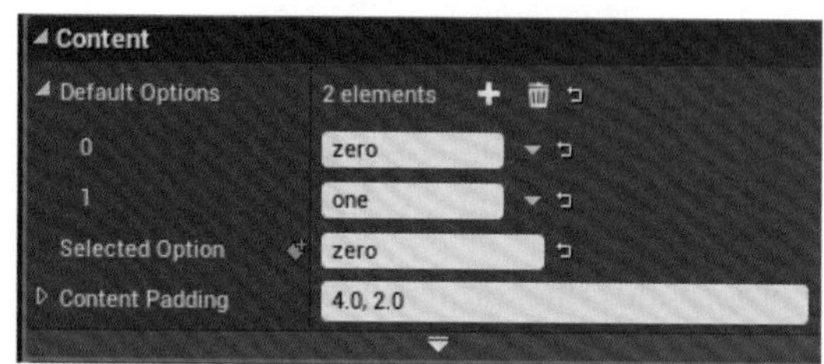

图 2-385

Spin Box 数字调整框是一种数值输入框，允许直接输入数字，或通过单击并滑动选择数字。在 Content 类目下可以设置数字调整框的 Value 数值以及允许输入的 Minimum Value 最小值和 Maximum Value 最大值，此外还有 Minimum Slider 滑条最小值和 Maximum Slider 滑条最大值，如在图 2-386、图 2-387 中，我们将 Minimum Slider 和 Maximum Slider 分别设置为 0.5 和 1.5，Value 设置为 1.0，可以看到调整框中出现了滑条且位于调整框长度 1/2 处，即滑条值为 0.5；当 Value 设置为 0.5 时，即与 Minimum Slider 值一致，则滑条值为 0；当 Value 设置为 1.5 时，即与 Maximum Slider 值一致，则滑条值为 1。

图 2-386

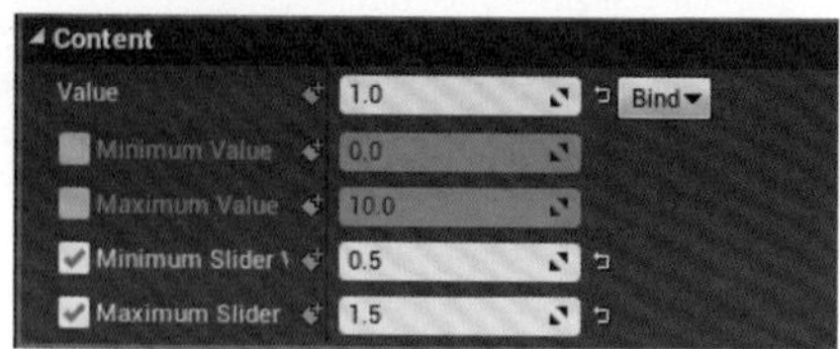

图 2-387

此外，还可以在数字调整框的 Style 属性中设置调整框的样式，在 Slider 属性中的 Delta 处设置增量值。

Text Box（Multi-Line）文本框（多行）类似于文本框，但允许用户输入多行文本，而不限制为单行文本。在 Content 的类目下可以设置 Text 默认文本和 Hint Text 提示文本。需要注意的是，在这些地方编辑文本时，换行需要按 Shift+Enter 组合键，如图 2-388、图 2-389 所示。文本框（多行）的 Appearance 类目与前面学习的单行文本框 Appearance 类目大致一致，这里不再做讲解。

Optimization 分组下包含的控件主要用于优化 UI 以获得更好的性能。Invalidation Box 封装在失效框中的控件可以令子控件几何图形进行缓存，以加快平板的渲染速度。任何由无效框缓存的控件都不会进行预处理、绘图或上色。

图 2-388

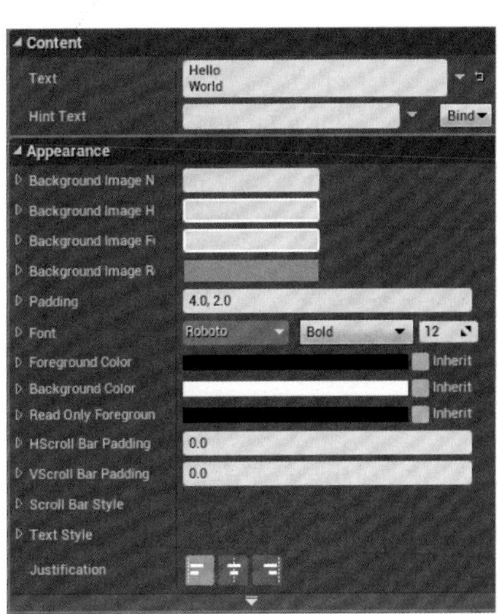

图 2-389

Panel 分组下包含的控件可用于控制其他控件的布局和放置。Canvas Panel 画布面板是一种对设计人员友好的面板，用于将控件放置在任意位置，锚定控件，或与画布上的其他子对象进行叠置排序。画布面板是进行手动布局的理想控件，但如果只是需要生成控件并将它们放入容器中，则没必要使用画布面板（除非希望获得绝对布局）。

Grid Panel 网格面板是一种在所有子控件之间平均分割可用空间的面板，如图 2-390 所示。在 Fill Rules 类目下可以设置 Column Fill 和 Row Fill，即行和列各自的槽数以及分布比例。在图 2-391 中，我们设置行和列各有两个槽，且空间分配比例均为 1 ： 1。

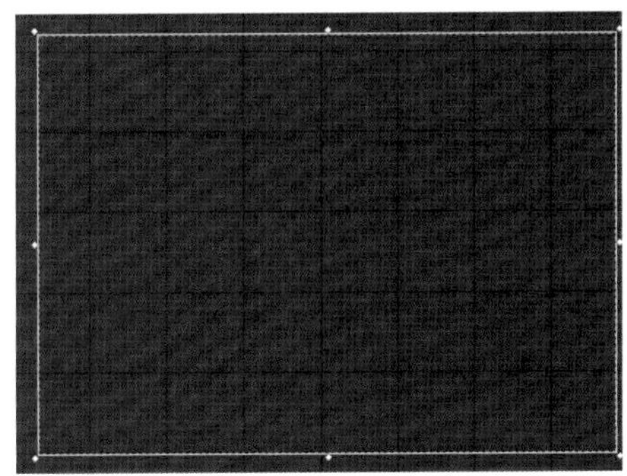

图 2-390

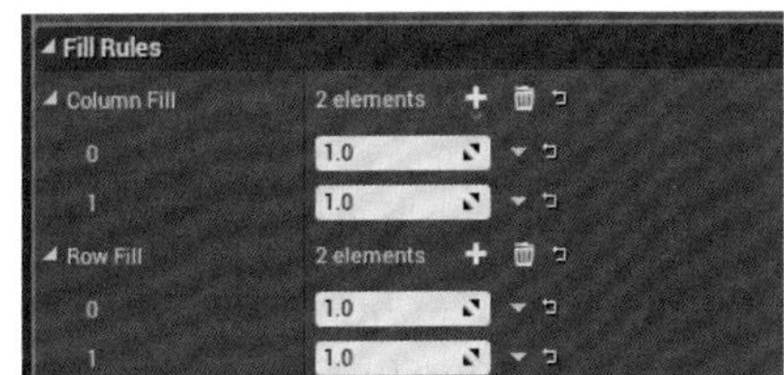

图 2-391

为网格面板添加 4 个 Button 子控件。我们可以通过拖动子控件的方式将子控件按规则排放在网格面板中，也可以在选中某一子控件后通过围绕在子控件四周的移动按键来设定子控件的排放，还可以在某一子控件的 Slot 类目中设置它的 Row 行、Column 列，如图 2-392、图 2-393 所示。

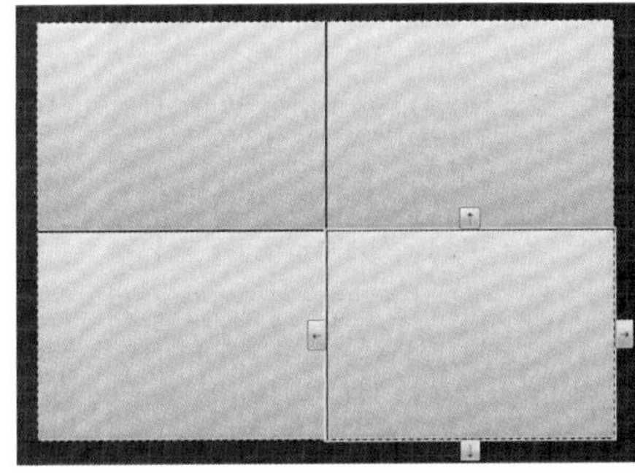

图 2-392

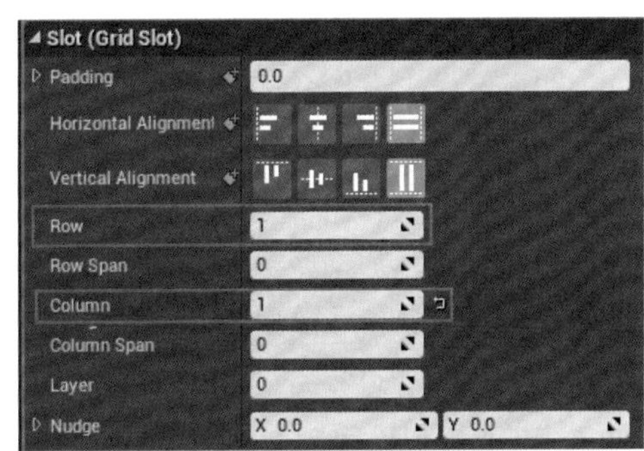

图 2-393

除了对行和列的设置，还可以针对网格面板的子控件进行其他设置，如在图 2-394、图 2-395 中，将其中两个 Button 的 Horizontal Alignment 和 Vertical Alignment 控件进行了改变。

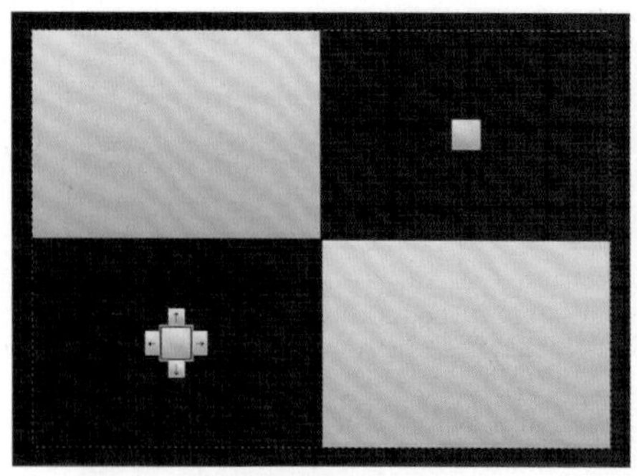

图 2-394

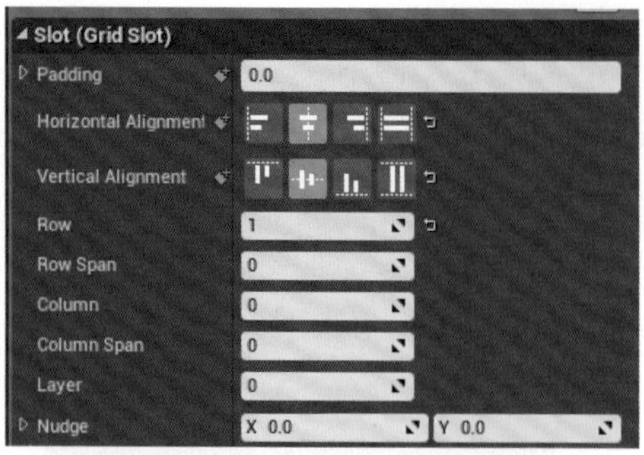

图 2-395

Horizontal Box 水平框用于将子控件水平排布成一行。如在图 2-396 中，为水平框添加了两个按规律水平排布的 Button 子控件。

图 2-396

同样可以针对 Button 子控件进行设置，将两个 Button 控件的 Slot（Horizontal Box Slot）>Size 设为 Fill 填充状态，Fill 将尝试尽可能多地填充空间，从而两个 Button 会按照 Fill 选项后面的比例数值分配填充水平框，如图 2-397 所示。

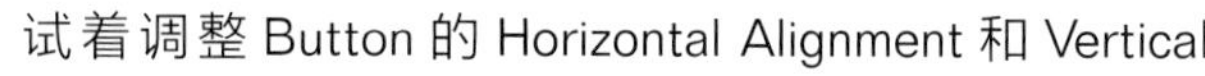

试着调整 Button 的 Horizontal Alignment 和 Vertical Alignment，如图 2-398 所示，我们将其中一个 Button 的 Horizontal Alignment 和 Vertical Alignment 进行了改变，此时两个 Button 控件依旧按 1 ： 1 的空间分配比例填充水平框。

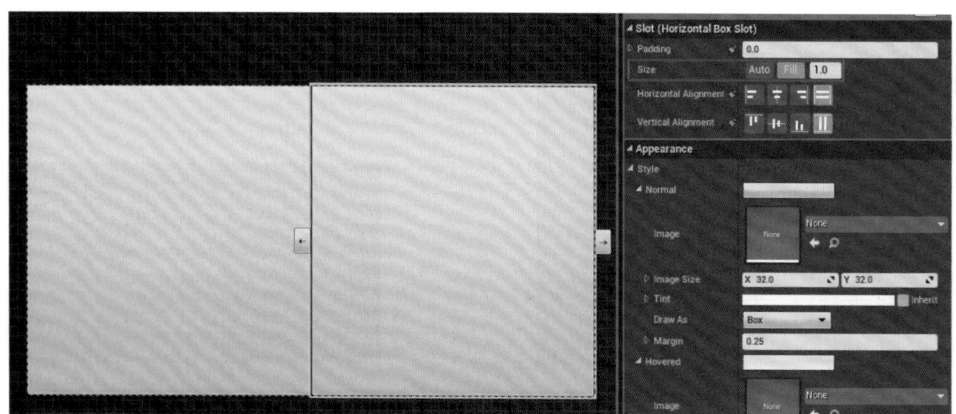

图 2-397

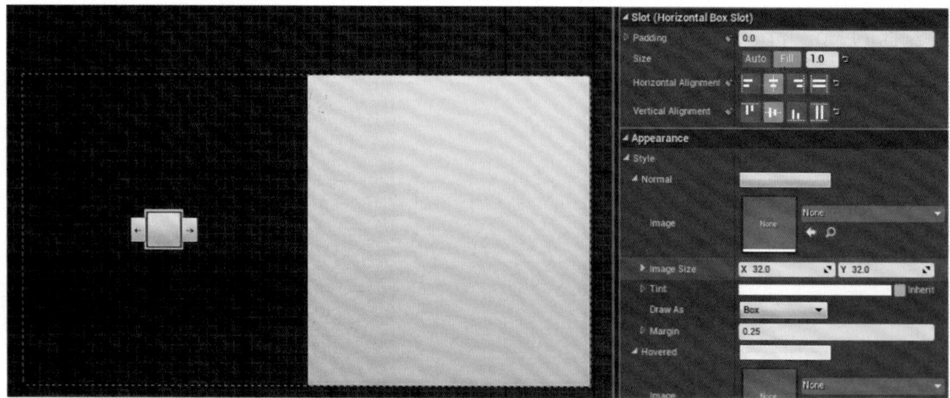

图 2-398

Overlay 覆盖允许控件互相堆叠，并针对每一层的内容使用简单的流布局。如在图 2-399 中，我们试着为覆盖框添加了 3 个子控件，分别为 Image、Button 和 Progress Bar，三者之间可以相互覆盖存在。

Safe Zone 安全区用来拉取平台安全区信息并添加填充。

Scale Box 缩放框用于以所需的大小放置内容，并对其进行缩放以满足该框所分配到的区域的大小限制。当需要对背景图像进行缩放以填充某个区域，但又不希望因为高宽比的不同而产生失真，或者如果需要将某些文本自动调整放入某个区域，那么该控件可满足需求。在图 2-400 中，为缩放框添加了一个 Button 子控件，当缩放框的大小发生变化后，Button 子控件也会随着缩放框的大小变化而进行长和宽的缩放。

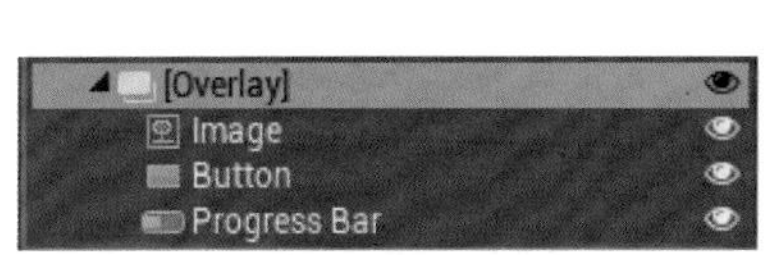

图 2-399

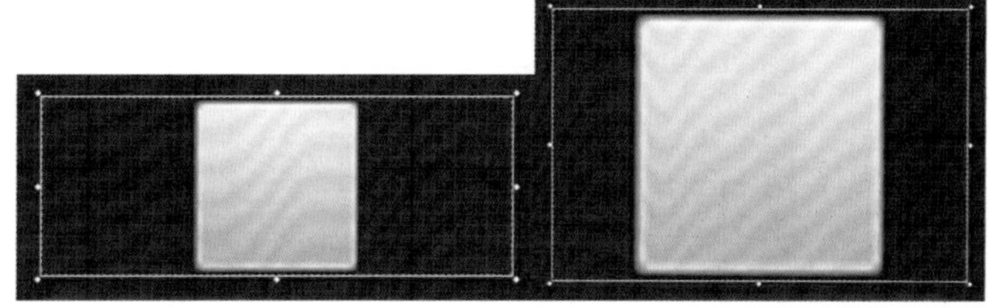

图 2-400

对于缩放框，可以利用 Stretching 类目下的 Stretch 属性设置缩放框子控件的缩放形式。在图 2-401 中，设置 Stretch 为 Scale to Fit，因此作为缩放框子控件的 Button 的长宽比例为默认值，当缩放框大小发生变化时，Button 的长宽会以默认比例为基准根据缩放框的变化进行缩放。

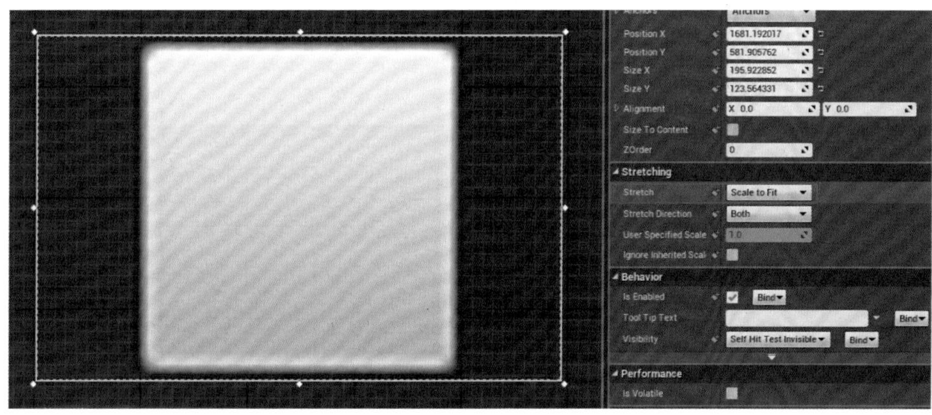

图 2-401

Stretch 还有一系列预设值可以选择，如图 2-402 所示，当选择 Fill 项时，作为子控件的 Button 长宽进行了缩放，从而 Button 将缩放框完全填充。

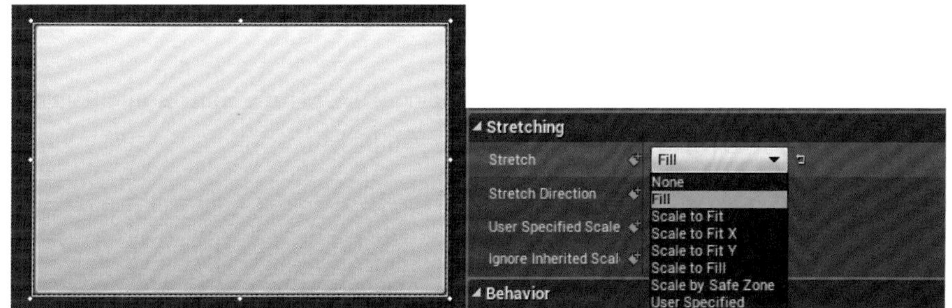

图 2-402

Scroll Box 滚动框是一组可任意滚动的控件。当需要在一张列表中显示 10~100 个控件时非常有用。该控件不支持虚拟化。在图 2-403 中，我们为滚动框添加了 4 个 Button 子控件，由于设置的滚动框大小无法将所有子控件全部显示出来，因此会有滚动条出现。此外，还可以在 Style 类目中设置滚动框和滚动条的样式，也可以在 Scroll 类目中对 Orientation（排布方向）、Scroll Bar Visibility（滚动条可视性）、Scrollbar Thickness（滚动条长宽）和 Always Show Scrollbar（是否一直显示滚动条）进行设置，如图 2-404 所示。

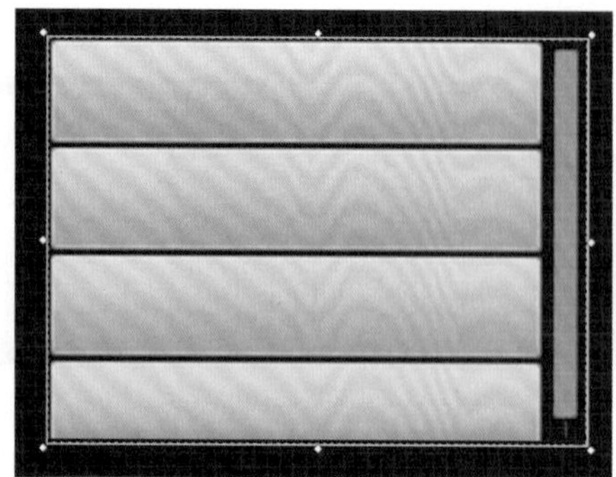

图 2-403

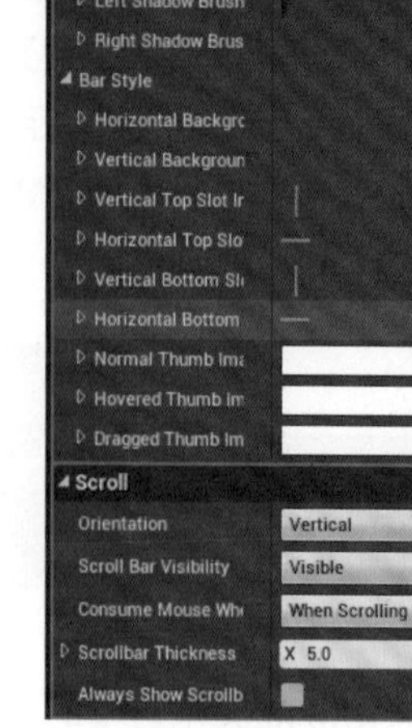

图 2-404

Uniform Grid Panel 均匀网格面板是一种在所有子对象之间平均分割可用空间的面板。在图 2-405 中，为均匀网格面板添加了 4 个 Button 子控件，和在网格面板中一样，可以拖动子控件，也可以利用移动按键，还可以设置子控件 Slot 类目下的行、列，从而来设定子控件的排放。而不同于网格面板的是，均匀网格面板自身并不需要事先规定好每行每列各有几个槽。

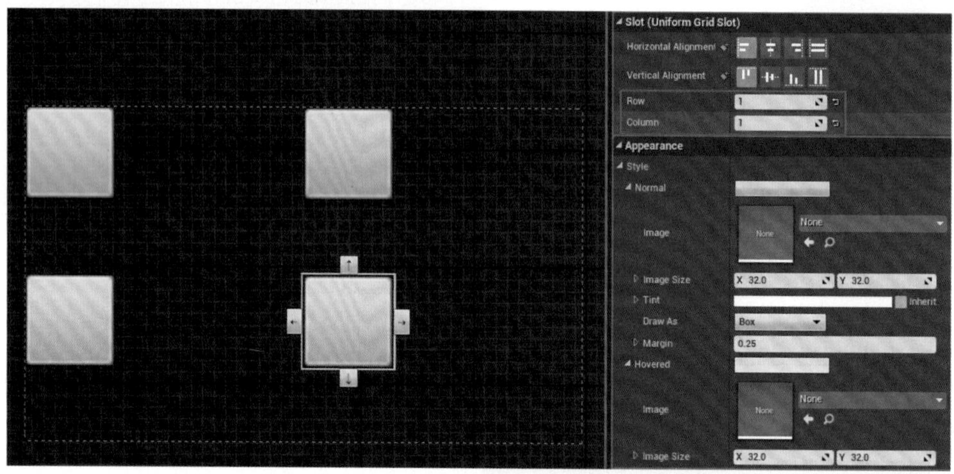

图 2-405

均匀网格面板的 Child Layout 类目可以设置 Slot Padding 槽填充样式，在图 2-406 中设置 Left 为 50 像素单位，从而使网格面板中的子控件距离面板左侧均有 50 像素的距离。

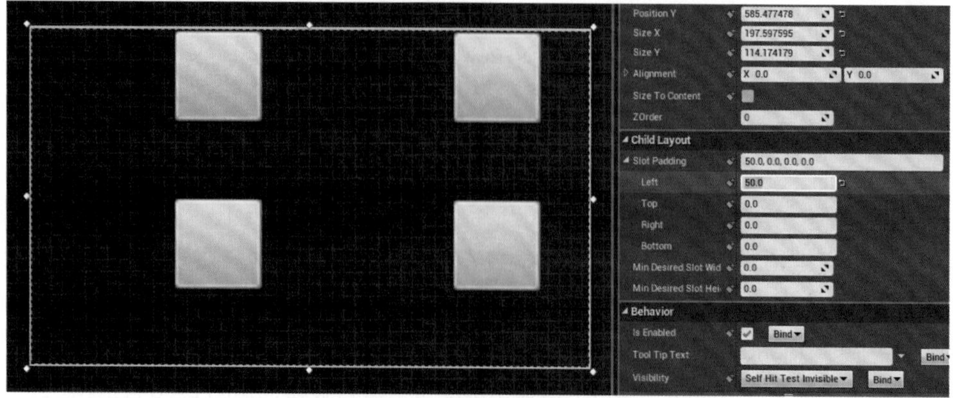

图 2-406

Vertical Box 垂直框控件是一种布局面板，用于自动垂直排布子控件。当需要将控件从上到下依次叠放并使控件保持垂直对齐时，这很有用。和 Horizontal Box 控件类似，只是 Vertical Box 控件的子控件的排列方式为垂直方向，如图 2-407 所示。

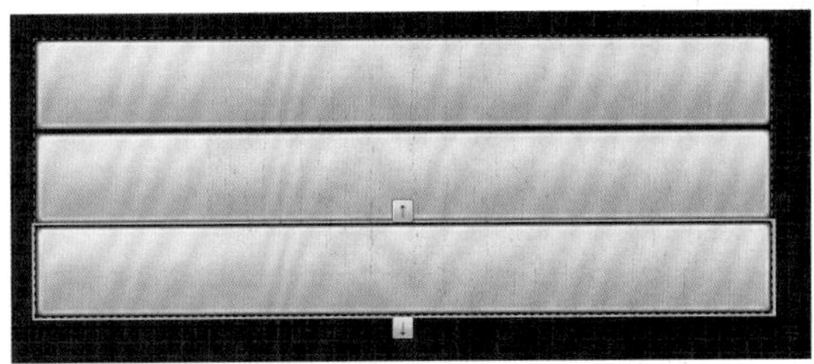

图 2-407

Widget Switcher 控件切换器类似于选项卡控件，但没有选项卡，我们可以自行创建并组合以获得类似于选项卡的效果。控件切换器一次最多只显示一个控件。在图 2-408、图 2-409 中，我们为控件切换器添加了两个 Button 子控件，两个子控件在控件切换器中的布局方式不同，一个为水平中心对齐垂直填充，另一个为垂直中心对齐水平填充。当在 Hierarchy 中切换选中 Widget Switcher 下的两个 Button 子控件时，两个子控件在视觉设计器中切换显示。

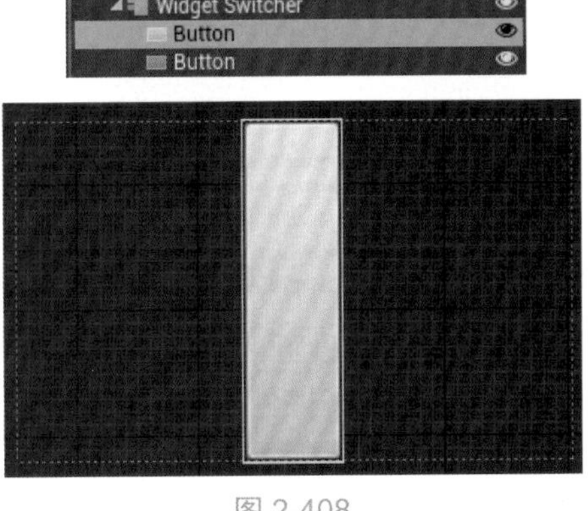

图 2-408

图 2-409

我们也可以通过设置控件切换器的 Switcher 下的 Active Widget Index 切换显示子控件。当 Active Widget Index 设为 0 时，显示控件切换器的第 1 个 Button 子控件，如图 2-410、图 2-411 所示。

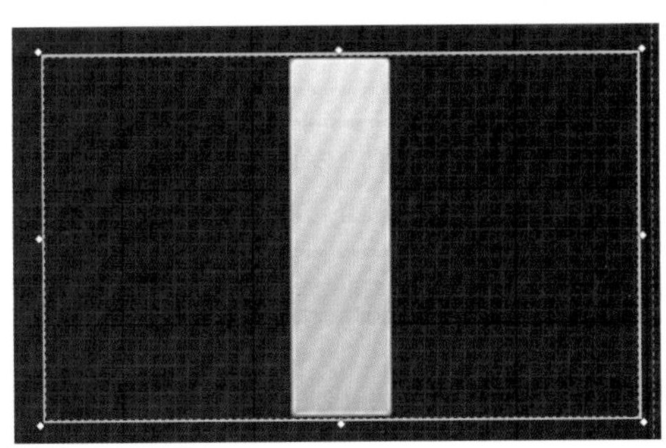

图 2-410

图 2-411

当 Active Widget Index 设为 1 时，显示控件切换器的第 2 个 Button 子控件，如图 2-412、图 2-413 所示。

Wrap Box 自动换行框控件会将子控件从左到右排列，超出其宽度时会将其余子控件放到下一行。在图 2-414 中，我们为自动换行框控件添加了 6 个 Button 子控件，在添加第 6 个子控件时，第 1 行已没有足够的槽空间来放置该控件，因此自动换行框执行自动换行并将第 6 个 Button 子控件放在了第 2 行。

选中自动换行框的一个子控件，Slot 下的 Fill Empty Space 参数确定槽是否应当填充某行上的剩余空间。例如选中第 6 个子控件，勾选 Fill Empty Space 复选框，效果如图 2-415 所示。

此外子控件 Slot 下的 Fill Span when Less 参数，即当小于设定值时填充跨度，设置表示如果自动换行框中的可用空间总值降至低于指定阈值，则槽将尝试填充整行。将阈值设为 0 表示不会进行填充。

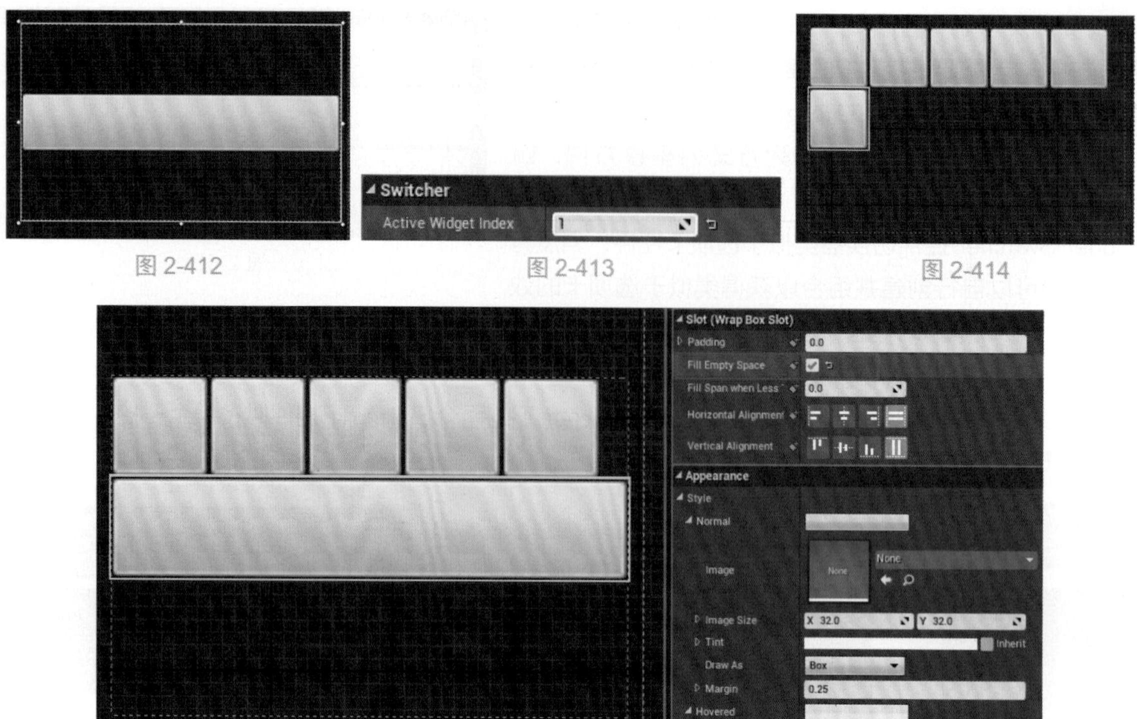

图 2-412

图 2-413

图 2-414

图 2-415

选中自动换行框，在它的 Content Layout>Inner Slot Padding 下可以设置子控件间的距离间隔。在图 2-416 中，设 X 为 5，从而子控件间在 X 方向上有 5 像素间隔。

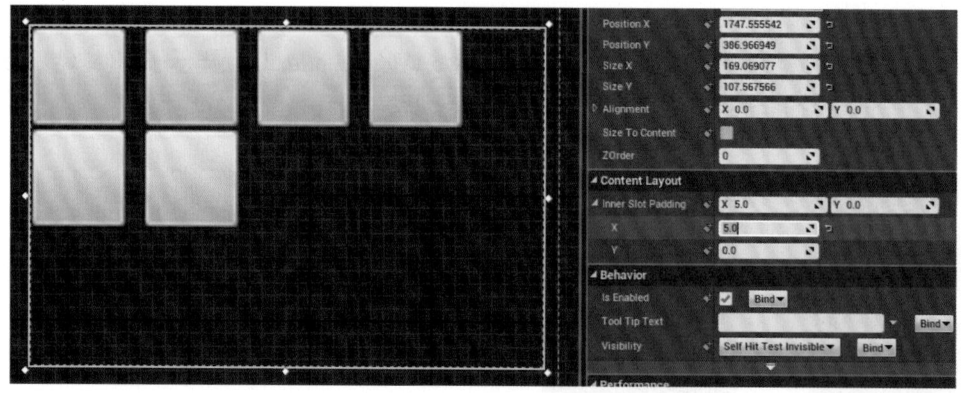

图 2-416

Primitive 基元控件提供了向用户传达信息或允许他们进行选择的其他方法。Circular Throbber 循环展示图像的动态浏览图示控件。循环动态浏览图示控件可常被用作信息加载时的提示标志，如加载游戏时。循环动态浏览图示控件的 Appearance 类目可以设置循环图像的 Number Of Pieces 元素个数和 Period 时长，还可以为循环图像设置 Image 图片样式，如图 2-417 所示。

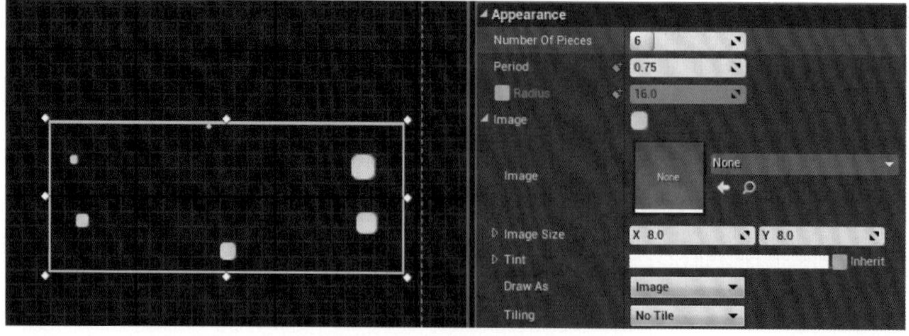

图 2-417

Editable Text 可编辑文本是一种没有框背景的文本字段，允许用户进行输入。该控件仅支持单行可编辑文本。在图 2-418 中，在可编辑文本控件的 Content>Text 属性处输入了一串字符串，字符串长度远远大于文本框长度，但控件无法换行显示文本。

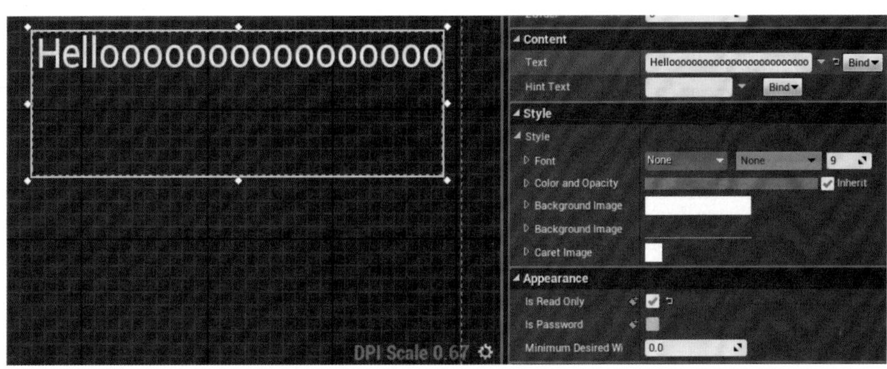

图 2-418

我们可以在可编辑文本的 Style 类目处设置文本字体、颜色和透明度，还可以设置文本框背景图片。在 Appearance 类目处可以设置文本框是否为只读模式以及文本内容是否为密码模式。

Editable Text（Multi-Line）可编辑文本（多行）类似于可编辑文本，但支持多行文本，而不限制为单行文本。在图 2-419 中，我们在 Content>Text 属性处设置了一段手动换行文本，也可以在 Wrapping>Auto Wrap Text 属性处设置文本框为自动换行模式。在 Appearance 类目中可以设置文本字体、颜色、布局以及文本框样式。

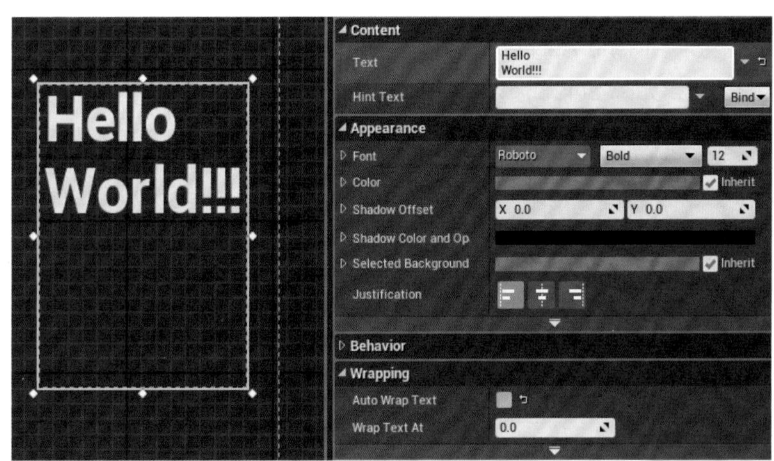

图 2-419

Menu Anchor 菜单锚控件用于指定一个位置，弹出菜单将从此处调出并被锚定在此处。现在来学习使用菜单锚控件。打开之前创建的 MyUI 控件蓝图，在 MyUI 控件蓝图中创建一个菜单锚控件，命名为 Menu Anchor_36，找到控件的 Menu Anchor 类目属性，如图 2-420 所示，这说明需要我们创建一个控件蓝图类作为菜单锚控件的菜单样式。

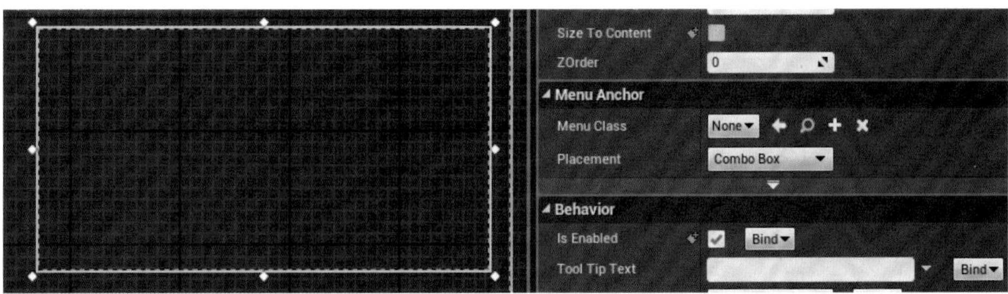

图 2-420

创建一个新的控件蓝图，命名为 PopMenu。将 Canvas Panel 控件替换为 Vertical Box 控件，为 Vertical Box 控件添加 4 个 Button 子控件，且设置 4 个子控件均匀填充 Vertical Box 控件。为每个 Button 子控件添加 1 个 Text 子控件，且设置它们的文本内容分别为 Item1、Item2、Item3、Item4，如图 2-421 所示。

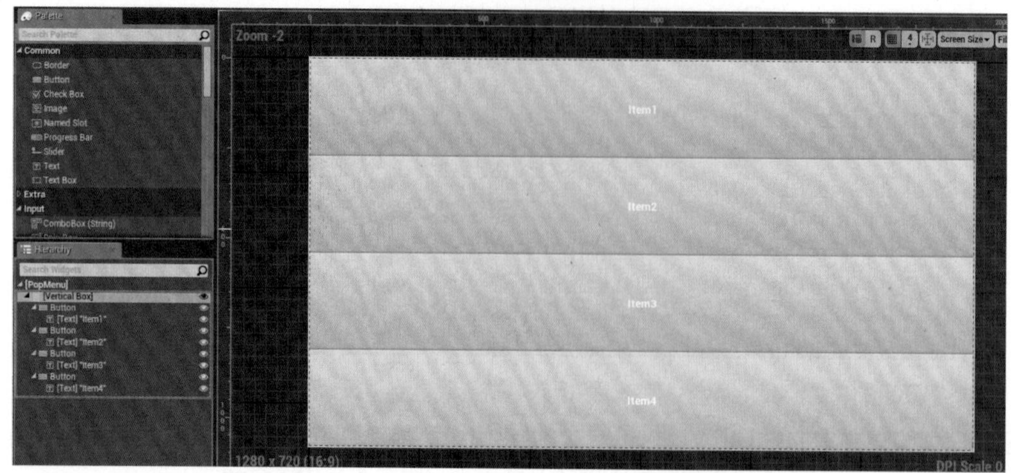

图 2-421

编译并保存 PopMenu 控件蓝图，回到 MyUI 控件蓝图，找到我们创建的 Menu Anchor_36，设置它的 Menu Anchor>Menu Class 为 PopMenu，如图 2-422 所示。

图 2-422

创建一个 Wrap Box 控件，找到 MyUI 控件蓝图中的 Button_143，将 Button_143 与 Menu Anchor_36 设为 Wrap Box 控件的子控件，从而设定了 Button_143 与 Menu Anchor_36 两者的布局，如图 2-423 所示。

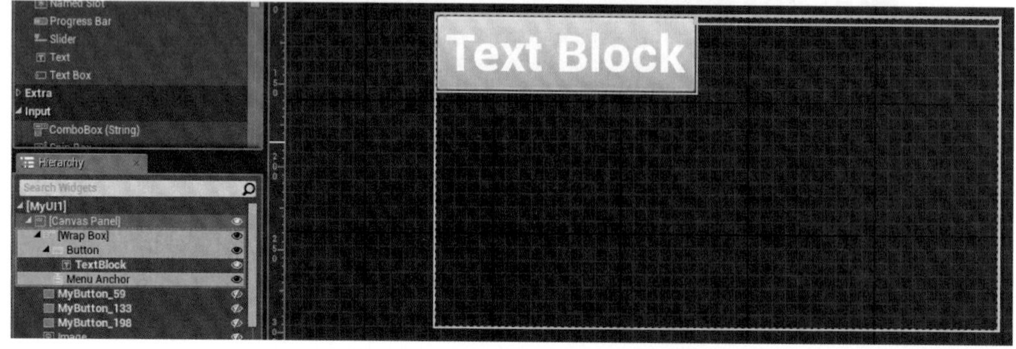

图 2-423

将 MyUI 控件蓝图切换到 Graph 模式，在图表编辑器中将 Menu Anchor_36 实例化，通过 Menu Anchor_36 调用并添加 Menu Anchor>Event>Open 节点。找到与 OnClicked(Button_143) 鼠标响应事件节点相连的 Set My Text 节点，将 Open 节点的输入执行引脚与 Set My Text 节点的输出执行引脚相连，即当单击 Button_143 控件后，Button_143 的 Text 子控件的文本内容由 Start 变为 End，而后执行 Menu Anchor_36 的 Open 行为，从而打开 Menu Anchor_36。节点与节点间引脚连线如图 2-424 所示。

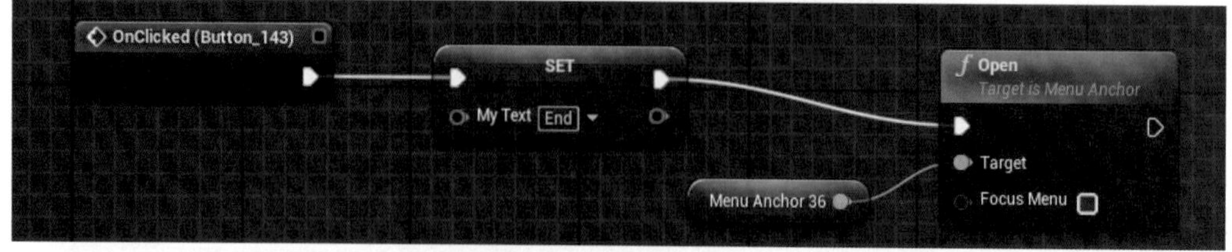

图 2-424

编译并保存 MyUI 控件蓝图，运行游戏，图 2-425 为单击 Button_143 控件前后的效果，单击前 Menu Anchor_36 不会显现，单击后弹出 Menu Anchor_36。

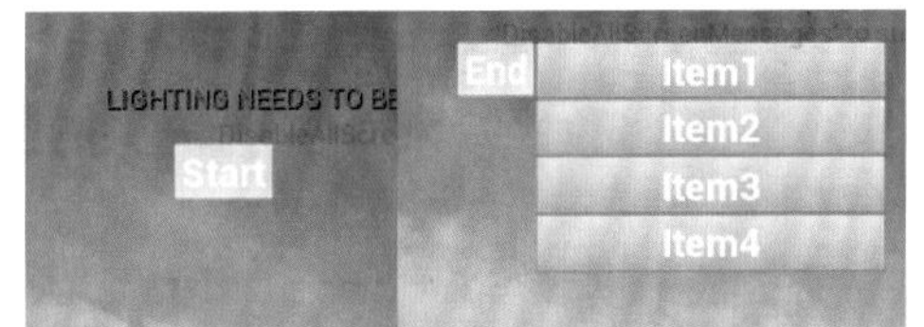

图 2-425

Native Widget Host 原生控件宿主是一种容器控件，可容纳一个子平板控件。当只需要在 UMG 控件中嵌套一个原生控件时，应使用该控件。

Spacer 隔离控件提供其他控件之间的自定义填充。隔离控件本身并不进行视觉呈现，在游戏中不可见。

Throbber 动画式的动态浏览图示控件，在一行中显示几个缩放的圆圈（例如，可以用来表示正在进行加载）。在动画式的动态浏览图示控件的 Appearance 类目中可以设定 Number Of Pieces 图示元素个数，Animate Horizontally 水平方向动画和 Animate Vertically 垂直方向动画的开与闭，以及图示图片样式，如图 2-426 所示。

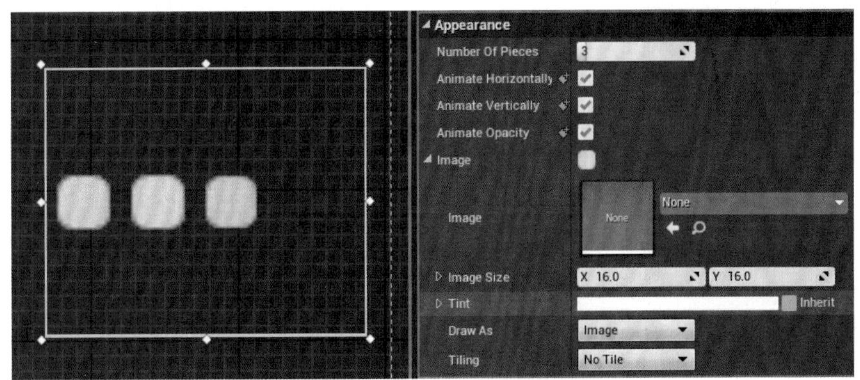

图 2-426

User Created 用户创建组下的控件是指我们自定义创建的控件蓝图，这些自定义的控件蓝图可以放入其他控件蓝图中。该类控件可用于以各控件蓝图的形式创建 UI 元素的“一部分”，然后将它们添加到一起，从而构成整体的 UI 布局。

2.13.4 自定义 UMG 控件样式

在之前的学习中可以发现，在控件的 Appearance 类目中可以设置控件样式，但设置样式的方法不止这一种，也可以在 Graph 模式下设置控件样式。

创建一个控件蓝图，命名为 MyUI2。打开 MyUI2 控件蓝图，添加一个 Button 控件，默认命名为 Button_28，找到它的 Appearance 类目，在 Style 类目下，可以为 Button_28 设置各个状态下的样式，例如在 Normal（默认）状态、Hovered（鼠标悬浮）状态、Pressed（鼠标按下）状态时的样式，如图 2-427 所示。

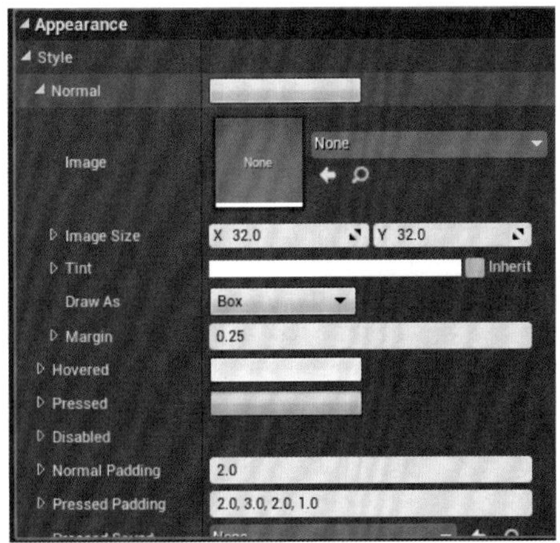

图 2-427

现在来学习在 Graph 模式下利用节点为控件设置样式。将 MyUI2 切换到 Graph 模式，添加 Add Event>User Interface>Event Construct 事件节点，如图 2-428 所示。在游戏运行的过程中，一旦当前控件蓝图被构建，该节点将被执行。

在图表中添加 Get Button 28 节点，利用 Button 28 变量引用调用添加 Button>Appearance>Set Style 节点，如图 2-429 所示，该节点用来为 Target 接收的对象设置控件样式，节点的 In Style 参数是一个结构体类型，可以将它分解获得其中的样式数据。

拖动 Set Style 节点的 In Style 引脚至空白处，调出关联菜单，找到并添加 Utilities>Struct>Make ButtonStyle 节点，如图 2-430 所示，可以看到，Make ButtonStyle 节点中罗列了 Button 控件 Appearance 类目中 Style 类目下的一系列属性。

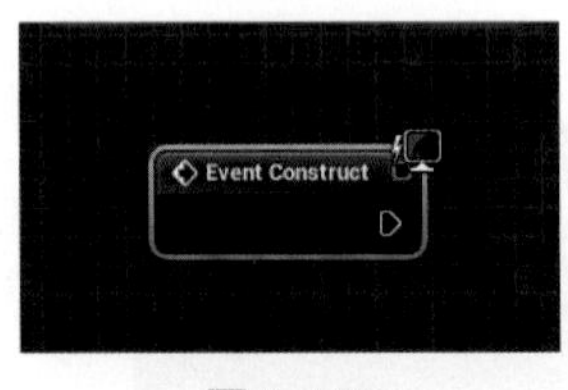

图 2-428

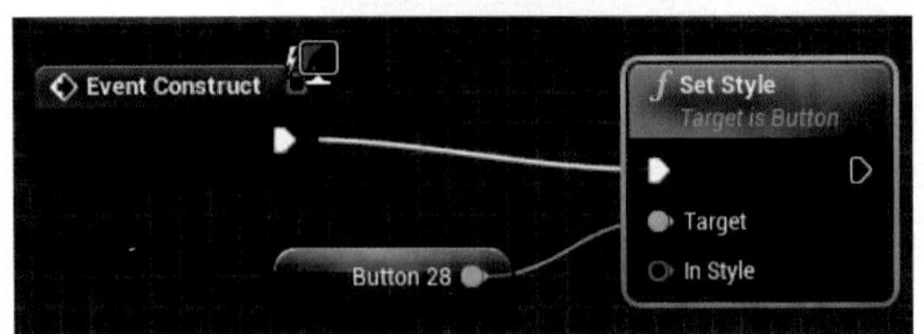

图 2-429

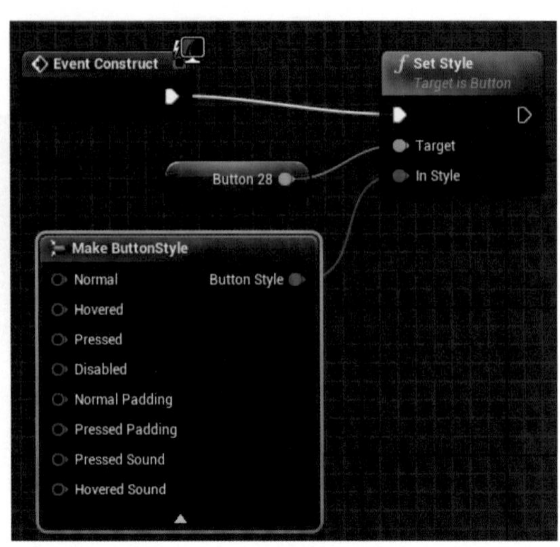

图 2-430

拖动 Make ButtonStyle 节点中的 Normal 引脚，调出关联菜单，找到 Make SlateBrush 节点并添加到图表中，如图 2-431 所示。Make SlateBrush 节点会提供控件样式参数供我们设置调节。所谓 Slate，即是一种用户界面解决方案，是完全自定义的、与平台无关的用户界面架构，其设计目的是使得构建工具及应用程序（比如虚幻编辑器）的用户界面或者游戏中的用户界面变得更加有趣、高效。

现在返回 Unreal Engine 关卡编辑器的 Content Broswer 面板，添加几张图片用于实现 Button_28 不同状态下的图片样式效果。在图 2-432 中，我们添加了 4 张图，分别命名为 button1_1、button2、button3 和 button4。

Make SlateBrush 节点中罗列了许多参数，找到 Image 参数，为其设置一张图片资源作为 Button _28 在 Normal 状态下的图片样式，在图 2-433 中，我们为该参数赋予图片 button1_1。

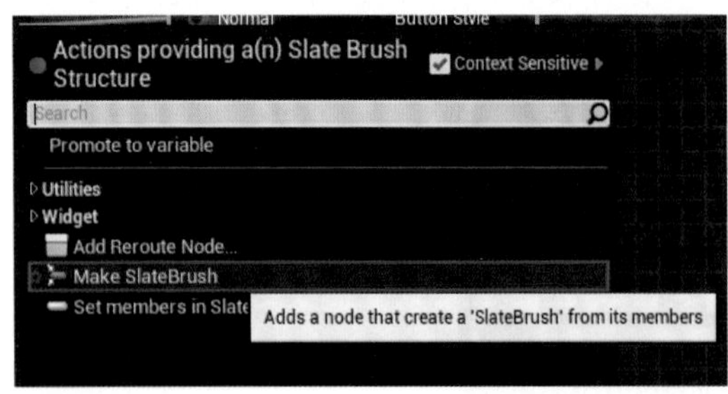

图 2-431

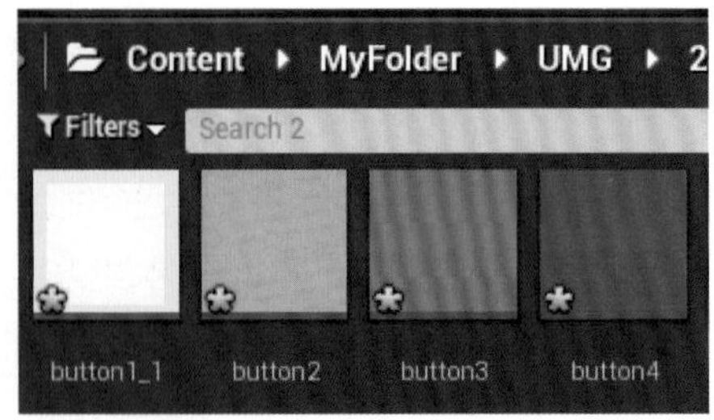

图 2-432

添加图片样式后，再设置边缘样式。拖动 Margin 引脚，调出关联菜单并找到 Make Margin 节点，如图 2-434 所示。

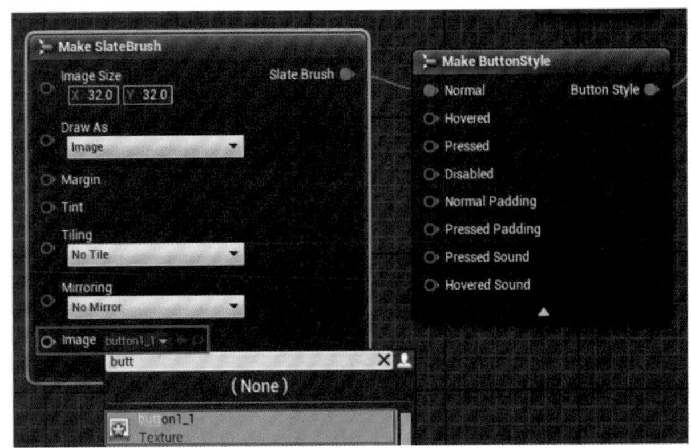

图 2-433

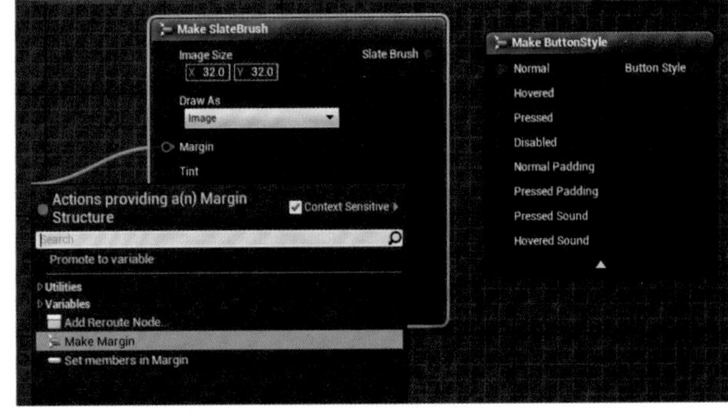

图 2-434

添加 Make Margin 节点，如图 2-435 所示，可以看到该节点提供了 Left、Top、Right 和 Bottom 4 个 Float 型参数，它们分别用来设定左、上、右、下的边缘值。

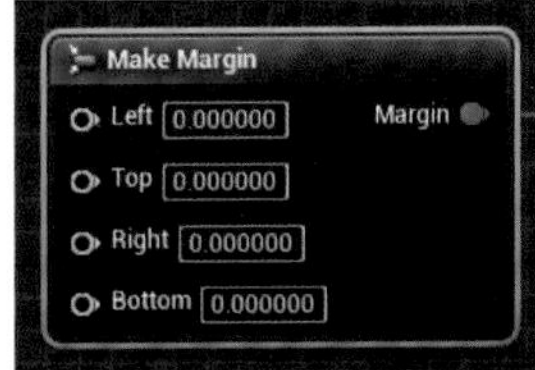

图 2-435

至此，已经设置好了一个样式的主要节点布局，同时会发现，利用 Make SlateBrush 节点以及 Make Margin 节点来实现想要的样式效果似乎并不直观，因为在整个过程中无法查看样式效果，操作起来十分不便。因此，要接触一个新的变量类型和资源类型。

创建一个变量，命名为 NormalSlate，类型设为 Structure>Slate Brush，如图 2-436 所示，编译后可以看到，在 Details 面板中的 Default Value 类目下有一个 Normal Slate 类目，展开该类目，其中有一系列样式属性，之前我们所创建的 Make SlateBrush 节点中的参数，除了 Margin 和 Mirroring 参数外，全部罗列在 Normal Slate 类目下，且在该类目下多了一个 Preview 类目供我们预览样式效果。

设置 Image 调用的图片资源为 button1_1，展开 Preview 类目可以看到样式预览效果，如图 2-437 所示。

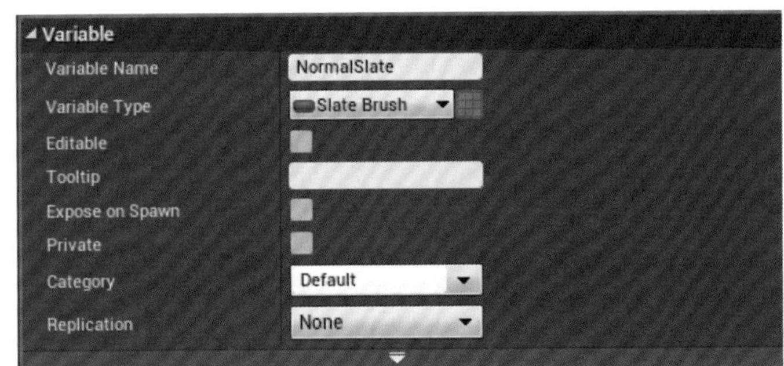

图 2-436

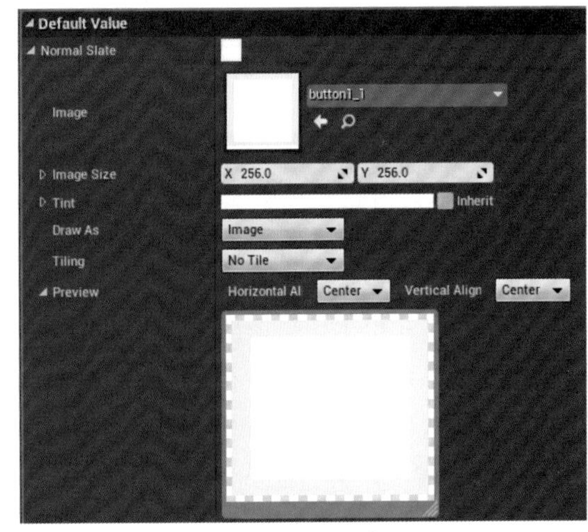

图 2-437

当前 Draw As 属性默认为 Image，该模式下样式将无视 Margin 边缘设置。Margin 相当于 Anchor 锚一样的作用，无论控件如何形变，利用 Margin 可以将样式的 4 个边缘控制在设定的位置，例如在 Image 模式下，当改变预览视图的大小时，样式会出现如图 2-438 所示的效果。

现在将 Draw As 设为 Box 模式，该模式下在控件的边缘与中心发生形变时会在 Margin 的基础上进行形变。此时可以看到，在 Normal Slate 类目下出现了 Margin 类目。设置一个合适的 Margin 值，如图 2-439 所示。

设置好 Normal Slate 变量的一系列参数值后，将它传递给 Make ButtonStyle 节点的 Normal 参数，如图 2-440 所示。利用这种方式设置样式效果既直观又可节省布局空间。

还有一种设置样式的方式与利用 Slate Brush 变量的方式大同小异。返回 Unreal Engine 关卡编辑器，在

Content Browser 面板中右击，在弹出的菜单中选择 Create Advanced Asset>User Interface>Slate Brush 选项，创建 Slate Brush 资源，如图 2-441 所示。

将创建的 Slate Brush 资源命名为 NormalBrush，如图 2-442 所示。

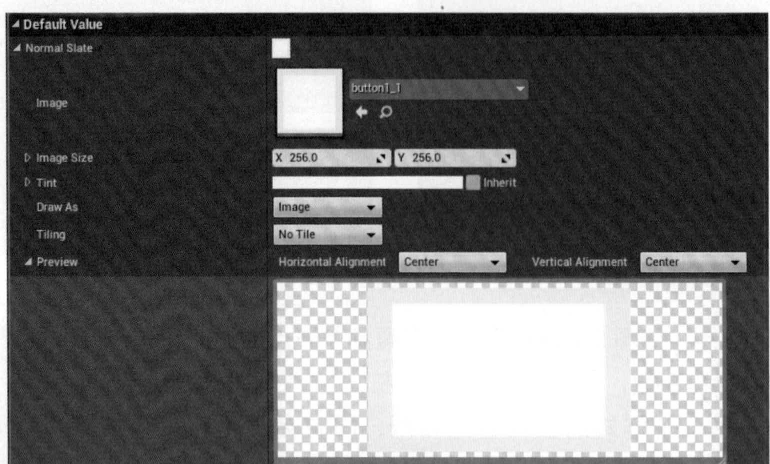

图 2-438

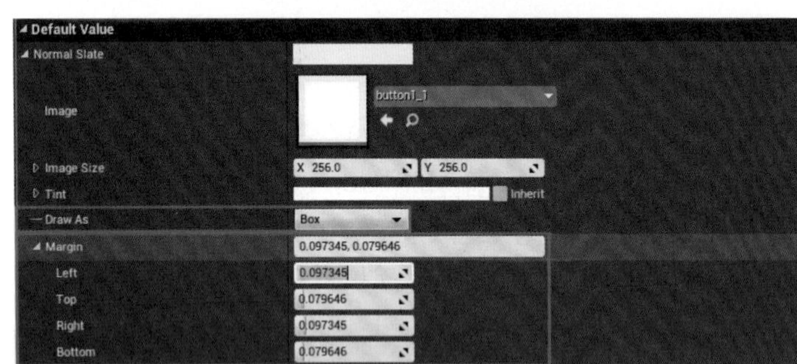

图 2-439

图 2-440

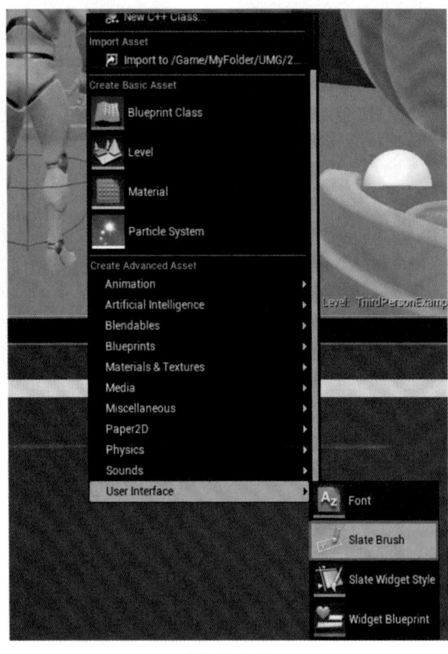

图 2-441

图 2-442

打开 NormalBrush 编辑器，我们对其中的类目和属性已经不再陌生，它和刚刚创建的 Slate Brush 变量具有相同的类目属性。设置样式后，如图 2-443 所示。

保存 NormalBrush，返回 MyUI2 控件蓝图并切换到 Graph 模式，拖动 Make ButtonStyle 节点的 Normal

引脚，调出关联菜单，找到 Widget>Brush>Make Brush from Asset 节点，如图 2-444 所示。

添加 Make Brush from Asset 节点，设置节点的 Brush Asset 调用的资源为刚刚创建的 NormalBrush Slate Brush，如图 2-445 所示。如此一来便为 Button 控件设置了 Normal 状态下的样式效果。

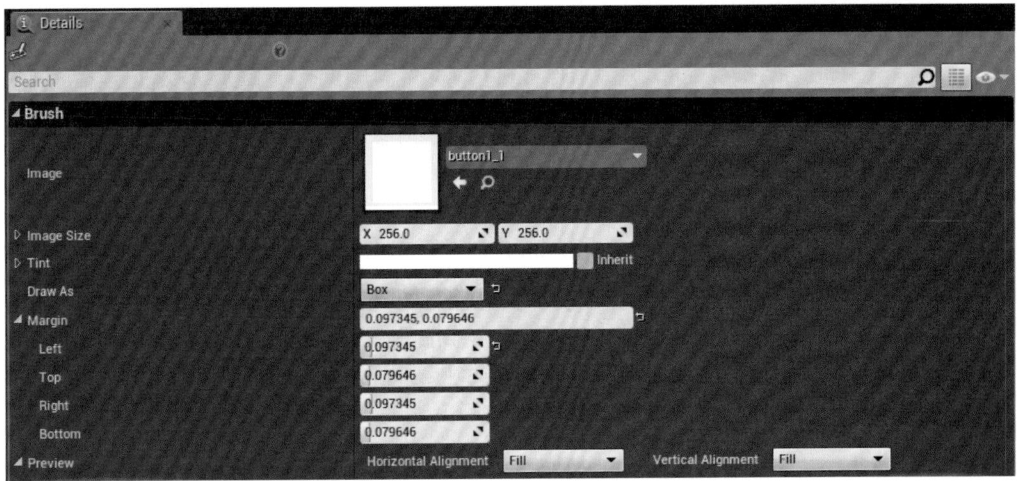

图 2-443

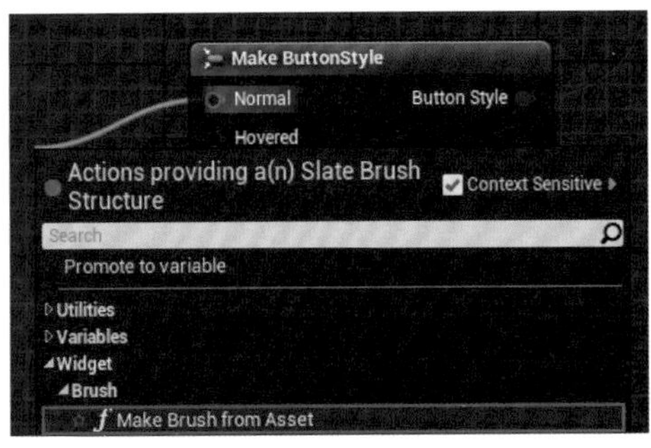

图 2-444

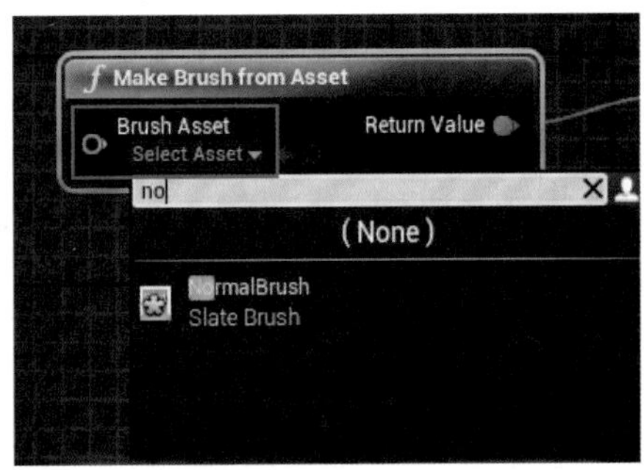

图 2-445

利用任意一种方式，继续为控件的 Hovered、Pressed 状态设置样式效果，即为 Make ButtonStyle 节点的 Hovered、Pressed 参数传递各自的 Slate Brush 数据。最终运行效果如图 2-446 所示，它们依次为 Normal、Hovered 和 Pressed 状态下的样式效果展示。

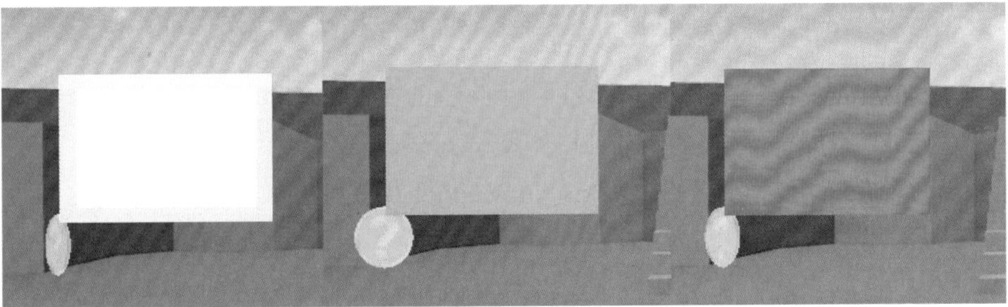

图 2-446

2.13.5　添加 Widget Blueprint 组件

控件蓝图还可以作为组件被添加到蓝图中，本节将对此进行实践。

创建一个控件蓝图，命名为 MyButton。打开 MyButton，在视觉设计器的右上方找到 Fill Screen 选项，设置其为 Custom 模式，如图 2-447 所示。在 Custom 模式下我们可以自行设定 Canvas Panel 控件的长宽值。

在视觉设计器右上角设置 Width 和 Height 值皆为 100，如图 2-448 所示，即 Canvas Panel 控件大小为 100 × 100。

为 Canvas Panel 添加一个 Button 子控件，再为 Button 子控件添加一个 Text 子控件，如图 2-449 所示。

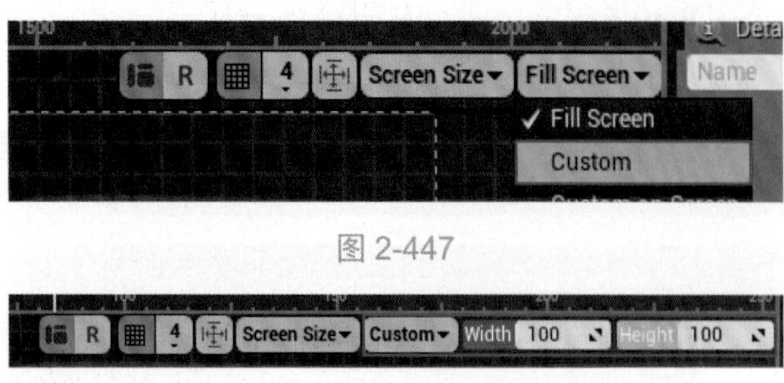

图 2-447

图 2-448

图 2-449

编译并保存 MyButton 蓝图，返回 Unreal Engine 关卡编辑器，在 Content Broswer 面板中找到 SM_Corner Frame 静态模型，以它为根组件创建一个蓝图，命名为 BoxWithButton，如图 2-450 所示。

打开 BoxWithButton 蓝图，在 Components 面板中添加 Experimental>Widget 组件，如图 2-451 所示。

选中添加的 Widget 组件，在 Details 面板中选择 User Interface>Widget Class 属性，设置该属性为 MyButton，如图 2-452 所示。

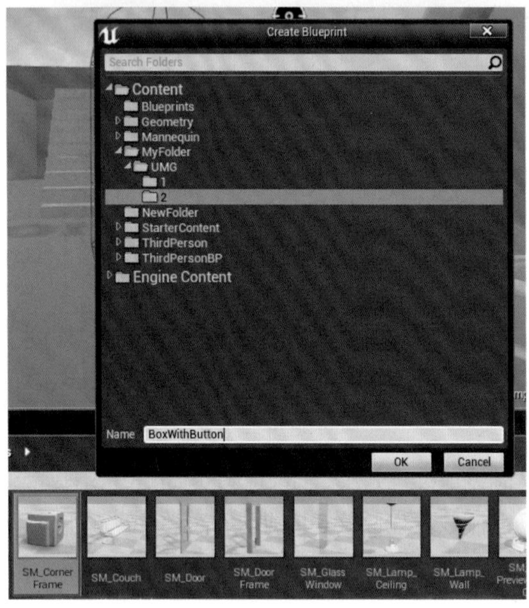

图 2-450

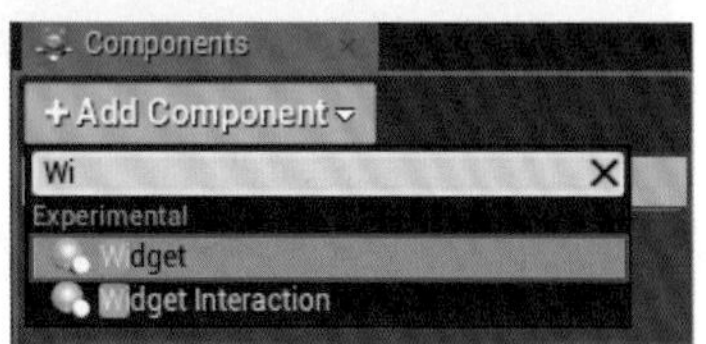

图 2-451

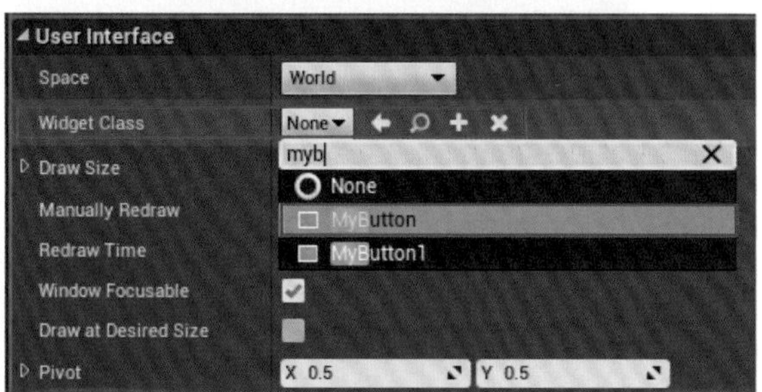

图 2-452

编译并保存 BoxWithWidget 蓝图，返回 Unreal Engine 关卡编辑器，在游戏视口中添加一个 BoxWithWidget 实例对象，如图 2-453 所示，运行游戏后，可以单击 BoxWithWidget 中的 Button 控件进行交互。

图 2-453

2.13.6 UMG 中的动画

对于一个优秀的游戏 UI 来说，动态效果是必不可少的元素之一。本节将介绍 UMG 工具中动画功能的使用方法。

1. Animations

对于控件蓝图编辑器的大部分窗口面板前面都已经讲解过，但从来没有接触过 Animations 动画面板。动画面板顾名思义就是用来设计动画效果的，本节将学习使用动画面板。

创建一个控件蓝图，命名为 MyUI3，打开 MyUI3，在视觉设计器中添加一个 Image 控件，默认命名为 Image_66，我们在 Appearance 类目下为它设置了一个样式，如图 2-454 所示。

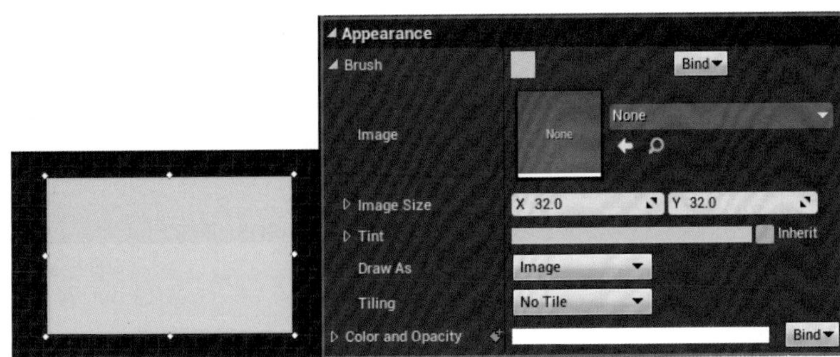

图 2-454

找到 Animations 面板，单击 +Animation 按钮，添加一个动画轨，如图 2-455 所示，默认命名为 NewAnim-ation_1。

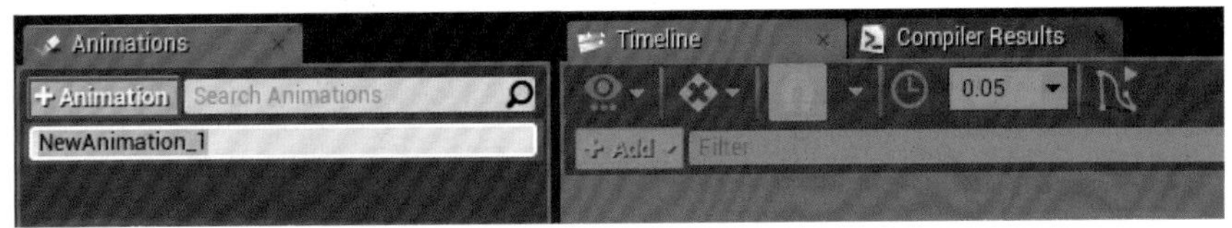

图 2-455

选中 NewAnimation_1 动画轨，激活 Timeline 时间轴，在 Timeline 选项卡中找到并单击 +Add 按钮，在列表项中找到 Image_66，即刚刚添加的控件名字，如图 2-456 所示。

单击 Image_66，通过这种方式，现在便可以为 Image_66 控件设置关键帧，从而设计动画了，如图 2-457 所示。

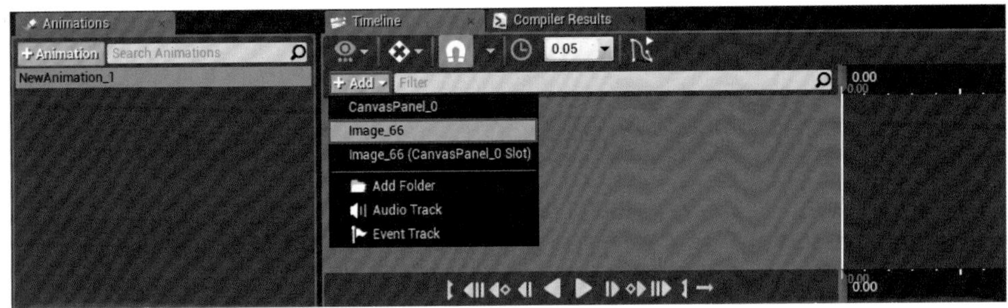

图 2-456

图 2-457

先来试着制作一个最简单的动画：0-1s 内 Image_66 控件变长，1s-2s 内 Image_66 控件恢复原样。我们的动画用时 2s，因此先将 Playback 的起始帧和终止帧分别设定在时间轴的 0 和 2s 处，确立好动画播放的时间范围，如图 2-458 所示，其中绿色帧为起始帧，红色帧为终止帧。

接下来要在 Timeline 上添加关键帧。添加关键帧有两种方式：一种是手动添加，另一种是 Auto-key 自动添加。当手动添加关键帧时，先将时间轴滑块调整到需要添加关键帧的时间点，如现在要在 0 处添加一个关键帧，因此将滑块调整到 0 处，如图 2-459 所示。

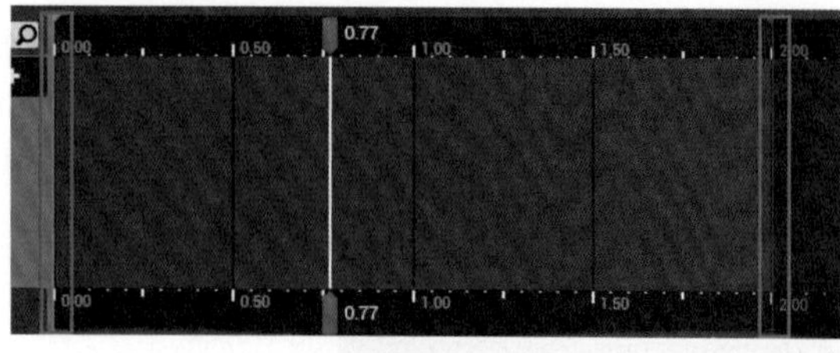
图 2-458

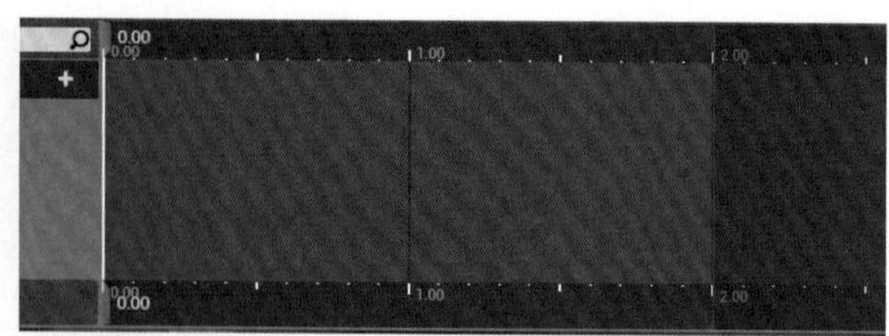
图 2-459

接下来需要添加关键帧了。我们要设计的动画效果是通过改变 Image_66 的 Slot(Canvas Panel Slot) 下的 Size X 属性实现的，因此，在 Details 面板中选择 Slot(Canvas Panel Slot)>Size X 属性并设置其值大小，在此设为 606.5，如图 2-460 所示。设置好之后，单击数值旁边的添加关键帧按钮，即可在 Timeline 中的当前时间点上为 Size X 值添加一个关键帧。根据我们设计的动画效果，在 2s 时的 Size X 值应与 0 时刻大小相同，因此在 Timeline 窗口中将时间滑块调到 2s 处，之后返回 Details 面板再次单击 Slot(Canvas Panel Slot)>Size X 处的添加关键帧按钮。

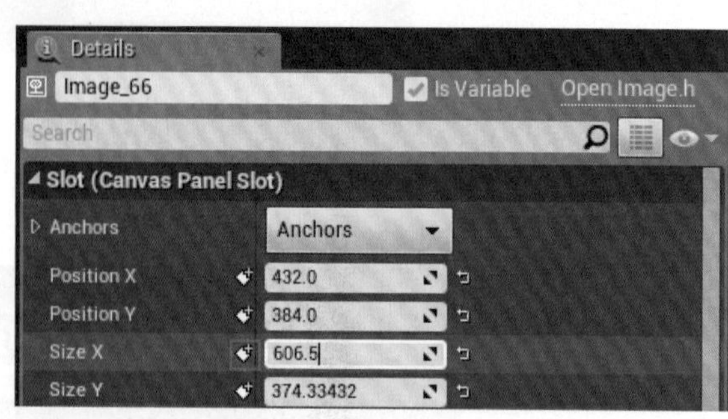

图 2-460

此时观察可以发现，在 Timeline 窗口中，Image_66 下出现了相关参数，并且在 Timeline 上，在 0 和 2s 处出现了两个红圆点，它们代表相关属性的关键帧，如图 2-461 所示。

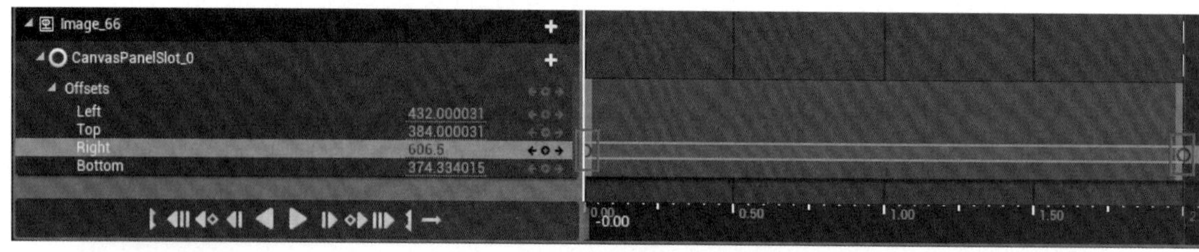

图 2-461

了解了手动添加关键帧的方式，接下来了解自动添加关键帧的操作方式。自动添加关键帧即改变属性值的同时系统会自动在时间滑块所在时间点上添加关键帧。找到设置添加关键帧方式的按钮并单击，它默认设置为手动添加关键帧，即 Disable Auto-key，此外还有两种自动添加关键帧的模式，一种为 Auto-key All 所有控件皆处于自动添加关键帧状态，另一种为 Auto-key Animated，只将已存在关键帧的控件设定为自动添加关键帧状态。现在我们选择 Auto-key All 选项，如图 2-462 所示。

可以看到，在设定为自动添加关键帧模式后，视觉设计器视窗会有一圈 RECORDING 红线围绕，如图 2-463 所示。

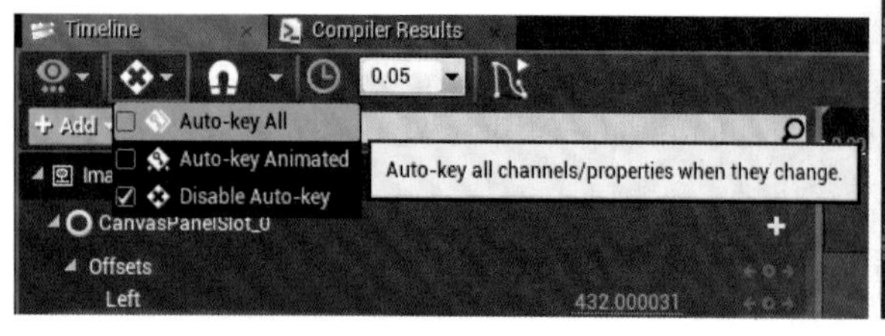

图 2-462

图 2-463

在自动关键帧模式下，在 Timeline 窗口中将时间轴滑块调整到 1s 处，返回 Details 面板，设置 Slot(Canvas Panel Slot) 下的 Size X 为 1180，可以看到，Image_66 的 Timeline 上，在 1s 时间点处有了一个关键帧标记，如图 2-464、图 2-465 所示。

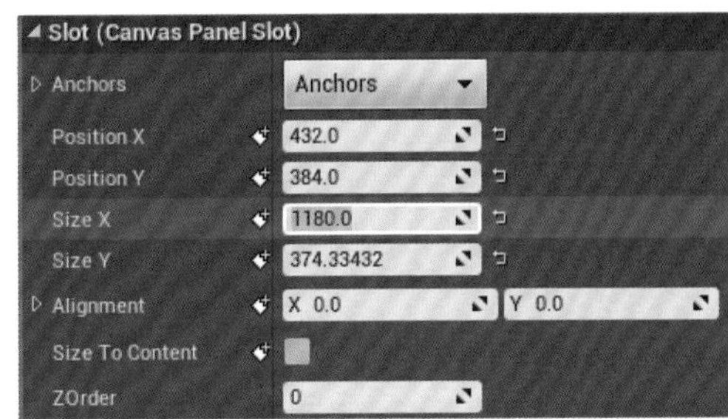

图 2-464

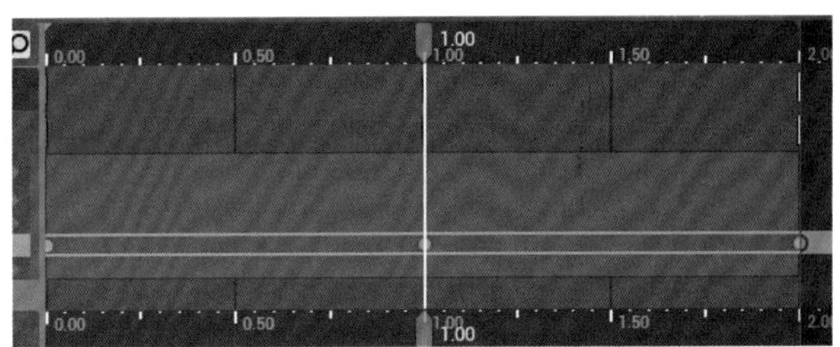

图 2-465

添加过动画轨后，还需要在 Graph 模式下调用动画。在之前我们创建动画的同时系统也会为其创建一个变量。切换到 Graph 模式，可以注意到，在 My Blueprint 面板中，在 Variables>Animations 下有一个动画变量 NewAnimation_1，该变量即为我们添加的动画轨，如图 2-466 所示。

在 Event Graph 图表编辑器中添加一个 Event Construct 事件节点，再添加一个 User Interface>Animation>Play Animation 节点，Play Animation 节点即是用来设定动画播放的节点。我们将 New Animation 1 变量传递给 Play Animation 节点的 In Animation 参数，如图 2-467 所示。此外还可以设置 Start at Time 播放起始时间点，Num Loops to Play 循环播放次数及 Play Mode 播放模式。

图 2-466

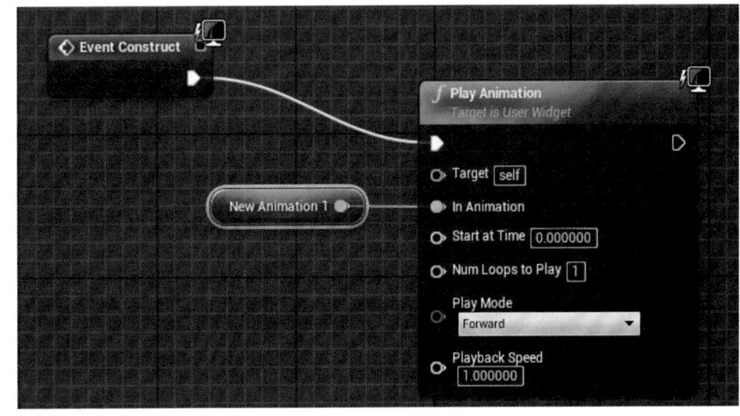

图 2-467

编译并保存控件蓝图，在关卡蓝图中将 MyUI3 添加到屏幕，再次编译并保存蓝图，运行游戏，此时可以在游戏视窗中看到 New Animation 1 的动画效果，如图 2-468 所示。

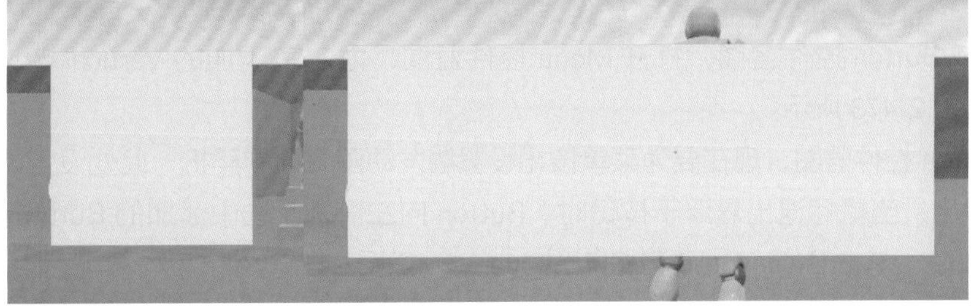

图 2-468

初步接触了 UMG 的动画功能后，现在来试着制作一个菜单，并为菜单按键赋予动画效果。创建一个控件蓝图，命名为 Menu。打开 Menu，在视觉设计器中添加一个 Vertical Box 控件，它将用来摆放菜单按钮，如图 2-469 所示。

再创建一个MyButton控件蓝图，该蓝图用来设计菜单的按钮。打开MyButton，删除Canvas Panel控件，在视觉设计器中添加一个Button控件，再为其添加Text子控件，如图2-470所示。

我们设定Button按钮在0时刻X坐标为0，在1s时刻X坐标为100。添加一个动画轨，命名为Button。激活Button_38的Timeline，将时间滑块调整到0时刻，将Button_38下的Render Transform中Translation的X设置为0，创建关键帧；将时间滑块调整到1s时刻，将Render Transform中Translation的X设置为100，创建关键帧，如图2-471、图2-472所示。该动画即实现按钮向右滑出的效果。

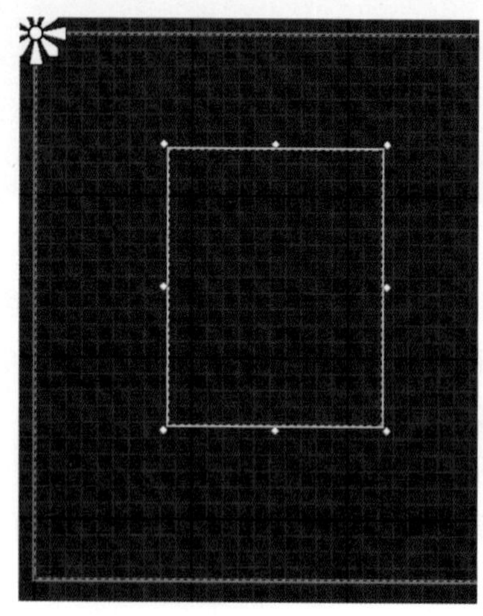

图2-469

图2-470

Render Transform		
Transform		
Translation	X 0.0	Y 0.0
Scale	X 1.0	Y 1.0
Shear	X 0.0	Y 0.0
Angle	0.0	
Pivot	X 0.5	Y 0.5

Render Transform		
Transform		
Translation	X 100.0	Y 0.0
Scale	X 1.0	Y 1.0
Shear	X 0.0	Y 0.0
Angle	0.0	
Pivot	X 0.5	Y 0.5

图2-471

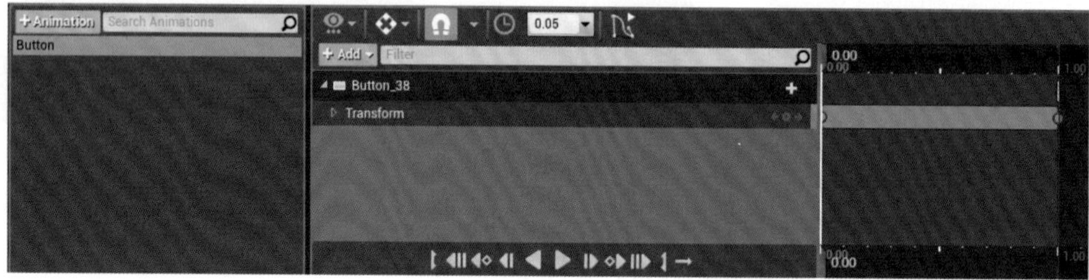

图2-472

保存并编译MyButton控件蓝图，打开Menu控件蓝图，为之前添加的Vertical Box控件添加8个My Button子控件，如图2-473所示。

再返回MyButton控件蓝图，现在要为菜单按钮设置触发动画效果的契机，此处设定：当鼠标悬浮于按钮时，Button向右滑出；当鼠标退出悬浮于按钮时，Button向左滑入。选中添加的Button控件，找到Details面板下的Events属性，单击OnHovered和OnUnhovered，如图2-474所示。

切换到Graph模式，发现Event Graph图表中添加了OnHovered和OnUnhovered鼠标响应事件节点，如图2-475所示。

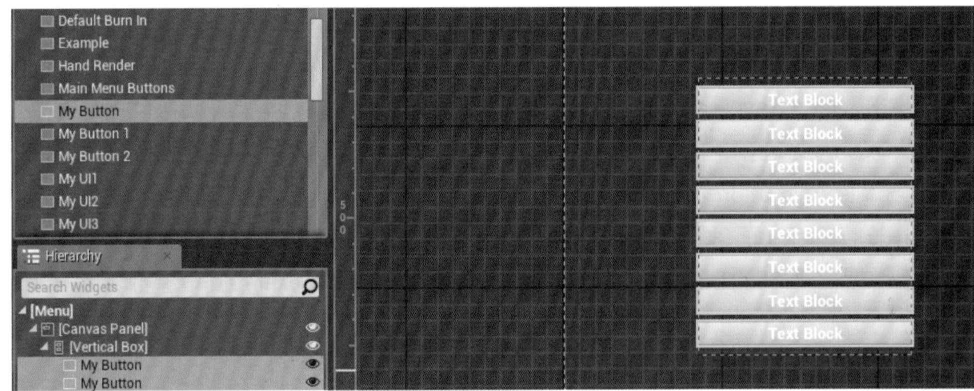

图 2-473

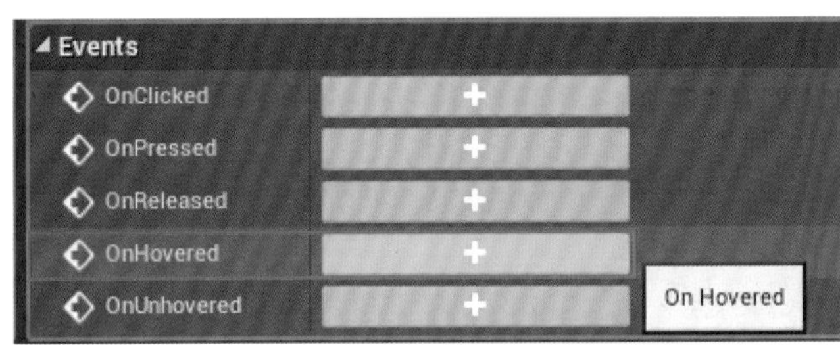

图 2-474

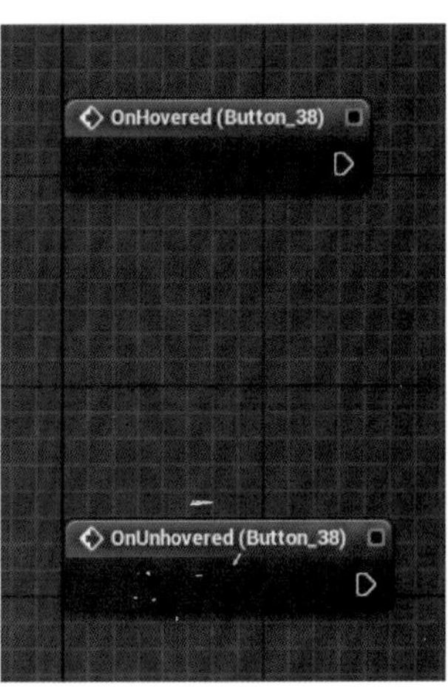

图 2-475

当鼠标悬浮于按钮上时，则播放动画，因此添加一个 Play Animation 节点，并将 OnHovered 节点执行引脚与 Play Animation 节点的输入执行引脚相连；当鼠标退出悬浮于按钮上时，则反向播放动画，但此时的倒放并不一定是从动画终点为起点开始反向播放，例如，当将鼠标悬浮于按钮之后又退出悬浮时，也许按钮正向播放的动画并没有播放完就需要开始播放反向动画了，此时如果是以动画的终点为起点进行反向播放，那么效果会很不自然，因此需要 Reverse Animation 节点，该节点会以当前动画的播放位置为起点开始反向播放。添加 Reverse Animation 节点，并将 OnUnhovered 节点执行引脚与 Reverse Animation 节点的输入执行引脚相连，将 Button 动画变量分别传递给 Play Animation 和 Reverse Animation 节点的 In Animation 参数，如图 2-476 所示。

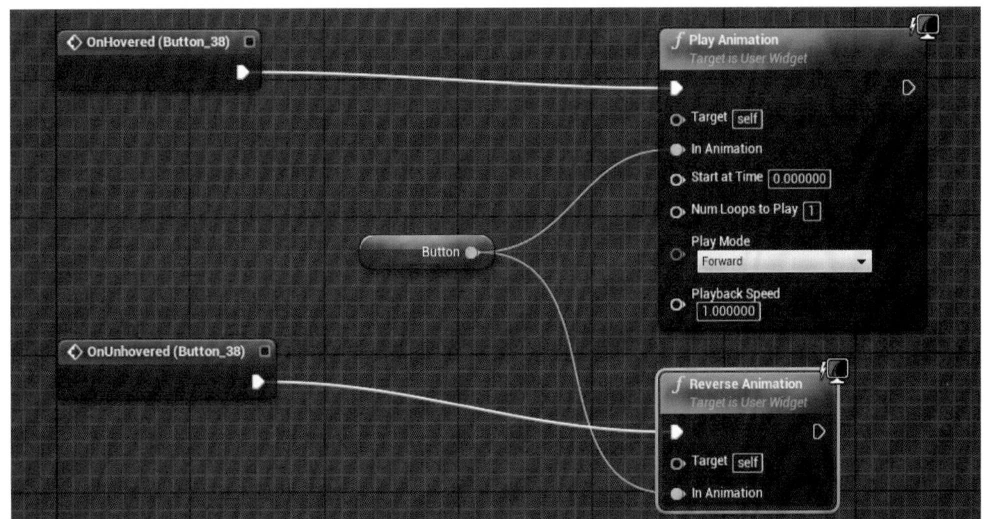

图 2-476

我们知道了 Reverse Animation 节点会根据动画播放位置来设定反向播放起点，但如果动画播放完毕，例如，我们用足够久的时间将鼠标悬浮在按钮上，使得按钮的正向动画播放完毕，那么当我们再将鼠标退出悬浮于按钮上时，Reverse Animation 节点并不会执行它的反向播放动画功能，因为 Button 动画并没有处于播放状态。因此之前的节点布局是不完全的，我们应在鼠标退出悬浮于按钮后首先利用 User Interface>Animation>Is Animation Playing 节点判断当前 Button 动画是否正在播放，若正在播放，则执行 Reverse Animation 节点；若未正在播放，则说明此时反向播放动画需要以动画的终点为播放起点，因此添加一个 Play Animation 节点，将它的 Play Mode 参数设为 Reverse，并为 In Animation 参数传递 Button 动画变量，节点布局如图 2-477 所示。

编译并保存 MyButton 及 Menu 控件蓝图，在关卡蓝图中将 Menu 控件蓝图添加到游戏视窗，编译并保存蓝图，运行游戏，Menu 菜单及 Button 动画效果如图 2-478 所示。

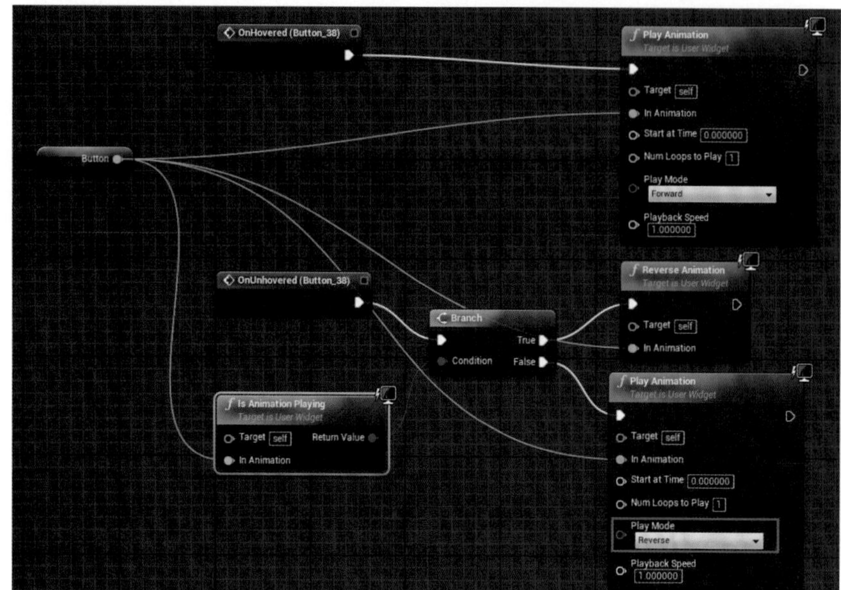

图 2-477

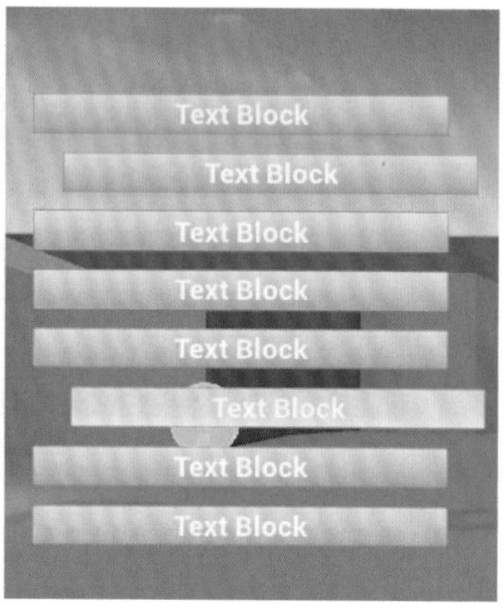

Text Block
Text Block
Text Block
Text Block
Text Block
Text Block
Text Block
Text Block

图 2-478

2. 运用节点制作自定义动画

前面我们利用 UMG 的 Animation 面板为控件设计了动画效果，但在控件蓝图中为控件设计动画效果的方法不止这一种，还可以利用动画相关节点设计并赋予动画效果。本节将利用一系列节点，进一步完善 Menu 控件的动画效果。

在上一小节中我们创建了一个 Menu 控件蓝图，在该蓝图中制作了一个菜单并为菜单按钮赋予了动画效果，现在想为菜单整体赋予动画效果——当按下键盘 P 键，菜单水平向右移动；当按下键盘 R 键，菜单水平向左移动。

关于动画的设置将在关卡蓝图中编辑完成，为了在之后的步骤中便于理解，首先要在 Menu 控件蓝图中创建一个 SetX 函数，它将用来设置菜单的 X 坐标，下面则是创建 SetX 函数及编辑函数图表的操作步骤：

（1）打开 Menu 控件蓝图，创建一个 Function，命名为 SetX，该函数将要用来设置菜单——Vertical Box 控件的 Slot(Canvas Panel Slot)>Position X。为 SetX 函数添加一个 Float 类型的 Inputs 参数 New X。

（2）当调用 SetX 函数时，外界向参数 New X 传递数值，在函数内部该数值将传递给 Vertical Box 控件的 Slot(Canvas Panel Slot)>Position X 参数，因此在 Set X 函数图表中添加 Vertical Box 控件变量引用并获得它的 Slot 类目组件，再添加一个 Cast To CanvasPanelSlot 节点将获得的 Slot 组件演化为 CanvasPanelSlot。

（3）拖动 Cast To CanvasPanelSlot 节点的 As CanvasPanelSlot 返回值引脚，调出关联菜单并添加 Set Position 节点。添加一个 Make Vector 2D 节点用来返回一个 Vector 值作为 Vertical Box 的二维坐标，因此将该节点返回值传递给 Set Position 节点的 In Position 参数。

（4）拖动 Cast To CanvasPanelSlot 节点的 As Canvas Panel Slot 引脚调出关联菜单，找到 Get Position 节点，再拖动 Get Position 节点的返回值引脚添加一个 Break Vector 2D 节点，将 Get Position 节点获得的 Vertical Box 控件的二维坐标分解。我们要设置的只有 Vertical Box 的 X 坐标值，而 Y 坐标值设为默认值不变，因此将 Y 值传递给 Make Vector 2D 节点的 Y 参数，而 Make Vector 2D 节点的 X 参数则通过 Set X 函数的参数 New X 传递而得。SetX 函数节点布局如图 2-479 所示。

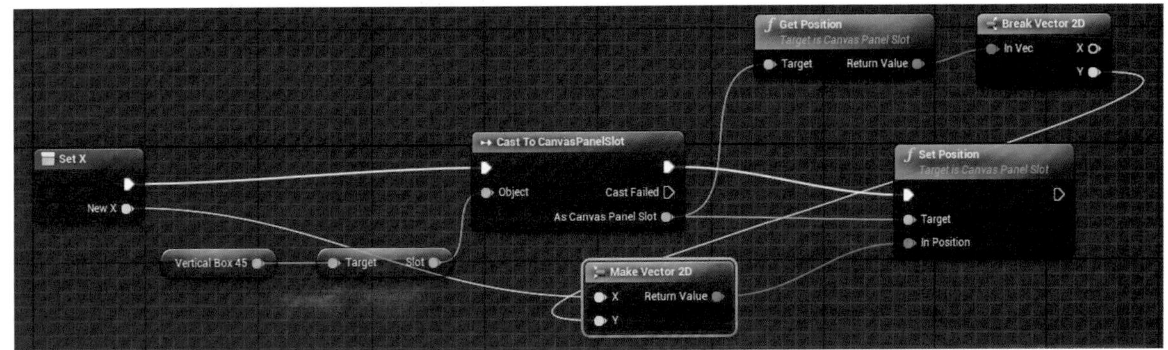

图 2-479

编译并保存 Menu 控件蓝图，打开关卡蓝图，将 Menu 控件蓝图添加到屏幕后，拖动 Create Menu Widget 节点的返回值引脚，调出关联菜单，找到并添加 Call Function>Set X 节点，如图 2-480 所示。

在图表编辑器中右击调出关联菜单，单击 Add Timeline，从而添加 Timeline 节点，默认命名为 Timeline_0，如图 2-481 所示。双击 Timeline_0 节点，添加一条浮点型时间轴，时间轴命名为 Alpha。在 Alpha 时间轴上添加两个关键帧，分别为（0，0）和（3，1），如图 2-482 所示。

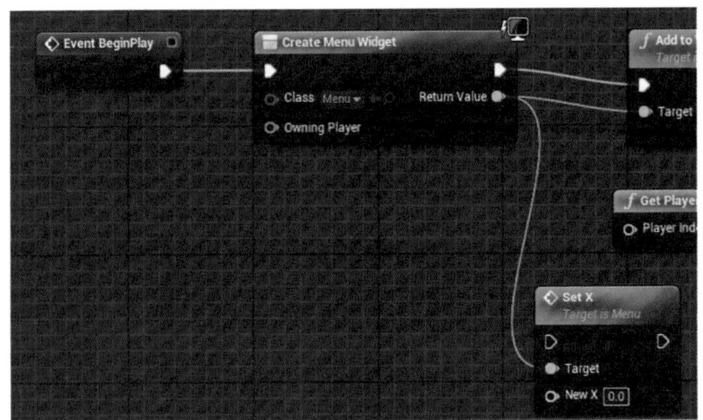

图 2-480

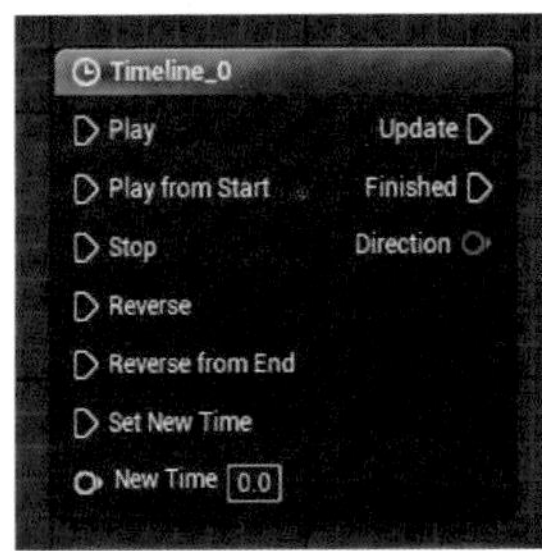

图 2-481

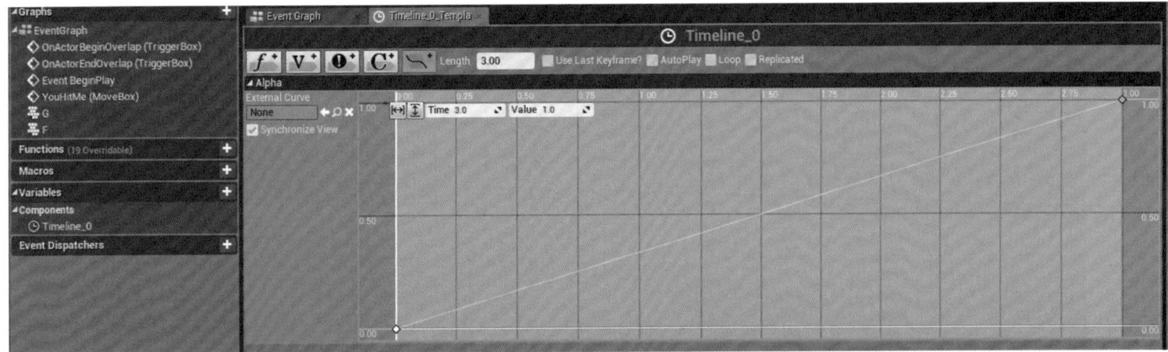

图 2-482

Timeline_0 设置完毕后，回到关卡蓝图，添加一个 Math>Interpolation>Ease 节点，Ease 节点提供了一些预设的缓动函数，不同的缓动函数可以实现不同的动画效果，如图 2-483 所示。

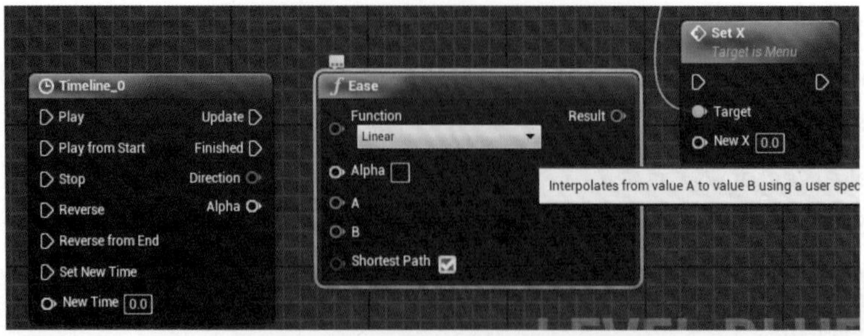

图 2-483

我们设 Ease 的缓动函数 Function 为 Linear 线型，此时 Ease 节点的返回值与 Alpha、A 和 B 3 个参数的关系为：Result = (B-A) * Alpha + A。将 Timeline_0 返回值 Alpha 传递给 Ease 节点的 Alpha 参数。添加一个 Float 型变量，命名为 InitialX，将 InitialX 变量传递给 Ease 的 A 参数，再添加一个 float + float 加法节点，将 InitialX 变量传递给加法节点的一个参数，另一个参数设为常量 500，将加法节点的返回值传递给 Ease 节点的 B 参数，再将 Ease 节点的返回值传给 Set X 节点的 New X 参数。最后添加 P 和 R 键盘响应事件节点，将它们的 Pressed 执行引脚分别与 Timeline_0 的 Play 和 Reverse Exec 引脚相连，即当按下 P 键时 Timeline_0 开始播放；当按下 R 键时，Timeline_0 以当前播放进度为起点倒放，如图 2-484 所示。

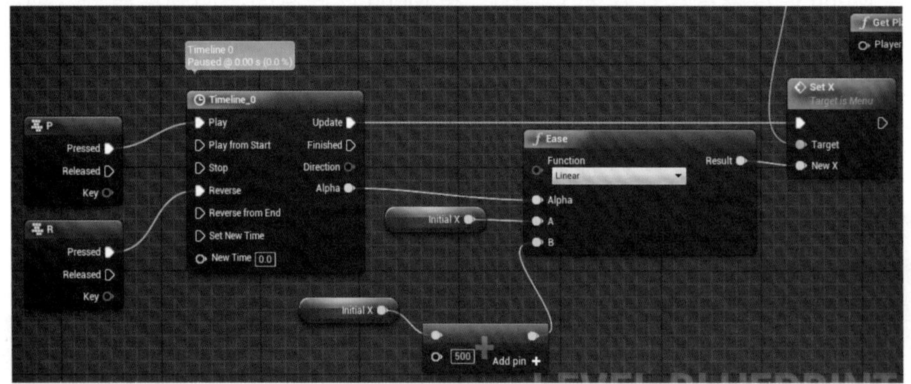

图 2-484

关于 InitialX 变量，它的值即为菜单的初始位置，我们可以在 Details 面板为它赋予一个常量，也可以在关卡蓝图中通过获取 Menu 控件蓝图中 Vertical Box 控件的 Position 属性信息来获取 X 值，如图 2-485 所示。

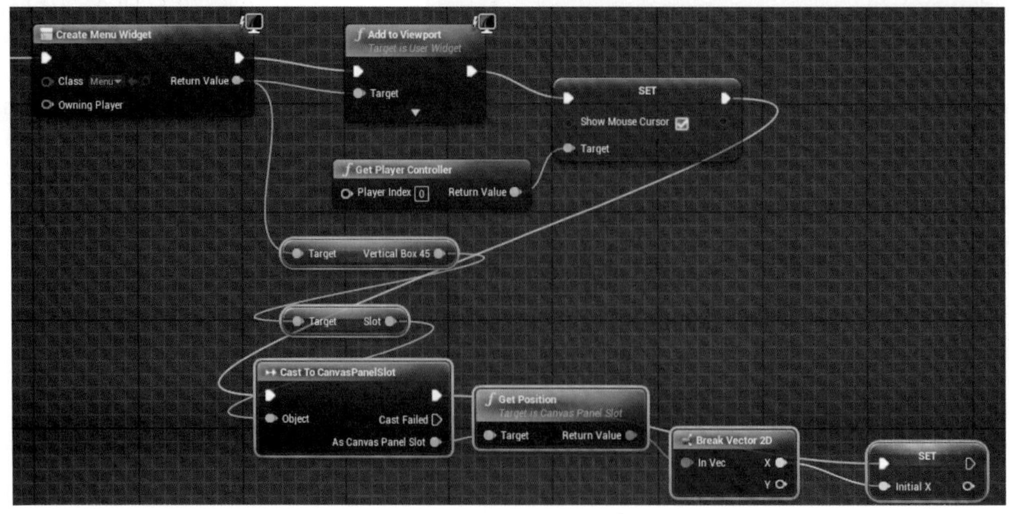

图 2-485

整体节点布局如图 2-486 所示。

编译并保存关卡蓝图，运行游戏，一开始 Menu 处于静止状态，当按下 P 键，Menu 向右运动，当按下 R

键，Menu 立刻向反方向移动，如图 2-487 所示。

在 Ease 节点中还有许多缓动函数可以设置，如图 2-488 所示，返回值 Result 与 Alpha、A、B 3 个参数之间的关系会根据 Function 的不同而变化。

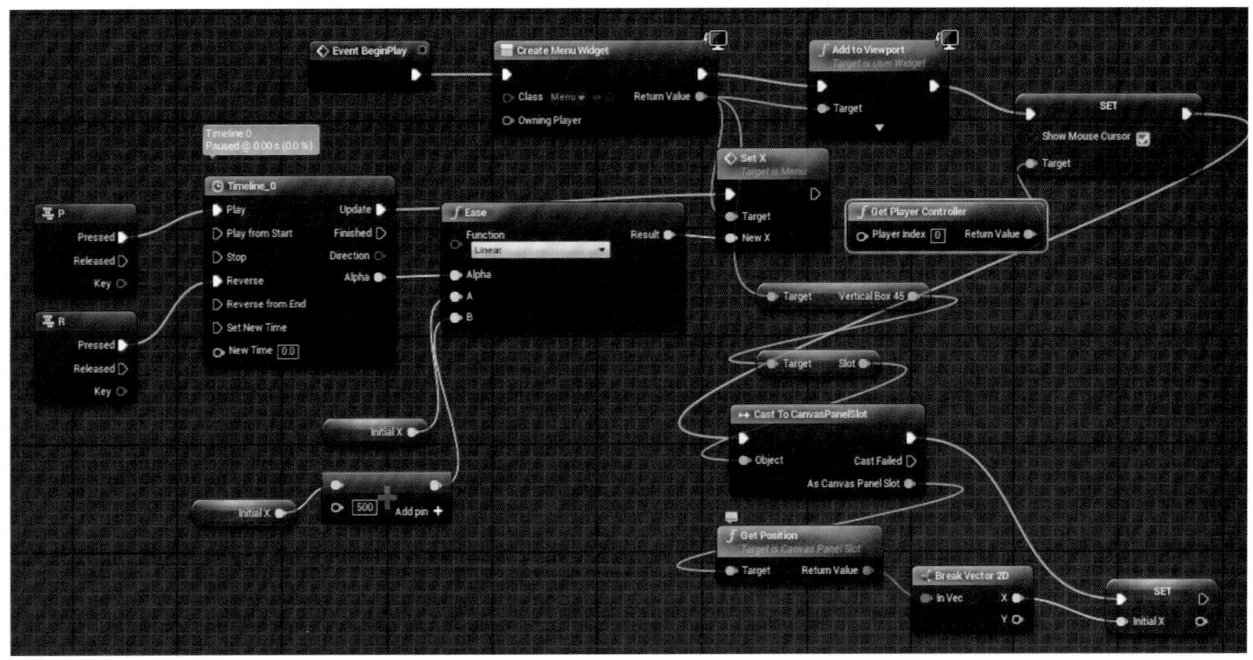

图 2-486

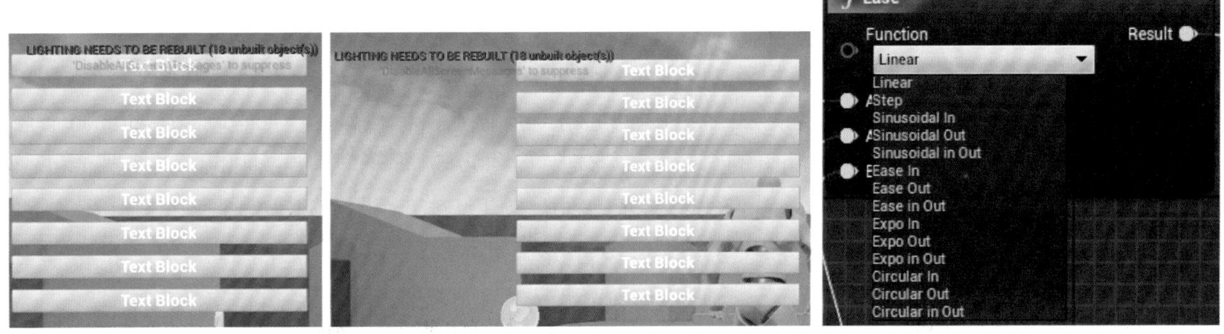

图 2-487　　　　图 2-488

2.14　实例操作

经过前面几节的学习，我们已经对蓝图系统有了初步的了解。本节我们将综合所学知识，制作 3 个实用的游戏道具，分别是自定义墙体、地图以及武器栏。

2.14.1　实例一：创建自定义墙体

本节将制作一个可自定义编辑的墙体实例，我们会在蓝图中将一个 Vector 变量变得可编辑可视化，从而通过拖动该变量编辑墙体的大小和方向。

创建一个任意模式的 Unreal Engine 4 工程项目。创建一个以 Actor 为父类的蓝图类，命名为 ProceduralWall，为 ProceduralWall 蓝图添加一个静态模型组件，模型资源为 Pillar_50x500，该资源来自 Unreal Engine 自带的静态模型库，将静态模型组件命名为 BaseWall，如图 2-489 所示。

将蓝图切换到 Construction Script 图表编辑器面板，添加一个 Vector 型变量，命名为 EndPoint，且勾选 Editable 和 Show 3D Widget 属性，如图 2-490 所示。我们将实现通过拖动 EndPoint 变量来编辑墙体。

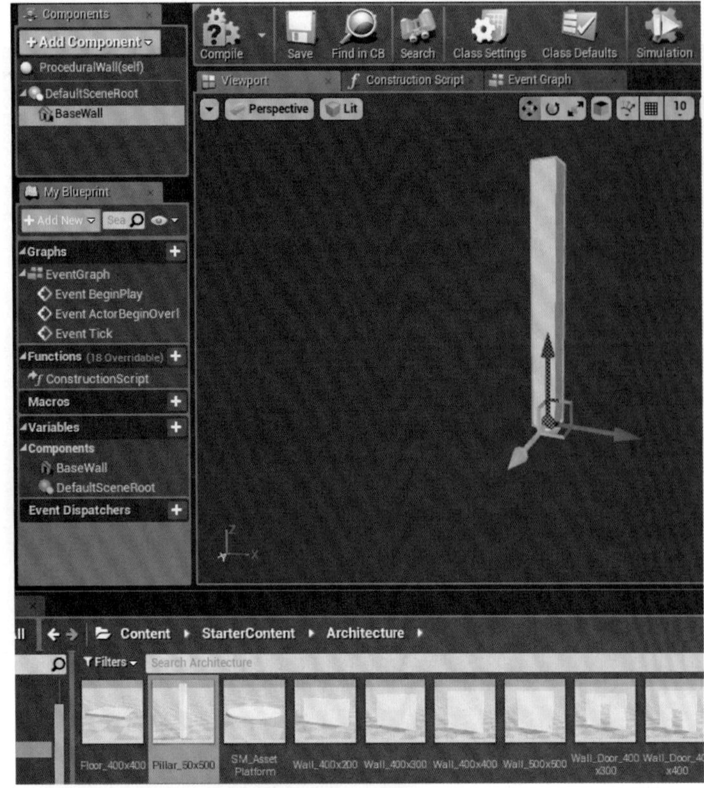

图 2-489

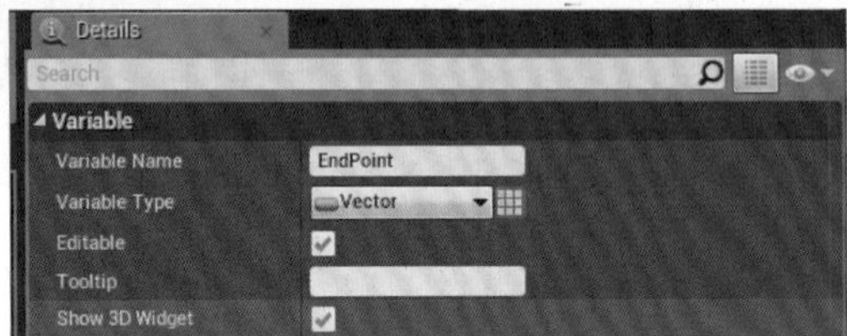

图 2-490

在图表中添加 Get End Point 节点，再添加一个 vector * vector 乘法节点，将 End Point 数值与（1，1，0）相乘。添加 Not Equal(vector) 节点，将乘法节点的返回值与（0，0，0）比较是否不相等，添加 Branch 节点，将 Not Equal 节点比较的结果传递给 Branch 的 Condition 参数，如图 2-491 所示。需要说明的是，由于 End Point 的相对坐标默认值为（0，0，0），因此，我们利用乘法节点和 Not Equal 节点所做的是检测 End Point 在 X 轴和 Y 轴方向是否有位移，若有则通过乘法节点获得（x，y，0），该矢量不等于（0，0，0），否则等于（0，0，0）。

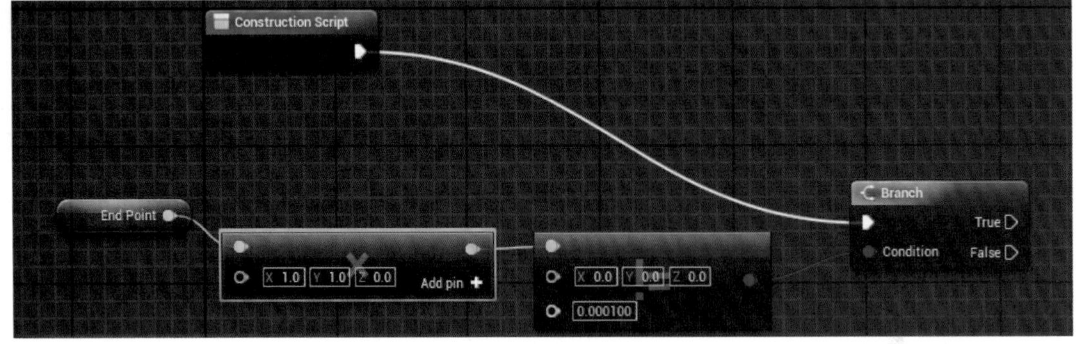

图 2-491

如果 End Point 发生了位移，接下来需要做什么呢？出现位移，说明我们对 End Point 在 X 轴、Y 轴方向上进行了拖动，我们想通过拖动它来设置墙的长度。改变墙长度的方式很简单，就是通过利用 End Point 矢量的长度来计算该长度内可容纳多少个 Pillar_50 × 500 模型来实现，因此出现位移后第一步需要计算 End Point 的长度范围内可容纳多少个宽度为 50 像素的 Pillar_50 × 500 模型。

添加 Get End Point 节点，添加 Math>Vector>VectorLength 节点，该节点可计算出 Vector 变量的长度，因此将 End Point 的值传递给 VectorLength 节点的 A 参数。添加 float/float 除法节点，将 VectorLength 返回

值与 Pillar_50 × 500 模型的宽度值 50 相除，再添加 Math>Float>Floor 节点，该节点可将参数值去余取整后返回，如图 2-492 所示。

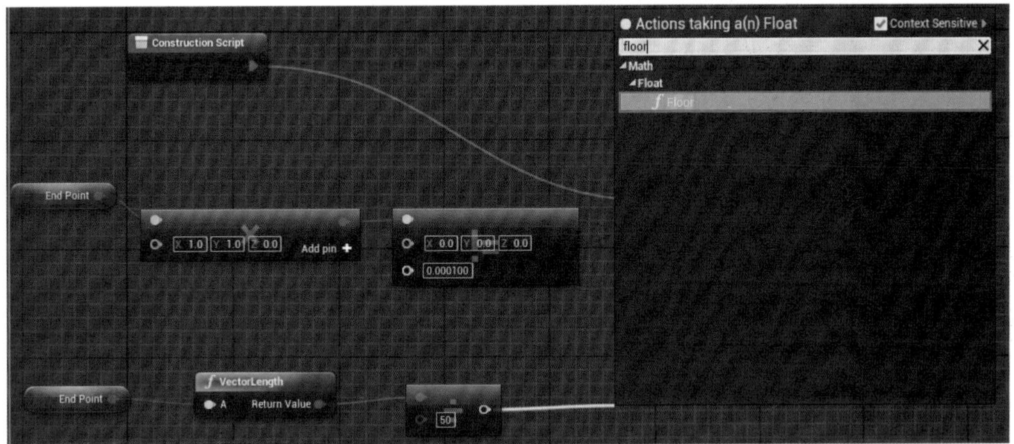

图 2-492

将除法结果传递给 Floor 节点，通过 Floor 节点计算出 End Point 的长度可容纳 Pillar_50 × 500 模型的个数。添加 ForLoop 节点，将 Branch 节点的 true 执行引脚与 ForLoop 节点的输入执行引脚相连，将 Floor 节点的计算结果传递给 ForLoop 节点的 Last Index 参数，ForLoop 节点的 First Index 参数设为常量 1，如图 2-493 所示。

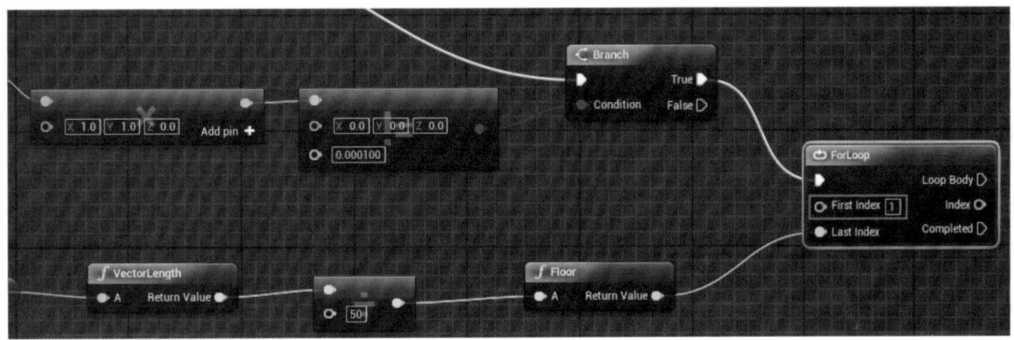

图 2-493

每当位移发生了变化时都要进入 ForLoop 循环，然后将与 End Point 长度对应个数的 Pillar_50 × 500 模型一一排放在一起。拖动 ForLoop 节点的 LoopBody 执行引脚来添加 Add Component>Common>Add Pillar_50x500(as StaticMeshComponent) 节点，该节点用来添加 Pillar_50 × 500 静态模型，再添加 Utilities>Transformation>AttachTo(Deprecated) 节点，将 Add Static Mesh Component 节点的返回值传递给 AttachTo 节点的 Target 参数，将 Base Wall 静态模型变量传递给 AttachTo 节点的 In Parent 参数，即是说将每次添加的 Pillar_50 × 500 模型附在父组件 Base Wall 上，如图 2-494 所示。

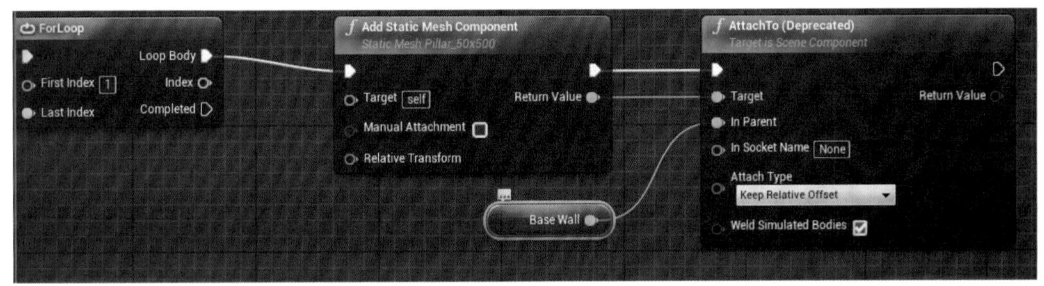

图 2-494

添加了静态模型后还需要设置每个模型的坐标，此处设添加的模型沿 X 轴排列。添加一个 integer * float 乘法节点，将 ForLoop 节点的 Index 返回值与模型宽度 50 相乘，添加 Make Vector 节点，将乘法节点的返回值传递给 Make Vector 节点的 X 参数，Make Vector 节点的返回值即为添加的每个模型的相对坐标。拖动 Add Static Mesh Component 节点的返回值引脚从而添加 Utilities>Transformation>SetRelativeLocation 节点，该节点用于设置 Target 参数接收变量的相对坐标。将 Make Vector 节点的返回值传递给 SetRelativeLocation 节点的 New Location 参数，再将 AttachTo 节点的输出执行引脚与 SetRelativeLocation 节点的输入执行引脚相连，如图 2-495 所示，从而将添加的每个静态模型相对于 Base Wall 组件按序列沿 X 轴排列，这样排列是由于 AttachTo 节点将添加的模型的父组件设为了 BaseWall 组件。

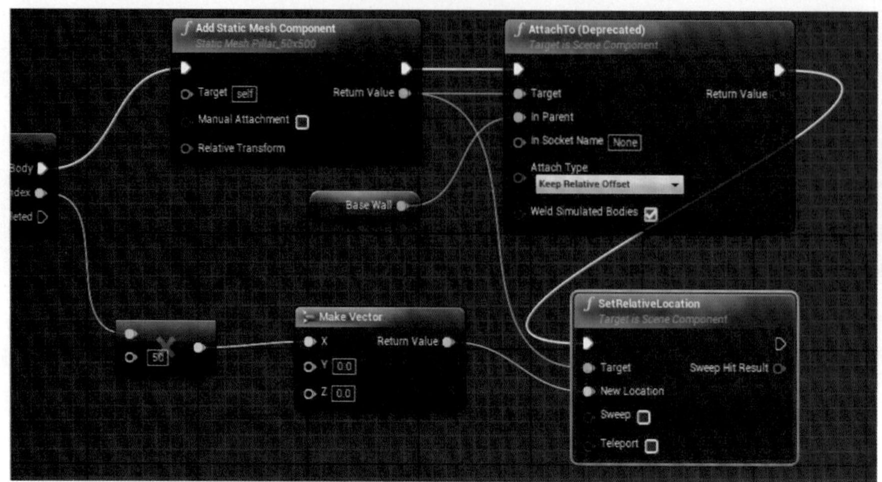

图 2-495

编译并保存 ProceduralWall 蓝图，在游戏场景中创建一个 ProceduralWall 蓝图类实例对象，找到 ProceduralWall 对象中的 End Point，沿 X 轴拖动 End Point，可以看到墙体变长，如图 2-496 所示。

现在可以改变墙体的长度了，接下来将实现墙体随着 End Point 在 XY 平面上的位置以 Z 轴为旋转轴改变角度。

拖动 ForLoop 节点的 Completed 执行引脚添加 Utilities>Transformation>SetRelativeRotation(BaseWall) 节点，该节点可以设置 Target 的相对旋转值，如图 2-497 所示。

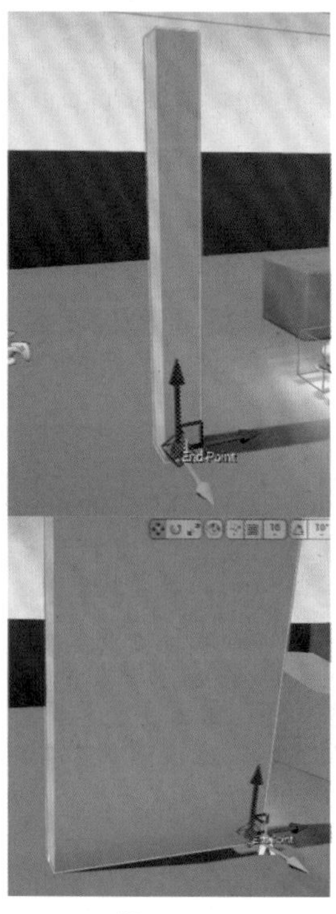

图 2-496

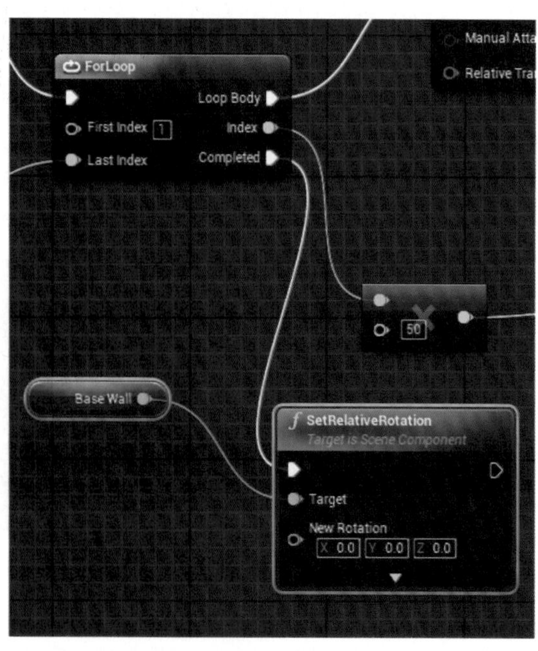

图 2-497

接下来则是设置 SetRelativeRotation 节点的 New Rotation 参数值。事实上，要 BaseWall 随着 End Point 位置的改变而旋转角度只需要找到两个点的位置就可以了，一个为固定不动的原点位置，一个为会变化的终点位置，只要让 BaseWall 的方向始终沿着这两点的连线即可。起点的世界坐标为当前蓝图对象的世界坐标，而终点的世界坐标为 End Point 的相对坐标值加上当前蓝图对象的世界坐标，因此添加 GetActorLocation 节点，再添加一个 vector + vector 加法节点，将 GetActorLocation 节点返回值与 End Point 的值相加，加法节点返回的则为终点世界坐标。添加一个 Math>Rotator>Find Look at Rotation 节点，该节点可以找到从起点到目标位置的旋转值，如图 2-498 所示。

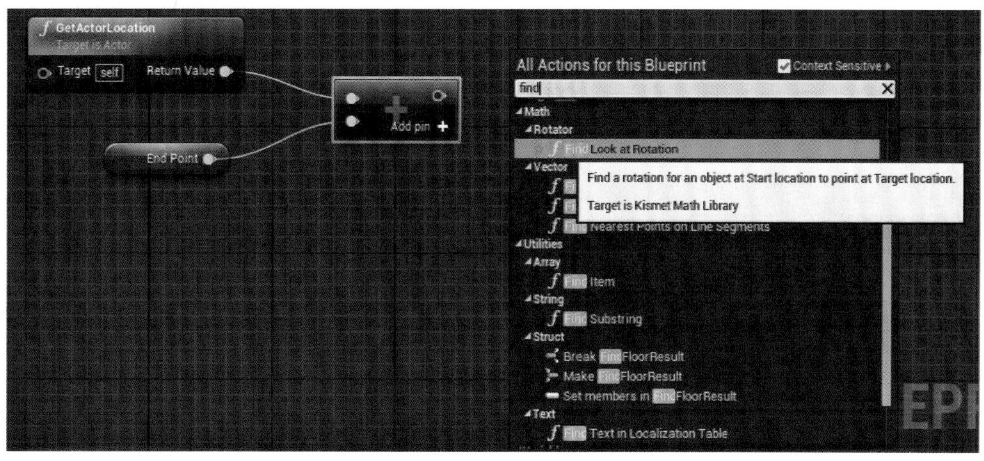

图 2-498

将 GetActorLocation 节点返回值传递给 Find Look at Rotation 节点的 Start 参数，将加法节点的返回值传递给 Find Look at Rotation 节点的 Target 参数。由于预先设定的是让 BaseWall 以 Z 轴为旋转轴随着 End Point 在 XY 平面上的位置改变角度，所以应保证 X、Y 轴上的旋转值始终为 0，因此添加一个 Break Rotator，将 Find Look at Rotation 节点返回的旋转值传递给 Break Rotator 节点的 Rotation 参数，从而将旋转值分解。添加 Make Rotator 节点，将 Break Rotator 节点的 Z 值传递给 Make Rotator 节点的 Z 参数，为 Make Rotator 节点的 X 和 Y 参数赋予常量 0。最后将 Make Rotator 节点的返回值传递给 SetRelativeRotation 节点的 New Rotation 参数，如图 2-499 所示。

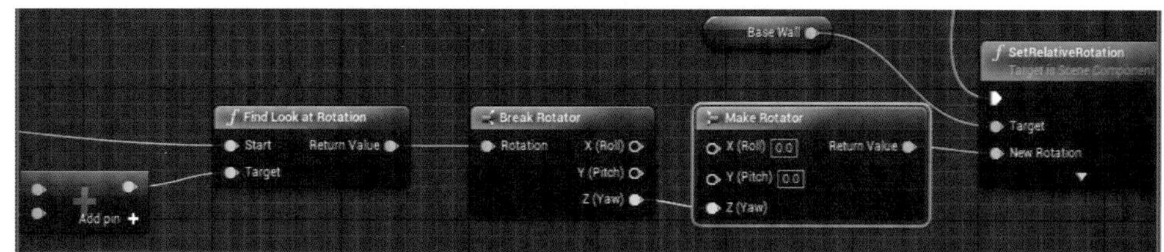

图 2-499

编译并保存 ProceduralWall 蓝图，在游戏视口中拖动 End Point，可以观察到墙体随着 End Point 的变化而改变长短和方向，如图 2-500 所示。

图 2-500

2.14.2 实例二：迷你地图的实现

本节我们要利用 UMG 实现一个迷你地图，当角色移动时，我们在地图上可以实时追踪到它在场景中的位置。

创建一个 Unreal Engine 4 第三人称工程项目。首先需要一张场景的顶视图来作为地图样式。创建一个控件蓝图，命名为 Map。在游戏视窗左上角找到视口类型按钮，将 Perspective 视图模式切换为 Orthographic>Top 视图模式，如图 2-501所示。

切换到顶视图后，需要对视窗内容进行高清截图。单击视窗左上角的 Viewport Options（视口选项），在菜单列表中找到并单击 High Resolution Screenshot，如图 2-502所示。

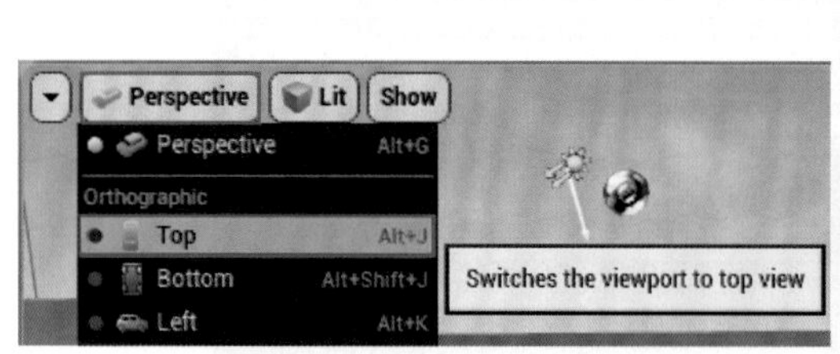

图 2-501

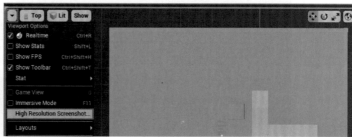

图 2-502

在弹出的 High Resolution Screenshot 对话框中，单击右下角的相机图标按钮即可完成高清截图，如图 2-503 所示。截图的保存路径位于项目文件夹中的 Saved>Screenshots>Windows 中。

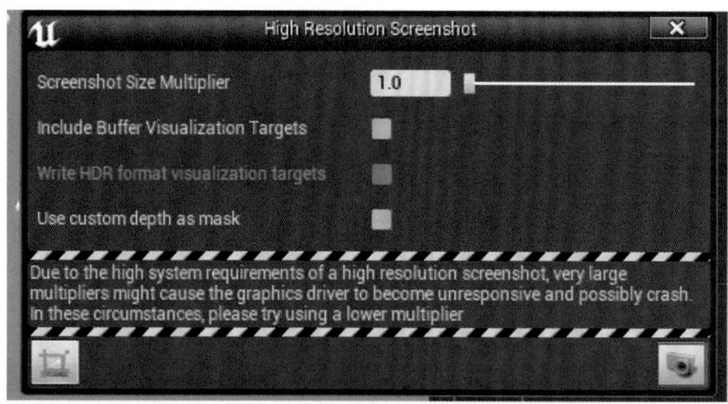

图 2-503

将截图中多余的部分裁切掉，只留下场景的俯视部分，如图 2-504 所示。

将裁切好的图片添加到 Content Broswer 中，命名为 MapPic，如图 2-505 所示。

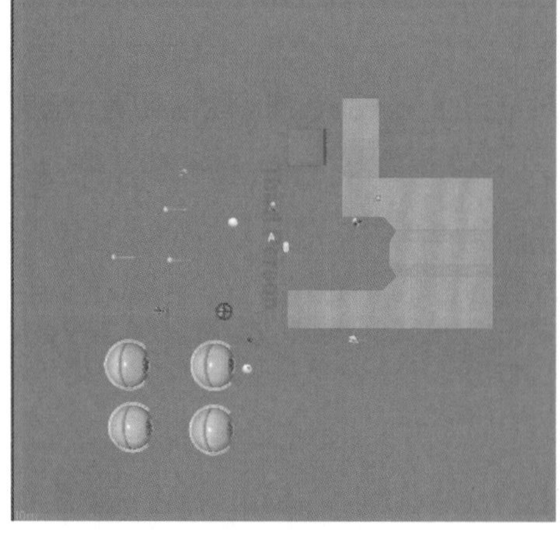

图 2-504

图 2-505

打开 Map 控件蓝图，删除 Canvas Panel 控件，添加一个 Overlay 控件，并为它添加一个 Image 子控件，Image 控件命名为 Map。将 Map 控件的 Appearance>Brush>Image 图片设置为 MapPic，设置 Map 控件的 Slot(Overlay Slot)>Horizontal Alignment 为 Horizontally Align Fill 模式，设置 Slot(Overlay Slot)>Vertical Alignment 为 Vertically Align Fill 模式，如图 2-506 所示。

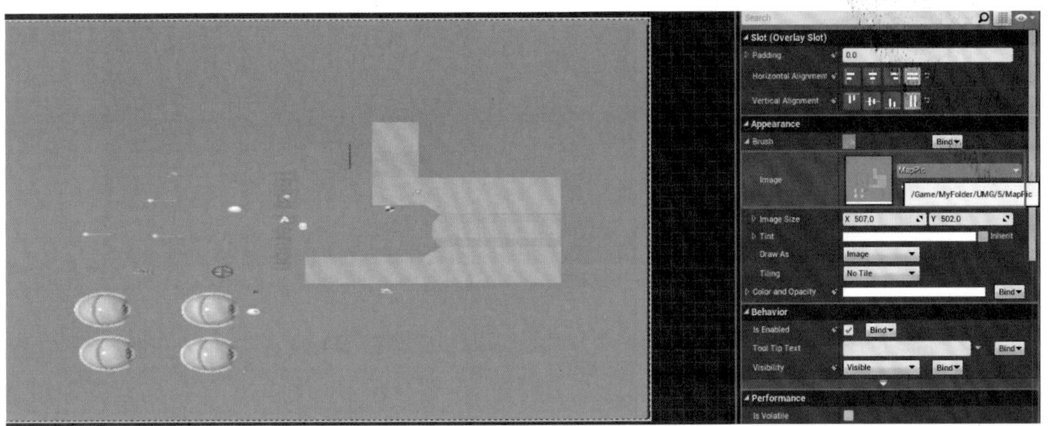

图 2-506

制作一个圆形图标，半径为 50 像素，该图标将在迷你地图中代表游戏角色，如图 2-507 所示。

将圆形图标添加到 Content Broswer，命名为 Target。在 Map 控件蓝图中为 Overlay 控件添加一个 Image 子控件，命名为 Target，将 Target 控件的 Appearance>Brush>Image 图片设置为 Target，设置 Target 控件的 Slot(Overlay Slot)>Horizontal Alignment 为 Horizontally Align Left 模式，设置 Slot(Overlay Slot)>Vertical Alignment 为 Vertically Align Top 模式，如图 2-508 所示。

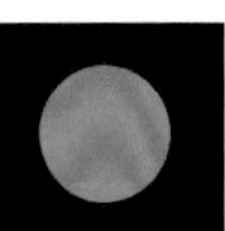

图 2-507

图 2-508

编译并保存 Map 控件蓝图，创建一个控件蓝图，命名为 MyUI5。打开 MyUI5，向视觉设计器中添加一个 Map 控件，默认命名为 Map_74，并设置该控件的 Slot(Canvas Panel Slot)>Anchors 处于 Canvas Panel Slot 右上角位置，如图 2-509 所示。

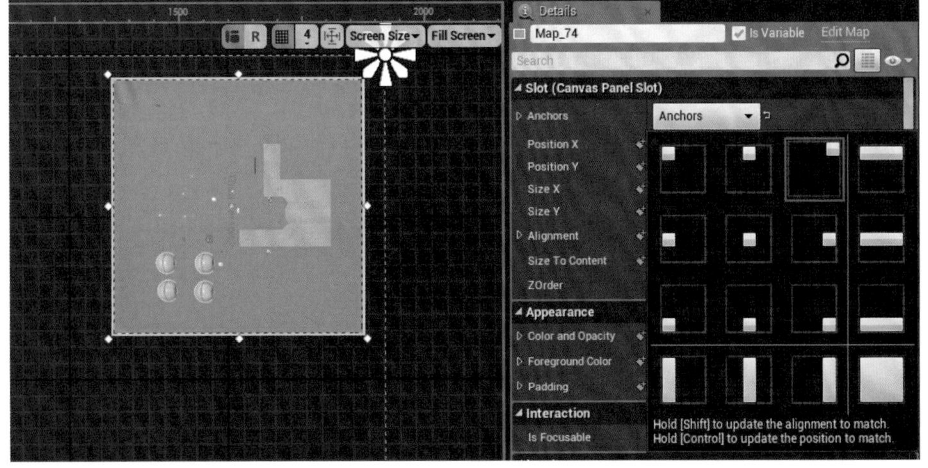

图 2-509

编译并保存 MyUI5，在关卡蓝图中将 MyUI5 添加到屏幕，编译并保存关卡蓝图，运行游戏，可以发现 MyUI5 出现在游戏视窗右上方，如图 2-510 所示。

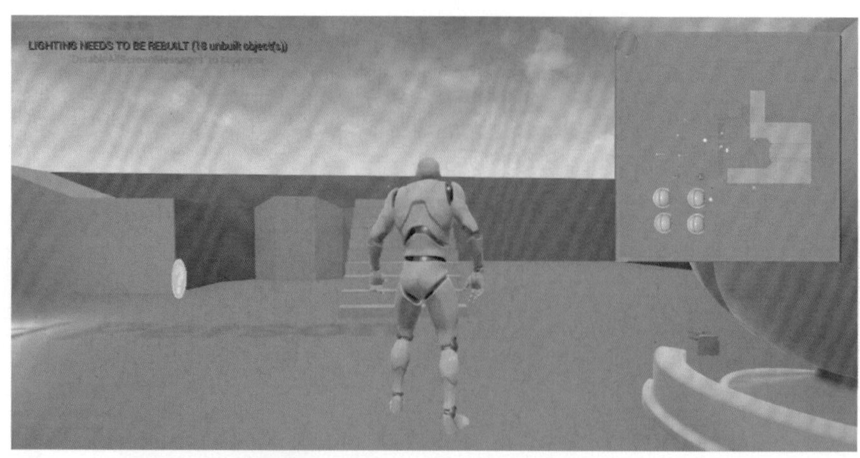

图 2-510

要将角色的行动与地图中的角色标识联动起来其实并不难，只要获得人物在 X、Y 方向的所在位置对场景的长、宽比例值，并将该比例传递给地图中的标识物，实时告诉它应该位于地图中 X、Y 方向上多少比例处即可。

首先要获得场景的长、宽大小。打开关卡蓝图，添加一个 Get Player Character 节点，拖动节点的返回值引脚，从而添加一个 GetActorLocation 节点来获得角色的世界坐标位置，利用 Break Vector 节点将角色的坐标分解，再用两个 Format Text 和 Print String 节点打印分解得到 X 和 Y 值，最后添加一个 Left Mouse Button 鼠标响应事件节点。节点布局和引脚间连线如图 2-511 所示。如此一来，我们只需通过控制人物移动到场景中的 4 个角落，再单击即可打印 4 个角落的坐标值，从而算出场景的长宽大小。

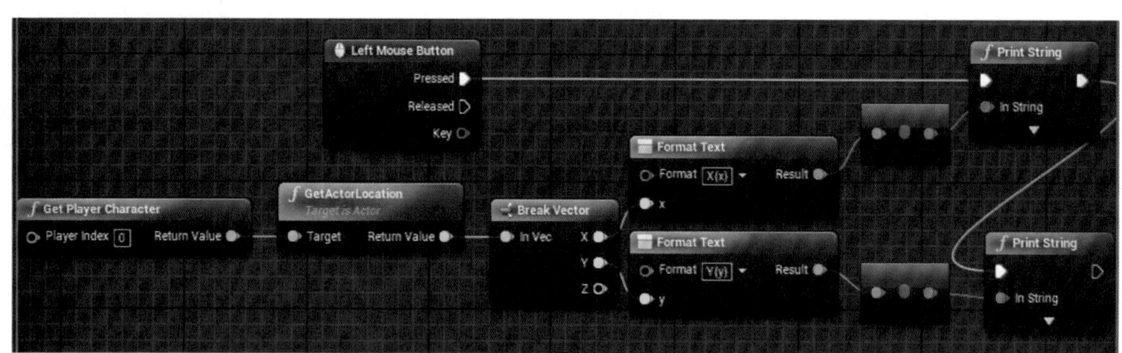

图 2-511

编译并保存关卡蓝图，运行游戏，控制角色走到场景中的某一角落，单击，可以看到当前人物所在位置为（-1800.991，-1405.896），如图 2-512 所示。

以此类推，获取剩下 3 个角落的坐标值，并计算出场景的长、宽，结果如图 2-513 所示，场景长为 2818.422 像素，宽为 2812.317 像素。

图 2-512

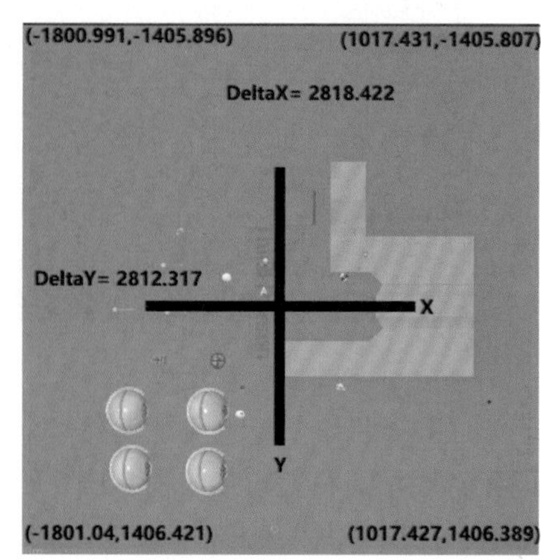

图 2-513

回到关卡蓝图，添加两个 Float 型变量，分别命名为 SceneWidth 和 SceneLength，用来记录场景的宽和长，分别赋值 2812.317 和 2818.422。再添加两个 Float 型变量，分别命名为 MinX 和 MinY，如图 2-514 所示，用来记录场景中 X、Y 坐标最小值，分别赋值 –1801.04 和 –1405.896。

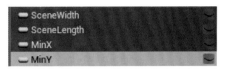

图 2-514

返回图表编辑器面板，在 Break Vector 节点和两个 Format Text 节点之间添加一些节点算出人物在 X、Y 方向上的位置占场景长、宽的比例值。添加两个 float–float 减法节点和两个 float/float 除法节点，将 Break Vector 节点分解出来的人物坐标 X、Y 值分别减去 MinX 和 MinY 的值，再将 X–MinX 获得的值除以 SceneLength，从而获得人物在 X 方向上的位置比例值，同样将 Y–MinY 获得的值除以 SceneWidth，从而获得人物在 Y 方向上的位置比例值，如图 2-515 所示。需要说明的是，由于世界坐标原点位于场景中心，因此需要利用（坐标值 - Min 坐标最小值）/ 长度才能获得位置比例值。

编译并保存关卡蓝图，运行游戏，控制人物移动，当按下鼠标左键后可以看到人物在 X、Y 方向上的位置比例，如图 2-516 所示。

打开 Map 控件蓝图，切换到 Graph 模式。为了让 Map 控件蓝图可以接收到人物位置比例值，我们创建一个 Function，命名为 Set Percent，并且为该函数添加两个 Float 型 Inputs 参数，分别命名为 Per X 和 Per Y，如图 2-517 所示。

添加一个 Float 变量，命名为 Radius。Radius 变量用来记录 Map 控件蓝图中 Target 控件的图片半径，Target 控件的图片直径为 50，因此为 Radius 赋值 25，如图 2-518 所示。

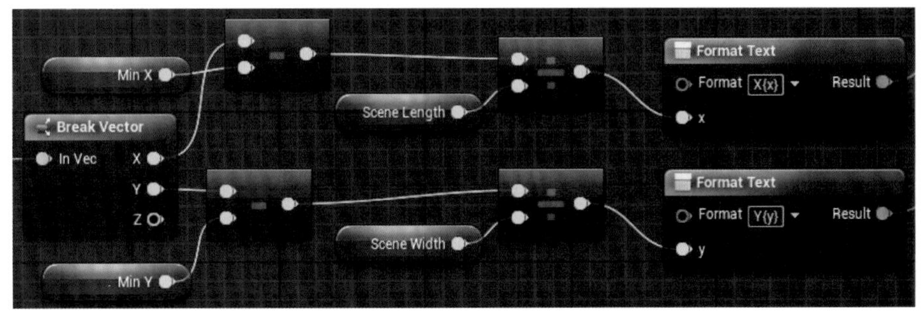

图 2-515

图 2-516

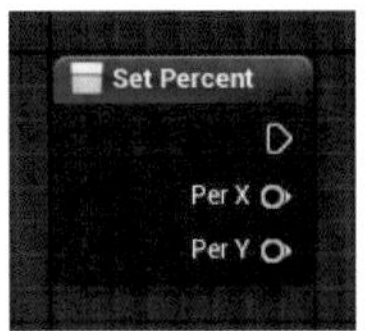

图 2-517

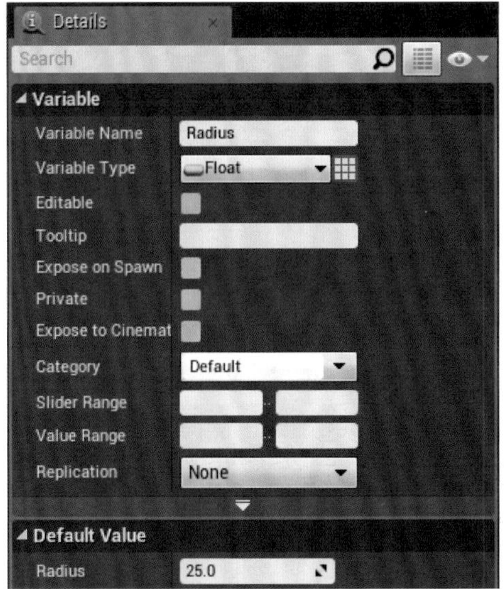

图 2-518

编译并保存 Map 控件蓝图，回到关卡蓝图，删除 Format Text 和 Print String 节点，拖动 Create My UI5 Widget 节点的返回值引脚，从而获得 MyUI5 控件蓝图中的控件 Map_74，再利用 Map_74 调用 Set Percent 函数，将之前利用除法获得的 X、Y 方向上的位置比例值分别传递给 Set Percent 节点的 Per X 和 Per Y 参数，最后添加一个 Add Event>Event Tick 事件节点，该节点的每一帧都会在游戏进程中被调用，将它的执行引脚与 Set Percent 节点的输入执行引脚相连，如图 2-519 所示。如此一来便将人物的位置比例值时时传递给了 Map 控件蓝图。

返回 Map 控件蓝图，切换到 Graph 模式，添加 Widget>Transform>Set Render Translation 节点，该节点可以设置 Target 参数接收对象的位置坐标。将 Target 控件变量传递给 Set Render Translation 节点的 Target 参数，添加一个 Make Vector 2D 节点，并将它的返回值传递给 Set Render Translation 节点的 Translation 参数，如图 2-520 所示。

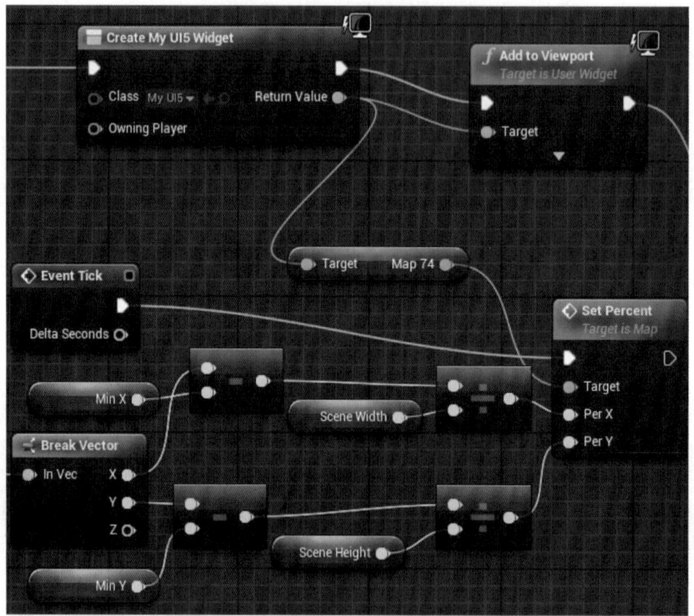

图 2-519

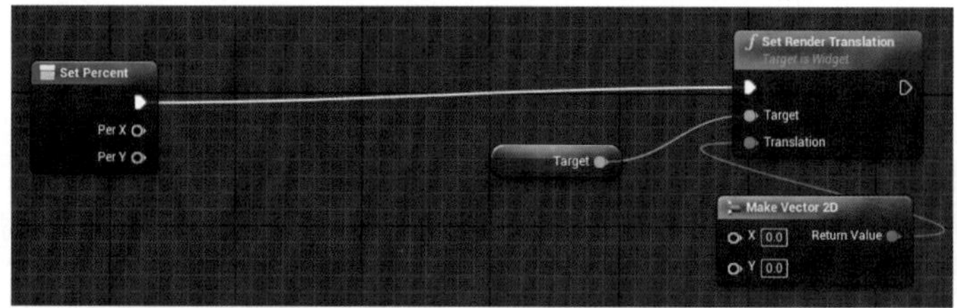

图 2-520

现在要为 Target 控件设置它的坐标位置。添加 Get Map 节点获得 Map 控件变量，通过 Map 变量调用 Widget>Get Desired Size 节点从而获得 Map 控件的大小，添加一个 Break Vector 2D 节点，将 Get Desired Size 节点的返回值传递给 Break Vector 2D 节点的 In Vec 参数，利用 Break Vector 2D 节点将 Map 控件的长宽分解，分别获得返回值 X、Y。Set Percent 函数可时时接收到人物在 X 和 Y 方向上的位置比例值 PerX 和 PerY，要想联动 Target 控件，使得控件根据人物在场景中的行动而在地图上产生关联行动，又由于控件蓝图中的原点坐标位于左上角，因此分别将 X、Y 上的位置比例值与 Map 控件的长、宽相乘，相乘结果便是 Target 控件应得的 X、Y 坐标位置值。添加两个 float * float 乘法节点，将 Set Percent 节点的 Per X 参数与 Break Vector 2D 的返回值 X 相乘，Set Percent 节点的 Per Y 参数与 Break Vector 2D 的返回值 Y 相乘，如图 2-521 所示。

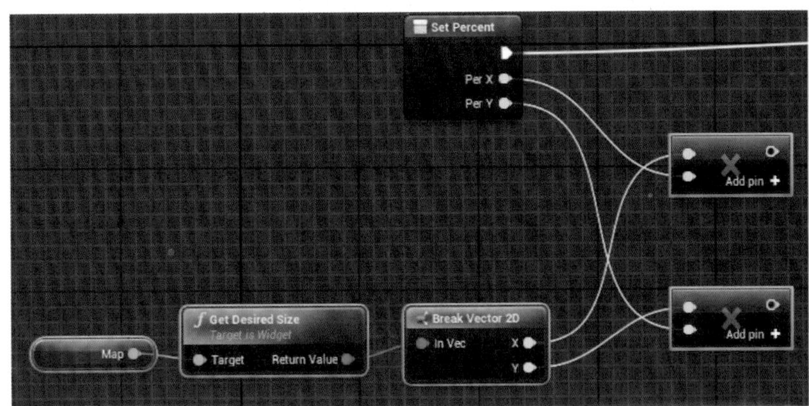

图 2-521

需要注意的是，Target 控件的坐标原点同样位于控件的左上方，因此变得更合理的情况是将两个相乘结果各自减去一个 Target 控件的半径值，控件图片的半径值即为 Target 控件在 MyUI5 中的半径值，因此添加两个 float–float 减法节点，将两个乘法结果各自与 Radius 变量相减，最后将两个减法结果分别传递给 Make Vector 2D 的 X 和 Y 参数，如图 2-522 所示。

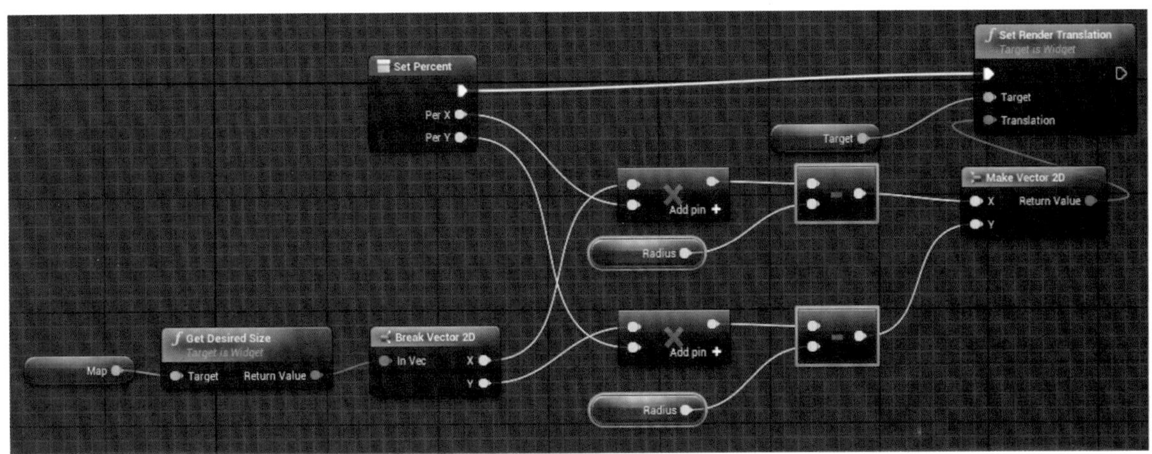

图 2-522

编译并保存 Map 控件蓝图，运行游戏，控制人物移动，可以发现地图中的人物标识与场景中的人物之间产生了联动，如图 2-523 所示。

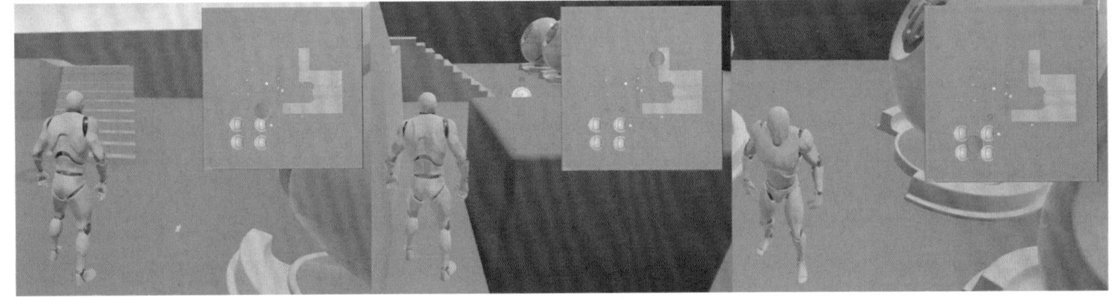

图 2-523

2.14.3　实例三：武器栏的实现

本节将制作一个武器栏，当选中其中的武器时可以让游戏人物手持该武器。

首先借助 3ds Max 或 Maya 等三维软件制作两个武器模型，这里分别制作了一个锤子和一把剑模型，需要注意的是，武器模型的中心点应位于人的手持位置，例如锤子模型的中心点应位于锤柄，剑模型的中心点应位于剑柄，如图 2-524 所示，如此一来便可以让人物拿着锤子的时候握着锤柄，拿着剑的时候握着剑柄。

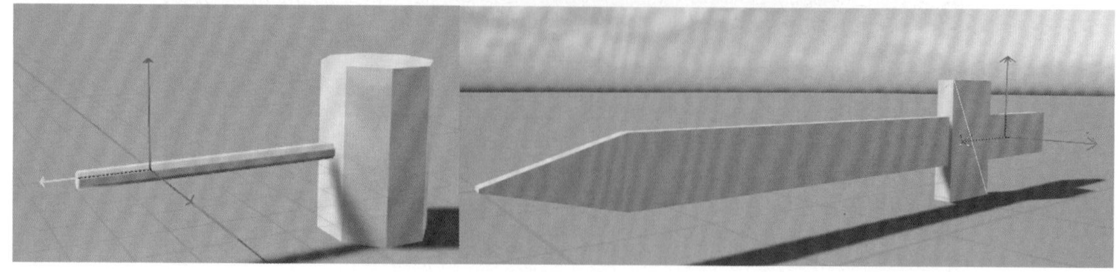

图 2-524

创建一个第三人称工程项目，将锤子和剑模型导出成 fbx 格式并导入到 Unreal Engine 4 关卡编辑器中，分别命名为 Hammer_AfterLocate 和 Sword_AfterLocate，如图 2-525 所示。

创建两个以 Actor 为父类的蓝图类，分别命名为 Hammer 和 Sword，在 Hammer 蓝图中添加 Hammer_AfterLocate 静态模型组件，在 Sword 蓝图中添加 Sword_AfterLocate 静态模型组件，如图 2-526 所示。

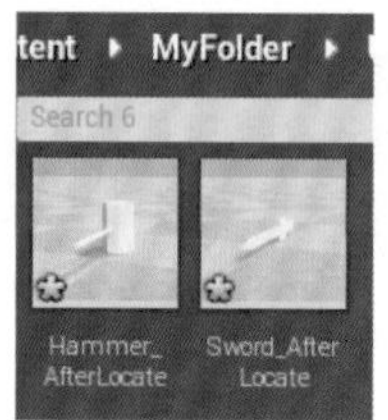

图 2-525

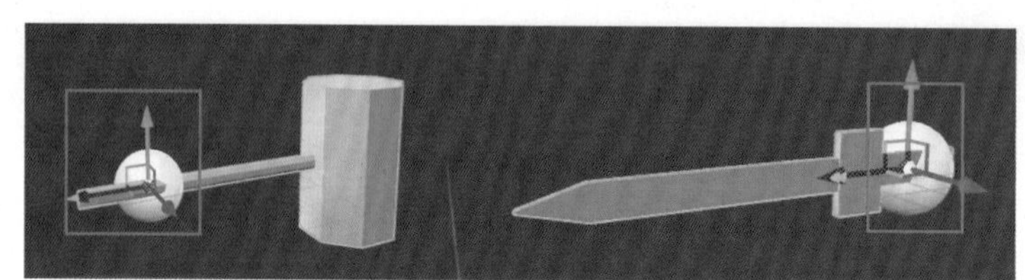

图 2-526

在 Content Broswer 中找到 SK_Mannequin 骨骼模型，如图 2-527 所示。

打开 SK_Mannequin 模型编辑器，单击编辑器右上方的 Skeleton 模式，可以看到在人物模型的左侧有一个 Skeleton Tree 面板，里面罗列着人物模型的骨架，如图 2-528 所示。

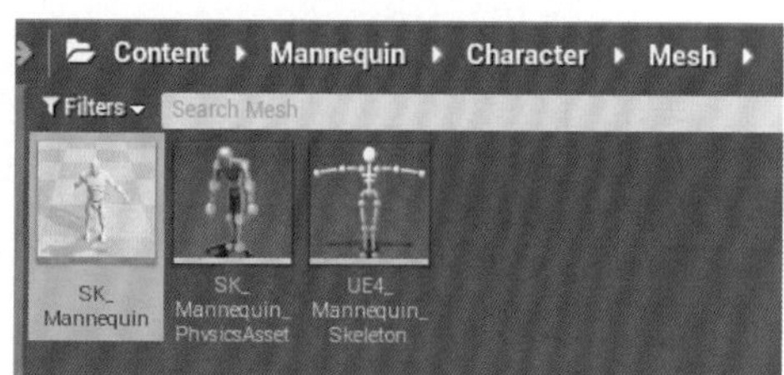

图 2-527

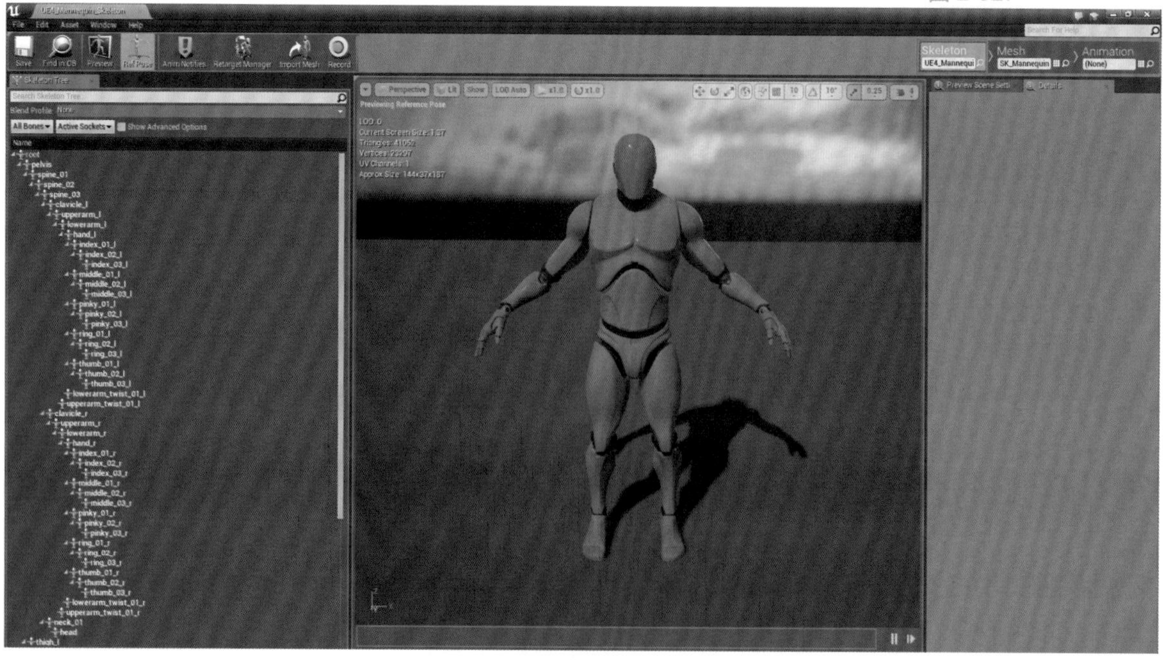

图 2-528

找到左手的骨骼，路径为 root>pelvis>spine_01>spine_02>spine_03>clavicle_l>upperarm_l>lowerarm_l>hand_l，选中并右击，在弹出的菜单中选择 Selected Bone Actions>Add Socket 选项，按照同样的思路找到右手的骨骼，路径为 root>pelvis>spine_01>spine_02>spine_03>clavicle_r>upperarm_r>lowerarm_r>hand_r，同样选中并右击，在弹出的菜单中选择 Selected Bone Actions>Add Socket 选项，如图 2-529 所示。

为左手骨骼添加的 Socket 命名为 LeftHand，Socket 在人物模型中的位置，即是人物拿着武器时武器中心点的位置，因此要在人物模型中调整好 LeftHand Socket 的位置。为右手骨骼添加的 Socket 命名为 RightHand，同样调整好 RightHand Socket 位置，如图 2-530、图 2-531 所示。需要注意的是，在此只调整 Socket 的 Location 坐标位置，并不调整 Socket 的 Rotation 旋转值，因此 LeftHand Socket 和 RightHand Socket 的 Rotation 皆为默认的（0，0，0）。

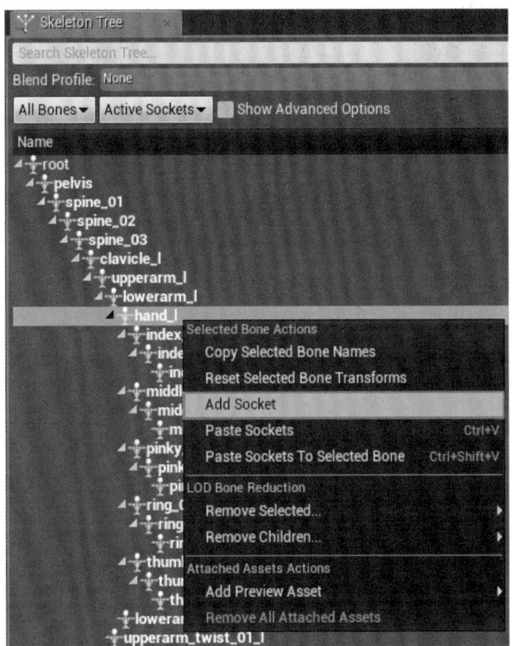

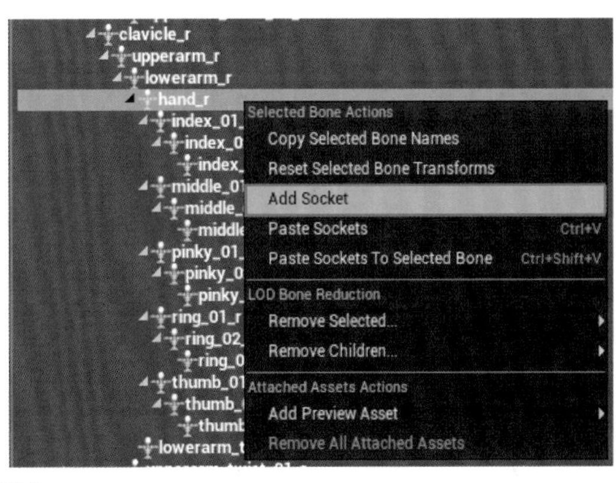

图 2-529

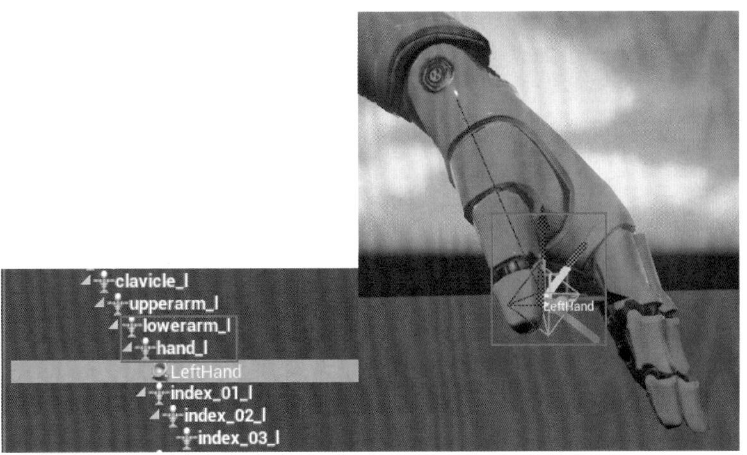

图 2-530

保存 SK_Mannequin，返回 Hammer 和 Sword 蓝图，我们设定人物右手拿锤子，左手拿剑，因此根据 RightHand Socket 和 LeftHand Socket 的中心点调整 Hammer_AfterLocate 和 Sword_AfterLocate 蓝图中武器模型组件的角度。当人物手拿武器时，武器相对于 Socket 的 Rotation 值即为武器模型组件在蓝图中的 Rotation 值，我们可以简单想象若武器模型组件的 Rotation 值为（0，0，0），即与 Socket 的相对值为 0，那么组件的 3 个轴向会与 Socket 的 3 个轴向重合，因此我们在这里调整它们的 Rotation 值皆为（120，20，90），该数值也因人而异，如图 2-532 所示。

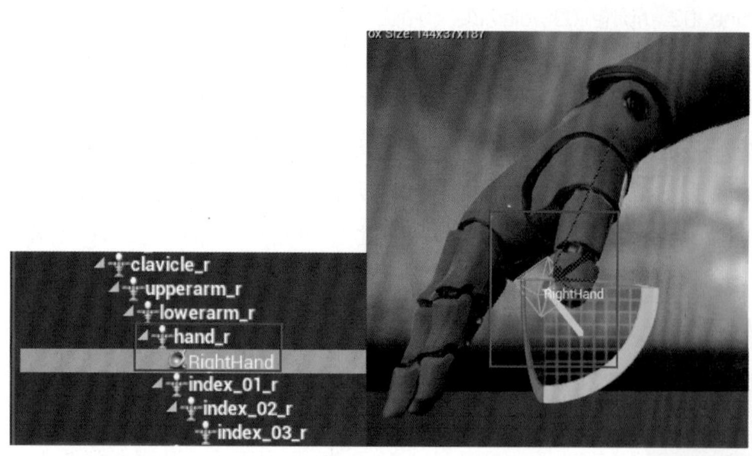

图 2-531

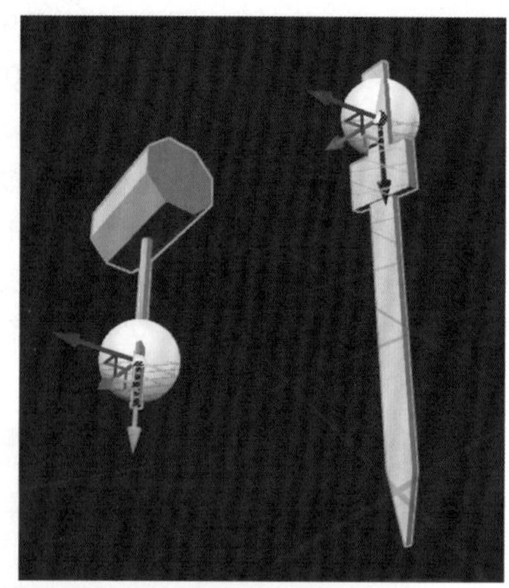

图 2-532

编译并保存 Hammer 和 Sword 蓝图，打开关卡蓝图，现在试着通过键盘控制让人物的右手持有锤子。添加 SpawnActor from Class 节点，并设置节点的 Class 参数为 Hammer。添加 Make Transform 节点，并将返回值传递给 SpawnActor Hammer 节点的 Spawn Transform 参数。拖动 SpawnActor Hammer 节点的返回值引脚，调出关联菜单，找到并添加 Utilities>Transformation>AttachActorToComponent(Deprecated) 节点，该节点可将 Target 参数的接收对象的根组件附给 In Parent 参数的接收对象组件或某一 Socket，因此添加一个 Get Player Character 节点，拖动返回值调用 Variables>Character>Get Mesh 节点，将 Mesh 传递给 AttachActorToComponent(Deprecated) 节点的 In Parent 参数，再将 AttachActorToComponent (Deprecated) 节点的 In Socket Name 参数赋予 RightHand 常量，使得通过 Spawn 而得的 Hammer 被附给 Player Character 模型的 RightHand Socket。最后添加一个 V 键盘响应事件节点来触发一系列流程的执行。节点布局以及引脚间连线如图 2-533 所示。

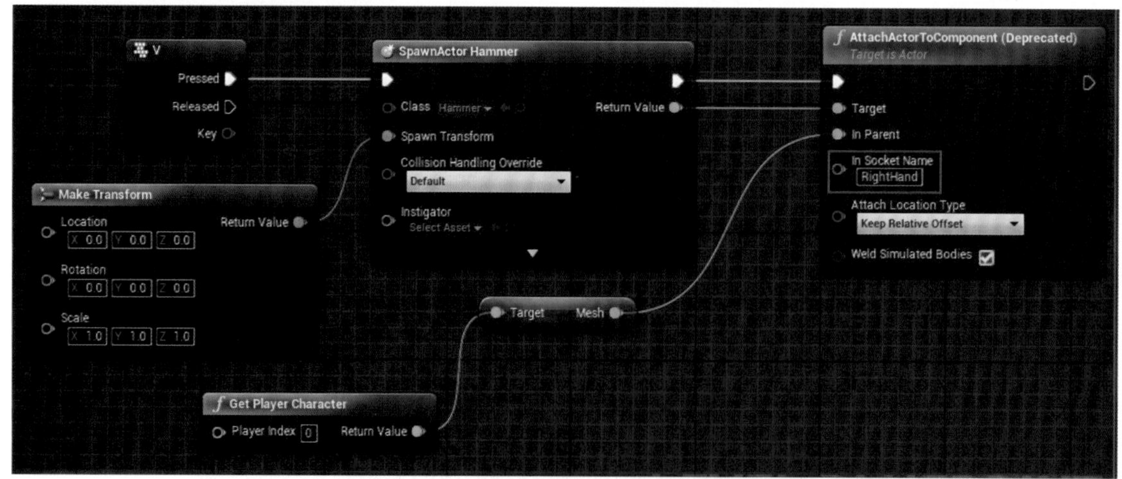

图 2-533

编译并保存关卡蓝图，运行游戏，按下 V 键，可以看到人物右手持有锤子，如图 2-534 所示。

返回关卡蓝图，将实现人物手持锤子功能的节点复制并粘贴，之后将复制而得的 SpawnActor Hammer 节点的 Class 参数更改为 Sword，从而节点变为了 SpawnActor Sword，再将 AttachActorToComponent(Deprecated) 节点的 In Socket Name 改为 LeftHand。最后将 V 键盘响应事件节点变为 H 键盘响应事件节点，如图 2-535 所示。

图 2-534

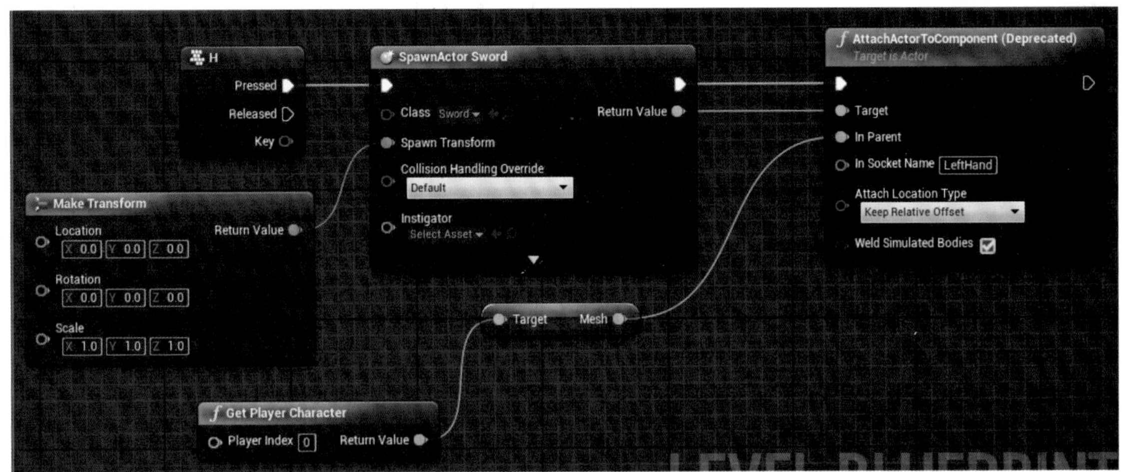

图 2-535

编译并保存关卡蓝图，运行游戏，按下 H 键，可以看到人物左手持有剑，如图 2-536 所示。

图 2-536

至此，虽然成功地让人物拿起了武器，但还需要完善。现在运行游戏，按下 V 键让人物拿着锤子，并继续按下 V 键，在 WorldOutliner 窗口中可以看到 ThirdPersonCharacter 下有不止一个 Hammer 子组件，如图 2-537 所示。

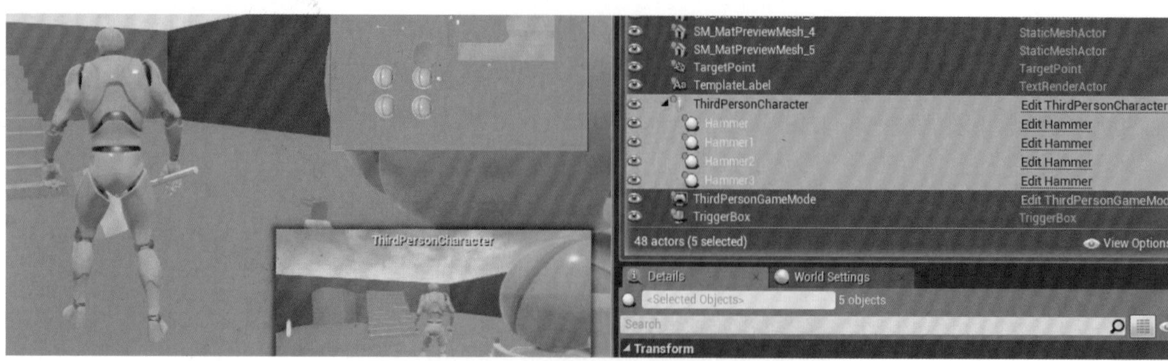

图 2-537

因此需要在 Spawn Hammer 之前先对人物的子组件个数进行判断。断开 V 键盘响应事件节点与 Spawn Actor Hammer 节点间的引脚连线，添加一个 Cast To ThirdPersonCharacter 节点，添加一个 Get Player Character 节点，将 Get Player Character 节点的返回值传递给 Cast To ThirdPersonCharacter 节点的 Object 参数。拖动 Cast To ThirdPersonCharacter 节点的 As Third Person Character 引脚从而添加 Utilities>Get Attached Actors 节点，该节点可获得附在 Target 参数接收对象上的所有对象。利用 Length 节点获得 Get Attached Actors 返回值 Out Actors 数组的长度并判断是否不等于 0，添加一个 Branch 节点，将 Not Equal 节点的返回值传递给 Branch 节点的 Condition 参数。节点布局以及引脚间连线如图 2-538 所示。

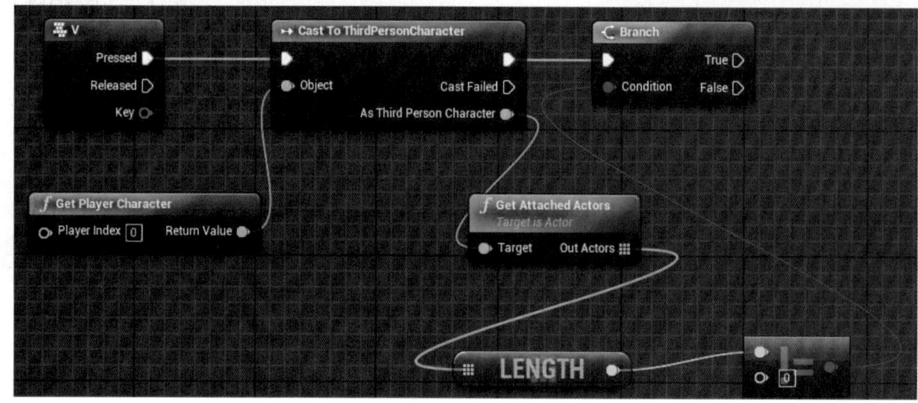

图 2-538

若 ThirdPersonCharacter 的子组件个数等于 0，即 Not Equal 返回值为 False，则直接执行之前设置的 SpawnActor Hammer 节点及一系列相关节点，如图 2-539 所示。

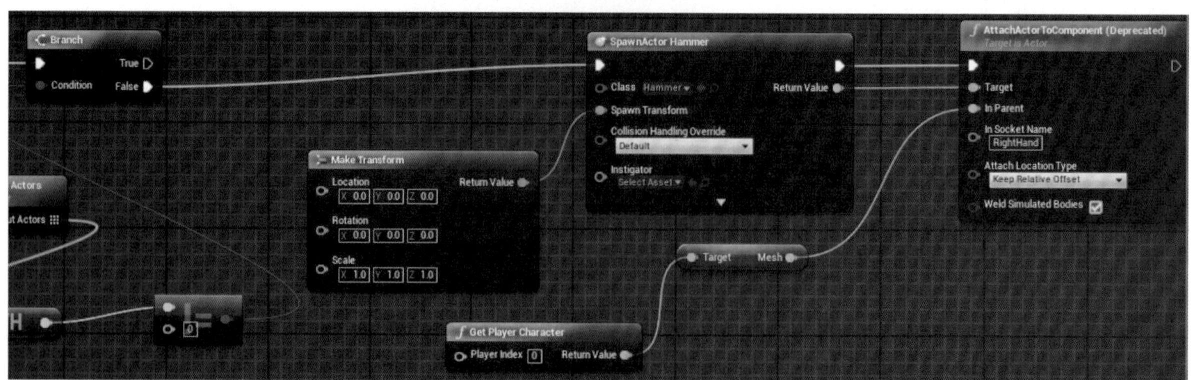

图 2-539

若 ThirdPersonCharacter 的子组件个数不为 0，即 Not Equal 返回值为 true，则需要把子组件中的所有 Hammer 组件删除后再进行 Spawn Hammer。添加一个 ForEachLoop 节点，将 GetAttachedActors 节点的 Out Actors 返回值传递给 ForEachLoop 节点的 Array 参数。拖动 ForEachLoop 节点的 Array Element 引脚从

而获得 Utilities>GetClass 节点，GetClass 节点可以获得 Object 参数接收的对象类型，利用 ForEachLoop 和 GetClass 节点可以获得每个子组件的类型。再添加一个 Utilities>Equal(Class) 节点，该节点可判断两个 Object Class 参数接收的变量是否相等，因此利用 Equal 节点判断 GetClass 节点返回的组件类型是否为 Hammer 类。添加 Branch 节点，将比较结果传递给 Branch 节点的 Condition 参数。若 Equal 节点返回值为 true，即检测到当前子组件为 Hammer 类，则应该销毁该组件，因此添加 Cast To Hammer 节点，将 ForEachLoop 节点的 Array Element 返回值传递给 Cast To Hammer 节点的 Object 参数，拖动 Cast To Hammer 节点的 As Hammer 返回值从而添加 DestroyActor 节点。最后，当 ForEachLoop 循环体循环完毕后，子组件中已无 Hammer 组件，继而将执行 Spawn Hammer，将 ForEachLoop 节点的 Completed 执行引脚与 SpawnActor Hammer 节点的输入执行引脚相连。节点布局以及引脚间连线如图 2-540 所示。

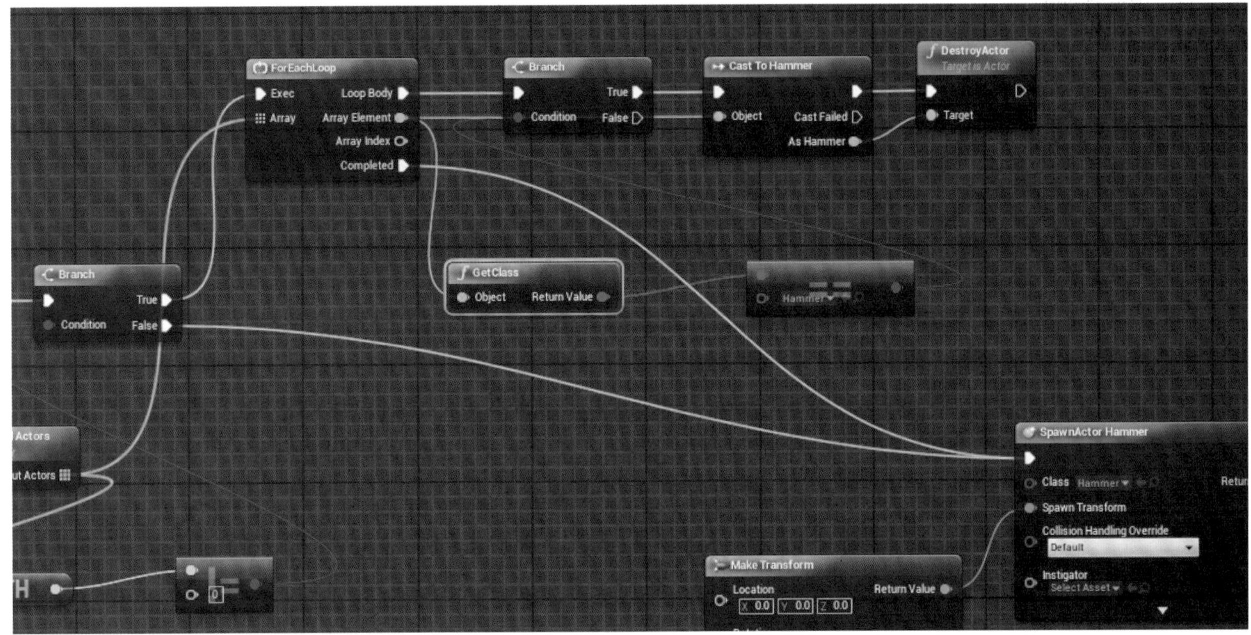

图 2-540

设置好添加 Hammer 组件的相关节点后，添加 Sword 组件的节点操作相同，只是将 Equal 节点处与 GetClass 节点返回值相比较的参数赋值为 Sword 类型，如图 2-541 所示。

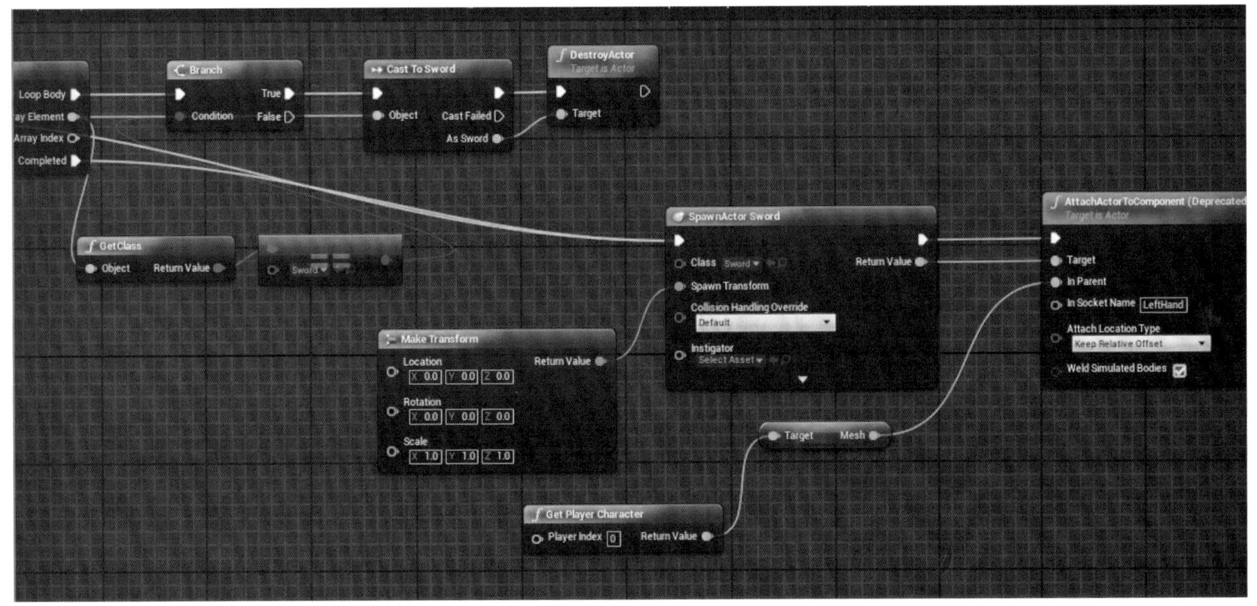

图 2-541

编译并保存关卡蓝图，运行游戏，多次按下 H 键和 V 键可以发现 ThirdPersonCharacter 始终只有一个 Sword 组件和一个 Hammer组件，如图 2-542 所示。

掌握了使人物手持武器的方法，接下来要创作一个武器栏，使得我们通过对武器栏的操作来控制人物拿武器。

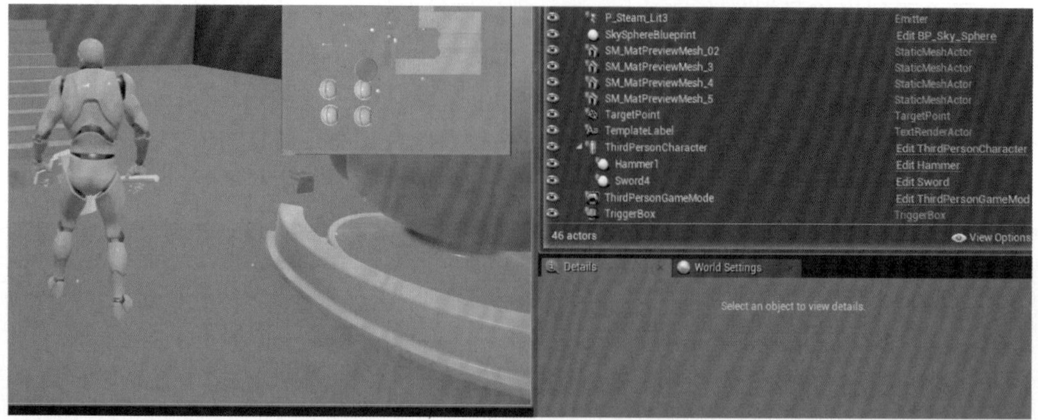

图 2-542

创建一个控件蓝图，命名为 WeaponMenu。打开 WeaponMenu 控件蓝图，在视觉设计器中添加一个 Uniform Grid Panel 控件，设置它的 Slot(Canvas Panel Slot)>Anchors 处于右下角，并在 Fill Rules 属性中设置它有 3 行 3 列，如图 2-543 所示。

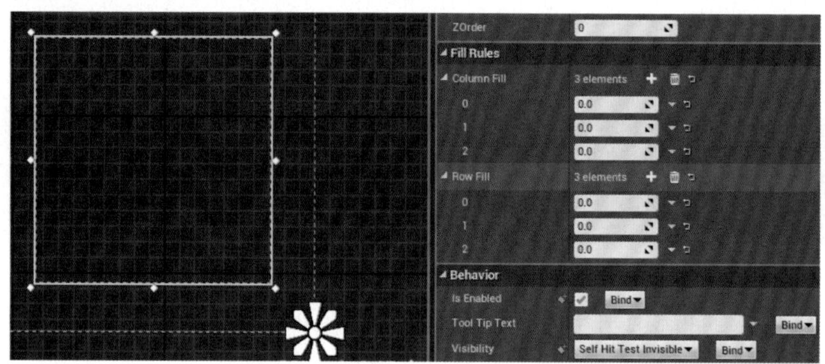

图 2-543

为 Uniform Grid Panel 控件添加 9 个 Button 子控件，且每个 Button 的 Horizontal Alignment 为 Horizontally Align Fill，Vertical Alignment 为 Vertically Align Fill，如图 2-544 所示。

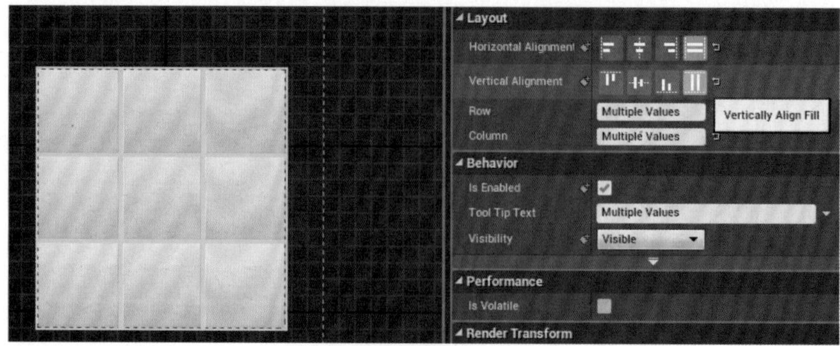

图 2-544

向 Unreal Engine 4 关卡编辑器中添加 3 个分别代表锤子、剑和无武器的图标，分别命名为 Hammer、Sword 和 null，再添加 3 个图标分别为选中状态下的锤子、剑和无武器图标，分别命名为 Hammer_selected、Sword_selected 和 null_selected，如图 2-545 所示。在这里 6 个图标大小皆为 200 × 200，它们将用来装饰武器栏的按钮。

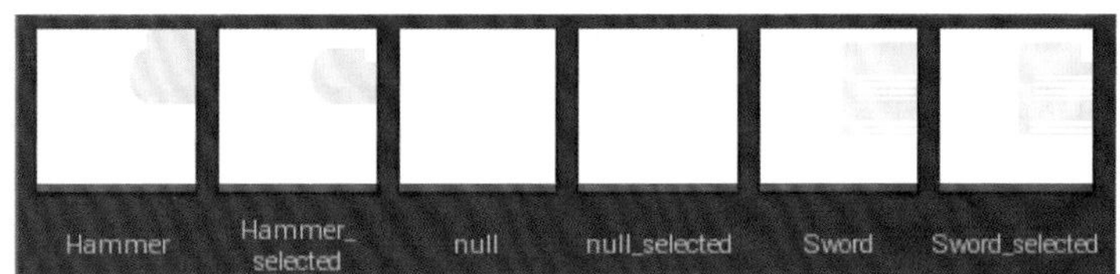

图 2-545

之后分别在每张图片上右击，在菜单中选择 Texture Actions>Create Slate Brush 选项，如图 2-546 所示，即为每张图片添加了相应的 Slate Brush。

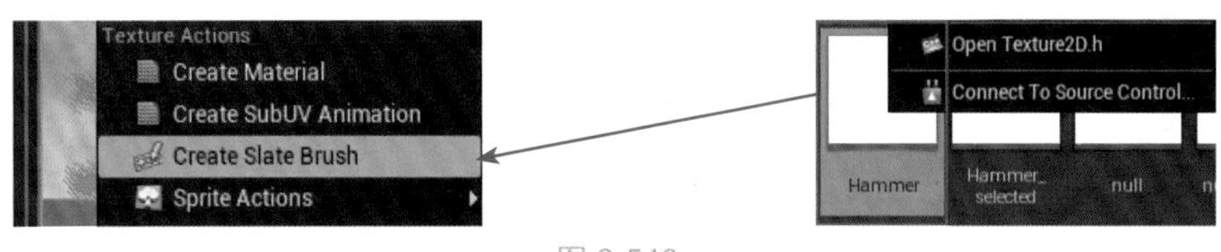

图 2-546

为添加的 6 个 Slate Brush 资源分别命名为 Hammer_Brush、Hammer_selected_Brush、Sword_Brush、Sword_selected_Brush、null_Brush 和 null_selected_Brush，如图 2-547 所示。

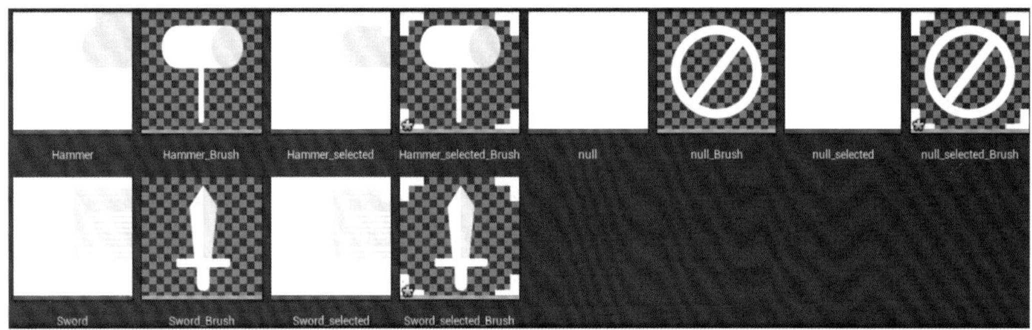

图 2-547

为排列在 Uniform Grid Panel 控件中第一行的第一个和第二个 Button 子控件分别命名为 HammerButton 和 SwordButton。为 HammerButton 的 Appearance>Style 下的 Normal>Image 赋予图片 Hammer，为 Hovered>Image 赋予图片 Hammer_selected，如图 2-548 所示。对 SwordButton 进行同样的操作，只是为 Normal>Image 赋予图片 Sword，为 Hovered>Image 赋予图片 Sword_selected。对于其他按钮，为它们的 Normal>Image 赋予图片 null，为它们的 Hovered>Image 赋予图片 null_selected。

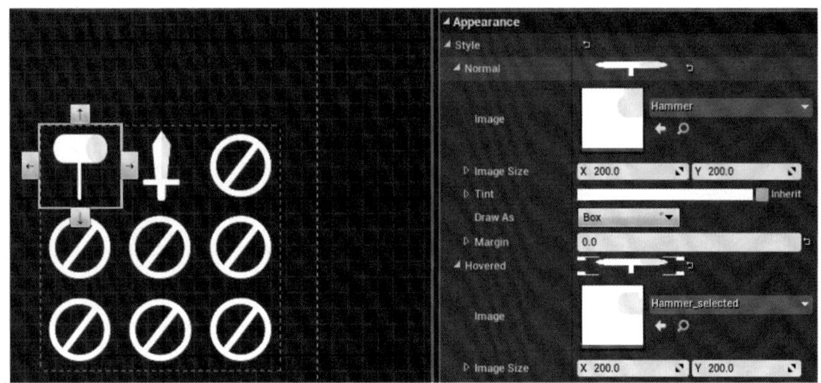

图 2-548

我们设定，人物只能在同一时刻手持一件武器，因此武器栏样式的大致思路为：当单击 HammerButton 时，人物手持 Hammer 组件，HammerButton 的 Normal 图片样式变为 Hammer_selected 图标，SwordButton 的 Normal 图片样式为 Sword 图标；同样当单击 SwordButton 时，人物手持 Sword 组件，SwordButton 的 Normal 图片样式变为 Sword_selected 图标，HammerButton 的 Normal 图片样式变为 Hammer 图标。

分别单击 HammerButton 和 SwordButton 按钮的 Events>OnClicked，为两个按钮添加鼠标响应事件节点 OnClicked。切换到 Graph 模式，为两个 OnClicked 节点分别添加并用执行引脚串联两个 Set Style 节点。为与 OnClicked（HammerButton）节点连接的第一个 Set Style 节点的 Target 参数赋予 HammerButton 控件变量，为第二个 Set Style 节点的 Target 参数赋予 SwordButton 控件变量，即当单击 HammerButton 按钮后将先为 HammerButton 设置图片样式，再为 SwordButton 设置图片样式。同理，为 OnClicked(SwordButton) 节点的第一个 Set Style 节点传递 SwordButton 控件变量，为另一个 Set Style 节点传递 HammerButton 控件变量。

接下来将设置每个 Set Style 节点的 In Style 参数。添加 4 个 Make ButtonStyle 节点，将它们的返回值 Button Style 分别传递给 4 个 Set Style 节点的 In Style 参数。再添加 4 个 Make Brush from Asset 节点，4 个节点的 Brush Asset 调用资源分别设置为 Hammer_selected_Brush、Sword_Brush、Sword_selected_Brush 和 Hammer_Brush。现在将单击两个按钮后各自样式发生的详细变化一一罗列，从而完成节点引脚间的连线。

1．执行 OnClicked(HammerButton)

（控件→状态→图片 = 图片名）

HammerButton → Normal → BrushAsset = Hammer_selected_Brush

HammerButton → Hovered → BrushAsset = Hammer_selected_Brush

HammerButton → Pressed → BrushAsset = Hammer_selected_Brush

SwordButton → Norma-l → BrushAsset = Sword_Brush

SwordButton → Hovered → BrushAsset = Sword_selected_Brush

SwordButton → Pressed → BrushAsset = Sword_selected_Brush

2．执行 OnClicked(SwordButton)

SwordButton → Normal → BrushAsset = SwordButton_selected_Brush

SwordButton → Hovered → BrushAsset = SwordButton_selected_Brush

SwordButton → Pressed → Image = SwordButton_selected_Brush

HammerButton → Normal→ BrushAsset = Hammer_Brush

HammerButton → Hovered → BrushAsset = Hammer_selected_Brush

HammerButton → Pressed → BrushAsset = Hammer_selected_Brush

节点布局及引脚间连线如图 2-549 所示。

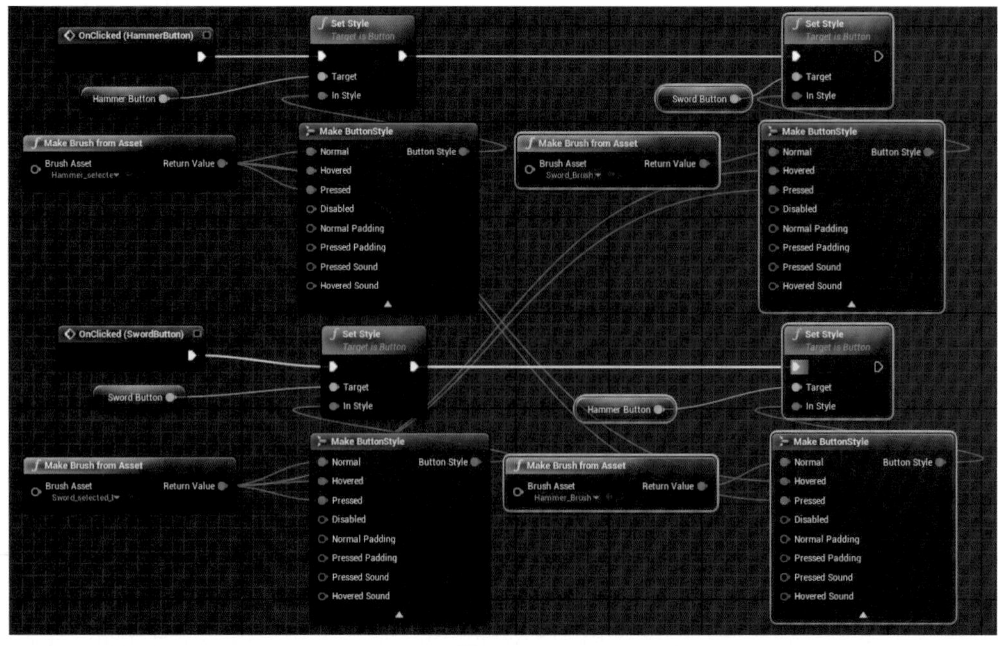

图 2-549

设计好 Button 样式后，接下来将要执行人物手持武器的功能了。这个功能大致的结构我们在关卡蓝图中实现过，现在除去其中的键盘响应事件节点，如图 2-550 所示，将其他的节点移动到 WeaponMenu 控件蓝图的 Event Graph 图表编辑面板中，编译并保存关卡蓝图。

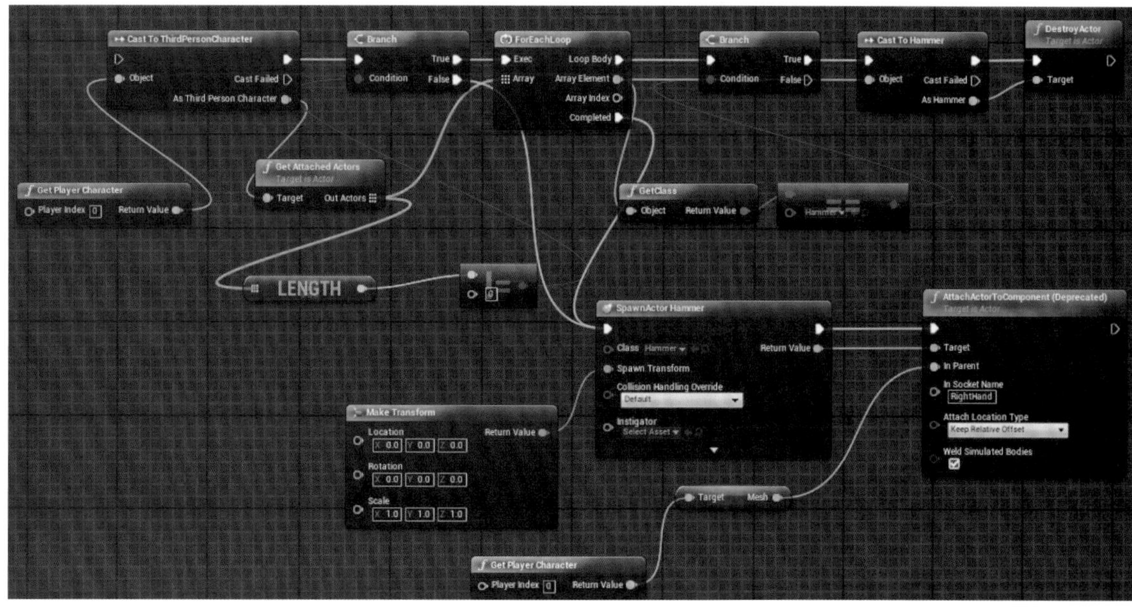

图 2-550

由于需求发生了变化，即现在人物在同一时刻只能手持一件武器，因此需要完善这个功能的结构来实现需求。在之前的设计中我们允许人物同时持有两个武器，因此当按下 V 键则只检测子组件中是否存在 Hammer 组件，若存在则只消除 Hammer 组件并添加一个 Hammer 组件，整个过程并不考虑 Sword 组件的存在与否，这就使得我们可以同时持有两个武器；同样当按下 H 键时则只检测 Sword 组件并只销毁 Sword 组件，不考虑 Hammer 组件的存在。现在我们希望手持一件武器，说明在添加武器之前需要将 ThirdPersonCharacter 下存在的 Hammer 和 Sword 子组件都删除，由此再向前考虑则需要同时检测 Hammer 和 Sword 子组件的存在。

因此，在通过 GetClass 节点获得子组件的类型后应利用两个 Equal（Class）节点分别检测子组件是否为 Hammer 或 Sword 类型。添加一个 Math>Boolean>OR Boolean 节点，将两个 Equal 结果传递给 OR Boolean 节点，若存在 Hammer 或 Sword 其中一个类型的组件，则传递给一个 Branch 节点执行 true，继而再执行一个 Branch 节点，若子组件为 Hammer 类型则执行 true 销毁该 Hammer 组件，若子组件不为 Hammer 类型则为 Sword 类型，执行 False 销毁该 Sword 组件。添加的节点及引脚间连线如图 2-551 所示。对于 Spawn Sword 系列节点也进行同样的改变。

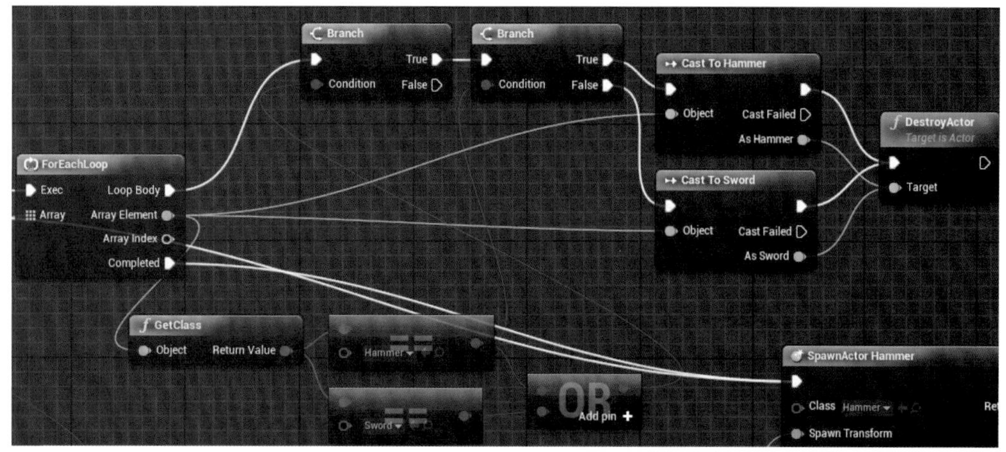

图 2-551

将与 OnClicked(HammerButton) 节点串联的第二个 Set Style 节点的输出执行引脚与用于实现 Spawn Hammer 的 Cast To ThirdPersonCharacter 节点的输入执行引脚相连，如图 2-552 所示。同样的道理，与 OnClicked(SwordButton) 节点串联的第二个 Set Style 节点的输出执行引脚与相应的 Cast To ThirdPersonCharacter 节点的输入执行引脚相连。

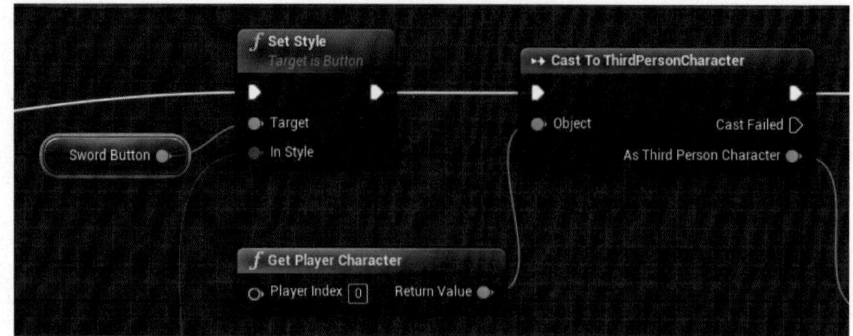

图 2-552

编译并保存 WeaponMenu 控件蓝图，在关卡蓝图中将 WeaponMenu 控件蓝图添加到游戏视窗，编译并保存关卡蓝图，运行游戏，可以看到一个武器栏出现在游戏视窗中，当单击 HammerButton，人物右手持有 Hammer 组件；而当单击 SwordButton，人物左手持有 Sword 组件，如图 2-553 所示。

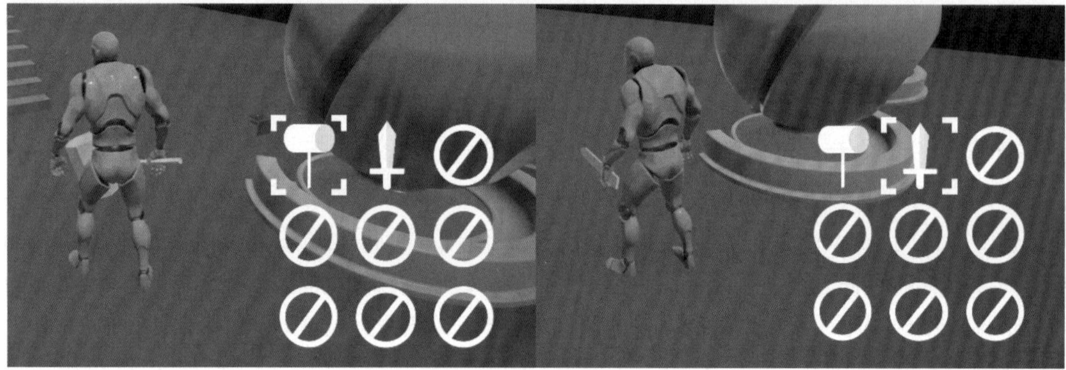

图 2-553

第 3 章

材质贴图

3.1 材质贴图制作流程概述

在 Unreal Engine 的项目制作中，材质贴图可以说直接决定了最终整个项目的呈现效果好坏。由于资源的限制，有些模型的面数无法达到我们的期待值，这也就意味着我们需要通过合理地处理材质贴图部分来进行弥补，从而达到一个令人满意的效果。

在这一部分的讲解中，我们将对 Unreal Engine 4 中的材质贴图部分做一个详细的说明，教程遵循由静态贴图（包括金、木、土）到动态贴图（包括水、火，日夜更替）的讲解顺序，每一部分均会由浅入深地来进行介绍。

可以看到，如图 3-1 所示，是创建 Unreal Engine 项目后的主体界面，在材质贴图这一部分的制作中，只需要对界面中的一部分功能进行了解即可，剩余部分会在后续的教程中进行更详细的说明。图中所标示的部分为内容浏览器，在制作材质时，无论是新建的材质球，还是所用到的材质贴图，均会呈现在这里。

图 3-1

3.2 金属材质

金属材质可以说是我们日常生活中见过最多的材质之一，包括简单的镀铬金属、有色金属、有磨损的金属和生锈的金属等。通过对贴图的处理，可以将上述的材质进行一一实现，从而使我们的模型更加趋于真实。下面我们就将对金属贴图的处理进行详细的讲解。

3.2.1 光滑金属

在内容浏览器空白处右击，选择 New Folder 选项，建立一个新的文件夹，取名 Metal，如图 3-2 和图 3-3 所示。需要说明的是，制作金属贴图这部分的所有文件均放在此文件夹的目录下。

双击打开 Metal 文件夹，在空白处右击，找到如图 3-4 所示位置，单击创建新的材质 Material。将其命名为 Metal01，如图 3-5 所示，作为第一个材质球。

双击新创建的 Metal01 材质球，这时会出现一个全新的材质编辑器界面，如图 3-6 所示。

New Folder

图 3-2

图 3-3

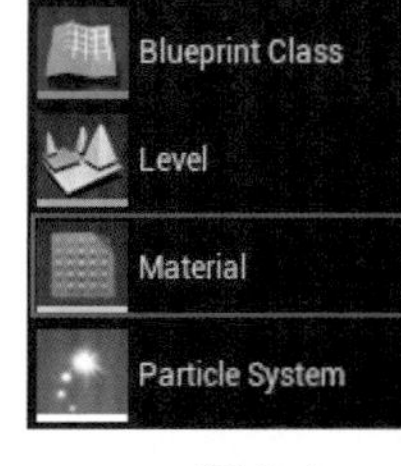

图 3-4

图 3-5

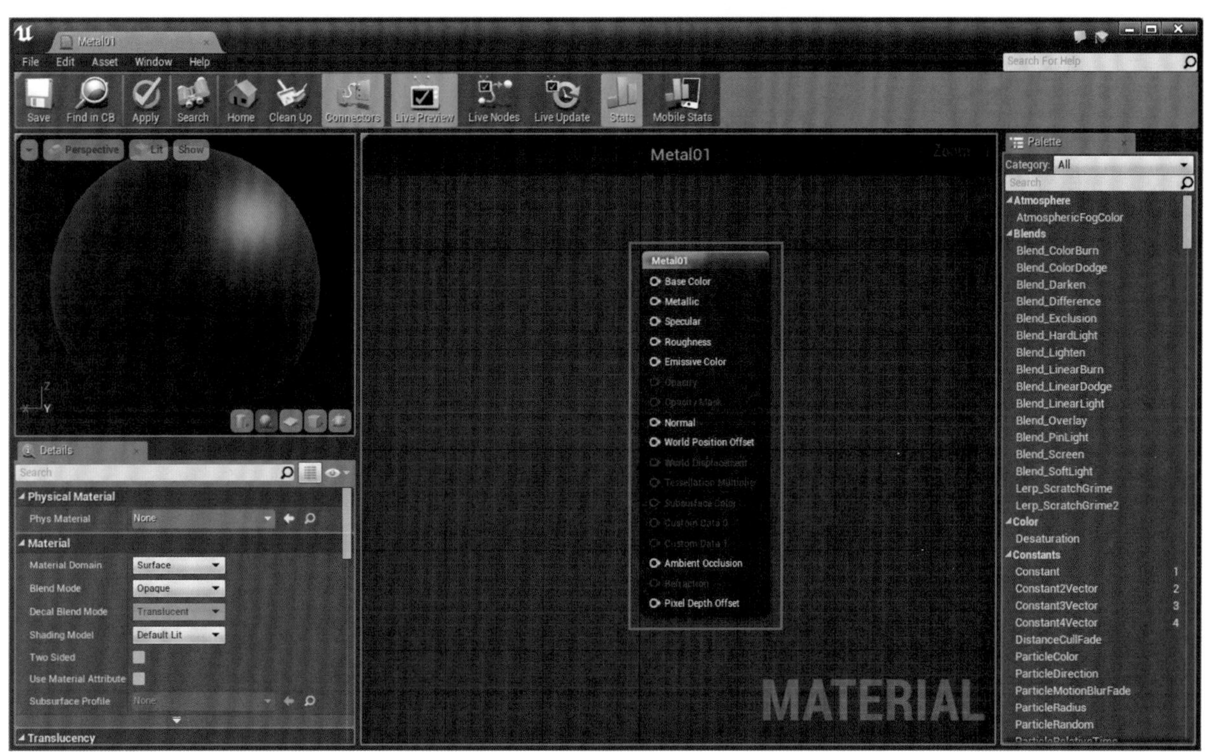

图 3-6

整个材质编辑器界面并无太多分区，在图 3-6 中可以看到左上方为我们的材质预览图，在此界面更改材质参数后可以在此位置实时预览。左下方用于调整不同参数的细节，细化到每一项的功能会在后文提及。中间的部分是编辑区，在 Unreal Engine 中，每种材质都是通过图 3-6 所标示处的图表来表示，通过连线与节点之间的搭配，来最终定义材质着色。在最右方的区域是控制器列表，所有在制作中需要用到的控制器都可以直接从中拖入图表视图中。

在图表中每一项代表着贴图的一种属性，中英文对照如图 3-7 所示，方便读者可以更好地记忆和理解，详细的说明会在后面的章节进行一一讲解。

在材质编辑器右侧的控制器列表中找到一维数组 Constant【快捷键：按住 1，单击图表】，在这里可以使用上面的 Search 工具输入 con，即可完成快速查询，如图 3-8 所示。

选中后将其直接拖至图表界面，会发现图表中会多出一个节点，如图 3-9 所示。

此控制器代表一维数组，顾名思义，其用来表示颜色时只能代表从黑到白，单击其右上角的三角按钮后即可看到其全貌。在左下角的细节界面可以看到此一维数组的参数，如图 3-10 所示。改变其 Value 的数值即可实现颜色的变化。这时进行颜色改变时会发现只能在节点的预览图中显示，这是因为节点还没有连接至图表。

连接两个节点的方法为单击进行拖动，如图 3-11 和图 3-12 所示。

Metallic 指物体的金属性，也就是通过此节点的调整能决定物体是否会带有金属光泽，从 0~1 代表从非金属到金属。这一点读者可以自行调整此节点的 Value 数值后进行体会。

我们重新从控制板中拖动一个一维数组 Constant，将其连接到 Roughness 上，如图 3-13 所示。

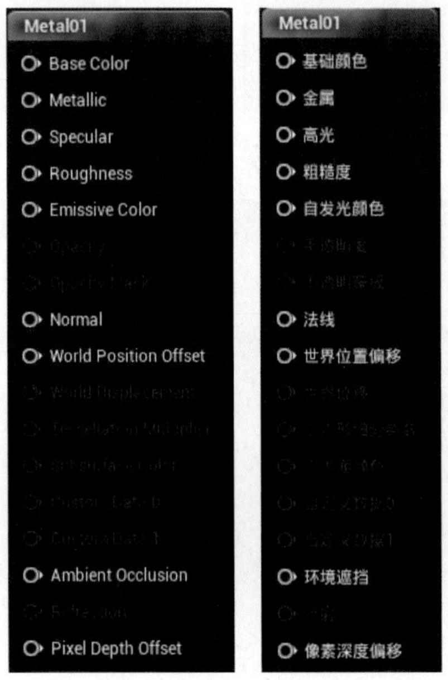

图 3-7

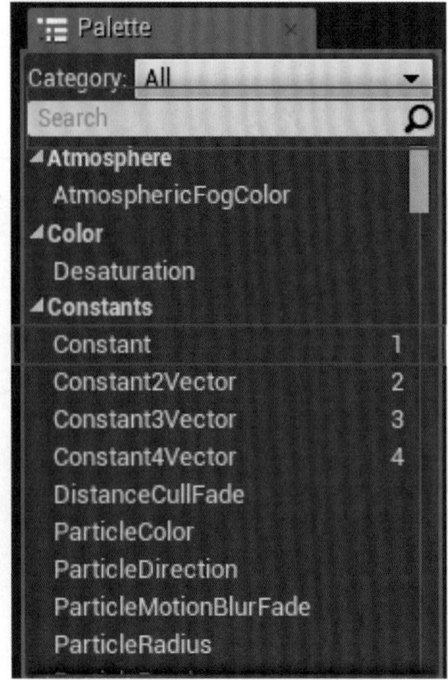

图 3-8

图 3-9

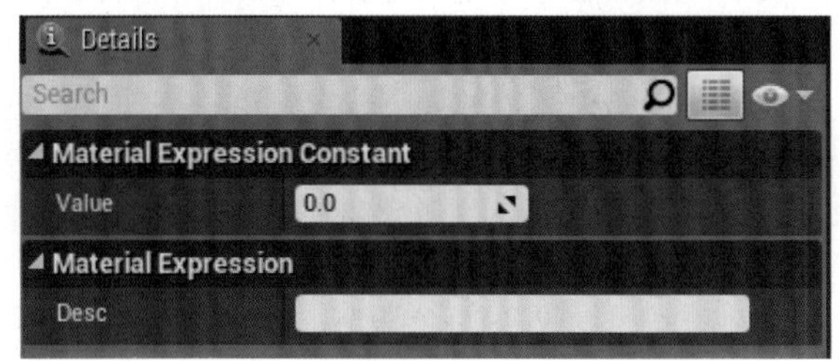

图 3-10

图 3-11

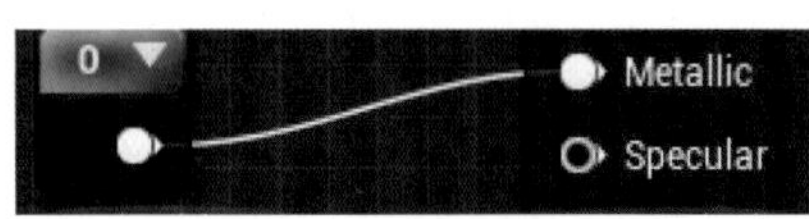

图 3-12

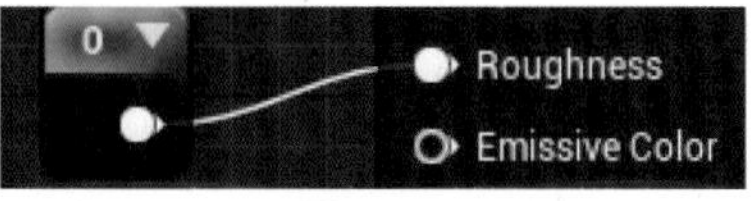

图 3-13

Roughness 指的是物体表面的粗糙程度，从 0~1 分别代表从光滑到粗糙。对于 Unreal Engine 4 来说，在物体的金属性方面进行了很多的优化，可以通过简单的节点来实现很不错的效果。

在仅添加了两个一维数组节点后，可以发现，左上角的预览图已经有了变化，从原来的纯黑色变成了有反光、有高光等多种属性的材质球，如图 3-14 所示。

我们可以对已有的两个一维数组的参数进行调整后观察材质球的变化，这样可以更好地理解 Metallic 和 Roughness 的作用。

接下来给材质添加一个基本的颜色。首先在控制板中找到三维数组 Constant3Vector，拖动至图表界面【快捷键：按住 3 键，单击图表】；其次，打开三维数组的细节参数修改界面，会发现其有 R、G、B 3 个可调节数值，如图 3-15 所示。

将三维数组进行调整后，将节点连接至 Base Color，这一属性代表着此材质球的基础颜色。而后将 Metallic 连接的一维数组节点数值调整至 1，将 Roughness 连接的一维数组节点数值调整至 0.1，如图 3-16 所示。

图 3-14

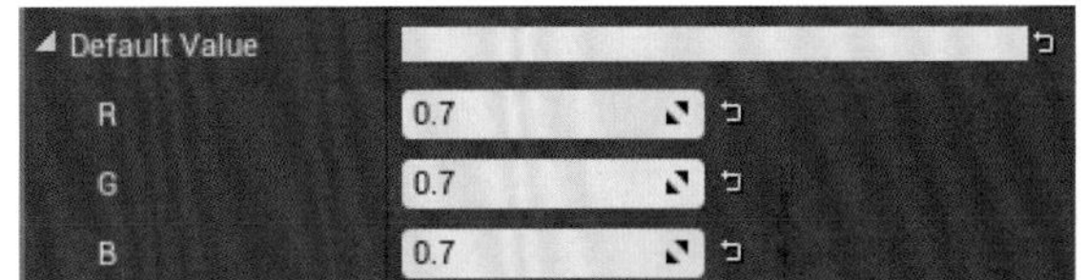

图 3-15

至此，一个最基础的“镀铬金属”材质就制作完成了，预览如图 3-17 所示。单击材质编辑器上方工具栏中的 Apply 按钮后再单击 Save 按钮进行保存。

回到场景中，在这里为了展示材质贴图效果，我们在场景中加入一个自带模型——材质球，如图 3-18 所示，同时为了凸显金属贴图的质感，我们将地面附上草地材质。

将保存后的材质直接拖动至模型上，成品效果如图 3-19 所示。这样最简单的一个金属材质模型就制作完成了。

这里需要提醒一点的是，由于电脑硬件端性能问题，读者在实际操作时成品可能与我们的预览图效果略有偏差。

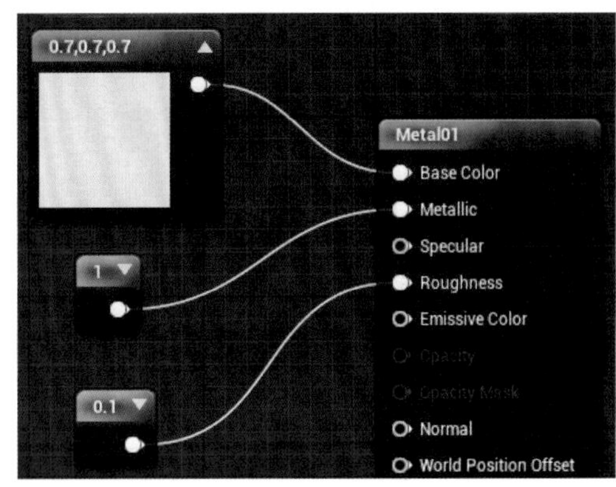

图 3-16

当需要改变此模型的参数时，可以重新双击材质球打开材质编辑器，更改完参数后单击 Apply 按钮和 Save 按钮即可在场景中看到材质的变化。但是如果每调整一次参数就需要进行一遍这样的操作则有些烦琐。下面我们将提供一个解决上述问题的方法。

重新打开材质编辑器，在已有的节点上右击（这里以 Base Color 的一维数组节点为例），选择 Convert to Parameter 选项，将节点变为可调参数。单击后会发现原来的节点样式变成了如图 3-20 所示模样，同时可以将其名称做一个更改，在这里将其注释名称改为 Color。需要注意的一点是，对于所有的节点均可以进行这样的操作，为后续的参数修改提供便利。

图 3-17

图 3-18

图 3-19

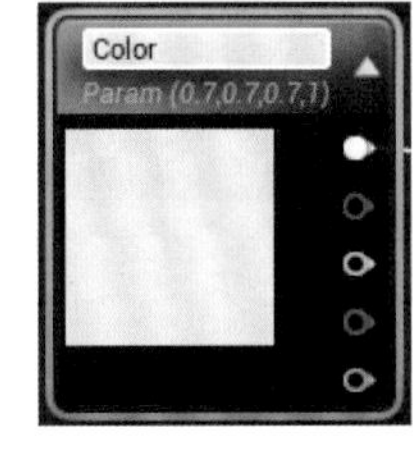

图 3-20

将更改后的材质进行保存后回到场景中，在材质球上右击，选择 Create Material Lnstance 创建材料实例，这时会发现文件夹中多了一个默认以 _Inst 为扩展名的材质球，双击这个材质球，会发现打开的材质编辑器界面与之前的界面并不相同，如图 3-21 所示。

在图 3-21 的左侧，可以看到刚刚改过名字的节点名称，将其勾选后即可改变其颜色，如图 3-22 所示。

变换完颜色后单击上方工具栏中的 Save 按钮，可以发现在这里的保存要比材质编辑器中的应用保存速度快很多，这也是实例材料的一个很大的优势所在。

回到场景中，复制已有的材质球模型，复制方法为：按住 Alt 键配合移动工具进行拖动。同时将更改颜色后的材质球拖动至其上面，如图 3-23 所示。这样一个最简单的黄铜材质即制作完成。

这里将两个模型放在一起进行比较，通过这种方法处理的模型贴图在更改参数时更加方便，同时相当于使用了一个材质球而实现了多种的材质效果，在资源优化上也起到了重要的作用。在读者自行制作材质时，熟练地运用这个功能可以达到事半功倍的效果。

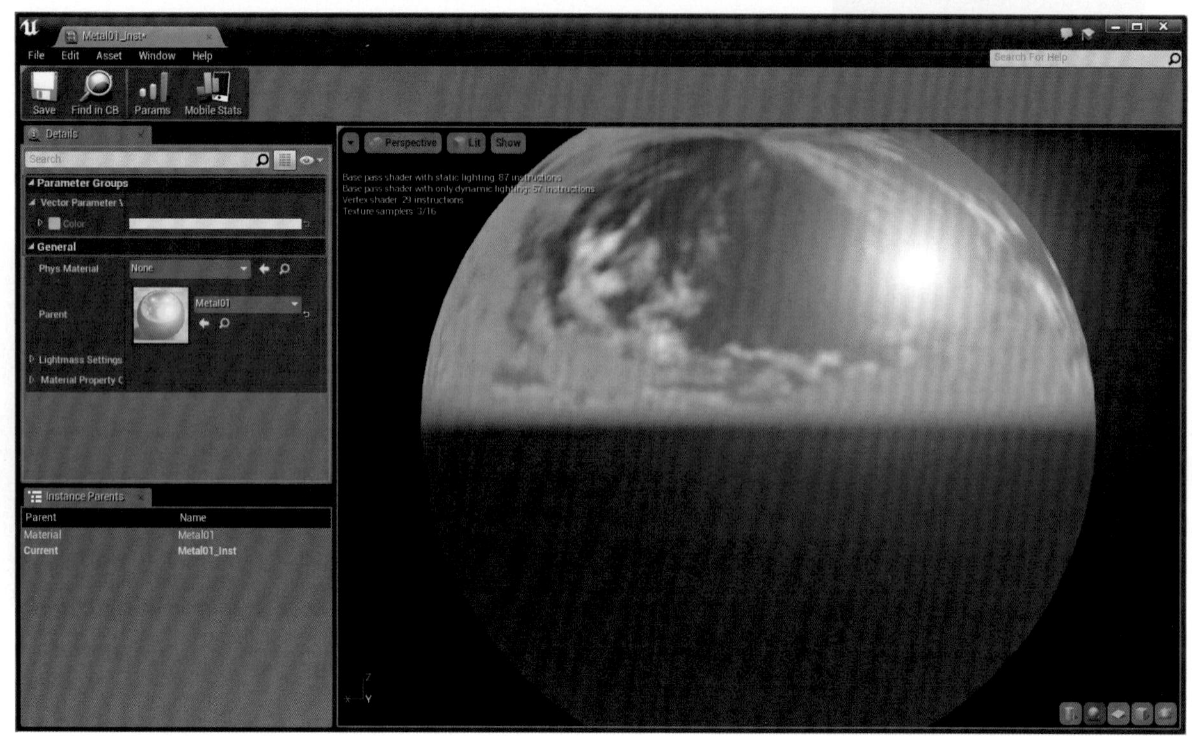

图 3-21

图 3-22

图 3-23

3.2.2 简单纹理

在 3.2.1 节中，介绍了最基础的金属材质的制作，但是得到的最终成品效果有些过于完美，在现实中其实很难见到这么完美的金属，反而金属的表面应该会有更多的污渍、划痕等效果，这样才能让模型显得更加真实。在本节，我们将在 3.2.1 节的基础上，教会大家如何为金属贴图添加“伤痕”效果，以使贴图更加趋于真实。

新建材质球，命名为 Metal 02 ，如图 3-24 所示。

对于“伤痕”效果的处理，我们无法仅通过添加一维或多维数组来解决，而是需要找到理想的贴图材质，在教程中使用的是如图 3-25 所示的划痕样式，读者在制作时可以自行选择贴图。在这里需要注意的一点是，我们所使用的贴图素材为 1024 × 1024，同时需要在 Photoshop 中进行无缝贴图的处理，相关处理方式在这里不再赘述。

图 3-24

回到Unreal Engine 4软件中，在Gold文件夹下新建一个Texture文件夹，用于存放所用到的贴图，如图3-26所示。

双击打开新建的 Texture 文件夹，单击上方的 Import 导入选项，导入贴图素材 Metall，如图 3-27 所示。

我们都知道，金属有最关键的 3 个属性：Base Color(基础颜色)、Metallic(金属性)，以及 Roughness(粗糙度)，在这里我们着重讲解通过 Base Color 的调整来达成“划痕”金属的效果。

首先创建两个一维数组，分别连接 Metallic 节点和 Roughness 节点。其次将一维数组参数调整至 1，使金属性节点的金属性达到最高，粗糙度节点尽量调低，使其表面达到金属应有的光滑度，这里调整至 0.2，如图 3-28 所示。

创建三维数组作为 Base Color 的基础颜色，颜色的调整可以参照黄铜颜色。接下来需要将划痕材质和三维数组进行融合，这时会用到 Multiply 这个全新的节点。此节点的作用是将 A 层和 B 层以各 50% 的方式进行叠加。在这里需要提醒读者的是此节点是最常用的节点之一，要格外注意。

我们从内容管理器中直接将划痕材质拖动至材质编辑器图表中，如图 3-29 所示。

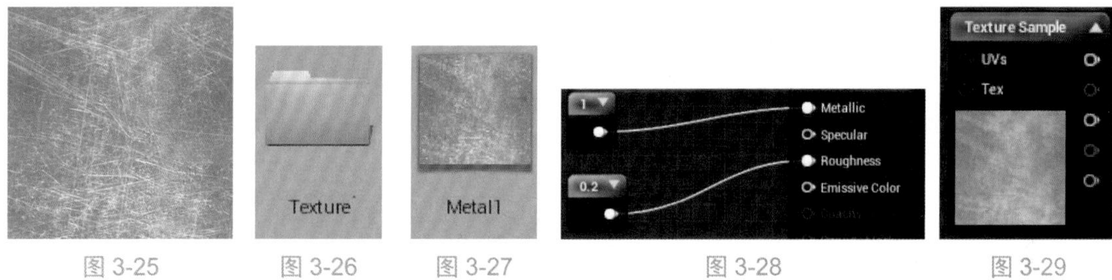

图 3-25　图 3-26　图 3-27　图 3-28　图 3-29

在控制面板中找到 Multiply 节点，拖动至图表中(快捷键：按住 M 键，单击图表)，将三维数组和“划痕”材质贴图分别连接至 Multiply 的 A、B两个节点上，这样即将底色和划痕贴图以各 50% 的比例进行融合，再将 Multiply 节点连接到 Base Color，使融合后的效果作为最终材质的基础颜色，如图 3-30 所示。

此时观察材质球预览，相比纯色的金属材质，其已经发生了很大的变化，应用保存后回到场景中，将材质球附给模型，得到的效果如图 3-31 所示。

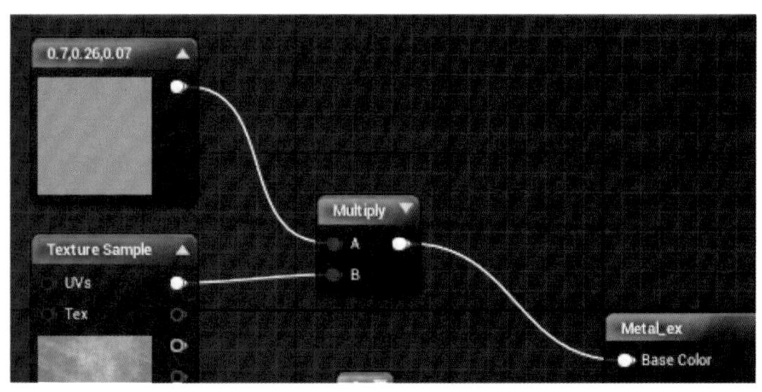

图 3-30

图 3-31

在这里，如果希望表面的细节更多、更复杂，则需要用到 Texture Coordinate 这个新的节点。重新打开材质编辑器，在 Texture Sample 节点的 UVs 处单击后拖动至空白处，松开鼠标搜索 Texture Coordinate 节点，完成添加，如图 3-32 所示。

Texture Coordinate 节点很常用，其功能是将纹理贴图进行重复。在左侧的细节参数处修改界面，找到 UTiling 和 VTiling 两个参数，其分别是在横轴和纵轴上的重复次数，在这里分别将其改成 2.0，如图 3-33 所示，读者在制作时可以根据贴图自行决定。

此时会发现材质球预览又发生了变化，应用保存后回到场景中，即会看到材质球也相应发生了改变，如图 3-34 所示。

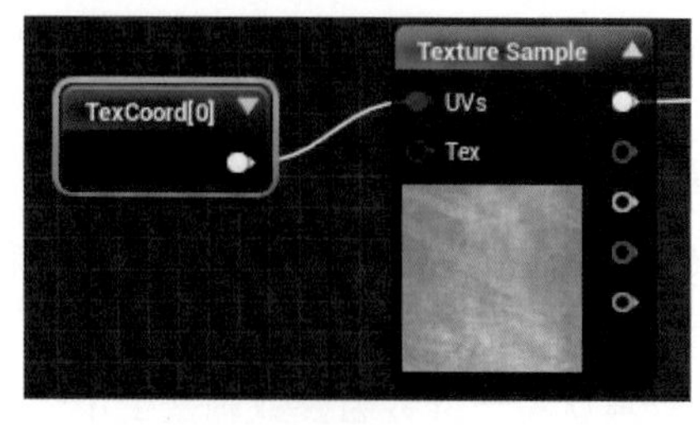

图 3-32

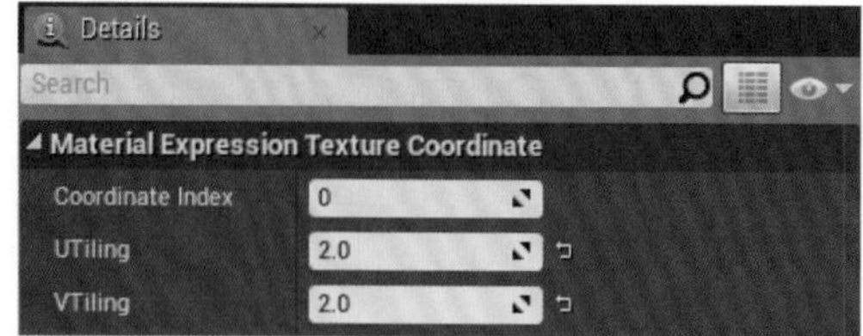

图 3-33

图 3-34

这样，一个简单的附带划痕效果的铜制效果贴图就完成了，全部节点的预览图如图 3-35 所示。

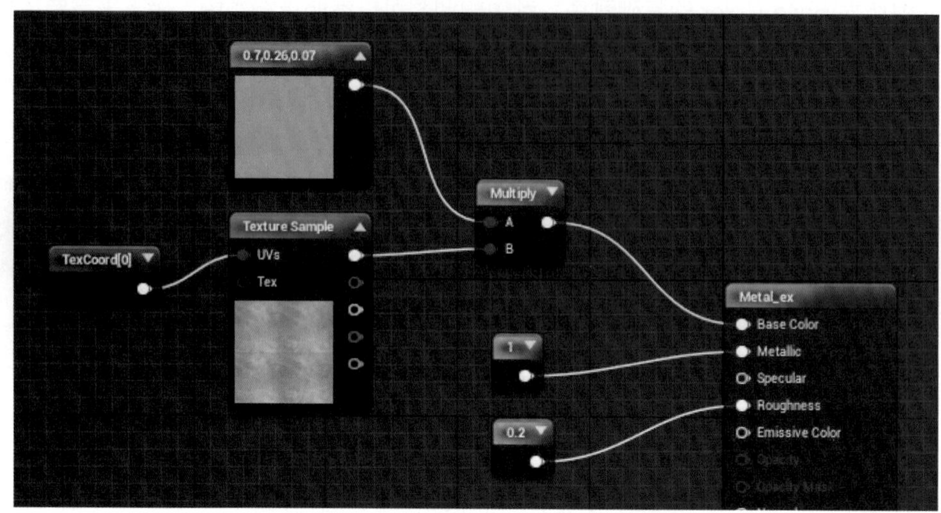

图 3-35

下面将介绍另外一种处理此类贴图的方法，这里会用到一个新的节点——Lerp。首先，新建材质球，并将其命名为 Metal03。其次，打开材质编辑器，建立 Metallic 和 Roughness 连接的两个一维数组节点，这里仍然只处理 Base Color 部分。

在控制面板中找到 LinearInterpolate 节点并拖动至图表界面（快捷键：按住 L 键，单击图表）。我们会发现新建的 Lerp 节点相比较之前用到的 Multiply 节点多出了一个 Alpha 通道，如图 3-36 所示，可以通过这条通道来控制其贴图信息。

新建两个一维数组，分别连接至 Lerp 的 A、B 节点上，其中的数值代表线性变化的两个极值，这里需要读者根据自己的贴图效果进行修改，在这里使用 0.5 和 1。同时将划痕贴图连接至 Alpha。在这里需要注意的是，Alpha 通道只能识别黑白信息，所以选取一条 RGB 通道与之相连，如图 3-37 所示。

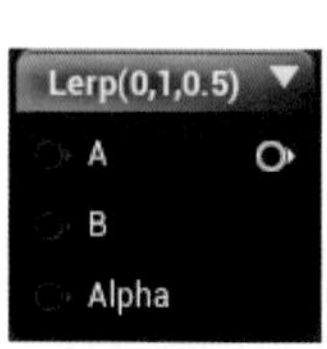

图 3-36

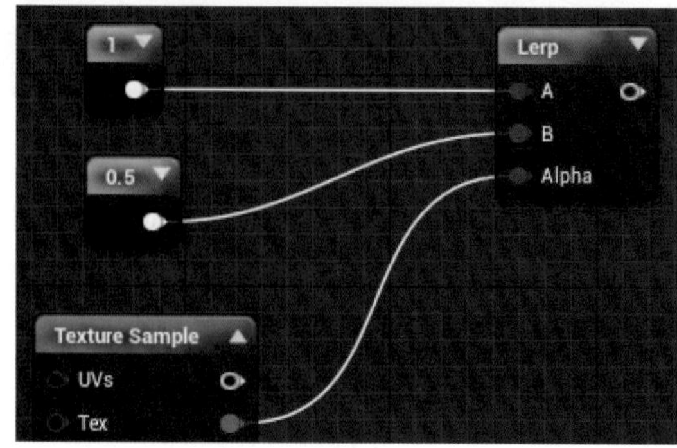

图 3-37

此时若直接将 Lerp 连接至 Base Color，材质球便只有一维数组带来的黑白信息。为了给其再添加一层黄铜材质颜色，再新建一个 Multiply 节点，将三维数组颜色调整至适宜，将 Lerp 节点和三维数组节点通过

Multiply 进行融合，再将 Multiply 节点连接至 Base Color，如图 3-38 所示。

进行应用保存后回到场景，将材质球添加给模型，可以看到如图 3-39 和图 3-40 所示结果。

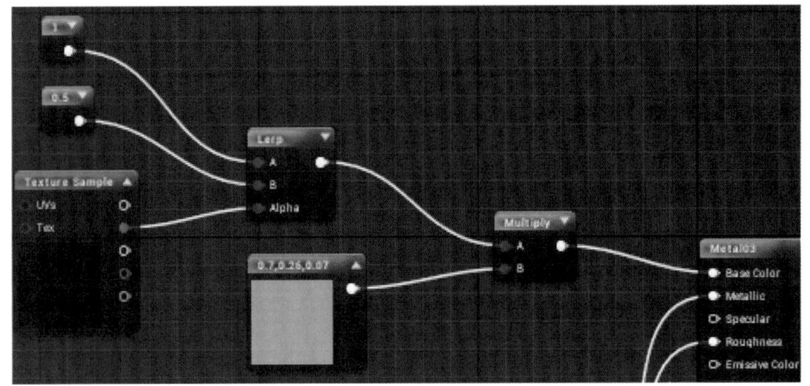

图 3-38

图 3-39

图 3-40

节点总览效果如图 3-41 所示。

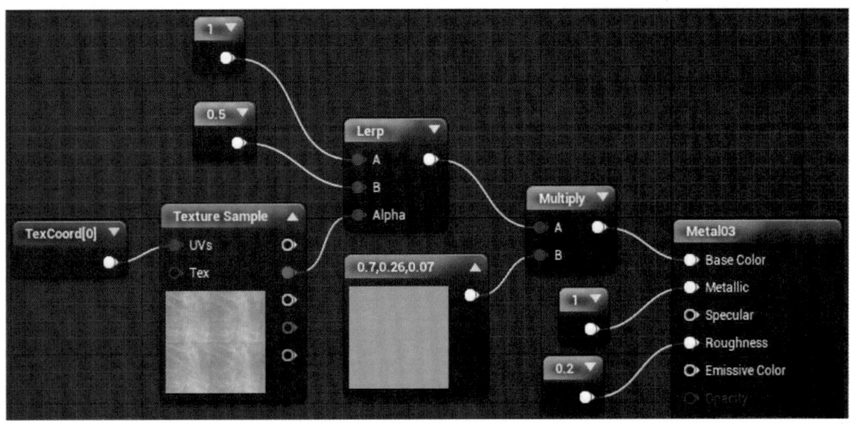

图 3-41

可以将图 3-39 和图 3-40 所得的两种结果进行对比，可以看到其中明显的对比，第一种直接将划痕贴图和原有的底色进行叠加，而第二种则是进行了 Lerp 节点的处理后再进行叠加，两种处理方式各有利弊，此处主要为了介绍节点的特点和使用方法与技巧，不同的节点组合方式需要读者自己在实践中发现。

3.2.3　数据贴图

在本节，我们将以拉丝金属为例，讲解使用带有数据信息的法线、高光等贴图如何使材质效果更逼真。

在挑选贴图时，需要注意的一点是有些金属材质的贴图原本表面上即带有光照效果，这类的贴图最好不要选用，因为其会影响高光贴图的质量。经过简单无缝处理后的贴图材质如图 3-42 所示，大小为 1024 × 1024。

接着需要用到在 MindTex 2 软件来处理其法线、高光等参数，在这里不再详细说明其使用方法，只提醒读者一点，即在处理法线图时，将其纹理细节弱化，即降低贴图的凹凸感，否则在将贴图贴到模型上时会出现不真实的效果。

在处理完所有的贴图并导出后，重新回到 Unreal Engine，将制作完毕的图片导入到 Texture 文件夹中。需要注意的一点是，在导入时 Unreal Engine 会询问是否自动识别法线贴图，在这里单击 OK 按钮，如图 3-43 所示。

新建一个材质球，将其命名为 Metal04，打开材质编辑器，将制作好的贴图拖动至图表界面。在这里只用到 Diffuse 图。Normal 图以及 Height 图。

图 3-42

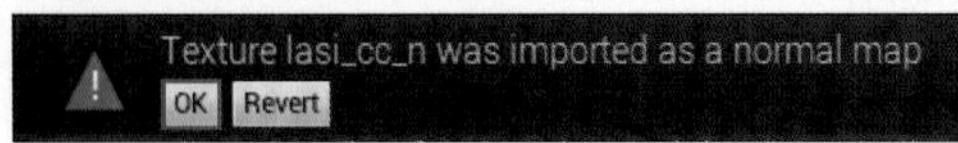

图 3-43

先来处理 Metallic 金属性的部分，新建一维数组，将 Value 数值改为 1，使其呈现金属质感，并将其连接至 Metallic，如图 3-44 所示。

将 Diffuse 贴图节点连接至 Base Color，使之作为贴图的基础材质。这时在预览窗口会看到一个最简单的拉丝金属效果，如图 3-45、图 3-46 所示。

接下来找到高光贴图，高光贴图决定了在贴图中高亮区和低亮区的区域，即在高亮图区域对于光的反射会更强烈一些。接着新建一个一维数组，将上述两个节点分别连接至新建的 Multiply 的 A、B 两个节点，并将 Multiply 连接至 Roughness，如图 3-47 所示。此一维数组的作用是可以直接调整 Height 贴图的亮度效果的。

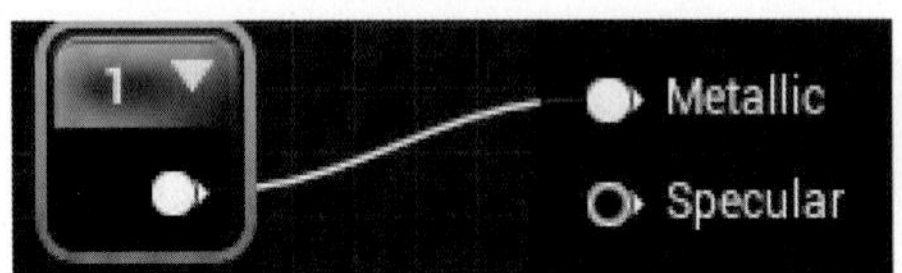

图 3-44

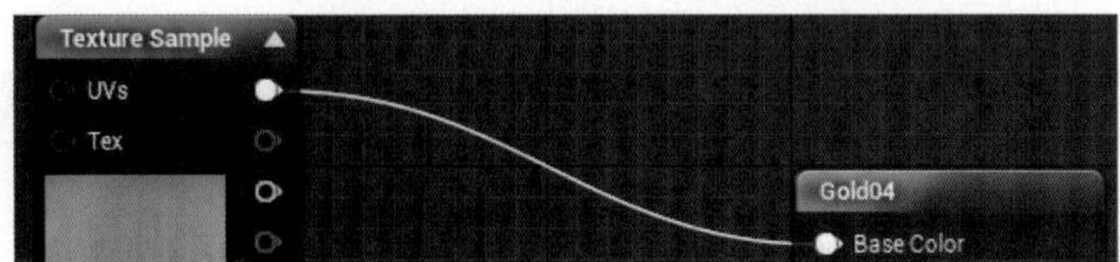

图 3-45

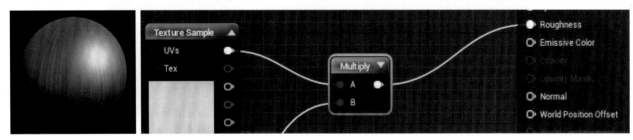

图 3-46

图 3-47

将一维数组数值调整到适宜，此处改为 1.5。这时会看到预览图中材质球又发生了一定的变化，如图 3-48 所示。

为了让我们在制作的过程中能更直观地看到所有节点之间的关系以及每部分节点的功能，下面介绍一个节点的分区方法。

以上述新创建的若干节点为例，选中需要的节点，如图 3-49 所示。

在其中任意一个节点处右击，在弹出的快捷菜单中选择 Create Comment from Selection 选项来创建注释，如图 3-50 所示。

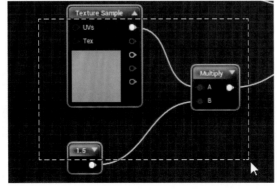

图 3-48

图 3-49

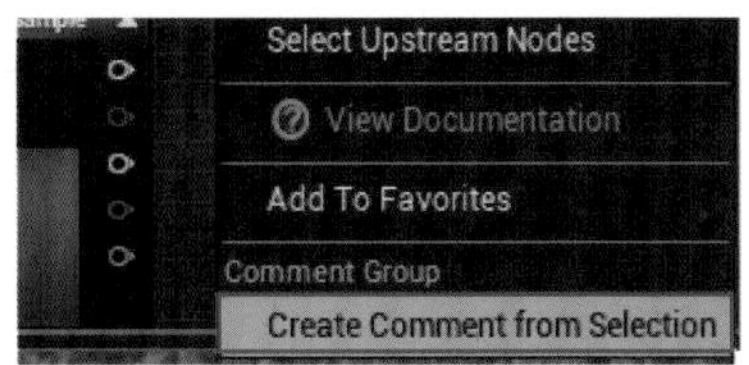

图 3-50

后发现所有选中的节点被集中在同一片半透明区域中，如图 3-51 所示。

可以将半透明框中的注释的名字进行修改，在后续制作中再移动此半透明框时会发现其中的所有节点会随之一同移动。

返回正在进行的材质制作中，接下来将处理最关键的法线部分，可以看到，上述所有对拉丝金属的效果调整均为对反光面的调整，但其是远远不够的。因为无论从直观还是感觉上来说，拉丝金属表面都会有其独有的质感，而这层质感在视觉上的表现即需要通过法线贴图来实现。

我们可以直接将 Normal 法线贴图连接至 Normal 节点上，对比没有法线时的材质球效果，可以直观地看到两者的区别，如图 3-52 和图 3-53 所示。

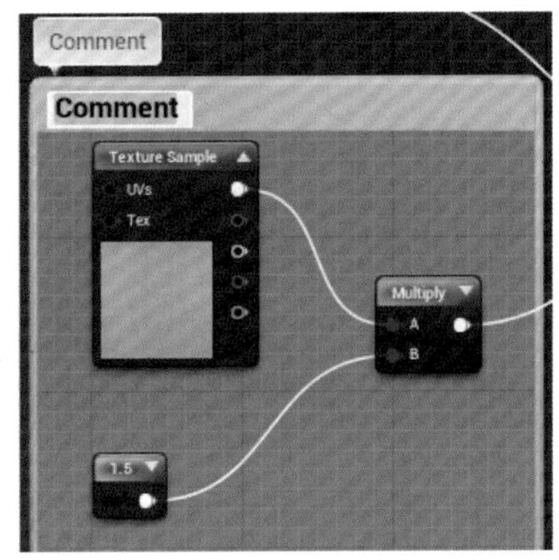

图 3-51

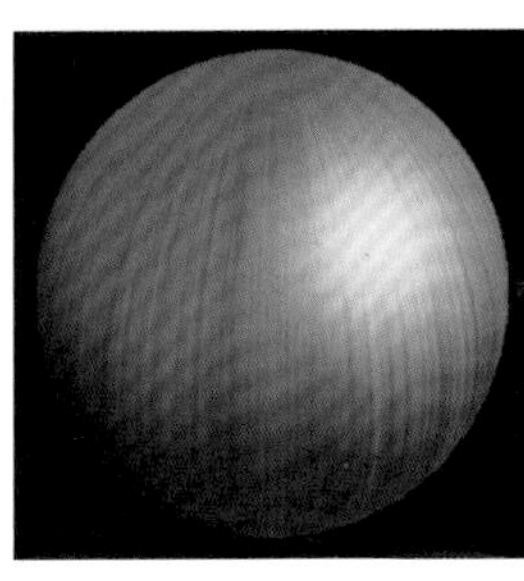

图 3-52

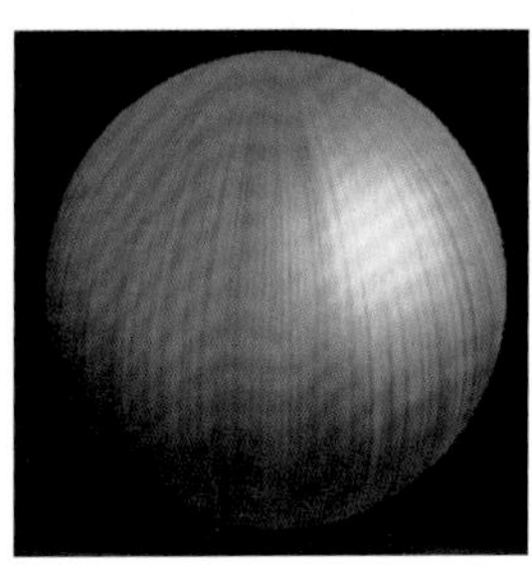

图 3-53

为了更好地凸显其表面的纹理效果，简单地将法线贴图进行节点的连接肯定是不够的，这时可以新建一个 Texture Coordinate 节点以及一个新的一维数组 Constant，将两者连接至一个新建的 Multiply 节点，如图 3-54 所示。

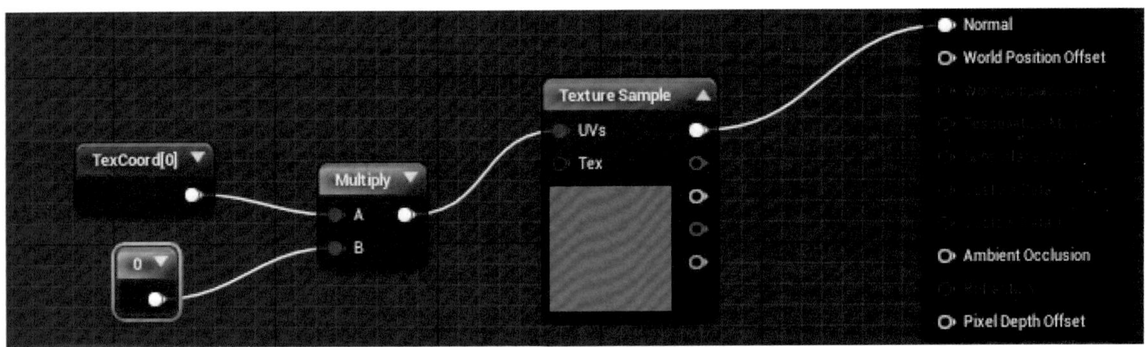

图 3-54

这么做的目的是可以通过调整一维数组的值，来控制法线纹理的疏密程度，可以将一维数组的值调整至 2 或 3 来观察材质球的变化，更细化的凹凸质感可以让材质球看起来更加真实。

在制作时，读者同样需要根据自己的素材以及经验对节点进行调整，灵活运用上述讲解中介绍的每一个节点来达成最终效果。

调整完毕后节点总览图如图 3-55 所示。

至此，对于金属拉丝效果的贴图制作完成，单击应用保存后回到场景中，将材质附给材质球。最终成品效果如图 3-56 所示。

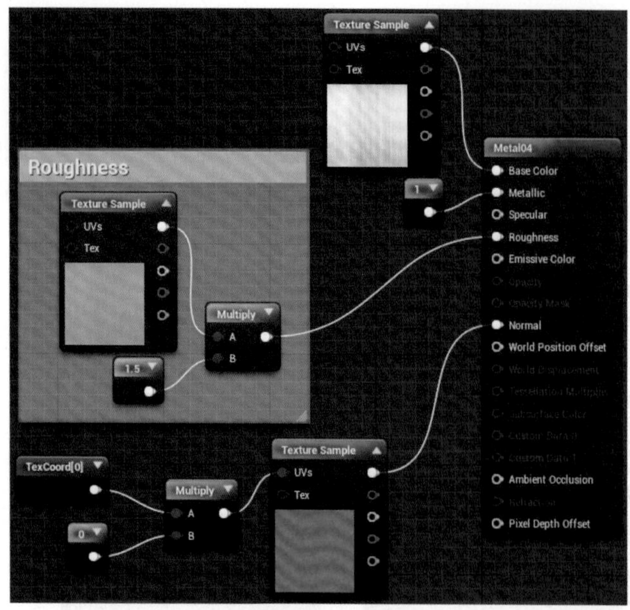

图 3-55

图 3-56

3.2.4 锈迹金属

在 3.2.1 至 3.2.3 节中，我们基本讲到了有关金属贴图制作中所有常用到的节点，在本节，我们会综合前面所提到的所有节点，来进行一个金属锈蚀贴图效果的制作。现实生活中，其实也是锈蚀后的金属存在数量最多，读者在进行制作时，参照本节的方法即可，更多逼真的效果需要经过不断的制作、思考和修改后才能得到。

在素材的筛选和处理方面的要求跟前面几节相同，这里不再赘述。在得到需要的贴图后将其导入到场景 Texture 文件夹中，演示贴图如图 3-57 所示。

新建一个材质球命名为 Metal05，打开材质编辑器。

可以先将 Base Color、Normal 节点分别连接至相对应的贴图，如图 3-58 所示，这时可以在预览器中看到一个最基本的带有凹凸纹理的生锈金属材质。

在之前的模型制作中，图表中的 Metallic 金属性节点都是通过一个简单的一维数组来实现和控制的，在这里我们将讲解一种新的控制方法来调整其金属性节点。

先复制一个 Normal 图节点，同时创建一个新的 Lerp 节点，如图 3-59 所示。

图 3-57

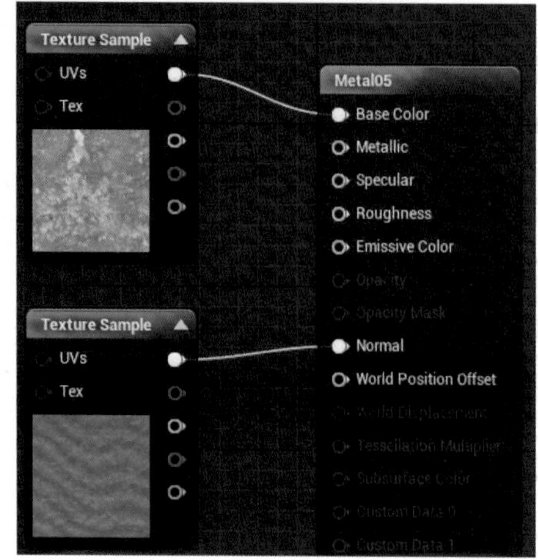

图 3-58

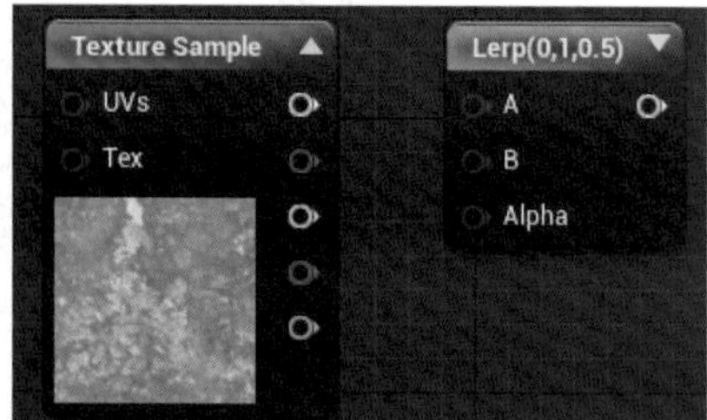

图 3-59

通过 Lerp 节点将 Normal 图转化为线性变化，由于 Lerp 节点只会识别黑白单色信息，所以选择 RGB 通道中任意两个连接至 Lerp 的 B 节点和 Alpha 节点，同时新建一个一维数组连接至 A 节点。当将一维数组的数字定到 0.8 时贴图的金属性更加明显，如图 3-60 所示。

新建一个 Multiply，将 Lerp 节点连接至 Multiply，同时新建一个一维数组，同样连接至 Multiply，这里的一维数组是为了调整 Lerp 节点的输出效果，这里根据成品效果将一维数组值调整到 10，再将 Multiply 与 Metallic 节点进行连接，使其控制贴图的金属性，如图 3-61 所示。

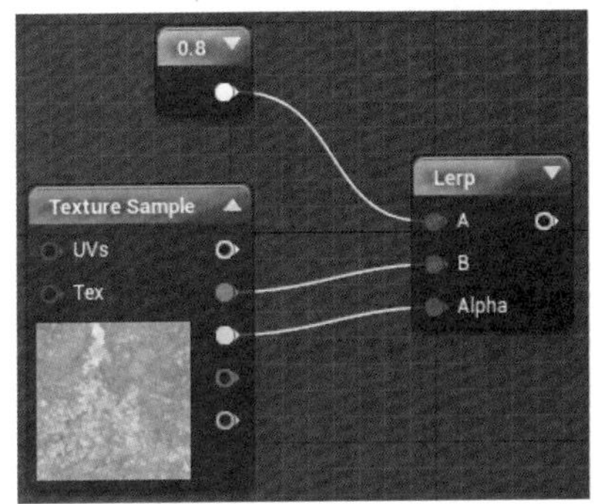

图 3-60

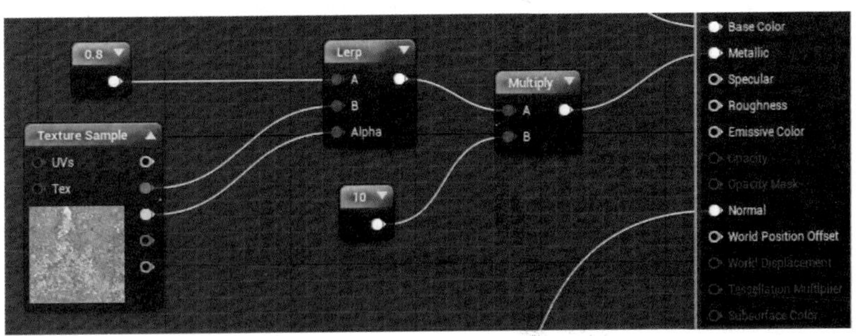

图 3-61

这时再观察材质球，即会发现其金属性在表面是有变化的，也就是并非所有地方的反光程度相同。光滑一些的地方反光也会相应变强，而粗糙的部分也就相对要差一些。

接着对 Roughness 节点进行处理，将之前用到的 Diffuse 图进行复制，接着新建一个 Lerp 以及两个一维数组，此处将一维数组参数定到 0.7~0.9。由于贴图效果锈迹占据大部分，所以表面的粗糙度要比正常的金属高很多，再通过 Diffuse 图的单通道进行线性控制，分别连接后将 Lerp 连接至 Roughness 节点，作为贴图粗糙度控制，如图 3-62 所示。

这样做的目的和上面一样，也是为了让金属表面的粗糙度随其纹理产生变化。至此将只处理了 Base Color 和 Normal 节点时的预览图和制作到当前步骤的预览图进行对比，可以很明显地发现其中光照效果和粗糙程度的改变，如图 3-63 和图 3-64 所示。

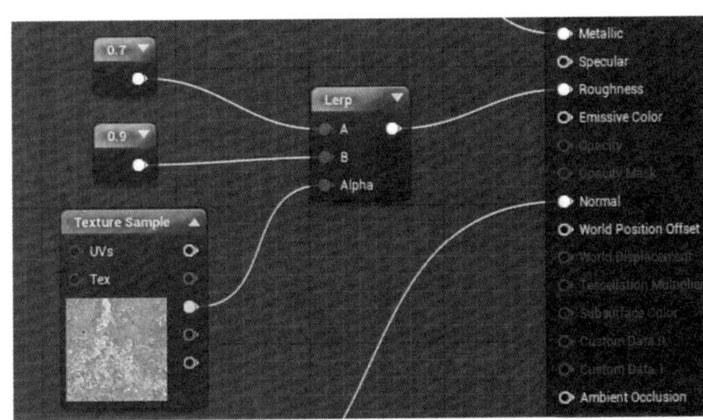

图 3-62

图 3-63

图 3-64

接下来简单地处理一下 Specular 高光节点，由于我们制作的目标是带有锈迹的金属，所以其高光不会很明显，添加一个一维数组，将数值定为 0.2 左右，连接至 Specular，如图 3-65 所示。

至此，带有锈迹的金属材质就制作完成，应用保存后回到场景，将材质附给材质球模型，最终呈现效果如图 3-66 所示，材质节点总览如图 3-67 所示。

在上述的材质中，Base Color 节点以及 Normal 节点只简单地进行了节点的连接，并没有进行额外的操作处理，读者可以自行参考上述所有的操作方法，来丰富材质表现。

图 3-65

图 3-66

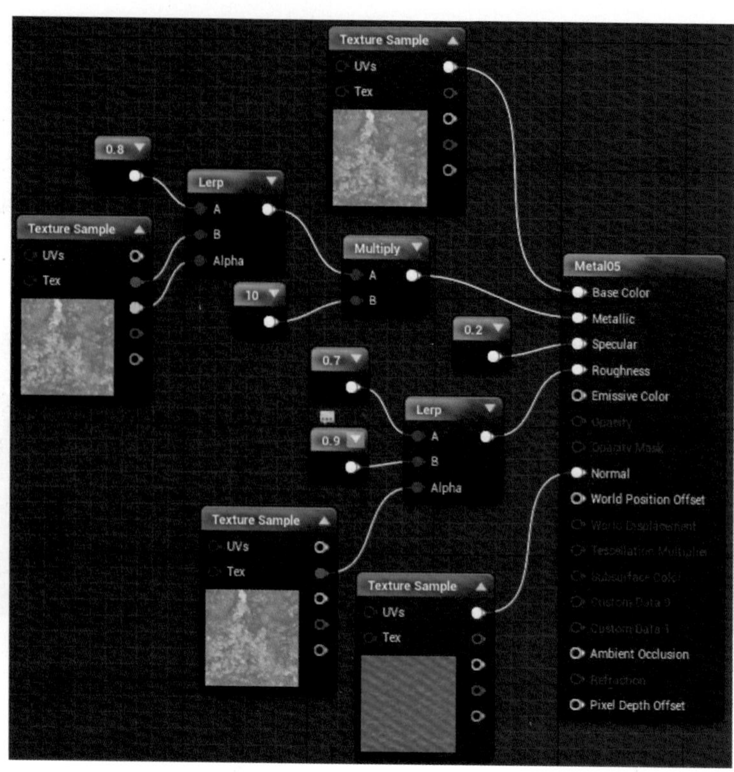

图 3-67

3.3 木质材质

在本节，我们将以木板为例着重介绍木制品材质的制作方法，而有关树木结构，最常用的为 Unreal Engine 4 相关软件——Speed tree，将在后面进行更详细的讲解。

木板材质贴图的制作不同于金属，它无法使用简单的一维数组来控制 Metallic 后得到我们想要的材质效果，而必须使用材质贴图对 Base Color 进行处理。在这里我们的基础贴图使用图 3-68 所示，大小 1024 × 1024。需要注意的一点是，我们在挑选素材时，不能使用原本即带有高光的贴图，这一点跟金属部分的说明相同。

图 3-68

我们将贴图素材使用 MindTex 2 进行处理，得到需要的法线图和高度图。回到 Unreal Engine 4 中，新建文件夹并取名 Wood，在 Wood 文件夹中新建材质球取名 Wood 01。打开材质编辑器，下面将对木板贴图的制作进行逐一说明。

先将需要用到的贴图通过 Import 导入 Unreal Engine，注意将法线图自动进行识别处理，然后直接拖动进材质编辑器。

将 Diffuse 贴图连接至 Base Color 节点，将 Normal 贴图连接至 Normal 节点，如图 3-69 所示，这样一个最基础的带有凹凸质感的木板贴图即制作完成。

此时可以将其应用保存后回到场景，新建一个材质球模型，将新创建的材质赋予模型，会看到如图 3-70 所示效果。

这时我们会发现这款最简单的木板贴图虽然拥有木板应有的样子，但是难免会让人觉得并不真实，下面，我们就将对其各个节点进行不同的处理，使最终材质效果变得更加真实。

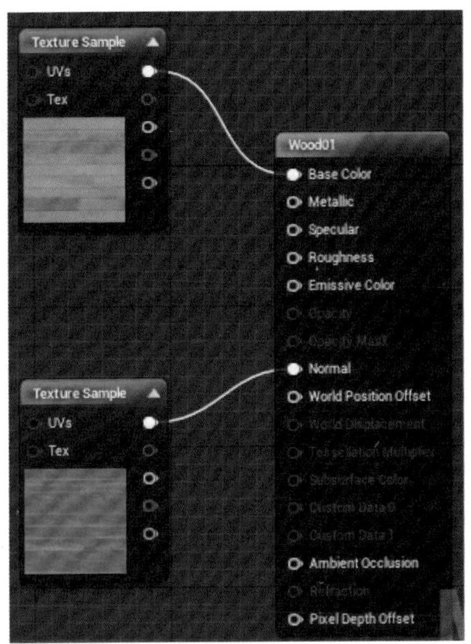

图 3-69

图 3-70

单独的木条材质由于其太过崭新，所以才会让我们觉得并不真实，而在木板表面适当添加污渍则可以很好地解决这个问题。这样的调整我们直接放在 Base Color 节点上进行修改。

我们可以从素材库中找到很多污渍的素材，这里也可以通过 Photoshop 自己进行污渍贴图的制作，这里不进行过多的赘述。在演示讲解中使用的污渍贴图如图 3-71 所示。

将贴图导入 Unreal Engine 4，并拖动进材质编辑器，在这里可以尝试将木板 Diffuse 贴图和新导入的污渍贴图进行 Multiply 的混合叠加处理，如图 3-72 所示，会发现直接融合的效果过于单一，且污渍占据了木板表面的大部分，呈现出的效果并不理想，如图 3-73 所示。

图 3-71

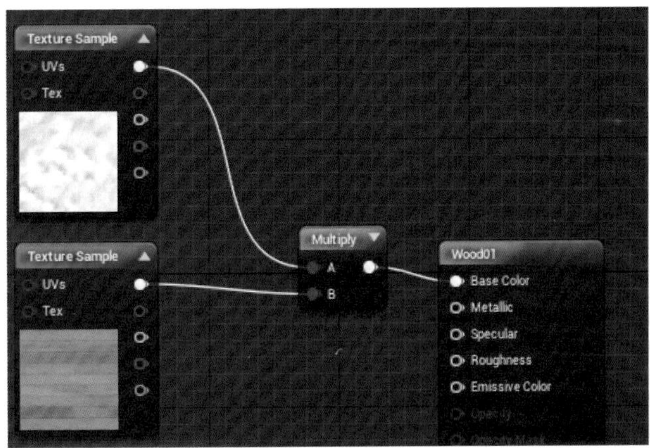

图 3-72

图 3-73

重新打开材质编辑器，将污渍贴图创建 TexCoord 节点，进行任意比例的放大或缩小，并且通过复制的方法复制出若干组污渍贴图，如图 3-74 所示。这里的放大倍数分别为：0.2/0.2、2.0/2.0、3.0/1.5。可以看到随着倍数的改变，污渍的贴图也产生了相应的变化。

这样做的目的是为了将污渍和木板材质混合后，不会显得太过单一，同时这里也可以导入不同样式的污渍贴图进行处理，目的均为使呈现效果更佳多样。接着我们需要先将这 3 种污渍贴图进行混合，此处混合的方式通过 Multiply 或者 Lerp 节点均可，读者可根据自己的习惯来进行操作。

我们先将上面的两张污渍贴图进行 Multiply 的融合，这里需要注意的一点是在融合的过程中，如果认为污渍的效果太过明显，可以使用 Add 节点，效果为将两个节点进行叠加，可以先创建 Add 节点，再新建一个一维数组来控制污渍贴图的颜色，如图 3-75 所示。这里我们将一维数组定为 0.2，使叠加后的白色偏多，黑色的污渍则被淡化。

此时再将经过 Add 节点处理后的污渍贴图之间进行 Multiply 混合，如图 3-76 所示，在这里需要注意的一点是，每部分的 Add 节点添加与否以及数值的调整，读者均可以根据自己的素材以及最后的效果来决定。

在进行混合时同样可以使用 Lerp 节点，将任意一单通道颜色的贴图连接至 Alpha 节点，使混合后的污渍根据其发生线性变化，如图 3-77 所示。这里会发现 Lerp 节点的 B 端并没有连接一维数组，而是直接在左侧细节参数调整处改变了其数值，这里定义到 0.8 上限，同样为使污渍效果弱化。

这样即完成了以某一种污渍样式作为线性参考，混合剩余污渍的贴图。完成混合后的污渍，再通过 Lerp 节点将其与木板材质进行混合，这里将污渍作为 Alpha 通道，木板贴图则连接到 B 节点。与上面的做法相同，我们将 A 端的数值直接调整到 0，这样即完成了木板上叠加淡化后污渍的效果，如图 3-78 所示。

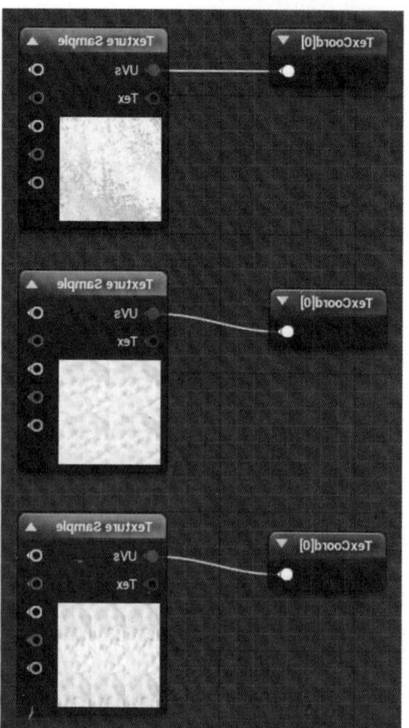

图 3-74

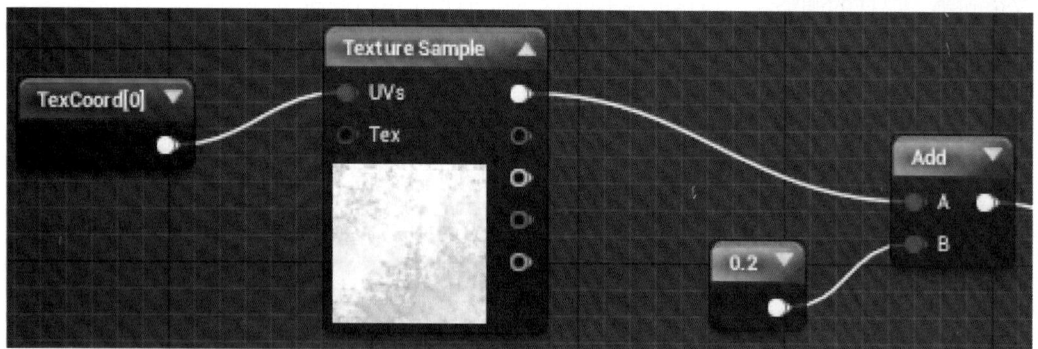

图 3-75

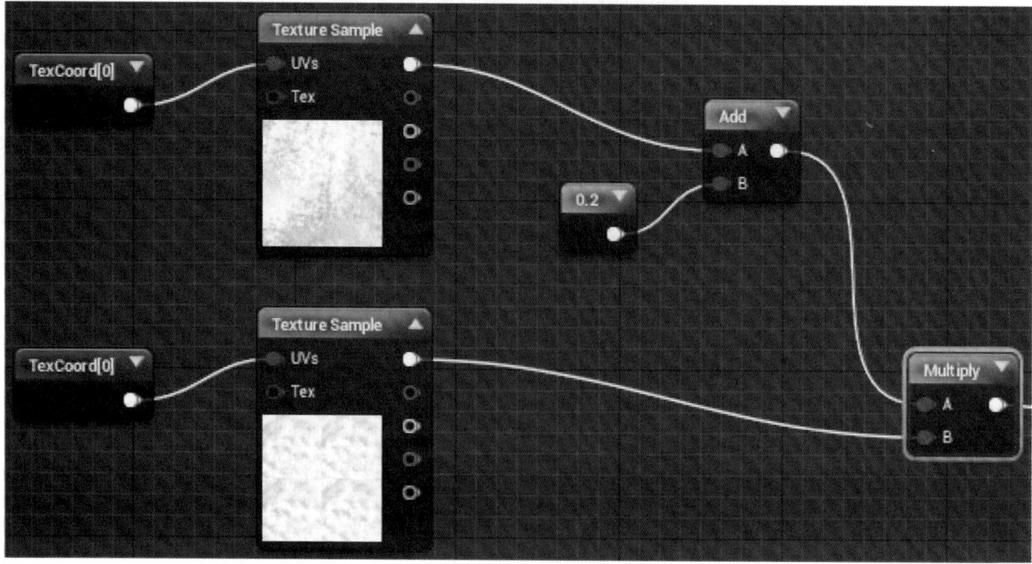

图 3-76

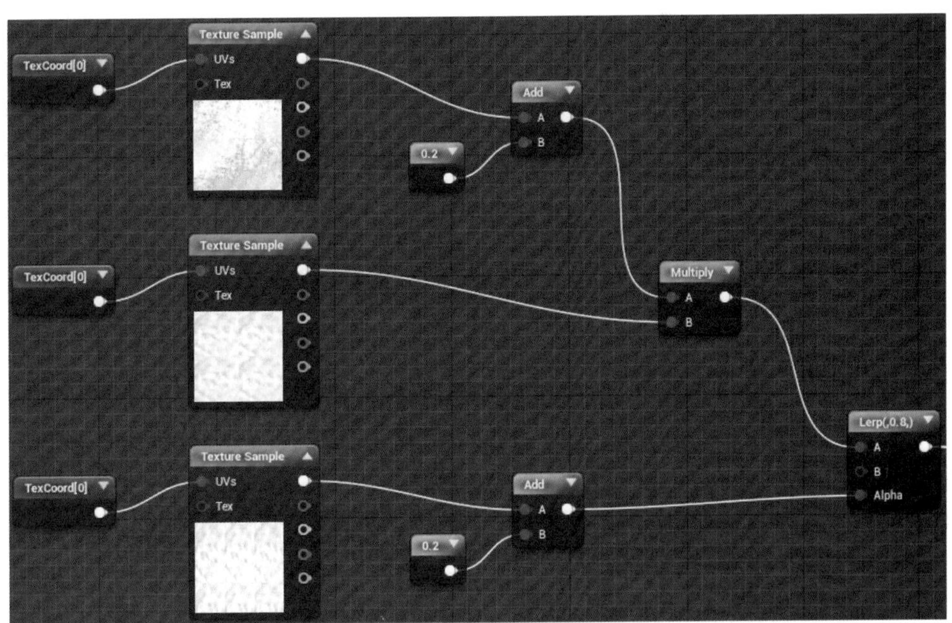

图 3-77

这时看到的即为一个带有污渍的木板贴图，将其直接连接至 Base Color 节点，会发现由于 Lerp 节点 A 端的数值给到 1，导致材质会比原先颜色偏白。为了解决这个问题，需重新复制一个最基本的 Diffuse 贴图，将其添加 Add 节点后，附加值改为 0.5，使其颜色加深。再将上述的 Lerp 节点与调整后的木板材质进行 Multiply 节点的融合，如图 3-79 所示。

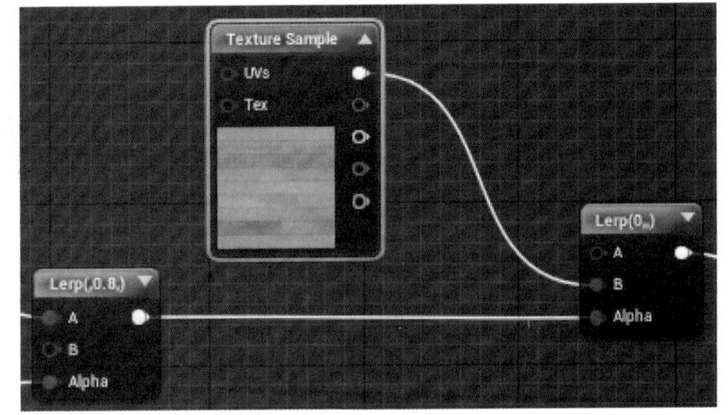

图 3-78

最终将 Multiply 节点连接至 Base Color，至此，Base Color 节点调整完毕，此部分节点总览如图 3-80 所示。其中所有节点的参数读者均可在自己制作时根据素材进行调整，在这里只是介绍了一个最基础的处理污渍的方法。

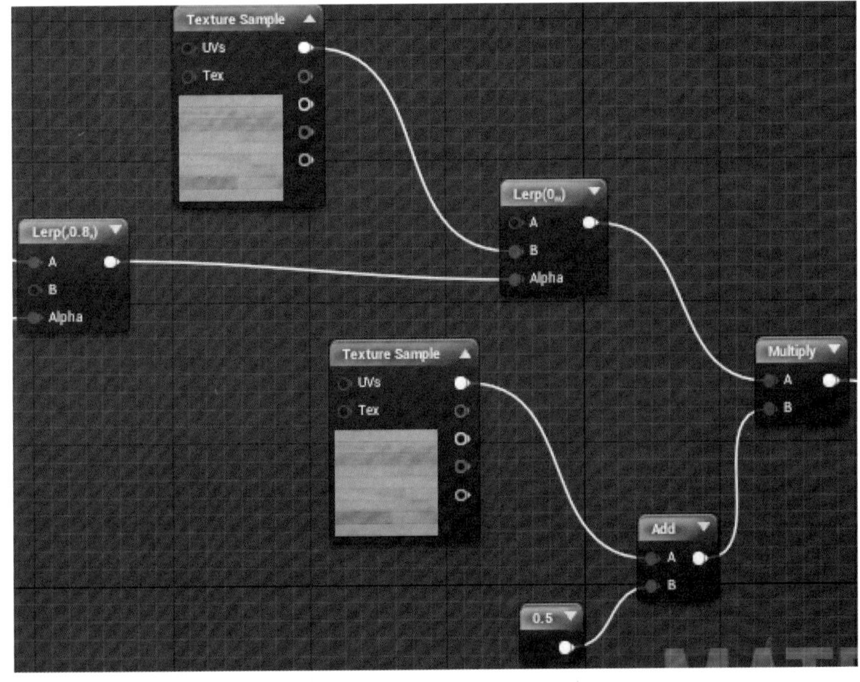

图 3-79

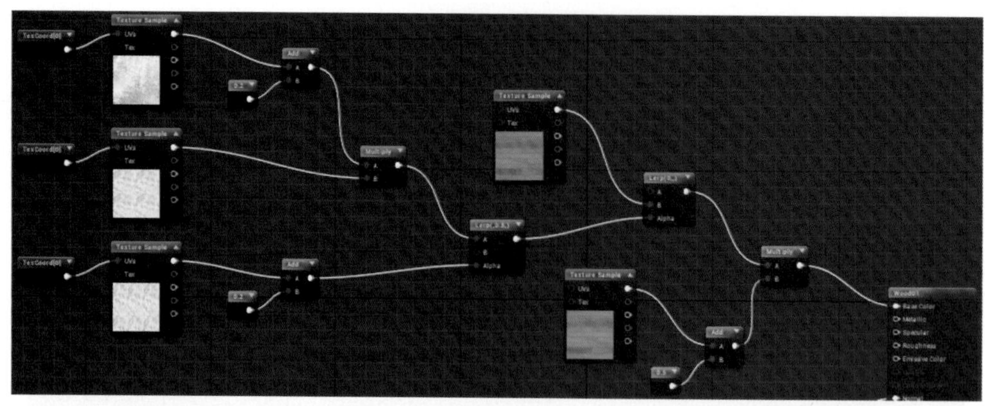

图 3-80

接下来处理材质的粗糙度 Roughness，最终想要得到的效果是根据木板上面的污渍来决定其粗糙度，将上面用到的污渍贴图进行复制，TexCoord 根据情况可以进行参数调整，污渍的贴图和木板贴图的高度图使用 Multiply 进行融合，目的是区分出粗糙污渍存在的位置，如图 3-81 所示。

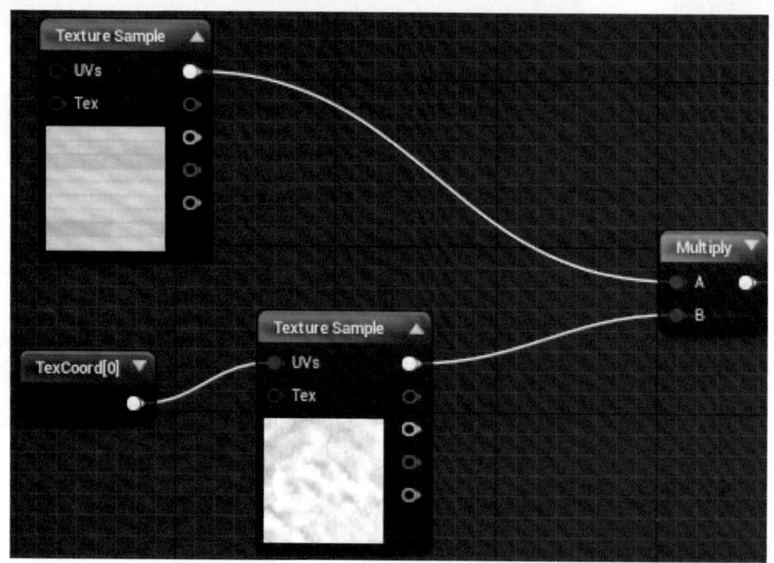

图 3-81

创建 Lerp 节点，将融合之后的成品作为 Lerp 的 Alpha 通道进行连接，B 节点连接到污渍部分处理后最终的输出成品，如图 3-82 所示。这么做的目的是将已有的混合污渍按照基础污渍及木板纹理进行排列和分布。

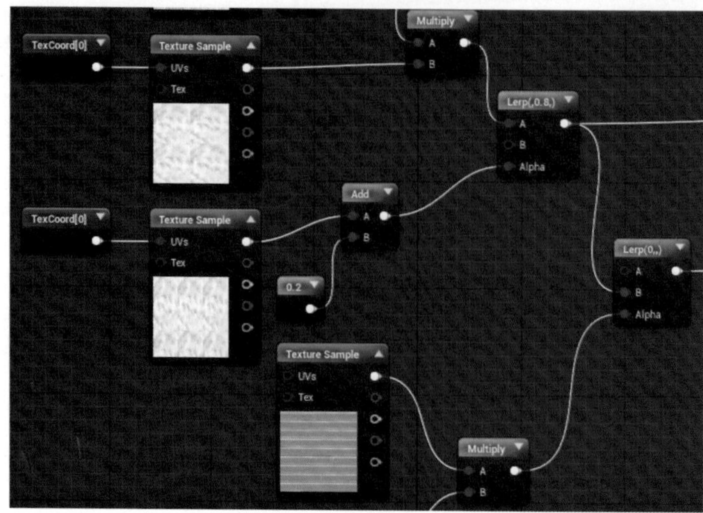

图 3-82

将 Lerp 节点连接至 Roughness，即会发现材质球上产生了新的变化，模拟了现实中木板上沾染污渍后会留下的痕迹，如图 3-83、图 3-84 所示。

最后对金属性 Metallic 以及反射 Specular 的调整同样可以参照上述的方法，通过污渍的贴图来实现对表面细节的控制，以让贴图表面呈现效果更加真实。在这里不再进行一一演示，最终成品 Metallic 及 Specular 节点只简单用一个一维数组控制。金属性部分将参数降低，避免其有过高的金属质感，高光部分同样，为了匹配其布满污渍的效果，高光参数也适当降低，这里两者均取到 0.1，成品效果如图 3-85 所示。节点总览如图 3-86 所示。

图 3-83

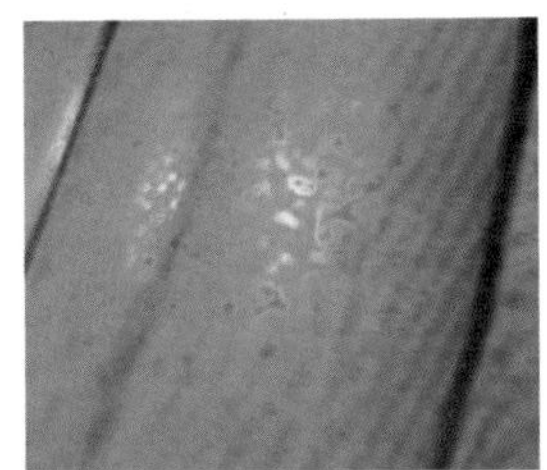

图 3-84

图 3-85

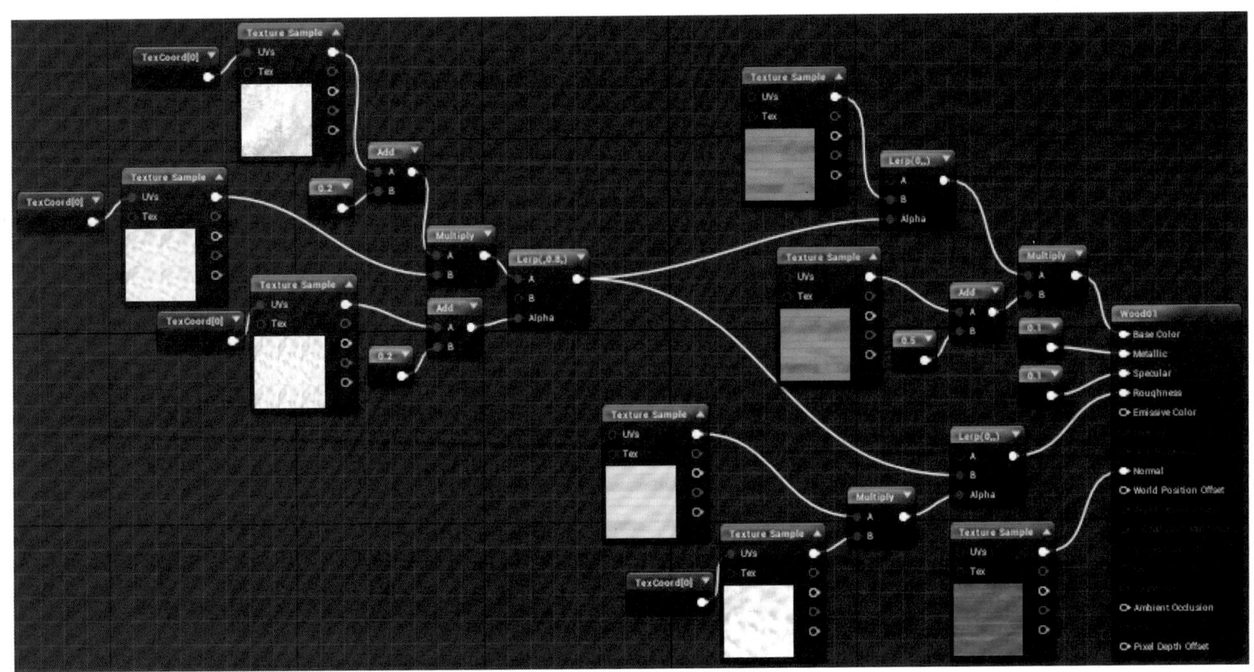

图 3-86

3.4　土质材质

土元素也是一种静态贴图元素，其包含的范围可以说是最广泛的，在这里介绍的土质材质绝不仅仅是普通的黄土贴图，更会包括砖墙、卵石等多种结构。其结构形态的多变也使得本节的讲解会相比前两种静态贴图显得更为复杂。

3.4.1　简单的砖墙结构

砖墙在日常生活中出现频率已经到了很高的程度，同样在游戏或者软件中这类贴图的需求量也很大，本节将进行一个简单的砖墙制作，所用到的大部分节点在前文中也基本都出现过。在寻找到合适的素材后，同样先在 Photoshop 中进行处理，接着使用 MindTex2 输出所需要的贴图文件，这里使用的贴图源文件如图 3-87 所示。

在 Unreal Engine 4 中新建一个文件夹，命名为 Earth，新建材质球，打开材质编辑器后先将 Diffuse 图、高度图、法线图导入，这里也可以一同导入一张 Ambient Occlusion 图。

将 Diffuse 贴图连接至 Base Color 节点，将其作为贴图的基础色。同样将 Normal 图连接至 Normal 节点，使其作为基础的法线凹凸效果。Ambient Occlusion 图也连接至 Ambient Occlusion 节点，作为其贴图高度的体现。在这里由于处理问题，导致 Normal 图深度不够，于是为其添加一维数组后进行 Multiply 混合，如图 3-88 所示。将一维数组参数调整至 1，用于加深法线的凹凸效果。

图 3-87

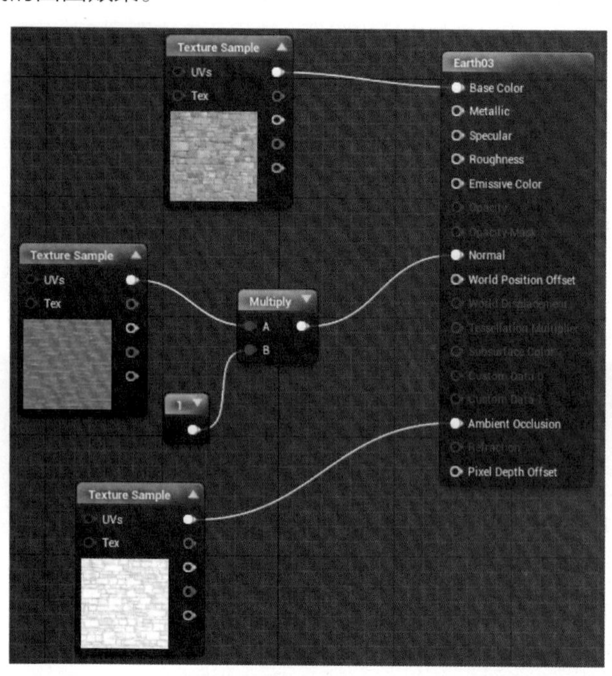

图 3-88

这时贴图的基本样式就已经成型，回到场景中，将材质赋予一个新的材质球模型，效果如图 3-89 所示。可以看到其表面的细节其实并不能令我们满意，下面将对其 Specular 以及 Roughness 进行处理，使贴图看上去更加真实。

先使用处理后的 Height 高度图来对 Specular 节点进行加工，将其连接至新建的 Lerp 节点的 Alpha 通道上，使其作为线性控制依据。新建两个一维数组，连接至 A、B 两个节点，这里将两个数组参数定义为 0 和 0.8，目的是使混合后的亮度不会过高。此时若觉得颜色跟预想的有偏差，则可以再添加一个 Multiply 节点进行调整。在这里又添加了一个一维数组，将参数调整至 1，来加深材质效果。最终将成品连接至 Specular 节点，通过其控制贴图的高光效果，如图 3-90 所示。

图 3-89

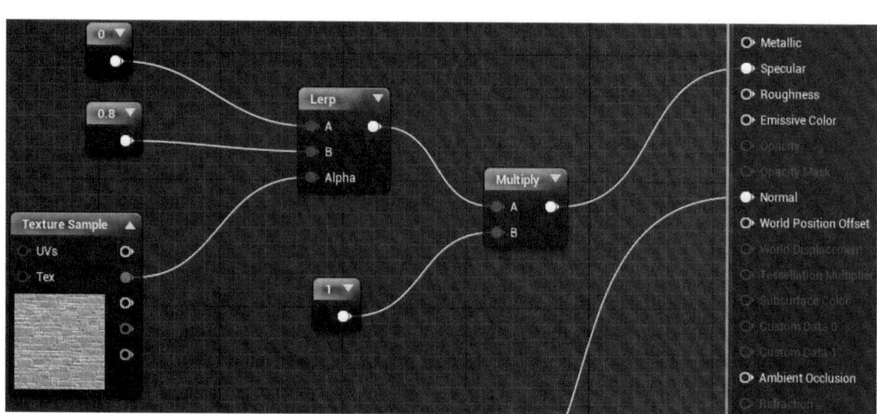

图 3-90

对于 Roughness 节点的处理同样需要用到高度图，处理的方法与上述处理 Specular 节点时基本相同，在这里需要提醒读者的一点是，在制作中会需要用到颜色的调换，这里可以使用的节点是 One Minus（作用即为上文所述的黑白翻转），添加该节点后在节点的预览中即可以看到原本图片的黑白已经被翻转。此处进行这样处理的原因是为了将原本偏深色的高度图淡化，这样在连接到 Roughness 节点时粗糙值会偏大，也即会让我们的材质表面更加粗糙。

进行调整和融合之后最终的节点连接如图 3-91 所示，将调整后的图片与一位数组连接融合是为了将图片亮度稍微提高，所以将一位数组参数调整到 1。

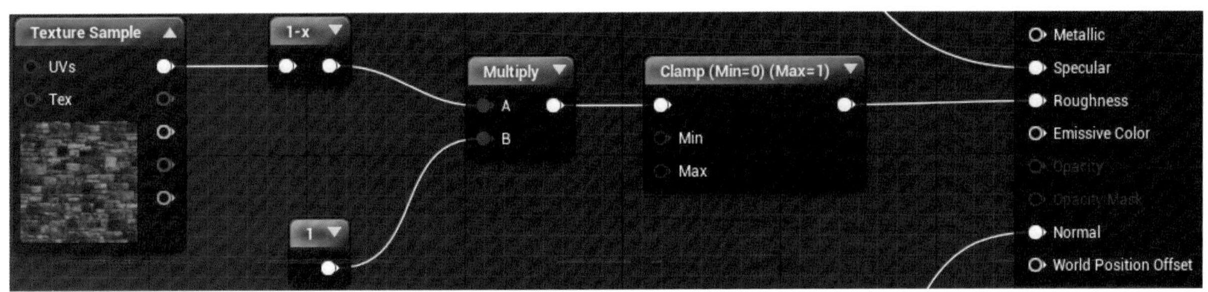

图 3-91

这里还用到了一个新的节点 Clamp，作用是筛选规定范围内的数值。可以使用这个节点将 Min 值定义到 0.5，Max 值定义到 1，使最终的图片只输出在此范围的图片信息，这样会看到最终材质表面的粗糙程度有一定的变化，但均是属于比较粗糙的质感。接着再将其连接至 Roughness，作为其粗糙程度控制。

最后将 Metallic 节点连接到一个一维数组，将一维数组参数调低，使之金属性基本趋于零。将参数定义到 0.2，得到最终的节点总览，如图 3-92 所示。

返回场景中，最终的成品效果如图 3-93 所示。

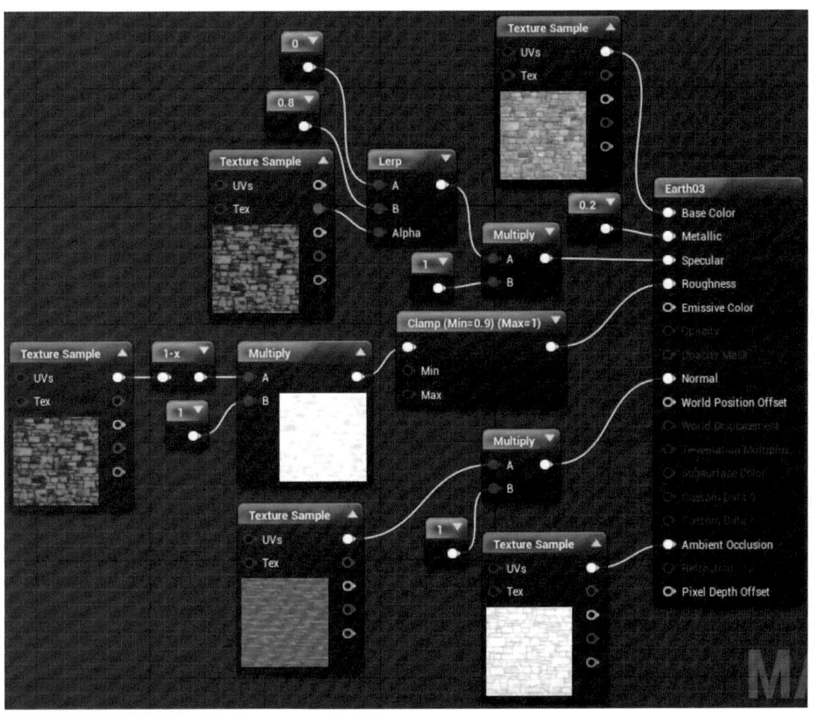

图 3-92

图 3-93

3.4.2　混合材质

在 Unreal Engine 中制作材质贴图时，难免会遇到同种模型上掺杂了不同材质的情况，这时就需要通过对贴图的处理来实现材质的混合效果，在本节，将以砖墙面上的大片污渍为例，讲解混合材质的处理方法。在本节，将着重讲解 Base Color 的处理方式。

素材部分使用的是如图 3-94、图 3-95 所示的贴图，其中图 3-95 是经过处理后的背景为白色的污渍贴图。

图 3-94

图 3-95

将贴图使用 MindTex2 进行处理，随后导入到 Unreal Engine 中，这里使用到 Diffuse 贴图、高度 Height 贴图以及法线 Normal 贴图。下面先来介绍这部分最重点的 Base Color 的处理。

先对 Diffuse 图进行一个颜色上的调整，创建 Lerp 节点，使用高度图作为其 Alpha 通道连接，这里需要注意的一点是牢记使用 RGB 通道之一。同时创建一个三维数组，将其和 Diffuse 贴图进行融合，这里我们将三维数组颜色定义为黑色，RGB 分别为 0，通过高度图的线性变化将黑色与原本的 Diffuse 贴图进行融合，使墙面色调偏暗，如图 3-96 所示。

将调整后的 Lerp 节点再与污渍贴图进行混合，同样使用高度图作为 Alpha 通道，创建 Lerp 节点进行处理，这里通过墙面高度图作为融合的线性变化参照依据，即完成了墙面和污渍的融合，如图 3-97 所示。

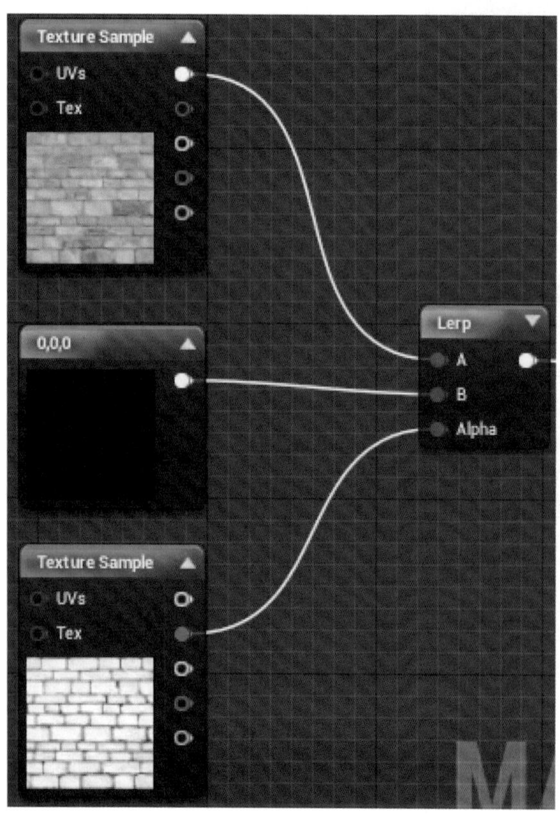

图 3-96

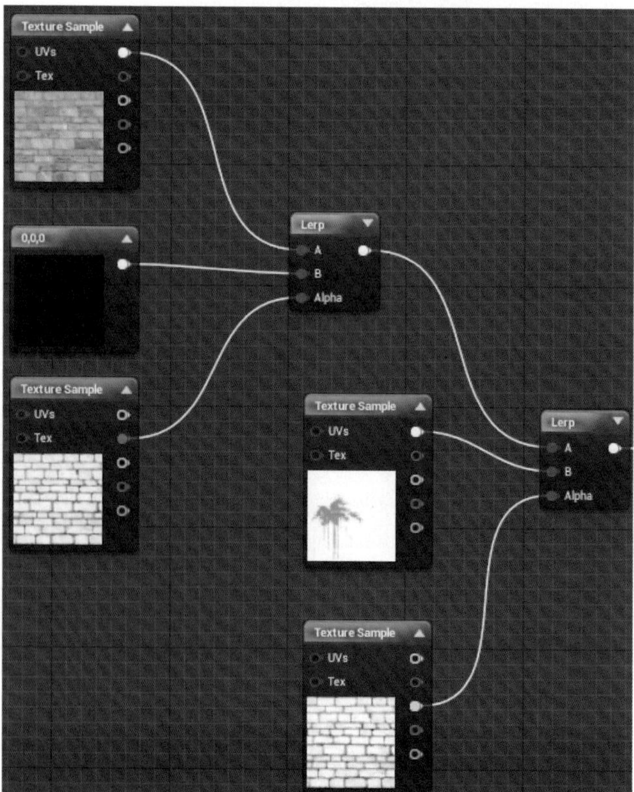

图 3-97

此时可以单击打开混合后 Lerp 节点的预览效果，可以看到污渍已经附在了墙面上，如图 3-98 所示。

但是此时由于污渍贴图是白色底色，墙面原本的颜色信息也被混合掉了，这时可以再将其与原本的

Diffuse 图进行混合，在这之前可以创建一个 Clamp 节点进行一次颜色的筛选，在这里我们定义范围为 0~0.8 区间，即去掉纯白色的一部分信息，然后再和 Diffuse 图分别连接至新建的 Multiply 节点的 A、B 端，最终完成其混合效果，如图 3-99 所示。

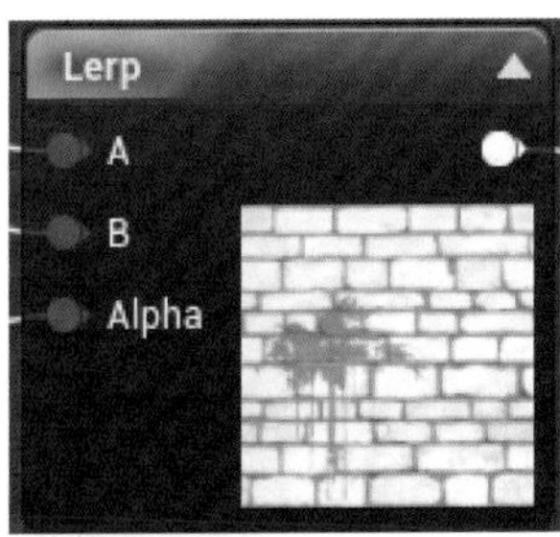

图 3-98

将混合后的最终材质连接至 Base Color 节点，将其作为材质的基础色。这时在预览材质球上即会看到一个附带大片污渍的材质贴图效果，我们可以将 Normal 图连接至相应节点后回到场景，新建材质球预览其效果，如图 3-100 所示。

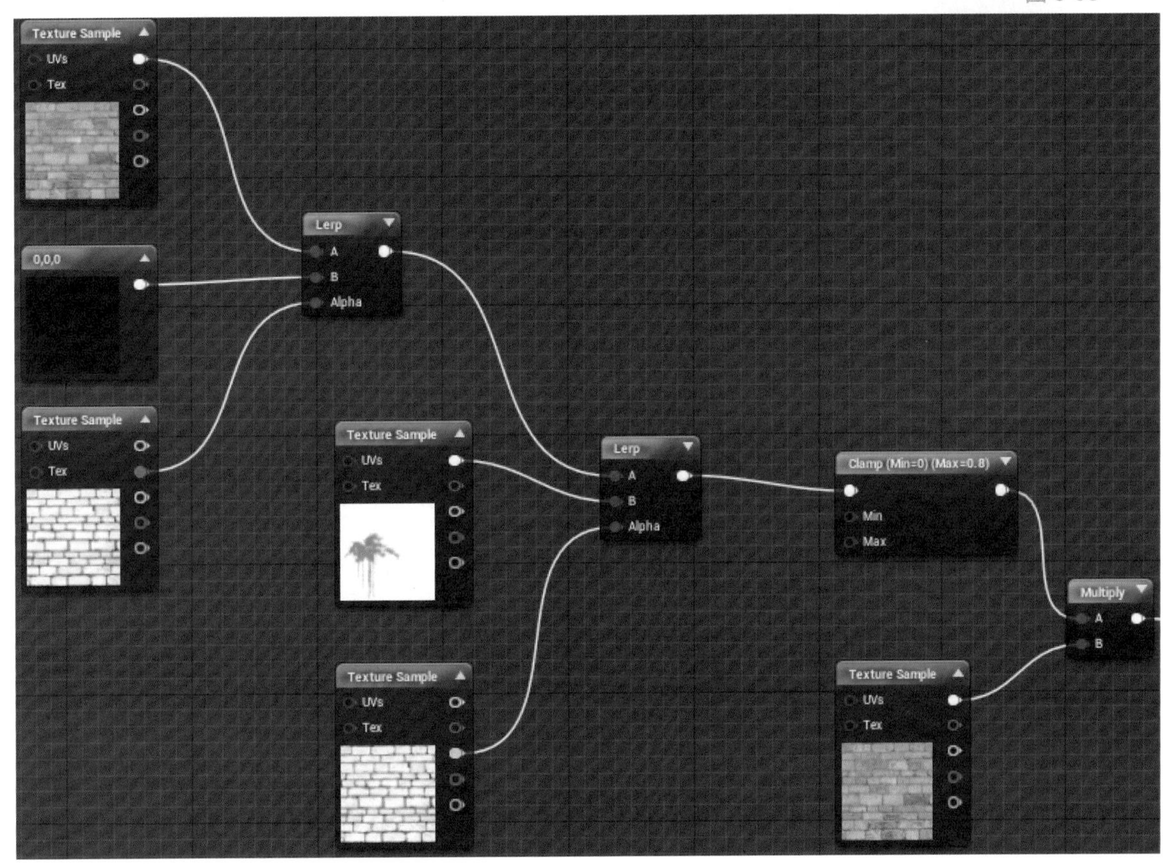

图 3-99

图 3-100

对于 Specular 和 Roughness 节点的处理，这里只简单地使用了砖墙的高度图进行连接和制作，而没有混合污渍的生成图，使用与否均取决于所要制作的材质贴图，若要进行混合时，方法与处理 Base Color 时相同。

将砖墙生成的高度图与一维数组进行融合，将一维数组参数定为 1，使混合后的图片亮度更高，将混合后的节点连接至 Specular 控制材质的高光属性。

对于粗糙度的处理同样混合一个一维数组，将其参数定义为 0.8，为使最终材质质感上显得更加粗糙，若是觉得简单地混合一维数组效果不好的话，可以再添加一个 Clamp 节点，将范围限制在 0.4~1，只输出颜色偏暗的部分，再将其与 Roughness 节点进行连接，来对材质的粗糙度进行控制，如图 3-101 所示。

将 Metallic 赋予一个简单的一维数组，将其参数定义为 0.2，使材质金属性基本为 0。最终节点总览如图 3-102 所示。

将材质应用保存后，返回场景中会看到最终实现的材质效果，如图 3-103 所示。

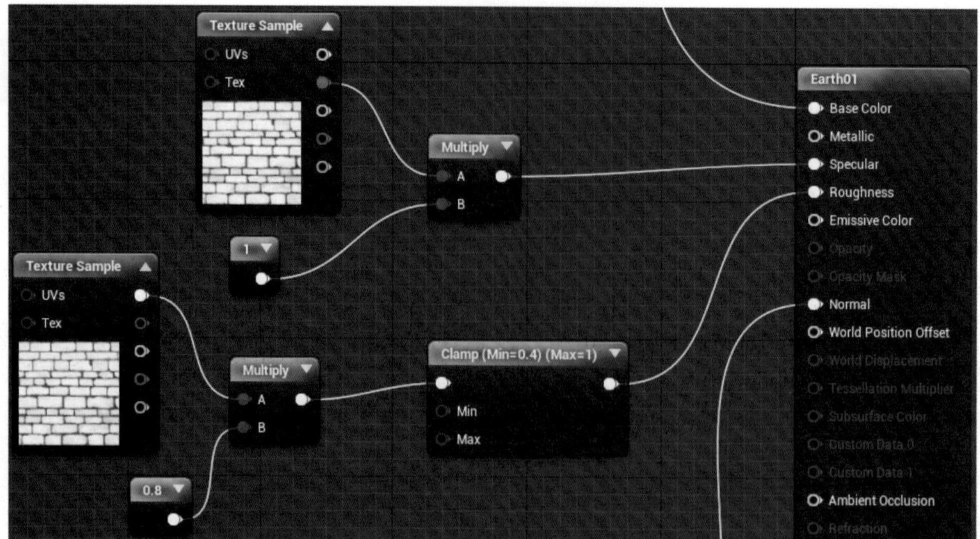

图 3-101

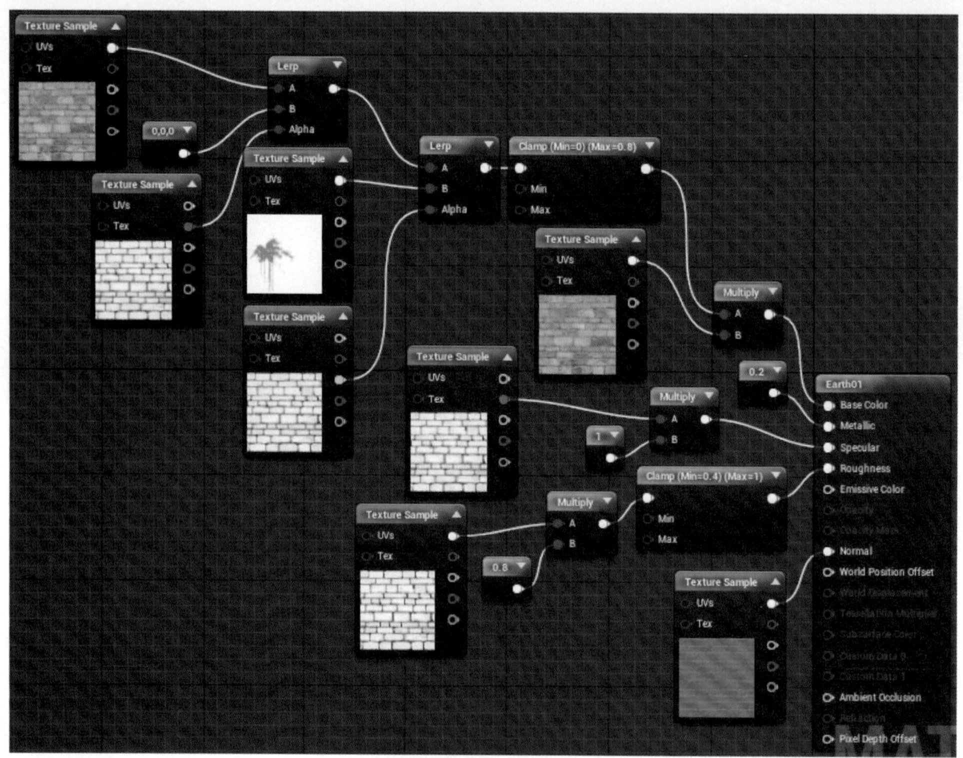

图 3-102

图 3-103

3.4.3　偏移世界坐标

图 3-104

在本节，将介绍一种全新的节点——偏移世界坐标。通过这个节点可以完成贴图一个明显的凹凸变化，而不仅是通过法线来处理其凹凸纹理。本节使用鹅卵石作为讲解的素材，贴图大小为 1024 × 1024，如图 3-104 所示。

可以看到由于鹅卵石的特性，如果只使用法线贴图来处理其凹凸效果，将无法很好地表现图 3-104 所示的层次纹理，这里需要通过一张灰度图来处理模型的法线深度，最终得到想要的视觉效果。下面将逐一进行流程说明。

对于 Base Color 的处理，可以只简单地使用素材的 Diffuse 贴图，也可以参照附加污渍的方法，进行一个污渍的叠加。

在这里仍然使用的是污渍贴图，进行混合叠加后最后与 Diffuse 贴图进行 Multiply 节点的融合，作为材质的 Base Color，连接后在预览图上即可看到一个带有污迹的鹅卵石效果，节点连接如图 3-105 所示。

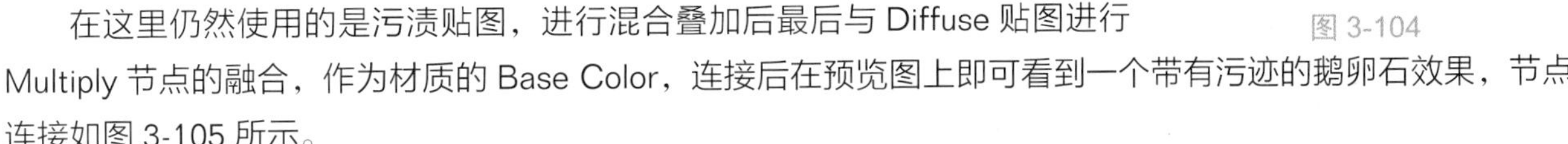

图 3-105

连接完 Base Color 后，单击返回图表，会看到图表中，World Displacement 选项默认是不可选的，单击左侧的细节修改界面，找到 Tessellation 分类，将第一个选项改为 PN Triangles，勾选第二个选项，如图 3-106、图 3-107 所示。这时会发现 World Displacement 选项已经变为可选状态。

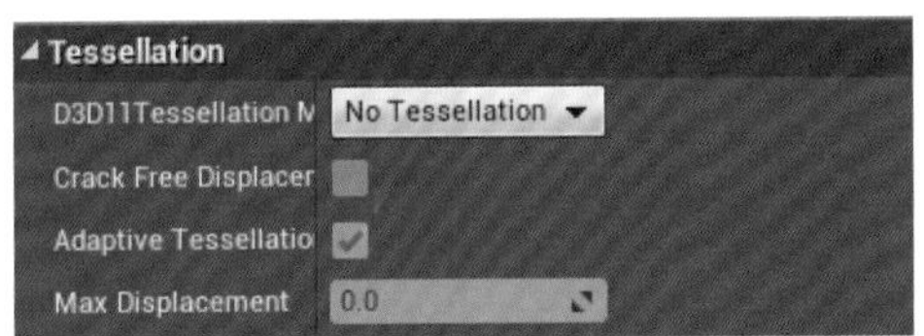

图 3-106

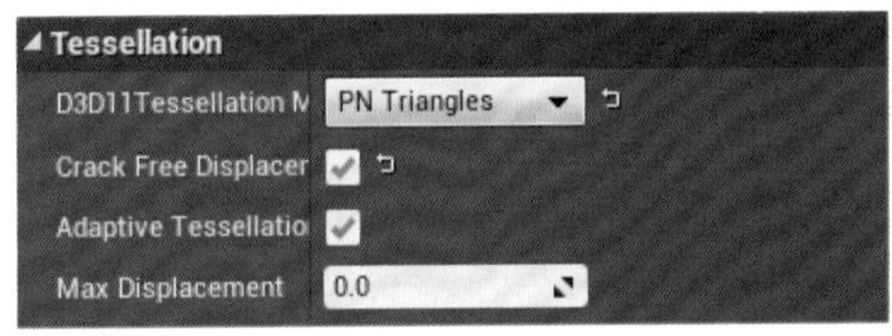

图 3-107

该节点与 World Position Offset 节点都可以控制世界坐标的偏移，其呈现的效果在视觉上并无太大区别。读者在这里也可以选择不进行上述操作，而在需要使用此节点时直接连接至 World Position Offset。

将 World Displacement 改为可选节点后，对灰度图进行处理，这里的灰度图可以使用经过 MindTex2 处理的高度图，再经过 Photoshop 的加工后，即可得到一个满意的成品，需要注意的一点是其对比度需要尽量高一些。

在控制板上找到一个全新的 BumpOffset 节点，该节点用于实现视差贴图，使贴图更具有真实感。

将灰度图与该节点上的 Height 连接，如图 3-108 所示。这样就完成了最简单的高度视差贴图的制作，可以将其与任意的贴图 UVs 节点进行连接，使贴图产生一系列的高度。

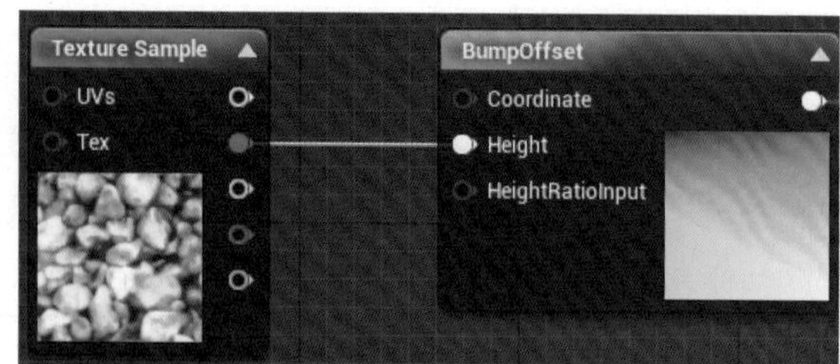

图 3-108

可以将其连接至 Diffuse 贴图上，如图 3-109 所示。

返回灰度图节点，创建一个新的 Multiply 节点和一维数组，进一步增加其对比度，这里将一维数组参数调整至 10，进行融合后，新建一个 VertexNormalWS 节点，该节点用于世界坐标的移动。这里需要注意的是在搜索时需要选择 Vertex 下的节点，如图 3-110 所示。

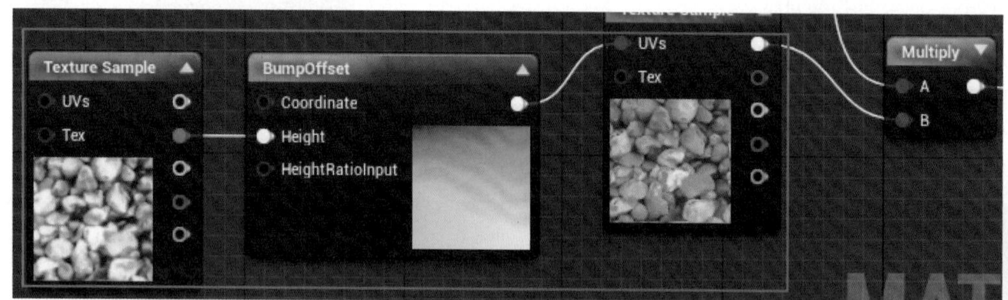

图 3-109

图 3-110

将创建好的 VertexNormalWS 节点通过 Multiply 和上面得到的节点相融合，并将得到的结果连接至 World Displacement 节点，这样就完成了通过灰度图的黑白信息来控制世界坐标偏移的目标，如图 3-111 所示。

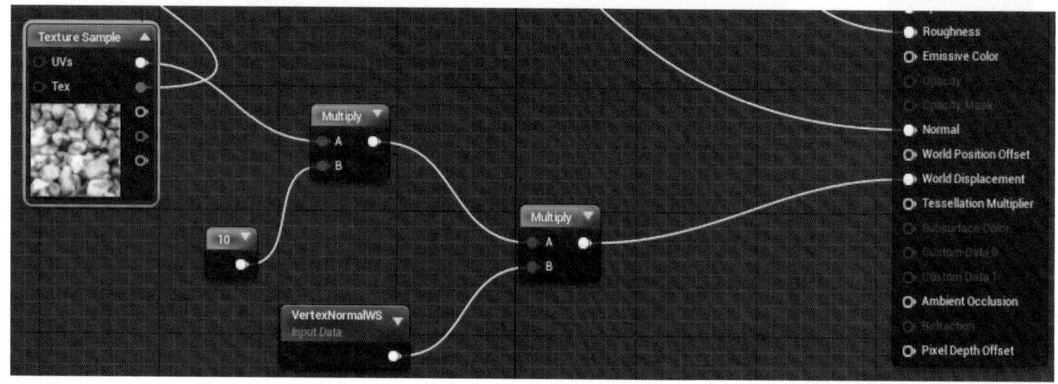

图 3-111

打开材质窗口预览，即会看到一个全新的效果，整个材质的表面产生了真正的凹凸，而并不是由法线实现的凹凸感，如图 3-112 所示。

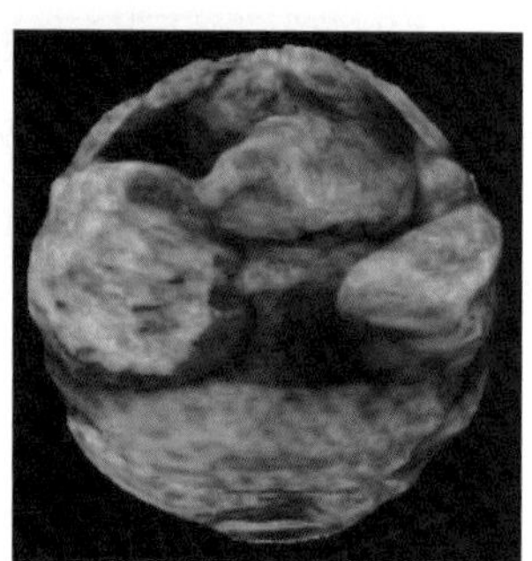
图 3-112

接着将法线贴图连接至 Normal 节点，使贴图仍然具有一定的自身凹凸属性。Roughness 节点与 Specular 节点可分别与处理过后的高度图进行连接，在这里不对这 3 个节点的处理进行更多的讲解。需要注意的一点是，上文中处理完成的法线深度节点同样可以连接至上述贴图的 UVs 通道上，如图 3-113 所示。

至此，一个带有世界坐标偏移的鹅卵石材质贴图便制作完成，材质节点预览如图 3-114 所示。

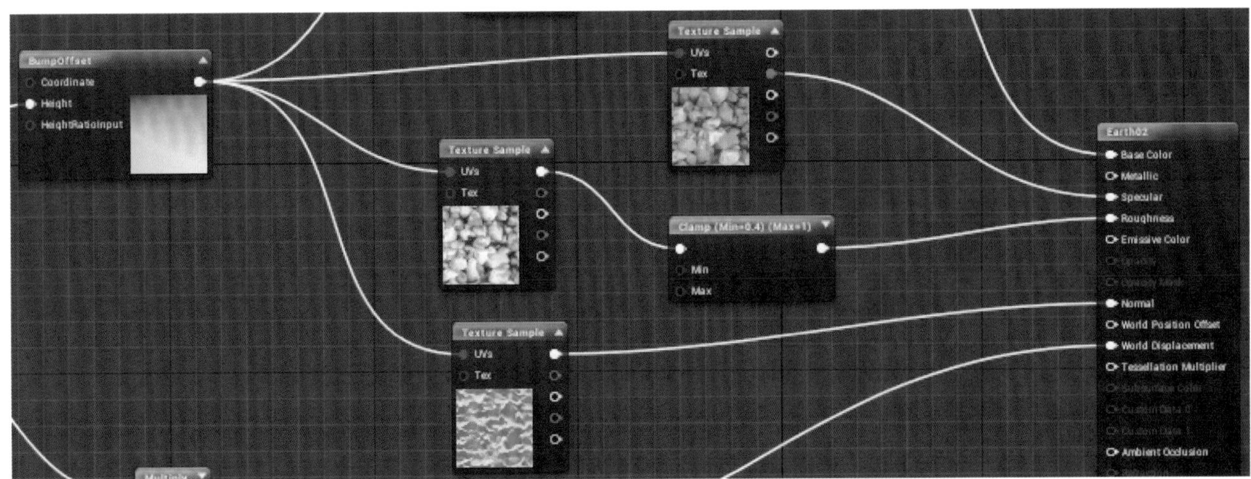
BumpOffset
Coordinate
Height
HeightRatioInput
Texture Sample
UVs
Tex
Texture Sample
UVs
Tex
Clamp (Min=0.4) (Max=1)
Min
Max
Texture Sample
UVs
Tex
Earth02
Base Color
Metallic
Specular
Roughness
Emissive Color
Normal
World Position Offset
World Displacement
Tessellation Multiplier
Ambient Occlusion

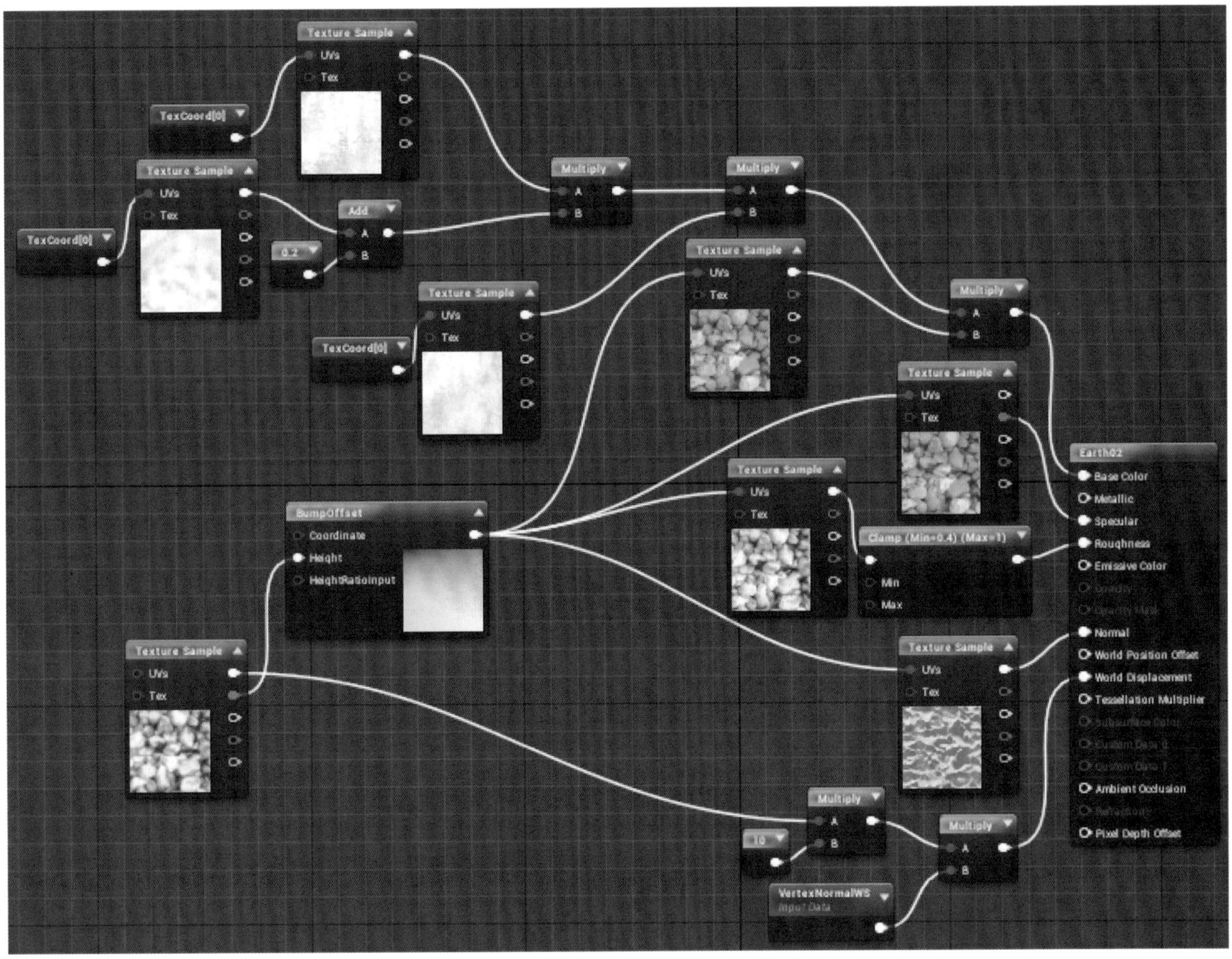

图 3-113

图 3-114

应用保存后返回到场景中，将材质赋予模型进行预览，效果如图 3-115 所示。

图 3-115

3.5 火焰材质

3.5.1 现实中的火焰特点

火作为一种生活中常见的事物，人们都非常熟悉，但如果问“火”的本体究竟是什么？恐怕大部分人都没有一个明确的概念。

从科学的角度讲，火的本质是能量与电子跃迁的表现方式，火焰大多存在于气体状态或高能离子状态，在温度足够高时能以等离子（第四态，类似气体）的形式出现，火的可见部分称作焰，可以随着粒子的振动而具有不同的形状。

简单来说，火是一种现象而非一种物质，与水不同，火没有一个确定的实体，在 Unreal Engine 中如果同样是用材质实现火的效果，那么它的最终形态会极大地受到模型的制约。因此，在 Unreal Engine 中的主流做法是通过粒子发射器实现火焰的效果。下面简单地分析一下火焰视觉上的特点。

1．火焰颜色

火焰的颜色是火焰最直观的特点，它由于燃料及燃烧情况的不同，呈现出的颜色也各异，火焰分为焰心、内焰和外焰，外焰燃烧最为充分，焰心和氧气接触最少，燃烧最不充分，这些体现在颜色上就是外焰偏浅黄或透明，内焰发红而明亮，焰心反而会更暗。当然，我们可以对火焰进行一些艺术加工使其呈现多种颜色，但最为基础的颜色还是红色和黄色，如图 3-116 所示。

图 3-116

2．飘动

火焰另一个重要的特性就是飘动的无序性，它受到重力、气流、内部粒子振动的影响，形态变化无常，很难找到一个固定的规律。在 Unreal Engine 中，对于火焰的飘动效果，是直接通过一组真实火焰的图片序列组成一段动画，从而保证了效果的真实。

3．浓烟

当火焰燃烧不充分时，会产生大量未燃烧的细小碳化颗粒，无数的颗粒聚集在一起就形成了烟，并随着热空气的流动而上升。在 Unreal Engine 中烟的制作用粒子发射器很容易实现，而材质就很难做到。

4．折射

在火焰燃烧时仔细观察不难发现，受热的空气与周围的冷空气密度不同，会和水一样对光线形成折射，折射的大小是由火焰的温度决定的。也就是说，通过调整折射角度和范围的大小，能够很好地体现出火焰的温度，让观者从视觉上感受到温度。

5．火星

在某些固体作为燃料时，往往会有不少的正在燃烧的小块燃料被炸出来，形成火星，或随着气流飘走，或弹到地上消失，这种效果在篝火以及其他以木头作为燃料的火堆中比较常见，在制作这类火焰时也是必不可少的一点。

3.5.2 虚幻引擎中的火焰制作

在 Unreal Engine 中更多的是使用粒子发射器实现火焰，这也是业界的主流做法。但粒子效果对于硬件的要求相比材质要高得多，在通过 Unreal Engine 制作一些用于移动平台的场景时，粒子效果会对设备造成很大的负担，甚至在一些低配的设备上完全无法运行。为了应对性能的局限，就需要通过材质来实现，但因此火焰的效果就必须有所妥协。下面我们就分为材质和粒子两种实现方式进行讲解。

3.5.2.1　材质火焰

既然是为了节约硬件资源，能节省的地方就尽量节省，从最为基础的贴图来说，肯定不能像之前的材质一样，用到 3 张或者更多的贴图，但是一张贴图又难以实现火最基本的颜色和飘动，因此我们把 3 张图叠在了一张上，将 3 张形态、功能各异的灰度图分别作为 R、G、B 3 个通道，从而组成一张图片，但代价就是每张图片只能是灰度图。

图 3-117 是用于 R 红色通道，作为火焰的基本形态，处理方法也很简单，在 PS 中将一张火焰的素材图片饱和度调为 0，并略微调整曲线使黑白对比更为明显。

遮罩图用于绿色通道，作用是控制火焰的飘动，使火焰有一个高低的变化。处理方法：首先用钢笔画出大致的样子，然后建立选区并填充为黑色，最后用滤镜中的模糊和扭曲做成如图 3-118 所示的效果。

图 3-119 同样是遮罩图，控制火焰颜色的变化，只需要用渐变工具并做扭曲即可。

分别将图 3-117 的 R 通道、图 3-118 的 G 通道、图 3-119 的 B 通道复制到一张新的图片上，对于哪张图片用于哪个通道并没有特定的要求，图 3-120 为叠加后的效果。

图 3-117

图 3-118

图 3-119

将图片导入 Unreal Engine，新建一个材质，命名为 Fair_a，因为是要用于移动设备的材质，并且火焰并不需要反光、粗糙、折射等属性，甚至基础色也可以用自发光代替，所以需要修改材质的模式，只保留必要的属性引脚。首先修改叠加模式为 Additive，然后修改其下的 Shading Model 为 Unlit，如图 3-121 所示。

修改完后会发现，材质节点中只剩自发光、透明度等 4 个属性，如图 3-122 所示。这样便极大地节省了资源。

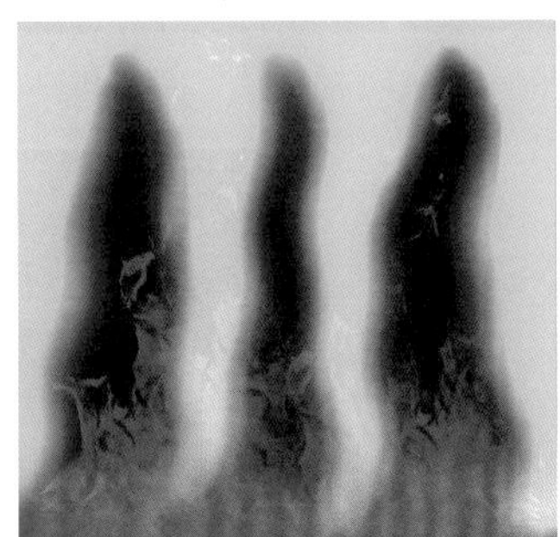

图 3-120

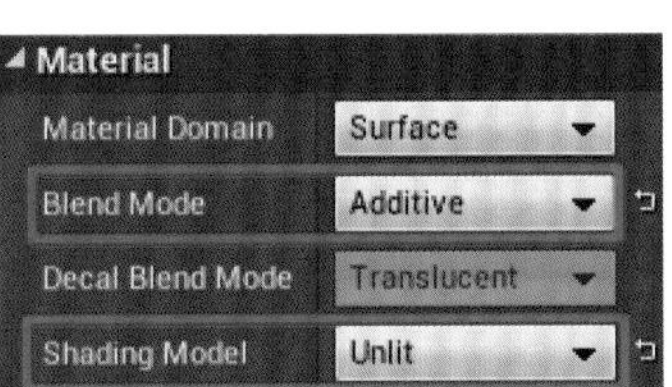

图 3-121

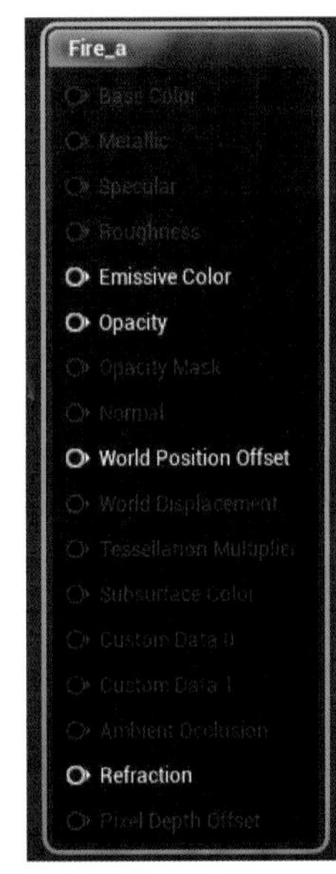

图 3-122

首先，先对材质制作一个 World Position Offset 世界位置偏移，它的作用和世界位移类似，同样是影响模型表面，但它的精度要更低，只能实现一些简单的移动，相应消耗的资源也就更少，所以这里选择使用世界位置偏移。

由于只需要实现简单的移动效果，我们可以直接用一个 Sine 正弦曲线节点作为移动的依据，如图 3-123 所示，Sine 节点需要输入一个 Time 节点以控制移动速度，不能单独使用。

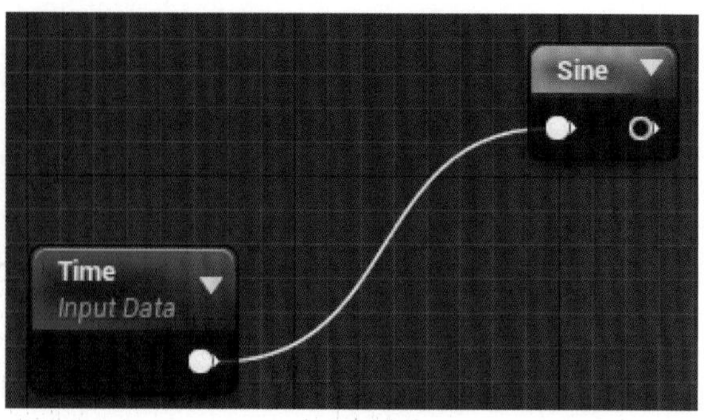

图 3-123

此时如果直接将 Sine 节点连接到世界位置偏移引脚上，即可看到模型有一个规律的扭动，这是模型在 X、Y、Z 3 个轴上都做正弦运动而产生的，而我们还可以屏蔽掉其在 Z 轴上的位移来进一步节约资源，这要用到绝对世界位置节点，图 3-124 是一个该节点的典型示例，Absolute World Position 绝对世界位置节点通过一个 ComponentMask 节点（即图中 Mask）屏蔽了 Z 轴。Mask 节点的作用是将一个高维数组通过勾选 R、G、B、A 通道转为低维数组，如图 3-125 所示，只勾选 R、G 通道就意味着输入的值无论是二维数组还是更高维数组，都将仅保留前两个数值，变为二维数组。高维数组对于图片的意义就是红、绿、蓝、透明通道，对于坐标则是 X、Y、Z 轴，在不同的节点上会有不同的表现，但其本质不变。

图 3-124 是一个使用 WorldPosition.xy 对纹理进行二维贴图的基本示例，其效果如图 3-126 所示，原本应该按模型 UV 决定的贴图变为了通过平面投影到模型上，并且贴图不随模型旋转而变化。

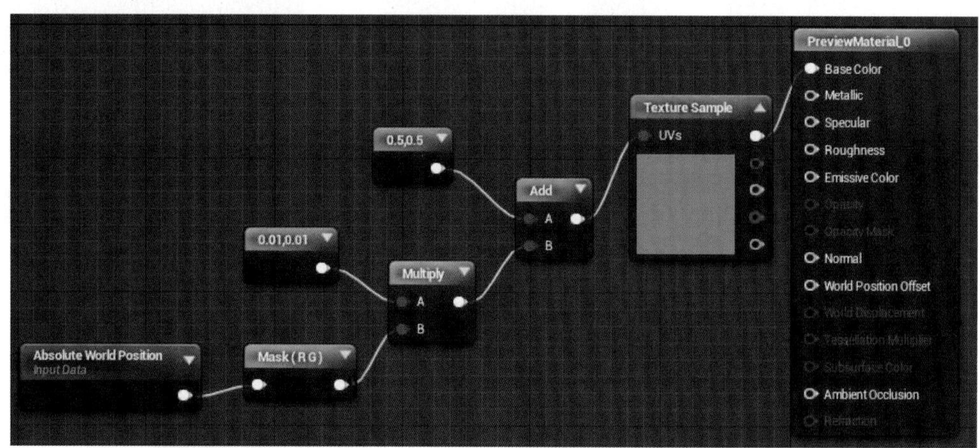

图 3-124

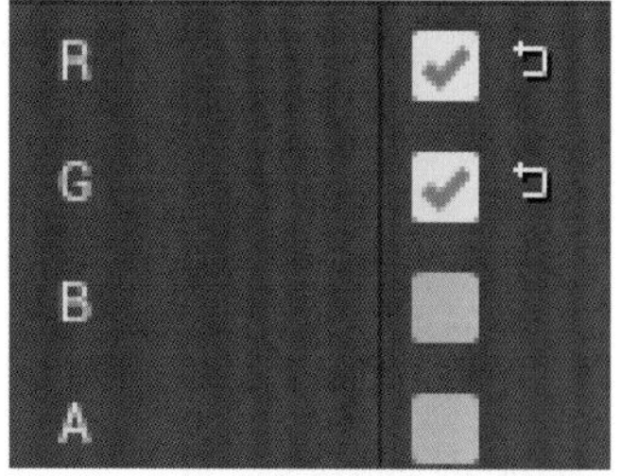

图 3-125

图 3-126

将 World Position 用于本材质中的连接方法如图 3-127 所示，因为 Time 节点是必不可少的，所以将绝对世界位置加遮罩后与 Time 相加，再输出到 Sine 正弦节点，最后乘一个数值，控制正弦振幅的大小，数值大小为 3。

添加一个自发光颜色后可以看到，模型表面有了小范围的移动，如图 3-128 所示。

接下来就需要确定材质的颜色和飘动效果了。如图 3-129 所示，3 个颜色实际上都是四维数组，包含 Alpha 透明通道，从上到下依次是外焰、内焰和焰心的颜色，通过两个 Lerp 节点混合，最后用一个乘法节点调整自发光的光强度。

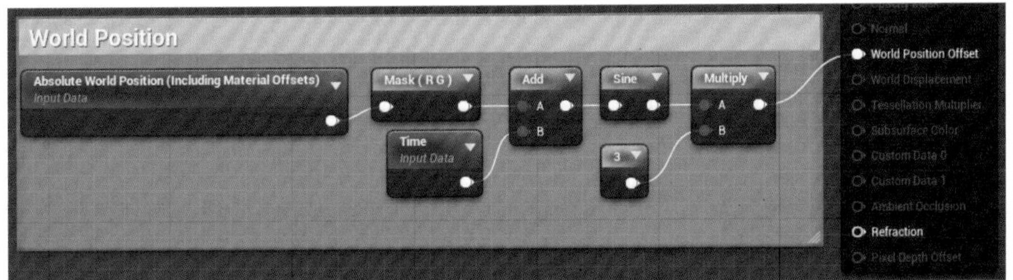

图 3-127

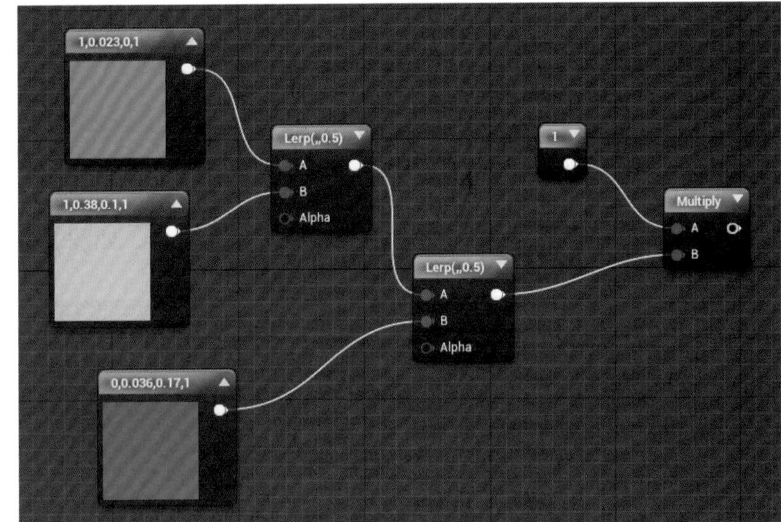

图 3-128

图 3-129

可以先将之前制作的合成图片与其连接，用红色通道控制外焰、内焰的 Lerp 节点，用蓝色通道控制内焰与焰心的 Lerp 节点，调整自发光强度后连接到 Emissive Color 引脚，节点及效果如图 3-130、图 3-131 所示。

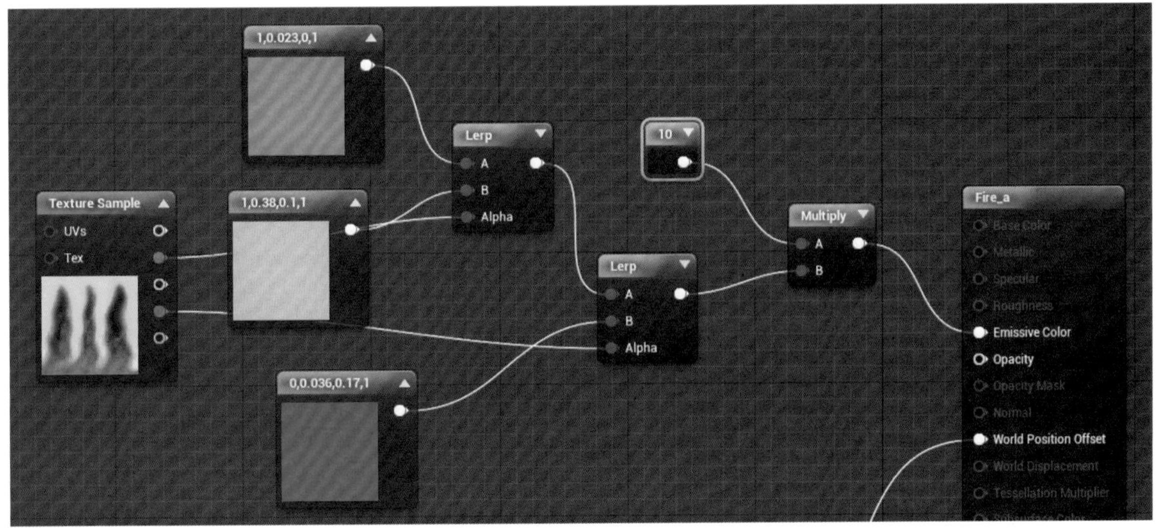

图 3-130

从图 3-131 中可以看到预览图中已经有一个很明显的发光以及刚刚做好的世界位置偏移效果，但火焰本身仍是静态的。下面就需要通过这张合成贴图制作出火焰的飘动效果，具体思路是，将两个 UV 位置有偏差的 TeXCoord 节点通过 Lerp 混合，并由事先做好的控制飘动的通道控制 UV 的变化，最后将 UV 输出到原图使贴图会有一个动态的扭曲变化。

需要作出一个竖直位置上有偏移的 TexCoord 节点，如图 3-132 所示，如前面所述，每个节点的本质都是数值，该节点的本质就是通过二维数组控制 UV 的大小位置，打开该节点可以看到该节点的图形表示，由 R 通道和 G 通道混合而成。因此它和一个同是二维数组的节点相加即可改变 UV 的位置。为了让它向下偏移，所以数组为（0，-0.183），因为不需要 UV 的缩放，TexCoord 节点本身的数值就不需要有所变化。从 Add 节点上可以直观地看到这一效果。

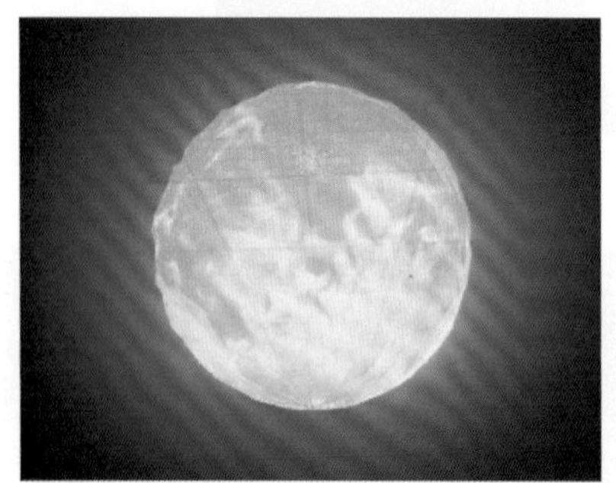

图 3-131

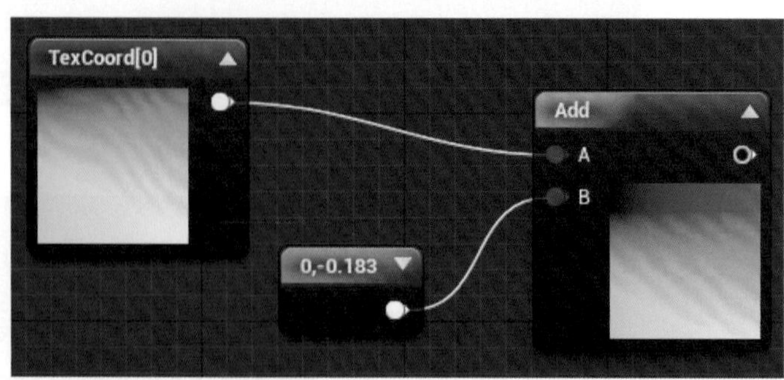

图 3-132

通过 Lerp 节点将它和一个未变化的 TexCoord 节点混合，如图 3-133 所示。

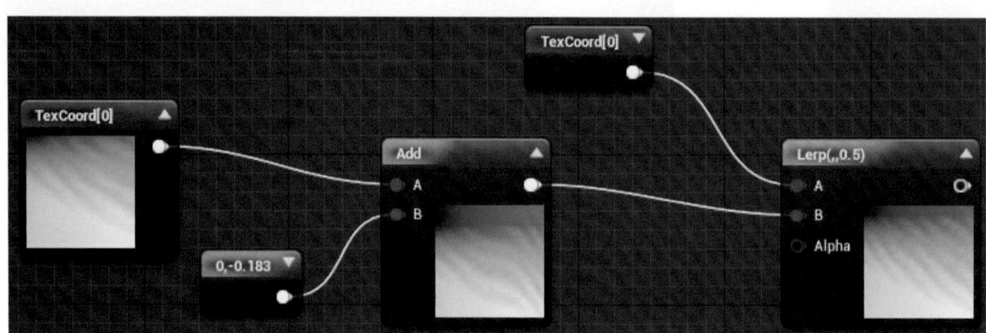

图 3-133

接下来需要对贴图添加一个位移，将一个 Panner 节点连接到贴图的 UVs 引脚，这里的贴图仅用到它的绿色通道作为控制 UV 变化的依据，因此 Panner 节点的速度数值影响的是扭曲变化的速度，而且只需要横向的速度，设置完后将绿色通道连接到 Lerp 节点，如图 3-134 所示。

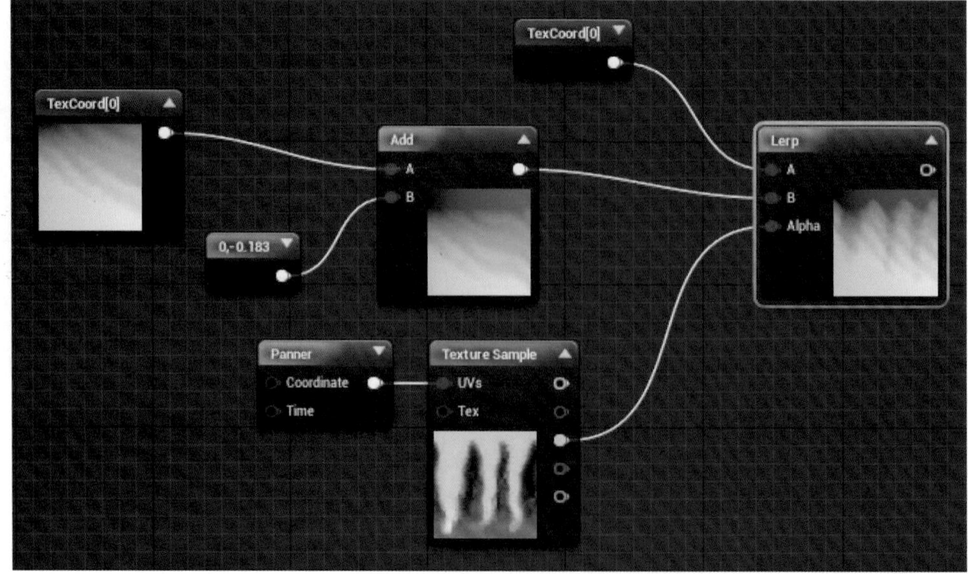

图 3-134

可以从 Lerp 节点的预览图中看到 UV 有一个明显的扭曲，现在可以直接将结果连接到贴图的 UVs 引脚，但为了增加一些变化，我们在两个节点中再加入一个 Panner 节点控制火焰的位移，同时加入一个加法节点和一个二维数组（0，0.183）相加，补足之前向下的偏移量，使整体 UV 位置正确，位移节点整体如图 3-135 所示。

之后就可以直接将红色、蓝色通道输出到控制火焰颜色的 Lerp 节点上，节点如图 3-136 所示，此时从预览图窗口可以看到火焰的飘动效果，如图 3-137 所示。

自发光属性本身有透明的效果，贴图中越偏向黑色越为透明，但由于多次的叠加，贴图的效果如图 3-138 所示，本应黑色的位置变成了橙红色，这显然不是我们所希望的。

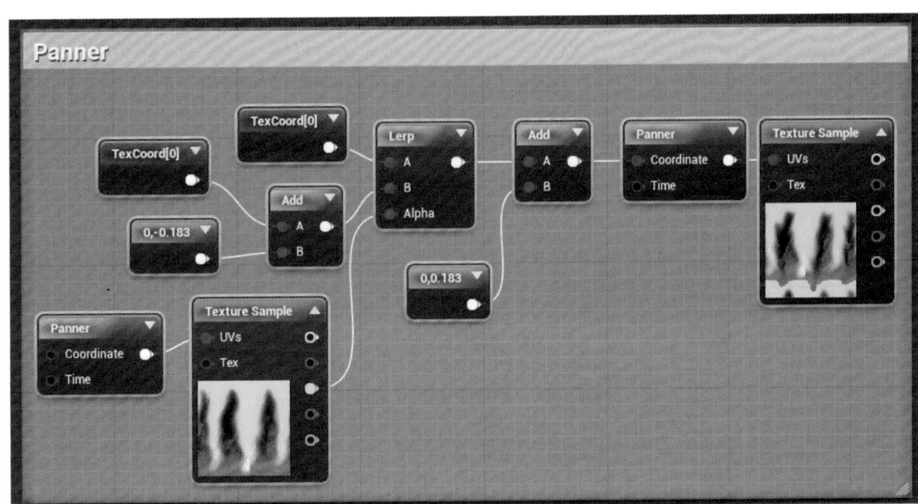

图 3-135

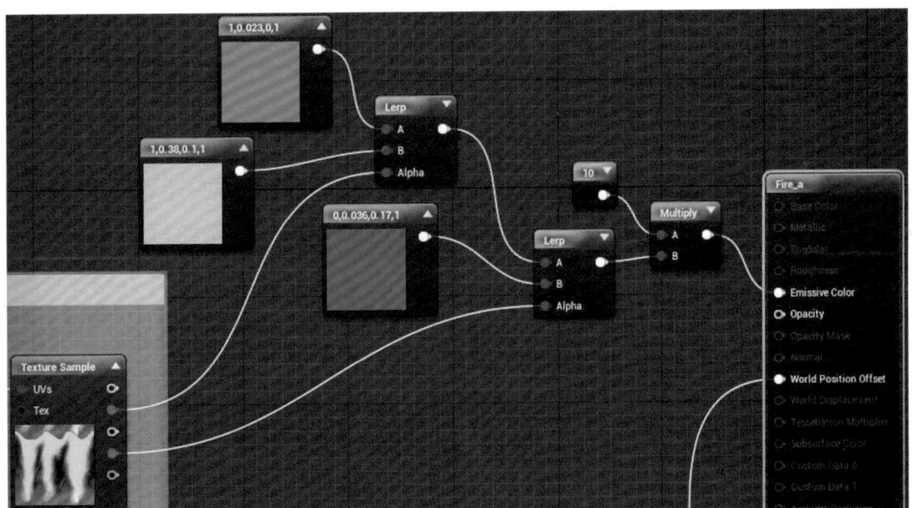

图 3-136

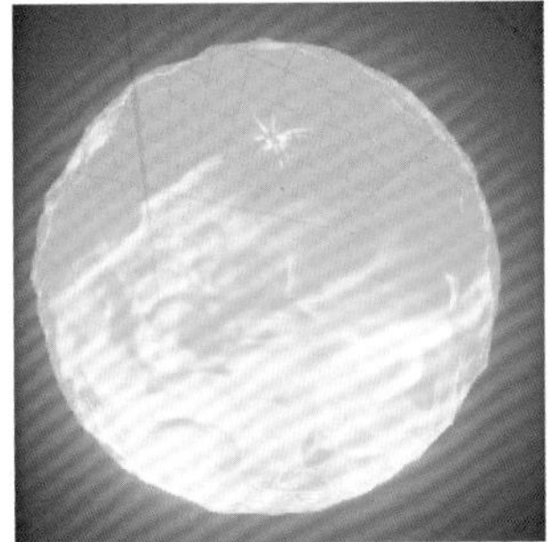

图 3-137

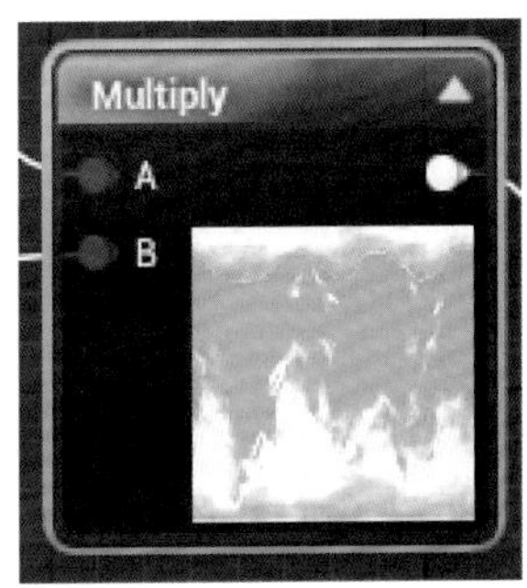

图 3-138

让材质不该发光的部分变为透明有一个简单的办法，只需要和原贴图的红色通道相乘即可，因为黑色的数字体现就是 0，无论和什么颜色相乘都会输出黑色，如图 3-139 所示。

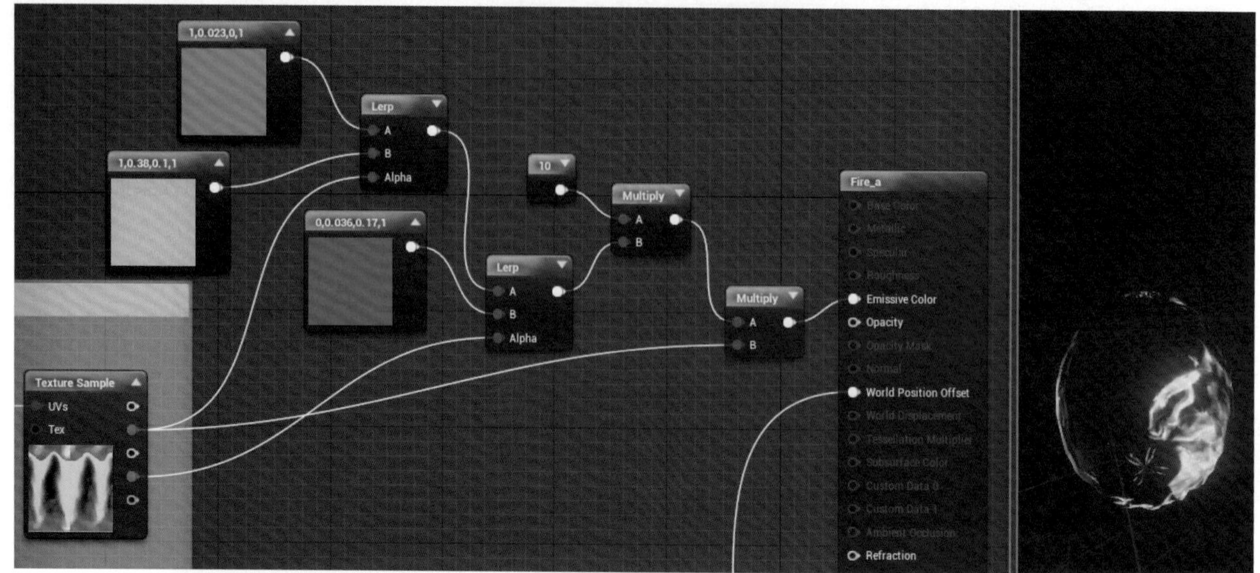

图 3-139

此时的效果已经基本完成，但还有一点瑕疵，如图 3-140 中红圈所示，在顶部和底部有一些模型 UV 问题导致的贴图错误。

对于这一问题，解决方法是添加一个 Fresnel_Function（菲涅尔函数）节点，它和菲涅尔节点有所不同，可调节的参数更多，我们只需要用到其中的 Invert Fresnel 和 Power 引脚即可。如图 3-141 所示，Invert Fresnel 是反转菲涅尔效果，默认为 False 不反转，如图 3-141 所示，给它连接一个 Static Bool 静态布尔节点，改变布尔节点为 true，使菲涅尔效果反转，然后给 Power 一个数值为 5 的常数，最后将结果与之前的火焰颜色最终结果相乘，如图 3-142 所示。

调整控制发光亮度的数值，最终的节点如图 3-143 所示。

最终的效果如图 3-144 所示，是在一个球上添加 Fire_a 后的效果，场景中还添加了 Sky Light 组件以保证室内不会过暗，并且在火焰的位置添加了一个点光源，使火焰对周围的场景也有光照，而不仅是对镜头有发光效果。

在同一位置叠加一个相同的模型效果会好很多，如图 3-145 所示，当然，这一效果也可以在材质中做到，方法和之前水的贴图叠加方法类似，但也要根据性能有所取舍，在此不做赘述。

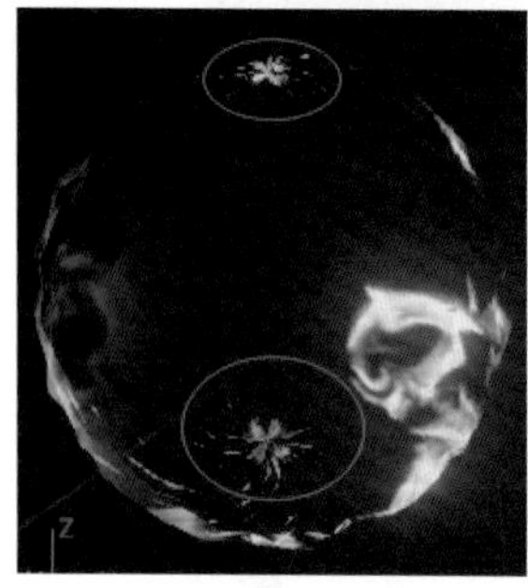

图 3-140

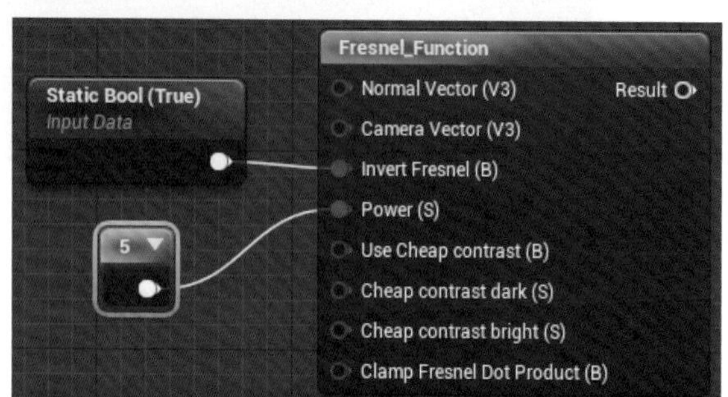

图 3-141

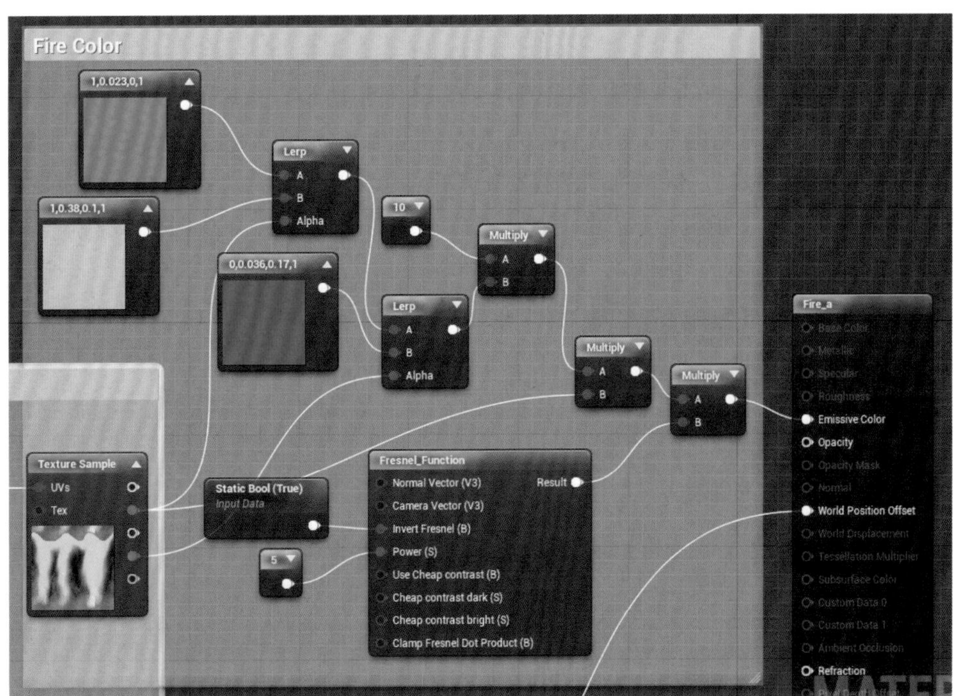

图 3-142

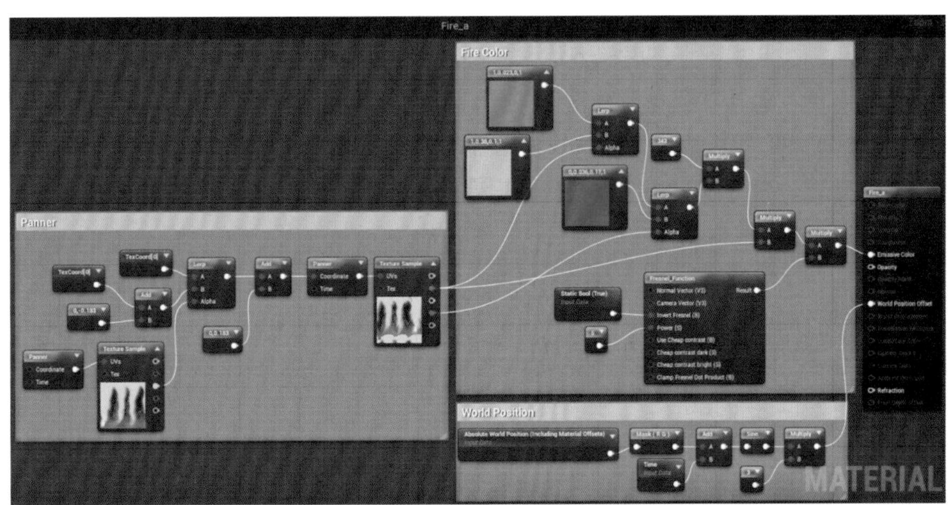

图 3-143

图 3-144

图 3-145

通过材质实现的火焰由于其局限性，还是在移动平台以及其他性能较弱的平台更为适用，通过较低的资源消耗也能实现一个较好的效果。

3.5.2.2 粒子火焰

在粒子编辑器中，最为基本的仍然是贴图，但粒子所需要的贴图和之前用到的贴图都不同，它用到的是一组逐帧动画的所有图片排列而成的序列图，如图 3-146、图 3-147 所示，分别是火焰和浓烟的序列图，来源是 Unreal Engine 工程自带的素材。这种序列图在 2D 游戏中会大量使用，大多为 36 张图片组成一张。当图片更多时，单张图片的分辨率就会降低，而要提高分辨率又会使帧数降低，过低的帧数就会导致动画的卡顿感，这也是需要根据实际情况有所取舍的。

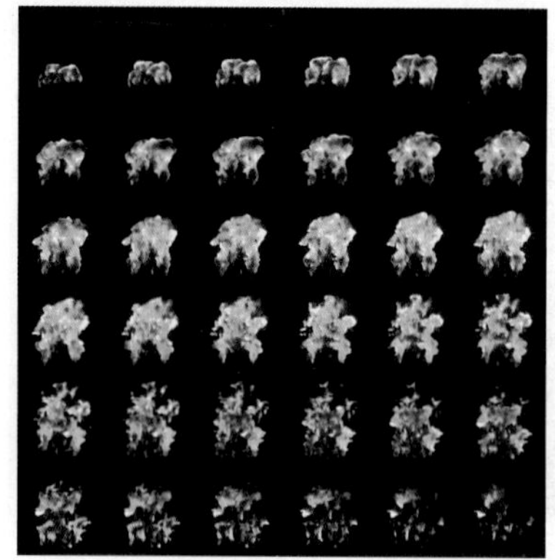

图 3-146

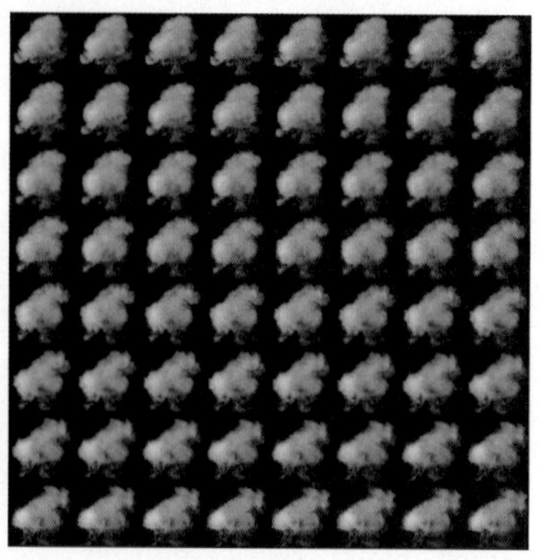

图 3-147

顺带一提，对于序列图的制作，最为基本的要求就是每一张小图所占的空间都相同，不能因为其尺寸变化而调整所占像素大小，在此基础上还要保证每张小图在所占像素内的相对位置相同，从而避免连成动画时出现抖动。至于素材，除了直接在素材网中搜索火焰序列图外，也可以下载 Unreal Engine 官方其他的工程文件，找到其中的序列图。还可以找一些合适的火焰燃烧的视频，在视频处理软件中将视频输出成图片序列，然后在 Photoshop 中处理，有条件的话也可以自己拍摄一段视频，从而保证素材的原创性，烟雾的制作也是同理。

回到粒子编辑器中，粒子编辑器的本质还是材质，其中包含了序列图等贴图，粒子编辑器将序列图转化为动画，并连续生成多个相同的材质，从而实现各种各样的粒子效果。因此，首先需要制作一个材质，新建一个材质，命名为 Flame，材质设置和之前的 Fire_a 相同，其次将一张火焰的素材图片连同火焰序列图一起拖入材质编辑器，如图 3-148 所示。

接下来将两张图片进行叠加，使得火焰有更多的细节，如图 3-149 所示，连接节点，其中 TexCoord 节点参数皆为 6，使其和序列图相匹配。

图 3-148

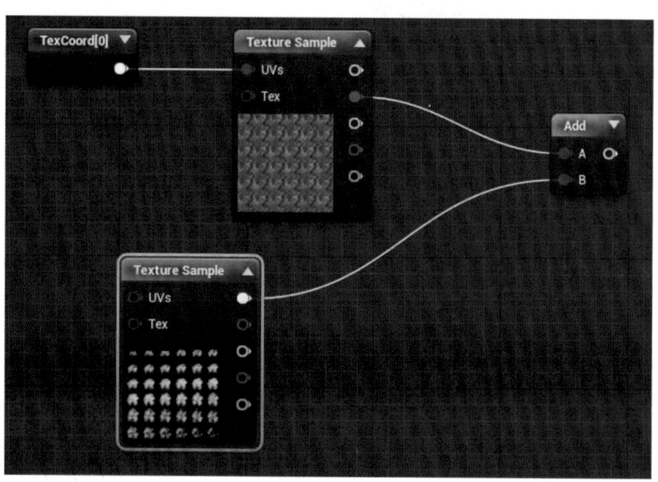

图 3-149

由于这张图的透明通道并未修改，所以需要用红色通道代替透明通道，最终的节点连接如图 3-150 所示，其中的 Particle Color 节点是一个粒子专用的节点，用于在粒子系统中控制材质颜色，通过乘法节点，和材质中对应的通道相连，再将结果输出到对应的位置，即自发光和透明度，这样就可以在粒子编辑器中改变颜色和透明度随时间的变化。Depth Fade 节点的作用和之前的水材质相同，是为了使材质和其他物体相交使其过渡柔和。图 3-150 是一个用作粒子发射器的序列图材质的典型连接方式，如此连接即可实现基础的效果。

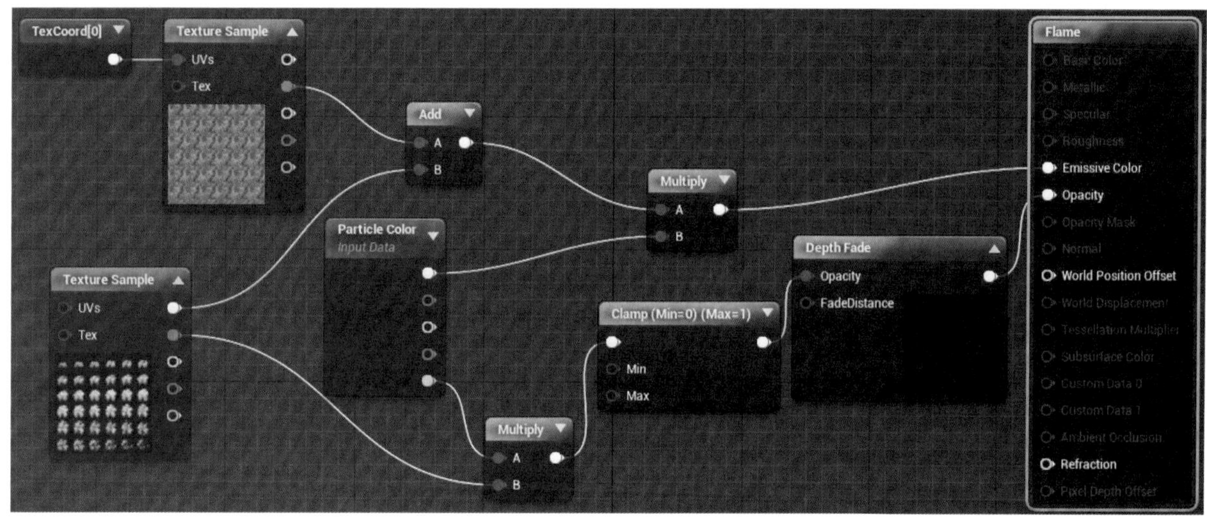

图 3-150

之后新建一个粒子系统，和新建材质类似，在图 3-151 所示位置，在右键菜单中选择 Particle System，命名为 Fire_b。

双击粒子系统打开粒子编辑器，可以看到主界面，如图 3-152 所示，包括最上方的 Toolbar 工具条面板、最主要的 Emitters 发射器面板、左侧的 Viewport 预览面板、左下的 Details 细节面板和下方的 Curve Editor 曲线编辑面板。

图 3-151　　图 3-152

在发射器面板中有一个默认的粒子发射器，我们直接在它的基础上进行修改。首先选中 Required 模块，如图 3-153 所示；其次可以在 Details 面板中看到不同的设置，其中 Required 模块主要是对材质本身进行调整，Spawn 模块控制粒子爆发、大量产生的效果，Lifetime 模块控制每个粒子的生存时间，Initial Size 模块控制粒子的尺寸大小，Initial Velocity 模块控制粒子的方向，Color Over Life 模块控制粒子的颜色变化。

将刚做好的材质球 Flame 拖到如图 3-154 的位置，替换掉默认材质，预览图变为多个火焰序列图不断喷出，如图 3-155 所示。

要使序列图变为连续的动画，需要修改几个参数，首先是同在 Required 模块中的 Sub UV，在 Details 面板的中部位置可以找到，如图 3-156 所示，将 Sub Images Horizontal 和 Sub Images Vertical 分别在水平方向和垂直方向分割 UV，因为这张火焰的图片是 6×6 张小图拼接而成的，所以两个数值都填 6，同时将 Interpolation Method 改为 Linear Blend。

此时的火焰还没有动画，始终是序列图的第一张图片。这就需要在粒子发射器的空白处右击，在 SubUV 中选择 SubImage Index 创建模块，它的作用就是将序列图连成动画，如图 3-157 所示。

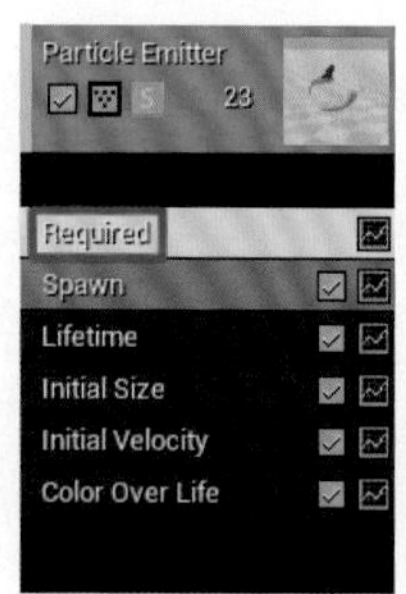

图 3-153

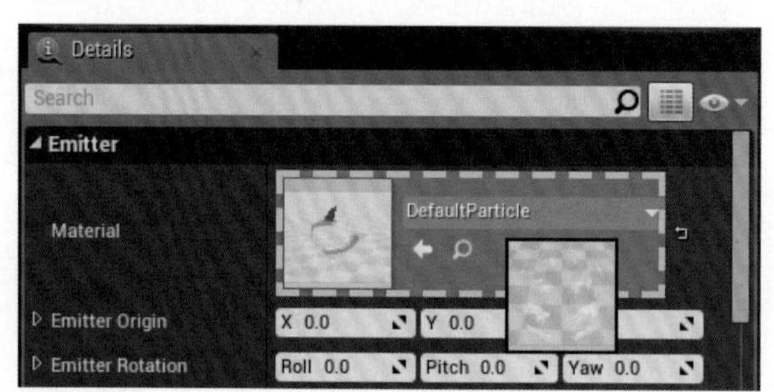

图 3-154

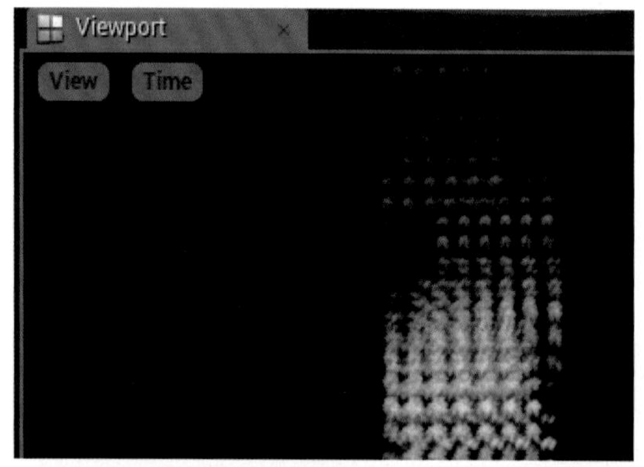

图 3-155

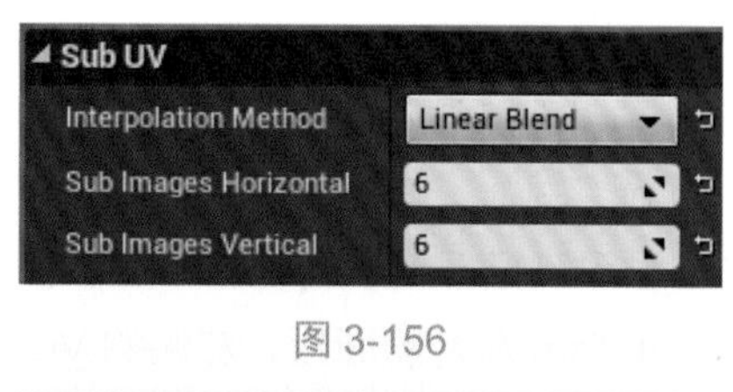

图 3-156

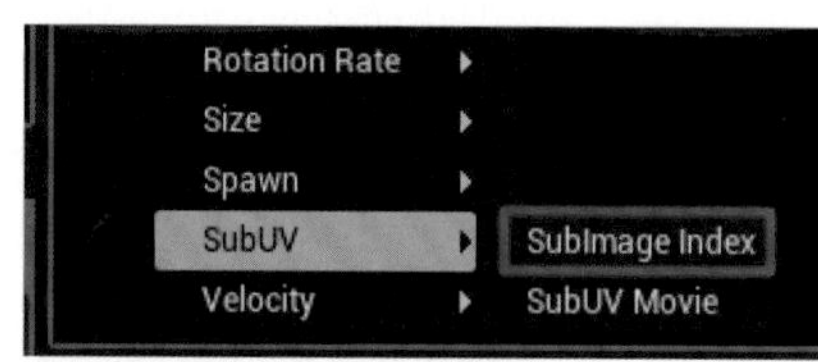

图 3-157

在该模块的细节面板中层层展开 Sub UV 中的选项，可以看到图 3-158 中的多个参数，我们需要用到的只有红色框中的参数，数值为 0 则代表左上角第一张，按从左向右、从上到下的顺序依次排序，它会自动根据之前分割的 UV，将序列图连成动画，该数值决定了最后一帧的图片是第几张，相应的 0 中的 Out Val 数值则决定了起始的图片。序列图中总共有 36 张图片，从 0 计算应将框中的参数改为 35。

修改完成后的火焰如图 3-159 所示。

这时的火焰还没有颜色，需要修改 Color Over Life 模块，它是用来和之前在材质中添加的 Particle Color 节点相对接的，通过调整该模块的参数来改变材质颜色。在该模块的 Details 面板中，同样有很多参数，其中需要修改的参数如图 3-160 所示，0 同样代表初始的颜色，1 代表最终的颜色，颜色随时间变化，因为在材质中用的是自发光颜色，所以 RGB 数值越大，发光就越强。

可以看到修改颜色后的预览图如图 3-161 所示。

由于粒子发射器的发射位置默认是同一个点，从预览图上看很不自然，更好的一个选择是添加一个球形位置模块，在右键菜单中选择 Location>Sphere 选项，保存后将粒子系统拖动到场景中并放大，效果如图 3-162 所示。

火焰最为基础的部分到此便制作完成，但仅有火焰还不足以表现出火整体的效果，下面开始烟雾的制作，方法和火焰类似。

同样需要一张烟雾的图片素材（见图 3-163），新建材质球，命名为 Smoke，连接方法与 Flame 材质球相同（见图 3-164），但要注意的是因为烟雾的序列图是 8 × 8 张小图，所以 TexCoord 节点中 UV 的数值都要改为 8。

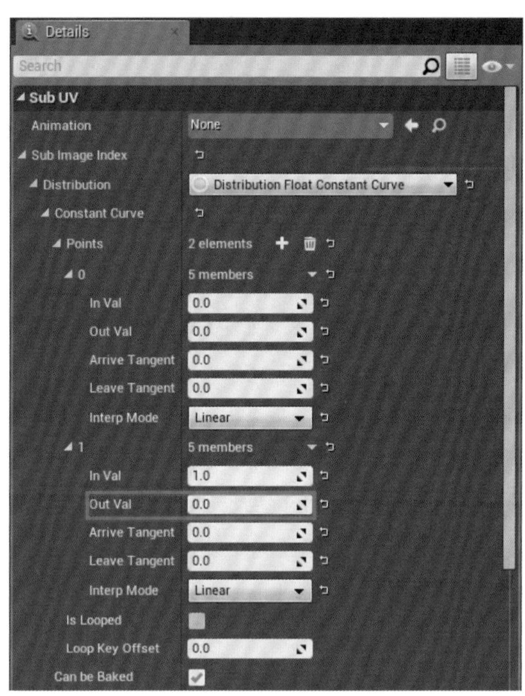

图 3-158

图 3-159

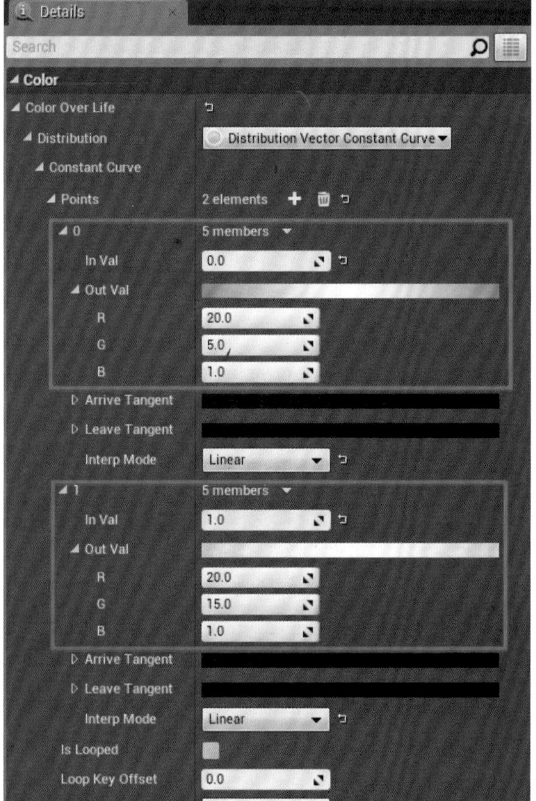

图 3-160

图 3-161

图 3-162

图 3-163

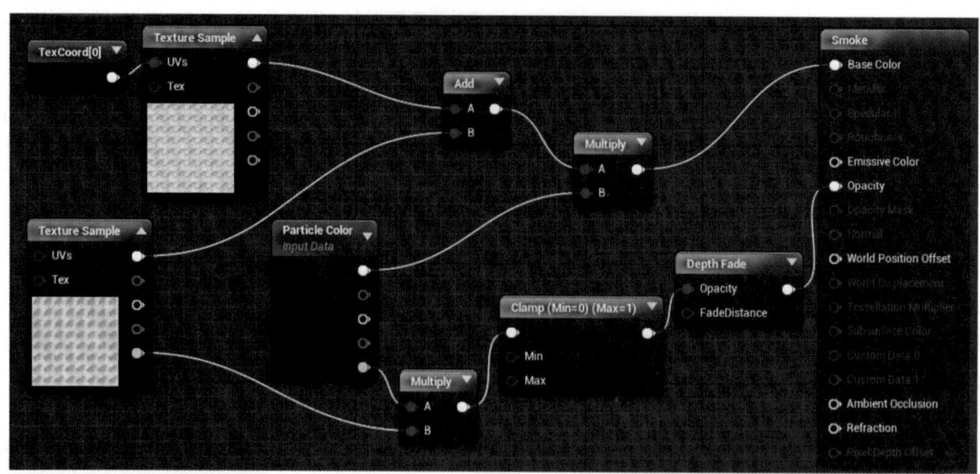

图 3-164

在粒子编辑器中的 Emitters 面板的空白处右击，新建一个粒子发射器，修改材质为 Smoke，同样因为烟雾序列图是由 8×8 的小图组成，在 Sub UV 中的参数需要改为 8（见图 3-165），在 SubImage Index 模块中也要注意，Out Val 数值应为 63（见图 3-166）。

烟雾的初始位置肯定是应该在火焰消失的位置，修改初始位置需要用到 Initial Location 模块。在右键菜单中选择 Location>Initial Location 选项，在 Details 面板修改如图 3-167 所示的参数，将出现的位置控制在 Z 轴上 90 单位到 120 单位之间，这样烟雾会在高度 90~120 之间随机生成，会比在同一位置生成的效果更为自然。

至此，烟雾的整体效果已经实现，接下来只需要做一些微调即可。在 Lifetime 模块中修改最大生命周期，让粒子持续时间在 1~3 个单位时间随机变化，如图 3-168 所示。

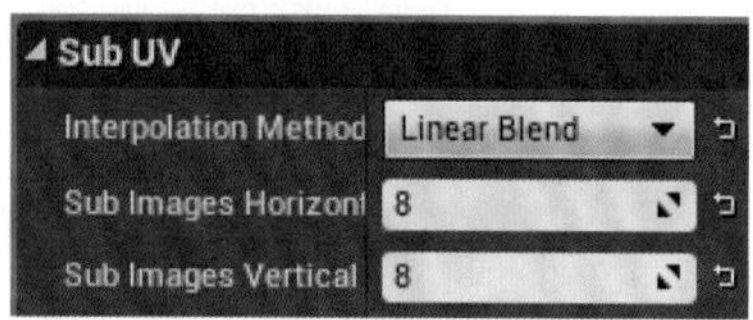

图 3-165

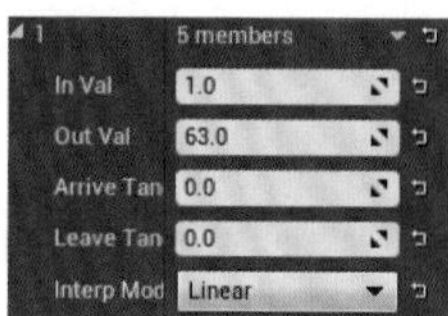

图 3-166

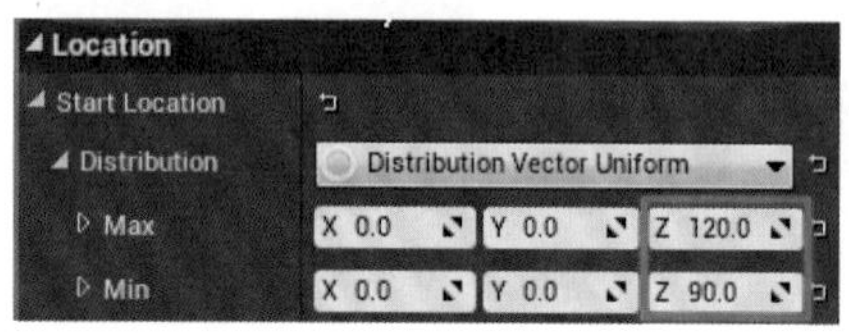

图 3-167

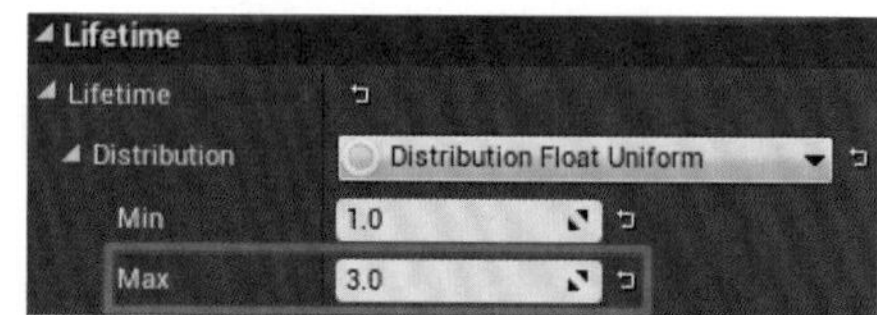

图 3-168

在 Initial Size 模块中修改最大尺寸，如图 3-169 所示。

在 Initial Velocity 模块中修改最大方向（见图 3-170），改变粒子的初始发射方向，数值越大，发射的速度也越快。

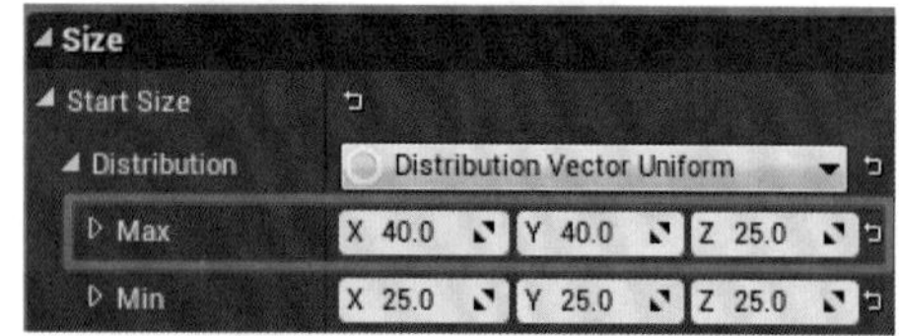

图 3-169

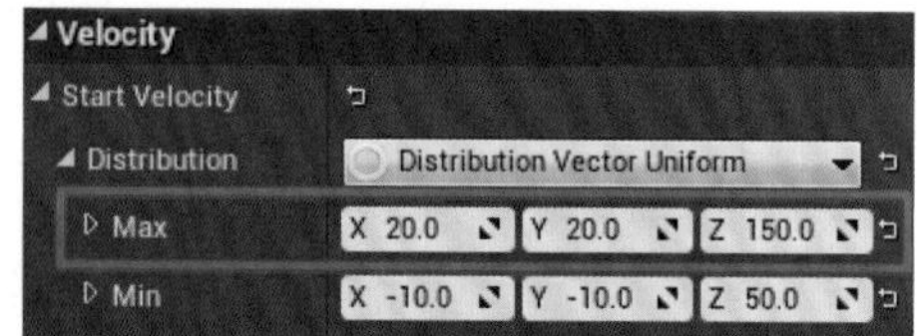

图 3-170

单击 Color Over Life 按钮，打开 Color Over Life 模块的曲线，如图 3-171 所示，调整 Alpha 曲线，控制烟雾的透明度变化。

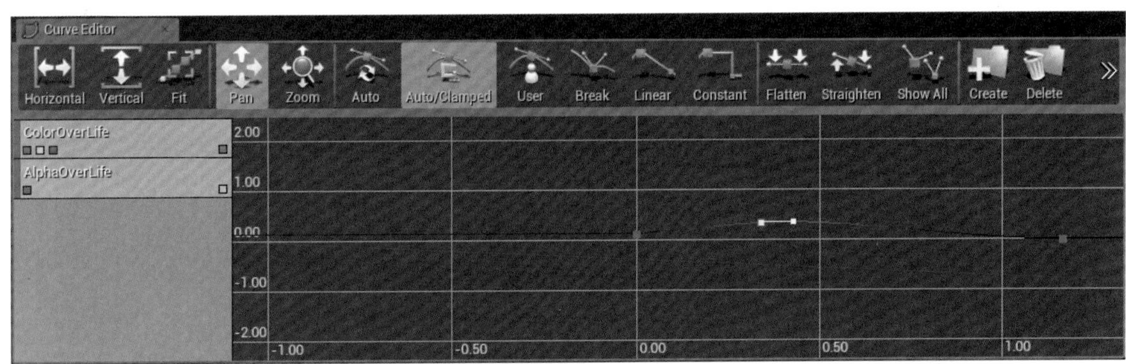

图 3-171

单击 Emitters 面板的黑色部分，不选择任何模块或发射器，修改 Details 面板中如图 3-172 所示数值，当粒子系统不在摄像机可视范围内时粒子系统继续渲染。

在右键菜单中选择 Rotation>Initial Rotation 选项，使用 Initial Rotation 模块添加一个粒子的旋转。添加到场景中并加入柴堆和点光源，最后的效果如图 3-173 所示。

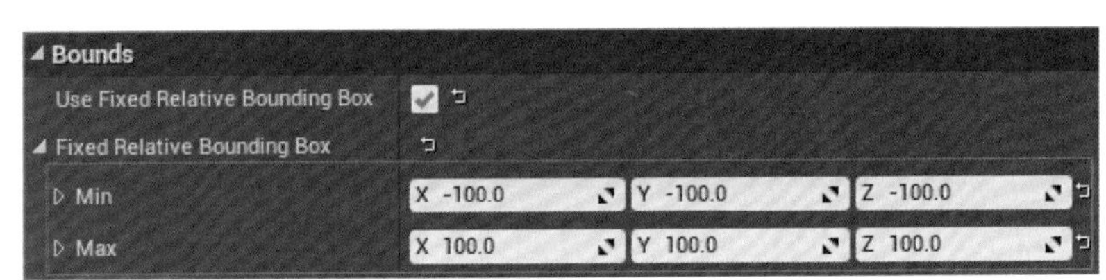

图 3-172

图 3-173

3.5.2.3　真实篝火

在粒子火焰一节中我们完成了粒子编辑器的火焰制作，这仅是最为基础的部分，下面就以一个真实的篝火效果作为案例进行其他效果的讲解。

先分析一下缺少的效果，包括气流的折射效果、弹出来的火星以及随气流上升的燃屑。其中火星和燃屑的材质可以使用相同材质，下面先介绍其材质的做法。

新建一个材质球，命名为 Spark，打开编辑器，混合模式改为 Translucent，Shading Model 改为 Unlit。新建一个 SphereMask 球体遮罩节点（见图 3-174），这个节点的作用就是根据参数输出一个蒙版，其参数意义分别为：A 的值决定遮罩出现的位置，一般直接连接一个 TexCoord 节点；B 的值控制球体遮罩的中心位置，一般是二维数组；Radius 的值控制球体半径；Hardness 的值控制过渡区域的硬度，数值越大过渡越柔和。

如图 3-175 所示，连接节点，可以看到该节点的一个典型效果。

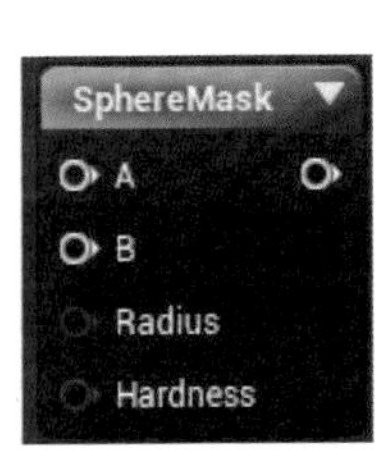

图 3-174

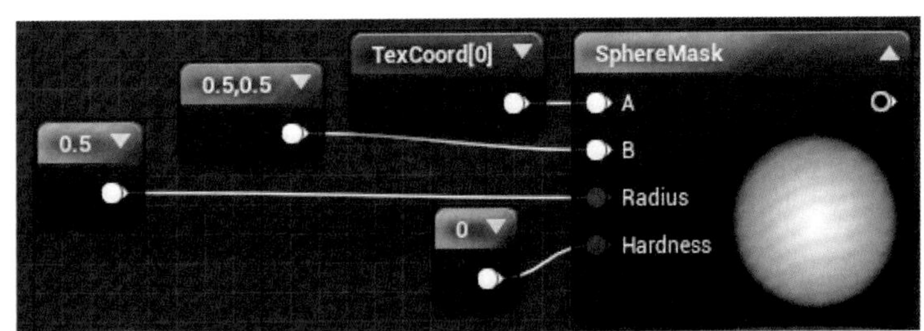

图 3-175

如图 3-176 所示连接节点，Power 节点使其对比更为明显，同样将最后的结果和 Particle Color 节点相乘，再连接到透明度上。由于没有用到贴图，自发光颜色直接和 Particle Color 节点相连。

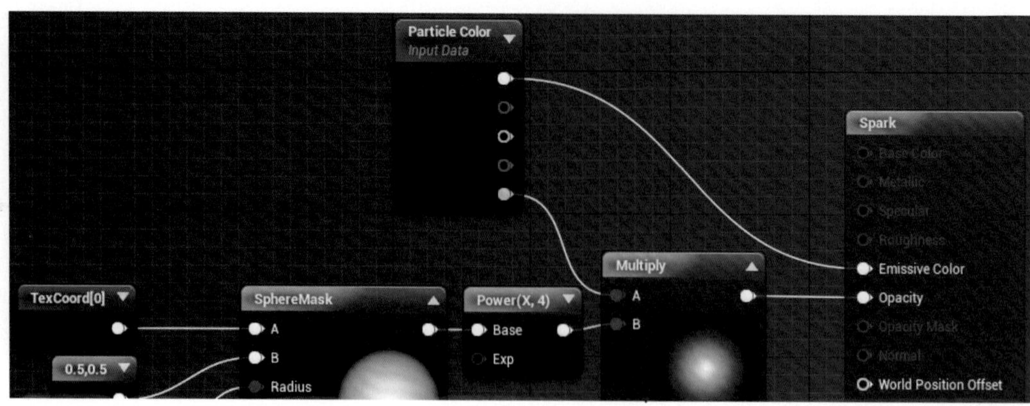

图 3-176

复制粒子系统 Fire_b，命名为 Fire_c，打开编辑器，新建一个发射器以实现火星的效果，在右键菜单中选择 TypeDate>New GPU Sprites 选项，修改完成后在发射器最上方会看到如图 3-177 所示的文字，代表该粒子是通过 GPU 渲染的，它的好处在于能够节约 CPU 很大的资源，并且能够实现很多特别的效果。

将 Required 模块中的材质改为 Spark，在 Spawn 模块修改如图 3-178 所示的数值，减少粒子的出现频率。

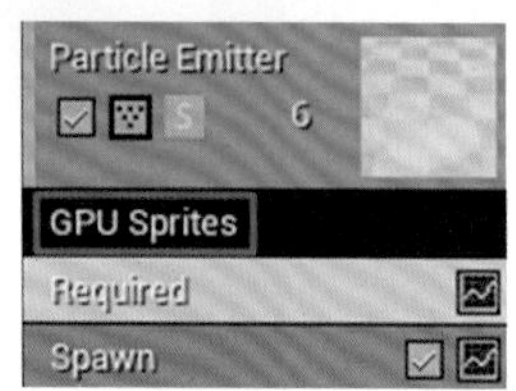

图 3-177

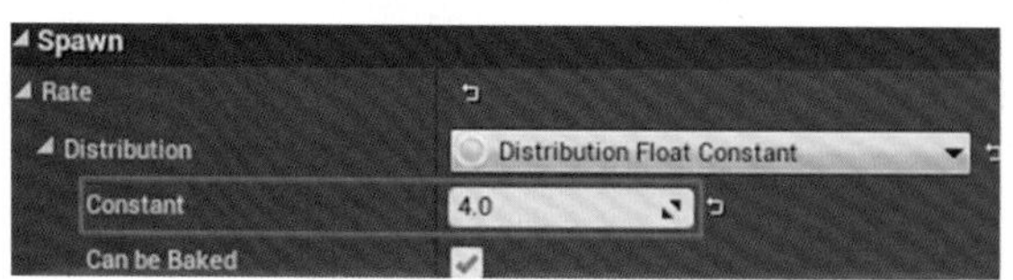

图 3-178

修改 Initial Size 模块中的数值，减小粒子尺寸，如图 3-179 所示。

修改 Initial Velocity 模块中的数值，扩大粒子初始方向的范围，如图 3-180 所示。

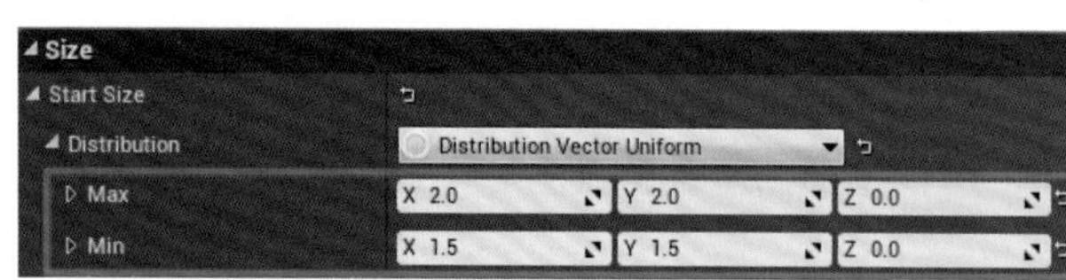

图 3-179

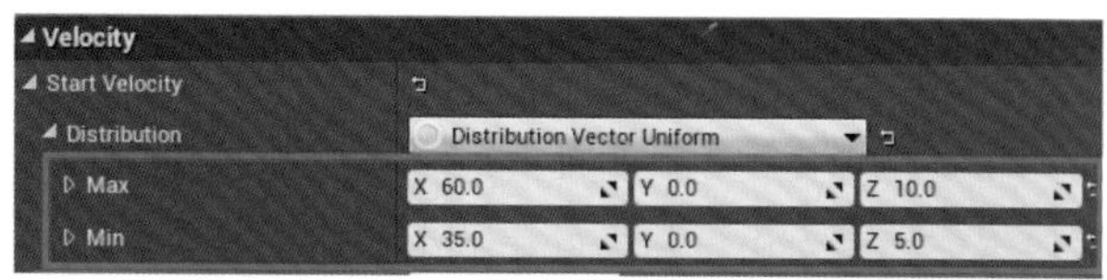

图 3-180

修改 Color Over Life 模块中的数值，改变粒子颜色，如图 3-181 所示。

在右键菜单中选择 Acceleration>Const Acceleration 选项，新建 Const Acceleration 模块，控制粒子的加速度方向，修改如图 3-182 所示的参数，给粒子一个向下的加速度。

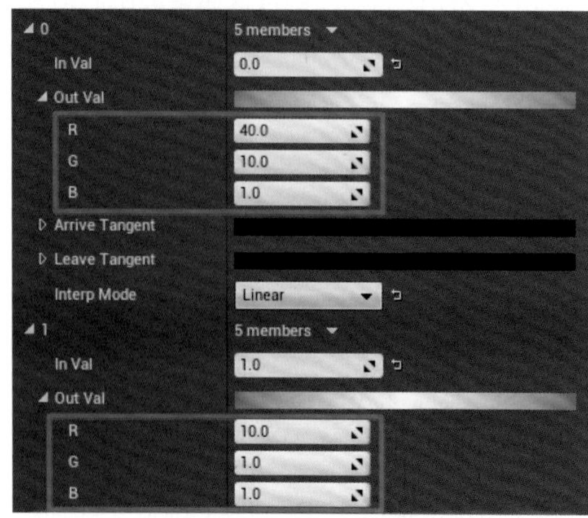

图 3-181

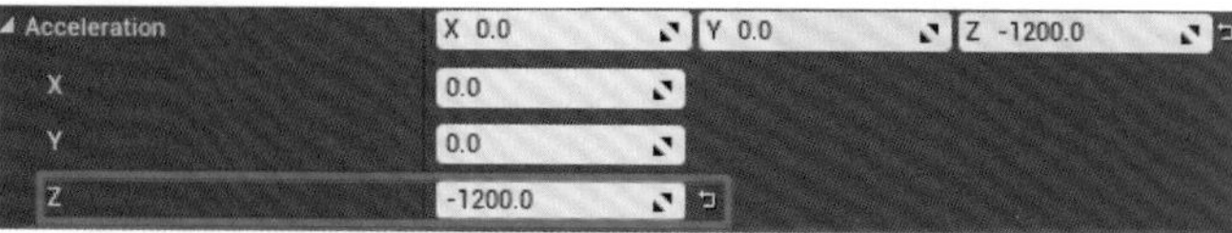

图 3-182

新建 Sphere 模块，使粒子的生成位置变为球形内随机生成，修改图 3-183 所示的数值，上面的数值控制整个球形范围的大小，下面的数值控制粒子的发射方向。

添加 Collision 模块，控制粒子的碰撞效果，在 GPU 渲染模式下能够实现粒子和模型的精确碰撞，修改如图 3-184 所示的数值以获得一个较好的碰撞效果。

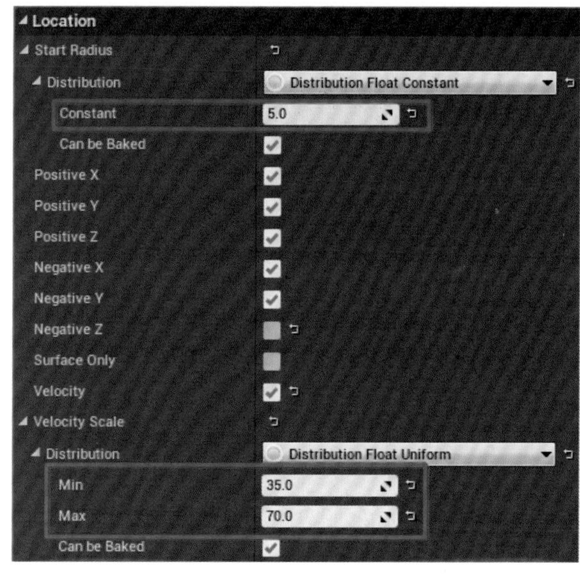

图 3-183

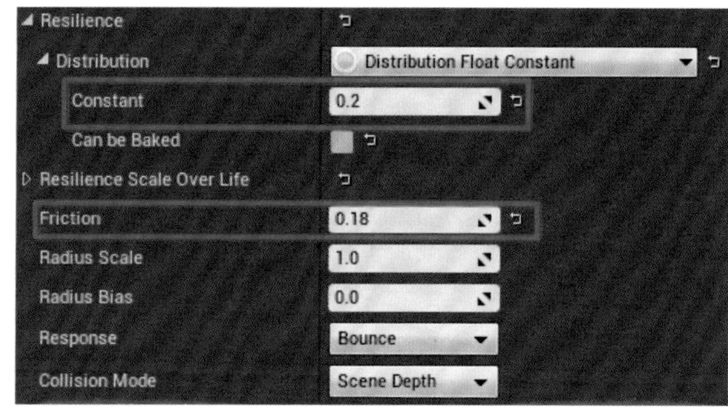

图 3-184

单击当前发射器上的 S 按钮，屏蔽其他粒子效果，如图 3-185 所示。

新建一个粒子发射器，用于制作燃屑的效果。在 TypeDate 中选择 New GPU Sprites 选项，改为 GPU 渲染，在 Required 模块中将材质改为 Spark。修改 Spawn 模块中的数值，增加粒子出现频率，如图 3-186 所示。

修改 Lifetime 模块中的数值，调整粒子持续时间，如图 3-187 所示。

图 3-185

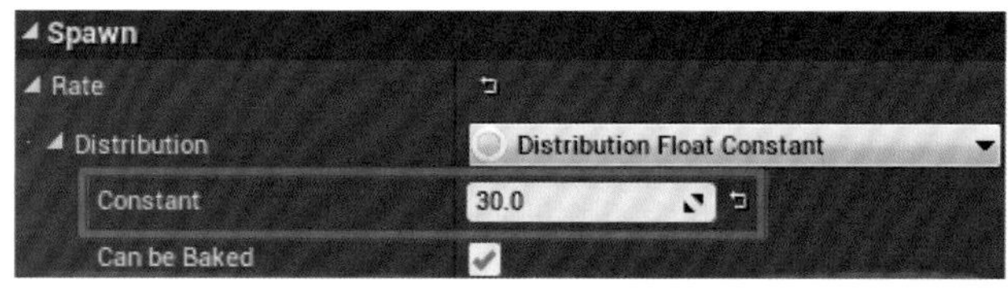

图 3-186

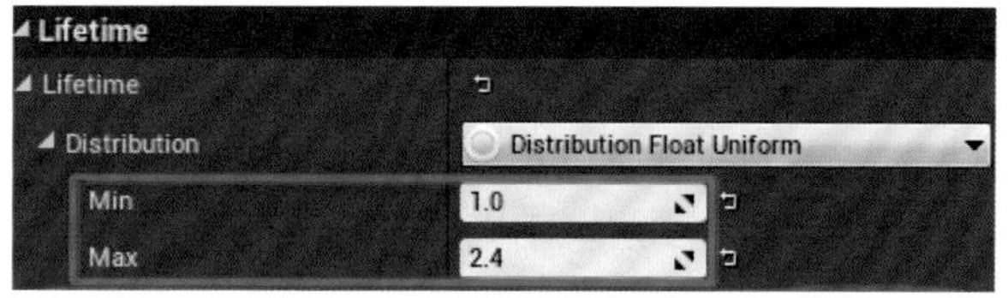

图 3-187

修改 Initial Size 模块中的数值，调整粒子大小，如图 3-188 所示。

修改 Initial Velocity 模块中的数值，调整粒子方向，如图 3-189 所示。

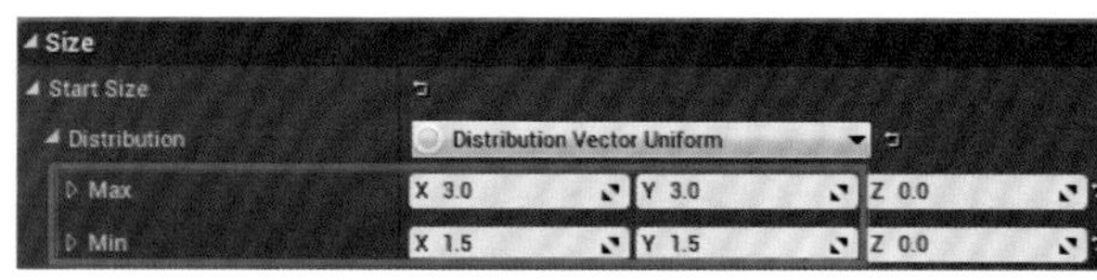

图 3-188

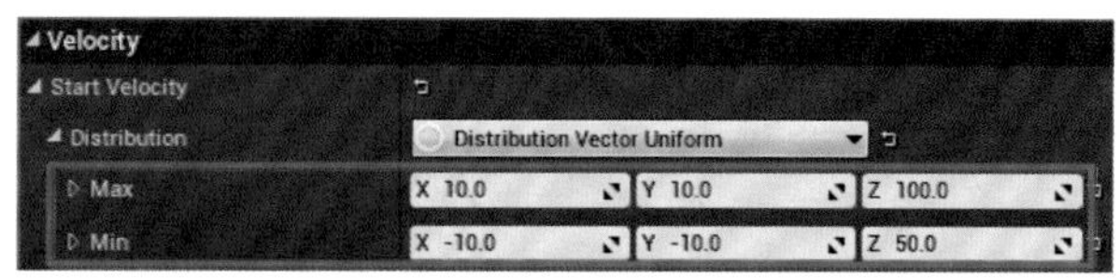

图 3-189

修改 Color Over Life 模块中的数值，调整粒子颜色，如图 3-190 所示。

新建 Sphere 模块改变粒子生成位置，如图 3-191 所示。

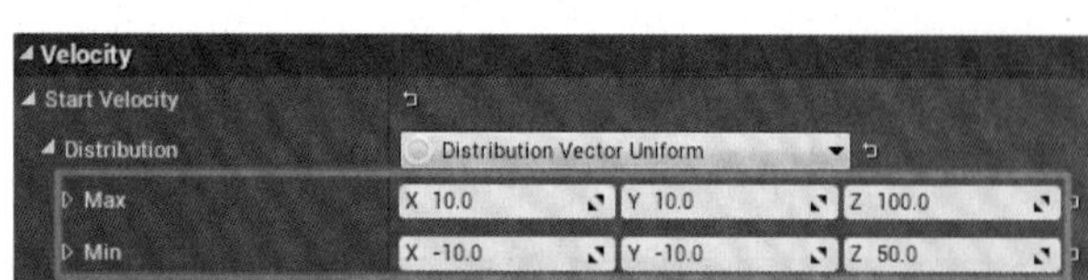

图 3-190

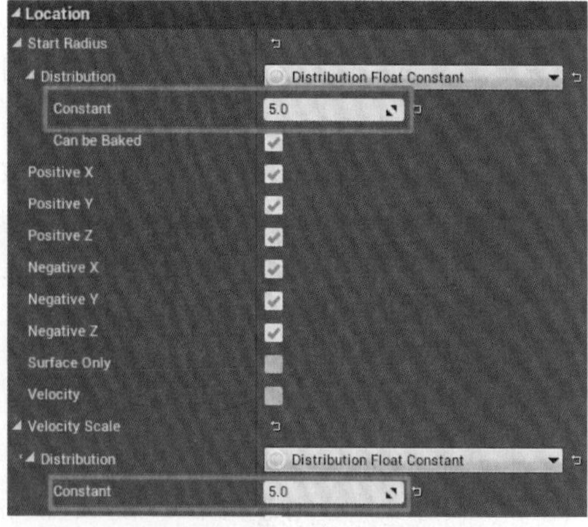

图 3-191

新建 Orbit 模块，这是制作随热气流上升的燃屑效果必不可少的一个模块，它的作用是使粒子有一个盘旋的动画效果，很适合这种类型的粒子。

最后再新建一个 Const Acceleration 模块，如图 3-192 所示，给粒子一个向上的加速度，实现向上飞舞的效果。

关闭其他效果，在场景中该粒子的效果如图 3-193 所示。

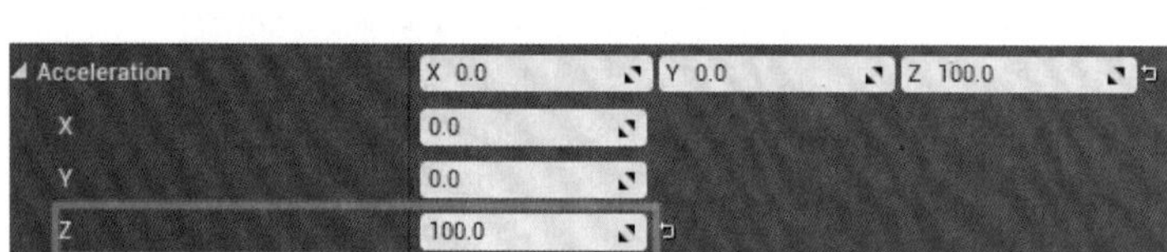

图 3-192

图 3-193

最后添加热气流的折射效果。新建一个材质球，命名为 Heat，混合模式改为 Translucent，Shading Model 改为 Unlit，流动的空气对光线的折射效果本质上和水的折射类似，做法也相同，用法线图的平移并加入折射即可。法线贴图可以直接用之前水材质所用到的贴图，只需要稍微做一些处理即可。

法线的平移如图 3-194 所示，TexCoord 节点中的两个数值都为 0.2，Panner 节点中因为气流不需要水平移动，只修改 Y 方向上的速度即可，数值为 0.25。

再次用到 SphereMask 节点，连接方式如图 3-195 所示，数值和之前 Spark 材质中完全相同，但 Power 节点的幂改为 2。

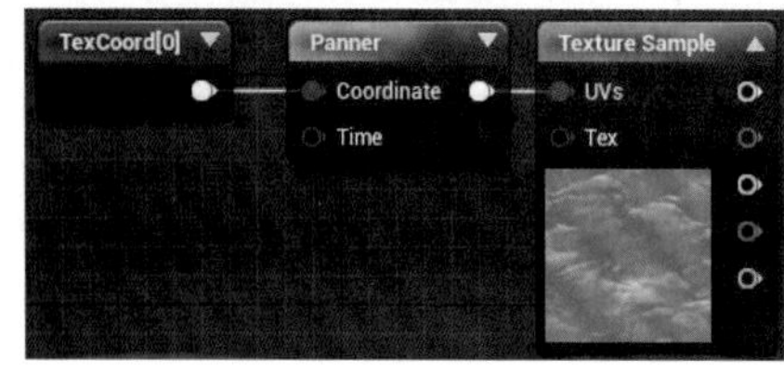

图 3-194

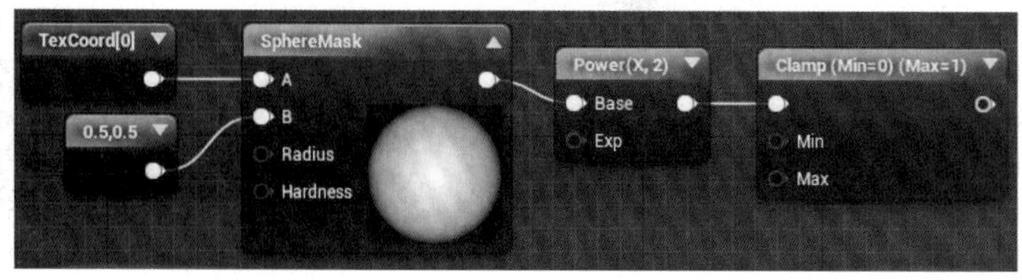

图 3-195

将法线图和一张纯蓝色的图片用 Lerp 节点混合，用遮罩控制 Alpha，将结果连接到 Normal 上（见图 3-196）。

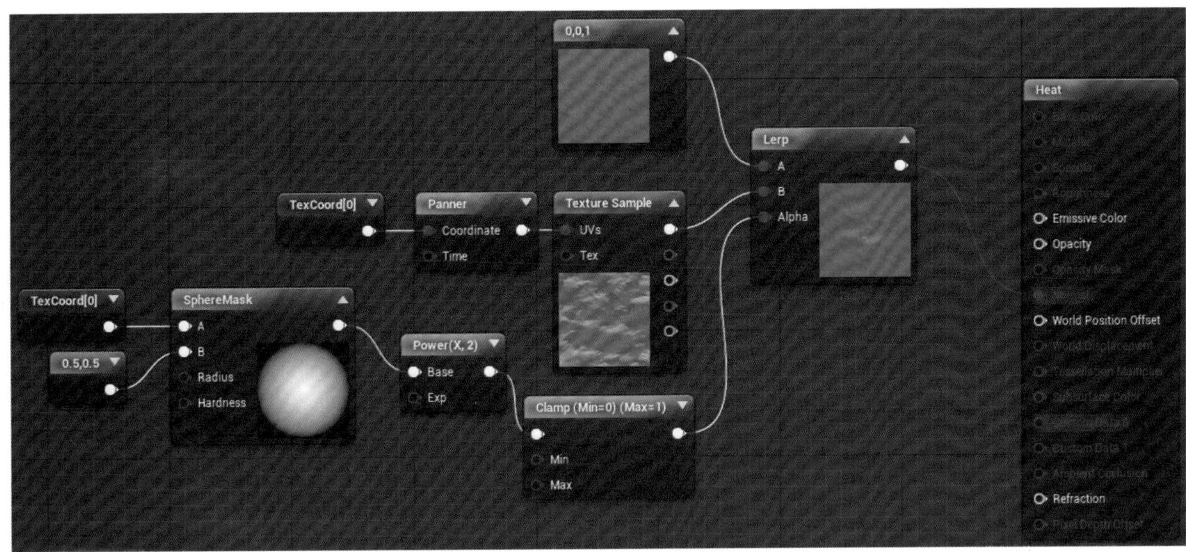

图 3-196

新建一个 Dynamic Parameter 节点，如图 3-197 所示，该节点的作用与 Particle Color 节点类似，它在粒子发射器中对应 Dynamic 模块，可以在粒子编辑器中调整数值大小。

如图 3-198 所示连接节点，目的是为了能够在粒子编辑器中调整折射效果的变化。

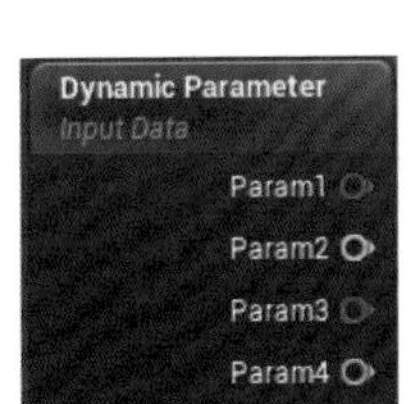

图 3-197

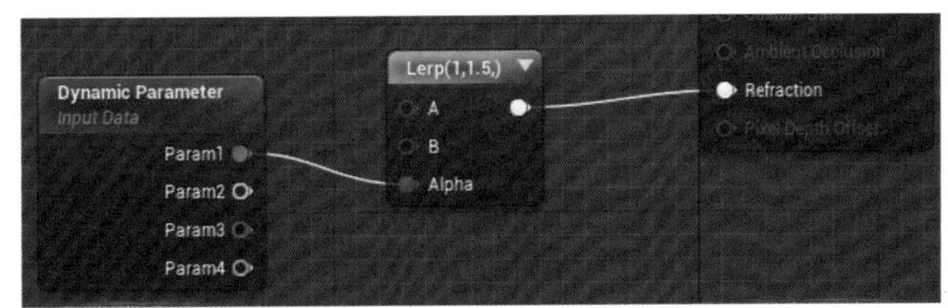

图 3-198

新建粒子发射器，修改 Spawn 模块中的数值，改变粒子的数量，如图 3-199 所示。

修改 Lifetime 模块中的数值，改变粒子的持续时间，如图 3-200 所示。

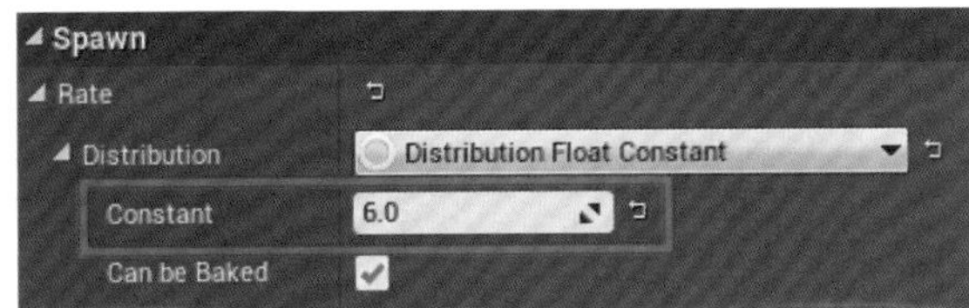

图 3-199

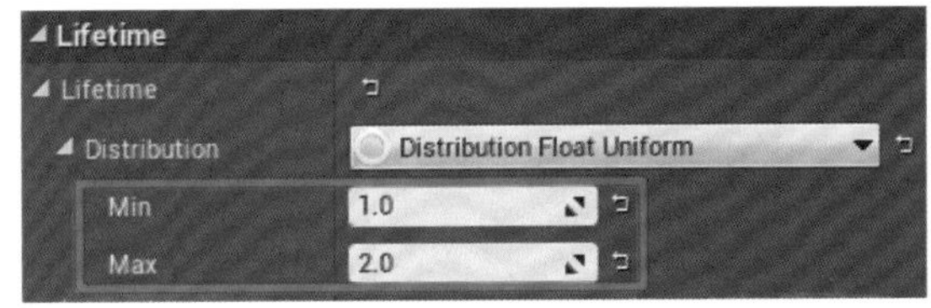

图 3-200

添加 Sphere 模块，修改其中的数值，以改变粒子的初始位置，如图 3-201 所示。

修改 Initial Size 模块中的数值，改变粒子大小，如图 3-202 所示。

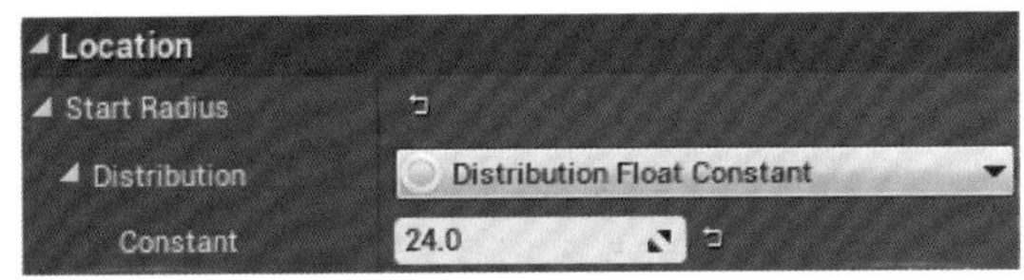

图 3-201

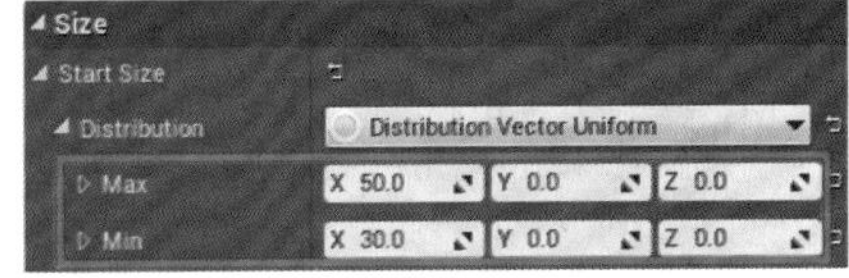

图 3-202

修改 Initial Velocity 模块中的数值，改变粒子初始方向，如图 3-203 所示。

添加 Const Acceleration 模块并修改其中的数值，为粒子添加一个垂直方向上的加速度，如图 3-204 所示。

Velocity			
Start Velocity			
Distribution	Distribution Vector Uniform		
Max	X 10.0	Y 10.0	Z 10.0
Min	X -10.0	Y -10.0	Z 10.0

图 3-203

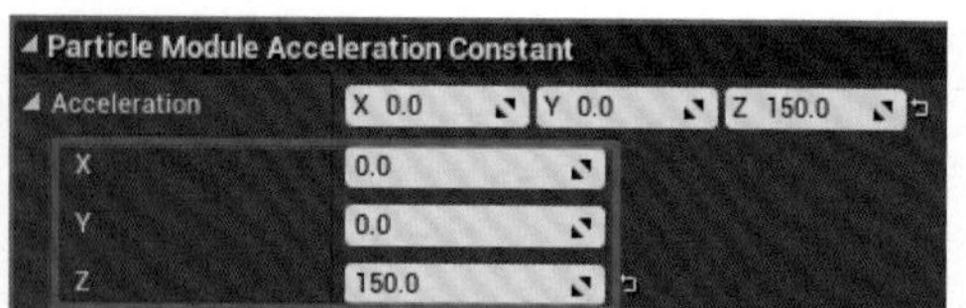

图 3-204

添加 Dynamic 模块，该模块就是控制之前在材质中添加的 Dynamic Parameter 节点。在右键菜单中选择 Parameter>Dynamic 选项，添加该节点。修改如图 3-205 所示的选项，将数值的控制方式由单一的数值改为曲线控制，单击该模块上的按钮，可以在 Curve Editor 面板上看到其参数的曲线。

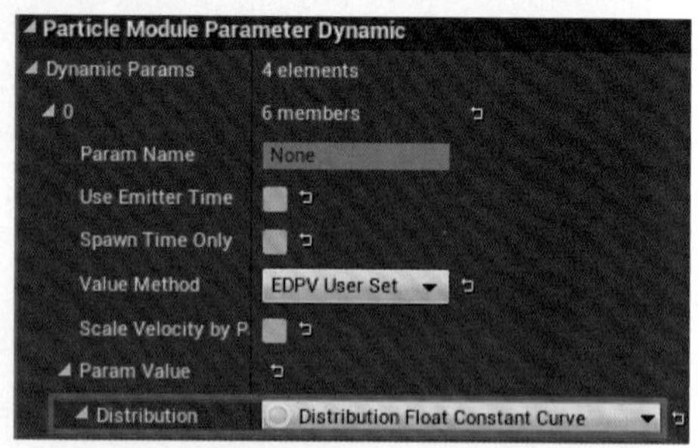

图 3-205

如图 3-206 所示，单击按钮，关闭其他曲线，按住 Ctrl 键并在曲线上单击，可以新建控制点，新建两个控制点并调整至图中位置，通过曲线控制折射效果随时间的变化。

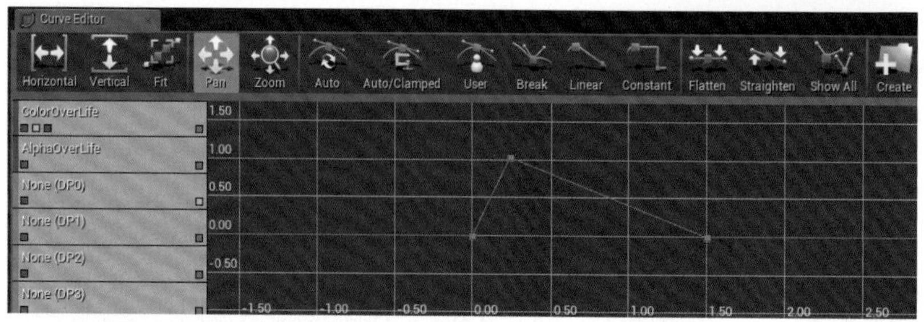

图 3-206

屏蔽其他效果后可以看到如图 3-207 所示的效果。

最终效果如图 3-208 所示。

图 3-207

图 3-208

如图 3-209 所示，可以看到热气流的折射效果及许多燃屑、火星的飞舞。

浓烟及燃屑效果如图 3-210 所示。

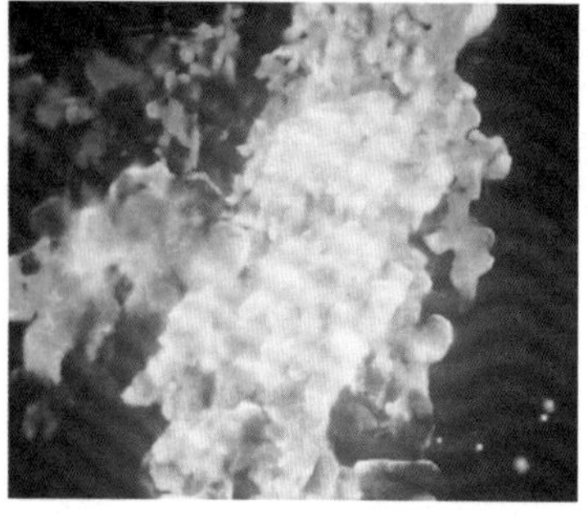

图 3-209

图 3-210

3.6　水面材质

3.6.1　现实中水的特点

现实中水的效果多姿多彩，或波涛汹涌，或波光粼粼，或如明镜，或清可见底，而对于数字领域来说，水是一个很难完全真实模拟的事物，水在不同环境下呈现的效果会截然不同。如果想在 Unreal Engine 4 引擎中实现水的多种效果，就要先对水的特性进行分析整理，在引擎中逐步实现水的各个效果。

1. 水对光的反射

单独对水的反光程度分析，它的效果和玻璃等光滑物体基本相同，完全静止的一片水面，对光线的反射效果应接近于镜面反射。这在 Unreal Engine 4 中很好实现，只需要改变材质的粗糙度属性及数值大小即可轻松控制反射的强弱。

如图 3-211 所示，在材质节点上仅添加了一个一维数组到 Roughness 节点，在仅有基础色的情况下就很好地实现了对环境的反射。

图 3-211

如图 3-212 所示，为加大粗糙度后的效果，反射程度明显下降。

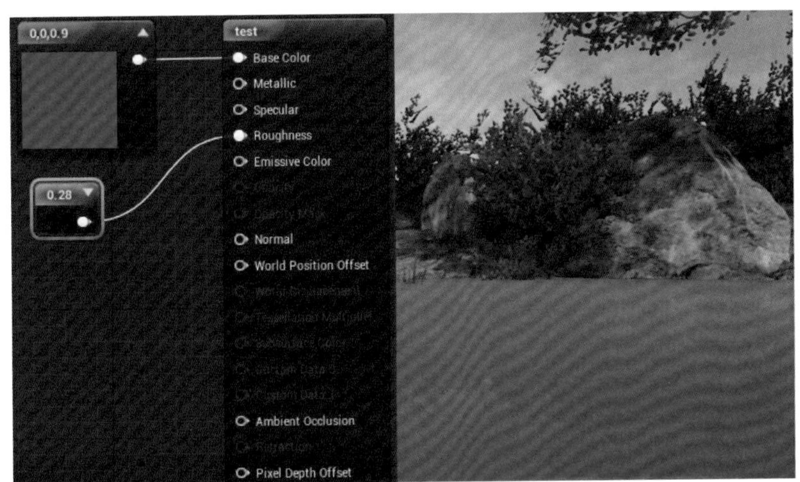

图 3-212

2. 水的透明度

完全纯净且不含杂质的水，应该是完全透明的，但在自然界中，很少有这样的水，随着水质的好坏不同，整体透明度会有各种变化，在 Unreal Engine 4 中只需要改变材质的不透明度属性，即可轻易实现各种透明度的效果。然而，对整体透明度的调整并不能真实还原水的效果。在水下，光线会随着深度增加而减少，透明度也就随之降低。如果要实现这一效果，需要在材质中计算深度。

制作透明材质时需要改变材质的 Blend Mode 混合模式，选中材质节点，在 Detail 设置窗口中，将 Opaque 改为 Translucent，Opacity 不透明度节点才变得可用（见图 3-213）。

将一个一维数组连接到 Opacity 不透明度节点，数值为 0 时完全透明，数值为 1 时完全不透明，如图 3-214、图 3-215 所示，分别是数值为 0.1 和 0.7 时的效果。

图 3-213

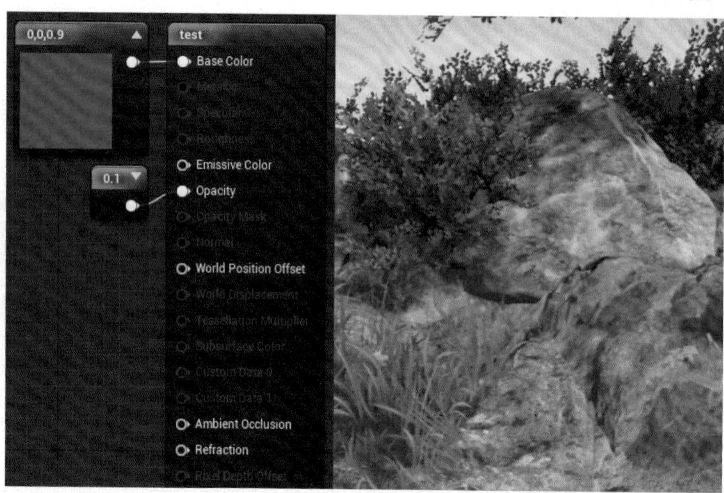

图 3-214

图 3-215

3. 水的流动性

对于水乃至其他液体，流动性肯定是最为重要的特性。而想在引擎中实现水的流动性，通过模型的形变动画显然不可行，因为想建立一个模型实现真实流动的水，只模型本身占用的系统资源就已经很大，再加上动画和光线，占用的系统资源可想而知。为节省资源，同时又能达到不错的效果，在 Unreal Engine 4 中会结合法线贴图与 Panner 平移节点，让法线图在平面上平移，从而实现水流动的效果。

找到一张波浪的法线贴图，在 Photoshop 中进行无缝处理并调整图片大小为 1024 × 1024 像素，如图 3-216 所示。

找到 Panner 平移节点，连接方式如图 3-217 所示，即可实现贴图相对于 UV 进行平移。

图 3-216

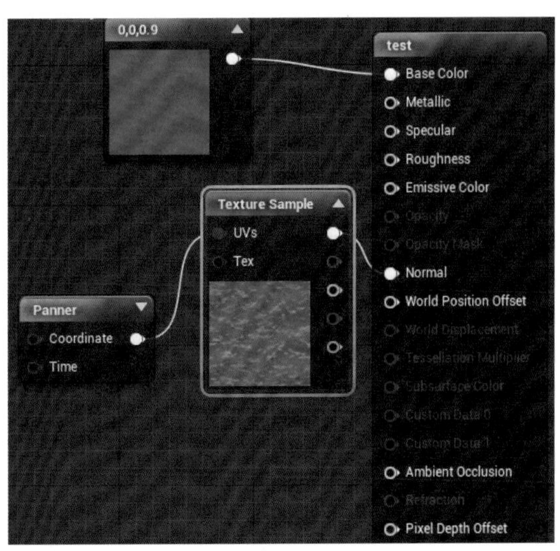

图 3-217

在 Panner 节点的 Detail 面板中调整 Speed X、Speed Y 两个参数，通过连接到 Texture Sample 的 UVs 节点，可改变贴图平移的速度与方向，对于水面来说，移动速度不会太快，可按照如图 3-218 所示设置参数。

保存后的效果如图 3-219~ 图 3-221 所示。通过这 3 张截图的对比不难看出，贴图有一个很明显的位移。

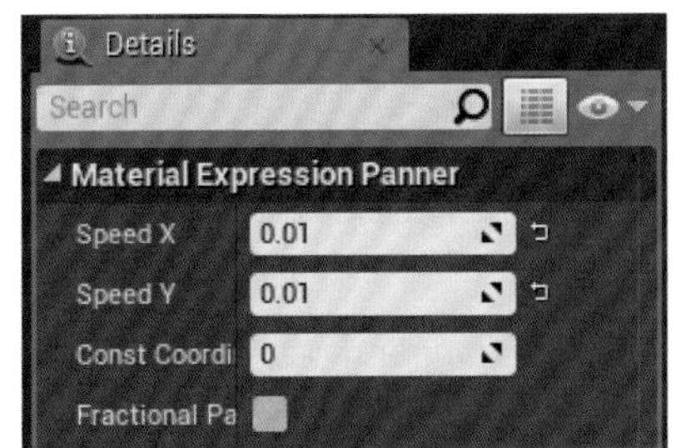

图 3-218

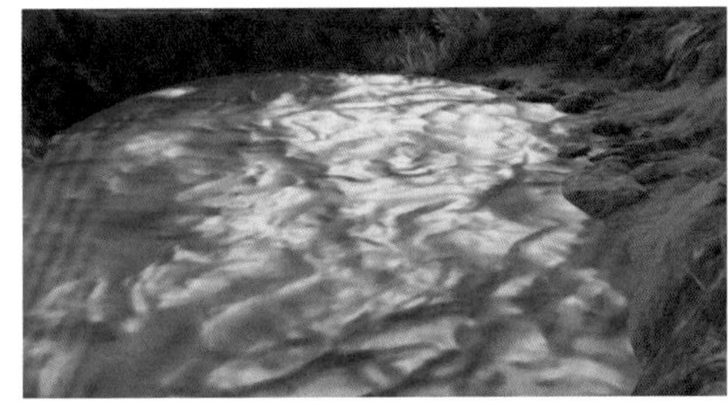
图 3-219

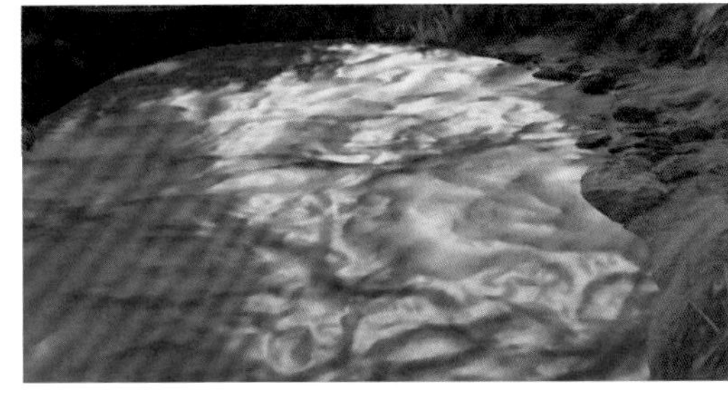
图 3-220

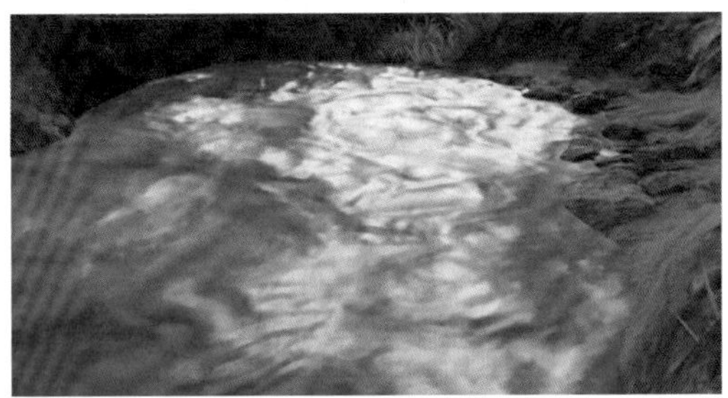
图 3-221

4．水对光线的折射

光线从水面射出时，会由于密度变化而产生光路变化，这在物理上称为折射。生活中的例子很多，例如，水杯中弯曲的筷子，或是人们每日佩戴的眼镜，都是透视的原理，这是水的一个重要特性，对于完善水的效果必不可少，这在 Unreal Engine 4 中同样可以简单实现，只需要对法线图稍作修改，连接到 Refraction 节点即可。

实现折射同样需要将材质球的混合模式改为 Translucent，毕竟折射的前提是光能透过。再次用到之前的法线图，将它同时连接到 Refraction 折射节点和 Normal 法线节点，最后给 Opacity 不透明度节点附一个值，设置如图 3-222 所示。

保存后即可看到最终效果。但要注意的是，折射非常消耗系统资源，这时引擎为了保证硬件效率，往往会自动降低渲染质量，从而导致没有折射效果。解决方法是手动调高渲染质量，单击上方的 Settings 菜单，选择 Engine Scalability Settings 选项，默认是自动调整质量，为了看到效果可以将质量改为 High 或者 Epic 即可。

最终效果如图 3-223 所示。

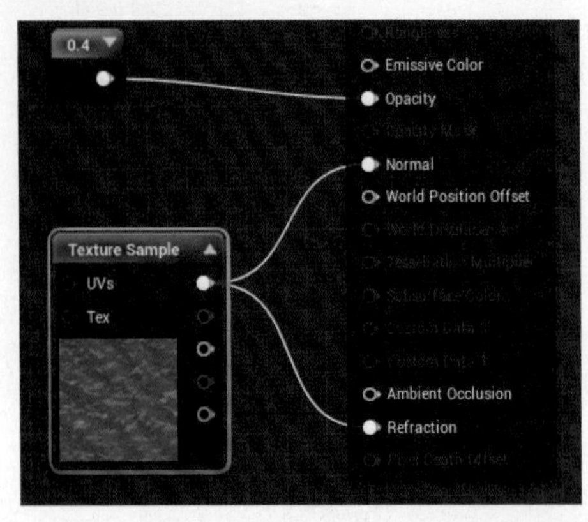

图 3-222

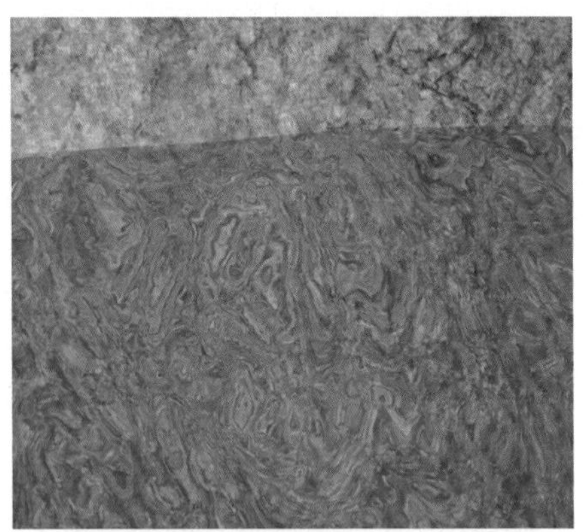

图 3-223

3.6.2 虚拟引擎中的水面效果

Unreal Engine 4 是一个很强大的游戏引擎，对于各种水的效果都能实现，包括河流、雨水、积水、水花等，在这里只介绍最为基础也是应用最多的几种水面效果的制作。

根据 Unreal Engine 4 的材质特性，下面将依次介绍透明度高的池水、反光度高的海水及透明度有深浅变化的湖水的水面制作效果。

1．基础水面制作

在制作之前，最好新建一个预设的场景，空场景缺少很多光照组件和视觉效果组件，全部需要手动添加，否则场景的整体效果就会很不好。

新建一个材质，命名为 water_a，使用 3.6.1 节中用到的法线贴图及 Panner 节点连接方式，其中，Panner 节点控制速度，选中后在左下的 Detail 面板中可以看到多个参数设置，Speed X 参数控制 UV 在 X 轴上的移动速度，Speed Y 则控制其在 Y 轴的移动速度，调整参数为 Speed X ： 0.01，Speed Y ： 0.015，其他参数暂时不会用到。在此基础上新建一个一维数组，连接到 Roughness 节点，参数设为 0.1；然后新建一个 TexCoord 节点，并连接到 Panner 节点的 Coordinate 引脚上，从而控制贴图的缩放比例，即控制波浪大小，其参数不做修改。整体节点效果如图 3-224 所示。

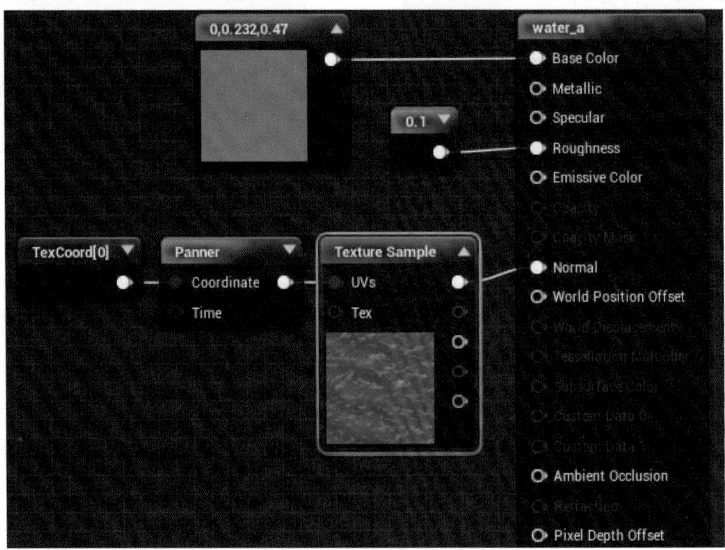

图 3-224

这时的水面在法线的基础上增加了对阳光的反射，虽然波浪的变化还很单一，但从图 3-225 中可以看到，水面已经有了整体效果。

接下来，只需要增加几组移动的法线，然后叠加在一起，就可以得到一个复杂多样的波浪效果。对于叠加的原则，越大的波浪，移动速度就越慢，越小的波浪，移动速度就越快，叠加的数量在 4~6 组即可，并没有一个很具体的规范，只要能保证最终效果的自然、真实即可，具体操作方法如下。

选择之前连接好的控制法线的 3 个节点，在任意一个节点上右击，选择 Duplicate 选项（快捷键 Ctrl+w），直接复制出另一组法线控制节点，如图 3-226 所示。新的节点和旧的节点参数、连接方式完全相同，相比重新建立节点并连接，这样能在很大程度上提高效率。

图 3-225

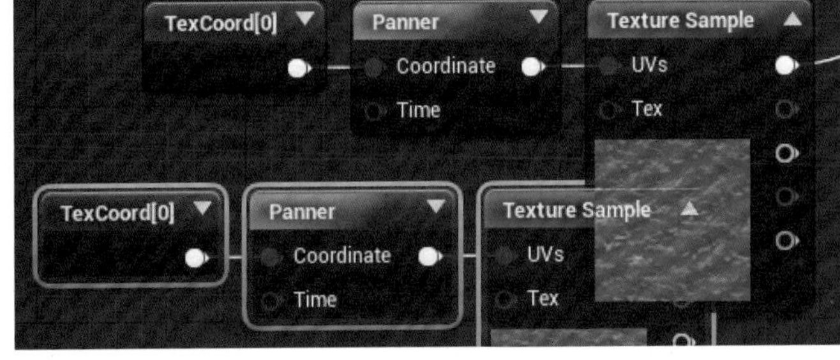

图 3-226

当 TexCoord 节点中的数值越大，波浪就会越小，本着浪越大速度越慢的原则，Panner 节点中的 Speed X、Speed Y 参数就应减小，反之亦然。新复制出的两个节点参数设置如图 3-227、图 3-228 所示。

用一个 Add 加法节点连接这两组法线，如图 3-229 所示，并将结果输出到材质面板的 Normal 节点，保存后可以看到当前的效果，如图 3-230 所示，在截图上变化或许并不明显，但在引擎中可以很容易地区分出这两组不同的法线。

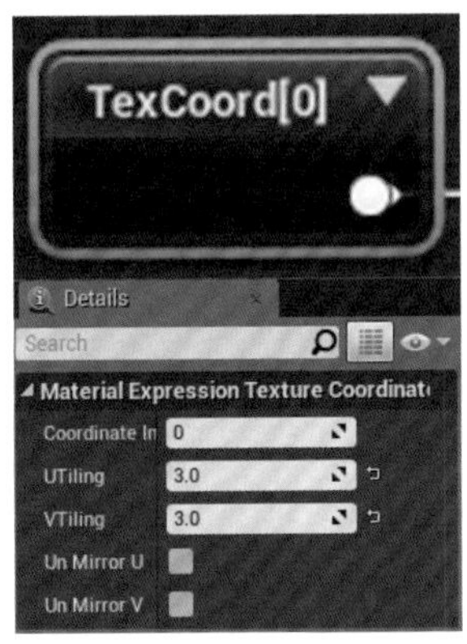

图 3-227

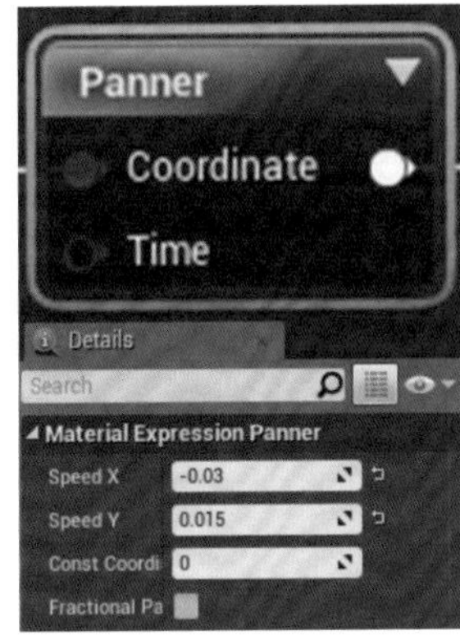

图 3-228

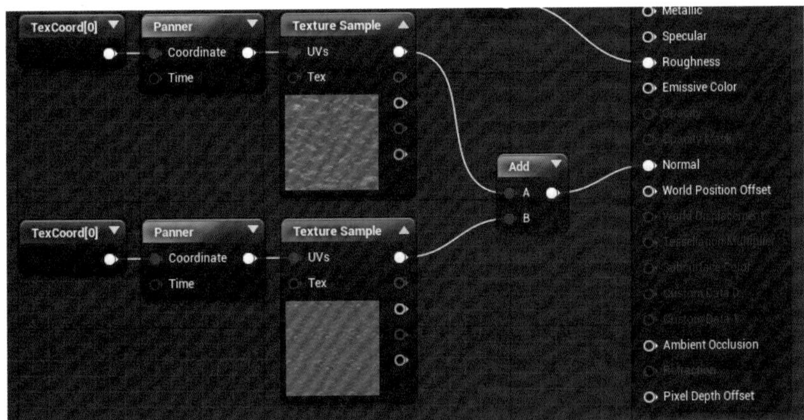

图 3-229

在此基础上再添加两组平移的法线，调整参数做成一组较大的波浪和一组更小的波浪，不要忘记波浪大小与速度的基本关系，并用 Add 节点相叠加，再将结果输出到 Normal 引脚，如图 3-231 所示，效果如图 3-232 所示。

单击 Add 节点上的下三角按钮，可以在编辑器中看到最终的效果，如图 3-233 所示。

图 3-230

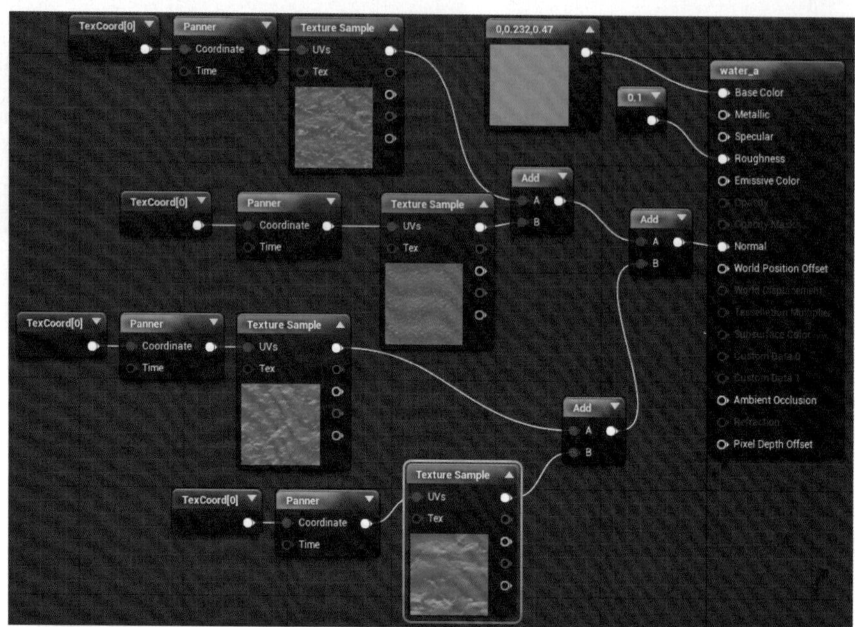

图 3-231

图 3-232

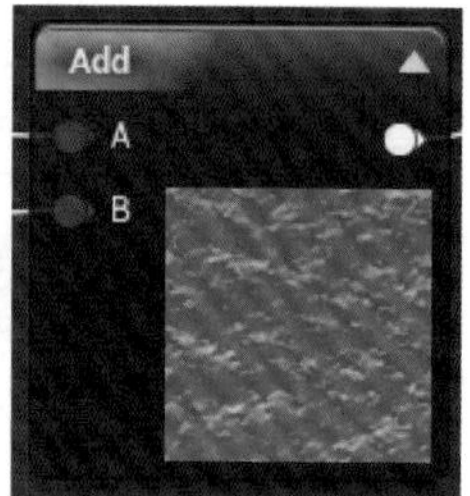

图 3-233

2．微波泛起的湖水制作

在 Unreal Engine 4 引擎中制作透明材质时，需要更改材质的属性，才会使不透明度引脚可用。新建一个材质，命名为 Water_b，并在编辑器中打开，将左下的 Material 面板中的 Blend Mode 改为 Translucent（见图 3-234），使 Opacity 引脚可用，但同时 Roughness 等引脚会变为不可用，这就需要将 Lighting Mode 改为 Surface Translucency Volume（见图 3-235），使失效的节点重新可用。

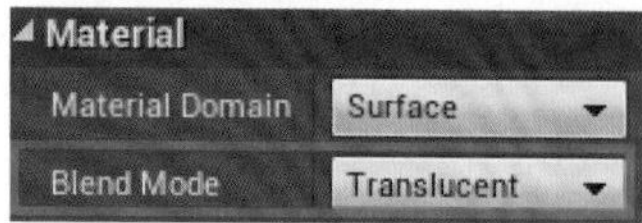

图 3-234

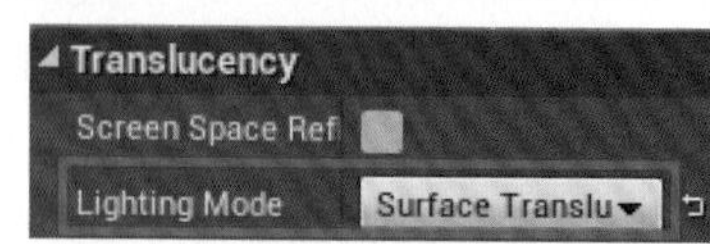

图 3-235

如上所述，我们直接复制一个 Water_a 材质球，命名为 Water_b，并添加一个一维数组，连接到 Specular 引脚上，数值设为 1，节点及预览效果如图 3-236、图 3-237 所示。

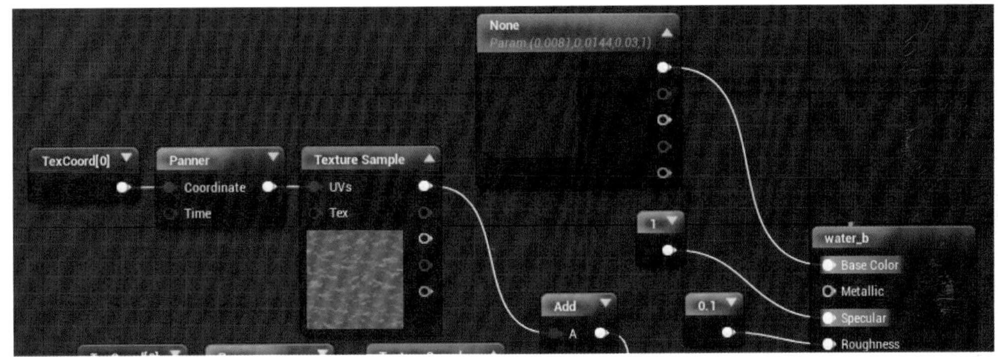

图 3-236

可以看到，虽然节点连接方式没变，但由于修改了材质设置，预览效果与之前相比没有了对环境的反射，这是由当前材质设置的特性决定的。这时就需要添加水的透明效果与折射效果，从而实现一个清澈见底的池水效果。

添加一个一维数组并连接到 Opacity 引脚，将数值改为 0.4，如图 3-238 所示。数值越接近 0 透明度越高，越接近 1 透明度越低，效果如图 3-239 所示。

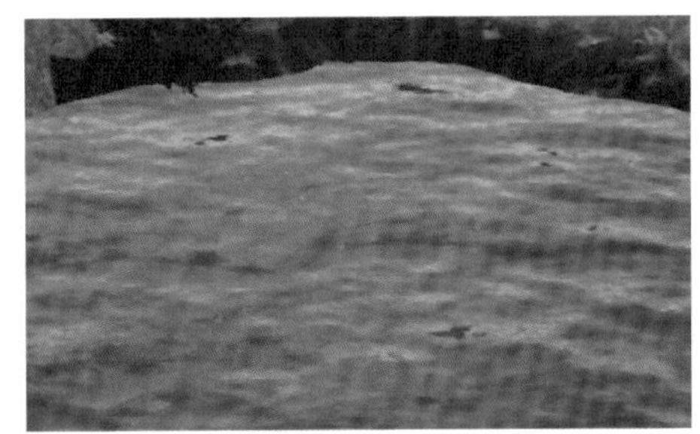

图 3-237

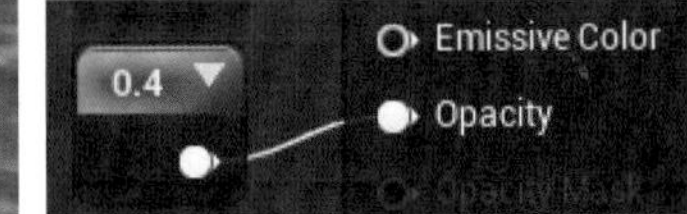

图 3-238

图 3-239

有了透明度还不够，水面缺少对光线的折射，下一步就需要加入折射效果。关于折射 Refraction 引脚，如果只要实现基本的对光线的折射效果，只需要与之前法线图的绿色通道连接即可（见图 3-240），这样的折射较为节约资源，但对于折射的真实性及可控性效果比较差，调整起来较为烦琐。

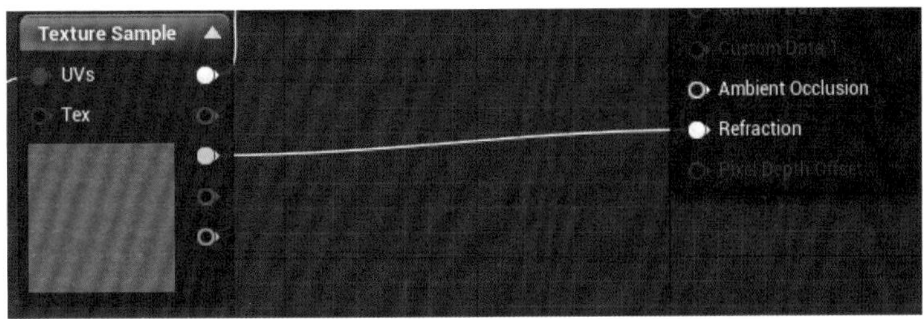

图 3-240

在图 3-241 中可以看到，用法线实现的折射效果只能在一定角度之内才可以看到效果，在范围边界有一条明显的分界线如图中红框所示，这显然不是我们所希望看到的效果。然而仅通过目前所学的节点也是难以完善这一缺陷的，这就需要引入一个新的、较为复杂的节点，从而控制折射角度的范围。

在 Unreal Engine 4 中有一个称为菲涅尔反射的节点。先介绍一下菲涅尔反射，菲涅尔反射广泛运用于数字渲染领域，它是指当视线垂直于物体表面时，几乎没有反射或很微弱，当视线跟物体表面的夹角越来越小，反射就越来越强烈。所以，除了镜面反射物体，几乎都有这种反射，只是反射的强烈程度不同。通常除了金属和镜子，其他的都会用菲涅尔反射，尤其是木材质、石材、玻璃、水、塑料。

我们要用到的是在 Unreal Engine 4 引擎中的菲涅尔节点，该节点会自动计算物体表面法线与摄像机的角度，并根据输入的数值进行计算并输出。如图 3-242 所示，ExponentIn 引脚输入的数值控制最终输出数值随角度变化的速率，数值越大数值变化越快，即影响折射角的大小；BaseReflectFractionIn 输入的数值指定从正对表面的方向查看表面时，镜面反射的角度。值为 1 将禁用菲涅耳效果；Normal 可以输入一个法线贴图，使计算角度时以输入的法线取代物体表面的法线。

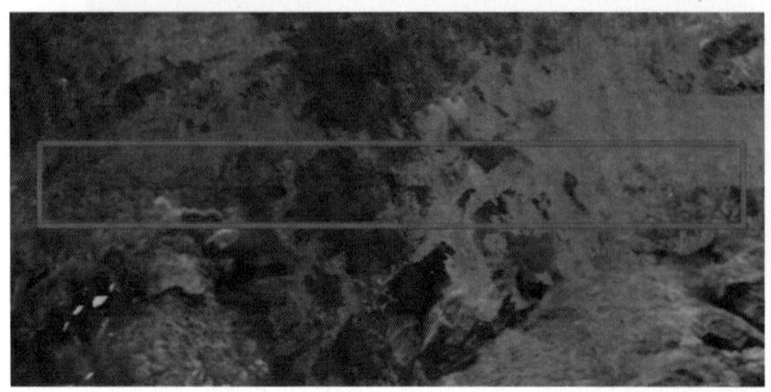

图 3-241

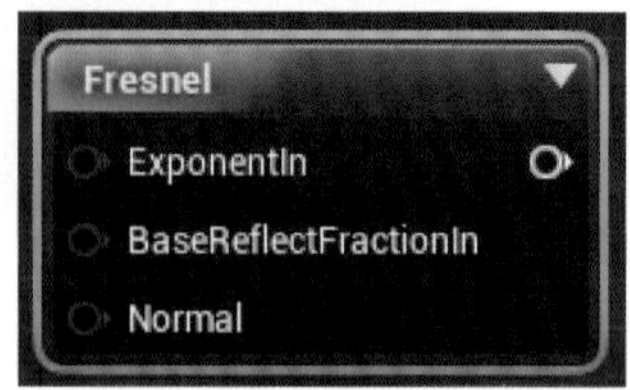

图 3-242

这个节点的连接方法如图 3-243 所示，Fresnel 节点输出的数值（即摄像机与法线的夹角）通过一个 Lerp 节点控制折射的数值大小，如此可以使调整效果更为快捷，反复调整参数直到获得一个不错的效果。在调整参数时，肯定是需要反复试验各个数值，直到达到一个满意的效果，但每次调整完参数都需要保存一次材质，这就会很大程度上拖慢制作速度，这时就需要将要调整的参数所在节点转化为 Parameter，并在每个节点名称位置双击，分别命名并保存材质，从而使调整这些参数时能够实时地在场景中看到效果，图中的 MinRef 与 MaxRef 节点本身只是一个一维数组，这里将它们转化为了 Parameter 以便调整。

调整之后的效果如图 3-244 所示。

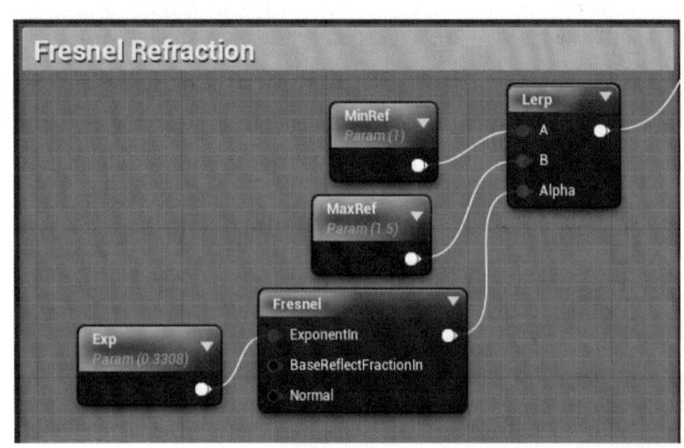

图 3-243

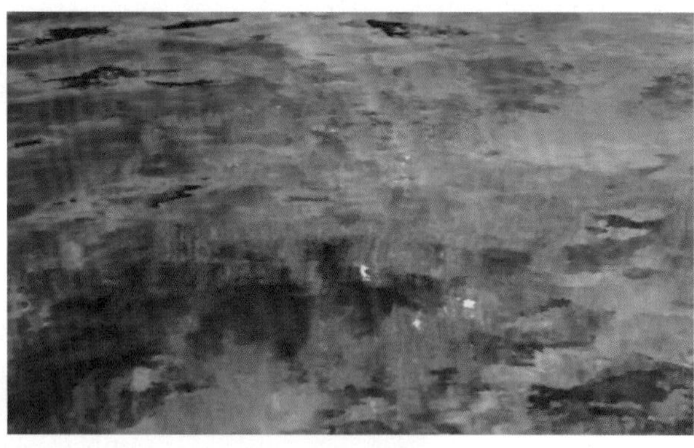

图 3-244

这时的水面虽已具有较为不错的效果，足以应付一些浅滩、池塘、泳池等深度不大的场景，但对于较深、较大的湖水，这个材质还缺少一个透明度随深度的变化。这一变化的本质就是光在水中的散射，越深的地方散射得越多，造成一个透明度随深度减小的效果。想要在 Unreal Engine 4 中实现这一效果也很简单，但需要先介绍两个新的节点。

第一个节点 PixelDepth 像素深度如图 3-245 所示，它会计算当前摄像机与应用该材质物体上每一点的距离，以像素为单位，输出一个一维数组。

通过图 3-246 的例子可以很直观地理解这个节点的作用，颜色在随着平面远近的变化而变化，越近的地方越偏向红色，反之则偏向蓝色。在材质节点中，节点连接如图 3-247 所示。Divide 除法节点的作用仅仅是为了让数值不会过大，体现在材质上就是控制产生颜色变化的位置，使在一个合适的位置能够看到颜色的变化。关于 Clamp 节点则是为了将最终的数值约束在 0 到 1 之间，超过的数值自动改为 0 或 1，虽然跳过 Clamp 直接连接 Lerp 节点对于最终结果没有任何影响，但在复杂的材质制作时，将一个变化范围超过 0~1 的值输入到一个范围在 0~1 变化的节点时，有可能会出现多余的、负面的效果，所以一个规范的材质制作中会多次用到 Clamp 节点，虽然增加了不少的工作量，但为了保证最终效果不会产生畸变，这一步骤是必要而值得的。

图 3-245

图 3-246

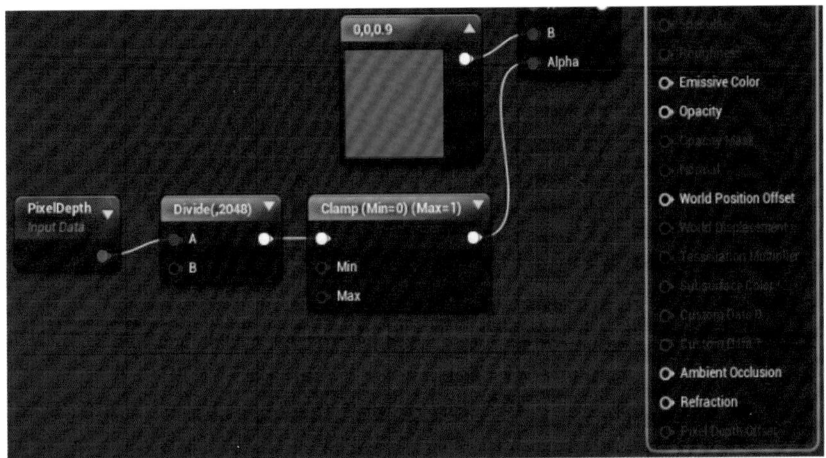

图 3-247

第二个节点 Scene Depth 场景深度（见图 3-248）与 PixelDepth 像素深度节点类似，但它作用于透明材质，会计算透明物体后面的每一点距离摄像机的距离，同样是以像素为单位输出一个一维数组。

不要忘记将材质的 BlendMode 混合模式改为 Translucent，节点连接方式不变。示例如图 3-249、图 3-250 所示，可以看到球以平面作为背景时，在合适的角度下会看到球体表面根据平面的远近变化产生的颜色变化，越远颜色越偏向蓝色。但当球以天空作为背景时就完全没有颜色变化，这是因为球体表面与天空的距离为无限远，无论怎样调整视角都不会有颜色变化。

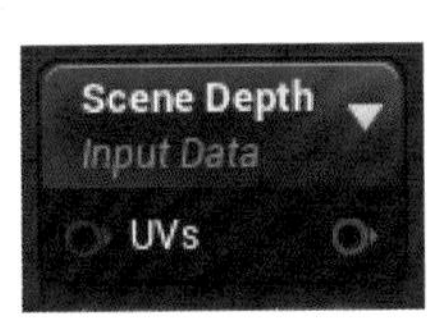

图 3-248

图 3-249

图 3-250

要实现水体透明度随深度的变化，似乎只需要 SceneDepth 场景深度节点即可，但不要忘记这个节点的计算方式是以摄像机的位置进行距离计算，仅通过这一个节点，透明度还会随着摄像机的位置变化而变化，当摄像机远离水面超过一定距离后，透明度的变化将完全消失。因此，我们需要的是物体表面之后的每一个点到物体表面的距离，它不会随摄像机的变化而变化，要得到这个距离，只需要用一个 Subtract 减法节点，用 SceneDepth 的值减去 PixelDepth 的值，就可以在很大程度上避免摄像机位置对透明度变化效果的影响。

回到我们之前正在制作的材质，按照刚刚所说的方法连接节点，如图 3-251 所示，连接的思路同前面所讲，两个深度节点相减得到水体的深度；Divide 节点的 B 值输入了一个转化为 Parameter 参数的一维数组，命名为 Depth，控制距离的大小，体现在材质上就是透明度产生变化的深度；Lerp 节点的 A、B 两个值分别改为 0 和 1，控制着最大和最小的透明度。

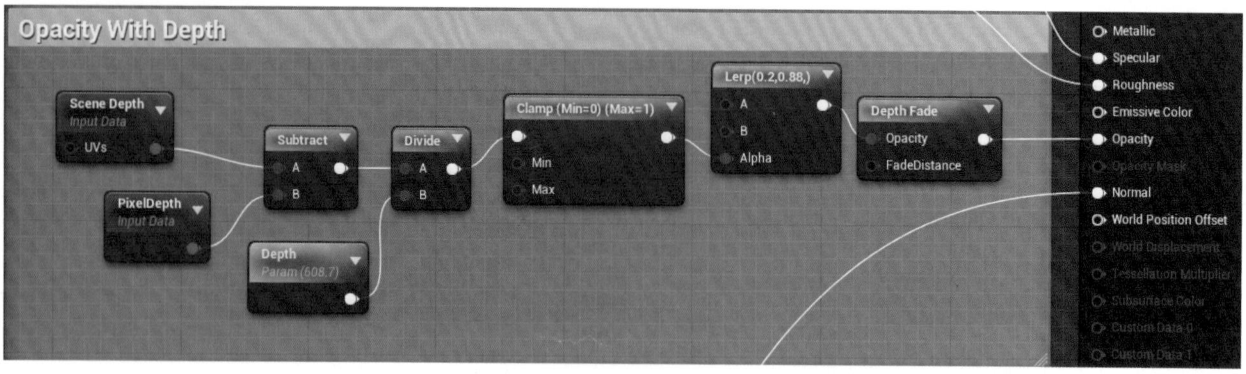

图 3-251

经过调整后的效果如图 3-252 所示，其中的透明度、产生变化的深度都是可以随时更改的。

对于透明度的变化还有更为复杂的实现方式，通过更多的节点实现颜色和透明度的双重过渡，但这对于湖水来说有点小题大做，这部分内容将在第 3 小节进行介绍。最后给出整体的材质蓝图，如图 3-253 所示，可见整体并不复杂。

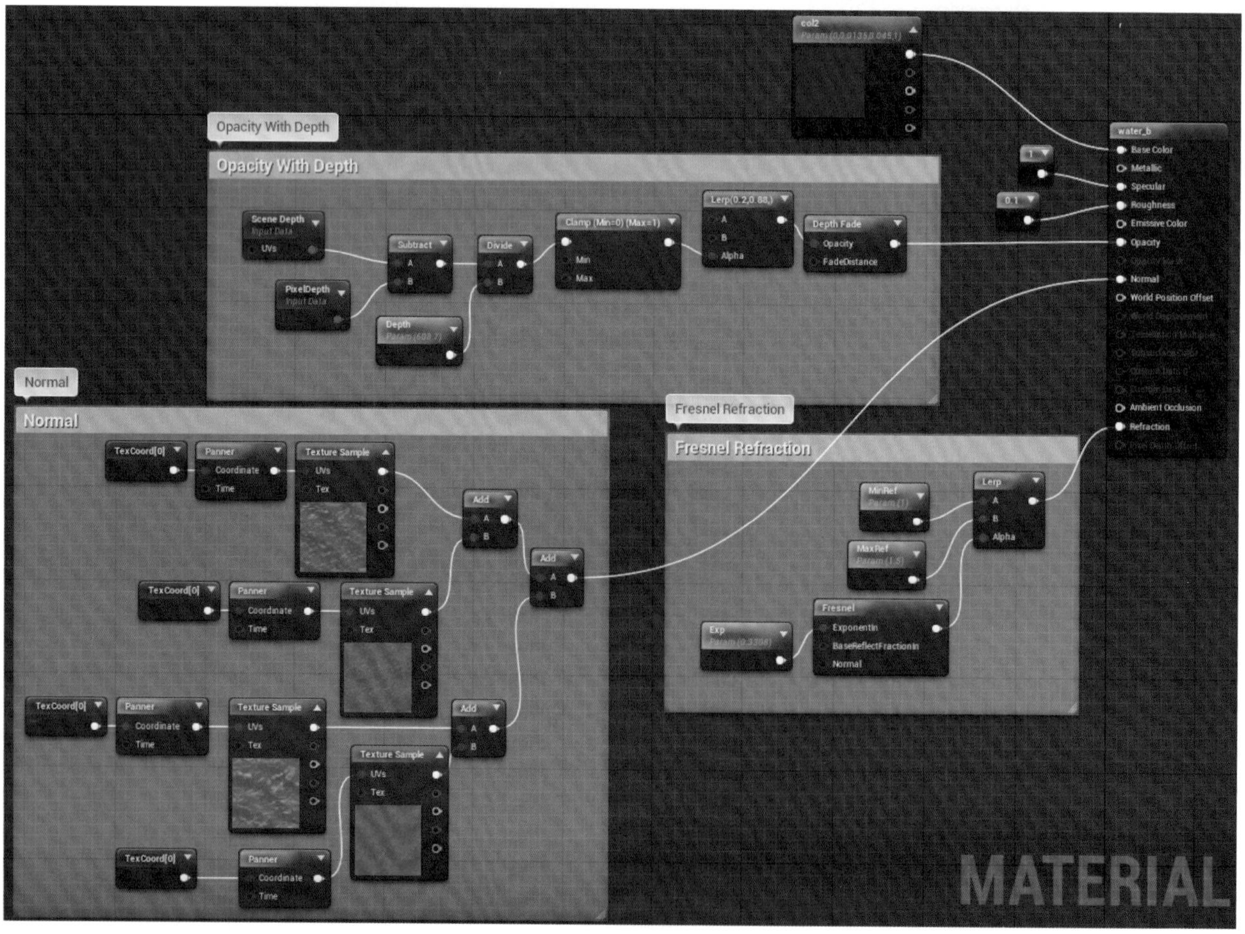

图 3-252

图 3-253

3. 波涛起伏的海面制作

同样是复制之前的材质球 Water_a，命名为 Water_c，将材质的 BlendMode 混合模式改为 Translucent，转换为透明材质，之后需要陆续实现波涛、浪花、透明度和颜色变化等效果，而在这之前，我们在 PS 中用云彩、模糊等滤镜制作了一张如图 3-254 所示的贴图，它的用途以及为何如此处理会在后面详细说明。

对于海面来说，仅通过法线贴图实现海浪显然不能达到很好的效果，最好的效果自然是能让模型有真实的起伏变化，所以这里要用到 World Displacement 世界位移，使平面模型能够产生一个真实的起伏变化，如图 3-255 红框所示。

默认情况下这一引脚是不可用的，需要在 Detail 面板的 Tessellation 曲面细分一栏中修改第一项 D3D11Tessellation为 PN Triangles（见图 3-256），使该引脚可用。

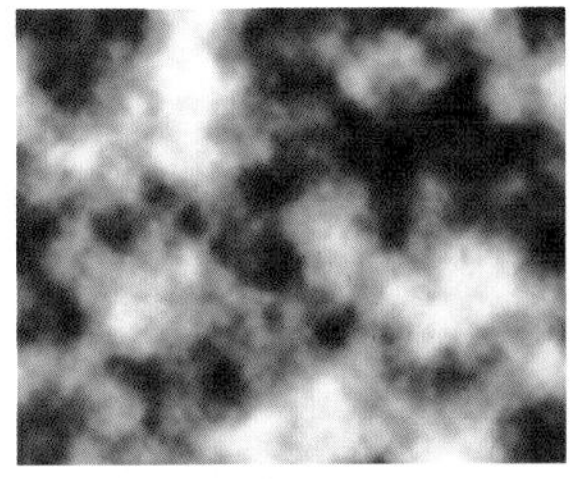

图 3-254

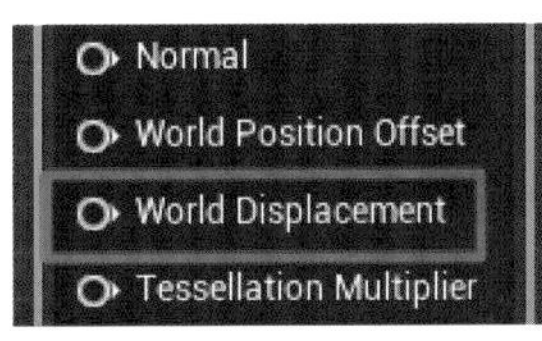

图 3-255

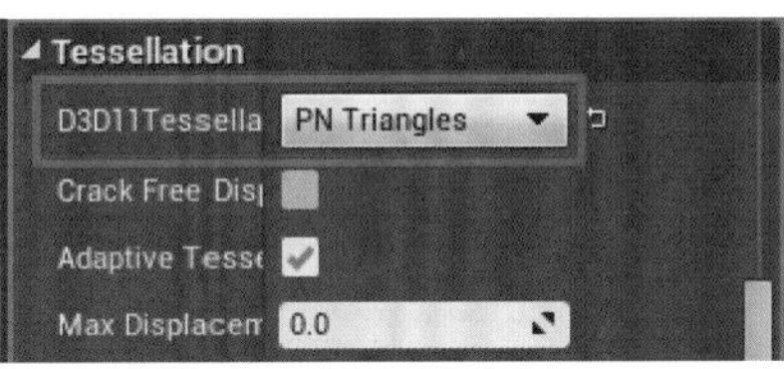

图 3-256

通过世界位移可以得到一张灰度图，使原本平整的表面出现真实的起伏效果，越白的地方位置越高，越黑的地方位置越低，作用和法线类似。与法线相比，它能够实现真实的位置偏移，但精度不及法线效果，过于大的起伏会造成表面撕裂，并且更为消耗资源。

鉴于世界位置的特点，所使用的原图就不能有太多的细节，细节处的变化很有可能会造成模型表面的撕裂，现在就不难理解，图 3-254 的用途以及处理的依据。

把图片导进编辑器，在编辑器中对它的处理方式与法线类似，也是做平移和叠加，但不需要它有太多的变化，对于平移的速度及纹理的大小可以保持一致，只需要改变方向即可。如图 3-257 所示，TexCoord 节点的数值都设为 0.5，Panner 节点的 Speed 数值都设为 0.01，只改变正负号从而使 4 张图向 4 个方向移动。

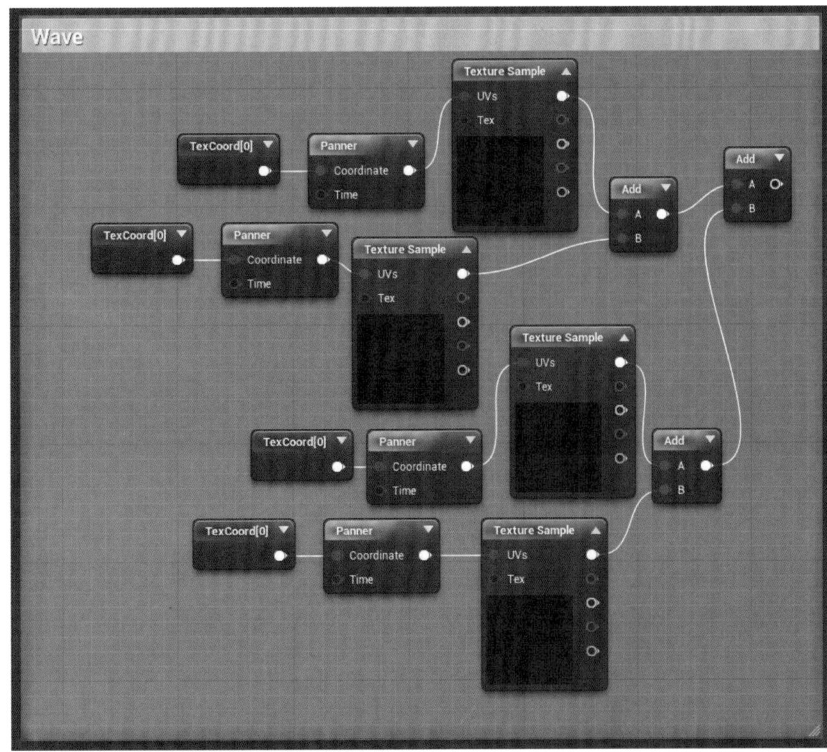

图 3-257

如果现在直接将数值输出给 WorldDisplacement，几乎没有效果，这是因为图片中最深到最浅的颜色对应 0~1 的数值，而世界位移接收的数值范围远不只 0~1，输出的数值太小，所以需要在结果上乘一个参数，控制起伏的程度，但这也会导致整体偏大，体现在物体上就是海面过高，因此还需要再减去一个参数，控制海面的高度。连接方式如图 3-258 所示。

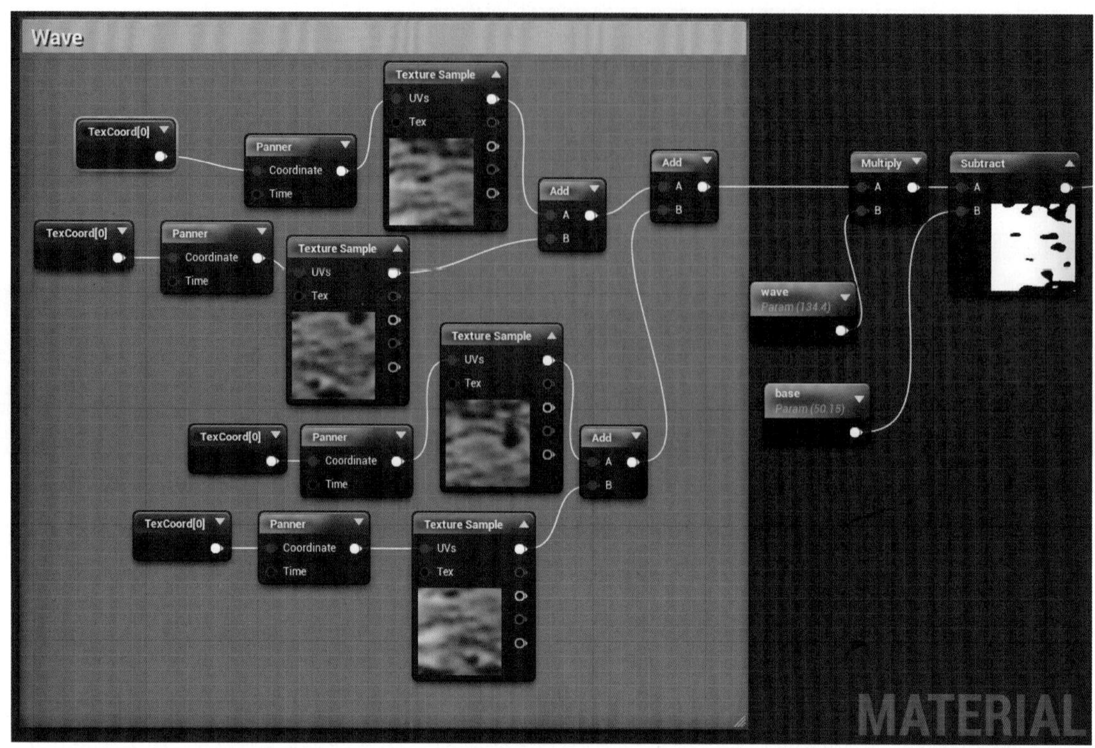

图 3-258

将结果输出到世界位移，调整数值后可以看到效果如图 3-259 所示，水面有一个明显的起伏变化。

图 3-259

海浪另一个特征就是白色的浪花，这是由于海浪相比之下要更为汹涌，水在碰撞下变成了无数的小泡沫，往往是在浪最高的位置出现，然后又很快消失。要实现这一效果，就不能只靠贴图的位移和叠加，还需要一张动态的遮罩图，用它来控制浪花在波峰出现，然后又消失，而之前做好的波浪的灰度图就正好可以作为浪花的遮罩。

首先要找到一张浪花的贴图，如图 3-260 所示，已经过无缝处理，可以直接导入。

图 3-260

在材质编辑器中，对浪花贴图的处理方式与之前基本相同，同样是做一个 4 个方向的位移，速度可以与波浪相同，但 TexCoord 节点的数值都改为 3，具体的连接方式如图 3-261 所示。

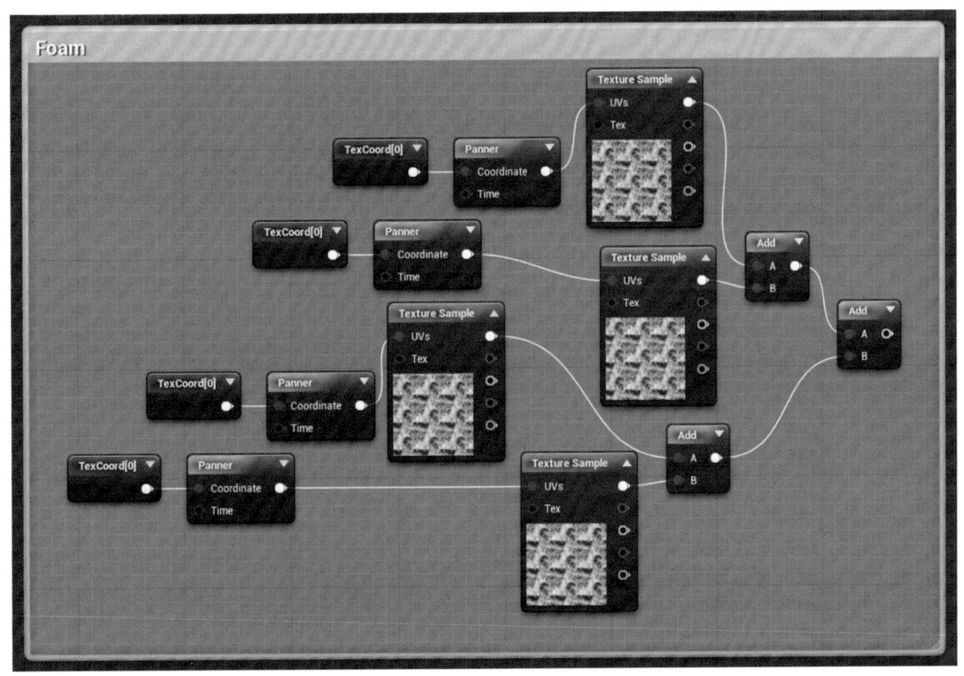

图 3-261

之后需要用一个 Lerp 节点，A、B 分别连接基础颜色和浪花，用之前做好的海浪的灰度图控制浪花出现的位置，如图 3-262 所示。

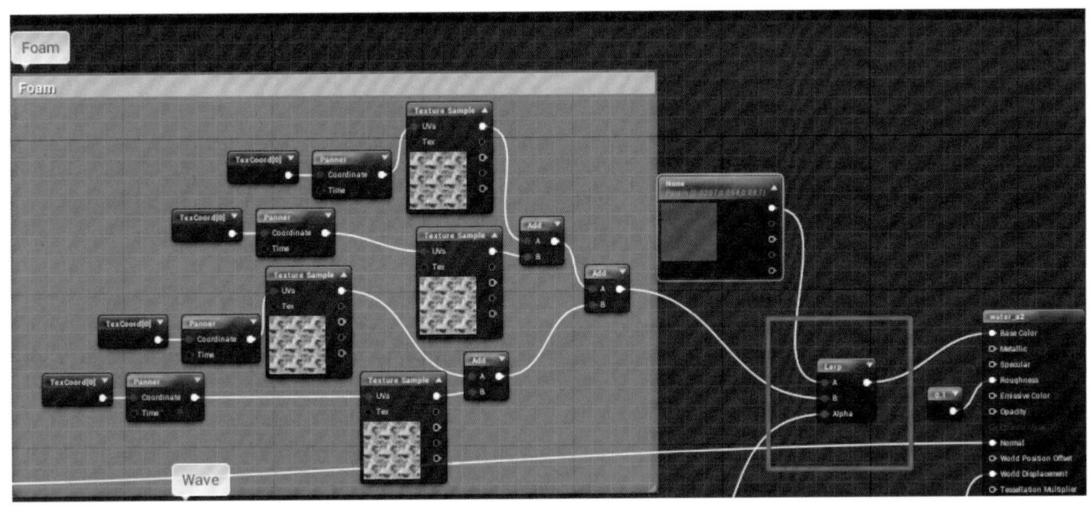

图 3-262

但这样直接将波浪连接到 Lerp 控制浪花会导致最终效果如图 3-263 所示，整个水面都有浪花。

造成这一效果是因为控制浪花的图片整体偏白，并且黑白的对比不高，这一点在 Photoshop 中很好处理，但在 Unreal Engine 4 中就需要用到 Power 幂节点，Base 为输入的值，Exp 为幂，如图 3-264 所示。由于 Unreal Engine 4 中节点运算将白色到黑色的过渡按 1~0 表示，对颜色的幂运算简单说就是增加图片的对比度。

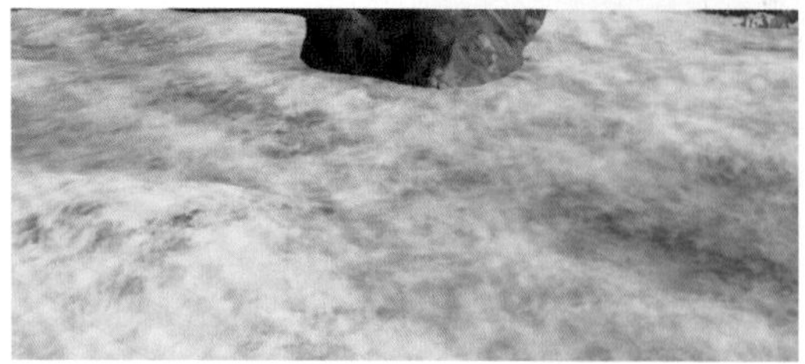

图 3-263

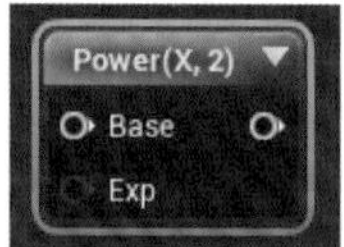

图 3-264

节点连接及参数如图 3-265 所示，增加的 Subtract 减法节点是为了让泡沫出现的区域更小。

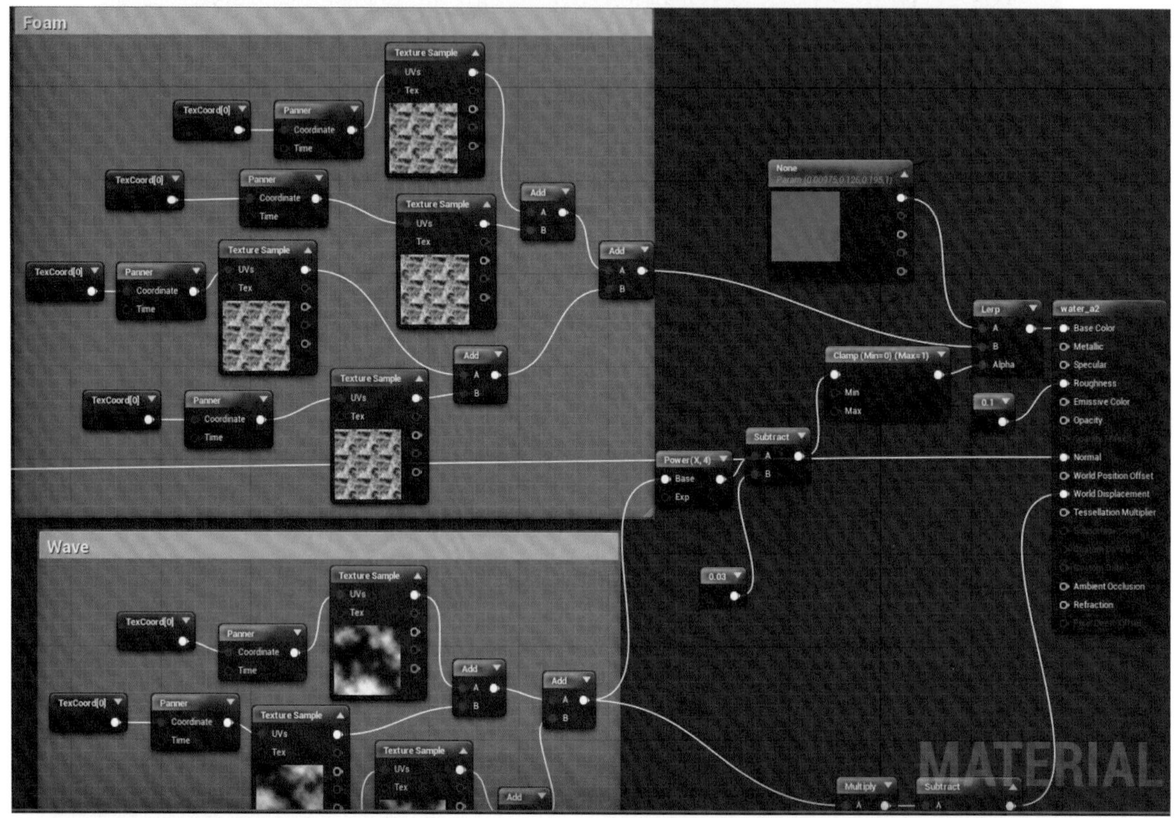

图 3-265

图 3-266 为完成后的效果。

最后进行透明度的处理。海水的透明度变化要比湖水更为复杂，原因很简单，就是因为海更深，也更浑浊。而要在 Unreal Engine 4 中实现复杂的变化，方法很多，下面介绍其中一种。

首先直接对基础颜色进行处理，方法和之前处理湖水透明度与深度关系时相同，只是将透明度数值改为深浅两种颜色，图 3-267 为连接方式，将原来单一的基础色替换为图中节点，连接到和浪花混合的 Lerp 节点上。

图 3-266

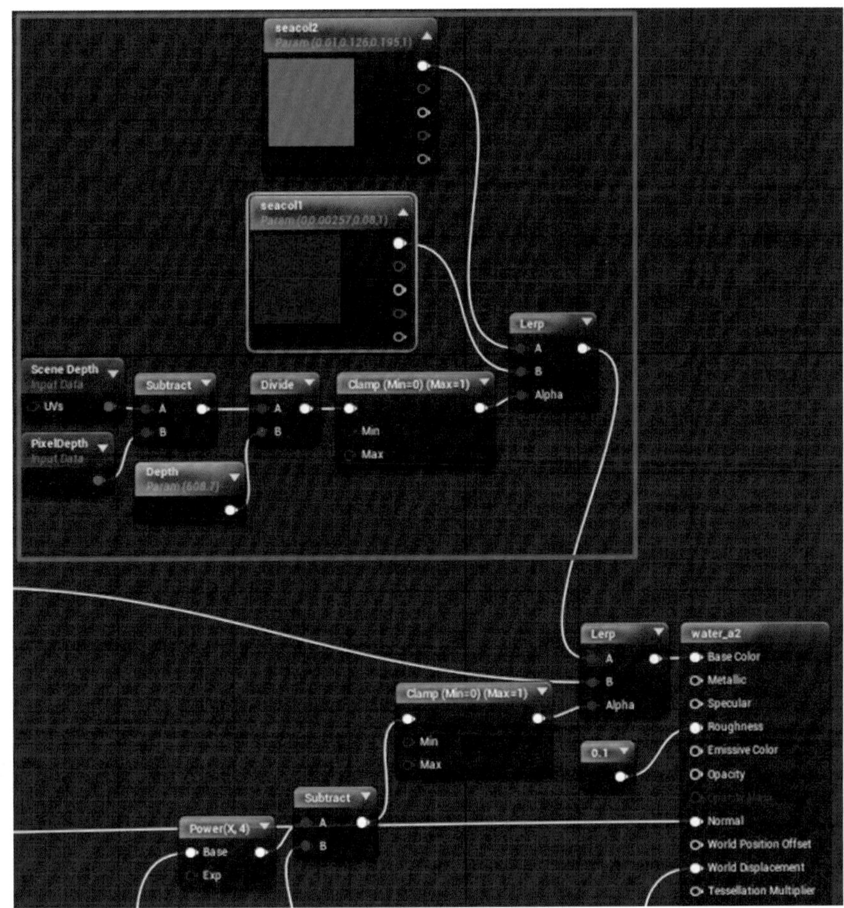

图 3-267

从图 3-268 中可以看到，虽然没有改变透明度，但通过颜色的变化使海水呈现出了深浅变化。

这时的海面效果已接近完成，但在海水与地面的交界处过渡得很生硬，很不自然。像这种边缘的处理有一个专用的 DepthFade 深度消退节点（见图 3-269）来控制，它的作用就是自动找到半透明物体和不透明物体间的边界，按设定的数值进行柔和的过渡，其中，Opacity 的数值控制整体的透明度，FadeDistance 的数值控制产生过渡的距离。

直接将该节点连接到 Opacity 引脚，在默认数值下即能获得一个很好的效果（见图 3-270）。

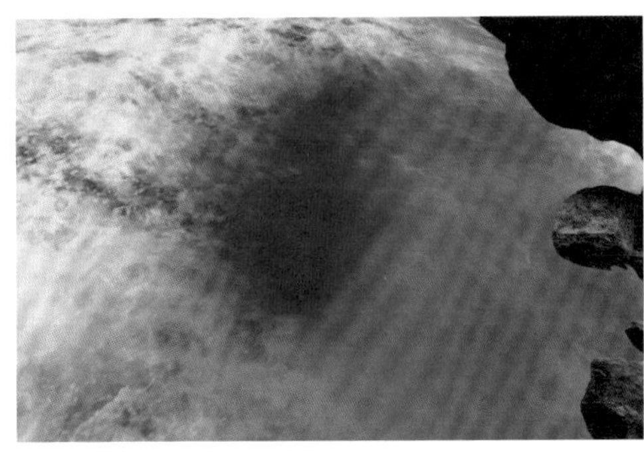

图 3-268

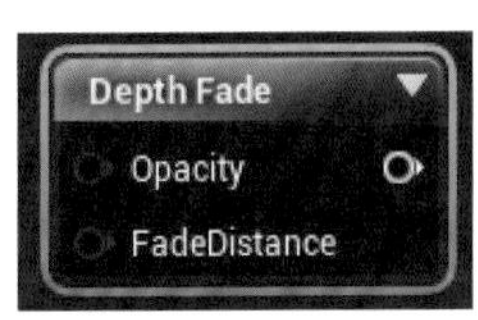

图 3-269

图 3-270

最后连接一个 Fresnel 节点到 Reflection 引脚上，添加一个折射效果，最终节点的全貌如图 3-271～图 3-276 所示，海面效果如图 3-277～图 3-279 所示。

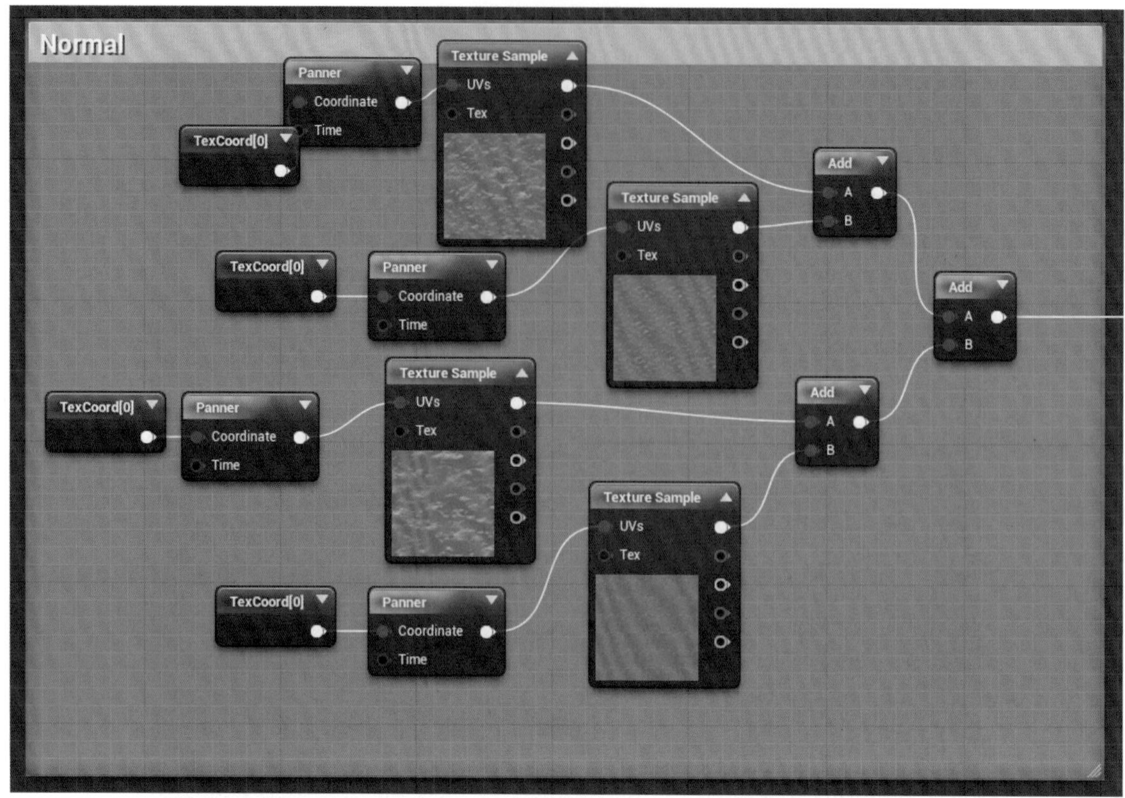
Normal
Panner
Coordinate
Time
TexCoord[0]
Texture Sample
UVs
Tex
Add
A
B

图 3-271

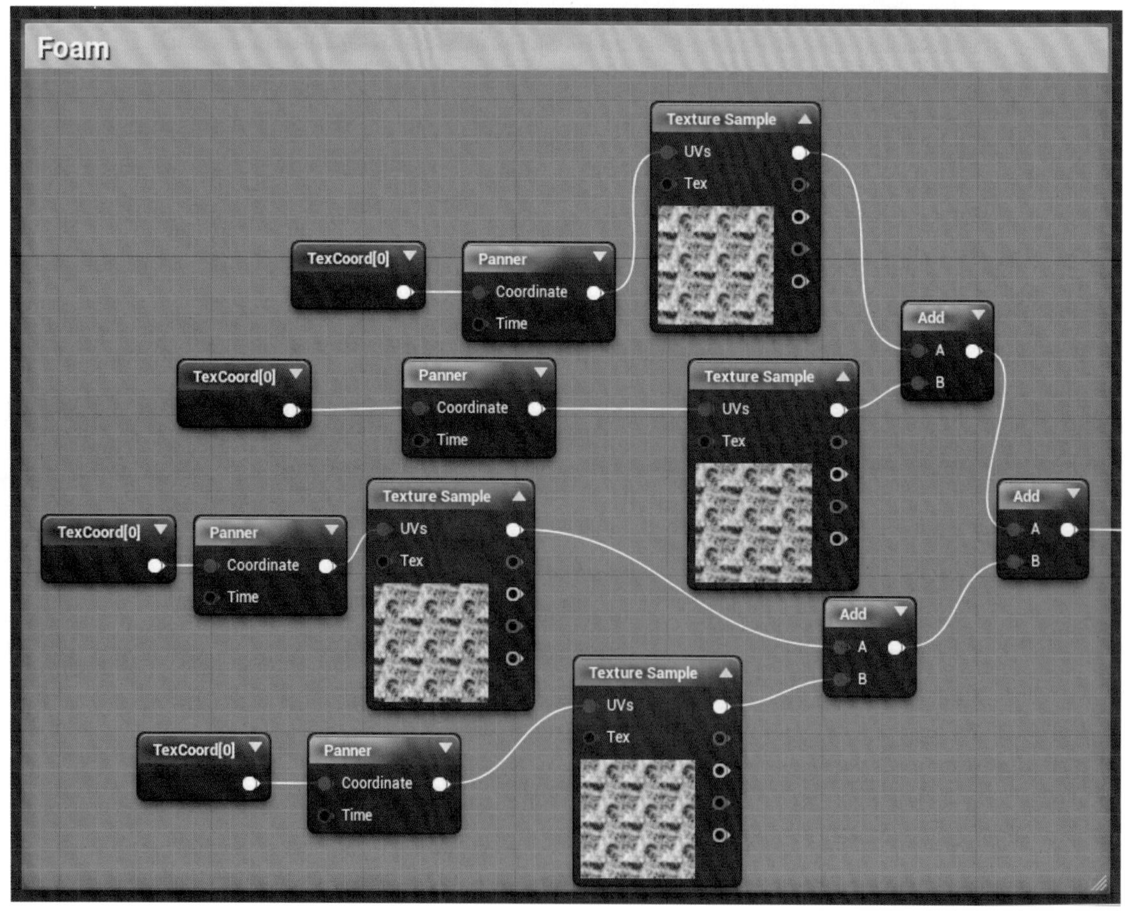
Foam
Texture Sample
UVs
Tex
TexCoord[0]
Panner
Coordinate
Time
Add
A
B

图 3-272

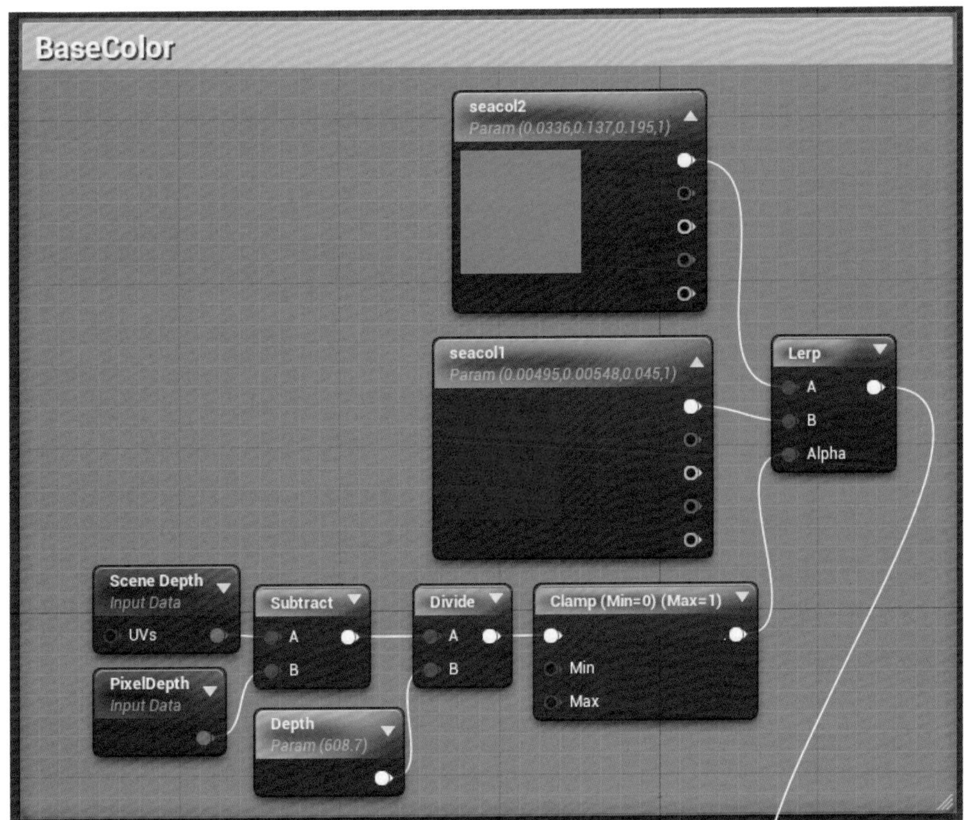
BaseColor
seacol2
Param (0.0336,0.137,0.195,1)
seacol1
Param (0.00495,0.00548,0.045,1)
Lerp
A
B
Alpha
Scene Depth
Input Data
UVs
Subtract
A
B
Divide
A
B
Clamp (Min=0) (Max=1)
Min
Max
PixelDepth
Input Data
Depth
Param (608.7)

图 3-273

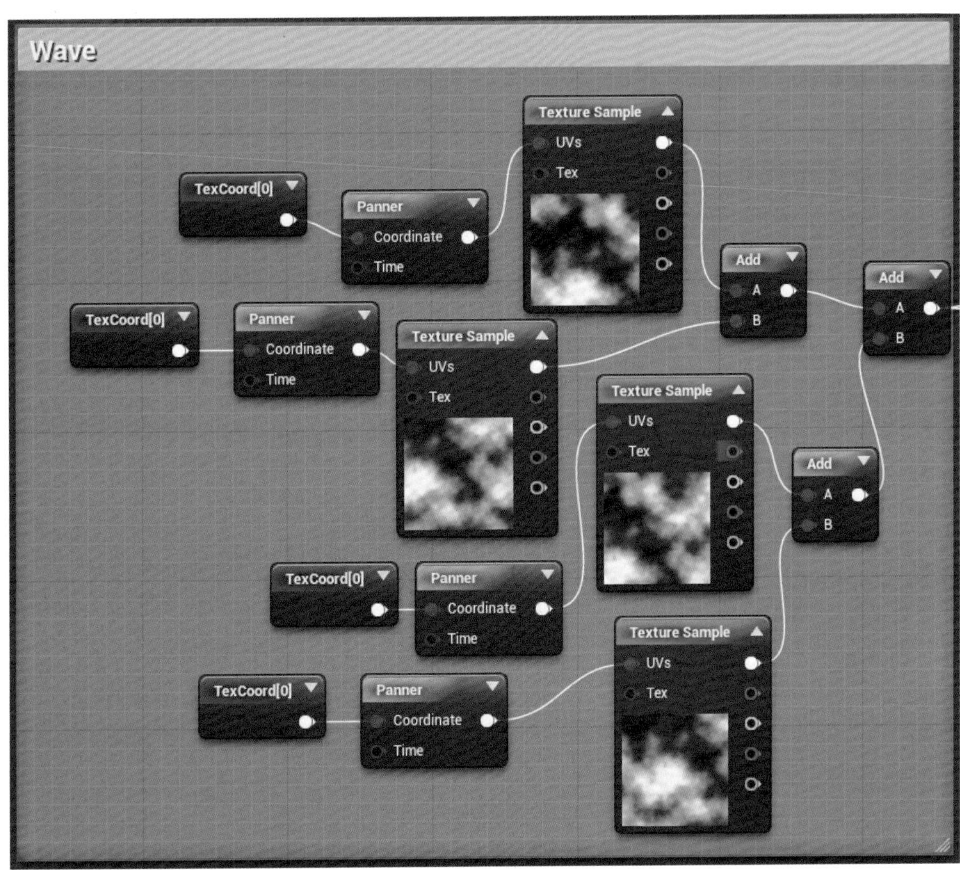
Wave
Texture Sample
UVs
Tex
TexCoord[0]
Panner
Coordinate
Time
Add
A
B
Add
A
B
TexCoord[0]
Panner
Coordinate
Time
Texture Sample
UVs
Tex
Texture Sample
UVs
Tex
Add
A
B
TexCoord[0]
Panner
Coordinate
Time
Texture Sample
UVs
Tex
TexCoord[0]
Panner
Coordinate
Time

图 3-274

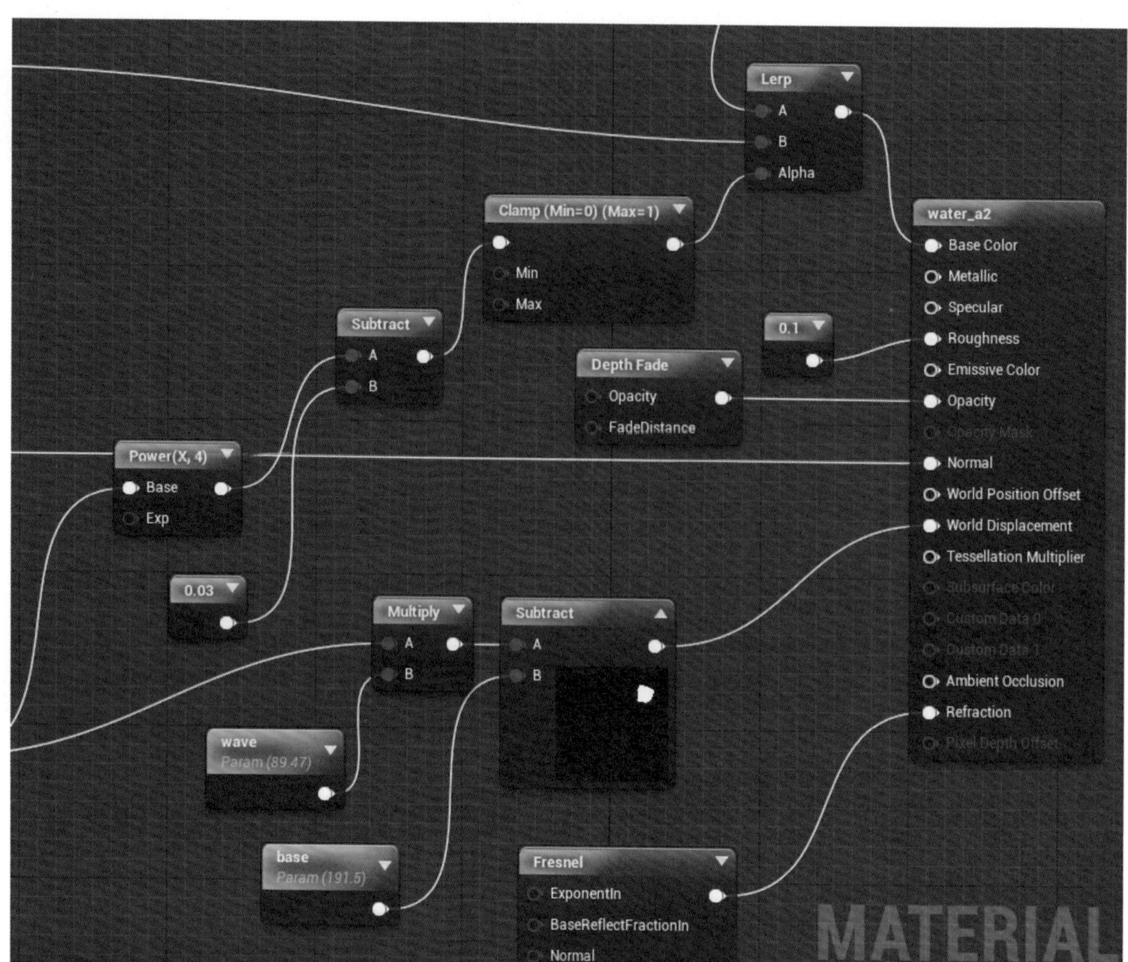
Lerp
A
B
Alpha
Clamp (Min=0) (Max=1)
Min
Max
water_a2
Base Color
Metallic
Specular
Roughness
Emissive Color
Opacity
Opacity Mask
Normal
World Position Offset
World Displacement
Tessellation Multiplier
Subsurface Color
Custom Data 0
Custom Data 1
Ambient Occlusion
Refraction
Pixel Depth Offset
Subtract
A
B
0.1
Depth Fade
Opacity
FadeDistance
Power(X, 4)
Base
Exp
0.03
Multiply
A
B
Subtract
A
B
wave
Param (89.47)
base
Param (191.5)
Fresnel
ExponentIn
BaseReflectFractionIn
Normal
MATERIAL
图 3-275

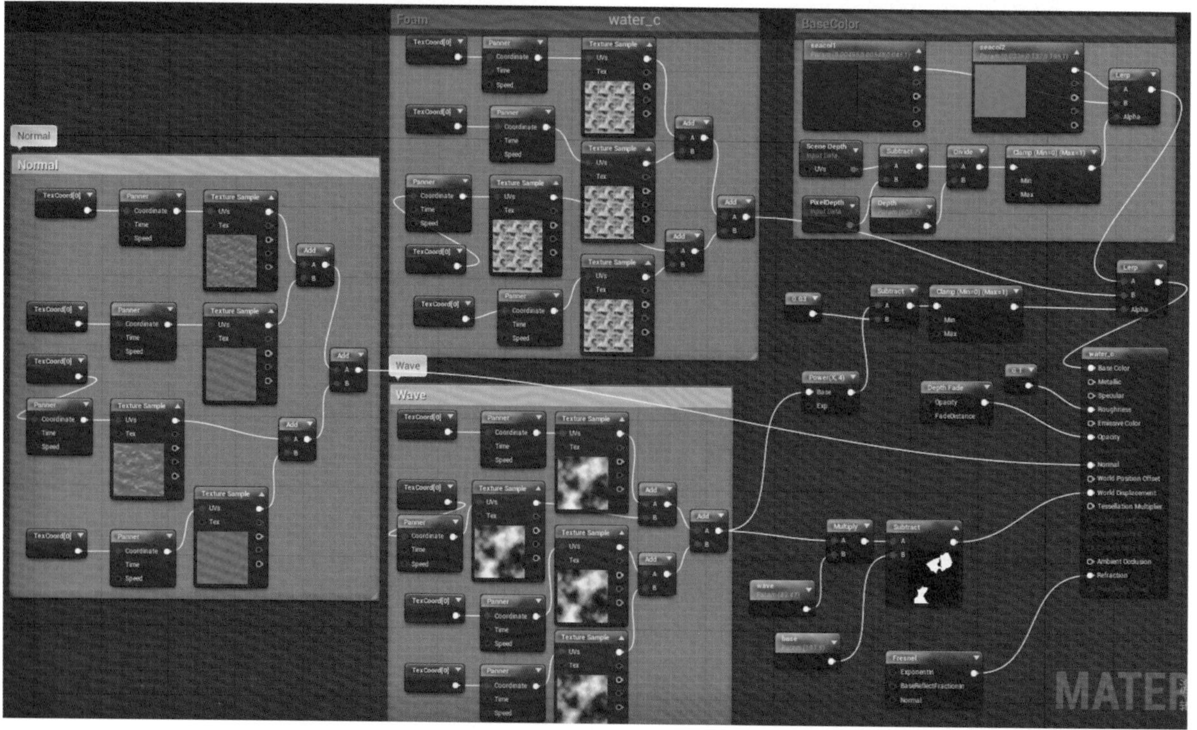
Normal
Normal
Foam
water_c
BaseColor
Wave
Wave
MATER
图 3-276

图 3-277

图 3-278

图 3-279

3.7 日夜更替

日夜更替是一个人们再为熟悉不过的现象了，但要在引擎中实现太阳的东升西落以及天空的颜色变化，会涉及很多方面的设置，包括材质、蓝图等。

不过在 Unreal Engine 4 中，默认的工程文件就已经有一个预设好的天空球，它能够根据主光源也就是太阳的位置变化改变天空的材质，包括蓝天白云、夕阳红和星空间的过渡，以及不同蓝图间的接口，这就省去了很多工作，我们只需要制作一个能够东升西落的太阳就可以实现日夜更替的效果。

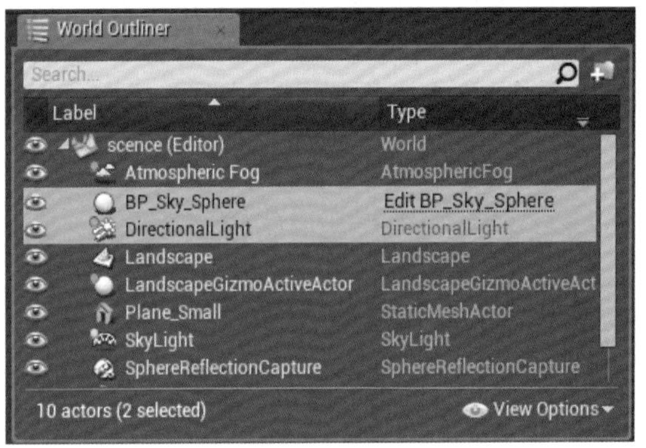

图 3-280

首先要确保场景中有图 3-280 中的两个组件，分别是预设好的天空球和定向光源。这两个组件在建立默认关卡时会自动加入，但在建立空关卡时需要自行添加，它们是实现日夜更替效果必不可少的基础。

选择 DirectionalLight 节点，修改图 3-281 中的选项，将其改为可移动对象，否则无法实现光源的移动。

除了将光源改为可移动，它的阴影默认下也是静止的，如图 3-282 所示，在搜索栏中输入 cast 找到图中菜单，取消勾选 Cast Static Shadows 选项，使该光源的阴影同样可移动。

选择 Level Blueprints 下的 Open Level Blueprint 选项（见图 3-283），打开关卡蓝图。

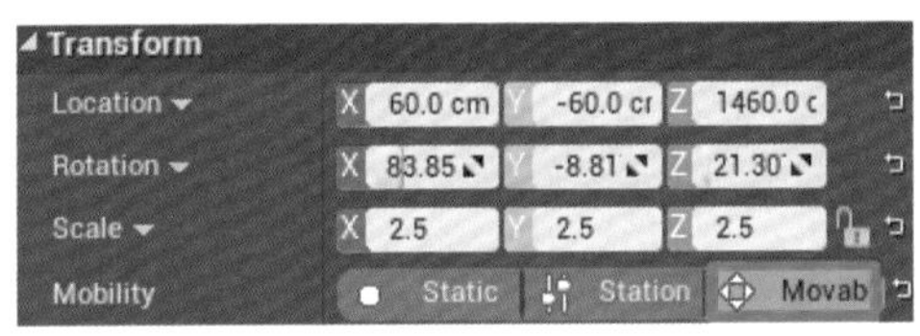

图 3-281

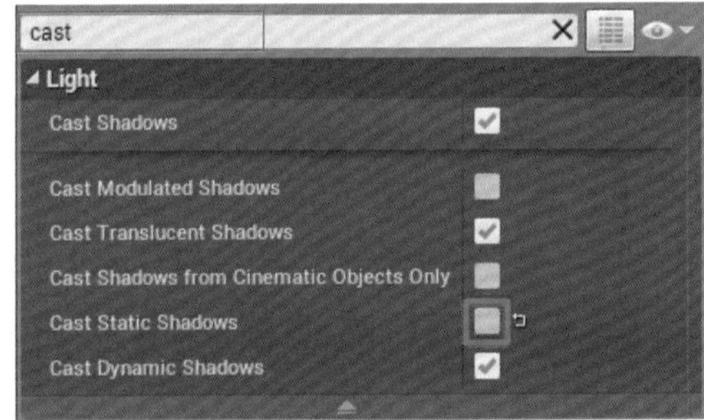

图 3-282

图 3-283

如图 3-284 所示是默认的关卡蓝图主界面，其中的两个节点只需要用到 Event Tick 节点。

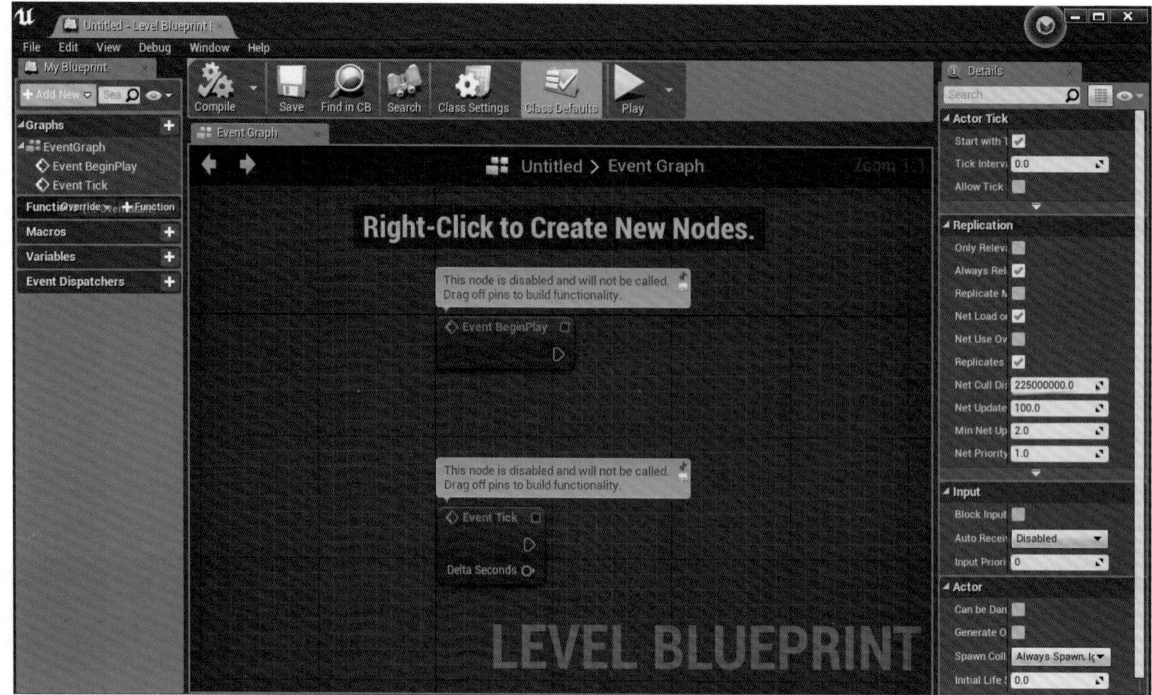

图 3-284

在编辑器的空白处右击，输入 Update Sun Direction 找到如图 3-285 所示的节点，该节点是在 BP Sky Sphere 组件中已经写好的接口，当关卡中有该组件时才可使用，它的作用是根据太阳的位置实时改变天空颜色。

然后直接将 World Outliner 窗口中的 BP_Sky_Sphere 拖入编辑器界面，如图 3-286 所示，会直接生成一个新节点代表该组件，将其连接到 Update Sun Direction 节点的 Target 引脚上（见图 3-287）。

图 3-285

图 3-286

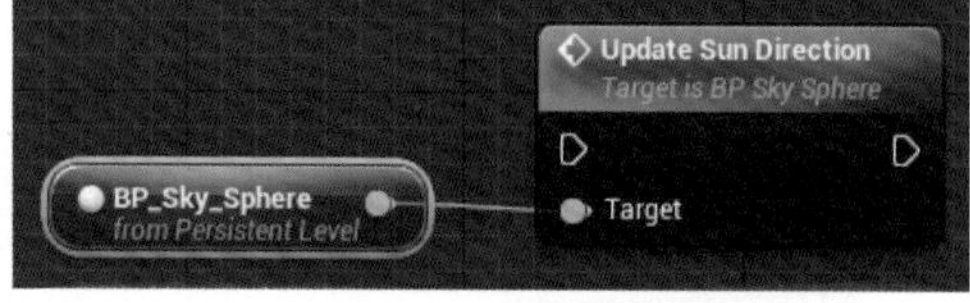

图 3-287

右击，新建如图 3-288 所示节点，其作用是为太阳添加旋转的动作。

将 World Outliner 中的 DirectionalLight 拖入蓝图编辑器，如图 3-289 所示，并将其连接到 Target 引脚，同时将该节点和 Update Sun Direction 节点以及最初的 Event Tick 节点相连，如图 3-290 所示。

图 3-288

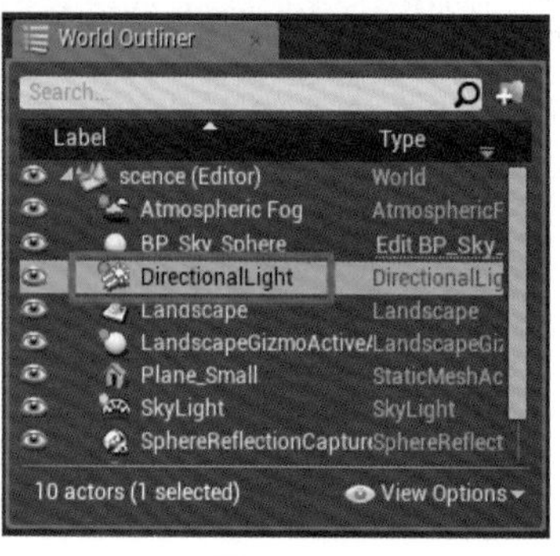

图 3-289

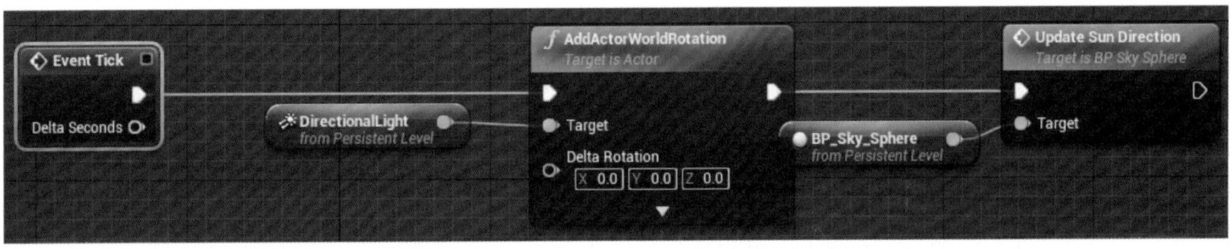

图 3-290

现在就有了一个基本的事件流程，只需要设定太阳的旋转速度即可。单击如图 3-291 所示图标新建一个变量，命名为 Sun Speed；单击图 3-292 中的位置，将其类型改为 Float 浮点数类型。

直接将它拖入主界面，选择 Get 选项，可以看到一个名为 Sun Speed 的节点，选中该节点，修改如图 3-293 所示的数值，该数值决定太阳旋转的速度。

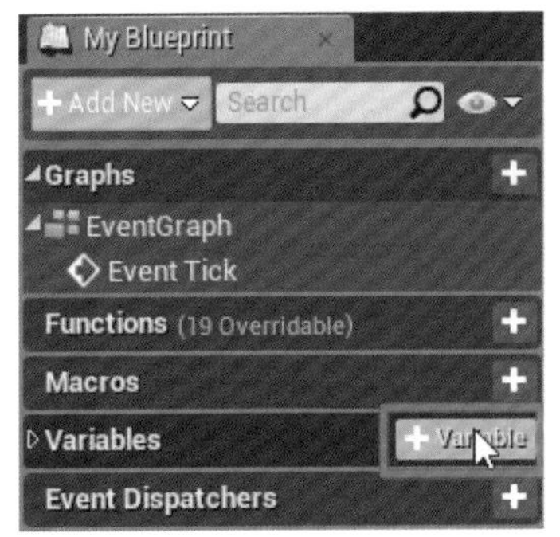

图 3-291

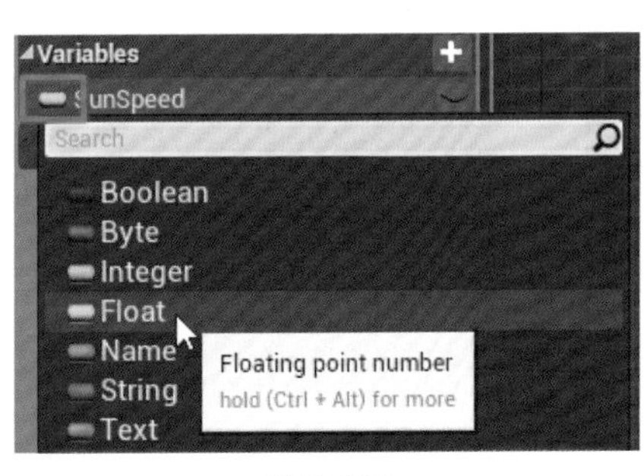

图 3-292

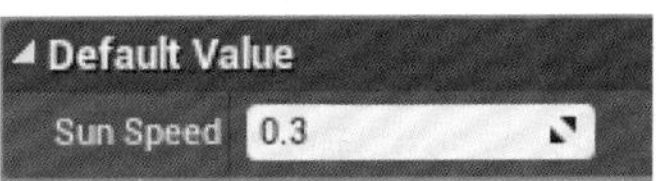

图 3-293

找到如图 3-294 所示的节点，其作用是将两个浮点数相加。

在图 3-295 中可以看到之前新建的两个节点以及它们的连接方式，之后还需要一个 Make Rotator 节点决定旋转的方向，其连接方式如图 3-296 所示，我们只需要太阳在垂直方向上的旋转，所以将速度输出到 Y 引脚上。

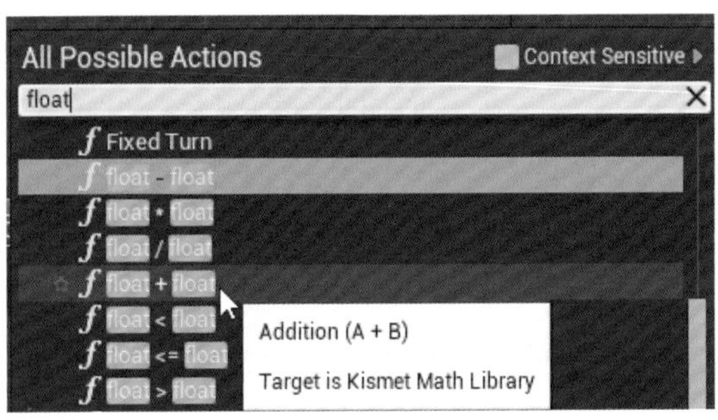

图 3-294

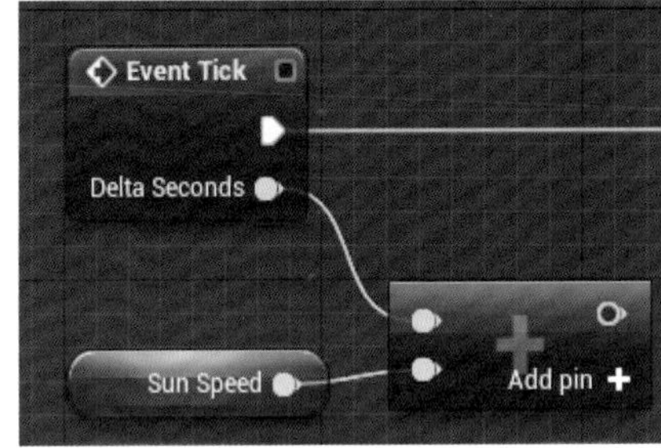

图 3-295

图 3-296

整体的蓝图到此连接完毕，效果如图 3-297 所示。

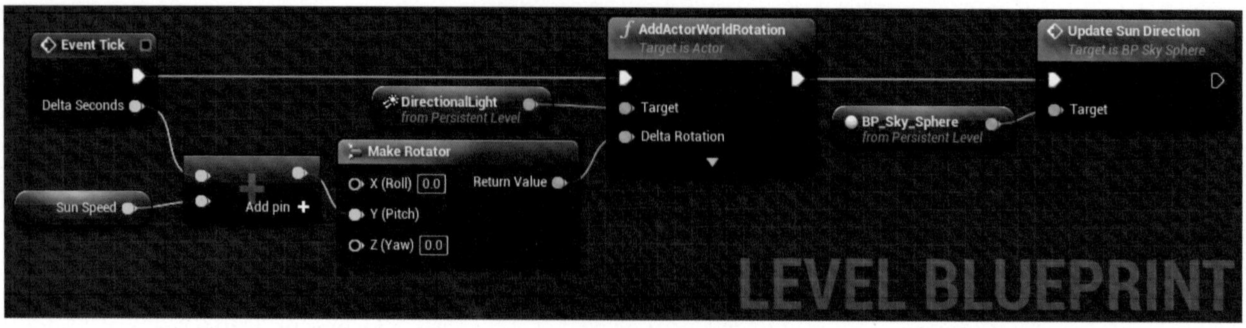

图 3-297

最后还需要在 BP_Sky_Sphere 组件的 Default 面板中将主光源设为之前所用到的光源（见图 3-298），才能使蓝图生效。

运行程序后即可看到太阳的东升西落以及天空的颜色变化，如图 3-299~ 图 3-301 所示。

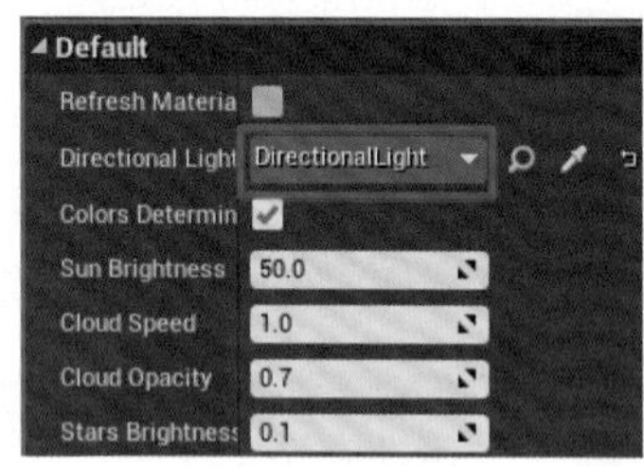

图 3-298

图 3-299

图 3-300

图 3-301

第 4 章

LandscapeAutoMaterial 介绍及使用

4.1 LandscapeAutoMaterial

如果你想要在 Unreal Engine 里做一个户外场景，同时追求较高的真实性，那么这章将要介绍的 LandscapeAutoMaterial 地形自动布置系统资源包可能会给你很大的帮助。

4.1.1 LandscapeAutoMaterial 简介

LandscapeAutoMaterial 地形自动布置系统是一个基于 Unreal Engine 引擎开发的素材包，也可以说是一个 Unreal Engine 的插件，其主要功能是帮助我们快速构建一个真实而优美的室外场景。

LandscapeAutoMaterial 的导入方法与其他素材包的导入方法一样：新建一个 Unreal Engine 的项目，直接将整个 LandscapeAutoMaterial 文件拖到新建项目的 Content 文件夹下，如图 4-1 所示，我们可以看到 LandscapeAutoMaterial 素材包中的几个文件夹，包括 FX、Maps、Materials、Meshes 和 Texture。

图 4-1

4.1.2 LandscapeAutoMaterial 场景展示

在学习 LandscapeAutoMaterial 的使用方法之前，我们先来了解一下用这个插件可以做出什么效果的自然场景。

双击 Maps 文件夹，可以看到里面已经有三个搭建好的场景范例关卡，我们分别打开这三个关卡来了解这个插件的制作者想要展示给我们的内容。

首先打开 Plane-Map 关卡，经过一段时间的编译，我们将看到如图 4-2 所示的场景。

看起来似乎没有什么特别的，但是稍微了解 Unreal Engine 的用户大都看出了一些与其他场景不同的地方。

（1）在等待编译的过程中，用户可以清楚地看到，地形首先只加载出一片绿色的贴图，稍加等待后，花草石头忽然一片一片地从地上“长”了出来。这与平时我们看到的先将模型全部加载出来，再将贴图加载在模型上的方式是不同的。

（2）一般情况下，在 Unreal Engine 中种植植被是通过 Unreal Engine 中的笔刷功能“刷”出来的。

在如图 4-3 所示的面板中，我们选择需要种植的树的种类，在想要种下的地方单击，Unreal Engine 就会在这个位置种下你想要的植物。通过这种方式种出来的植物是可以选中的，也可以移动和删除。但是仔细观察这个场景，显然，当你单击这个场景中的元素时，无论是草丛还是石头，我们都无法选中，它们就像真的“长”在地表一样，与整个 landscape 是一体的。此外，与我们一点点将植物刷出来的那种杂乱无章的感觉不同，这里的草地看起来就像一个整体，没有不自然的接缝，整个分布看起来非常均匀，就连石块散落的位置都看起来很舒服。这些特点便是 LandscapeAutoMaterial 与众不同的地方。

图 4-2

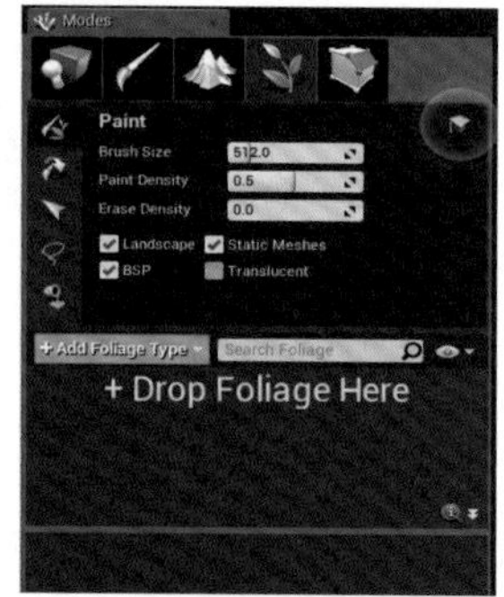

图 4-3

以上是 LandscapeAutoMaterial 的基础效果，接下来我们打开另一个关卡 Fly-By 来进一步认识这个插件。这个地图比之前的 Plane-Map 大得多，第一次加载需要耗费一定的时间，请耐心等待。

地图加载完成后，我们将看到如图 4-4~ 图 4-10 所示的场景。

图 4-4

图 4-5

图 4-6

图 4-7

图 4-8

图 4-9

图 4-10

可以看出，这是一个相当完整的森林场景，而且非常真实。仔细观察这个场景的地形，它的贴图并不单一，除了我们之前看到的草地，还有裸露在地表的土地层、石块层和岩石层。

读者可以自己找几个地方重点观察一下，找找其中的规律，如哪里被草地覆盖、哪里有蓝灰色的岩石、哪里露出了土黄色的地表。

4.1.3 了解地形材质的效果

一般情况下，在平地或坡度不大的斜面上，地表主要被草地覆盖，如图 4-11 所示。

斜度增大，有带苔藓的石块堆积，如图 4-12 所示。

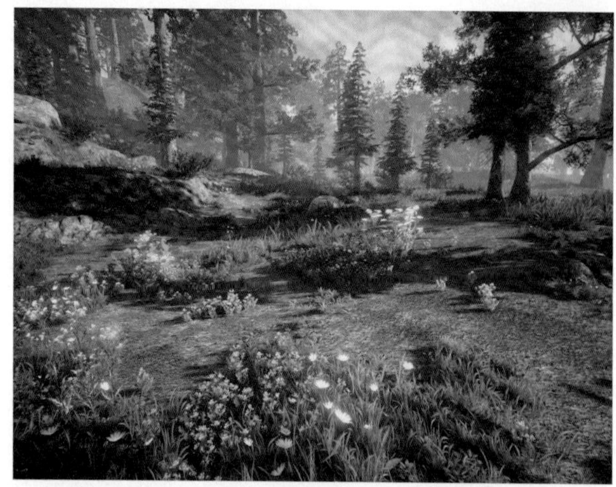

图 4-11

图 4-12

而斜度最大，类似悬崖的地方，则漏出灰蓝色的岩石层，如图 4-13 所示。

到此我们来重新理解一下 LandscapeAutoMaterial 这个素材包。正如这个包的名字一样，地形自动布置系统是一个自动为用户建立的地形贴上相应材质的系统，当用户建立了一个地形后，LandscapeAutoMaterial 根据地形的坡度大小、高度差的大小来自动在不同的地方贴上不同的地形材质，甚至放置模型。比如地形中石块堆积的地方，那里的石头其实是有碰撞的模型，如果用第一人称射击模式在石块上行走，就会有上下起伏的感觉。

图 4-13

4.2 利用 LandscapeAutoMaterial 创建地形

现在，我们新建一个关卡来正式使用这个资源包。

新建关卡，首先建立一个 Landscape，在 Modes 栏中选中 Landscape 模式，我们会看到建立地形的相关参数，如图 4-14 所示。

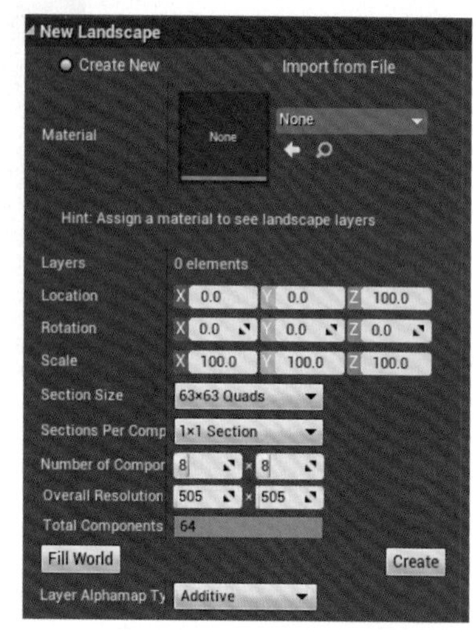

图 4-14

在 Content Browser 面板中打开 LandscapeAutoMaterial/Materials/LandscapeAutoMaterial 文件夹，找到一个名为 Landscape_Automaterial_Inst 的材质球，如图 4-15 所示。

将它放置在创建地形的 Material 栏中，如图 4-16所示。

自由设置你想建立的地形的大小，单击 Create 按钮创建，世界视图中将显示出新建的地形。你会看到，新地形在被创建的同时会有草丛的模型覆盖在上面，看起来就跟我们第一个打开的范例关卡 Plane_Map 一样，如图 4-17 所示。

接着用雕刻工具随意改变地形的高低，读者可以亲自尝试一下，如

图 4-18 所示。

可以看到，正如之前所说，随着地形的改变，地表的材质也随之发生变化，原本被草丛覆盖的地方，由于地形被拉高，斜坡处的材质被自动换成了岩石或石块，非常智能。

但是有的时候，我们也有自己的想法，不想完全使用它自动贴出来的样子，比如，我们希望在草地中间有一条供人行走的小路，如图 4-19 所示。

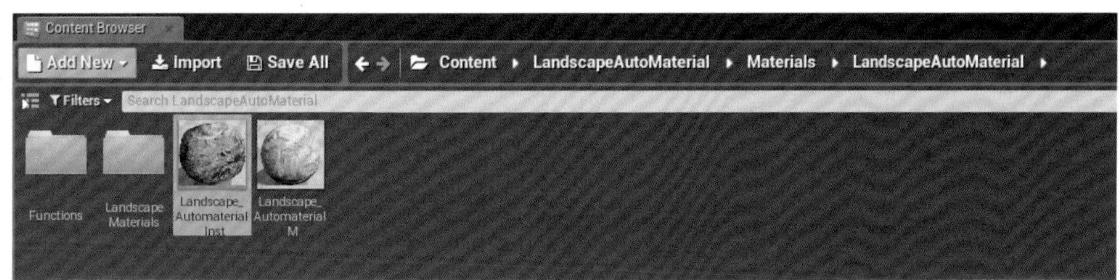

图 4-15

图 4-16

图 4-17

图 4-18

图 4-19

我们该如何实现呢？在下一节中我们会学习如何自定义地形贴图。

4.3　使用 Paint 工具

在 LandscapeAutoMaterial 素材包中还为我们提供了各式各样的笔刷来自定义“描画”地形贴图。

4.3.1　Paint 工具的使用方法

依然是在建立地形的工具栏中，单击 Paint，此时我们本将看到如图 4-20 所示的界面。

而现在，我们会看到 Target Layers 一栏中会多出许多的材质球，如图 4-21 所示。

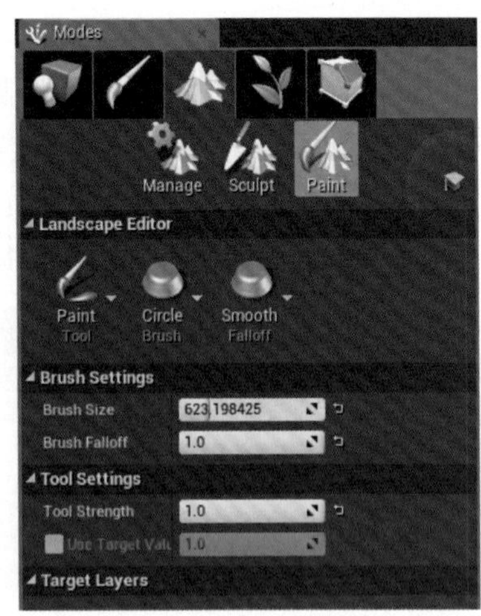

图 4-20

我们选择不同的材质球，就相当于选择了不同的颜料，可以在地形上画出不同的图案。

接下来就为大家介绍各个笔刷的样式和功能。

想要使用某个笔刷，首先单击笔刷最右侧的加号图标，它会出现两个选项，如图 4-22 所示，分别是 Weight-Blended Layer(normal) 和 Non Weight-Blended Layer，翻译成中文分别是权重－混合层（法线）和非权重－混合层。

两者的区别在于不同笔刷之间的混合方式不同，使用 Weight-Blended Layer(normal) 建立的笔刷，每次描画时会覆盖上一次使用的笔刷，使用者只能看到最后使用的笔刷的效果；而 Non Weight-Blended Layer 会将在该处使用过的笔刷效果叠加起来同时显现。

我们选择权重－混合层（法线），接下来会弹出一个对话框，如图 4-23 所示，提示在哪里建立笔刷，我们无须改变，直接单击 OK 按钮。

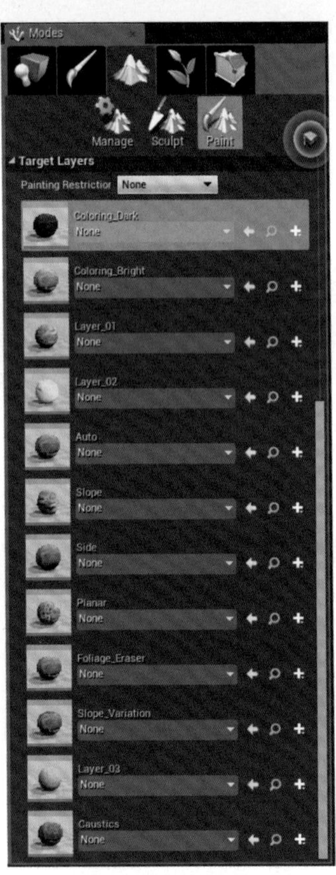

图 4-21

图 4-22

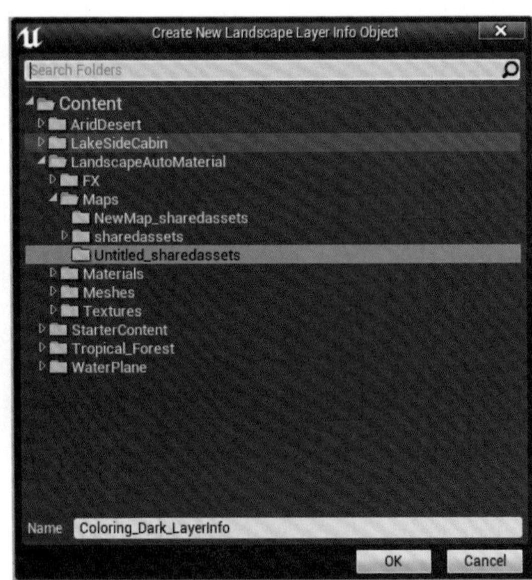

图 4-23

建立好笔刷之后，我们便可以在地形上随意使用这些笔刷了。接下来我们将会认识各个笔刷的样式效果。

4.3.2 LandscapeAutoMaterial 笔刷展示

Layer_01 就像乡间小路，细细的砂石上有很多小石子，如图 4-24 所示。

Layer_02 是非常细的沙子，但被大风吹成了波浪形，如图 4-25 所示。

图 4-24

图 4-25

Slope 是很多浅黄色带苔藓的石头堆在一起，与斜坡不大时 LandscapeAutoMaterial 自动分配给该处的材质一样，而且这里的材质实际上是一个个石头的模型，每个模型上都带有碰撞，如图 4-26 所示。

Side 则是深灰色的巨大岩石板，上面甚至还有一些绿色的植物做点缀以增加真实性，如图 4-27 所示。

图 4-26

图 4-27

Layer_03 是很平、很细、看起来被压得很实的浅色沙子，如图 4-28 所示。

Coloring_Dark 会使被刷的地方颜色变暗。

使用 Coloring_Dark 笔刷前的效果如图 4-29 所示。

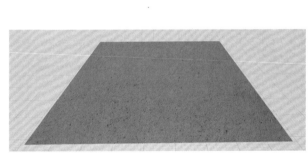

图 4-28

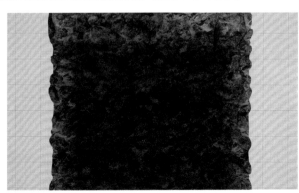

图 4-29

使用 Coloring_Dark 笔刷后的效果如图 4-30 所示。

这里的 Coloving_Dark 笔刷使用非权重的方式创建，所以两个笔刷可以叠加在一起，在之后用其他笔刷编辑该地形时，这块用 Coloving_Dark 笔刷刷过的位置依然会保持颜色加深的效果，如图 4-31 所示。

图 4-30

图 4-31

Coloring_Bright 则使被刷的地方颜色变亮，如图 4-32 所示，使用权重的方式创建该笔刷，可以看出 Coloving_Bright 笔刷会覆盖之前的笔刷，在提亮颜色的同时加载草地材质。

Foliage_Eraser 用于擦除笔刷经过处的草丛模型，如图 4-33 所示。

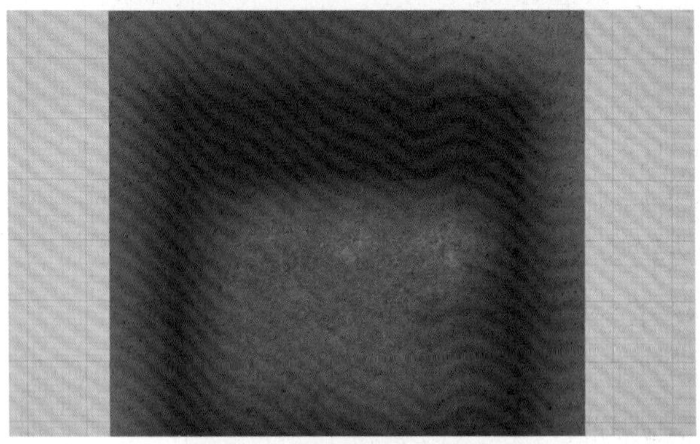

图 4-32

图 4-33

Planar 是草地的材质，同时在该处放置 Glass 的模型。比如，它会将图 4-34 中已经被擦除的草地重新加载出来。

Slope_Variation 只在斜面处使用时有效果，它会擦除斜面石头的模型。

使用 Slope_Variation 笔刷前的效果如图 4-35 所示。

图 4-34

图 4-35

使用 Slope_Variation 笔刷后的效果如图 4-36 所示。

Auto 笔刷会将编辑过的地形变回原来的样子。

如图 4-37 所示，在使用 Auto 笔刷前，对该地形使用了 Foliage_Eraser 和 Slope_Variation 笔刷。

图 4-36

图 4-37

如图 4-38 所示，在使用 Auto 笔刷后，可以明显观察到斜面恢复成石块的模型，平面处也重新加载出草地。

最后一个 Caustics 是胶散的效果，常用于水面，如图 4-39 所示。

图 4-38

图 4-39

如图 4-39 所示，我们能清晰地看到类似于阳光穿过水面而形成的那种波浪形光斑的效果。

到这里，所有的笔刷已经介绍完毕，读者可以自行选择不同的笔刷来进行实际操作，亲自感受并得到自己想要的效果。

4.4　自定义地形材质

学习过 LandscapeAutoMaterial 素材包的用法之后，你可能会认为 LandscapeAutoMaterial 根据地面的变形程度添加不同类型材质的功能很新奇，但其实只要你想，你也可以做出同样的效果，做出属于自己的 LandscapeAutoMaterial 材质球。

4.4.1　了解材质编辑器

如果想要学习这部分内容，就必须开始接触材质表达式。在学习如何布局节点之前，我们首先要对材质编辑器有一定的了解。

首先来创建一个新的材质函数。在 Unreal Engine 的 Content Browser 窗口空白处单击鼠标右键，在弹出的快捷菜单中选择 Material&Texture > Material Function 命令，如图 4-40 所示。

这样就新建了一个材质函数，如图 4-41 所示。

将新建的材质函数命名为 F_Cliff_Layer，按下回车键确认。我们能看到，如图 4-42 所示，初始的材质函数看起来像一个黑色的材质球。

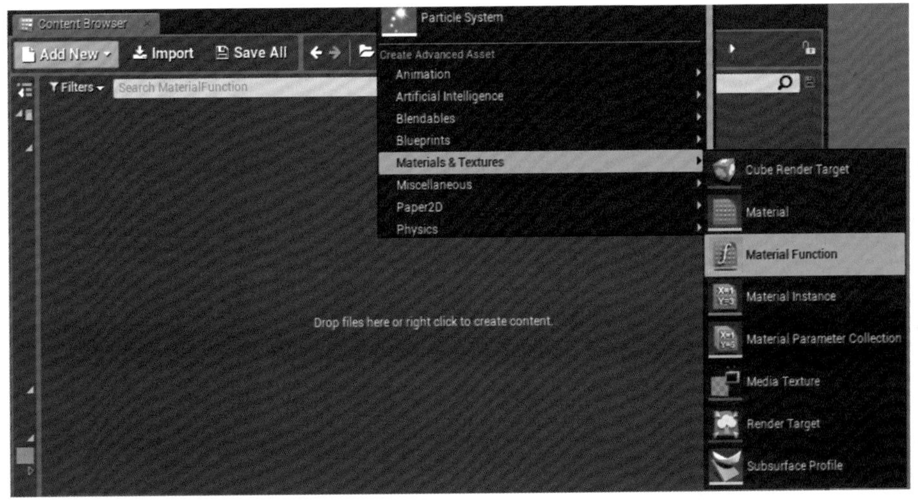

图 4-40

图 4-41

图 4-42

双击 F_Cliff_Layer 打开材质编辑器，如图 4-43 所示。

图 4-43

由图 4-43 可以看到，这个界面由 6 个面板组成，分别如下。

（1）菜单栏：显示该材质的菜单选项，如图 4-44 所示。

（2）工具栏：提供材质使用的工具，如图 4-45 所示。

图 4-44

图 4-45

工具栏中各工具的功能介绍如下。

：用于保存当前对材质的修改。

：用于找到当前资源在浏览器中的位置。

：在材质编辑器中对材质进行变更后，单击此按钮应用变更后的材质到世界视口中。

：查找当前材质中的表现和注解。

：使 Graph 面板中的基础材质节点居中。

：清除未与材质连接的所有节点。

：显示或者隐藏未连接的节点。

：实时刷新并预览当前材质。

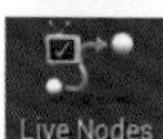

：实时更新并预览每个材质节点中的材质。

：对节点进行编辑后，自动编译其所有子表现的着色器。

：隐藏或显示 Graph 面板中的材质统计。

：模拟移动设备显示材质状态。

（3）视口面板：可以显示应用到网格体的材质，如图 4-46 所示。

此时应用的网格体为球形，我们可以通过单击右下方的按钮来切换网格体的形状。如果单击最后一个茶壶按钮，则使用 Content Browser 中选中的静态网格体作为预览材质的网格体。

在这个视口中，我们还可以用鼠标进行操作：单击后拖动将旋转网格体；单击鼠标右键拖动将缩放网格体；单击鼠标中键拖动将移动网格体；按住 L 键并拖动鼠标左键将移动光源照射方向。

（4）Details 面板：显示当前选中的材质表现和节点属性，如图 4-47 所示。

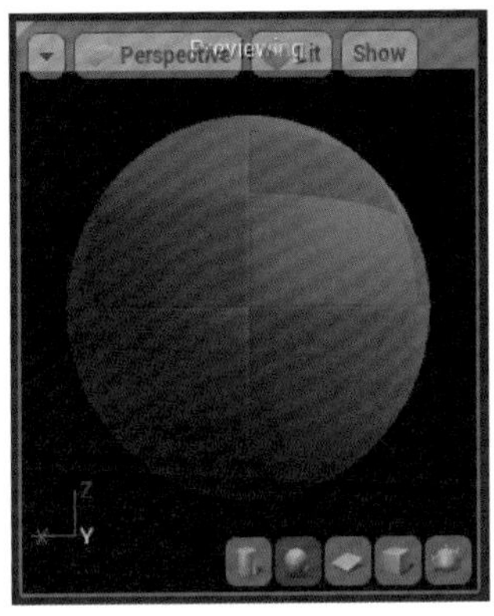

图 4-46

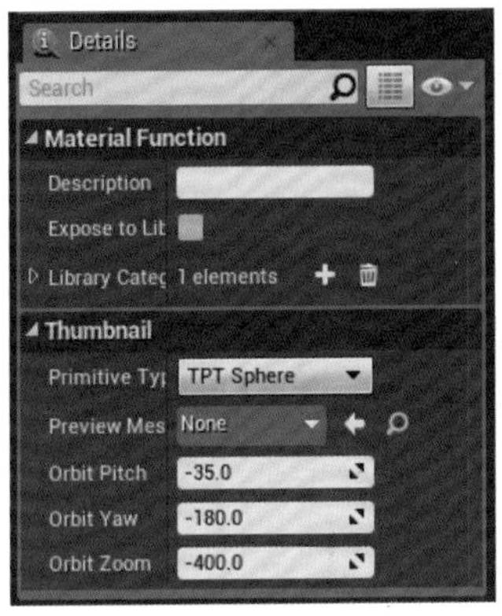

图 4-47

（5）Graph 面板：显示所有该材质的材质表现图表，如图 4-48 所示。

在 Graph 面板中拖动鼠标左键或右键可以平移图表，滚动鼠标中键会缩放图表。

（6）Palette 面板：材质节点的列表，如图 4-49 所示。

我们可以通过在 Palette 面板上方的搜索栏中输入关键字来找到我们需要的材质节点，并用单击并拖动的方式将它添加到 Graph 面板中。

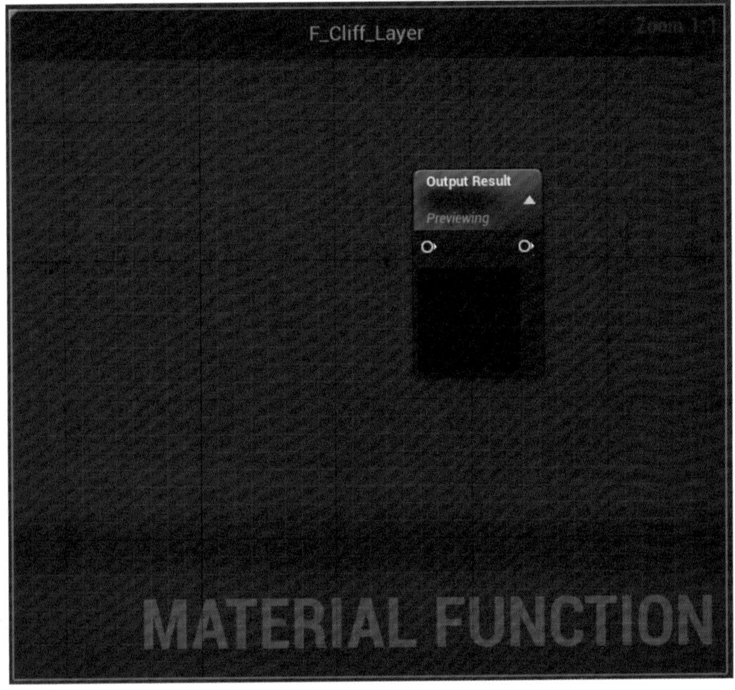

图 4-48

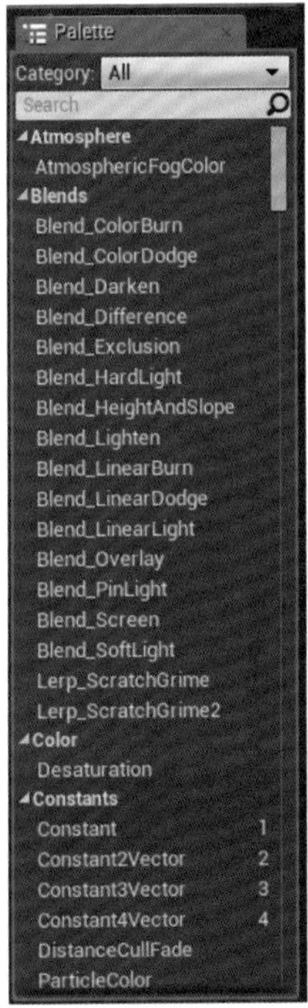

图 4-49

默认情况下，在新建的 Material Function 的 Graph 面板中只有一个输出节点，即 Output Result，如图 4-50 所示。

想要在 Graph 面板中添加材质节点，除了之前所说的，可以选中 Palette 面板中的材质节点将它拖动到 Graph 面板中，如图 4-51 所示，还可以直接在 Graph 面板空白处单击鼠标右键，在弹出的节点列表选择需要的节点，如图 4-52 所示。

或者从节点的引脚处用鼠标单击并拖动出一条白线，在空白处释放鼠标，同样会弹出节点列表，如图 4-53 所示。

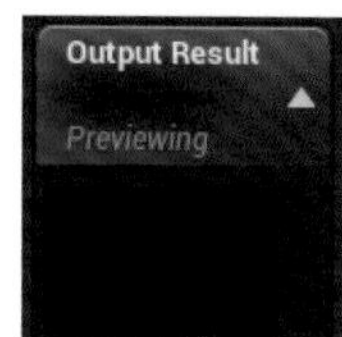

图 4-50

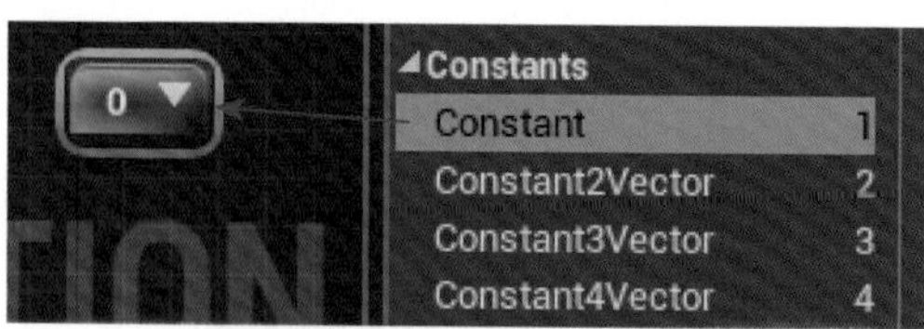

图 4-51

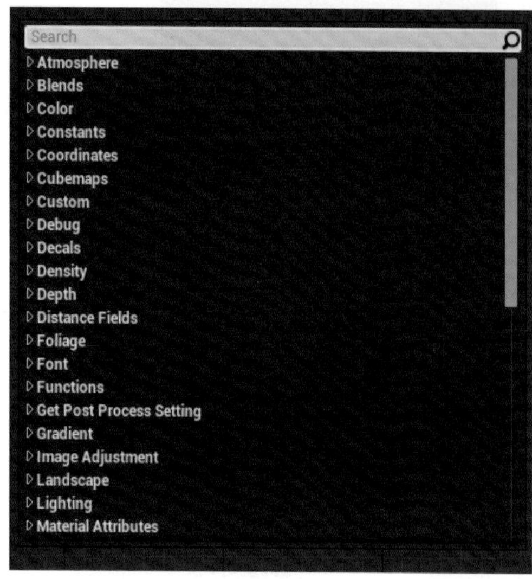

图 4-52

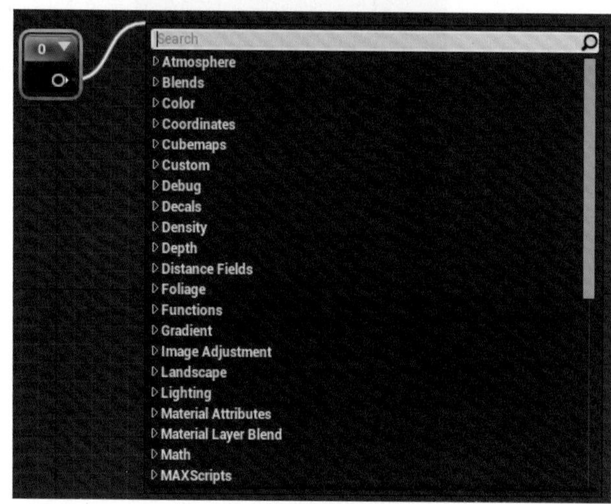

图 4-53

除此之外，还有很多快捷键，可以很方便地放置一些我们常用的材质节点，如表 4-1 所示。

表4-1　快捷键操作

快　捷　键	节　　点	快　捷　键	节　　点
A+ 鼠标右键	Add	P+ 鼠标右键	Panner
B+ 鼠标右键	BumpOffset	R+ 鼠标右键	ReflectionVector
C	Comment	S+ 鼠标右键	SalarParameter
D+ 鼠标右键	Divide	T+ 鼠标右键	TextureSample
E+ 鼠标右键	Power	U+ 鼠标右键	TexCoord
F+ 鼠标右键	MaterialFunctionCall	V+ 鼠标右键	VectorParameter
I+ 鼠标右键	If	1+ 鼠标右键	Constant
L+ 鼠标右键	LinearInterpolate	2+ 鼠标右键	Constant2Vector
M+ 鼠标右键	Multiply	3+ 鼠标右键	Constant3Vector
N+ 鼠标右键	Normalize	4+ 鼠标右键	Constant4Vector
O+ 鼠标右键	OneMinus	Shift+C	ComponentMask

4.4.2　编写材质的 Function Material

熟悉了材质编辑器的基础知识，现在开始制作我们自己的地形材质球。

在学习前面的内容时我们已经知道了，在使用 LandscapeAutoMaterial 创建地形时，根据地形变形程度不同，会有 3 种不同的材质被添加到地形上，分别是草地、石堆和岩石，如图 4-54 所示。

图 4-54

首先我们要准备好 6 张材质图，分别是岩石的 Diffuse Map 和 Normal Map、草地的 Diffuse Map 和 Normal Map、石堆的 Diffuse Map 和 Normal Map。在本小节中，我们使用 LandscapeAutoMaterial 包中相应的贴图，并将它们复制到我们建立的 Texture 文件夹中，如图 4-55 所示。

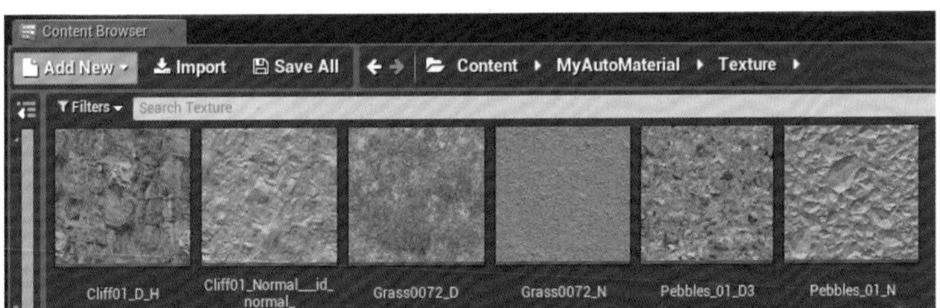

图 4-55

我们现在建立的 F_Cliff_Layer 将用来实现岩石部分。打开材质编辑器，现在 Graph 面板中只有 Function Output 输出节点存在，如图 4-56 所示。

FunctionOutput：输出表达式，提供让处理后的数据从最终函数中退出以便在材质中进一步使用的方法。

如图 4-57 所示，FunctionOutput 节点此时显示为蓝色，且标识为 Previewing，说明该节点处于预览状态。我们可以用鼠标右键单击该节点，在弹出的快捷菜单中选择 Stop Previewing Node 命令停止预览。

停止预览后，FunctionOutput 节点显示如图 4-58 所示。

同时视口面板变为黑色，如图 4-59 所示。

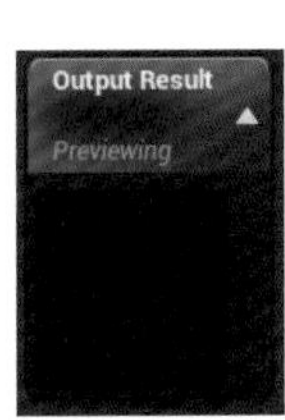

图 4-56

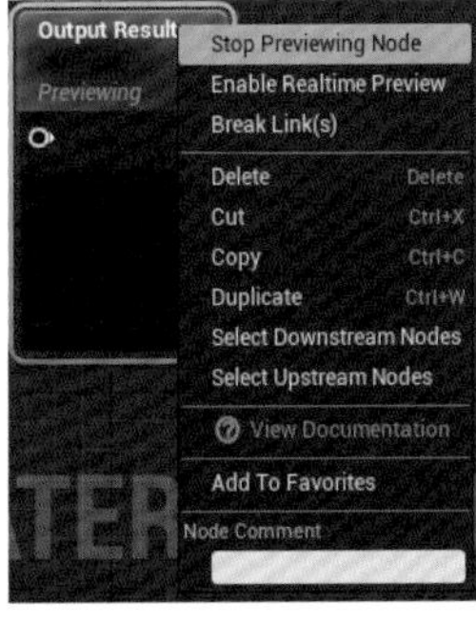

图 4-57

图 4-58

图 4-59

在 F_Cliff_Layer 中，我们需要使用两个材质贴图，分别是岩石材质的 Diffuse Map 和 Normal Map。

想要把贴图添加到材质编辑器的 Graph 面板中，我们可以通过在空白处单击鼠标右键，在输入栏中输入 TextureObject 来查找并单击添加，如图 4-60 所示。

添加后的 TextureObject 带有默认贴图，如图 4-61 所示。

在 Details 面板中自行修改成我们所需要的贴图，如图 4-62 所示。

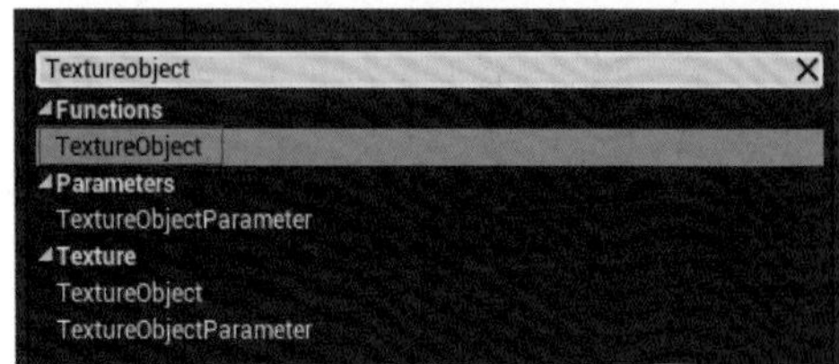

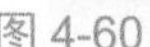
图 4-60

图 4-61

图 4-62

我们也可以把 Content 中的材质贴图用鼠标直接拖动到 Graph 面板中，如图 4-63 所示。

之后用鼠标右键单击新建的 Texture Sample 表达式，在弹出的快捷菜单中选择 Convert to Texture Object 命令，如图 4-64 所示。

此时我们有了两个 TextureObject 表达式，如图 4-65 所示。

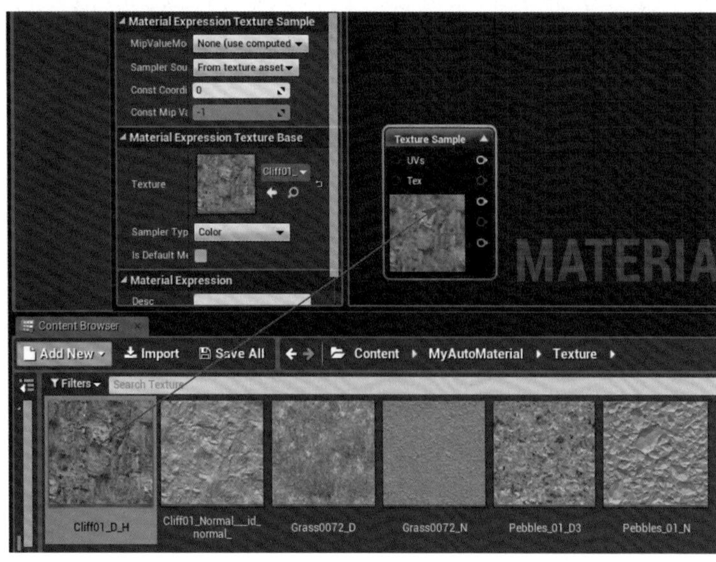

图 4-63

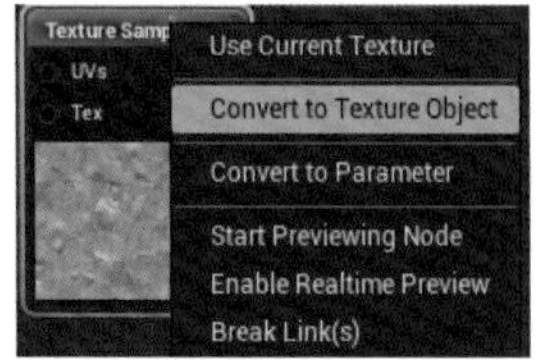

图 4-64

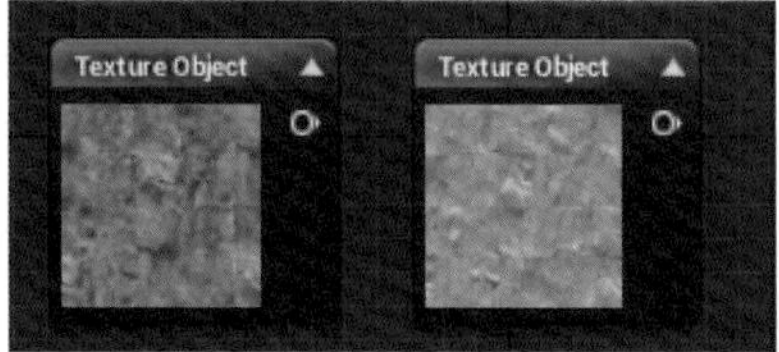

图 4-65

TextureObject：纹理对象表达式，用来为函数提供纹理。此节点不会对该纹理进行实际取样。

Texture：用于添加应用到此节点的纹理。

Sample Type：设置此节点输出的数据类型。

继续在 Graph 面板中创建一个输入节点。同样在空白处单击鼠标右键，搜索 FunctionInput 并单击添加，如图 4-66 和图 4-67 所示。

对 FunctionInput 节点的属性进行修改，如图 4-68 所示。

FunctionInput：函数输入表达式，只能放在材质函数内，用于定义该函数的输入。其主要属性分别是 Description、Input Type、Preview Value 和 Use Preview Value as Default。

- Description：设置输入的说明。
- Input Type：设置输入的数据类型。
- Preview Value：设置此输入的预览值。
- Use Preview Value as Default：勾选后，在未输入数值时，使用预览值作为默认值。

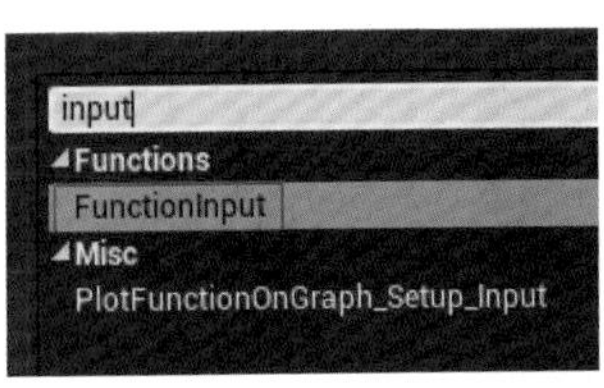

图 4-66

图 4-67

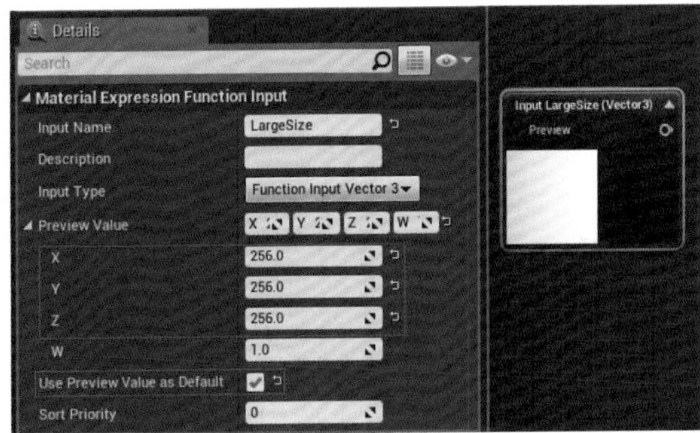

图 4-68

在 Graph 面板空白处单击鼠标右键添加 StaticBool 表达式，如图 4-69 和图 4-70 所示。

在 Details 面板中编辑该表达式，如图 4-71 所示。

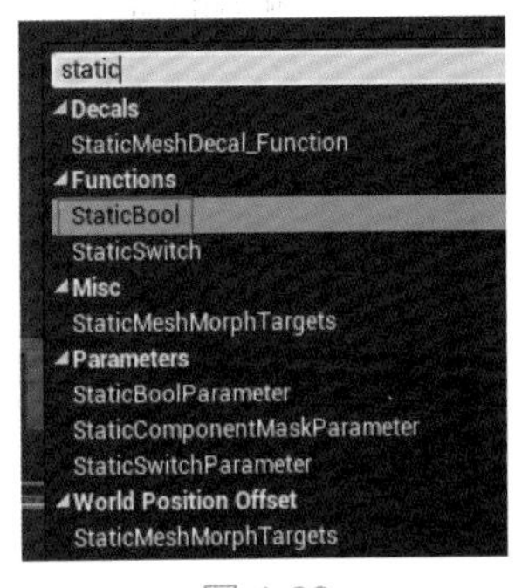

图 4-69

图 4-70

图 4-71

StaticBool：静态布尔值表达式，用来为函数输入提供布尔值。

Value：用于设置布尔值为 true 或 False。

在 Graph 面板空白处单击鼠标右键添加 WorldAlignedTexture 表达式，如图 4-72 和图 4-73 所示。

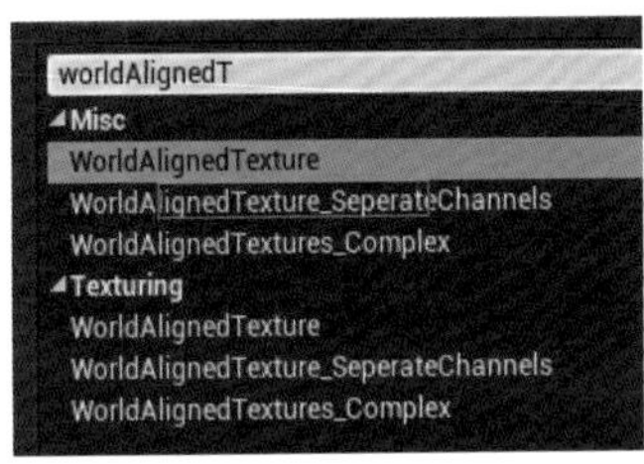

图 4-72

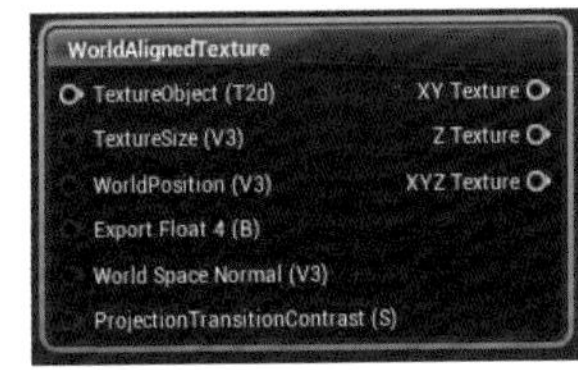

图 4-73

WorldAlignedTexture：全局一致纹理函数，用于在全局空间的对象表面平铺纹理，且平铺纹理与对象大小或旋转无关。其各个引脚如下。

- TextureObject（T2d）：接收需要平铺的纹理贴图。
- TextureSize（V3）：接收纹理的大小。
- WorldPosition（V3）：提供全局空间中纹理的开始点偏移。
- Export Float 4（B）：接收是否利用传入纹理的阿尔法通道。默认为 False。
- World Space Normal（V3）：指定全局空间的上方向轴的法线方向，以旋转函数所使用的坐标。默认为（0，0，1）。
- ProjectionTransitionContrast（S）：在 XYZ 方向投射时，该节点接收两个投射平面相交时产生的混合对比度。
- XY Texture：输出在 XY 方向投射纹理的结果。
- Z Texture：输出在 Z 方向投射纹理的结果。

- XYZ Texture：输出在 XYZ 方向投射纹理的结果。

在之前我们已经学习了如何连接节点，现在将我们现有的表达式连接起来，如图 4-74 所示。

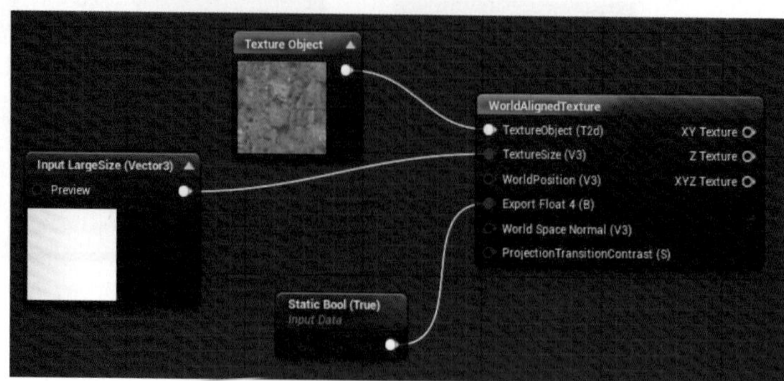

图 4-74

（1）在地形上平铺该岩石纹理。

（2）使用在 FunctionInput 中设置好的数值［(256，256，256)，分别代表 X、Y、Z 轴］作为贴图的大小。

（3）Static Bool 设置为真，传入 Export Float 4（B）代表利用传入纹理的阿尔法通道。

框选以上 4 个表达式，如图 4-75 所示。

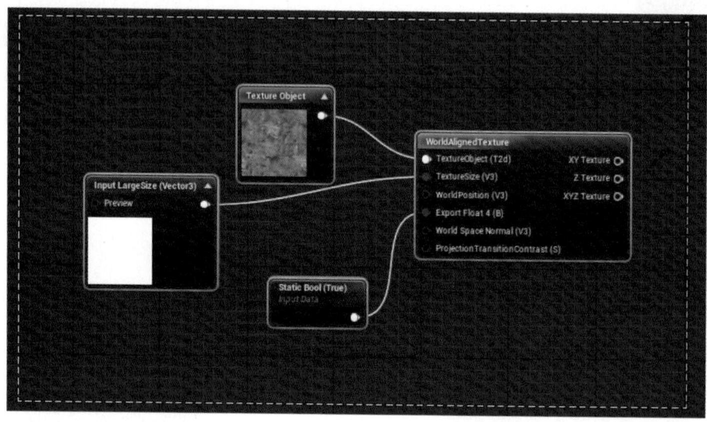

图 4-75

松开鼠标之后按 C 键，建立一个 Comment，并命名为 LargeSize，如图 4-76 所示。

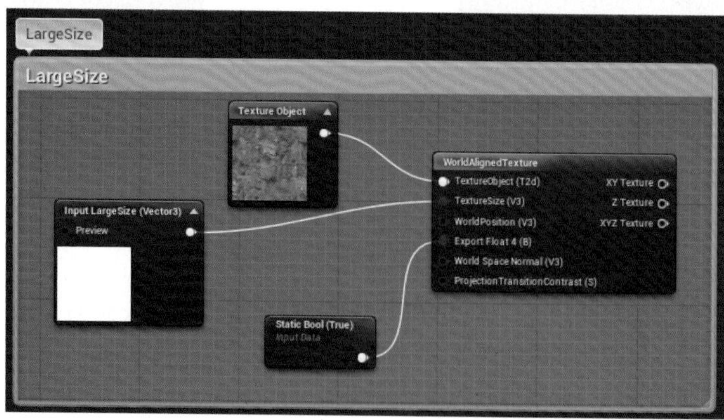

图 4-76

框选以上全部表达式，按 Ctrl+C 组合键复制后按 Ctrl+V 组合键粘贴，并将原来所有的 LargeSize 改为 SmallSize，如图 4-77 所示。

改变 Input SmallSize（Vector3）的属性，为 WorldAlignedTexture 传入一个较小的值，如图 4-78 所示。

我们可以分别用鼠标右键单击这两个 WorldAlignedTexture，在弹出的快捷菜单中选择 Start Previewing

Node 命令来预览这两个输出结果有什么区别。

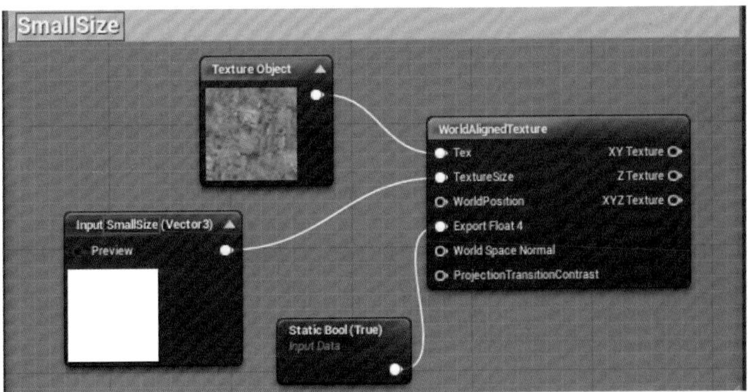

图 4-77

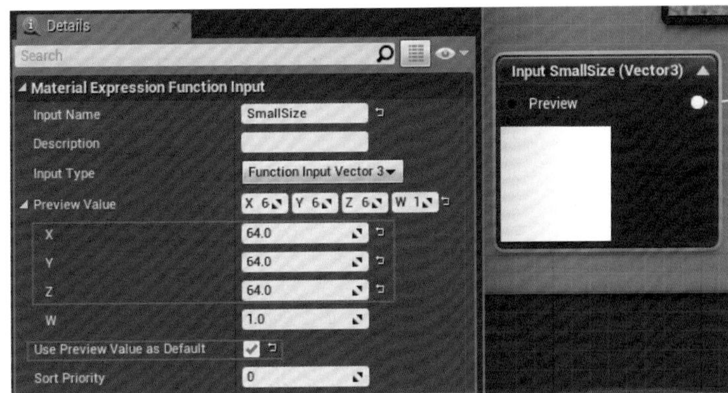

图 4-78

LargeSize 效果如图 4-79 所示。

图 4-79

SmallSize 效果如图 4-80 所示。

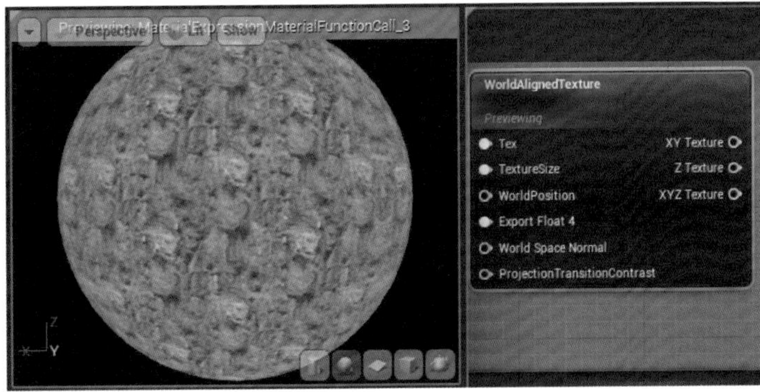

图 4-80

接下来需要定义我们 Normal Map 的 LargeSize 和 SmallSize。

在 Graph 面板单击鼠标右键搜索并新建 WorldAlignedNormal 表达式，如图 4-81 和图 4-82 所示。

WorldAlignedNormal：全局一致法线表达式，用于接收法线贴图并在全局空间内平铺此贴图，使其纹理与全局空间一致。其引脚如下。

- TextureObject（T2d）：接收需要平铺的 Normal 纹理贴图。
- TextureSize（V3）：接收纹理的大小。
- Normal（V3）：指定全局空间的上方向轴的法线方向，以旋转函数所使用的坐标。默认为（0，0，1）。
- WorldPosition（V3）：提供全局空间中纹理的开始点偏移。
- XY Texture：输出在 XY 方向投射纹理的结果。
- XYZ Texture：输出在 XYZ 方向投射纹理的结果。
- XYZFlatTop：输出在 XYZ 方向投射纹理并提升对比度的结果。
- Z Texture：输出在 Z 方向投射纹理的结果。

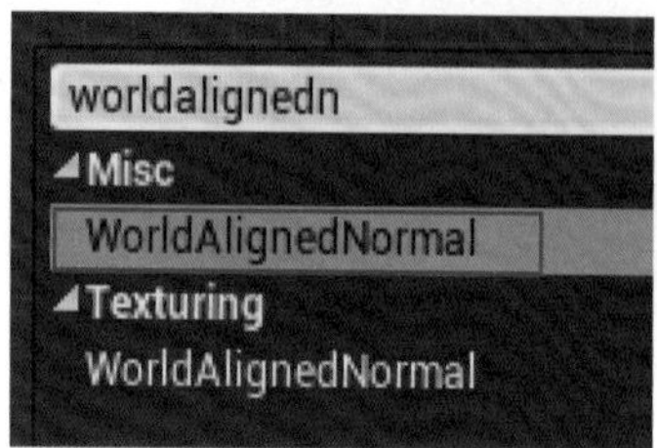

图 4-81

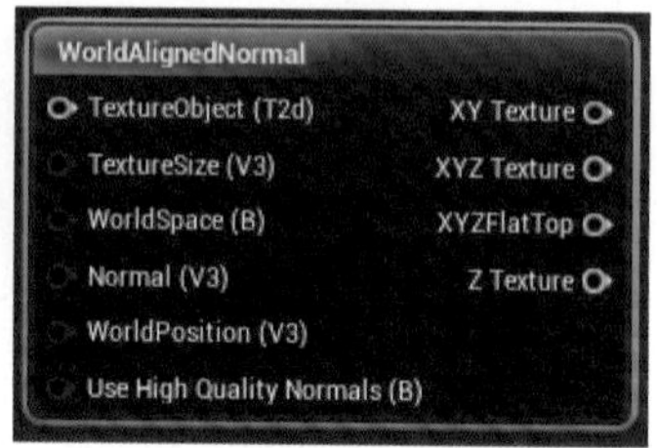

图 4-82

找到并连接 Input LargeSize、Normal Map 的 Texture Object 和 WorldAlignedNormal 表达式，如图 4-83 所示。

（1）在地形上平铺该岩石 Normal 纹理。

（2）共用 FunctionInput LargeSize 设置好的数值［（256，256，256），分别代表 X、Y、Z 轴］作为贴图的大小。

框选 Normal Map 的 Texture Object 和 WorldAlignedNormal 表达式建立 Comment，并命名为 LargeNormal，如图 4-84 所示。

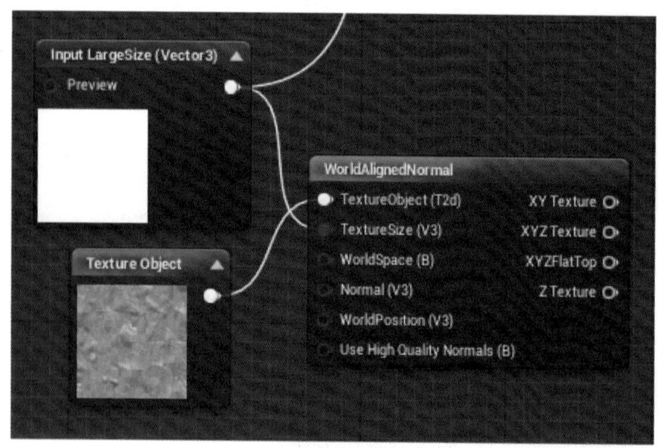

图 4-83

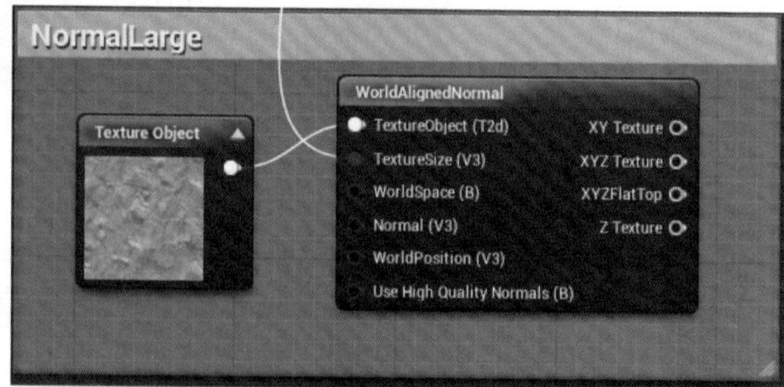

图 4-84

Diffuse Map 和 Normal Map 贴图为 LargeSize 时整体连接图如图 4-85 所示。

同理，复制出 Normal Map 的 Texture Object 和 WorldAlignedNormal 表达式并制作出控制贴图 SmallSize 的部分，如图 4-86 所示。

再次建立一个 FunctionInput 表达式，并在 Details 面板中改变其属性，如图 4-87 所示。

在 Graph 面板空白处按住 1 键并单击，建立一个 Constant 表达式，如图 4-88 所示。

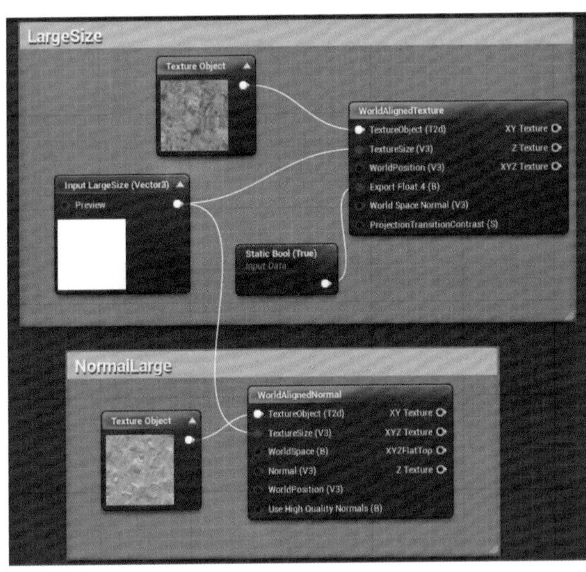

图 4-85

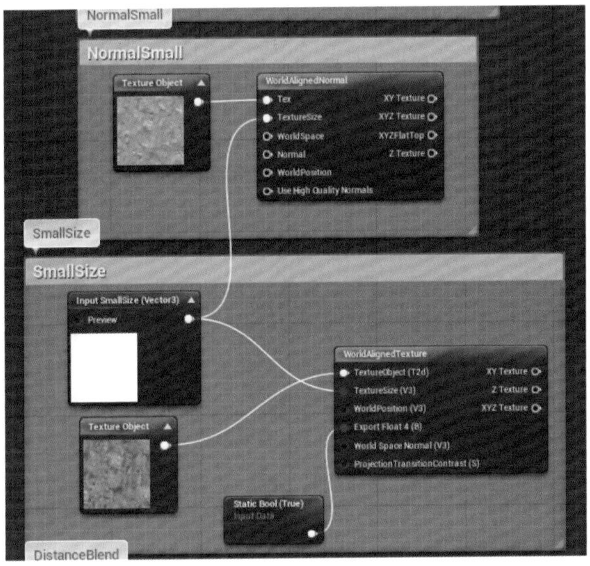

图 4-86

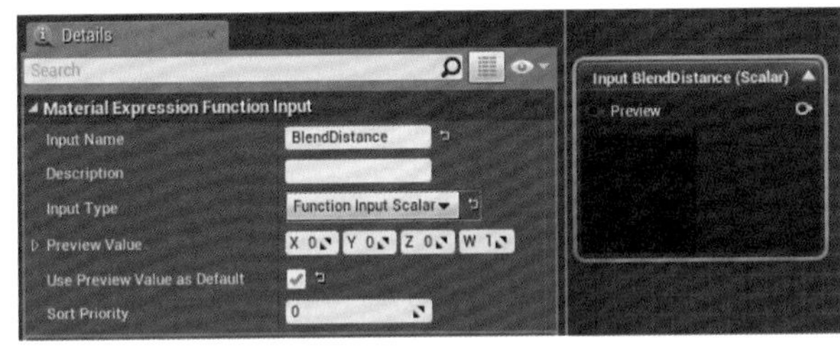

图 4-87

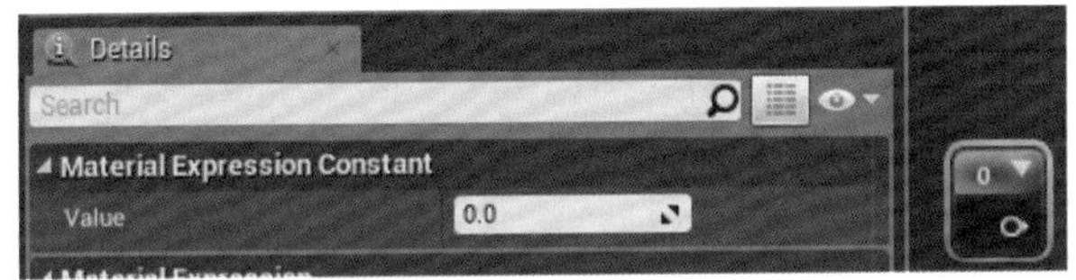

图 4-88

Constant：常量表达式，用于输出一个浮点值。其主要属性为 Value。

Value：用于设置这个浮点值。

为 Constant 赋值，并将它与刚建立的 FunctionInput 引脚相连，如图 4-89 所示，表示为这个 FunctionInput 的 Scalar（标量）赋值。

继续在 Graph 面板中添加 PixelDepth 表达式，如图 4-90 和图 4-91 所示。

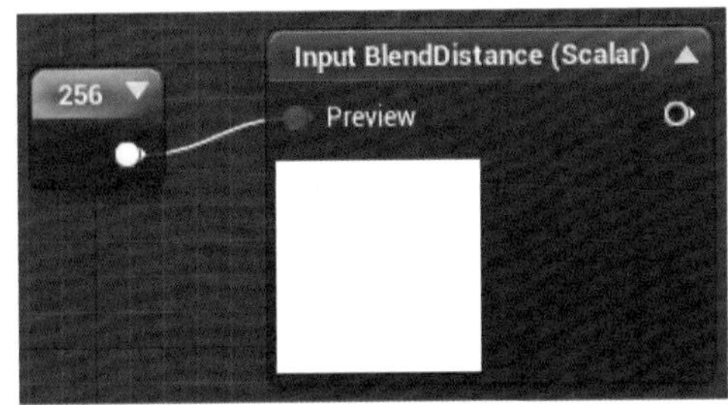

图 4-89

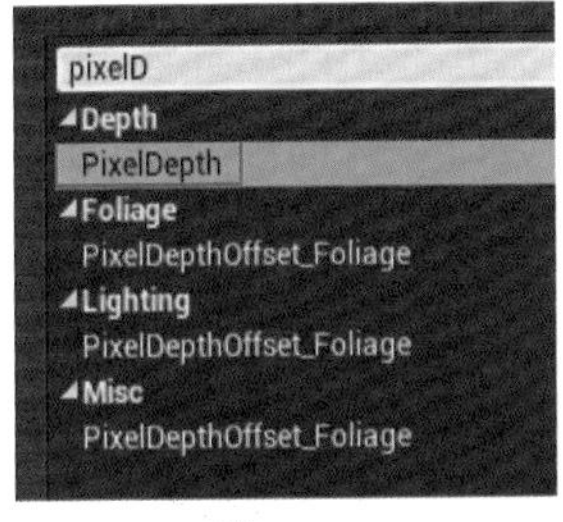

图 4-90

图 4-91

PixelDepth：像素深度表达式，用于输出当前渲染像素的深度，即从摄像机开始所计算的距离。

在 Graph 面板空白处按住 D 键并单击，建立一个 Divide 表达式，如图 4-92 所示。

Divide：除法表达式，接收两个输入，用第一个输入（A）除以第二个输入（B）并将结果输出。其主要属性为 Const A 和 Const B。

- Const A：接收被除数，仅在未使用 A 输入时使用。
- Const B：接收除数，仅在未使用 B 输入时使用。

在 Graph 面板空白处单击鼠标右键添加 Clamp 表达式，如图 4-93 和图 4-94 所示。

Clamp 及其相关属性如图 4-95 所示。

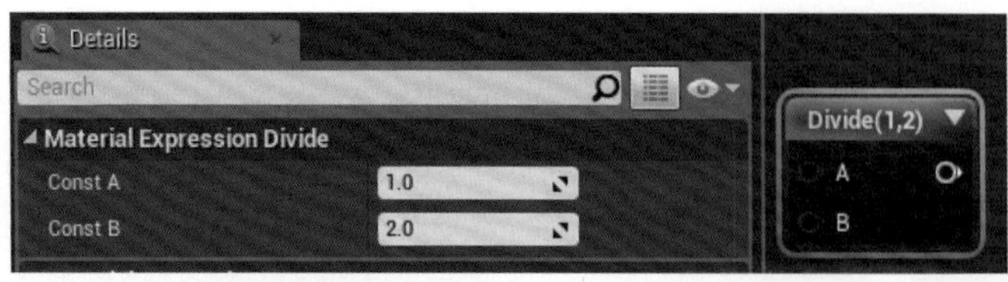

图 4-92

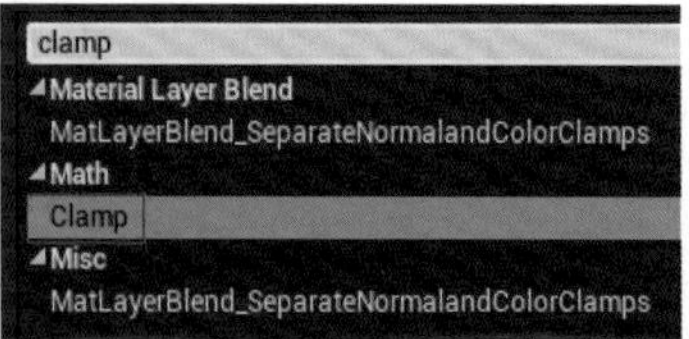

图 4-93

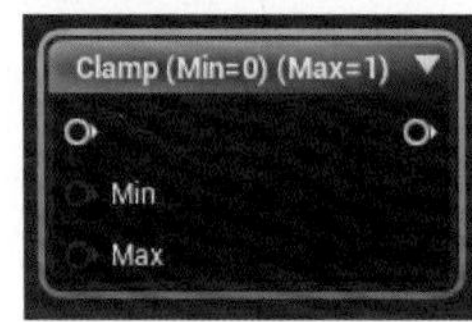

图 4-94

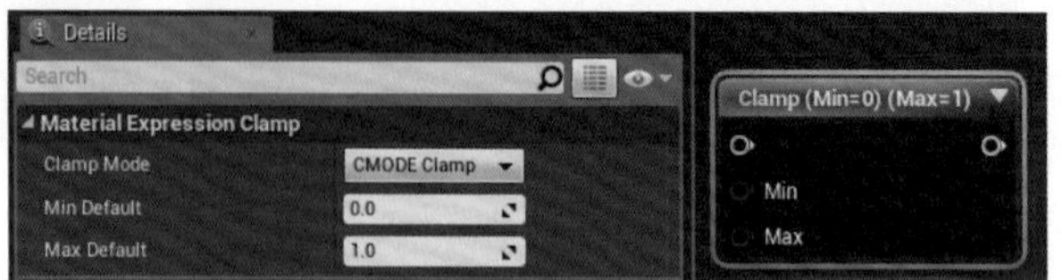

图 4-95

Clamp：限制表达式，用于将接收到的值限制到指定的最大、最小值范围内。其主要属性为 Clamp Mode、Min Default 和 Max Default。

- Clamp Mode：设置使用的限制类型。CMODE Clamp 表示对范围的两端同时进行限制。它有两种类型：CMODE_ClampMin 和 CMODE_ClampMax，分别表示只限制最小值和只限制最大值。
- Min Default：接收用作限制最小值的值。仅在未使用 Min 输入时使用。
- Max Default：接收用作限制最大值的值。仅在未使用 Max 输入时使用。

将新建立的表达式建立如图 4-96 所示的连接。

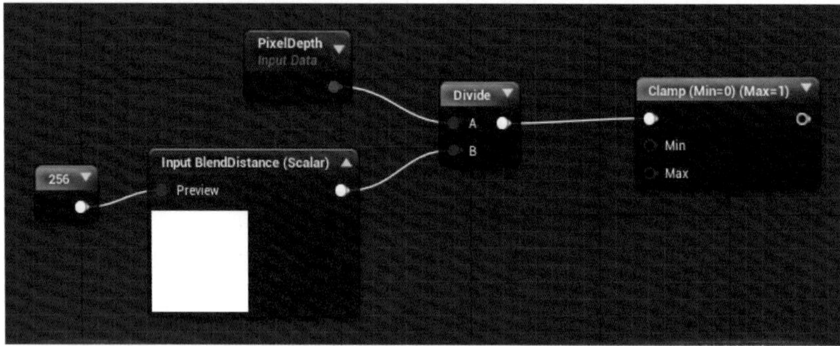

图 4-96

（1）分别将 FunctionInput 输出的值和 PixelDepth 的值做除数和被除数进行运算。我们可以用鼠标右键单击 Divide 表达式，在弹出的快捷菜单中选择 Start Previewing Node 命令进行预览。

在视口面板拖动鼠标缩放静态网格体时可以明显观察到，缩小时网格体亮度逐渐增加，如图 4-97 所示；放大时网格体亮度逐渐减小，如图 4-98 所示。

图 4-97

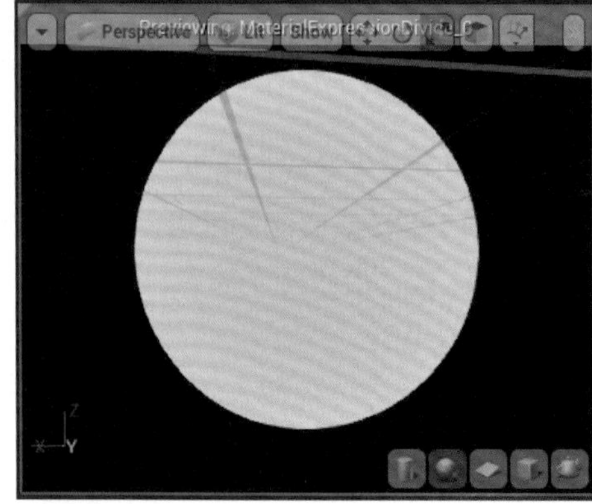
图 4-98

（2）使用 Clamp 限制数值，使最后产生的结果不会过大也不会过小。

框选全部新建立的表达式并按下 C 键添加一个 Comment，命名为 DistanceBlend，如图 4-99 所示。

现 在 我 们 建 立 了 5 个 Comment， 分 别 是 LargeSize、NormalLarge、SmallSize、NormalSmall 和 DistanceBlend。

我们想要达到的效果是，用 DistanceBlend 控制距离变化时贴图大小的切换。即在视口面板中观察，距离静态网格远时，贴图使用 LargeSize 的尺寸；逐渐拉近静态网格的距离时，贴图尺寸逐渐过渡到 SmallSize。现在我们要做的就是把这 5 个 Comment 连接起来，实现预期的效果。

在 Graph 面板中单击鼠标右键搜索 MakeMaterialAttributes 并单击添加该表达式，如图 4-100 和图 4-101 所示。

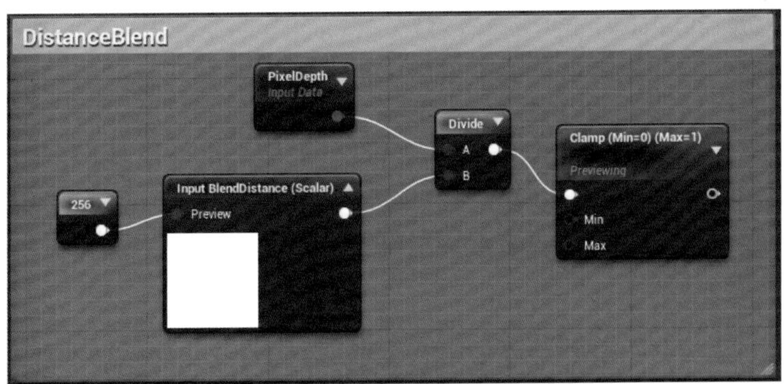

图 4-99

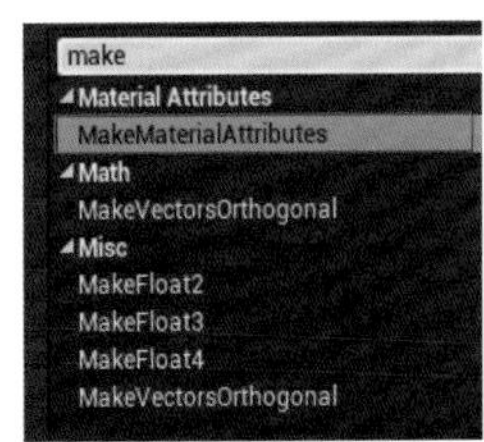

图 4-100

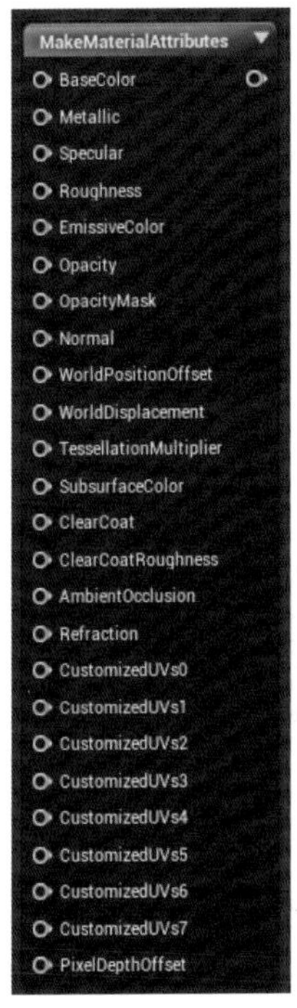

图 4-101

MakeMaterialAttributes：建立材质属性表达式，将材质的各属性汇聚到一起，设置出复杂的材质效果。比较常用的引脚如下。

- BaseColor：用于控制材质球的基本颜色，接收 Vector3（RGB）值。
- Metallic：设置材质的金属性，非金属色为 0，金属色为 1。
- Specular：设置高光，在大多数情况下保留默认值 0.5。
- Roughness：设置材质的粗糙度，镜面反射为 0，漫反射为 1 。
- EmissiveColor：设置自发光颜色，可以用来控制材质的哪一部分发光。
- Opacity：设置材质的不透明度，完全透明为 0，完全不透明为 1。
- Normal：设置材质的法线。
- WorldPositionOffset：输入使得网格体的顶点可由材质在世界空间内进行控制。

将 MakeMaterialAttributes 输出的结果连到 Output Result 引脚上，这样我们就能得到复杂材质完成后的最终输出效果，如图 4-102 所示。

在 Graph 面板中按住 L 键单击添加 LinearInterpolate 表达式，其相关属性如图 4-103 所示。

LinearInterpolate：线性插值表达式，根据作为蒙版（Alpha）的第三个输入值，将前两个输入值（A 和 B）进行混合。蒙版的强度确定 A、B 输入值获取颜色的比例，如 Alpha 为 0.0（黑色）时，使用 A 输入值；Alpha 为 1.0（白色）时，使用 B 输入值；Alpha 介于 0.0 和 1.0 之间时，则输出 A 和 B 之间的混合。最后注意，混合按通道进行。其主要属性如下。

- Const A：映射到 0.0 即黑色的值，仅当未连接 A 输入时使用。
- Const B：映射到 1.0 即黑色的值，仅当未连接 B 输入时使用。
- Const Alpha：接收要使用的蒙版，仅当未连接 Alpha 时使用。

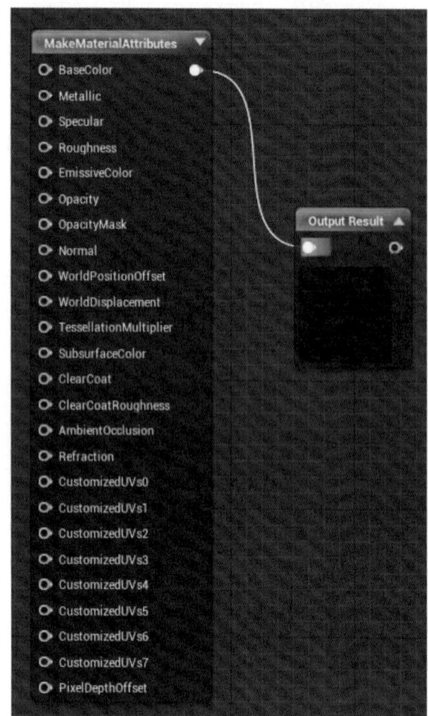

图 4-102

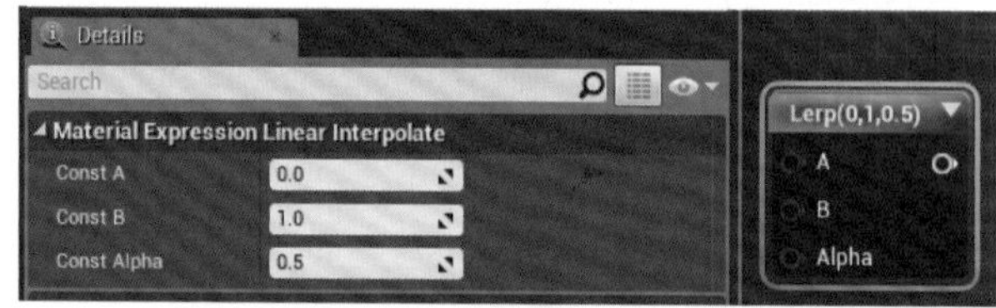

图 4-103

首先完成距离对 Normal Map 的影响。将 NormalLarge、NormalSmall 和 DistanceBlend 按如图 4-104 所示相连。

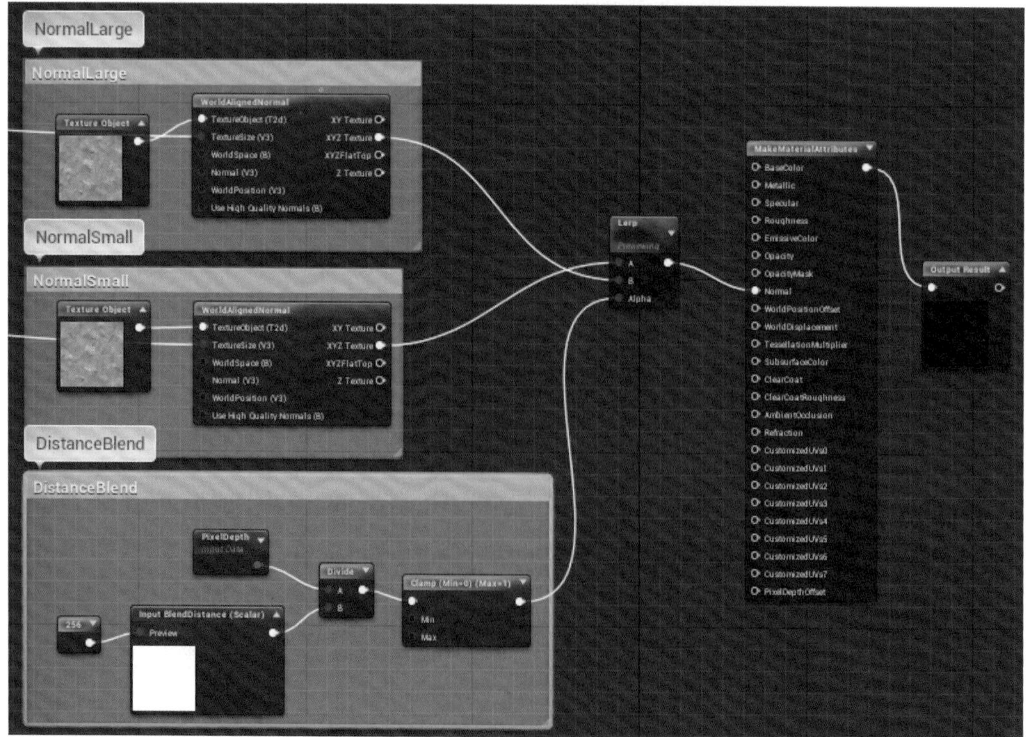

图 4-104

（1）将距离融合 DistanceBlend 作为 LinearInterpolate 中的蒙版 Alpha，根据 Clamp 输出的被限制在 0~1 之间的数值来融合 Large 尺寸的 Normal Map 和 Small 尺寸的 Normal Map。当 Clamp 输出最小值 0.0 时，Small 尺寸的 Normal Map 被使用；当拉近网格体的距离时，Clamp 的值逐渐过渡到 0.0。在过渡过程中，Large 尺寸的 Normal Map 和 Small 尺寸的 Normal Map 相融合，并在 Clamp 值最终达到 1.0 时完全使用 Large 尺寸的 Normal Map。

我们可以通过 Start Previewing Node 命令来预览 LinearInterpolate 节点中的材质效果。当我们在视口面板中拖动鼠标右键来放大、缩小网格体时，可以清楚地看到，由于有融合过程，Large 尺寸的 Normal Map 和 Small 尺寸的 Normal Map 可以很自然地随距离远近而过渡。且由于我们设置了 SmallSize 的 Normal Map，所以即使把网格体拖得特别近，依然能看到清晰的纹理，如图 4-105 所示。

图 4-105

（2）将输出的结果连到 MakeMaterial Attributes 表达式相对应的 Normal 引脚上，对于这个材质球的 Normal 部分就算编辑完成了。

接下来我们要完成的是将 Diffuse Map 做出与 Normal Map 相同的效果。

用相同的原理，将 LargeSize、SmallSize 和 DistanceBlend 按如图 4-106 所示相连。同样用 DistanceBlend 输出的数值作为蒙版，融合 Large 和 Small 的 Diffuse Map，最后将 Linearl nterpolate 输出的结果连接到 BaseColor 引脚中。

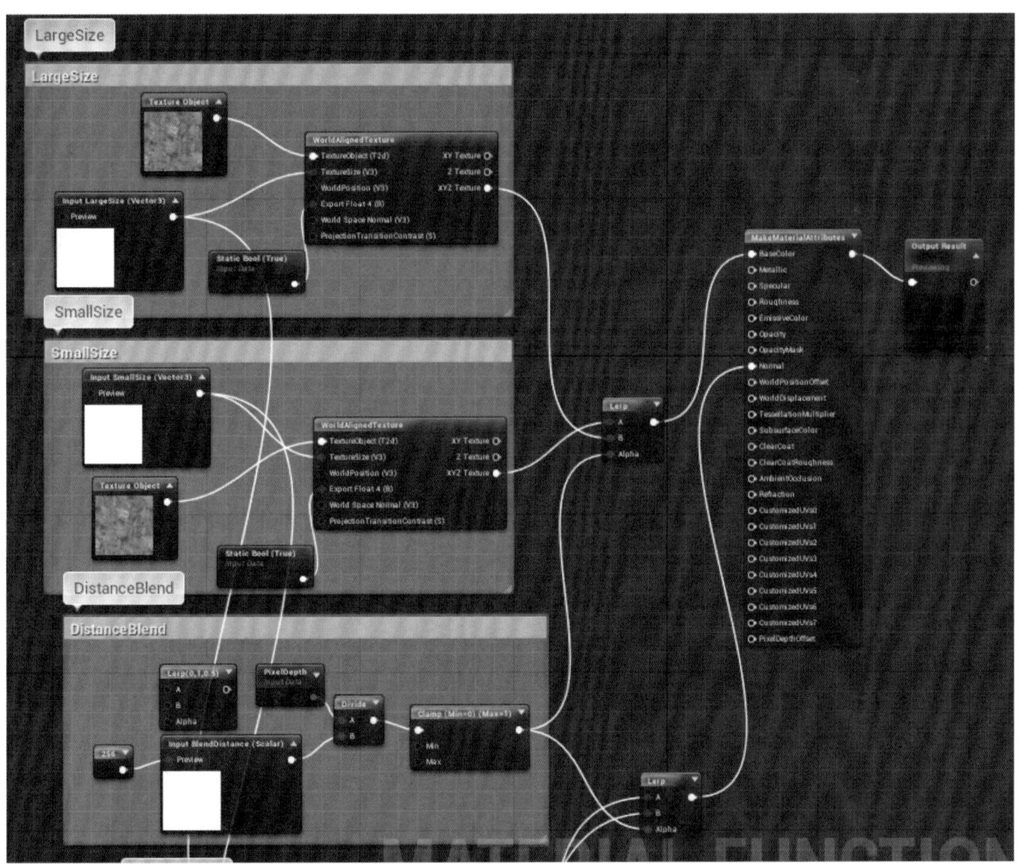

图 4-106

为了方便以后编辑使用，还需要输出一个 Height Map。

在 Graph 面板中单击鼠标右键搜索并新建 ComponentMask 表达式，如图 4-107 和图 4-108 所示。

在 Details 面板中对其属性进行修改，如图 4-109 所示。

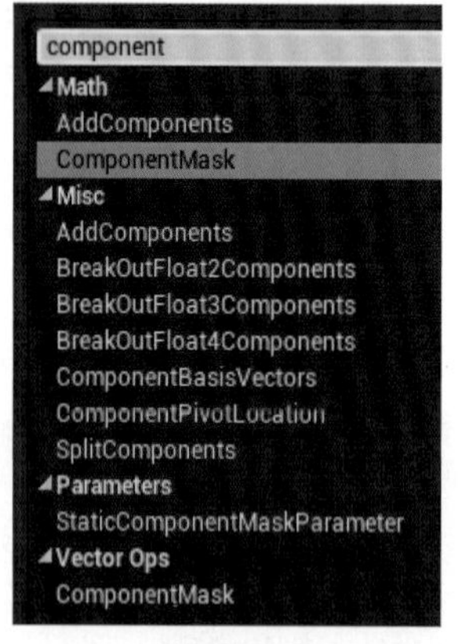

图 4-107

图 4-108

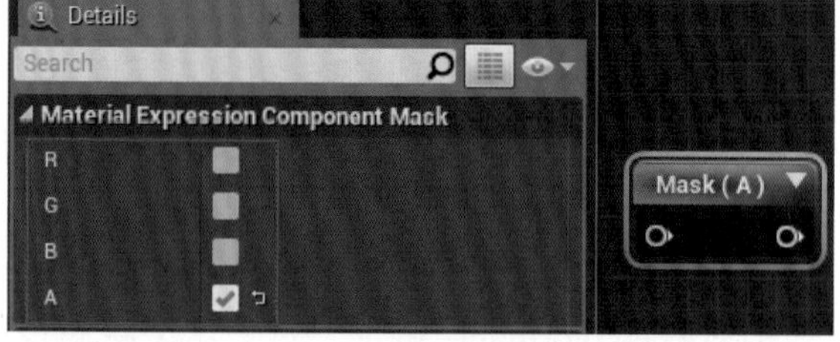

图 4-109

ComponentMask：分量蒙版表达式，允许从输入中选择通道（RGBA）的某个子集并输出。4 个通道属性如下。

- R：勾选则将输入值的红色通道传递到输出。
- G：勾选则将输入值的绿色通道传递到输出。
- B：勾选则将输入值的蓝色通道传递到输出。
- A：勾选则将输入值的阿尔法通道传递到输出。

在 Graph 面板中搜索并添加 FunctionOutput 表达式，如图 4-110 和图 4-111 所示。

在 Details 面板中对其属性进行修改，如图 4-112 所示。

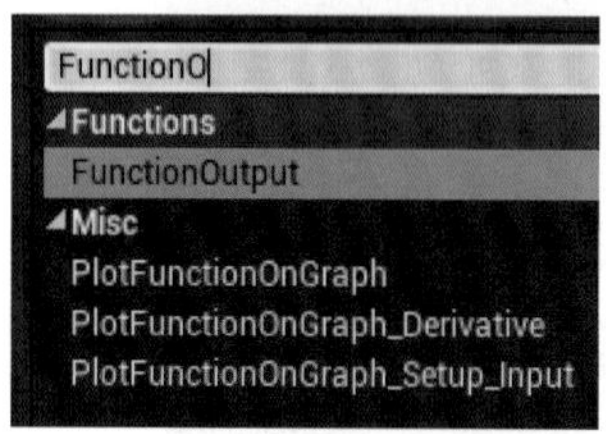

图 4-110

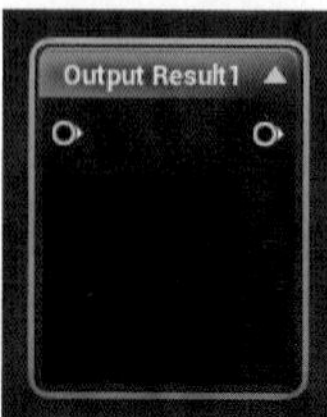

图 4-111

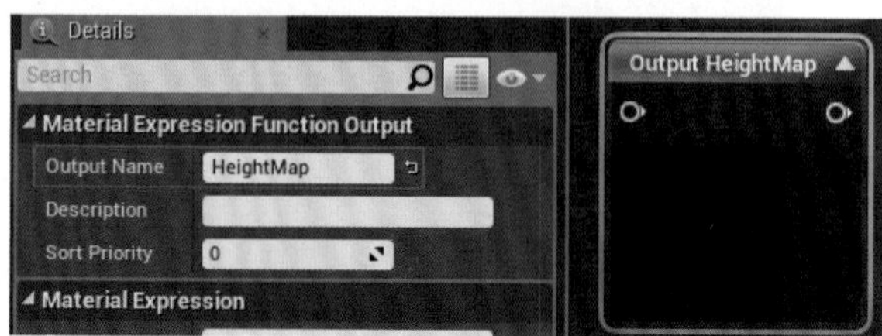

图 4-112

FunctionOutput：函数输出节点，提供处理后的数据并退出最终函数，以便在后续编辑材质时进一步使用。其主要属性为 Output Name 和 Description。

- Output Name：设置函数窗口的输出名称。
- Description：设置输入的说明。

找到属于 LargeSize Comment 的 WorldAlignedTexture 表达式，将它与新建的两个表达式按如图 4-113 所示相连。

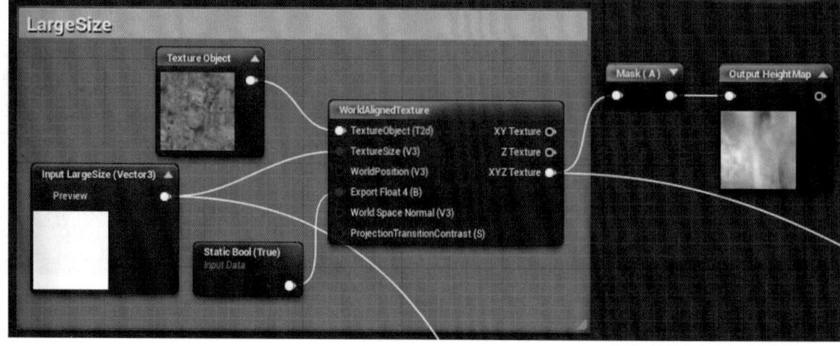

图 4-113

（1）将 WorldAlignedTexture 表达式输出的贴图传入 Mask 表达式中作为蒙版。

（2）将只输出阿尔法通道的贴图传入 FunctionOutput 表达式中，此时 FunctionOutput 表达式将能看到这张贴图的 Height Map，如图 4-114 所示。

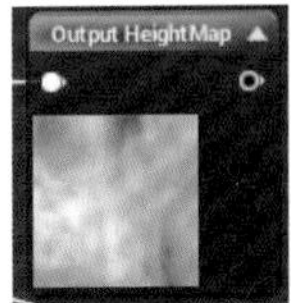

图 4-114

到这里，这个材质球的基本功能就已经实现了。但是作为一个岩石的地形材质，这个材质球反光略高，看起来很不自然，所以最后为 Metallic 和 Roughness 添加一个值来降低材质球的金属性，增加粗糙度。

按住 1 键并单击，添加两个常数表达式，如图 4-115 所示。

分别将两个常数表达式连接到 Metallic 和 Roughness 的引脚上，并为 Metallic 赋值为 0，意味着金属性为 0；为 Roughness 赋值为 0.9，意味着粗糙度很高，如图 4-116 所示。

此时再观察视口视图，可以观察到网格体上的材质不再拥有那么高的反光程度，如图 4-117 所示。

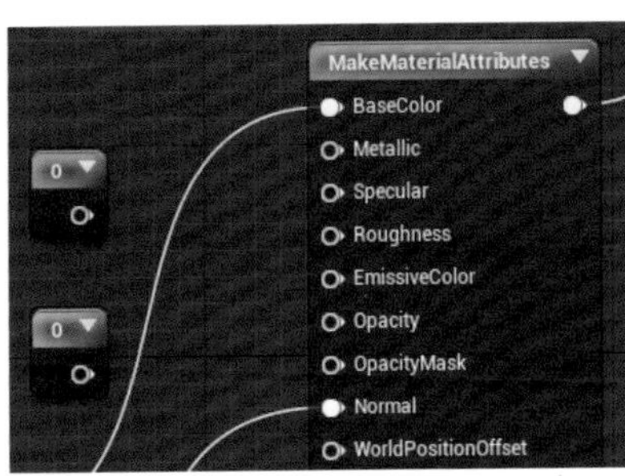

图 4-115

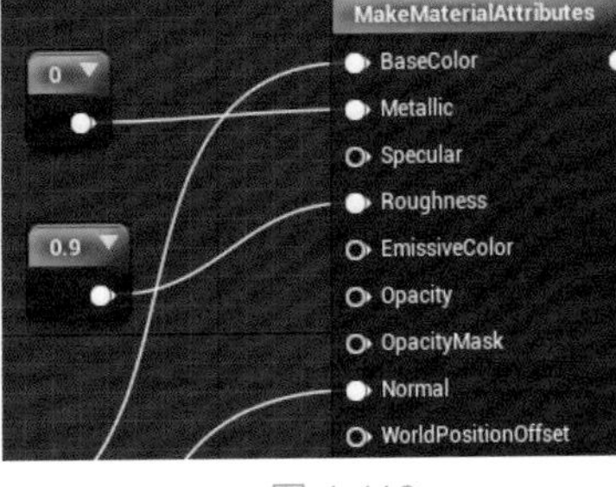

图 4-116

图 4-117

F_Cliff_Layer 最终展示如图 4-118 所示。

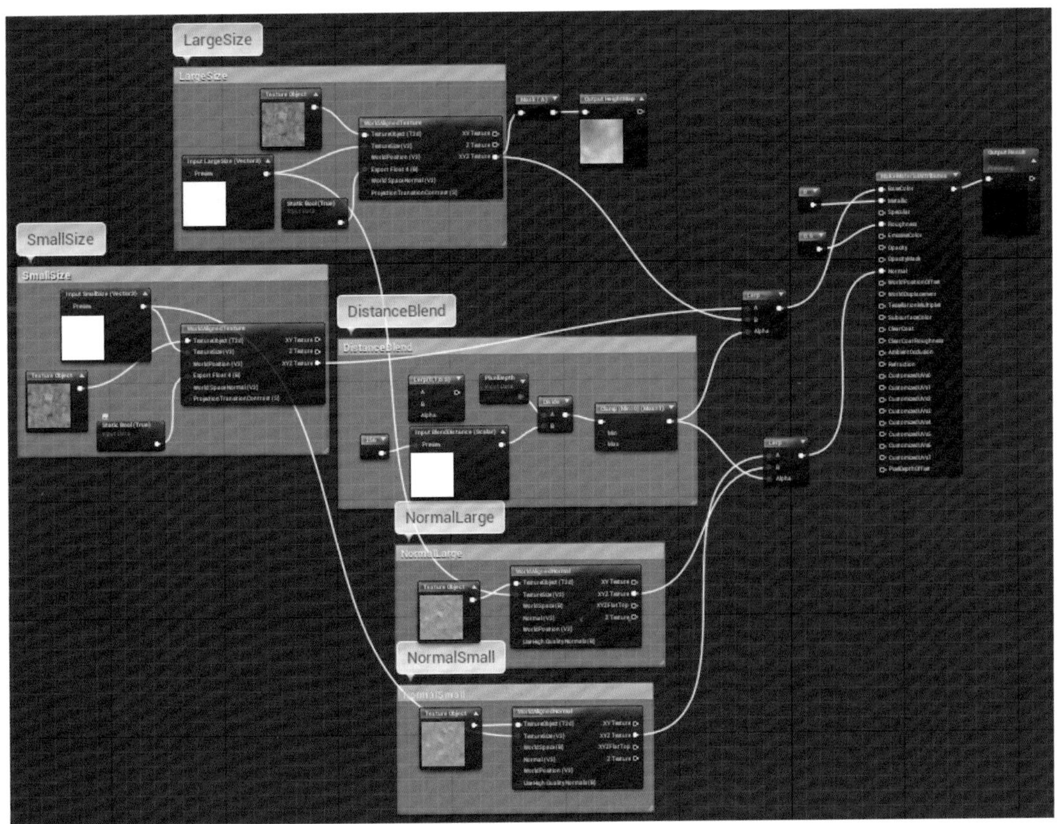

图 4-118

编辑完 F_Cliff_Layer 后保存，回到 Content Browser 面板中，将 F_Cliff_Layer Function Material 复制出两个，分别命名为 F_Grass_Layer 和 F_Rock_Layer，如图 4-119 所示。

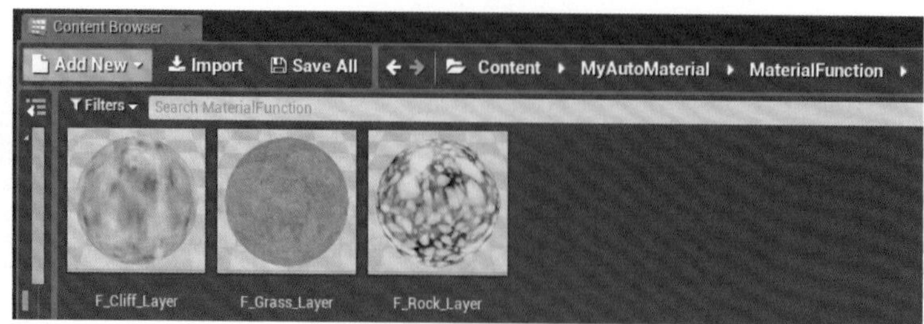

图 4-119

双击 F_Grass_Layer，打开它的材质编辑器，将其中的 4 个材质贴图替换成 Grass 的材质贴图，如图 4-120 所示。

其余参数不做调整，此时的面板视图应如图 4-121 所示，Height Map 输出应如图 4-122 所示。

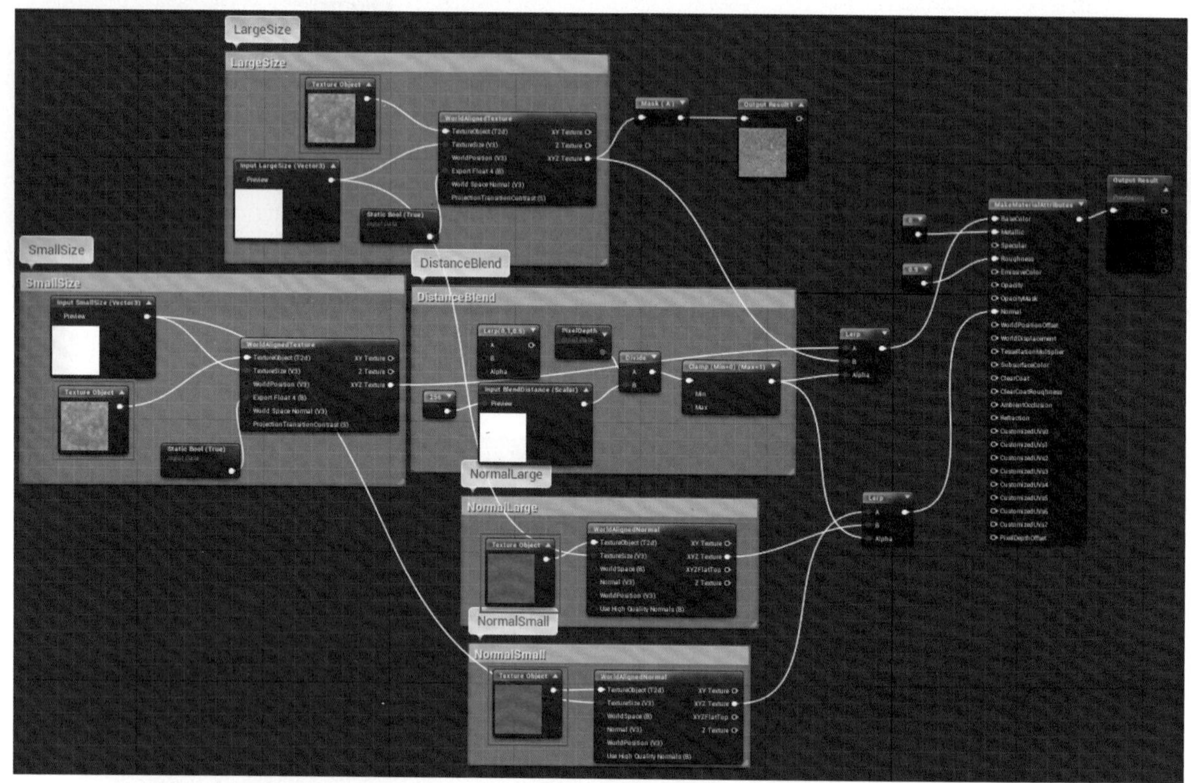

图 4-120

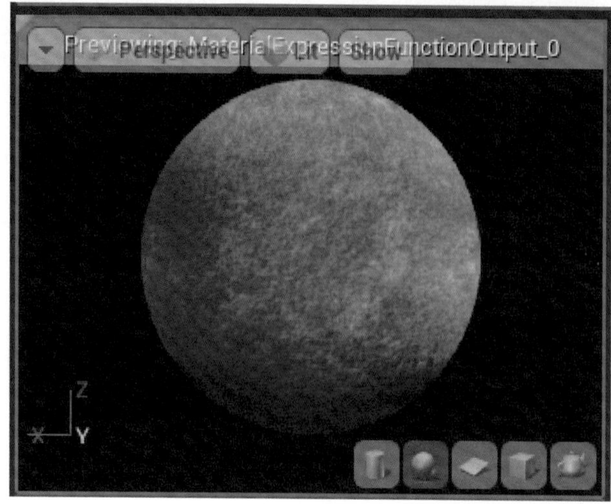

图 4-121

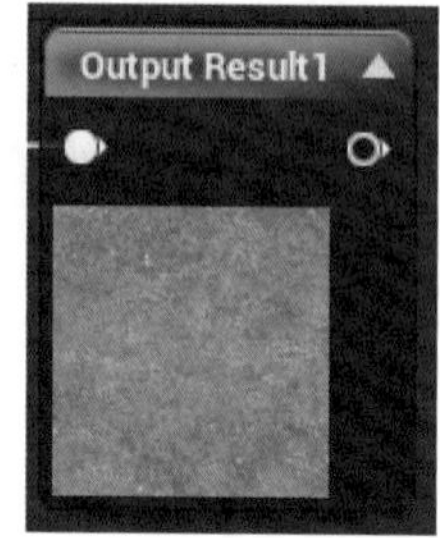

图 4-122

完成调整后保存，同理对 F_Rock_Layer 做相同的操作，如图 4-123 所示。

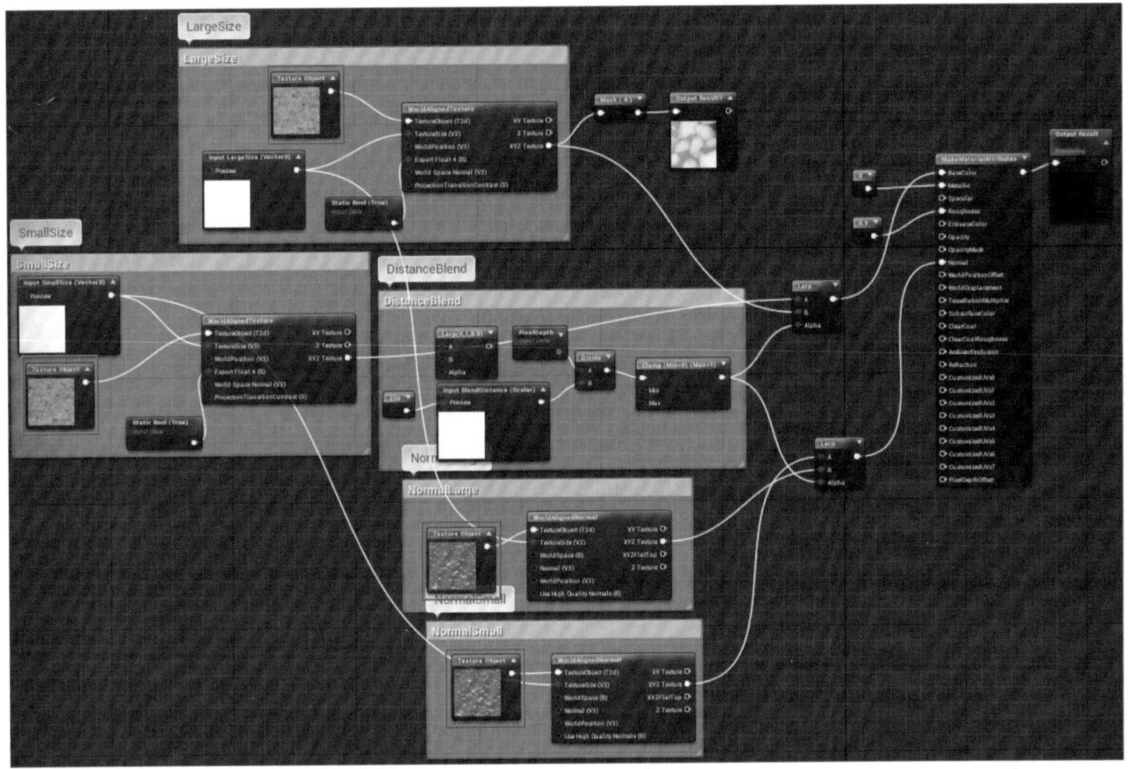

图 4-123

F_Rock_Layer 的视口面板和 Height Map 输出应分别如图 4-124 和图 4-125 所示。

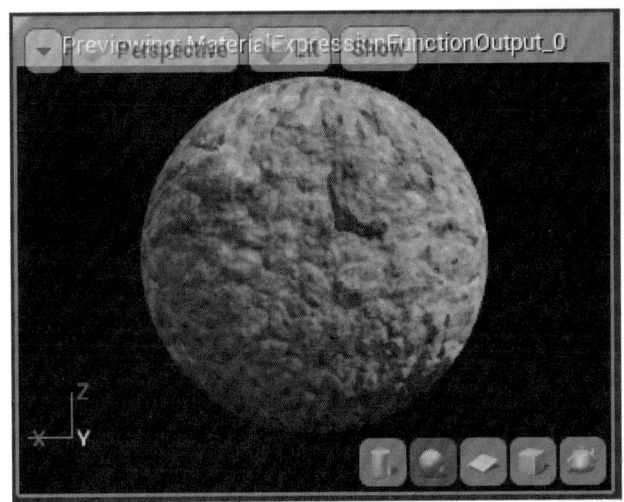

图 4-124

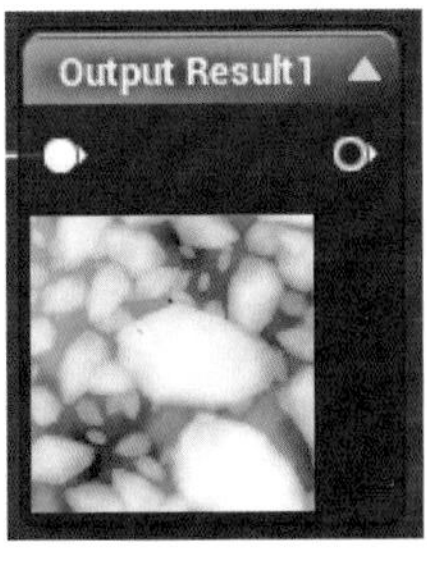

图 4-125

修改后的 3 个 Function Material 如图 4-126 所示。

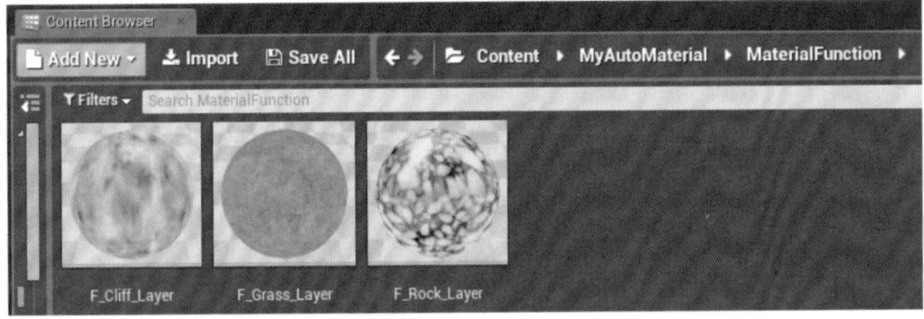

图 4-126

准备好这 3 种 Function Material 后，接下来我们要把它们混合到一个材质球中。

4.4.3 编写地形混合 Material

回到 Content Browser 面板中，在空白处单击鼠标右键，新建一个 Material 材质球，如图 4-127 所示。将新建的材质球命名为 M_Landscape，如图 4-128 所示。

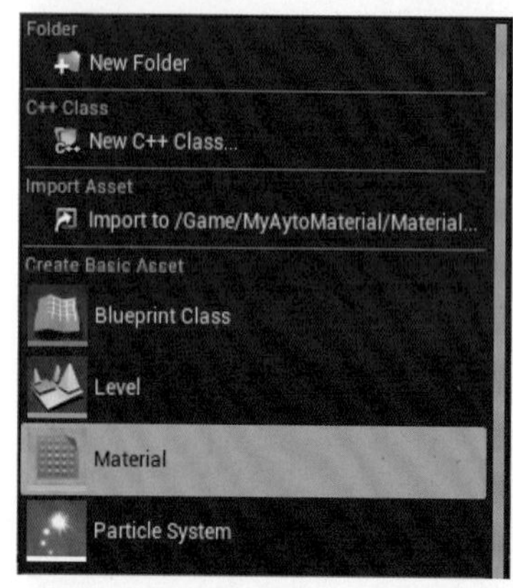

图 4-127

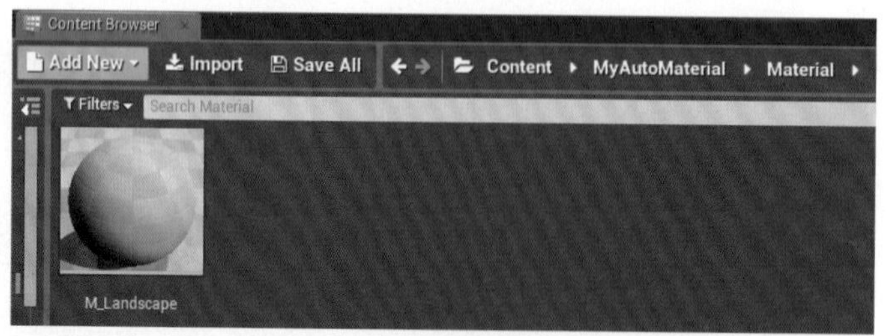

图 4-128

双击打开 M_Landscape 的材质编辑器，初始情况如图 4-129 所示。

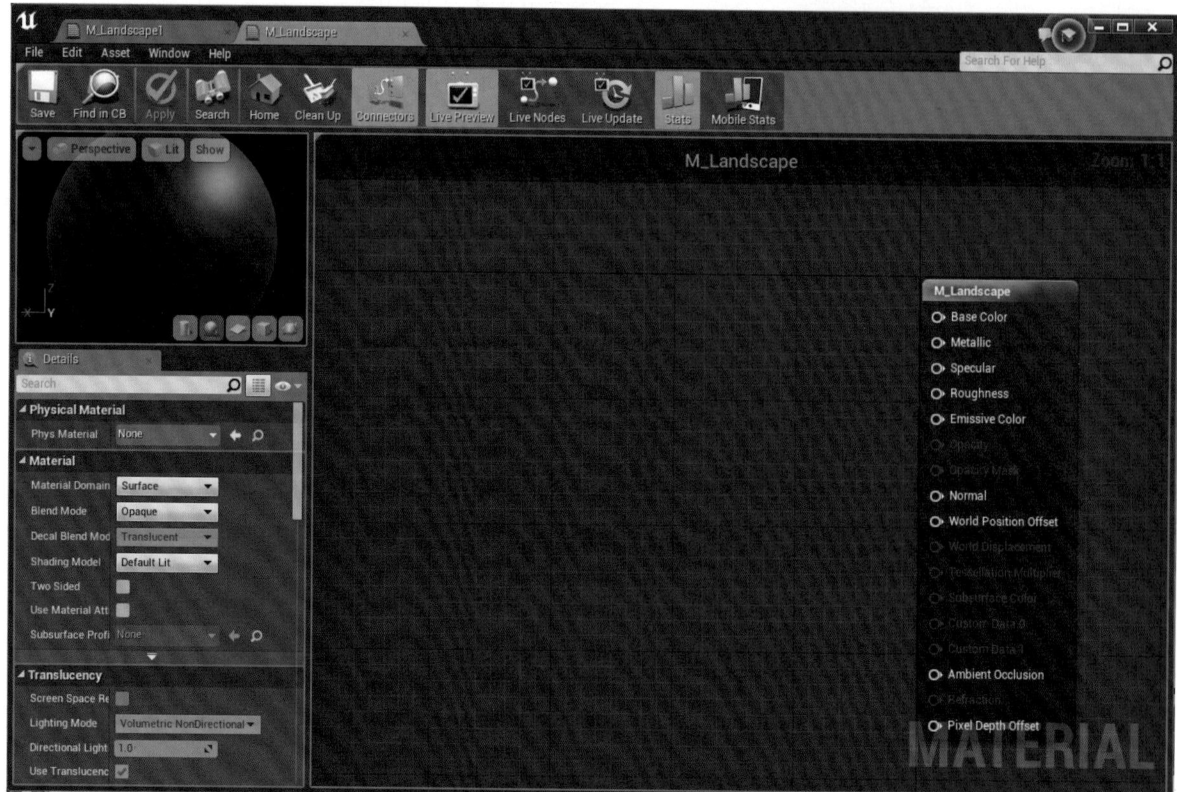

图 4-129

首先把我们做好的 3 个 Function Material 添加到 Graph 面板中。直接在 Content Browser 面板中选中 F_Cliff_Layer、F_Grass_Layer 和 F_Rock_Layer，然后拖动到 Graph 面板中，松开鼠标即可，如图 4-130 所示。

松开鼠标后，Graph 面板中将增加 3 个表达式，如图 4-131 所示，且名称与相应的 Function Material 名称相同。

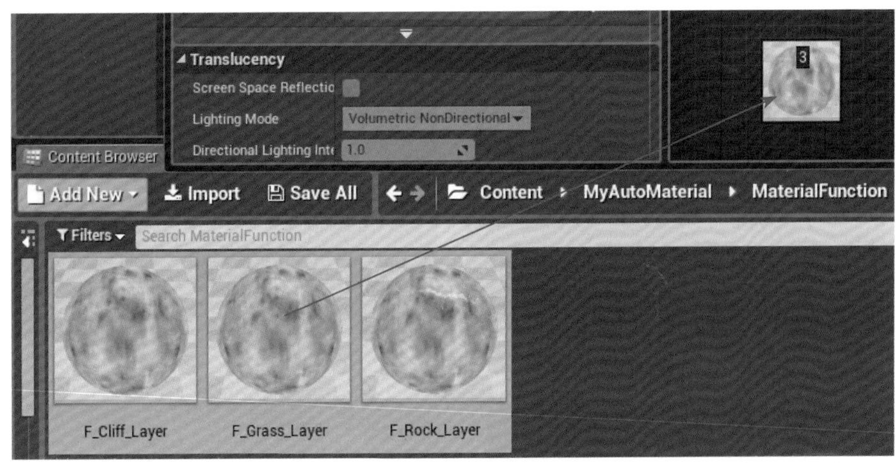

图 4-130

图 4-131

我们对每个表达式中的节点名称应该很熟悉，左侧的 3 个节点是我们编辑该 Function Material 时建立的 3 个 Input 表达式的名称，右侧的 2 个节点其中一个是我们编辑该 Function Material 时建立的 Output 表达式的名称，另一个用于输出结果。

我们同样先从 Cliff 岩石层开始编写。

按住 4 键并单击，新建一个 Constant4Vector 表达式，如图 4-132 所示。

Constant4Vector：常量 4 矢量表达式，输出 4 个通道的矢量值。4 个通道如下。

- R：用于指定输出的矢量的红色通道的浮点值。
- G：用于指定输出的矢量的绿色通道的浮点值。
- B：用于指定输出的矢量的蓝色通道的浮点值。
- A：用于指定输出的矢量的阿尔法通道的浮点值。

用鼠标右键单击 Constant4Vector 表达式，在弹出的快捷菜单中选择 Convert to Parameter 命令，如图 4-133 所示。

图 4-132

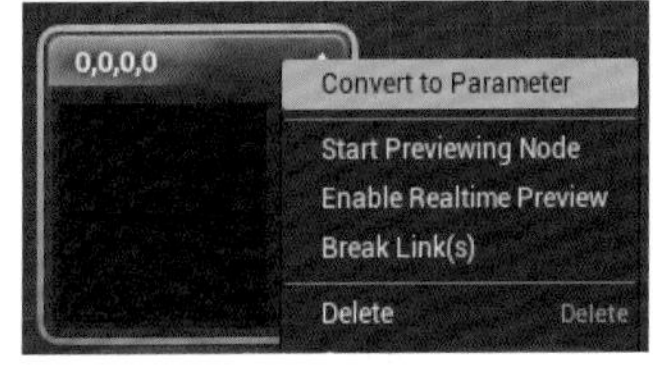

图 4-133

转换后，Constant4Vector 表达式将会标有 Param 字母，如图 4-134 所示。

对该 Constant4Vector 表达式在 Details 面板中的属性进行修改，如图 4-135 所示。

复制该 Constant4Vector 表达式，对新的 Constant4Vector 表达式的属性再次进行修改，如图 4-136 所示。

按住 1 键并单击，新建一个 Constant 表达式，同样将它转换为 Parameter，并对 Details 面板中的属性进行修改，如图 4-137 所示。

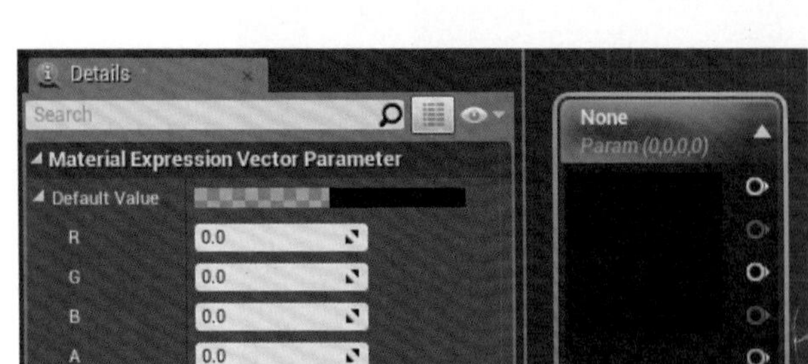

图 4-134

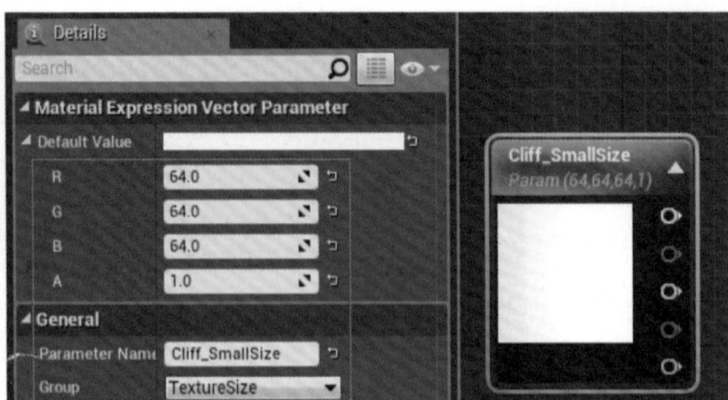

图 4-135

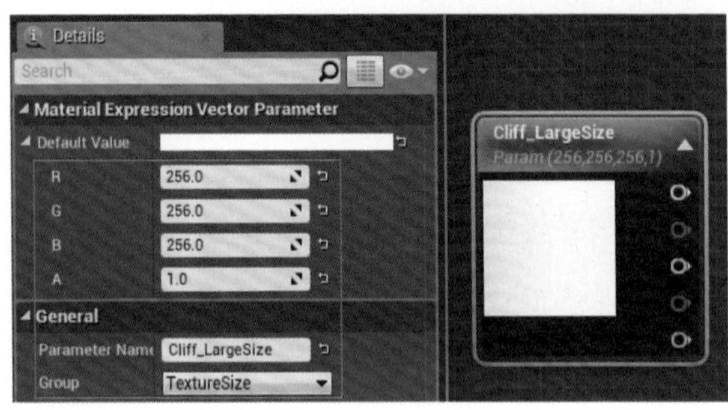

图 4-136

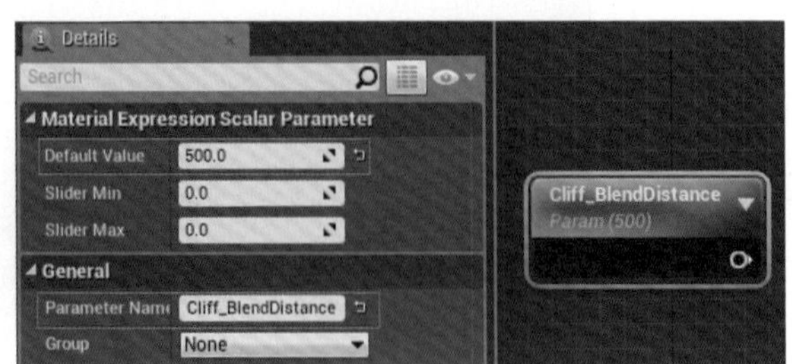

图 4-137

将新建的 3 个表达式连接到 F_Cliff_Layer 相应的引脚上，并框选这 4 个表达式，按 C 键新建一个 Comment，命名为 CliffLayer，如图 4-138 所示。

（1）将设置好的数值大小（64，64，64）作为贴图大小输入 F_Cliff_Layer 材质函数的 Input SmallSize 中。

（2）将设置好的数值大小（256，256，256）作为贴图大小输入 F_Cliff_Layer 材质函数的 Input LargelSize 中。

（3）将设置好的数值（500）作为距离值输入 F_Cliff_Layer 材质函数的 Input BlendDistance 中。

在 Graph 面板空白处单击鼠标右键搜索并添加 SlopeMask 表达式，如图 4-139 和图 4-140 所示。

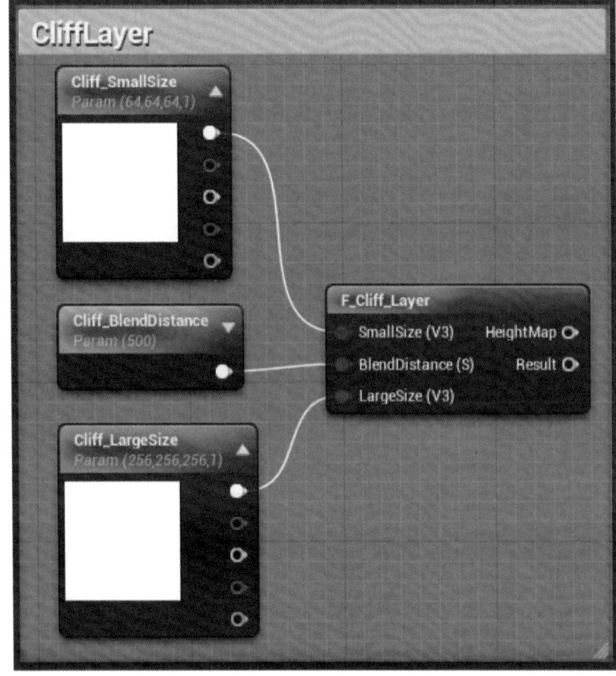

图 4-138

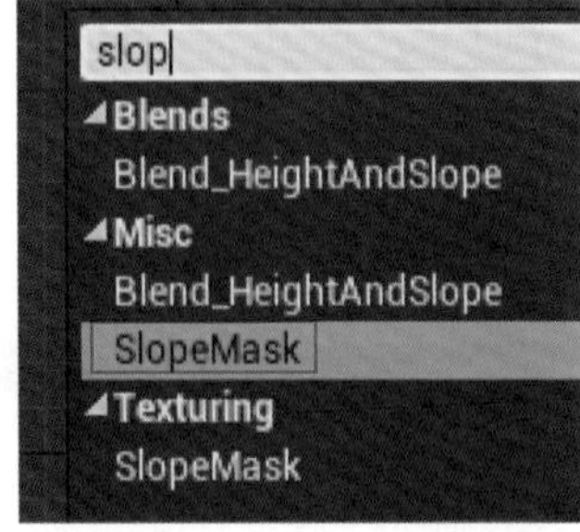

图 4-139

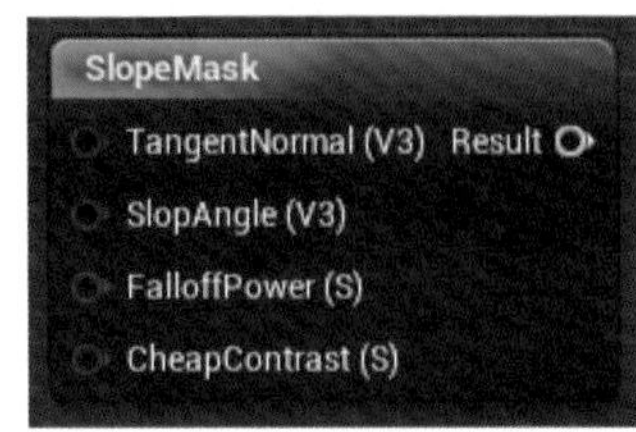

图 4-140

SlopeMask：斜面遮罩表达式，是预制好的 Function Material，直接调用就可以使用它所携带的 Input 和 Output 引脚功能。其引脚如下。

- TangentNormal：用于输入切线法线贴图。
- SlopeAngle：用于输入倾斜角度。
- FalloffPower：用于设置衰减的强弱。
- CheapContrast：用于控制对比度的程度。

再次通过快捷键的方式添加 1 个 Constant4Vector 表达式和 2 个 Constant 表达式，并将这 3 个表达式全部转换为 Parameter。

新建 Constant4Vector 表达式的属性如图 4-141 所示。

新建 Constant 表达式的属性如图 4-142 和图 4-143 所示。

将以上新建的 4 个表达式按如图 4-144 所示相连，并创建 Comment，命名为 CliffSlope。

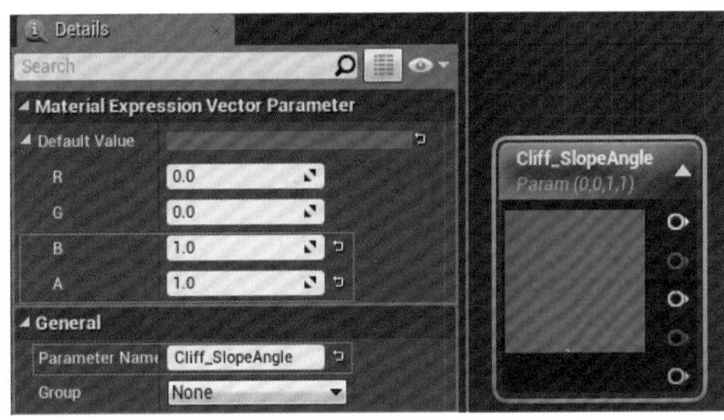

图 4-141

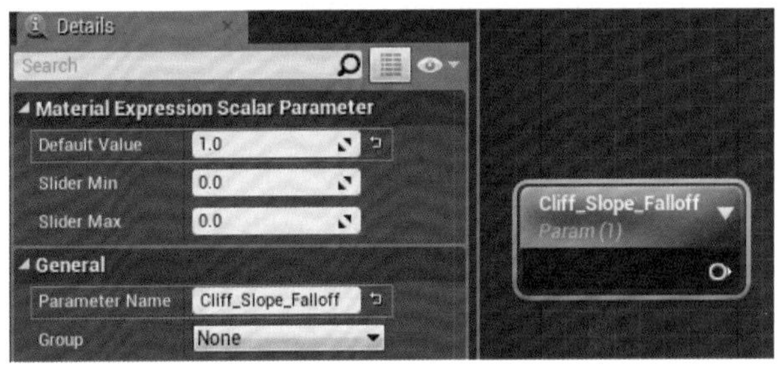

图 4-142

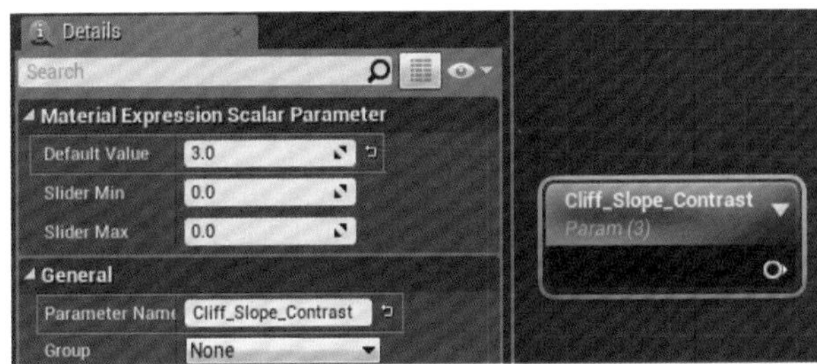

图 4-143

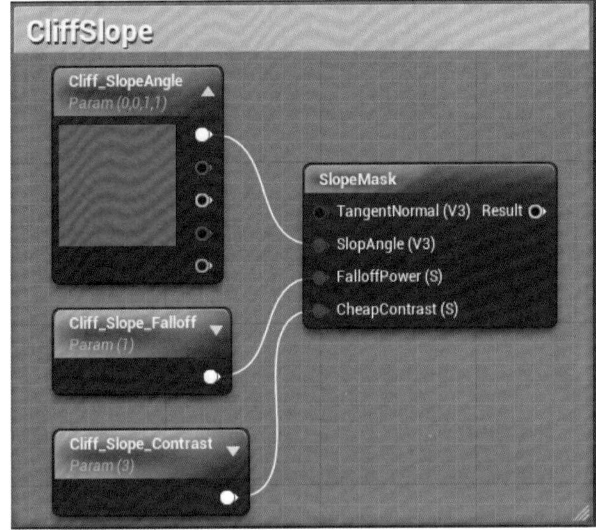

图 4-144

（1）将设置好的数值（0，0，1）传入 SlopeMask 材质函数中控制 SlopeAngle。

（2）将设置好的数值（1）传入 SlopeMask 材质函数中控制 FalloffPower。

（3）将设置好的数值（3）传入 SlopeMask 材质函数中控制 CheapContrast。

用鼠标右键单击 SlopeMask，在弹出的快捷菜单中选择 Start Previewing Node 命令，可以预览当前数值控制下这个遮罩节点输出的结果。如图 4-145 所示，经过斜面遮罩的运算之后，只有网格体上方还能显示出来。

对 Grass 做相似处理，但 Grass 不需要做 Slope，因为设置的是在平地处使用 Grass 贴图。需要注意的是每个表达式的命名，如图 4-146 所示。

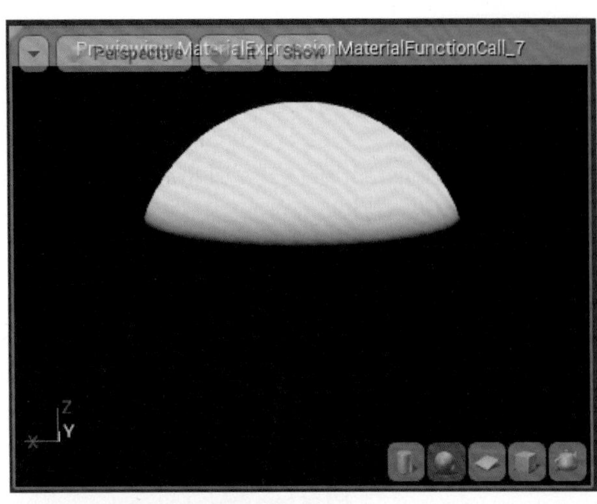

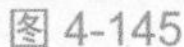
图 4-145

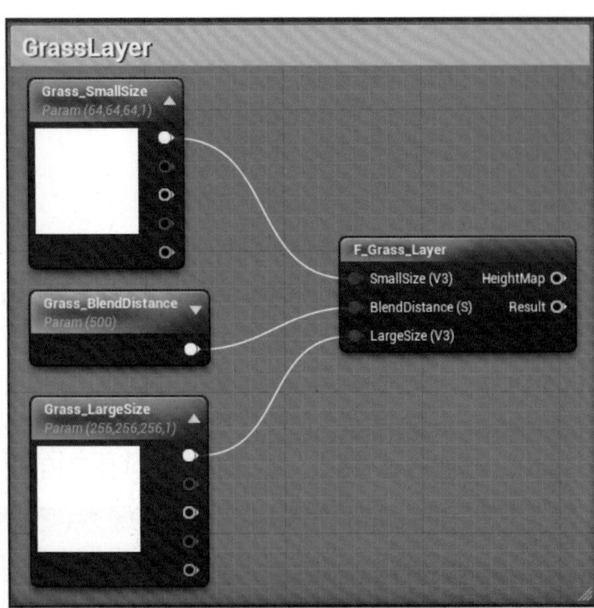

图 4-146

同理，编辑 Rock 层，如图 4-147 所示。

Rock 的 Slope。除了对表达式命名的修改，对 Rock_Slope_Contrast 的数值也进行了调整，如图 4-148 所示。

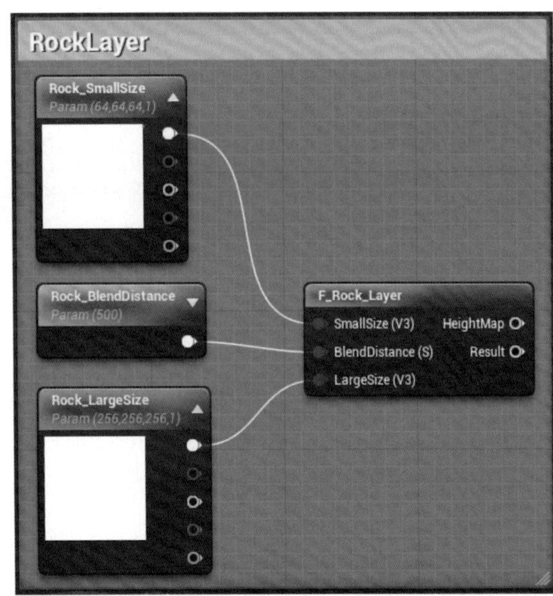

图 4-147

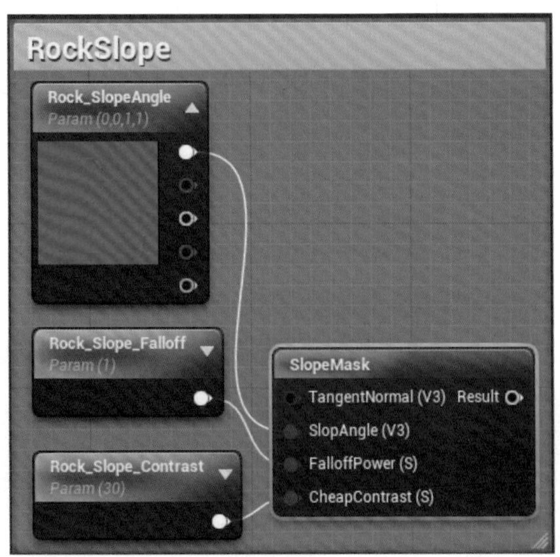

图 4-148

现在我们共创建了 5 个 Comment，分别为 CliffLayer、CliffSlope、GrassLayer、RockLayer 和 RockSlope。我们需要混合这 3 种材质，让它们同时显示在一个材质球上。

在 Graph 面板上单击鼠标右键搜索并新建 Power 表达式，如图 4-149 和图 4-150 所示。

Power 及其相关属性如图 4-151 所示。

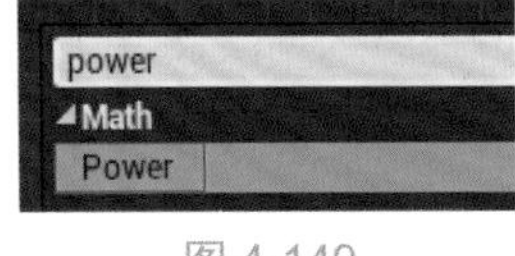

图 4-149

图 4-150

图 4-151

Power：幂表达式，有两个输入，接收 Base 做底数，接收 Exp 做指数，并输出幂的值。其主要属性为

Const Exponent。

Const Exponent：接收指数值，只在未使用 Exp 输入时使用。

在 Graph 面板上单击鼠标右键搜索并新建 Subtract 表达式，如图 4-152 和图 4-153 所示。

Subtract 及其相关属性如图 4-154 所示。

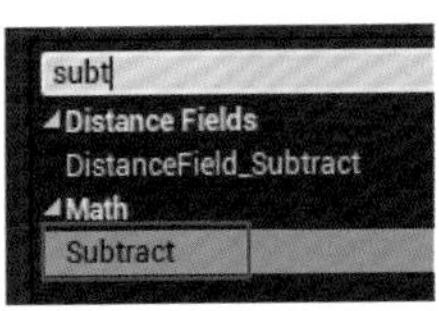

图 4-152

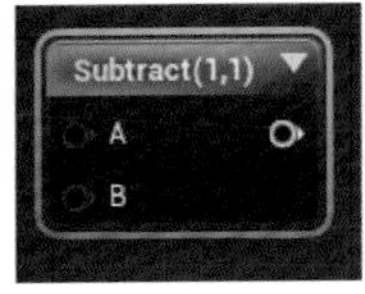

图 4-153

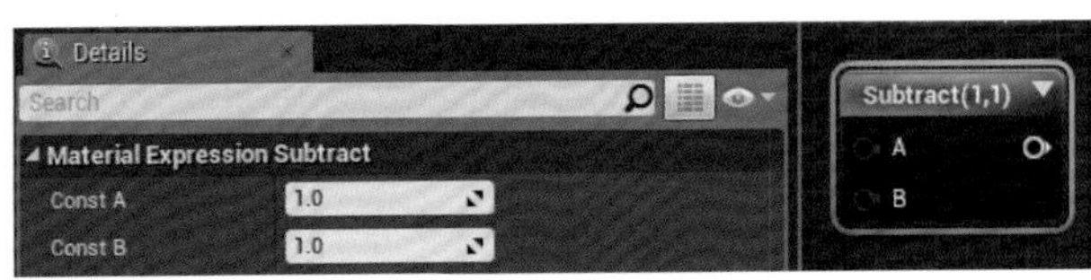

图 4-154

Subtract：减法表达式，有两个输入，用第一个输入（A）减去第二个输入（B），并输出它们的差值。两个输入必须有相同数量的通道。其主要属性如下。

- Const A：接收被减数的值，只在未使用 A 输入时使用。
- Const B：接收减数的值，只在未使用 B 输入时使用。

在 Graph 面板空白处按住 M 键新建一个 Multiply 表达式，如图 4-155 所示。

Multiply：乘法表达式，有两个输入，输出两个输入（AB）相乘得到的结果。乘法按通道进行，所以两个输入必须有相同数量的通道，其主要属性如下。

- Const A：接收要相乘的值，只在未使用 A 输入时使用。
- Const B：接收另一个要相乘的值，只在未使用 B 输入时使用。

在 Graph 面板空白处按住 D 键新建一个 Divide 表达式，无须修改属性，如图 4-156 所示。

图 4-155

图 4-156

在 Graph 面板空白处搜索并添加一个 Clamp 表达式，无须修改属性，如图 4-157 所示。

在 Graph 面板空白处按住 O 键新建一个 OneMinus 表达式，如图 4-158 所示。

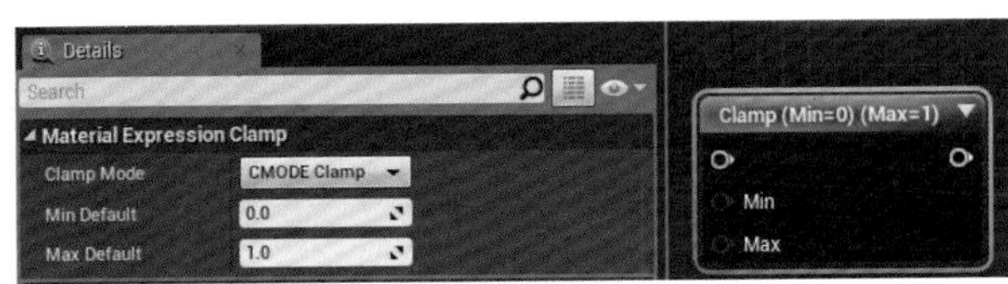

图 4-157

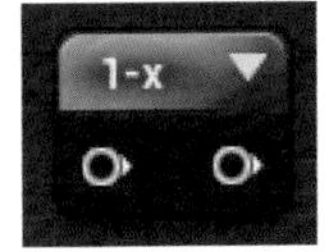

图 4-158

OneMinus：1 减表达式，有一个输入，并输出 1 减这个输入的结果。对颜色有反色的功能。

最后新建两个 Constant 表达式，并将其转换为 Parameter，其对应属性如图 4-159 和图 4-160 所示。

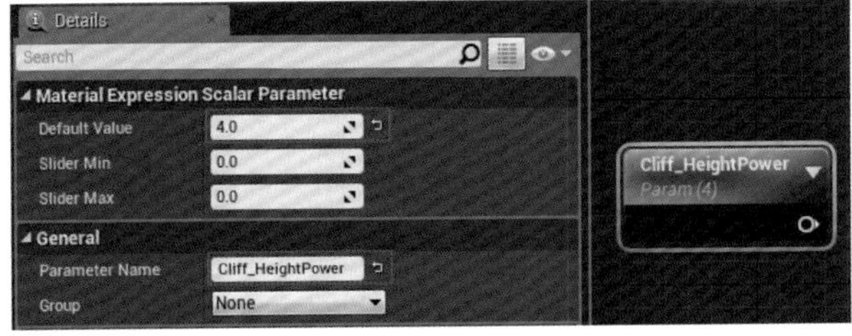

图 4-159

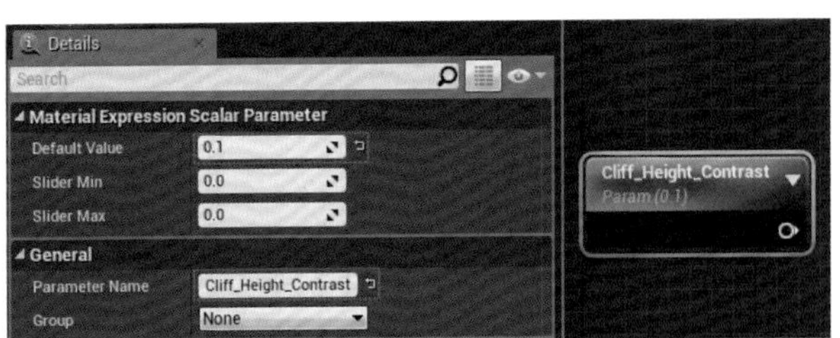

图 4-160

将新建的表达式按如图 4-161 所示相连。

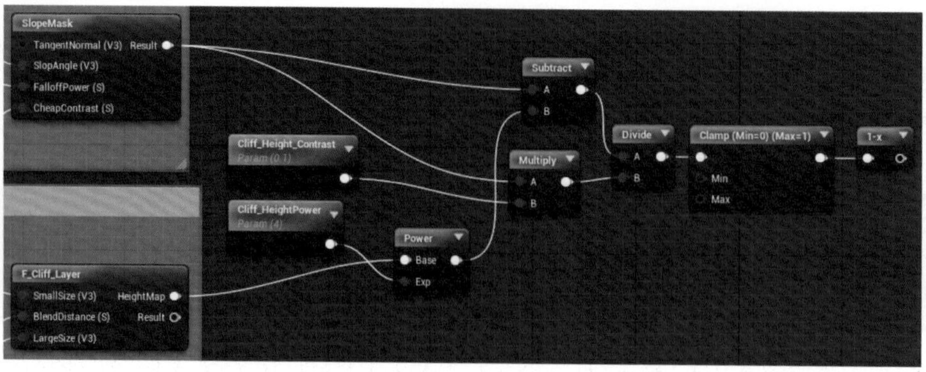

图 4-161

（1）将 Cliff 岩石输出的 Height Map 贴图传入 Power 作为幂的底数，将设置好的 Constant（4）传入 Power 作为幂的指数进行运算。由于传递到 Power 的颜色在［0，1］范围内，Power 在此时的作用是调整图片的对比度，即仅保留较亮的值。

用鼠标右键单击 Power，在弹出的快捷菜单中选择 Start Previewing Node 命令，预览这个节点的输出结果，如图 4-162 所示。

（2）将 Power 输出的结果传入 Subtract 做减数，将 Cliff 的 SlopeMask 输出的结果传入 Subtract 做被减数，计算两者的差值。减法通常可以用来使贴图的颜色变暗。

用鼠标右键单击 Subtract，在弹出的快捷菜单中选择 Start Previewing Node 命令，预览这个节点的输出结果，如图 4-163 所示。

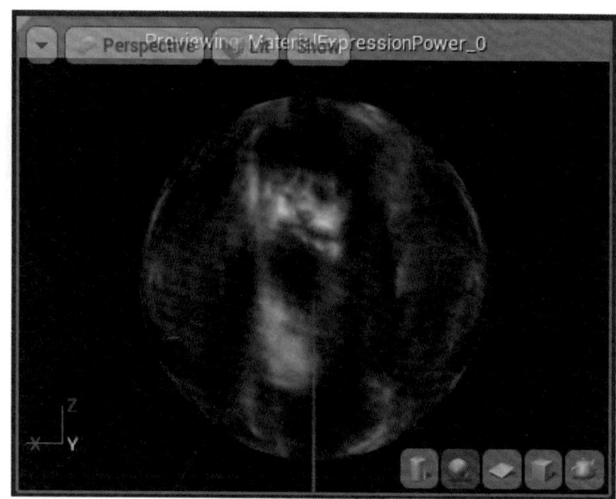

图 4-162

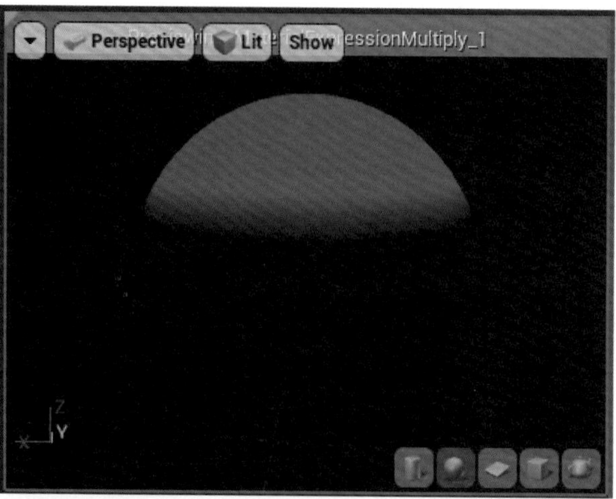

图 4-163

（3）将 Cliff 的 SlopeMask 输出的结果传入 Multiply 做乘数，将设置好的 Constant 数值（0.1）做另一个乘数，计算两者相乘。乘法通常用来使贴图的颜色变亮。

用鼠标右键单击 Multiply，在弹出的快捷菜单中选择 Start Previewing Node 命令，预览这个节点的输出结果，如图 4-164 所示。

（4）将 Subtract 输出的结果传入 Divide 做被除数，将 Power 输出的结果传入 Divide 做除数，计算两者相除。根据除数与被除数的输入，贴图的颜色可能更暗或更亮。

用鼠标右键单击 Divide，在弹出的快捷菜单中选择 Start Previewing Node 命令，预览这个节点的输出结果，如图 4-165 所示。

（5）将 Divide 输出的结果传入 Clamp 表达式进行限制（0~1），使贴图的颜色不会过亮或过暗。

用鼠标右键单击 Clamp，在弹出的快捷菜单中选择 Start Previewing Node 命令，预览这个节点的输出结果，如图 4-166 所示。

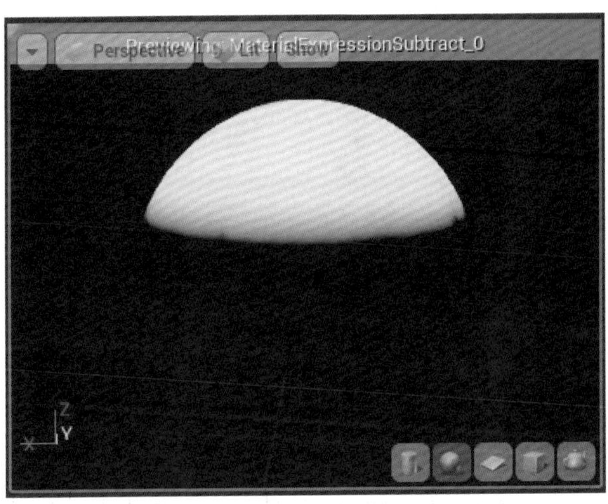

图 4-164

图 4-165

（6）将 Clamp 输出的结果传入 OneMinus，将颜色进行反色处理，即原来的白色转换成黑色，原来的黑色转换成白色。·

用鼠标右键单击 OneMinus，在弹出的快捷菜单中选择 Start Previewing Node 命令，预览这个节点的输出结果，如图 4-167 所示。

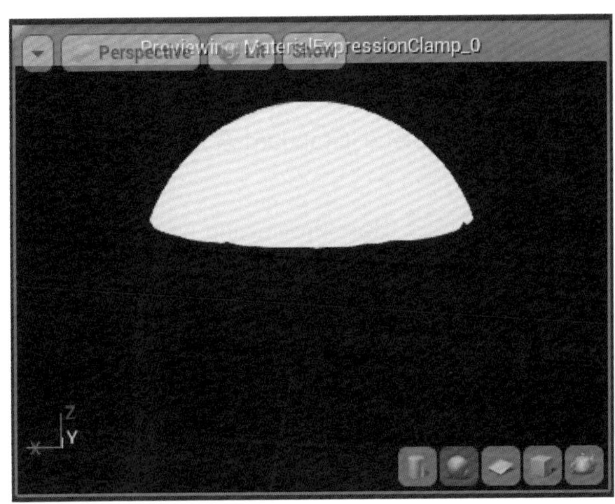

图 4-166

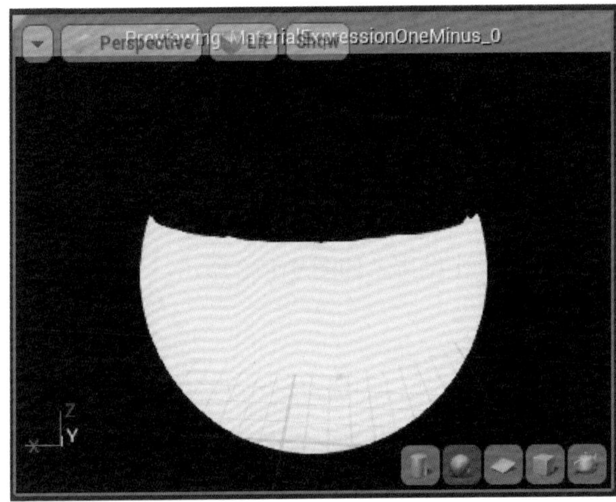

图 4-167

框选新建的表达式，建立一个 Comment，命名为 Cliff_SlopeBlend。这一部分即完成岩石材质的斜面混合模式设置功能，如图 4-168 所示。

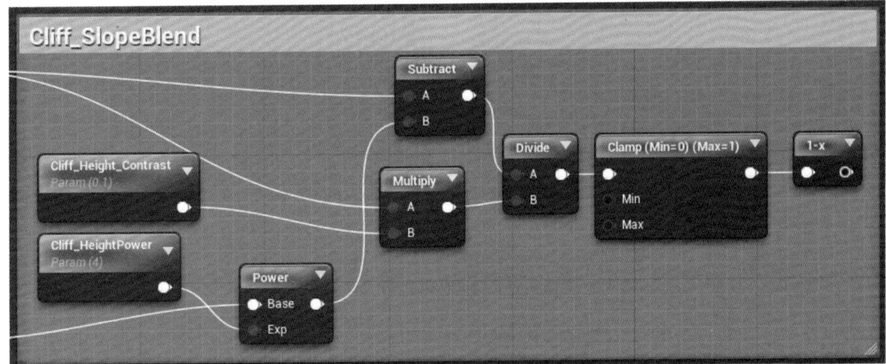

图 4-168

在 Graph 面板中单击鼠标右键搜索并新建 MatLayerBlend_Standard 表达式，如图 4-169 和图 4-170 所示。

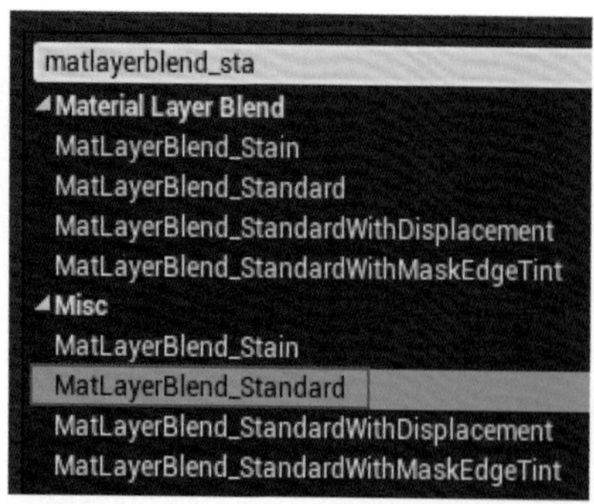

图 4-169

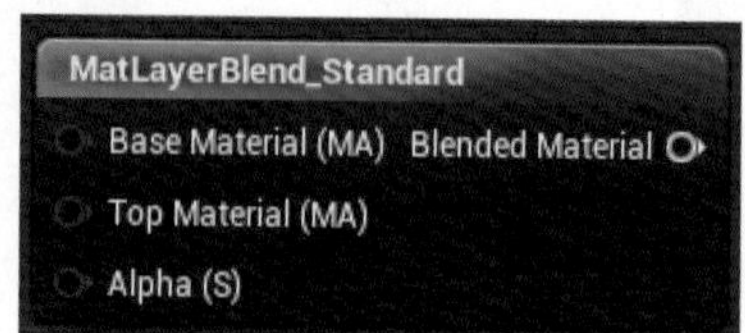

图 4-170

MatLayerBlend_Standard：同样是 Unreal Engine 中预制好的 Function Material，直接调用它即可。它的作用是将两种材质混合到一个材质球上。其引脚如下。

- Base Material：用于设置底层材质。
- Top Material：用于设置上层材质。
- Alpha：用于接收阿尔法蒙版，并根据蒙版混合两种材质。蒙版白色的位置显示 Top Material，黑色的位置显示 Base Material。

将 F_Rock_Layer、F_Cliff_Layer 和 Cliff_SlopeBlend 输出的结果连接到 MatLayerBlend_Standard 表达式上，如图 4-171 所示。

（1）将 F_Rock_Layer 输出的结果输入 MatLayerBlend_Standard 表达式中作为底层材质。

（2）将 F_Cliff_Layer 输出的结果输入 MatLayerBlend_Standard 表达式中作为上层材质。

（3）将 Cliff_SlopeBlend 输出的结果（OneMinus）输入 MatLayerBlend_Standard 表达式中作为 Alpha 蒙版，将底层材质和上层材质按此蒙版混合。

用鼠标右键单击 MatLayerBlend_Standard，在弹出的快捷菜单中选择 Start Previewing Node 命令，预览这个节点的输出结果，如图 4-172 所示。

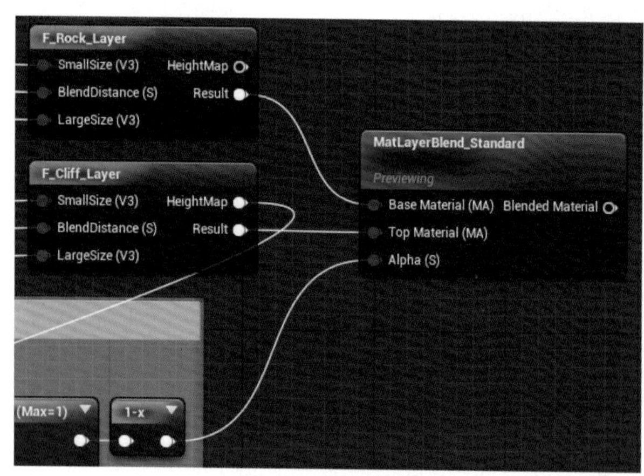

图 4-171

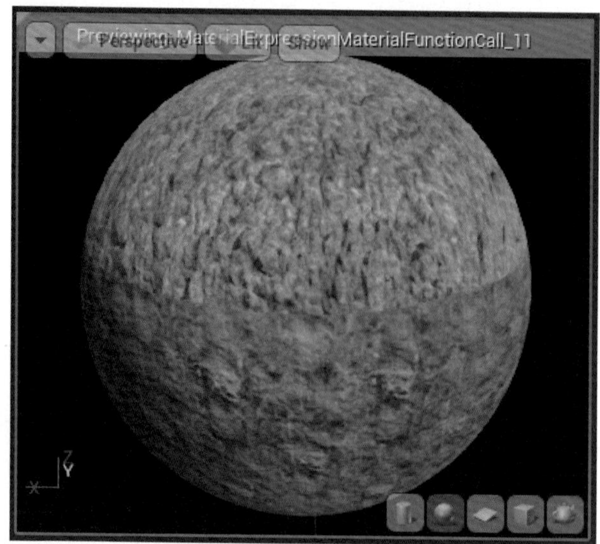

图 4-172

在这个材质球中，位于上方的材质（MatLayerBlend_Standard 的底层材质）将添加到平面地形中，而位于下方的材质（MatLayerBlend_Standard 的上层材质）将添加到倾斜的地形中。

现在我们实现了带有两层材质的材质球，接下来要做的就是把草地材质也添加到这个材质球中。

将整个 Cliff_SlopeBlend 中的所有表达式复制，用之前的原理连接，并将其中的某些表达式重新命名，如图 4-173 所示。

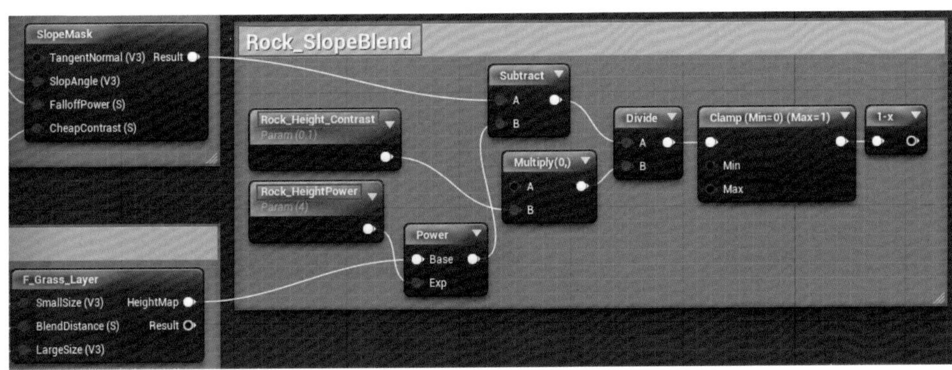

图 4-173

再次新建一个 MatLayerBlend_Standard 表达式，将它按如图 4-174 所示相连。

新的 MatLayerBlend_Standard 表达式将混合好的 Cliff 和 Rock 材质作为上层材质，将 Grass 材质添加进来作为新的底层材质，最后使用 Rock_SlopeBlend 输出的结果作为 Alpha 蒙版，将 3 种材质混合。

用鼠标右键单击新建的 MatLayerBlend_Standard，在弹出的快捷菜单中选择 Start Previewing Node 命令，预览这个节点的输出结果，如图 4-175 所示。

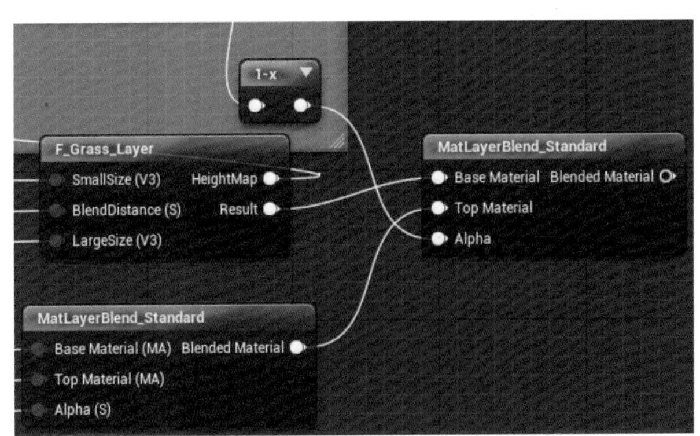

图 4-174

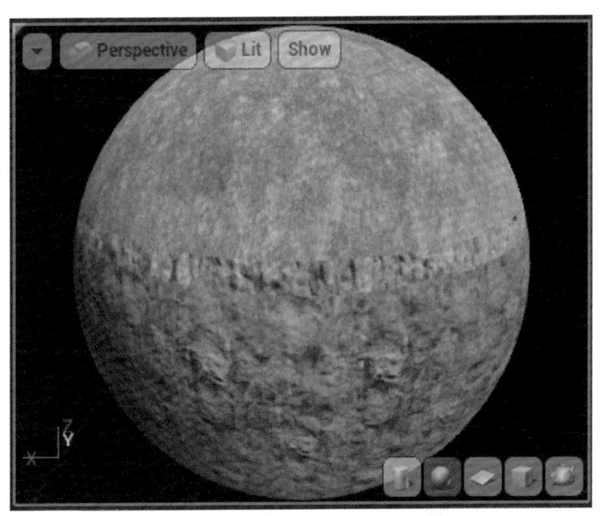

图 4-175

此时的效果应该是地形为平地时添加的材质在上方，地形倾斜但倾斜角度不大时添加的材质在中间，地形倾斜且角度很大时添加的材质在下方。

将这个带有 3 种材质的结果作为最终的效果输出，但我们无法直接连到 MakeMaterialAttributes 上，还要对 MakeMaterialAttributes 的属性做一个小调整，如图 4-176 所示。

选中 MakeMaterialAttribute 后，在 Details 面板中找到 Use Material Attributes 选项并勾选它，如图 4-177 所示。

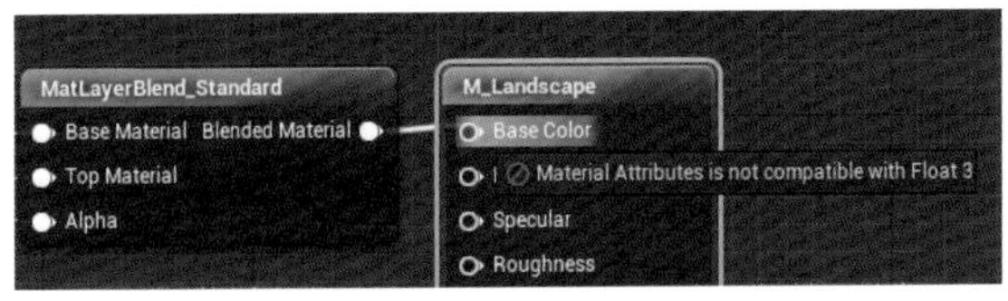

图 4-176

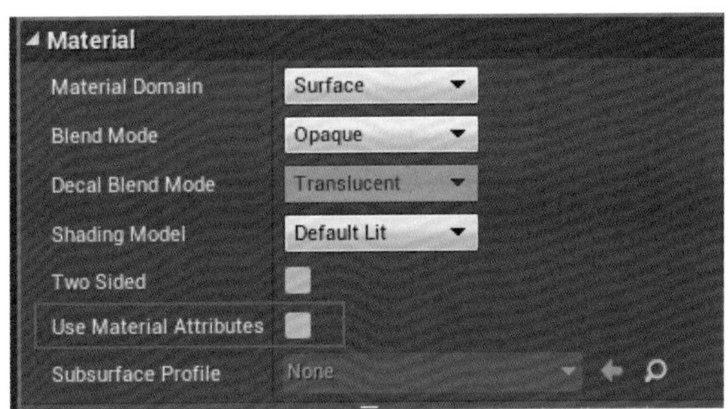

图 4-177

勾选后，MakeMaterialAttribute 将只有一个引脚，如图 4-178 所示。

此时我们可以将 MatLayerBlend_Standard 输出的结果输入 MakeMaterialAttribute 中，如图 4-179 所示。

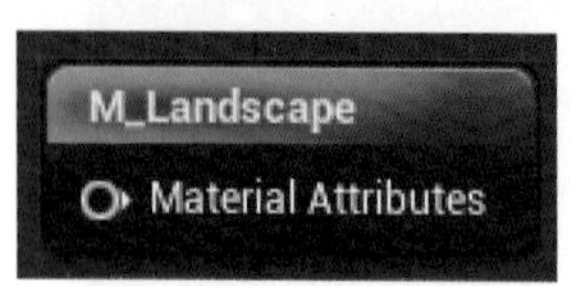

图 4-178

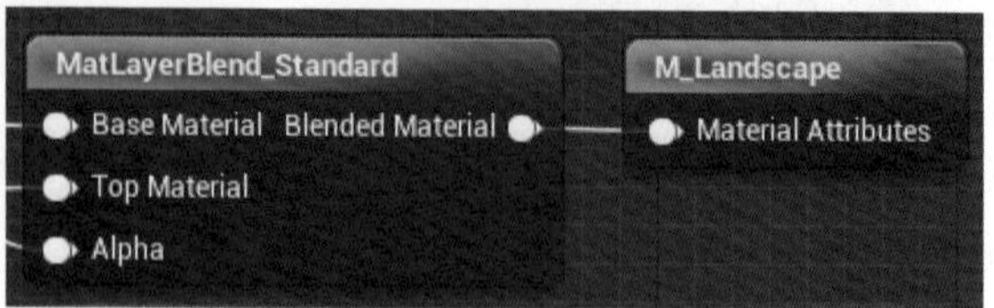

图 4-179

将编辑好的 M_Landscape 保存，如图 4-180 所示。

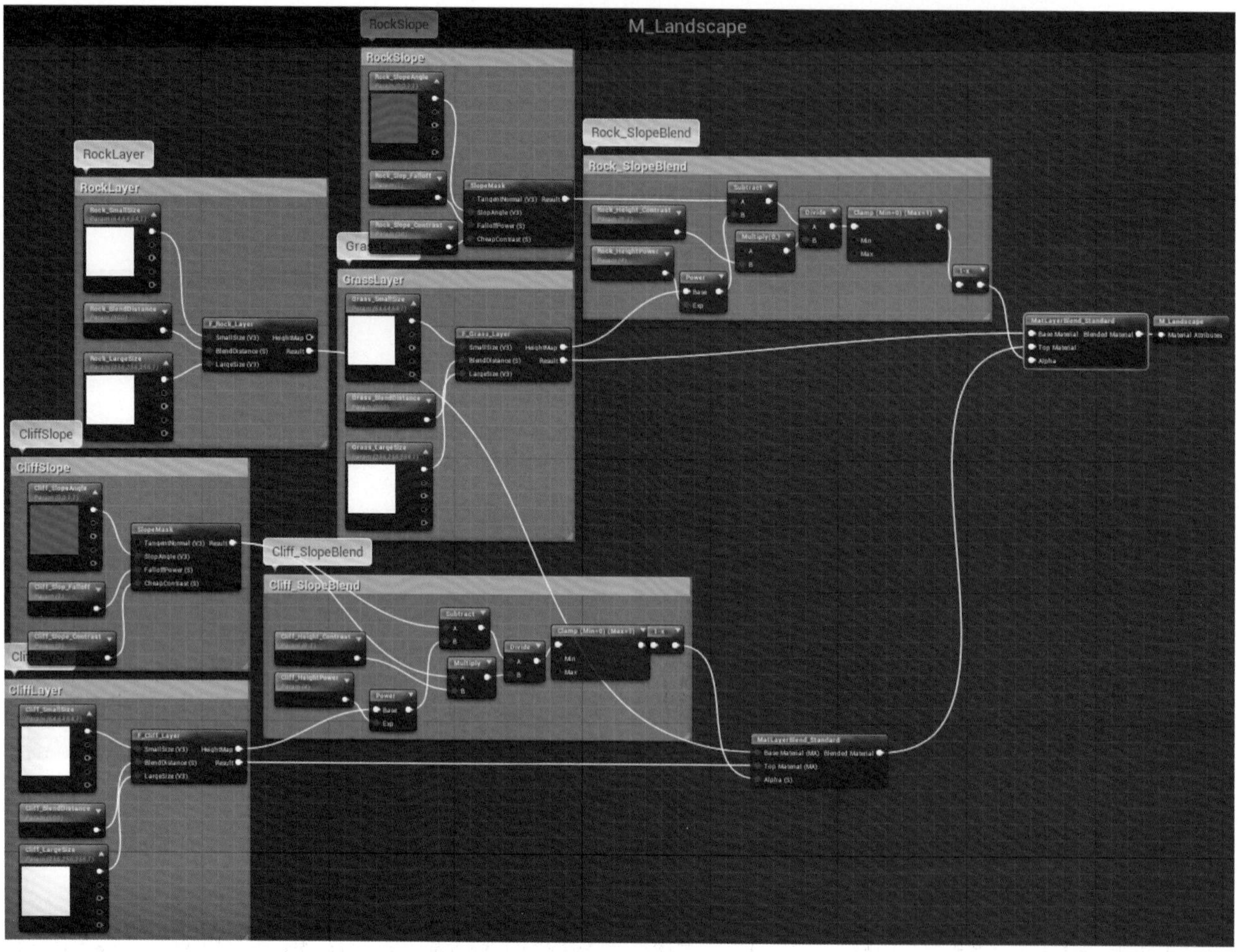

图 4-180

4.4.4 应用地形 Material 并调整参数

保存后回到 Unreal Engine 关卡编辑器，在 Content Browser 面板中找到我们制作好的 M_Landscape，在其右键菜单中选择 Create Material Instance 命令，如图 4-181 所示。

此时会出现一个新的材质球，看起来与原来的材质球相同，如图 4-182 所示。

单击 Landscape 新建一个地形，使用新的材质球 M_Landscape_Inst 作为地形材质，如图 4-183 所示。

如图 4-184 所示，新建的地形将带有 Grass 材质。

但当我们用 Sculpt 改变地形时，并没有像素材包中的地形一样改变材质，这说明我们还有一些参数设置得不准确，如图 4-185 所示。

图 4-181

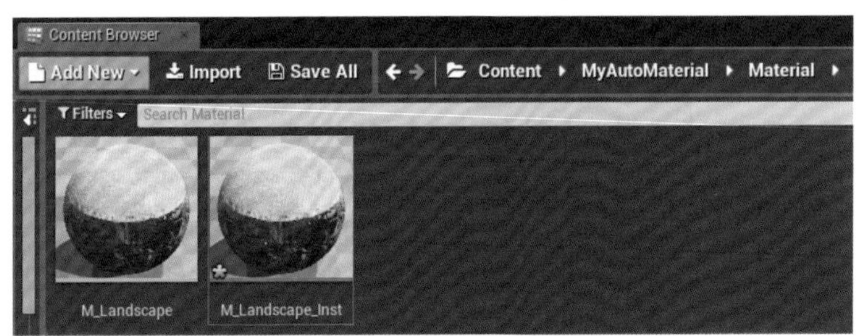

图 4-182

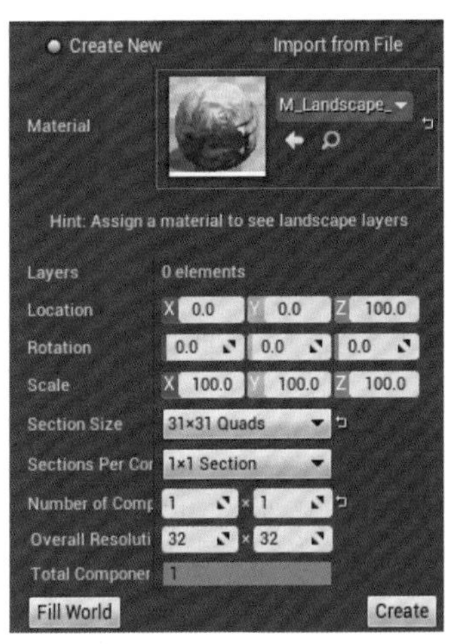

图 4-183

图 4-184

图 4-185

双击打开 M_Landscape_Inst 材质球，打开后的界面与我们之前的材质编辑器界面有很大不同，如图 4-186 所示。

在这个编辑器中，我们无法编写材质节点，但在界面左侧的 Details 面板中我们将看到一系列很熟悉的参数，所有我们在编写 M_Landscape 材质球时转换成 Parameter 的表达式都在这个列表中，这也是我们将某些表达式转换成 Parameter 的原因。这样，当我们将材质球转换成 Inst 时，可以直接改变这些数值来调整材质球的状态，而不用反复去找相应的材质节点。

此时所有的参数都处于未激活状态，所以不能改变，我们首先要勾选所有参数来激活它们，如图 4-187 所示。

如果你认真看过前面编写 Cliff Function Material 和地形 Material 的讲解，应该明白这里每一个参数都代表什么意思，这里只做简单讲解。

- Cliff_LargeSize：设置远距离观察地形时，平铺在地形上的岩石材质的大小。
- Cliff_SmallSize：设置近距离观察地形时，平铺在地形上的岩石材质的大小。
- Cliff_BlendDistance：设置在多少距离时切换大尺寸贴图和小尺寸贴图。

同理于 Grass_LargeSize、Grass_SmallSize、Grass_BlendDistance 和 Rock_LargeSize、Rock_SmallSize、Rock_BlendDistance。

• Cliff_Height_Contrast：用于设置岩石材质的高度图对比度。Cliff_Height_Contrast=0.4 时的效果如图 4-188 所示，Cliff_Height_Contrast=0.05 时的效果如图 4-189 所示。

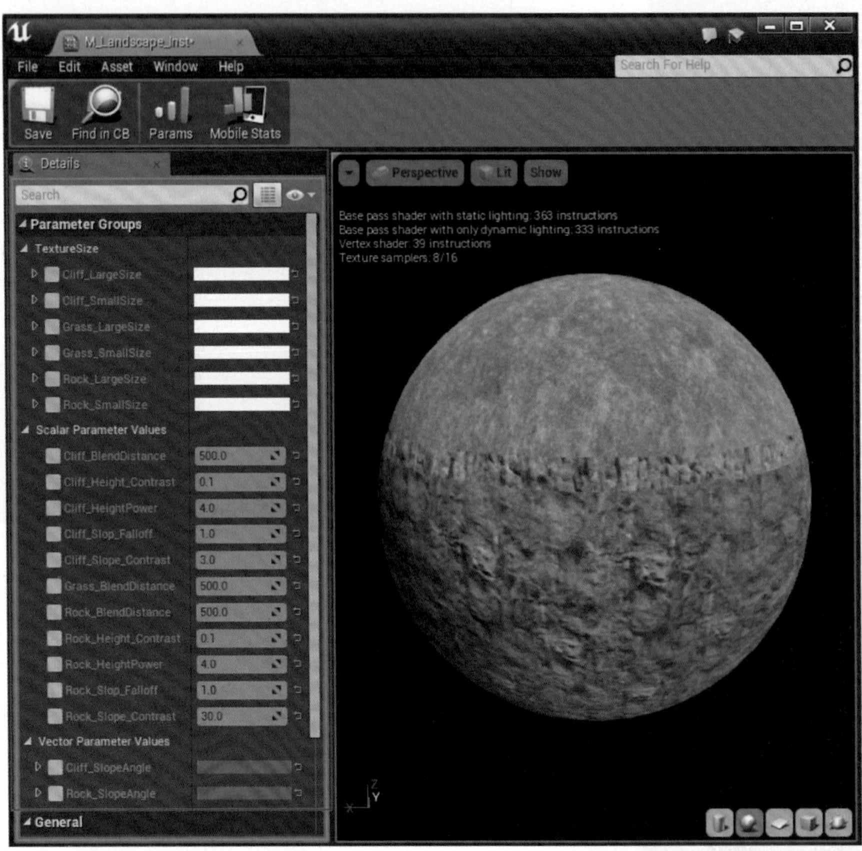

图 4-186

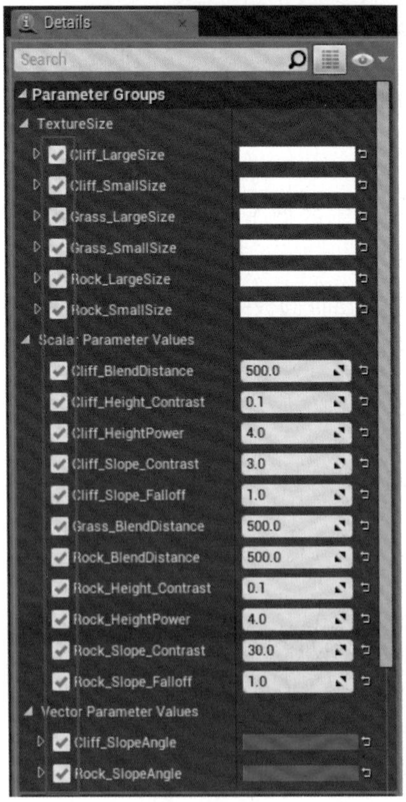

图 4-187

图 4-188

图 4-189

- Cliff_HeightPower：用于设置岩石材质的高度图范围。Cliff_HeightPower=4.0 时的效果如图 4-190 所示，Cliff_HeightPower=0.3 时的效果如图 4-191 所示。
- Cliff_Slope_Contrast：用于设置岩石材质的斜坡颜色对比度。Cliff_Slope_Contrast=3.0 时的效果如图 4-192 所示，Cliff_Slope_Contrast=0.2 时的效果如图 4-193 所示。
- Cliff_Slope_Falloff：用于设置岩石材质的斜坡颜色范围。Cliff_Slope_Falloff=1.0 时的效果如图 4-194 所示，Cliff_Slope_Falloff=3.0 时的效果如图 4-195 所示。

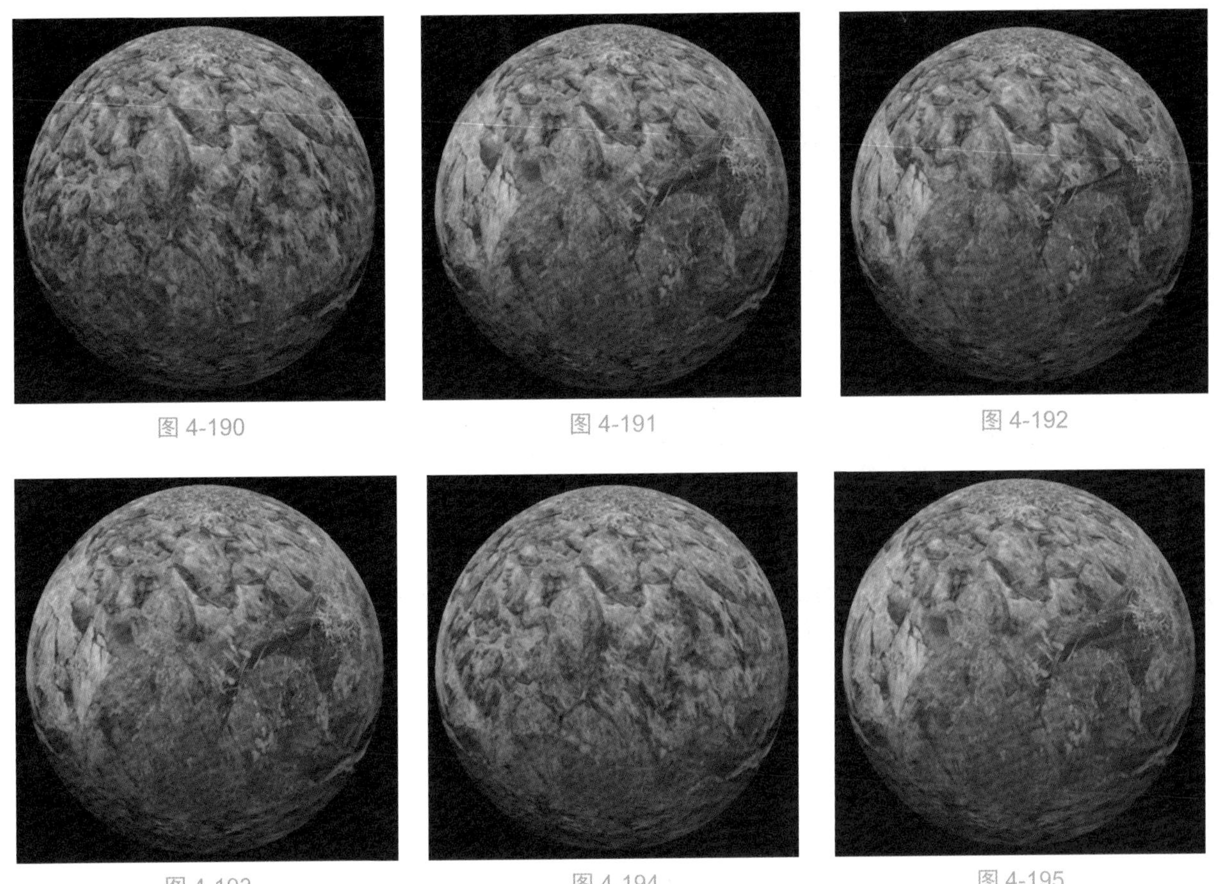

图 4-190　图 4-191　图 4-192

图 4-193　图 4-194　图 4-195

同理于 Rock_Height_Contrast、Rock_HeightPower、Rock_Slope_Falloff、Rock_Slope_Contrast。

- Cliff_SlopeAngle：用于设置使用岩石材质的斜坡角度范围。Cliff_SlopeAngle B=1.0 时的效果如图 4-196 所示，Cliff_SlopeAngle B=1.5 时的效果如图 4-197 所示。

图 4-196

图 4-197

同理于 Rock_SlopeAngle。

经过调整后的参数如图 4-198 和图 4-199 所示。

应用到地形后的效果如图 4-200 所示。

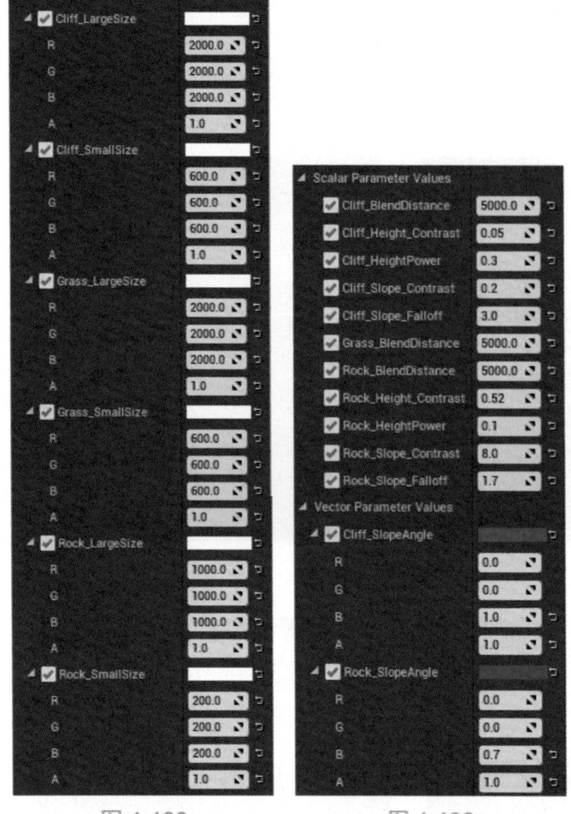

图 4-198　　图 4-199

图 4-200

由图 4-200 可以看到，调整参数后，地形上同时出现了我们使用的 3 种材质，而且材质的添加也同样依据了地形的变形程度，显然基本上达到了我们想要的效果。

4.4.5 在地形材质上添加草丛模型

现在我们实现了地形材质，但是要想 Grass 材质有草的模型还需要更多的操作。

回到 Content Browser 面板，在面板中存放你想要使用的草的模型。这里我们将直接使用原 LandscapeAutoMaterial 素材包中的草丛模型来演示本例，如图 4-201 所示。

在 Foliage 文件夹空白处单击鼠标右键，在弹出的快捷菜单中选择 Miscellaneous> Landscape Grass Type 命令，如图 4-202 所示。

图 4-201

图 4-202

新建 Landscape Grass Type，它将出现在当前文件夹中，如图 4-203 所示。

双击打开这个 Landscape Grass Type，如图 4-204 所示，可以看到它的编辑器非常简单。

图 4-203

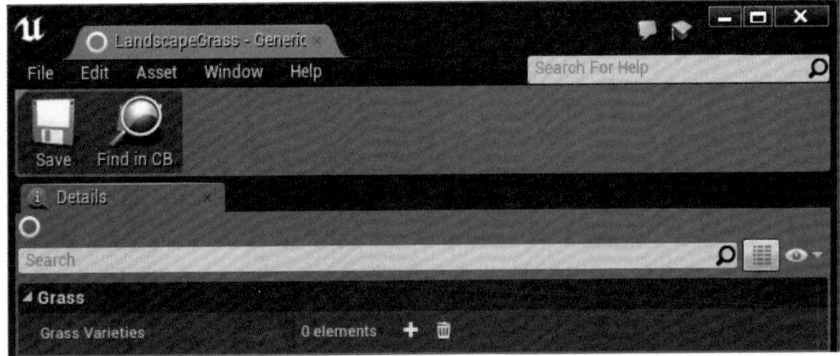

图 4-204

想要使用我们的草丛模型，首先要新建一个 Grass 元素，即单击 Grass Varieties 右侧的加号。单击后，原来的 0 elements 会变为 1 elements，且新增的元素编号为 0，我们可以单击该元素来设置其属性，如图 4-205 所示。

- Grass Mesh ：添加草丛模型。
- Grass Density ：设置添加该模型的密度。
- Min LOD ：设置最小的细节层次级别。
- Scaling ：设置缩放模型的模式。
- Scale X/Y/Z ：设置模型在该轴缩放的最大、最小值。

在本例中，我们将准备好的 4 种模型全部添加到该 Landscape Grass Type 中。

Grass01 是纯粹的草丛模型，我们将它的密度设置得最大，也就是说它在场景中添加的数量最多，因为根据现实世界，这样的草丛是最普遍也是最常见的，如图 4-206 所示。

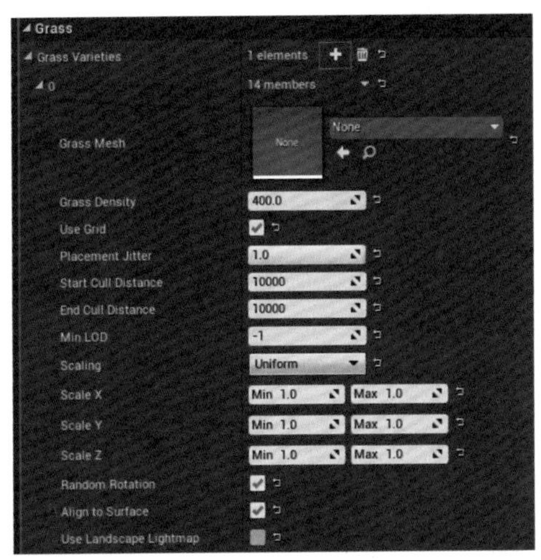

图 4-205

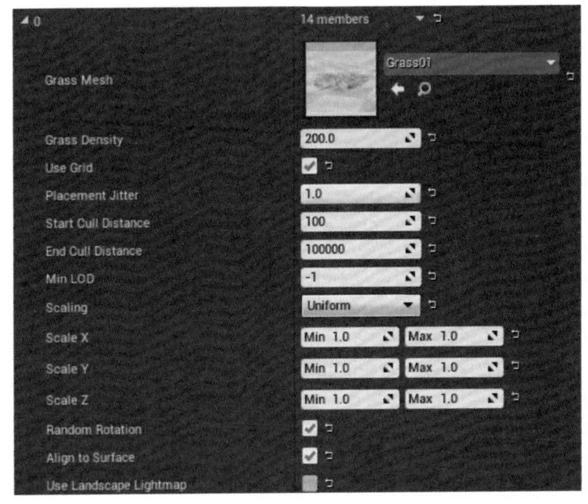

图 4-206

Grass02 是草丛中带有白色和黄色花朵的模型，我们想让草丛中带有花朵，但不需要花朵太密，以防止看起来不自然，所以密度只设置成 50，如图 4-207 所示。

Stone_02 是石头模型，只在场景中起点缀的作用即可，所以把它的密度设置得很低，如图 4-208 所示。

Grass01_2 是草丛中带点蕨类的模型，现实中蕨类密度较低，我们不想让它在这个场景中出现得太多，所以密度设置成 10 即可，如图 4-209 所示。

读者可以根据自己的需要添加并设置模型的参数，设置完成后保存即可。

再次打开我们之前编写的 M_Landscape 材质编辑器。

在 Graph 面板中单击鼠标右键搜索并新建 LandscapeGrassOutput 表达式，如图 4-210 和图 4-211 所示。

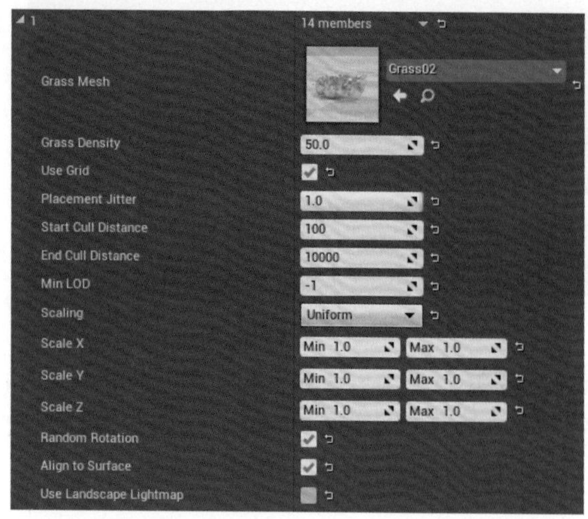

图 4-207

图 4-208

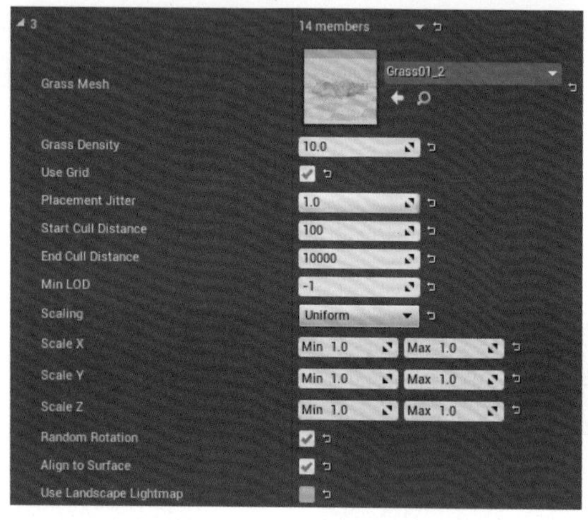

图 4-209

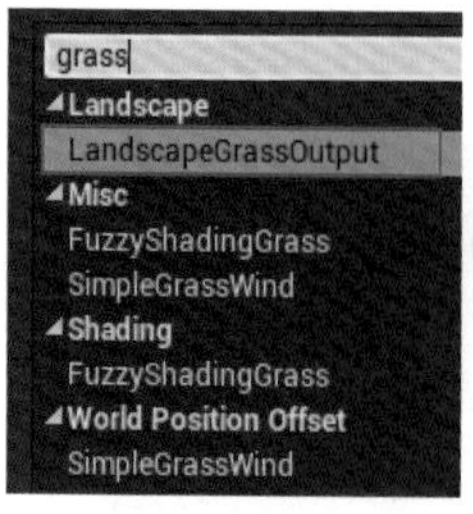

图 4-210

图 4-211

在 Details 面板中对该表达式的属性进行调整，将我们保存后的 Landscape Grass Type 添加到 Grass Type 栏中，如图 4-212 所示。

并将它按如图 4-213 所示相连。

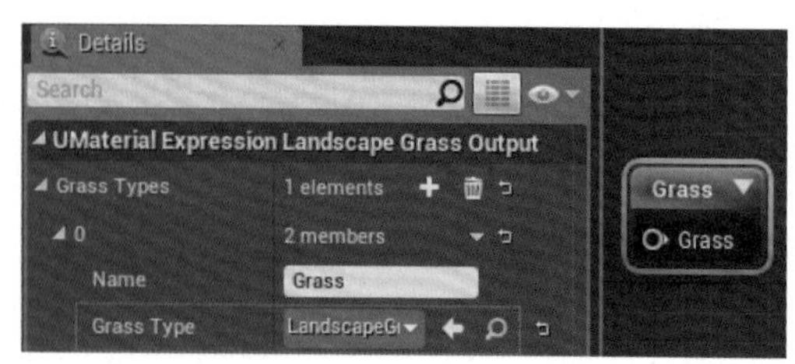

图 4-212

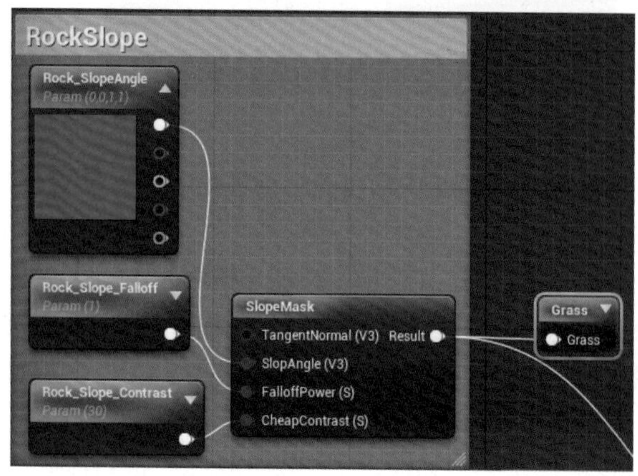

图 4-213

LandscapeGrassOutput 将根据 SlopeMask 输出的蒙版图片判断添加模型的位置，在蒙版图中白色的位置添加模型，而黑色的地方不添加。

保存后返回场景，可以看到应用这个表达式之后的效果，如图 4-214 所示。

现在我们的草丛模型覆盖在 Grass 材质上，就像 LandscapeAutoMaterial 素材包中的效果一样，如图 4-215 所示。

图 4-214

图 4-215

如果你认为场景中的某些模型加载得太多了，或者模型风格跟地形材质不统一，那么还可以回到 Landscape Grass Type 中进行修改。

至此，我们的地形材质就完成了。编写成功之后，我们可以任意替换里面的地形材质贴图和草丛模型，把场景改成完全不同的风格。亲自动手尝试吧！

4.5　其他模型素材展示

说完了笔刷，LandscapeAutoMaterial 资源包最核心的功能已经介绍完毕，但我们还剩一个范例地图没有介绍。

打开 LandscapeAutoMaterial/Maps 中的 Overview-Map，我们看到的是 LandscapeAutoMaterial 资源包中所有素材的展示，如图 4-216 所示。

想要建立一个完整的场景，光靠地形显然是不行的，还要靠各种元素的摆放来支撑。

在 LandscapeAutoMaterial 资源包中有很多模型，包括各种树木、灌木、石头、水等，我们将逐个进行展示。

在 FX 文件夹下有几只蒲公英漂浮在空中的效果，分别是 Fly-Fly_Generic_C_Blue_FX、Fly_Generic_C_Yellow_FX 和 Fly_Generic_FX。这 3 种蒲公英飞舞的效果基本相同，唯一的区别是蒲公英本身的颜色不同。

Fly-Fly_Generic_C_Blue_FX 是蓝色的蒲公英，如图 4-217 所示。

图 4-216

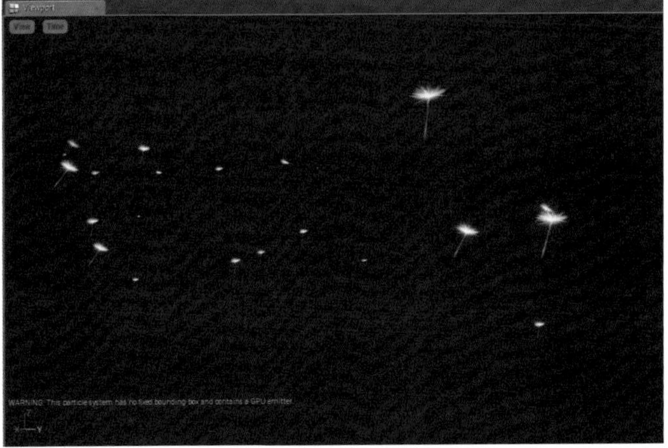

图 4-217

Fly_Generic_C_Yellow_FX 是黄色的蒲公英，如图 4-218 所示。

Fly_Generic_FX 是白色的蒲公英，如图 4-219 所示。

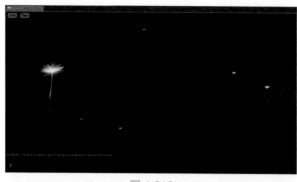

图 4-218

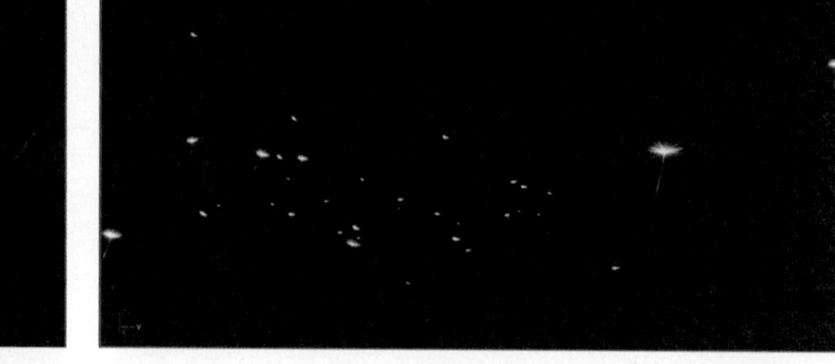

图 4-219

截图无法展现出蒲公英飞舞的动态效果，读者可以亲自打开 Unreal Engine 观看。不过需要注意的是，如果要在场景中加入这种特效，那么不要使它离地面太高，否则会出现蒲公英忽然出现在空中的现象，这有悖于我们追求的真实感。

Meshes 文件夹里有大量户外植物的模型素材，各种植物的添加在我们构建场景的过程中是很重要的一步。

Bushes 文件夹中有一些灌木模型。如图 4-220～ 图 4-222 所示的 3 种灌木模型的样子是一样的，只是尺寸有所不同，其中 Bush_00 最大，Bush_00_2 最小。为了方便区分，我们放在一起对比一下，如图 4-223 所示。

Bush_00

图 4-220

Bush_01

图 4-221

Bush_02

图 4-222

图 4-223

同样，如图 4-224～ 图 4-226 所示的灌木模型也是只有尺寸不同，如图 4-227 所示为三者之间的对比图。

Bush_01

图 4-224

Bush_01_1

图 4-225

Bush_01_2

图 4-226

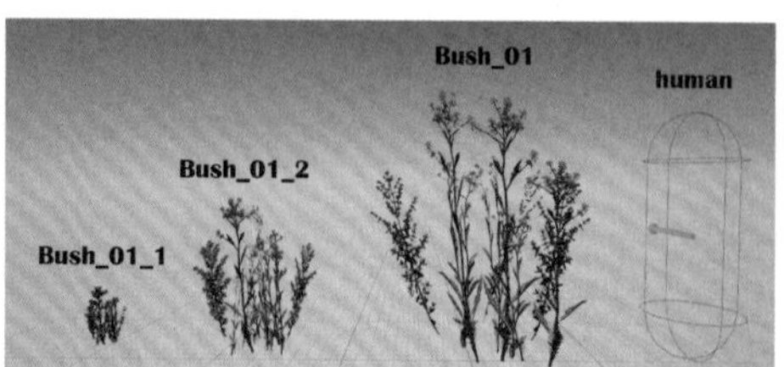

图 4-227

我们同样通过对比图来区分一下如图 4-228～ 图 4-230 所示的灌木模型，如图 4-231 所示。

Bush_02

图 4-228

Bush_02_1

图 4-229

Bush_02_2

图 4-230

图 4-231

Bushes 文件夹中的模型已展示完毕，我们继续看下一个文件夹中的内容。

Grass 中有很多草丛模型。按顺序，从 BigGrass 文件夹开始，如图 4-232~ 图 4-238 所示。

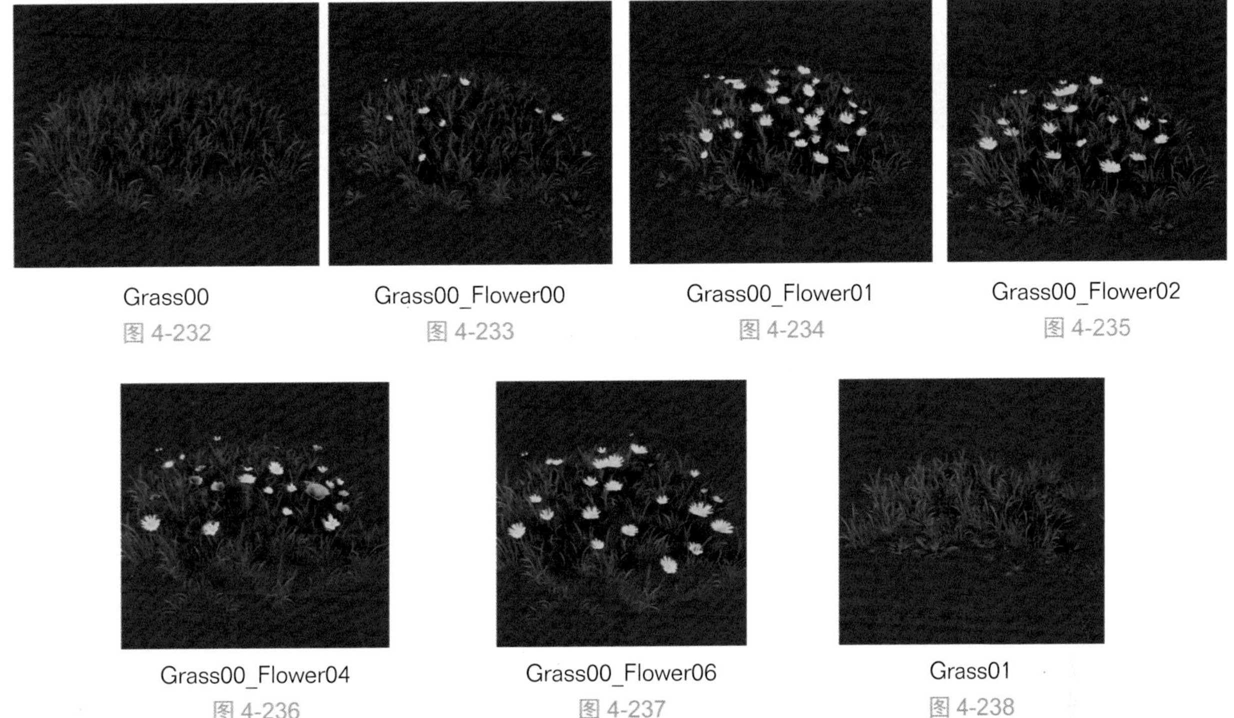

Grass00
图 4-232

Grass00_Flower00
图 4-233

Grass00_Flower01
图 4-234

Grass00_Flower02
图 4-235

Grass00_Flower04
图 4-236

Grass00_Flower06
图 4-237

Grass01
图 4-238

SmallGrass/Rescaled 文件夹中的草丛模型如图 4-239~ 图 4-242 所示。

Grass00
图 4-239

Grass00Big
图 4-240

Grass01
图 4-241

Grass03
图 4-242

Sky 文件夹中有一个名为 SkySphere 的天空盒，如图 4-243 所示。

图 4-243

显然，从图 4-243 中可以看出，这是一个十分晴朗的天气，想要在 Unreal Engine 的场景中换上这样的天空，直接将 SkySphere 拖到场景里即可。

Stones 文件夹中只有 3 种石头，同样是相同的样子、不同的大小，如图 4-244~ 图 4-246 所示。

Stone_01
图 4-244

Stone_02
图 4-245

Stone_03
图 4-246

对比图如图 4-247 所示。

图 4-247

Trees 文件夹里有 4 种树，分别是 Bushes、Fir-Tree、Leave-Tree 和 Pine-Tree。

依然按顺序，从 Bushes 开始，如图 4-248～图 4-250 所示。

Bush-01
图 4-248

Bush-02
图 4-249

Bush-03
图 4-250

Fir-Tree 文件夹中的树模型如图 4-251 和图 4-252 所示。

对比图如图 4-253 所示。

Fir-Tree-02
图 4-251

Fir-Tree-03
图 4-252

图 4-253

由图 4-253 可以看到，两者的不同在于 Fir-Tree-03 的树干下方伸出来一些干枯细长的树枝，而 Fir-Tree-02 没有。

Leave-Tree 文件夹中的树模型如图 4-254~ 图 4-256 所示。

Leave-Tree-01a

图 4-254

Leave-Tree-04

图 4-255

Leave-Tree-05

图 4-256

Pine-Tree 文件夹中的树模型如图 4-257 和图 4-258 所示。

对比图如图 4-259 所示。

Pine-Tree-01

图 4-257

Pine-Tree-02

图 4-258

图 4-259

从对比图能较清楚地看到，两种树在小的细节上有些差异，主要的区别还在于尺寸。

现在我们只剩下最后 Water 文件夹里的水模型 Plane 了，在之前的图片中我们已经见到了一些，如图 4-260 所示。

另一个水模型 Plane_Small 只是比 Plane 在尺寸上小一些，不再进行展示。

至此，LandscapeAutoMaterial 资源包中的全部内容基本介绍完毕，读者可以结合实践自行新建一个关卡来体验这个资源包的神奇之处。

图 4-260

第 5 章

ProceduralNaturePack 介绍及使用

5.1 ProceduralNaturePack 素材包简介

ProceduralNaturePack 同样属于为 Unreal Engine 开发的素材包，主要用于制作室外场景，包括流水、树、藤蔓等。

这个素材包的重点在于样条模型，如果你已经学习了 Edit Splines 工具，那么对这个素材包的内容会比较好理解。

5.2 ProceduralNaturePackDemo 展示及分析

新建一个项目，并把 ProceduralNaturePack 素材包拖到项目的 Content 目录下，成功后在 Unreal Engine 的 Content Browser 面板中单击 ProceduralNaturePack 可以看到包中所包含的内容，如图 5-1 所示，包括 EPIC_Starter Content 文件夹、Foliage 文件夹、Landscape_Layerinfo 文件夹、Materials 文件夹、Meshes 文件夹、Spline_Blue Prints 文件夹、Textures 文件夹和两个搭建好的 Map。

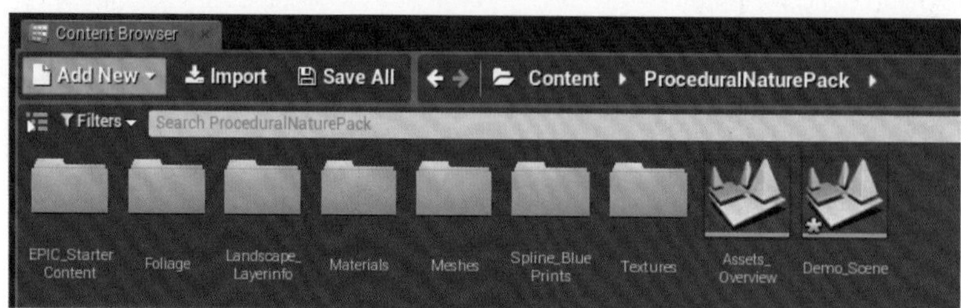

图 5-1

首先打开 Demo_Scene 关卡，观看制作者建立好的场景能帮我们更好地理解包里的内容。首次打开 Demo_Scene 关卡需要经过一段时间的等待才能看到场景中所有的贴图都加载完毕。

当我们打开 Map 的时候会看到如图 5-2 所示的场景。

在场景中能看到很多明显的白点，我们先将白点隐藏，之后再说明它的作用，如图 5-3 所示。

图 5-2

图 5-3

如果忽视那些白点，那么这个场景似乎看起来与别的素材包没什么不同，只要手中有模型，我们也能做出一个类似的场景。但是当你尝试单击一棵树时，你会发现这个场景的模型并不是想象中那么简单的。当我们选中这棵树时，会发现这棵树的每一枝伸展的树叉中都会有几个白色的节点，如图 5-4 所示。

节点间会有线连接起来，当我们选中其中一个节点并用移动工具改变它的位置时，我们会发现，树枝的形状也随之改变了，如图 5-5 所示。

尝试单击别的树，会看到一样的效果。这个场景中的树全部是用节点的方式创建的。而且不只是树，还有水流，如图 5-6 所示。

还有藤蔓效果，如图 5-7 所示。

图 5-4

图 5-5

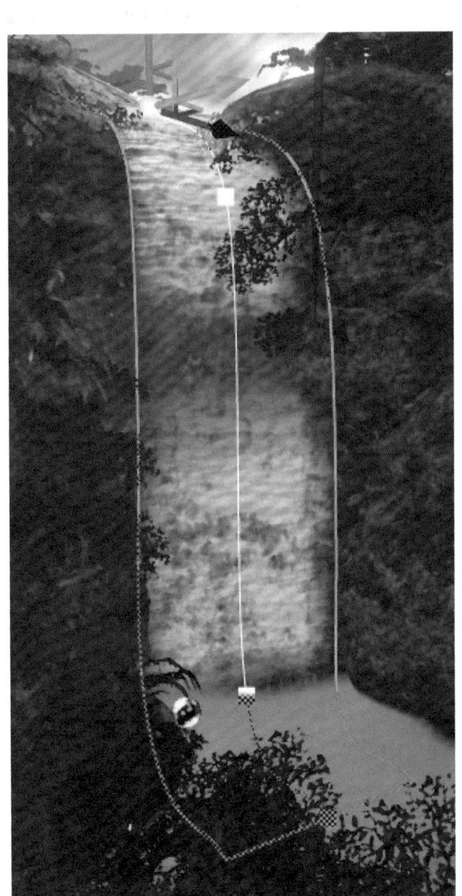

图 5-6

图 5-7

正是因为这些节点的位置等属性可以改变，所以学会它的使用方法后，我们就可以自己创建不同形状的树、不同路线的溪流和不同长度的藤蔓，我们的素材也不再固定到几个模型，而是稍作改变就能变得完全不同。

接下来我们将学习如何使用这个素材包里的内容。

5.3　ProceduralNaturePack 素材包中地形材质的使用

ProceduralNaturePack 素材包中为我们提供了 4 种不同样式的笔刷，用来在地形上创建不同的材质效果，增加场景的真实感。

5.3.1 使用包中的材质创建地形

在左上方菜单栏里新建一个空的关卡，在地貌工具中创建 new Landscape。

在 ProceduralNaturePack/Materials/Terrain_blended_materials 文件夹中有 4 个黑色的材质球，如图 5-8 所示。

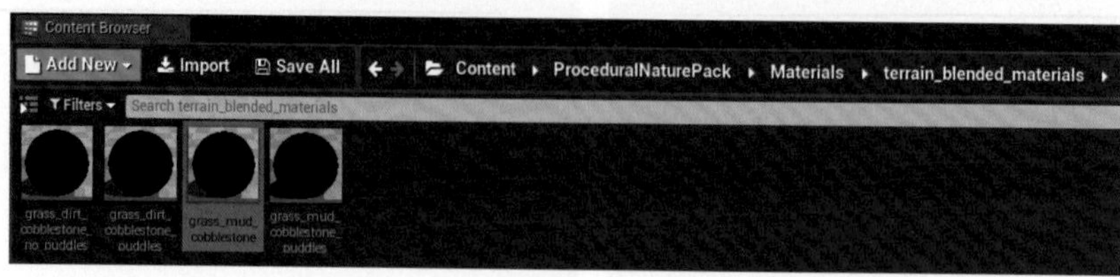

图 5-8

新建地形时，将这 4 个材质球中的任意一个拖到 Material 框中，如图 5-9 所示。

接着在下方的属性栏中设置好所需的地形大小参数，单击 Creat 按钮创建，我们将得到一个全黑的地形，如图 5-10 所示。

此时打开地貌下的 Paint 工具，你会看到 Target Layers 中多了 4 个元素，如图 5-11 所示。

图 5-9

图 5-10

图 5-11

与讲解 LandscapeAutoMaterial 素材包时一样，这 4 个元素分别代表不同的地形笔刷，选择不同的元素可以为地形画上不同的材质。想要使用这几个笔刷，可以单击元素右侧的加号新建，如图 5-12 所示。

也可以直接单击元素的下拉菜单指定，如图 5-13 所示。

图 5-12

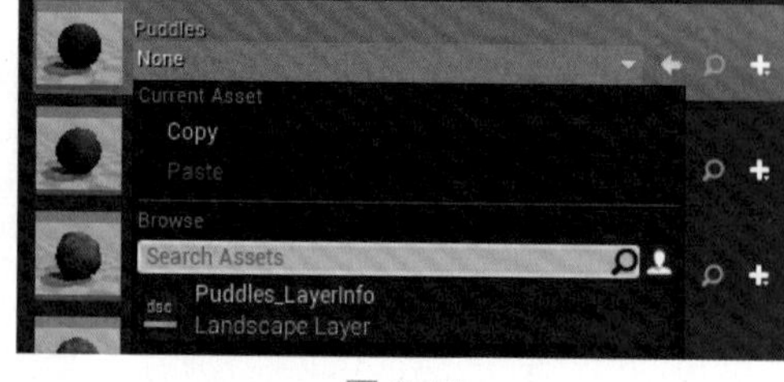

图 5-13

指定好层之后，元素右侧的加号会消失，此时就可以使用该笔刷了，如图 5-14 所示。

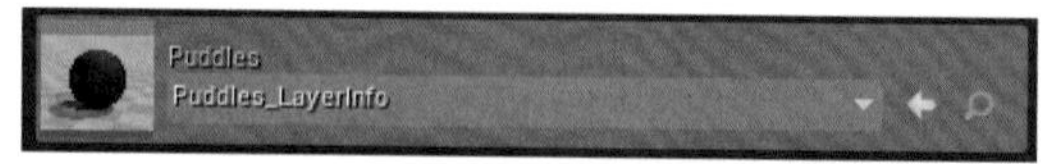

图 5-14

5.3.2 笔刷效果展示

Puddles 笔刷的效果是与原有的黑色效果相同，如图 5-15 所示。

Layer1 笔刷是绿色的草地混合棕色泥土的效果，如图 5-16 所示。

图 5-15

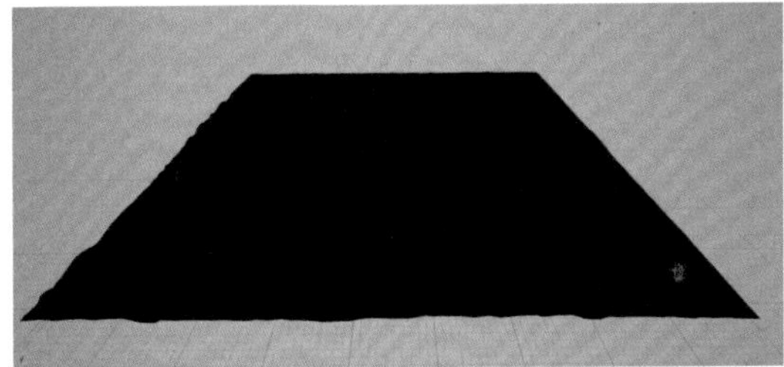

图 5-16

Layer2 笔刷是凹凸不平的泥土，如图 5-17 所示。

Layer3 笔刷看起来像石子路，很多石块平整地铺在地面上，如图 5-18 所示。

图 5-17

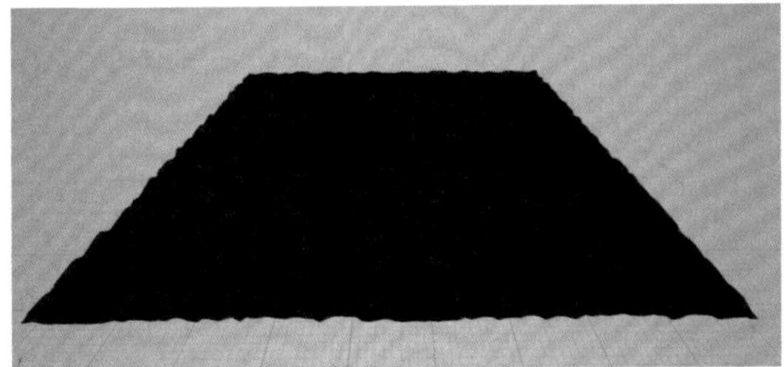

图 5-18

在使用笔刷的时候，可能会发生地形组件频闪的情况。不要急，这是 Unreal Engine 引擎的 Bug，只要用地貌模式中的 Sculpt 工具将地形形状稍微做一些改变，频闪情况就会消失。

如果你认为笔刷的种类太少不能满足你的需求，则可以用我们前面讲到的知识来自己制作笔刷样式。

5.4　学习使用 Procedural Nature Pack 素材包中的样条模型

建立好地形后，接下来直接介绍 Procedural Nature Pack 包的重点内容，也就是如何用样条模型制作河流、树木。

在 ProceduralNaturePack/Spline_BluePrints 文件夹中有 6 个样条模型，如图 5-19 所示，分别是 master_river_spline、master_tree_branch_spline、master_tree_branch_spline_no_auto_scale、master_tree_root_spline、master_tree_root_with_moss_spline 和 master_vine_spline。

图 5-19

5.4.1　水样条模型的使用

首先将 master_river_spline 拖到场景中。master_river_spline 是用来制作河流的样条模型，如图 5-20 所示。

在初始状态下 master_river_spline 有两个节点，两个节点间直线没有倾斜，水很清，只有离得很近才能看到波纹。

在移动状态下选中其中一个节点，按住 Alt 键拖动，可以拉出一个新的节点，如图 5-21 所示。

接着我们改变一下水平方向的倾斜度试一试，如图 5-22 所示，得到一张不同倾斜度的对比图。

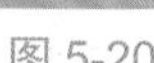

图 5-20

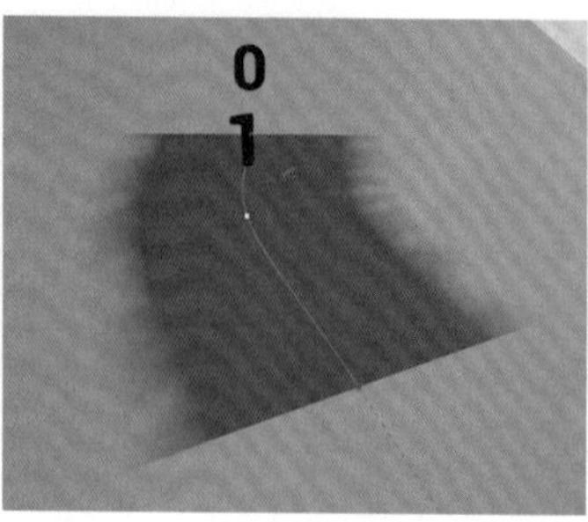

图 5-21

图 5-22

在图 5-22 中，左一为没有改变倾斜度的样子；左二将 0 点稍微拉高了一些，能明显看到水流中多了白色的浪花，有了向下滑的感觉；左三中同时有倾斜角大和小的分段，可以明显观察到，斜度大则水流急、浪花多，斜度小则水流更平缓、浪花少，两者间的过渡也很自然，基本上满足了我们要做小溪或瀑布效果的要求。

在 Unreal Engine 界面左侧 Details 栏中有一些可以设置的参数。

- Draw Spline Point Number：勾选时显示水样条每个节点的编号，取消勾选则将编号隐藏。
- River Speed Minimum：设置水样条的最小流速。
- Water Tiling：设置水样条贴图的大小，数值越大时贴图越密。
- Water Tiling Horizontal：设置水平方向水样条贴图的大小，数值越大时贴图越密。
- Choose Material：可以更换水的材质球。Procedural Nature Pack 包中提供了 3 种不同的水流材质，使用者可以根据需求来选择。材质球的位置在 ProceduralNaturePack/Materials/water 文件夹中。
- River Scale Spline Point：显示选中的水样条中所有的节点。如图 5-23 所示，在 River_Scale 中可以改变任意一个节点处水流的宽度。

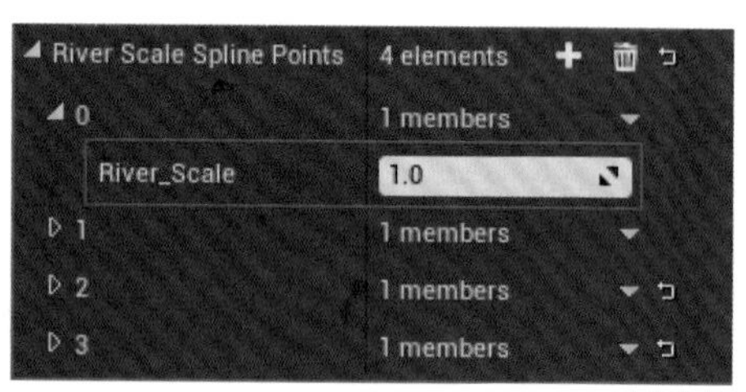

图 5-23

5.4.2 树干样条模型的使用

水样条之后是用于做树效果的树干样条 master_tree_branch_spline，将 master_tree_branch_spline 拖到场景中，如图 5-24 和图 5-25 所示。

树干的初始状态同样只有两个节点，按住 Alt 建拖动上方的节点来建立一个新的节点，移动节点将树干拉长到如图 5-26 所示。

将树干的大体形状做出来之后，其他处理都通过左侧 Details 栏中的参数来设置。

- Draw Final：取消勾选则树干变成圆柱体，主要用于观察树干的弯曲形状，如图 5-27 所示。
- Draw Meshes：取消勾选则只显示节点，主要用于观察节点间的位置，如图 5-28 所示。
- Start Scale：用于设置树干底端的粗细，即 0 节点的粗细。
- End Scale：用于设置树干顶端的粗细，即最后一个节点的粗细。

当 Start Scale 为 3、End Scale 为 0.1 时，效果如图 5-29 所示。

- Choose Material：可以改变树干样条的材质。
- Vertical Tiling Amount：设置垂直方向树干样条的贴图大小，数值越大时贴图越密。
- Horizontal Tiling Amount：设置水平方向树干样条的贴图大小，数值越大时贴图越密。
- Tesselation Scale：设置树干纹路凸起的程度。
- Add Branches：勾选则允许在树干上添加树枝，如图 5-30 所示。

• Number Of Branches：设置添加树枝的数量。当数值为 30 时，效果如图 5-31 所示。

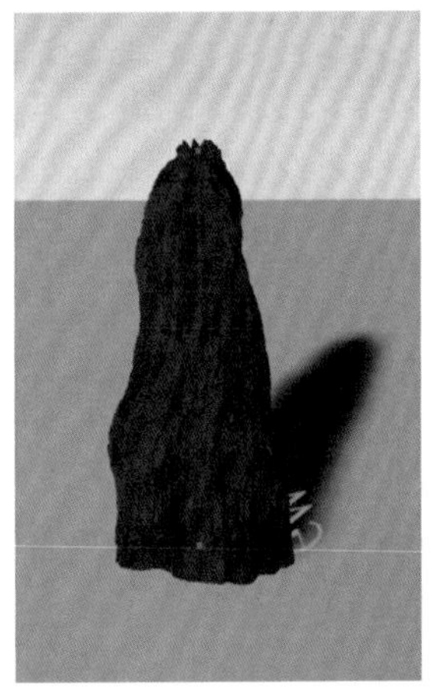

图 5-24

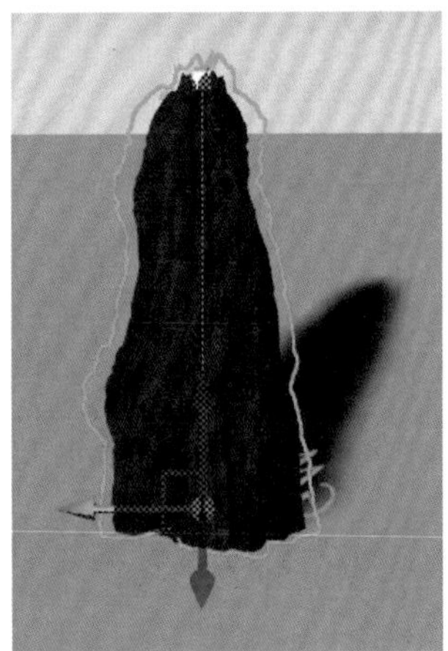

图 5-25

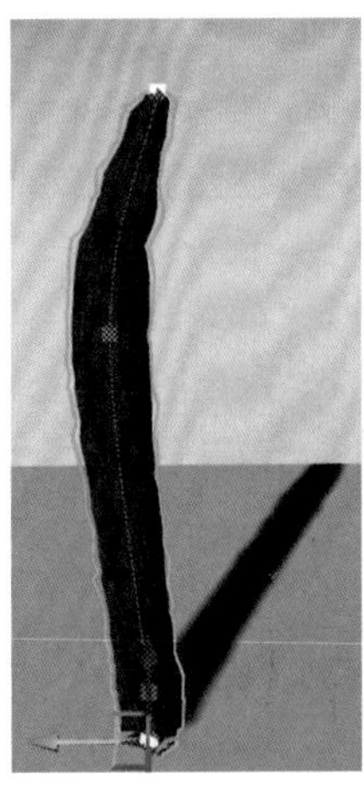

图 5-26

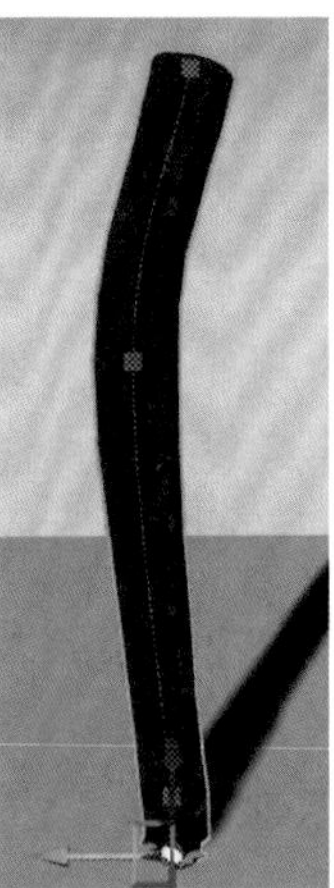

图 5-27

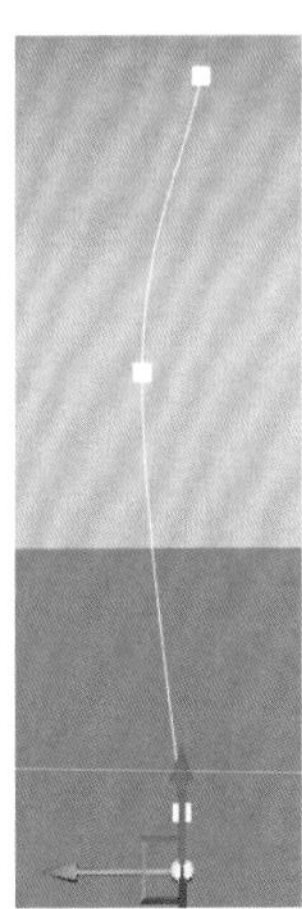

图 5-28

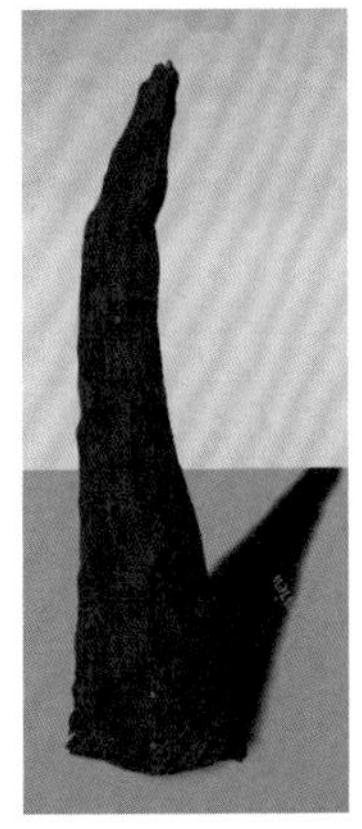

图 5-29

图 5-30

图 5-31

• Branches Start Distance Along Spline：设置最下端树枝与树根的距离大小。设置为 10 时，效果如图 5-32 所示。

• Wind Intensity：风的密度，用于设置树干、树枝晃动的幅度。

• Min Branch Scale：设置树枝大小的最小值。

• Max Branch Scale：设置树枝大小的最大值。

• Pitch：用于设置树枝自身的旋转角度。初始值为 0，树枝平行于屏幕；当设置为 90° 时，可以观察到树枝垂直于屏幕，如图 5-33 所示。

• Pitch Variation：假如数值为 5，则树枝的旋转角度在 Pitch 设置后的数值 ±5° 范围内随机。

• Yaw：设置树枝间的角度，通常设置为 0。当数值为 180 时，效果如图 5-34 所示。

图 5-32

图 5-33

图 5-34

• Yaw Variation：树枝间的角度在设置的范围内随机，一般设置为 360，即树枝间角度在 360° 内随机添加，如图 5-35 所示。

- Roll：用于设置树枝在垂直方向倾斜的角度。当数值设为 45 时，效果如图 5-36 所示。
- Roll Variatio：树枝在垂直方向的倾斜角度在一定范围角度内随机。

一棵经过参数调整的树的最终效果及它的参数如图 5-37 和图 5-38 所示。

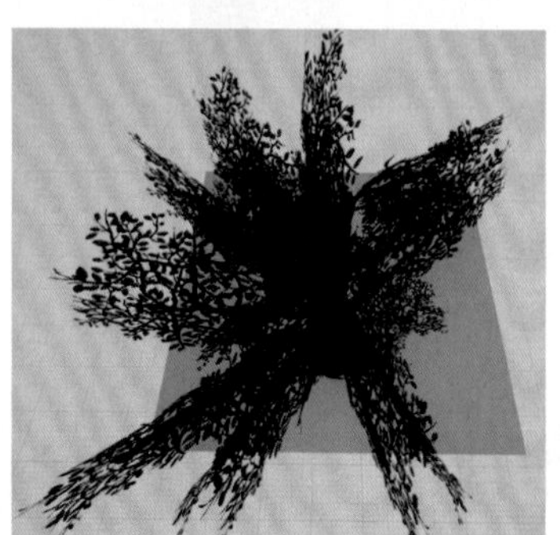

图 5-35

图 5-36

图 5-37

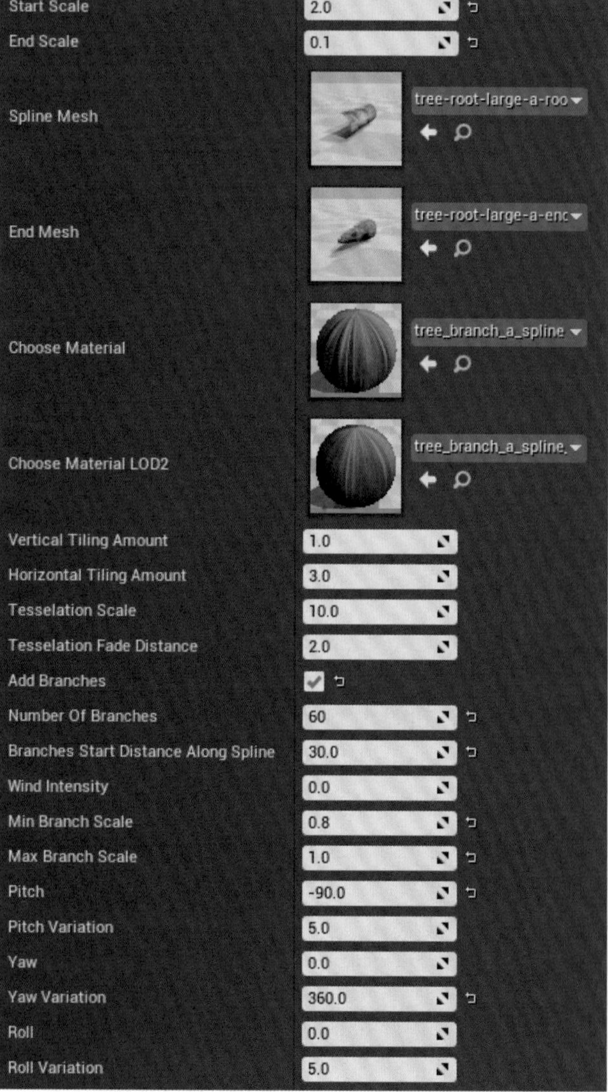

图 5-38

master_tree_branch_spline_no_auto_scale 同样用于制作树干，效果及参数设置方式与 master_tree_branch_spline 基本相同，不再另做讲解。

5.4.3　树根样条模型的使用

master_tree_root_spline 样条用于制作树根。将一个 master_tree_root_spline 拖到场景中，可以看到初始状态下的树根与树干的样子相同，如图 5-39 所示。

按住 Alt 键并拖动节点来增加新的节点，将建立好的节点做适当的位移来摆出树根的形状，如图 5-40 所示。

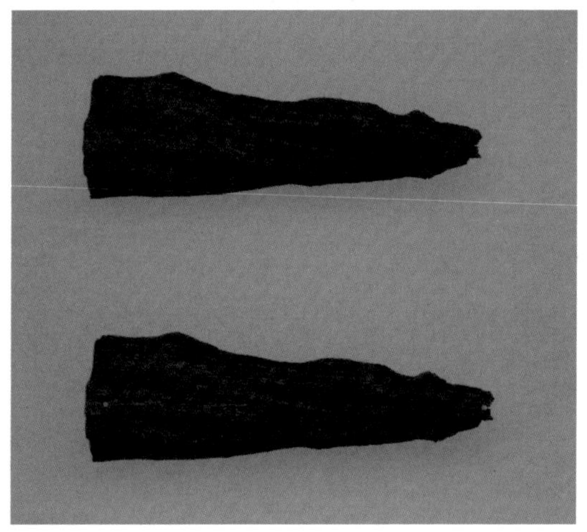

图 5-39

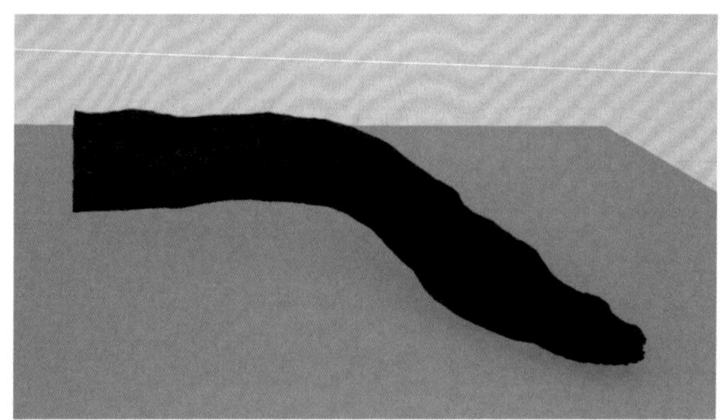

图 5-40

master_tree_root_spline 的属性很少，而且这几个属性在 master_tree_branch_spline 中都出现过。

- Start Scale：用于设置树根起始端的粗细，即 0 节点的粗细。
- End Scale：用于设置树根结束端的粗细，即最后一个节点的粗细。
- Vertical Tiling Amount：设置垂直方向树根样条的贴图大小，数值越大时贴图越密。
- Horizontal Tiling Amount：设置水平方向树根样条的贴图大小，数值越大时贴图越密。
- Tesselation Scale：设置树根纹路凸起的程度。

经过参数调整的树根的最终效果及其参数如图 5-41 和图 5-42 所示。

master_tree_root_with_moss_spline 同样是制作树根的样条模型，只是在贴图上与 master_tree_root_spline 有所区别，如图 5-43 所示。

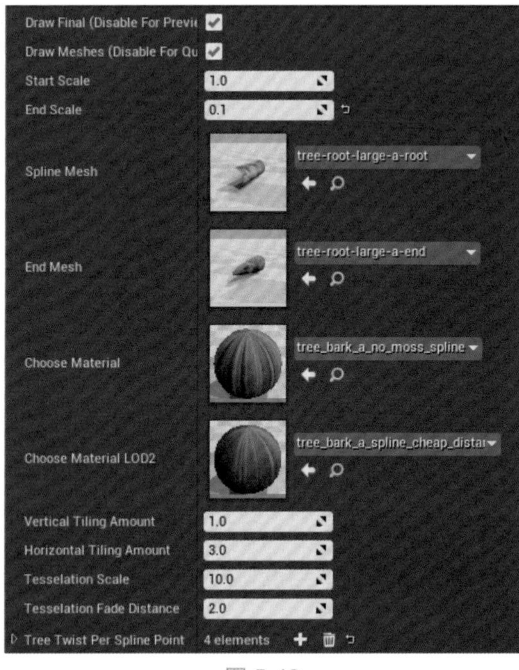

图 5-42

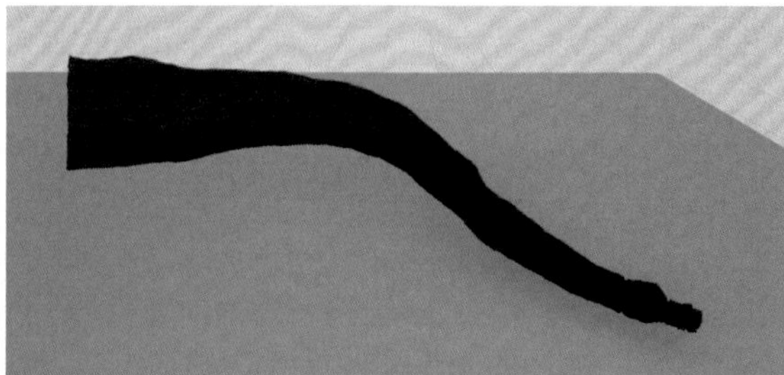

图 5-41

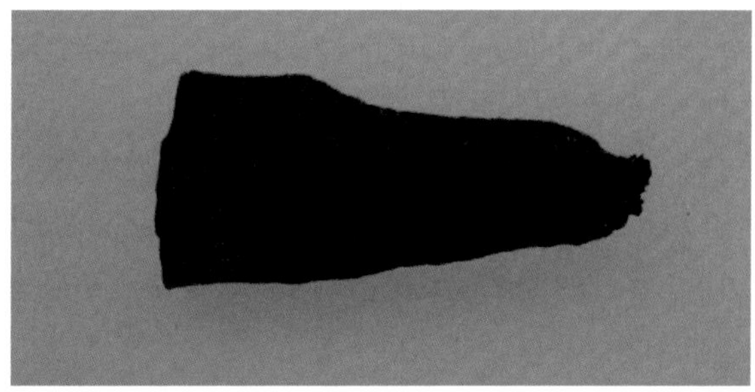

图 5-43

其属性与 master_tree_root_spline 的属性相同，这里不再进行讲解。

5.4.4 藤蔓样条模型的使用

最后一个 master_vine_spline 为制作藤蔓的样条模型，选中 master_vine_spline 将其拖到场景中观察，如图 5-44 所示。

在初始状态下，master_vine_spline 有两个节点，我们同样按住 Alt 键拖动建立新节点，并调整节点的位置做出藤蔓的形状，如图 5-45 所示。

图 5-44

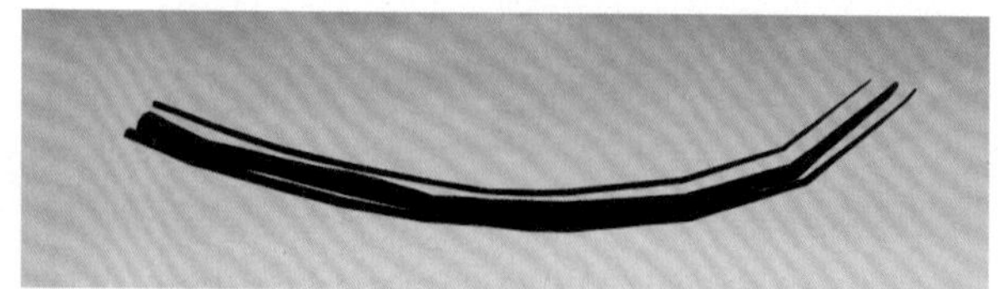

图 5-45

调整好形状之后，在右侧的 Details 面板中为它调整属性参数。

master_vine_spline 的属性我们在学习 master_tree_branch_spline 时讲解过，这里只做简单介绍。

- Start Scale：用于设置藤蔓起始端的粗细，即 0 节点的粗细。
- End Scale：用于设置藤蔓结束端的粗细，即最后一个节点的粗细。
- Vertical Tiling Amount：设置垂直方向藤蔓样条的贴图大小，数值越大时贴图越密。
- Horizontal Tiling Amount：设置水平方向藤蔓样条的贴图大小，数值越大时贴图越密。
- Tesselation Scale：设置藤蔓纹路凸起的程度。
- Add Branches：勾选则在藤蔓上的随机位置添加分枝，如图 5-46 所示。
- Number Of Branches：用于设置分枝的数量。当数值设为 20 时，效果如图 5-47 所示。

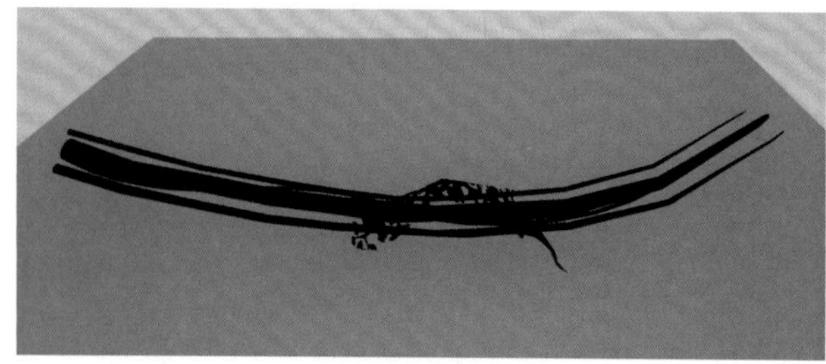

图 5-46

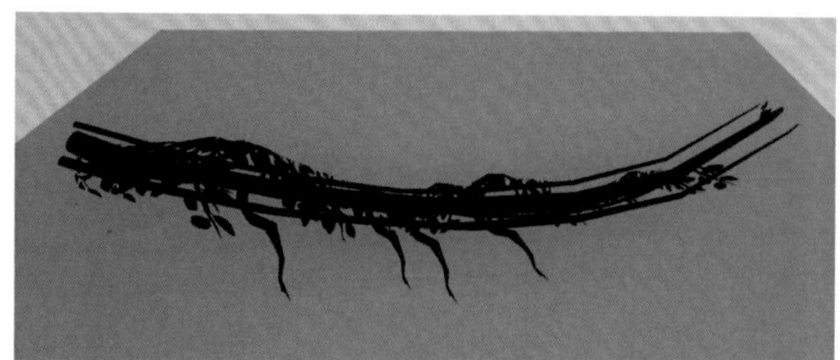

图 5-47

- Branches Start Distance Along Spline：设置分枝与藤蔓起始端的距离大小。数值设置为 15 时，效果如图 5-48 所示。
- Wind Intensity：风的密度，用于设置藤蔓分枝晃动的幅度。
- Min Branch Scale：设置分枝大小的最小值。
- Max Branch Scale：设置分枝大小的最大值。

当 Min Branch Scale 设为 1.0、Max Branch Scale 设为 1.3 时，效果如图 5-49 所示。

- Pitch：用于设置分枝自身的旋转角度。初始值为 0，分枝贴在藤蔓上，当设置为 90° 时可以观察到分枝垂直于藤蔓方向，如图 5-50 所示。
- Pitch Variation：假如数值为 5，则分枝的旋转角度在 Pitch 设置后的数值 ±5° 范围内随机。

- Yaw：设置分枝间的角度，通常设置为 0。
- Yaw Variation：树枝间的角度在设置的范围内随机，一般设置为 360，即树枝间的角度在 360° 内随机添加。
- Roll：用于设置分枝在垂直方向倾斜的角度。当数值设为 90° 时，效果如图 5-51 所示。

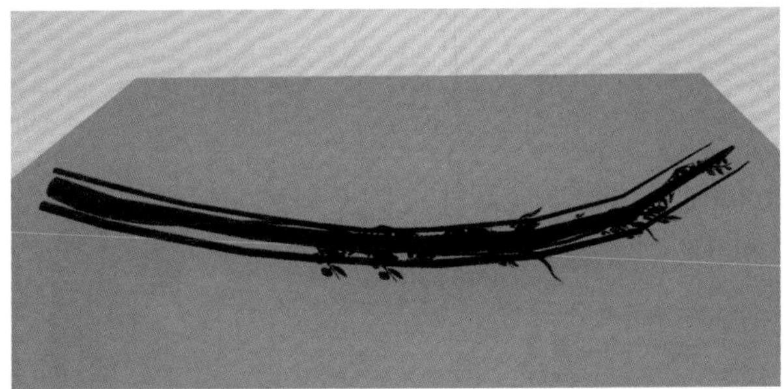
图 5-48

图 5-49

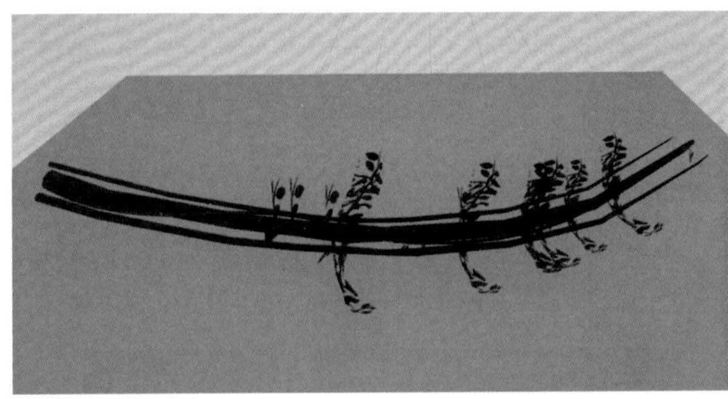
图 5-50

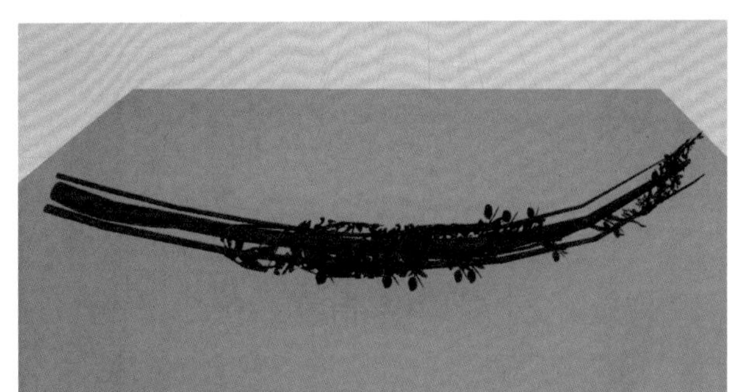
图 5-51

- Roll Variation：分枝在垂直方向的倾斜角度在一定范围角度内随机。

经过参数调整的藤蔓及其参数如图 5-52 和图 5-53所示。

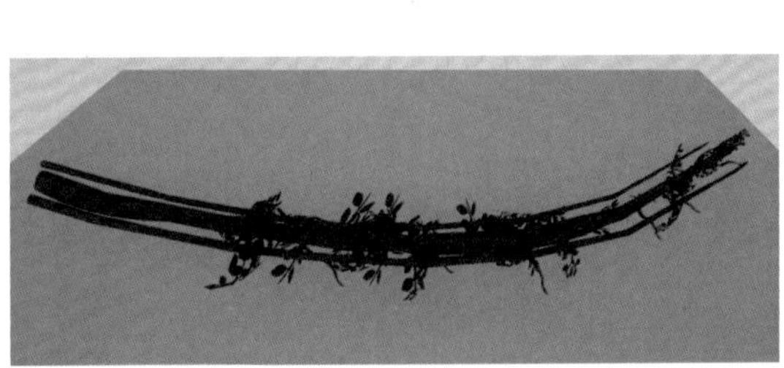
图 5-52

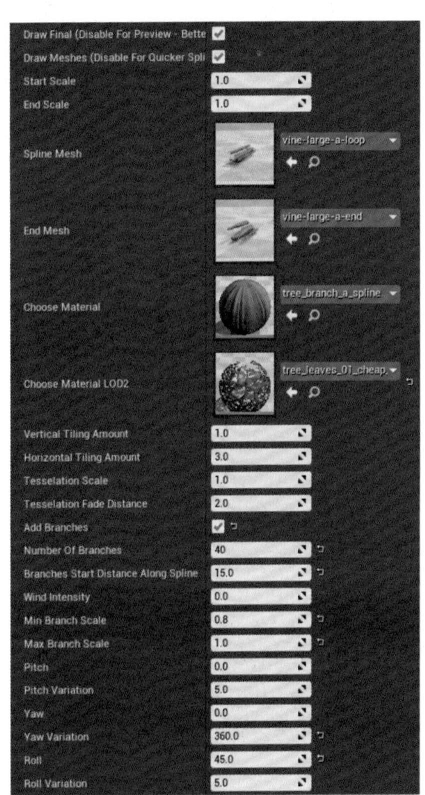

图 5-53

学会了这几种样条模型的使用方法，可以在很大程度上增强我们建设场景的多样性，我们可以根据自己的想法建立符合需求的素材模型。

这 6 种样条模型是 ProceduralNaturePack素材包的重点内容。除此之外，ProceduralNaturePack 包中还有很多环境素材模型，比如草丛、石头等。

5.5 ProceduralNaturePack 素材包中的其他素材展示

打开 Assets_Overview 场景，我们能看到所有 ProceduralNaturePack 素材包中拥有的和能做到的模型，其中有很多用样条模型做成的树的成品，读者可以自行查看它们的参数设置，如图 5-54 所示。

剩余草丛、石头等模型放置在 ProceduralNaturePack/Meshes 文件夹中，如图 5-55 所示。

图 5-54

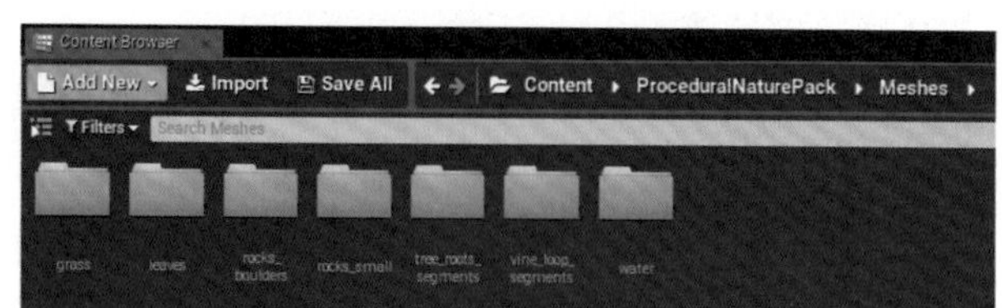

图 5-55

在 Grass 文件夹中有两个草丛模型，分别是 grass_small_01（见图 5-56）和 grass_small_02（见图 5-57）。

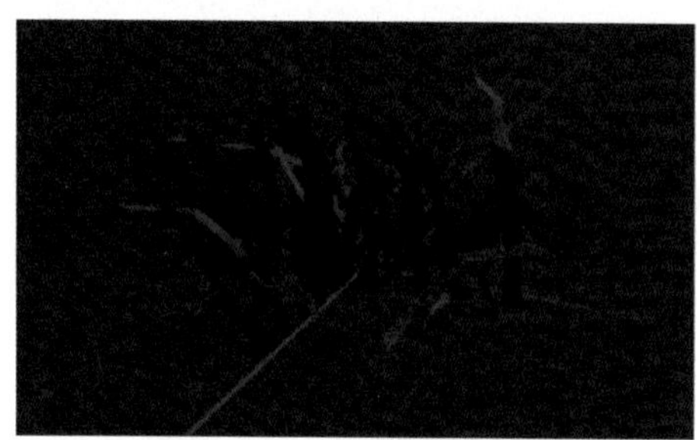

图 5-56

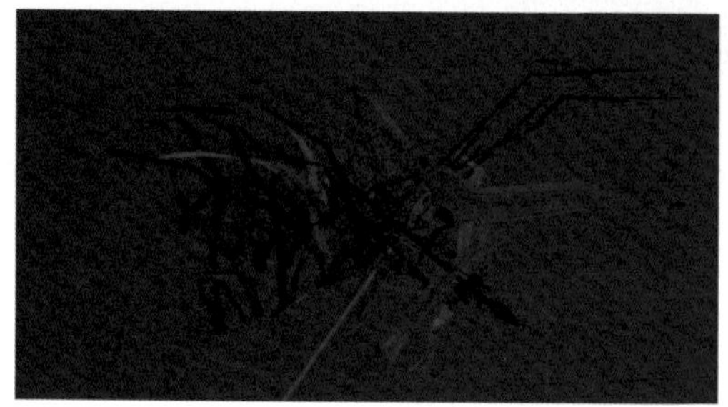

图 5-57

两者的主要区别在于模型大小不同，如图 5-58 所示。

单击进入 Leaves 文件夹。

leaves_banana_01（见图 5-59）和 leaves_banana_02（见图 5-60）为两种不同造型的芭蕉叶。

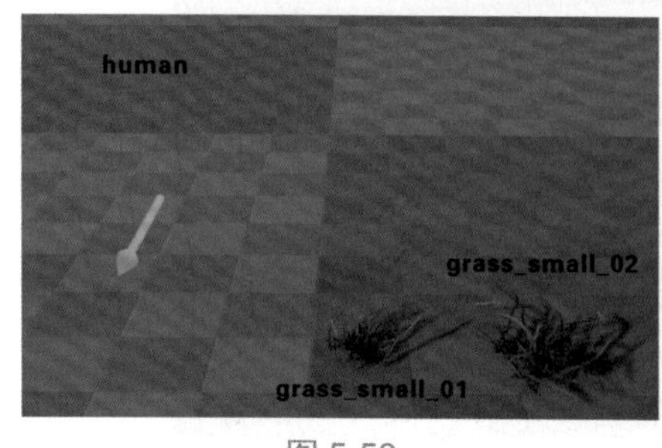

图 5-58

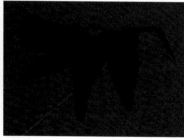

图 5-59

图 5-60

两者的对比图如图 5-61 所示。

leaves_fern_01（见图 5-62）和 leaves_fern_02（见图 5-63）为两种不同造型的蕨类植物。

两者的对比图如图 5-64 所示。

接下来的 8 个模型被用作树枝添加在 master_tree_branch_spline 样条模型上，如图 5-65 所示。使用者可以在创建 master_tree_branch_spline 树干时在属性栏中更改所添加的树枝的样式。

图 5-61

图 5-62

图 5-63

图 5-64

图 5-65

其中，leaves_tree_01（见图 5-66）和 leaves_tree_02（见图 5-67）为带着树叶的树枝模型。

图 5-66

图 5-67

两者的对比图如图 5-68 所示。

leaves_tree_b_01（见图 5-69）和 leaves_tree_b_02（见图 5-70）同为带着树叶的树枝模型，且模型形状与 leaves_tree 相同，只是树枝的木头材质有所区别。

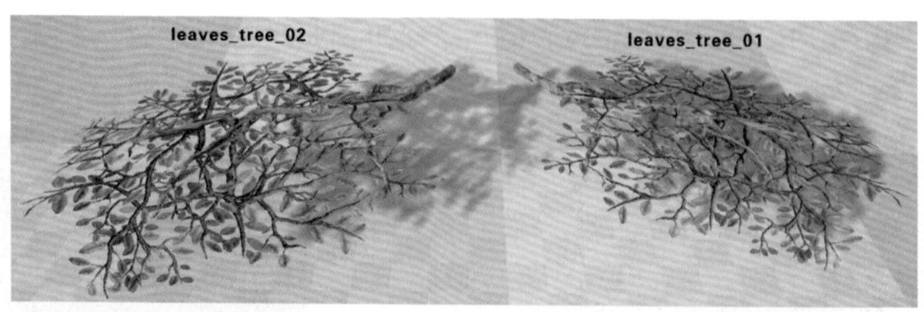

图 5-68

图 5-69

图 5-70

两者的对比图如图 5-71 所示。

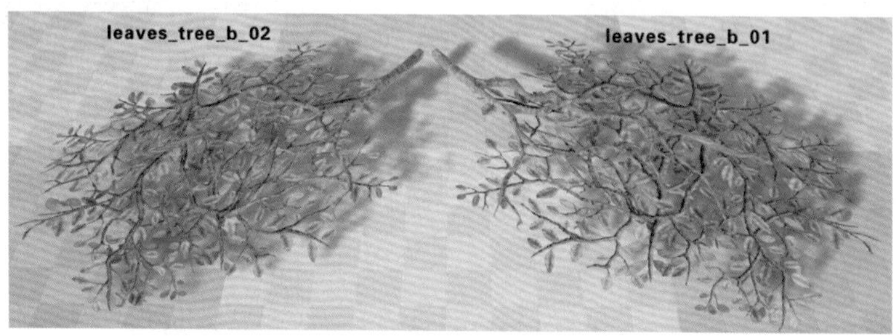

图 5-71

leaves_tree_b_bare_branch_01（见图 5-72）和 leaves_tree_b_bare_branch_02（见图 5-73）分别为没有树叶的枯树枝模型。

图 5-72

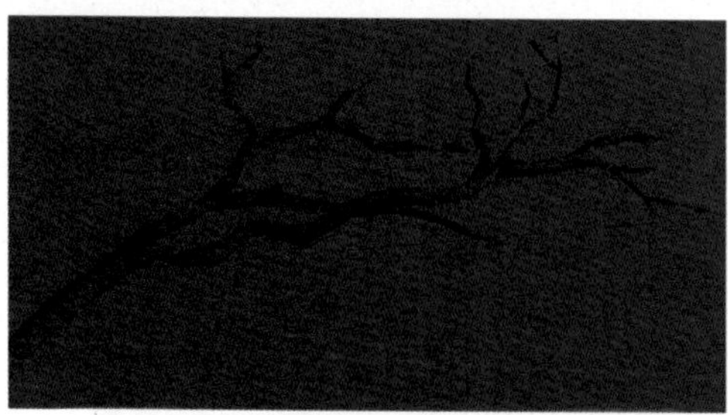

图 5-73

两者的对比图如图 5-74 所示。

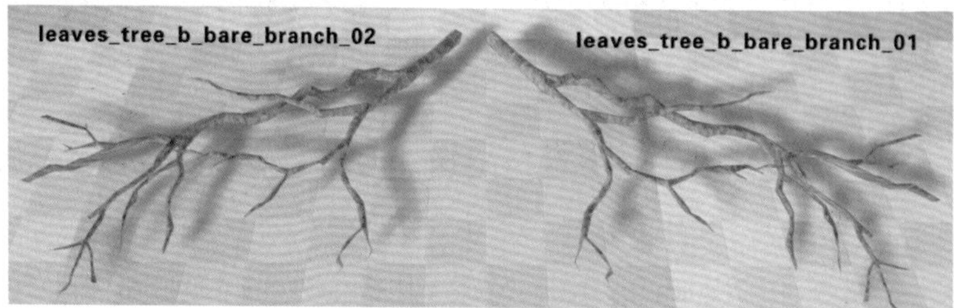

图 5-74

leaves_tree_bare_branch_01（见图 5-75）和 leaves_tree_bare_branch_02（见图 5-76）同样为没有树叶

的枯树枝模型，且模型形状与 leaves_tree_b_bare_branch 相同，只是树枝的木头材质有所区别。

图 5-75

图 5-76

两者的对比图如图 5-77 所示。

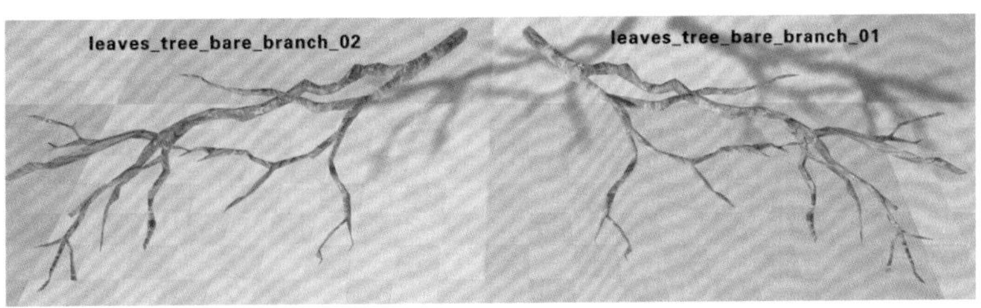

图 5-77

以上为全部树枝模型，接下来的 5 个模型被作为枝杈添加在藤蔓上，如图 5-78 所示。使用者可以在创建 master_vine_spline 藤蔓时在属性栏中更改所添加的枝杈的样式。

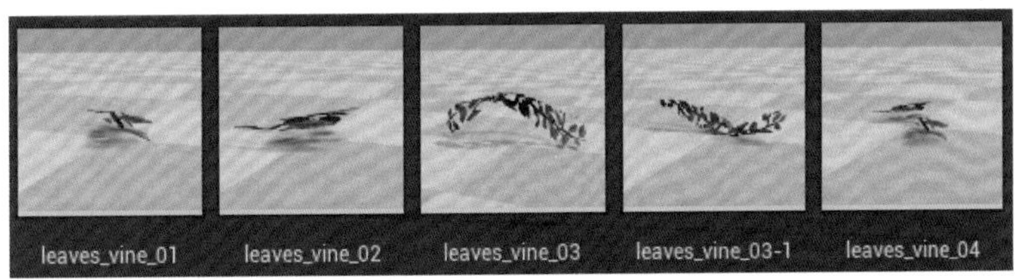

图 5-78

leaves_vine_01（见图 5-79）和 leaves_vine_02（见图 5-80）为有树叶的小枝杈。

两者的对比图如图 5-81 所示。

图 5-79

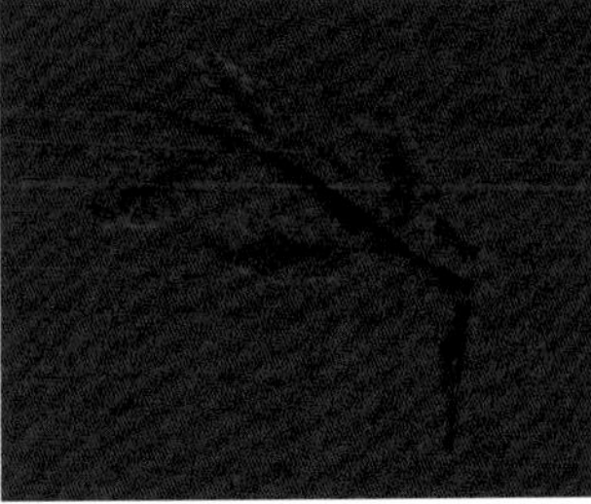
图 5-80

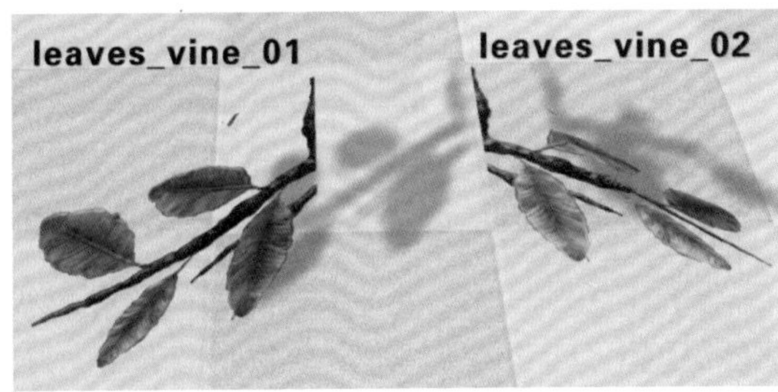

图 5-81

leaves_vine_03（见图 5-82）和 leaves_vine_03-1（见图 5-83）为长条形、螺旋状的枝杈。

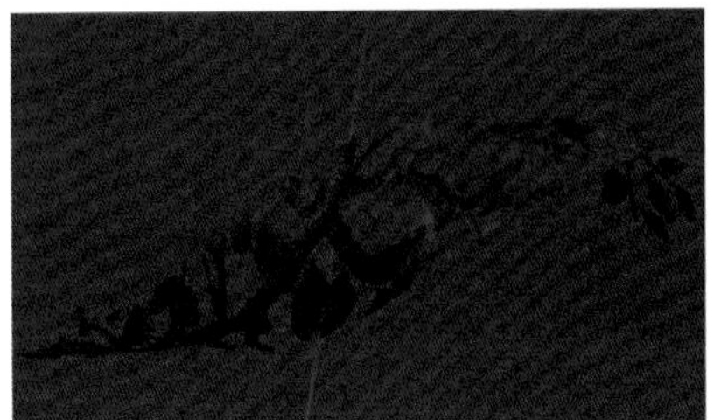
图 5-82

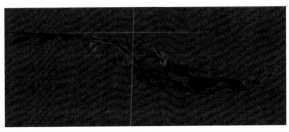

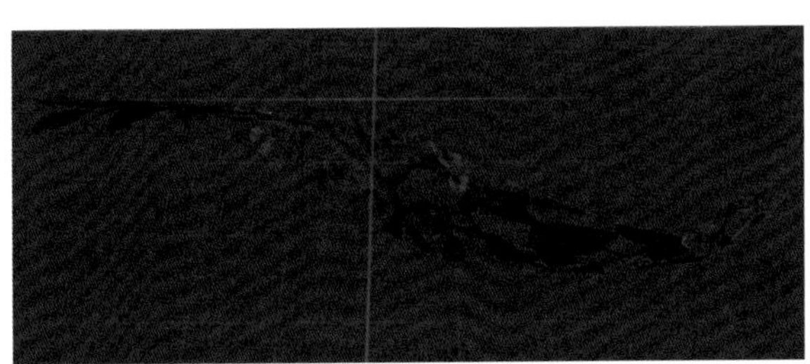
图 5-83

两者的对比图如图 5-84 所示。

leaves_vine_04（见图 5-85）为一对有树叶的小枝杈。

图 5-84

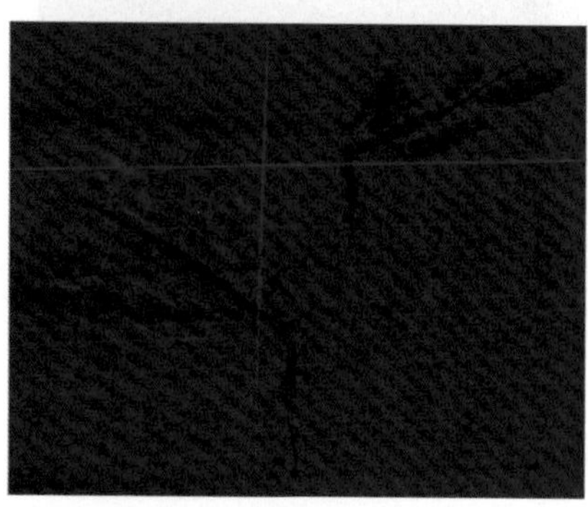
图 5-85

最后 4 个 Mesh 为藤蔓主体的模型，使用者可以在创建 master_vine_spline 藤蔓时在属性栏中更改藤蔓的样式。

leaves_vine_bare_branch_01（见图 5-86）和 leaves_vine_bare_branch_01-1（见图 5-87）为长条形藤蔓的模型。

图 5-86

图 5-87

两者的对比图如图 5-88 所示。

最后两个 leaves_vine_bare_branch_02（见图 5-89）leaves_vine_bare_branch_03（见图 5-90）为短小的藤蔓模型。

两者的对比图如图 5-91 所示。

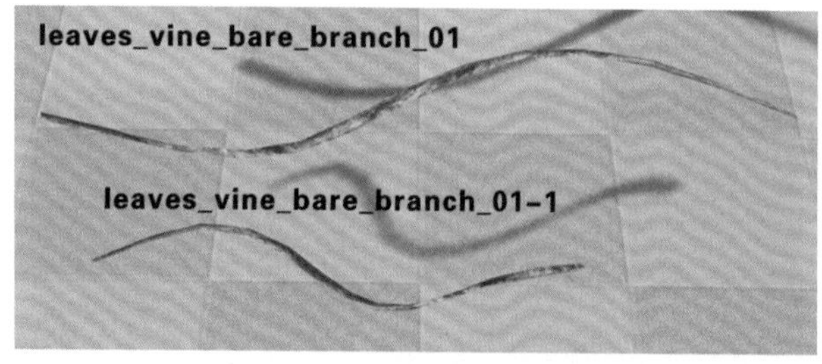

图 5-88

图 5-89

图 5-90

图 5-91

接下来的 rocks_boulders 文件夹里有 4 块大型的岩石，这 4 块岩石形状相同、大小相同，只是在材质上有所区别。

其中，rock_boulder_a 为被苔藓全部覆盖的岩石模型，如图 5-92 所示。

rock_boulder_b1 为灰色偏白的岩石模型，如图 5-93 所示。

图 5-92

图 5-93

rock_boulder_b2 为灰色偏黑的岩石模型，如图 5-94 所示。

rock_boulder_b3 为被苔藓覆盖大部分表面的岩石模型，如图 5-95 所示。

图 5-94

图 5-95

可能会有细心的读者发现，当你随意拖动一块岩石模型到场景上并移动它时，岩石上的贴图会随着移动发生变化，相同的模型放在不同的位置，模型上的纹理不同，如图 5-96 所示。

这种变化在移动模型时比较明显，建议读者在 Unreal Engine 中亲自尝试一下。

这里岩石上的贴图并不是附着在岩石模型上的，而是根据模型的位置把空间里的贴图“印”在模型上。所以，当你改变模型某个轴向的 Scale 时，不会发生贴图由于过度拉伸而损坏的情况。

如图 5-97 所示，将模型沿 X 轴拉伸，可以看到贴图仍然是均匀的。

除此之外，我们还可以自己在岩石上的任意位置“画”上苔藓。

首先在左侧的 Modes 栏中选中 Paint 工具，里面有设置好的笔刷，如图 5-98 所示。

图 5-96

图 5-97

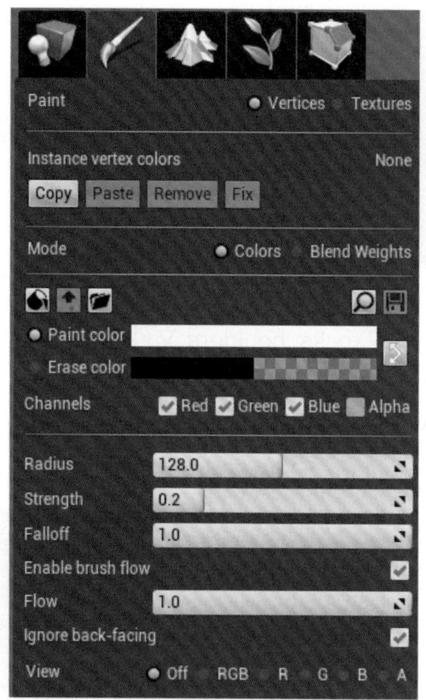

图 5-98

如图 5-99 所示，当鼠标落在岩石模型上时，会出现许多小白点。

单击则在此处画出苔藓，如图 5-100 所示。

图 5-99

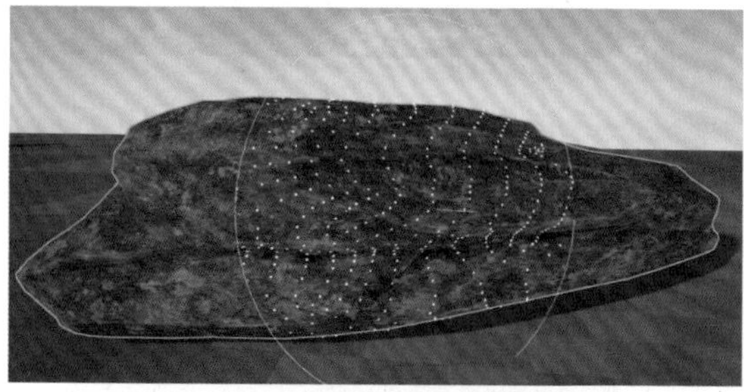

图 5-100

在 Paint 的属性栏中，可以改变笔刷的属性。

- 当 aint clor 为白色时，笔刷用于画上苔藓。
- Evase clor 为黑色时，笔刷用于擦除苔藓。
- Radius 用于设置笔刷的大小。
- Strength 用于设置笔刷上色的力度。
- Falloff 用于设置笔刷上色的衰减值。

下一个文件夹 rock_small 中有几个小石头的模型。

如图 5-101 所示，其中 rock_group_small_a1、rock_group_small_a2、rock_group_small_a3、rock_group_small_a4 模型相同、大小相同、只是石头的材质不同。

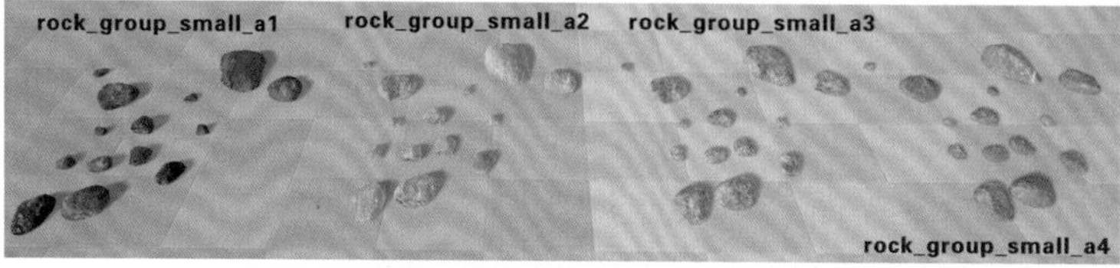

图 5-101

如图 5-102 所示，rock_group_small_b1、rock_group_small_b2、rock_group_small_b3、rock_group_small_b4 模型相同、大小相同，只是石头的材质不同。

图 5-102

如图 5-103 所示，最后 3 个石头模型 rock_group_small_c1、rock_group_small_c2、rock_group_small_c3 同样模型相同、大小相同，只是石头的材质不同。

图 5-103

tree_roots_segments 文件夹中为树根部分的模型。

tree-root-large-a-end 为树根根尖部分的模型，如图 5-104 所示。

tree-root-large-a-root 为树根主体部分的模型，如图 5-105 所示。

图 5-104

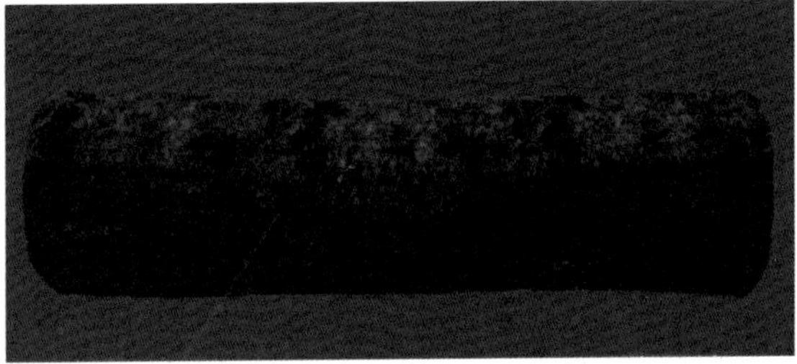

图 5-105

vine_loop_segments 文件夹中存放的是制作藤蔓所需的模型。

vine-large-a-end 为藤蔓主体中末端尖部的模型，如图 5-106 所示。

vine-large-a-loop 为藤蔓主体的模型，如图 5-107 所示。

图 5-106

图 5-107

vine_small_a_end 为小藤蔓枝杈中尖端部分的模型，如图 5-108 所示。

vine_small_a_loop 为小藤蔓枝杈主体的模型，如图 5-109 所示。

图 5-108

图 5-109

以上是对于 ProceduralNaturePack 素材包中内容的全部讲解，感兴趣的读者可以尝试使用这个素材包来丰富自己建设的场景。

第 6 章

Unreal Engine 4 相关软件

6.1 SpeedTree

SpeedTree Modeler 是一款三维树木建模软件，支持树木的快速建立和渲染。我们可以按照它所提供的节点资源快速创建多种多样的树，也可以手动进行绘制。此外，该软件本身还拥有强大的树木库，我们可以下载树木库并调用或改造其中的树木。该软件由美国 IDV 公司研发制作。

6.1.1 软件概览

SpeedTree Modeler 支持其他三维建模软件，通过 SpeedTree Modeler 制作的模型可以在 3ds Max、Maya、C4D 等软件中使用。此外，SpeedTree Modeler 还有两个额外的版本完美衔接 Unity 5 和 Unreal Engine 4，我们可以通过这两个版本将制作出的树木导入我们所使用的游戏引擎中。本书中使用的是 SpeedTree Modeler Unreal Engine 4 Subscription Edition 与 Unreal Engine 4 协同的版本。

在游戏 The Witcher 3:Wild Hunt 中的树木就是通过 SpeedTree 创建的，如图 6-1 和图 6-2 所示。

图 6-1

图 6-2

6.1.2 界面介绍

学习一款软件，了解它的界面和针对视图窗口的基础操作是必不可少的。本小节我们一起来认识和了解 SpeedTree Modeler 这款软件的界面布局，包括 Menu（菜单栏）、Toolbar（工具栏）、选项卡面板、Properties（属性）面板、Tree Window（主视窗）及 Generation（生成器编辑）面板。此外还会涉及针对 Tree Window 的基础操作。

1．界面布局

界面布局如图 6-3 所示。中间的空白处为软件最主要的 Tree Window，我们建立的树木植物都会在这个窗口中显示。该窗口左上角会显示一些统计三角面个数的数据，右上角有两个小图标，一个代表灯光，一个代表风力，对它们进行旋转可以调节光线方向和风力朝向，如图 6-4 所示，我们会在 6.1.4 节中对它们进行更详尽的描述。

Tree Window 上方有一条工具栏，如图 6-5 所示，分为 View、Edit、Focus、Scene 和 Misc 这 5 个功能区。View 中的 Render 为渲染模式，Show 可以设置节点的隐藏与显示，Zoom 和 Target 都是用来聚焦的；Edit 中的 Generators 可与 Nodes 切换，Add 为添加节点；Focus 中的 Target 和 Clear 是相互结合使用的，可以局部显示和取消局部显示；Scene 中的 Forces、Collision 和 Wind 分别是用来添加力、碰撞和风的。功能区中有一些常用的功能我们会在之后的内容中进行讲解，其中 Forces 功能比较重要且复杂，我们将会利用 6.1.5 节对其进行讲解。

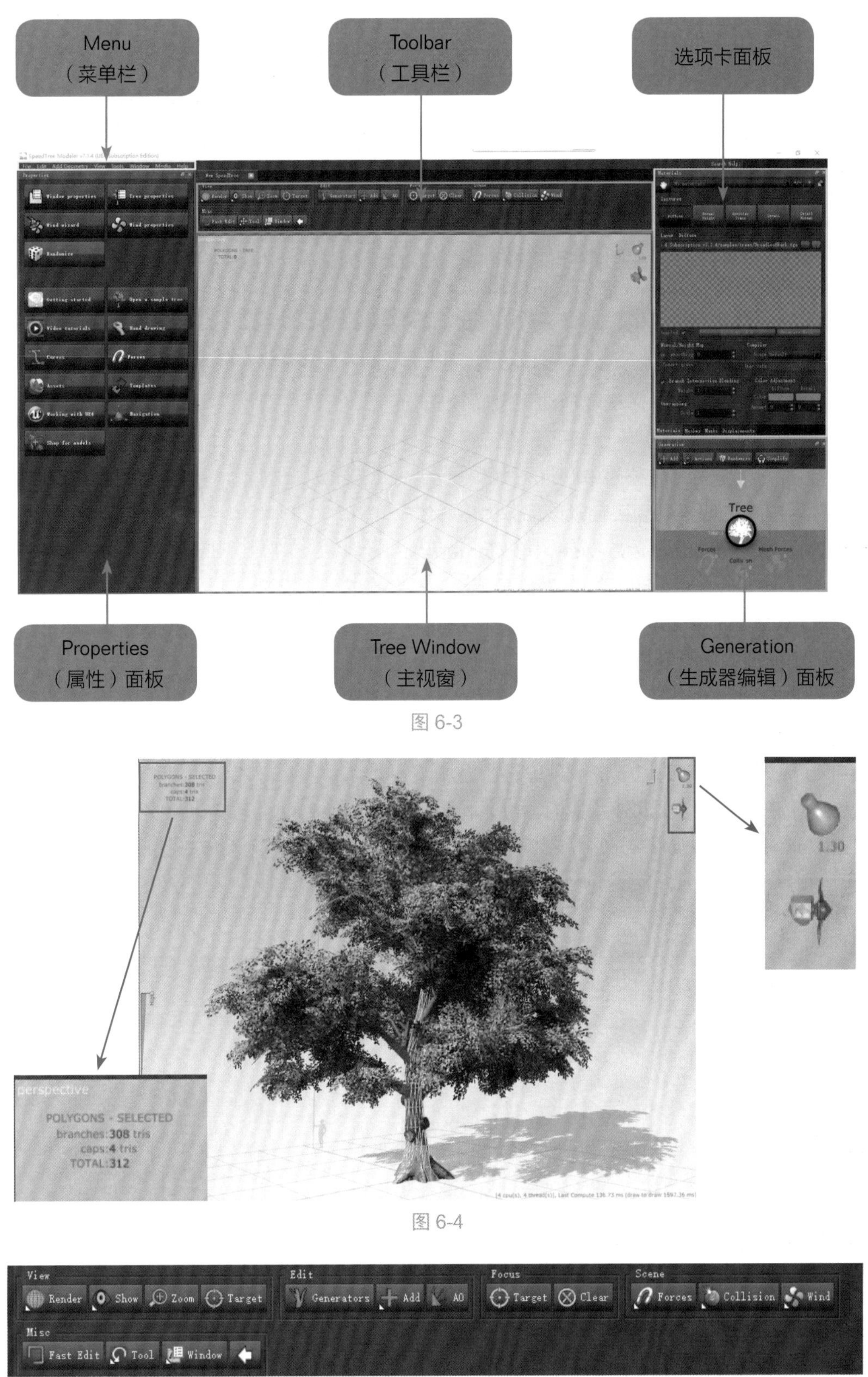

图 6-3

图 6-4

图 6-5

Tree Window 右侧有一个选项卡面板和一个 Generation 面板。

选项卡面板在本书中只涉及 Materials 面板和 Mesh 面板。Materials 面板显而易见是用来设置材质的，我们可以在此添加贴图，而后为对象赋予材质，如图 6-6 所示。Mesh 面板是用来加载模型的，我们会在编辑树叶和设置 Mesh 力时涉及向 SpeedTree Modeler 中加载外部模型的问题，详细的讲解请看后面的相关小节。

Generation 面板是生成器编辑面板，如图 6-7 所示，它是 SpeedTree Modeler 的节点式编辑器。我们在创建树时要按照部位一步一步构造，先是树干，而后是根部，再添加树枝，最后则是树叶。在 SpeedTree Modeler 中，每一部分都会化作一个专属节点，我们只要添加这些节点，按照正确的顺序将节点连接起来便会形成树。因此，Generation 面板是用来设置节点从而创建对象的。

Tree Window 左侧是 Properties 面板。我们会在 6.1.3 节中介绍 Properties 面板。

2．视图基本操作

在 Tree Window 中，按住鼠标左键拖动可旋转视图，按住鼠标中间滚轮推拉可缩放视图。当按下 Z 键或在窗口中双击，窗口会以我们创建的对象为中心进行聚焦显示。若选中某个部分后按下 Z 键，则窗口会以该部分为中心进行聚焦显示（选择 Tree Window 上方 View 中的 Target 功能，再选择树的某一部分，也会进行局部聚焦显示）。按住 V 键并在 Tree Window 中按下鼠标左键拖动可以调整灯光投射角度，观察植物投影变化；也可以通过旋转视图右上角的灯光图标来调整灯光投射角度。

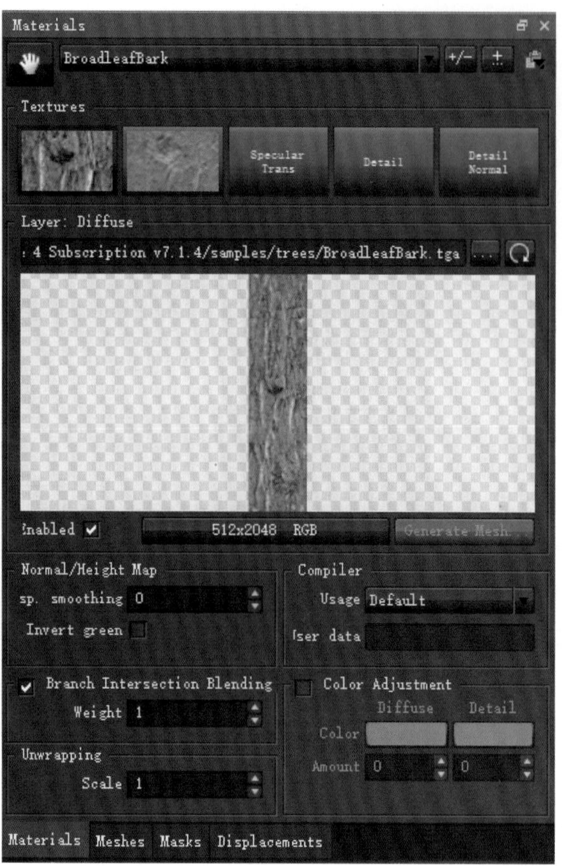

图 6-6

在 Tree Window 中单击鼠标右键会出现快捷菜单选项，如图 6-8 所示。我们可以通过该快捷菜单进行添加节点、添加力、添加碰撞等操作。此外，我们也可以利用在 Tree Window 上方 Edit 功能区中的 Add 按钮添加节点；还可以在 Generation 面板中单击鼠标右键或单击 Generation 面板中的 Add 按钮添加节点。

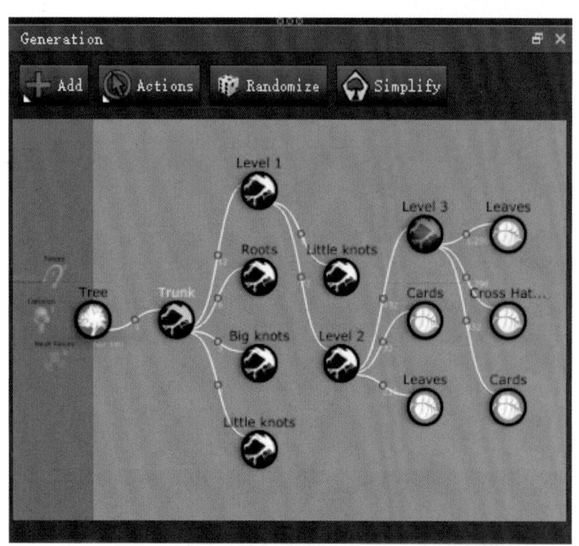

图 6-7

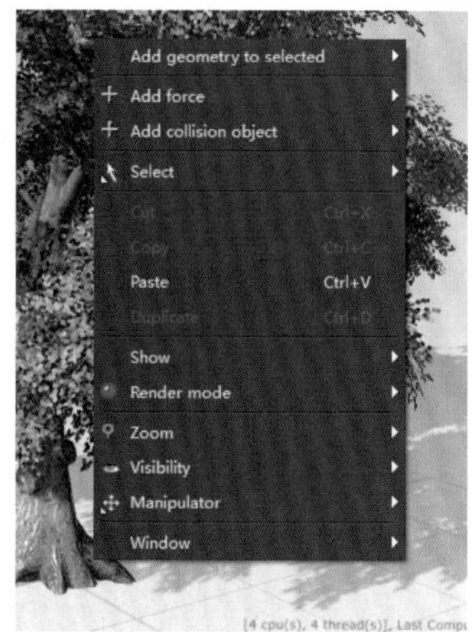

图 6-8

6.1.3 常用节点与属性介绍

节点是 SpeedTree Modeler 这款软件的“灵魂成员”，我们创建树是通过构建节点及节点与节点之间的关系来实现的。只是构建了树也是不够的，我们还要让树变得更加“多姿多彩”，这时就要靠 Properties（属性）面板了。在本小节中我们来了解 SpeedTree Modeler 制作树的基本原理、生成器和节点，并初步认识属性面板的结构。

1．Generator 和节点

根据 SpeedTree Modeler 官方文档介绍，Generator 用来构建树木的所有节点，一组具有相同属性的节点共用一个 Generator。而 Generation Editor 就是用来定义构成树木基本结构的 Generators 之间的关系的。Generator 有很多种，分别为 Tree Generator、Spine Generator、Leaf Generator 和 Hand Drawn Generator。Tree Generator 是树的根节点，每个树模型都有 Tree Generator；Spine Generator 和 Leaf Generator 分别可以生成 Spine 节点和 Leaf 节点；Hand Drawn Generator 是在我们手动绘制树时产生的 Generator。

在 SpeedTree Modeler 中有许多节点，如图 6-9 所示。其中我们常用的节点为 Trunks、Branches、Leaves、Fronds、Hand Drawn 和 Roots，它们分别用来创建树干、树枝、树叶、（蕨类）树叶、手绘和树根节点。关于节点的具体操作我们将在 6.1.4 节中进行讲解。

2．属性面板

Properties 面板顾名思义是用来调节属性的面板。当未有选中对象时，属性面板会显示一些初始化属性，例如，我们可以调整窗口属性、调整风力属性等，如图 6-10 所示。其中，通过 Open a sample tree 操作可以调用 SpeedTree Modeler 自带的几个树木模型。

当我们创建一棵树后，选中某一部分，左侧的 Properties 面板会变化为该部分所拥有的属性。不同的部分拥有不同的属性。我们选中树干部分，它的属性如图 6-11 所示。其中，Generation、Forces、Random Seeds、Hand Drawn、Segments、Spine、Bifurcation、Branch、Texture Coordinates、Materials 和 Displacement 是几个常用的属性，我们会在之后的小节中在创建树的同时边调节这些属性中的参数边进行讲解。

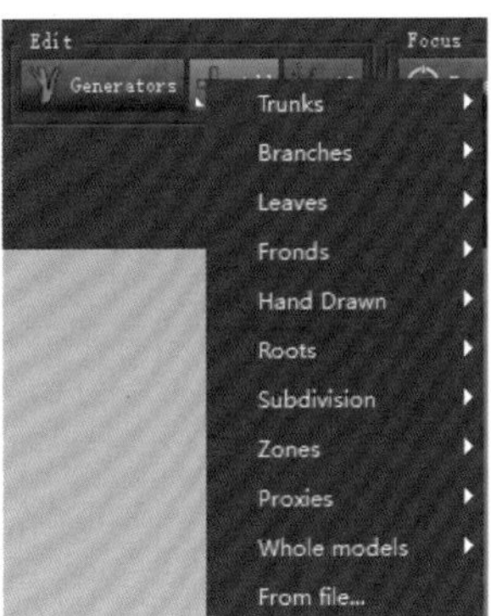

图 6-9

图 6-10

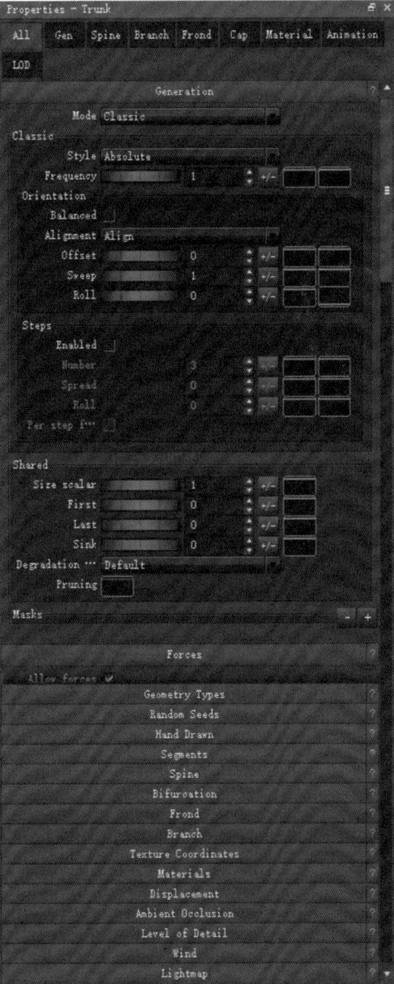

图 6-11

6.1.4 创建对象

在本小节中我们会制作一棵完整的树，在制作过程中逐步了解在 Generation 面板中对节点的操作、贴图与材质的添加、树干和树叶的属性参数、工具栏中常用的操作、风的添加与设置，以及灯光的添加与设置。

1. 创建基本树

首先选择菜单栏中的 File > New 命令，如图 6-12 所示。

如此一来会在 Generation 面板中生成一个根节点 Tree，如图 6-13 所示。

创建任何树，它的根节点都是 Tree。在 Tree 节点的基础上，接下来的顺序应该是树干、树根、树枝、树叶。按照这个思路，我们首先在 Generation 面板中的 Tree 节点上方单击鼠标右键，在弹出的快捷菜单中选择 Add geometry to selected 命令，如图 6-14 所示。选择 Trunks，Trunks 中又有许多不同类型的树干，根据你的意愿与喜好去选择创建即可。

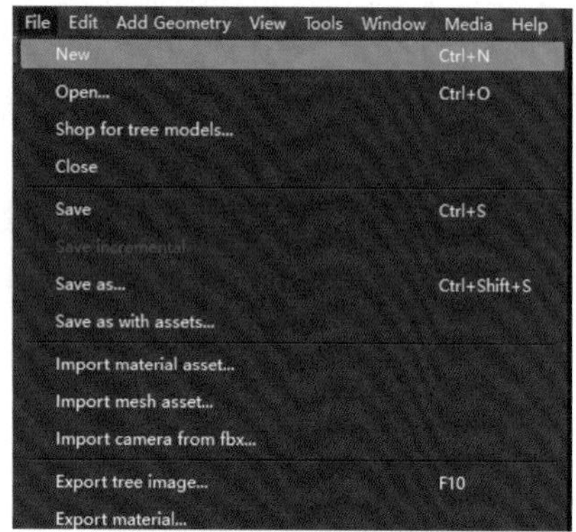

图 6-12

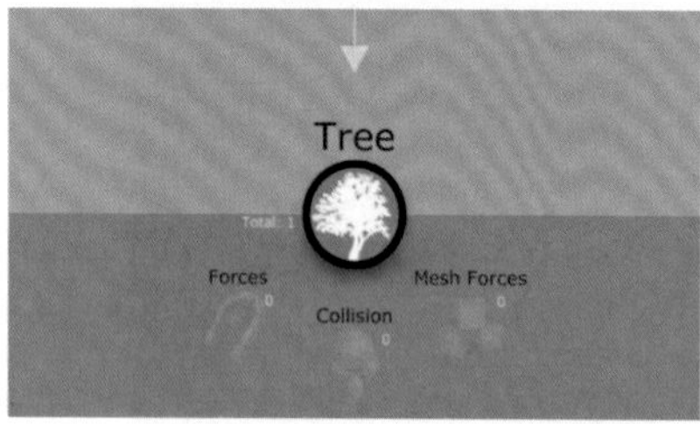

图 6-13

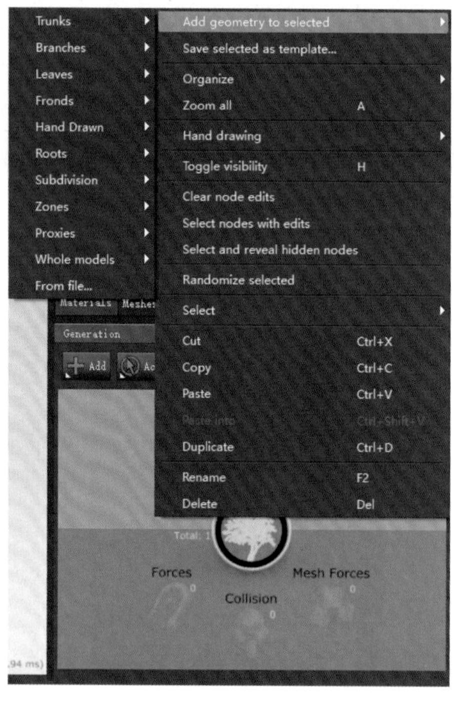

图 6-14

创建后的界面如图 6-15 所示。

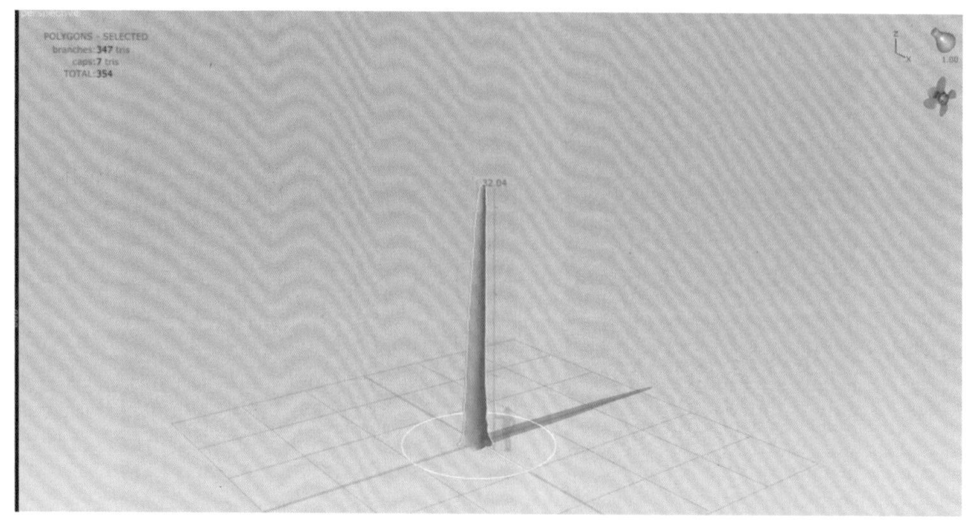

图 6-15

同样的道理，依次添加树根、树枝和树叶。值得注意的是，创建树根和树枝时需要在已建好的 Trunk 节点上单击鼠标右键添加，创建树叶时则需要在树枝上单击鼠标右键添加。想必你已经发现了，想创建哪个节点就需要在它的父节点上单击鼠标右键添加。如果不在节点上操作而是在空白处操作，那么所创建的节点会将根节点作为父节点。

当我们已创建的节点不需要或多余时，如图 6-16 中的 Level 2 节点不需要时，可选择 Level 2 节点执行右键菜单中的 Delete 命令删除即可（或者按 Delete 键删除）。

图 6-16

另外，当某些孤立的节点需要重新选择链接节点时，按住鼠标左键拖动节点到目标链接节点位置再松开鼠标左键即可。如断开 Level 2 节点链接至 Level 1 节点时，具体方法如图 6-17 所示。

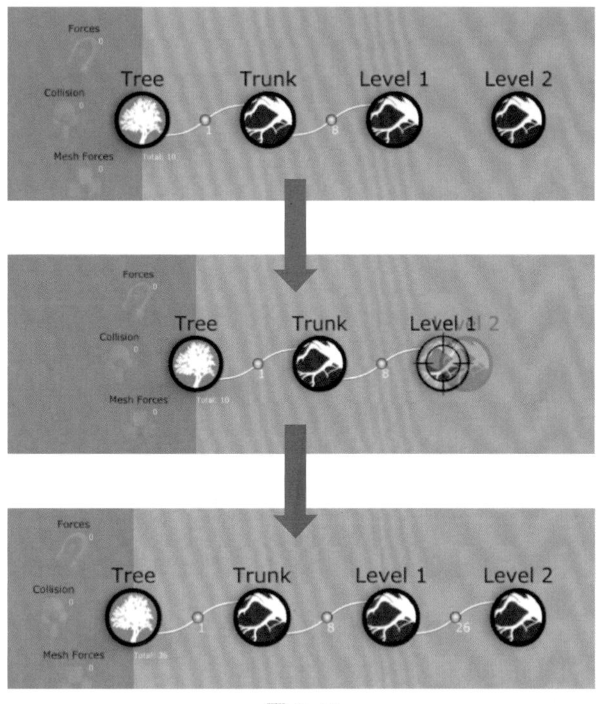

图 6-17

例如，我们创建一棵针叶树，具体方法如图 6-18 所示。

现在我们做好了一棵最基本的树木模型，如图 6-19 所示。

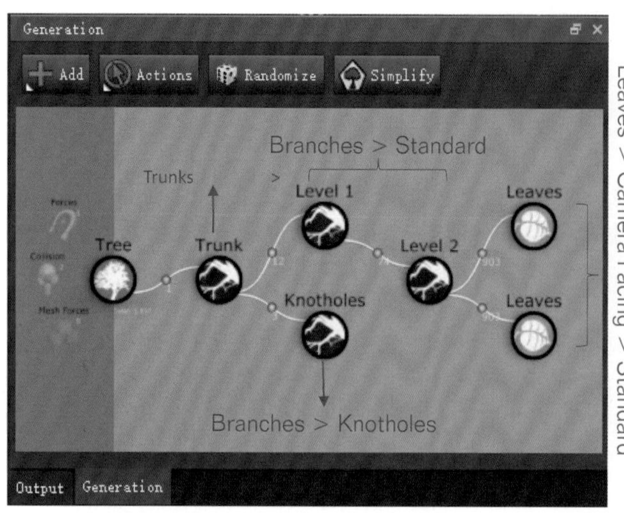

图 6-18

图 6-19

2. 纹理与材质添加

我们可以选择自己制作的纹理贴图，也可以利用 SpeedTree Modeler 纹理库中的纹理。单击 Materials 面板上的“+”按钮，或者单击 Diffuse、Normal Height 等按钮，如图 6-20 所示。

还可以选择菜单栏中的 File>Import material asset 命令，如图 6-21 所示，之后只要选择相应的贴图即可。

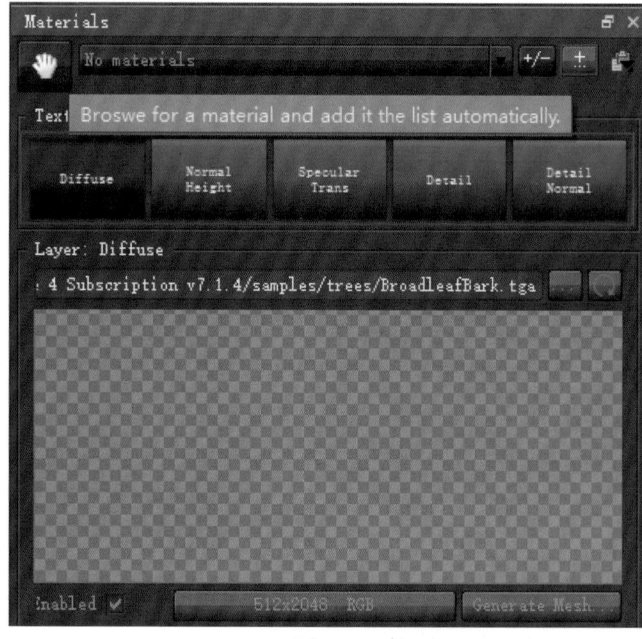

图 6-20

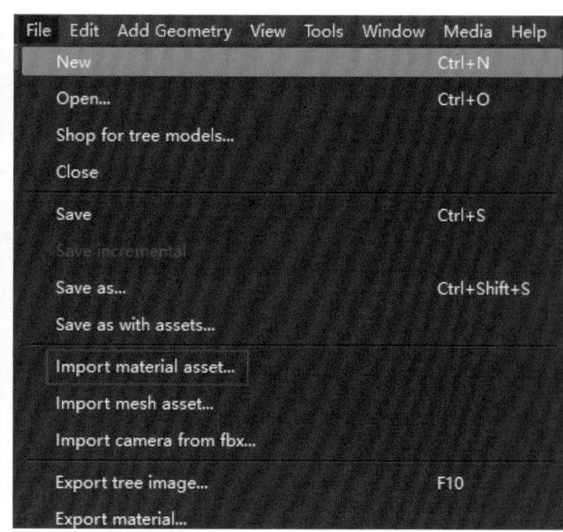

图 6-21

贴图载入完成后，我们就可以为树赋予材质了。我们首先为树干、树枝和树根赋予材质。

在 Generation 面板选中 Trunk 节点，找到左侧属性面板中 Material 属性，在 Material 下拉菜单中选择所需的材质贴图文件。步骤如图 6-22 和图 6-23 所示。最终效果如图 6-24 所示。

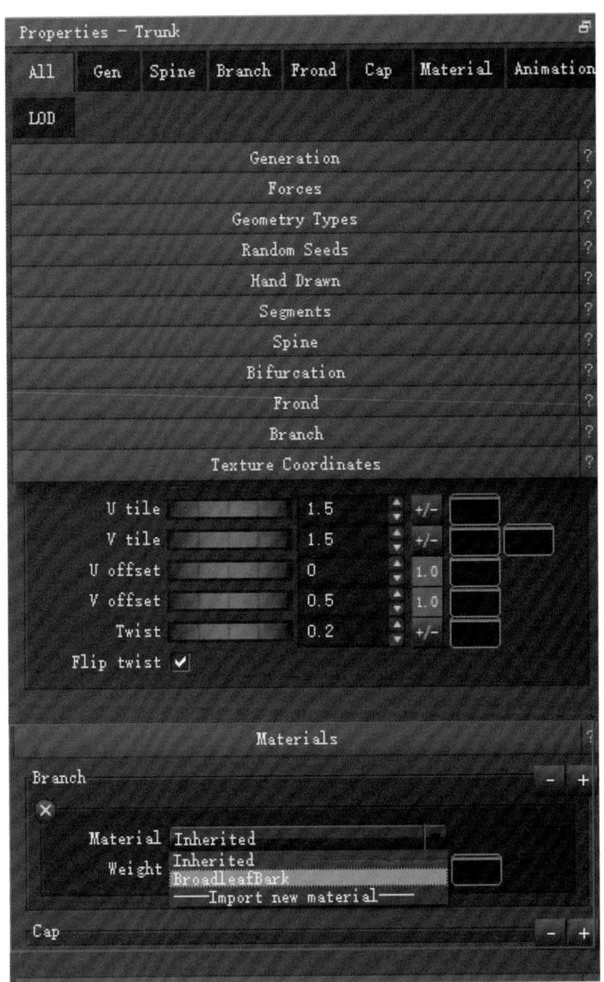

图 6-22

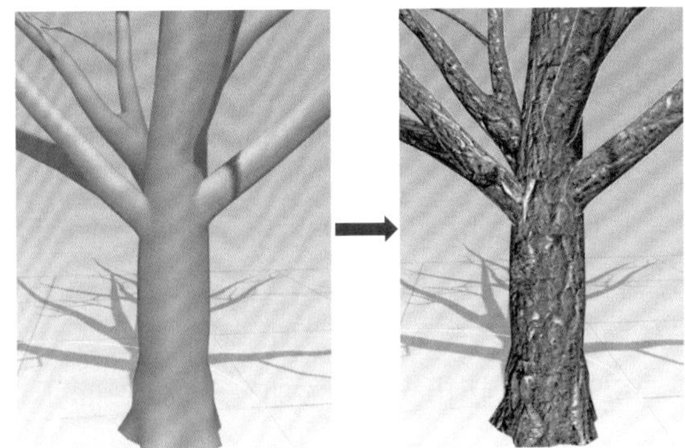

图 6-23

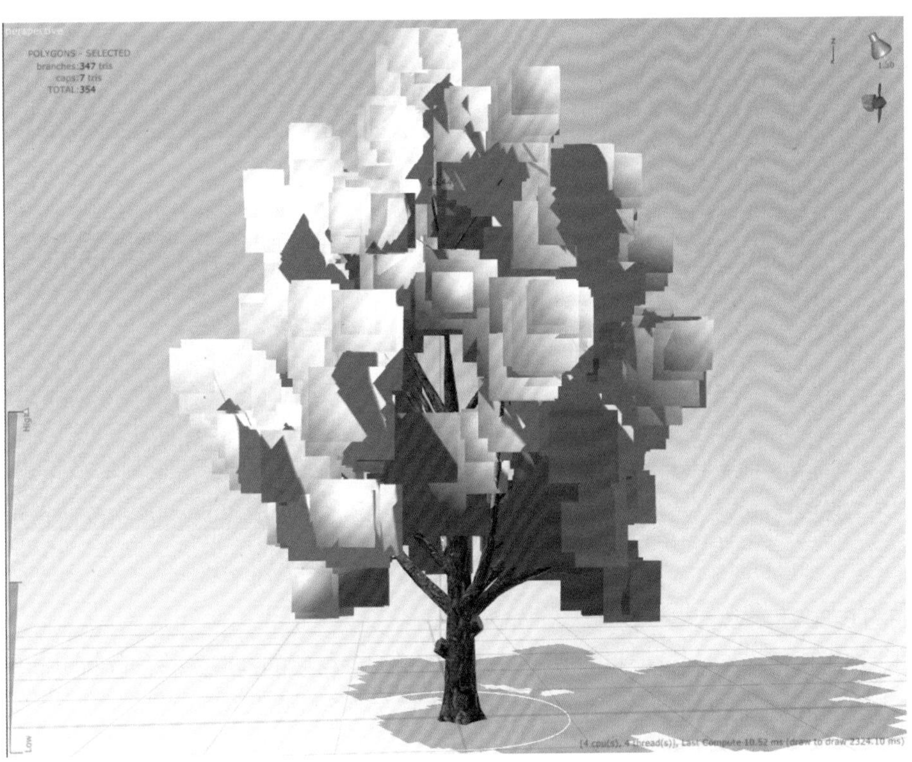

图 6-24

我们发现，当只为树干赋予材质时，树枝也会自动被赋予相同的材质，而且细节处过渡得非常自然，由此能够体现出利用 SpeedTree Modeler 创建树木模型非常快速、容易。但仔细观察，我们注意到，树干上的一些横截面并没有被赋予材质，如图 6-25 所示。

这时需要我们单独为横断面赋予材质。单击 Cap 参数区右侧的"+"按钮，添加横断面材质，如图 6-26 所示。

图 6-25

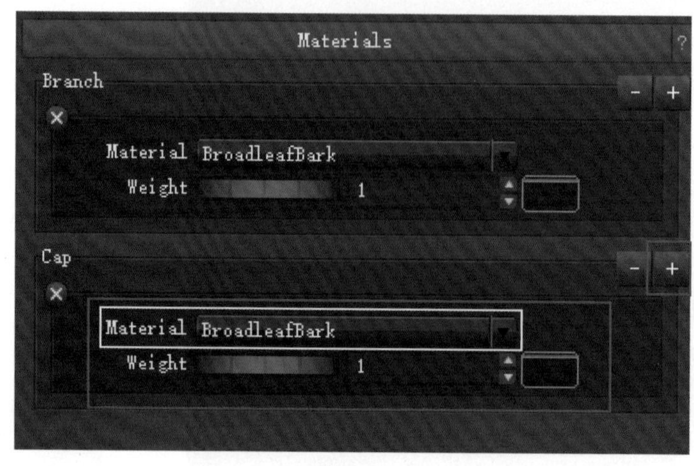

图 6-26

最终效果如图 6-27 所示。

按照这样的步骤再为树叶赋予材质。不过树叶不同于树干、树枝或树根，它时常会需要同时被赋予多种材质。此外，为了增加真实感，它还需要被赋予模型。这些情况我们会在本小节后面具体说明，现在我们先按照刚才的步骤为树叶添加一种材质。选中树叶，找到 Leaves 面板。与之前的过程略有不同的是，这里需要单击"+"按钮先手动添加一个 Material 下拉选项，然后再从选项中选择材质。步骤如图 6-28 和图 6-29 所示。

图 6-27

图 6-28

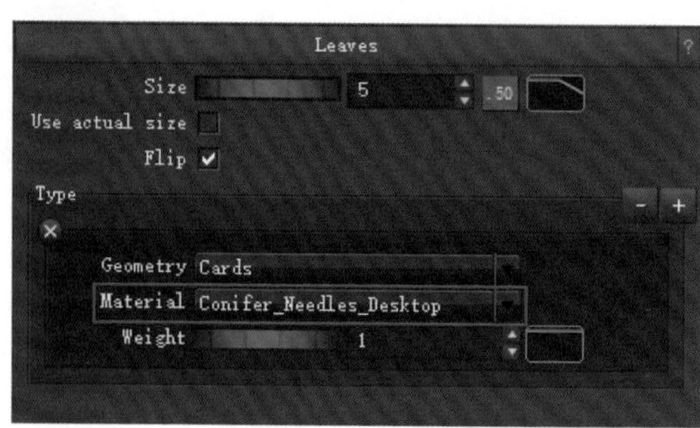

图 6-29

最终效果如图 6-30 所示。

当我们需要为树添加果实时，这就是需要我们创建不止一种材质的情况之一，这时只需再单击一下"+"按钮手动添加多个 Material 下拉选项，再分别赋予材质即可。

图 6-30

3．树干制作

前面我们通过节点创建了树并为其添加了贴图和材质，现在为了让树木变得更加多样、真实，我们需要了解一些实用且常用的属性和参数。前面我们提到了树干的几个常用属性分别是 Generation、Forces、Random Seeds、Hand Drawn、Segments、Spine、Bifurcation、Branch、Texture Coordinates、Materials 和 Displacement。

在 Generation 属性中，Frequency 参数可以控制树干的个数。在前面创建基本树的过程中，该属性一直为默认值 1，你可以根据自己的意愿与喜好设置多棵树。First 和 Last 代表树在这两个值之间的区域随机分布。如图 6-31 所示，两个树分布在 0~3.857 这个区域之间且不超出白色圆环区域。

效果如图 6-32 所示。当前白色圆环的半径为 18。左图中的 Frequency 为 2，First 为 0，Last 为 3.857；右图中的 Frequency 为 4，First 为 0，Last 为 20。

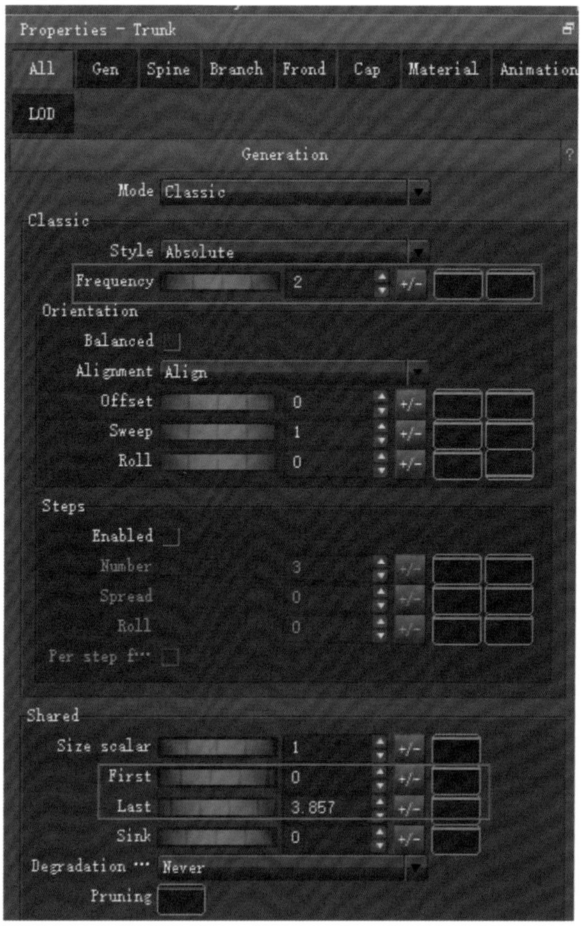

图 6-31

图 6-32

此外，圆环的半径是可以改变的。在 Generation 面板中选择 Tree 节点，左侧属性面板中的 Generation 属性中的 Size scalar 和 Shape 属性中的 Radius 都可以控制圆环大小，只是前者在改变圆环大小的同时树也会随着改变大小，后者只改变圆环大小，如图 6-33 所示。

当只改变 Size scalar 时，图 6-34 中左图 Size scalar 设定值为 1，右图设定值为 1.5，可以看到在圆环变大的同时树也跟着等比变大。

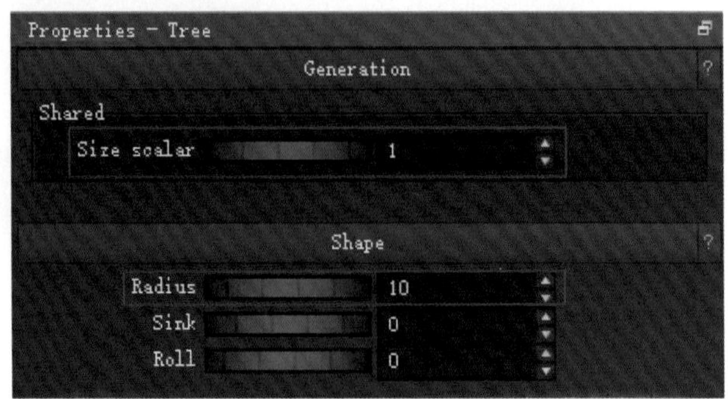

图 6-33

图 6-34

当只改变 Radius 时，图 6-35 中左图 Radius 设定值为 10，右图设定值为 18，可以看到树没有变化，只有白色圆环的半径变大了。

图 6-35

我们回到树干的属性面板，选中 Generation 面板中的 Trunk 节点，回到左侧的 Properties 面板。Size scalar 控制树干节点的大小，不同于 Tree 节点中的 Size scalar 的是，这里的 Size scalar 不会改变圆环大小。Sink 表示下沉值，调节它代表树坐标中心与原点垂直方向的距离，如图 6-36 所示。

如图 6-37 所示，上图的 Sink 值为 0，树没有下沉；下图为 4.5，树下沉，有一部分低于水平面。

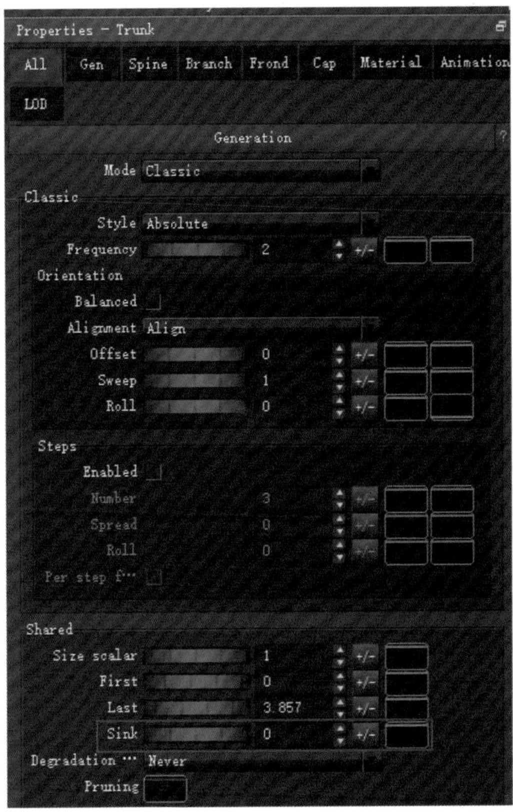

图 6-36

图 6-37

在 Random Seeds 属性中，选择 Randomize all，如图 6-38 所示，可以让软件随机为树干节点设定形态，这样我们便可以十分方便地创建多姿多态的树，当然其参数也会随之发生变化。

图 6-38

图 6-39 中树的两种不同姿态就是通过 Randomize all 随机设置而来的。

图 6-39

接下来我们要来了解 Segments 细分属性，但在控制细分前最好将 Tree Window 中的视图模式改变成网格模式。在 Tree Window 上方工具栏的 View 功能区中，第一个功能 Render 便用于模式切换。单击 Render，出现选项菜单，如图 6-40 所示，其中 Realistic（现实模式）为默认模式，Realistic(no shadows) 是没有影子的现实模式，Unlit 为无灯光模式，Untextured 为无贴图材质模式，Wireframe 为网格模式，Ambient occlusion/dimming、Normal map、Geometry normal map 分别为 AO 贴图模式、材质法线贴图模式和模型法线贴图模式，Lightmap density 模式可以查看灯光 UV。现在我们切换为 Wireframe 模式，效果如图 6-41 所示。

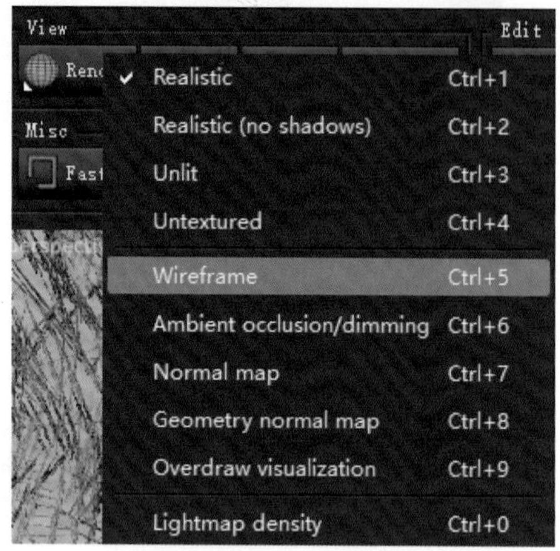

图 6-40

图 6-41

这时我们发现 Knotholes 节点有些扰乱视线，因此我们选择暂时隐藏它。隐藏有两种途径：选中 Knotholes 节点，在 Tree Window 中单击鼠标右键，或在 Generation 面板中的 Knotholes 节点上单击鼠标右键，两种方式都会出现快捷菜单。

在 Tree Window 中单击鼠标右键，在弹出的快捷菜单中选择 Visibility > Toggle selected 命令，Knotholes 节点将会从显示状态切换到隐藏状态，如图 6-42 所示。

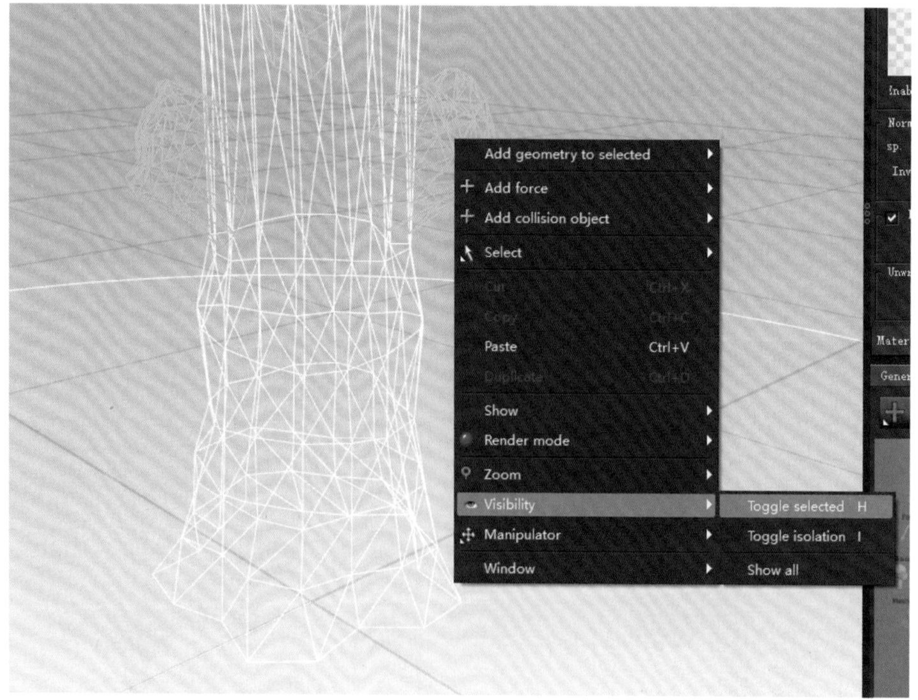

图 6-42

在 Generation 面板中单击鼠标右键，在弹出的快捷菜单中选择 Toggle visibility 命令则会切换节点的显示与隐藏状态，如图 6-43 所示。

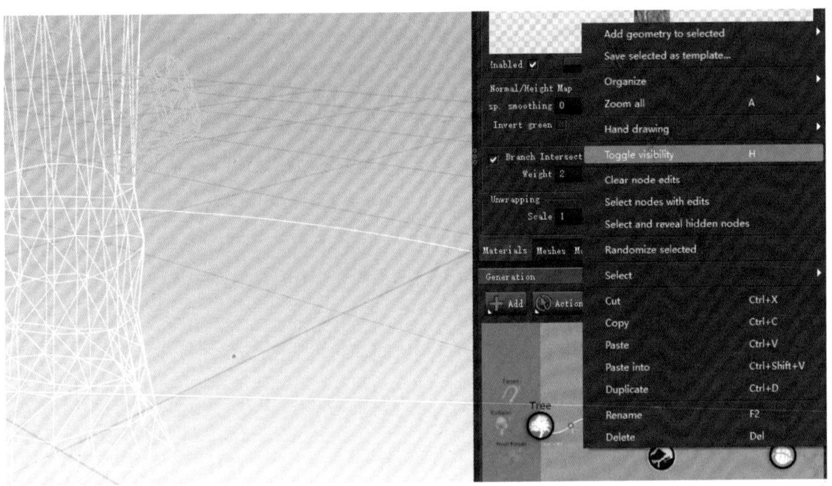

图 6-43

隐藏后的效果如图 6-44 所示。

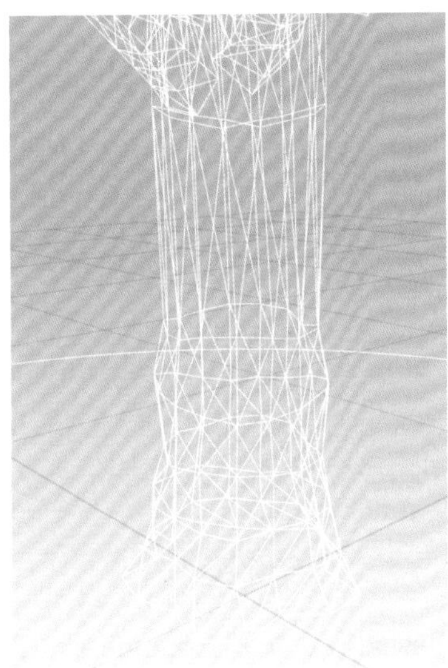

图 6-44

此外，还有一种隐藏节点的方法，这种方法隐藏的是相同类型的所有节点。找到 View 功能区中的 Show 功能，单击 Show 按钮，如图 6-45 所示。下拉选项中提供了所有类型节点的名称，例如，我们要隐藏树叶，取消勾选 Leaves（或 Fronds）就可以将其隐藏了。

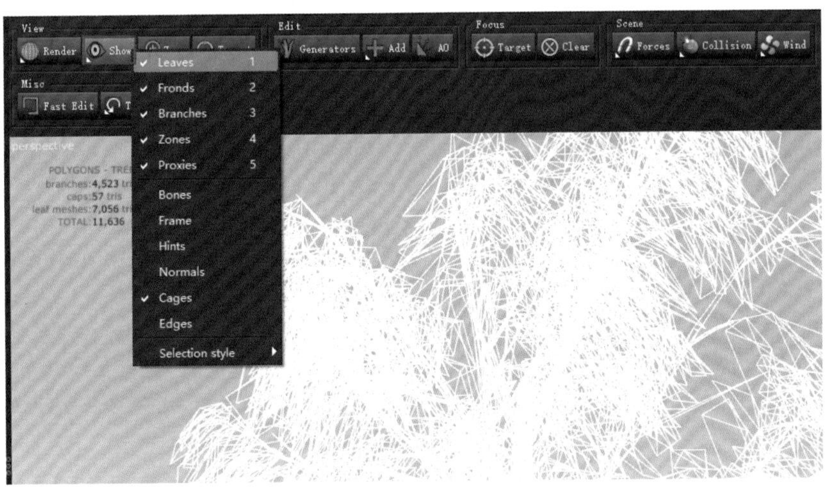

图 6-45

隐藏前后的效果如图 6-46 所示。

图 6-46

或者我们只想看其中的一根枝条，则可以使用 Tree Window 上方工具栏中 Focus 功能区下的 Target 功能，选择后单击其中一个部位，视窗中便会只留下该部位的完整样貌。单击 Target 旁边的 Clear 按钮便可恢复显示全部，如图 6-47 所示。

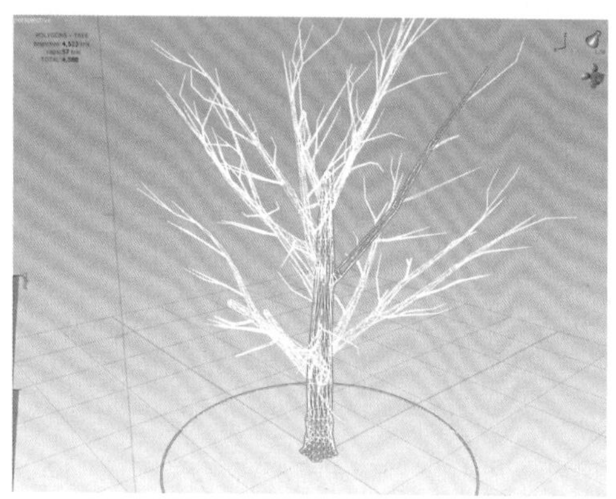

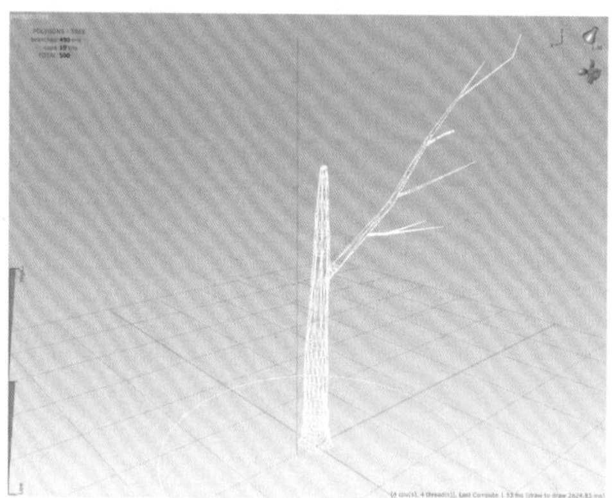

图 6-47

现在我们回到 Trunk 节点的 Properties 面板，找到 Segments 属性，如图 6-48 所示。

滑动 Multiplier 改变细分值，如图 6-49 所示。左图 Multiplier 为最小值 0，右图为最大值 2，可以看到 Multiplier 会综合控制横向、纵向的细分程度。Multiplier 值越大，细分程度越大。

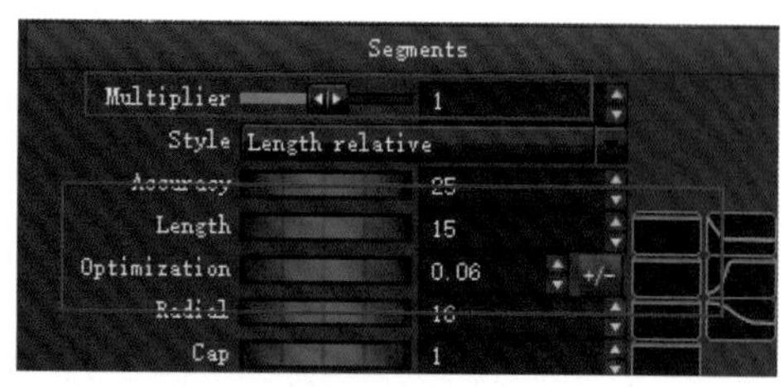

图 6-48

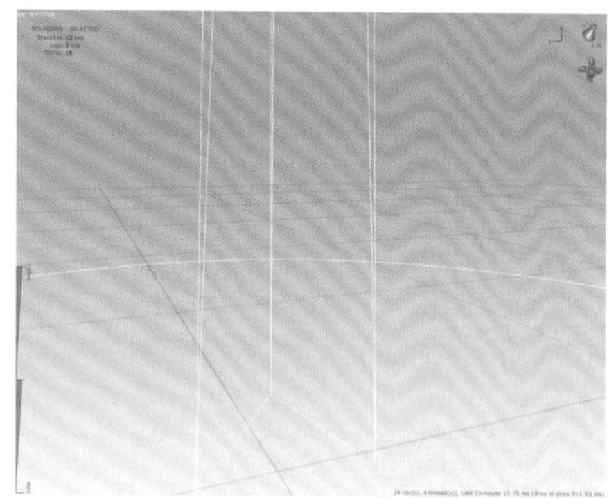

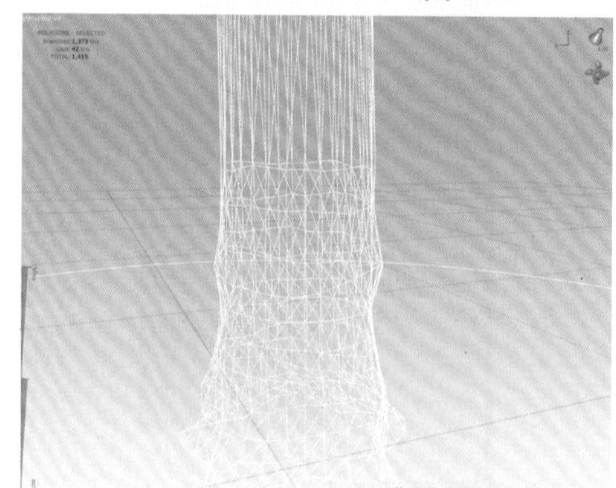

图 6-49

我们也可以分别控制横向、纵向的细分程度，Length 参数控制横向段数，Radial 参数控制纵向段数。

在 Mulitiplier 为 1、Radial 为 16 的情况下，图 6-50 中左图 Length 为 0，右图为 15。

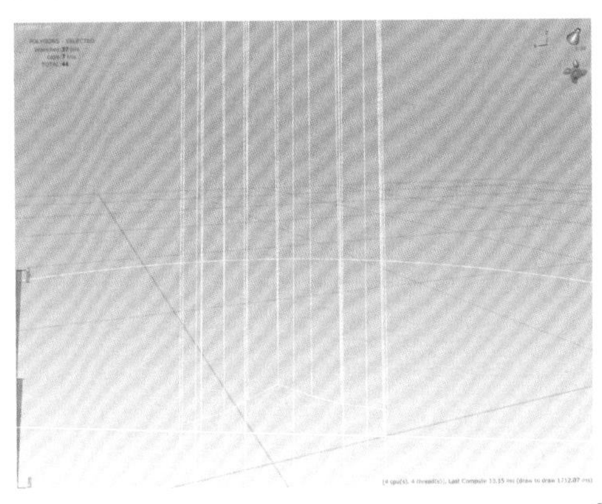
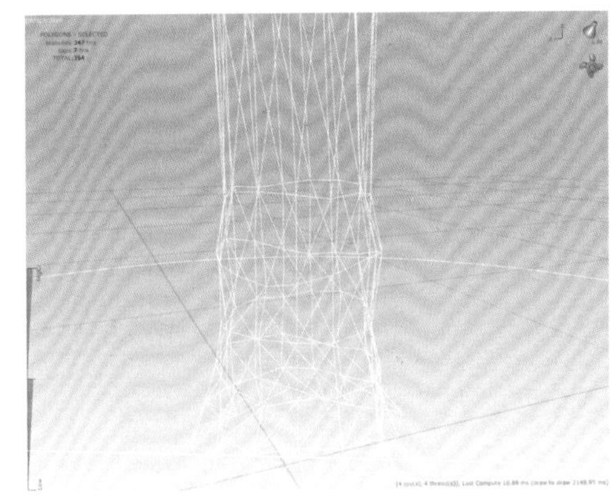

图 6-50

在 Mulitiplier 为 1、Length 为 15 的情况下，图 6-51 中左图 Radial 为 0，右图为 16。

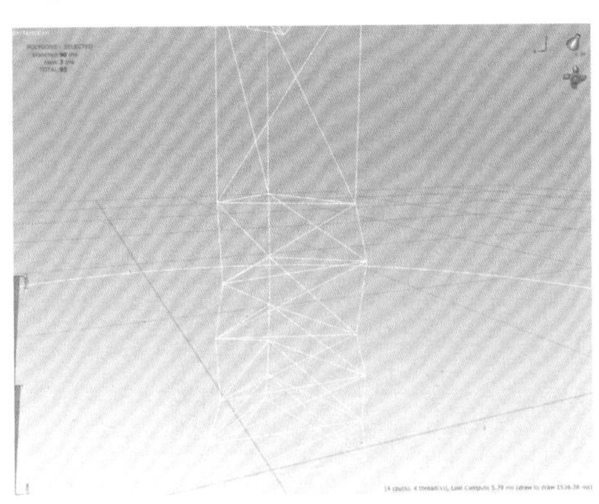
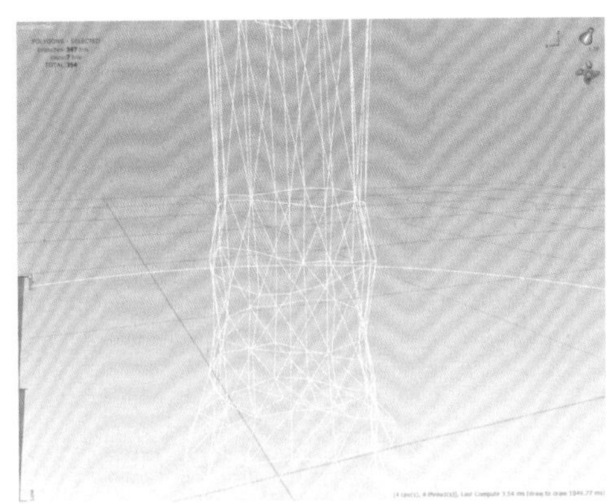

图 6-51

此外还有一个参数需要注意，那就是 Optimization，它可以为模型进行优化且尽量不影响外形，这个值控制在 0.05 左右比较适宜。

在 Spine 属性中我们可以修改当前节点的外形，如图 6-52 所示。

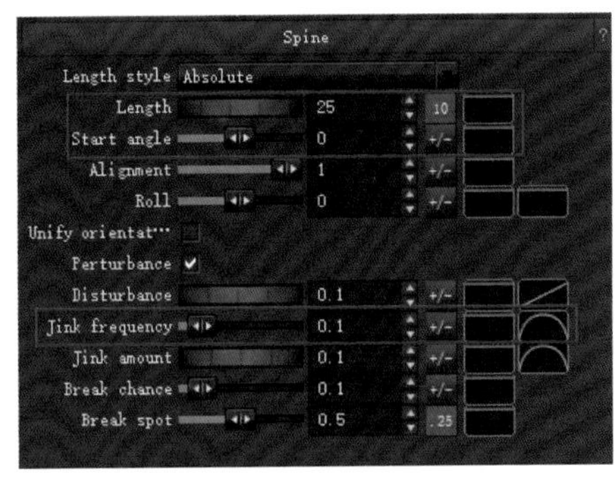

图 6-52

Length 参数修改节点的高度，图 6-53 中左图 Length 为 20，右图为 25。

Start angle 参数可旋转节点改变其方向。我们选中 Knotholes 节点，找到它的 Spine 属性，滑动 Start angle，如图 6-54 所示，左图 Start angle 为 0.302，右图为 0.428。

图 6-53

图 6-54

Jink frequency 参数可以使节点局部弯曲。我们选中 Level1 节点，滑动 Jink frequency，如图 6-55 所示，左图 Jink frequency 为 0.1，右图为 0.651，可以看出右图中的树枝比左图中的树枝多了一些折段。

图 6-55

Bifurcation 属性是用于控制节点分叉的，该属性中主要由 3 个参数控制，分别是 Chance、Spot 和 Angle，如图 6-56 所示。改变 Chance 数值控制分叉的出现与否，Spot 调节分叉点位置，Angle 控制分叉角度。

Branch 属性中的 Radius 参数可以控制节点的粗细，如图 6-57 所示。

图 6-56

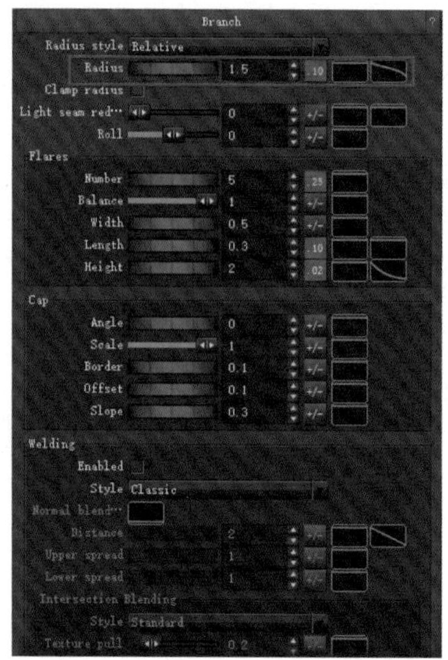

图 6-57

Texture Coordinates，顾名思义是用于调节贴图的，我们可以在这个属性中调整节点的贴图重复程度，U tile 控制贴图的纵向重复程度，V tile 控制贴图的横向重复程度，如图 6-58 所示。

Materials 属性在前面已经介绍过了，这里不再赘述。

Displacement 属性可以为节点添加一些细节，改变它的外观，但不会改变它的网格数量，如图 6-59 所示。

Forces 属性我们会在 6.1.5 节中讲解，还有一些其他的属性并不是很常用，大家可以自己动手调调看，根据需要去了解，这里就不一一说明了。

4．树叶制作

关于树干的制作也可以应用到树根、树枝及 Fronds 树叶。而 Leaves 树叶与它们不同。

Leaves 树叶的属性面板如图 6-60 所示。

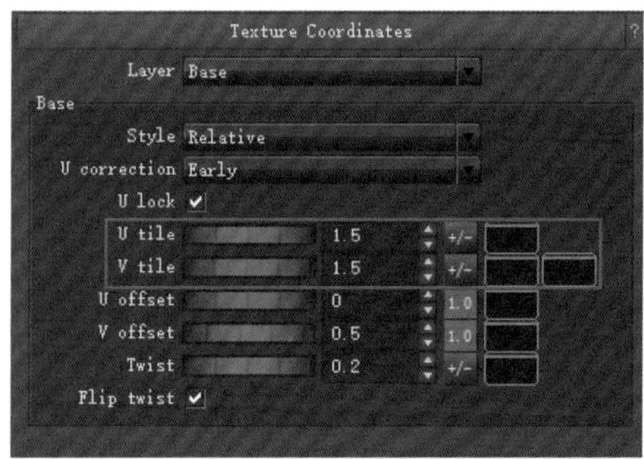

图 6-58

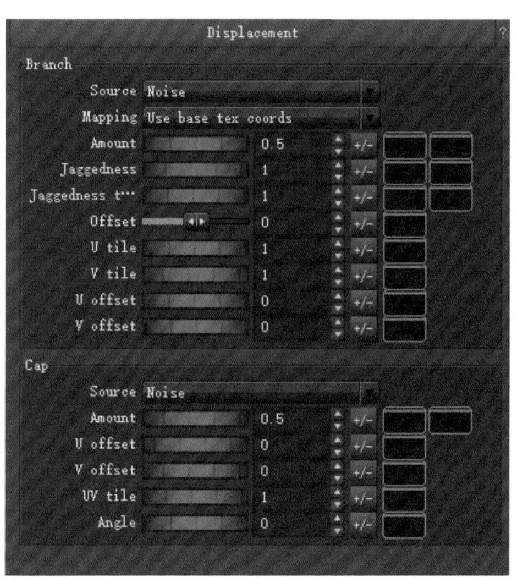

图 6-59

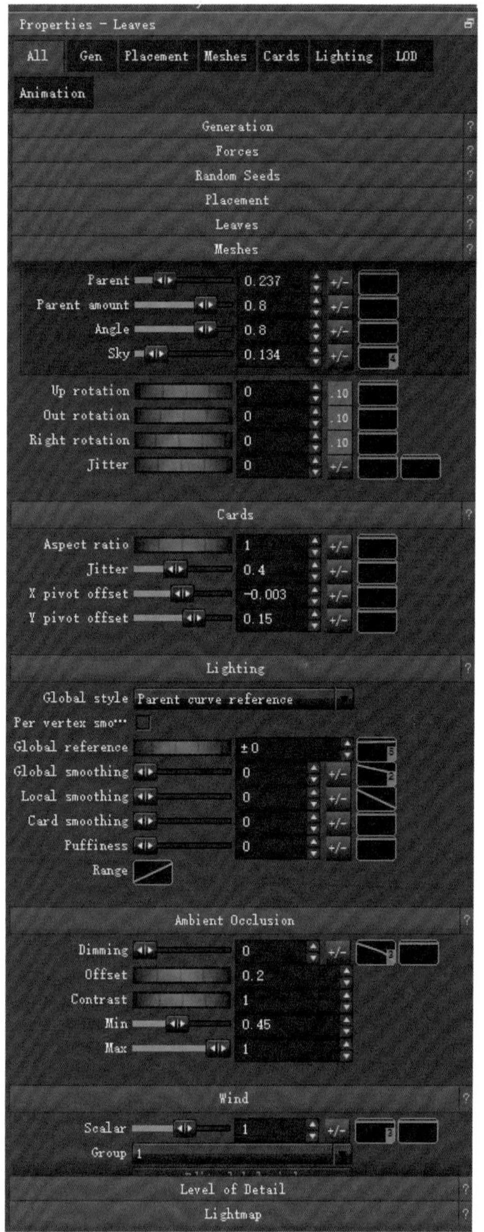

图 6-60

其中有 3 个属性是 Leaves 树叶独有的，分别是 Leaves、Lighting 和 Meshes。

在 Leaves 属性中我们可以调节 Size 参数来控制树叶大小，还可以给它赋予模型 Geometry 和材质 Material，赋予模型也是为了增加其真实感。选中 Leaves 部分或在右下角 Generation 面板中选中节点，单击

Geometry 下拉选项，选择 Import new mesh 之后选择模型即可，如图 6-61 所示。材质也可以通过这种方式赋予，效果和我们之前所用的方法是一样的。

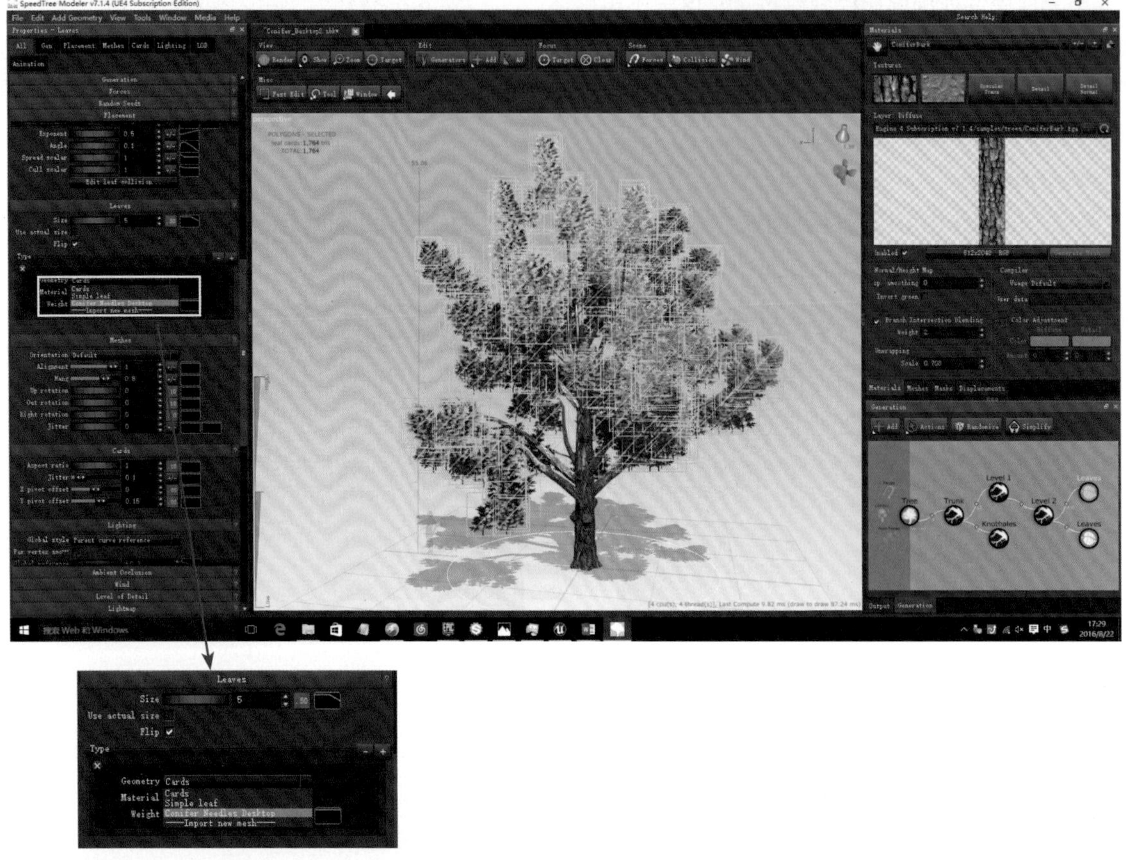

图 6-61

效果如图 6-62 所示。

图 6-62

Lighting 属性可以供我们调节光照，给予树叶不同的效果，如图 6-63 所示。

Meshes 属性可以控制叶片朝向，如图 6-64 所示。

图 6-63

图 6-64

例如，调节 Up rotation，如图 6-65 所示，左图 Up rotation 的值为 –0.18，右图为 0。

图 6-65

5. 节点编辑

在之前我们为树调节属性时一直采用 Generators 模式，现在我们切换成 Nodes 模式对树进行调整。单击 Tree Window 上方工具栏 Edit 功能区中的 Generators 按钮，将 Generators 模式转换成 Nodes 模式，如图 6-66 所示。

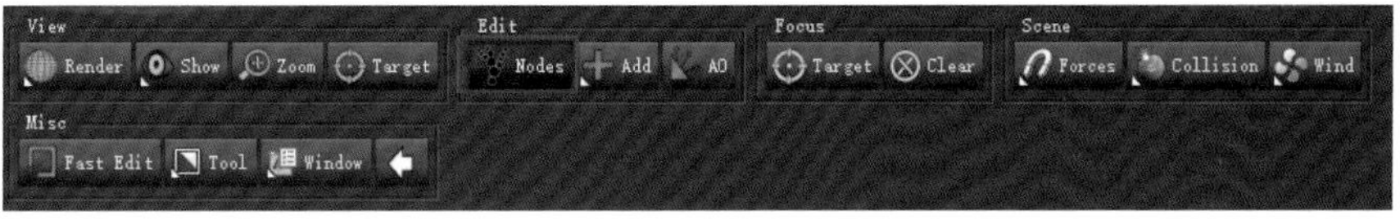

图 6-66

之后选中树的某一部位，如一根树枝，可以对它单独进行旋转、移动和缩放操作，还可以通过左侧的属性面板对它进行调整，如图 6-67 所示。

为了便于观察操作，我们隐藏树叶等模型，只保留树干和树枝。选择某个树枝模型，上下箭头控制模型位置，左右箭头修改枝干长短，其余 3 条轴线调节枝干模型方向，如图 6-68 和图 6-69 所示。注意，尽管枝干与主干衔接自动处理会比较自然，但在调整中也需要稍加注意，毕竟软件没有人那么智能化。

图 6-67

图 6-68

此外，在 Nodes 模式中，我们可以对 HandDrawn 类型的节点进行调整操作。关于 HandDrawn 类型的节点，我们可以通过右键菜单创建；也可以按住空格键，按住鼠标左键在坐标上或者树上拖动形成；还可以选中树的某一部分，单击左侧 Hand Drawn 属性中的 Toggle hand drawn 按钮，将该部位变得同 HandDrawn 节点一样可手动操作，如图 6-70 所示。

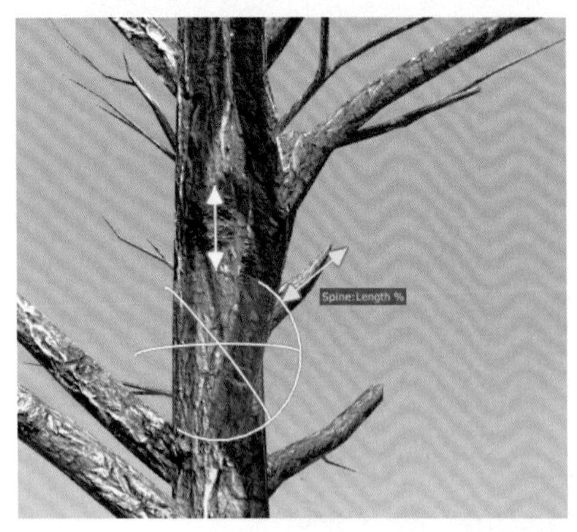

图 6-69

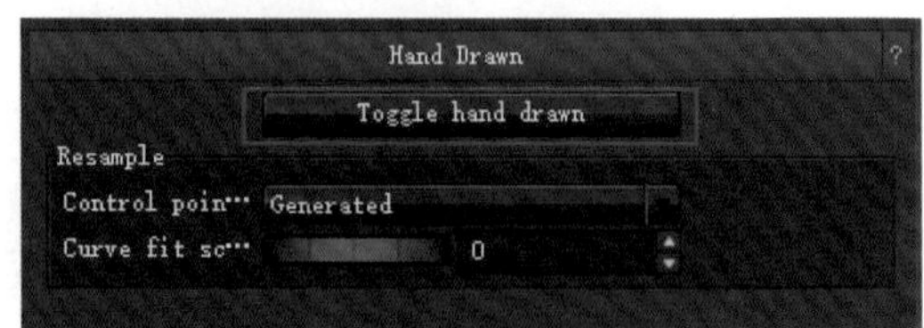

图 6-70

转换成 HandDrawn 类型的节点或者经过 Toggle hand drawn 后的节点在 Nodes 模式下如图 6-71 所示。

选中要调节的颜色球节点，可通过对它进行移动、旋转和缩放等操作来改变其形态，快捷键分别是 W、E、R，如图 6-72 所示。也可以单击 Tree Window 上方 Misc 功能区中的 Tool 按钮选择移动、旋转和缩放。除了进行基本操作，还可以对左侧的一些属性进行操作，如向前添加节点、向后添加节点等。这样我们便可以按照自己的想法来调整树的形态。

图 6-71

图 6-72

6．风力

在 SpeedTree Modeler 中可以模拟风效果。首先需要打开风。单击 Tree Window 上方 Scene 功能区中的 Wind 按钮，出现下拉选项，选择 Enabled，如图 6-73 所示。

图 6-73

打开风后，Tree Window 右上角会出现一个滑动条，滑动条上方的小风扇在我们打开风后开始转动，如图 6-74 所示。在下图中我们可以看到滑动条共有 3 个三角滑块，左边深蓝色滑块控制风力（Wind strength），左边浅蓝色滑块控制阵风风力（Gust strength），右边浅蓝色滑块控制阵风频率（Gust frequency）。

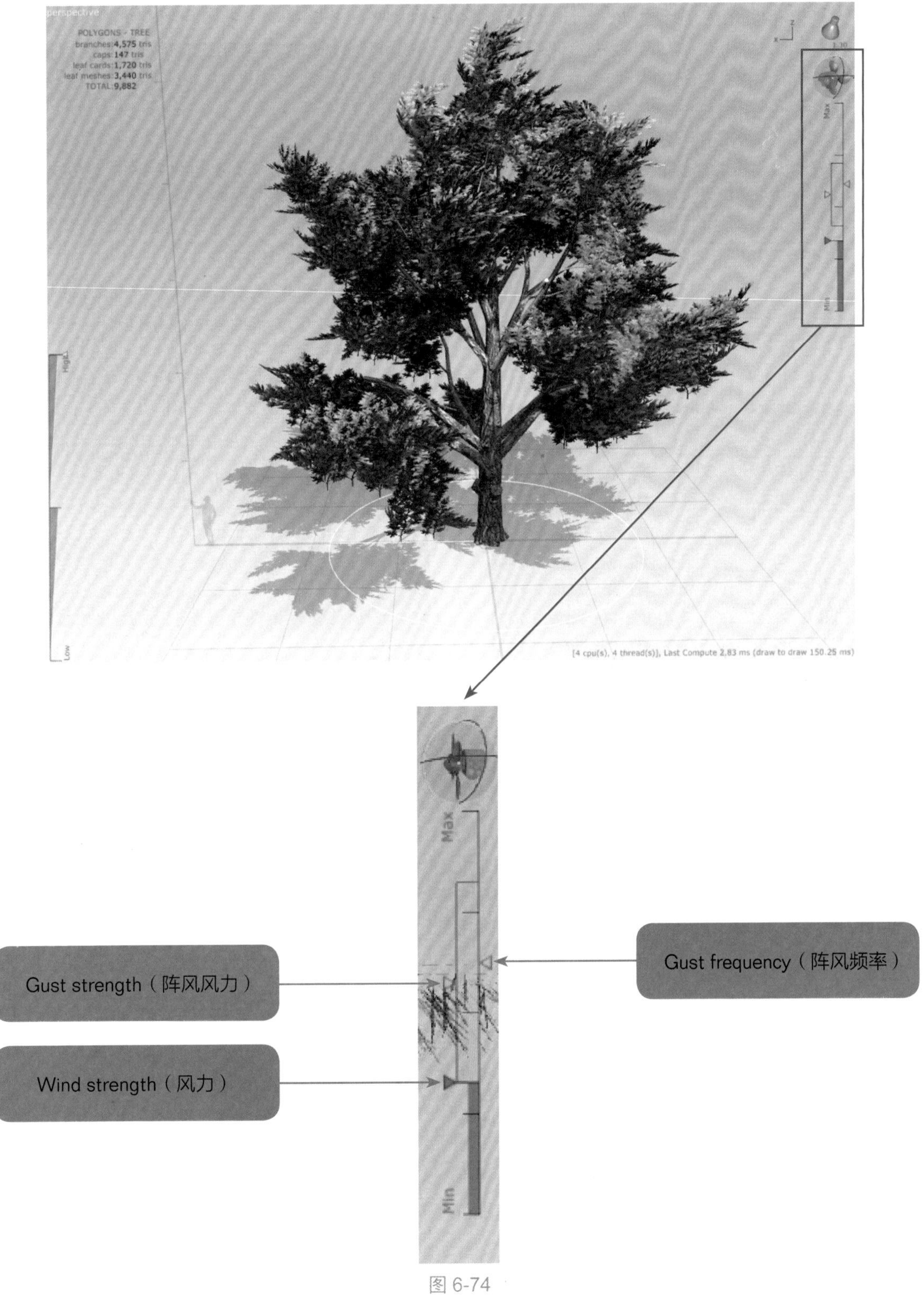

图 6-74

此外，我们可以通过旋转转动的风扇来设置风的朝向，用鼠标右键单击风扇还可以控制风和阵风的开与关，功能和 Scene 功能区中的 Wind 按钮是一样的。

单击风扇可以调出左边的风的属性面板，如图 6-75 所示。Presets 属性中的 Style 参数非常重要，它设定了风的复杂度并对 Unreal Engine 4 中的顶点 Shader 表现有直接影响。它分别有 None、Fastest、Fast、Better、Best 和 Palm 几个设定。在 Settings 属性中我们可以控制风的开关和大小。

在 Branch Motion 属性中我们可以单独为 Branch 设置不同的受风效果，同样可以在 Leaf Motion 属性中单独为 Leaves 设置受风效果，在 Transform 属性中可以设置风向，如图 6-76 所示。

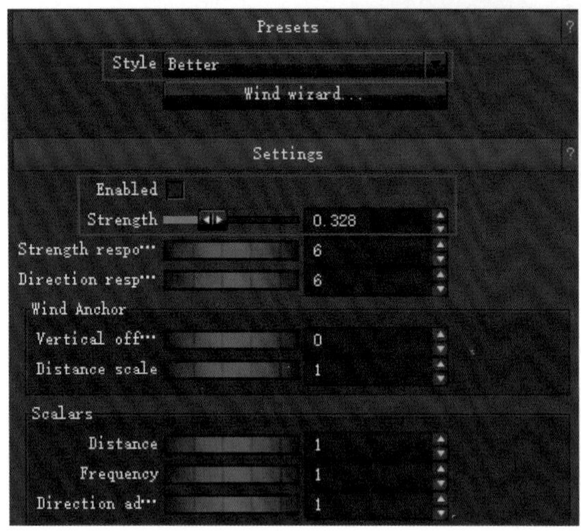

图 6-75

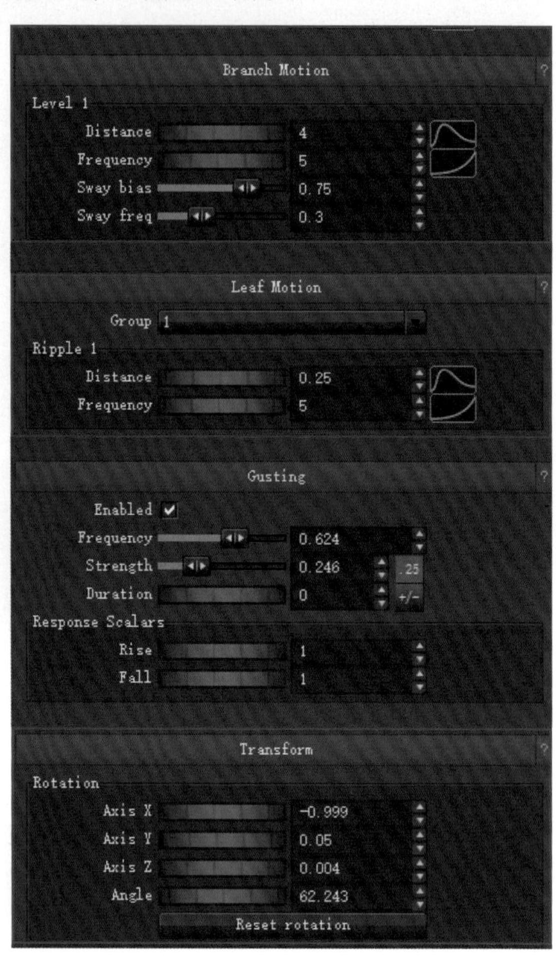

图 6-76

此外，我们也可以通过选中树的某一部分后开启或关闭受风效果，从而控制该部分受或不受风力的作用。例如，我们选中树干，找到左侧 Wind 属性，勾选 Apply 复选框后，树干也会由于风力的作用而左右摇摆。在此属性中还有两个参数，这两个参数可以改变该部位所受到的风力效果而不影响别的部位所受到的风力效果。若想改变全局风力对整棵树的作用，则可单击 Edit global wind 按钮进入风力的属性面板，如图 6-77 所示。

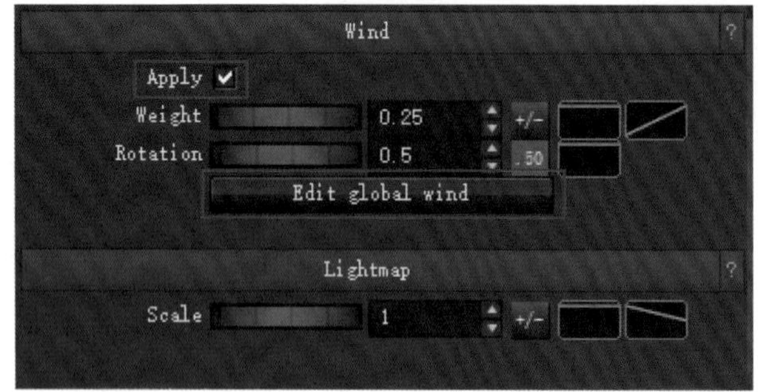

图 6-77

7．灯光

在 SpeedTree Modeler 中还可以调节全局灯光。单击 Tree Window 右上角的灯光图标就可以在左侧调出灯光属性，灯光属性并不多，如图 6-78 所示。其中，Color 属性可以调节灯光的颜色，Transform 属性可以调节灯光的方向。

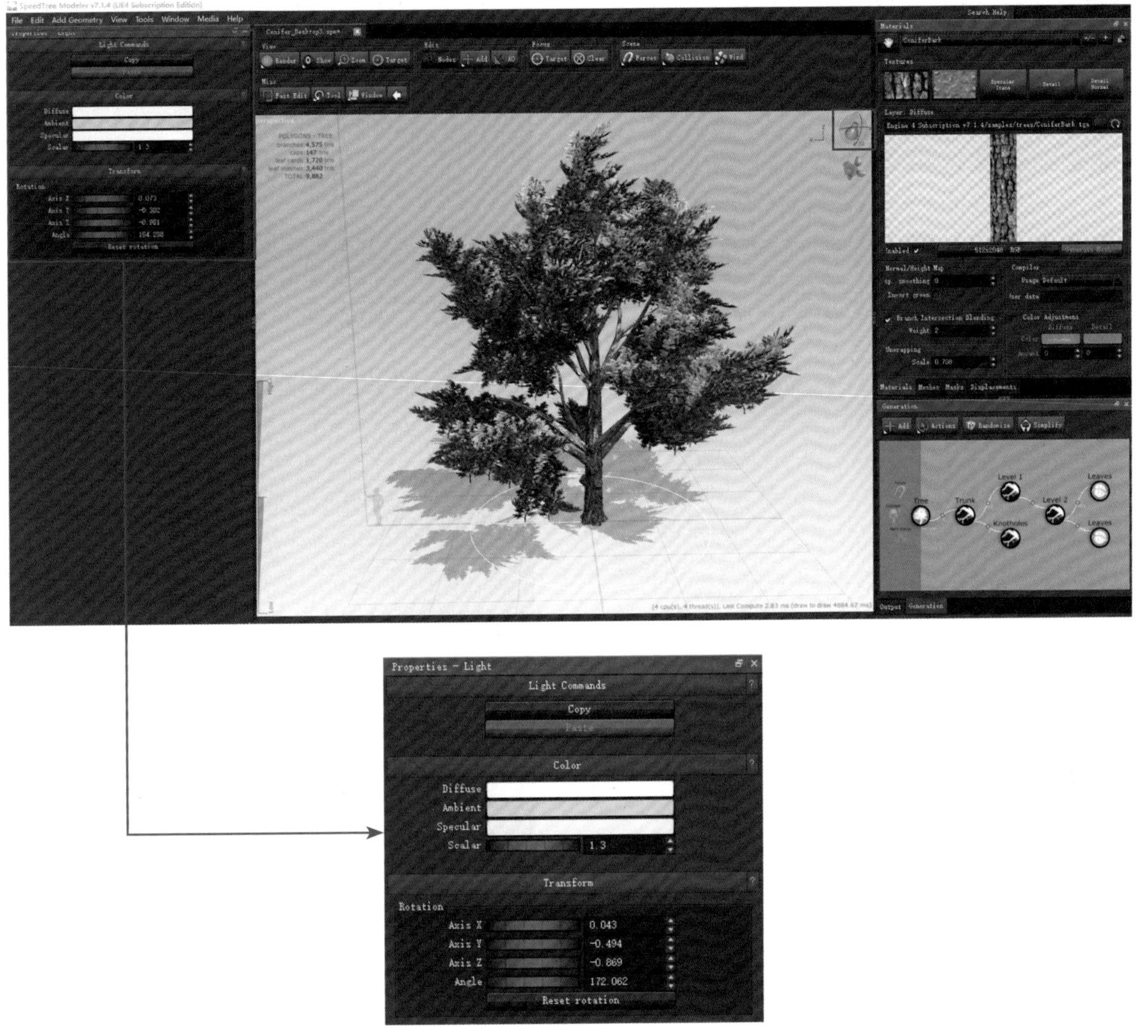

图 6-78

6.1.5 力

Forces（力）是 SpeedTree Modeler 中非常重要的一个功能。对树施加力可以使树变得更加真实、自然。首先单击 Scene 功能区中的 Forces 按钮，在下拉选项中选择 Add force，如图 6-79 所示，可以看到，在 SpeedTree Modeler 中有多种类型的力。

我们创建一个 Direction 类型的力，如图 6-80 所示。我们发现，在 Tree Window 中多了一个小箭头，它代表了 Direction 类型的力。你可以移动、旋转和缩放这个小图标从而影响到力的作用效果，快捷键分别是 W、E、R；也可以单击 Tree Window 上方 Misc 功能区中的 Tool 按钮进行移动、旋转和缩放。

力也有属性面板，当我们选中代表力的小图标时，左侧的属性面板便会变为力的属性，如图 6-81 所示。需要说明的是，在 SpeedTree Modeler 中，除了 Mesh 类型的力，其他类型的力均拥有相同的属性，因此，我们在此以 Direction 类型的力为例进行讲解，之后我们会讲解 Mesh 类型的力。

Force 属性是力的基本属性，它可以控制力的开关、力的类型及力的大小。此外，Color 和 Indicator scale 是用来控制代表力的小图标的，对于力本身的施加效果并没有影响。

Attenuation 属性是用来控制衰减的，它控制力的衰减类型和衰减范围，我们也可以让力不具备衰减能力。在 Tree Window 中我们可以看到围绕在力周围有两个白色圆环，外环代表力的作用范围，由 Distance 参数控制，内环以内代表未衰减区域。也就是说内环、外环之间的区域为衰减区域，这段区域的宽度由 Falloff distance 参数控制，如图 6-82 所示。

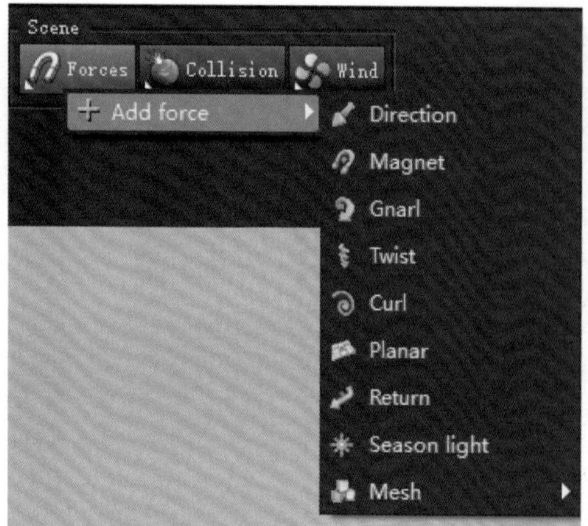

图 6-79

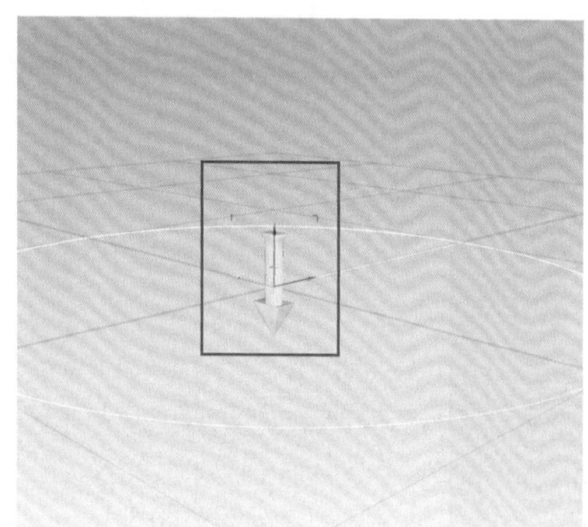

图 6-80

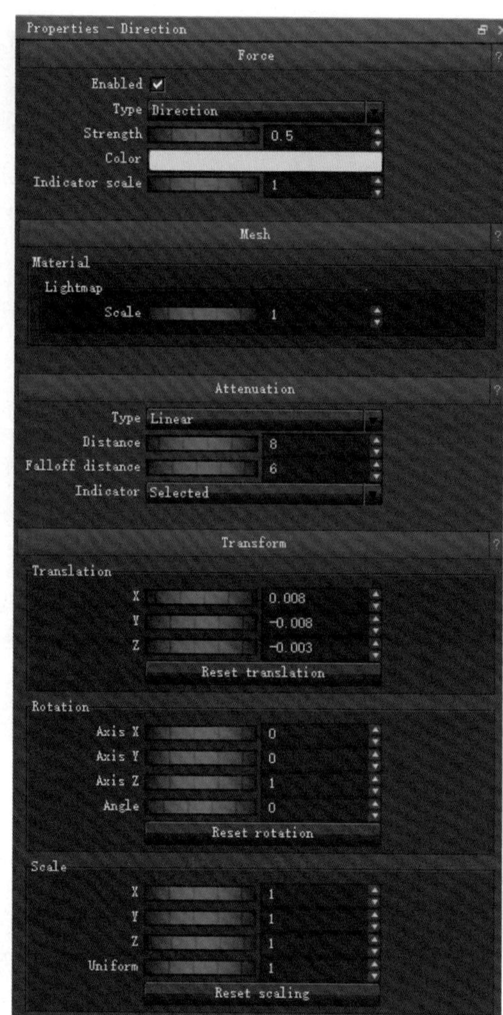

图 6-81

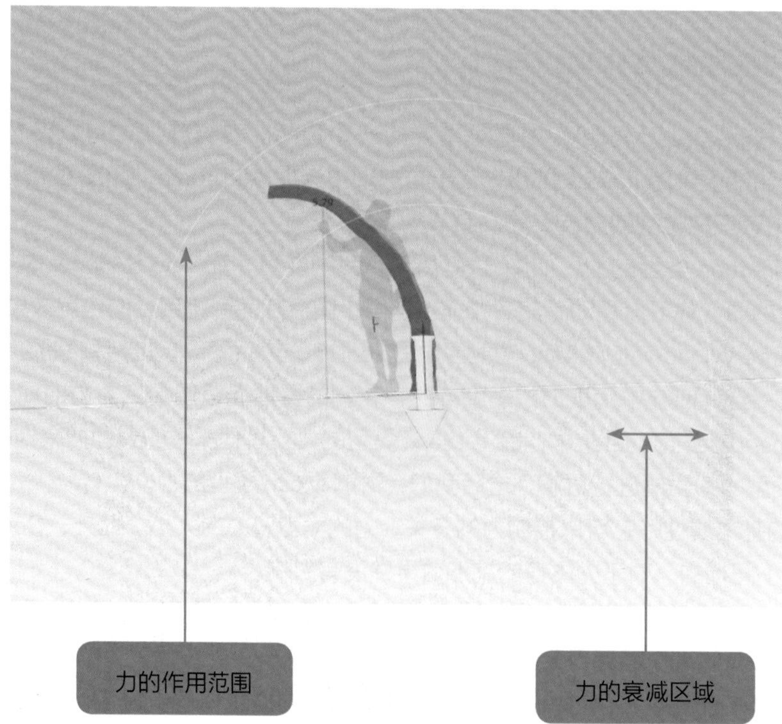

图 6-82

Transform 属性想必大家并不陌生了，它是用来控制力的移动、旋转和缩放的。

此外，我们也可以选择性地只让树的某些部分接受力的作用，而其他部分不受力的作用。我们只需选中该部分节点，在左边的属性面板中找到 Forces 属性，取消勾选我们不想被其影响的力即可，如图 6-83 所示。我们还可以单独控制某一部分的受力程度，只需调节相应力后面的参数值即可，也可以单击后面蓝色的曲线，在曲线面板中利用曲线调节力度。

图 6-83

接下来我们来认识 Mesh 类型的力。Mesh 类型的力是可以让我们提供外部模型来定义力的形态，从而作用于树的。通过 Mesh 类型的力我们可以制作出缠绕在石头上的藤蔓等形态的植物。

首先从外部导入一个模型。将界面右上方的选项卡面板设定为 Mesh 面板，单击“+”按钮，添加模型，如图 6-84 所示。

也可以选择菜单栏中的 File > Import mesh asset 命令，如图 6-85 所示。

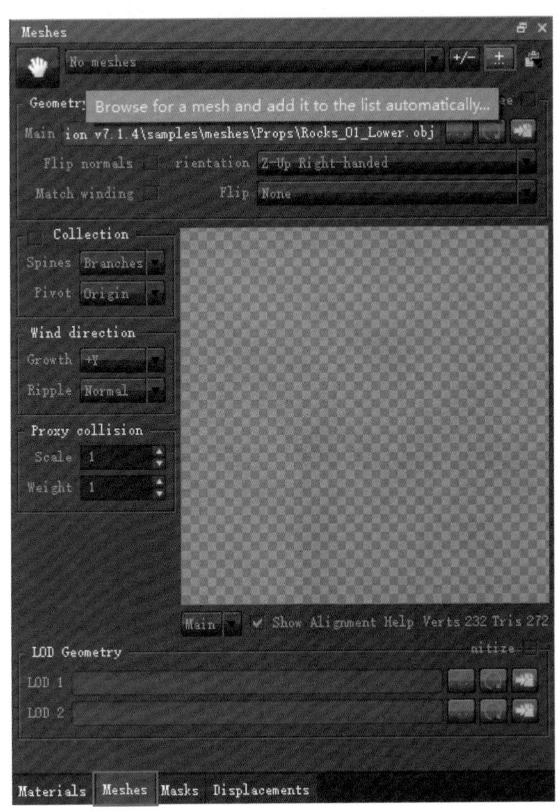

图 6-84

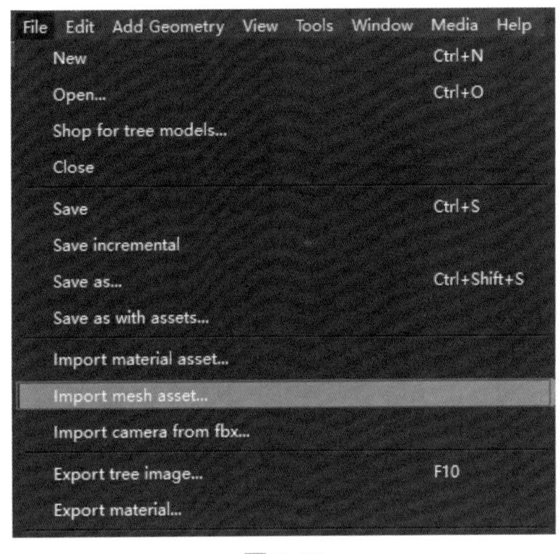

图 6-85

导入后的效果如图 6-86 所示。

我们将刚刚导入的模型作为一个 Force 导入场景中。这里有两种方法，一种是如之前所提到的，在 Tree Window 上方的工具栏中，利用 Scene 功能区中的 Forces 创建 Mesh 力，然后选中创建的 Mesh 力，在 Mesh 属性中的 Mesh 参数处设置刚刚导入的模型，如图 6-87 所示。

另一种方法是在右上方的 Mesh 面板中，按住面板左上方的抓手拖动到 Tree Window 中，出现两个选项，如图 6-88 所示，选择 Add mesh force to the scene，这样模型就作为 Mesh 力存在于场景中了。事实上第二种方法更加便利，在创建 Mesh 力的同时也将模型赋给了力，如图 6-89 所示。

选中刚刚创建的 Mesh 类型的力，我们可以观察到左侧属性面板与之前演示的 Direction 类型力的属性有所不同，不过也只有 Mesh 属性不同。如图 6-90 所示为 Mesh 力的属性，图 6-91 所示为 Direction 力的属性。其他的属性用法相同。

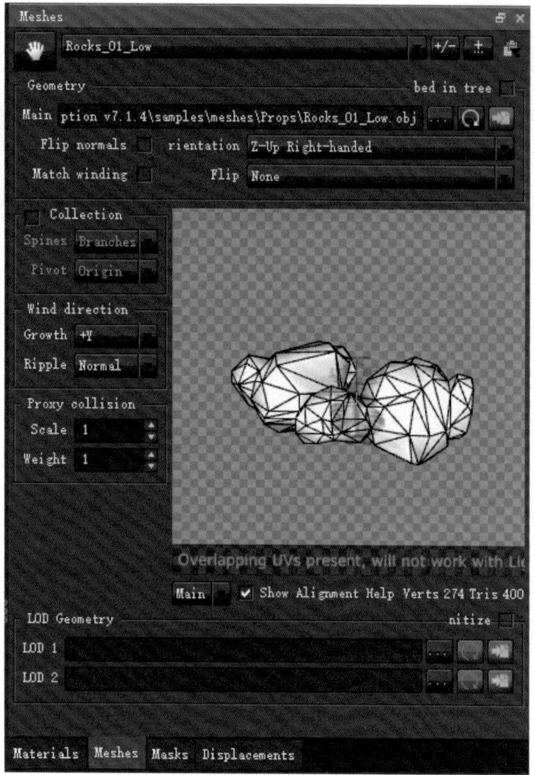

图 6-86

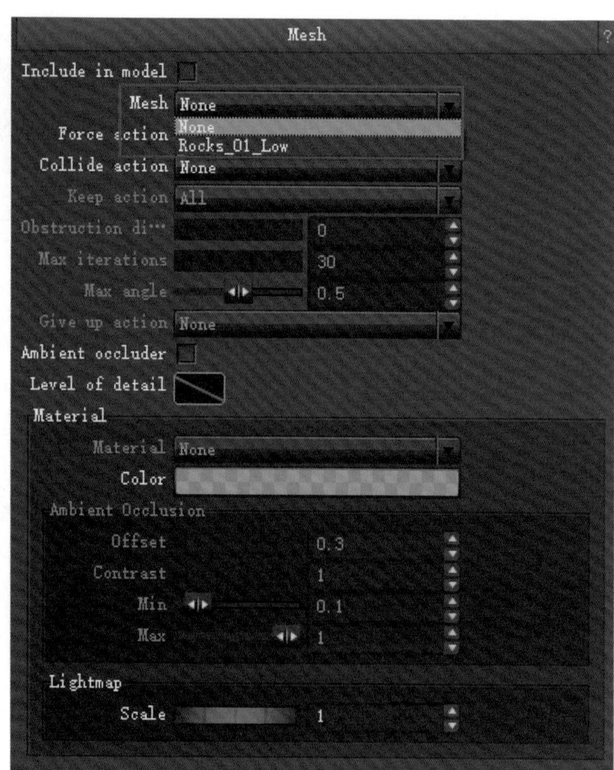

图 6-87

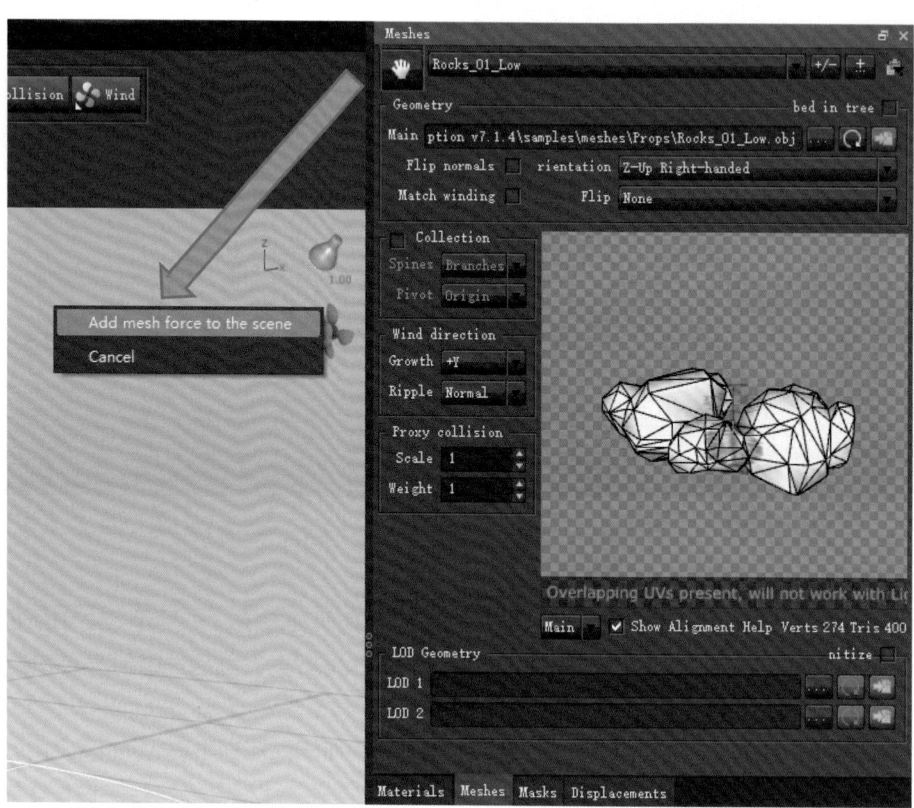

图 6-88

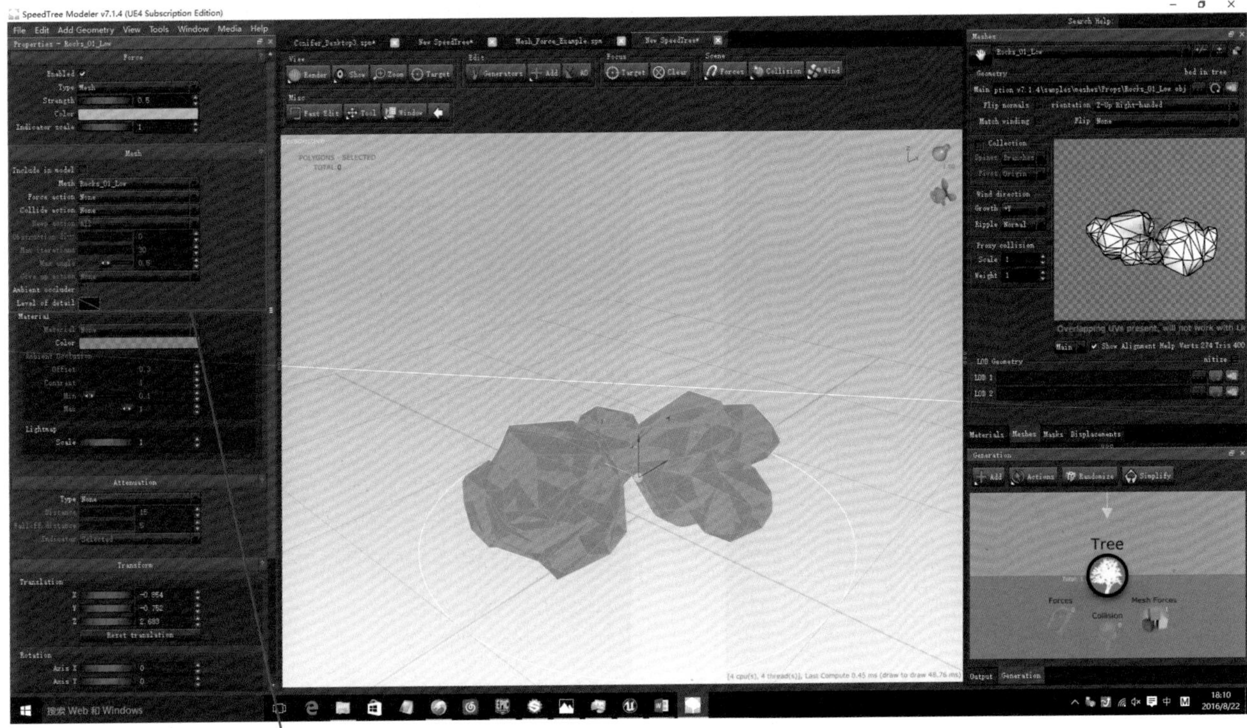

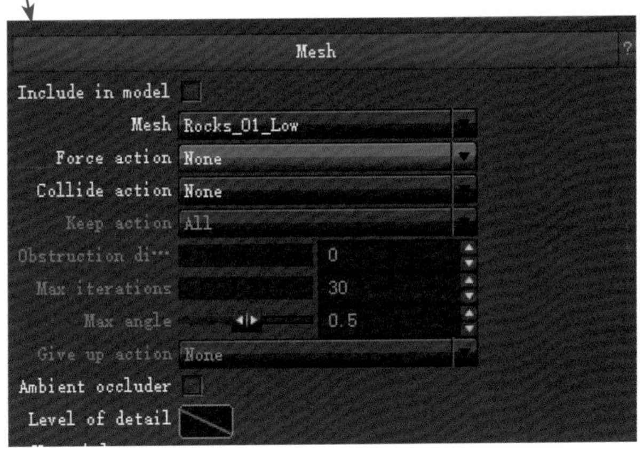

图 6-89

设置 Mesh 力的 Transform 属性如图 6-92 所示。

添加了力之后，我们现在制作一个植物。在 Generation 面板中，以 Tree 节点为父节点添加一个 Standard Trunk，如图 6-93 所示。

设置该 Trunk 的各个属性。首先在 Spine 属性中将 Length style 设置成 Relative 状态（这是为了在之后增加 Trunk 个数后，Trunk 的长度值可以做到大略均等），Length 设置为 0.85；接下来在 Branch 属性中设置 Radius 为 0.38；然后在 Generation 属性中设置 Frequency 为 54，First 和 Last 值分别为 0.47 和 0.49。Frequency、First 和 Last 这 3 个参数是以可以均匀围绕在我们设置过的 Mesh Force 周围为标准进行设置的。最后我们为制作好的植物添加材质，在此我们选用 SpeedTree Modeler 中自带的“green 1.tga”材质，效果如图 6-94 所示。

接下来我们需要为力设置 Mesh 属性中的 Force action 参数，否则默认它为 none 时不会产生力的作用，如图 6-95 所示。

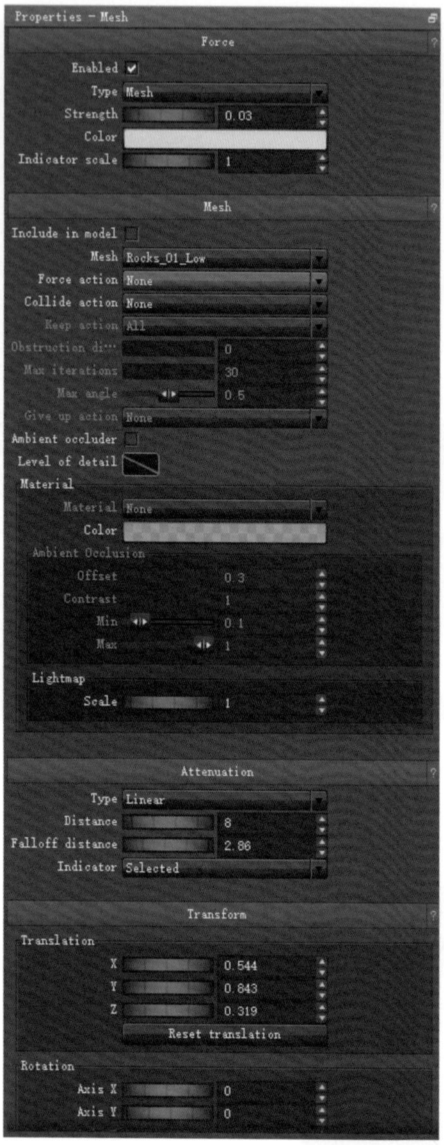

Properties - Mesh
Force
Enabled
Type Mesh
Strength 0.03
Color
Indicator scale 1
Mesh
Include in model
Mesh Rocks_01_Low
Force action None
Collide action None
Keep action All
Obstruction di… 0
Max iterations 30
Max angle 0.5
Give up action None
Ambient occluder
Level of detail
Material
Material None
Color
Ambient Occlusion
Offset 0.3
Contrast 1
Min 0.1
Max 1
Lightmap
Scale 1
Attenuation
Type Linear
Distance 8
Falloff distance 2.86
Indicator Selected
Transform
Translation
X 0.544
Y 0.843
Z 0.319
Reset translation
Rotation
Axis X 0
Axis Y 0

图 6-90

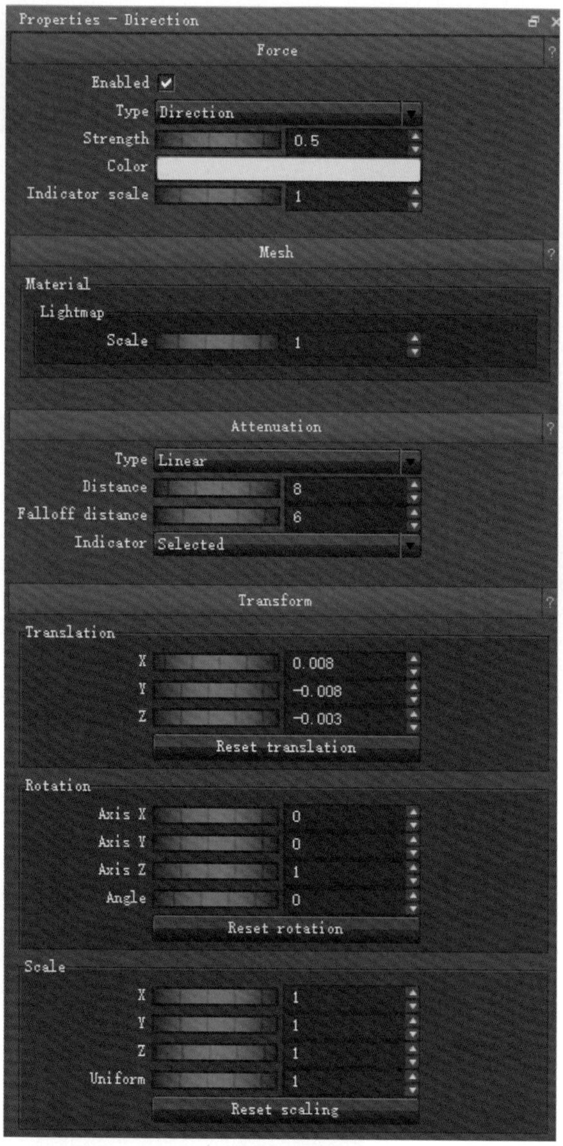

Properties - Direction
Force
Enabled
Type Direction
Strength 0.5
Color
Indicator scale 1
Mesh
Material
Lightmap
Scale 1
Attenuation
Type Linear
Distance 8
Falloff distance 6
Indicator Selected
Transform
Translation
X 0.008
Y -0.008
Z -0.003
Reset translation
Rotation
Axis X 0
Axis Y 0
Axis Z 1
Angle 0
Reset rotation
Scale
X 1
Y 1
Z 1
Uniform 1
Reset scaling

图 6-91

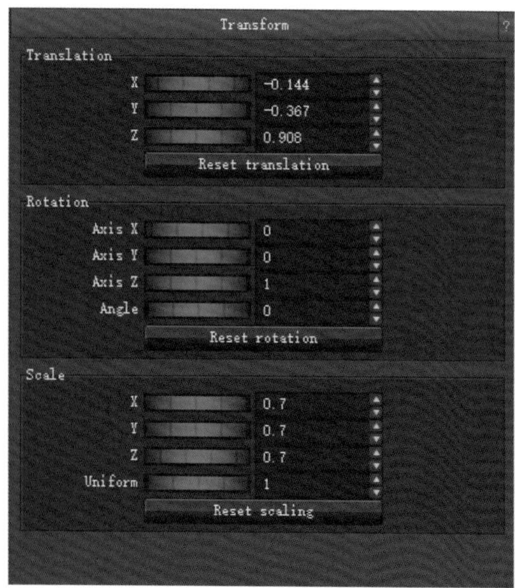

图 6-92

Trunks
Branches
Leaves
Fronds
Hand Drawn
Roots
Subdivision
Zones
Proxies
Whole models
From file...
Standard (low poly)
Standard
Palm 1 (low poly)
Palm 1
Palm 2 (low poly)
Palm 2
Stalk (low poly)
Stalk
Stalks (low poly)
Tall Pine (low poly)
Tall Pine
Variable (low poly)
Variable
Simple Spike
Materials Meshes
Generation
Add Action
Ctrl+X
Ctrl+C

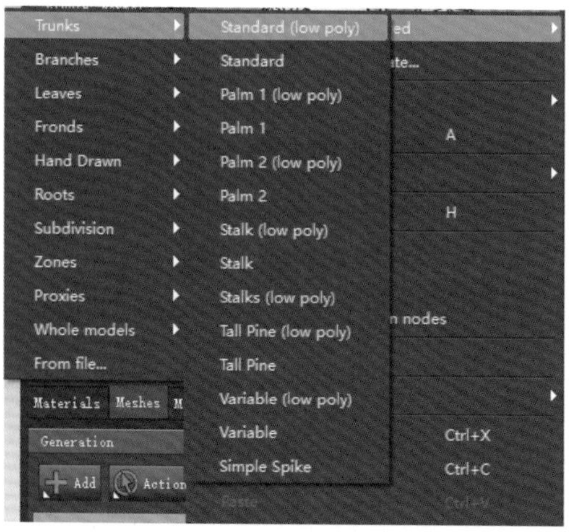

图 6-93

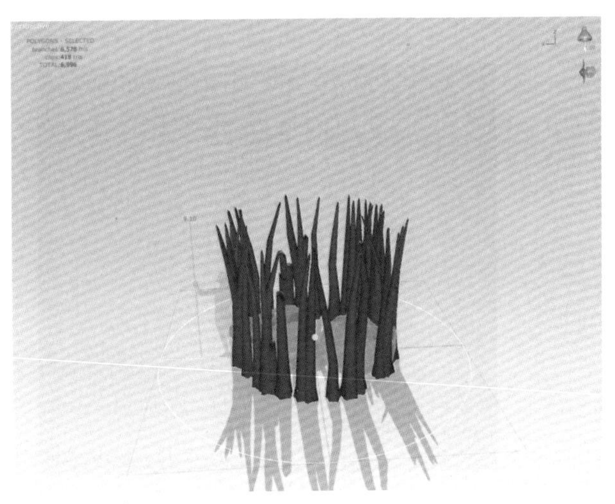

图 6-94

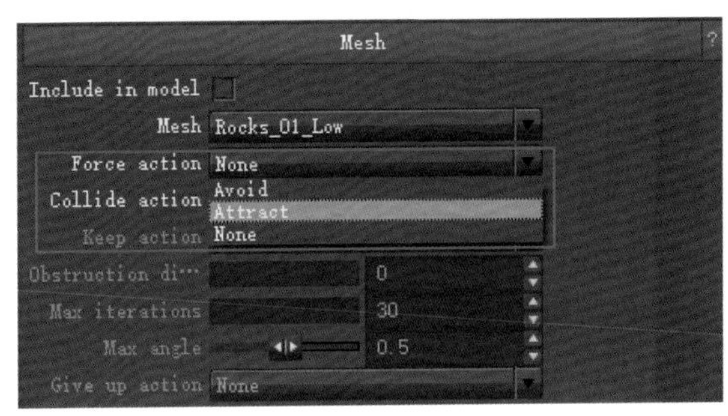

图 6-95

我们设置 Force action 参数为 Attract 模式，调节 Force 属性中的 Strength 力度值，在此设置 Strength 值为 -0.8，效果如图 6-96 所示，可以看到力与植物之间存在斥力。

当 Strength 为正值时，植物受到 Mesh 力的引力，效果如图 6-97 所示。

图 6-96

图 6-97

6.1.6　碰撞体

SpeedTree Modeler 还可以供我们为模型添加碰撞体，方便日后在第三方软件中进行操作。创建碰撞体的方法有两种，第一种是选择 Menu 菜单栏中的 Tools > Generate collision primitives 命令，如图 6-98 所示。

此时弹出一个选项面板，如图 6-99 所示。Clear existing primitives 是指每次添加碰撞体时会自动清除之前已经存在的碰撞体；Spine capsules 是外形为胶囊形状的碰撞体，一般用来包裹树根、树干和树枝，它的下面有 2 个参数，分别是 Number 和 Encompass percentage，前者控制 Spine capsules 的个数，后者用来控制包围对象的范围比例；Spheres 是外形为球形的碰撞体，其下面有 Leaves、Mesh forces 和 Zones3 个参数，用来判断是否要为这 3 种类型的节点添加 Spheres 碰撞体，剩下的 2 个参数 Number 和 Encompass percentage 与 Spine capsules 的一致。

根据参数数值的不同，碰撞体的效果不同，第一组图如图 6-100 所示，Spine capsules 的个数为 20 个，Spheres 的 Encompass percentage 为 0.5，可见 Sphere 碰撞体并没有包裹住所有的树叶。

图 6-98

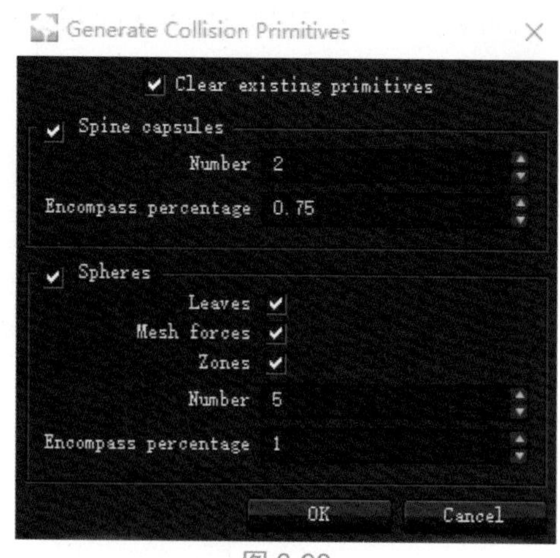

图 6-99

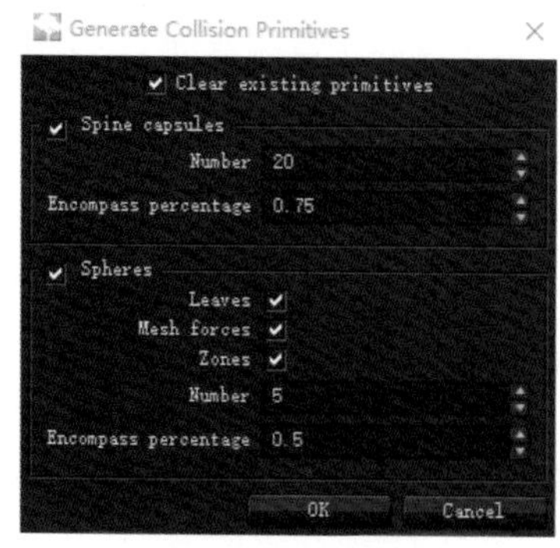

图 6-100

第二组图如图 6-101 所示，Spine capsules 的个数为 5 个，相对于第一组图个数过少，以至于树枝和树根并没有完全被包裹住；Spheres 的 Encompass percentage 为 0.7，与第一组相比半径明显变大。

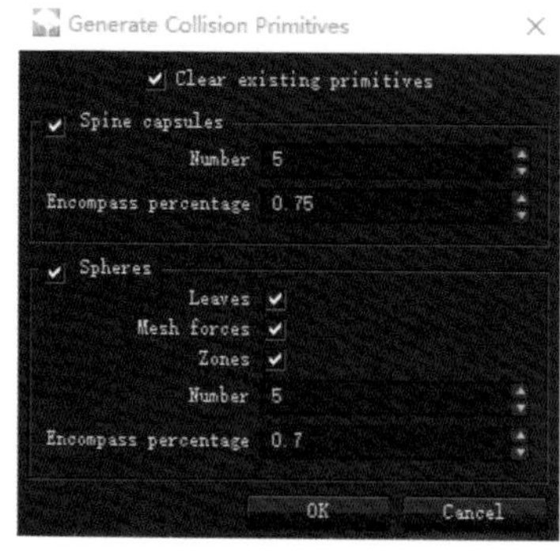

图 6-101

创建碰撞体的第二种方法是通过 Generation 面板中的 Collision，如图 6-102 所示。

单击 Collision，出现菜单，如图 6-103 所示。通过这种方法我们可以利用 Add 单独添加碰撞体，也可以与第一种方法一样选择 Generate collision primitives 命令。

我们也可以对创建的每个单独的碰撞体进行移动、旋转和缩放，快捷键依旧为 W、E、R；也可以单击

Tree Window 上方 Misc 功能区中的 Tool 按钮选择移动、旋转和缩放。移动碰撞体比较特殊，我们可以在选中碰撞体后直接拖动，不一定要将操作模式转换为 Translate（移动）模式。删除碰撞体只需选中碰撞体后按下 Delete 键即可。

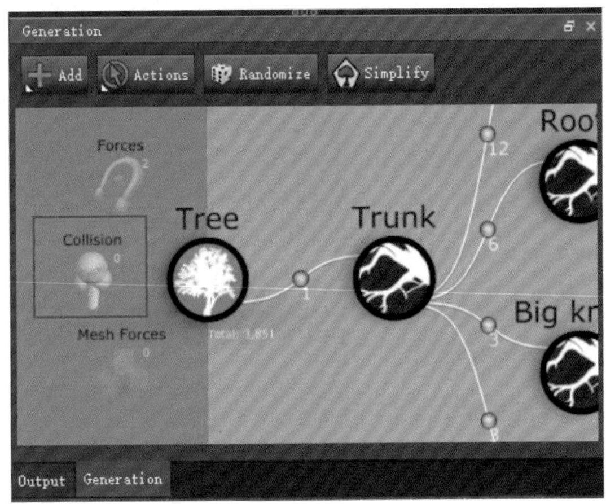

图 6-102

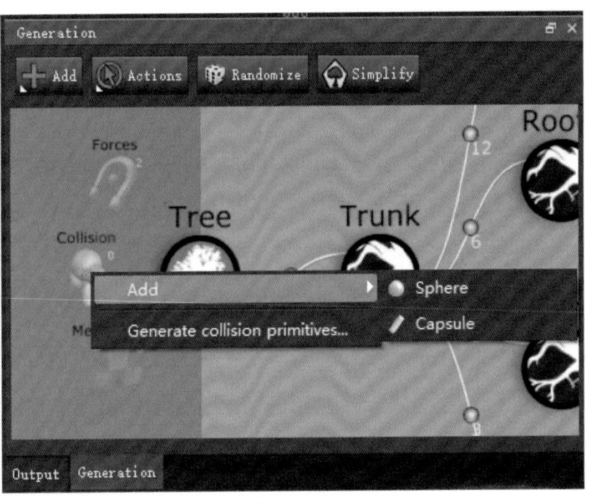

图 6-103

6.1.7　Speedtree Modeler 模型的导出

选择菜单栏中的 File > save 命令。SpeedTree Modeler 的 Unreal Engine 4 subscription edition 版本会导出两个模型文件和一些贴图，两个模型文件的扩展名分别为 .spm 和 .srt，前者是 SpeedTree 模型文件，供我们在 SpeedTree 中编辑使用；后者是优化后的模型版本，供我们导入 Unreal Engine 4 中使用。导出的模型附带 Normal 贴图及其他非四方连续贴图，贴图均为 .tga 格式，如图 6-104 所示。其中，贴图命名中含有“Billboards”字符的贴图文件是模型由 360° 的 Normal Map 组成的 Billboard 集合，它可以作为最低精度级的 LOD。

图 6-104

6.1.8　SpeedTree Modeler 与 Unreal Engine 4 引擎协同操作

在 6.1.1 节中我们了解到 SpeedTree Modeler 有许多版本，其中 SpeedTree Modeler Unreal Engine 4 Subscription Eition 是与 Unreal Engine 4 联动的一个版本。在本小节中我们将把 SpeedTree Modeler 与 Unreal Engine 4 协同起来操作，我们将了解如何把树木模型导入 Unreal Engine 4 中，以及两个软件联动涉及的一些问题。

1．模型导入 Unreal Engine 4

现在我们尝试将 SpeedTree Modeler 中自带的树木资源导入 Unreal Engine 4 中。通过 SpeedTree

Modeler 制作的模型导入 Unreal Engine 4 需要模型文件的扩展名为 .srt。将 .srt 文件直接拖动到 Unreal Engine 4 的 Content Browser（内容浏览器）区域，之后会弹出选项框，如图 6-105 所示。当然，我们也可以在 Content Browser 中选择 Import 命令像导入其他资源一样来导入。

在 Tree Scale 处为模型调节一个适配 Unreal Engine 4 场景的大小，在此默认为 30.48。Geometry 中有 3 个选项，如果我们选择将导入的树只作为远景使用，那么选择 Billboards 选项；反之则选择 3D LOD 选项。当然，也可以选择 Both 两者兼具。在此我们选择 Both 选项。

Setup Collision 是用来加载碰撞体的。如果模型文件中已存在碰撞体，那么勾选 Setup Collision 复选框会载入该碰撞体。我们也可以在 SpeedTree Modeler 中手动添加碰撞体，这样导出的 .srt 模型文件内部会存在碰撞体。采用这种方式可方便、快速地创建我们理想中的碰撞体。还可以利用第三方软件或者在 Unreal Engine 4 中创建碰撞体。

Create Materials 供我们在导入模型的同时可以选择性地导入贴图，如法线贴图、高光贴图等，其中 Include Vertex Processing 代表是否在材质球中加入模拟风效、平滑的 LOD 过渡等基于顶点功能的效果，这些效果是通过 SpeedTree Modeler 制作出来的模型所特有的。

最后选择 Import 导入，导入后的界面如图 6-106 所示。一般情况下，导入资源包括三部分：模型及其所用到的材质球和贴图。

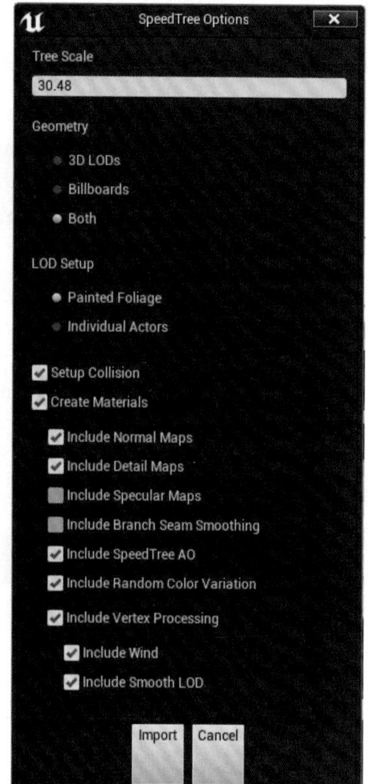

图 6-105

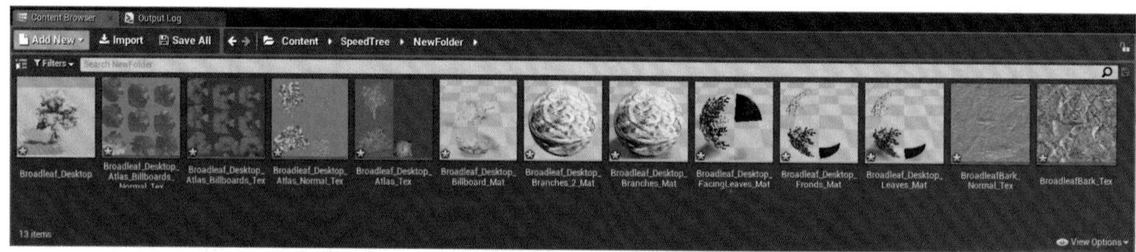

图 6-106

将树木模型拖动到视图窗口中，如图 6-107 所示。

图 6-107

最终效果如图 6-108 所示。

2．模型导入 Unreal Engine 4 的几个问题

前面我们把模型导入 Unreal Engine 4 中。需要说明的是，在 SpeedTree Modeler Unreal Engine 4 Subscription Eition 版本中，SpeedTree 可以自动为模型分配适合 Unreal Engine 4 烘焙系统使用的光影贴图；它还能够运算顶点环境光遮罩（per-vertex ambient occlusion），这些运算值与 Unreal Engine 4 的材质系统相关联。

现在我们再来说说贴图和材质球。我们将 .srt 模型文件导入 Unreal Engine 4 后不仅仅有模型的贴图，连同模型的材质球也被加载到引擎中，这就是我们之前勾选 Create Materials 复选框的结果，如图 6-109 所示。当然，我们也可以通过 Unreal Engine 4 引擎内部来编辑相关材质效果。

进入材质界面后如图 6-110 所示。对于 Color 贴图和 Normal 贴图想必不用过多解释。SpeedTreeColor Variation 节点用来给树赋予颜色变化，以极少的资源消耗获得丰富的模型效果。TwoSidedSign 是用来翻动双面自定义光照材质的反面上的法线的。另外，在世界位置偏移引脚处连接了一个 SpeedTree 节点，这和在导入模型时我们勾选了 Include Vertex Processing 复选框有关，它是通过 SpeedTree 生成模型的特有部分，只有拥有这个节点，模型才有模拟风和平滑的 LOD 过渡等效果。

图 6-108

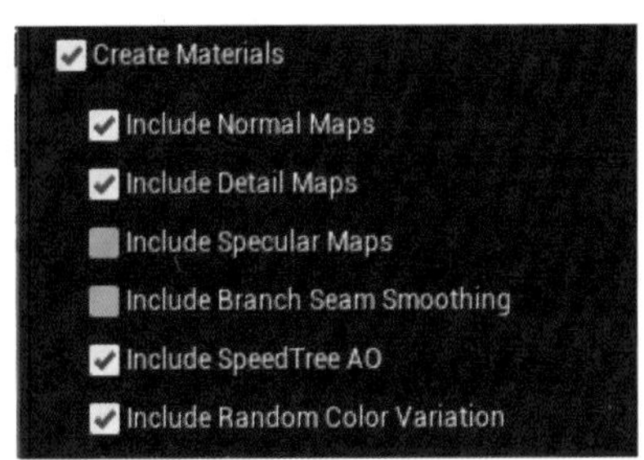

图 6-109

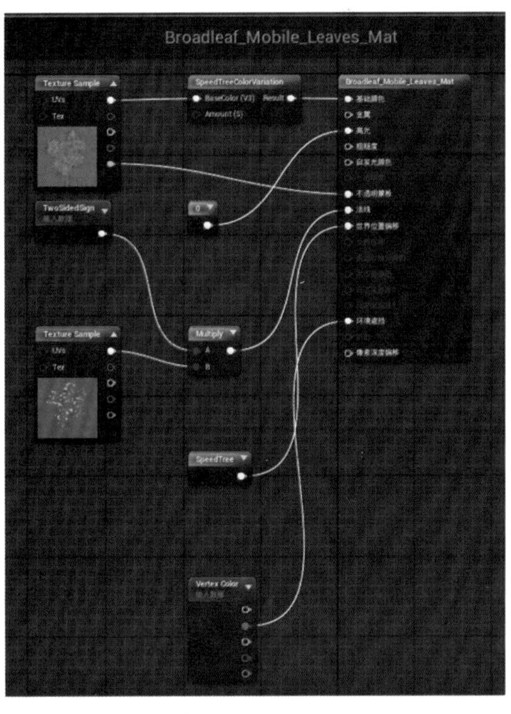

图 6-110

我们选中 SpeedTree 节点，看到左侧有几个选项，如图 6-111 所示。Geometry Type 是用来设定几何体的渲染类型的，一般不对它进行手动修改；Wind Type 是用来控制风的复杂度的，这和在 SpeedTree Modeler 中设置风的类型的效果是一样的，需要注意的是，在 Unreal Engine 4 中只能获得与导入时相等的风的表现效果或者降低风的表现效果，无法调整至高于从 SpeedTree Modeler 中导出时设定好的效果等级；LOD Type 是用来控制 LOD 的转换方式的；Billboard Threshold 是用来控制在观察角度中的消失速度的。

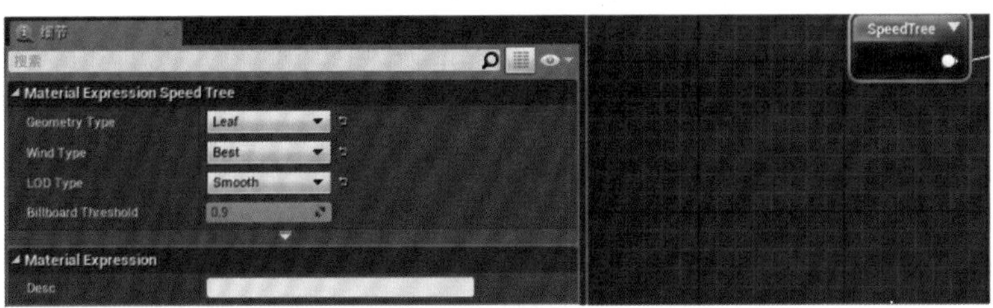

图 6-111

这些节点随着模型的导入而被创建，我们根据实际情况来对它们进行编辑，或者在此基础上添加更多的节点。

6.2 Substance Bitmap2Material

Bitmap2Material 是由 Allegorithmic 机构出品的一款强大的纹理贴图软件。Bitmap2Material 不但是一款富有创造性的软件，同时它的操作十分简单，方便任何人着手制作贴图。

6.2.1 软件概览

在 Bitmap2Material 中，我们直接给它一个 Diffuse 漫反射贴图，它便可以利用这张贴图计算出其他一系列贴图，如图 6-112 所示。它还提供了许多内置控制，从而方便我们无须切换软件就可以编辑贴图。这不仅大大提高了我们的制作效率，还可以节省大量的系统空间。它还支持其他的一些软件使用，如三维建模软件 3ds Max 和 Maya，以及游戏引擎 Unreal Engine，我们可以在这些软件中直接使用 Bitmap2Material 来制作贴图材质，十分便捷。

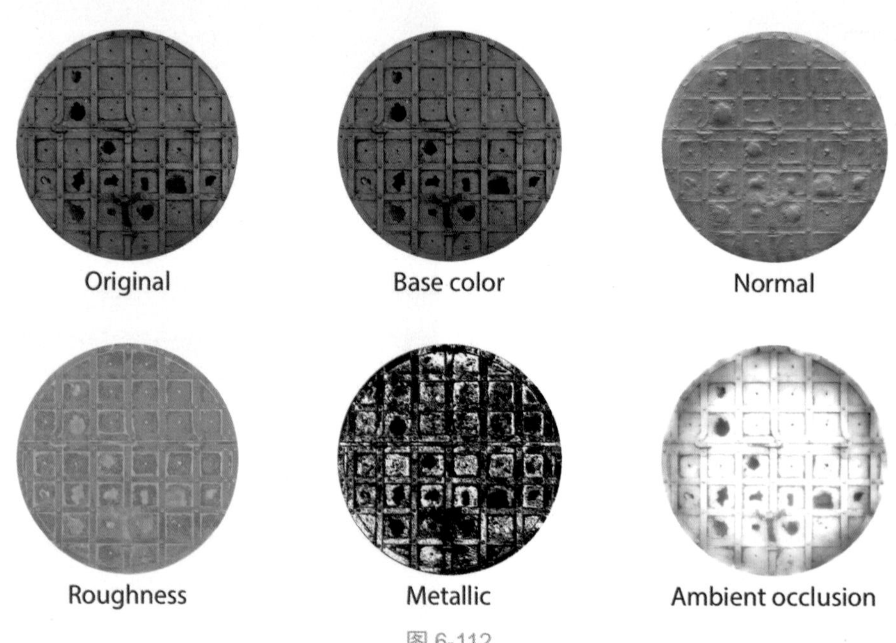

图 6-112

6.2.2 界面布局

默认的界面布局如图 6-113 所示。

界面最上方为 Menu（菜单栏）和一行快捷操作，我们在这里经常会用到导入和导出功能，也可以对软件和界面进行设置，如图 6-114 所示。

Menu 下面为 2D View，一个 2D 窗口。在这里会显示我们导入的贴图和软件自动计算出来的一系列贴图。贴图上方有一排 Outputs 选项，通过切换选项便可以在贴图之间切换显示。在 Outputs 一系列选项后面还有一些功能操作，我们会在 6.2.4 节进行详细讲解，如图 6-115 所示。

2D View 下面为 3D View，一个 3D 窗口。在这里会显示材质的最终效果，我们可以利用软件自带的模型体现材质的效果，也可以导入自己的模型，并将材质赋予它。3D View 上方有两排功能区，我们会在 6.2.4 节进行详细讲解，如图 6-116 所示。

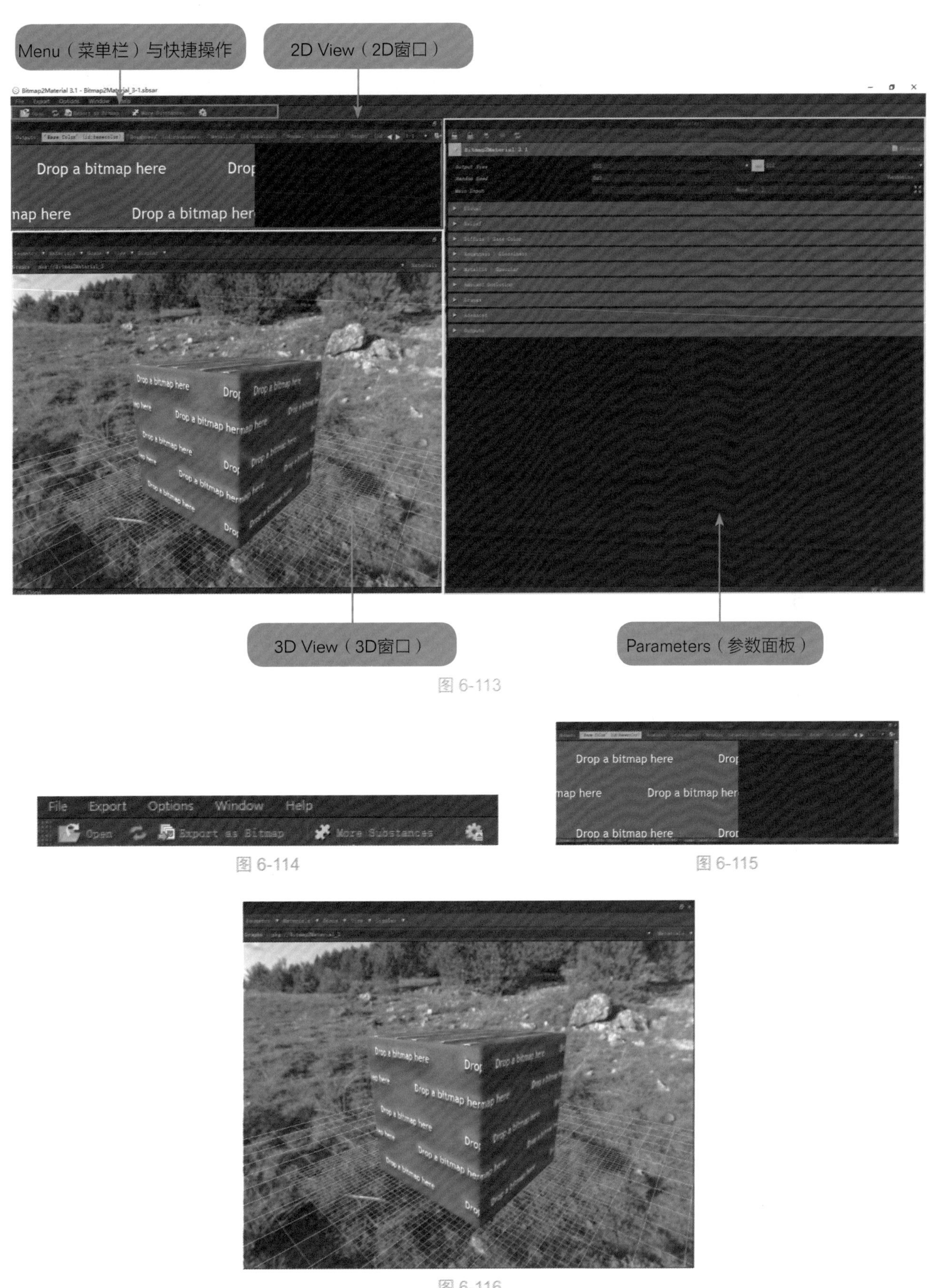

图 6-113

图 6-114

图 6-115

图 6-116

位于整个软件界面右侧的一块面板为 Parameters 面板，即调整属性参数的面板。在这里我们可以利用一系列参数对贴图与材质进行调节，从而做出理想的材质。我们会在 6.2.5 节对该面板进行详细讲解，如图

6-117 所示。

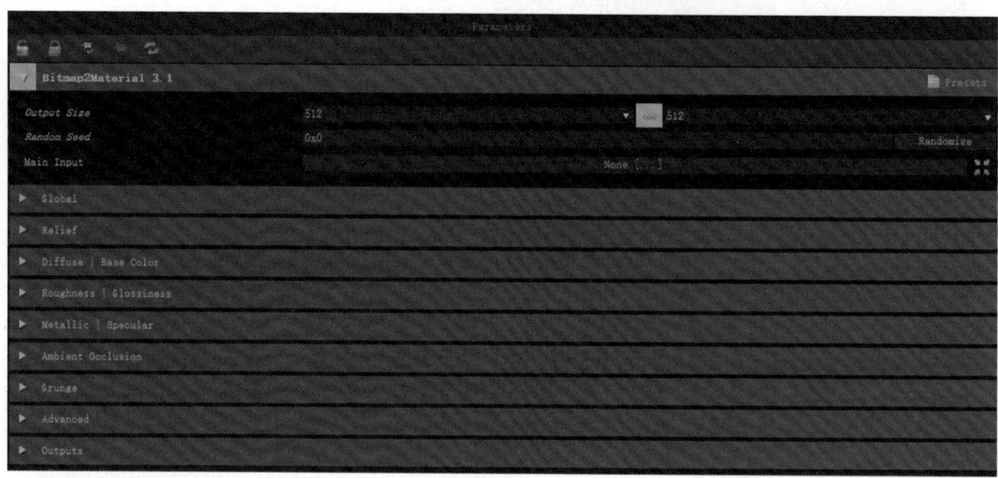

图 6-117

6.2.3 菜单栏介绍

Menu（菜单栏）有 File、Export、Options、Window、Help 共 5 个功能栏。

首先来看 File 菜单下的几项功能。展开 File 下的 Open，如图 6-118 所示。第一个 Open 想必不用多说，是用来打开项目文件的，在快捷操作区也可以使用 Open 功能。Open 后面有几个不同的 Bitmap2Material 版本选项，用户可以在此选择适合自己的版本来使用。本教程中使用的是 Bitmap2Material_3.1 版本，所以软件又提供了 Bitemap2Material_3 版本。另外还有一个 Bitmap2Material_3_Unreal Engine 4 版本，它是为了与 Unreal Engine 4 契合而额外优化的一个版本。

File 菜单中还有一个功能需要说明，那就是 More Substances，通过它可以获取或购买官方的材质。我们也可以从快捷操作处找到 More Substances 功能，如图 6-119 所示。

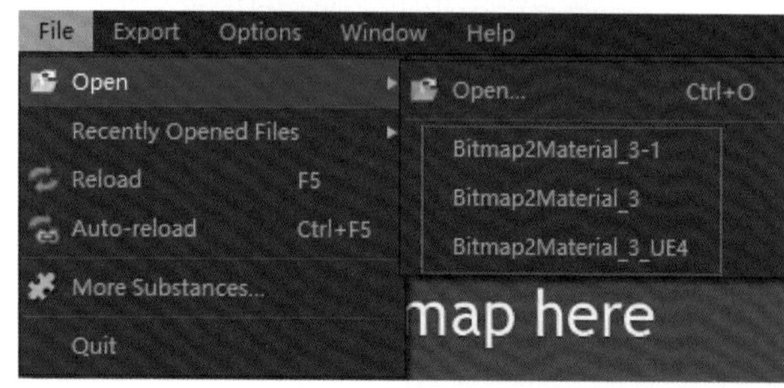

图 6-118

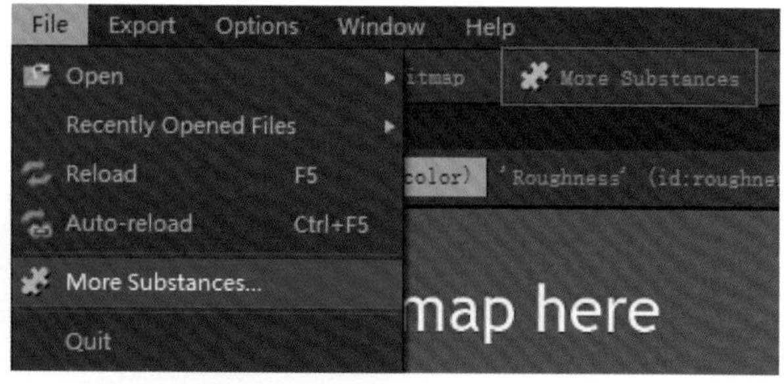

图 6-119

接下来是 Export 菜单，我们看它的下拉选项，单击 Export as Bitmap，如图 6-120 所示。

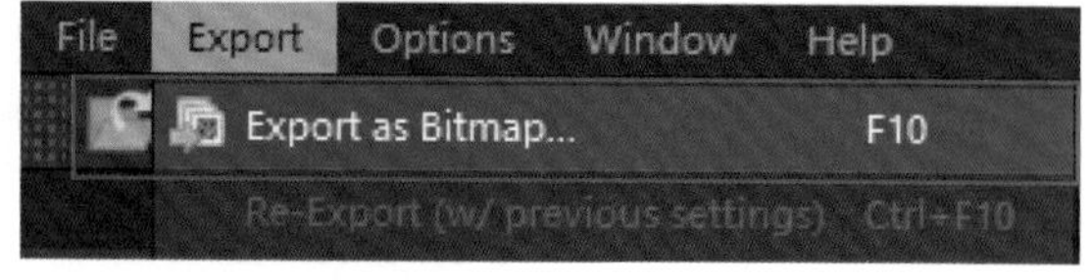

图 6-120

我们可以看到弹出了一个新的面板，如图 6-121 所示。其中，Folder 用来选择路径；在 Format 下拉选项中可以选择导出格式；单击 Options 会弹出一个面板，在此设置导出的贴图的压缩程度；Base name pattern 用来设置命名规则，在 Pattern 下拉选项中可以为名字添加成分，默认的格式是“图片名称 _ 导出的贴图名称”；在 Select Output(s) to export 下可以选择导出哪些贴图。

在快捷操作区也放置了 Export as Bitmap 功能，用法都是一样的。当我们进行过一次导出设置后，Export 菜单下的 Re-Export 功能便可以使用，利用它来导出可以不用再打开 Export as Bitmap（S）面板，软件会按照之前的导出设置进行导出。

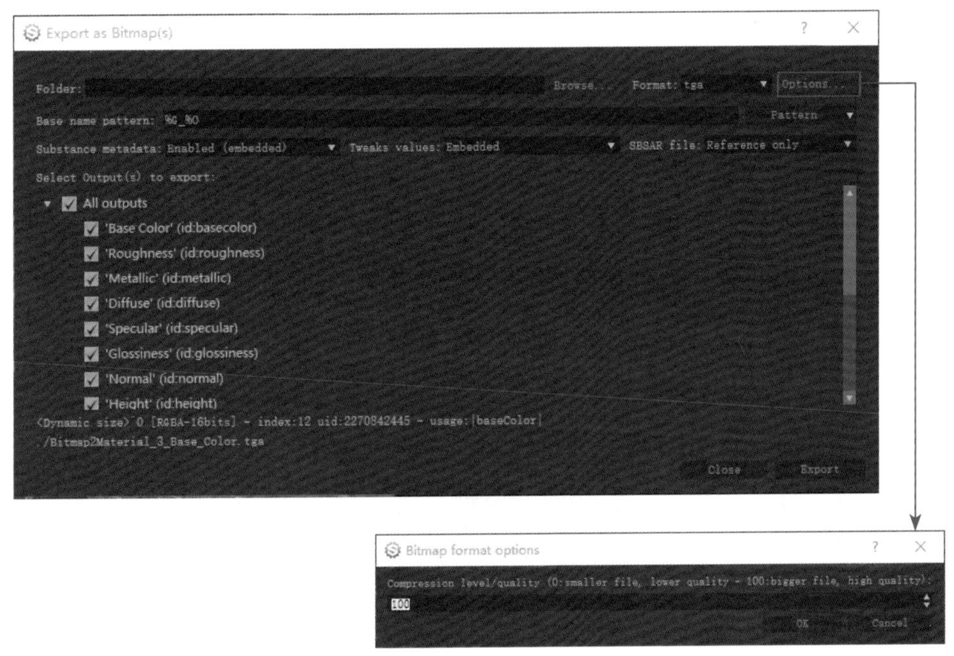

图 6-121

Export 菜单之后我们来看 Options 菜单，如图 6-122 所示。

Set size limit 是用来限制贴图的最大输出尺寸的，例如，我们在此设置最大输出尺寸为 4096 像素，那么当我们在导出贴图之前进行设置时，软件给我们提供的一系列导出尺寸不会超过 4096 像素。Cooking Options 是一个烘焙选项，如图 6-123 所示，在这里可以设置软件动态刷新，例如，选择 Dynamic'Output Size'选项后，如果我们变更了导出尺寸，那么 2D View 和 3D View 会自动更新贴图和材质形态。

图 6-122

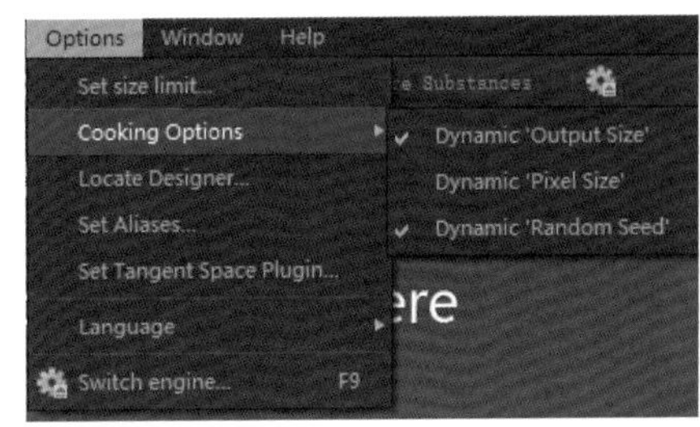

图 6-123

Locate Designer 和 Set Aliases 都是与 Substance Designer 软件联动使用的，前者可以调用 Substance Designer 软件供我们修改贴图，后者可以导入提前做好的预设文件。Set Tangent Space Plugin 可以调用插件；Language 不用多说，是用来变更软件语言的；Switch engine 供我们切换渲染引擎。在快捷操作区中，最后一个锯齿形图标代表的就是 Switch engine 功能，我们也可以在这里切换渲染引擎，如图 6-124 所示。

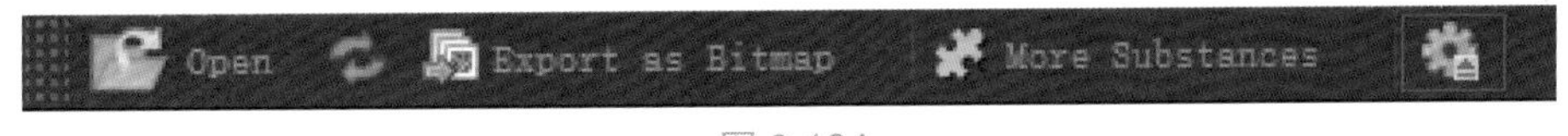

图 6-124

Menu 中剩下的还有 Window 和 Help 菜单。Window 菜单是用来设置界面布局的，我们可以选择打开或关闭某窗口，也可以选择恢复默认布局设置。Help 菜单想必无须多言。

6.2.4 2D View 与 3D View 功能介绍

1. 2D View

在 2D View 中，最上面有一排 Outputs 选项，它们分别代表各个材质贴图，如图 6-125 所示。我们通过选择某个选项来切换到该选项对应的材质。

图 6-125

材质选项右边有两个功能，第一个功能是设置贴图的显示大小，如图 6-126 所示。

第二个功能是一个功能集合，它有一个下拉菜单，如图 6-127 所示。其中，Freeze view 可以锁定显示当前贴图，开启后无法切换显示贴图；Save as bitmap 是用来单独保存当前显示贴图的；Copy to clipboard 用来将当前贴图复制到剪切板，之后在相关软件中粘贴便可编辑贴图；Split vertically 和 Split horizontally 都是用来切分 2D View 的，从而并行显示多张贴图。

此外，上面所提及的功能集合也可以通过在 2D View 中单击鼠标右键调出，如图 6-128 所示。

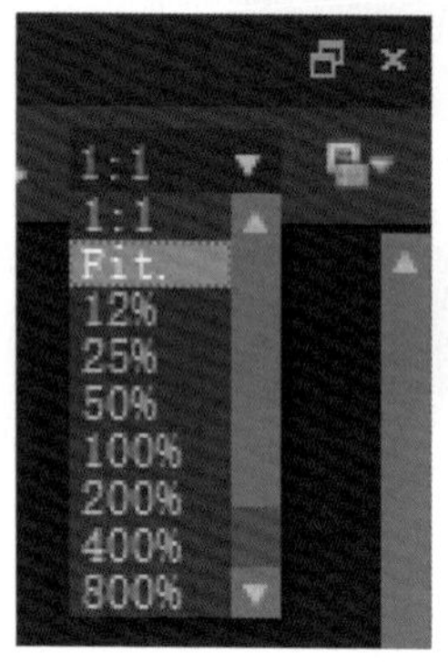

图 6-126

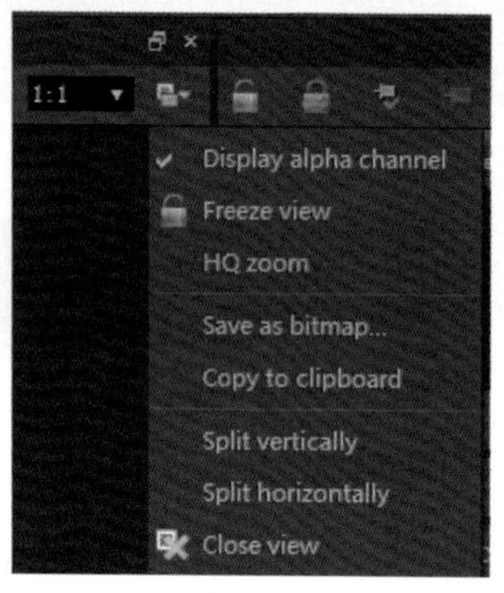

图 6-127

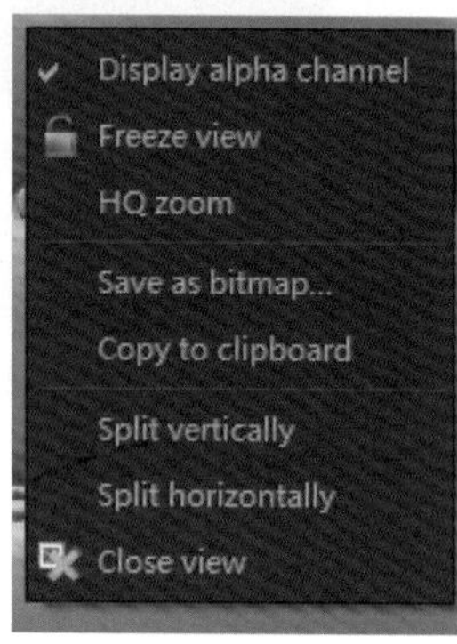

图 6-128

2．3D View

3D View 最上方有一排菜单栏，如图 6-129 所示。

在 Geometry 菜单中我们可以切换 3D View 中使用的模型，如图 6-130 所示。在 Primitive List 中可以选择软件自带的模型来使用，也可以通过 Load Mesh 将外部模型加载进来。

在 Materials 菜单中，我们所用到的每个材质都会有一些设置项。例如，我们现在所使用的材质是“Default”，我们来看一下“Default”的设置项，如图 6-131 所示。

Geometry ▼ Materials ▼ Scene ▼ View ▼ Display ▼

图 6-129

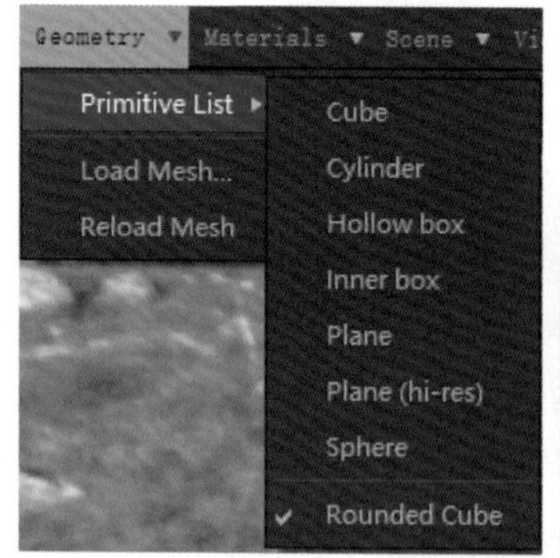

图 6-130

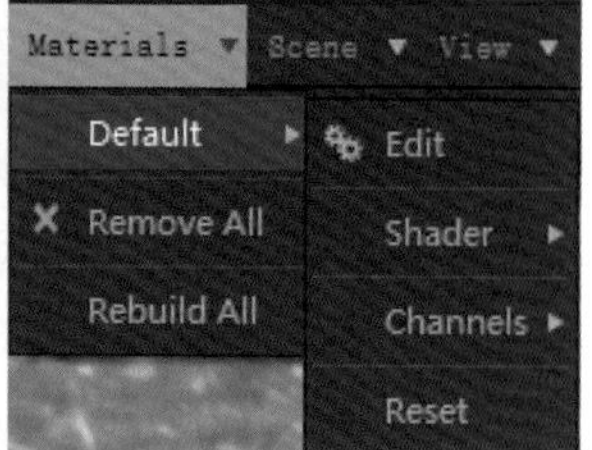

图 6-131

选择 Edit，3D View 右侧会出现一个参数面板，如图 6-132 所示，通过该参数面板可以对这个材质进行详细的调整。

选择 Shader 会出现一个 Shader 列表，在此我们可以切换 Shader，如图 6-133 所示。选择其中的一些选项会在右边显示相应的参数面板，和上面所提到的 Edit 面板是一个道理，在此面板中可以对应用的 Shader 进行详细的调整。

选择 Channels 会出现一个通道列表，在此我们可以选择使用或关闭哪些通道贴图，如图 6-134 所示。

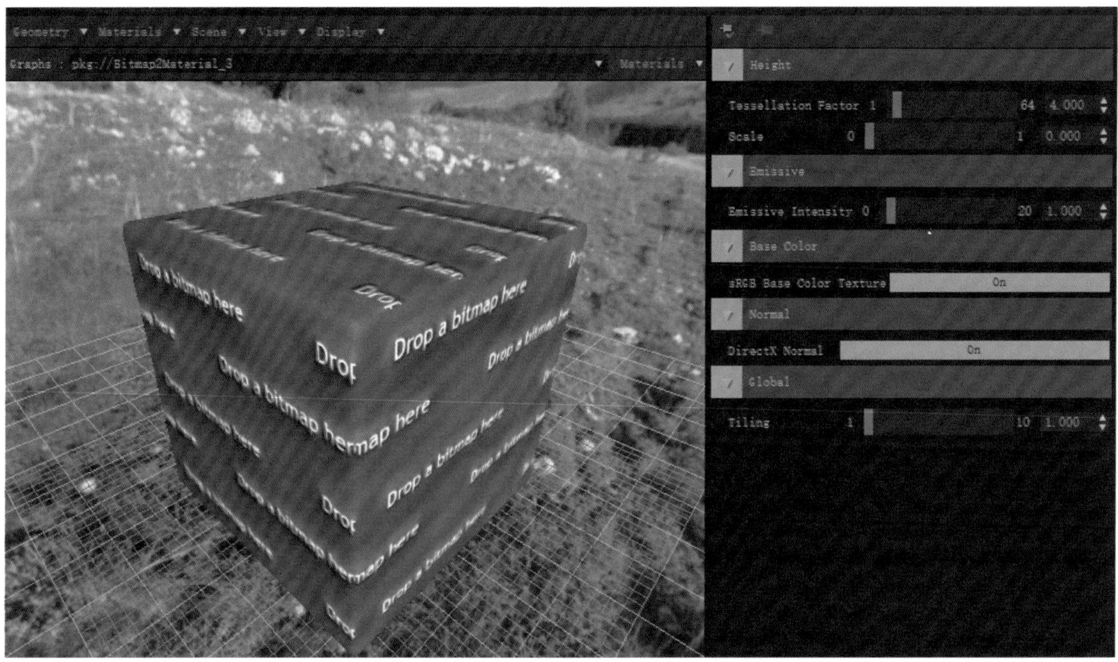

图 6-132

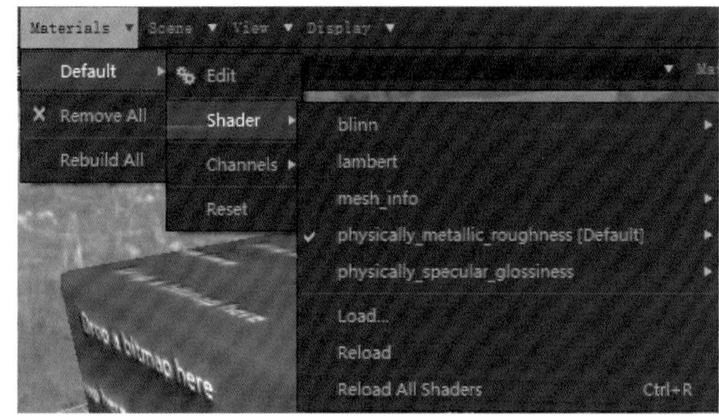

图 6-133

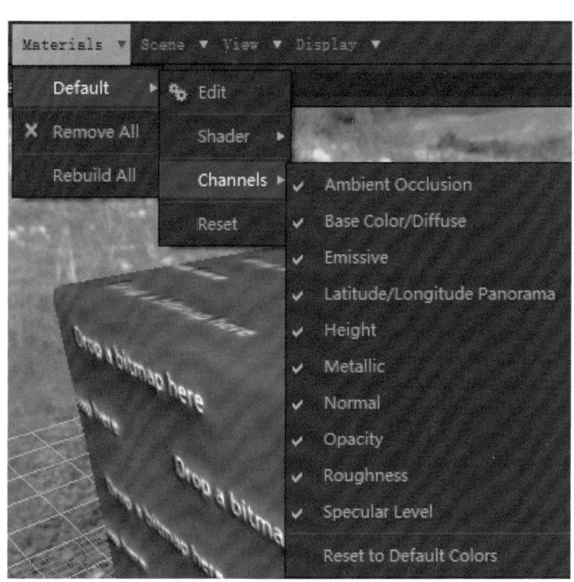

图 6-134

选择 Reset 可以恢复材质的默认设置。

Materials 菜单之后是 Scene 菜单，如图 6-135 所示。选择 Edit 会在 3D View 右侧调出参数面板，该面板是用来调节 3D View 中的环境的，如 Lights（灯光）、Camera（摄像机）及背景环境等。Edit 下面的 Reset All、Reset Lights 和 Reset Environment 都是用来恢复默认值的。

接下来我们看 View 菜单。当我们认为 3D View 中的场景和模型渲染效果不错时，可以选择 Save image 选项来保存当前的渲染画面；Copy image to clipboard 是用来将渲染画面复制到剪切板中的；Perspective、Front、Right、Back、Left、Top 和 Bottom 都是用来切换视图模式的，如图 6-136 所示。

最后是 Display 菜单，如图 6-137 所示。在这里我们可以让模型以 Wireframe（网格）模式进行显示，也可以显示 Grid（网格）坐标平面和模型的坐标轴（Axis），还可以观察到光线投射的方向（Light），以及模型的 Bounding Box。

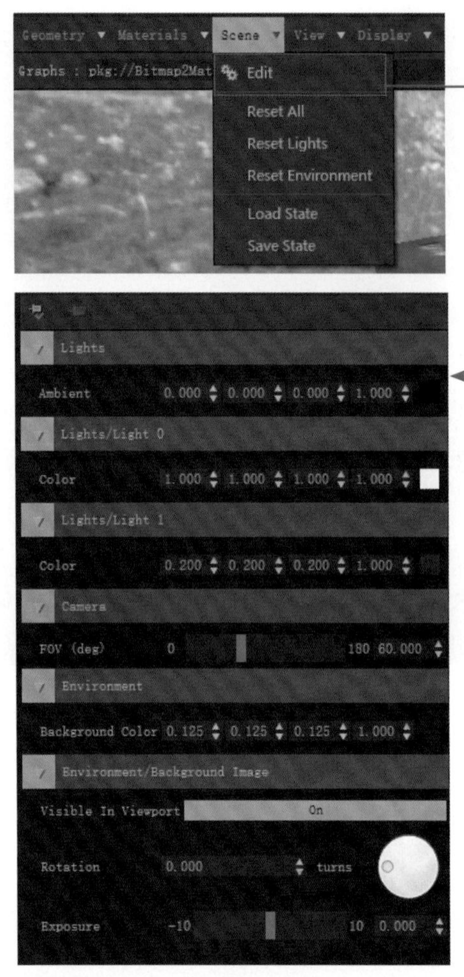

图 6-135

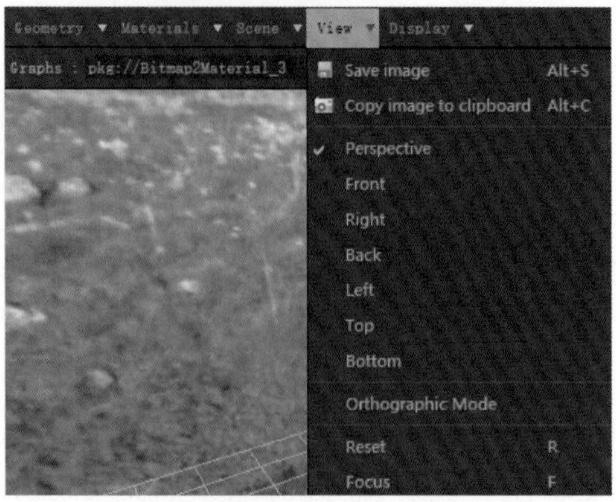

图 6-136

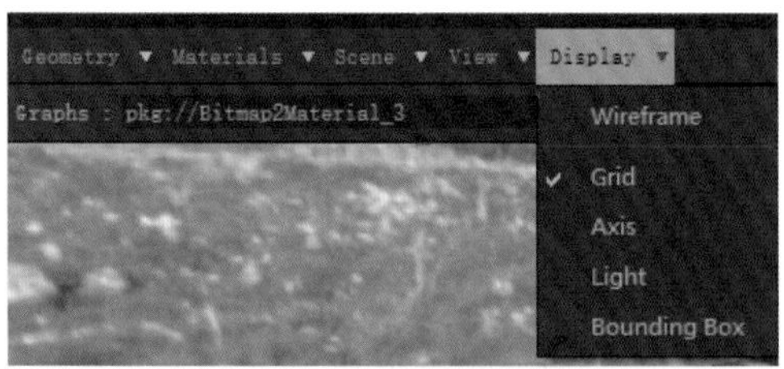

图 6-137

此外，在 3D View 中，按住鼠标左键拖动可以旋转模型，按住鼠标右键拖动或滑动滚轮可以对模型进行缩放，按住滚轮拖动可以移动模型，按下 R 键可以恢复模型的默认位置。

6.2.5 参数面板

我们首先导入一张 Color 贴图到 Bitmap2Material 中。这里有两种方式导入，一种是从文件夹中拖动一张图片到 2D View 中，会出现几个选项，如图 6-138 所示。我们希望通过这张图片继而生成其他贴图，因此在这里要选择 Load in'Main Input' tweak 选项。

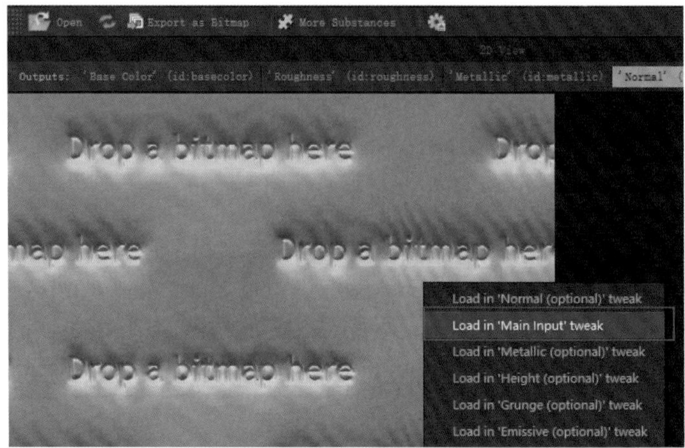

图 6-138

另一种方式是通过右侧 Parameters 中 Bitmap2Material 3.1 面板下的 Main Input 导入一张图片，如图 6-139 所示。

图 6-139

贴图生成后，我们来看参数面板中的 Output Size 值。如果 Output Size 值太小，那么我们可以将其调大来提高贴图精度，如图 6-140 所示。

图 6-140

在 Bitmap2Material 3.1 面板中还有一个地方需要注意，那就是它右下角的那个小按钮，单击该按钮，会弹出一个面板，如图 6-141 所示。这个按钮的功能就是当我们导入的图片长宽比不是标准的 1 ： 1 比例时，可以在这里选择是否拉伸及拉伸的方式。

单击第一个下拉菜单，我们可以看到 3 个选项，如图 6-142 所示。其中，Rescale(ignore aspect ratio) 表示将图片缩放到设定的尺寸后会对多余的部分进行裁切，软件会先将标准的一边缩放到相应尺寸，另一边多余的部分会被裁切掉；Rescale(keep aspect ratio) 表示将图片按照原始比例缩放到设定尺寸；No rescale 则是将不符合的地方全部裁切掉。

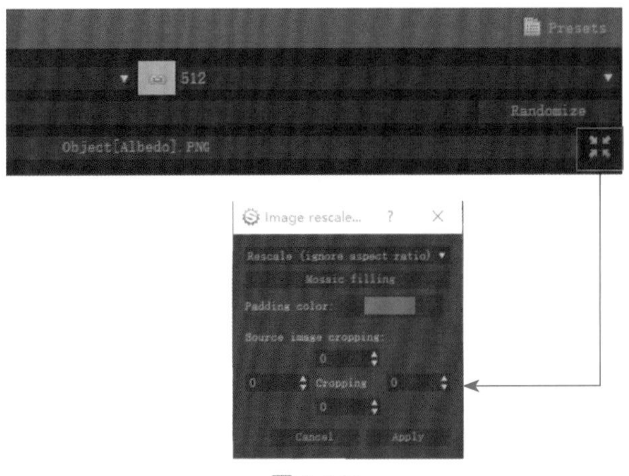

图 6-141

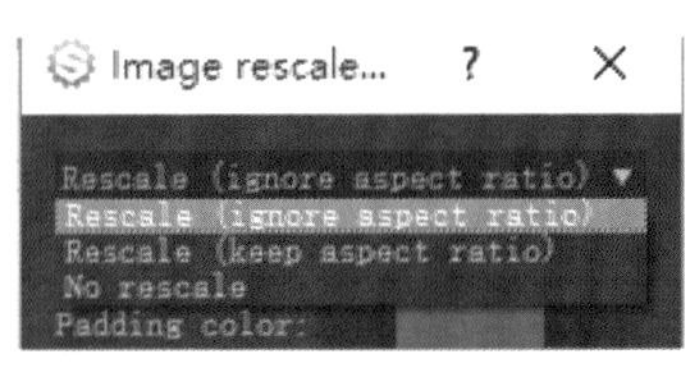

图 6-142

下拉菜单下面的 Source image cropping 是用来控制裁切的，在这个区域中我们可以手动设定图片上、下、左、右各裁去多少像素。

接下来我们看看 Parameters 中的 Global（全局）设置面板，如图 6-143 所示。Method 现在设定的是 Luminance Based，这是一种基于亮度的混合模式，我们可以在下面的 Light Equalizer 处调节亮度。

图 6-143

当 Method 设定为 Slope Based 时，面板中增加了 Light Angle 和 Light Offset 两个参数，我们可以通过这两个参数手动设置灯光的角度和偏移量，如图 6-144 所示。

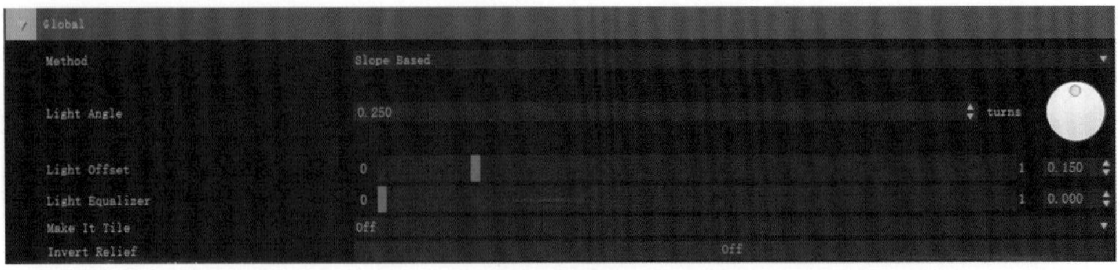

图 6-144

将 Method 更改为 Mix 模式后，面板中又增加了 Method Balance 参数，如图 6-145 所示。

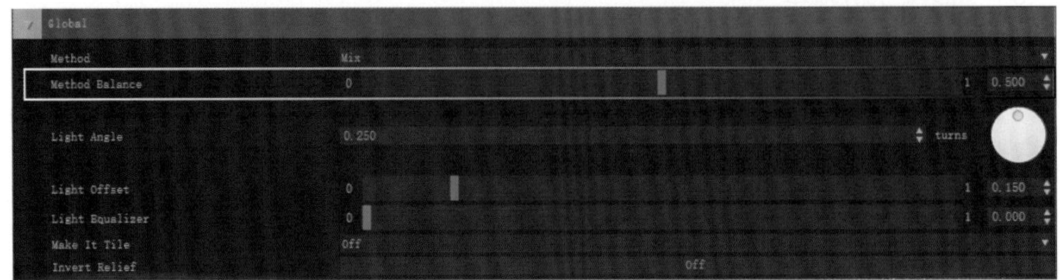

图 6-145

我们可以根据具体的情况来选择合适的 Method 模式。

我们再来看 Make It Tile 功能，这个功能非常重要且实用。我们都知道，在寻找贴图素材时，大部分原始贴图都不具备多重重复性，也就是说是有缝贴图，因此我们需要将它改成无缝贴图。Make It Tile 功能可以让我们在 Bitmap2Material 中实现无缝效果。Make It Tile 给我们提供了 5 种修图模式，如图 6-146 所示，分别为 Edges Quincunx、Edges Linear、Edges Linear X、Edges Linear Y 和 Random。

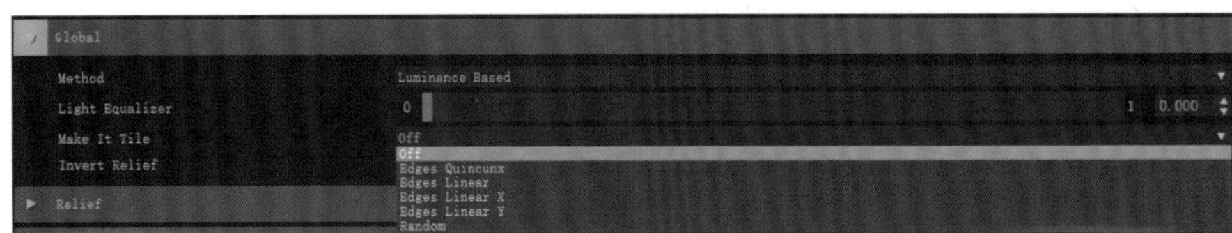

图 6-146

5 种修图模式各不相同，但它们有同样的参数，如图 6-147 所示。其中，Tiling Transition Size 和 Tiling Transition Precision 分别用来控制作用区域大小和精准度，我们可以根据实际情况来进行调节。

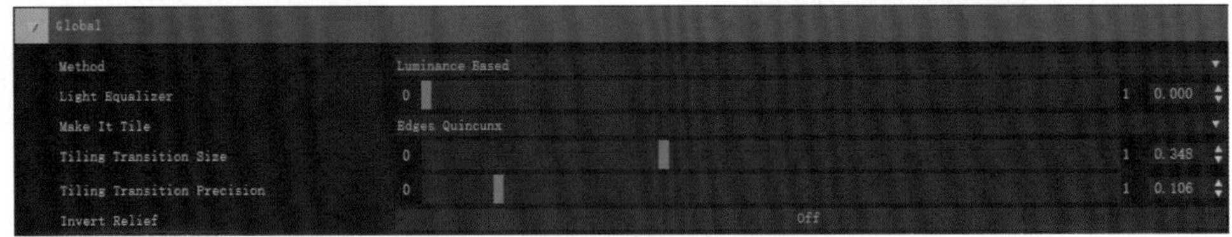

图 6-147

了解了 Global 面板后，我们继续看 Relief 面板。Relief 面板主要针对的是 Normal 和 Height 贴图。目前我们是通过 Color 贴图让软件计算自动生成的 Normal 和 Height 贴图的，因此难免会有所偏差，Relief 面板中的参数就是用来手动修复偏差的，如图 6-148 所示。

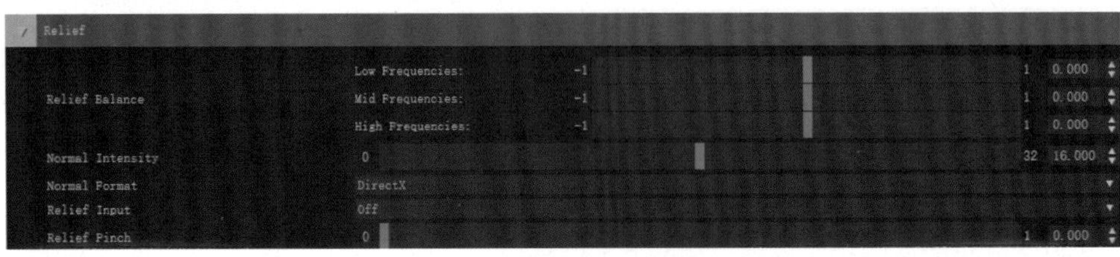

图 6-148

在 Relief Balance 中，我们可以在 Low Frequencies、Mid Frequencies 和 High Frequencies3 个不同的地方进行修补；Normal Intensity 可以调节法线的柔和与锐利程度；Normal Format 用来设定法线的计算方式，有 DirectX 和 OpenGL 两种计算方式；Relief Input 是一个控制输入的开关，如果在外部存在或做好了高精度的 Normal 或 Height 贴图，则可以将其打开并导入贴图，它有 3 个下拉选项，一个是 Off（关闭），其他两个分别是 From Height input 和 From Normal input，如图 6-149 所示。

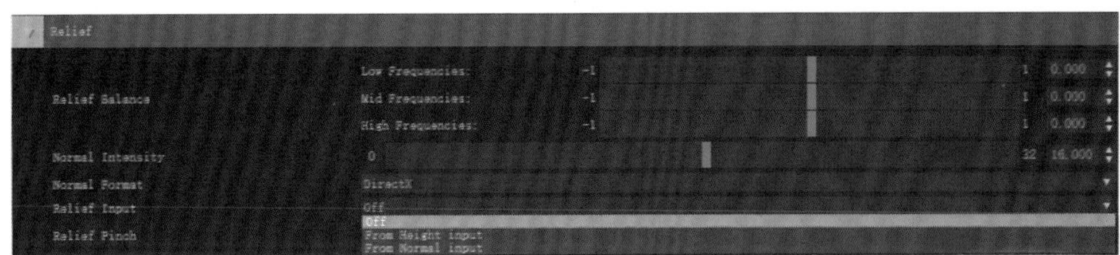

图 6-149

当我们选择 From Height input 或 From Normal input 后，面板中会多出几个参数，如图 6-150 和图 6-151 所示。参数有很多，我们可以在此调节透明度、边角软硬度等。从外部导入相应贴图后，就可以利用这些参数对贴图进行修补了。

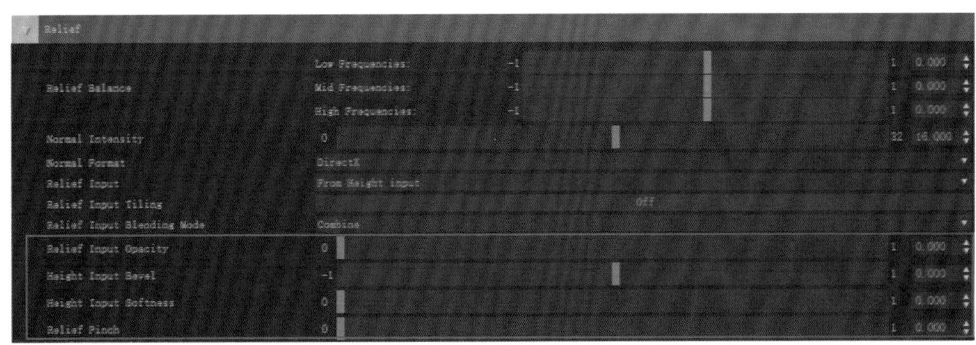

图 6-150

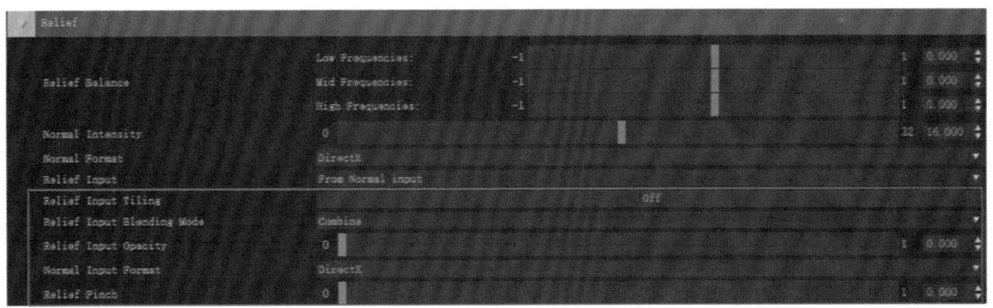

图 6-151

看完了 Relief 面板，再来看看 Diffuse|Base Color 面板，如图 6-152 所示。它是一个基础调节面板，是针对 Diffuse 贴图，即 Color 贴图进行调节的一个参数面板。

其中，Luminosity 是用来调节亮度的；Hue Shift 是用来调节色调的偏移的，贴图一般是经过拍摄或扫描而来的，难免会和真实的物体形成色差，利用 Hue Shift 可以对它进行修正；Contrast 用来控制对比度；Saturation 用来控制饱和度；Light Equalizer Positive Values 和 Light Equalizer Negative Values 都是用来调节光线平衡的，前者调节正值，后者调节负值。

Light Cancellation 是供我们消除多余或干扰光源的。在对贴图进行原始取材时，通常是对实物进行拍摄而来的，因此难免会有不需要的光源掺杂在贴图中。遇到这种情况时，我们可以把 Light Cancellation 调到一个合适的非零值，此时面板中会增加许多参数，如图 6-153 所示，这就需要我们调节这些参数来达到一个理想的效果。由于需要用到 Light Cancellation 的情况比较少，在此我们就不对增加的这些参数进行一一讲解了。

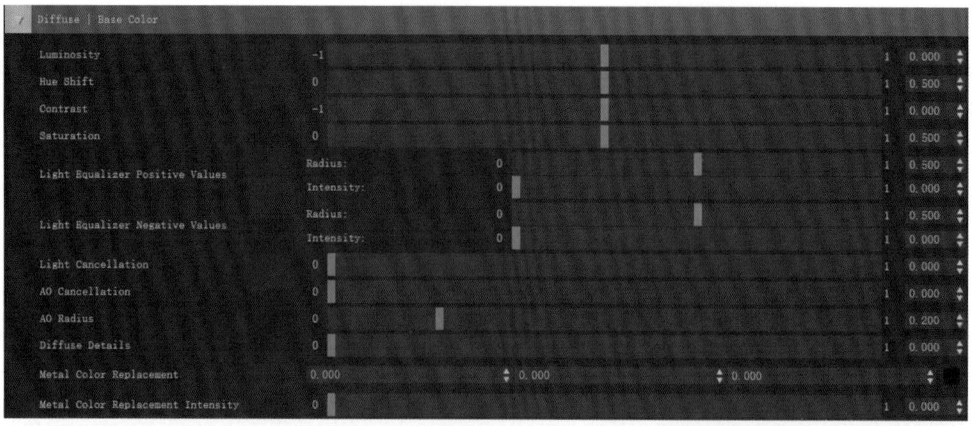

图 6-152

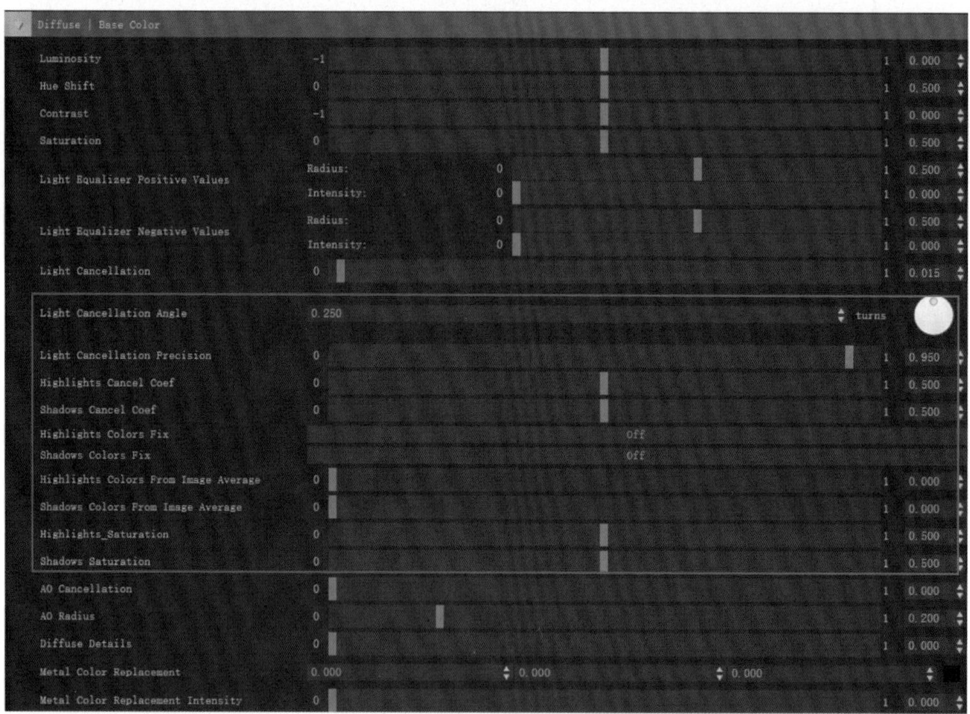

图 6-153

AO Cancellation 用来消除不需要的光影遮挡；AO Radius 用来控制光影遮挡的作用区域；Diffuse Details 用来控制 Diffuse 贴图上的细节的去除与保留；Metal Color Replacement 是指在我们取材时，画面中可能会有一些金属存在，它会对周边造成反射，从而导致这些周边区域的颜色不准确，这时我们可以利用 Metal Color Replacement 来进行校正，它提供了 R、G、B3 个通道，我们可以填写精确的数值，也可以单击后面的颜色编辑器选取颜色。

Diffuse|Base Color 面板下面是 Roughness|Glossiness 面板，如图 6-154 所示。

图 6-154

Roughness 贴图也是通过 Color 贴图计算而来的，我们可以在这个面板中对 Roughness 贴图进行偏差的修补。其中，Roughness Value 用来调节粗糙度的平均值，这个值越靠近 1 粗糙度越大；Metal Roughness

Influence 是在有 Metallic 贴图时，调节这个参数使得 Roughness 贴图会根据 Metallic 贴图进行变化，当值接近 -1 时，Roughness 贴图上的金属区域粗糙度变小，当值接近 1 时粗糙度变大；Roughness Variations From Curves 是指如果 Roughness 贴图是通过 Color 贴图计算而来的，那么调节这个参数会改变贴图的粗糙度；Roughness Variations Softness 用来控制粗糙过渡的平滑度。

Roughness From Color 可以让我们提供一个数值，软件会在这个数值周围对 Roughness 贴图进行调整。打开它会增加参数，如图 6-155 所示。我们可以根据实际情况选择是否使用这个功能或者对增加的参数进行调整。

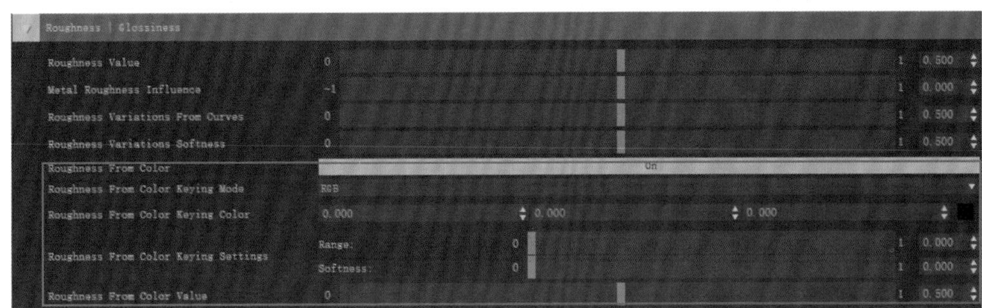

图 6-155

现在我们再来认识 Metallic|Specular 面板，如图 6-156 所示。其中，Metallic Creation Method 用来确定以什么样的方式生成 Metallic 贴图，默认选择 From Main Input，即从我们导入的 Color 贴图计算而来，也可以选择 From Metallic Input 只根据自己调节的值来生成 Metallic 贴图，如图 6-157 所示；我们可以利用 Metal Minimum Value 手动调节材质的金属效果，还可以利用 Metallic Dirt 为金属增加噪点，如图 6-158 所示。

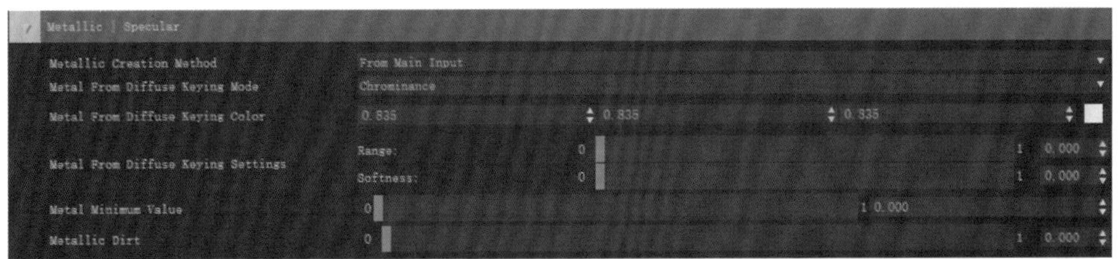

图 6-156

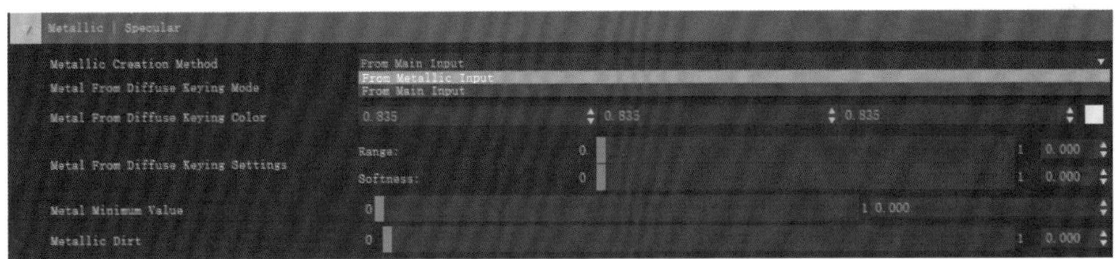

图 6-157

图 6-158

接下来认识 Ambient Occlusion 面板，如图 6-159 所示。其中，AO Balance 从 3 个地方控制 AO 平衡；AO Levels 按 X、Y、Z3 个轴向控制强度；AO Sharpen 控制锐利度；AO Denoise 用来去除噪点，当 AO 贴图精度不够时会出现噪点，这时需要考虑对噪点进行一些处理。

如果想对计算出来的 AO 贴图有更多的调整，则可以打开 AO Map Specific Radius，其下会增加参数，如图 6-160 所示。

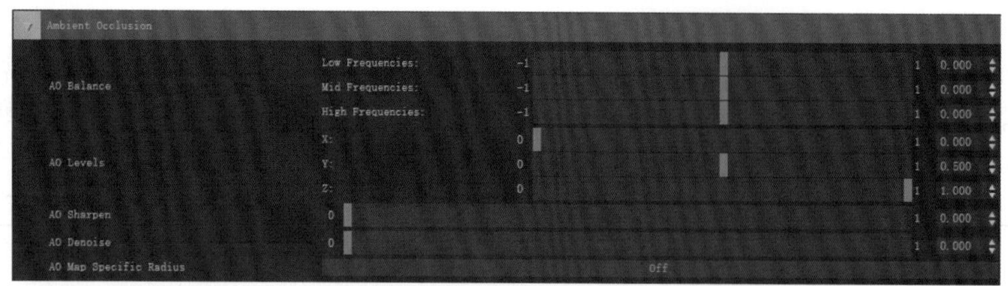

图 6-159

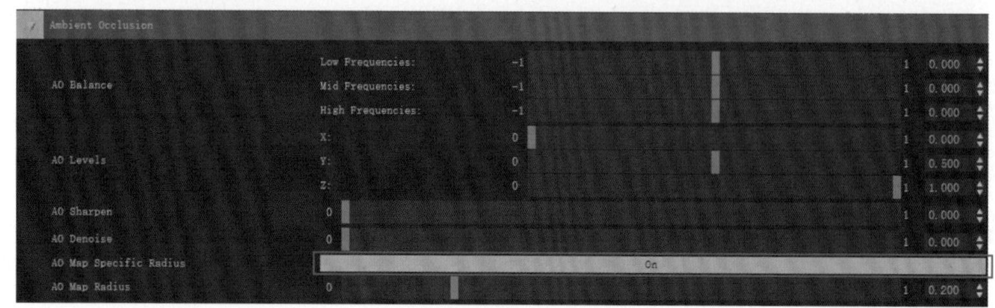

图 6-160

Ambient Occlusion 面板之后是 Grunge 面板，如图 6-161～图 6-163 所示。该面板是用来做旧处理的，默认处于 Off（关闭）状态，我们可以将它打开来获得相关参数进行设置，也可以选择 From Grunge input 从而导入一张做旧图再进行设置。

图 6-161

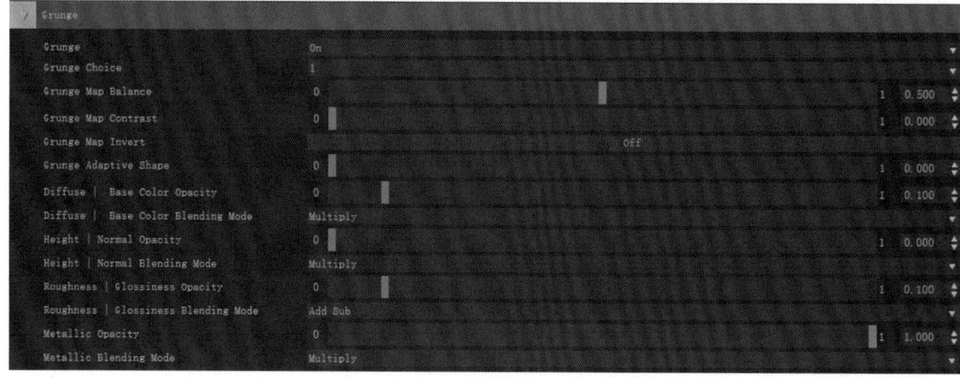

图 6-162

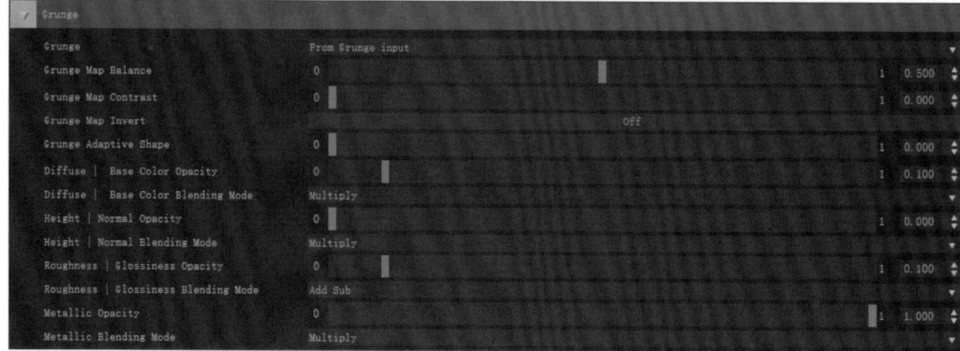

图 6-163

我们再来看看 Advanced 面板，如图 6-164 所示。其中，Preserve Input Alpha 是指有些贴图会自带 Alpha 通道，我们选择是否将它打开；Color Input Gamma 和 Color Output Gamma 是 Gamma 的输入和输出；Input Scale 可以改变贴图在 X、Y 轴向上的拉伸情况，它和我们之前讲的 Global 面板重点 Make It Tile 设置是联动的；Input Position 可以改变贴图的位置，它主要是在修补无缝贴图的时候配合使用。

图 6-164

最后一个面板是 Outputs 面板，它是用来控制输出的，如图 6-165 所示。我们可以在这里设置输出和不输出哪些通道。

Outputs	
Base Color	On
Roughness	On
Metallic	On
Diffuse	Off
Specular	Off
Glossiness	Off
Normal	On
Height	On
Displacement	Off
Bump	Off
Ambient Occlusion	On
Curvature	Off
Detail Normal	Off
Emissive	Off
Opacity	Off

图 6-165

6.2.6　在其他三维软件中 Bitmap2Material 节点的使用流程

1．在 3ds Max 中 Bitmap2Material 节点的使用流程

3ds Max 我们并不陌生，它是一款非常优秀且使用广泛的三维建模软件，我们可以将 Bitmap2Material 与 3ds Max 结合起来，从而提高我们的制作效率。我们将在 3ds Max 中使用 Bitmap2Material，即在 3ds Max 中利用一张 Color 贴图来计算出其他贴图，再利用参数对贴图进行调节，从而制作出理想的材质。

本书中使用的是 3ds Max 2016。打开 3ds Max 2016，随意创建一个几何体以便观察材质效果。在工具栏中找到 Material Editor，单击，在弹出的选项中选择第二项——节点模式的材质编辑器，如图 6-166 所示。

图 6-166

打开的编辑器界面如图 6-167 所示。

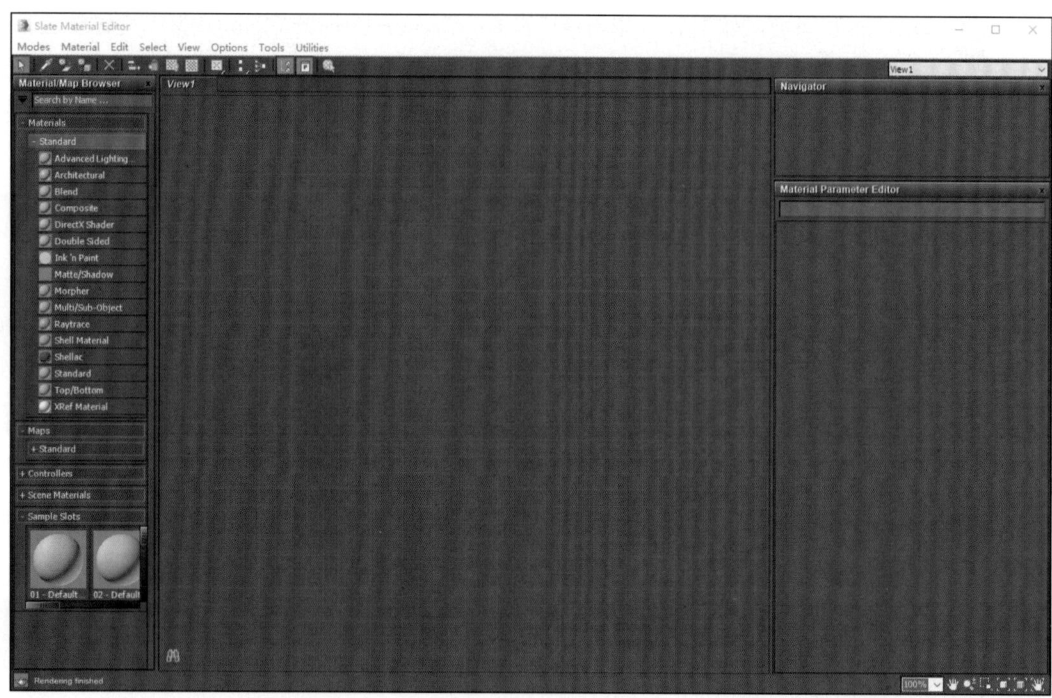

图 6-167

我们先向 View1 面板中拖入其左侧 Materials 下的 Standard 和 Maps-Standard 下的 Bitmap，并为 Bitmap 赋予一张图；接着从 Maps-Standard 下拖入一个 Substance，如图 6-168～图 6-170 所示。

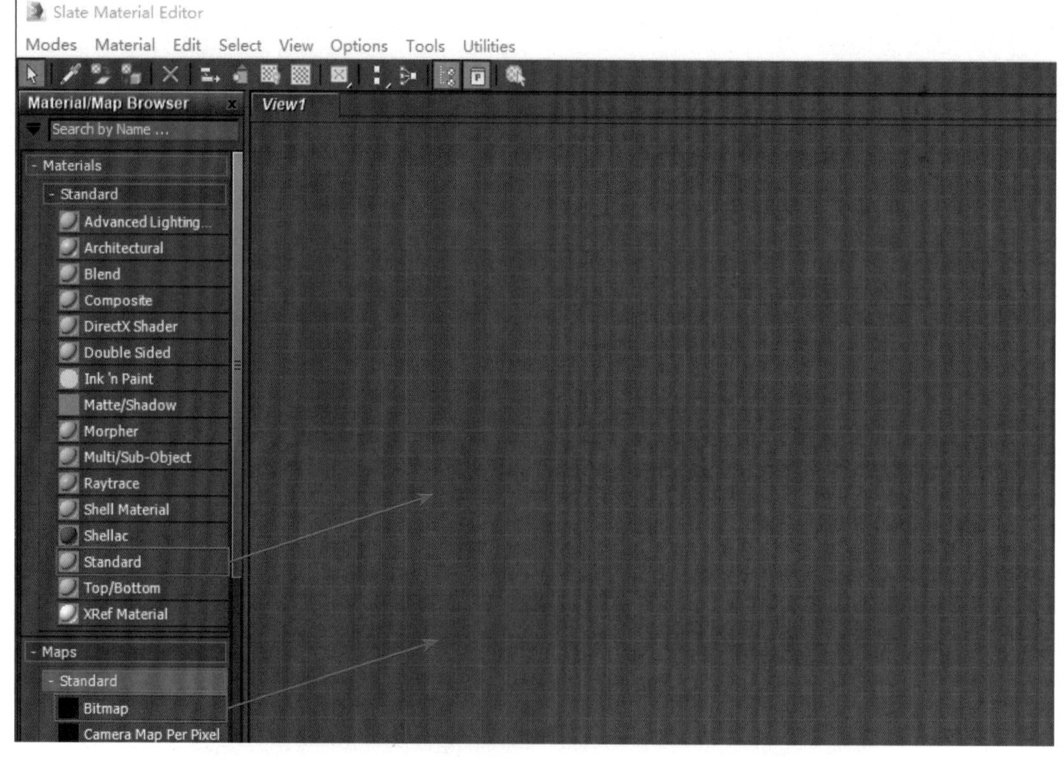

图 6-168

双击 View1 面板下的 Substance 节点，右侧出现了关于它的属性面板，单击 Load Substance 按钮，弹出一个路径对话框，找到 Bitmap2Material 安装目录下的 data > Legacy，选择一个 Bitmap2Material 版本，扩展名为 .sbsar，加载到 3ds Max 中，如图 6-171～图 6-174 所示。

图 6-169

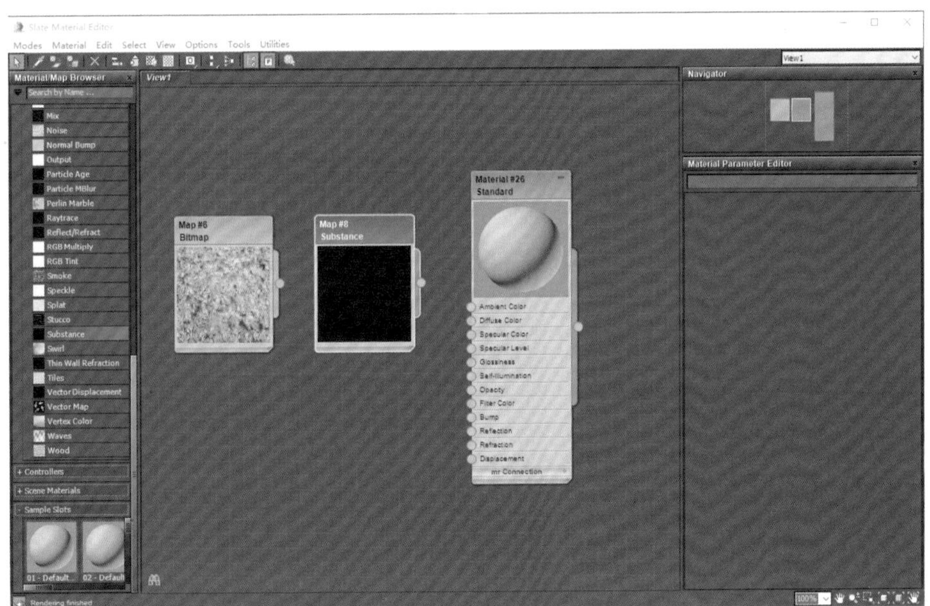

图 6-170

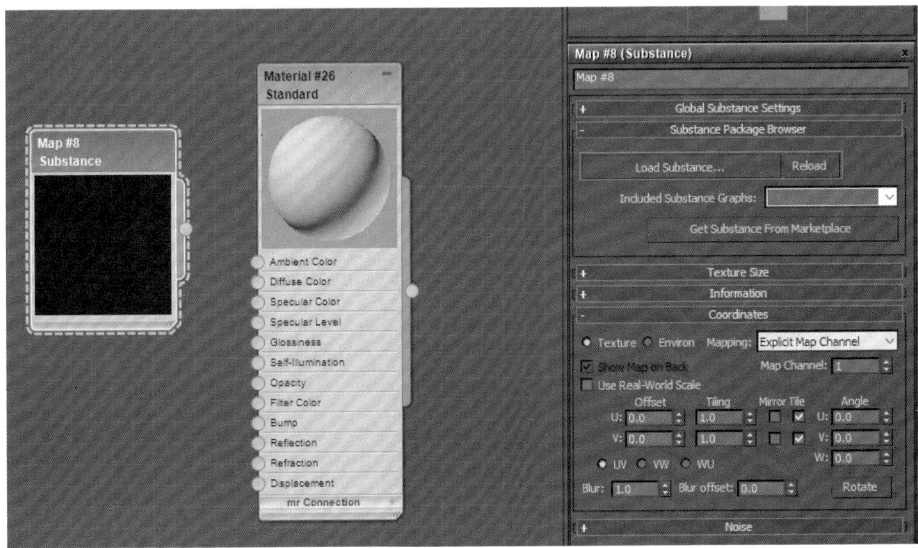

图 6-171

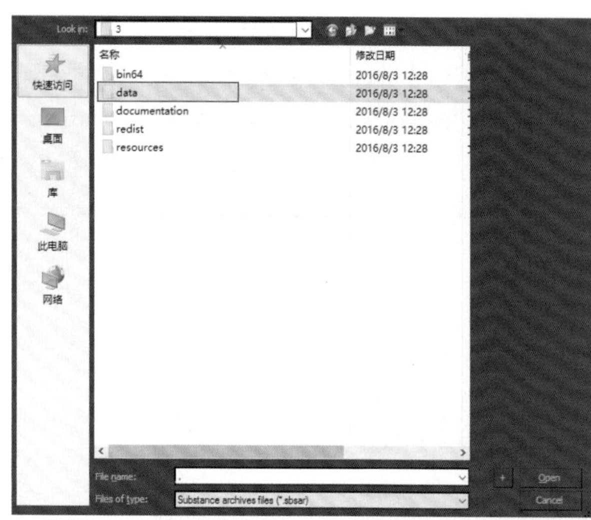

图 6-172

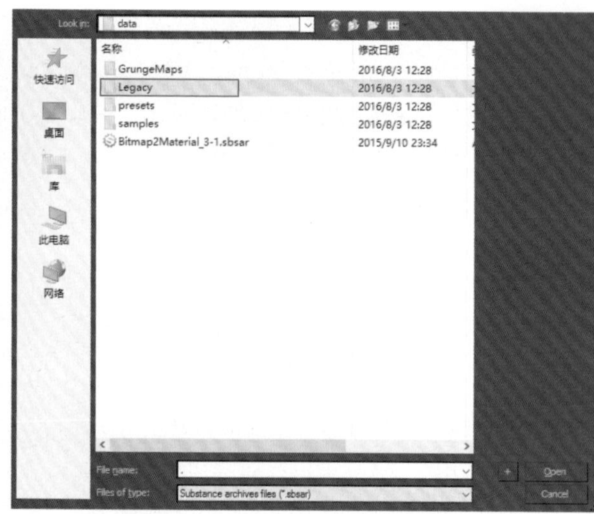

图 6-173

回到 3ds Max 的 Material Editor 中，我们看到 Substance 节点和属于它的右侧参数面板都发生了变化，如图 6-175 所示。看着是不是很眼熟？没错，Substance 节点的参数面板与我们之前介绍的 Bitmap2Material 软件内的参数面板一模一样，只不过这次我们将它调用到 3ds Max 中来使用，因此它的使用方法也和之前我们介绍的一样。

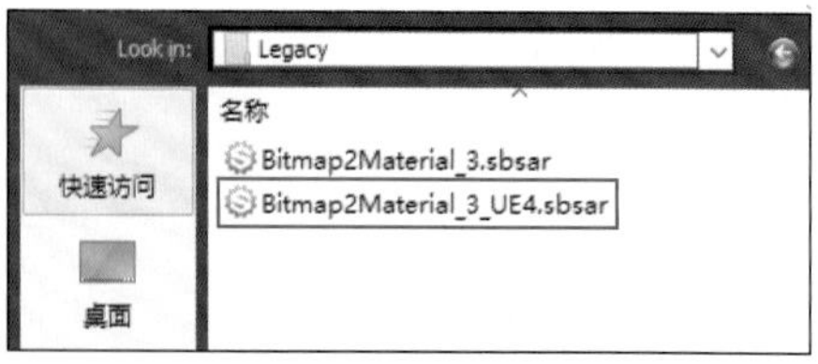

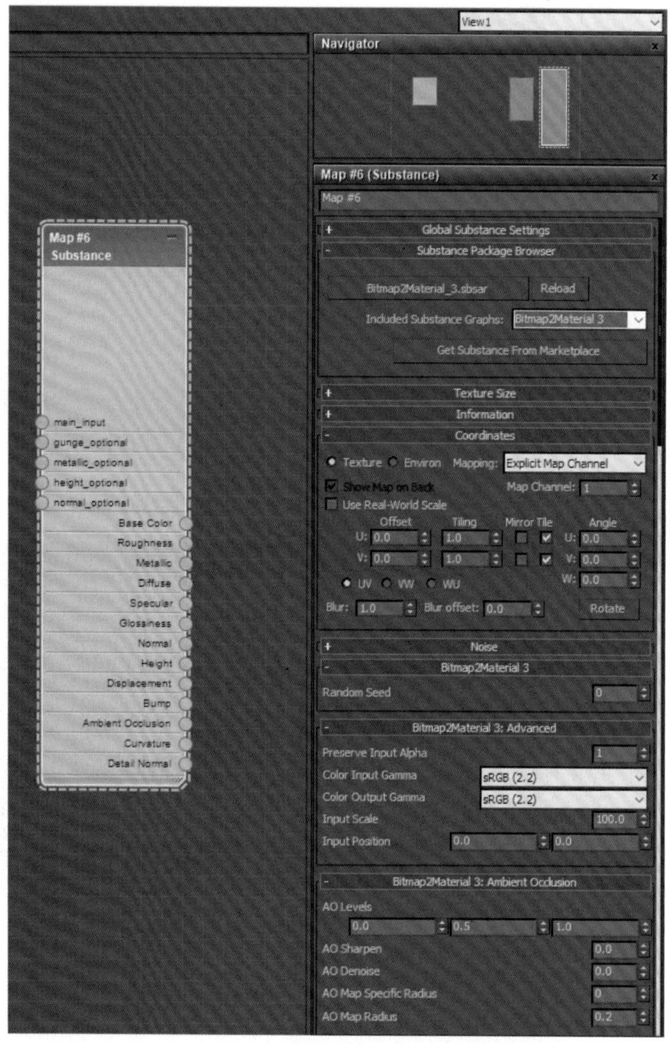

图 6-174

图 6-175

接下来我们简单说明一下节点的连接方法。首先来了解一下 Substance 节点的运作原理。我们在面板里放入了一个 Bitmap，首先将 Bitmap 传给 Substance 节点，然后将 Substance 节点根据传给它的贴图进行运算生成其他贴图，最后结合属性参数输出，并赋给 Material 材质。根据这个运作流程，我们先将 Bitmap 与 Substance 节点上的 main_input 相连，然后将 Substance 节点上的 Diffuse 通道与 Material 材质上的 Diffuse Color 通道相连，这样一个最基本的连接方式就形成了，接下来根据需要再去通道与通道之间一一相连。需要注意的是，在 Substance 和 Material 之间进行连接之后会出现一个图像节点，其中显示的图像就是经过 Substance 计算的贴图预览图，如图 6-176 所示。

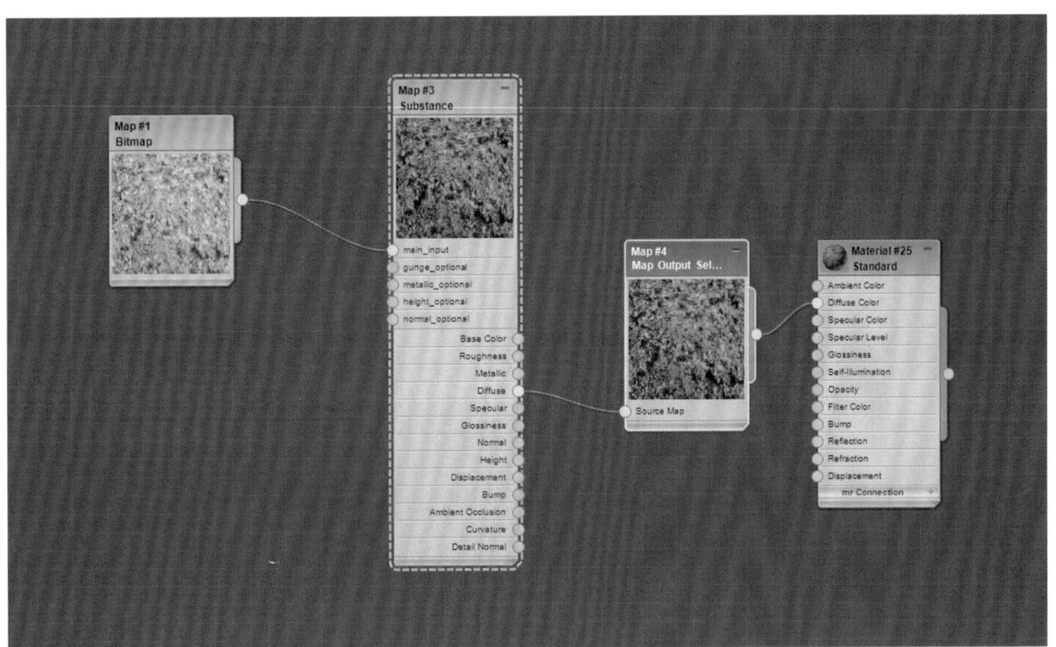

图 6-176

将材质赋予我们一开始创建的几何体，渲染后的效果如图 6-177 所示。

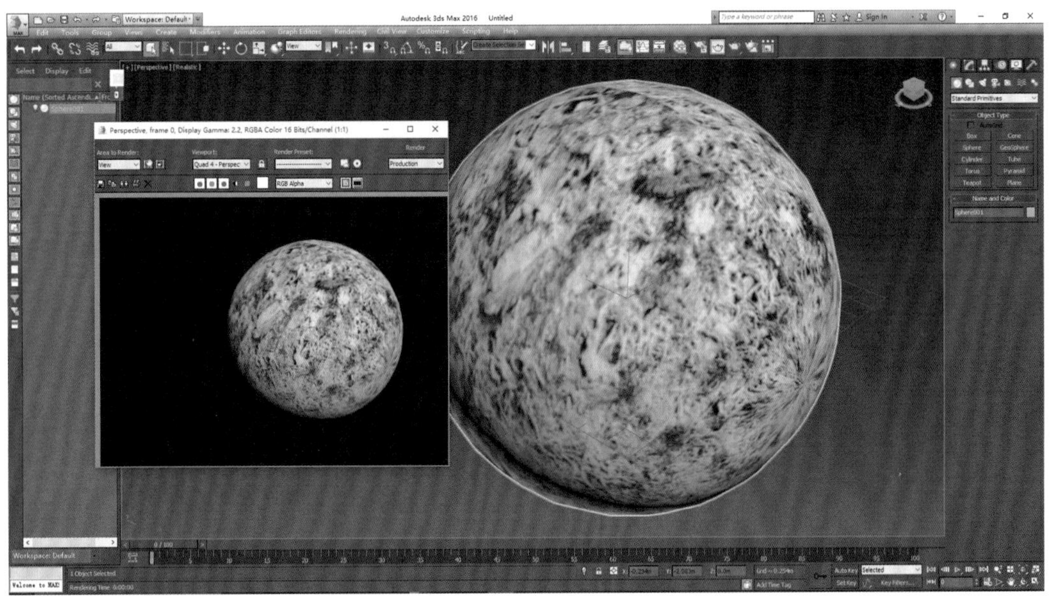

图 6-177

2. 在 Maya 中 Bitmap2Material 节点的使用流程

对于 Maya 想必大家一定也不陌生，接下来我们将学习如何在 Maya 中使用 Bitmap2Material，它的操作方法和 3ds Max 大同小异。

本书中使用的是 Maya 2016。打开 Maya 2016，首先检查一下 Substance 插件是否已经载入 Maya 中。选择菜单栏中的 Windows>Settings/Preferences>Plug-in Manager 命令，如图 6-178 所示。

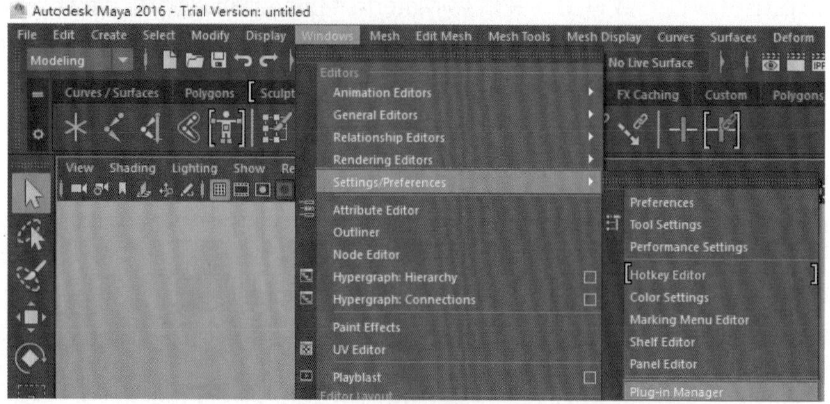

图 6-178

弹出一个选项面板，如图 6-179 所示，找到 Substance.mll，如果其右侧的 Loaded 被勾选，则表示成功加载。

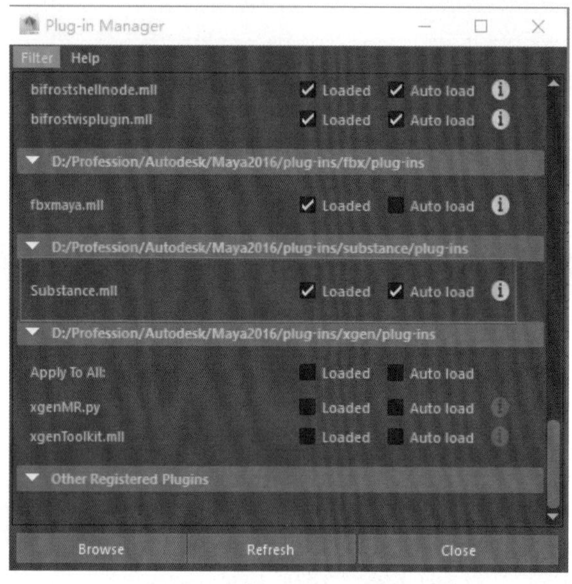

图 6-179

检查好环境后，我们先创建一个几何体，方便最后赋予材质。然后打开材质编辑器，选择菜单栏中的 Windows>Rendering Editors>Hypershade 命令，如图 6-180 所示。

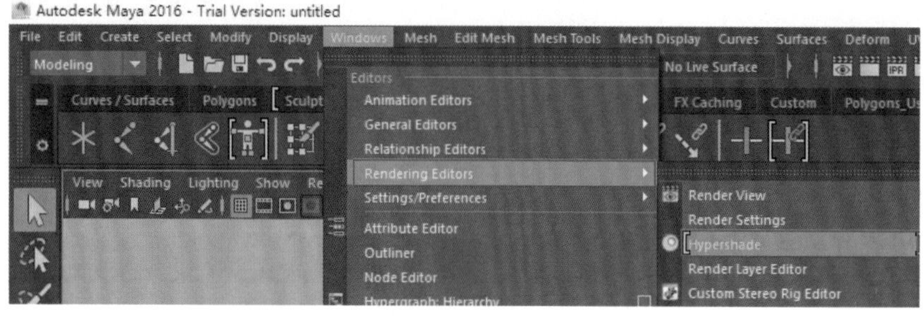

图 6-180

我们在 Hypershade 窗口的 Create 面板中找到 Substance 并单击，这样我们就添加了一个 Substance 节点到中间的节点编辑面板中，如图 6-181 所示。

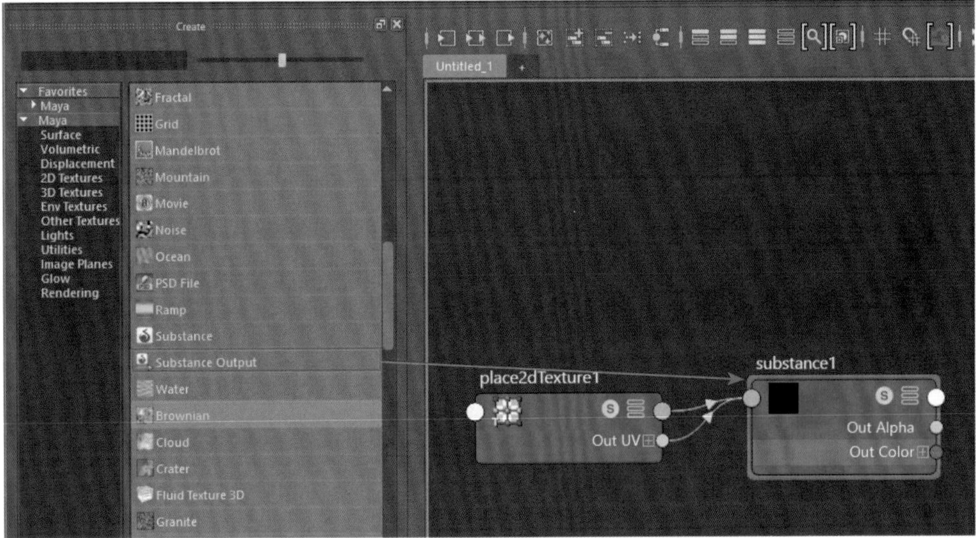

图 6-181

选中 substance1 节点，找到右侧 Property Editor 面板下的 Substance file，单击后面的文件夹图标，弹出路径窗口，和之前在 3ds Max 中的步骤一样，找到 Bitmap2Material 的安装文件夹，选择一个版本的 Bitmap2Material 的 .sbsar 文件，将其载入节点中，如图 6-182 和图 6-183 所示。

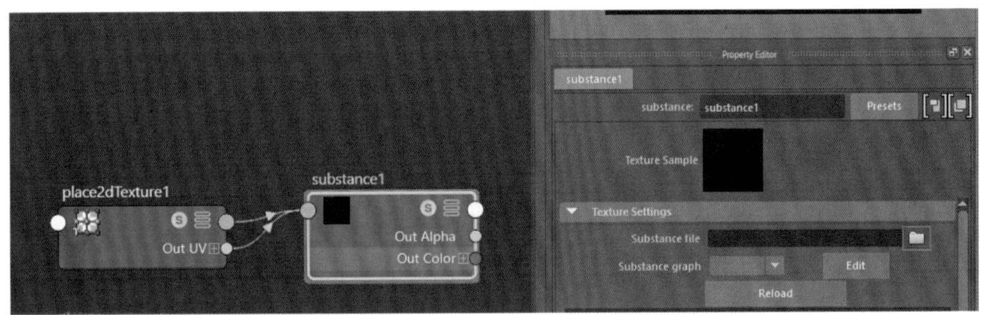

图 6-182

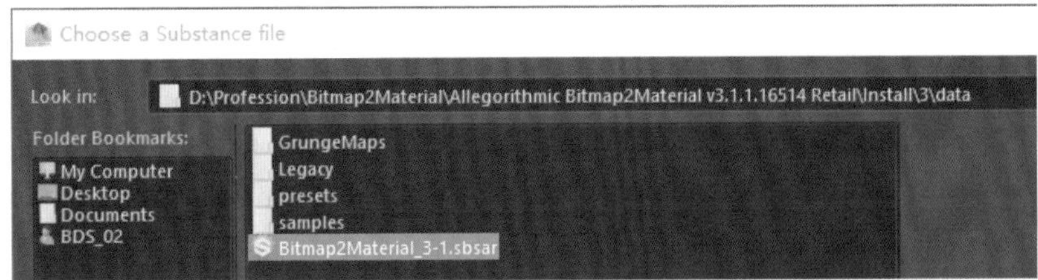

图 6-183

载入 .sbsar 文件后的节点如图 6-184 所示。

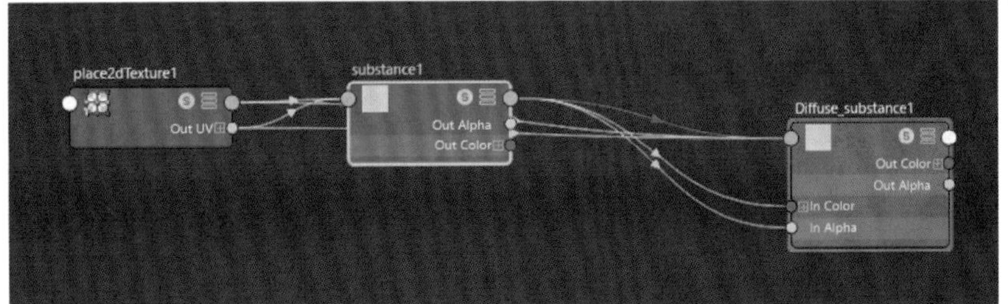

图 6-184

当我们需要生成哪些贴图时，选中 substance1 节点，在右侧 Property Editor 中的 Texture Settings 面板

下激活相应贴图前的按钮即可，如图 6-185 所示。

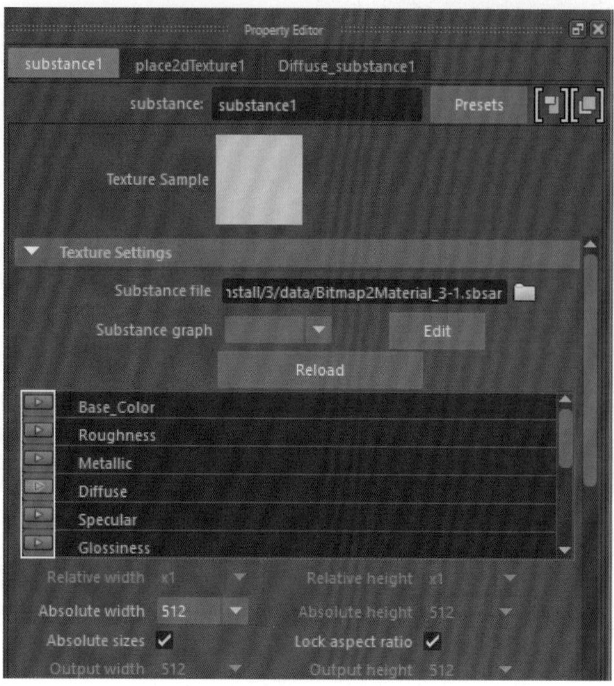

图 6-185

选择需要的贴图后，节点面板如图 6-186 所示。

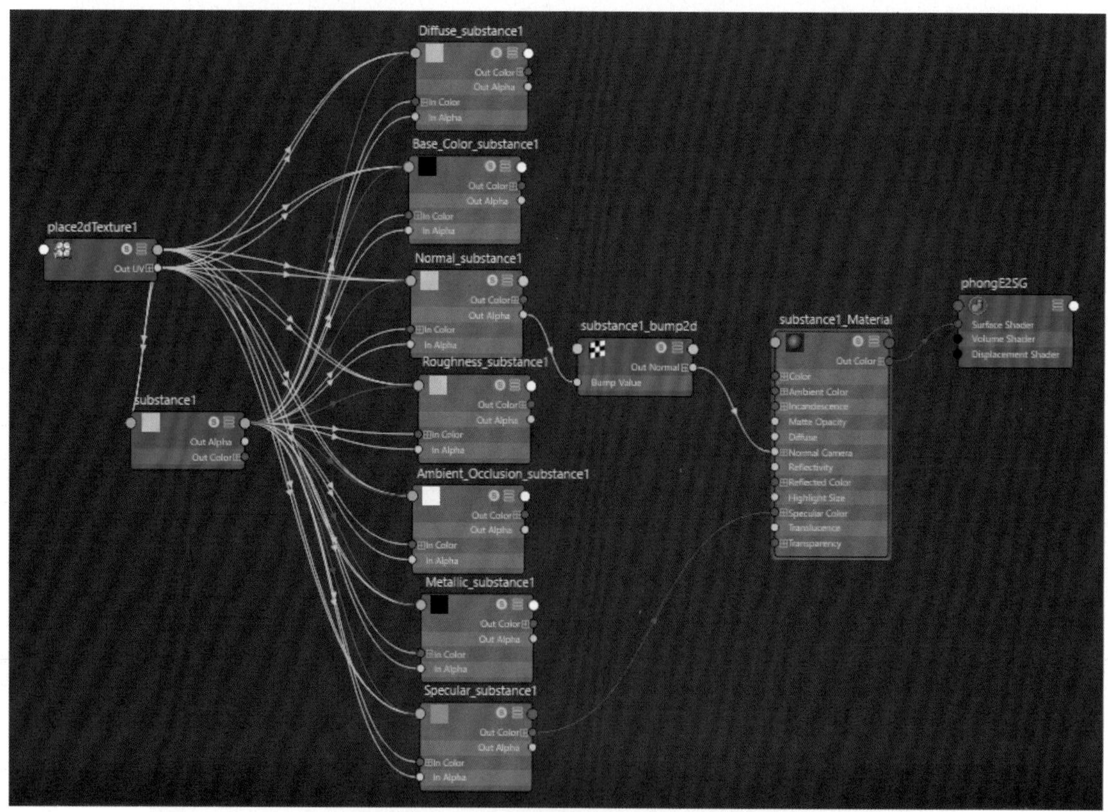

图 6-186

现在我们来为 substance1 赋予一张 Color 贴图。选中 substance1 节点，找到右侧 Property Editor 中的 Substance Parameters 面板下的 Main Input，单击 Main Input 后面的黑白格图标，在弹出的列表中选择 File 类型的节点，如图 6-187 和图 6-188 所示。

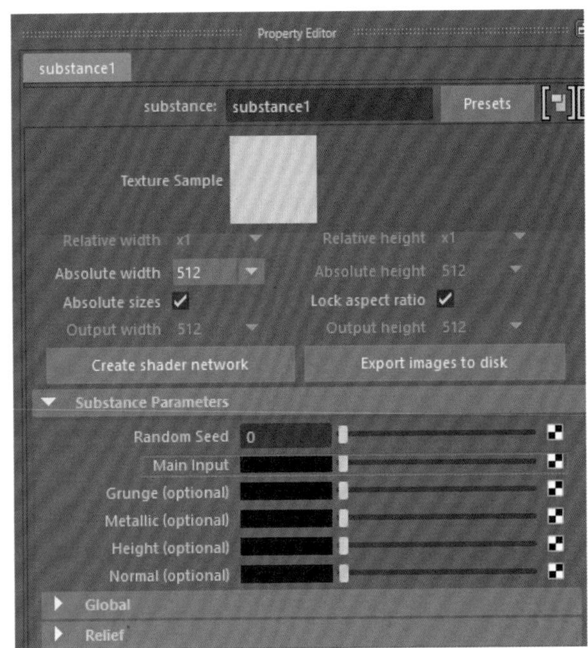

图 6-187

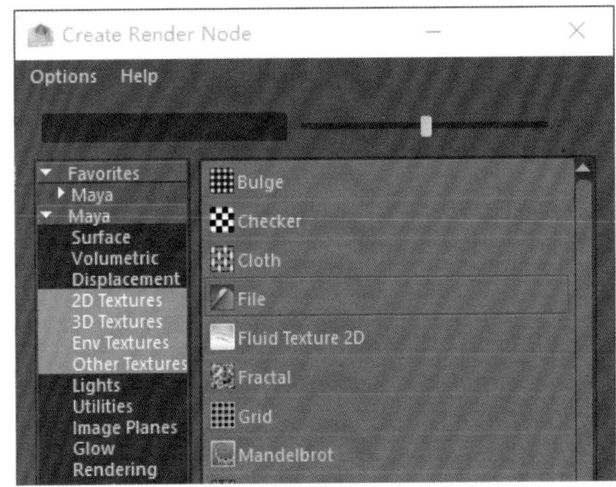

图 6-188

添加了 File 节点后，节点面板如图 6-189 所示。

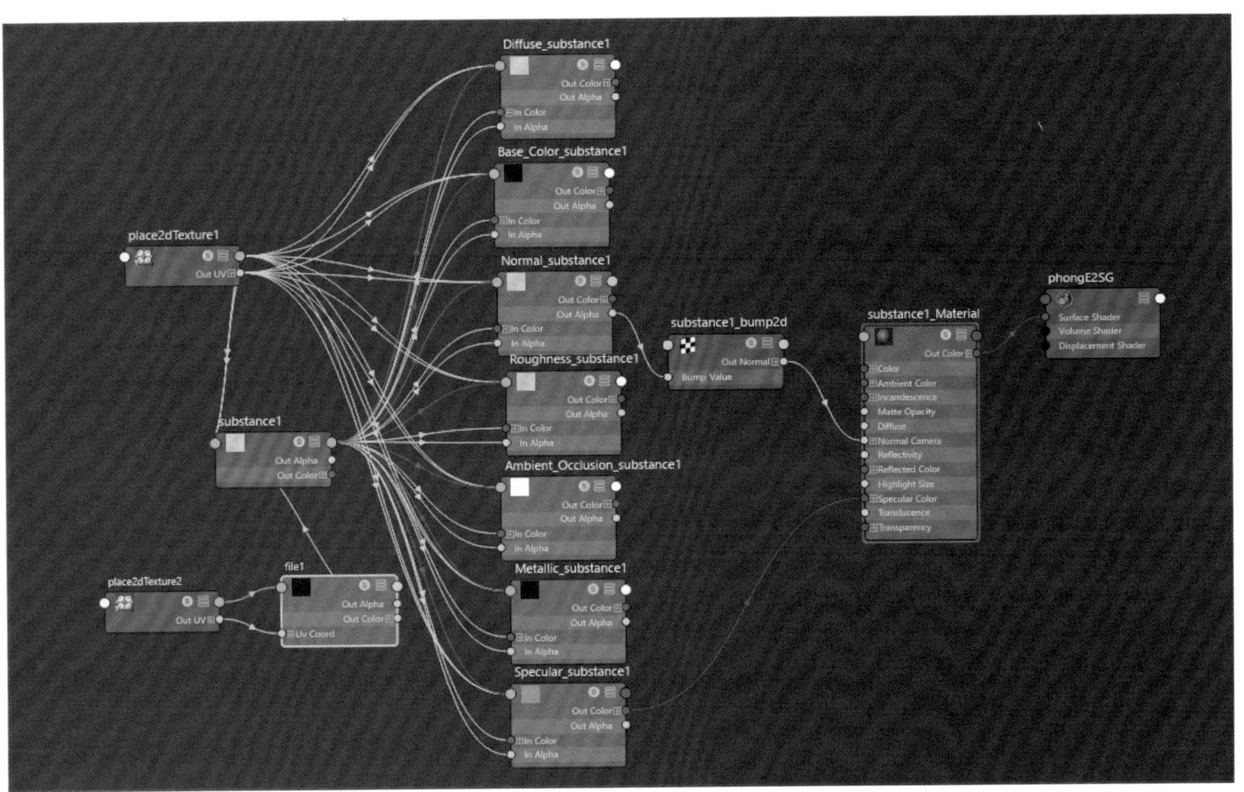

图 6-189

选中 file1 节点，找到右侧 Property Editor 中 File Attributes 面板下的 Image Name，单击 Image Name 后面的文件夹图标，在路径窗口中找到一张图片加载进来，如图 6-190 所示。

关于节点的连接，和 3ds Max 中的原理大致一致。首先将一张图片传给 Substance 节点，然后由 Substance 节点利用这张图片计算出一系列贴图，最后结合属性参数将贴图赋予材质。

接下来就需要慢慢调节属性参数来做出理想的材质了。Bitmap2Material 中的参数都在 Property Editor

中的 Substance Parameters 面板下，操作方法与原理和 Bitmap2Material 中的一致，在此不做详细讲解，如图 6-191 所示。

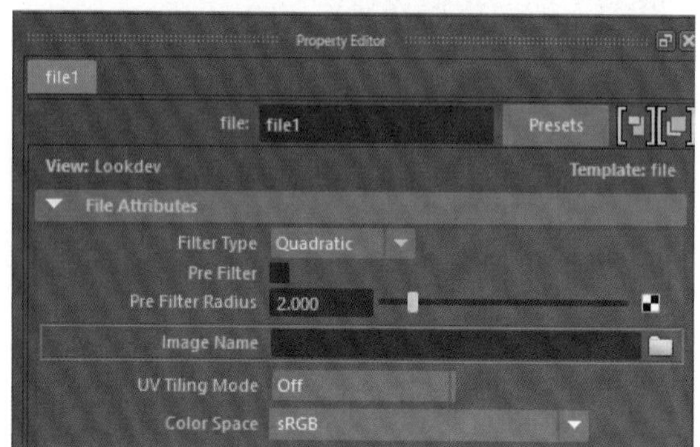

图 6-190

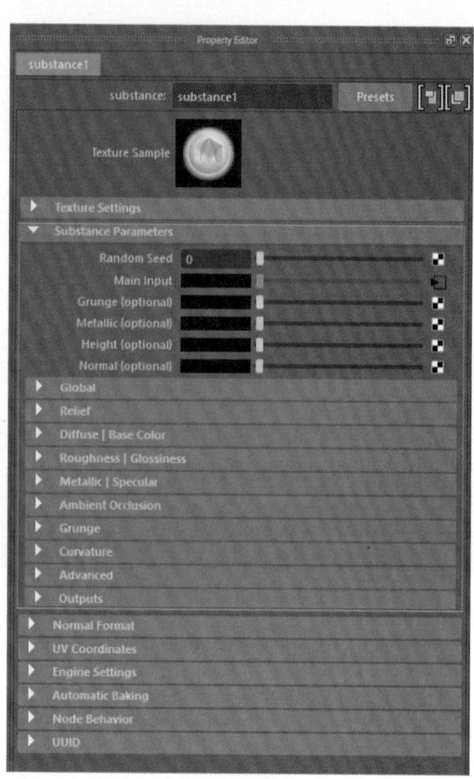

图 6-191

最后的节点面板及材质的最终效果如图 6-192 和图 6-193 所示。

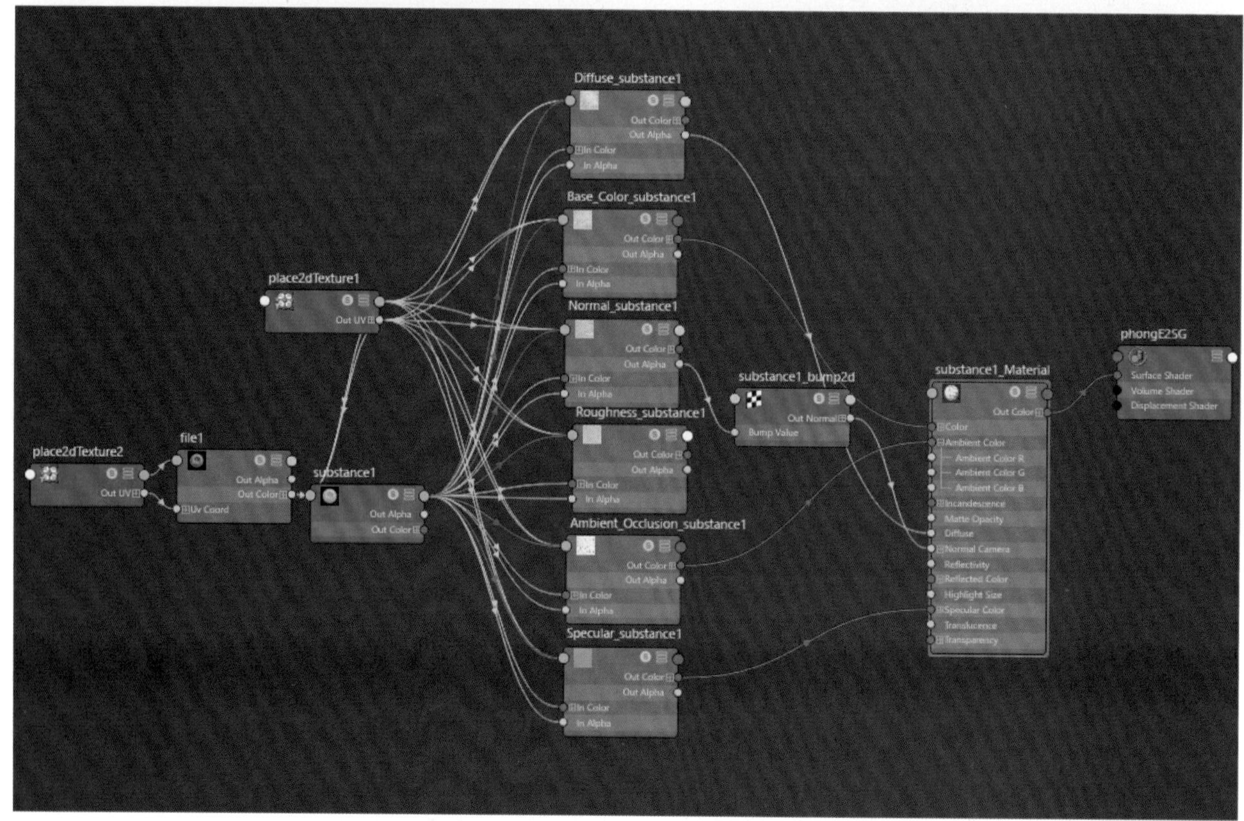

图 6-192

图 6-193

3. 在 Unreal Engine 中 Bitmap2Material 节点的使用流程

首先我们需要安装为 Unreal Engine 准备的 Substance 插件。如果你已经安装过了，则可跳过这一段教程直接进入主题。

我们登录 Allegorithmic 官方网站，找到 DISCOVER，选择下拉选项中的 SUBSTANCE，如图 6-194 所示。

页面加载完成后，下拉滚动条至网页底端，找到 Unreal Engine 图标，单击进入下载页面，如图 6-195 所示。

图 6-194

图 6-195

进入下载页面后，依旧将滚动条拉至网页底端，单击 Download the plugin 按钮，如图 6-196 所示。

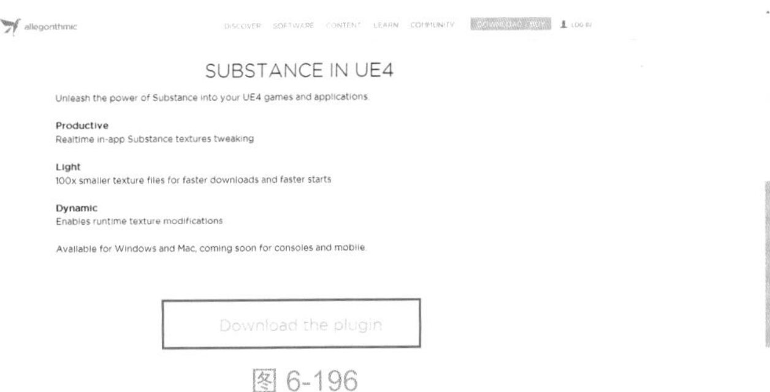

图 6-196

下载插件时会调出 Epic Games Launcher，我们将在这个启动程序中下载 Substance plugin 并安装到 Unreal Engine 4 中。在 Epic Games Launcher 的下载界面中单击“安装引擎”按钮，开始下载安装，如图 6-197 所示。

图 6-197

安装完毕后，打开 Unreal Engine 4，在 Editor 中查看 Substance 插件，若如图 6-198 所示则表示安装成功。注意，Substance 下的 Enabled 要勾选。

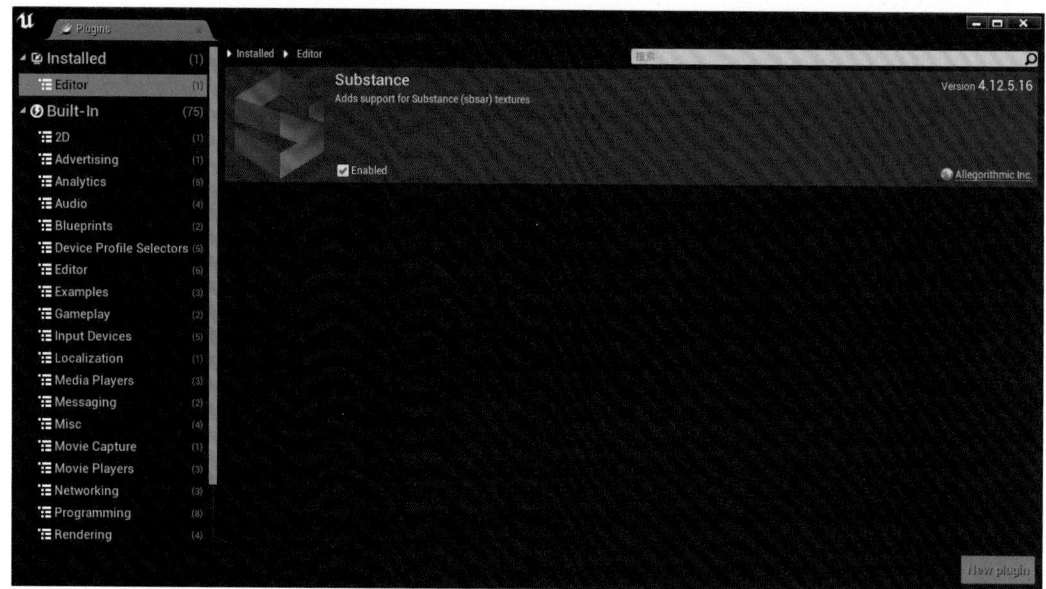

图 6-198

一切准备就绪，下面进入我们的正题——在 Unreal Engine 中使用 Bitmap2Material。首先单击内容浏览器中的“导入”按钮，在弹出的路径窗口中找到 Bitmap2Material 的安装文件夹，在其中找到 Bitmap2Material Unreal Engine 4 版本的 .sbsar 文件，选择打开，如图 6-199 和图 6-200 所示。

图 6-199

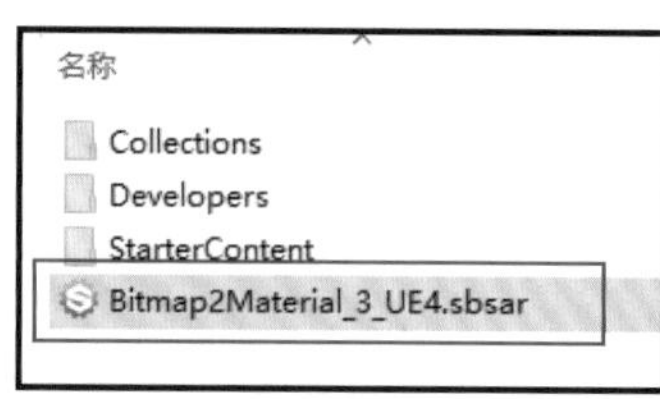

图 6-200

导入时会出现一个选项框，我们默认一切选项，直接单击 Import 按钮，如图 6-201 所示。

导入完毕后，我们可以看到在内容浏览器中增加了一些内容，如图 6-202 所示。

Bitmap2Material_3_INST 是一个参数面板，Bitmap2Material 中的属性参数都在这个面板中；之后有 5 张贴图和 1 个材质球，5 张贴图会根据我们使用的 Color 贴图自动改变生成，材质球也会被自动赋予贴图。

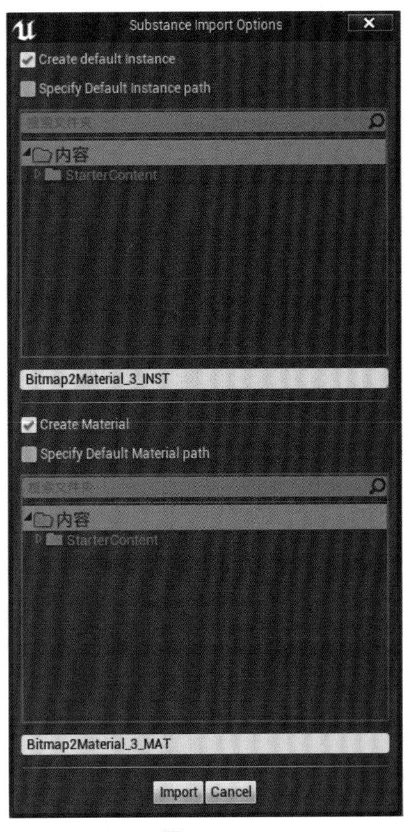

图 6-201

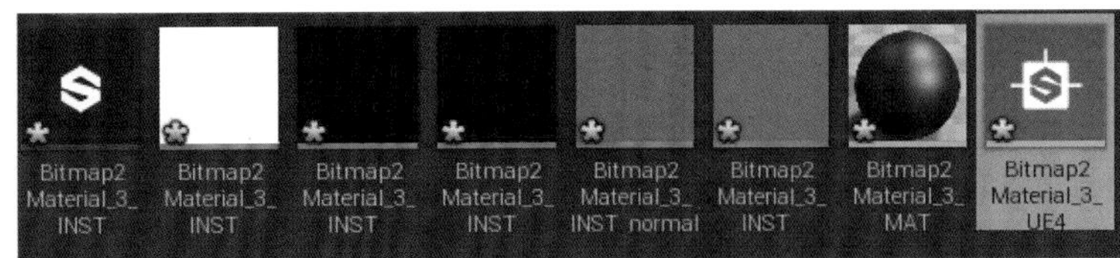

图 6-202

现在我们导入一张 Color 贴图。在内容浏览器中单击“导入”按钮，在路径窗口中选择一张贴图。需要注意的是，在本书中，此时我们将要导入一张 .jpg 贴图，但是这张 .jpg 贴图有点特殊，我们需要在文件名后面的格式下拉选项中选择 Substance Image Input(*.jpg) 格式，即只有 Substance Image Input 类型的格式才能被 Bitmap2Material 识别，如图 6-203 所示。

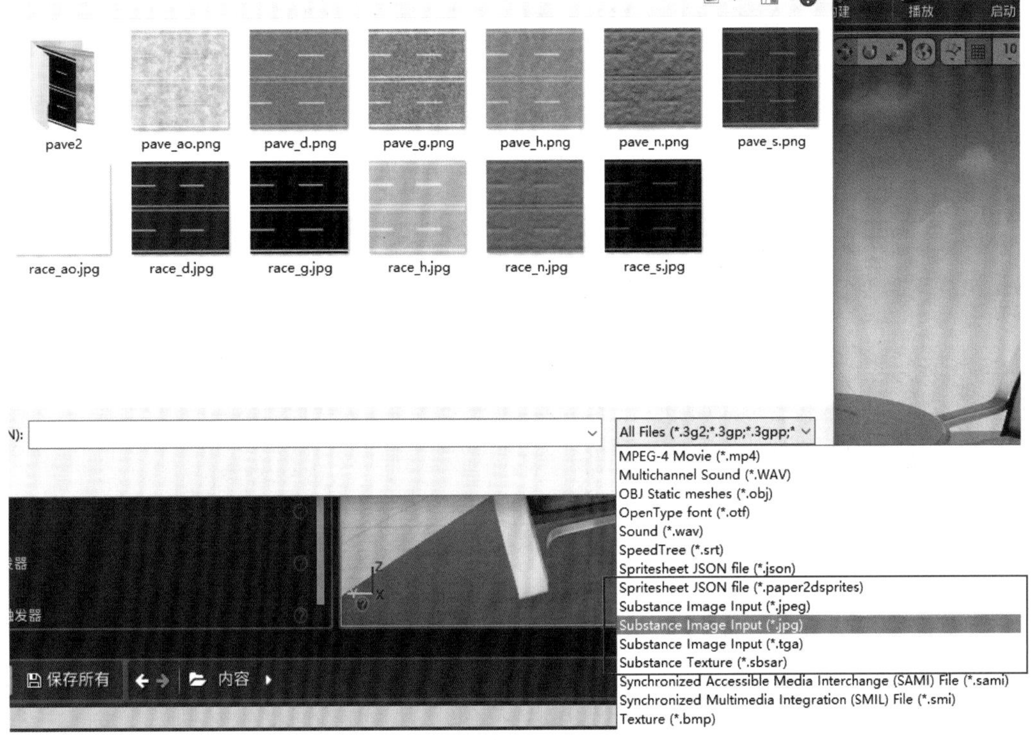

图 6-203

导入贴图后，双击 Bitmap2Material_3_INST 打开参数面板，如图 6-204 所示。

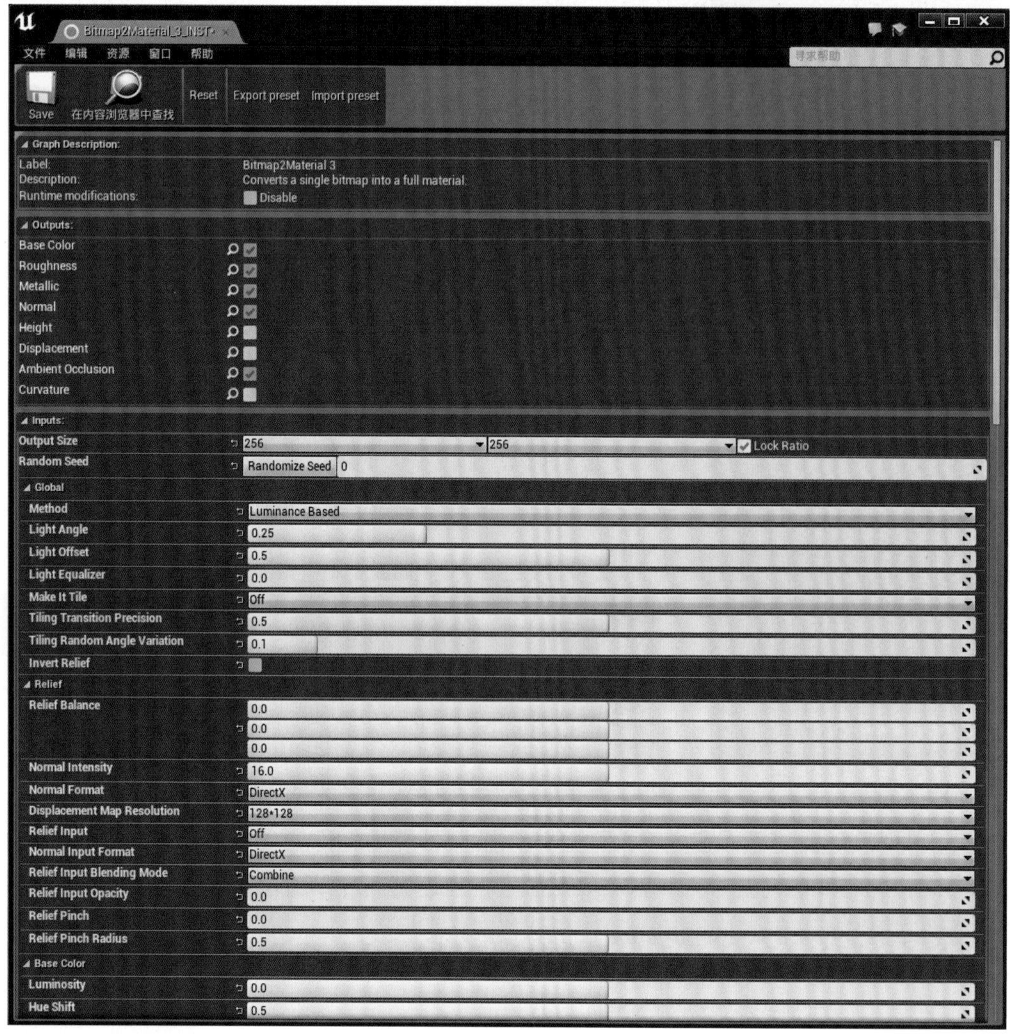

图 6-204

下拉滚动条至底端，找到 Image Inputs 面板，单击 Main input 中的“选取资源”按钮，如图 6-205 所示。在出现的资源中选择刚刚导入的图片，如图 6-206 所示。之后保存。

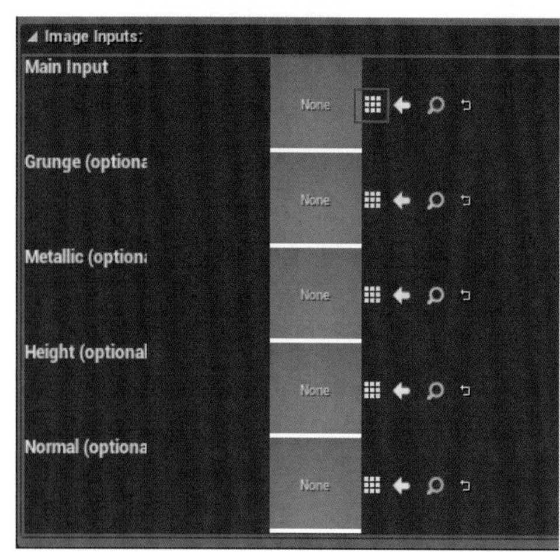

图 6-205

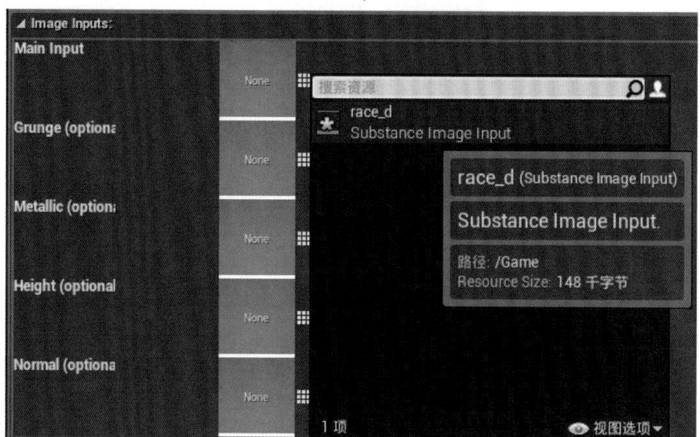

图 6-206

回到内容浏览器，可以看到贴图均根据刚刚我们设置的图片重新生成了，材质球也被赋予了贴图，如图 6-207 所示。

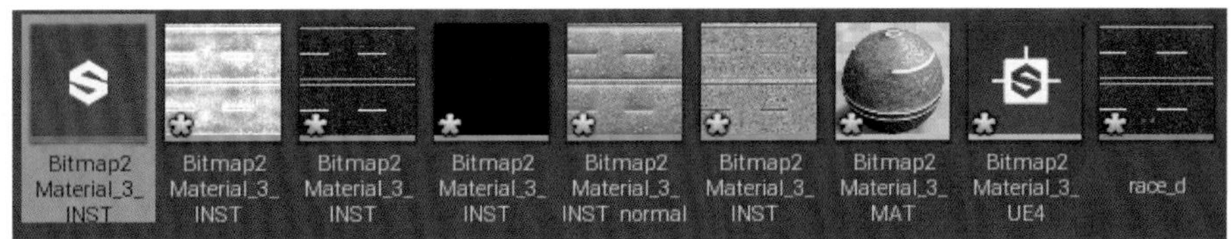

图 6-207

我们从左侧模式面板下拖动一个 Sphere 到场景中，将刚刚通过 Bitmap2Material 生成的材质赋予它，最终效果如图 6-208 所示。

图 6-208

第 7 章

《梦幻森林》综合案例设计开发

7.1 搭建场景的准备工作

在 Unreal Engine 4 中搭建一个游戏场景需要考虑很多方面的问题，准备工作尤为重要，没有任何规划就盲目开始很可能导致最后得到的成果并不能满足我们的实际需求。本章将举例说明如何在 Unreal Engine 中搭建游戏场景。

7.1.1 确定场景大小

当我们需要搭建一个游戏场景时，首先要认真分析要做的游戏是什么类型，因为游戏的类型在很大程度上决定了要建多大的地形。本节我们将以一个可以满足山地漫游的游戏场景为例，按流程阐述如何建造一个完整的游戏场景。

作为一款漫游类的游戏，基本规则就是玩家通过漫游从起点走向终点。既然这款游戏的重点是漫游的过程，那么所需的游戏场景就不能太小，否则很可能会因为漫游时间太短而使玩家并不能很好地体会到这款游戏所带来的娱乐性。

因此，要仔细思考我们想做一款什么样的游戏、游戏中大概有多少内容、大概需要多大的地形来承载这些内容。当然也有可能不需要一个地形，比如，如果想要建立一个空中花园，那么可能需要一个倒锥形的岛屿模型，甚至自己建立地形。

7.1.2 确定场景风格

接下来我们要做的工作是确定游戏风格，比如，是想要一个接近现实场景的风格还是卡通风格，想让玩家感受到的是恐惧还是兴奋，想做成冬天的感觉还是夏天的感觉等。任何游戏都有一个主要的风格，不同的风格带给体验的人不同的感觉，我们需要通过分析游戏类型，来为游戏确定一个主要的风格。

如山地游戏，我们首先能想到，这个场景大概是一片森林，要有山、有树；然后我们把气候定在夏天，天气是晴天；既然是森林，就不需要现代化的模型，而是更能给人与世隔绝的感觉的模型；最后，把整个场景分为三部分，每一部分有不同的景色，有纯粹的森林，有山洞石林，还有古城残迹。

7.1.3 建立场景模型

确定了游戏风格，接下来就可以确定场景模型了。

在 Unreal Engine 中使用的模型一般有两个主要来源：一种方法是使用自己创建的模型，但需要注意的是，模型最好经过优化，三角面和顶点数要尽可能少，否则会非常占用资源，还有可能会引起 Unreal Engine 引擎崩溃；另一种方法是在 Unreal Engine 提供的虚拟商城中购买其他人制作好的 Unreal Engine 素材包，从而可以在搭建场景时使用其中的素材。

想要购买制作好的素材包，首先就要进入虚拟商城。在登录 Unreal Engine 引擎后，我们会看到 Unreal Engine 的启动界面，如图 7-1 所示。

在界面的左侧我们会看到 4 个选项，其中第三个选项 Marketplace 就是 Unreal Engine 的虚拟商城。而第一个选项 Community 为社区窗口，在这里有论坛，我们可以与其他的 Unreal Engine 使用者讨论在使用 Unreal Engine 过程中遇到的问题。

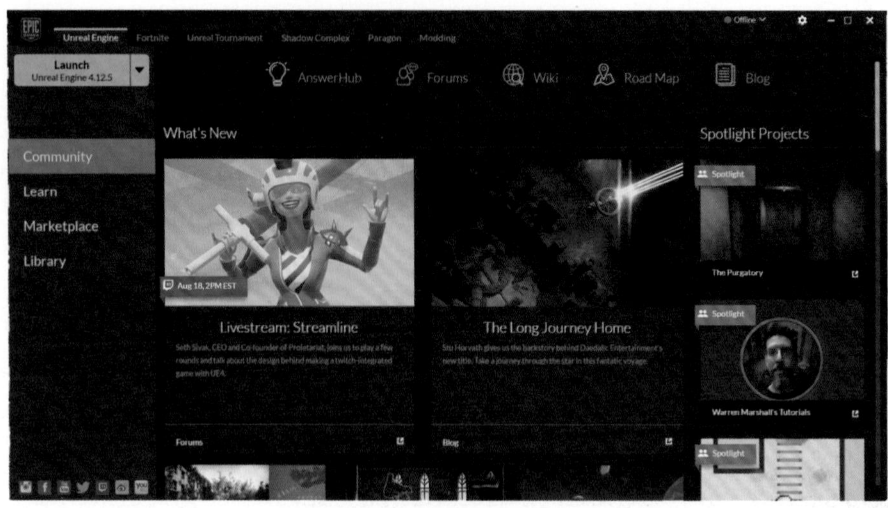

图 7-1

第二个选项 Learn 为学习窗口，在这里有很多关于 Unreal Engine 引擎的教程，包括动画、代码、材质的制作等，如图 7-2 所示。

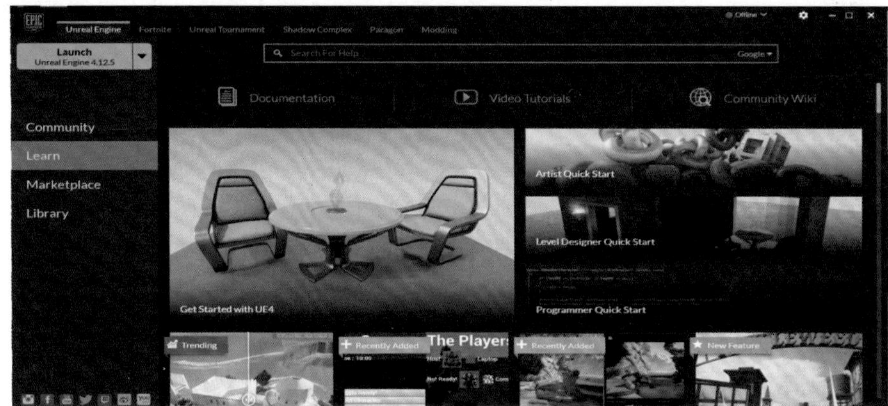

图 7-2

最后一个选项 Library 为工作窗口，在这里我们能看到当前使用的计算机中已经安装的所有 Unreal Engine 引擎版本，以及当前计算机中打开过的 Unreal Engine 项目等，如图 7-3 所示。

图 7-3

现在我们打开第三个选项，也就是 Marketplace，在这里我们可以挑选搭建场景所需的素材，如图 7-4 所示。

图 7-4

Marketplace 中包含各种各样的 Unreal Engine 素材，单击上方的 Categories 目录栏，可以看到商城的详细分类，其中 Environments 就是我们需要的环境素材，如图 7-5 所示。

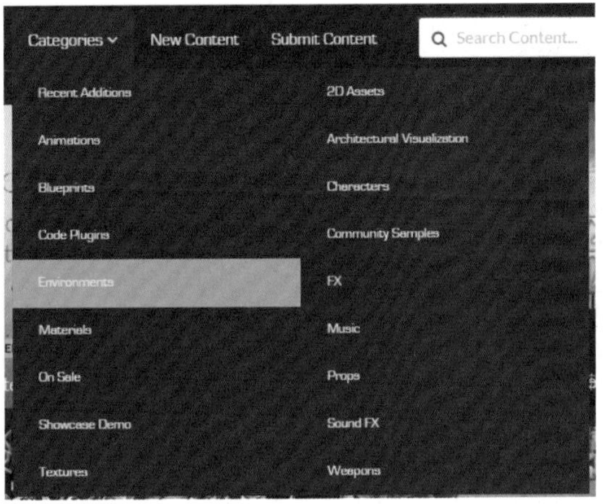

图 7-5

单击 Environments 后能看到虚拟商城中正在出售的素材包，如图 7-6 所示。

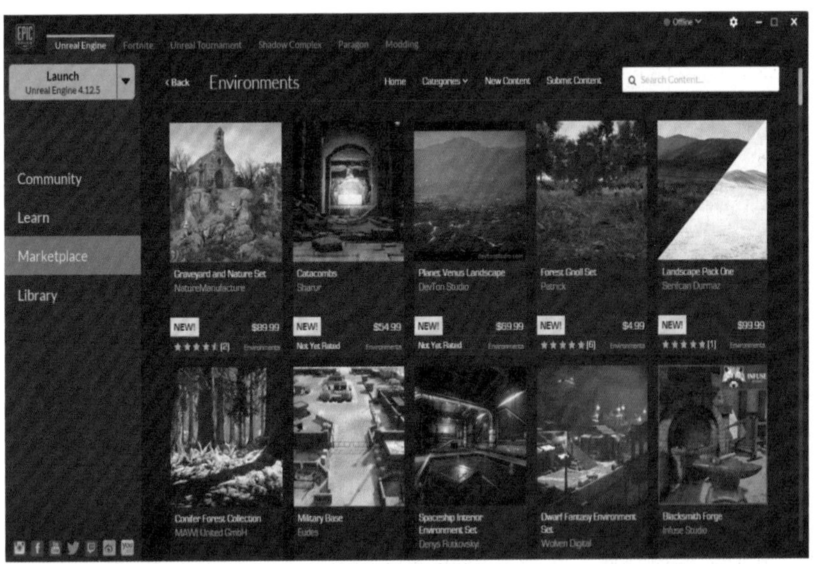

图 7-6

我们可以单击任意一个素材包来了解这个包里的内容，如它的发售时间、使用者对它的打分、它支持哪些 Unreal Engine 版本的使用、它的价格等，如图 7-7 所示。如果有某个素材包正是我们需要的，则可以选择购买，当然大家也可以找到一些免费的资源。

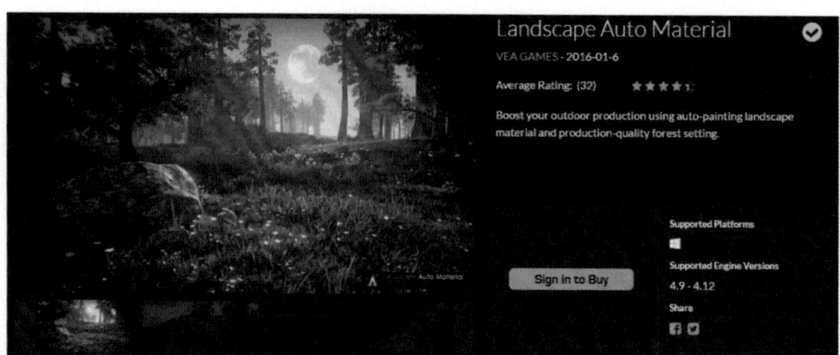

图 7-7

建立一个游戏场景可能会需要不止一个素材包。在决定使用哪个素材包的时候可以新建一个项目，把所有待选的素材包都导进去，一个一个看过后再将真正符合需要的素材挑选出来。

本章场景搭建实例所用到的素材包列表如下。

（1）地形素材包：Landscape Auto Material，如图 7-8 和图 7-9 所示。

图 7-8

图 7-9

（2）植物素材包：Lake Side Cabin，如图 7-10 和图 7-11 所示。

图 7-10

图 7-11

（3）石林素材包：Arid Desert，如图 7-12 和图 7-13 所示。

图 7-12

图 7-13

（4）古城素材包：Infinity Blade: Grass Lands，如图 7-14 和图 7-15 所示。

图 7-14

图 7-15

7.1.4 为场景做规划

挑好所需的素材包之后，只剩下最后一个也是最重要的一个准备步骤了，即为游戏场景做一个大致的规划。比如，我们要建立一座城市，则需要规划出哪里是城市的中心区、哪里是工业区、哪里是郊区；如果要创建一个室内场景，则需要规划出哪里是客厅、哪里是卧室；要做一款漫游游戏，就要对大概的路线有一个想法。在没有规划的情况下盲目开始，很可能会导致我们最后建造的场景看起来杂乱无序、没有主次，不能给玩家带来良好的游戏体验。

所以在真正开始动手之前，最好绘制一幅规划图，标出场景的主要路线、场景的中心地区、起点和终点的位置等。

根据实例情况，山地漫游场景规划图如图 7-16 所示。

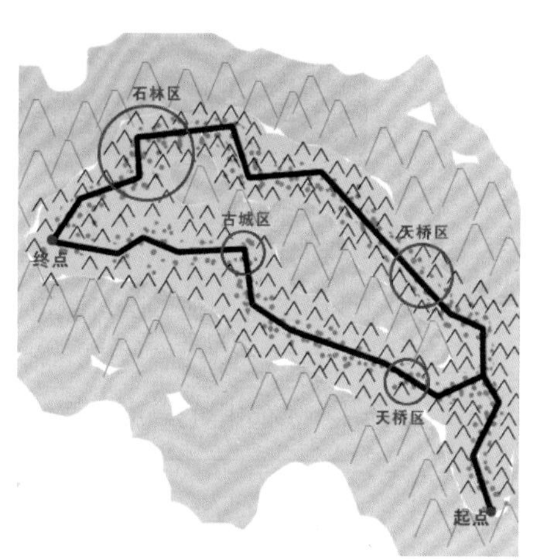

图 7-16

7.2 建立并编辑地形

在开始动手之前，先来熟悉一下 Unreal Engine 4 的主界面，如图 7-17 所示。

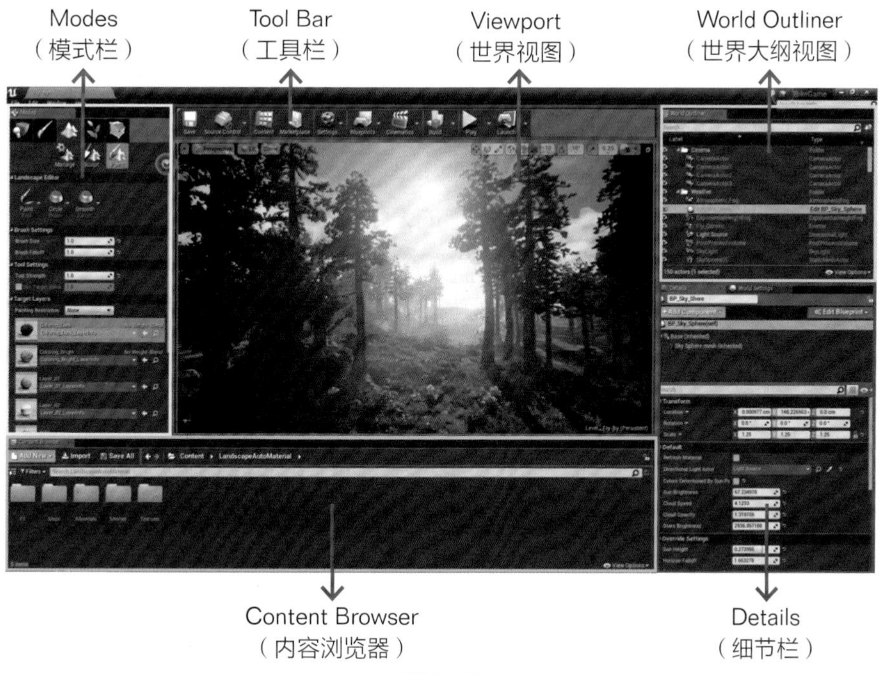

图 7-17

7.2.1 建立 Landscape

准备工作全部做完之后，就开始真正的实践了。在准备过程的第一步中我们已经知道了大概需要的地形大小，所以实践的第一步是创建这个地形。

在 Unreal Engine 界面左上角的 Modes 栏中有 5 个工具，其中第三个图标是 Landscape（地貌）工具，如图 7-18所示。

该工具可以用来生成地形，可以选择 Create New 来创建一个地形，也可以选择 Import from File将之前创建好的地形导入 Unreal Engine。

如果选择使用 Import from File 方式创建地形，则会出现属性栏，让我们导入 Heightmap，即高度图，如图 7-19 所示。

图 7-18

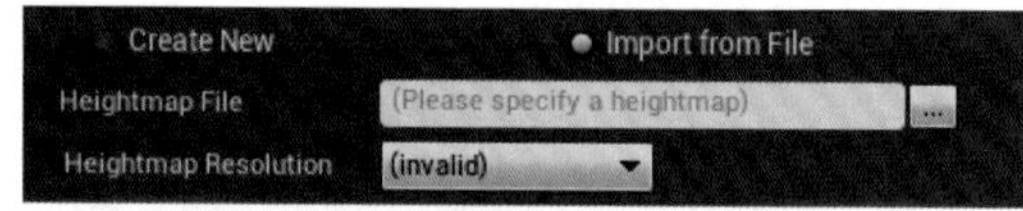

图 7-19

高度图可以用外部程序制作，我们用 Photoshop 举例。在 Photoshop 上方的菜单栏中选择 File > New 命令来创建一个新图层，在 New 窗口中将 Color Mode 设置为 16 位灰度，如图 7-20 所示。

在新建的画布上制作高度图，制作完成后将图片保存成 PNG 或 RAW 格式。

这里先用一张简单的高度图来做一个示范，如图 7-21 所示。

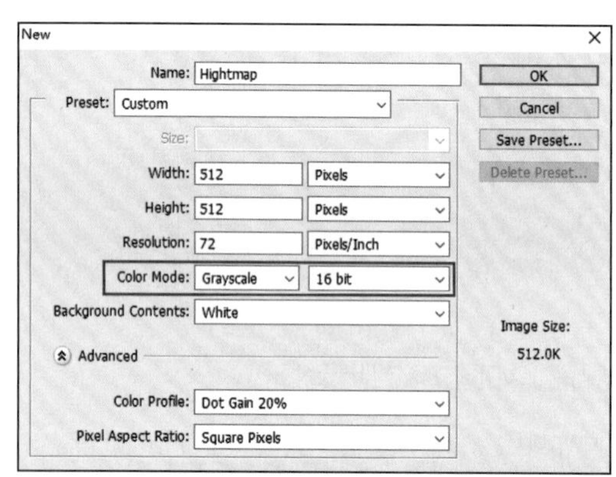

图 7-20

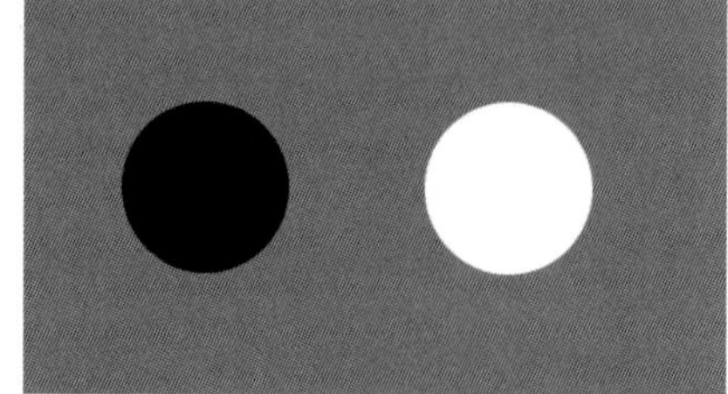
图 7-21

在 Heightmap File 中根据路径选择这张 PNG 图片。

在 Heightmap Resolution 中显示的是这张高度图的尺寸。

导入图片后，世界视图将会用绿色线框显示出地形的大致形状，如图 7-22 所示。

单击 Import 创建该地形，效果图如图 7-23 所示。

图 7-22

图 7-23

根据高度图和创建出的地形我们可以得出结论：在外部应用中制作高度图时，根据图片各区域的灰度不同，创建的地形高度不同。其中，白色（255，255，255）代表高度最高，黑色（0，0，0）代表高度最低。

确定好建立地形的方式之后，New Landscape 中的其他参数是地形的属性，如图 7-24 所示。

- Material 中放置该地形的材质球。如果我们想创建一个室外地形，则可以参考介绍 LandscapeAuto Material 的章节，把 Landscape_Automaterial_Inst 材质球放在这个位置。
- Location 定义地形建立的位置。
- Rotation 定义地形旋转的角度。
- Scale 定义地形的缩放比例。
- Section Size 如图 7-25 所示，其下拉菜单中有 6 个选项，用于设置地形 LOD 和消隐的分段尺寸。尺寸越小地形 LOD 的设置越积极，但会增加 CPU 的消耗；尺寸增大则组件较少，CPU 的消耗较小。所以为了防止 CPU 消耗过大，在创建大型地形时最好使用较大的分段尺寸。

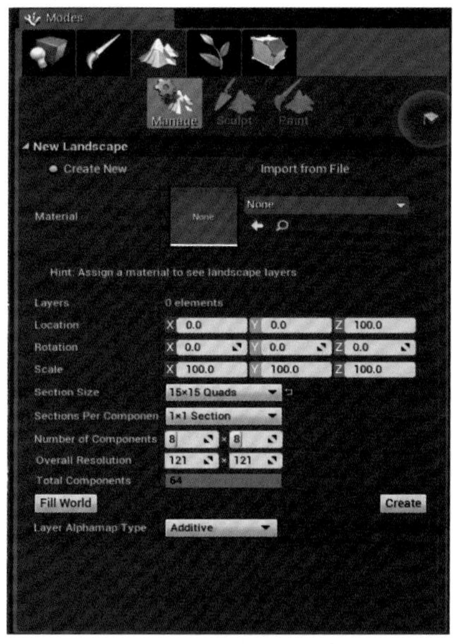

图 7-24

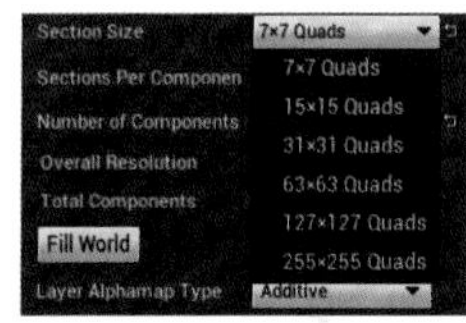

图 7-25

- Sections Per Component 设置一个组件可以有几个分段。我们可以选择 1 × 1 或 2 × 2。选择 2 × 2 说明一个组件一次可以渲染 4 个 LOD，能有效减少 CPU 计算时间，但一次渲染多个 LOD 对硬件的负担较大。
- Number of Components 同样用于地形尺寸的设置，数值越大地形越大。
- Overall Resolution 为地形的顶点数。
- Total Components 显示了地形的组件总数。
- Fill World 会自动设置一个尽量大的地形。

当我们创建地形的时候，可以通过改变各个参数并在世界窗口实时预览当前参数创建的地形来确立我们想要的尺寸。设置好所有的参数后，单击 Create 按钮创建一个地形。

7.2.2 修改地形组件

当然，有时候会出现创建地形之后，地形的大小和我们的需求有偏差的问题，这时候我们可以使用地形修改工具来修改地形，如图 7-26 所示。该工具有 3 种模式，分别是 Manage、Sculpt 和 Paint。

- Manage 模式用于修改地形组件。
- Sculpt 模式通过选择不同的工具来修改地形的形状。
- Paint 模式可以在地形上绘制纹理。

如果想要改变地形的大小，则需要选择 Manage 模式，如图 7-27 所示。

单击 Selection Tool 的下拉菜单，会出现 7 个选项，如图 7-28 所示。

图 7-26

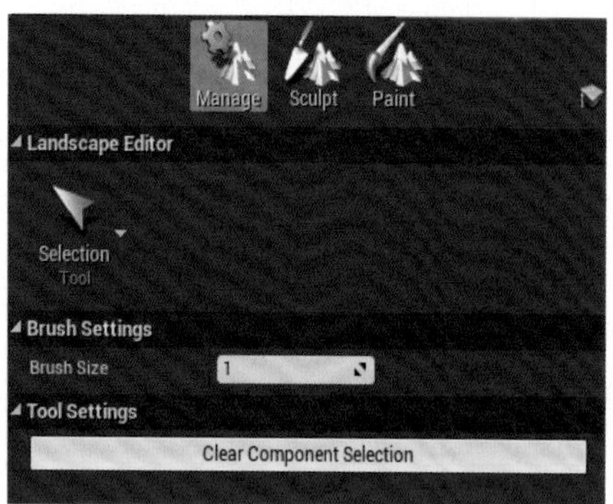

图 7-27

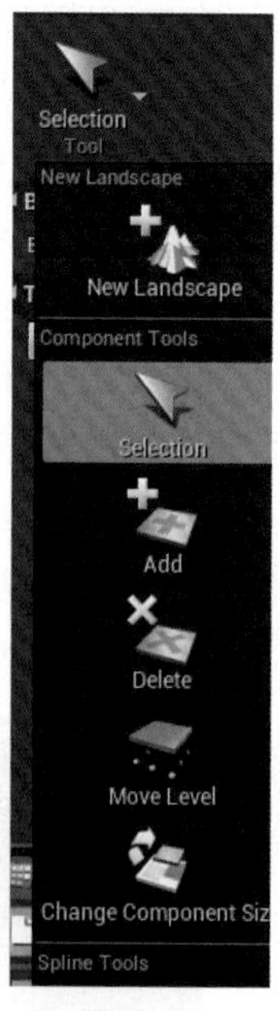

图 7-28

• New Landscape 工具可以在当前关卡添加一个新的地形，同样可以通过修改 Modes 栏中的参数来改变新地形的大小，如图 7-29 所示。

图 7-29

• Selection 工具用来选择地貌组件，被选择的组件呈红色高光显示，如图 7-30 所示。当 Brush Size 为 1 时，一次只能选择一个组件；当 Brush Size 为 2 时，可以一次选择 2 × 2 个组件。

• Add 为添加工具，可为当前地形创建一个新的组件。在待添加的地方光标显示为绿色正方形线框，单击就能创建一个新的组件，如图 7-31 所示。

图 7-30

图 7-31

• Delete 工具用于删除组件。当用 Selection 选中多个地形组件时，使用 Delete 工具可以一次将所有处于选中状态的组件删除。如果没有被选中的组件，则删除光标所在处的组件，如图 7-32 所示。

• Move Level 工具可以将 Selection 工具选中的组件移动到当前动态载入的关卡中。

• Change Component Size 工具可以重新设置当前地貌的大小，调整好之后单击 Apply 按钮应用，如图 7-33 所示。

• Edit Splines 工具用于创建对地貌网格物体进行变形的曲线，通常用于制作环境中的街道。

图 7-32

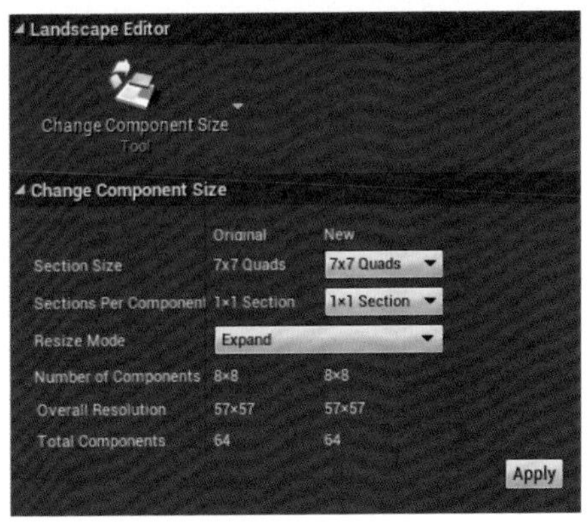

图 7-33

7.2.3 如何使用 Edit Splines 工具

想要使用 Edit Splines 工具，首先要在管理模式下单击 Edit Splines 工具使之激活。在当前选择的地貌中，按住 Ctrl 键并单击来放置控制点。控制点的样子看起来像一个金色的山体，如图 7-34 所示。

接着换一个位置继续按住 Ctrl 键并单击来放置第二个控制点，两个控制点会自动相连，如图 7-35 所示。

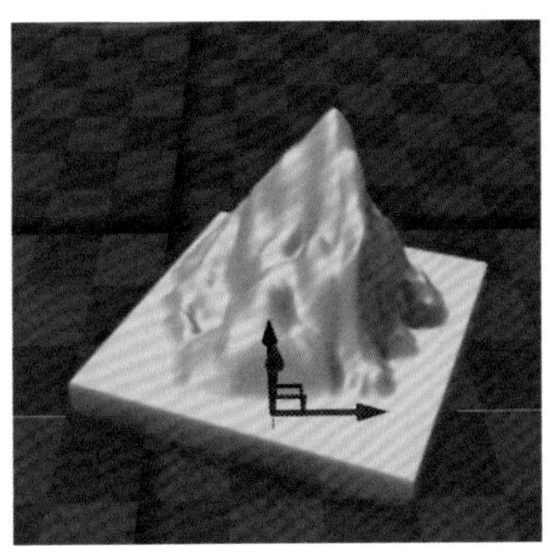

图 7-34

图 7-35

每个控制点都可以调整其位置和旋转角度，我们可以随意拉高或压低它的高度，两个控制点之间总能很好地过渡。选中其中一段样条并在两个控制点之间按住 Ctrl 键的同时单击可以新增一个控制点，或者按下 Delete 键删除它，还可以选中任何一个处于非两端位置的控制点按 Ctrl 键并单击来为样条添加一个分叉，如图 7-36 所示。

建立好样条形状，接下来为样条添加静态网格。

选中该样条，在右侧 Details 面板中会出现如图 7-37 所示的界面。

• 单击 Segments 按钮，可以选择全部分段。

• 单击 Control Points 按钮，可以选择全部控制点。

我们单击 Segments 按钮，选中整个样条，为所有样条分段添加同样的 Mesh。

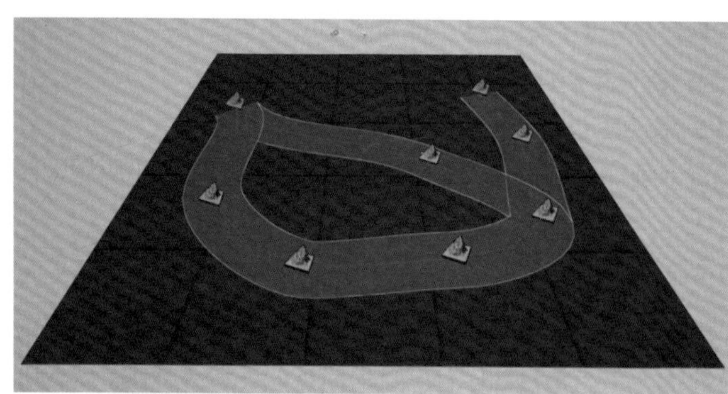

图 7-36

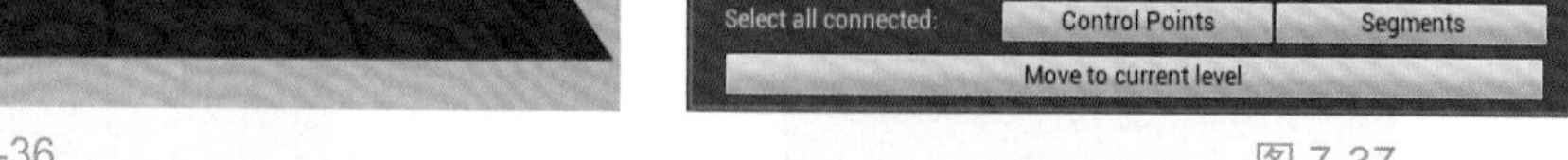

图 7-37

如图 7-38 所示，目前 Landscape Spline Meshes 部分的 Spline Meshes中显示为 0 elements，我们单击右边的加号按钮来添加一个 Mesh，如图 7-39 所示。

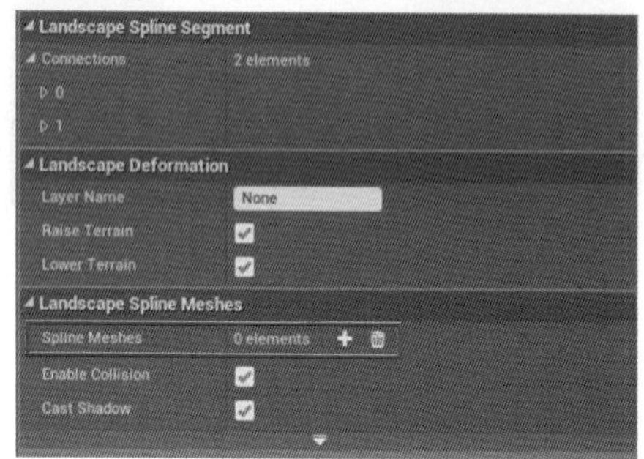

图 7-38

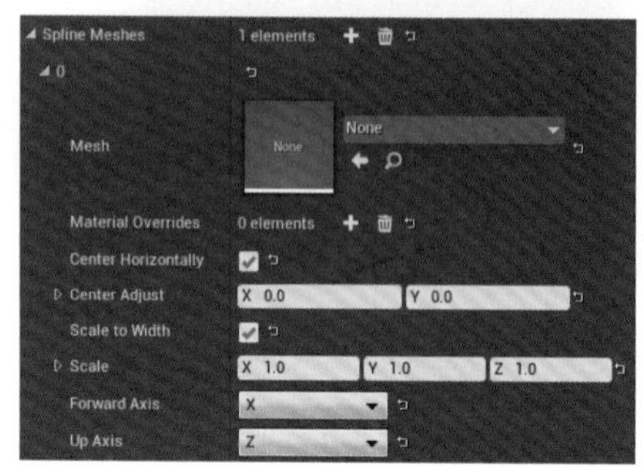

图 7-39

展开新添加的元素，在 Mesh 栏右侧单击显示为 None 的下拉菜单为它分配一个静态网格。

现在样条不再只是一个线框，而是成为实体，如图 7-40 所示。

我们还可以为它添加材质，如图 7-41 所示。

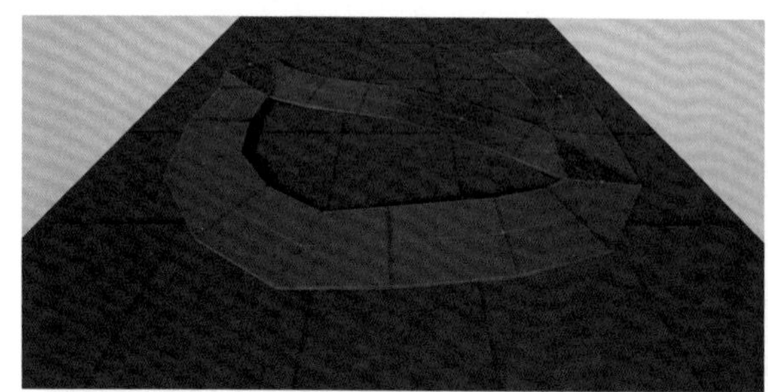

图 7-40

图 7-41

除了可以为样条整体添加材质，还可以为某个单个样条分段添加材质。选中某个样条分段，右侧的 Details 面板中会显示该样条分段的属性，如图 7-42 所示。

此时 Mesh 栏中显示了该样条分段所使用的 Mash 模型。在 Mesh 下方有 Material Overrides 属性栏，此时显示的是 0 elements，需要为选中的样条分段添加材质，需要单击右侧的加号按钮建立一个 element，如图 7-43 所示。

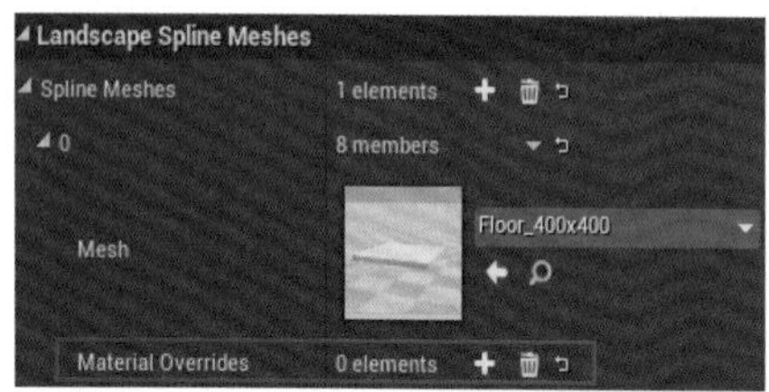

图 7-42

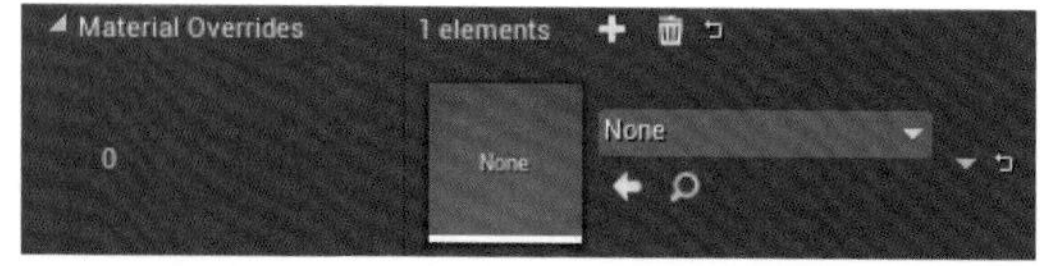

图 7-43

为该 element 指定材质球，如图 7-44 所示。

此时，查看世界视图，会发现该样条分段与其他样条分段的材质不同，如图 7-45 所示。

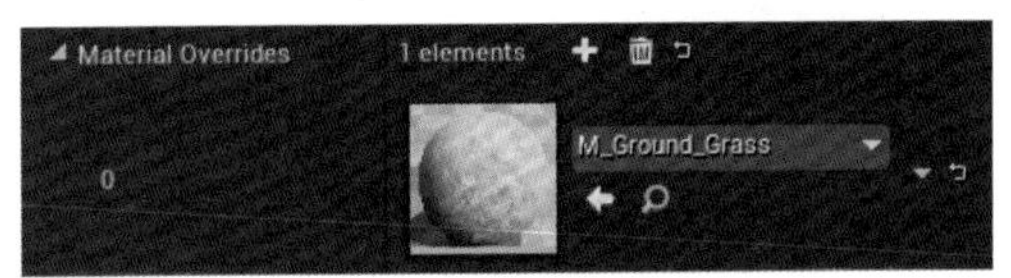

图 7-44

图 7-45

控制点的属性如图 7-46 所示。

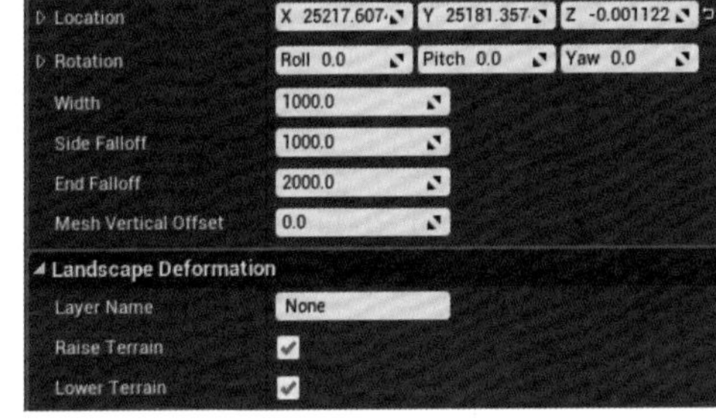

图 7-46

- Location：设置该控制点的位置。
- Rotation：设置该控制点的旋转角度。
- Width：设置该控制点处的样条宽度。
- Side Falloff：设置该控制点一侧余弦衰减区域的宽度。
- End Falloff：设置样条末端结束样条的余弦混合衰减区域的长度。
- Raise Terrain：应用样条时如果高于 Landscape，那么 Landscape 会升高地形以配合样条高度，常用于创建堤坝上的道路。
- Lower Terrain：应用线条时如果低于 Landscape，那么 Landscape 会降低地形以配合样条高度，常用于创建河流。

7.2.4 为地形做造型

创建好地形之后，就可以用雕刻工具对地形进行编辑了。打开 Sculpt 模式，这里有一些编辑地形所用的工具，这里我们介绍比较常用的几个工具。

如图 7-47 所示，Landscape Editor 里有 3 个工具。

- 第一个造型工具用笔刷的笔画效果对地形产生变形效果。
- 第二个笔刷工具用于选择笔刷的形状。
- 第三个笔刷衰减工具用于选择笔刷的衰减。

后两者使用的情况较少且使用方法比较简单，本章不做介绍，读者可以自行感受。

造型工具的属性如图 7-48 所示。

- Brush Size 用于调整笔刷的大小，也就是作用范围。
- Brush Falloff 用于调整笔刷从圆心向外的衰减程度。
- Tool Strength 用于调整笔刷的作用力度，值为 1 时力度最大，造成的变形效果最明显；值为 0 时力度最小，没有变形效果。

图 7-47

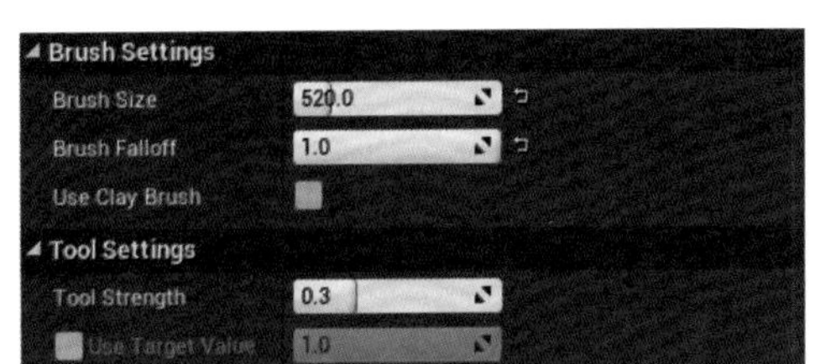

图 7-48

：Sculpt 工具单击可以拉高地形高度，按住 Shift 键单击可以压低地形高度。该工具常用于建立山体，如图 7-49 所示。

：Smooth 工具可将高度图平滑，降低高低处的高度差，使斜坡更平缓。将图 7-49 使用 Smooth 工具平滑后的效果如图 7-50 所示。

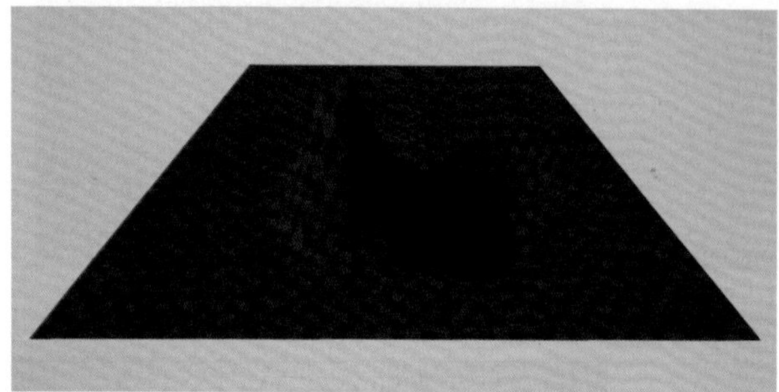

图 7-49

图 7-50

Smooth 工具的属性栏如图 7-51 所示。

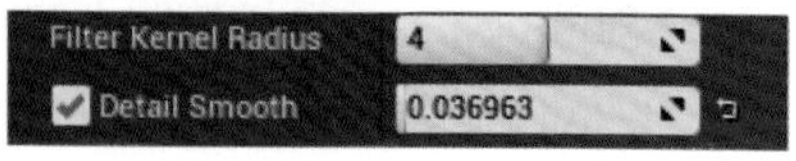

图 7-51

- Filter Kernel Radius 用于设置平滑的标度乘数。
- Detail Smooth 表示是否保留细节。勾选后，指定一个细节平滑值。当细节平滑值较大时，平滑会移除较多的细节；而当细节平滑值较小时，平移会保留更多的细节。

：Flatten 笔刷会将笔刷刷过的地方的地形高度全部拉高或降低到等同于笔刷落下位置的地形高度。

使用笔刷前的效果如图 7-52 所示。

使用笔刷后的效果如图 7-53 所示。

图 7-52

图 7-53

Flatten 笔刷的属性栏如图 7-54 所示。

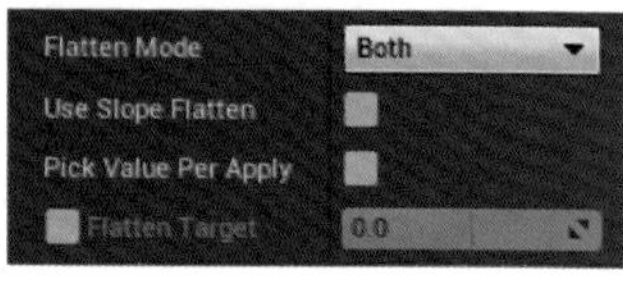

图 7-54

- Flatten Mode 用于确定使用该工具时是否提升或降低高度图的分段。
- Use Slope Flatten 勾选后，使用该工具将沿当前地形的斜坡进行扁平化，而不是沿水平方向进行扁平化。
- Pick Value Per Apply 勾选后，不再使用笔刷落下位置的高度进行扁平化，而是固定选择新值进行扁平化。
- Flatten Target 用于设置进行扁平化的目标高度。

：通过在不同的两个位置单击，Ramp 工具会在两个单击点之间建立一座“桥”。

确定两个点，如图 7-55 所示。

单击 Add Ramp 按钮或按下 Enter 键建立斜坡，或单击 Reset 按钮放弃创建，如图 7-56 所示。

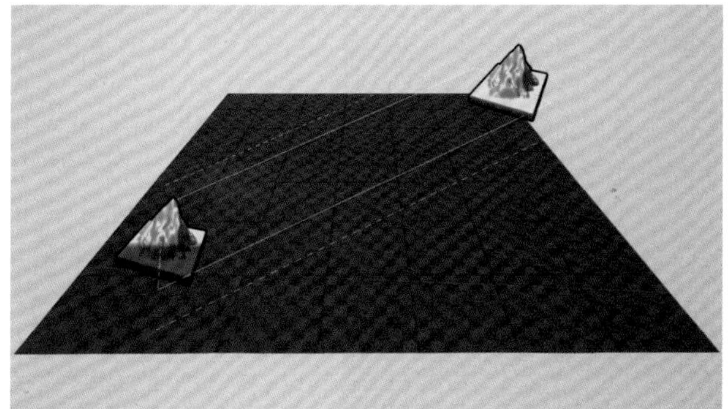

图 7-55

图 7-56

Ramp 工具的属性栏如图 7-57 所示。

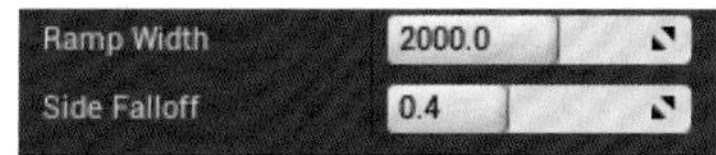

图 7-57

- Ramp Width 用于设置斜坡的宽度。
- Side Falloff 用于设置斜坡的衰减。

：在建立森林时，我们经常用 Sculpt 拉出山体的大体形状。但是由于拉出来的坡度过于平滑，这样的山体通常看起来有些假。Erosion 工具利用热力侵蚀模拟来调整高度，高度差越大侵蚀效果越明显，可为场景增加真实感。

使用笔刷前的效果如图 7-58 所示。

使用笔刷后的效果如图 7-59 所示。

图 7-58

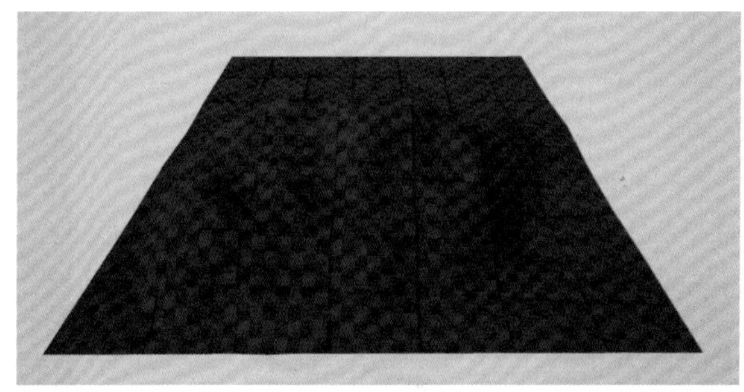

图 7-59

Erosion 工具的属性栏如图 7-60 所示。

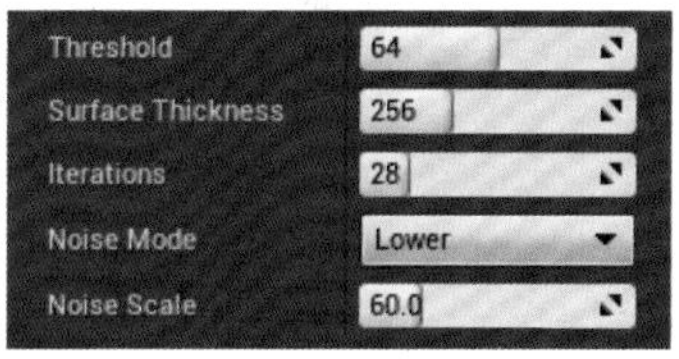

Threshold 64
Surface Thickness 256
Iterations 28
Noise Mode Lower
Noise Scale 60.0

图 7-60

- Threshold 用于设置侵蚀效果的最低高度差，数值越小腐蚀效果越明显。
- Surface Thickness 用于设置侵蚀效果的地表厚度。
- Iterations 用于设置侵蚀层数的多少，数值越大侵蚀层数越多。
- Noise Mode 用于设置是否应用 Noise 提升或降低高度图。
- Noise Scale 用于设置 Noise 过滤器的尺寸。

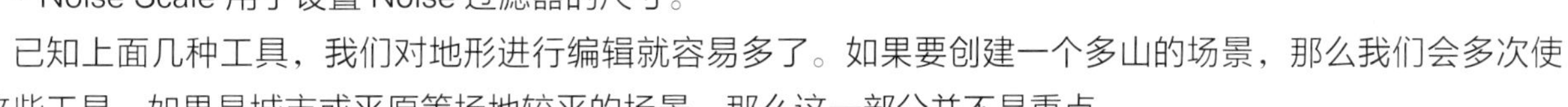

已知上面几种工具，我们对地形进行编辑就容易多了。如果要创建一个多山的场景，那么我们会多次使用这些工具；如果是城市或平原等场地较平的场景，那么这一部分并不是重点。

当我们编辑好山群，要开始规划路线的时候，可以用 Flatten 或 Ramp 工具，并配合 Smooth 工具来使路线更加自然，或者用 Edit Splines 工具创建路线。

接下来我们要建造山地漫游山路造型。

在建立地形时，我们使用 LandscapeAutoMaterial 素材包中的 Landscape_Automaterial_Inst 材质球作为地形材质，所以地形自动带有草地、石头等模型，如图 7-61 所示（详细情况可以查看介绍 LandscapeAutoMaterial 素材包的章节）。

（1）使用较大 Brush Size 值的 Sculpt 工具  将路两边山体的大体形状雕刻出来。

图 7-61

在这里我们可以略微增大笔刷的 Strength 值，大的力度在我们希望地形变形程度较大时使用更方便，从而能够很快将地形高度增加到我们想要的位置。同时要保持 Brush Falloff 的值不要太大也不要太小，这样我们得到的山体最高点与最低点的过渡就相对更平缓、自然。具体设置如图 7-62 所示。

在不改变笔刷大小的情况下，我们就能做出山体大致的感觉，只要沿着道路两边将地形增高，就能得到一条路线，如图 7-63 所示。

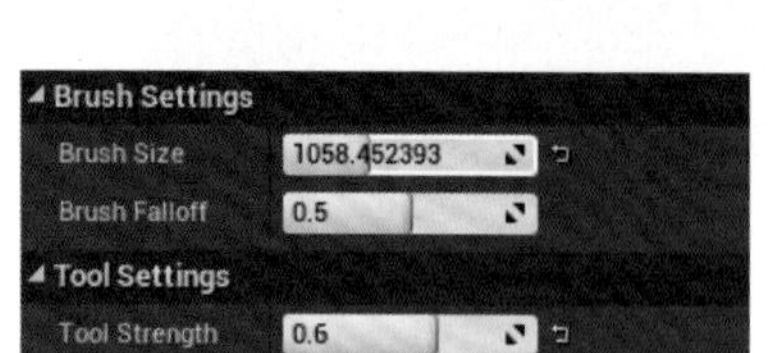

图 7-62

图 7-63

由图 7-64 可见，当地形增高时，地形材质自动由草坪转换为石堆和岩石材质，这种效果很接近真实世界中的山体，这也是本章选用这个素材包来完成这个项目的原因。

图 7-64

（2）为了使山体形状更多变，使用相对较小的笔刷将山体细节雕刻出来，如图 7-65 所示。

同一大小的笔刷刷出的效果毕竟缺乏多样性，坡度太过一致。所以在用大笔刷刷出山体大致形状之后，要用小一些的笔刷进行细节处理，使整个场景看起来更加真实，如图 7-66 所示。

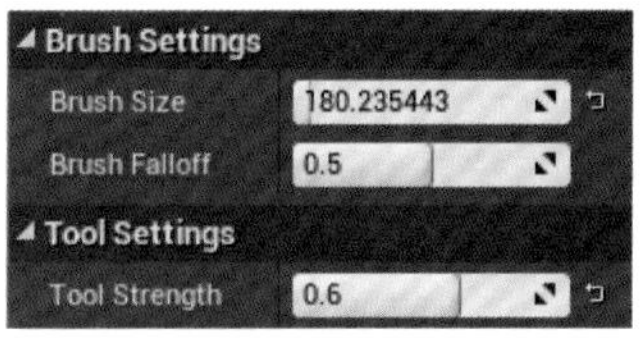

Brush Settings
Brush Size 180.235443
Brush Falloff 0.5
Tool Settings
Tool Strength 0.6

图 7-65

图 7-66

（3）用 Paint 工具中的笔刷将路线画出，这里我们选择 Layer_01 笔刷，如图 7-67 所示。该笔刷效果是细砂石，与周围的环境匹配，也与骑行的主题匹配。

这里我们做的是漫游游戏，所以不需要太大的笔刷画路线，用小一些的笔刷画出一条小径供行人通过即可，如图 7-68 和图 7-69 所示。

（4）用大 Brush Size 值的 Sculpt 工具将山路的高低差雕刻出来，如图 7-70 所示。

图 7-67

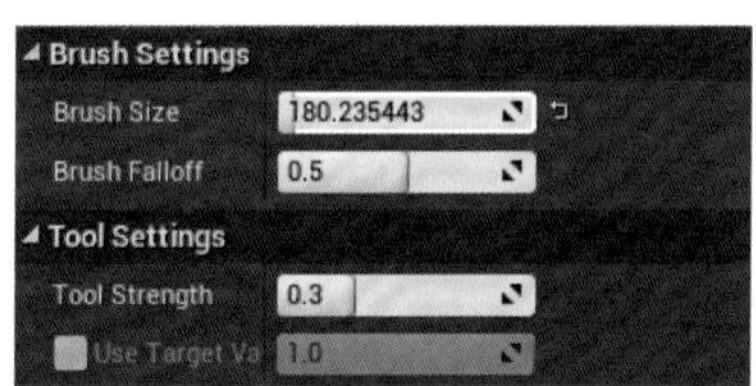

图 7-68

图 7-69

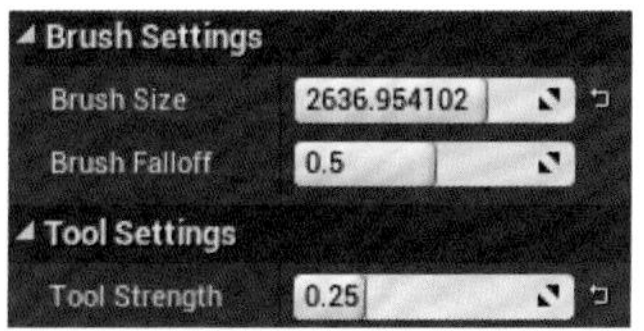

图 7-70

这里我们除了增大笔刷的大小，还需要减小笔刷的力度。大的笔刷有更大范围的衰减且衰减更平滑，小的笔刷反而不好控制。减小笔刷力度是为了防止路的高度差变化太大，有山路略微起伏的感觉即可，在这种情况下小的笔刷力度更好控制，如图 7-71 所示。

（5）降低视角，用玩家高度观察路线两边的景象，对不妥处进行完善。比如，道路过于颠簸，可以用 Smooth 工具进行平滑，效果如图 7-72 所示。

图 7-71

图 7-72

使用这种方法，从起点开始，将路线两边的山体全部雕刻出来。路线两边的景象可以多变一些，如两侧都是山体，或者一侧山体、一侧悬崖，或者两侧都是平原，没有山，而是用树进行遮挡。

需要注意的是，路线两旁的景色属于近景，玩家可以近距离观察到，所以近处的山体造型要更细致；而远景不同，远处的山体造型可以简单一些，要让玩家看不到场景的尽头，但也不能有不自然的感觉。

远山一般用较大 Size 的笔刷雕刻出来，并用 Erosion 工具修整山体，使山体不至于太平滑，拖动感太明显，如图 7-73 所示。

整体效果如图 7-74 所示。

图 7-73

图 7-74

平面图（见图 7-75）与规划图（见图 7-76）比较。

图 7-75

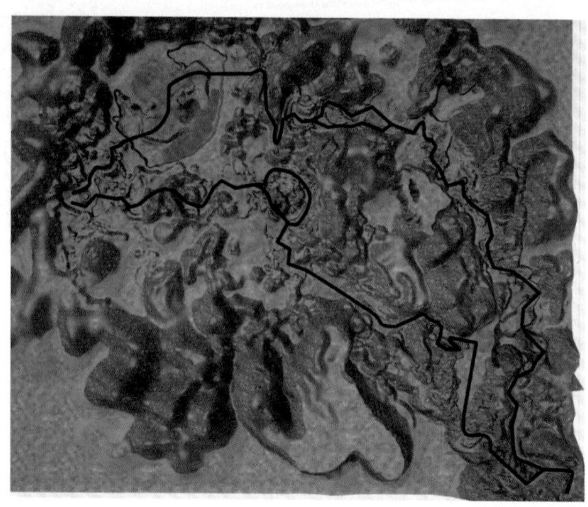

图 7-76

7.3 整理场景模型

Actor 是可以放置在关卡中的任意对象，我们的模型素材就是 Actor 的一种。有了大环境之后，我们就可以开始从素材包里拖动 Actor 到场景上开始进行摆放了。此时应该参考我们在准备工作中画好的规划图，把模型摆放到画好的区域内。

7.3.1 放置和变换 Actor

向视图中添加Actor的方法很简单，只要选中需要的Actor，直接把它拖动到场景中即可，如图7-77所示。这里我们用 LandscapeAutoMaterial 中的模型举例。

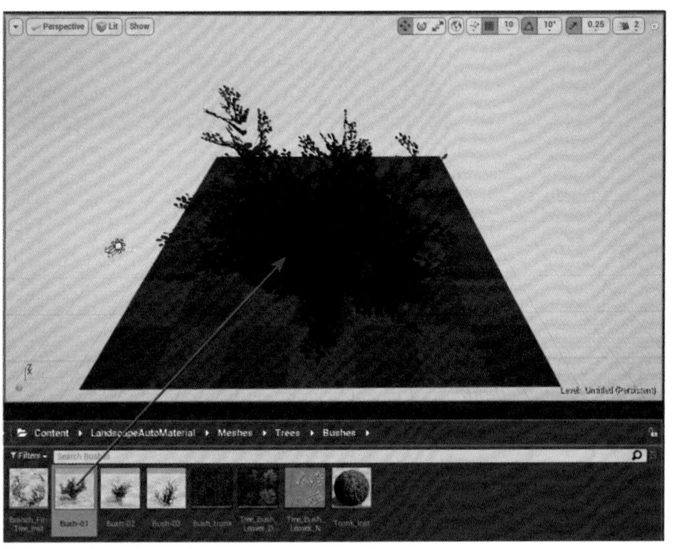

图 7-77

被选中的 Actor 周围会被黄色的线框包住，此时可以对它进行编辑，如图 7-78 所示。

图 7-78

视图窗口上方有一排编辑场景中 Actor 所用的工具，如图 7-79 所示。

图 7-79

左侧第一个为移动工具，激活该工具时，我们可以选择任意一个轴向，向该方向移动 Actor。

此时移动的单位是最小一次移动 10cm。我们可以通过改变左侧拖动网格工具旁边的数值来改变这一单位，如图 7-80 所示。

也可以单击橘黄色的网格工具取消使用最小移动值，如图 7-81 所示。

左侧第二个为旋转工具 ，我们可以选择任意一个轴向来旋转模型，如图 7-82 所示。

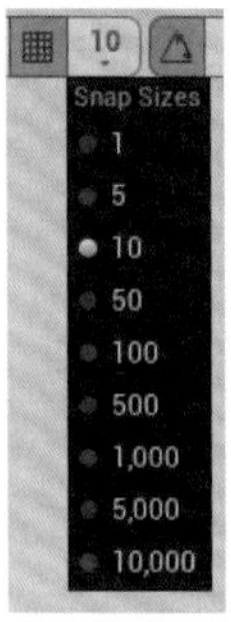

图 7-80

图 7-81

图 7-82

同样，右侧旋转网格工具可以设置旋转度数的最小值，如图 7-83 所示。

左侧第三个为缩放工具，我们可以选择 Actor 的任意一个轴向来缩放任意比例，如图 7-84 所示。

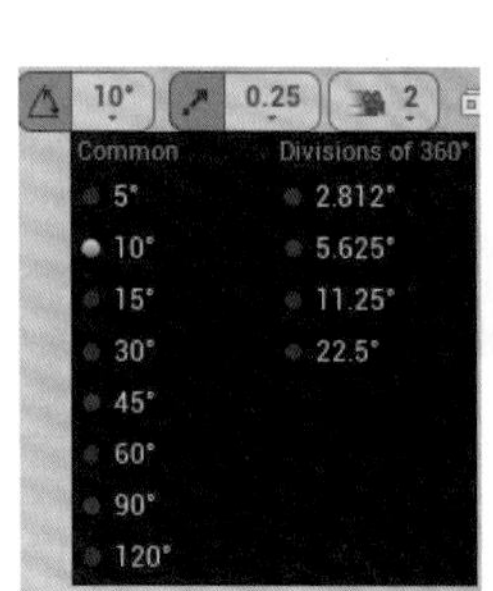

图 7-83

图 7-84

在右侧的缩放网格中可以设置最小的缩放比例，如图 7-85 所示。

在默认情况下，Unreal Engine 视图为世界变换模式，可以单击图标切换到局部变换模式。

最后一个图标，看起来像移动的摄像机的工具，如图 7-86 所示，用来设置我们拖动鼠标中键，或按住上、下、左、右、键来在世界视图中移动时的速度。

这个数值越大，移动的速度越快。

选中 Actor 之后，我们同样可以在右侧 Details 面板中对模型的位置、旋转角度、缩放比例进行调整，如图 7-87 所示。

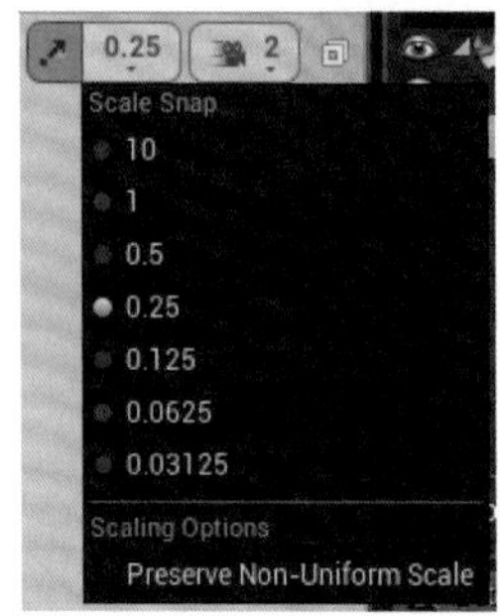

图 7-85

图 7-86

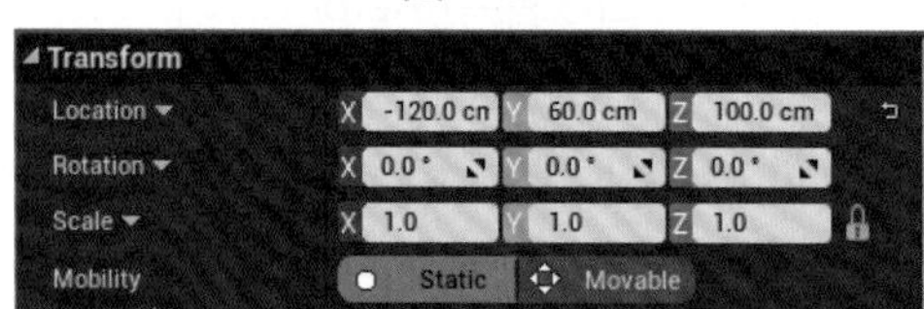

图 7-87

其中，在 Scale 缩放属性右侧，锁住🔒代表改变任意一个轴向的值，其他两个轴向的值等比例改变；解锁🔓代表改变任意一个轴向的值，其他两个轴向的值不受影响。

在 Mobility 中设置物体能否移动。

• Static（静态）：代表 Actor 在游戏过程中不能以任何方式移动。如果将 Actor 的 Mobility 设置为静态，则在构造光照时将在光照贴图上产生阴影。

• Movable（可移动）：代表 Actor 在游戏过程中可以移动。如果将 Actor 的 Mobility 设置为可移动，则在构造光照时将投射阴影到光照贴图上。

模型的摆放需要一定的技巧，并不是摆得东西越多越好，而且随意摆放只会让整个场景看起来杂乱无章。所以，如果不知道怎样使用素材包里的素材，则可以先看看素材包里制作人搭好的场景找找灵感，总结哪几种素材结合在一起使用比较好看，再在自己的关卡中多进行尝试。

模型的摆放可能会直接影响整体场景的美观，但如何去搭建需要读者自己尝试摸索，有了经验就会轻松很多。

现在我们来制作天桥场景，素材来自 LandscapeAutoMaterial 和 LakeSideCabin。

参考图如图 7-88 所示。

（1）建立如图 7-89 所示的地形。

图 7-88

图 7-89

① 先用 Sculpt 工具将地形拉高，而后用大 Size 值的 Flatten 工具从最高处起将周围的地形铺平，做出一个高台来。

② 小高台同样用 Flatten 工具做出，但要缩小笔刷的 Size 值。

（2）将 Infinity/Blade/Grass/Land 素材包中的 SM_Plains_Scrap_Bridge02 素材拖到场景中，记得素材的选择需要配合周围的环境，如图 7-90 所示。

（3）将素材经过位移、旋转、缩放等操作后摆放在合适的位置。不同于室内物品设置需要格外注意模型的大小（防止模型与玩家比例出现不对等），室外模型的缩放设置略宽松。由于我们要做的是漫游游戏，所以栈道宽度不能太窄，如图 7-91 所示。

图 7-90

图 7-91

（4）以此类推，将其他木桥模型摆放到场景的合适位置上。木桥两头搭在平台上，要控制好高度差，防止坡度太陡导致玩家无法通过，还可以适当在悬崖周围添加围栏来降低游戏难度，如图 7-92 所示。

接下来要搭建石林景色，素材来自 LandscapeAutoMaterial、LakeSideCabin 和 AridDesert。效果如图 7-93 所示。

图 7-92

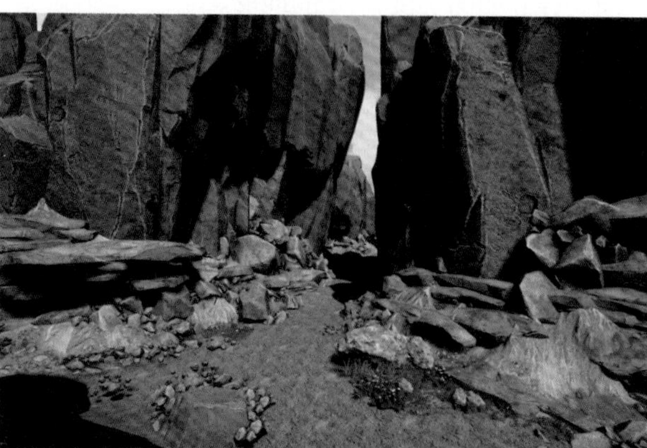
图 7-93

再搭建一个古城景色，素材来自 LandscapeAutoMaterial 和 InfinityBladeGrassLands。效果如图 7-94 所示。

图 7-94

7.3.2 自己制作模型

如果有一些模型无法在虚拟商城上找到，就需要我们自己用三维软件建模来满足特定需求。比如，在这个山地场景中，我们还需要在道路两边摆上广告牌，但现有的素材包中并没有此类模型能满足我们的需求，这就需要我们自己“定做”模型。

以广告牌为例，在开始动手建模之前，首先要构思一下我们想做一个什么样的广告牌。可以确定的是，这个广告牌的材料最好不是金属的、不要带灯光等，这种过于现代化的感觉并不符合我们的场景风格。既然如此，我们可以做成纯木质的、造型简单一点的广告牌。如果还是没有思路，则可以上网找一些参考。图 7-95 就是网络图片，我们将仿照这张图片来制作广告牌。

图 7-95

现在打开一个三维模型制作软件，本书中我们将使用 3ds Max。不会建模也没有关系，本节将分步讲解如何制作一个广告牌模型。

1．3ds Max 界面介绍

打开 3ds Max 之后，我们先来了解一下主界面的各个面板，如图 7-96 所示。

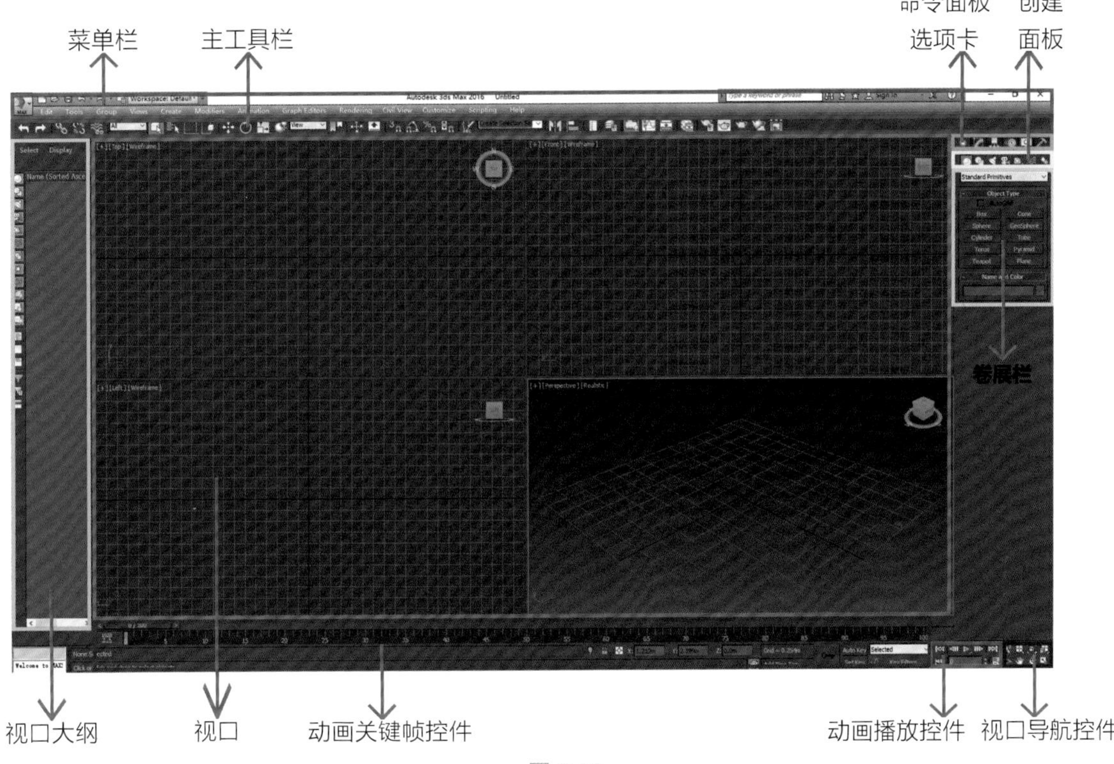

图 7-96

2．设置 3ds Max 的单位

由于 Unreal Engine 引擎中的世界仿照的是真实世界的物理属性，所以 Unreal Engine 中的模型大小也都是仿照真实世界中该物体的大小来设置的。那么，我们在建模的时候就要特别注意一下模型的尺寸。为了确保我们制作的模型大体上符合在 Unreal Engine 世界中的大小，我们先来设置一下 3ds Max 中的单位。

在菜单栏中选择 Customize > Units Setup 命令，如图 7-97 所示。

此时会弹出如图 7-98 所示的窗口，我们可以把 Metric 中的选项改成 Centimeters。

也可以单击上方的 System Unit Setup 按钮，在新弹出的窗口中把 1 Unit= 后方的下拉菜单更改为 Centimeters，如图 7-99 所示。

两者的区别在于，把 System Unit Setup 中的尺寸改成指定的尺寸（如厘米），那么以后不管是新建还是导入模型都将改变成厘米；而改变 Display Unit Scale 中的尺寸表示只将当前文件改变为该尺寸。这两个选项可以设置成不一样的值。

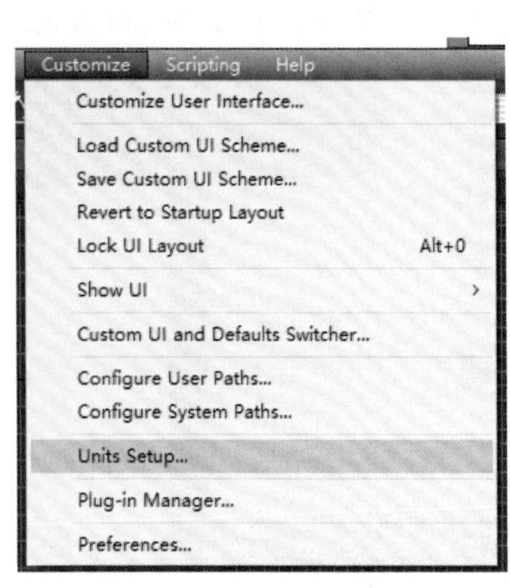

图 7-97

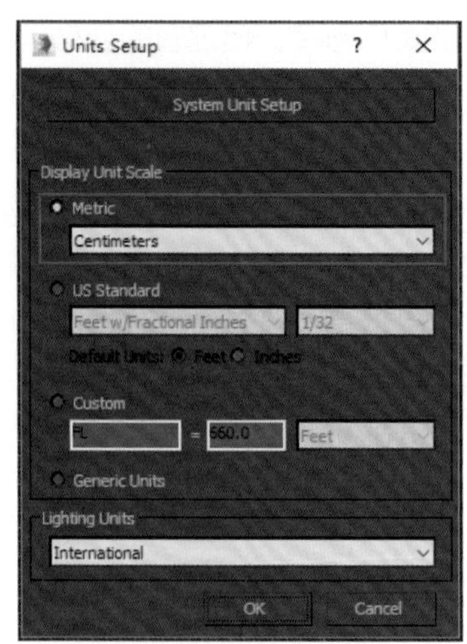

图 7-98

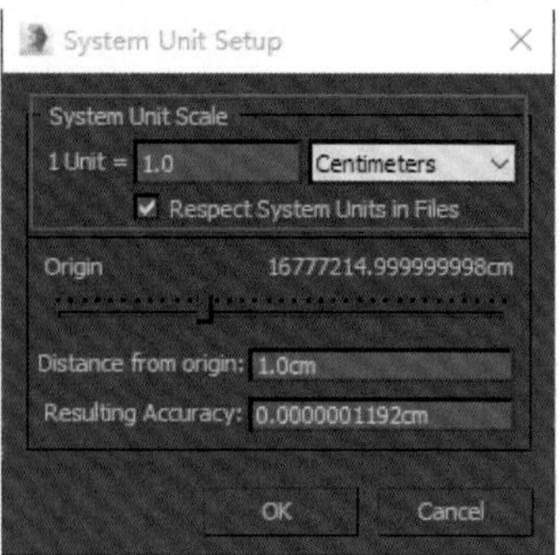

图 7-99

3. 使用 3ds Max 建模

现在开始建模。我们首先制作广告牌中垂直于地面的木棍这一部分，如图 7-100 所示。

在创建面板中单击 Box 按钮来激活这个对象，如图 7-101 所示。

之后我们用 Box 对象来创建一个长方体。在视口视窗中按下鼠标左键拖动出一个片状的长方形，接着松开鼠标左键，向上或向下移动鼠标来创建高度，在合适的高度位置再次单击即可创建该长方体，若单击鼠标右键则表示放弃创建，如图 7-102 所示。

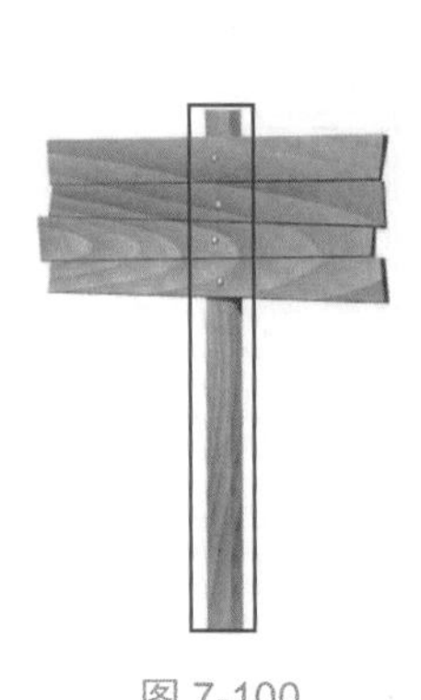

图 7-100

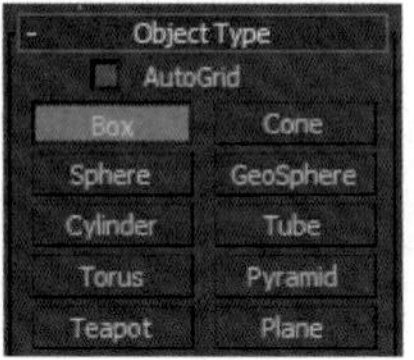

图 7-101

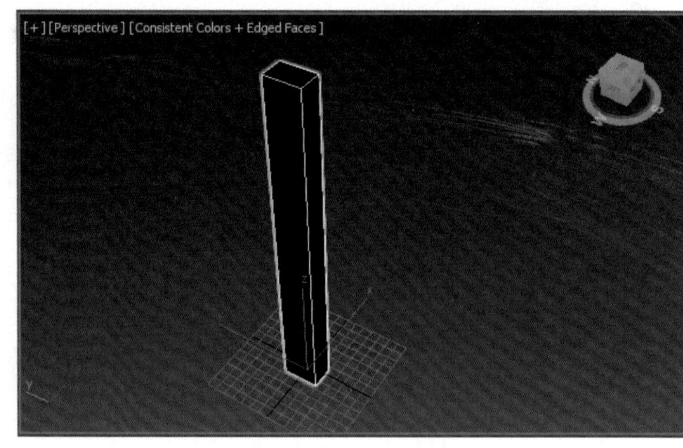

图 7-102

为了便于观察模型的线框，创建 Box 后将模型的颜色设置为黑色，读者也可以在 Name and Color 中设置自己的模型颜色，如图 7-103 所示。

创建好一个模型后，右侧的创建面板下会显示这个 Box 的相关属性，如图 7-104 所示。

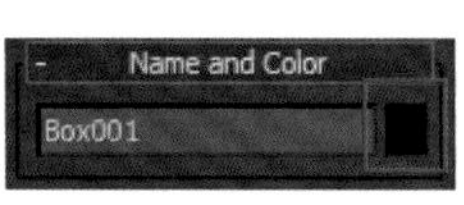

图 7-103

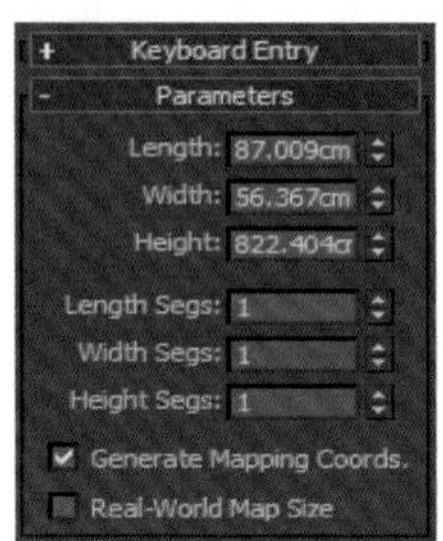

图 7-104

在这里，我们可以通过 Length、Width、Height 这 3 个属性栏来调整 Box 的长、宽、高。822cm 显然不符合现实世界中这类广告牌的高度，我们把它调整到 150cm 左右，随后同样调整它的长宽使之适应高度值。

下方的 Length Segs、Width Segs、Height Segs 用来设置长、宽、高的线框数量。举个例子：

图 7-105~ 图 7-107 分别为只将 Length Segs 设置为 2、只将 Width Segs 设置为 2、只将 Height Segs 设置为 2 的效果。

为了让我们的模型最简化，我们不需要多余的边和面，所以将这 3 个值都设为 1。

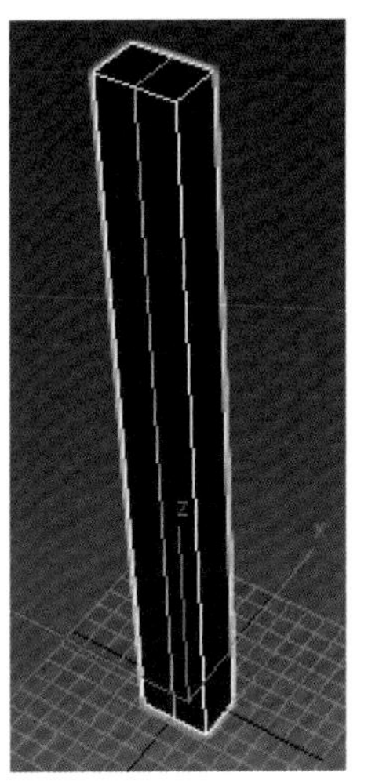
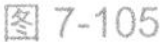
图 7-105

图 7-106

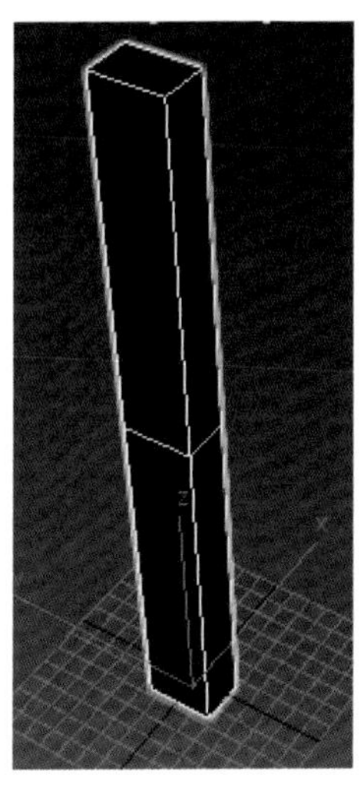
图 7-107

当一个对象创建好之后，我们有 3 个工具可以对模型有一个最基本的变换，分别是位移工具、旋转工具和缩放工具，都位于主工具栏中，如图 7-108 所示。

我们可以单击来激活这个工具，也可以按快捷键 W（移动）、E（旋转）、R（缩放）来进行切换。

现在用任意一个变换工具选择这个 Box，选中后用鼠标右键单击这个模型，将模型转换成 Editable Poly，如图 7-109 所示。

转换后我们能看到右侧的主工具栏自动切换到第二个 Modify 工具上，如图 7-110 所示。

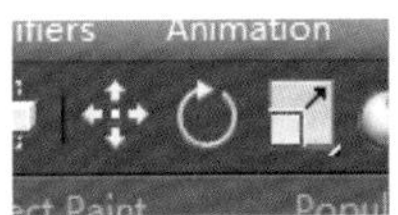

图 7-108

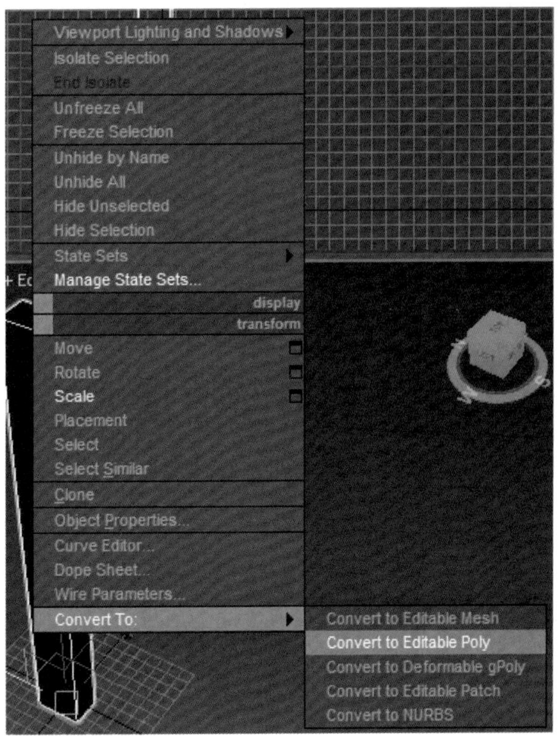

图 7-109

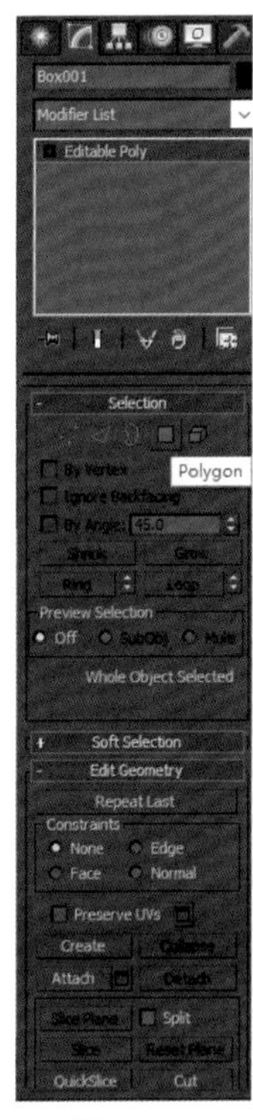

图 7-110

我们可以使用这里面的工具对我们的模型进行一些细节上的修改。

在 Selection 中选择编辑的层级，从左到右分别为点层级、线层级、缺口一圈的边层级、面层级和物体层级，如图 7-111 所示。

当我们选择点层级的时候，物体线框的交点会变为蓝色的小方块，如图 7-112 所示。

此时我们可以点选或框选这些点，被选中的点显示为红色，如图 7-113 所示。

我们可以任意移动被选中的点的位置，如图 7-114 所示。

当然也可以进行旋转、缩放，如图 7-115 和图 7-116 所示。

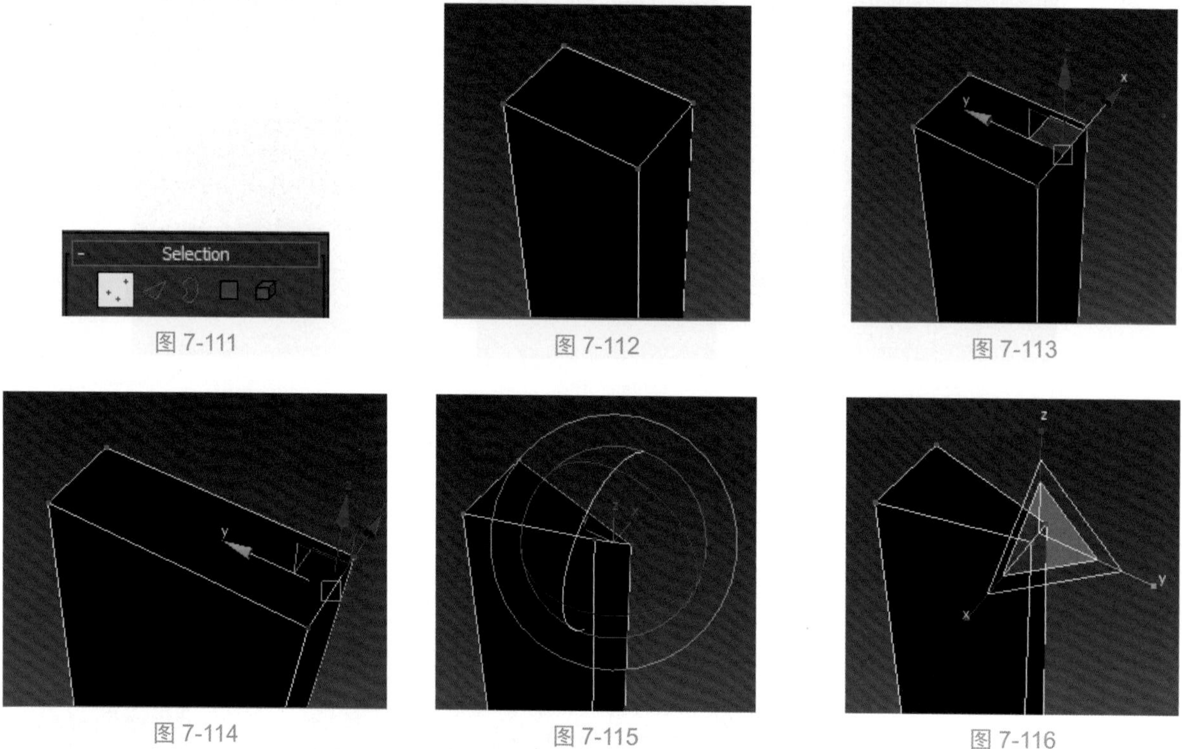

图 7-111　图 7-112　图 7-113

图 7-114　图 7-115　图 7-116

但在做广告牌的支撑体时，我们没有必要做一些特殊的变换，只要稍微调整它的长、宽、高就可以了。

接着我们要做的是固定在这根木棍上的木板，如图 7-117 所示。

我们同样用 Box 对象创建一个长方体，调整它的长、宽、高，让它看起来像一块厚木板。把调整后的木板用移动工具整体移动到黑色木棍的上部，如图 7-118 所示。

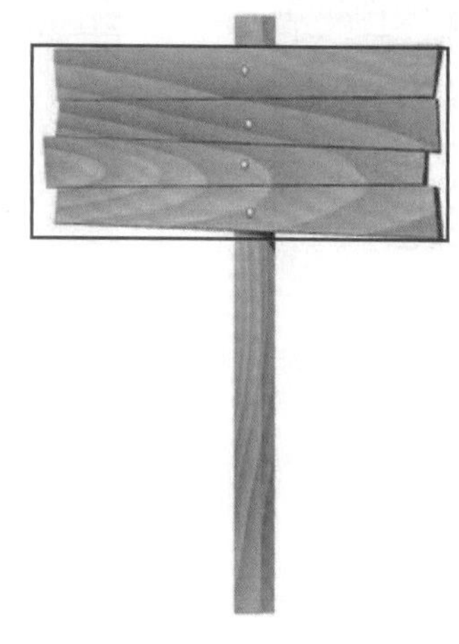

图 7-117

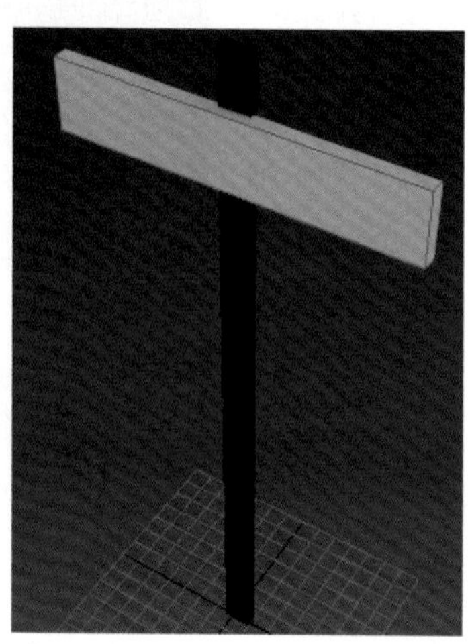

图 7-118

现在用移动工具选中我们新建的 Box，按住 Shift 键并选中 Z 轴向下移动 Box，此时会复制出一个完全相同的 Box。我们将复制出来的 Box 移动到原 Box 的下方，松开鼠标，会有一个小窗口弹出询问我们需要复制出几个，如图 7-119 所示。

这里我们选择 2 并单击 OK 按钮，我们会得到 3 块相同的木板，且木板间是等距的，如图 7-120 所示。

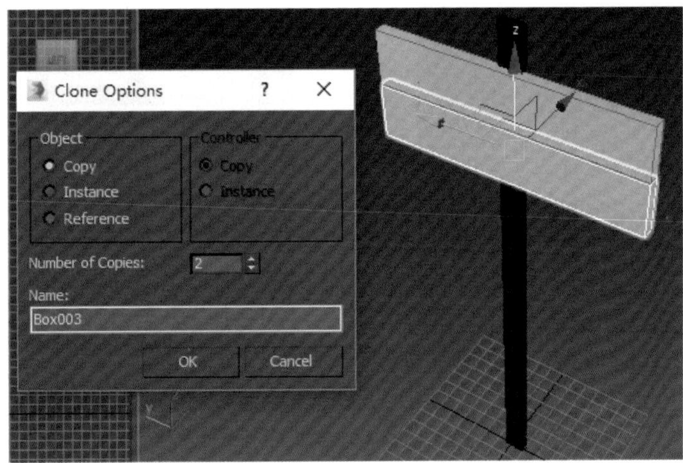

图 7-119

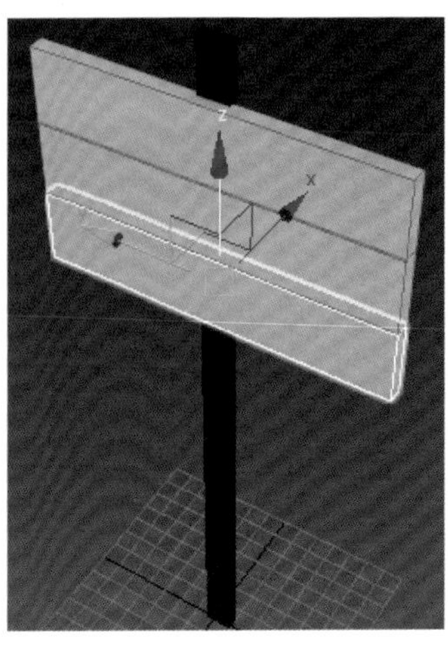
图 7-120

现在我们就得到了一个最简单的广告牌，如图 7-121 所示。

为了让这个模型看起来更自然，我们可以稍微调整一下这 3 块木板的位置和旋转角度，如图 7-122 所示。

再将中间的木板略微拉长，如图 7-123 所示。

至此，一个简约的广告牌就制作完成了。但这个模型是散架的，它由 4 个 Box 组成，现在我们来将它们"粘"在一起。

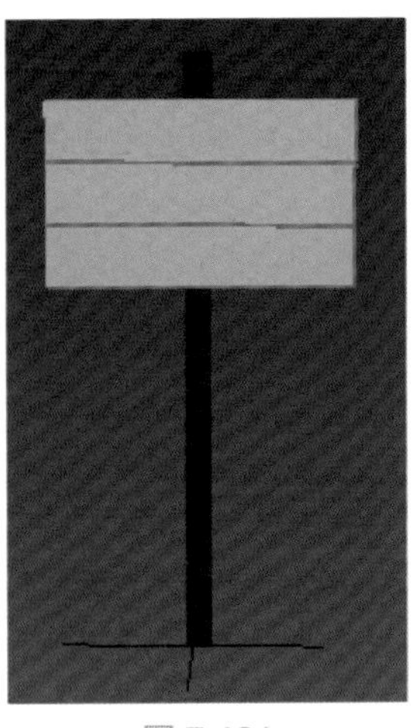
图 7-121

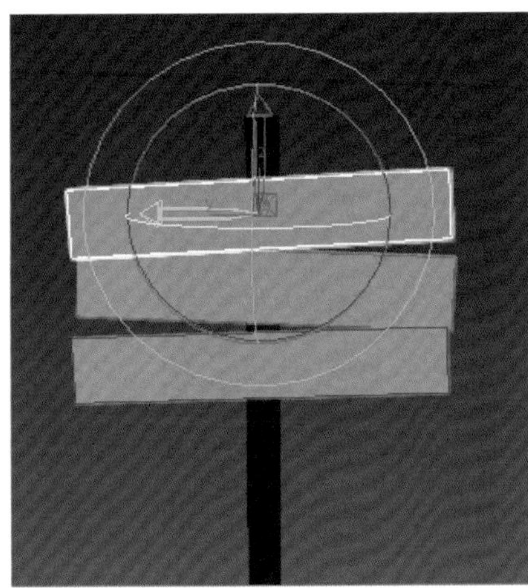
图 7-122

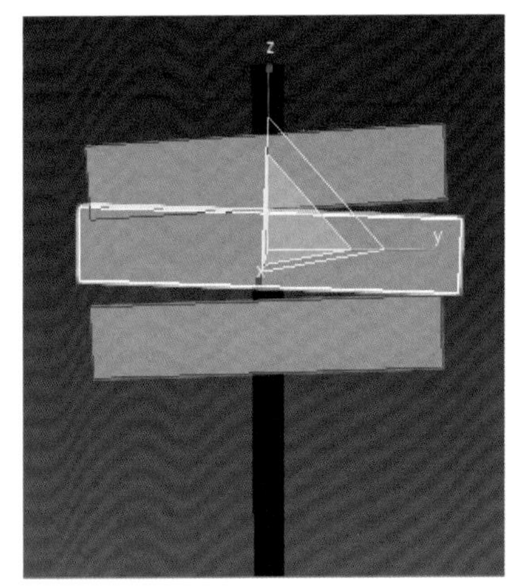
图 7-123

当某个模型对象被转换成 Editable Poly 后，Modify 栏中会有很多用来编辑模型的工具。其中 Attach 即为合并工具，如图 7-124 所示。

依次选择一个 Poly 模型 > 单击 Attach 工具 > 单击要合并的模型 > 再次单击 Attach 工具退出合并模式。经过这一系列的操作之后，我们的模型就合并为一个整体了。这里同时做好了一个指示路标用于在后续讲解中举例，如图 7-125 和图 7-126 所示。

4. 用 3ds Max 为模型制作贴图 UV 和灯光 UV

UV 是 U、V 纹理贴图坐标的简称，它定义了模型上每个点的位置信息，这些点的位置决定了纹理贴图的位置。一般比较细致的模型或玩家可以在很近的距离观察的模型需要展 UV，而贴图可以重复并随意贴在模型表面的模型可以不用展。在本例中，我们的广告牌需要展 UV 而指示路标不需要。

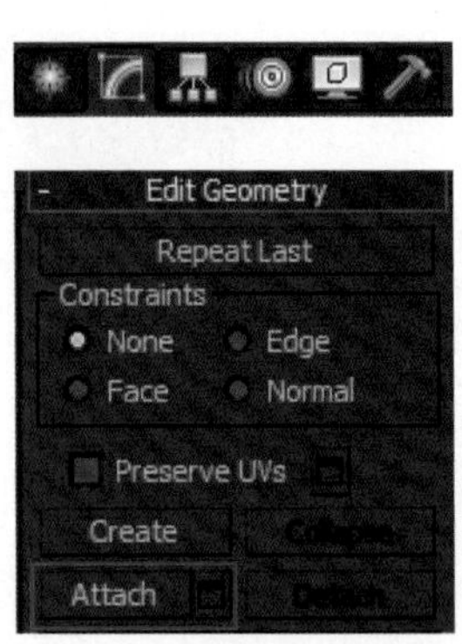

图 7-124

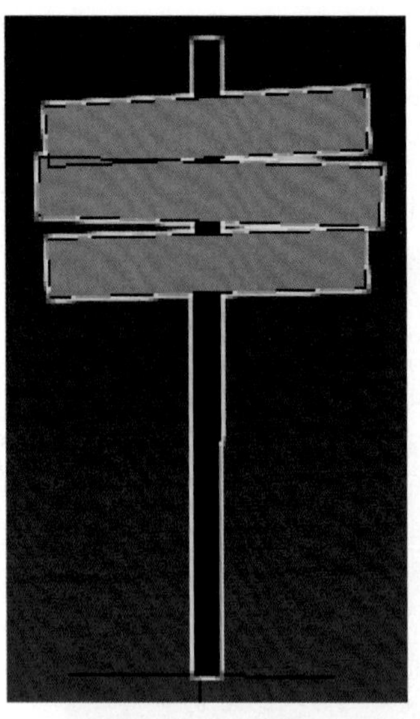
图 7-125

图 7-126

为了方便我们之后为模型添加材质贴图，我们要给这个模型制作贴图 UV。为了方便将模型导入 Unreal Engine 后计算光照下的阴影，还要再制作一张灯光贴图。所以一个模型最好要带两个 UV。

要制作 UV，首先要保证你的模型是一个 Poly 模型。同样选择模型后，切换到 Modify 栏，单击 Modifer List 下拉菜单，如图 7-127 所示。

在其中找到 Unwrap UVW 选项，如图 7-128 所示。

选择 Unwrap UVW 选项将它添加到窗口中，如图 7-129 所示。

在此栏中是一些与 UV 有关的工具，如图 7-130 所示。

要为模型制作 UV，需要在 Edit UVs 栏中找到 Open UV Editor 按钮，如图 7-131 所示。

图 7-127

图 7-128

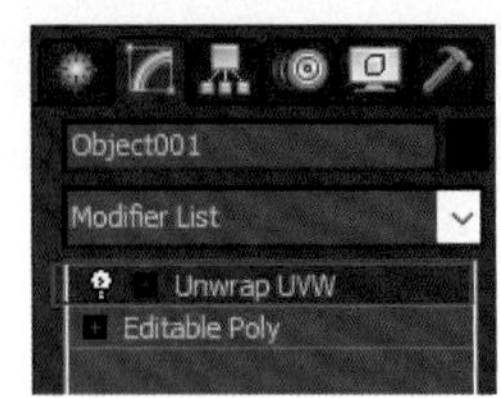

图 7-129

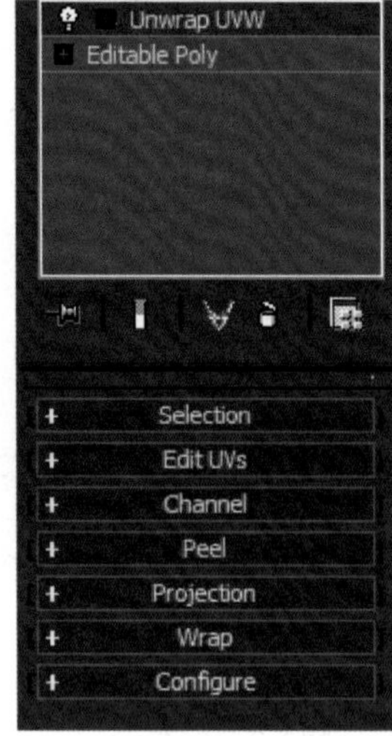

图 7-130

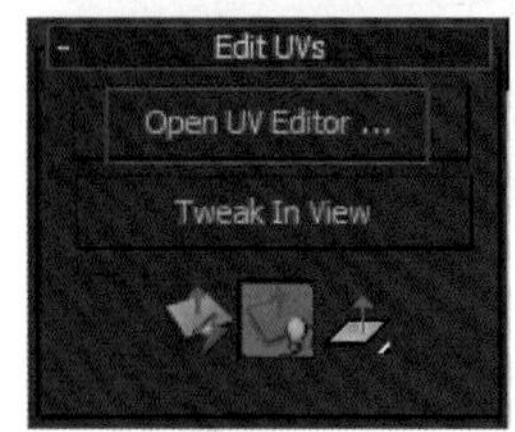

图 7-131

单击 Open UV Editor 按钮后会弹出 Edit UVWs 窗口，如图 7-132 所示。

此时模型处于没有 UV 的情况。

我们首先将左下角的点模式切换到面模式，如图 7-133 所示。

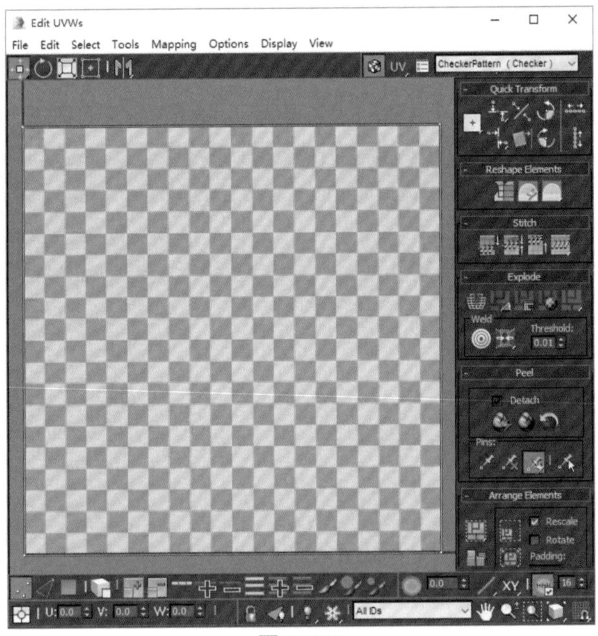

图 7-132

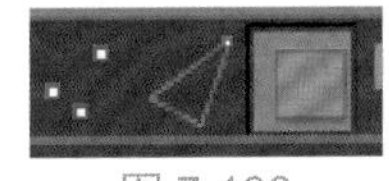

图 7-133

在窗口中框选所有的绿边，如图 7-134 所示。

在菜单栏中选择 Mapping > Flatten Mapping 命令，如图 7-135 所示。

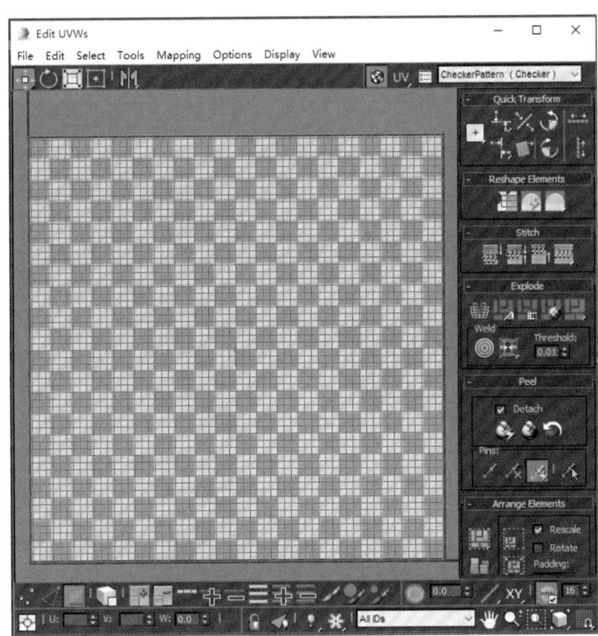

图 7-134

图 7-135

在弹出的对话框中直接单击 OK 按钮，如图 7-136 所示。

此时会自动把该模型所有超过 45° 的面切开并排列好，如图 7-137 所示。

为了方便之后贴材质，在这里对 UV 做一些小调整。

当我们单击这里面的绿色矩形时，被选中的矩形会变成红色，同时视口中模型相应的面也会变成红色，如图 7-138 所示。

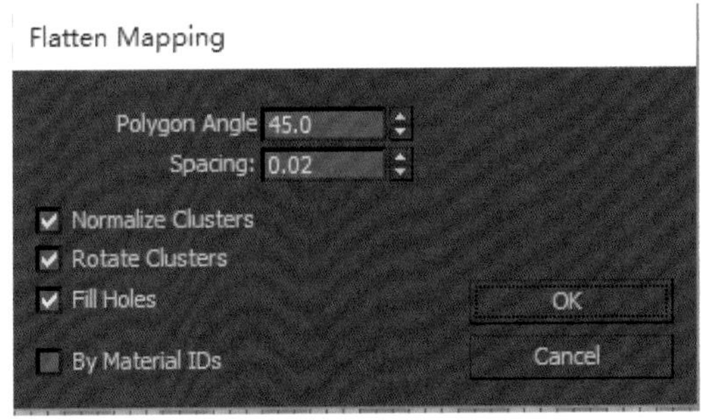

图 7-136

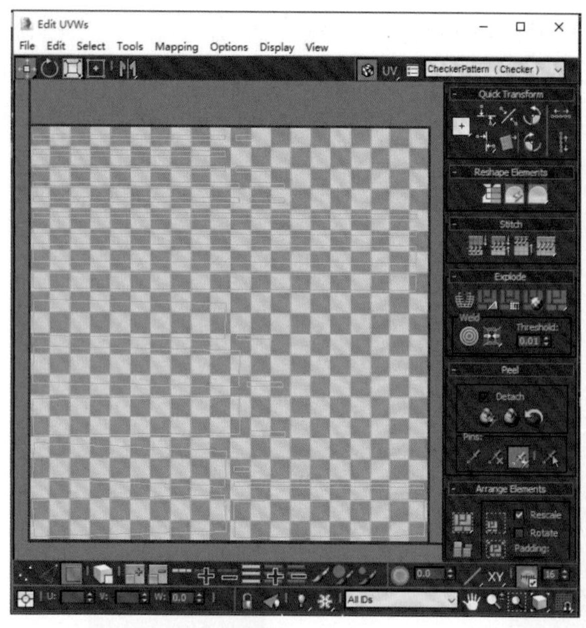

图 7-137

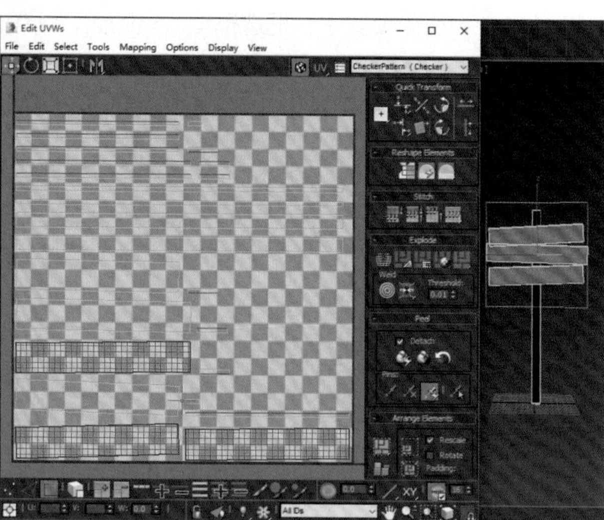

图 7-138

面向我们的 3 块木板将来贴材质的同时还要写上广告的标语。所以我们找到这 3 个面，使用移动工具将它们按顺序排列在一起，方便以后编辑，如图 7-139 所示。

现在我们查看一下点层级。

当我们在 Edit UVWs 窗口中选中某一个点时，视图中模型的点同样会被标识出来，如图 7-140 所示。

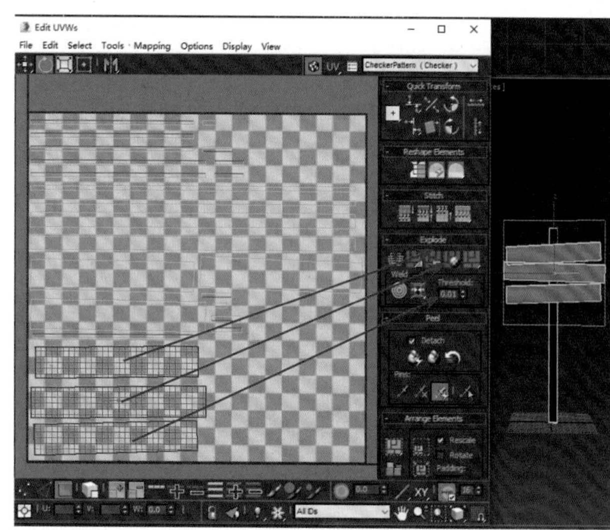

图 7-139

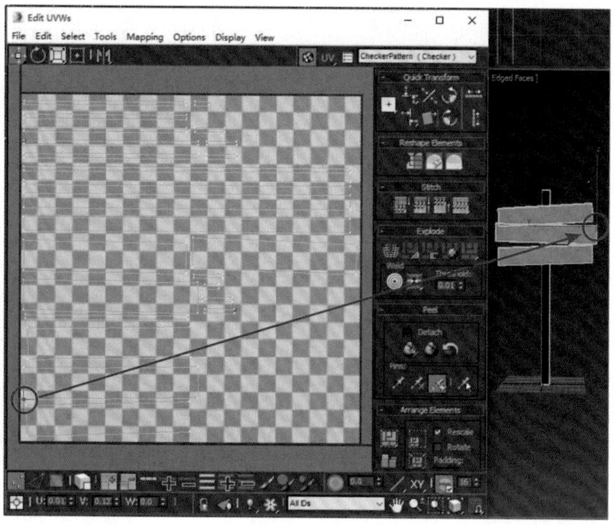

图 7-140

可以看到，当我们在 Edit UVWs 窗口中选择中间那块木板左下角的点时，视图中的模型显示的是右上角的点，这说明这个面的 UV 倒了。在这种情况下，当我们为广告牌添加广告语时，字在 UV 图上是正的，那么贴在模型上时就会变成倒的。我们可以在此时用旋转工具将这个面颠倒一下，也可以在制作材质贴图的时候把字体颠倒。

贴图 UV 制作完成后，我们还要为模型制作一套灯光 UV，用于将模型导入 Unreal Engine 中后减少相应的计算。

将我们展完 UV 的模型再次转换为 Editable Poly，此时展卷栏恢复到只有 Editable Poly 的状态，如图 7-141 和图 7-142 所示。

再次添加 Unwrap UVW 命令，也同样再次选择 Open UV Editor 命令打开 Edit UVWs 窗口。我们将看到编辑好的 UV，在面模式下，框选模型所有的面，并单击 Flatten by Polygon Angle 按钮，如图 7-143 所示。

再次添加 Unwrap UVW 命令，也同样再次选择 Open UV Editor 命令打开 Edit UVWs 窗口。我们将看到
编辑好的 UV，在面模式下，框选模型所有的面，并单击 Flatten by Polygon Angle 按钮，如图 7-143 所示。

此时我们的 UV 会发生变化，如图 7-144 所示。

这就是我们的灯光 UV。

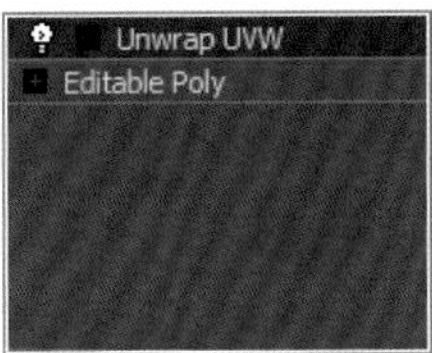

图 7-141

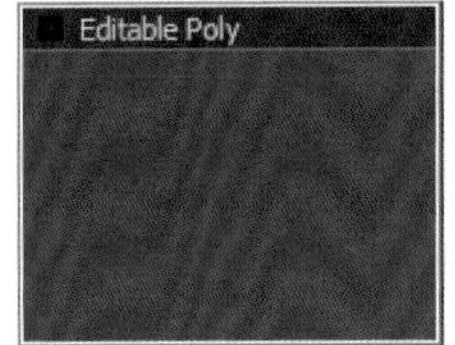

图 7-142

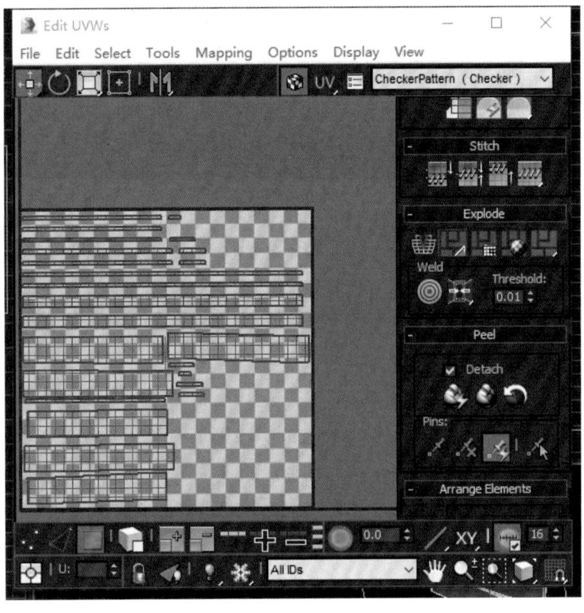

图 7-143

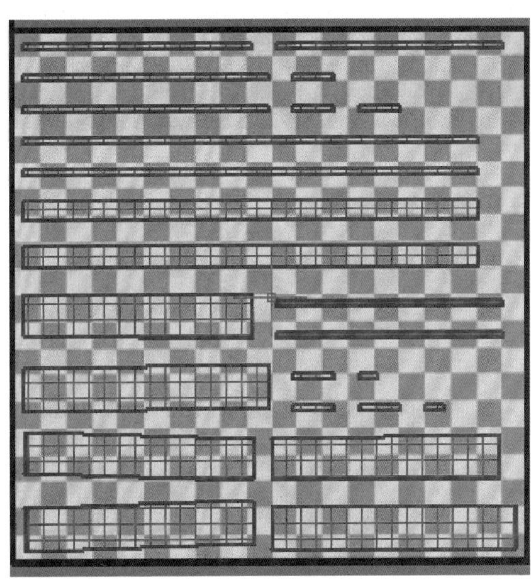
图 7-144

关闭 Edit UVWs 窗口，在展卷栏中找到 Channel 栏，并对 Map Channel 进行编辑，如图 7-145 所示。

将 Map Channel 的数值改为 2，会弹出警告窗口，如图 7-146 所示。

如果将灯光贴图覆盖之前展好的 UV 则单击 Move 按钮，不覆盖则单击 Abandon 按钮。此处我们单击 Abandon 按钮。

在展卷栏中用鼠标右键单击 Unwrap UVW 命令，在弹出的快捷菜单中选择 Collapse All 命令，如图 7-147 所示。

图 7-145

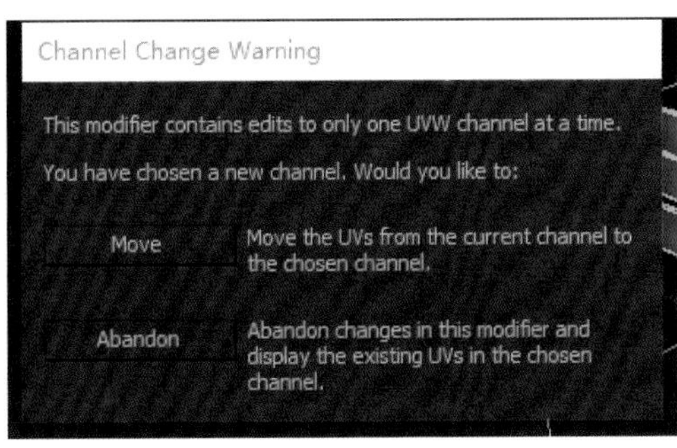

图 7-146

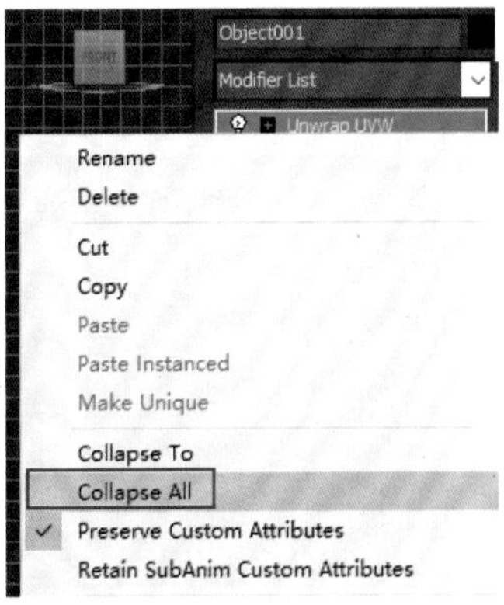

图 7-147

在弹出的警告窗口中单击 Hold/Yes 按钮，如图 7-148 所示。

此时展卷栏将重新回到只有 Editable Poly 的状态，我们的灯光 UV 就制作完成了。

5. 为模型添加材质球

接下来为我们的模型添加一个材质球，用于我们之后渲染 Diffuse Map。通常情况下，模型中材质相同的部分添加同种颜色的材质球，材质不同的部分添加另一种颜色的材质球。比如，模型中所有木质的部分添加蓝色材质球，全部金属部分添加黄色的材质球。由于我们的广告牌全部是木质的，所以只需要添加一种颜色就足够了。

而由于我们的指示路标不需要特意制作贴图，所以也不用渲染 Diffuse Map 这一步骤。

我们在主工具栏中找到 Material Editor 工具，如图 7-149 所示。

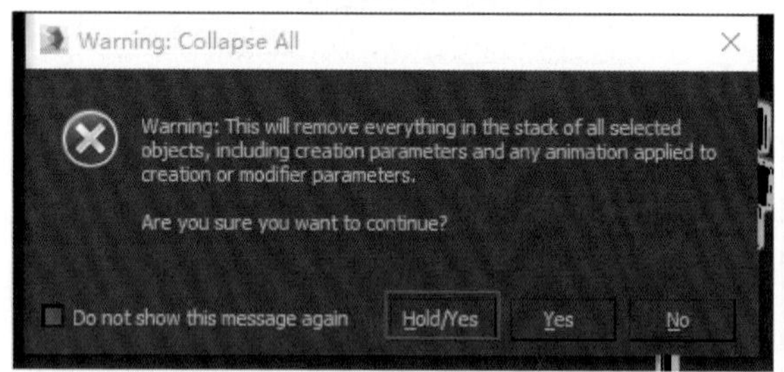

图 7-148

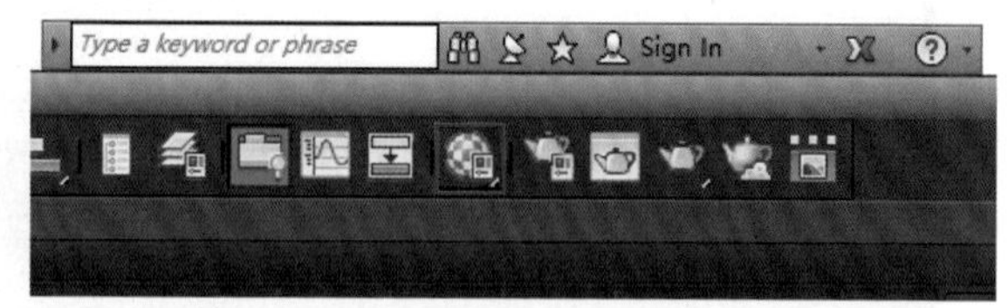

图 7-149

单击它之后，会弹出 Material Editor 窗口，如图 7-150 所示。

第一个材质球四周的白框明显比其他材质球粗，说明它处于被选中状态，我们给这个材质球添加一个颜色。

在下方的属性栏中找到 Diffuse 并单击它，如图 7-151 所示。

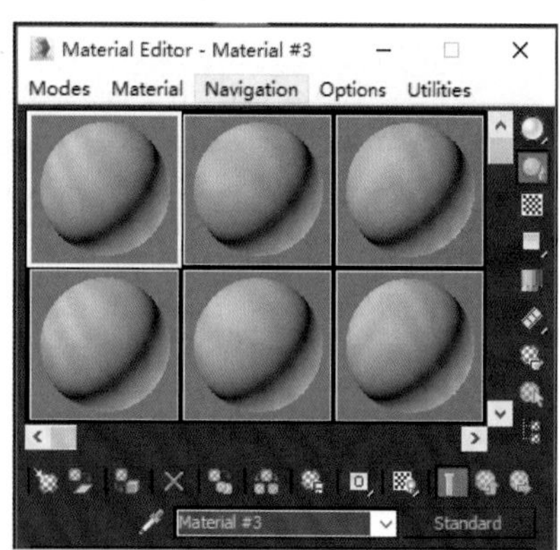

图 7-150

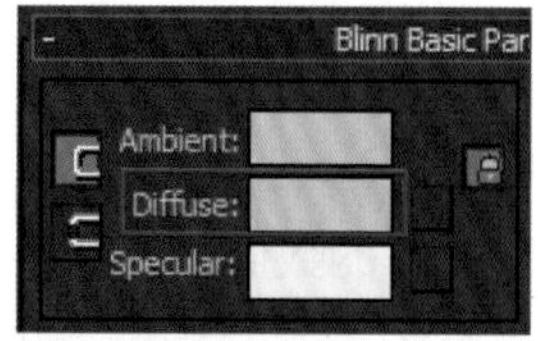

图 7-151

在弹出的 Color Selector 窗口中为这个材质球随意选择一种颜色，如图 7-152 所示。

确定后关闭Color Selector窗口，选中颜色改变后的材质球并将它拖动到视口的模型上，如图7-153所示。

现在我们的模型也变成材质球的颜色了。

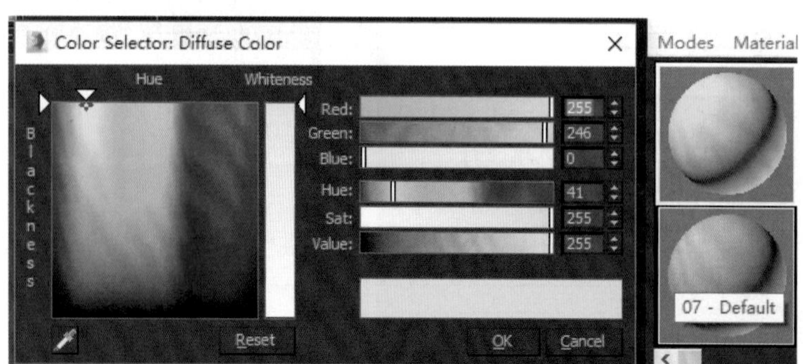

图 7-152

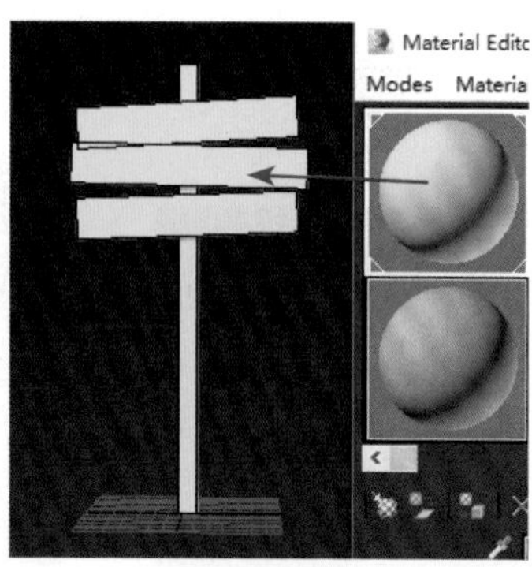

图 7-153

6. 渲染出模型的 Diffuse Map

接下来将模型的 Diffuse Map 渲染出来。

首先选中模型，在主菜单栏中选择 Rendering > Render To Texture 命令，如图 7-154 所示。

此时会弹出 Render To Texture 窗口，在这个窗口中也有一些操作，如图 7-155 所示。

如图 7-156 所示，首先确保 Mapping Coordinates 中 Object 的选项是 Use Existing Channel。如果选择 Use Automatic Unwrap 则会在渲染贴图的时候重新为模型切 UV，那么我们之前在 Edit UVWs 窗口中所做的操作就失去了意义。

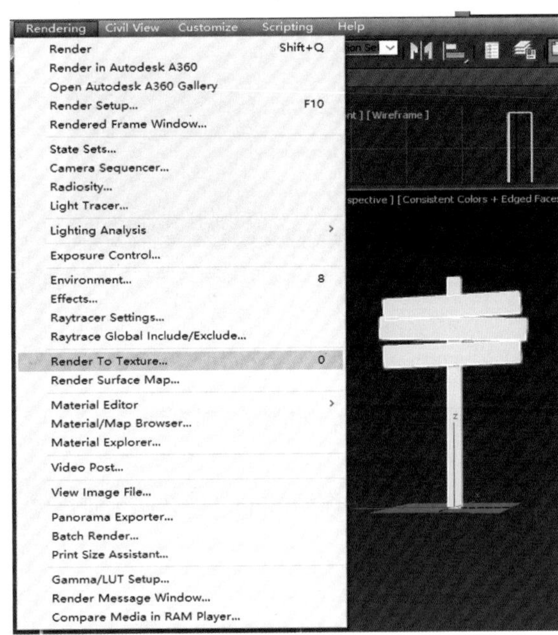

图 7-154

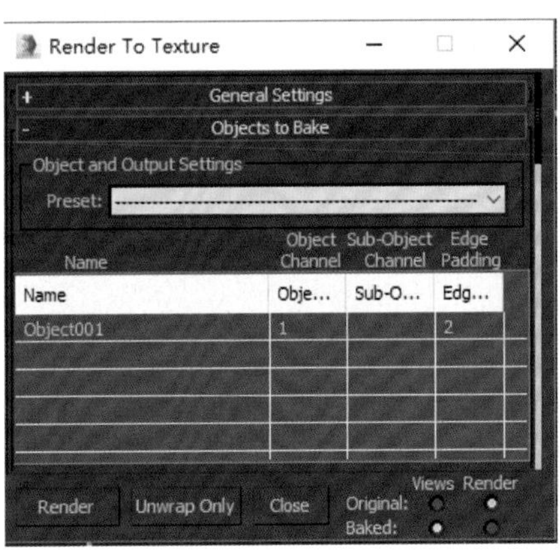

图 7-155

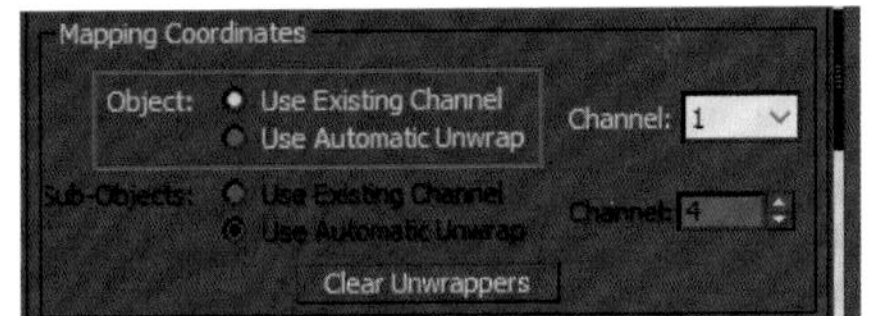

图 7-156

接着找到 Output 栏，单击 Add 按钮添加要渲染的贴图类型，如图 7-157 所示。

在弹出的窗口中选择 DiffuseMap 并单击 Add Elements 按钮，如图 7-158 所示。

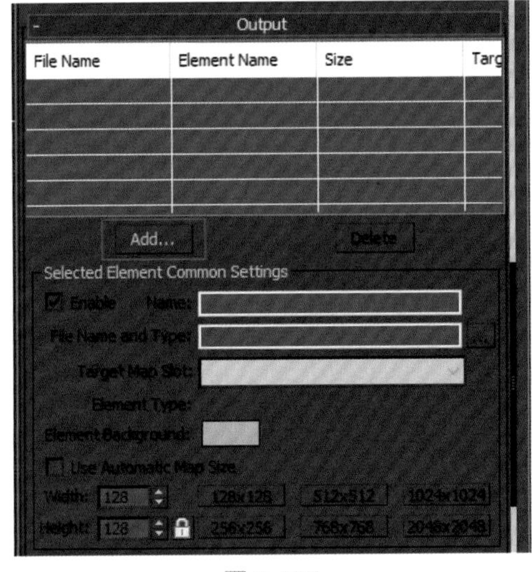

图 7-157

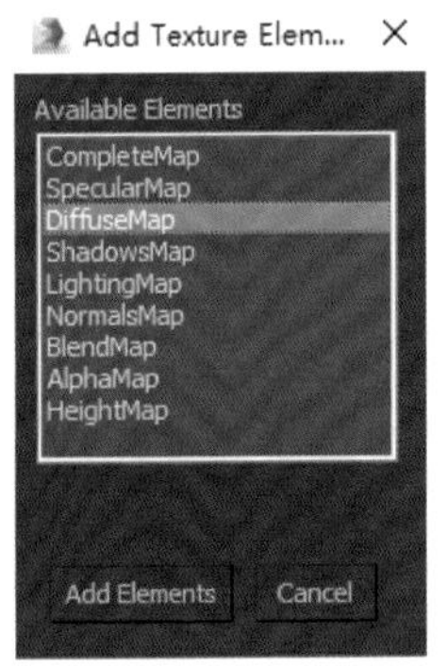

图 7-158

将贴图添加进列表之后，我们在 File Name and Type 下列选项中选择输出的名字和路径，在 Width 和 Height 下列选项中选择输出的贴图大小，如图 7-159 所示。

最后，单击 Render To Texture 窗口中左下角的 Render 按钮开始渲染。

渲染成功并弹出预览窗口，如图 7-160 所示。

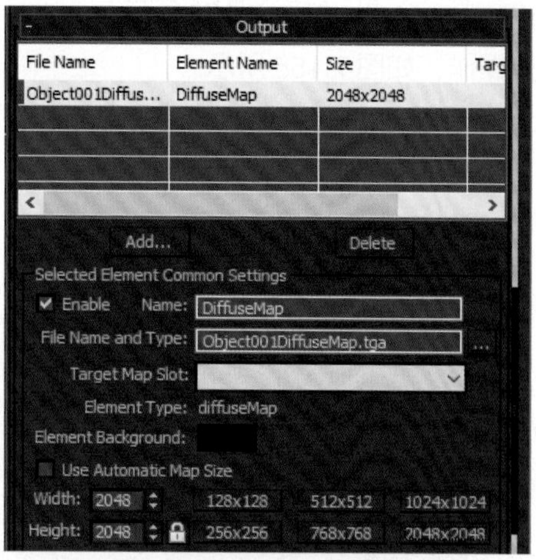

图 7-159

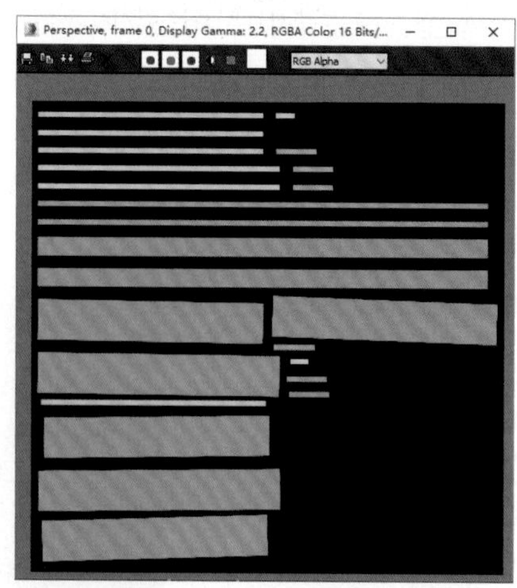

图 7-160

7．制作模型的碰撞体

碰撞体的制作很简单，新建 Box 将模型“包”起来就可以。

比如我们的广告牌模型，用两个 Box（绿色）就能将模型全部“包住”，如图 7-161 所示。

但要注意的是碰撞体的命名规则。

碰撞体的命名规则为 UCX_ 模型名 _ 编号。比如，如果我们的模型名称为 Sign，那么两个碰撞体 Box 就要分别命名为 UCX_Sign_01 和 UCX_Sign_02，如图 7-162 所示。

这是唯一需要特别注意的地方。

8．导出模型

至此，在 3ds Max 中的操作基本结束，我们可以导出制作好的模型了，如图 7-163 所示。

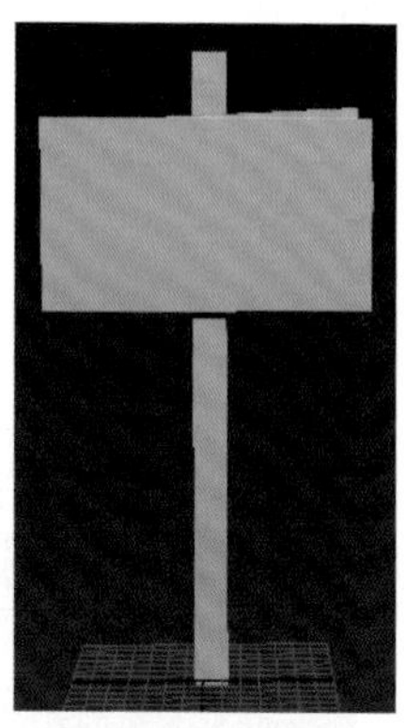

图 7-161

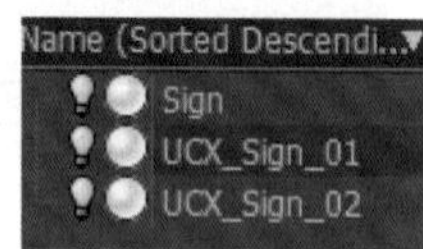

图 7-162

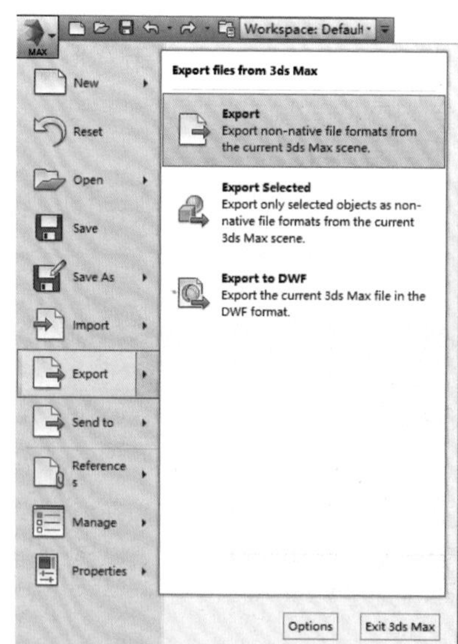

图 7-163

导出模型时记得导出两种格式，一种是不带碰撞体的 .obj 格式，另一种是带碰撞体的 .fbx 格式。.obj 格式用于导入贴材质的软件中，.fbx 用于导入 Unreal Engine 中。

7.3.3 使用 Quixel SUITE 制作材质贴图

下一步我们来为模型制作材质贴图。拥有此项功能的软件有很多，我们在这里使用的是 Quixel SUITE，如图 7-164 所示。

Quixel SUITE 其实是一个套件，包括 NDO、DDO、3DO 及即将发布的 MegaScan 材质库，如图 7-165 所示。

图 7-164

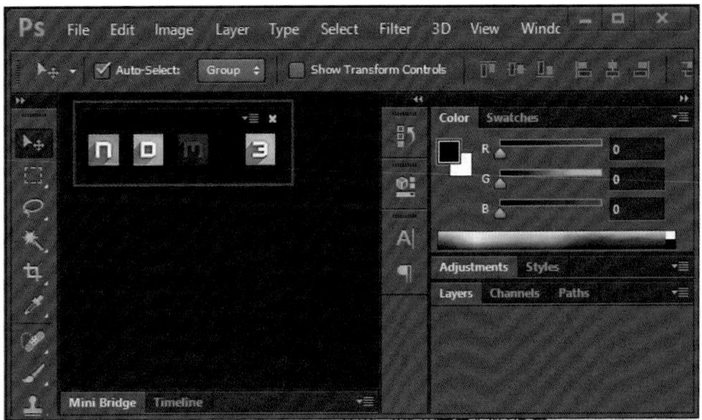

图 7-165

其中，NDO（Normal Do）专门用于制作法线贴图，可以在 Photoshop 中直接绘制出非常真实的凹凸法线，甚至可以直接用预设的图片来自动生成法线贴图；DDO（Dirt Do）只要有模型，并给予几张必要的烘焙得来贴图，就可以直接通过点选赋予的方式生成其他贴图；3DO 则是一个即时渲染器，可以随时观察我们贴上材质贴图后的模型效果。

1．导入模型

NDO 同样属于 Photoshop 的一个插件，运行 NDO 需要同时运行 Photoshop。

准备好后，首先导入我们的模型。单击第二个 DDO 工具，如图 7-166 所示。

单击 Mesh 栏，放入我们导出的 Obj 模型，如图 7-167 所示。

如图 7-167 所示，需要填入我们手中拥有的模型贴图，我们只需把导出的 Diffuse Map 放入 Material ID 栏中即可，如图 7-168 所示。

图 7-166

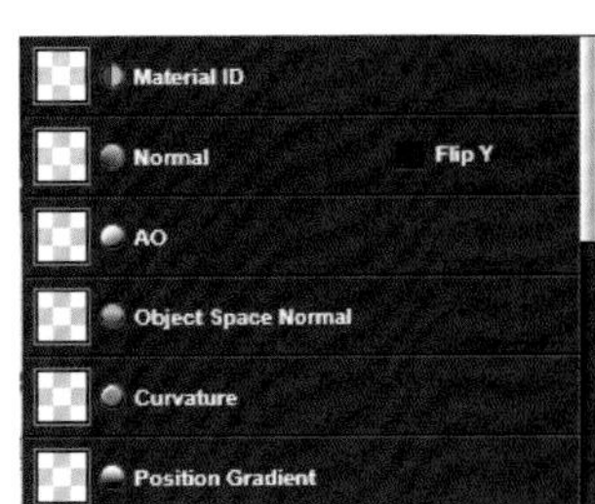

图 7-167

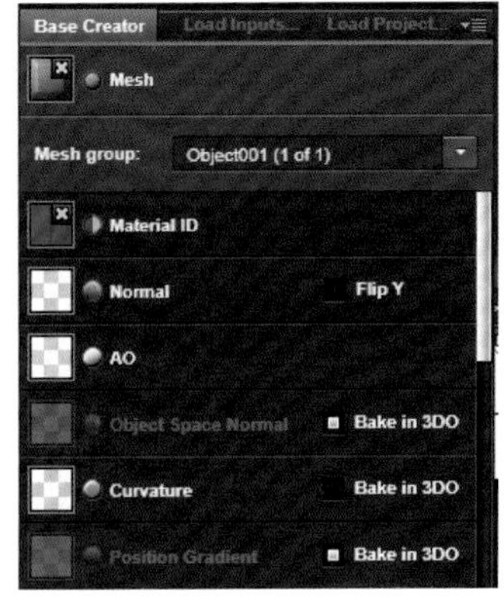

图 7-168

完成后在最下方的 Save in 中选择项目保存的地址，最后单击 CREATE 按钮开始生成贴图，如图 7-169 所示。

Quixel SUITE 会经过一段时间的运算，简单的模型运算的时间较短，复杂的模型运算的时间较长。运算结束之后，会弹出提示窗口，如图 7-170 所示，提示我们开始。

此时查看我们的 Photoshop，会发现比之前多了几个选项栏，如图 7-171 所示。

图 7-169

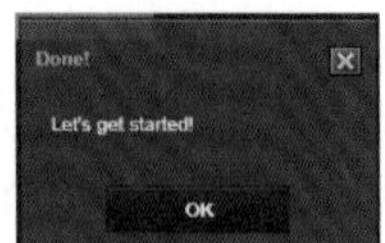

图 7-170

图 7-171

每一个选项栏显示的都是此时我们模型上的贴图，如 Albedo 颜色贴图、Specular 金属性贴图、Gloss 反射贴图、Normal 凹凸贴图等。

单击 3DO 工具，会弹出窗口显示出模型当前的贴图状态。由于我们还没有贴材质，所以此时的模型整体是灰白色的，如图 7-172 所示。

我们可以使用 Alt 键配合鼠标左键来旋转模型，用鼠标滚轮放大、缩小模型。

2．添加材质球并生成材质贴图

此时 DDO 工具栏显示如图 7-173 所示。

图 7-172

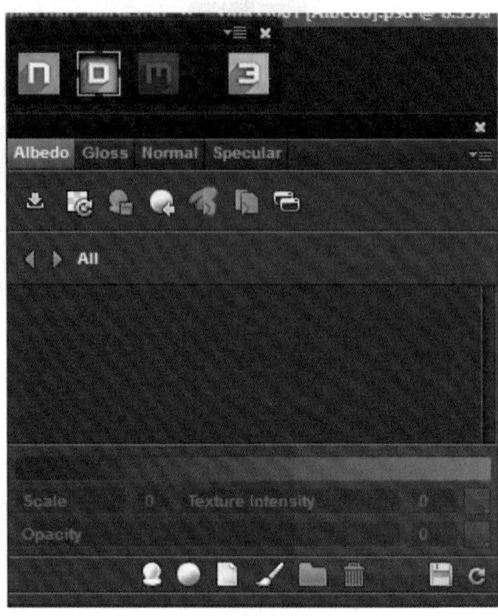

图 7-173

我们单击左下方的 Add smart material 按钮，从中选择我们需要的材质，如图 7-174 所示。

此时会弹出新窗口，可以看到 Quixel SUITE 为我们提供了很多不同类型的材质球，包括布料、金属、木头、塑料等。我们可以在左侧的菜单栏中选择需要的材质的种类，在中间单击任意一个小的材质球，并在右方查看材质球的放大版，如图 7-175 所示。

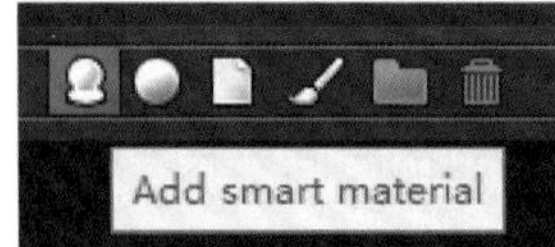

图 7-174

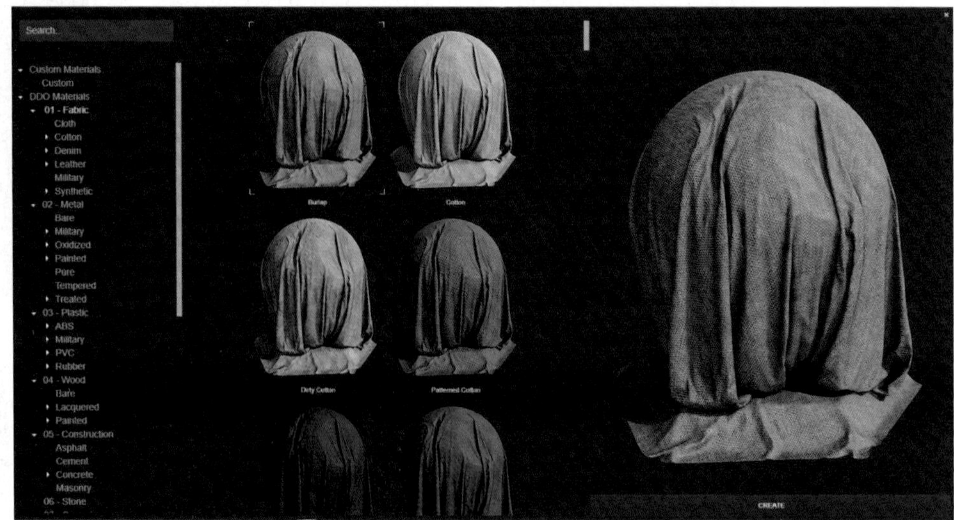

图 7-175

在这里我们为广告牌添加一个木头的材质。

在左侧的菜单栏中选择 Wood 后，我们将看到所有的木头材质。经过挑选，我们选择图 7-176 所示的材质球并单击 CREATE 按钮。

图 7-176

再次经过计算后，我们能看到 3DO 窗口中的模型已经被贴上了我们选择的木头材质，如图 7-177 所示。

而此时的 DOO 工具栏中将出现该材质的文件，如图 7-178 所示。

图 7-177

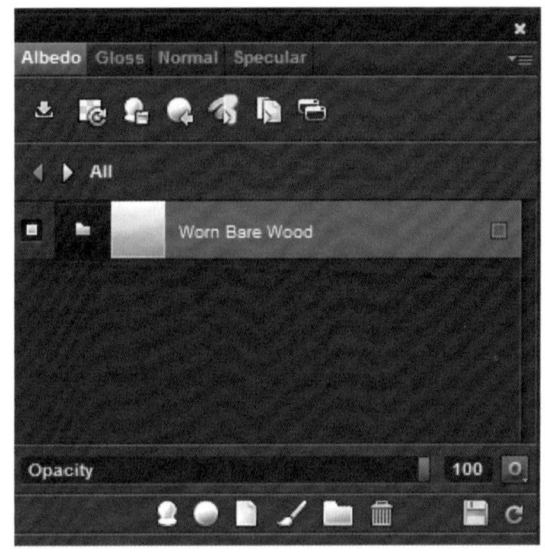

图 7-178

我们为这个材质指定一个颜色。单击材质右侧的矩形，如图 7-179 所示。

根据显示，此时有两种颜色可以指定，一种是黑色，另一种是黄色。在 3ds Max 中，我们为模型添加的材质球就是黄色的。所以这里选择颜色的意思是，根据我们模型的 Diffuse Map，把材质贴在指定颜色的模型上。选择黄色时，模型中被添加黄色材质球的部位被贴上该材质，也就是整个广告牌；黑色是 Diffuse Map 的背景色，当为材质指定黑色时，模型上没有位置被材质覆盖；如果不选择颜色，则所有部分都被贴上该材质（黄色 + 黑色）。这也是我们建模后要在不同材质的位置添加不同颜色的材质球的原因。

我们最终为该材质指定黄色，如图 7-180 所示。

图 7-179

图 7-180

此时可以看到，在 Photoshop 中，模型的 Albedo 颜色贴图将如图 7-181 所示。

我们可以观察一下其他窗口的贴图，会发现添加材质之后，所有窗口中的贴图都将随之发生变化。

3. 在 Photoshop 中对材质贴图进行操作

现在我们的广告牌也有了材质贴图，只剩下添加广告的标语了。

此时的操作转换到 Photoshop 中，我们打开其中的 Albedo 颜色贴图，我们要把广告语写到广告牌上，即写到 UV 中相应的 3 个面中，如图 7-182 所示。

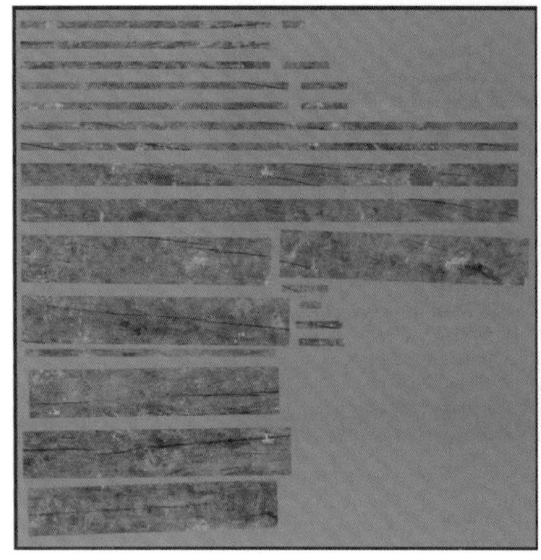

图 7-181

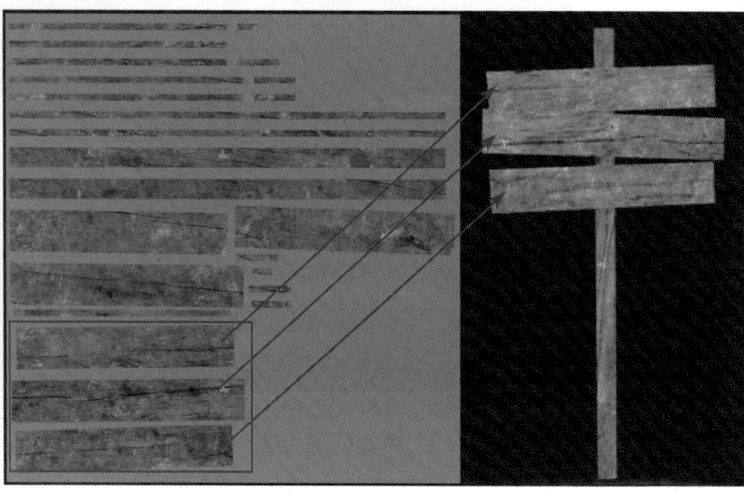

图 7-182

我们只要在 Photoshop 中直接把字或画添加在 Albedo 颜色贴图上相应的位置上即可，如图 7-183 所示。

再来看一下我们的 DDO 工具栏，3 个文字图层被添加进来，如图 7-184 所示。

这时单击右下角的“刷新”按钮 ，我们就能在 3DO 窗口中观察到模型添加上标语后的效果，如图 7-185 所示。

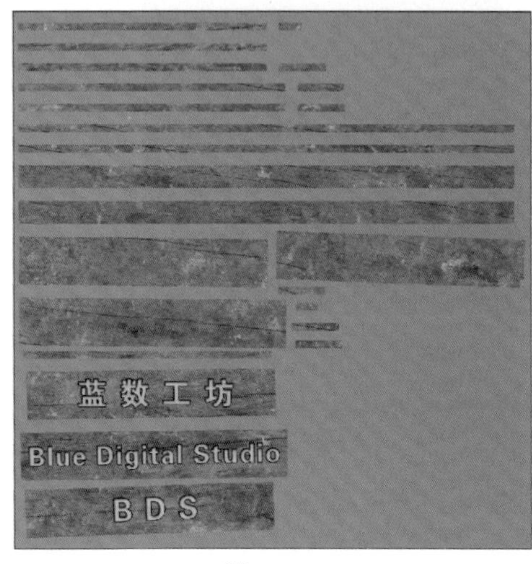

图 7-183

图 7-184

图 7-185

无论我们想添加什么图案、什么标语，都可以直接在 Photoshop 中进行操作。操作完成后，单击“保存”按钮 将做好的材质贴图存储下来。

7.3.4 如何在 Unreal Engine 中使用自己制作的素材模型

现在我们有了模型，有了材质贴图，可以回到 Unreal Engine 引擎中了。

在 Unreal Engine 引擎中，单击 Import 按钮（见图 7-186）导入我们制作的贴图和模型，注意是 FBX 格式的模型。

导入模型时会弹出窗口，要求用户设置导入的相关选项，如图 7-187 所示。模型不带碰撞，需要 Unreal

Engine 计算自动为模型加碰撞的，保持 Auto Generate Collision 处于勾选状态；模型没有灯光贴图，需要 Unreal Engine 计算自动为模型添加灯光贴图的，保持 Generate Lightmap UVs 处于勾选状态。但要注意，Unreal Engine 计算得到的结果一般并不准确，所以最好自行制作碰撞体和灯光贴图。

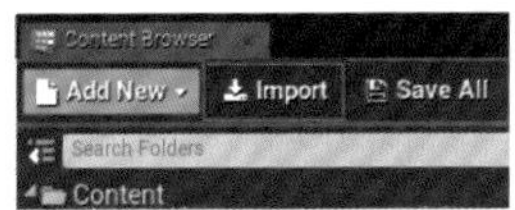

图 7-186

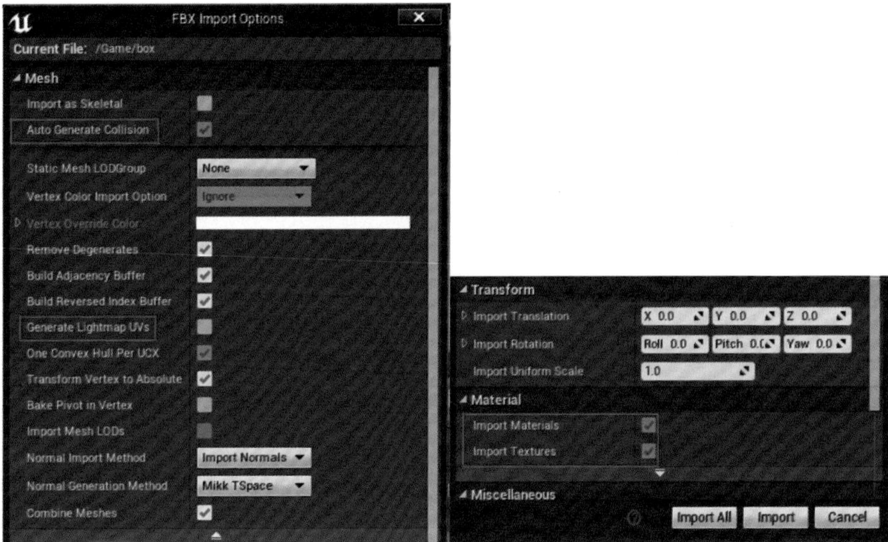

图 7-187

这里我们取消勾选 Auto Generate Collision 和 Generate Lightmap UVs。

由于我们要自己制作贴图和材质球，所以也取消勾选 Import Materials 和 Import Textures。

单击 Import All 按钮后，模型将出现在我们的 Content Browser 面板中。

双击模型打开编辑器，打开 Collision。如果我们的碰撞体命名没有错误，那么此时能看到模型外有粉色的线框，而且线框形状和我们在 3ds Max 中制作的 Box 形状相同，这个粉框就是该模型的碰撞体，如图 7-188 所示。

现在我们的模型和制作好的贴图是没有联系的。为了将材质贴图添加到模型上，我们首先为模型新建一个材质球。

在 Filters 空白处单击鼠标右键，在弹出的快捷菜单中选择 Material 命令，如图 7-189 所示。

此时会建立一个没有材质的材质球，如图 7-190 所示。

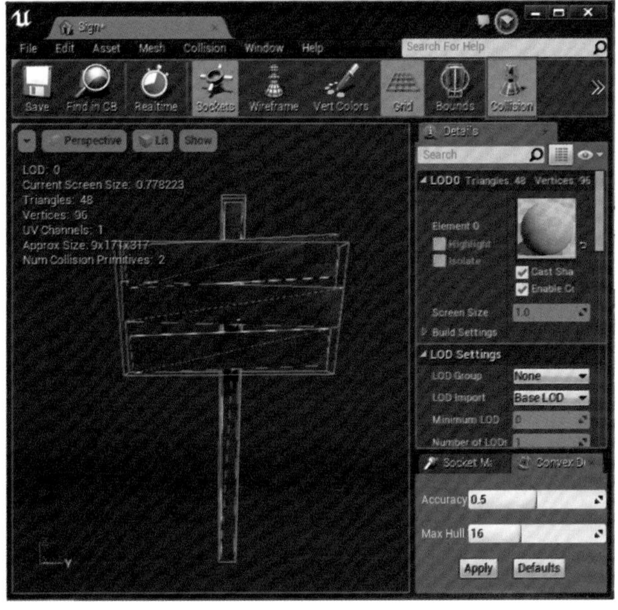

图 7-188

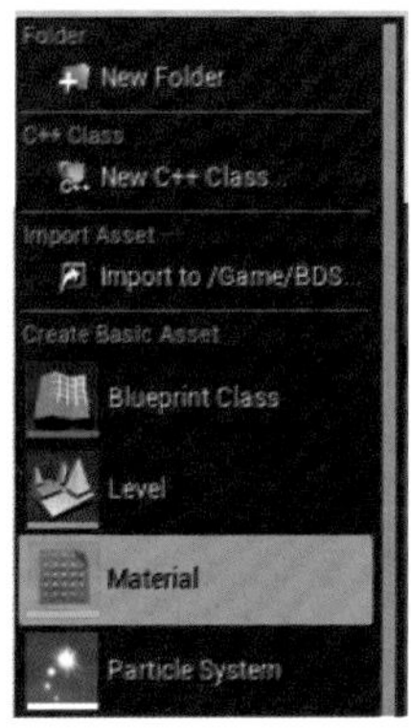

图 7-189

图 7-190

双击材质球打开它的编辑器，如图 7-191 所示。

图 7-191

将导入 Unreal Engine 中的材质贴图直接拖动到材质编辑器中，如图 7-192 所示。

图 7-192

将这 3 张贴图分别连接到左侧相应的节点上，其中，Albedo 贴图连接到 Base Color 节点上，Specular 贴图连接到 Specular 节点上，Normal 贴图连接到 Normal 节点上，如图 7-193 所示。

连接节点的方式也很简单，只要选中节点并拖动，就会拉出一条白线，将白线拖动到另一个节点上，松开鼠标即可，如图 7-194 所示。

连接好节点后，在左侧的视图窗口中就能实时显示材质球当前的样子，如图 7-195 所示。

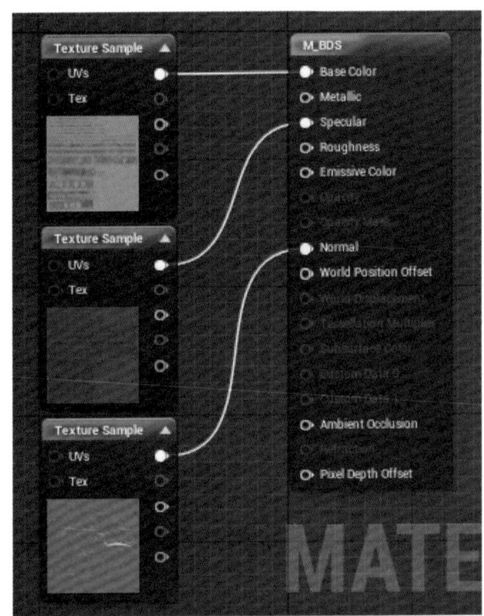

图 7-193

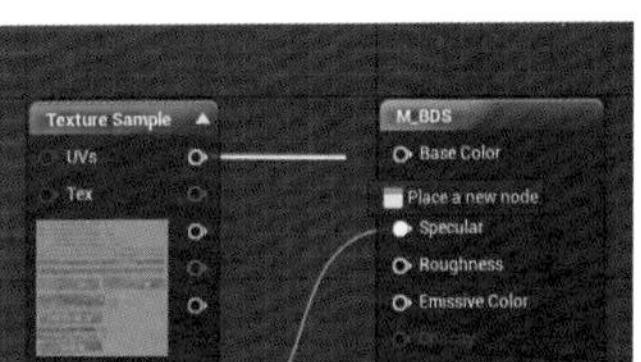

图 7-194

图 7-195

我们保存好这个材质球，再双击打开广告牌模型的编辑器，如图 7-196 所示。

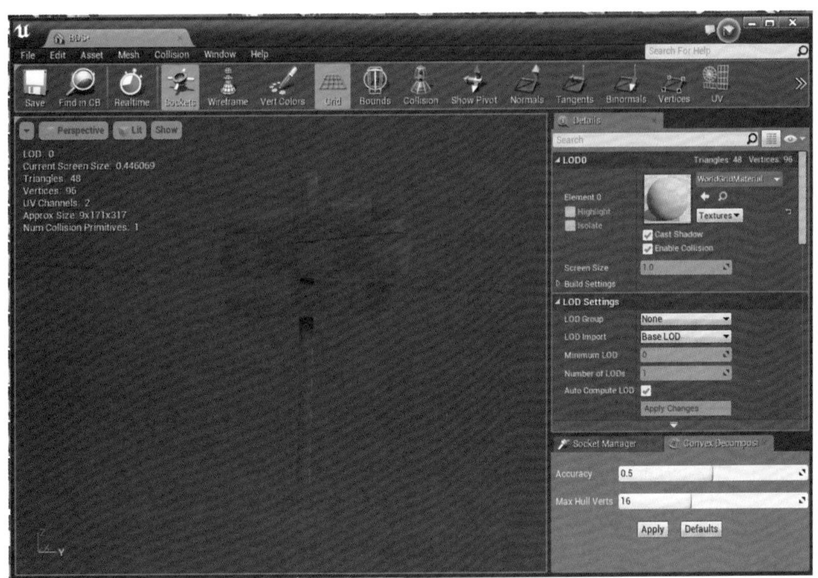

图 7-196

将 LOD0 窗口中的材质球替换成我们刚刚做好的材质球，如图 7-197 所示。

此时在窗口中能看到添加材质之后的模型，如图 7-198 所示。

图 7-197

图 7-198

再次保存，现在就可以在我们的场景中自由地使用这个广告牌素材模型了。

而我们的指示路标就不需要那么复杂的操作。双击模型打开编辑器，将 LOD0 窗口中的材质球替换成 Unreal Engine 自带的 M_Wood_Pine 材质球，所得到的效果就能满足我们的需求，如图 7-199 所示。

图 7-199

7.4 灯光介绍

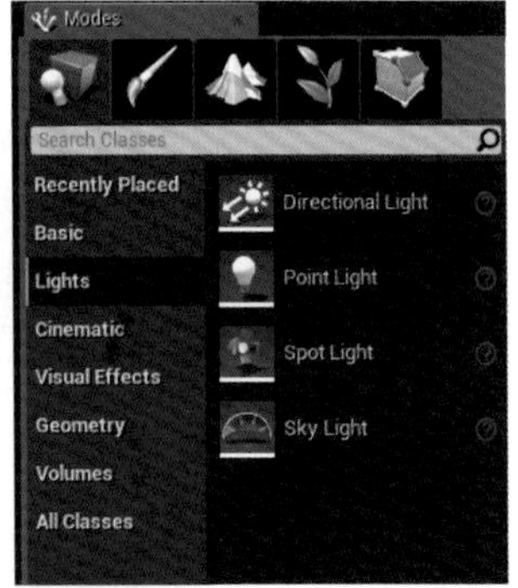

图 7-200

摆完模型，场景的搭建就完成了一大部分。接下来为了让场景更有氛围、更具真实感，需要添加一个合适的光照。本节就来讲解一下光照的基本使用方法。

如图 7-200 所示，在 Unreal Engine 左侧的 Modes 面板中我们能找到 Unreal Engine 提供的 4 种不同的光照类型。直接拖动其中一个光照类型到场景中即可。

7.4.1 Directional Light 的使用方法

Directional Light，定向光源，模拟从无限远处发出光照，亮度可以照亮整个场景，类似于“太阳”的存在。

放置灯光前的效果如图 7-201 所示。

放置灯光后的效果如图 7-202 所示。

灯光放置在不同的位置并不会影响光照效果，但旋转灯光会改变光线射入的角度，其中白色长箭头（ ）的方向就是光线射入的方向。

图 7-201

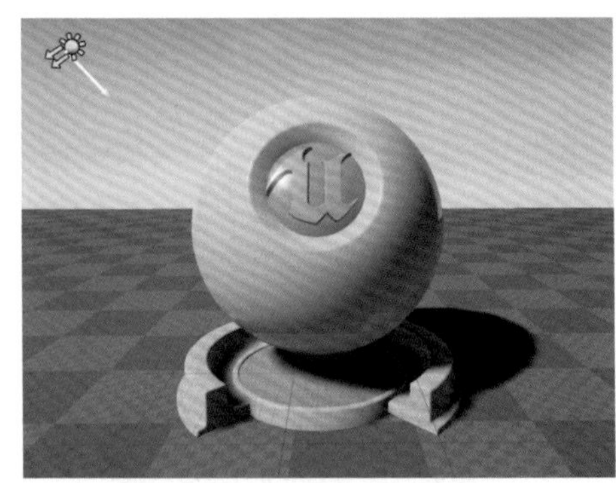

图 7-202

在 Unreal Engine 界面右下侧的 Details 面板中有很多 Directional Light 的属性，如图 7-203 所示。

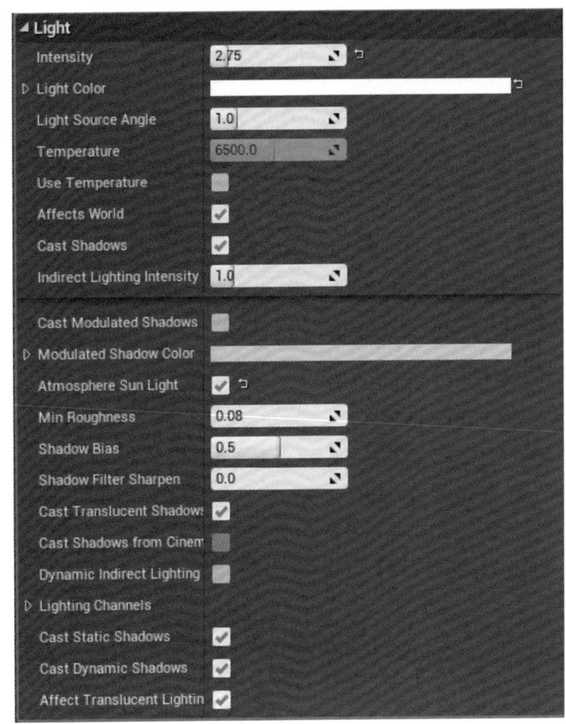

图 7-203

我们介绍其中常用的几个属性。

- Intensity：用于设置光照强度。
- Light Color：可以改变光线的颜色。
- Affects World：勾选后禁用光源。
- Cast Shadows：用于设置光照是否对物体产生阴影。
- Indirect Lighting Intensity：用于缩放来自光源间接光照的多少。
- Min Roughness：用于调整光照中高光部分的柔和程度，当数值为 1 时，高光消失。
- Shadow Bias：用于设置光照所产生的阴影的精确度。
- Cast Static Shadows：用于设置光源是否对物体产生静态阴影。
- Cast Dynamic Shadows：用于设置光源是否对物体产生动态阴影。
- Affect Translucent Lighting：用于设置光源是否影响半透明物体。

7.4.2 Point Light 的使用方法

Point Light，点光源，发光原理类似灯泡，光线向各个角度投射。

如图 7-204 所示，其中蓝色的线呈一个球形，表示点光源光线的作用范围。

点光源的属性如图 7-205 所示。

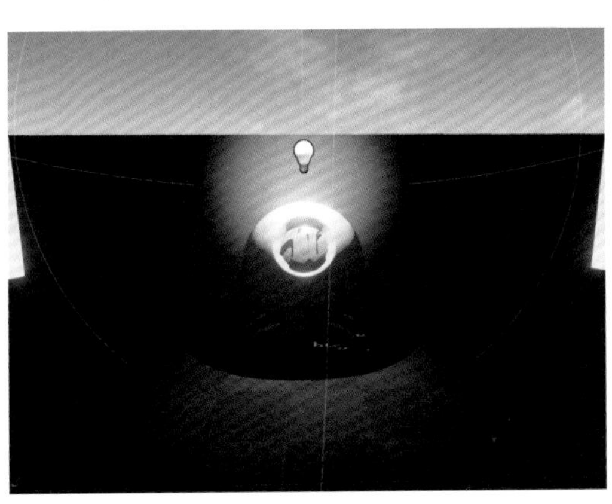
图 7-204

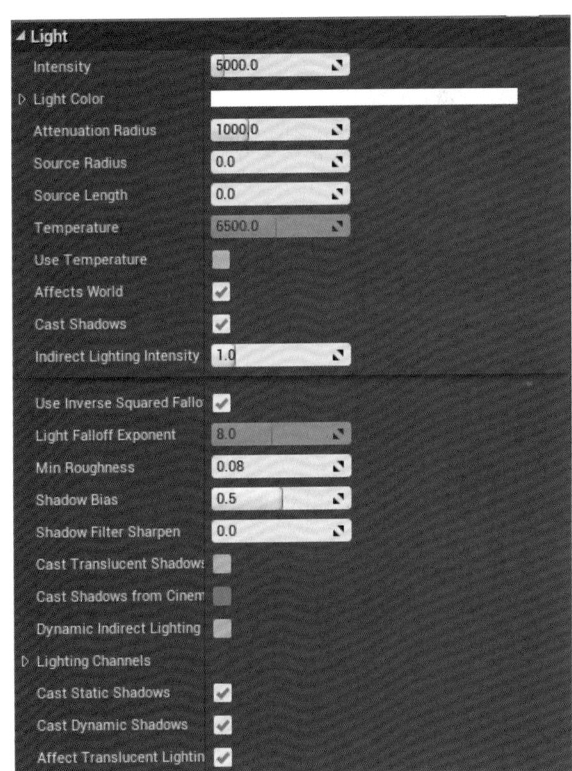

图 7-205

- Intensity：用于设置光照强度。
- Light Color：可以改变光线颜色。
- Attenuation Radius：用于设置光源的衰减半径。
- Source Radius：用于设置光源的半径。
- Source Length：用于设置光源的长度。
- Affects World：勾选后禁用光源。
- Cast Shadows：用于设置光照是否对物体产生阴影。
- Indirect Lighting Intensity：用于缩放来自光源间接光照的多少。
- Min Roughness：用于调整光照中高光部分的柔和程度，当数值为 1 时，高光消失。
- Shadow Bias：用于设置光照所产生的阴影的精确度。
- Cast Static Shadows：用于设置光源是否对物体产生静态阴影。
- Cast Dynamic Shadows：用于设置光源是否对物体产生动态阴影。
- Affect Translucent Lighting：用于设置光源是否影响半透明物体。

7.4.3 Spot Light 的使用方法

Spot Light，聚光源，光照效果类似聚光灯，照射空间呈锥形，如图 7-206 所示。

如图 7-207 所示，聚光源的光照由两个锥形控制，分别是蓝色的内锥角和绿色的外锥角。内锥角的光照亮度较强，而外锥角中的光线强度会随半径的增大而逐渐衰减，直到和周围的黑暗环境融合。两个锥体都有高度，光线的射程受圆锥高度限制，而不是照到无限远处。

图 7-206

图 7-207

聚光源的属性如图 7-208 所示。

- Intensity：用于设置光照强度。
- Light Color：可以改变光线颜色。
- Inner Cone Angle：用于设置光源的内锥角的角度。
- Outer Cone Angle：用于设置光源的外锥角的角度。
- Attenuation Radius：用于设置光源的衰减半径。
- Source Radius：用于设置光源的半径。
- Source Length：用于设置光源的长度。
- Affects World：勾选后禁用光源。
- Cast Shadows：用于设置光照是否对物体产生阴影。

- Indirect Lighting Intensity：用于缩放来自光源间接光照的多少。
- Min Roughness：用于调整光照中高光部分的柔和程度，当数值为 1 时，高光消失。
- Shadow Bias：用于设置光照所产生的阴影的精确度。
- Cast Static Shadows：用于设置光源是否对物体产生静态阴影。
- Cast Dynamic Shadows：用于设置光源是否对物体产生动态阴影。
- Affect Translucent Lighting：用于设置光源是否影响半透明物体。

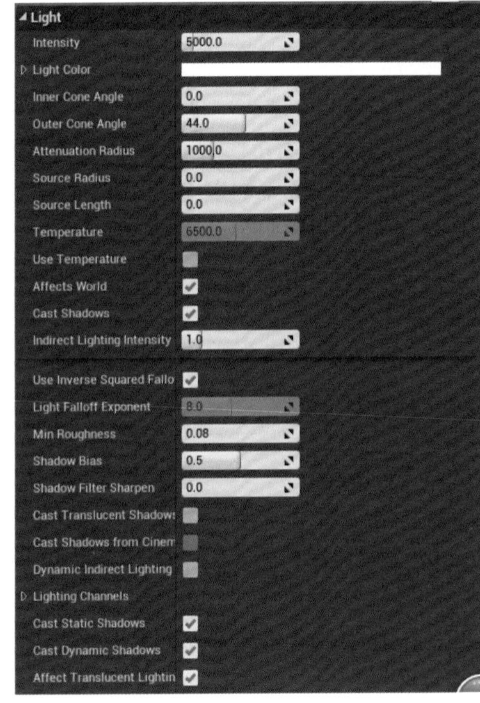

图 7-208

7.4.4 Sky Light 的使用方法

Sky Light，天光，可以照亮整个场景但光线强度较弱，可以获取场景中的一部分并将之作为光照效果应用于场景。

加天光前的效果如图 7-209 所示。加天光后的效果如图 7-210 所示。

增加天光之后要重新构建光照，只有在重构光照后天光才会被重新捕获。

天光的属性如图 7-211 所示。

图 7-209

图 7-210

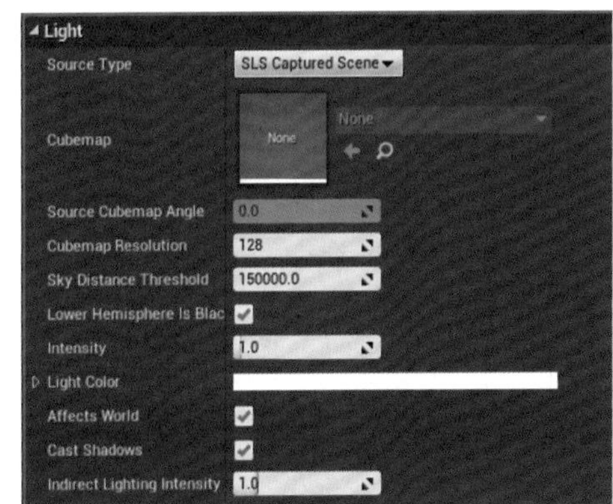

图 7-211

- Source Type：用于设置是否获取场景中距离远的部分作为光照效果，或指定一个 Cubemap。当设置为获取场景时，与天光距离超过属性 Sky Distance Threshold 数值的场景都将被包含。

- Cubemap：当 Source Type 设置为 SLS Specified Cubemap 时，天光将使用我们指定的 Cubemap 作为光照来源。
- Sky Distance Threshold：用于设置距离天光位置的数值，超出该数值的场景会被认为是天空的一部分。
- Intensity：用于设置光照强度。
- Light Color：可以改变光线颜色。
- Affects World：勾选后禁用光源。
- Cast Shadows：用于设置光照是否对物体产生阴影。
- Indirect Lighting Intensity：用于缩放来自光源间接光照的多少。

7.4.5 为场景添加光照

一般情况下，一个场景中至少有一个 Directional Light 和一个 Sky Light。如果我们在场景中放置了两个 Directional Light，那么最好不要让两个 Directional Light 的照射方向一致，而且其中一个 Directional Light 的光照强度尽量小于另一个 Directional Light，也就是说场景中最好只有一个主光源。

在 Directional Light 照射不到的地方可以根据需要添加一个或多个 Point Light 和 Spot Light，如室内或者山洞，也可以用不同颜色的灯光打造出歌厅的感觉，这一切取决于你想要什么样的环境效果。

场景中只有一个 Directional Light 时（Intensity 为 4.0），效果如图 7-212 所示。

添加一个与主光源方向相反的 Directional Light（Intensity 为 1.0 且取消勾选 Cast Shadows）和一个 Sky Light（Intensity 为 0.1），效果如图 7-213 所示。

图 7-212

图 7-213

7.5 使用雾特效

如果我们想让室外场景看起来更真实，那么还可以为场景加上雾特效。在主界面左侧 Modes 面板中单击 Visual Effects 栏可以看到 Unreal Engine 提供的两种雾特效，分别是 Atmospheric Fog 和 Exponential Height Fog，如图 7-214 所示。

雾特效可以渲染一种氛围，比如山中朦胧的感觉，或者废墟中烟尘漂浮的感觉。

图 7-214

7.5.1 Atmospheric Fog 的使用方法

Atmospheric Fog，大气层雾，通过大气层使光源产生散射的效果。

添加大气层雾前的效果如图 7-215 所示。

添加大气层雾后的效果如图 7-216 所示。

由于光线在大气层雾中发生散射，所以光线可以照射到之前照射不到的角落，场景比之前更加明亮。

大气层雾的属性如图 7-217 所示。

图 7-215

图 7-216

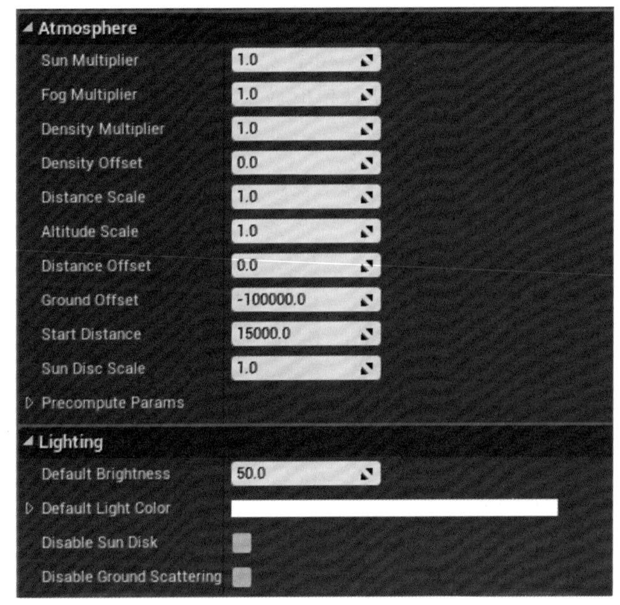

图 7-217

- Sun Multiplier：光源亮度的总体乘数，它会照亮天空和雾的颜色。
- Fog Multiplier：雾乘数，只影响雾的颜色，不影响光源。
- Density Multiplier：密度乘数，只影响雾的密度，不影响光源。
- Density Offset：用于设置雾的不透明度。
- Distance Scale：用于设置距离系数，值为 1 时表示虚幻单位和厘米单位的比例为 1:1，数值越大雾衰减得越快。
- Altitude Scale：用于设置 Z 轴上的距离系数。
- Start Distance：用于设置雾特效与相机之间的距离。
- Default Brightness：光源的默认亮度，当关卡中没有太阳光时可以使用该光源亮度。
- Default Light Color：用于设置光源的颜色。
- Disable Sun Disk：勾选则禁止渲染日轮。
- Disable Ground Scattering：勾选则禁用地面颜色的散射。

为山地骑行添加 Atmospheric Fog 后的效果如图 7-218 所示。

Fog 的参数设置如图 7-219 所示。

图 7-218

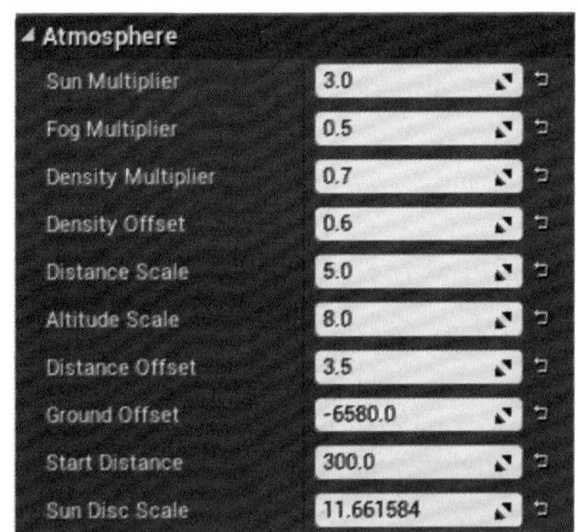

图 7-219

7.5.2 Exponential Height Fog 的使用方法

Exponential Height Fog，指数型高度雾，雾的密度可根据高度改变，高度低雾密度大，高度高雾密度小。添加指数型高度雾前的效果如图 7-220 所示。

添加指数型高度雾后的效果如图 7-221 所示。

画面中略微白茫茫的感觉就是指数型高度雾的效果，指数型高度雾放置在大的自然场景中效果比较明显。指数型高度雾的属性如图 7-222 所示。

图 7-220

图 7-221

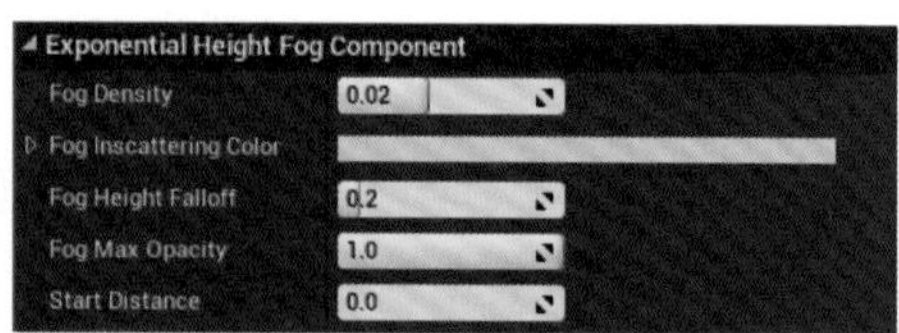

图 7-222

- Fog Density：用于设置雾的密度。
- Fog Inscattering Color：用于设置雾的内散颜色。
- Fog Height Falloff：雾的高度衰减，值越小，表示雾衰减得越快。
- Fog Max Opacity：用于设置雾的最大不透明度。
- Start Distance：用于设置雾特效与相机之间的距离。

7.6 构建光照

7.6.1 添加 Lightmass Importance Volume

当场景的灯光、氛围都调整完毕后，要在场景中加上 Lightmass Importance Volume，它的位置同样在 Modes 面板中，如图 7-223 所示。

Lightmass Importance Volume，灯光重要体积，是一个黄色的方体线框，如图 7-224 所示。它包含的范围即对静态光照画上阴影的范围，所以将它的大小调整到刚好可以包住场景中玩家可以经过的位置即可。如果设置的体积太大，则会产生不必要的计算。如果我们忘记了在场景中添加一个 Lightmass Importance Volume，则 Unreal Engine 会对所有的场景模型进行计算，同样会产生不必要的消耗。

Volumes　Lightmass Importance Volume

图 7-223

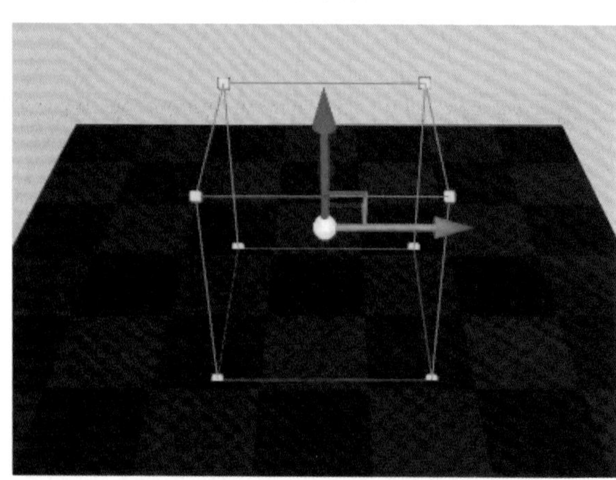

图 7-224

7.6.2 设置 World Settings 中的 Lightmass

在构建光照之前，还需要在 World Settings 中对 Lightmass 进行一些调整。

在上方的工具栏中单击 Settings，在下拉菜单中选择 World Settings，如图 7-225 所示。

在 World Settings 面板中找到 Lightmass 栏，其中有一些需要设置的属性，如图 7-226 所示。

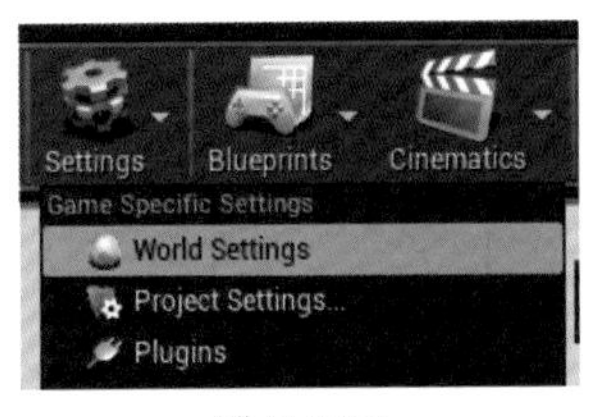

图 7-225

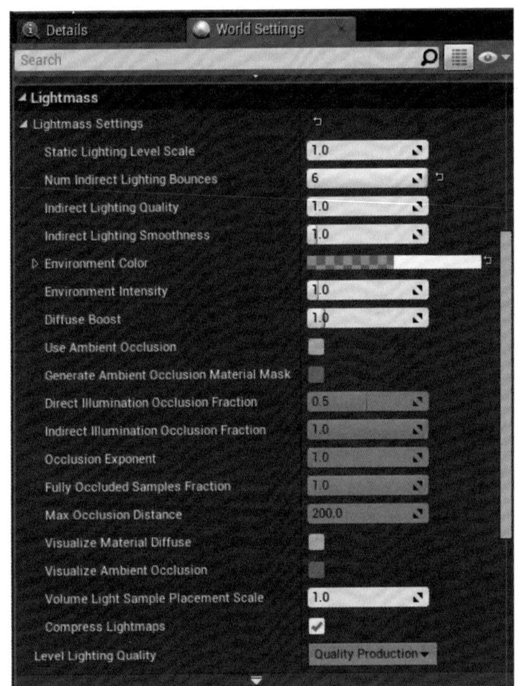

图 7-226

- Static Lighting Level Scale：世界尺寸缩放，用来设置光照在构建时的详细程度。这里的缩放指用于计算光照的参考尺寸，而不是真正的改变场景尺寸，默认值为 1，最小值为 0.1。由于在关卡中的比例和在引擎中的比例是相互关联的，引擎中的 1 单位即为 1 厘米，数值越小计算采样的基础精度（采样数上升）越高，增加构造的计算时间越长；反之亦然。
- Num Indirect Lighting Bounces：光源在物体表面反弹的次数。反弹越高 GI 反弹次数越多，同时如果精度不够，则也意味着噪点将会更容易产生，其值可以大到 100。
- Indirect Lighting Quality：用于设置 Lightmass GI 使用的样本数量参数。数值较高时噪点等缺陷较少，但会增加构造时间。默认值为 1，最大值为 10。
- Indirect Lighting Smoothness：用于设置间接光照的效果，数值较高时间接光照效果更平滑，但可能会导致阴影和环境遮挡处细节丢失。
- Environment Color：用于设置未到达场景的光线的颜色。
- Environment Intensity：根据 Environment Color 设置的颜色，制作 HDR 环境颜色。
- Diffuse Boost：用于缩放场景中所有材质的漫反射分布。该值增大时会增加场景中间光照的亮度。
- Use Ambient Occlusion：是否使用静态环境遮挡，并把它构建到光照贴图中。
- Direct Illumination Occlusion Fraction：用于设置应用到直接光照的环境遮挡的量。
- Indirect Illumination Occlusion Fraction：用于设置应用到间接光照的环境遮挡的量。
- Occlusion Exponent：用于设置对比度。数值越高对比越明显。
- Fully Occluded Samples Fraction：为了达到完全遮挡所采样的必须遮挡的样本的部分。
- Max Occlusion Distance：用于设置物体之间产生遮挡的最大距离。
- Visualize Material Diffuse：是否使用导出到 Lightmass 中的漫反射条件覆盖正常的直接和间接光照。

- Visualize Ambient Occlusion：是否仅使用环境遮挡条件覆盖正常的直接和间接光照。
- Level Lighting Quality：用于设置当前关卡构建光照的质量。

最终的光照质量是由“采样数量”和“采样精度”共同决定的。“采样数量”在引擎中受 Static Lighting Level Scale 的值控制，也受 Num Irradiance Calculation Photons 和 Indirect Photon Scarch Distance 两者共同的影响，即两者参数要协同配合调整才有意义。“采样精度”在引擎中受 Indirect Lighting Quality 的值控制，或者受 Num Hemisphere Samples 和 Num Hemisphere Samples Scale 的控制，3 个参数都可以影响其采样精度。

在建立山地骑行场景时，由于整体场景较大，可以考虑把 Static Lighting Level Scale 的数值调大一些，如 1.5；但如果追求更好的光照效果，则可以把数值降低，如 0.5。为了减少噪点，可以将 Indirect Lighting Quality 适当调高，如 5。同时为了使光照效果更平滑，可以将数值调高，如 3。其他参数保持不变。

7.6.3 开始构建

是时候开始尝试构建光照了。构建光照的过程会把场景中的真实光照模拟出来并输出到 Lightmap 上，直观的感受就是构建光照完成后，移动场景中模型的位置，影子会留在原地。

所以在渲染的时候，我们可以直接用准备好的 LightMap，这可以帮我们节省很多资源。

构建光照后移动物体。

移动前的效果如图 7-227 所示。

移动后的效果如图 7-228 所示。

图 7-227

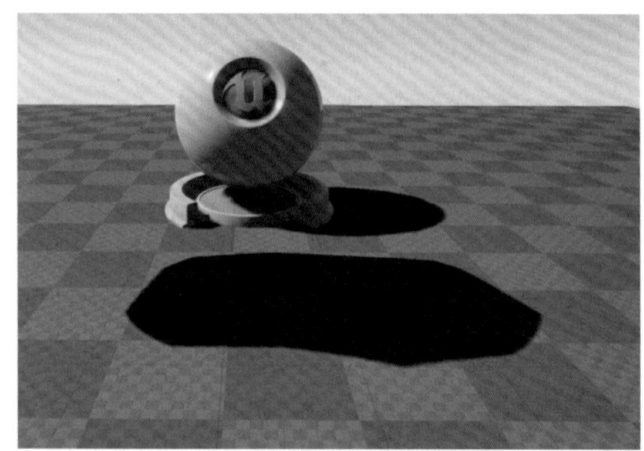

图 7-228

想要构建光照很简单，在界面上方的 Action 栏中有一个 Build 按钮，如图 7-229 所示。

图 7-229

单击 Build 按钮，或者在 Build 按钮的下拉菜单选择 Build Lighting Only 即可开始构建光照。我们也可以在下拉菜单的 Lighting Quality 中设置光照质量，如图 7-230 所示，不同程度的光照质量耗费的资源不同。其中，Production 的构建效果最好，但所需的时间也最长；Preview 的构建效果最差，但所需的构建时间最短。

当构建光照开始后，Unreal Engine 的右下角会显示构建光照的进度，如图 7-231 所示。

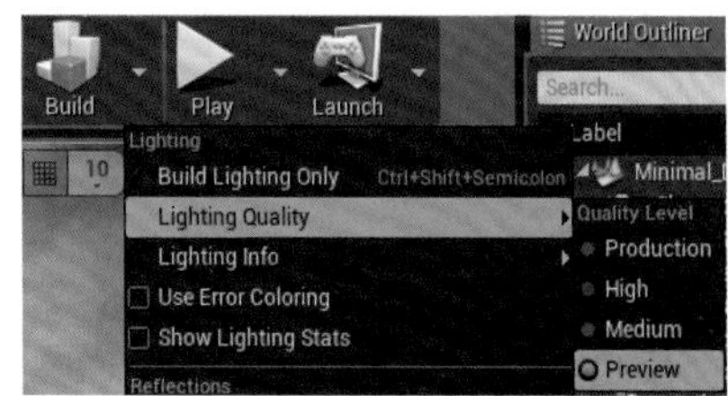

图 7-230

图 7-231

当进度进行到 100% 并显示 Light Build Complete 时则说明构建光照成功。

7.7 使用植被工具

接下来该向我们的场景里“种树”了。在 Modes 面板中有用于种树的工具 Foliage，图标是 3 片叶子，如图 7-232 所示。

Foliage 有 5 个工具，分别是 Paint、Reapply、Select、Lasso Select 和 Fill，如图 7-233 所示。

图 7-232

图 7-233

7.7.1 植被的基础属性

想要在场景里“种树”，首先把我们已有的植物模型（不一定是植物，任何我们想无规律大量快速放置在场景中的模型都可以用这种方式添加）直接拖到图片中显示“+Drop Foliage Here”的区域。添加成功后会在该区域显示这个模型的图片，单击图片后下方会显示一些“种植”模型时需要的参数，如图 7-234 所示。

如图 7-235 所示，当鼠标光标落在模型图片上时，图片左上角的对勾表示当前模型处于选中状态，使用笔刷时会种植该模型；而右下角的数字表示已经在场景中种植的模型数量。

图 7-234

图 7-235

在下方的属性栏中可以设置一些种植该模型时的条件。

- Density/1Kuu：用于设置每 1000 × 1000 的区域范围内放置模型的数量，即种植模型的密度。当密度值过高时，放置的模型可能会相互交叠在一起。
- Radius：用于设置种植时模型实例之间的最小距离。

- Scaling：选择 Uniform 时表示等大缩放模型；选择 Lock XY 则锁定 XY 轴，只缩放 Z 轴比例。
- 在 Scale X 中设置 Min 和 Max 的值，则种植的实例模型会在最大、最小值的范围内随机被缩放。
- Align to Normal：勾选后，种植的实例模型永远垂直于水平面摆放；取消勾选则垂直于该处地形倾斜度摆放。
- Ground Slope Angle：设置 Min 和 Max 值，实例模型只能在最大、最小角度范围内种植。
- Height：设置 Min 和 Max 值，实例模型只能在最大、最小高度范围内种植。

值得一提的是，Collision Presets 属性在默认情况下是 NoCollision，这说明我们种植的实例模型是不带碰撞的。如果需要碰撞，则把 NoCollision 改成 BlockAll 即可。

7.7.2 Paint 工具的使用方法

设置好参数后，我们就可以尝试刷种植了。在 Paint 工具下，当鼠标光标在场景中移动时，可以看到光标变为一个透明的半圆形光圈，如图 7-236 所示。

单击，模型将在光圈的范围内种植，如图 7-237 所示。

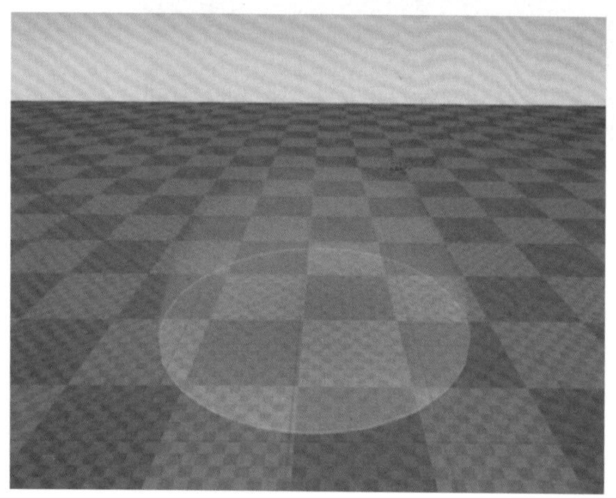
图 7-236

图 7-237

Paint 工具的属性如图 7-238 所示。

- Brush Size：用来设置这个透明半圆的大小，也就是一次单击的种植范围。
- Paint Density：表示种植密度，数值越大，一次种植的模型就越多。
- Erase Density：表示擦除密度，通过勾选下方模型图片可以擦除选中的模型。当数值为 0 时，同时按下 Shift 键和鼠标左键将擦除光圈经过处处于选中状态的所有模型实例。

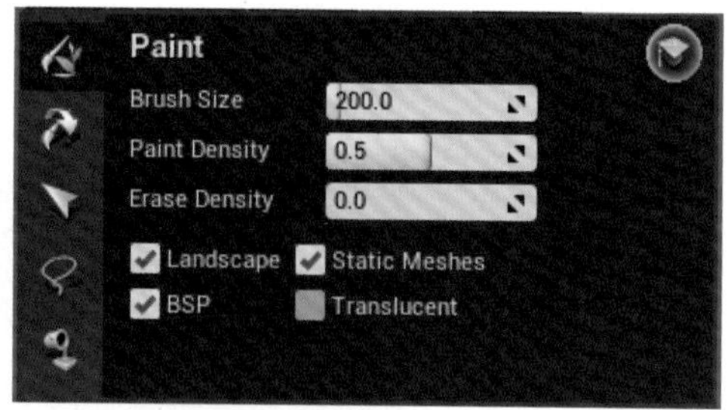

图 7-238

7.7.3 Reapply 工具的使用方法

Reapply 为重新应用工具，其属性如图 7-239 所示。

它允许我们修改已经放置在场景中的模型参数。选中想修改的模型，在该工具中设置新参数，单击已经放置在场景中的模型实例，将会用新参数编辑该处模型。

Select 为选择工具，激活该工具可以选择场景中的单个实例模型进行编辑，如图 7-240 所示。

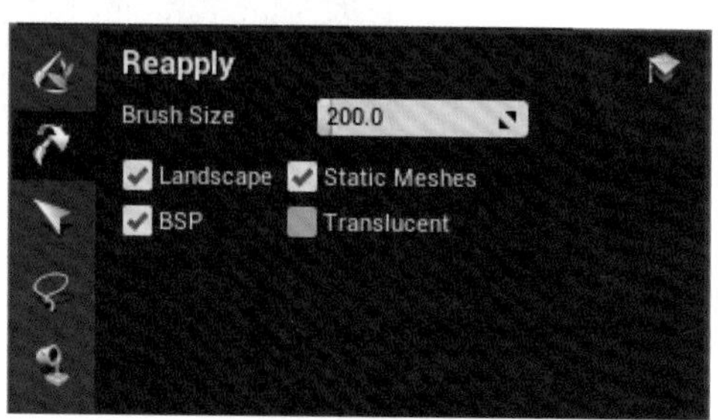

图 7-239

除了可以对模型移动、旋转、缩放，还可以按住 Alt 键拖动复制一个新模型，按 Delete 键删除该实例模型。

Select 的属性有 3 个按钮，分别为 Select All、Select Invalid 和 Deselect All，如图 7-241 所示。

- 单击 Select All 按钮会全选场景中种植的所有实例模型。
- 单击 Deselect All 按钮会取消全部选择。
- 单击 Select Invalid 按钮会选择所有的无效模型。

图 7-240

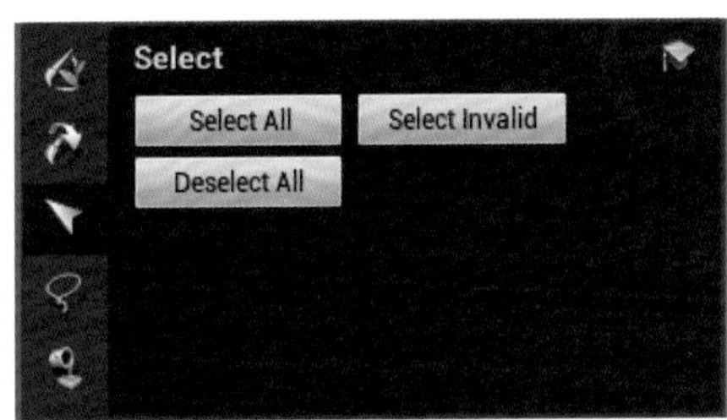

图 7-241

7.7.4　Lasso Select 工具的使用方法

Lasso Select 为描画选择工具，它允许我们用半圆笔刷一次选择一个模型实例，而按下 Shift 键时可以取消选择，如图 7-242 所示。

Lasso Select 的属性如图 7-243 所示。

图 7-242

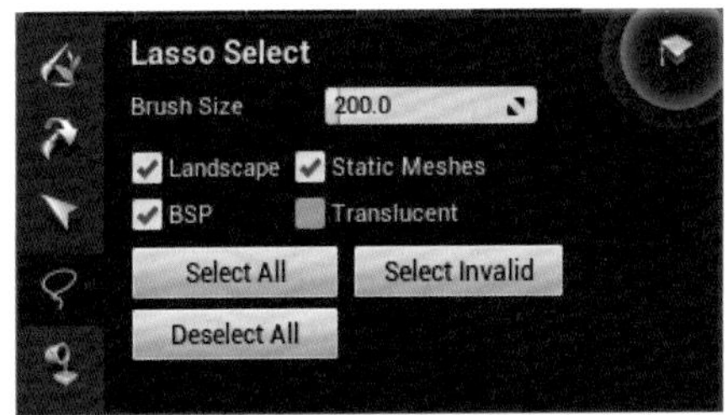

图 7-243

了解了这几个工具，现在可以给我们的场景“种树”了。但由于树的模型一般会有很多点和面，建议不要在场景中玩家不能到达的地方种太多树，防止消耗不必要的资源。

现在我们为场景种树，效果如图 7-244 所示。

图 7-244

7.8 处理细节

至此，整个场景大体上构建完成了，剩下的就是增加一些细节起到点缀作用，比如，在河边添加一些碎石块，在建筑物上增加一些灯光装饰，或者在地面上刷一些落叶。细节处理得好同样会为整体场景增添很多色彩。

效果如图 7-245~ 图 7-250 所示。

图 7-245 中的素材来自 LandscapeAutoMaterial 和 LakeSideCabin 素材包。

图 7-246 中的素材也来自 LandscapeAutoMaterial 和 LakeSideCabin 素材包。

图 7-245

图 7-246

图 7-247 中的素材也来自 LandscapeAutoMaterial 和 LakeSideCabin 素材包。

图 7-248 中的素材来自 LandscapeAutoMaterial、LakeSideCabin 和 AridDesert 素材包。

图 7-247

图 7-248

图 7-249 中的素材来自 LandscapeAutoMaterial、LakeSideCabin 和 InfinityBladeGrassLands 素材包。

图 7-250 中的素材也来自 LandscapeAutoMaterial、LakeSideCabin 和 InfinityBladeGrassLands 素材包。

图 7-249

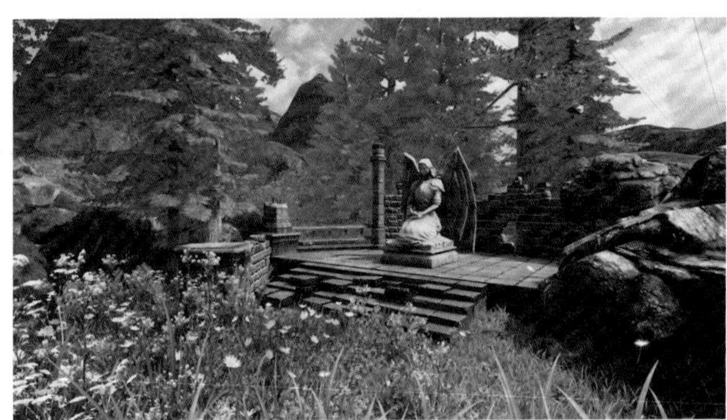

图 7-250

7.9 打包

当游戏场景全部构建完成后，就可以把项目打包成发布文件了。

首先在菜单栏中选择 Edit>Project Settings 命令对项目设置进行修改，如图 7-251 所示。

打开 Project Settings 窗口后，打开 Maps&Modes 选项，将 Default Maps 中的两个 Map 更改为我们想要打包的关卡名称，如图 7-252 所示。

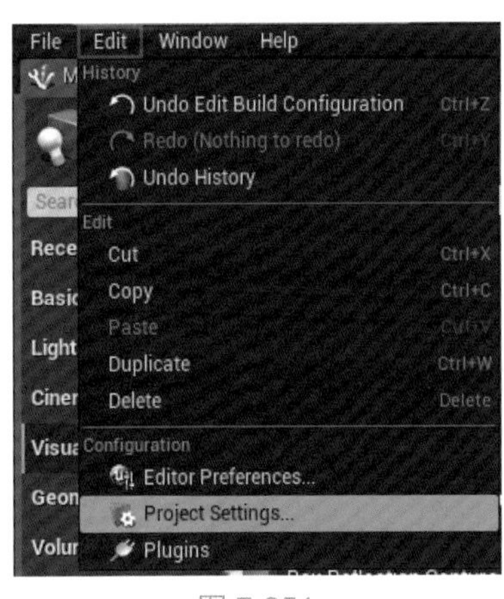

图 7-251

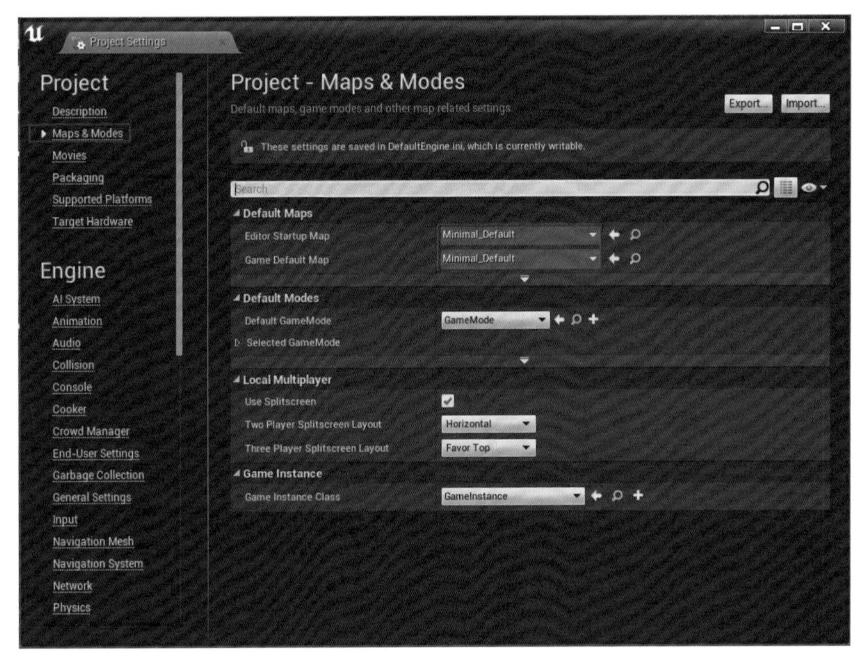

图 7-252

在 Packaing 中将 Build Configuration 中的选项改为 Shipping，如图 7-253 所示。

最后选择发布文件的平台类型，这里将平台设置成 64 位 Windows，读者可以自由选择其他平台，如图 7-254 所示。

打包的时间与项目的大小有关系，一个较大的项目可能要耗费很长的时间。所以尽量在全部完成之后再尝试打包，防止反复打包浪费时间。

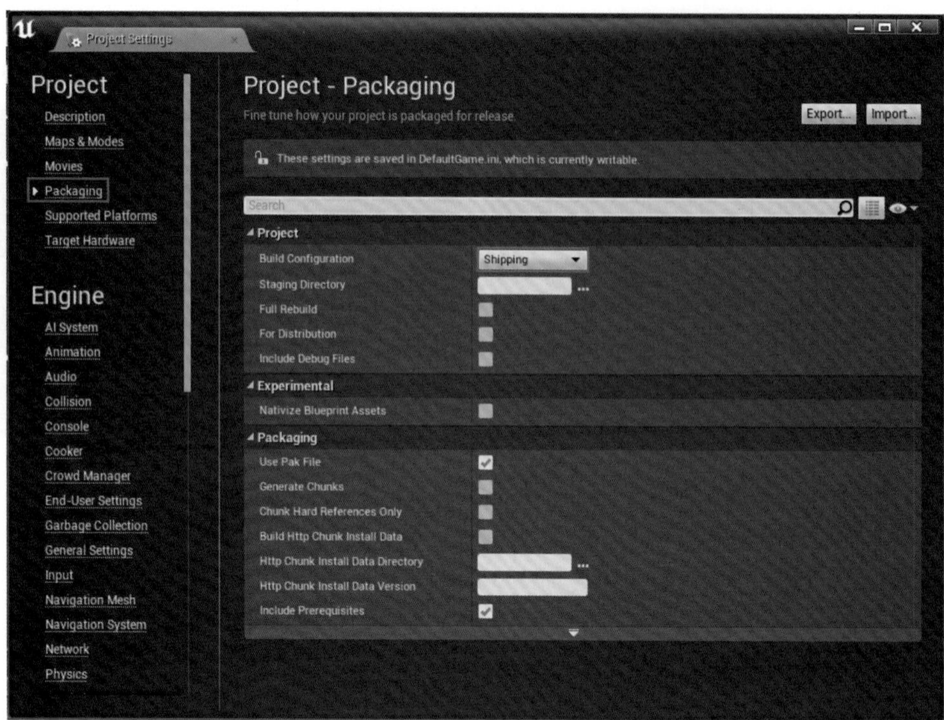

图 7-253

图 7-254

开始打包后，屏幕的右下角会显示正在打包，如图 7-255 所示。

打包完成后，文件夹中一般会有 4 个文件，如图 7-256 所示，其中第 4 个图标为 Unreal Engine 的文件则是我们的发布文件，打开它就能看到我们制作的游戏了。

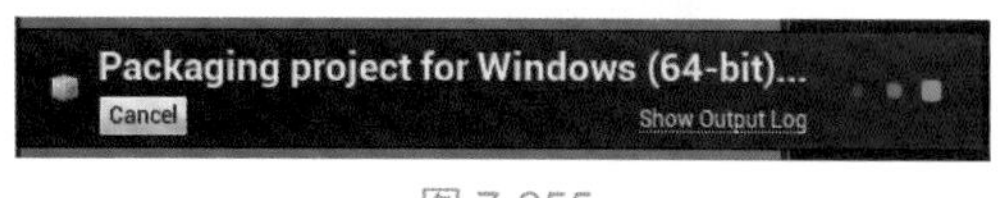

图 7-255

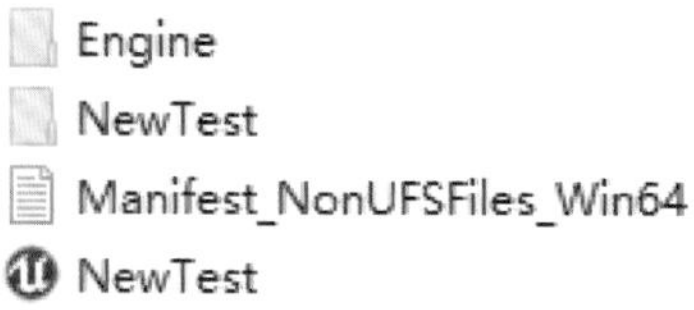

Engine
NewTest
Manifest_NonUFSFiles_Win64
NewTest

图 7-256

游戏运行效果如图 7-257～ 图 7-259 所示。

图 7-257

图 7-258

图 7-259

第 8 章

《元大都古建筑群落遗址复原》综合案例设计开发

8.1 历史背景与项目意义

8.1.1 元朝概况与都城历史

元大都，或称大都。自元世祖忽必烈至元四年（1267 年）到元惠宗至正二十八年八月初二（1368 年 9 月 14 日），为元朝京师。其城址位于今北京市市区，北至元大都土城遗址，南至长安街，东、西至二环路，如图 8-1 所示。

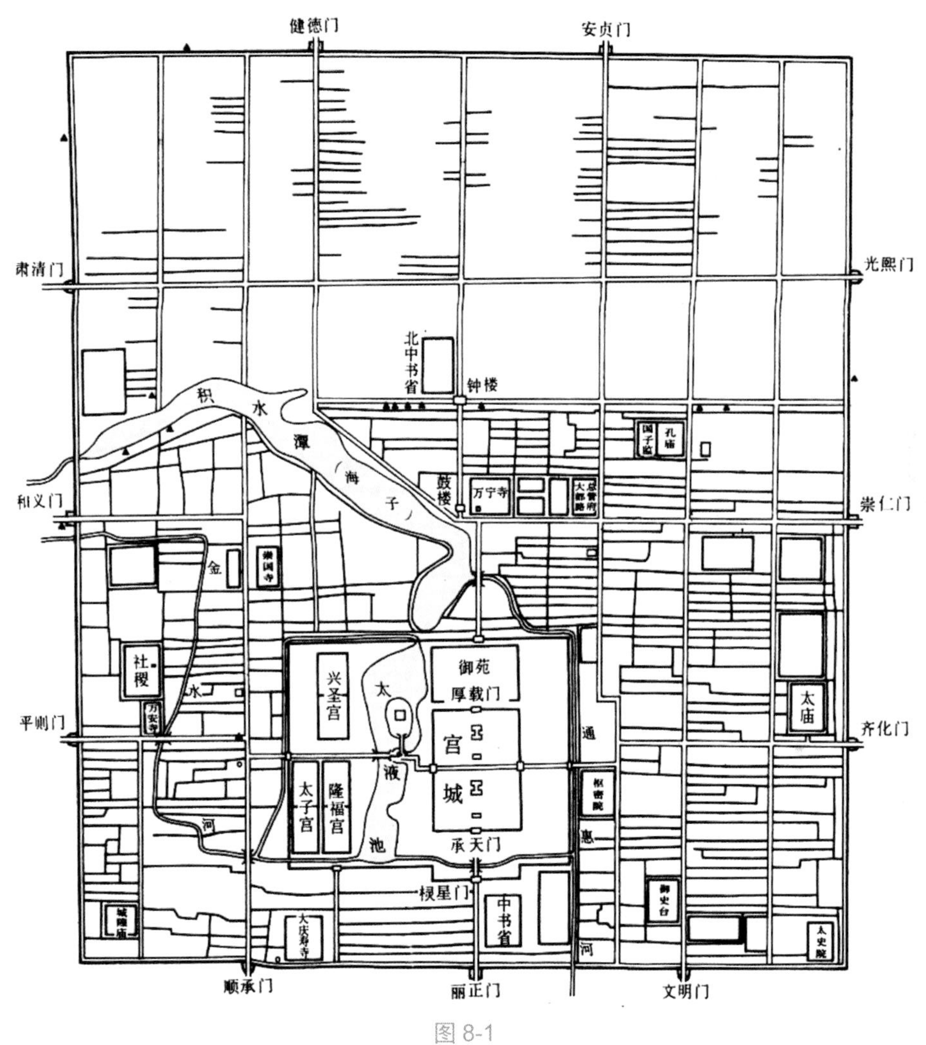

图 8-1

1．元朝概况

元太祖成吉思汗建立的蒙古帝国自 1260 年忽必烈继位以来已分裂，演变成为元朝（大元帝国）以及位于其西部的四大汗国。其中，元朝包括今日蒙古本土及中国大部地区。忽必烈登基之后，以元上都为都城。但是上都位置偏北，对控制中原不利，因此忽必烈在解决了与其弟阿里不哥的汗位之争后，决定迁都至燕京地区。

燕京地区当时尚有金中都故城，然而此城历经金朝末年的战争，自 1215 年 5 月 31 日被蒙古军队攻陷之后，其城内宫殿大多被拆毁或失火焚毁，而且其城内供水来源——莲花河水系已经出现水量不足的情况，无法满足都城日常生活所需用水。蒙古攻占金中都后改名为燕京。1264 年八月，忽必烈下诏改燕京（今北京市）为中都，定为陪都。1267 年决定迁都位于中原的中都，1272 年，将中都改名为大都（突厥语称汗八里，帝都之意），将上都作为陪都。

忽必烈迁都燕京后，仍居住于城外的金代离宫——大宁宫内。至元四年（1267 年），开始了新宫殿和都城的兴建工作。中书省官员刘秉忠为营建都城的总负责人。阿拉伯人也黑迭儿负责设计新宫殿。 郭守敬担任都水监，修治元大都至通州的运河，并以京郊西北各泉作为通惠河上游水源。

到至元二十二年（1285 年）时，大都的大内宫殿、宫城城墙、太液池西岸的太子府（隆福宫）、中书省、枢密院、御史台等官署，以及都城城墙、金水河、钟鼓楼、大护国仁王寺、大圣寿万安寺等重要建筑陆续竣工。至元二十二年，忽必烈发布了令旧城（金中都故城）居民迁入新都的诏书：“诏旧城居民之迁京城者，以资高及居职者为先，仍定制以地八亩为一份，其地过八亩或力不能作室者，皆不得冒据，听民作室”。

2. 都城历史

从至元二十二年到三十一年，有四十至五十万居民自金中都故城迁入大都。此时期还陆续完成了宫内各处便殿、社稷坛、通惠河河道、漕粮仓库等建筑工程。元大都的营建工作至此基本完毕。此后元代各帝陆续又有添建，如孔庙、国子监、郊祭坛庙和佛寺等，但对元大都总体布局没有变动。

元惠宗至正二十八年（明太祖洪武元年，公历 1368 年）夏，朱元璋遣将领徐达、常遇春率军北征，七月抵达通州，元惠宗令淮王帖木儿不花监国，携后妃、太子、公主自健德门出城北逃，前往上都避难。至正二十八年八月初二（1368 年 9 月 14 日），明军攻陷大都齐化门，由此入城。明太祖将大都改名为北平。

由于元大都故城北居民稀少、地势空旷，在防守时城上军人无可依托，因此徐达在攻城后不久，即于洪武元年（1368 年）在城中偏北部增建一道土垣，将城垣变为“日”字形布局，使北段城墙靠近居民密集区，战时守城士兵可以从容筹画衣食。由于新筑城墙西端正值河床，因此自今德胜门以西处向西南倾斜，造成明、清北京城池西北缺角的格局。洪武四年（1371 年）将此段新城墙以北的元大都城垣废弃，原来北城墙上的安贞门和健德门，以及东、西城墙上最北边的光熙门和肃清门也一并废弃。这四门的城楼，以及被划在城外的官署、住宅尽被拆除。

但是，元大都北城垣虽被废弃，但并未被拆除，而是仍然起到拱卫城池的作用。直至嘉靖朝俺答之变时，在土城（尤其是改名“德胜门外土关”的健德门附近）仍有明军驻守。

北平此后为燕王朱棣驻地，其城市格局在明初的五十余年中没有变化。永乐四年朱棣迁都北平后，将北平城南墙南移二里，原元大都南城垣亦未完全拆除，而是任其自行湮灭。至明朝末年，元大都南城垣已经被剥蚀为数座土丘，并被称以“下岗”“上岗”之名。至清朝，大都南城垣遗迹已完全消失。图 8-2 所示为北京历代都城示意图。

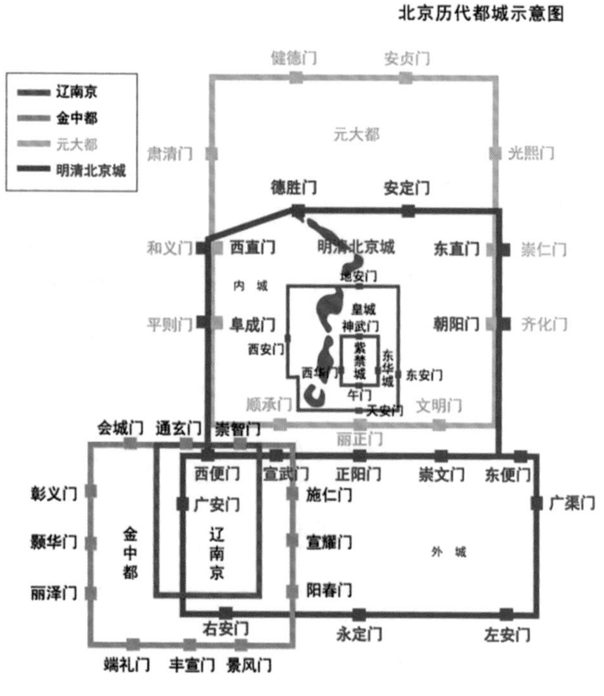

图 8-2

8.1.2 元大都虚拟现实数字化意义

随着科技的发展，数字技术在文化领域的应用逐步增加，数字化技术的迅猛发展，为古建筑的保护、复原工作开辟了一条新途径，并且为古建筑信息资料的长期保存和全面记录创造了有利条件。数字化技术首先解决了信息保存的问题，高精度和高逼真度能够使信息记录更加全面，还可将各类信息转化为计算机数据为不同地区间古建筑保护提供资源。其次，数字化技术的发展能够帮助我们在尊重古建筑真实性的基础上，更好地完成古建筑的保护和展示工作。诸多数字化博物馆、数字化古建筑的出现，标志着数字技术已成为保护古建筑、传承传统文化的新载体。

近年来，虚拟现实技术（VR）的迅猛发展，为数字化古建筑提供了一条新的方向，VR 可以将文物的展示、保护提高到一个崭新的阶段。具体表现在依据文物实体或历史文献，建立三维模型，准确记录文物、古建筑的大小、形态、空间关系等数据，实现珍贵文物的永久保存。同时通过网络整合、统一、共享虚拟文物资源，使人们参观、欣赏文物脱离时间、空间限制，真正成为全人类的文化遗产。而且虚拟现实设备所带来的临场感与沉浸式体验能让人仿佛亲临博物馆，甚至感到超越现实博物馆所能带来的体验。使用虚拟现实技术可以推动文博行业更快地进入信息时代，实现文物展示和保护的现代化。

元大都所在的燕京，自辽金以来便长期作为都城，不论在地理位置、历史地位及政治地位等方面，都是当时北方其他城市无法比拟的，元大都的兴建，更是使其成为统一管理全国政治、经济、文化的中心，并以商业贸易闻名于世，对后世产生了极其深远的影响。时至今日的北京，从城市格局依然能看出元大都的影响，而实际存在的遗址仅有北段、西段城墙，以及护城河小月河，从史书对于元大都城的记载中，我们只能对元大都曾经的辉煌管中窥豹。对于元大都的复原及虚拟现实数字化，对于研究当时的文化、历史、建筑风格等方面都具有实际意义。

8.2 项目前期准备

在开始模型和贴图的制作之前，我们需要进行一系列的准备工作，其中包括工程的管理规范、模型的制作规范及项目内素材的命名规范。在开篇强调这部分是为了更有条理地进行后续的工作，整个元大都的模型元素不计其数，只有有秩序地处理它们之间的关系，才不会在后续的制作中出现问题。

8.2.1 项目工程管理规范

在制作大型场景时，一个严格的项目管理是很必要的一环前期准备工作，今后的所有文件的保存、命名规则均需要参照此规范，以免造成制作上面的种种问题。

（注：文件夹或文件以英文或拼音命名，图 8-3 所示实际项目处为方便读者归类整理，故标记为中文）

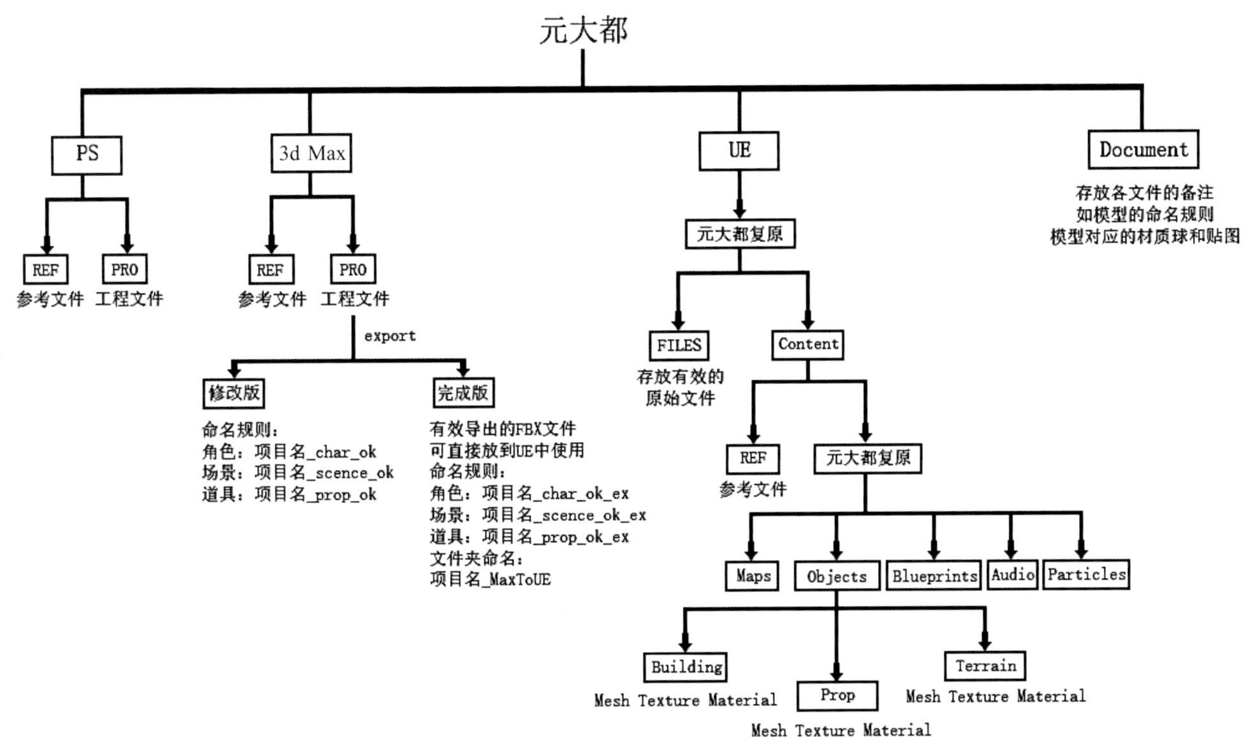

图 8-3

8.2.2 模型制作规范与备份标准

1. 模型制作规范

（1）在所有模型开始制作之前，先要确认软件系统单位。以 3ds Max 软件制作为例，在 3ds Max 主菜单栏下找到 Units Steup 命令，如图 8-4 所示。打开界面后，选择图 8-5 标示的位置。

将下图的选项处改为 Centimeters 为单位，单击“OK”按钮，如图 8-6 所示。

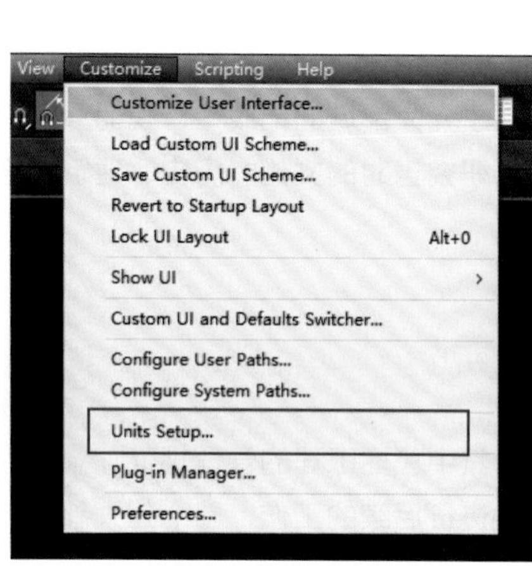

图 8-4

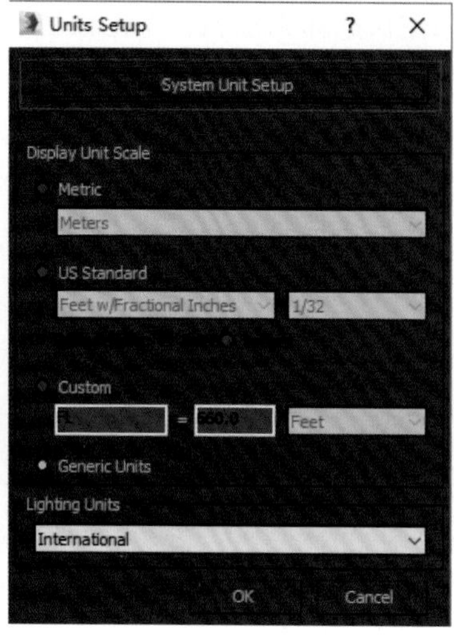

图 8-5

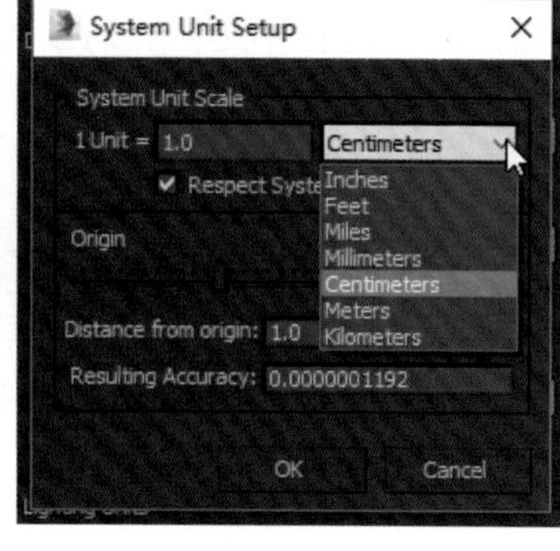

图 8-6

（2）模型制作过程中，及时删除所有多余的面。看不见的地方不用建模，对于看不见的面也可以删除，以提高贴图的利用率，降低整个场景的面数，进而提高交互场景的运行速度，如 Box 底面、贴着墙壁物体的背面等。在后面的模型制作部分会对此进行详细的说明。

（3）建模时需要将所有模型转化为 Poly 可编辑多边形。在模型制作部分也会进行详细的说明。

（4）模型塌陷。当项目经历过建模、贴图之后，下一步即是将模型塌陷，也就是将整个模型按部分合并在一起。这一步也是为后面的烘焙工作做准备。在进行塌陷时，我们需要注意以下几个问题：

①对于面数过多或连体的建筑，进行塌陷时可以分塌成二三个物体。

②按照项目名称的要求，对每个塌陷后的元素按严格的命名规范进行命名。

所有物体质心要归于中心，检查物体位置无误后锁定物体。

（5）所有模型的命名不能出现中文，不能出现重名。详细的命名规则会在下文中提及。

（6）镜像物体的修正。在模型制作中，可能会用到镜像修改器，作用是将已有的模型进行以某一轴向为对称轴的翻转。在处理完模型后，我们需要对镜像物体进行一定的操作与修正。

第一步：需要选中镜像后的物体，然后进入 Utilities 面板中。也就是右侧操作面板上方的“锤子”图标，如图 8-7 所示。

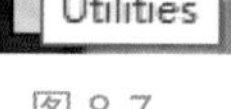

图 8-7

图 8-8

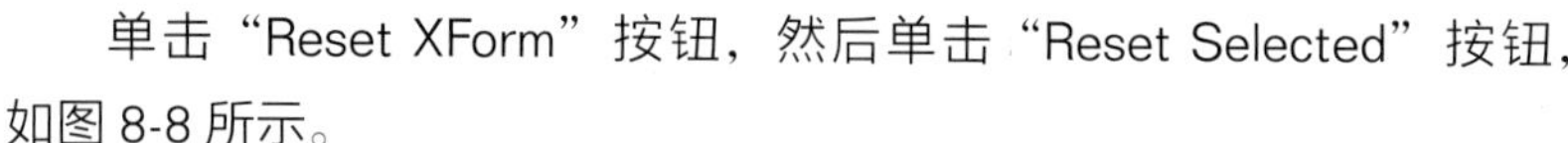

单击“Reset XForm”按钮，然后单击“Reset Selected”按钮，如图 8-8 所示。

第二步：进入面板，添加“Normal”法线修改器，将模型的法线进行翻转。有关法线的翻转问题在后文会进行详细的介绍，在这里读者只需记住其操作流程即可。

2. 模型的备份标准

（1）最终确认后的 max 文件，分角色模型、场景模型、道具模型带贴图存放到服务器相应的“项目名 / model/char”“项目名 /model/scene”“项目名 /model/prop”文件夹中。动画文件对应地存放至 anim 文件夹中。

（2）导出给程序 obj、fbx 等格式文件，统一存放至 export 文件夹下的子文件夹 anim、model、prop 中。

最终递交备份的有八大文件类。

① 原始贴图文件：存放地型和建筑在制作过程中的所有贴图。

② 烘焙贴图文件：存放地型的最终贴图和建筑的最终烘焙贴图，tga 格式的文件，同时这里面有一份转好的贴图。

③ UV 坐标文件：存放地型和建筑烘焙前编辑的 UV 坐标。

④ 导出 fbx 文件：存放最终导出的地型和建筑的 fbx 文件。

⑤ max 文件：原始模型，未做任何塌陷的有 UVW 贴图坐标的文件。

⑥ 烘焙前模型文件 : 已经塌陷完，展好 UV 的，调试好灯光渲染测试过的文件。

⑦ 烘焙后模型文件 : 已经烘焙完，未做任何处理的文件。

⑧ 导出模型文件 : 处理完烘焙物体，合并完顶点，删除了一切没用物件的文件。

8.2.3　模型、材质、贴图命名与规范

模型、材质、贴图命名与规范如下。

（1）建筑模型命名：B_ 区域名 _ 建筑 _ 编号，如 B_SJ_donggong _ 01（SJ ：水街；donggong ：东宫）。

（2）建筑模型贴图命名：建筑模型名 _ 编号，如 B_SJ_donggong_01_01（SJ ：水街；donggong ：东宫）在这里需要注意一点，如果在模型命名时发现没有明确的区域名称时，可以将中间两部分的命名合并。

（3）地形模型命名：DX_ 区域名 _ 编号，如 DX_SJ _01（SJ ：水街）。

（4）地形模型贴图命名：地形模型名 _ 编号，如 DX_SJ _01_01（SJ ：水街）。

（5）道具模型命名：P_ 区域名 _ 道具名 _ 编号，如 P_SJ _ rockery_01（SJ ：水街；rockery ：假山）。

（6）道具模型贴图命名：道具模型名 _ 编号，如 P_SJ _ rockery_01 _01（SJ ：水街；rockery ：假山）。

（7）镂空贴图：要加 _alp 后缀。

在命名环节需要注意以下事项。

（1）模型、贴图所属大分类均以大写字母简写命名，至具体物体时以物体名称小写命名。

（2）对于不同类型的模型贴图，其名称后加不同贴图类简写，如东宫建筑模型的不同贴图命名，建筑模型名 _ 编号 _ 贴图性质：

Color 色彩图（默认不加）：如 B_SJ_donggong_01_01（SJ ：水街；donggong ：东宫）

Normal 法线图（简写 nor）：如 B_SJ_donggong_01_01_nor（SJ ：水街；donggong ：东宫）

Specular 高光图（简写 spe）：如 B_SJ_donggong_01_01_spe（SJ ：水街；donggong ：东宫）

Refection 反射图（简写 ref）：如 B_SJ_donggong_01_01_ref（SJ ：水街；donggong ：东宫）

Roughness 粗糙图（简写 rou）：如 B_SJ_donggong_01_01_rou（SJ ：水街；donggong ：东宫）

AmbientOcclusion 闭塞图，即 AO 图（简写 occ）：如 B_SJ_donggong_01_01_occ（SJ ：水街；donggong ：东宫）

8.3　制作贴图

8.3.1　贴图搜集与制作的需求分析

贴图是对实现最终效果影响最大的一项，一张好的贴图能使平淡无奇的模型生动具体。在为了节省资源，尽量简化模型面数的情况下，更是加大了贴图的重要性，在要求贴图符合历史的同时，也需要贴图的高清晰度，具体的搜集、制作需求如下。

（1）保证素材的分辨率在 2000 像素左右。虽然最终贴图的大小要求为 1024 像素，但在处理、合成贴图时，会对图片进行拉伸、变形等操作，会改变原始像素点排列方式，即使没有改变分辨率，图片也会变得模

糊。因此在寻找素材时就应考虑到这一问题，以高分辨率的图片作为原始素材，即使在制作过程中损失一定的清晰度，也能保证最终导出分辨率为 1024 像素的图片而不会模糊。

（2）保证贴图风格、图案符合真实元大都建筑风格。本项目是对元大都宫殿的复原，图片的搜集就显得尤为必要，尽量保证每一张贴图都有历史文献的依据，或是有权威部门对大都的复原图作为参考。对于实在无从考证的贴图，也要从类似的古代宫殿建筑上取材，再结合元代建筑的特点进行加工、创作。

（3）制作时统一使用 4096 像素的分辨率进行制作。由于原始素材的分辨率都在 2000 像素以上，为进一步减小制作过程中清晰度的衰减，将素材导入 Photoshop 后先将分辨率调整为 4096 像素。在分辨率 4096 像素下，不仅便于检查图像的细节效果，同时也为之后制作 2k 贴图的需求提供了条件。

8.3.2 Photoshop 贴图处理常用命令与工具

本工程中贴图处理主要使用的软件为 Photoshop CC 2014，为便于说明详细的制作流程，首先介绍本工程中主要使用到的 Photoshop 的基本工具与操作。

主界面如图 8-9 所示。

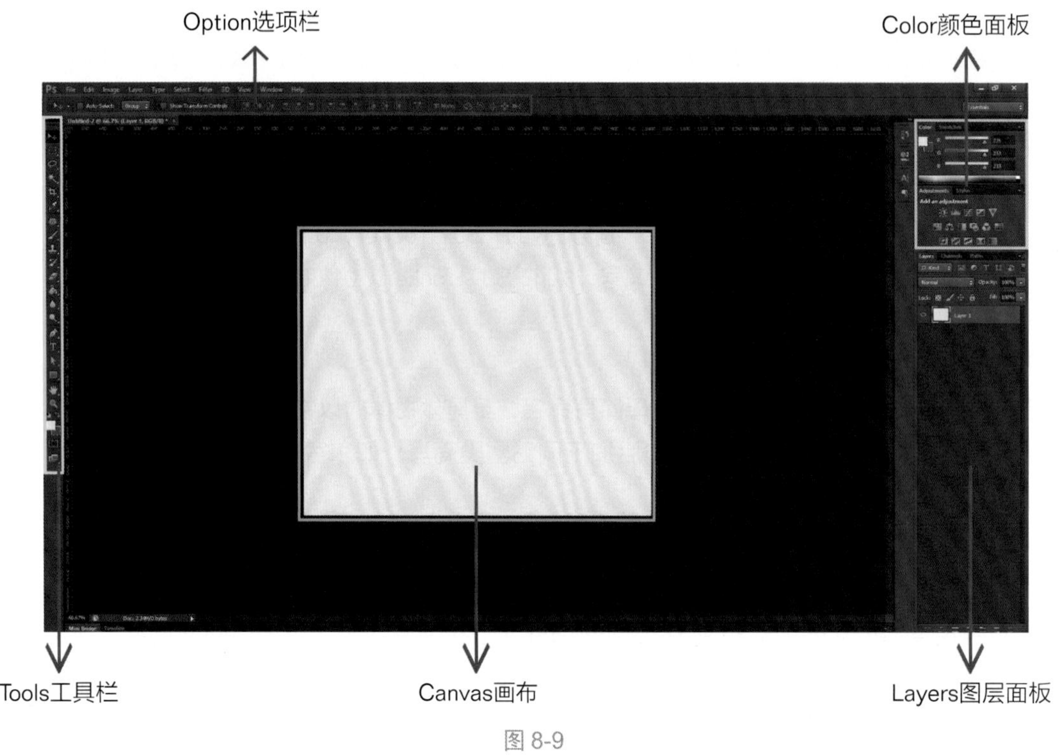

图 8-9

1．画布

显示图像的区域，可通过一些操作调节该区域大小。值得注意的是，画布虽然限定了图像显示区域，但并不会裁减掉之外的图像，也就是说画布外在某些情况下也会存在图像，通过调整画布可使其显现出来。

2．Tools Window 工具窗口

主要工具如图 8-10 所示。

Move Tool 移动工具（v）

Rectangular Marquee Tool 矩形选框工具（m）

Lasso Tool 套索工具（l）

MagneticLasso Tool 磁性套索工具（l）

Magic Wand Tool 魔棒工具（w）

Crop Tool 裁剪工具（c）

Eyedropper Tool 吸管工具（i）

Spot Healing Brush Tool 污点修复画笔工具（j）

Brush Tool 画笔工具（b）

Clone Stamp Tool 仿制图章工具（s）

History Brush Tool 历史记录画笔工具（y）

Eraser Tool 橡皮擦工具（e）

Paint Bucket Tool 油漆桶工具（g）

Sharpen Tool 锐化工具

Dodge Tool 减淡工具（o）

Pen Tool 钢笔工具（p）

Convert Point Tool 转换点工具（p）

Horizontal Type Tool 横排文字工具（t）

Path Selection Tool 路径选择工具（a）

Direct Selection Tool 直接选择工具（a）

Polygon Tool 多边形工具（u）

Custom Shape 自定义形状工具（u）

Hand Tool 手型工具（h）

Zoom Tool 放大工具（z）

前景色（红）与后景色（白）

将前 / 后景色转换为黑 / 白

互换前 / 后景色

图 8-10

下面重点介绍几个较为重要的工具。

（1）移动工具：可以移动当前图层的内容。

（2）矩形选框工具：用鼠标拖出一个矩形区域作为选区（Selection），之后的修改操作只对当前图层选区内的内容有效。建立选区后单击鼠标右键，可打开右键菜单，如图 8-11 所示。其中主要功能如下。

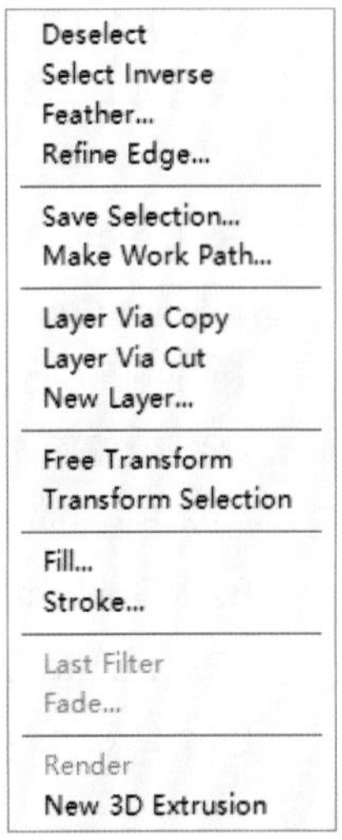

a. Deselect 取消选择，取消当前选区。

b. Select Inverse 选择反向，将选区与非选区互换。

c. Feather 羽化，使边角平滑。

d. Free Transform 自由变换，该命令也可在最上方“Edit”编辑菜单中找到，快捷键为【Ctrl + t】，使用后可对选区内图像放大、缩小、旋转、平移等操作。

e. Transform Selection 变换选区，即对选区进行自由变换。

（3）套索工具：完全按照鼠标拖动轨迹建立选区，若轨迹未封闭将自动连接起点与终点。

（4）磁性套索工具：以鼠标移动轨迹为主，自动寻找轨迹附近的强对比色彩边界，以双击鼠标或单击起始点闭合并建立选区。

（5）魔棒工具：选择单击处周围颜色相近的区域作为选区。

（6）裁剪工具：改变整体画布大小。

Deselect
Select Inverse
Feather...
Refine Edge...
Save Selection...
Make Work Path...
Layer Via Copy
Layer Via Cut
New Layer...
Free Transform
Transform Selection
Fill...
Stroke...
Last Filter
Fade...
Render
New 3D Extrusion

图 8-11

（7）吸管工具：提取图片颜色作为前景色

（8）污点修复画笔工具：利用样本或图案绘画，以修复图像中的污点及缺损。

（9）仿制图章工具：按住 Alt 键并单击作为样本的位置确定样本，然后以样本进行绘画。

（10）钢笔工具：绘制矢量曲线路径，并能随时调整，在右键菜单中可进一步调整，如图 8-12 所示，主要功能如下：

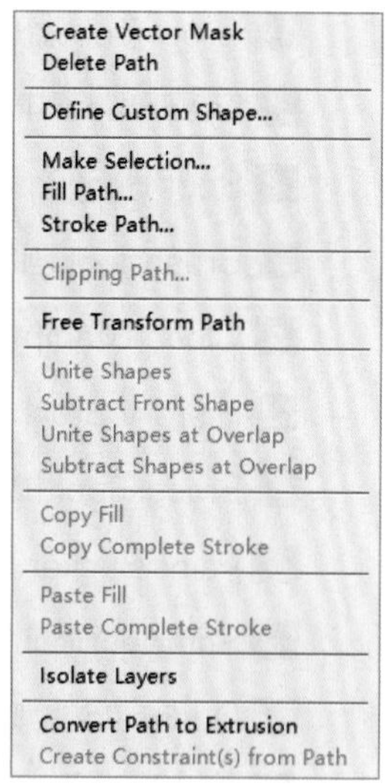

图 8-12

a. Create Vector Mask 建立蒙版，按路径在当前图层创建蒙版。

b. Delete Path 删除路径。

c. Define Custom Shape 创建自定义形状，将路径存储为自定义形状以备使用。

d. Make Selection 建立选区，按路径创建选区。

e. Fill Path 填充路径，以前景色填充当前路径。

f. Stroke Path 描边路径，以前景色对路径描边。

g. Free Transform Path 自由变换路径，对路径自由变换，操作与 Free Transform 相同。

（11）多边形工具：创建矢量多边形形状。

（12）自定义形状工具：创建预设或保存自定义路径的矢量形状。

（13）手型工具：在缩放比例大于 100% 时可用鼠标拖动画布，未选择本工具时也可按住空格键拖动。

（14）缩放工具：Ctrl+= 按整数倍放大，Ctrl+- 按整数倍缩小，Ctrl+ 空格 + 左键放大，Alt+ 空格 + 左键缩小。按住 Ctrl+ 空格拖动鼠标可放大、缩小至任意倍率。

3. Layer Window 图层窗口

一般打开图片后 Photoshop 会将自动图片作为背景锁定，单击图标解锁当前图层，解锁后如图 8-13 所示。

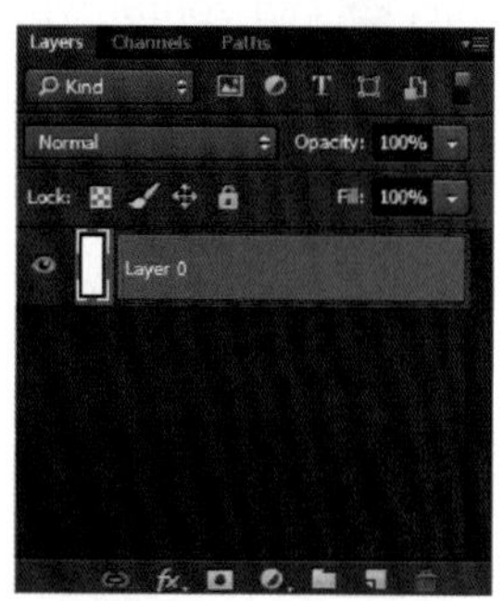

图 8-13

指示图层可见性，单击关闭后可隐藏该图层。

Link layers 链接图层，选择多个图层后链接，可以使其相对位置不变。

Add a layer style 添加图层样式，改变当前图层的效果。

Add a layer mask 添加图层蒙版，蒙版可理解为一个只有灰度的画布，对当前图层有效，效果是在白色处显示当前图层内容，黑色处遮挡图层内容。

Create new fill or adjustment layer 新建图像调整图层。

Create a new group 新建组，将多个图层放进一个组中以便管理。

Create a new layer 新建图层。

Delete layer 删除图层。

在红框处单击鼠标右键，打开图层设置菜单，如图 8-14 所示，主要功能如下。

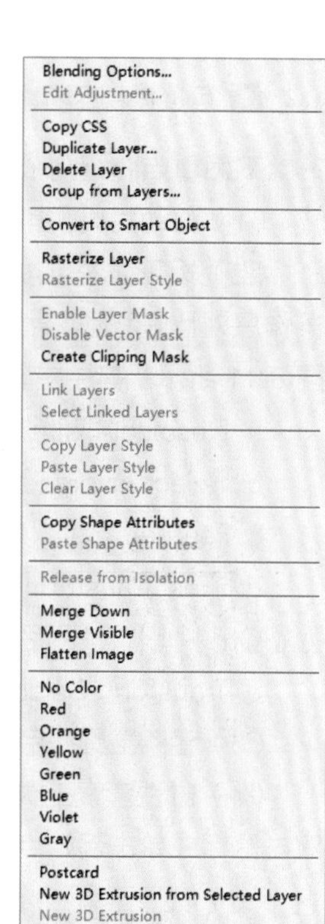

图 8-14

（1）Blending Options 混合选项，和效果相同。

（2）Duplicate Layer 复制当前图层。

（3）Delete Layer 删除图层。

（4）Group from Layer 从图层建立组，和效果相同，但会直接将选中图层加入组。

（5）Rasterize Layer 栅格化图层。

（6）Rasterize Layer Style 栅格化图层样式。

（7）Merge Down 向下合并，将当前图层与其下方图层合并。

（8）Merge Visible 合并可见图层，将未隐藏图层全部合并。

（9）Flatten Image 拼合图像，将所有图层合并。

工具与其他设置的具体用法会结合具体的制作过程进行详细说明，在此不再赘述。

8.3.3 合成贴图与无缝贴图制作

下面首先介绍合成贴图的制作。

1．龙纹石雕

1）选择素材

以实际故宫的浮雕照片为素材，如图 8-15 所示。

2）整体修改

本素材由于透视和镜头变形等原因，不能直接用于贴图，应先对其进行变形，将浮雕主体调整为规范的矩形，去除多余的图像，填补缺失的部分，这是对该素材进行整体修改的基本思路。

用 Photoshop 打开图片，单击图标对当前图层解锁。

首先确定素材中浮雕外围的具体范围，如图 8-16 中红线所示，按【Ctrl+t】组合键对其进行自由变换，按住 Ctrl 键拖动如图 8-17 所示四角处的控制器，使浮雕整体（见图 8-16 红线标出区域）变形为与画布大小近似的矩形，如图 8-18 所示。

图 8-15

图 8-16

图 8-17

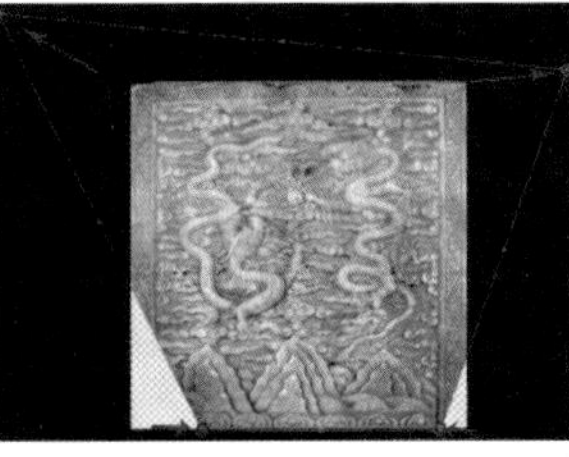
图 8-18

此时在右键菜单中选择变形，在“View”菜单中选择 Show>Grid 选项，打开网格（也可按【Ctrl+'】组合键），通过鼠标拖动，进一步调整图片边缘的弯曲和倾斜，使其和网格线精确对齐，如图 8-19 所示。然后单击 Option 窗口的☑按钮（或者回车键）应用变形，按【Ctrl+'】组合键关闭网格，用裁剪工具选择画布部分，按回车键裁去多余部分，如图 8-20 所示。

选择矩形选框工具，将左上浮雕的如图 8-21 所示部分选中，选择移动工具，然后复制粘贴为新图层，对其垂直翻转后放到如图 8-22 所示的位置，使其边缘和原图对齐，且能补齐原图缺失部分。

图 8-19

图 8-20

右侧、上方边框也做相同处理，然后用裁剪工具向下拖动边缘，如图 8-23 所示，对画布进行扩展，使下端留出余地，将上方边框框选并复制、翻转至如图 8-24 所示位置。

选择移动工具，按住 Ctrl 键并单击左侧边框新复制出的图像，选择其所在图层，选择仿制图章工具，按住 Alt 键在如图 8-25 所示位置单击取样，然后在上方对应位置以样本进行绘画，填补空缺并使边缘过渡自然，如图 8-26 所示。之后对其他的几处边缘也做相同处理。

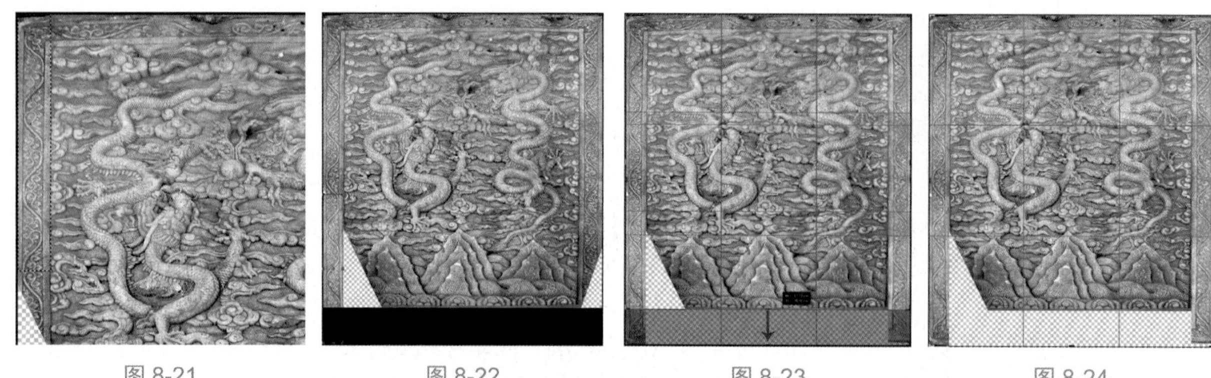

图 8-21　图 8-22　图 8-23　图 8-24

现在对图层进行一下整理，将新复制出的三个图层按住 Ctrl 键同时选中，在图层窗口单击鼠标右键，选择“Merge Layers”选项合并图层，如图 8-27 所示。然后选择浮雕主体所在图层，用矩形选框工具选择浮雕主体，按【Ctrl+t】组合键对其自由变换，如图 8-28 所示，向下拉伸至填满下方空白。

接下来处理图片中浮雕主体左下方的空白部分。选择仿制图章工具，按图 8-29 所示方式修补图像。

如图 8-30 所示，继续使用仿制图章工具用附近图像填补空白区域。

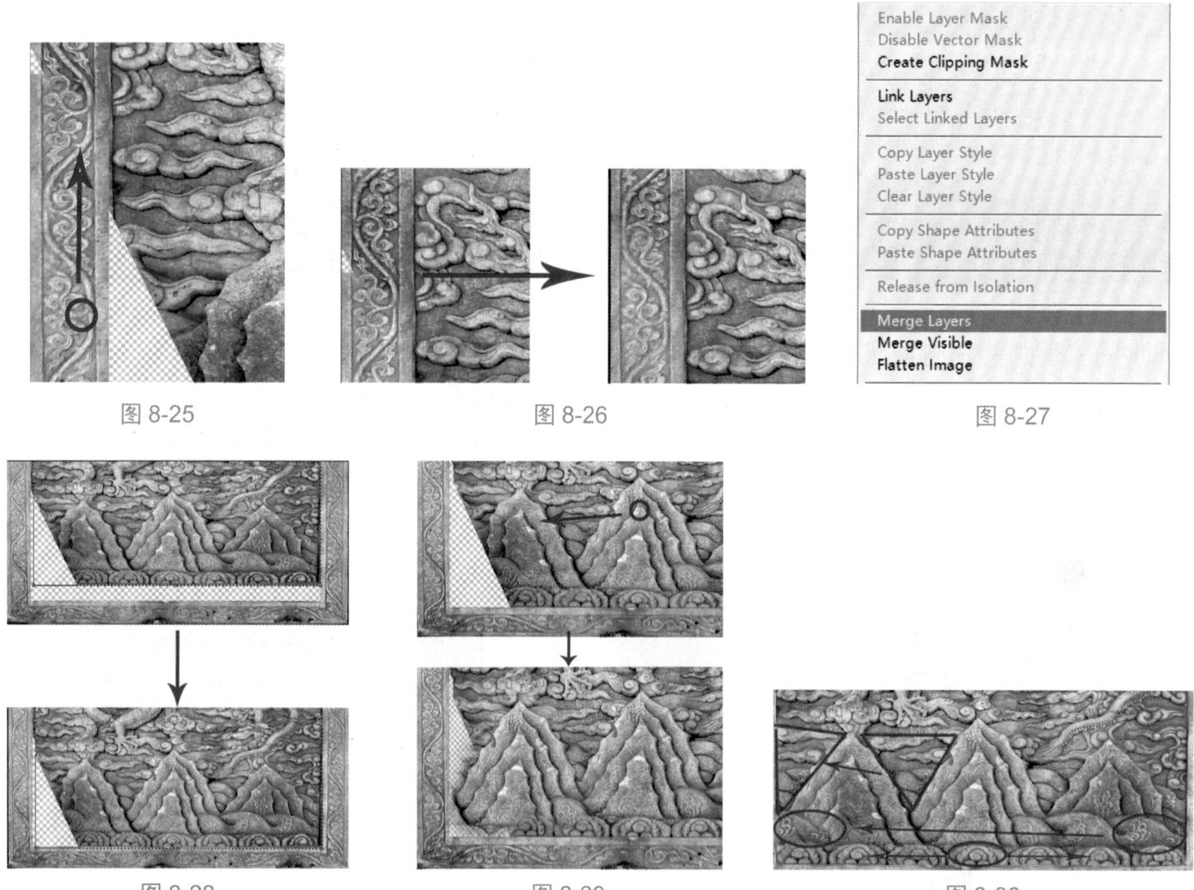

图 8-25　图 8-26　图 8-27

图 8-28　图 8-29　图 8-30

3）细节修复

至此，整张贴图的整体效果已经很好了，但由于被摄物体年代久远，有多处污点及缺损，同时拍摄时透视偏大，导致焦点位于照片下部，上半部分由于失焦显得模糊，这也是由于整个龙纹浮雕整体细长，普通拍摄方法很难拍摄出完整而清晰的素材所致，因此这里需要对这一部分细节进行修复。选择污点修复画笔工具，调小笔刷大小，类型选择内容识别，在画面中不自然的位置上进行涂抹。为了避免修复后变成一片模糊，不要一次将修改区域全部覆盖，而应该按照浮雕应有的纹理进行涂抹，同时也可以配合之前提到的仿制图章工具，复制周围类似图像，保证纹理的清晰。之后针对失焦问题，选择锐化工具，在模糊的区域涂抹，直至获得一个比较好的效果，要注意不要矫枉过正，使图片过于锐利而失真，如图 8-31 和图 8-32 所示。

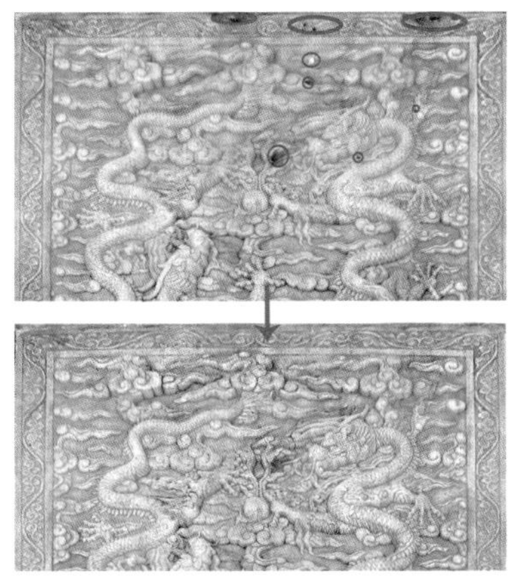

图 8-31

图 8-32

最后，保存一份 PSD 工程文件以便之后修改，在“File”菜单中选择“Save”选项，命名为 curved_stone，在“Image”菜单中选择“Image Size”选项，单位选择“Pixels”，勾选保持长宽比，调整分辨率为 1024 × 1185，单击“OK”按钮，如图 8-33 所示。

在“File”菜单中选择“Save As”选项，存到统一的 Texture 文件夹，命名为 carved_stone，JPG 选项设置如图 8-34 所示。

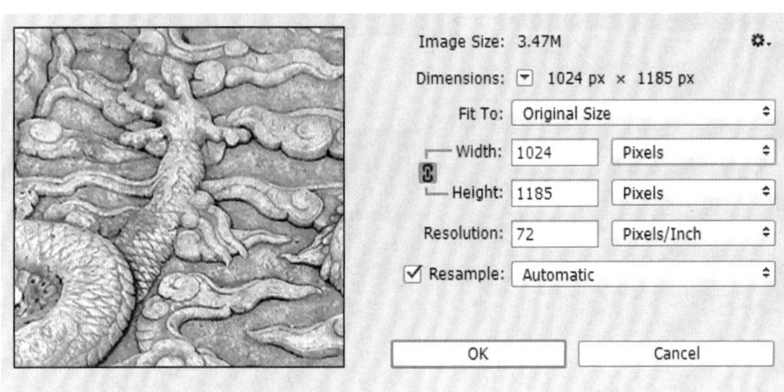

图 8-33

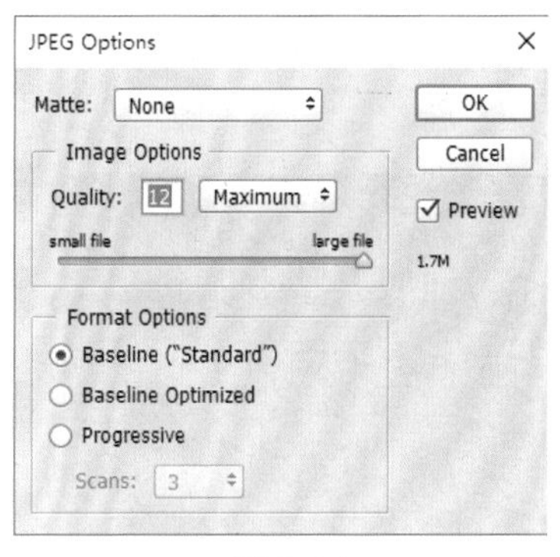

图 8-34

2．宫殿门脸

1）选择素材

以同是古代皇家宫殿建筑的故宫数个主要宫殿门脸为素材，进行拼接、改造，以确保纹理贴图的准确性，同时也因为该贴图会大量用于本工程的各个建筑，因此对贴图的精细程度要求也极高，如图 8-35～图 8-38 所示。

图 8-35

图 8-36

2）确定整体结构

用 Photoshop 打开图 8-37，因为它相较于其他图片在保证清晰度的情况下包含了几乎全部的结构，所以以它作为各个结构位置的参考。

先确定门脸主体的结构，如图 8-39 中红线所示（为使线条清晰图片已处理），对图层解锁，按【Ctrl+t】组合键对其自由变换，调整至适应画布大小，用裁剪工具裁去多余部分，如图 8-40 所示。

为确保图片像素不会在制作时被压缩，按【Ctrl+Alt+i】组合键将画布锁定比例，高度调为 4096 像素，如图 8-41 所示。

从以上几张图片可以看出，门脸多为四扇门加上方的三面窗的结构，门框、窗框上的镀金花纹类似，可归为一类；门下部和上部的龙纹雕刻图案可归为一类；门、窗的镂空雕花可归为一类。

3）制作贴图

将图 8-38 拖入当前工作区域，按住 Shift 键对它进行大小调整，保证其长宽比不变，将其调整到适当位置，与原图对应位置大致重合，如图 8-42 所示，按回车键应用变换。

图 8-37

图 8-38

图 8-39

图 8-40

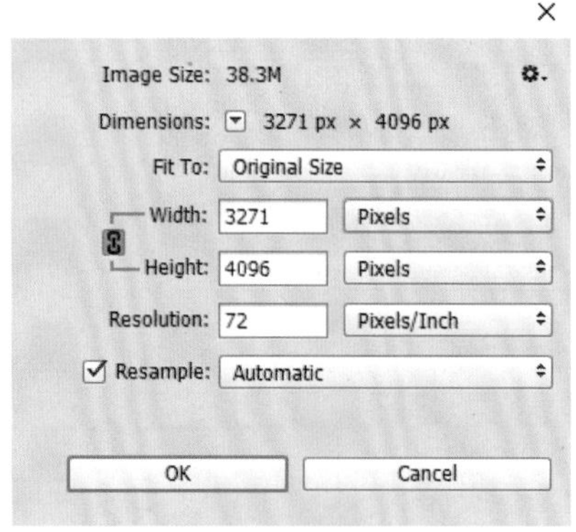

图 8-41

图 8-42

按【Ctrl+t】组合键对其自由变换，选择右键菜单中的变形，Ctrl+ 打开网格，将其边线与网格线精确对齐，如图 8-43 所示。

栅格化当前图层，用选框工具选出多余部分并删除，再选择魔棒工具，在 Option 窗口中将“Tolerance”容差改为 32，选出左侧阴影部分并删除，进一步细化图像，如图 8-44、图 8-45 所示。

对图片进行简单分析不难发现，以它为素材，经过简单的处理就可可以很快地制作出除镂空窗花外的整体门框和装饰。

首先对下部缺失进行修补。选择上部的龙纹装饰部分，如图 8-46 所示，将其复制并移至下部如图 8-47 所示的位置，使边缘位置准确对齐，并适当对其变形以保证花纹的连贯与自然。

选择仿制图章工具，将如图 8-48 所示位置作为样本，为避免在绘制过程中避免画出多余图像，要进行多次取样、绘制，并在右键菜单中适当改变笔刷大小、硬度及 Option 窗口中的透明度，以达到如图 8-48 所示效果，对右侧边框作相同处理。

图 8-43

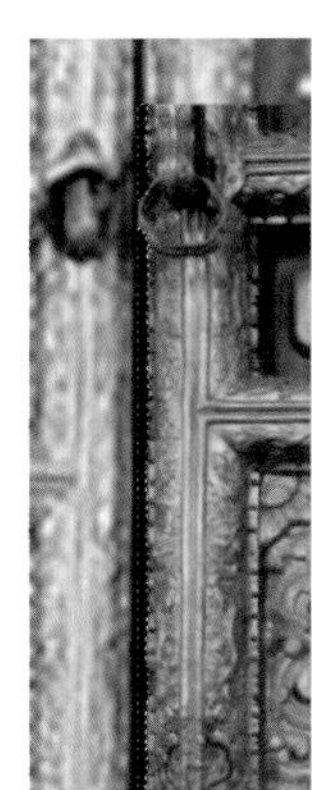
图 8-44

图 8-45

图 8-46

图 8-47

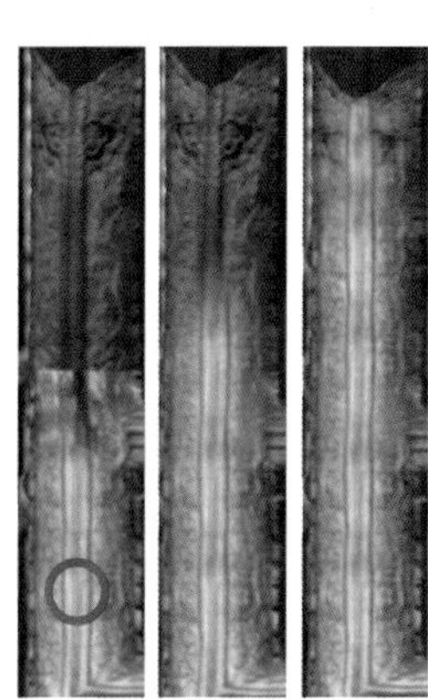
图 8-48

框选右侧边框如图 8-49 所示位置，复制后水平翻转并移至左侧对应位置，擦去多余部分，将其所在图层向下合并，对边缘用仿制图章处理，使其过渡自然，如图 8-50～图 8-52 所示。

图 8-49

图 8-50

图 8-51

图 8-52

使用磁性套索工具选出如图 8-53 的选区，选择套索工具，按住 Shift 键框选为增加选区，按住 Alt 键框选为减去选区，修改边缘至图 8-54 所示，然后删除选区中内容，如图 8-55 所示。

按【Ctrl+t】组合键自由变换，将图像向下拉伸至参考图对应位置，选择仿制图章，在如图 8-56 所示的红圈位置取样，修补图像，如图 8-57 所示。

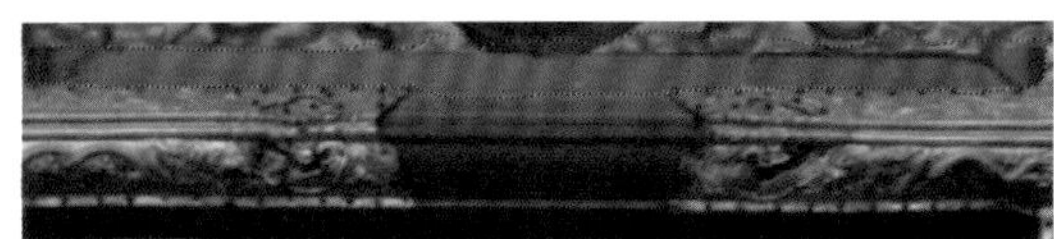
图 8-53

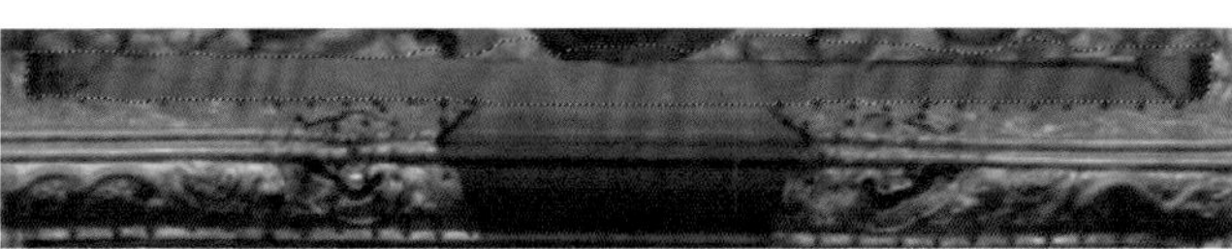
图 8-54

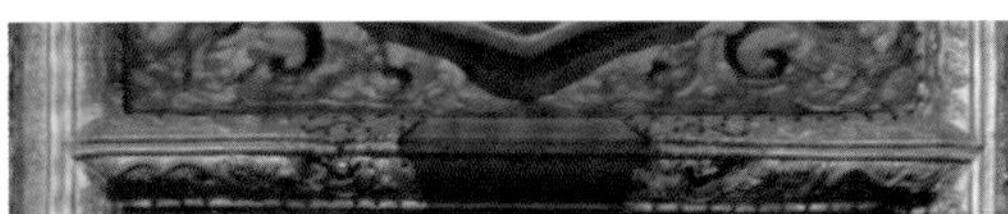
图 8-55

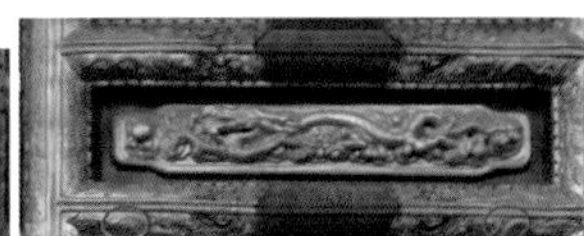
图 8-56

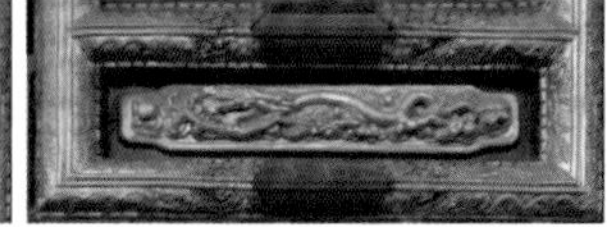
图 8-57

至此下部装饰修补完毕。

接下来对门框及上部装饰进行修补。将图层向下合并，选中两侧门框如图 8-58 所示位置，复制到图 8-59 中对应位置，同样用图章对边缘进行优化。

再复制一次选框中的内容，垂直翻转后移至图 8-60 中对应位置，移动时按住 Shift 键，可以使其在水平或垂直方向移动，以避免出现偏移。

图 8-58

图 8-59

图 8-60

选择如图 8-61 中红色门框部分，对其进行阵列变换。具体方法为按【Ctrl+Alt+t】组合键，复制并进行自由变换，将其竖直向下移动至如图 8-62 中合适位置，按回车键应用变换。

按【Shift+Ctrl+Alt+t】组合键，会按照上一次的变换方式再次对图片进行复制并变换，重复按【Shift+Ctrl+Alt+t】组合键，阵列出整个门框，如图 8-63 所示。

上方装饰与下方制作方式相同，在此不再赘述。至此，门框部分完成，如图 8-64 所示。

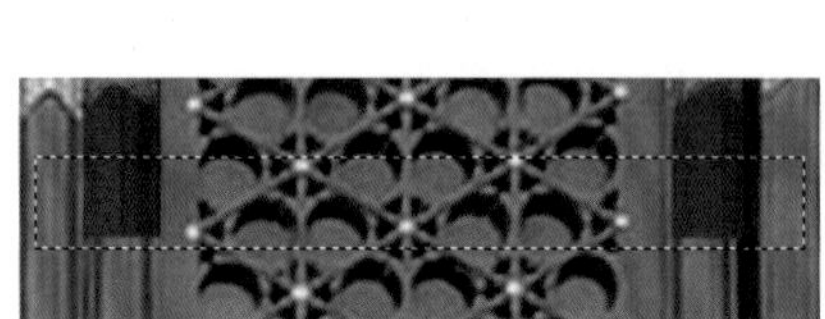

图 8-61

图 8-62

图 8-63

图 8-64

接下来开始制作镂空窗花。不难看出窗花为一个基本型进行多次阵列变换的结果，为保证图片分辨率及之后便于调整，选择用矢量方法制作基本型。

新建一个文件，大小随意，选择多边形工具，将 Option 窗口中的边数设为 6，在选项中勾选星形，用鼠标拖动出如图 8-65 所示的形状，拖动时按住 Shift 键以保证为正形状。

选择转换点工具，单击该形状，可以看到顶点处的控制点，拖动控制点可使折线变为曲线，如图 8-66 所示。调整各个点，使星形变为图 8-67 所示的形状。

选择直接选择工具，框选如图 8-68 所示中的 6 个点，按【Ctrl+t】组合键自由变换，在 Option 窗口中按下锁定长宽比，在拖动鼠标对这 6 个点进行放大，之后再对各个点微调至图 8-69 中所示效果。

选择多边形工具，将变数改为 3，取消选中星形，建立一个正三角形。将三角形移至图 8-64 中所示位置，然后选择路径选择工具点选三角形，将“Path operations”选项改为“Subtract Front Shape”，实现如图 8-70 所示中效果。

图 8-65

图 8-66

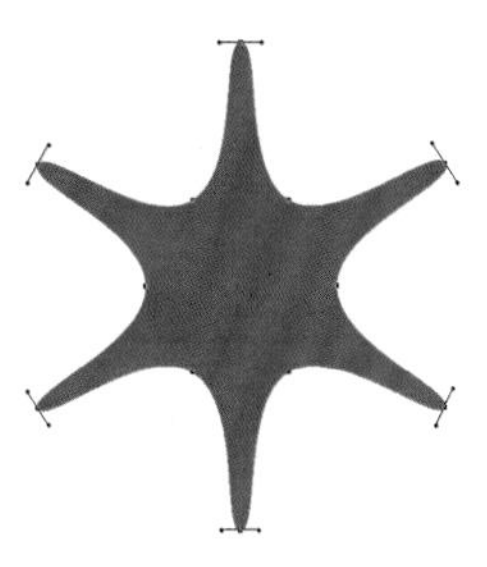
图 8-67

选择转换点工具，将三角形的一边变为图 8-71 所示的形状。

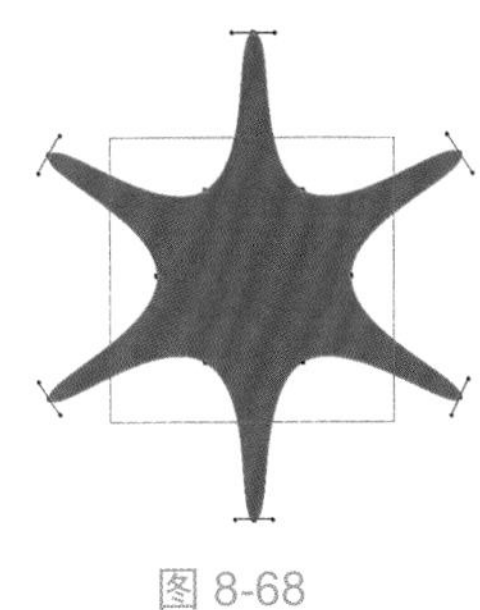
图 8-68

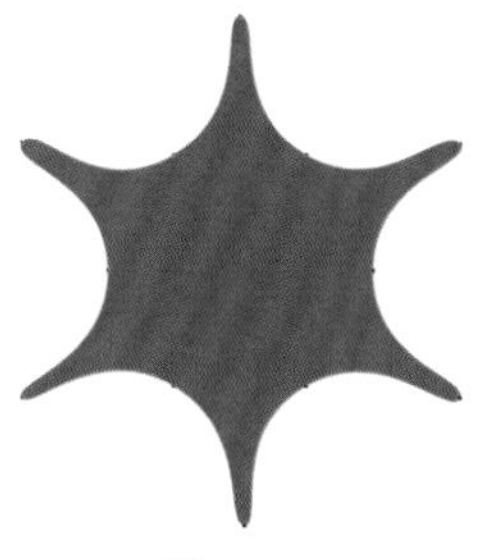
图 8-69

图 8-70

图 8-71

选择直接选择工具，按住 Shift 键选中三角形的三点，对其进行旋转阵列变换。具体操作：首先按【Ctrl+Alt+t】组合键，对三角形复制并自由变换。按住 Alt 键拖动鼠标，可移动旋转中心，将旋转中心点拖动至整体形状中心。在 Option 窗口中，将 0.00 中数值改为 60，然后按回车键应用变换。最后连续按【Shift+Ctrl+Alt+t】组合键完成旋转阵列变换，如图 8-72 所示。在右键菜单中选择“Define Custom Shape”选项，将其转换为自定义形状。

回到之前的文件，选择自定义形状工具，在 Option 窗口中的 Shape: 下拉菜单中找到刚刚创建的形状，在图 8-73 中对应位置创建形状。

沿竖直方向阵列变换，注意第一次变换时的位置，避免阵列末端偏差过大，如图 8-74 所示。然后横向复制并调整位置，完成整面镂空雕花，如图 8-75 所示。

选择当前所有形状图层并合并，用矩形选框工具框选出如图 8-76 所示的镂空雕花范围，单击按钮添加图层蒙版。

图 8-72

图 8-73

图 8-74

图 8-75

图 8-76

双击 Shape 1 copy 图层图标，打开 Color Picker 拾色器，直接单击图中门框位置，将雕花颜色统一，如图 8-77 所示。

按住 Ctrl 键单击 Shape 1 copy 图层蒙版图标，选择蒙版范围到选区，新建图层，将颜色变暗，按【Alt+

Delete】组合键填充选区，然后将新图层放到形状图层下方，如图 8-78 所示。

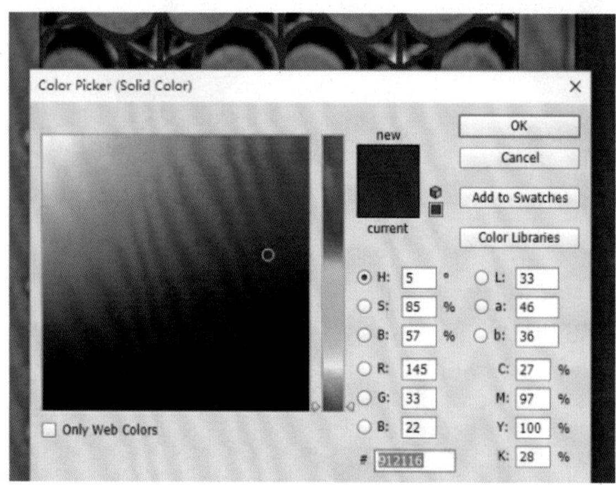

图 8-77

图 8-78

单击fx按钮选择“Blending Options”添加图层样式，也可双击图层空白处打开图层样式，对当前图层添加内阴影，具体设置如图 8-79 所示。

选择雕花所在图层，添加图层样式，具体设置如图 8-80、图 8-81 所示，最终效果如图 8-82 所示。

新建图层，放在所有图层下面，框选出门框与雕花间空白区域，填充为略深于门框颜色，如图 8-83 所示。

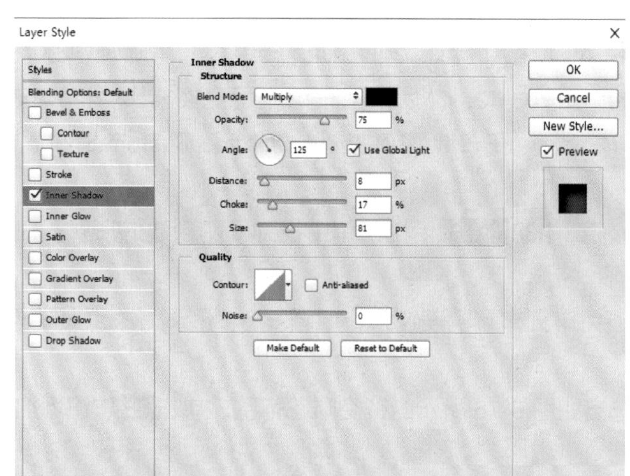

图 8-79

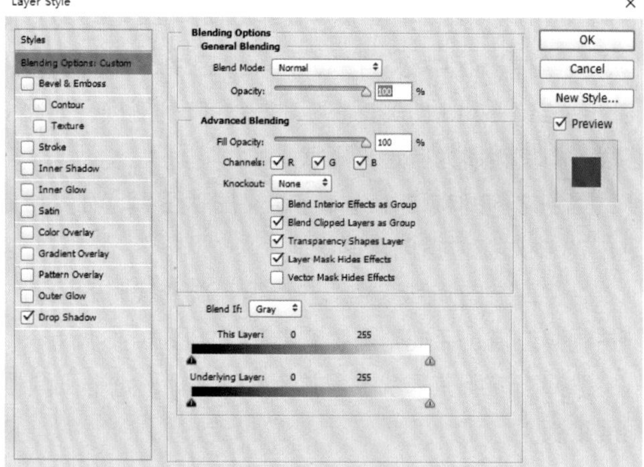

图 8-80

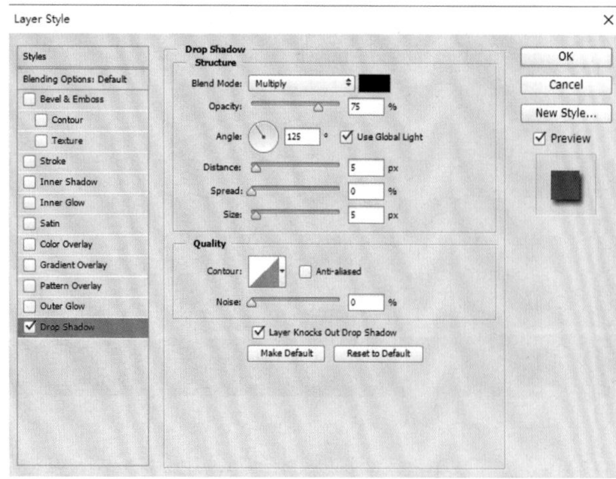

图 8-81

图 8-82

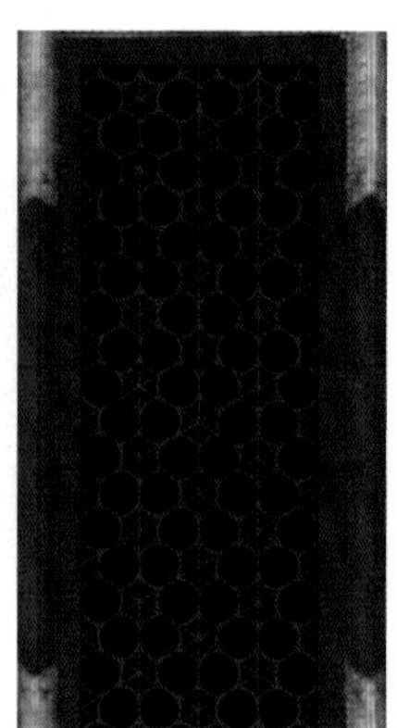

图 8-83

将所有图层放入同一组内，复制出三个组，通过自由变换翻转、移动，将其他三扇门补全，用仿制图章擦去左右侧门的把手，效果如图 8-84 所示。

另存一份 PSD 文件，将四扇门合并为一个图层，添加图层样式，设置如图 8-85 所示。

图 8-84

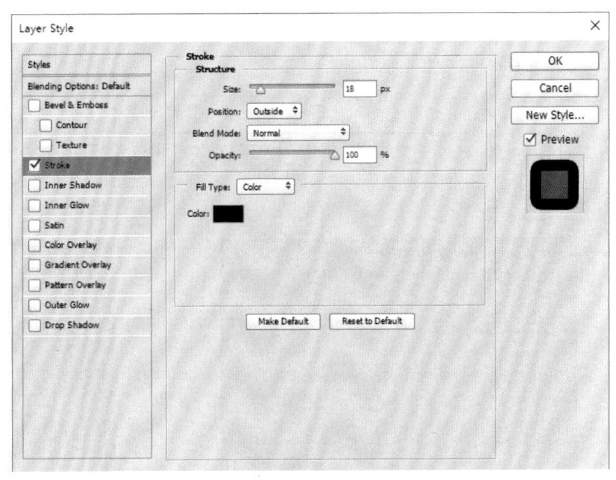

图 8-85

新建图层，置于最下面，颜色填充为略暗于门框，添加图层样式，设置如图 8-86 所示。

然后右击图层，选择“Rasterize Layer Style”栅格化图层样式。

新建图层，使用矩形选框框选并按住【Ctrl+Alt】组合键单击减去门的区域，选出如图 8-87 所示的区域，用笔刷工具上色。

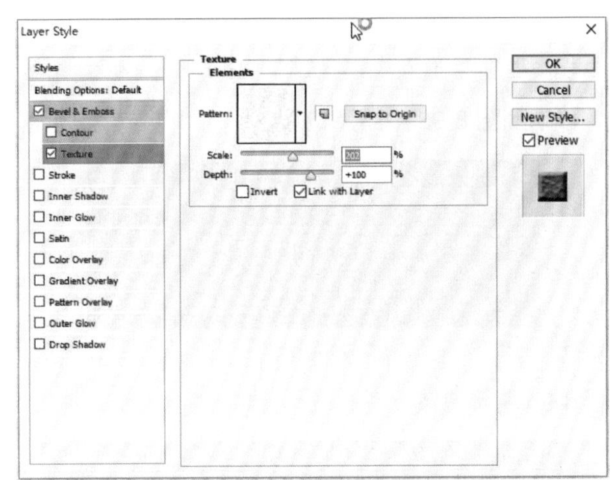

图 8-86

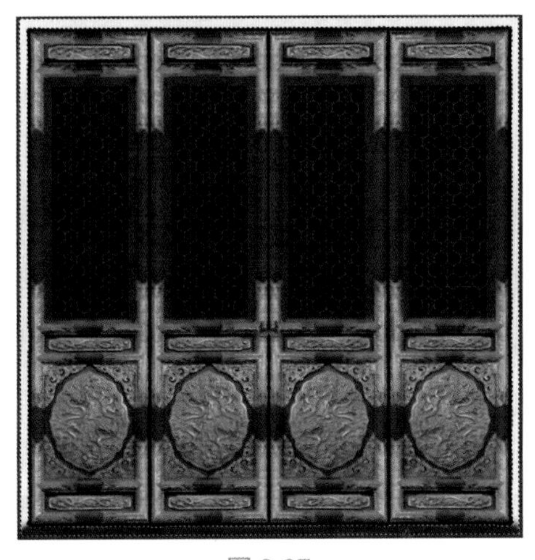

图 8-87

添加图层样式，设置如图 8-88 和图 8-89 所示。

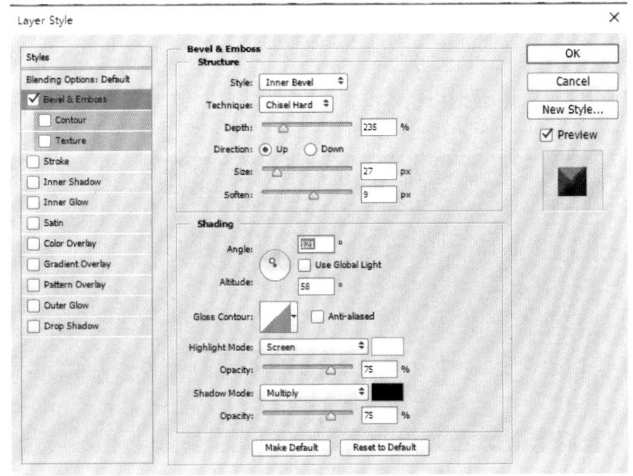

图 8-88

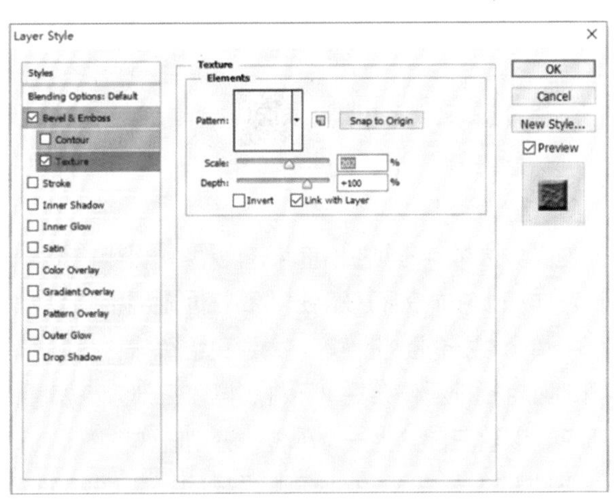

图 8-89

窗户的做法与门类似，最终效果如图 8-90 所示。

按【Ctrl+Alt+i】组合键调整图片分辨率，保持长宽比，将宽度改为 1024 像素，命名为 door1，另存为 JPG 格式文件。

3．窗户

1）选择素材

对比图 8-91 与之前门的素材不难发现，窗和门的区别仅在于没有下方龙纹装饰，因此对门做简单处理即可得到窗户贴图。

图 8-90

图 8-91

2）贴图制作

打开之前门脸的 PSD 文件，将图 8-92 框选部分剪切，移动到图 8-93 中所示位置。

图 8-92

图 8-93

擦去多余部分（见图 8-94），将边框自由变换，调至图 8-95 所示位置。

图 8-94

图 8-95

调整分辨率，长边改为 1024 像素，命名为 window，另存为 JPG 格式文件。

4．石雕栏杆

1）选择素材

为减少面数，本项目中的栏杆模型，每排栏杆都是两个长方体加上中间的石柱部分，石柱间距离相同，但每排栏杆中单个栏杆的数量不等。为避免给每排栏杆制作单独贴图，可将栏杆看作石栏、石柱、浮雕三部分，如图 8-96 中所示，以这三部分为一个单位，分别制作贴图。

图 8-96

以故宫中栏杆及其他石雕栏杆的摄影图片为素材，

结合本项目中栏杆的 3D 模型，对素材进行处理，如图 8-97 和图 8-98 所示。

2）分析素材

图 8-97 中石栏部分可以经过简单处理直接使用，但石柱、浮雕由于分辨率原因，只能作为参考，另找素材制作贴图。

图 8-98 是一个很好的浮雕素材，但由于拍摄距离近，透视较大，并且需要做成平面的无缝贴图，也需要进行多次处理。

图 8-97

图 8-98

3）石栏制作

将图 8-97 用 Photoshop 打开，选出如图 8-99 所示部分，选择移动工具，按【Ctrl+c】组合键复制，然后按【Ctrl+n】组合键新建文件，文件分辨率会自动设置为复制内容大小，按【Ctrl+v】组合键粘贴，如图 8-100 所示。

图 8-99

图 8-100

模型中没有中间的结构，且中间部分为空，将如图 8-101 所示区域框选出来并删除，然后用仿制图章覆盖多余图像，效果如图 8-102 所示。

图 8-101

图 8-102

选择磁性套索工具沿如图 8-103 所示轨迹选出多余的远景，用套索工具修改选区直至边缘与石雕边界一致，删除多余内容。

图 8-103

对比模型不难发现，贴图的长宽比较小，因此下面对其进行加长处理。

选择裁剪工具，向右扩展画布，框选出如图 8-104 所示部分，复制到新图层，移动到右侧所示位置，如图 8-105 所示。

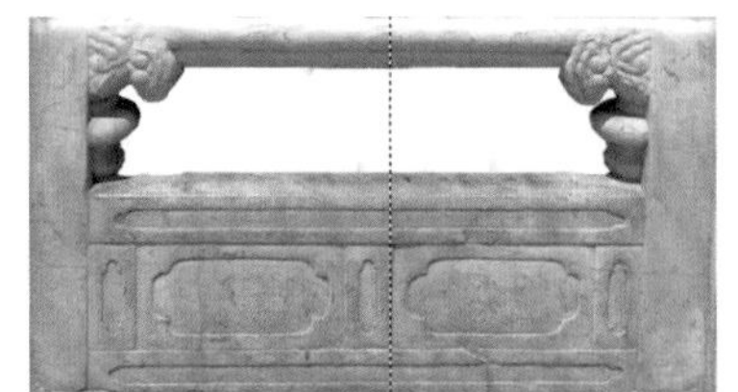
图 8-104

图 8-105

使用仿制图章按图 8-106 所示方式修补图像，删除多余部分，并合并图层，用图章修改边缘，完成效果如图 8-107 所示。

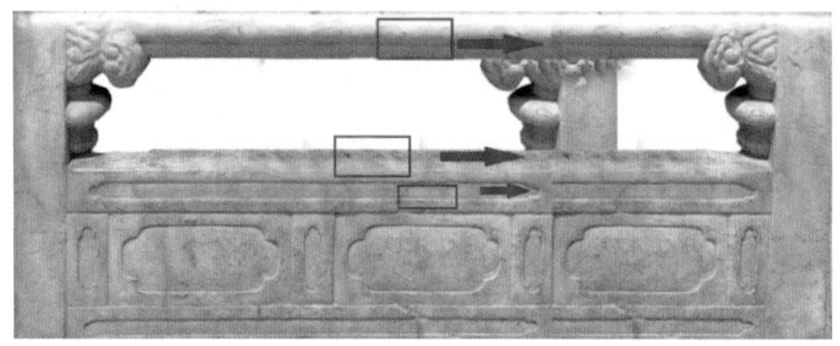
图 8-106

图 8-107

向上扩展画布，框选出左侧部分，复制到如图 8-108 和图 8-109 所示位置。

图 8-108

图 8-109

用图章修改图像，使空白部分被填满，如图 8-110 所示。

在石栏主体所在图层框选出如图 8-111 所示区域，复制到新图层。

图 8-110

图 8-111

添加图层样式，设置如图 8-112 所示。

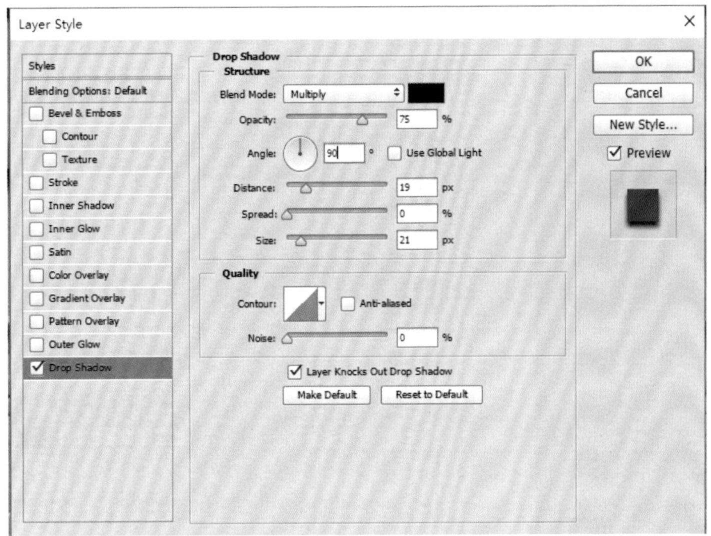

图 8-112

右击图层，选择栅格化图层样式，用橡皮擦去多余部分，如图 8-113 和图 8-114 所示。

图 8-113

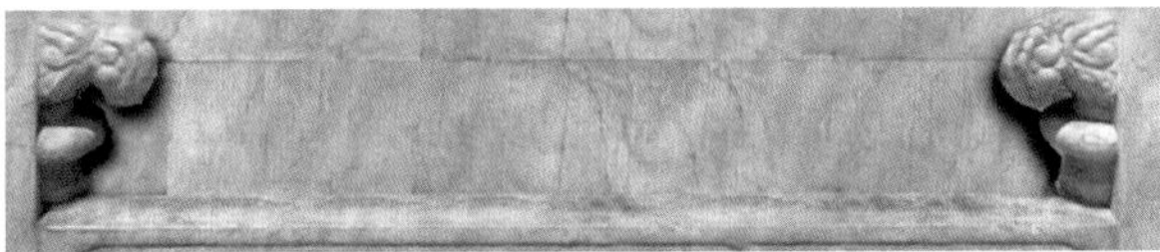

图 8-114

保存 PSD 文件，修改图片分辨率，保持长宽比，长边改为 1024 像素，另存为 JPG 格式文件，命名为 handrail1，如图 8-115 所示。

4）石柱制作

选择如图 8-116 所示区域，复制到新文件。

图 8-115

图 8-116

由于原图分辨率较低，将其作为参考，重新制作一张贴图。制作思路为以图中纹路为分界线，将石柱分为两部分，再通过添加图层样式，实现雕刻效果，最后整体修改材质表现及色调。

首先将图像长边分辨率改为 4096 像素，用磁性套索工具选取、套索修改边缘，选出如图 8-117 所示选区。

用吸管工具选取底图颜色，新建图层并填充，如图 8-118 所示。

添加图层样式，设置如图 8-119 和图 8-120 所示，最终效果如图 8-121 所示。

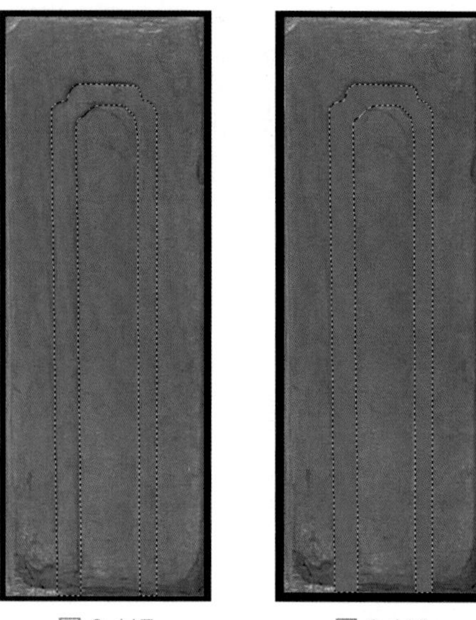

图 8-117　　图 8-118

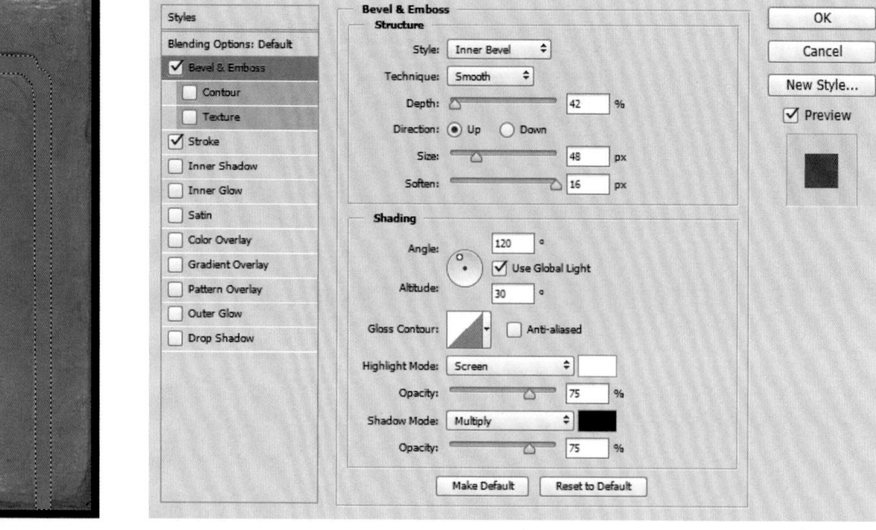

图 8-119

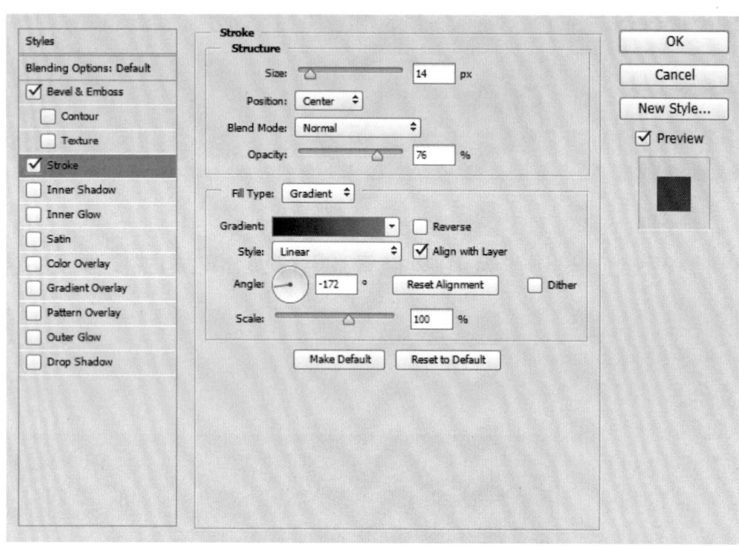

图 8-120

图 8-121

反选当前选区，新建图层，填充选区，然后添加图层样式，设置如图 8-122 和图 8-123 所示，完成后效果如图 8-124 所示。

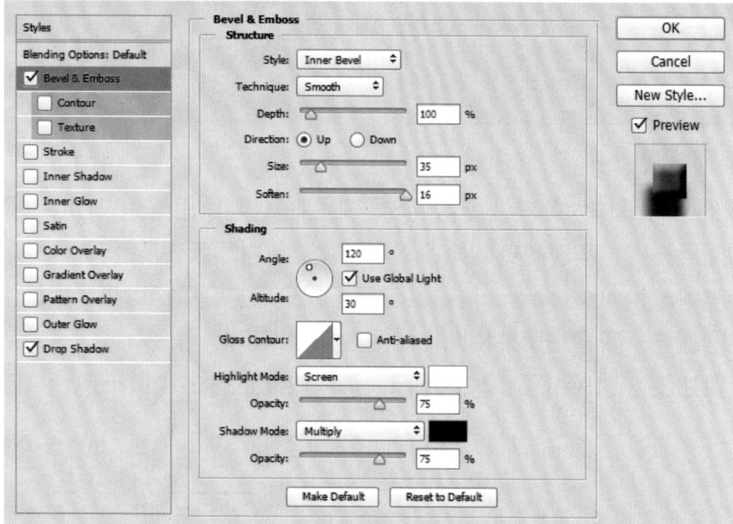

图 8-122

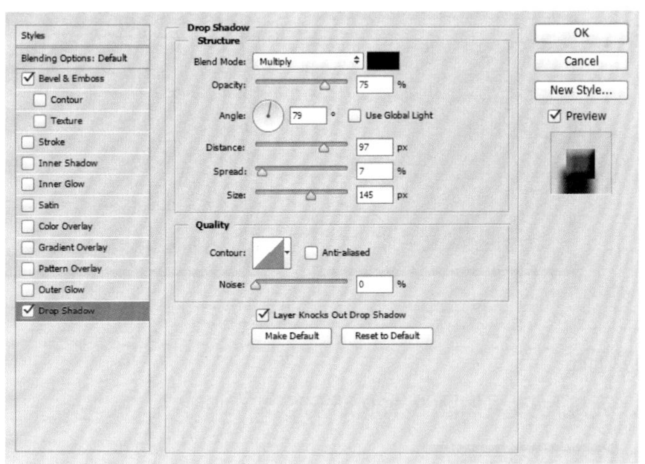

图 8-123

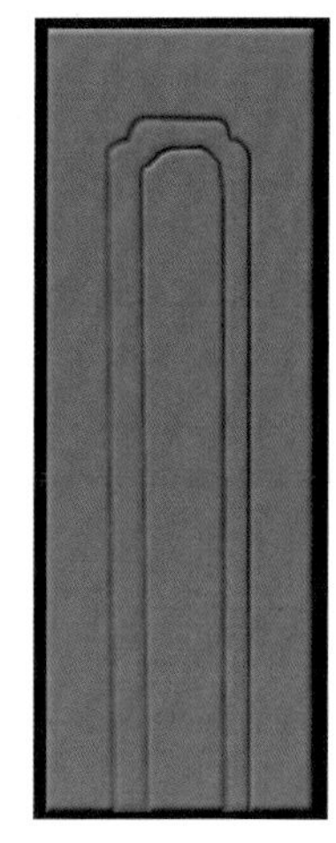

图 8-124

按【Ctrl+j】组合键复制当前图层，将图层模式改为“Overlay”。

下载一张汉白玉材质的图片，如图 8-125 所示，导入当前文件中，将图层模式同样改为“Overlay”叠加，完成后效果如图 8-126 所示。

单击按钮新建图像调整图层，选择“Curves”曲线，通过鼠标拖动整体调整图像色调，调整至如图 8-127 所示。

最终效果如图 8-128 所示。

图 8-125

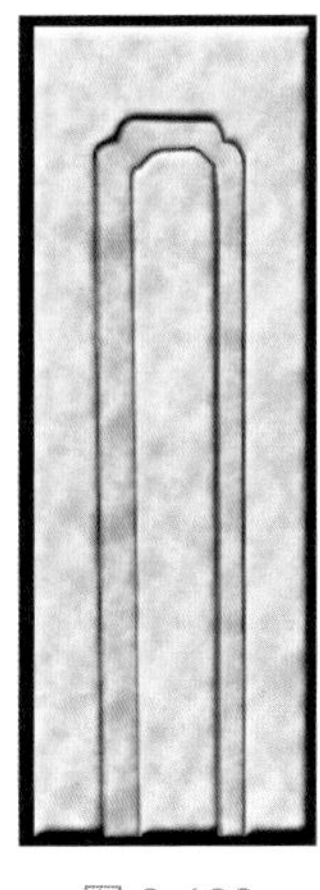

图 8-126

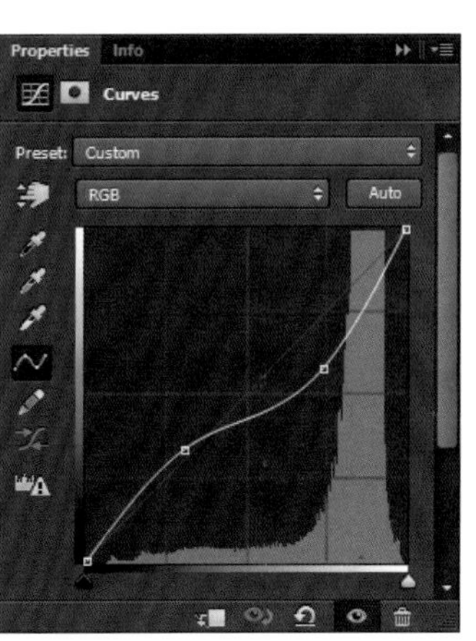

图 8-127

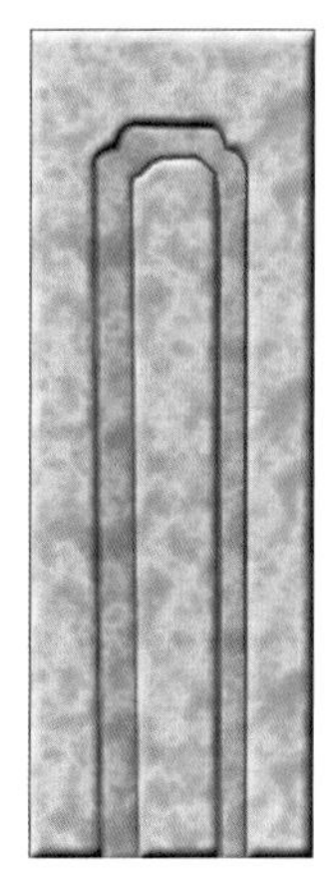

图 8-128

5）浮雕制作

打开浮雕素材（见图 8-98），用磁性套索工具选出主体，反选选区，删除其他部分，如图 8-129 所示。

对图像进行自由变换、变形，使上下边缘水平，如图 8-130 所示。

由于两侧花纹变形较严重，只有部分可作为样本，所以选择仿制图章工具，以图 8-131 中所示位置为样本，使用仿制图章补全花纹，过程如图 8-132～图 8-136 所示。

图 8-129

图 8-130

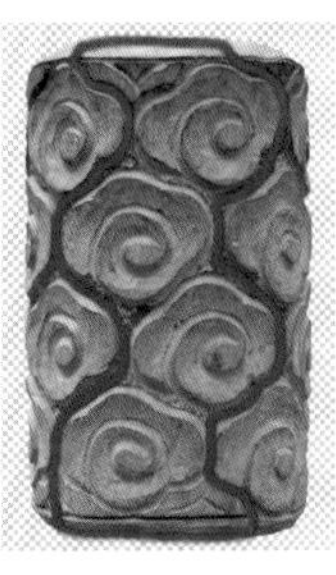

图 8-131

图 8-132

图 8-133

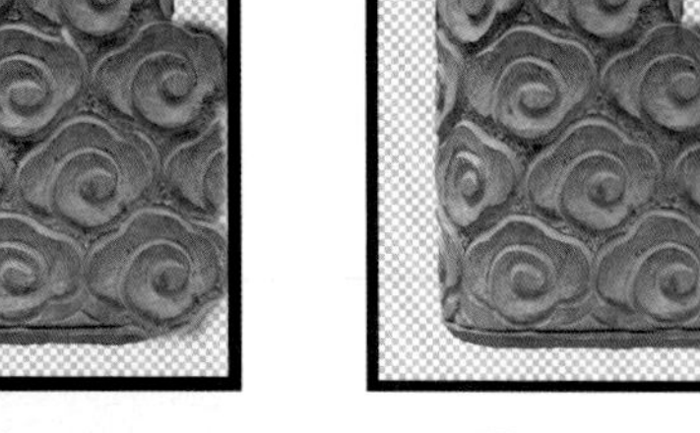
图 8-134

图 8-135

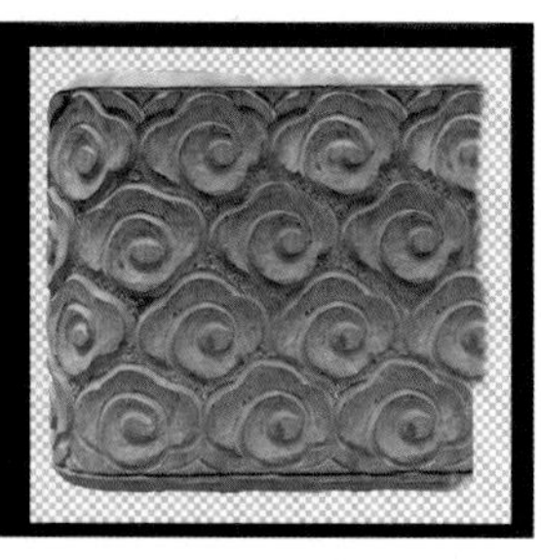
图 8-136

选择裁剪工具，如图 8-137 所示，向右扩展画布。

选择如图 8-138 所示区域，向右阵列变换，完成后效果如图 8-139 所示。

图 8-137

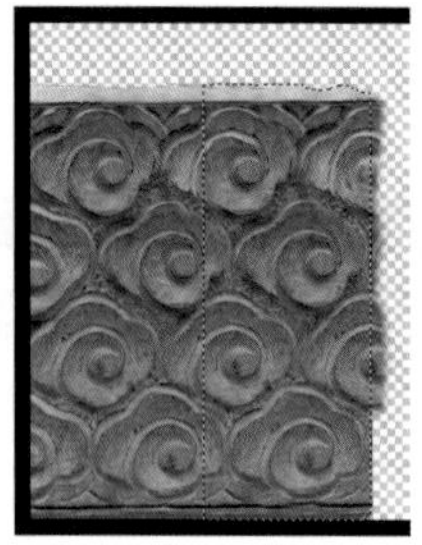
图 8-138

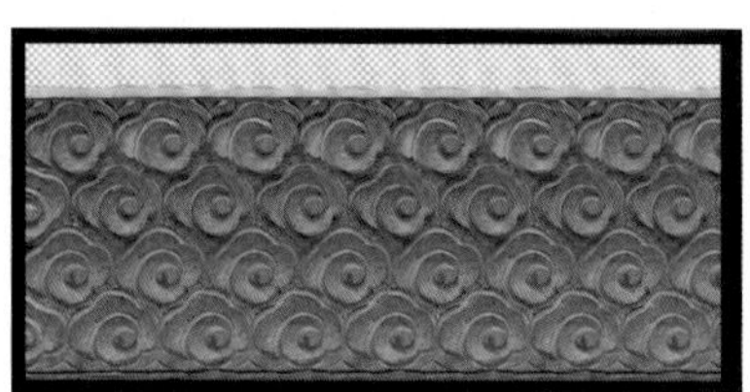
图 8-139

合并所有图层。

裁剪掉左侧部分，框选右侧如图 8-140 所示部分，剪切到新图层。

将原图层移至右侧，新图层移至左侧，如图 8-141 所示位置，确保边缘尽量重合，合并图层，用图章修补边缘，以保证贴图在模型上不会出现接缝（见图 8-142）。裁剪掉空白部分，将上方填充颜色并添加图层样式，设置如图 8-143 所示。

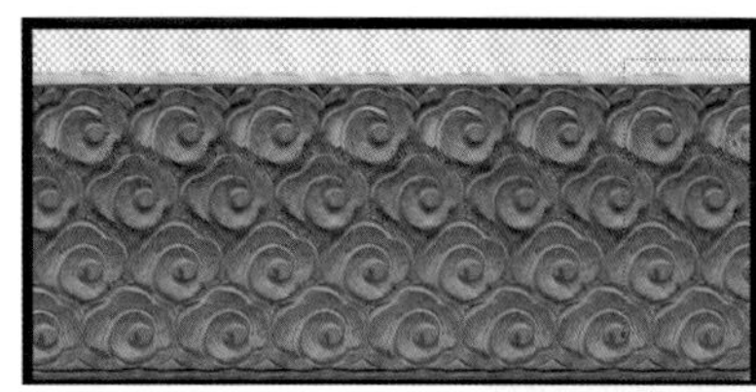
图 8-140

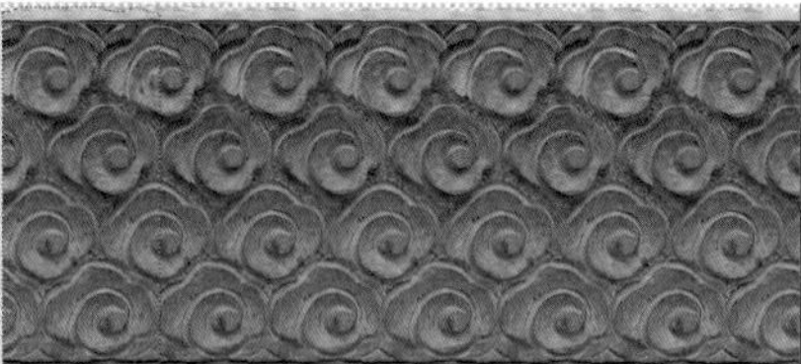
图 8-141

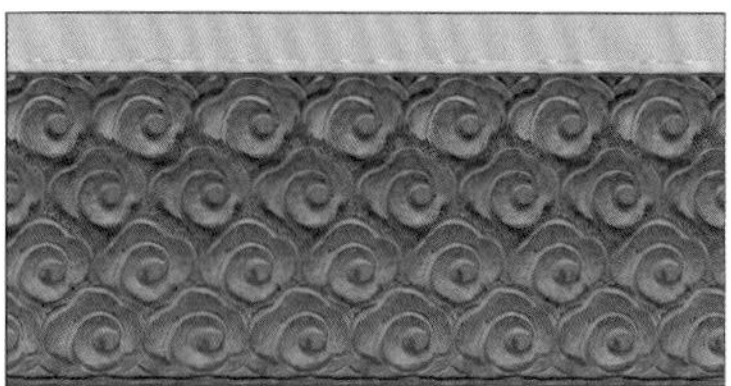
图 8-142

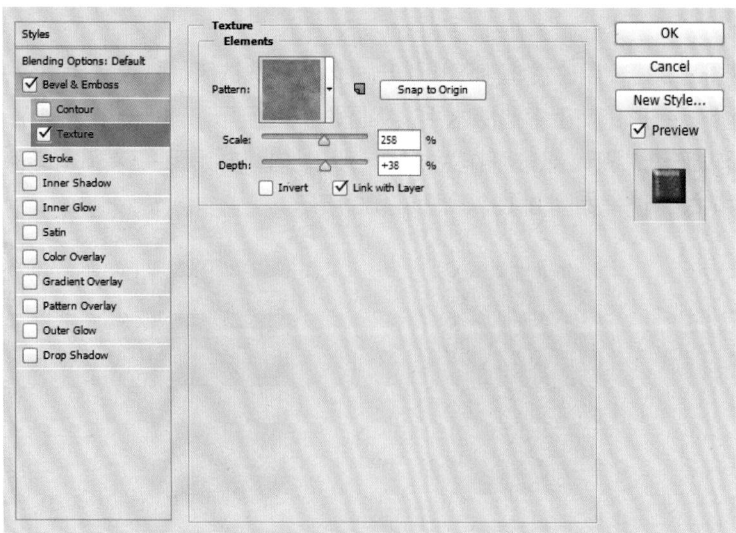

图 8-143

在“Image”菜单中选择 Adjustments>Hue/Saturation（Ctrl+u）选项，将“Saturation”调为最低，所有图层都做此处理，完成后效果如图 8-144 所示。

添加曲线调整图层，调整如图 8-145 所示。

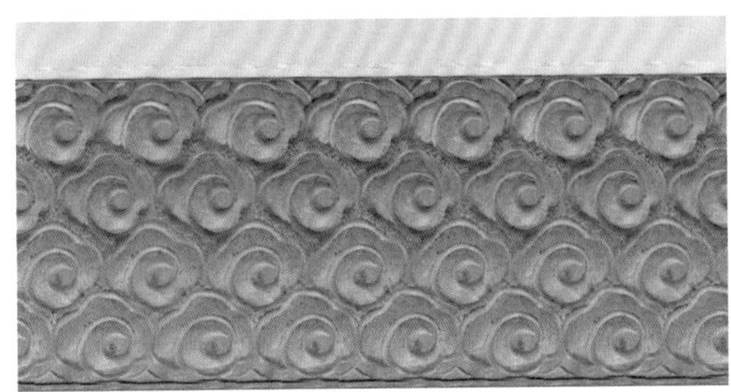

图 8-144

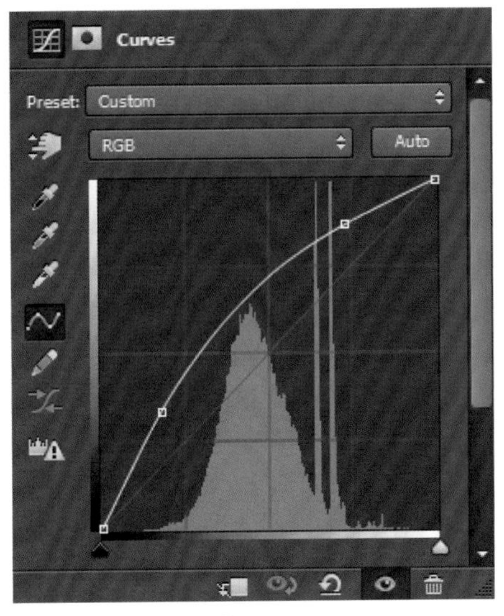

图 8-145

保存文件，调整分辨率，长边改为 1024 像素，另存为 JPG 格式文件，命名为 handrail3。

5. 城楼大门

1）选择素材

素材如图 8-146 所示。

2）贴图制作

原素材已基本满足要求，但宽度较短，需要对其进行加宽。

用 Photoshop 打开图片，解除图层锁定，向右扩展画布，框选出如图 8-147 中所示选区，并将选区内容向右移动，如图 8-147、图 8-148 所示。

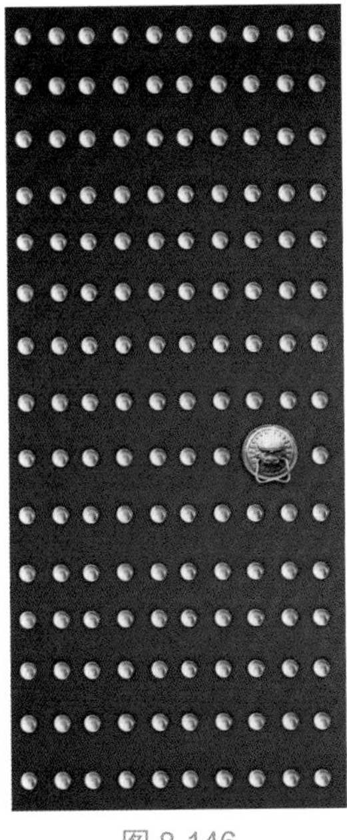

图 8-146

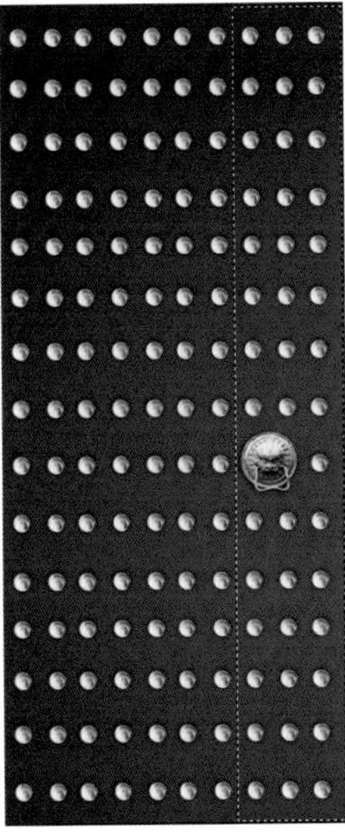

图 8-147

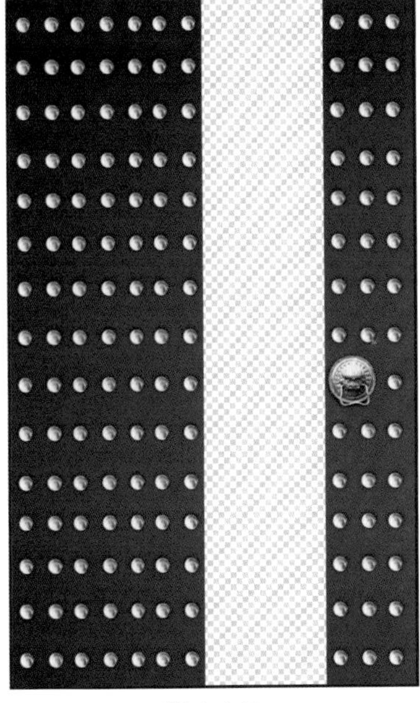

图 8-148

框选出如图 8-149 所示部分，向右阵列变换，效果如图 8-150 所示。

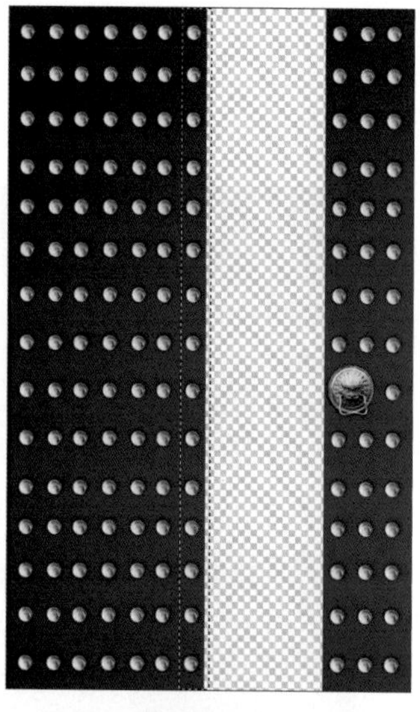
图 8-149

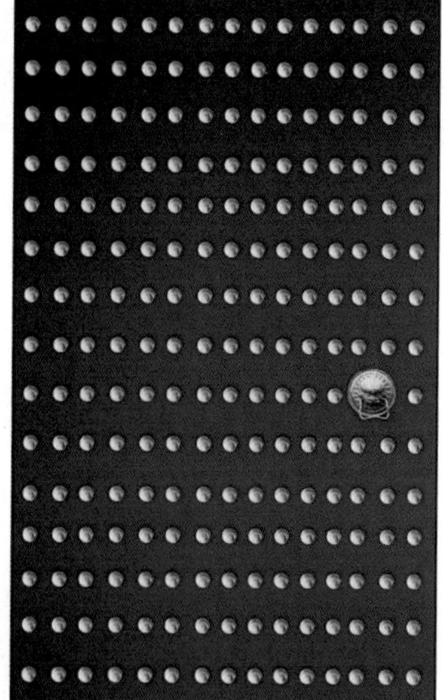
图 8-150

对边缘略作调整、修补，修改图片分辨率大小，保存为 JPG 格式文件。

6. 宫殿屋脊

1）选择素材

素材如图 8-151 所示。

图 8-151

2）制作贴图

打开图片，新建图层，框选出如图 8-152 所示区域，添加图层样式，如图 8-153 和图 8-154 所示。

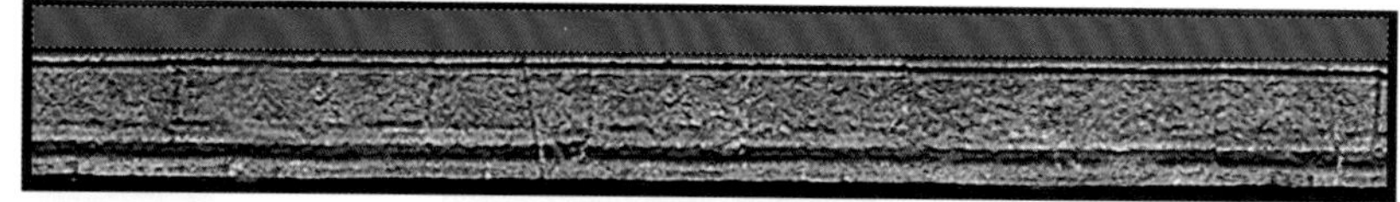
图 8-152

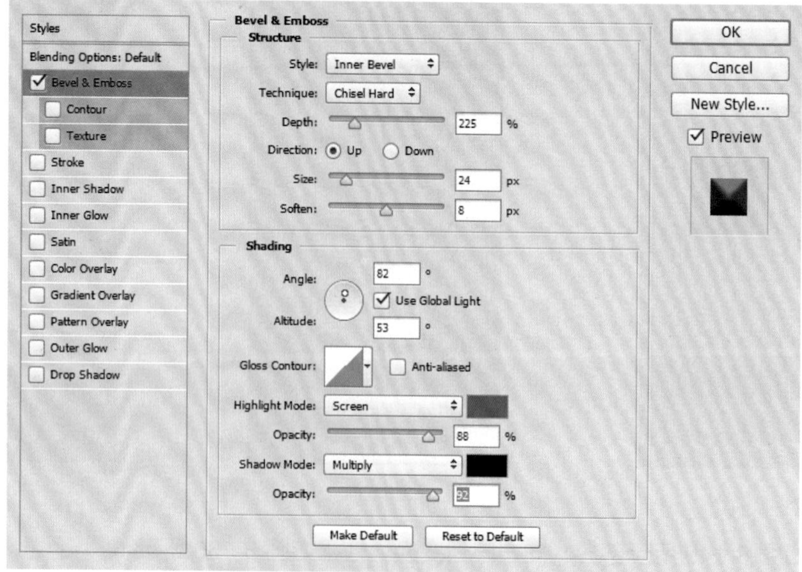

图 8-153

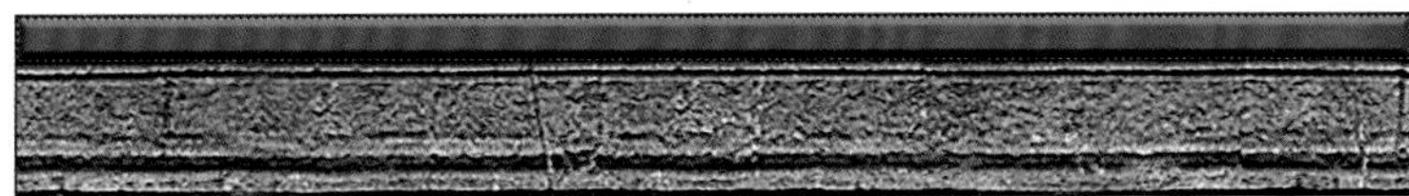

图 8-154

按【Ctrl+j】组合健复制图层，将其变窄，修改图层样式，如图 8-155~ 图 8-157 所示。

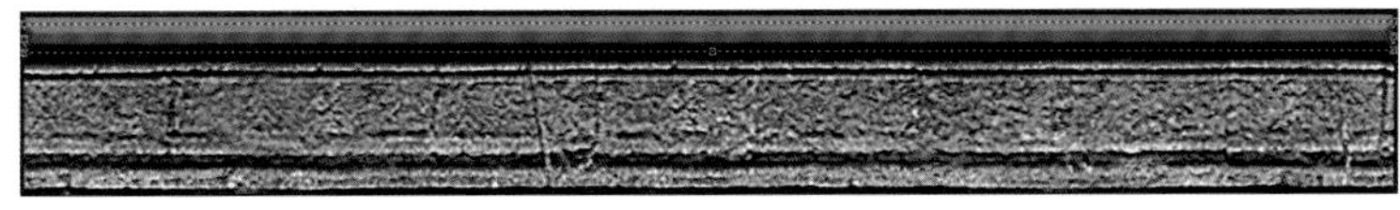

图 8-155

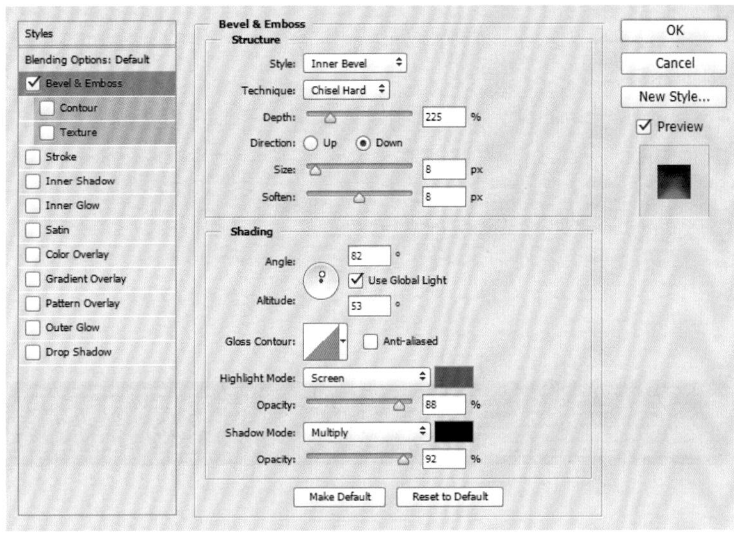

图 8-156

图 8-157

在原图中另外两处分别建立选区并填充，添加图层样式，如图 8-158~ 图 8-161 所示。

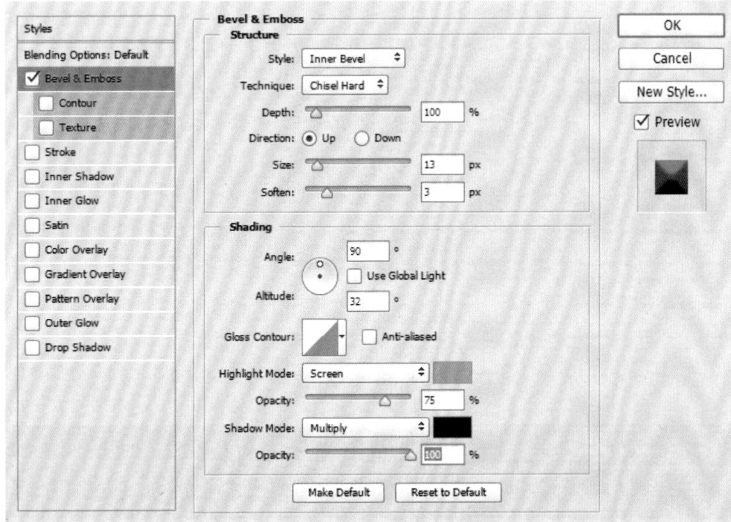

图 8-158

图 8-159

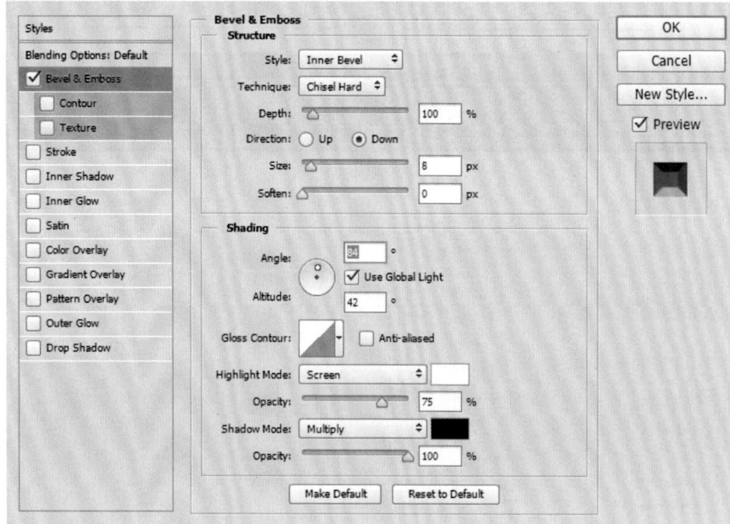

图 8-160

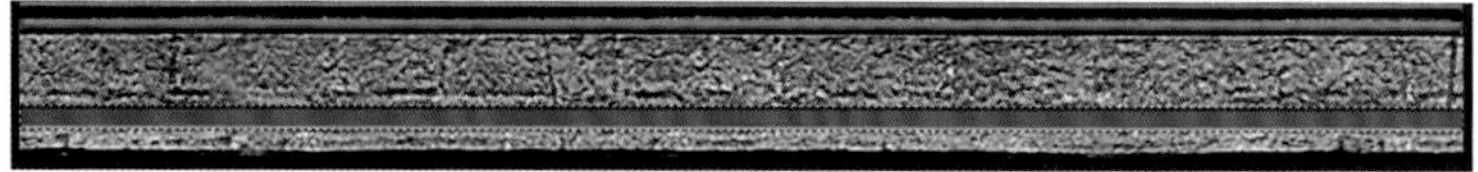

图 8-161

新建图层置于所有图层下方，填充颜色，删除参考图图层，合并所有图层，裁减掉两侧多余阴影，添加图层样式，如图 8-162~ 图 8-164 所示。

图 8-162

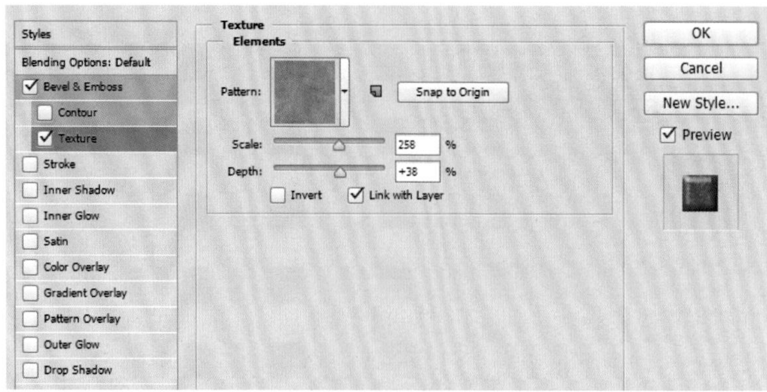

图 8-163

图 8-164

7. 蒙古包

1）选择素材

找到如下四张素材图片，如图 8-165～图 8-168 所示。

图 8-165

图 8-166

图 8-167

图 8-168

蒙古包贴图分为顶部和四周，以前两张图片为参考，用矢量工具制图，再叠加上后两张作为材质。

2）四周贴图制作

打开图 8-165，调整图像大小为 1024 像素 x1024 像素，导入图 8-168 作为背景。新建图层，用钢笔工具分别勾出上部、下部的单个图案，如图 8-169 和图 8-170 所示，阵列并做无缝处理，如图 8-171 和图 8-172 所示。

图 8-169

图 8-170

图 8-171

图 8-172

用魔棒工具选出中央图案，用套索工具修改选区，如图 8-173 和图 8-174 所示，最后填充为原图中图案颜色，如图 8-175 所示。

导入图 8-166 所示的文件，将图层模式改为叠加，最终效果如图 8-176 所示，另存为 JPG 格式文件，命名为 yurt2。

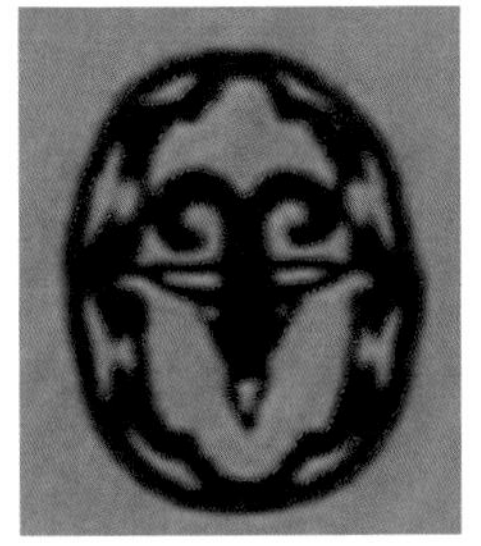
图 8-173

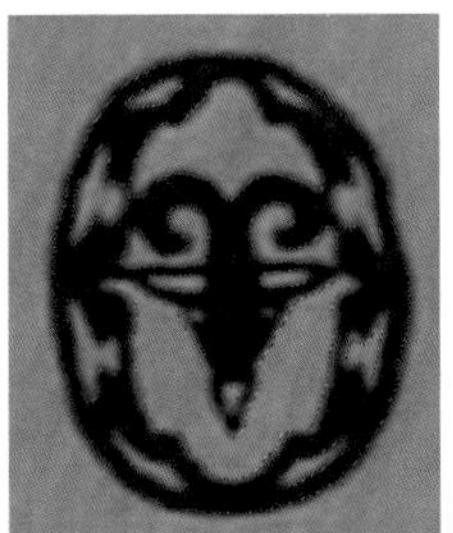
图 8-174

图 8-175

图 8-176

3）顶部贴图制作

打开图 8-165 所示的文件，调整图像大小为 1024 像素 x1024 像素，导入图 8-168 所示的文件。新建图层，用钢笔工具勾出图案，如图 8-177 所示，转化为选区并填充图 8-165 所示对应颜色，如图 8-178 所示。

导入图 8-167，将图层模式改为叠加，如图 8-179 所示，另存为 JPG 格式文件，命名为 yurt1。

需要处理成无缝贴图的纹理多为墙砖、地面，之前部分贴图也用到无缝处理，但说明的比较简略，在这里统一对这类贴图制作过程进行说明。以草地为例，找一张草地的素材，如图 8-180 所示。

用 Photoshop 打开图片，双击 Background 解锁图层，用矩形选框工具框选右侧区域，选择 移动工具，按【Ctrl+x】组合键剪切，按【Ctrl+v】组合键粘贴到新图层，如图 8-181 所示。

将右侧图像移至左侧，左侧图像移至右侧，合并图层，选择仿制图章工具修补接缝，如图 8-182、图 8-183 所示。

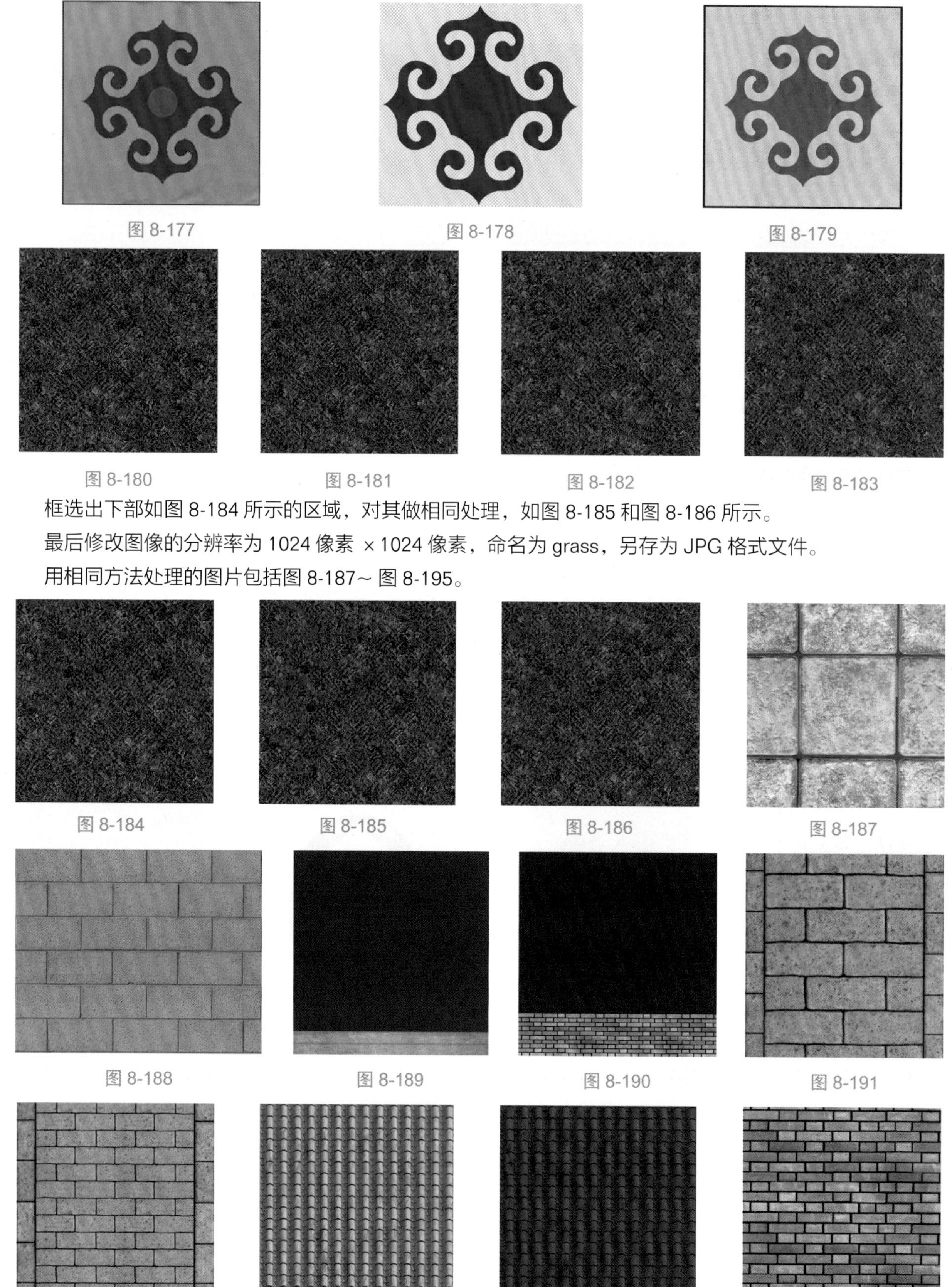

图 8-177　图 8-178　图 8-179

图 8-180　图 8-181　图 8-182　图 8-183

框选出下部如图 8-184 所示的区域，对其做相同处理，如图 8-185 和图 8-186 所示。

最后修改图像的分辨率为 1024 像素 ×1024 像素，命名为 grass，另存为 JPG 格式文件。

用相同方法处理的图片包括图 8-187～图 8-195。

图 8-184　图 8-185　图 8-186　图 8-187

图 8-188　图 8-189　图 8-190　图 8-191

图 8-192　图 8-193　图 8-194　图 8-195

8.3.4 MindTex2 软件制作法线贴图

1. 几种贴图制作软件对比

一个模型只有基础色贴图（Diffuse Map），只能做到一个很一般的效果，在不同角度的光照下只有单一的明暗变化。而想要通过贴图提高渲染后的效果，就需要其他的几张贴图来实现。

（1）Normal Map 法线贴图。法线贴图就是在原物体的凹凸表面的每个点上均作法线，通过 RGB 颜色通道来标记法线的方向，生成一张记录法线信息的图片。我们可以把它理解成将一个细节更多的模型上的每一处细节以像素点的方式记录下来，投影在一个大致相同但细节更少的模型上，生成一张图像。一个有法线贴图的低精度模型在不同角度的光照下，能实现高精度模型中细节处的光影变化。

简单地说，法线贴图就是一张能让平面模型实现立体光影效果的图片，是目前主流游戏场景中必不可少的一种贴图。

传统的法线制作过程是通过另外制作一个高精细度的模型（高模），通过烘焙到低精细度的模型（低模）上所得到的。此方法得到的法线贴图准确、精细，能实现复杂的法线效果，缺点是费时费力，渲染过程漫长，不便于调整，因此该方法仅适用于复杂模型。对于一般的墙砖、地面等模型的法线贴图，可以直接通过软件将基础色贴图转化为法线贴图，并且可以直接看到最终效果，从而实时对法线进行调整。

（2）Height Map 高度贴图。贴图的效果类似法线贴图，但它仅记录高模每个像素点处的高度，仅生成一张灰度图，用 255 阶灰度表示每个像素点处的高度。

（3）Specular Map 高光贴图。高光贴图是反应光线照射在物体表面的高光区域时所产生的反射，它的作用是表现物体在受到光源影响后由于材质的不同所产生的各种折射反应。

（4）Gloss Map 光泽贴图。光泽贴图与高光贴图类似，都是改变物体对光的反射效果，区别在于高光贴图影响模型反光程度与颜色，而光泽贴图控制物体的粗糙程度，决定对光进行漫反射的程度。

（5）Reflection Map 反射贴图。反射贴图同样是改变物体对光线的反射效果，但影响的是对于环境的反射而不是光源，多用于实现镜面效果。

目前较为常用的贴图处理软件有 Knald、Quixel Suite、MindTex 等，简单对比一下这三款软件。

Knald 能够按传统方式制作法线，只需导入高模低模即可，速度较其他软件快，也能够根据基础色贴图制作法线图，但缺点是不能即时调整法线的效果，同时转换的贴图精细度也一般。

Quixel 是一个作为 Photoshop 的插件的软件，功能强大，能够通过 Photoshop 直接绘制法线图，甚至能够直接在立体模型上作图，并且内置大量材质，对于熟练掌握 Photoshop 的人能够很快上手。用户通过预览窗口，实时调整各个参数，能够实现很好的效果；但该软件对系统配置要求较高，操作比较复杂，适用于对贴图做高精度的处理。

MindTex 功能比较少，只能对贴图进行处理，根据基础色生成法线等贴图，但软件操作简单，处理速度快，适用于通过一张结构不复杂的基础色贴图，快速生成法线、高度、反射等贴图。

2. MindTex2 软件简介

MindTex2 可以快速生成多种贴图，同时可以通过改变多个参数整体调整材质效果，并且能够实时预览材质在模型上的效果。该软件简明、快捷的特点很适合处理本项目中的各个贴图。下面详细介绍该软件的使用方法，如图 8-196 所示。

主界面如图 8-190 所示，■用于打开色彩贴图；■用于打开高度贴图；■用于打开法线贴图。直接将图片拖进窗口也可以打开。打开一张图片后界面会变为如图 8-197 所示。

图 8-191 的右侧为预览图，可以直观地看到当前设置的最终效果，通过快捷键能从多个方面预览图像。基本操作包括：按住左键拖动预览图能够旋转模型，按住中键拖动可以平移模型，鼠标滚轮可放大缩小，按住右键拖动可以改变光照方向。

单击“Diffuse”按钮可以选择其他各个贴图（见图 8-198），每个贴图都有多个参数，可分别修改并看到最终效果。单击“Save All Maps”按钮可保存全部图片。单击“Map Export Settings”按钮可打开导出设置，选择具体导出的贴图。

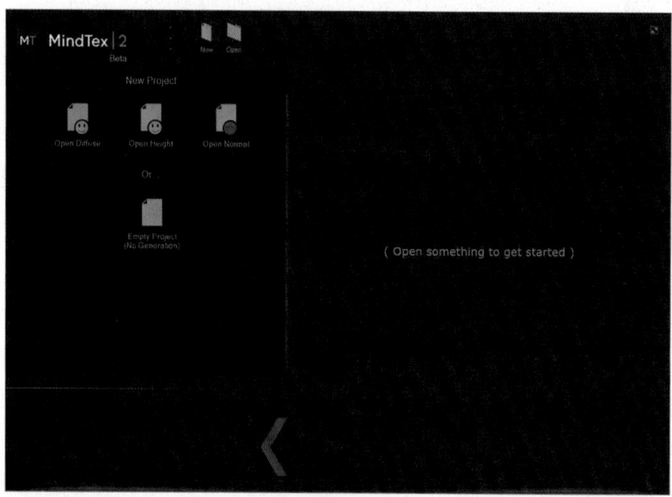

图 8-196

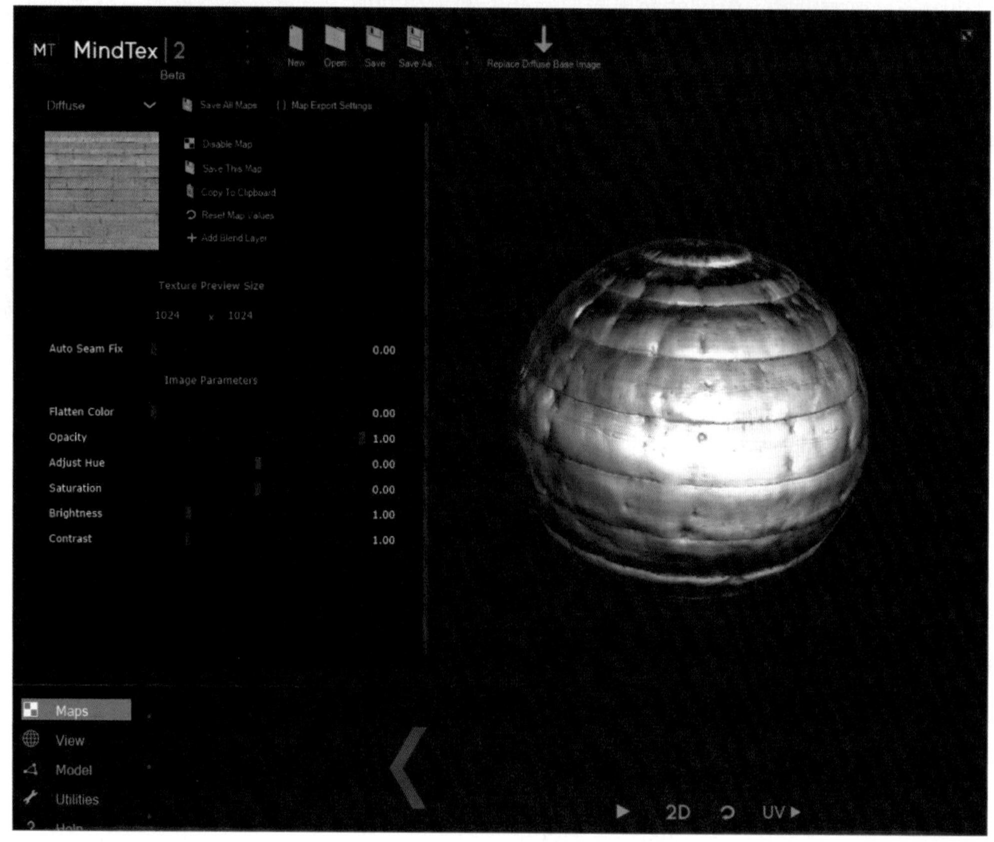

图 8-197

图 8-199 所示对当前贴图的设置，“Disable Map”为隐藏当前贴图的预览效果；“Save This Map”为保存当前贴图；“Copy To Clipboard”为复制当前贴图；“Reset Map Values”为重设当前贴图参数；“Add Blend Layer”为当前贴图添加混合图层。

图 8-200 能够切换其他窗口。Maps 是贴图窗口，即当前窗口；View 是视图窗口，可改变预览图中环境、光照的设置；Model 是模型窗口，可改变预览图中的模型形状；Utilities 是通用设置窗口，用于设置默认保存路径等。

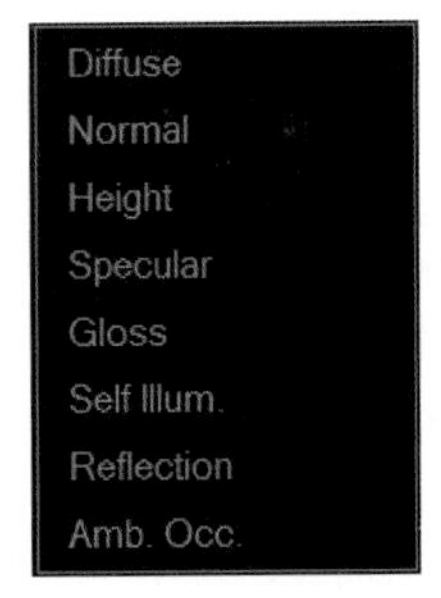

图 8-198

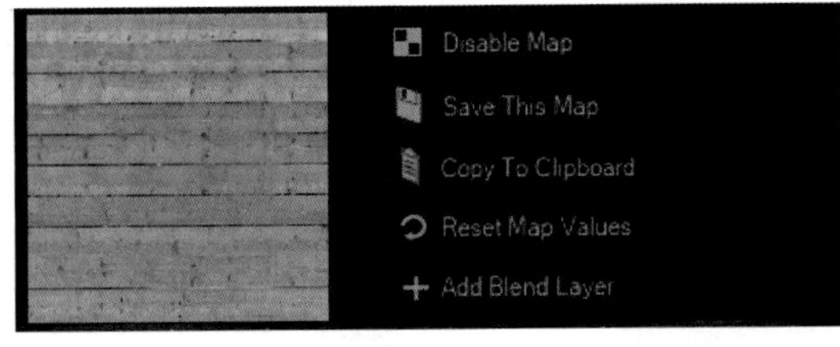

图 8-199

图 8-200

3. MindTex2 软件制作法线等贴图

以门脸贴图为例，单击按钮打开贴图，或直接将贴图拖到软件中，在弹出的菜单中选择“Import as Diffuse”选项。

选择“Model”菜单，将预览模型改为“Plane”平面，回到 Maps 菜单，如图 8-201 所示。

按住 Ctrl 键 + 鼠标拖动可进行一些特殊操作，Ctrl 键 + 右键拖动可改变贴图与模型的相对位置，Ctrl+ 滚轮可单独缩小、放大贴图而不改变模型大小，如图 8-202、图 8-203 所示。

图 8-201

图 8-202

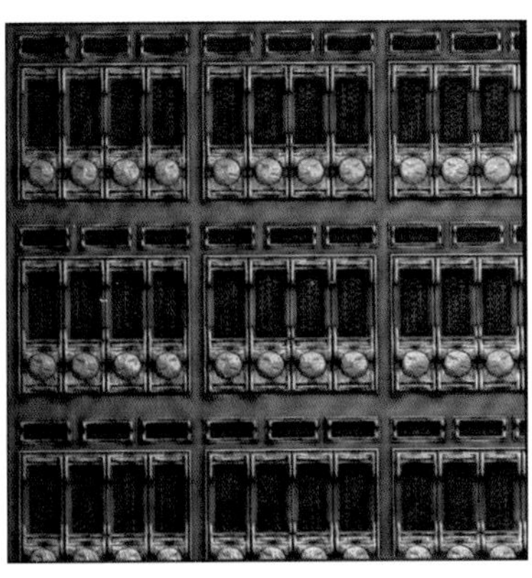
图 8-203

选择“Normal”法线图，可以看到图 8-204 中的几个参数。

“Texture Preview Size”中的两个参数是原图的分辨率，作用于最终导出的贴图。

“Auto Seam Fix”可自动模糊边缘，将贴图转换为无缝贴图，调整数值可控制模糊程度，但修复后会使贴图四周不清晰，在大量重复贴图时依然会很明显看出瑕疵，在此并不推荐修改该参数。

“Blend Layers”中的四个参数分别控制不同的形状图层，参数 Shape Layer0* 和 Shapelayer1* 对大的形状作调整，参数 Shape Layer2* 和 Shape Layer3* 对小形状作调整，以改变法线图中各部分的凹凸程度。简单地说，如果想实现一个整体平整，但是细节处凹凸程度大的效果，如砖墙、地板等材质的处理，就调低前两项的数值，调高后两项的数值；如果想实现细节处凹凸较少，整体起伏变化大的效果，如土地、树干等材质，就调高前两项的数值，调低后两项的数值。

“Image Parameters”中的三个参数会整体改变法线图。“Soft Blending”可改变法线图的柔化程度，数值越高，凹凸的变化越柔和，数值低则变化锐利。“Shape Inversion”只有 0、1 两个值控制法线的正反，改变数值即可反转凹凸。“Shape Intensity”会改变法线图的对比度，具体效果是数值越高，高低差越高，数值越低，高度差越小，数值为 0 时最终效果变为平面。

由于 Height Map 高度图作用与法线图生成方法类似，软件自动设置为连接法线与高度图，对法线图的调整会同样作用于高度图。

各个贴图都要通过不断调整这几个数值，才能实现一个较好的效果。对于门脸这张贴图，法线图设置如图 8-205 所示。

最终效果如图 8-206 和图 8-207 所示。

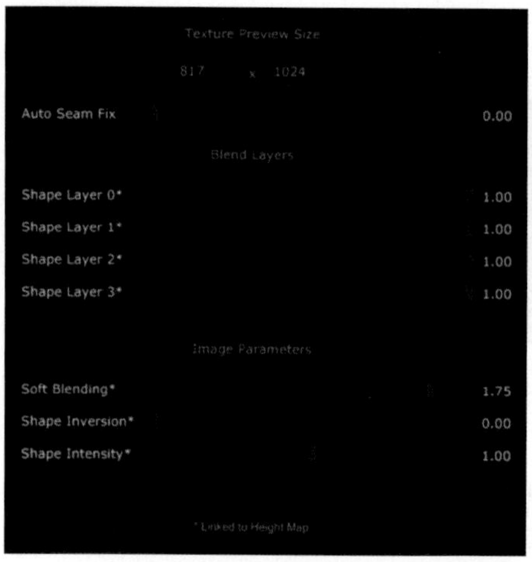

图 8-204

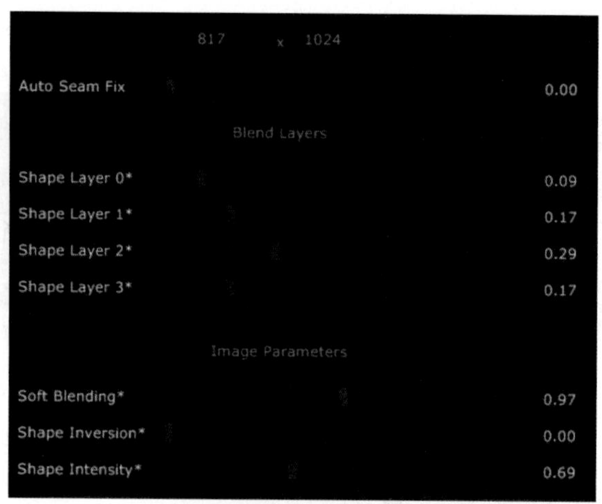

图 8-205

图 8-206

图 8-207

其他贴图的设置一般无须修改，按软件默认设置即可。在“Map Export Settings”中选择需要导出的图片（建议选择除“Self Illum”自发光外的所有贴图以作备用），并确认各个参数，单击“Save All Maps”按钮保存全部图片。单击■按钮保存工程文件以便之后修改。

其他贴图的法线图制作基本类似，但仍有几张方法不尽相同。下面简单说明几张制作过程较为特殊的法线贴图。

1）蒙古包

蒙古包贴图由于带有图案，在制作法线图时图案处会有明显凹凸（见图 8-208），这明显不符合实际，因此需要用到之前制作时保存的 PSD 文件。具体操作为隐藏图案所在图层，仅保留材质图层，另存为 JPG 文件，将该文件用 MindTex 打开、制作各个贴图，导出时取消导出 Diffuse Map，即可实现正确的法线图，如图 8-209、图 8-210 所示。

图 8-208

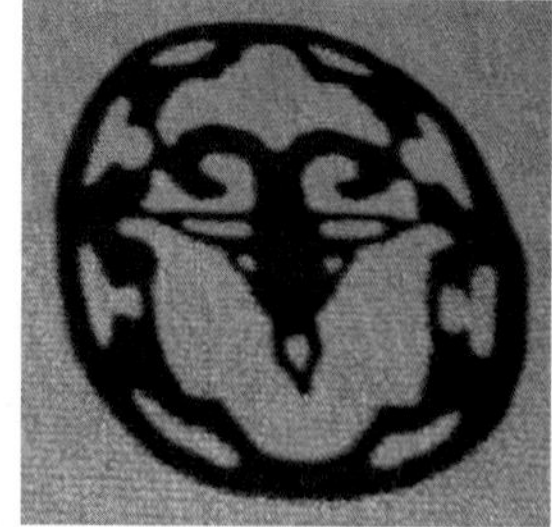

图 8-209

图 8-210

2）大门

大门的结构较其他模型复杂，每个门钉都要明确凸出，但表面要求尽量光滑，同时门板整体也要保持平整，要得到一个正确的法线图需熟悉各个数值的效果并反复调整。在此直接给出法线图具体参数设置（见图 8-211），结合之前所讲的各参数效果，以加深对各个参数效果的理解。最终效果如图 8-212 所示。

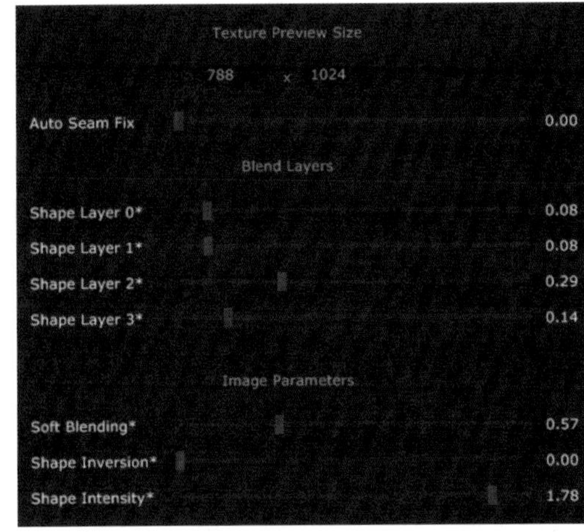

图 8-211

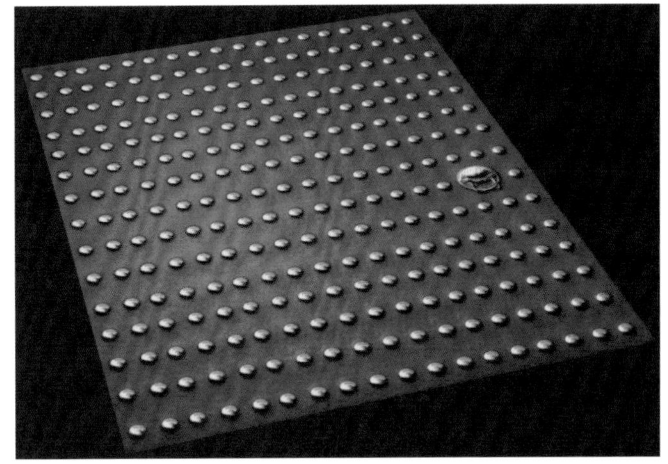

图 8-212

3）台阶

台阶贴图来源为摄影素材，只经过简单的裁剪处理，适用于为节省资源而简化为一个斜面的台阶模型，为保证最终效果，需要通过法线贴图实现台阶的凹凸感，如图 8-213 所示。

这种斜面效果用 MindTex 很难实现，为保证最终法线图正确，需要结合传统的法线制作方法达到一个较好的效果。

我们选择使用 3ds Max 进行烘焙法线贴图。基本思路是建立一个符合贴图结构的一阶台阶模型作为高模，再建立一个平面作为低模，将台阶的法线烘焙上去。由于过程并不复杂，不再具体说明建模过程，只给出三视图。

选中平面，按 0 键打开。单击，选择台阶模型，在中选择，分辨率大小改为与贴图一致，再修改保存路径，单击渲染，得到图 8-214。

将图 8-213 拖入 MindTex，然后拖入图 8-214，选择“Add as User Layer to Normal Map Slot”选项添加一张法线图图层，其凹凸程度也可调整，如图 8-215 所示。

调整参数如图 8-216 所示，保存所有贴图。

图 8-213

图 8-214

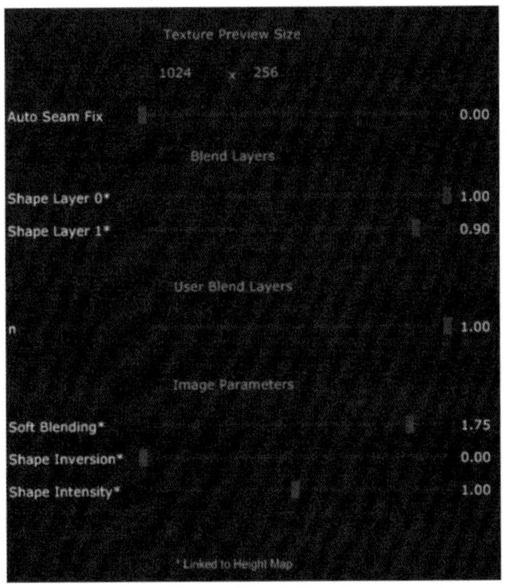

图 8-215

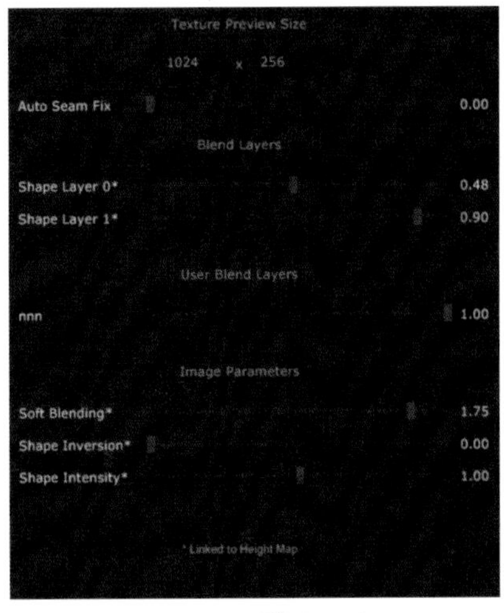

图 8-216

8.4 制作模型

8.4.1 元大都历史复原依据

13 世纪六七十年代建造的元大都城，奠定了今天北京的规模。明清两代在元大都基础上发展变化，基本上未超出元代的规模。可以说，元代的大都是非常关键的，没有它，就没有今天的北京城。

元大都城由宫城、皇城和外城三重城郭组成，宫城位于全城中部偏南，系帝居，习惯上称为“大内”。然而，元大都九位皇帝生活过的“大内”宫阙到底什么样，谁也不得而知。由于种种历史和现实问题，我们已经很难发掘到完整的元大都遗迹，如今我们能够做到的，唯有参考多方资料，结合历史文献和已有的还原模型，进行模型复原。

“大内”平面呈矩形，四周环以宫垣，宫城北有御苑。宫城辟有四门，正南为崇天门，东为东华门，西为西华门，北为厚载门。崇天门内为大明殿，为正朝所在，其后为后宫延春阁，此按《周礼》“前朝后寝”之制布局。元朝大明殿相当于清朝的太和殿，但不同的是，大明殿呈工字形布局，殿基高于地面十尺，分三层，每层四周皆绕以雕刻龙凤的白玉石栏，栏下有石鳌头伸出，是排泄雨水的出口，其形制与今北京故宫太和殿相仿。这种工字形布局，盛行于宋金二代，今天故宫里的文华、武英二殿，仍然是这种布局，如图 8-217 所示。

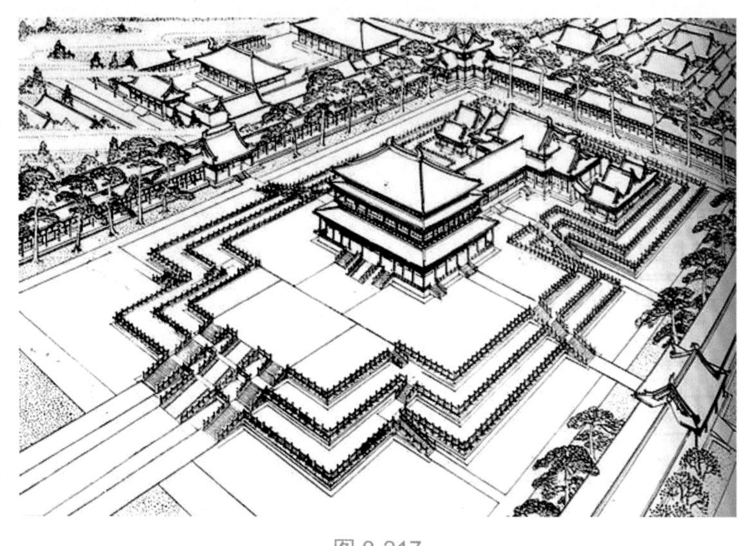

图 8-217

在此之上，我们又找到了元大都“大内”的平面示意图，如图 8-218 所示，其比例与位置可以拿来作为复原参考。

元大都始建于 1267 年，1272 年改称“大都”，也称为“汗八里”，即“大汗之城”的意思。到 1283 年基本建成。1359 年又加筑瓮城，并架设吊桥，城区共有 50 个坊，城内街道笔直，纵横交错。干道都与城门相通，干道之间有小街和胡同。皇城位于城南正中，平面为一不规则长方形，有萧墙围绕，周长约 20 里。皇城以太液池和琼华岛为中心，太液池东岸为宫城，皇帝居于宫城内，也叫大内。兴圣宫建在太液池西岸北部，是皇室嫔妃的住所。隆福宫位于兴圣宫南边，原来是皇太子宫，后来是皇太后的住所。

《马可波罗游记》述云：“全城的设计都用直线规划。大体上，所有街道全是笔直走向，直达城根。一个人若登城站在城门上，朝正前方远望，便可看见对面城墙的城门。城内公共街道两侧，有各种各样的商店和货摊……整个城市按四方形布置，如同一块棋盘。”虽然大都城南面三门、北面二门，但从丽正门北穿皇城正中的崇天门及大明门、大明殿、延春门、延春阁、清宁宫、厚载门，直抵中心阁的中轴线上，也有一条宽阔的御道。经勘察，近年在今北京景山公园（延春阁、厚载门遗址）之北发现的御道遗迹，宽达 28 米。

《析津志》载：元大都街制，“大街二十四步阔，小街十二步阔。三百八十四火巷，二十九弄通”。其著名街道有“千步廊街、丁字街、十字街、钟楼街、半边街、棋盘街”。经勘察发现，“元大都街道分布的基本形式是：在南北向的主干大道的东西两侧，等距离地平列着许多东西向的胡同。大街宽约 25 米，胡同宽约 6~7 米”。元大都内的胡同，其规划是以相邻两城门区间为一区域，近年在元大都光熙门（东北门）至大都城东北隅进行勘察发现东西向胡同 22 条。今北京东直门（元崇仁门）至朝阳门（元齐化门）之间现仍保存的东西向胡同也是平列的 22 条。可见，相邻两城门区间内平列 22 条胡同是元大都城规划的统一格式。今北京东西长安街以北的街道，因同在元大都和明北平（北京）城内，所以改动不大，至今仍多保留元大都时期的格局。

元大都城街道的布局，奠定了今日北京城的基本格局。

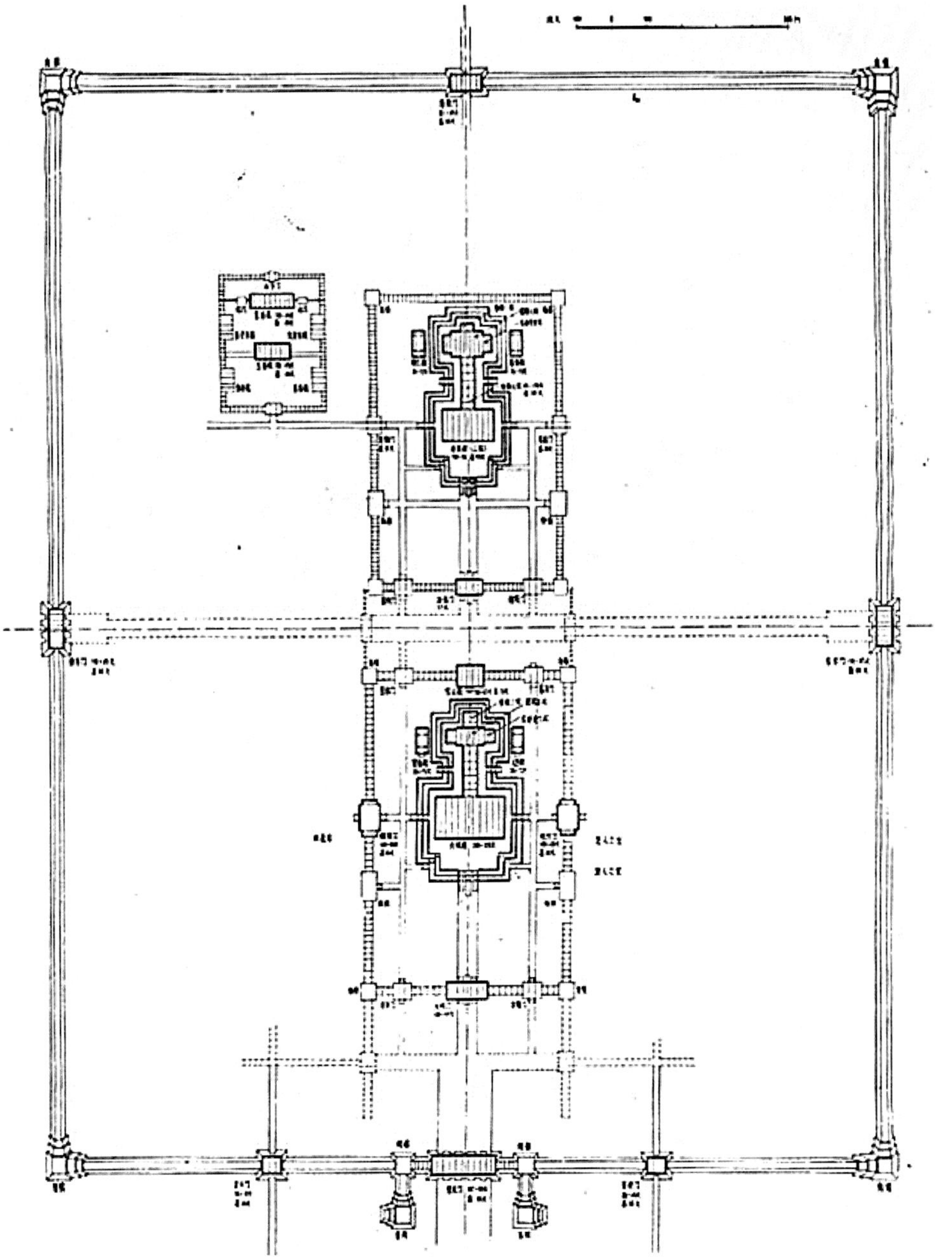

图 8-218

图 8-219

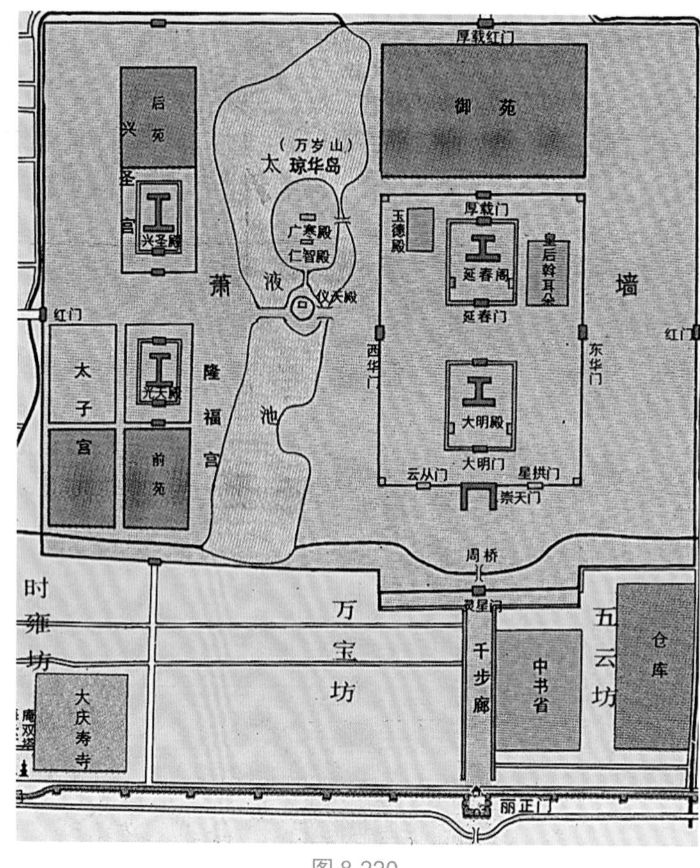

图 8-220

8.4.2 3ds Max 软件简介及基本操作

本次所有的模型制作所用软件均为 Autodesk 3ds Max 2016，为了后续的教学更加方便快捷，首介绍软件中常用工具的位置和功能，如图 8-221 所示。

图 8-221

在软件界面的最上方，为整个软件最常用的工具栏，如图 8-222 所示，在本次的模型制作中，主要会使用到以下工具。

Select and Move：移动工具，用于调整模型位置（快捷键：W）。

Select and Rotate：旋转工具，用于旋转模型角度（快捷键：E）。

Select and Non-uniform Scale：缩放工具，用于调整模型大小（快捷键：R）。

Angle Snap Toggle：角度锁定工具，用于旋转模型时控制整数角度（快捷键：A）。

Align：吸附工具，用于对齐两个物体的轴心点（快捷键：Alt+A）。

在软件界面的右侧为创建和编辑视窗，如图 8-222 所示。在本次的模型制作中，主要会用到图 8-222 中所标示的几个工具中的前三项，分别为创建指令、修改指令及分层指令，每一指令下的选项会在制作过程中再进行详细的介绍和说明。

在软件界面中心占据最大面积的是操作视窗界面，使用【Alt+W】组合键可切换视图模式（见图 8-223、图 8-224）。所有的模型制作均在此操作界面上完成。

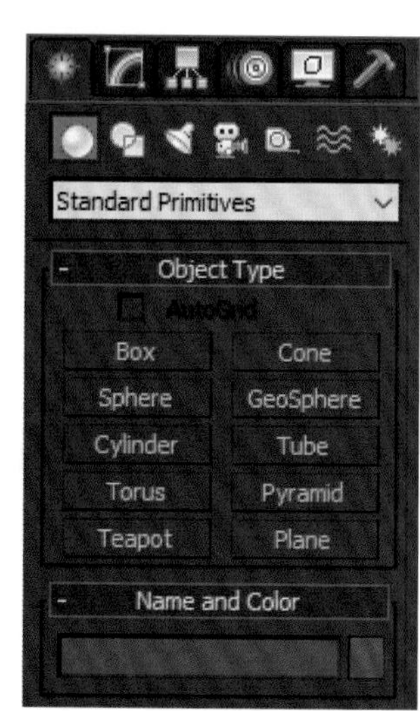

图 8-222

图 8-223

图 8-224

8.4.3　制作大明殿模型

1．概要

大明殿为整个“大内”元大都的正朝所在，据史料记载，凡登极、正旦、万寿和朝会在大明殿举行。殿广十一间，深一百二十尺，高九十尺。另据萧洵《故宫遗录》记：“大明殿连建后宫，广可三十步，深入半之，不显楹架，四壁高旷，通用绢素冒之，画以龙凤，中设金屏障，障后即寝宫，深止十尺，俗呼为拿头殿，龙床品列为三，亦颇浑朴。”足以见得其雄浑伟岸。本次的模型制作也意在复原整个大明殿的恢宏气势。

有关整个大明殿的宽高之比，我们可以从参考的历史文献中略知一二。以下为大明殿各视角复原图，如图 8-225～ 图 8-228 所示。

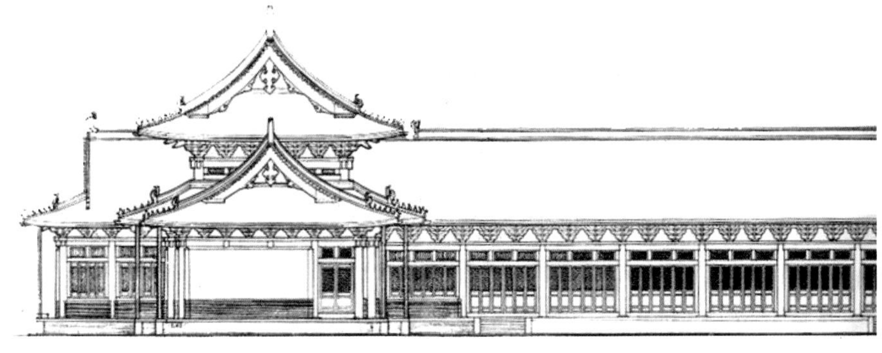

图 8-225

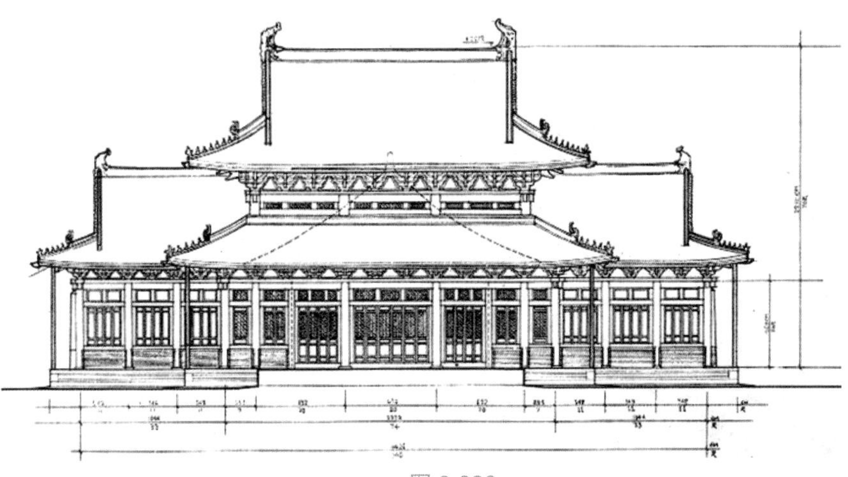

图 8-226

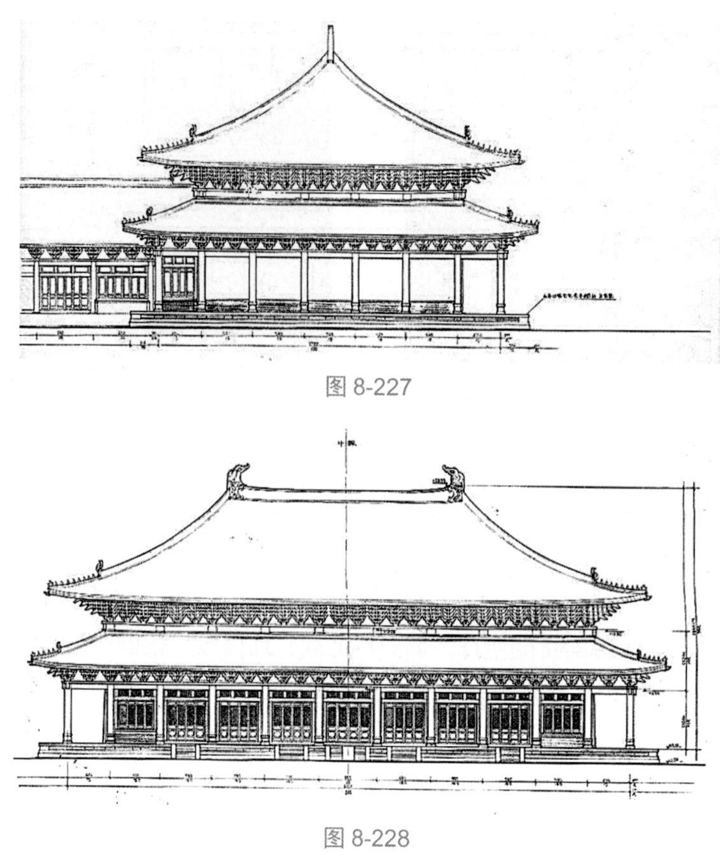

图 8-227

图 8-228

至于整个大明殿的地基，呈工字形布局，与下方的三层殿基形状基本吻合，图 8-229、图 8-230 所示为大明殿正殿及其寝宫俯视图。所有图片参考均来自“傅熹年—《元大都大内宫殿的复原研究》”。

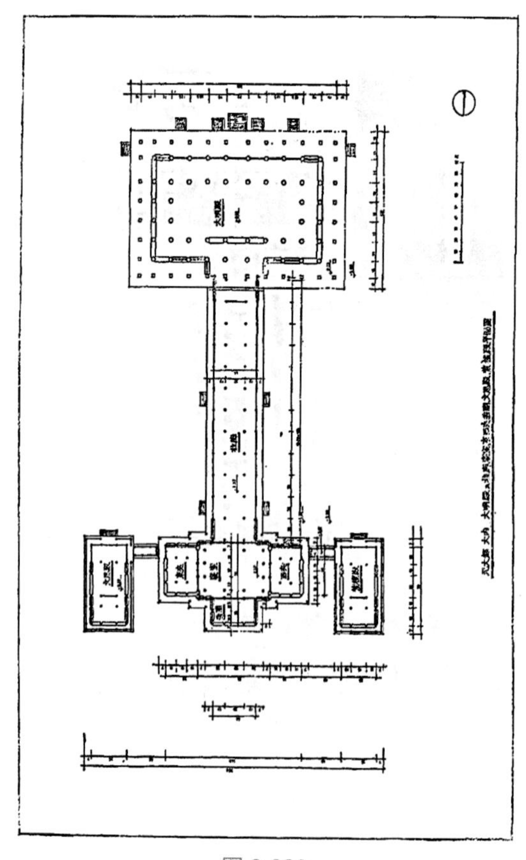

图 8-229

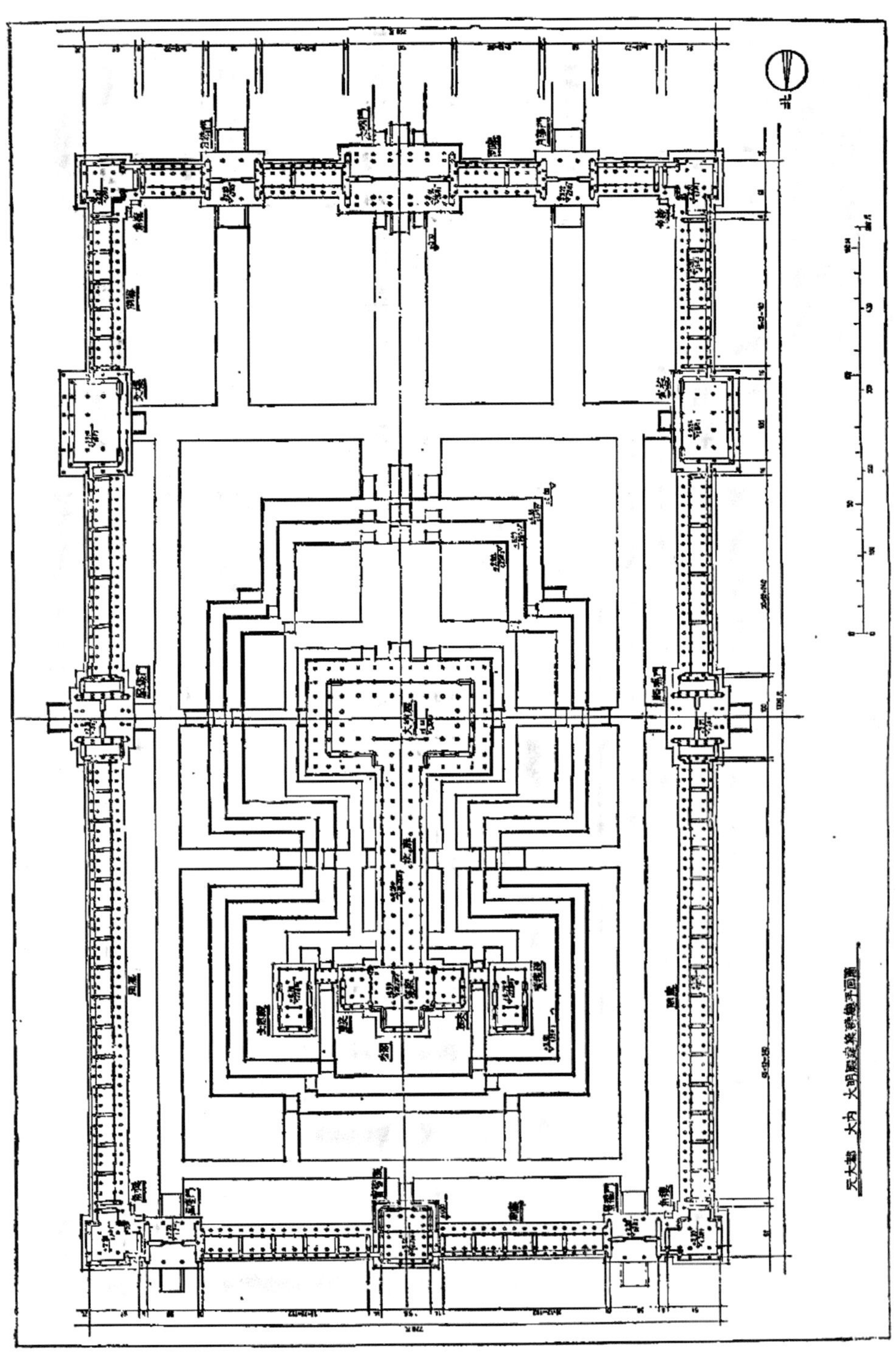

图 8-230

整个大明殿模型的制作遵从从下至上的顺序，即从台基开始，到石柱，墙面，雕花，屋脊，至最后完成整个大明殿的制作。整体模型相对较为规整，且有诸多部分结构相同或相似，这样的部分本文会介绍其基础的制作方法，剩余的模型依据此制作方法均可一一制作完成。

此外，需要注意的以下几点事项。

（1）不同于同场景中的其余简单模型，大明殿的内部同样需要进行制作，即整个模型需要制作为双面模型，详细的制作流程会在下文中予以介绍。

（2）为了节省场景的占用资源，在模型的制作过程中，需要删除掉不必要的点、线、面，在阅读后面的制作流程中请注意不要忽略这一点。

2. 大明殿台基制作

古时为了保证建筑物建成后不会沉降塌陷，在建造房屋前先制作一个平整坚硬的基础，称为台基。而对于大明殿这种主殿堂建筑而言，其台基又和普通的样式不同，被称之为须弥座，又称金刚座，是由佛座演变而来的，是我国古代标示建筑级别的标志之一。在如今的故宫太和殿，也有相同的三层须弥座结构。在本次的制作中，需要同时考虑到对历史的还原和对模型本身面数的节省，最终决定了做成下文中成品的效果。

在右侧编辑界面（见图 8-231）找到创建命令下的“Box”项，单击后创建 Box物体，在右侧参数修改界面将分段数改为图 8-232 所示。

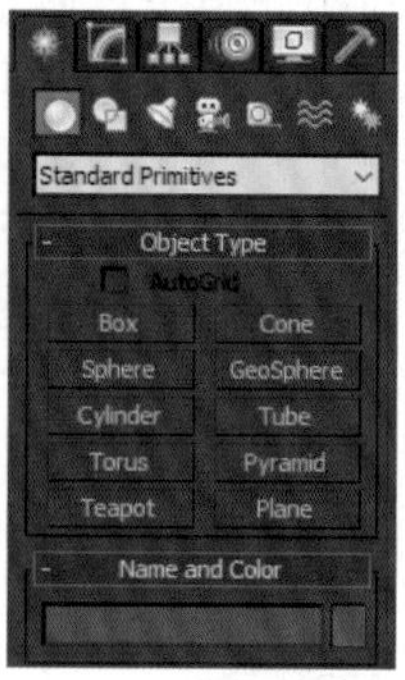

图 8-231

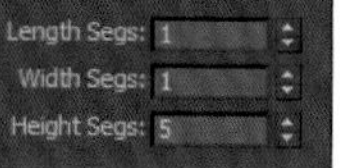

图 8-232

这时在我们的主视图内即会看到已经完成创建的模型，右击创建好的 box 物体，单击图 8-233 中所标示的位置将模型转换成 poly 可编辑多边形。

在右侧编辑窗内会出现如图 8-234 所示的界面。

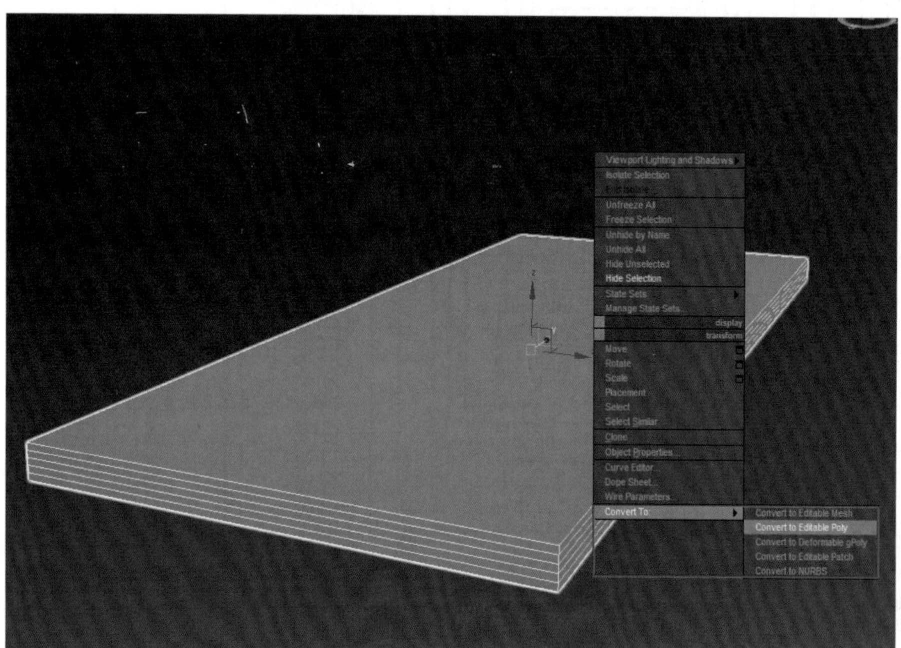

图 8-233

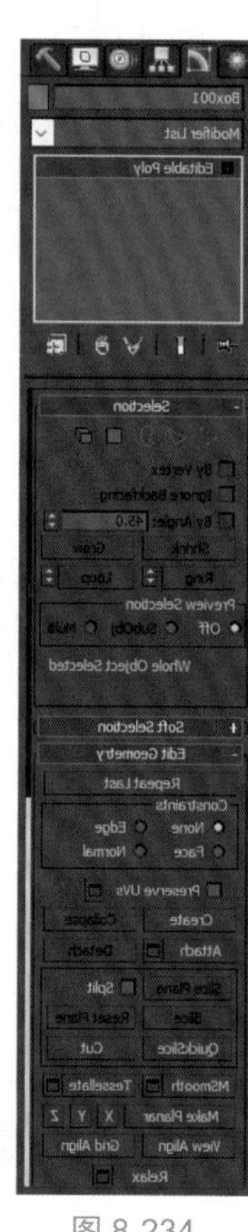

图 8-234

图 8-234 中所标示的五个按钮代表五种不同的编辑模式，从左到右分别是点编辑模式、线编辑模式、边界编辑模式、面编辑模式及体编辑模式。在之后的模型制作中，会不断地使用到 poly 可编辑多边形模式下的这五种编辑模式，根据不同的情况选择合适的调整模型方法，会在之后的模型制作中成倍增长我们的效率。

选中模型后，在右侧面板中单击按钮切换成面编辑器，此时再单击物体时就会发现只能选择到物体的某一个面结构，按住 Ctrl 键选择物体的第三层，如图 8-235 所示。

然后将视图模式转换成 Top 顶视图来进行操作（见图 8-236），选择缩放工具，将选择的第三层分段向物体中心缩放，成品效果如图 8-237 所示。

图 8-235

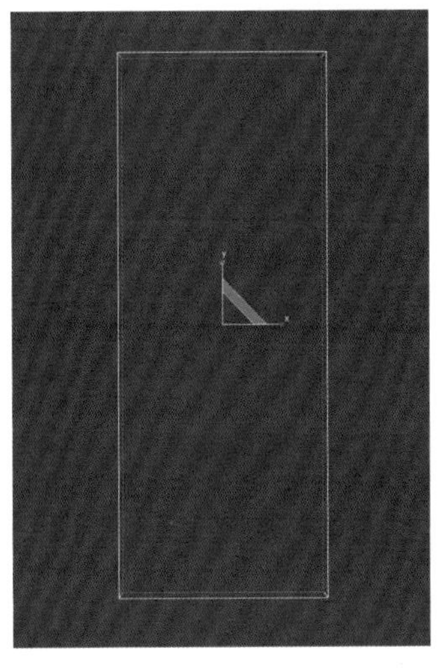

图 8-236

图 8-237

用相同方法制作共计 8 个以 Box 为基础模型的物体，按下图比例和大小排列。

这里需要注意的是，图 8-238 中所示部分中需要将已经处理好的模型转换成点编辑模式（见图 8-238、图 8-239）。选中外侧的全部点，使用移动工具，移动缩放到适当位置，达到下图效果。同时使用缩放工具将最外侧的地基 Box 的高度适当缩小。

将所有的台基制作完毕之后，依次选择每个 Box 模型，转换成面编辑模式后删掉其底面。目的是为了节省面数。

整体台基模型的制作过程基本没有什么难度，所用到的命令也都是模型制作中的最基本操作，需要注意的事项是在最后一步时将成品中不需要的模型底面删除。上述每个步骤希望读者能熟练操作后再进行之后的建模，如此会对后续的工作效率有所帮助。

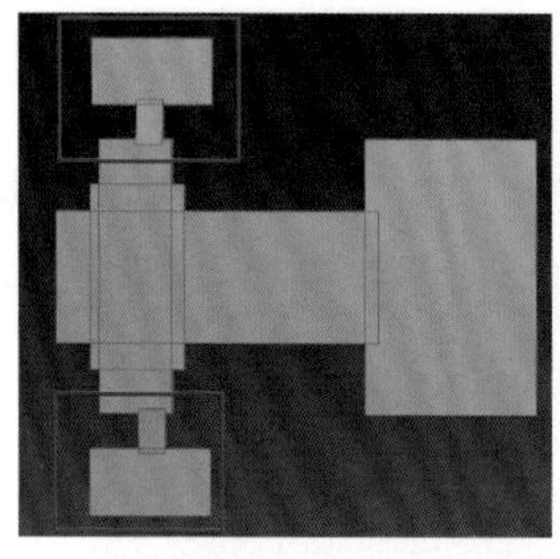

图 8-238

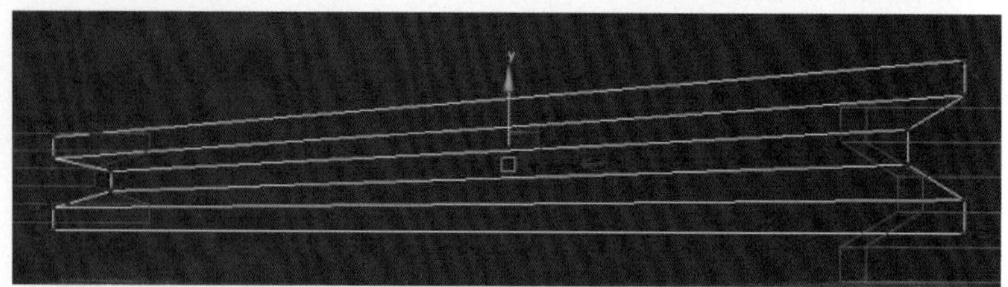

图 8-239

3. 大明殿下槛制作

下槛是古建筑中紧贴于地面的横木，也叫“门限”，现实中的下槛结构比较简单，同时没有过多的纹理和图案。在我们的制作中，也采用最简单的方法来处理这部分模型，如图 8-240 所示。

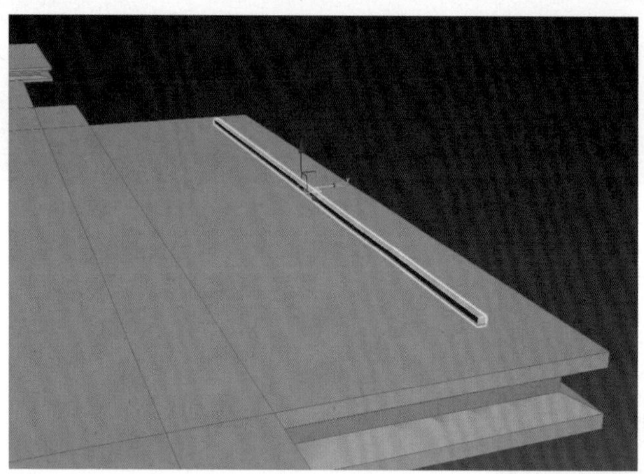

图 8-240

下面创建一个新的 Box 模型，作为下槛的基础模型，如图 8-241 所示。

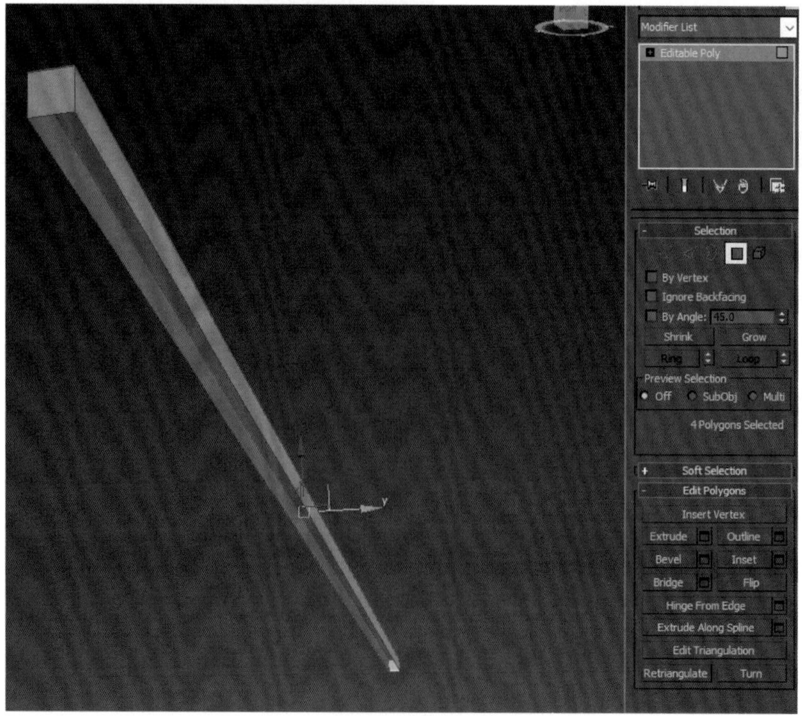

图 8-241

右击创建完成的 Box，将模型转换为 poly 可编辑多边形，转换成面编辑模式后，删掉在最终视图中看不到的底面结构，如图 8-242 所示。

将处理好的 Box 结构按图 8-242 所示在已经完成的地基上复制一层，其中的复制方法为：选择移动工具，选中物体后按住 Shift 键后移动物体，即可复制已有模型。并运用旋转工具以及旋转角度锁定工具来调整位置。最终达成效果如图 8-243 所示。

这一步的操作所制作的模型为大明殿外围墙面下半部分的木质结构，用于连接墙面、地基以及后续会提到的石柱，为了在之后摆放墙面时更加方便快捷，可以直接将建好的墙面按图 8-242 位置摆放在此结构之上。

4. 大明殿石柱及墙面制作

古时石柱的结构可以分为两部分，上半部分的柱子和下半部分名叫“柱础”的结构，其意义是分摊整个柱子的重量，同时防止柱子底部受潮，在这一部分的难点也正是这个“柱础”的结构制作。大体样式如图 8-243 所示。

和上文提到的台基的原则相同，为了更好地优化模型面数，我们最终将此结构简化成如下的模型样式，同时配合后期的贴图制作使其达成预期效果。下面我们就先来介绍“柱础”模型的制作方法。

在右侧编辑界面（见图 8-244）找到创建命令下的“Cylinder”项，单击后创建圆柱物体，在右侧修改界面将分段数改为如图 8-245 所示。

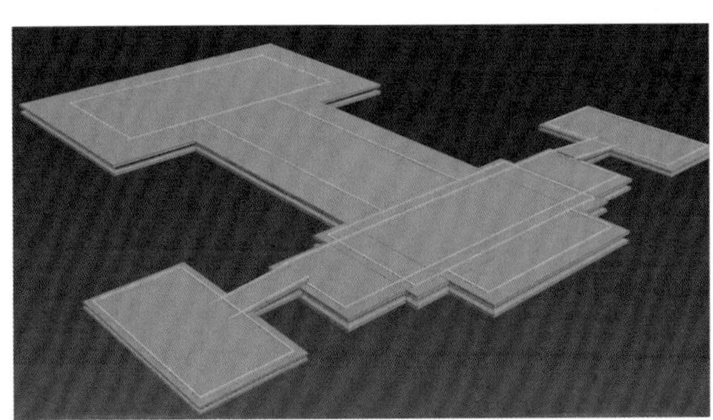
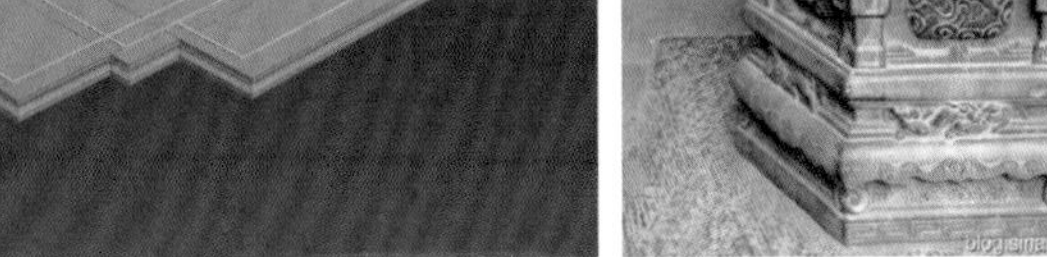

图 8-242　　图 8-243　　图 8-244

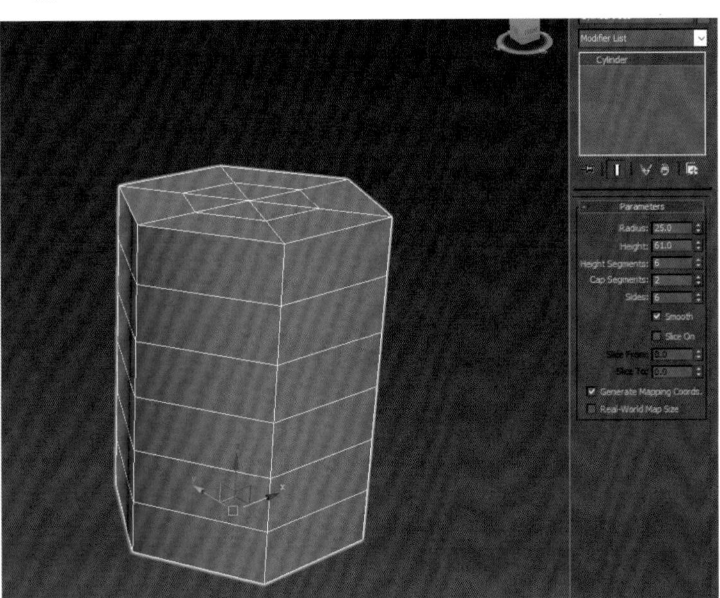

图 8-245

选择物体后转换成 poly 可编辑多边形，切换成面编辑模式，删掉整个底面及顶面的中心部分，如图 8-246 所示。

在右侧编辑器中切换成线编辑模式，选择顶面中心内部剩下的 6 条线，使用缩放工具调整其大小至恰当位置，如图 8-247 所示。

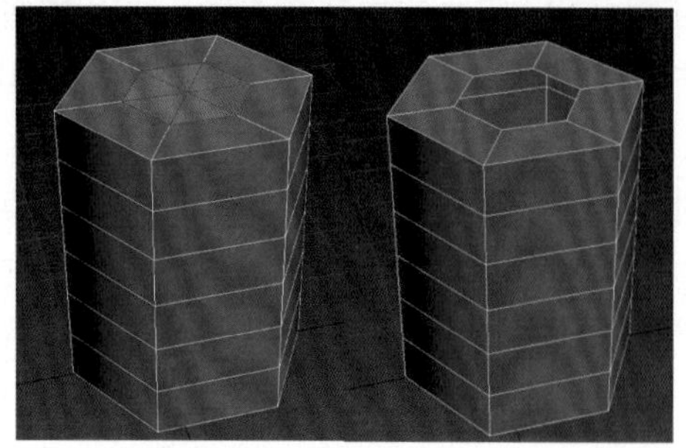
图 8-246

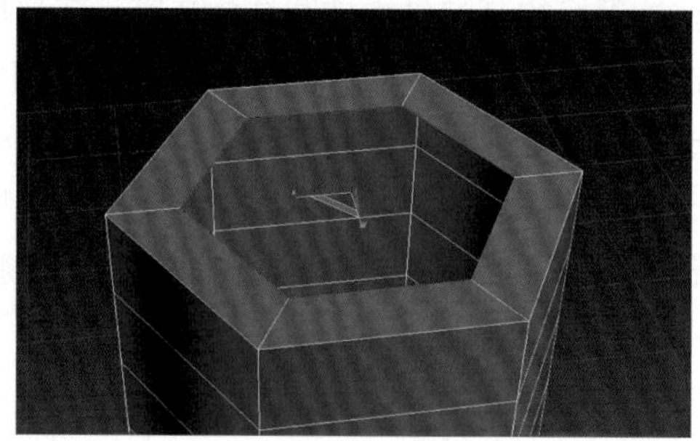
图 8-247

在右侧编辑器中切换成点编辑模式，调整圆柱侧面的点的位置及大小。

这里在制作时可以灵活切换不同的视图，如在框选或移动点时可以使用左视图或前视图，而在缩放点时可以在顶视图进行操作，如图 8-248~ 图 8-251 所示。

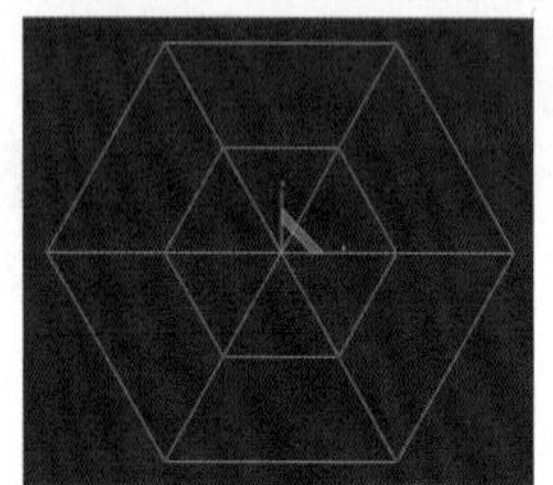
图 8-248

图 8-249

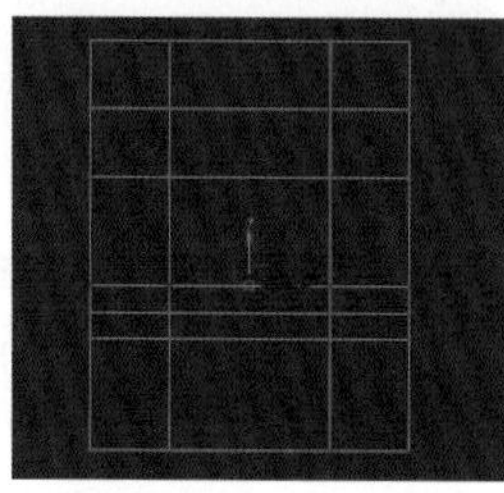
图 8-250

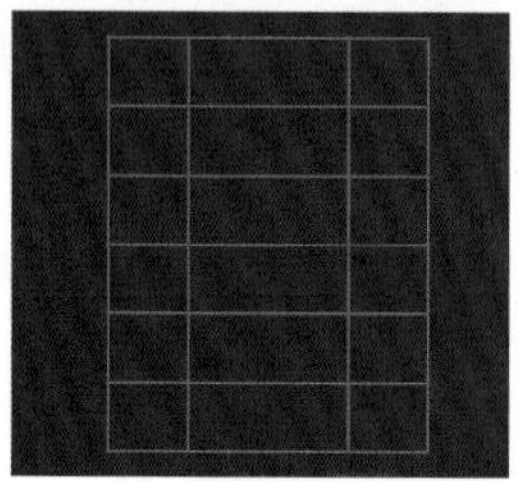
图 8-251

最终效果如图 8-252 所示。

这里需要注意是，图 8-252 所标示的这一层要低于下方结构的顶部，然后切换回面编辑模式删掉图 8-253 所示的面，以保证在节省面数的同时不会对模型本身结构产生影响。

至此，柱础的部分制作完毕。上方柱子的部分制作则更加简单，单击“Cylinder”按钮，新建圆柱模型即可，参数如图 8-254 所示。

同样将新创建好的模型转换成 poly 可编辑多边形后切换成面编辑模式删除顶面和底面。

选择新建成的柱子模型，使用吸附工具将鼠标移动到刚刚已经建好的石墩模型，会发现鼠标图标变成了，单击鼠标会出现如图 8-255 所示参数调整界面。勾选图 8-255 所标示的三个选项，分别代表着在 x，y，z 轴上两个物体中心点的重合。单击“OK”按钮后会发现柱子已经在石墩的中心，使用移动和缩放工具调整两者之间的相对位置，注意不要破坏已经对齐的轴向，如果不小心破坏后只需重新进行上述对齐操作即可。

图 8-252

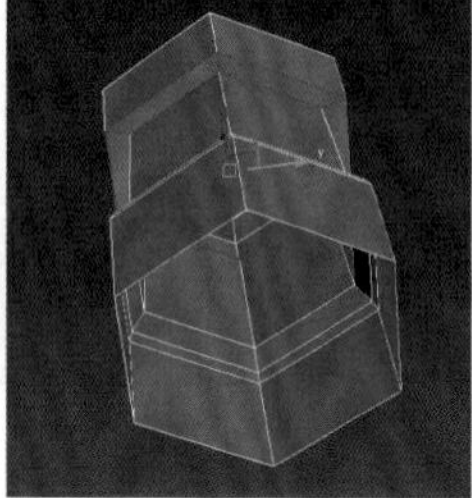
图 8-253

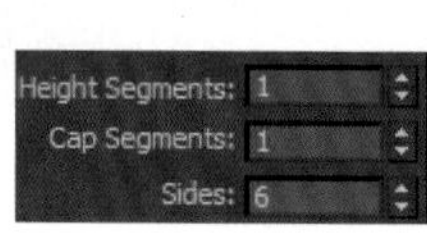

图 8-254

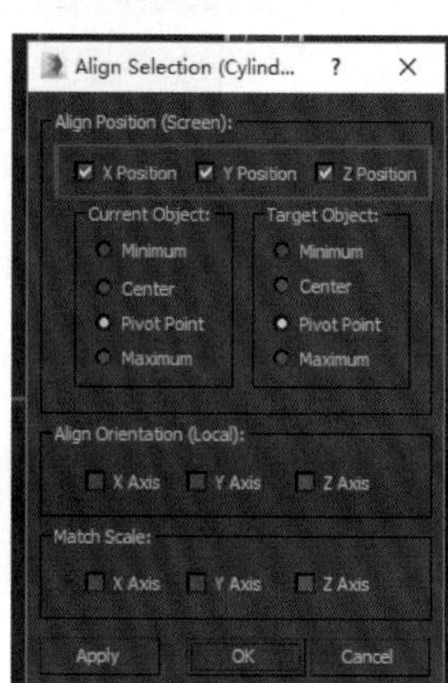

图 8-255

单个石柱最终效果如图 8-256 所示。

围绕着最外层的一圈门槛结构，均匀摆放石柱结构，复制方法参见上文。在这里需要注意的是，在中间的柱廊部分，也就是结构中连接前后两殿的连廊处，内层的柱子结构只有上半部分而没有柱础部分，摆放时复制后删掉下半部柱础结构即可。最终效果如图 8-257 所示。

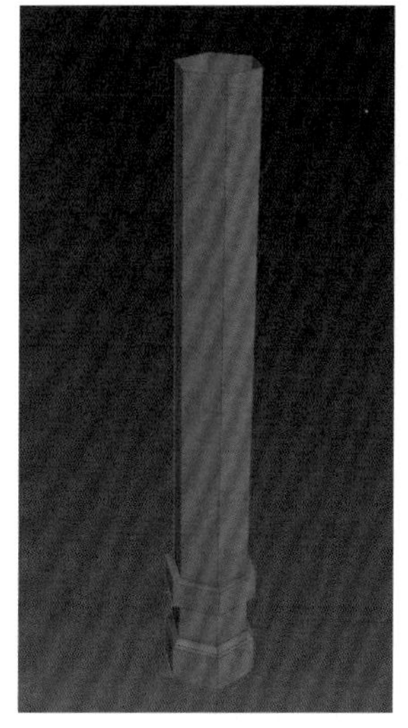

图 8-256

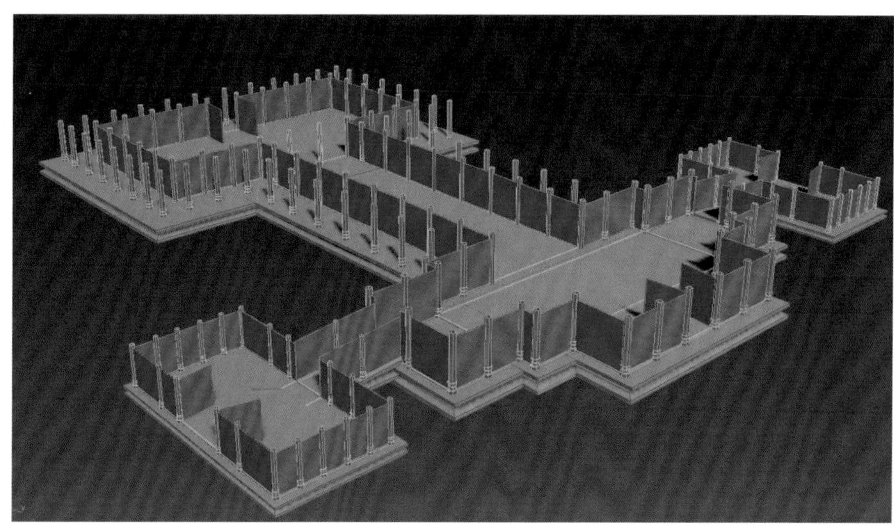

图 8-257

柱子之间的墙面由新建的 Plane 面模型来制作，创建模型后分段参数如图 8-258 所示。

使用移动、旋转、缩放工具调整模型后插入到每两个圆柱之间，保证模型的下底面插入上文中所制作的下槛结构。

在这里需要注意是，墙面的制作需要两层，即在摆放完一层墙面后需要再复制出相同的一层，墙面和石柱之间的位置关系如图 8-259 所示。

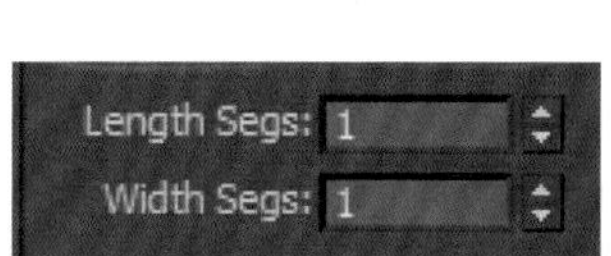

图 8-258

图 8-259

上述的模型制作完成后，整个大明殿的第一层基本形状结构就已经完成了。关于石柱模型做成六棱柱的原因，是为了在面数最小的情况下达成最终成品的一个比较完美的效果。同时六棱柱的模型在调整时比较好操作，读者在自己进行操作时可以选择适当更改其分段参数，其余操作方法不变。

5．大明殿梁枋制作

这部分我们主要针对梁枋中的“枋”来进行制作，“枋”即为两柱之间起到联系作用的方柱形木材，主要起到横向的连接作用，也就是图 8-260 中所示的结构。

我们常常说道中国古建筑上的“雕梁画栋”，而这其中的“画栋”，也就是指在枋上的彩绘，从最初单纯为了保护木料而涂刷油漆，到之后将这样的彩绘发展成一种艺术，梁枋上的彩画也经历了很长时间的变迁。

在这部分的制作中，模型所占比例并不大，只需要建立比较简单的模型摆放到适当的位置，在后续的贴图操作之中再对其进行处理，即可达成最终的效果。在上文已经创建好的墙面模型之上建立两层大小不同的装饰，即为这一步操作的目的。

新建 Box 模型（见图 8-261），无须进行更多的修改操作。转换为 poly 可编辑多边形后只需要注意的一点，因为 box 的顶面在最终的成品中并不能为人所见，所以在制作过程中需要将其删除，删除方法与上文所提及的方式相同。

图 8-260

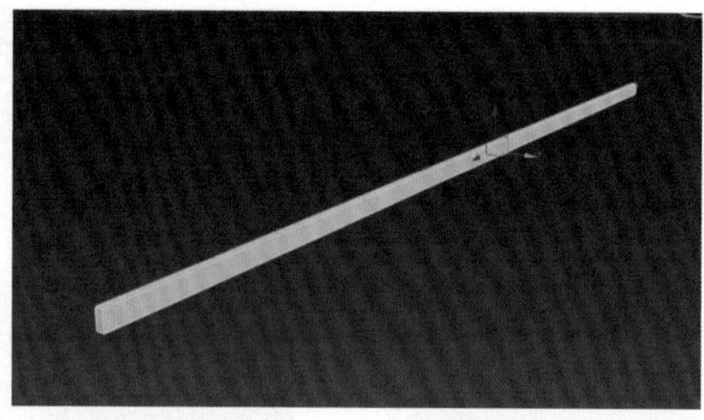

图 8-261

有关枋结构的摆放方式参照了古建筑基本相同的格局。在模型制作中，为了优化模型面数，简化了本应该有的榫卯结构，只将枋结构安插在已经做好的石柱结构的上方。

图 8-262 所示为正统的“老檐枋”与“金柱”的连接细节。图 8-263 所示为模型制作时的简化后效果。

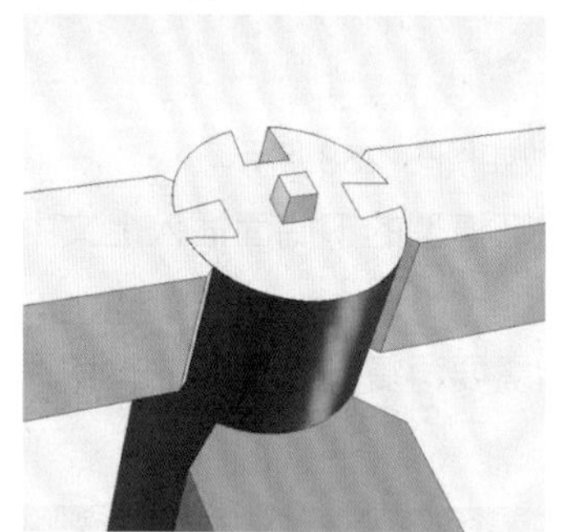

图 8-262

图 8-263

其余的模型均可以从已经做好的 Box 复制出来。运用移动、旋转和缩放的方式，将枋结构摆放在已经完成的墙面结构上，即完成了这一步的操作，如图 8-264 所示。对于枋结构上面的彩画需重点处理，我们放到贴图制作的部分，两者结合最终才能展现出令人满意的效果。

在完成上述操作后，我们还需再建立一层枋结构（见图 8-265），这一层要比上一层的模型高度略高。建立 Box 模型，转换成 poly 可编辑多边形后删除上顶面和下底面，只留下如图 8-265 所示结构，同样依据已经完成的墙面摆放，位置处于第一层枋结构之上。

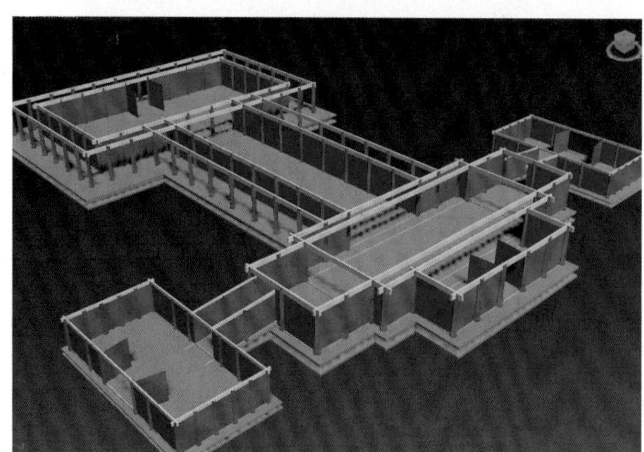

图 8-264

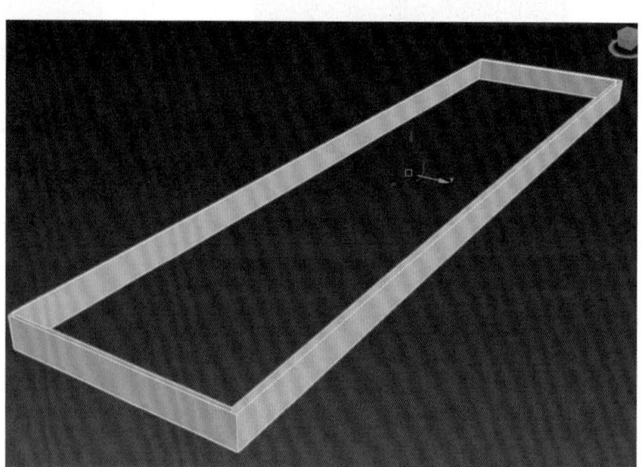

图 8-265

6. 大明殿屋顶制作

古时最基本的屋顶样式共有四种，分别是硬山顶、悬山顶、庑殿顶和歇山顶。其中，前两种屋顶多为民间房屋的屋顶样式，而庑殿顶属于四种中等级最高的一种屋顶样式，歇山顶次之。在我们的模型制作中，大明殿的几乎所有屋顶都为歇山式屋顶，样式如图 8-266 所示。

图 8-266

在介绍屋顶的制作方法时，同为歇山顶的结构我们只讲解一种，相似样式的屋顶结构通过相同的方法均可制作完成。至于上文提及的另外几种屋顶样式，在本模型中暂且使用不到，在后文还会再提及相关的模型制作注意事项。

新建 Plane 面模型，参数如图 8-267 所示。

在这里将分段数定为 6 是为了方便后续转换成 poly 可编辑多边形后进行更加方便的编辑。创建完毕的效果如图 8-268 所示，将模型转换成 poly 可编辑多边形。

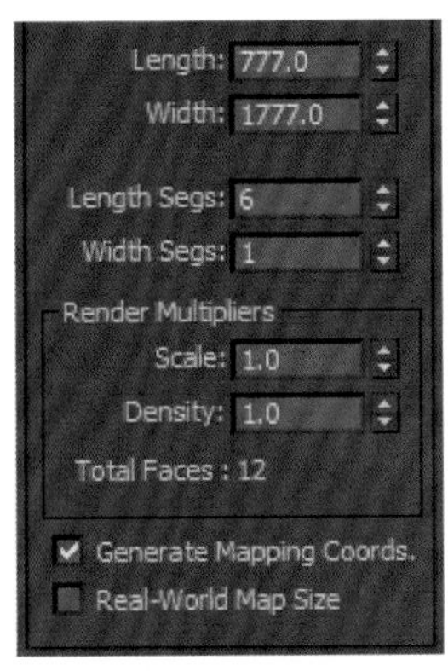

图 8-267

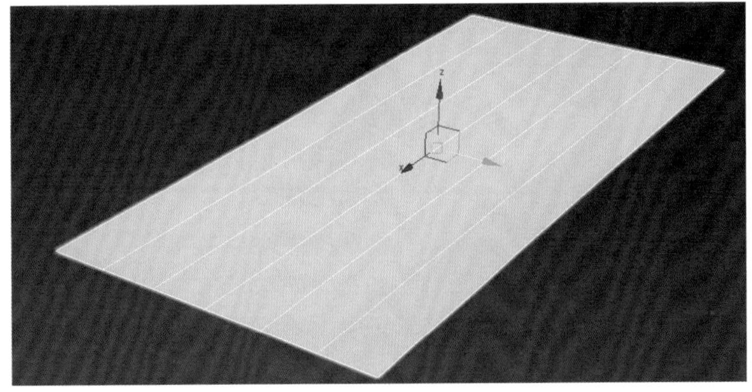

图 8-268

切换成点编辑模式，结合前视图、左视图、顶视图和透视图之间的关系，使用移动工具将模型上的点拖动至图 8-269 所示样式，即为屋顶的初步结构。

切换成线编辑模式，选择上图中红圈中的边，在右侧编辑器中找到“Bridge”选项，（见图 8-270）。此修改器用于连接两条边结构，在它们中间创建一个新的面结构。单击“Bridge”按钮后模型会变成图 8-271 所示样式，同理处理另外一侧的模型。

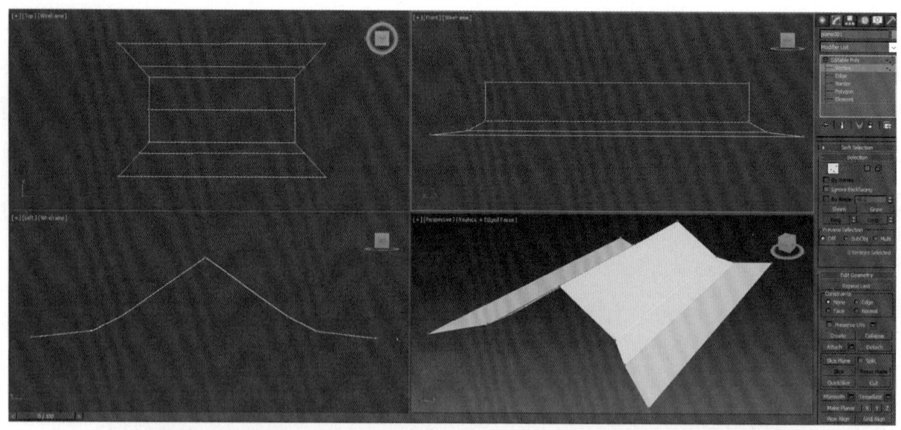
图 8-269

图 8-270

图 8-271

下一步处理屋顶四角处的飞檐。清代李斗就在《扬州画舫录 • 草河录上》上写到“香亭三间五座，三面飞檐，上铺各色琉璃竹瓦，龙沟凤滴。”这种中国特有的建筑结构，可以说将每个古建筑进行了一次升华，如图 8-272 所示。

在具体制作中，为了优化面数，很难完全还原如图 8-272 所示一样的飞檐结构，所以我们只对其做些简单的处理，来最大限度地达到我们预期的效果。处理方法如下。

重新切换回点编辑模式，在右侧编辑器中找到“Cut”命令。此编辑器的作用是连接点与点或者点与线，即在它们之间创建新的线结构，是在模型制作中经常用到的修改器。

单击“Cut”工具，点选图 8-273 所标示的点，松开左键后移动鼠标，会发现在模型上出现了一条从该点到鼠标位置的虚线，将鼠标移动到与其相邻的一边上，会发现虚线转换成了实线，单击鼠标，即创建好了一条新的线结构。同理处理该点和另外一条临边和另外的三个角。成品如图 8-273 所示。

图 8-272

图 8-273

全部连接完毕后将视角切换成顶视图，会看到新连出的线并不平行。解决方法是在顶视图中选择一行或一列需要调整的点（见图 8-274、图 8-275），使用变形工具，在 x 方向上拖动，即可将四点的位置归于同一条线。同理处理另外的三边。

图 8-274

图 8-275

在点编辑模式下选择模型四角的点，在左视图或前视图中使用移动工具适当向上进行移动，成品效果如图 8-276 所示。

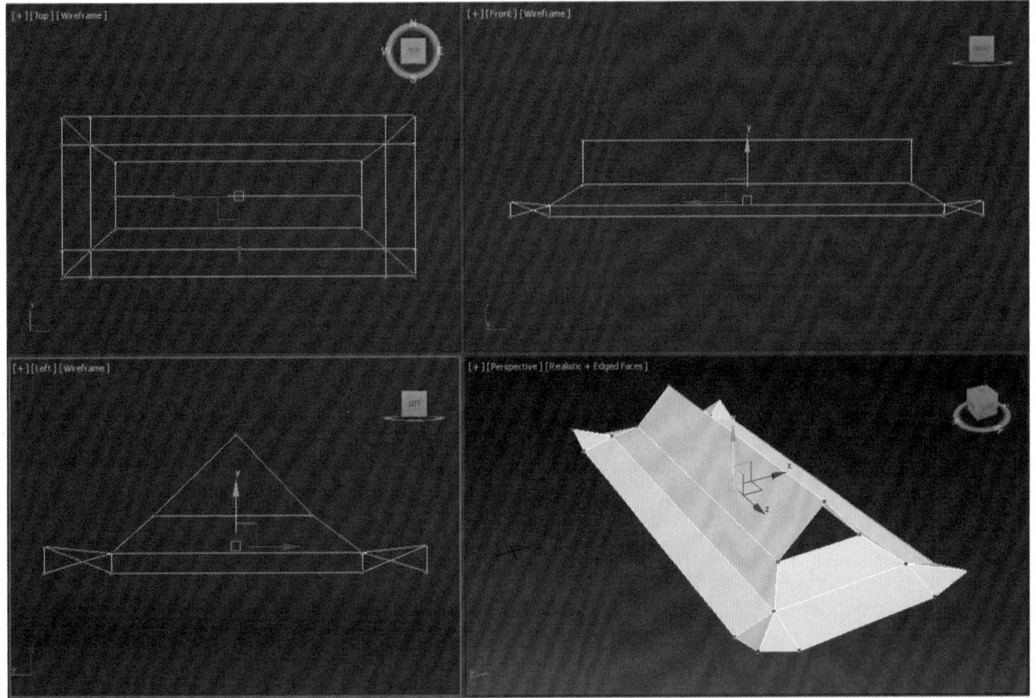

图 8-276

进行这样的调整后我们即达到了在添加最少的点和面的条件下完成了飞檐结构。至此，屋顶的单面结构制作完毕，下面的工作是将屋顶处理成双面结构。

切换成面编辑模式，选择全部的面，执行复制命令，按住 Shift 键并向下拖动一段距离，单击“OK”（见图 8-277）。在编辑器中单击图 8-278 中的“Flip”按钮。作用为将所选面的正反翻转，这一步操作的意义是为了之后连接上下两面，以及避免后续的贴图法线方向问题，详细的解释会在之后的操作流程中说明。

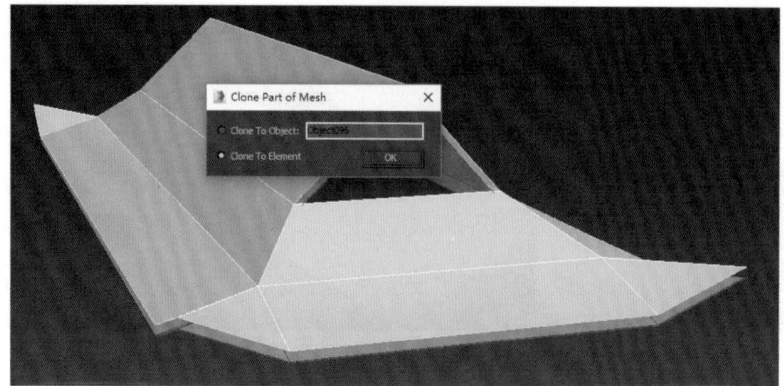

图 8-277

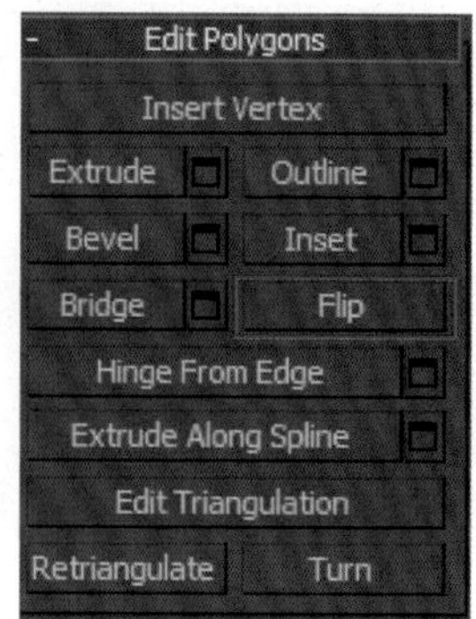

图 8-278

切换成边界编辑模式，这是我们第一次使用这个编辑模式，跟其他模式名称一样，边界模式下选择边时会直接选择封闭的一整圈边结构，在特定的情况下要比线编辑模式更加方便快捷。直接框选图 8-279 中标记的两边，单击“Bridge”按钮，将上下两边连接。同理处理图 8-280 所标记的两边。

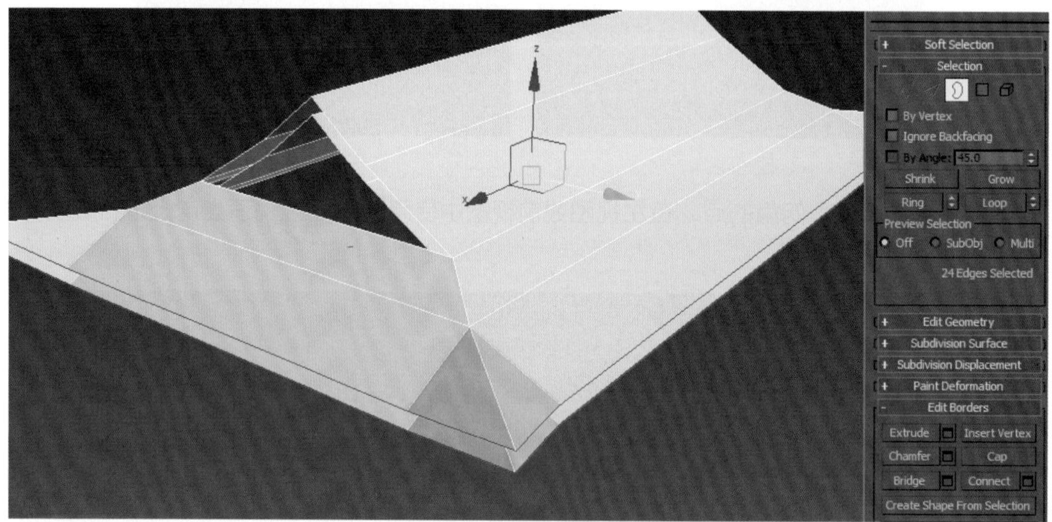

图 8-279

图 8-280

切换成面编辑模式，选择整个模型下方的所有面，单击侧“Detach”按钮，该命令的作用是将整体模型中的一部分分离出来，作为一个单独的模型存在。在这里把屋顶的两面分离是为了在后续的贴图操作中更加方便快捷，（见图 8-281）详细解释会在下文中进行说明。

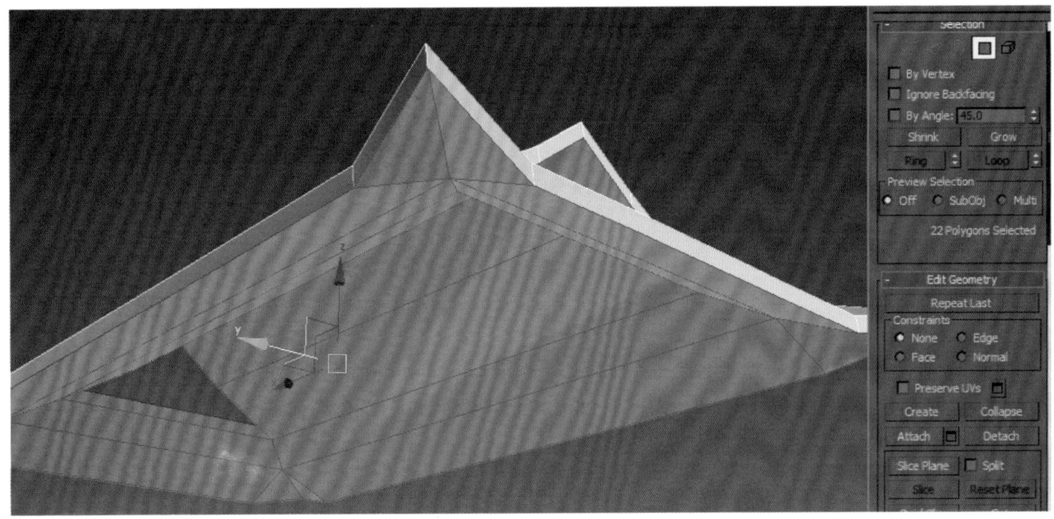

图 8-281

至此整个屋顶模型制作完成，其余的屋顶模型形状如图 8-282 所示，制作方式请参照上文。屋顶的制作在整个大明殿中有些复杂，需要注意的点很多，一步出现问题后后续操作可能就无法再继续进行，所以读者在实践时一定要格外留意在教程中提到的需要注意事项，避免出现问题殃及后续流程。

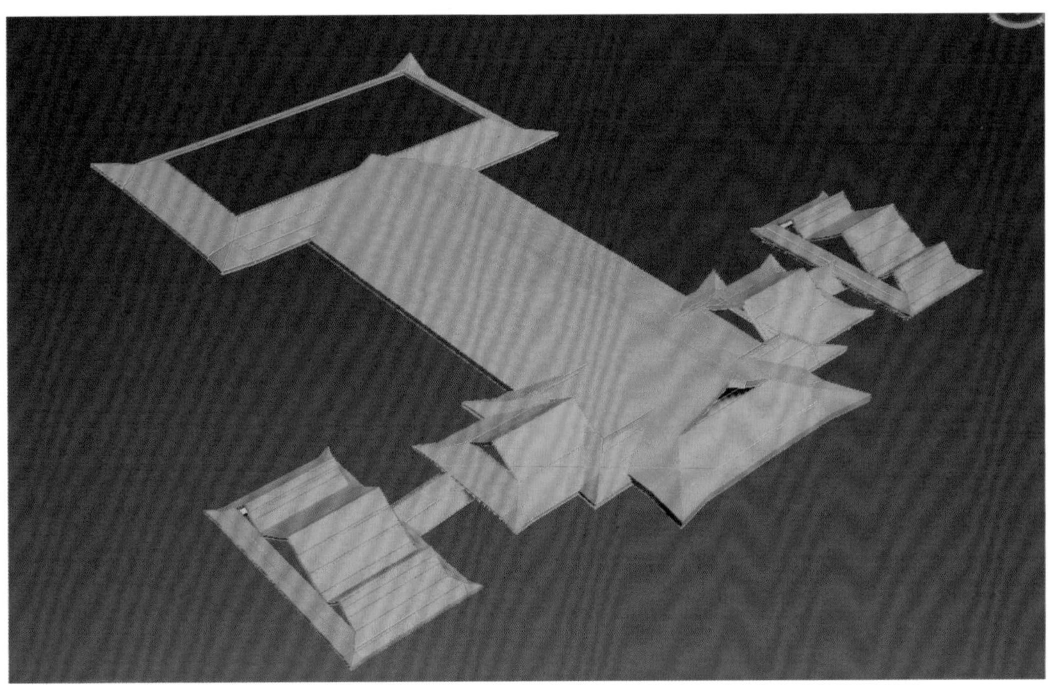

图 8-282

7. 大明殿屋脊制作

在古建筑的屋顶上，最基本的组成部分就是屋脊（见图 8-283），在我们的大明殿模型制作中也用到了两种不同的屋脊，且这两种屋脊不同于其余简单建筑模型的 Box 屋脊，其附带有自己的形状。所以在制作时需要用到一个叫 loft 的组合命令，借此来完成整个屋顶上的不同结构样式。

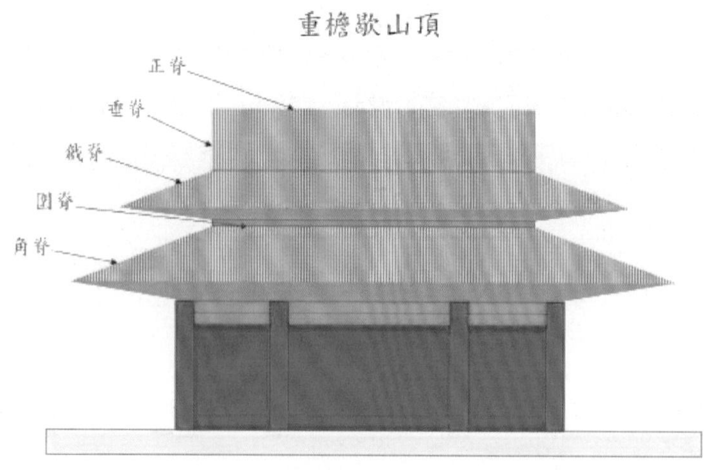

图 8-283

图 8-283 所示为歇山顶中的顶级：重檐歇山顶的屋脊说明。在具体制作中将正脊和戗脊作为统一基础模型制作，只在长宽比和高度上加以处理，另外的垂脊另行制作。下文将着重介绍正脊和戗脊的制作流程，里脊以及屋顶上的其他配件均可采用相同方法处理。

在创建模型界面切换成简单模型选项，选择“Line”工具，如图 8-284 所示，将视图切换成前视图。在视窗中画出如下形状，即为屋脊的形状。在这里参考了正脊应该有的原本形状样式（见图 8-285），同时为了优化面数而将结构简化成图 8-286 所示。

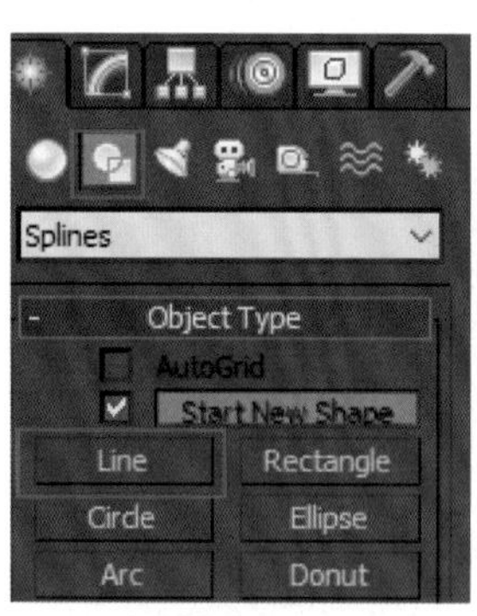

图 8-284

图 8-285

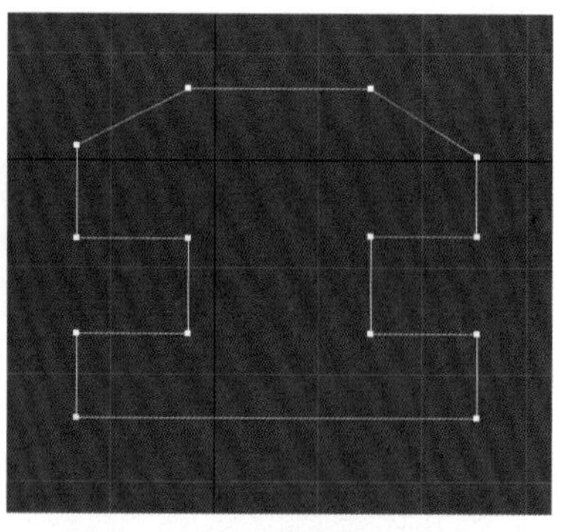

图 8-286

接着在顶视图中画出一条直线，如图 8-287 所示。

在右侧的创建界面找到图 8-288 所示界面。

图 8-287

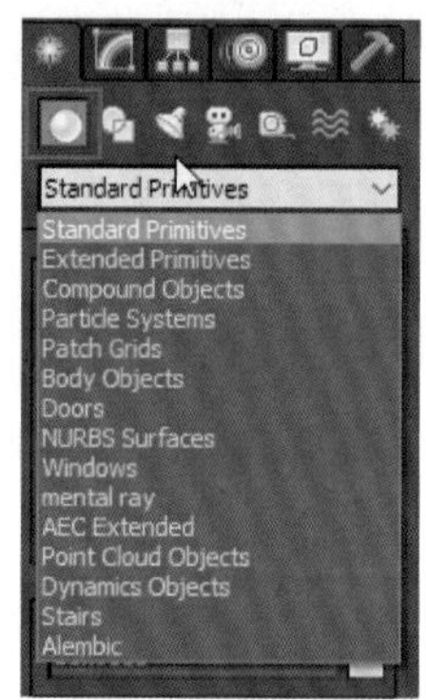

图 8-288

选择“Compound Objects”复合模型，找到“Loft”工具，选择刚刚画出的直线后，单击“Loft”按钮。

在右侧弹出窗口中选择“Get Shape”工具后，单击图 8-289 中所标示的绘制模型，会发现原本的直线变成了图 8-290 中左下角的样子。

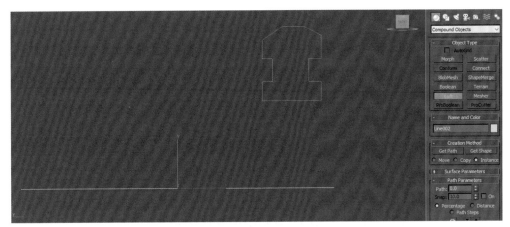

图 8-289

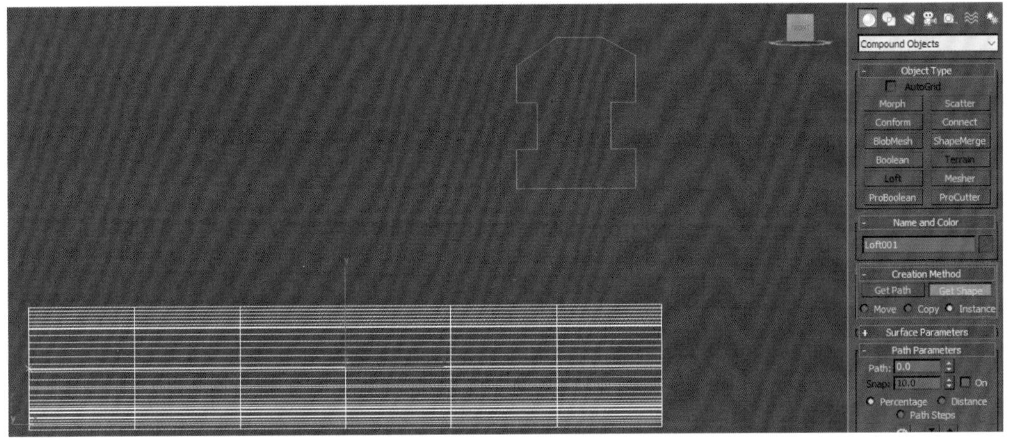

图 8-290

切回透视图视角，删除已经用过的两个 line 模型。选择图 8-290 中的成品模型，单击 按钮后将图所标示位置处的数值改为 0、2，用于之后匹配屋顶结构。最终成品如图 8-291 所示。

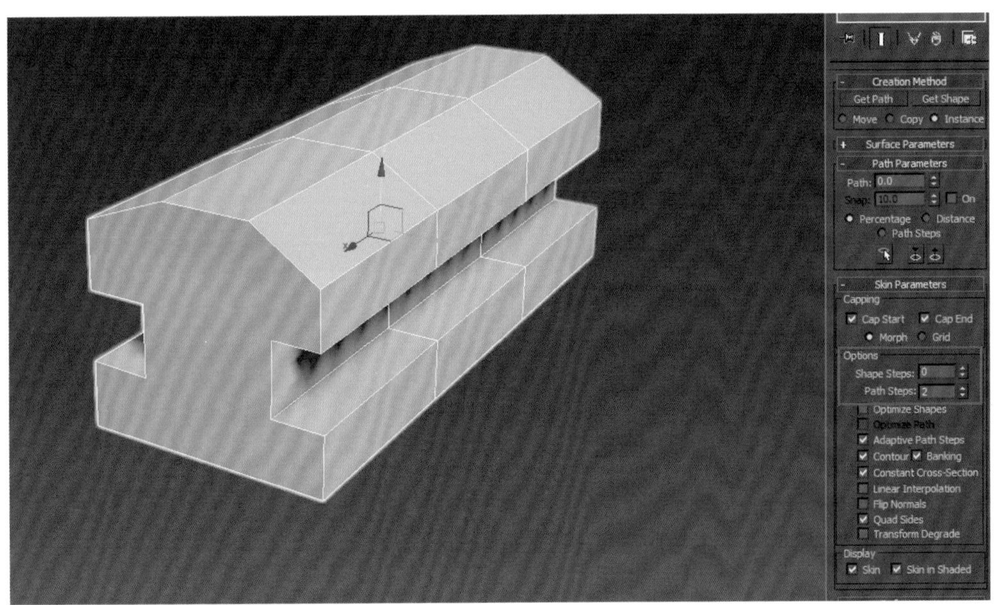

图 8-291

将已经完成的屋脊放到屋顶之上，转换成 poly 可编辑多边形后改变其长度和点的位置，使其匹配屋顶的倾斜度。呈现效果如图 8-292 所示。

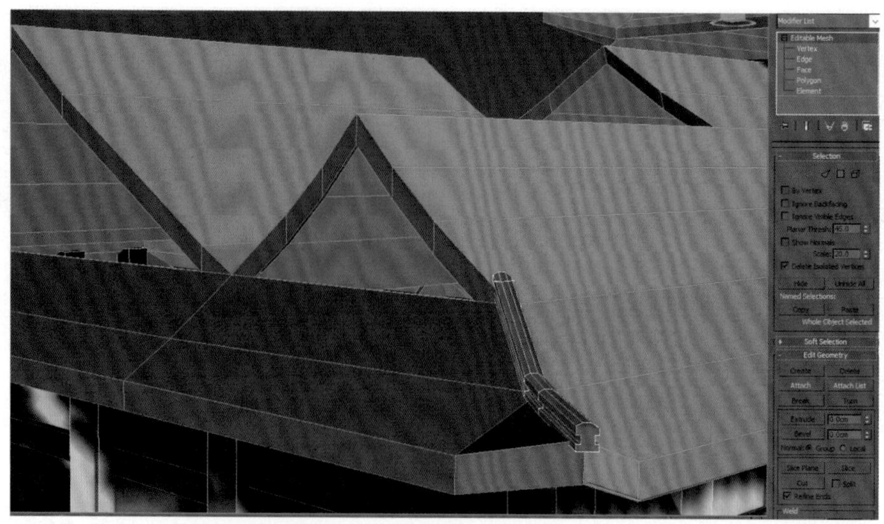

图 8-292

使用同样的方法创建余下模型，用于屋顶的其他部分。

图 8-293 所示为“垂兽”，又称角兽，用于加固屋脊相交位置的结合部，在本次的模型制作中也将其进行了很大程度的简化，图 8-294、图 8-295 所示。

图 8-296 所示为前文所提及的“垂脊”，由于其位置处于屋顶的两侧，所以制作时只在外侧做了纹路，内侧则直接作为一个平面处理。

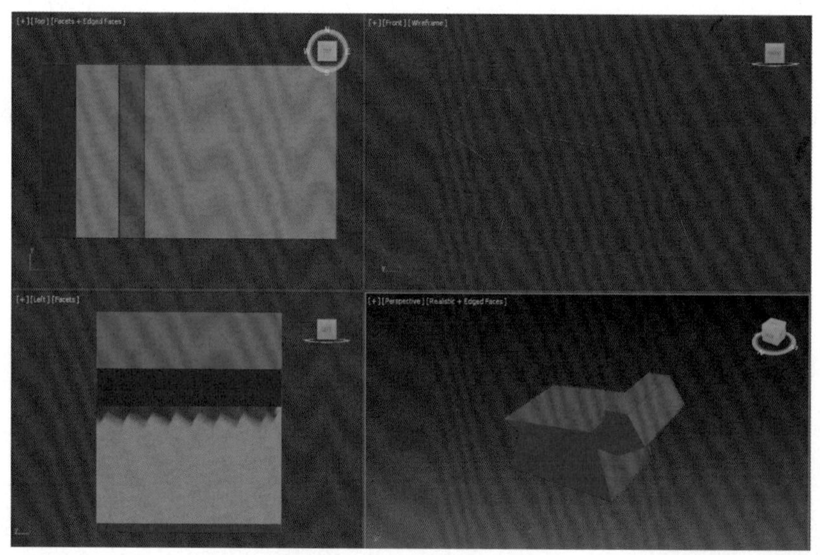

图 8-293

图 8-294

图 8-295

图 8-296

图 8-297 所示为“脊兽”，也就是我们现在也能在四处见到的站在飞檐上的小兽，最多有十只脊兽，依次为龙、凤、狮子、天马、海马、狻猊、狎鱼、獬豸、斗牛、行什。而在最前方则是一个人的形象，名叫骑凤

仙人。由于面数优化的要求，这些配件我们无法做得特别精细，所以和上面的模型一样遵循点到为止的原则。

图 8-298 所示为“鸱吻”，象征辟除火灾，鸱吻在古代也有不同的样式，位置置于正脊的两端。在这里我们同样进行一些参考后将其简化，如图 8-299 所示。

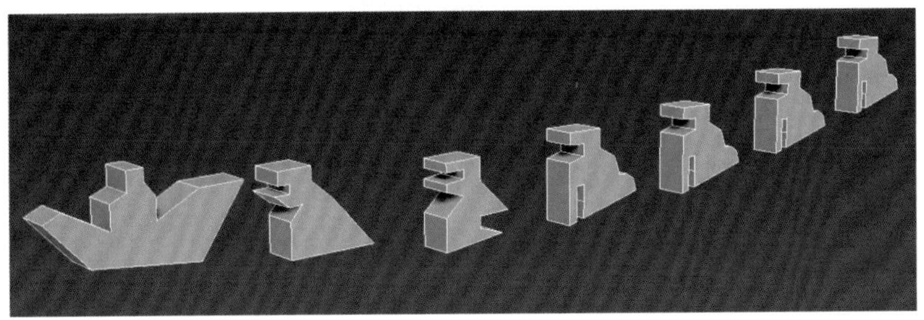

图 8-297

图 8-298

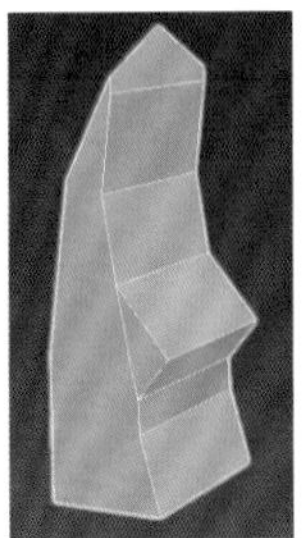

图 8-299

8．大明殿博风板制作

博风板是在屋顶的侧立面的结构，大多为木质，为了防风雨雪，用木条钉在檩条顶端，同时起到美观装饰的作用（见图 8-300）。在我们的模型制作之中准备采用简单的模型加上后期的贴图效果来制作。

创建一个新的 Plane 面模型，转换成 poly 可编辑多边形，如图 8-301 所示。

图 8-300

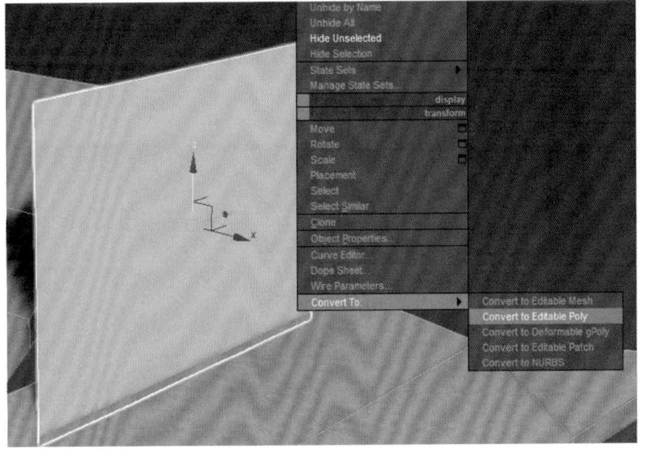

图 8-301

选择点编辑模式后选择上方的两个点，运用缩放工具，使两点靠近，在右侧找到“Weld”修改器。该修改器的作用是将两个或多个点进行焊接。单击“Weld”右侧的按钮后会出现如图 8-302 所示界面，调整数值直至两点合并成一点。

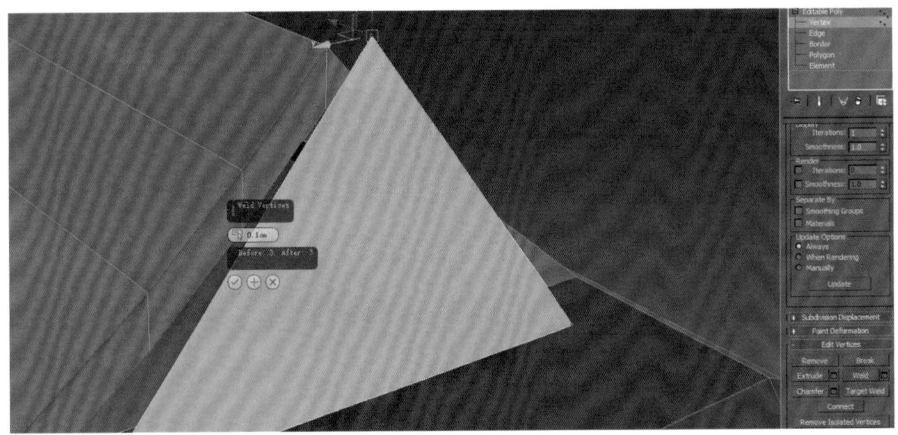

图 8-302

完成后在点编辑模式下调整点位置，使之和已经完成的屋顶空缺匹配。成品效果如图 8-303 所示。

图 8-303

9．大明殿其他结构制作

大明殿的屋顶属于重檐歇山顶，即是说在我们已经完成的屋顶上方还有一层结构，即歇山顶。在这一层的结构中没有额外需要处理的地方，只是将之前完成的模型复制一份后摆放到正确的位置即可。

复制之前制作好的枋结构（见图 8-304），沿着已经摆放好的屋顶结构，如图 8-305 所示摆放两圈。

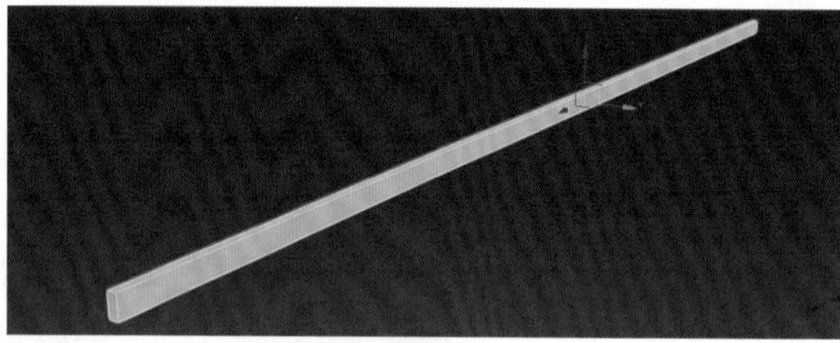

图 8-304

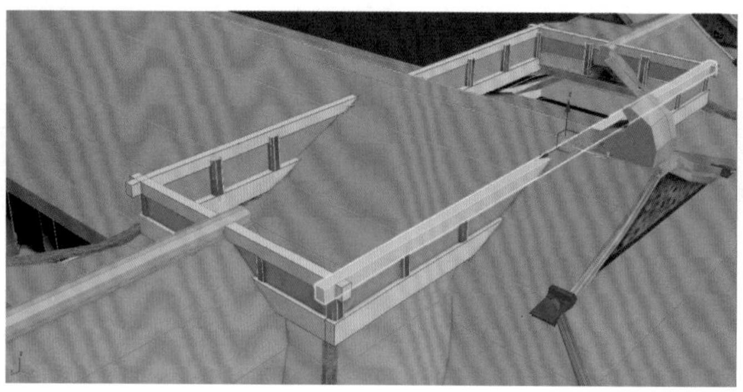

图 8-305

在这里注意上方的此结构不要超过两边的正脊高度，不然在加入第二层屋顶后会有穿帮的可能。

中间的柱子结构直接将前面已经做好的柱子调整半径大小和高度后插入到合理的位置，需要注意的一点是，两圈枋结构之间的 Box 需要的是双面结构，处理方式见上文。摆放完毕后采用同样的方法，在顶部尚未封口的正殿上摆放同样样式的模型，调整位置和大小，如图 8-306 所示。

图 8-306

同理，依据上述方法再创建两个屋顶及若干屋脊，将其摆放到恰当位置，最终达成图 8-307 所示效果。

图 8-307

进行部分微调之后成品白模效果如图 8-308 所示。

图 8-308

10. UV 的处理及最终效果

以上我们已经将完整的大明殿制作流程介绍完毕，下面简要地提及几点在进行材质编辑时需要注意的事项，但详细的制作流程与方法请见下模型 UV 制作部分。

在处理很多贴图时都需要注意贴图的朝向，如在处理屋顶结构时，如果直接根据多边形的角来进行 UV 的展开后，整个的屋顶结构顶面会被展开为一个面（见图 8-309、图 8-310）。这时如果再为其附材质时就会发现其中有一面的瓦片方向是反的。这时我们就需要进行对应的操作来修改其方向。

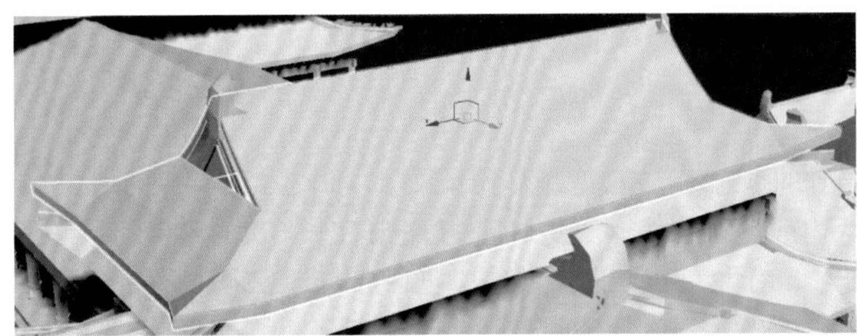

图 8-309

其对应处理方法请参照下文讲解，这里我们只将其作为一个制作上面的要点进行说明。

在处理“鸱吻”结构的材质时，我们会发现其两侧和中间部分的贴图有很大程度的不同，即无法简单地将材质拖动后得到成品。在 UV 展开时选择合适的展开方式也就成为处理这部分需要考虑的第一步，如图 8-311、图 8-312 所示。

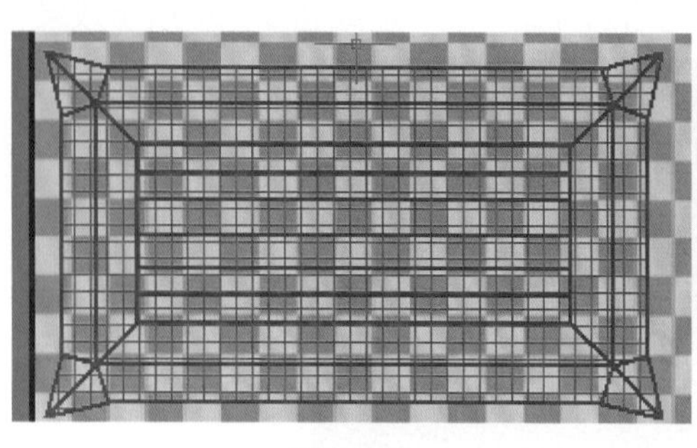
图 8-310

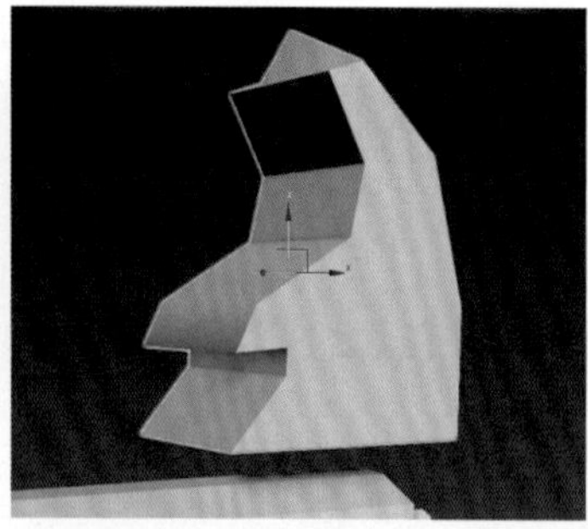
图 8-311

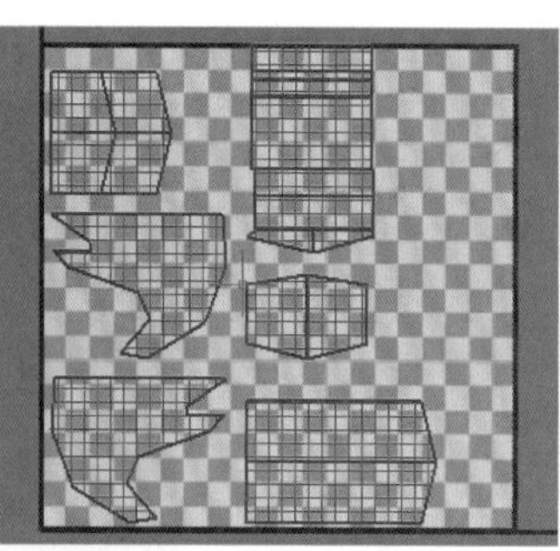
图 8-312

除此之外，还需要提醒的一点是，整个大明殿为双面结构，所以在制作贴图时，也要注意里外两层同时附材质，由于在某些部分的双面结构相同，所以可以选中后一起赋予新的材质，如图 8-313 所示。

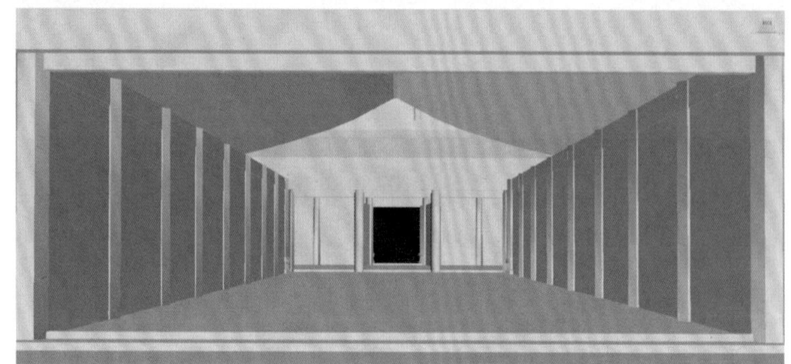
图 8-313

将所有的 UV 部分处理完毕并一一赋予材质后，最终的成品效果如图 8-314 所示。

图 8-314

8.4.4 制作地形模型

1. 概要

地形是整个模型制作的基础，所有模型的大小比例、尺寸单位都要以它为基准，地形的规范直接影响到所有模型。对于元朝大内宫墙的具体形状，史书上多是记述了长与宽的数字，元代史料《辍耕录》记载元大都“宫城东西四百八十步，南北六百十五步”。可知：四百八十步合 240 丈，合今约 754.8 米，六百十五步合 307.5 丈，合今约 967.0875 米。只知道这些数字还不足以对整个大内宫殿的地形进行复原，当今学者的复原图就成了复原的主要依据。

从图 8-315 中可以看到，地形整体包括地面、草地、河、湖、桥，下面分别说明制作步骤。

2. 地面与水面的制作

新建一个平面，平面的各参数如图 8-316 所示。

图 8-315

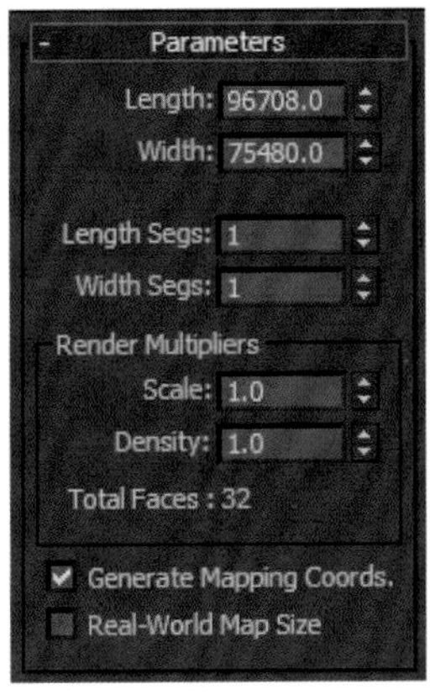

图 8-316

将复原图直接拖动到模型上，将模型转化为可编辑多边形，在◁线模式中选择上下两条边，单击“Connect”右侧的按钮，调整两边中间连接线的位置，如图 8-317 所示。

重复使用连接工具，勾勒出地形的整体轮廓，如图 8-318 所示。

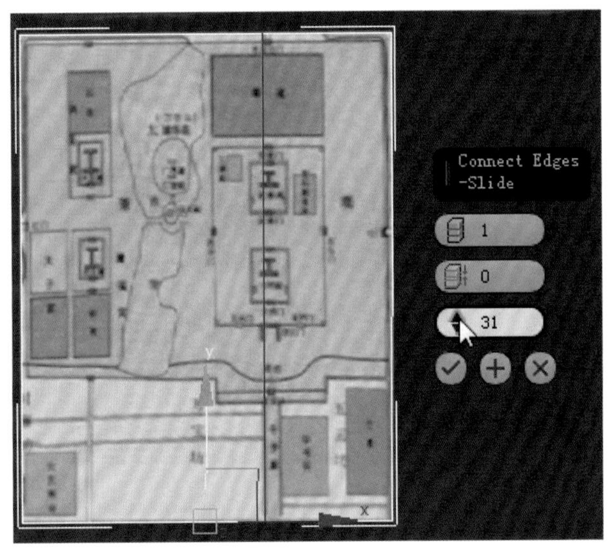

图 8-317

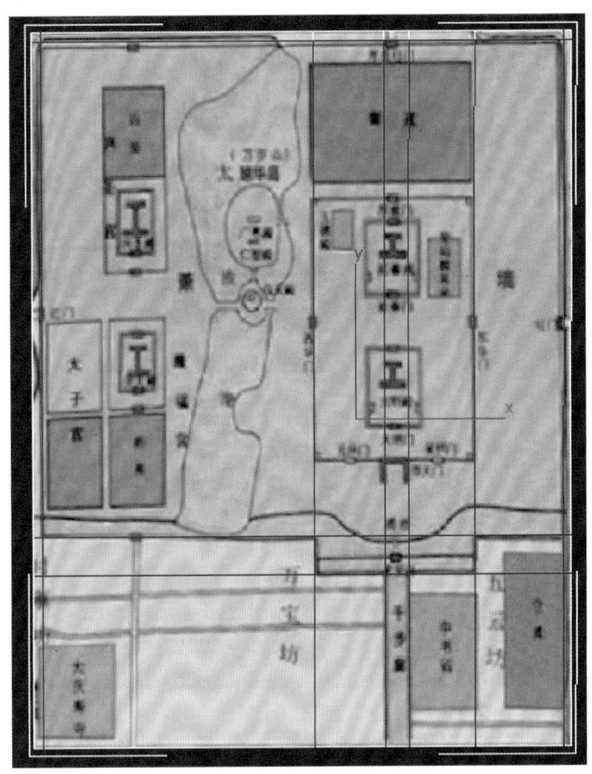

图 8-318

在面模式下选择并删除多余的面，得到如图 8-319 所示的效果。

继续勾勒出图中几个宫殿的大致位置（见图 8-320），并用“Cut”工具连出湖面与岛屿的轮廓，如图 8-321 所示。

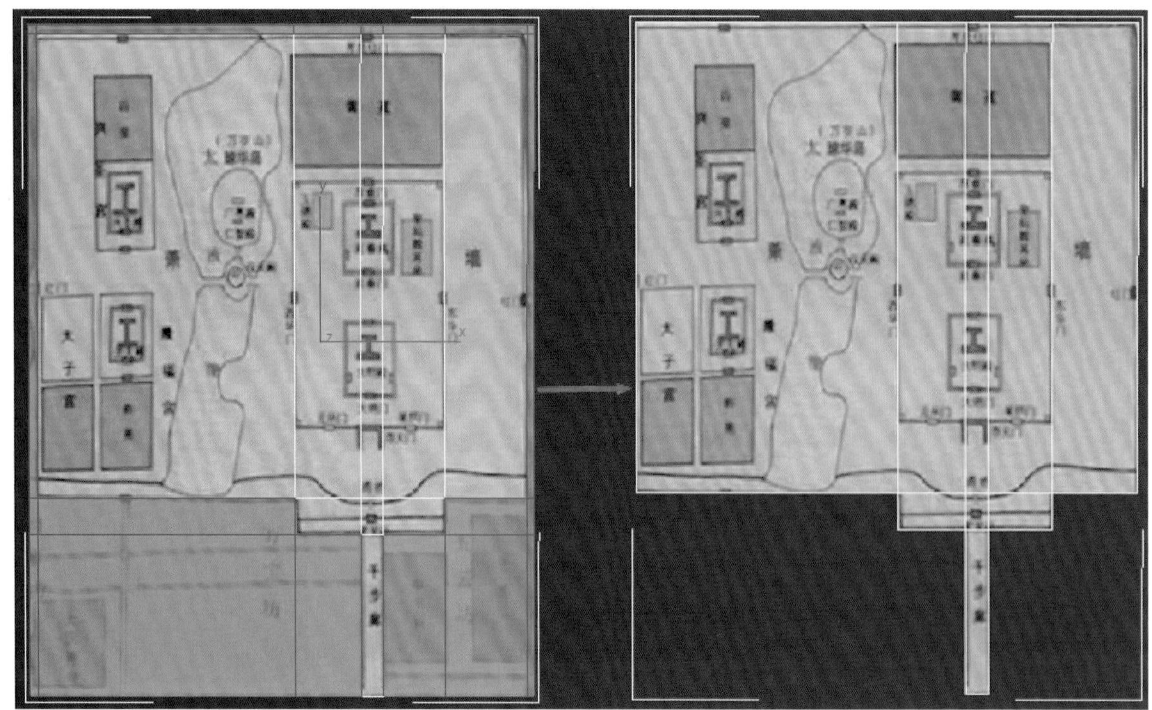

图 8-319

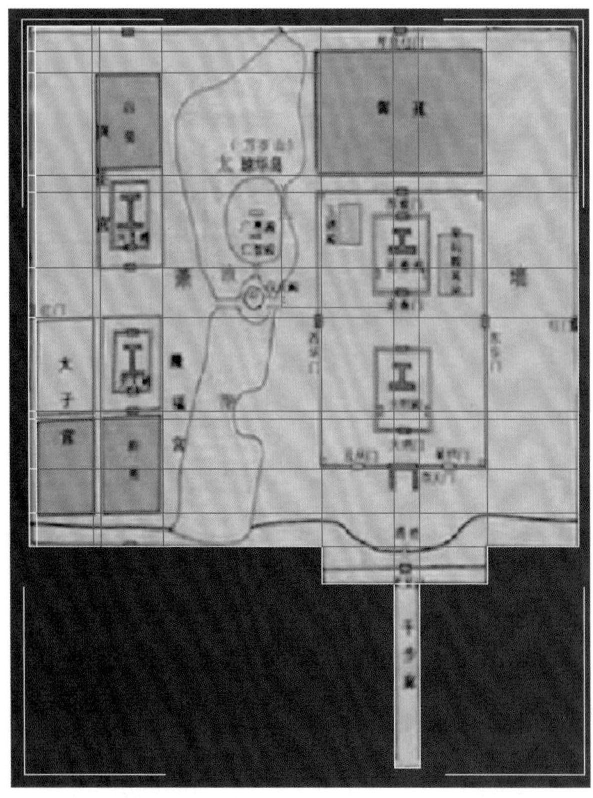

图 8-320

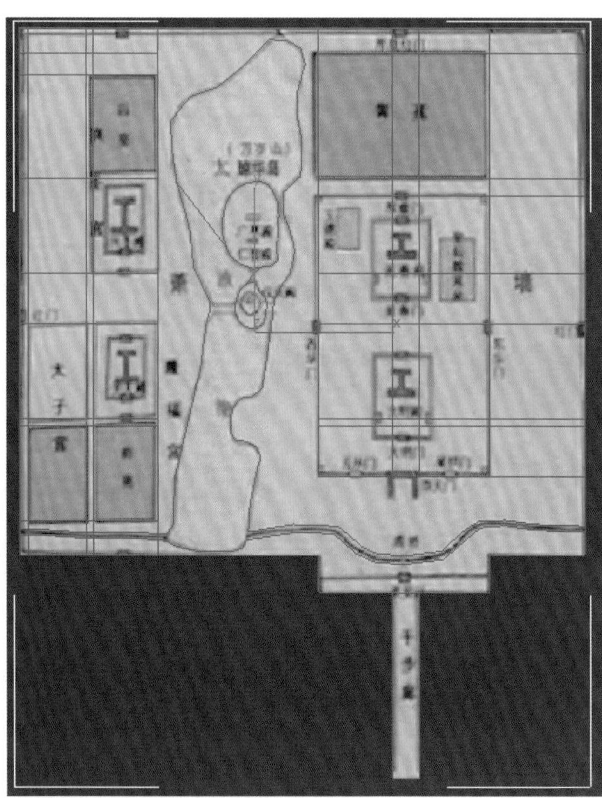

图 8-321

选择面模式，将水面部分单独选择，单击“Detach”工具，选择如图 8-322 所示。

选择岛屿部分，选择模式，框选所有边缘，按住 Shift 键并向下移动到如图 8-323 中所示适当位置。

选择地面部分，在边模式下选择出与水相接的边，同样按住 Shift 键并向下移动到如图 8-324 中所示适当位置作为湖的深度。

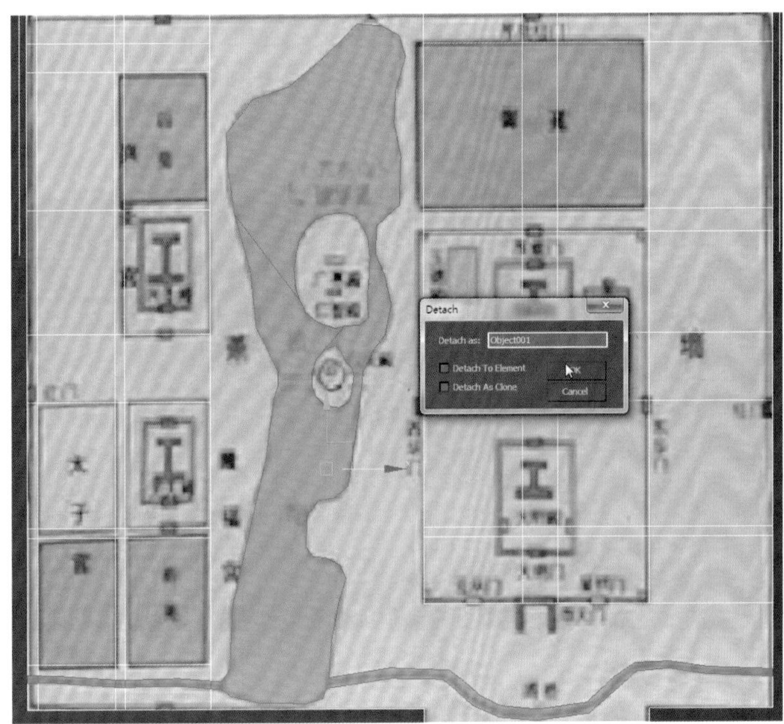

图 8-322

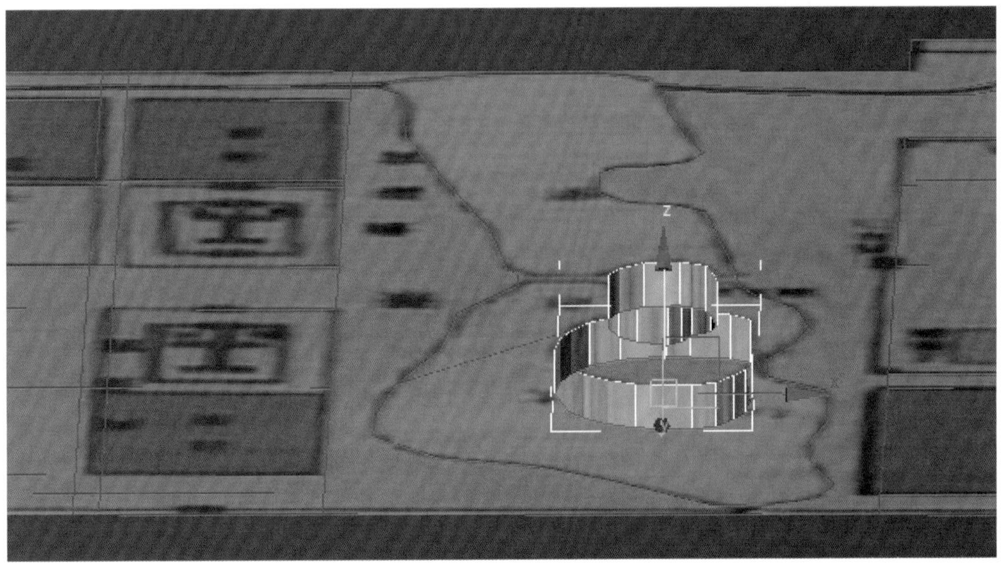

图 8-323

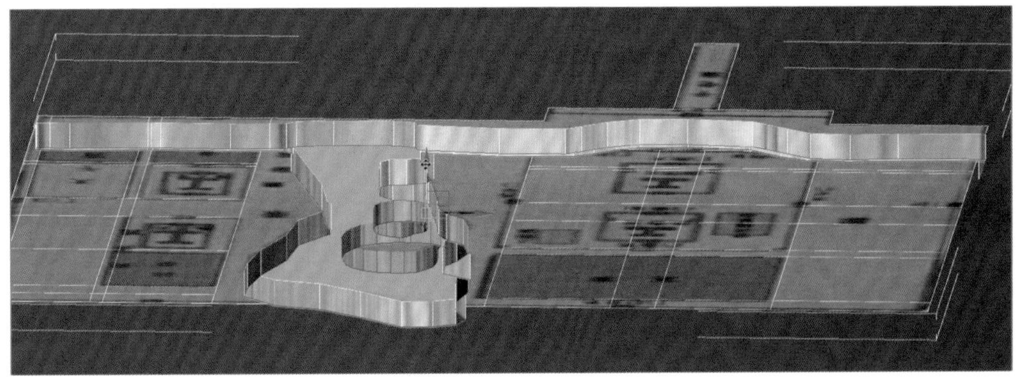

图 8-324

选择水面部分，按住 Shift 键并向下移动到如图 8-325 所示位置作为湖底，重新选择湖面，按【Alt+x】组合键将模型改为透明，以便于分辨。

将水面、水底面、地面分别赋予不同的材质，岛屿的材质与地面相同，并移除掉一些多余的点和线，以便之后的处理，如图 8-326 所示。

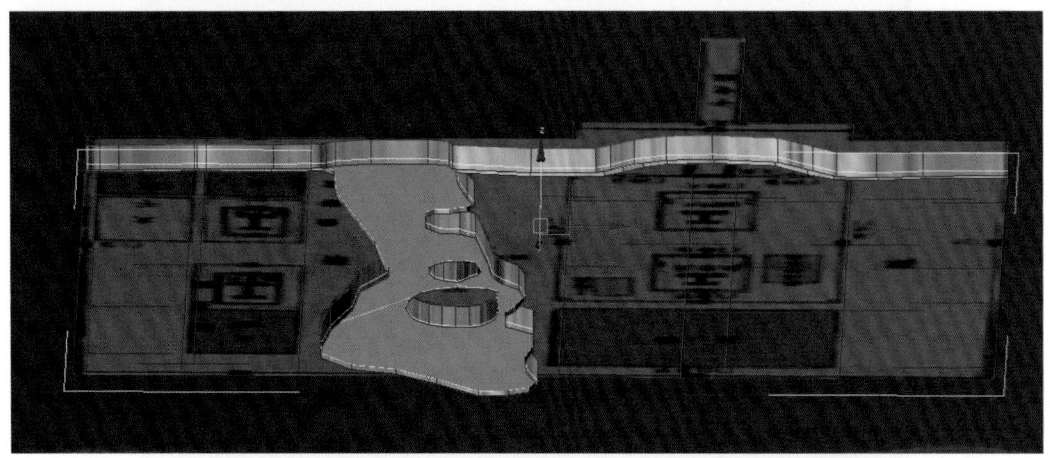

图 8-325

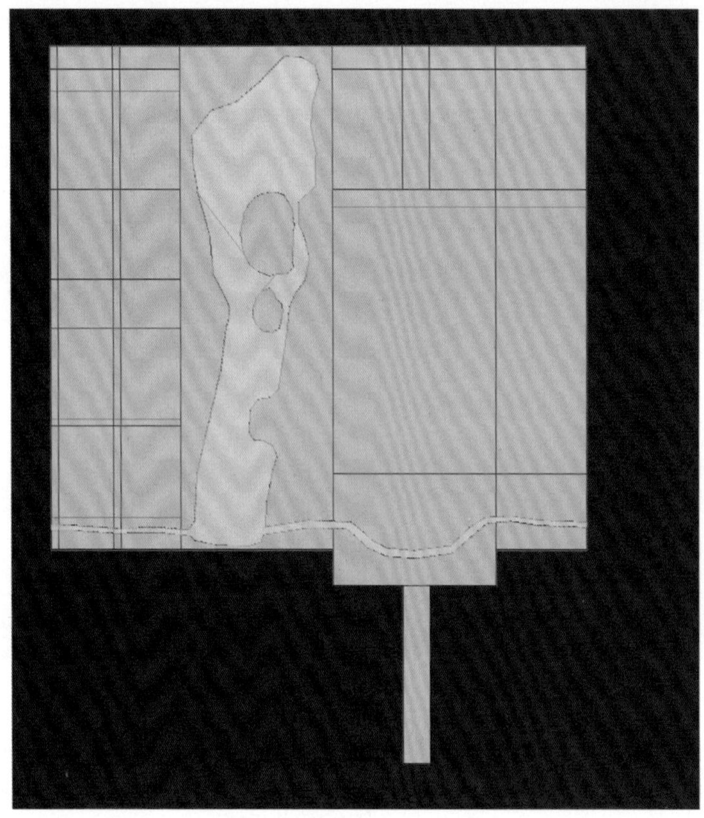

图 8-326

3. 道路的制作

参考图 8-327 大明殿平面图，在宫城中勾勒出两大殿大致的轮廓，如图 8-328 所示。

在面模式下，选择上方的大明殿区域，单击“Detach”工具，勾选“Detach As Clone”复选框后单击“OK”按钮，在右键菜单中选择“Freeze Selection”项将地面冻结，避免选择重合模型时出错。然后将图 8-322 拖动到分离出的平面上，在 UV 编辑器中修改 UV 使贴图正确显示，如图 8-329 所示。

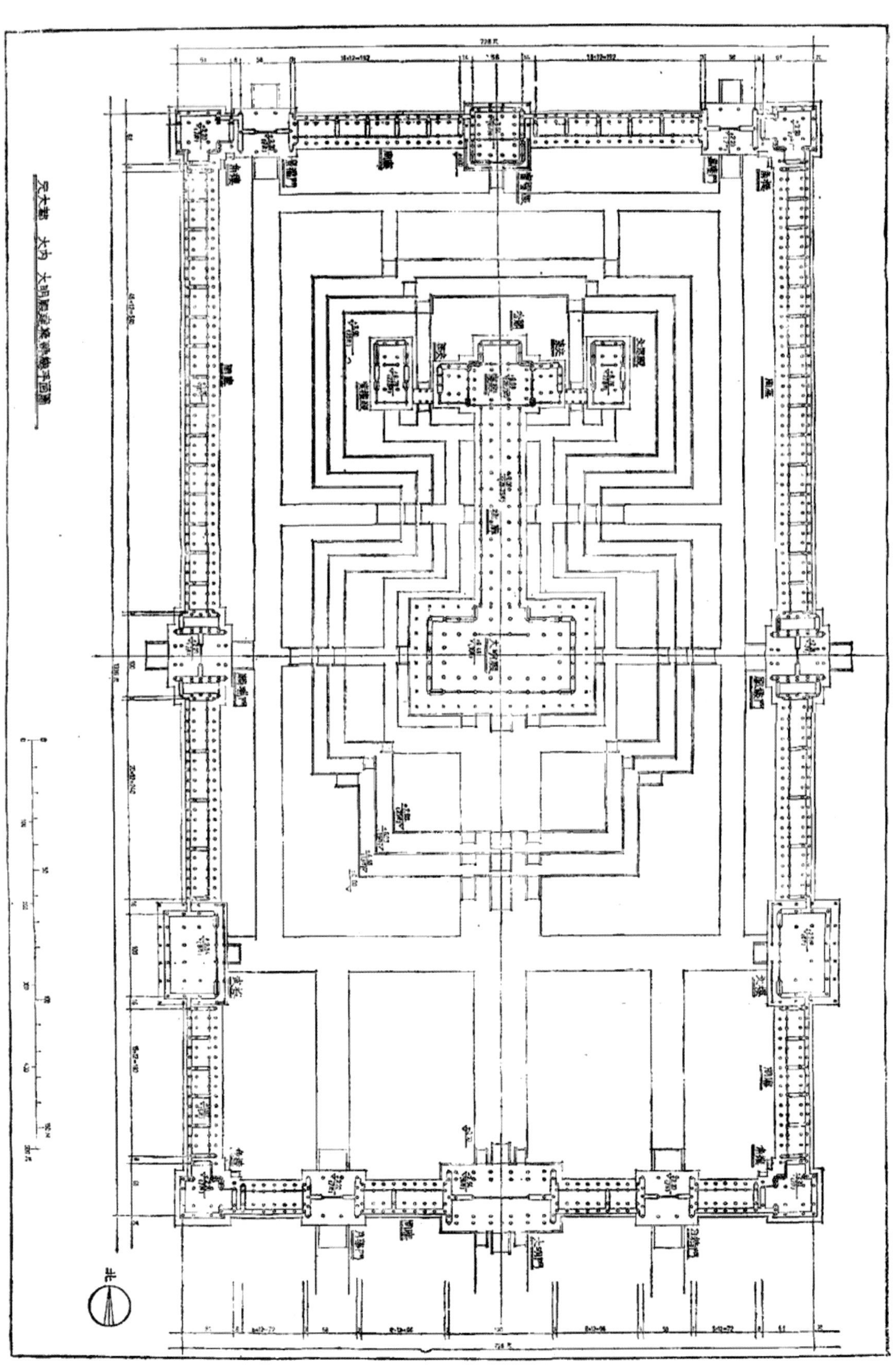

图 8-327

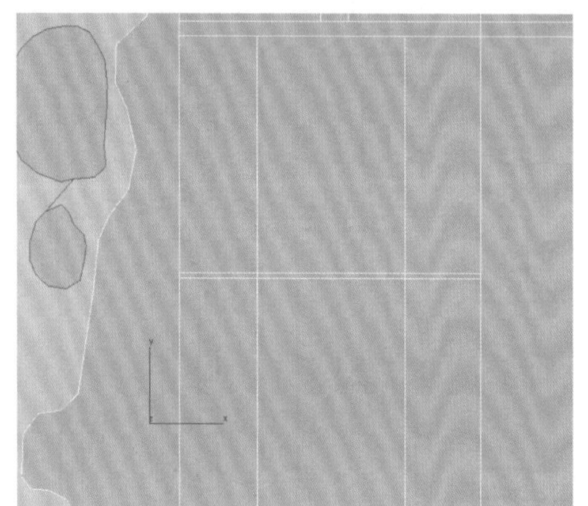

图 8-328

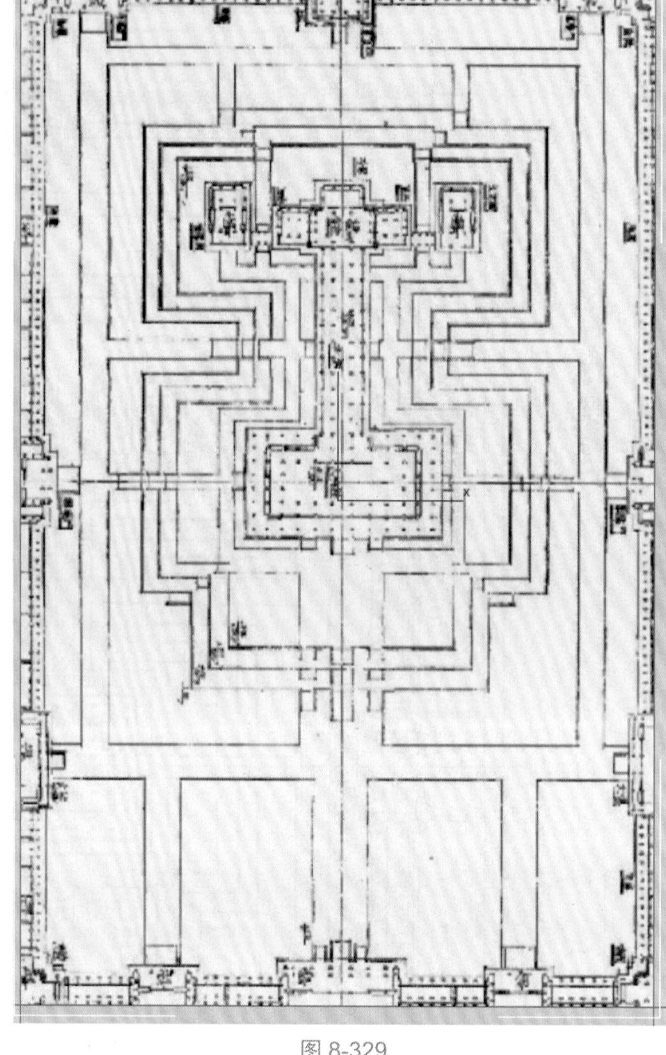

图 8-329

与之前勾勒地形方法相同，使用连接工具勾勒出道路边界，并删除多余的部分，效果如图 8-330 所示。将道路赋予一个新空白材质，复制到下方严春阁的位置，如图 8-331 所示。

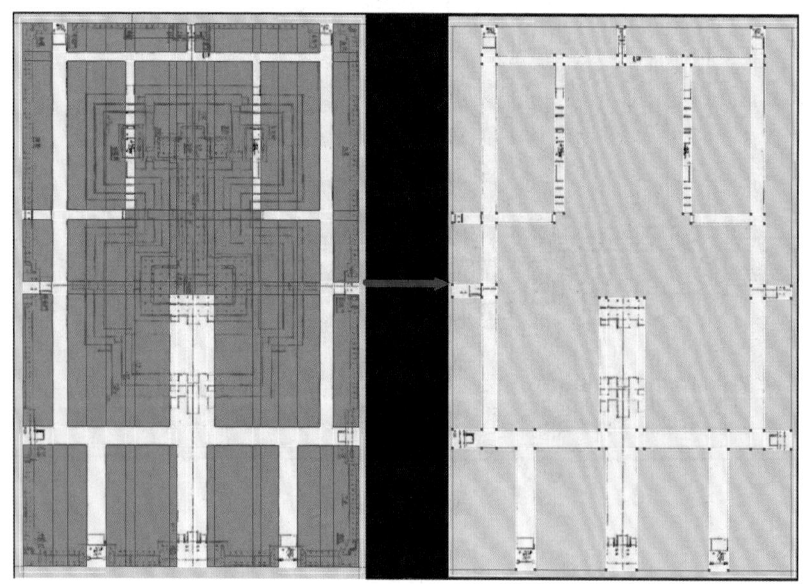

图 8-330

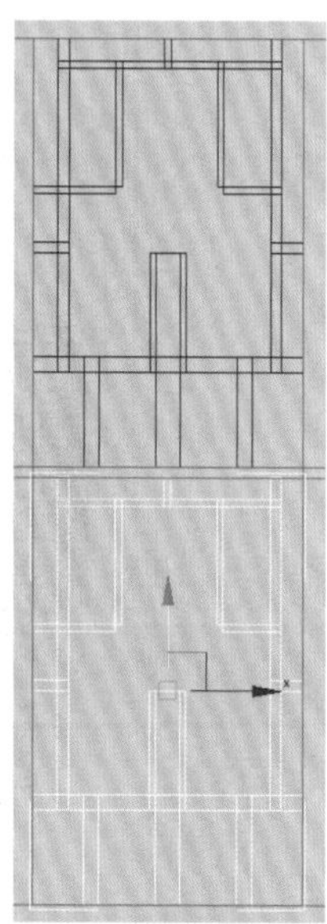

图 8-331

参考故宫中的道路可以发现，主要道路会略高于地面几厘米（见图 8-332），因此对于两个大殿中的道路也做抬高处理。

选择道路模型，在面模式下全选所有面，使用“Extrude”工具右侧的设置按钮，数值调为 3，并确认（见图 8-333），这样能加强道路的质感，使其不至于和地面没有区分，同时也避免了重合面的闪烁问题。

图 8-332

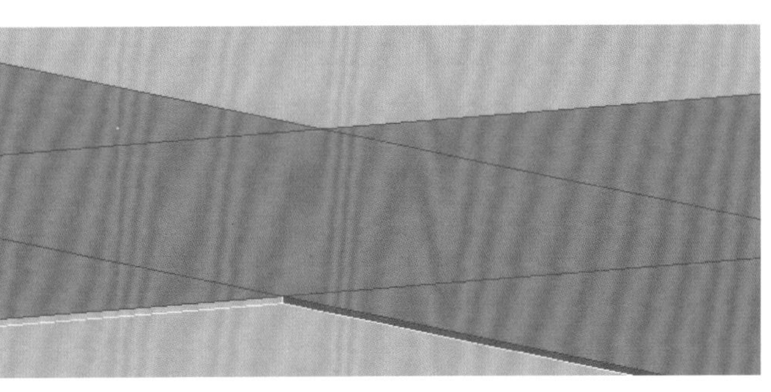

图 8-333

对于其他道路，只能参考复原图中门的位置，大致推断出道路应在的位置，最终效果如图 8-334 所示。

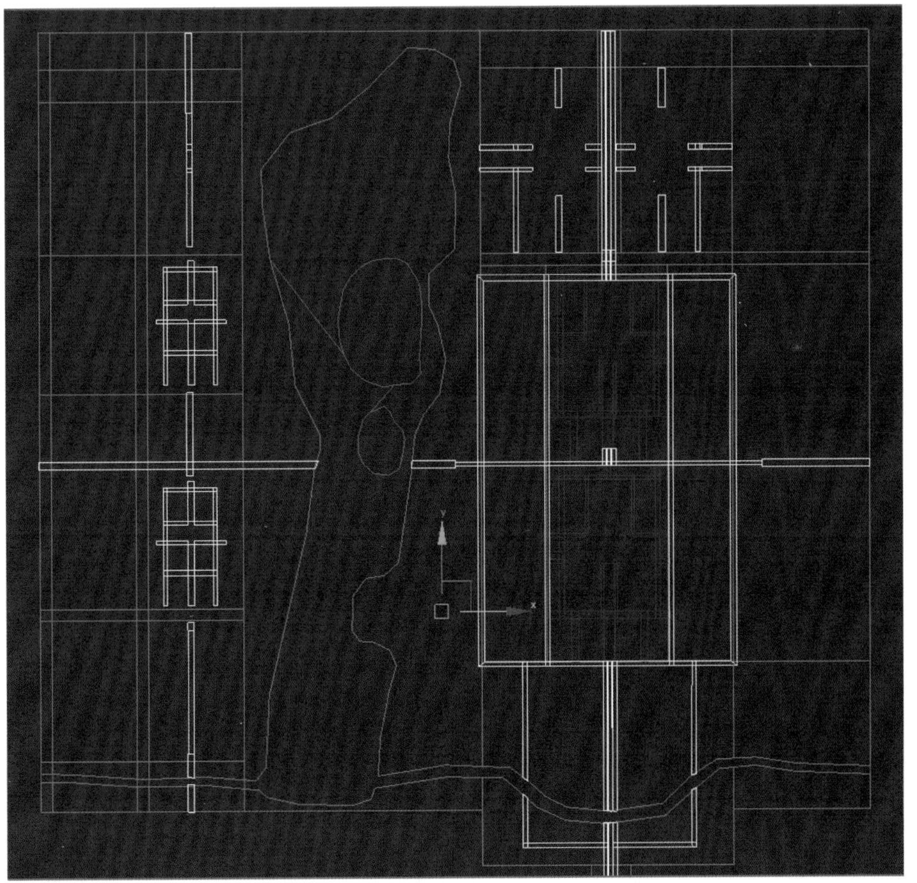

图 8-334

4. 桥的制作

河上的桥一共有 5 座，可用同一模型。

新建一个 Box 模型，将它的宽与长调为和路与河一致，如图 8-335 所示。

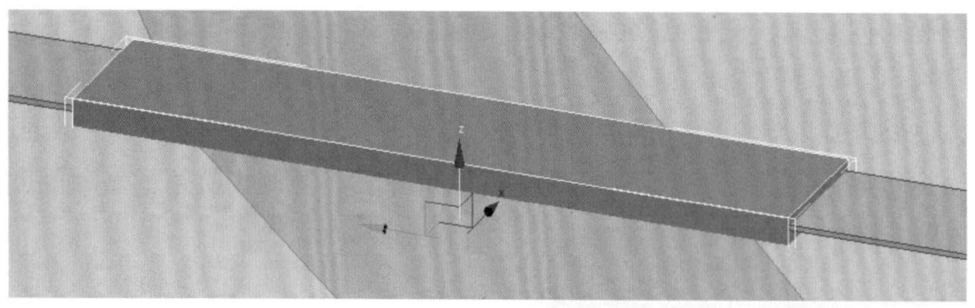

图 8-335

在线模式下，在顶面用连接工具连出两条线，参数及效果如图 8-336 所示。

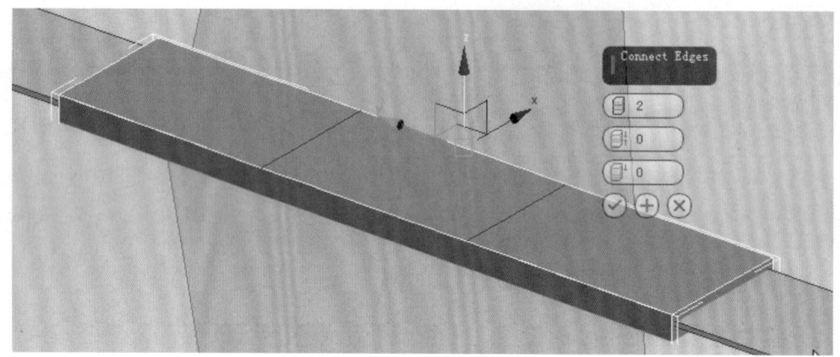

图 8-336

直接向上移动新加的线，形成一个简单的拱形，如图 8-337 所示。

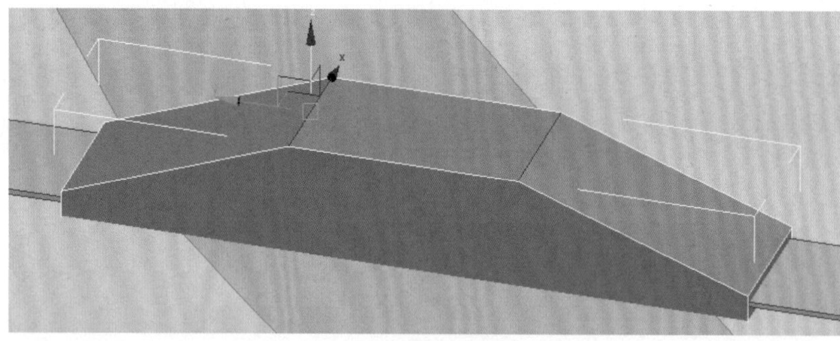

图 8-337

隐藏未选中对象，在桥底同样使用连接工具，参数及效果如图 8-338 所示。

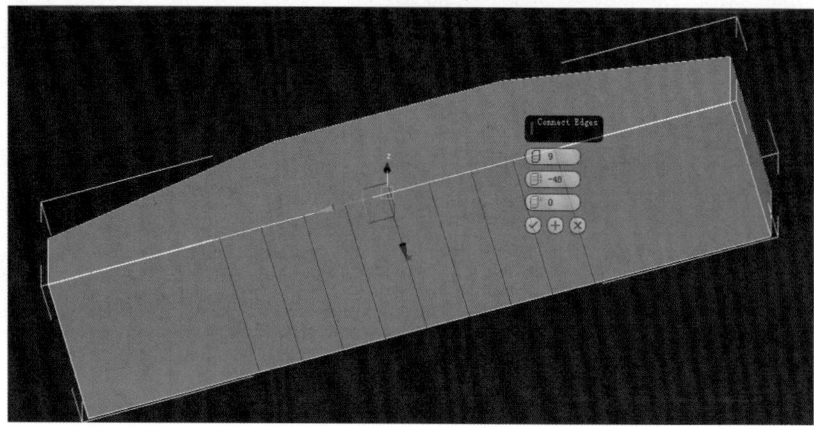

图 8-338

在点模式下调整模型，做出桥洞的效果，如图 8-339 所示。应当注意的是，调点过程中应选择对称的点，使用缩放、移动进行同步调整，从而保证做出的模型对称。

仔细观察不难发现，由于加点、调点导致原本的四边面被拉伸从而产生多余的面（见图 8-340）。方法是直接删除两个被拉伸的面，在模式下全选所有边缘，单击“Cap”工具封口，用一个符合新形状的面代替变形的面，效果如图 8-341 所示。

桥上的栏杆制作方法与大殿周围的栏杆相同，这里不再过多说明。将栏杆沿桥面的角度摆放，效果如图 8-342 所示。

图 8-339

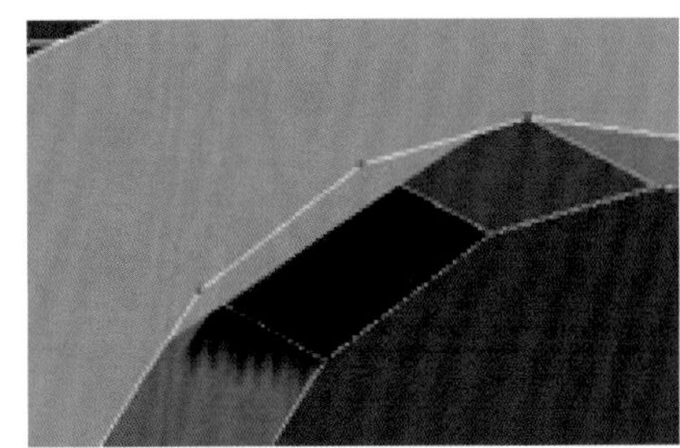

图 8-340

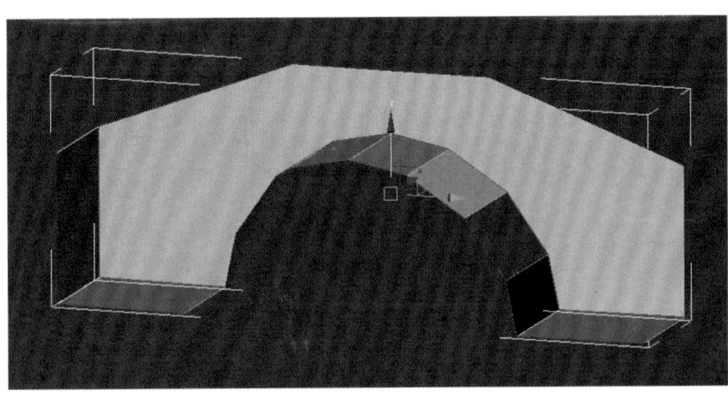

图 8-341

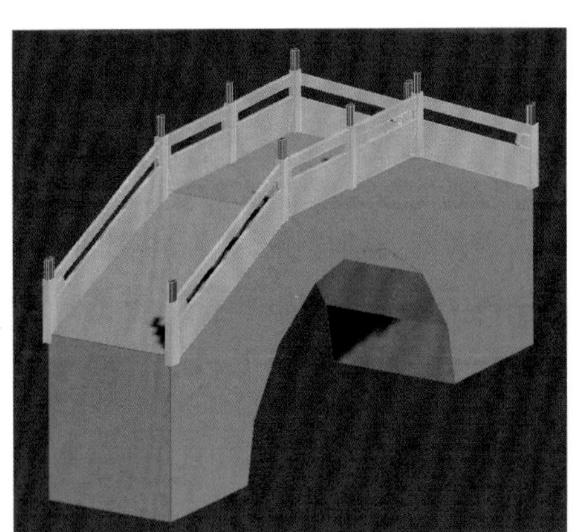

图 8-342

8.4.5　制作栏杆模型

1．概要

栏杆模型在场景中主要用在大明殿和延春阁四周和底座部分，两座大殿栏杆结构基本相同，在这里我们只介绍其中一个的制作方法。这部分模型在制作栏杆的同时，也包含了底部的三层须弥座及中间用到的石台阶，下面的制作流程中我们会一一进行介绍。

这一部分的模型样式大致符合大明殿的俯视图模样，参照图 8-343 的大明殿复原模型即可。为了优化面数，将图 8-343 中标示的台阶结构删掉，空缺用和两侧相同的栏杆结构来填补。

最终的成品样式如图 8-344 所示，在节省面数的条件下最大程度地对其进行了复原。三层地面的部分可以连同这部分一同制作，也可以将其放在地形的制作部分。这里读者可以自行选择，下文也会进行详细的说明。

图 8-343

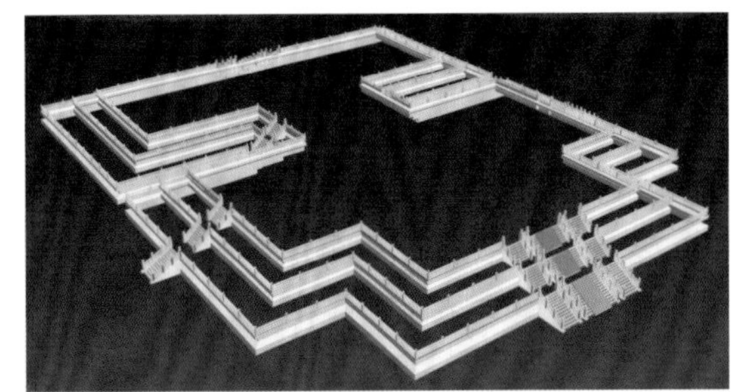

图 8-344

2. 栏杆制作

“雕栏玉砌应犹在，只是朱颜改！”这是五代南唐后主李煜在《虞美人》一词中写下的佳句，其中的“雕栏”所指的就是台基之上的石栏杆。从某种意义上来说，台基与栏杆应该是为一体的，“栏”必然随着“台”而至，台基高了，便自然出现了栏杆。

在我们的模型制作中，对现实中的栏杆样式做了一些加工和改变，将两柱之间的间隔加倍，主要是为了优化面数，否则整体的面数将会以翻倍的形式上涨。同时在柱子的结构上，我们采用最常见的望柱样式，即图 8-345~ 图 8-348 所表示的样式，配合后期贴图的制作使其最终完成。

图 8-345

图 8-346

图 8-347

图 8-348

在创建面板中新建 Box 模型，单击右键，将其转换为 poly 可编辑多边形，如图 8-349、图 8-350 所示。

切换成线编辑模式，在右侧的编辑界面中找到“Connect”连接工具，如图 8-351 所示。该命令的作用是在选中的两条或多条线中间进行新的线结构的建立。

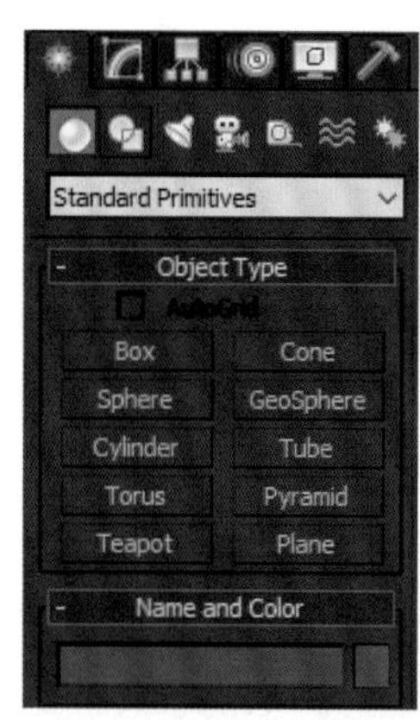

图 8-349

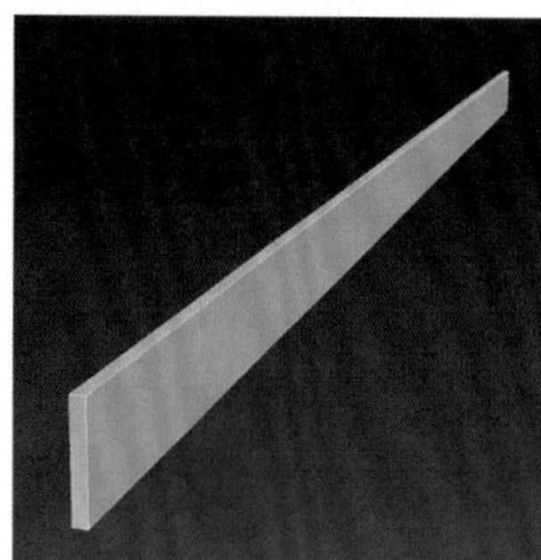
图 8-350

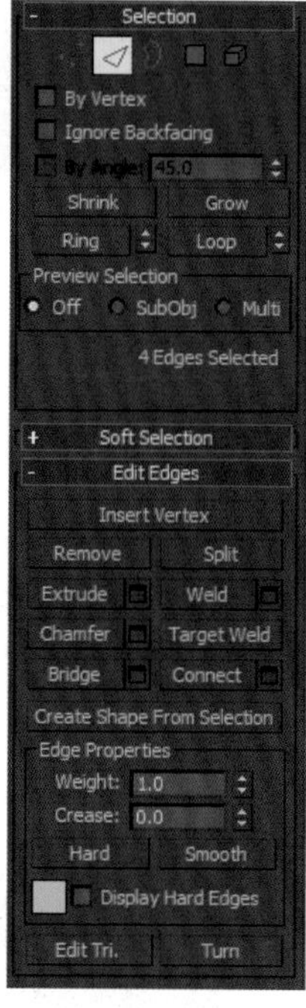

图 8-351

在线编辑模式下选择 Box 的顶面和底面，共 4 条边（见图 8-352），单击“Connect”右侧的按钮，会发现在视图中出现了修改参数界面，设置分段数为 5，可以看到在选择的线之间被自动连接出了 5 条新的线结构。在这里分段数的选定需要结合制作的栏杆模型所处的位置，如果制作的这一段栏杆长度过长或者过短，就要在分段数这里进行相应的调节，以保证整体的视觉效果没有太大的偏差。

完成这一步后，保持新建的 5 条线结构在选中的状态下，在右侧编辑视窗中找到“Chamfer”倒角工具。该工具的功能是将选中的线结构每条均扩展成两条线，也就是形成了面与面之间的一个倒角，如图 8-353 所示。但是我们在这里使用的时候由于线均处在同一平面，所以只起到了一个均匀复制的作用，有兴趣的读者可以自己在其他模型上体验一下倒角工具的效果。

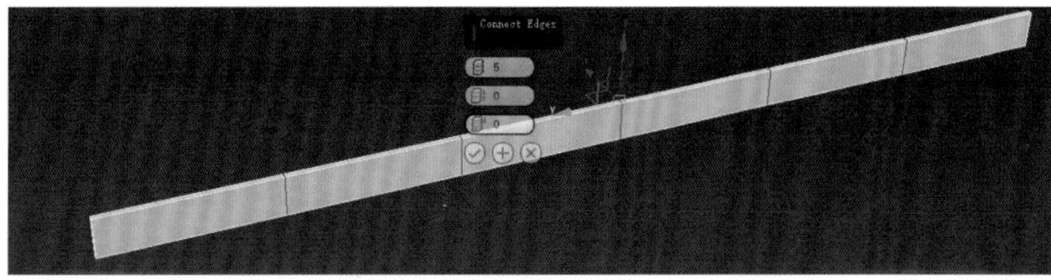

图 8-352

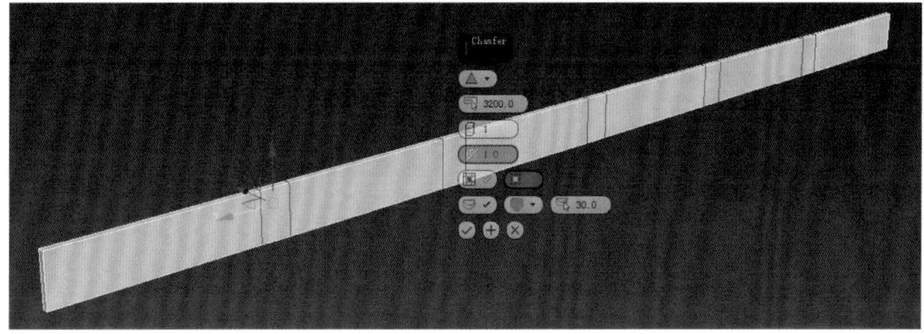

图 8-353

单击“Chamfer”右侧的按钮，会出现图 8-353 的参数修改界面，改变图中所示位置的参数，会发现原本的一条线结构变成了两条线结构，调整好恰当的数值，单击“对勾”按钮。在这里两条线的距离是未来要插入柱子结构的距离，需要各位读者自行掌握。

采用同样的方法，在模型的水平方向上也创建出两条新的线结构。最终的成品效果如图 8-354 所示。需要注意的是，完成后切换成面编辑模式，将模型的底面和两个侧面全部删除。

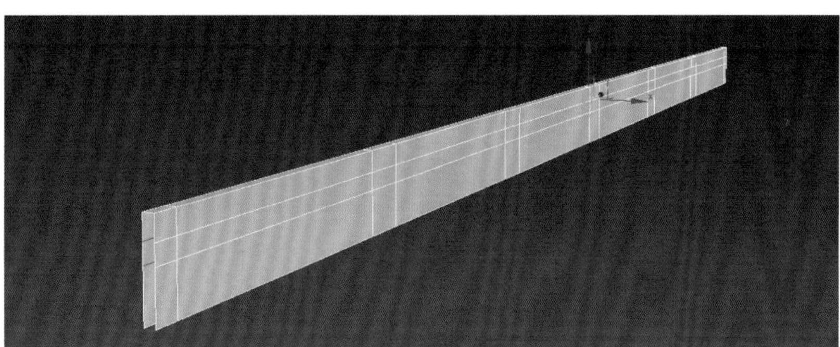

图 8-354

接下来处理栏杆的中间部分的镂空效果，依照我们已经处理好的线结构，在面编辑模式下删除前后的面结构，删除后效果如图 8-355 所示。

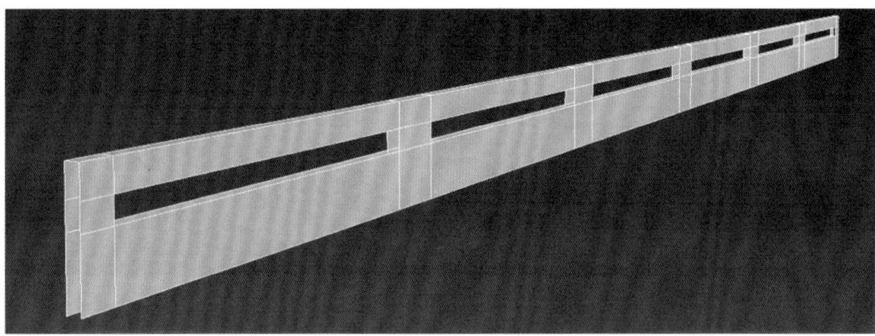

图 8-355

切换成边界编辑模式，框选如图 8-356 标示的所有边界结构。在右侧编辑视窗中单击“Bridge”按钮，将中间没有面的部分补全。

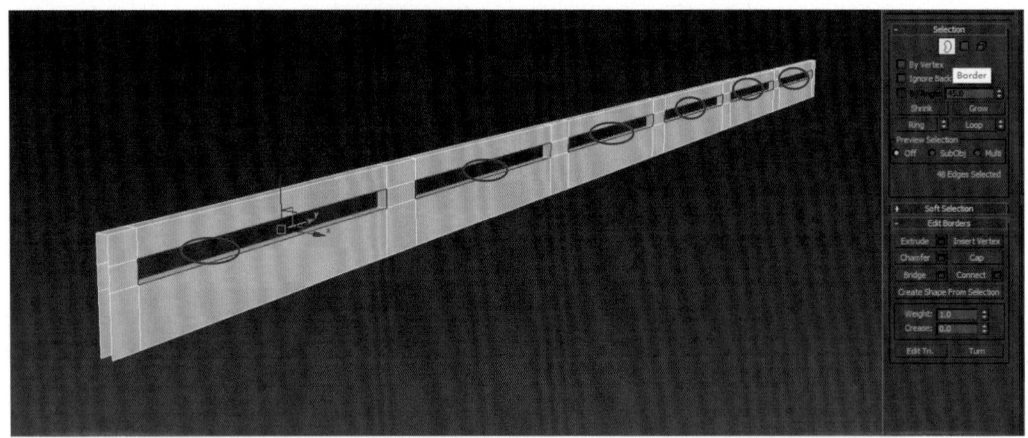

图 8-356

在这里需要说明的是，栏杆中镂空的间隔比例，参考为图 8-357 中间隔的两倍。

然后进行柱子的模型创建，两者结合才是最终栏杆的完整样式。上文也提及了为了优化面数，我们选择了结构简单的望柱样式，结构如图 8-358 所示，我们将模型简化成 Box 加上 Cylinder 的结构。在制作时没有难点，需要注意的也只有面的优化。

创建 Box 模型，调整大小，匹配我们已经做好的栏杆结构（见图 8-359），转换成 poly 可编辑多边形后切换成面编辑模式，删除底面，如图 8-360 所示。

图 8-357

图 8-358

图 8-359

创建 Cylinder 模型，调整其大小，这里可以用上文提到过的吸附工具，将圆柱模型对齐到上一步创建的 Box 模型上，之后再通过不同视图的视角来匹配其大小，最后将其转换为 poly 可编辑多边形后切换成面编辑模式，删除底面，如图 8-361 所示。

按照已经创建好的分段将创建好的柱子进行复制，摆放到合理的位置，如图 8-362 所示。

图 8-360

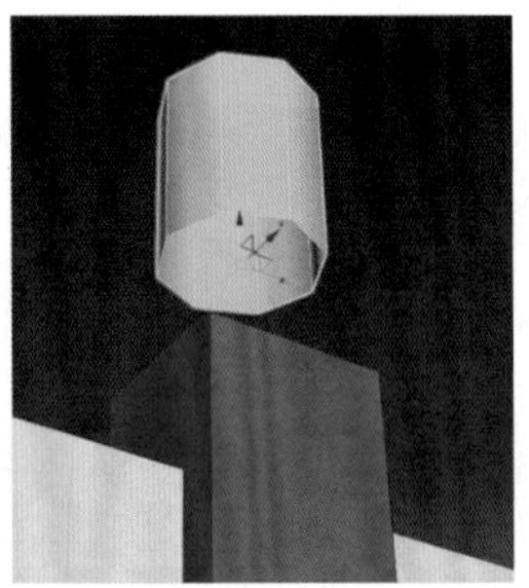

图 8-361

图 8-362

这里讲解的只是所有栏杆中的一条，其余栏杆制作方法均可参考上文。需要注意的是，应合理地使用复制的方法，无须每个栏杆都重新制作，合理的复制后再修改已经完成的模型，可以大大增加你的效率。

3. 台阶制作

古建筑中，由于台基离地面是有一定高度的，因此就诞生了踏步，踏步也就是我们常说的台阶。在具体制作中，会主要用到台阶分类中的御路踏跺和垂带踏跺。在等级较高的古建筑中，台阶的中间部分会放置汉白玉石或大理石等巨石，而石面上会雕刻上龙纹等图案，显得富丽而尊贵，这一部分的石面就叫作“御路”。上面提到的两种分类的区别也正在有无“御路”的上面。图 8-363、图 8-364 所示为两种台阶的参考图。

在 3ds Max 中，除了像立方体、圆柱这样的基础模型外，也会有一些不太常用到的特殊形状模型，如台阶的基本形状。我们在制作台阶时，便是直接在其基础模型上加工。

如图 8-365 所示，在右侧创建命令下找到 Stairs 分类，单击下拉菜单后找到 Straight Stair 选项，单击后在主视图中创建模型。

刚刚创建完成的台阶与图 8-366 所展示的并不相同，在右侧的参数修改界面，将 Type 组下的默认 Open 选项改为 Box 选项，会发现模型就变成了图 8-367 所示的模样。另外的参数读者可以自己根据已经完成的模型适当调整，同时也更有助于理解。

调整完基本参数后，单击鼠标右键，将模型转换为 poly 可编辑多边形，先将无用的两个面做删除处理。操作完成后成品如图 8-368 所示。

新建 Box 模型，结合已有模型调整参数后，将其置于如图 8-369 所示位置，用于制作台阶两侧的垂带。

将模型转化为 poly 可编辑多边形，切换成点编辑模式，将视图切换成左视图视角，直接按照已有的台阶形状调整 Box 的点，使其能刚好套住该视图下的台阶模型，如图 8-370 所示。

图 8-363

图 8-364

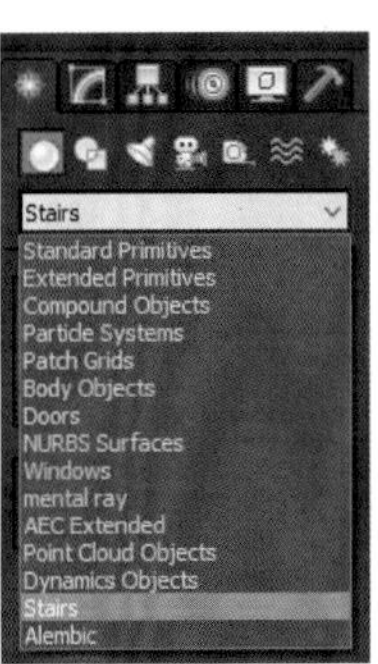

图 8-365

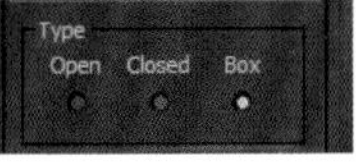

图 8-366

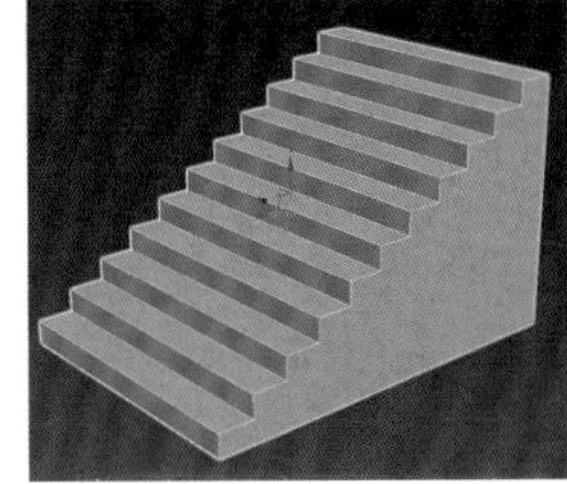
图 8-367

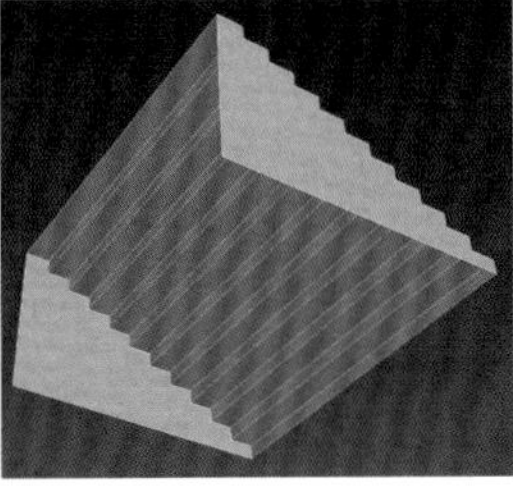
图 8-368

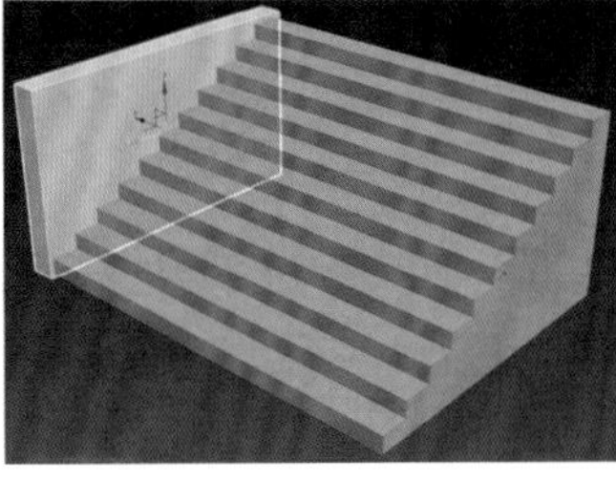
图 8-369

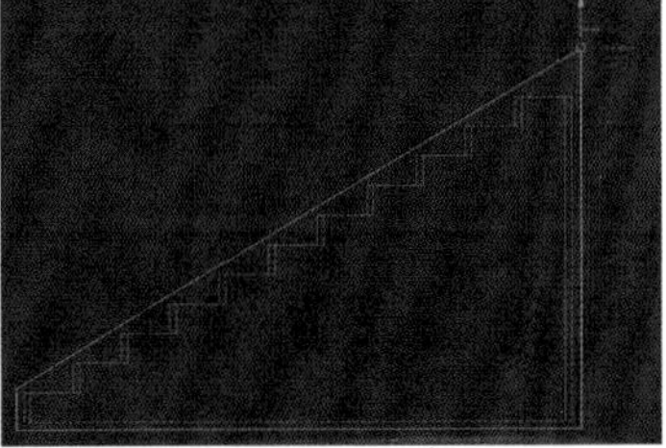
图 8-370

切换回透视图视角，将新完成的 Box 模型无用的面删除，同时将上一步制作的台阶模型的两侧面删除。因为已经发现，在有垂带的情况下台阶模型的两侧面也变成了多余的面。最终效果如图 8-371 所示。

将垂带复制出两个，其中一个置于台阶的另外一侧，跟已有垂带对称，另外一个置于台阶中间部分，通过缩放工具或者在点编辑模式下调整点的位置，作为“御路”，成品如图 8-372 所示。

然后制作台阶上的栏杆，方法跟上文所介绍的大致相同。新建 Box 物体，调整大小参数至适宜，这里的参数调整可以结合多个视图来进行，宽度要比已经完成的垂带稍窄。调整完后单击鼠标右键转换为 poly 可编辑多边形，切换成面编辑模式后删除底面，如图 8-373 所示。

等间距摆好相同的 Box 作为柱基后，可再复制出两个 Box 物体用于连接每两根柱子。位置和大小调整如图 8-374 所示，通过在点编辑模式下调整点的位置最终达成图 8-374 所示的模样。宽度比已有柱子略窄。删除无用的面后摆放到合理的位置，并进行复制，补全每个柱子间隙。

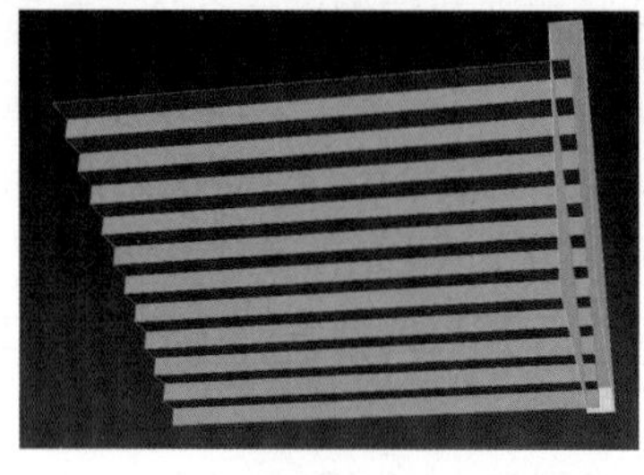
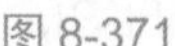
图 8-371

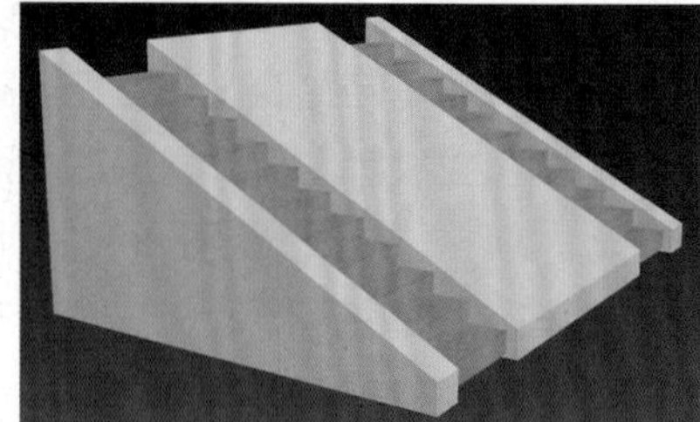
图 8-372

图 8-373

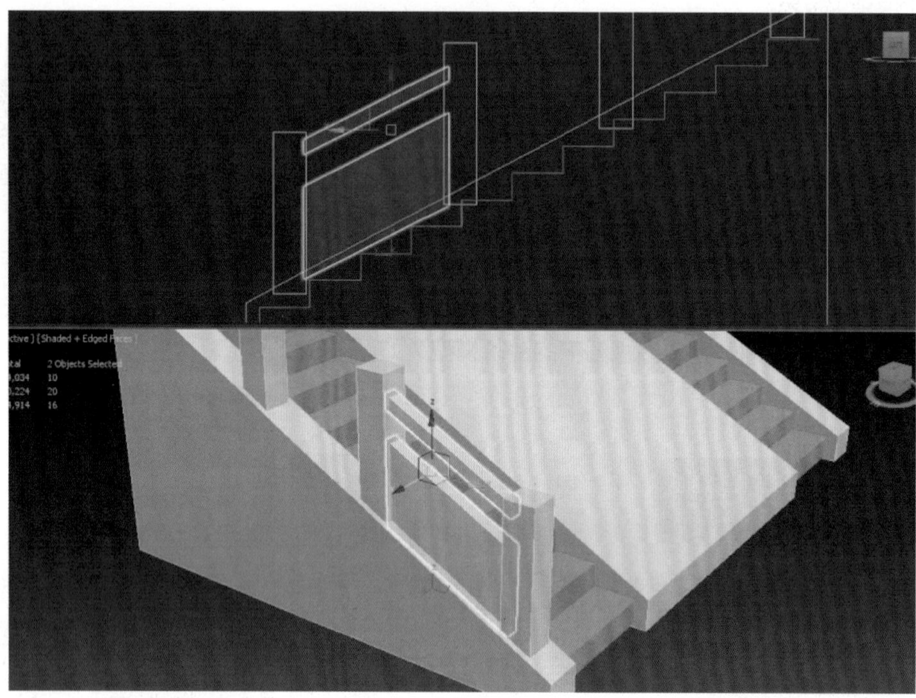
图 8-374

新建或复制出一个新的 Box 物体，调整大小，转换成 poly 可编辑多边形后删除上顶面和下底面。调整位置后将其置于上一步两模型之间，位置可自行调整，如图 8-375 所示。

新建 Cylinder 模型，参数如图 8-376 所示。

将视图切换成顶视图，使用和上文相同的吸附方法将圆柱模型对齐到已有的柱子模型上，转换成 poly 可编辑多边形后，调整大小，删除底面。最终成品效果如图 8-377 所示。

图 8-375

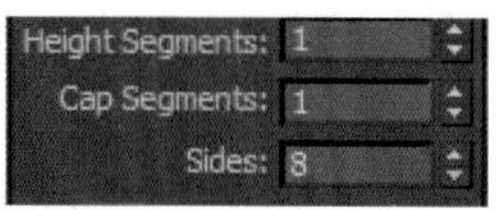

图 8-376

图 8-377

按照上述的方法，即可将一边的栏杆全部制作完成，如图 8-378 所示。

选中已经做好的一边栏杆后复制到另外一边，在这里可以在顶视图视角调整其位置，如图 8-379 所示。

使用同样的方法，再创建出两个台阶结构，垂带结构可以直接从已经创建好的模型中复制得来。但是需要注意的是，在两侧的台阶并没有“御路”。制作完成后的成品效果如图 8-380 所示。

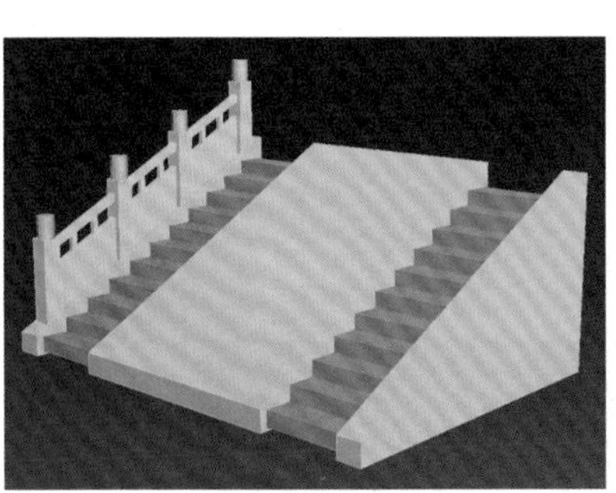

图 8-378

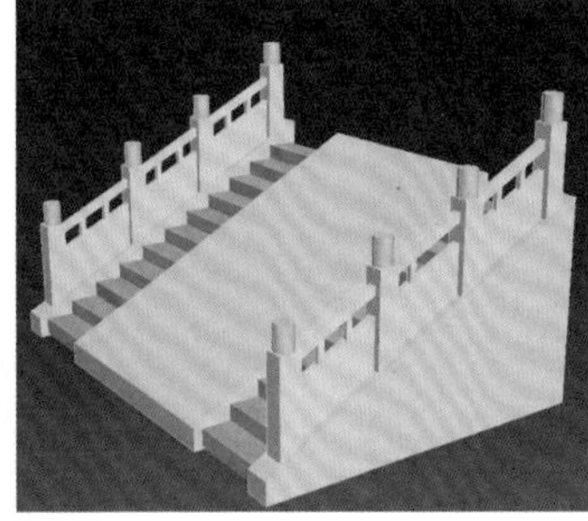

图 8-379

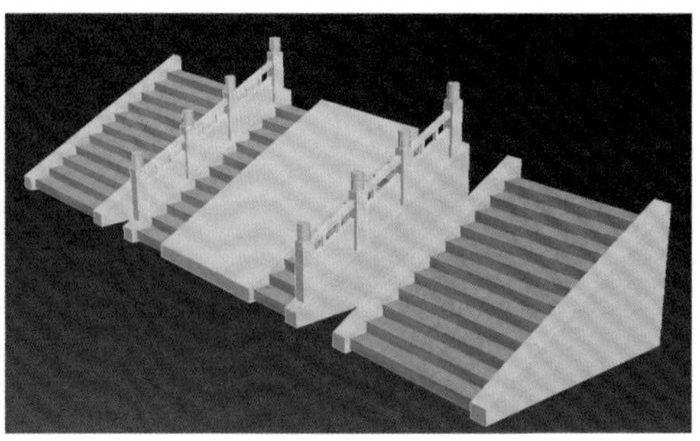

图 8-380

栏杆的部分可以直接选中后进行复制，位置的参考同样可以在顶视图中进行，用以对齐栏杆和垂带的相对位置，如图 8-381、图 8-382 所示。

进行位置的调整后，成品效果如图 8-383 所示。

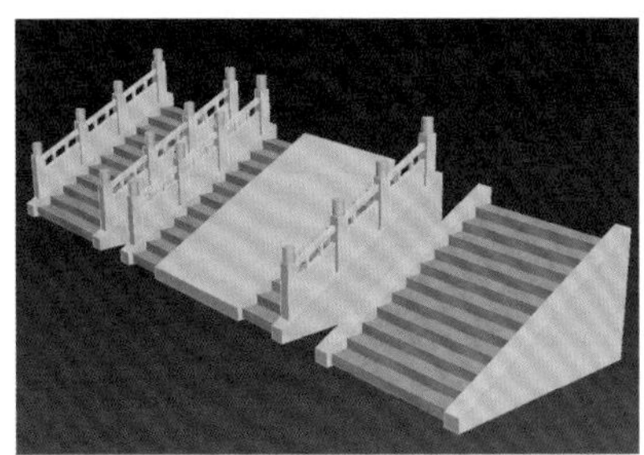

图 8-381

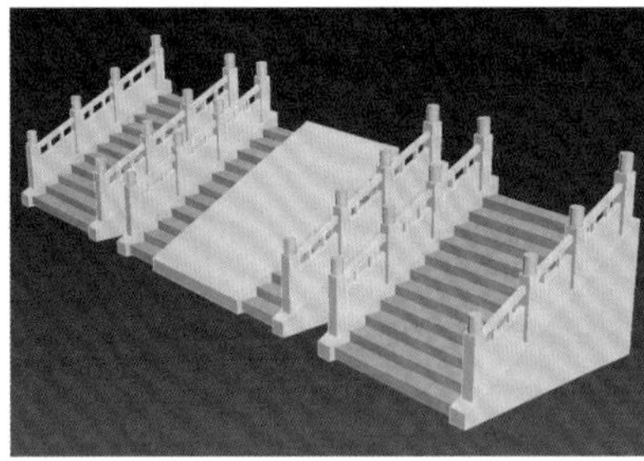

图 8-382

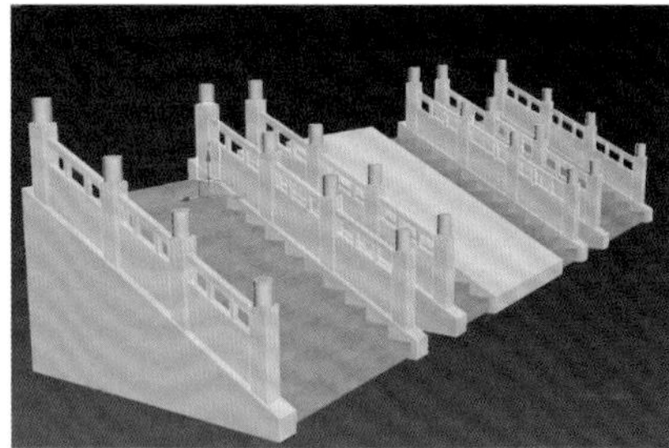

图 8-383

中间连接的部分可以直接复制已经做好的模型，也可以进行新建，方法和上文相同。提醒一点，要记得删除两侧的无用面。连接细节如图 8-384 所示。

处理完两处连接后，整体台阶效果如图 8-385 所示。在这里我们制作的只是正面的第一层台阶，上面的两层及整个台基两侧的台阶均使用本节介绍的方法制作即可。

图 8-384

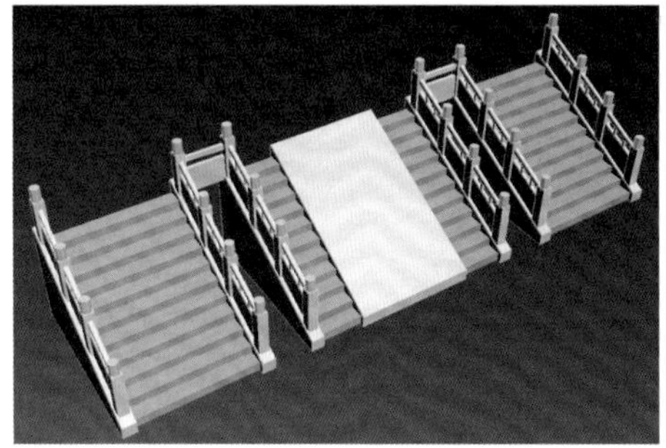

图 8-385

4. 台基制作

在大明殿的制作流程中，我们就提到了制作台基的要素，这次我们将大明殿外围的三层须弥座放在栏杆模型的制作这里，是为了能在制作环节就更好地匹配台基和栏杆的位置，如图 8-386 所示。同样为了面数的优化将原本复杂的模型简化，详细制作流程和大明殿的台基的制作方法大同小异。

创建 Box 模型，分段数如图 8-387 所示。

在这里进行了 4*4 的分段是为了将整个一层的台基做成一体，而非像大明殿那样采用几个 Box 拼接而成。将模型转换为 poly 可编辑多边形，切换成面编辑模式，删除如图 8-389 所示被选中的所有面结构。

删除后模型如图 8-390 所示。

图 8-386

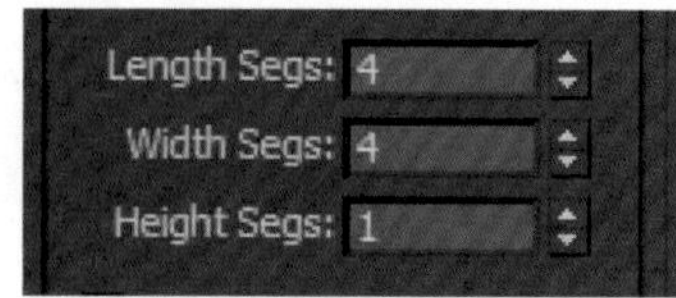

图 8-387

图 8-388

图 8-389

切换成边界编辑模式，选择如图 8-391 所示的所有线结构，在右侧编辑界面选择“Cap”工具，将面缝合。结束操作之后模型会因为缺少线结构而变得有些奇怪，需要对其进行二次加工。

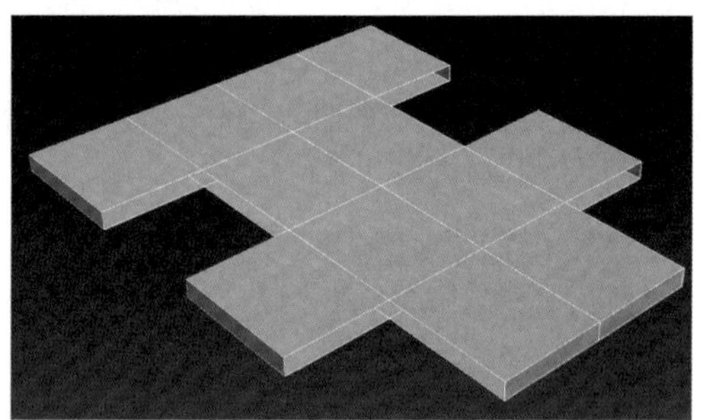

图 8-390

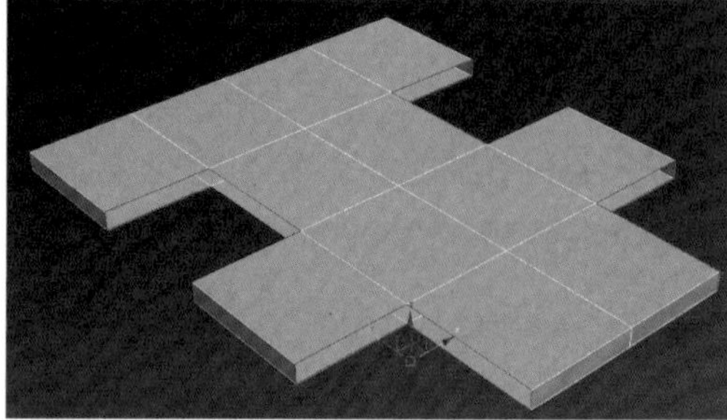

图 8-391

以图 8-392 和图 8-393 为例，切换成点编辑模式，使用之前介绍过的 Cut 工具，将点与点之间进行连接。单击“Cut”工具后，先选择一点，再选择在其下方的一点，即会发现两点之间新创建了一条线结构，原本模型的奇怪结构也一并消失。

图 8-392

图 8-393

同理，依次处理所有由于 Cap 操作而出现的奇怪结构，所用方法均同上文。所有点处理完毕后模型的最终样式如图 8-394 所示。

将视图切换成顶视图视角，模式切换成点编辑模式，通过移动点的位置，将模型结构变成如图 8-395 所示样式，目的为了更好地匹配台基上面的大殿。

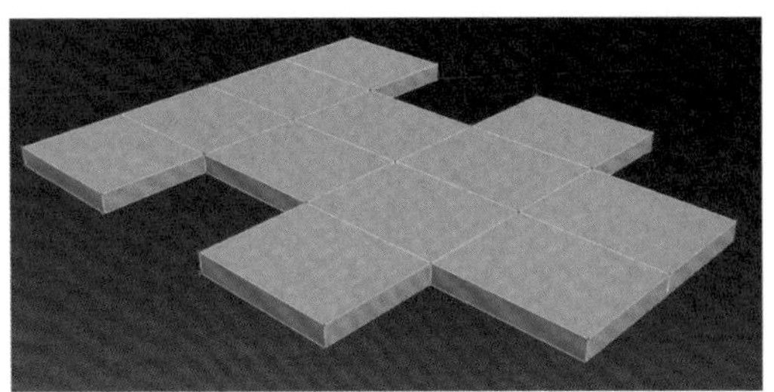

图 8-394

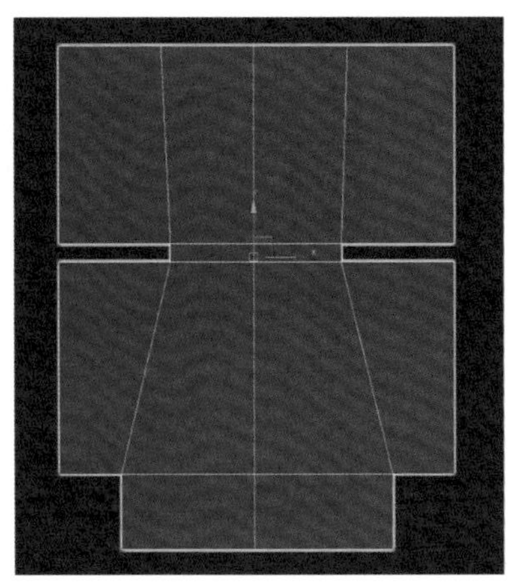

图 8-395

将视图切换回透视图，编辑模式改为面编辑模式，选中整个模型的底面，并删除。至于顶面的操作可以选择直接删除，也可以选择使用前文提到过的“Detach”命令，将顶面选中后执行“Detach”命令，然后另存一份顶面模型，这样在贴图时直接进行导入后处理即可，无须进行第二次的制作，如图 8-396 所示。

无论选择哪种处理方式，处理后的效果如图 8-397 所示。

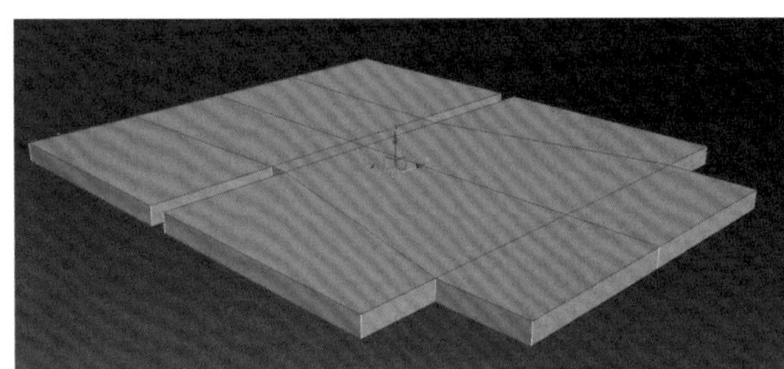

图 8-396

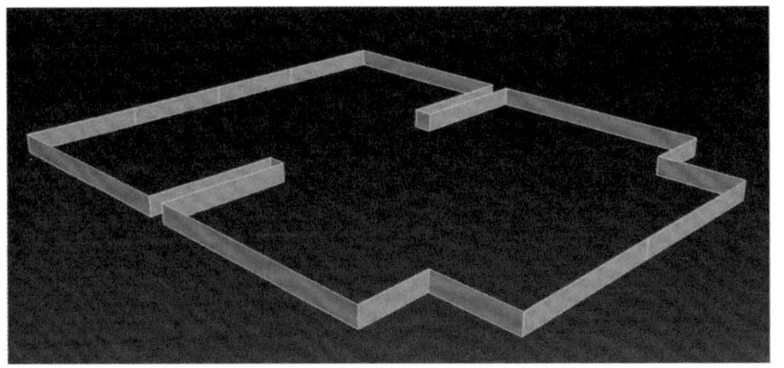

图 8-397

在这里，我们会发现模型中存在着不需要的点和线，需要将其删除，切换成点编辑模式，选择图 8-398 所示的多余的点结构，在右侧编辑界面找到“Remove”工具，单击后执行。该命令作用为移除所选点或线结构，单击后即会发现多余的点和线一同消失。

切换成左视图或前视图，编辑模式改为线编辑模式，选择该模型所有侧面的边结构，如图 8-399 所示。

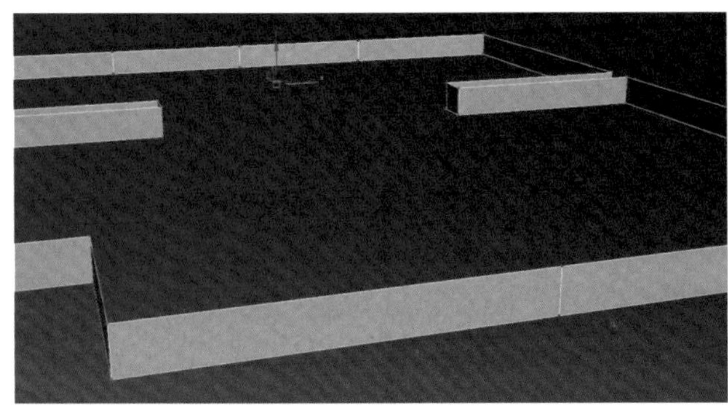

图 8-398

图 8-399

单击“Connect”右侧的按钮，在视图中将参数改为 4，如图 8-400 所示。

下面的操作和制作大明殿台基时相同，切换成面编辑模式，选择模型的第三层全部面，如图 8-401 所示。

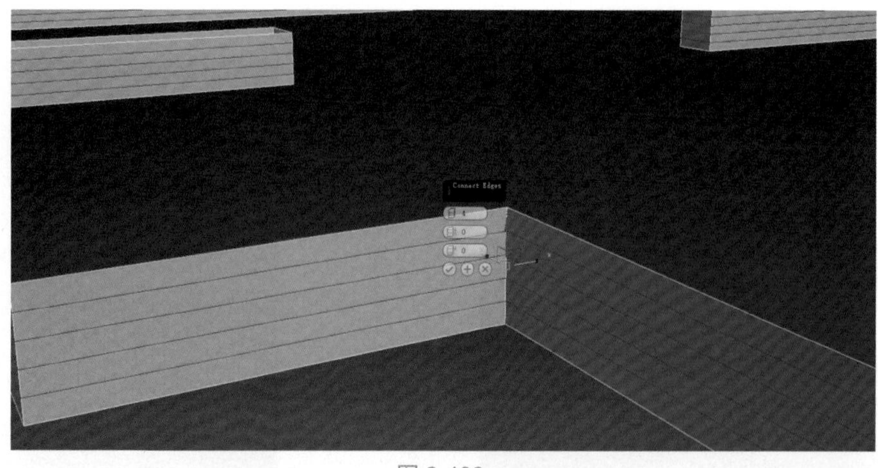

图 8-400

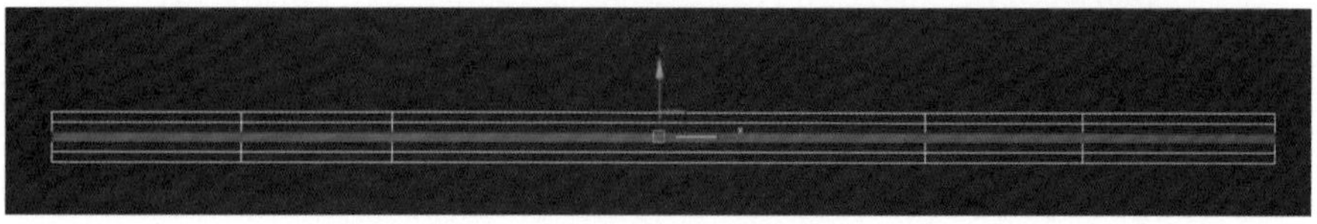

图 8-401

切换为顶视图视角后，使用缩放工具适当缩小所选中的面，使之变为图 8-402 所示结构，但这时会发现模型中间的部分并非我们预期的效果，所以还需要进行一些调整。

切换回点编辑模式，手动选择需要调整的点，如图 8-403 所示，将其位置向上方移动，使之结构更加美观和对称，达成目标样式，如图 8-404 所示。

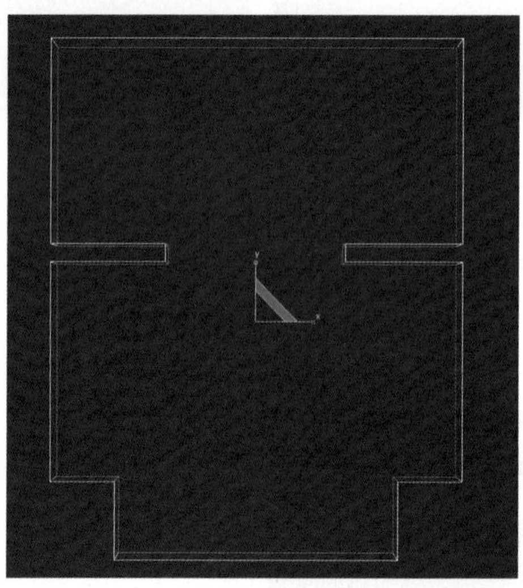

图 8-402

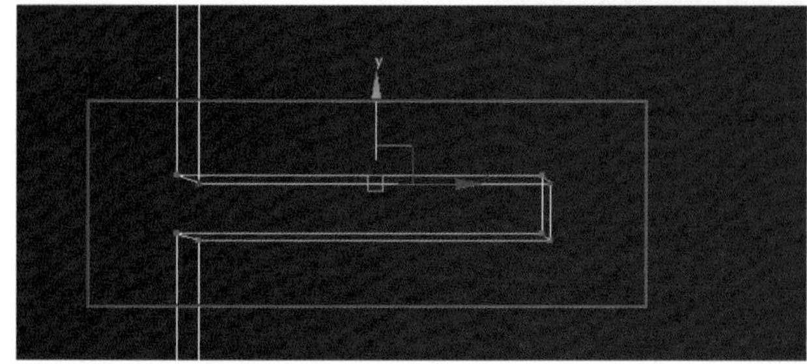

图 8-403

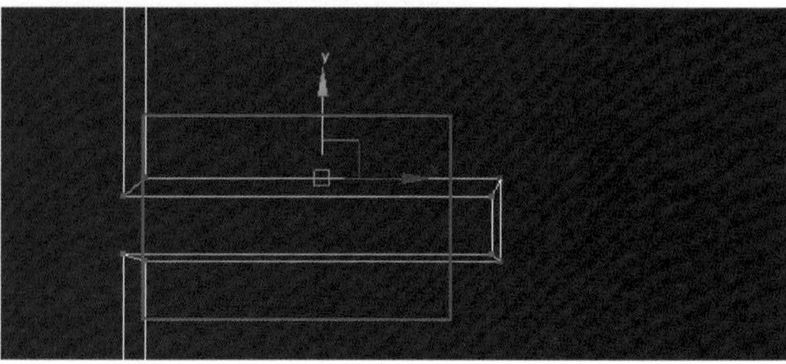

图 8-404

按照此方法调整每处点的位置，最终效果如图 8-405 所示。

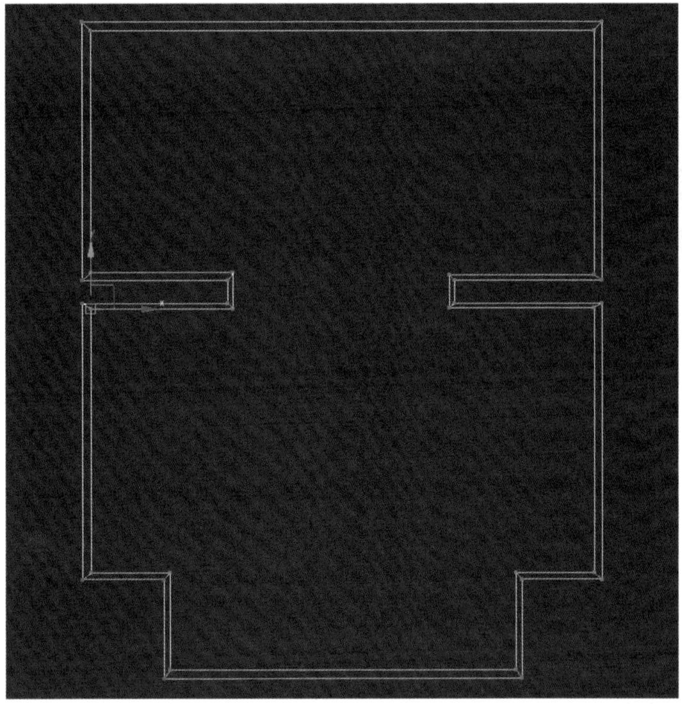

图 8-405

透视图效果如图 8-406 所示。

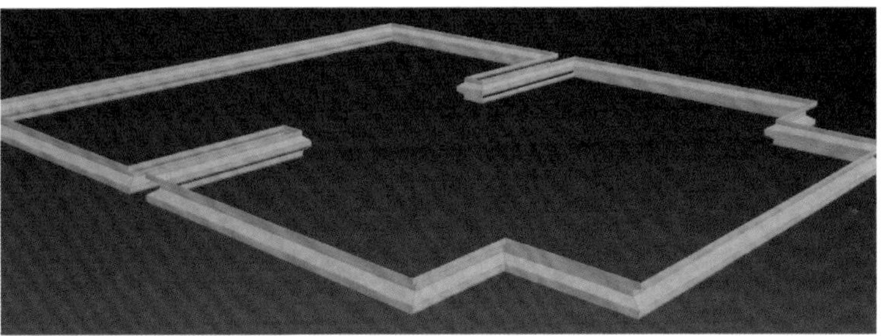

图 8-406

至此，本部分所有的模型制作教学结束。在栏杆部分有大量的重复模型，需要读者在制作时灵活运用复制的命令。

下面我们将已有的模型进行拼接，如图 8-407 所示。

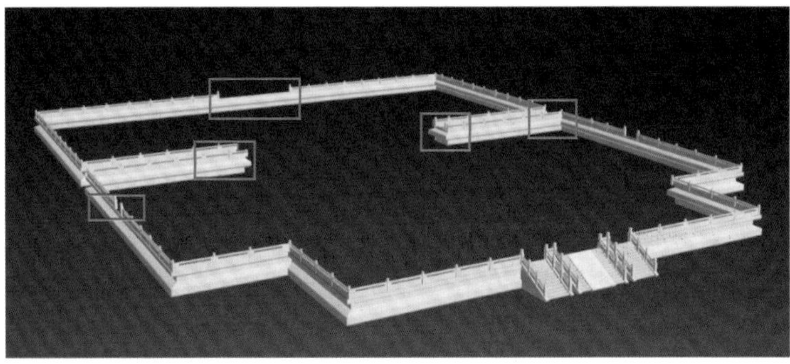

图 8-407

图 8-407 所示为建立好第一层栏杆的模型样式，需要注意是，图 8-407 所标记的 5 处是将要放置台阶的位置，在制作栏杆时可以将它们的位置空出来。

在制作台阶时，两侧的楼梯不需要“御路”的结构，形状直接参考正面的两侧台阶样式，进行复制和旋转操作即可。背面的楼梯样式和正面的完全相同，直接进行复制和旋转即可，如图 8-408 所示。

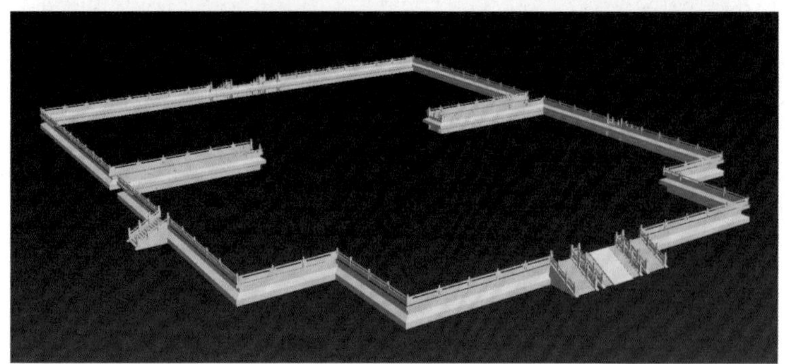

图 8-408

使用同样的方法制作三层须弥座的第二层，需要注意的是，第二层的大小要小于底层，台阶之间要留出一定的间距，z 轴的高度可以通过台阶的最低点和最高点来判断，如图 8-409 所示。

图 8-409

三层均制作完毕后成品效果如图 8-410 所示，需要注意的是，三层的台阶模型在制作时不能完全进行复制，其随着高度的提高台阶的数量会逐渐减少。

图 8-410

5. UV 的处理及最终效果

对于栏杆这一部分的贴图制作，需要提醒的是，由于栏杆是从一整体的 Box 修改而来的，而这部分的贴图制作的是每两根石柱中间的结构，所以在处理时，需要对其 UV 进行一些简单的修改。

其中，我们可以选择在处理 UV 时将图 8-411 中所标示的部分分离，也可以选择将整面作为一个整体进行处理，两种方法各有利弊，读者可以在参照下文方法进行制作时自行体会（图 8-411 所示是为了方便说明将石柱结构进行了透明处理）。

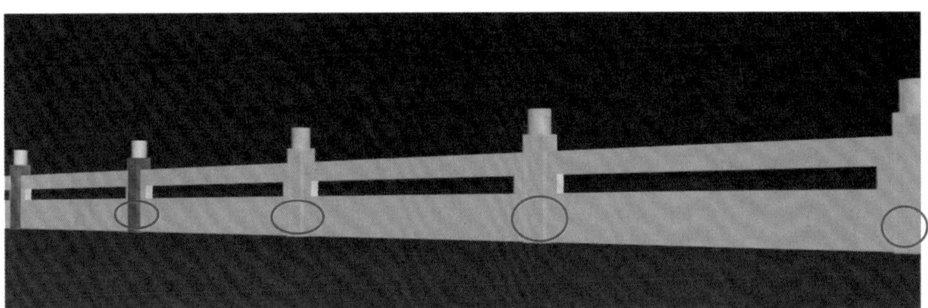

图 8-411

而在处理台阶结构时，没有太多需要说明和注意的地方，只需要根据方法按部就班地进行处理即可。完成全部的 UV 展开和材质赋予后，最终的成品效果如图 8-412、图 8-413 所示。

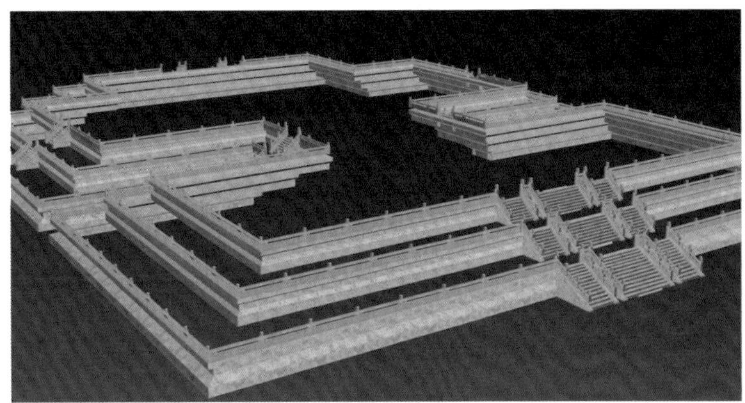

图 8-412

图 8-413

8.4.6　制作其他建筑模型

在元大都的场景制作中，建筑模型所占比例是最大的，但不同模型之间大同小异。其中最复杂面数最多的模型是大明殿，在前文中已经介绍了详细的制作方法，其中的部件在其他模型之中也会用到。在这一节中我们会挑选一些其他模型中需要注意的事项来进行讲解和介绍，以便于读者进行余下的制作。

1. 城门结构的制作

在整个场景中，有着像大明殿一样的完全的双面结构，是为了从里外均可浏览到模型。也有最简单的单面建筑模型，用于民居的制作，这种模型没有内部结构也无法进入到模型里面。还有一类也就是这里要讲的城门结构，作为一个“门”结构，其可以说拥有介于上述两种模型之间的构造，毕竟人需要从中穿过，同样，在优化面数的前提下，下面我们介绍如何处理好这类模型。

图 8-414 所示为一个简单的城门模型，我们可以看到其中所有的零部件均可在大明殿的制作流程中找到相对应的制作方法。其中的墙面部分，需要进行一些简单的处理。

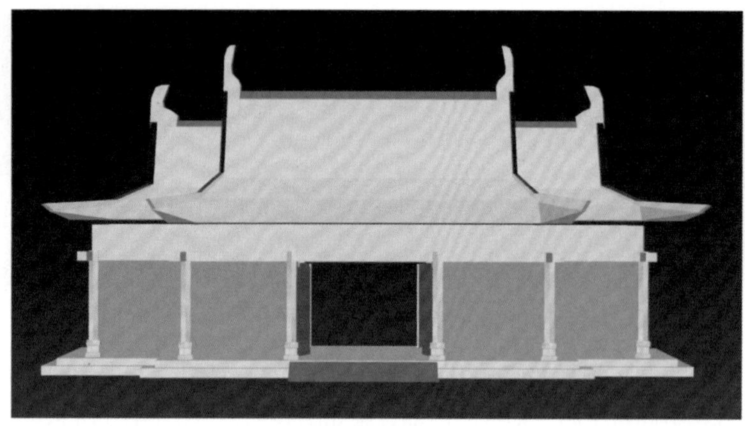

图 8-414

将其他部分隐藏后可以发现我们在原本的墙面之上创建了一个新的 Plane 模型，如图 8-415 所示，目的是当人从中穿过时，不会因为上方的单面屋檐结构而穿帮。在后期的贴图部分将新建的这层 Plane 模型贴上和墙面相同的材质。

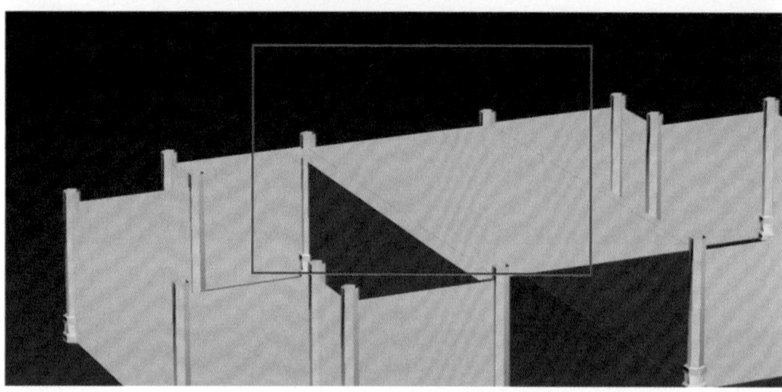

图 8-415

处理完 UV 及贴图后最终成品效果如图 8-416、图 8-417 所示，可以看到在人从门中通过时是看不到上面的屋顶等多余结构的。

图 8-416

图 8-417

2. 城楼结构的制作

在我们的模型中，还有在外围城墙处起到进出作用的城楼结构，其不同于上文介绍的城门结构，它有其自己特殊的构造，下面我们对其进行一个简单的介绍。

从图 8-418 中看出在城楼结构下方的部分是门洞而不是简单的门结构，在具体制作中无法将其处理成圆弧形，为了减少面数而对其进行了下面一些改动。

新建 Box 模型，分段数保持长、宽、高上均为 1 即可，将其转换为 poly 可编辑多边形，如图 8-419 所示。

图 8-418

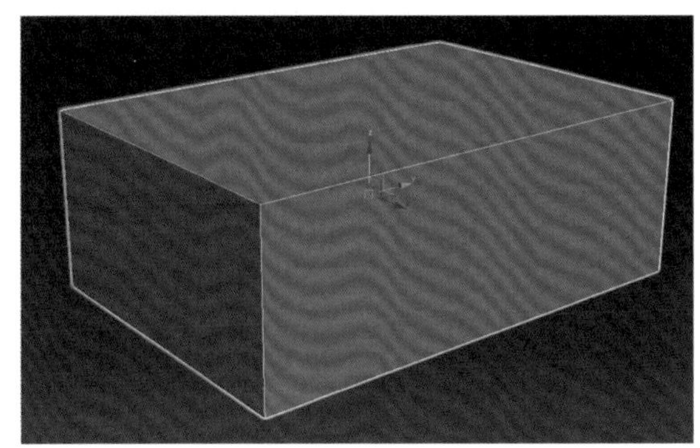

图 8-419

切换成线编辑模式，使用“Connect”连接工具，竖向连接三条线，横向连接一条线。在这里进行连线时可以适当地在调整参数时调整其位置。再进行完竖向的三条线连接后，保持选中状态下使用“Chamfer”倒角工具，将已经完成的线结构每条扩展为两条线结构，如图 8-420、图 8-421 所示。

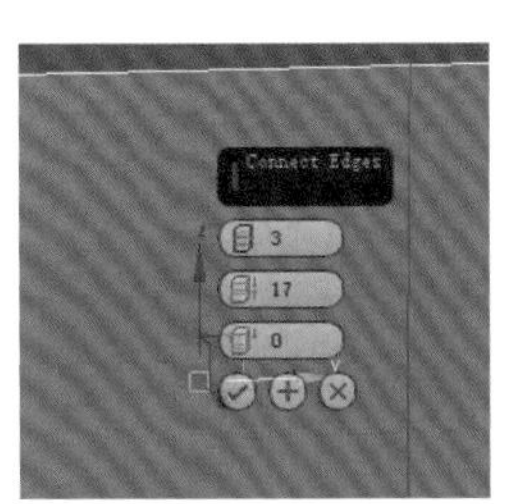

图 8-420

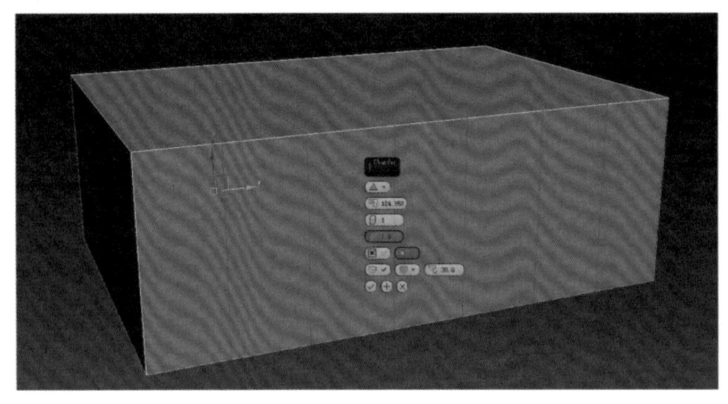

图 8-421

进行完所有操作后成品效果如图 8-422 所示。

将编辑模式切换成面编辑模式，删掉我们希望做成门洞的面。然后参考栏杆的制作方法中“Cut”切割工具的使用方法，将需要处理的点进行连接，如图 8-423 所示。

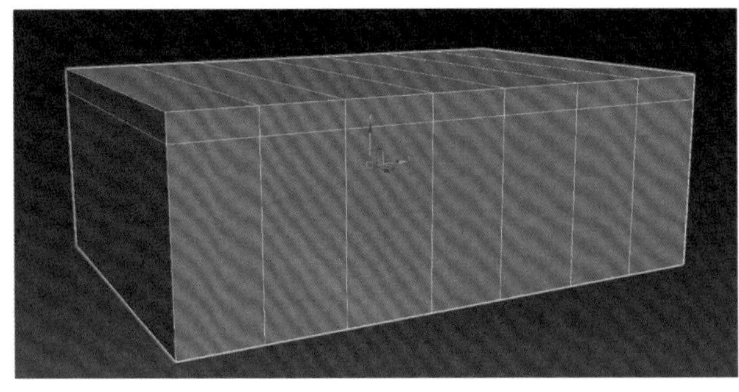

图 8-422

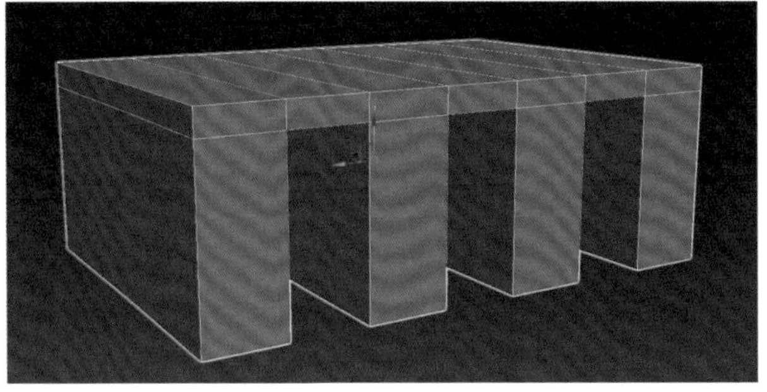

图 8-423

将编辑模式切换成点编辑模式，不同点的位置，使其整体形状变成一个对称的棱台结构，这里之所以不在第一步创建 Box 时就进行调整，是为了防止在进行连线操作时出现的不对称问题。调整完毕后切换成面编辑模式，删除上底面和下面的四个底面结构，如图 8-424 所示。

选中如图 8-425 所示的面结构。

在右侧编辑器中找到“Extrude”扩展工具，单击后将所选中的面进行扩展，向下移动一段位置，如图 8-426 所示。

需要注意的是，由于 Extrude 的特性，在扩展面结构的同时两侧的线结构也会自动进行延伸，所以我们可以看到图 8-427 所示的结构中有两面重合了。删除其中面积较小的一面即可。

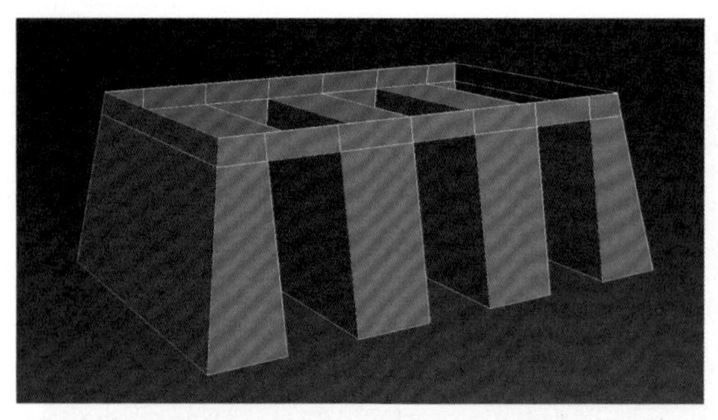

图 8-424

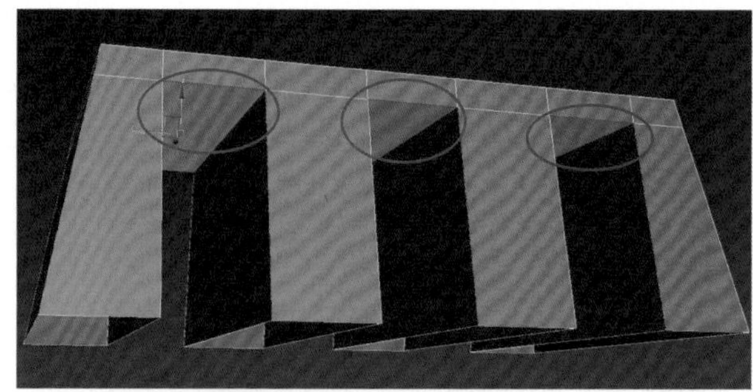

图 8-425

图 8-426

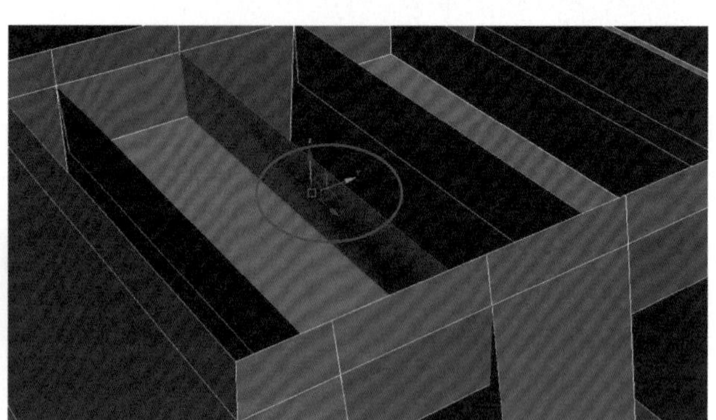

图 8-427

处理完毕后的效果如图 8-428 所示。

接着处理其中的细节部分，选中其中一个门洞的所有线结构（见图 8-429），使用“Connect”工具，为其添加线结构。

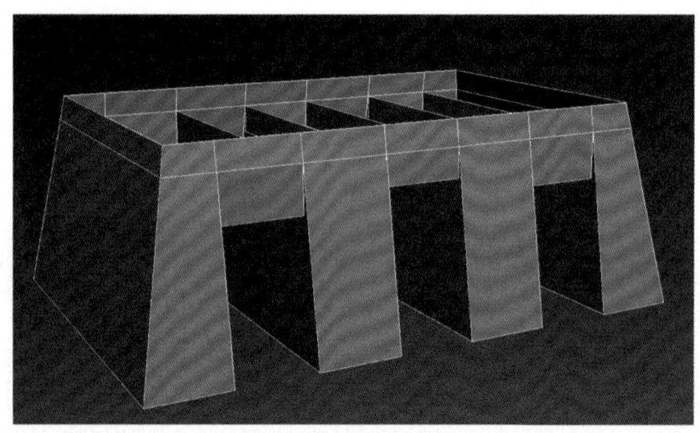

图 8-428

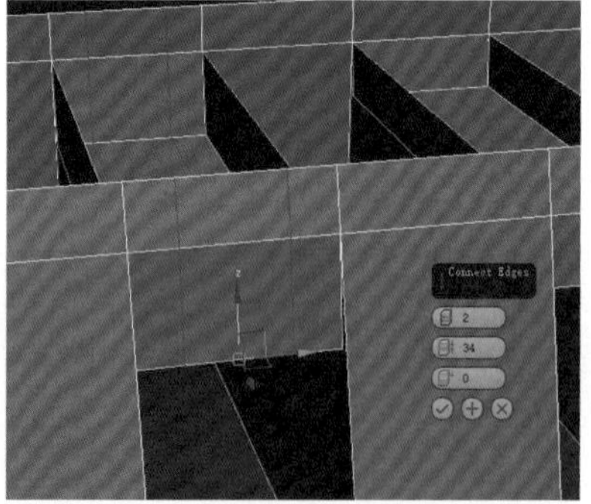

图 8-429

将编辑模式切换为点编辑模式，将视图切换成前视图，将图 8-430 中所标示的点结构向上进行拖动，如图 8-431 所示。

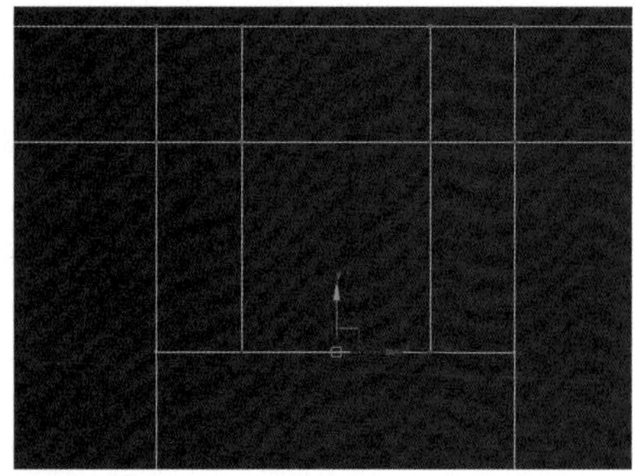

图 8-430

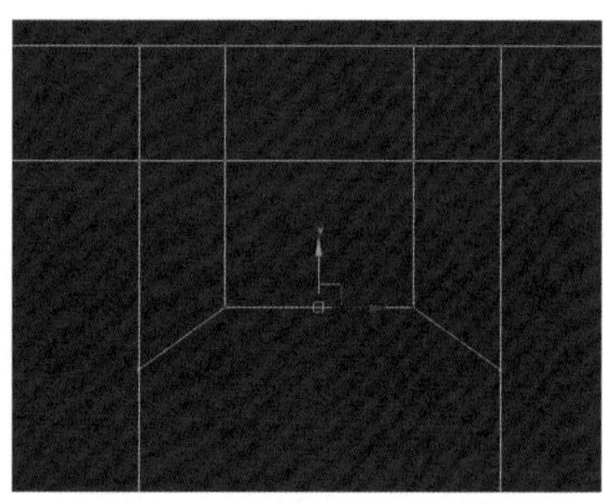

图 8-431

同理，处理另外两个门洞，最终效果如图 8-432 所示。

至此，门洞部分处理完毕，读者可以自己将上一步制作完成的模型横向再连接一条线，然后分离出一部分模型，为了后期贴图时呈现更好的效果。

在这里需要提醒读者的是，在模型的制作流程中，可以看到图 8-432 最后的成品中有很多在制作过程中创建的多余的点和线结构，为了优化，可以将不需要的部分选中后进行删除。

整个城楼其余部分均可参照大明殿制作流程进行制作。模型的构造如图 8-433 所示。

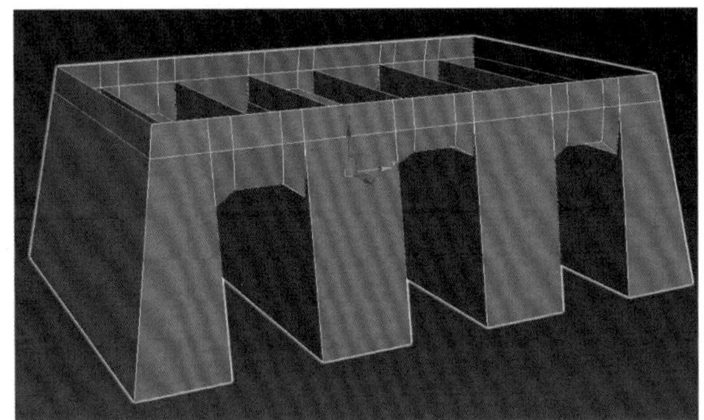

图 8-432

图 8-433

在已经制作完成的城门洞的两侧，建立两个对称的 Box 模型，转换成 poly 可编辑多边形后进行点的位置调整，直至达成图 8-433 中所示形状。

在已经制作完成的城门洞上方，按照前文中介绍的方法建立 box 模型，注意随时删除不需要的面结构，如图 8-434 所示。

然后创建石柱和窗户的结构，如图 8-435 所示。这里的石柱不需要柱础，直接把圆柱结构摆放在恰当的位置即可。

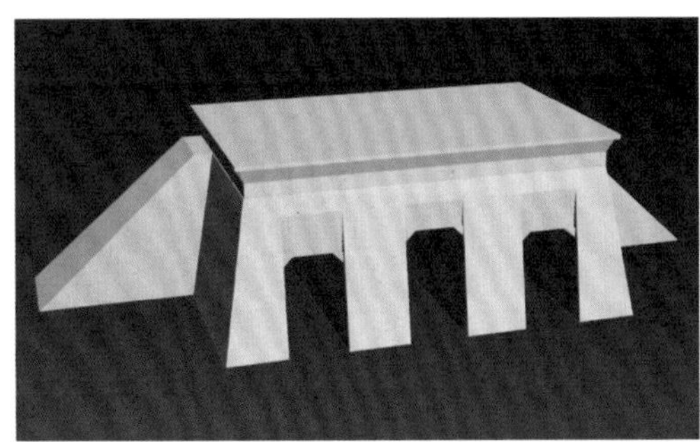

图 8-434

图 8-435

上面的屋顶结构有别于大明殿的双面屋顶结构，在下文中我们将进行详细介绍。牌匾的部分使用 Plane 面模型即可。至此，城楼模型处理完毕，如图 8-436 所示。

处理完 UV 及贴图后的效果如图 8-437 所示。

图 8-436

图 8-437

在处理 UV 时，注意在这部分介绍的门洞结构的处理，其中图 8-437 标示的部分，制作原理和上文栏杆部分有类似之处。可以将其做分离的处理，也可以整面进行处理，读者可以选择自己更擅长的方法。

3．屋顶的制作

在大明殿的制作流程中，我们详细介绍了其屋顶的制作方法。对于大明殿的这类模型，需要将每部分处理成双面，为了防止穿帮，到简单的单面模型时，可以将此步骤进行简化，这样在优化面数的同时又能将制作步骤变得更加易学。

参照大明殿制作部分的介绍，我们将新建的模型处理到这一步，即单面屋顶的制作。之后无须再将屋顶复制出第二个后进行拼接，只需要切换成边界编辑模式，直接选中屋顶最外围的一层线结构，如图 8-438 所示。

在右侧编辑界面中找到“Extrude”命令，其作用是将线或者面结构进行延伸拓展，单击该命令后将鼠标移至选中的边，会发现鼠标的样式变成了。

单击鼠标后进行拖动，会发现模型变成了图 8-439 所示模样。

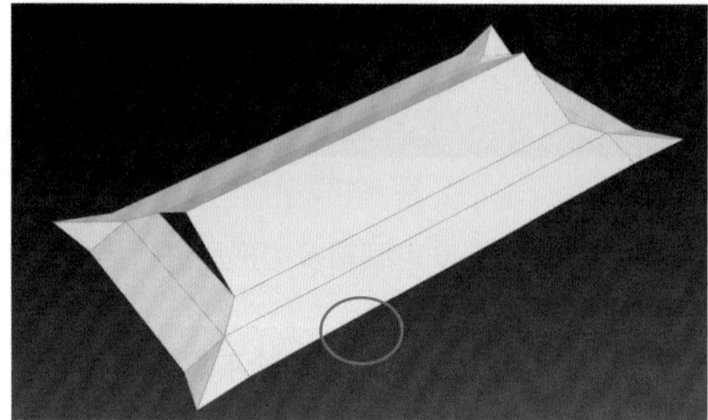

图 8-438

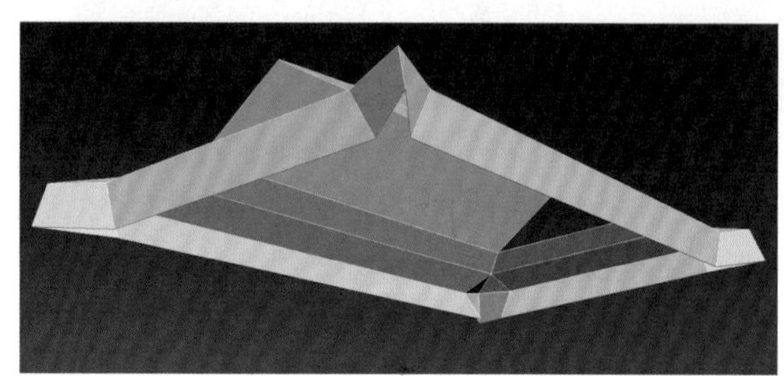

图 8-439

这样就可以对新创建的结构进行处理后当作屋顶的下端屋檐结构，而无须再创建双面结构。

将编辑模式切换成点编辑模式，选中图 8-440 中所示的 8 个点结构。

在右侧找到“Weld”工具，单击右侧的按钮后在视图中调整参数，直至 8 个点被两两焊接，如图 8-441 所示。

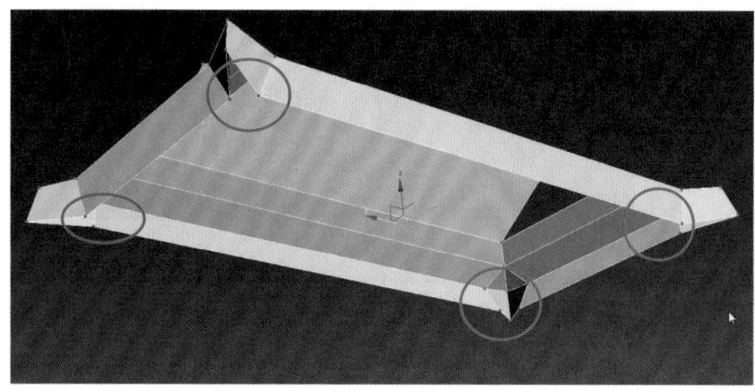

图 8-440

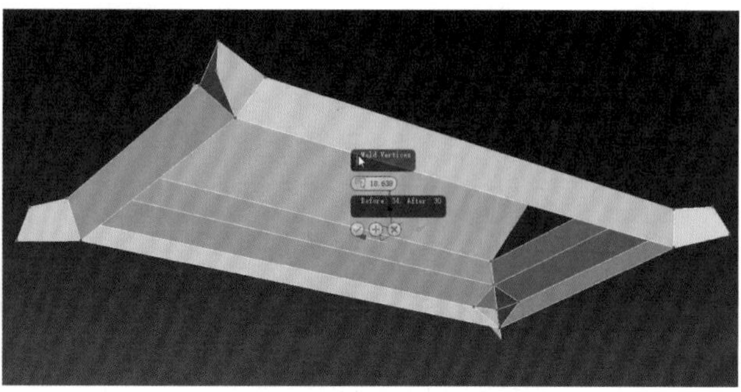

图 8-441

选中图 8-442 中所标示的 4 个点结构，在右侧修改界面找到“Remove”工具，单击后移除这 4 个多余的点结构。

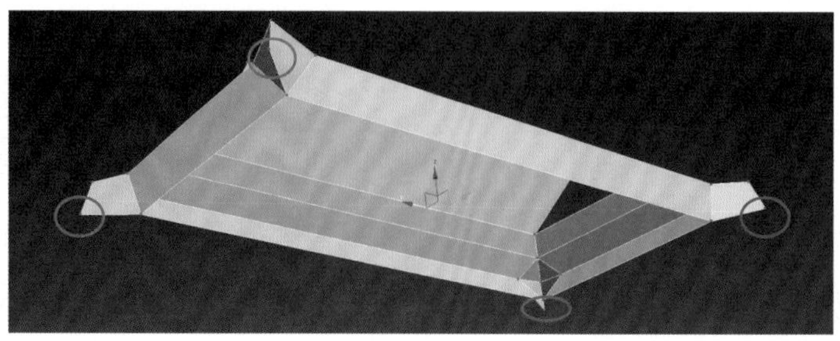

图 8-442

将视图切换成顶视图，会发现新制作的面的点结构与原模型点结构并不在 z 轴方向上重合，在该视图下可以进行适当的调整（见图 8-443、图 8-444）。同理处理剩下的三个点结构。

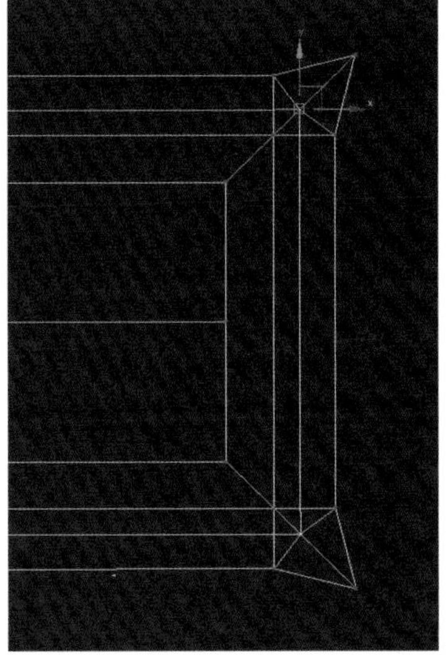

图 8-443

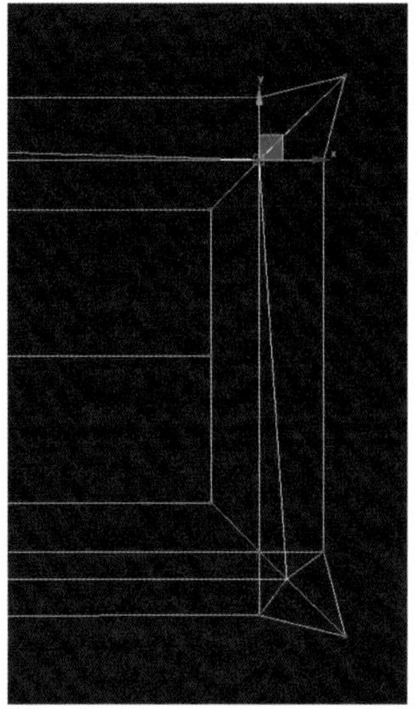

图 8-444

将视图切换成前视图或左视图，选择除“飞檐”的点结构以外所有下方的点结构，如图 8-445 所示。

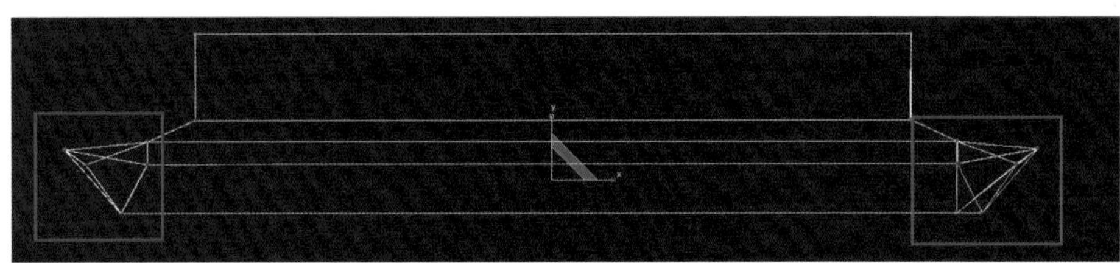

图 8-445

使用缩放工具，在 y 轴方向上进行拖动，至所有点处于同一平面，如图 8-446 所示。

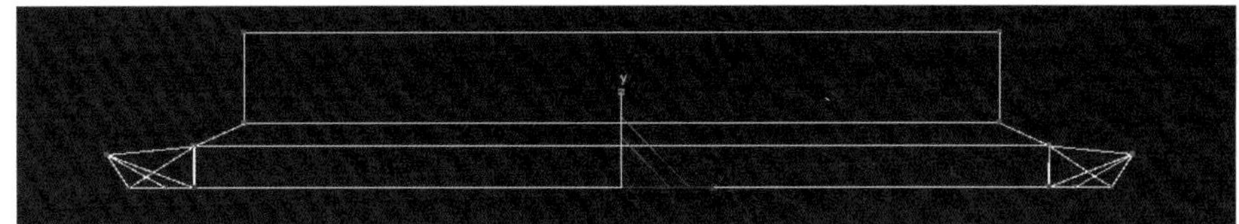

图 8-446

使用移动工具适当上移所选择的点结构，如图 8-447 所示。

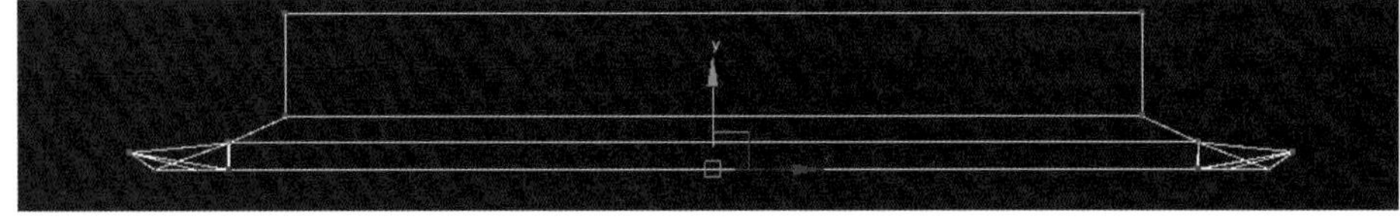

图 8-447

将视图切换回透视图，即会发现我们已经处理好了这部分的“伪下檐”，如图 8-448 所示。

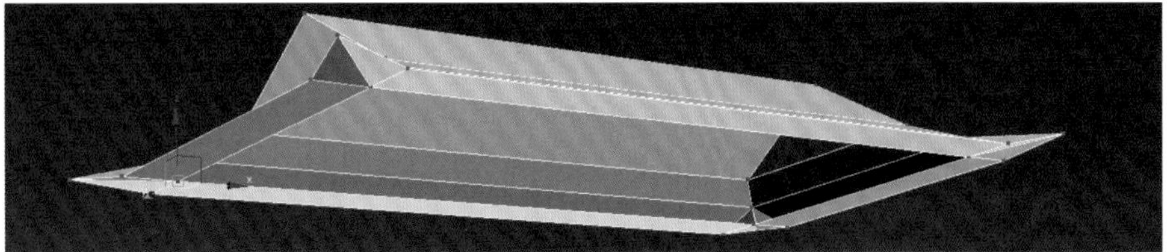

图 8-448

将编辑模式改为面编辑模式，选择新创建的这层结构，如图 8-449 所示。

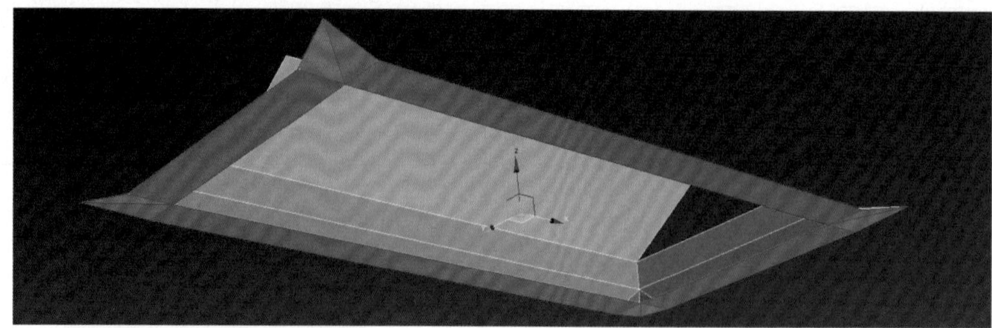

图 8-449

在右侧找到“Detach”分离命令，单击后将屋顶的上檐和下檐分开，也是为了后续的贴图制作更加方便快捷。

至此，简化版的屋顶便制作完成了，所指的简化版也是指对于面数的优化，能更好地在不穿帮且效果不变的条件下减少面数，如图 8-450 所示。

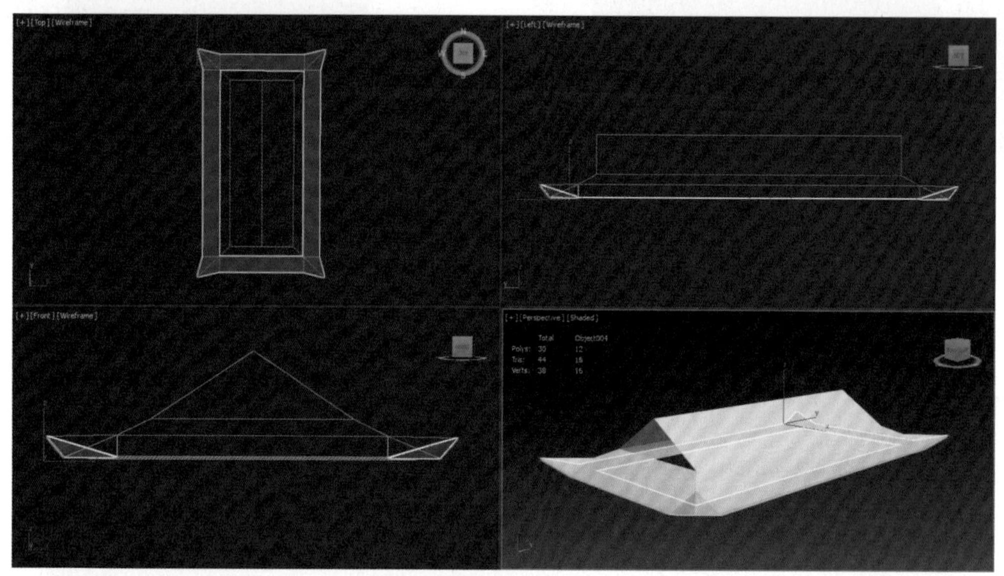

图 8-450

图 8-451、图 8-452 所示为处理完 UV 即贴图的成品效果，UV 展开上和大明殿的屋顶制作并无区别。

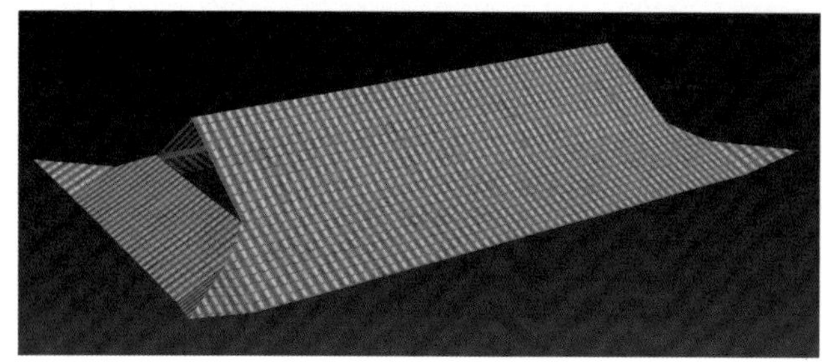

图 8-451

图 8-452

4. 角楼“十字脊式屋顶”的制作

角楼模型的屋顶结构采用的屋顶形式为“十字脊式屋顶”，也就是两个歇山顶十字相交而成，现如今紫禁城的摄影圣地：角楼也正是采用这样的屋顶结构，如图 8-453 和图 8-454 所示。

在制作时其实跟上文介绍的方法并无太大的区别。最终的成品单面效果如图 8-455 所示。

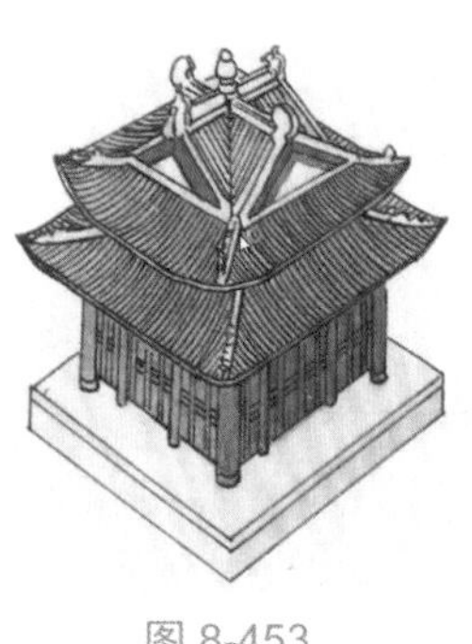
图 8-453

图 8-454

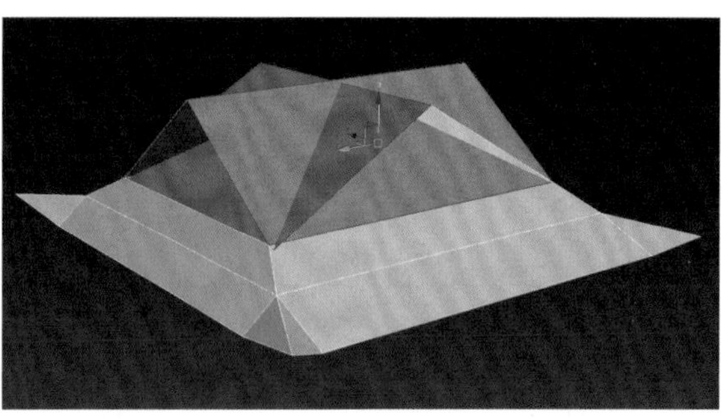
图 8-455

制作方式也十分简单，将模型进行简单的拆分即可发现，只需创建一个上文所讲到的基础屋顶模型，如图 8-456 所示。

然后在其上面新建一个 Plane 面模型，转换为 poly 可编辑多边形后，进行简单的变形，如图 8-457 所示。

图 8-456

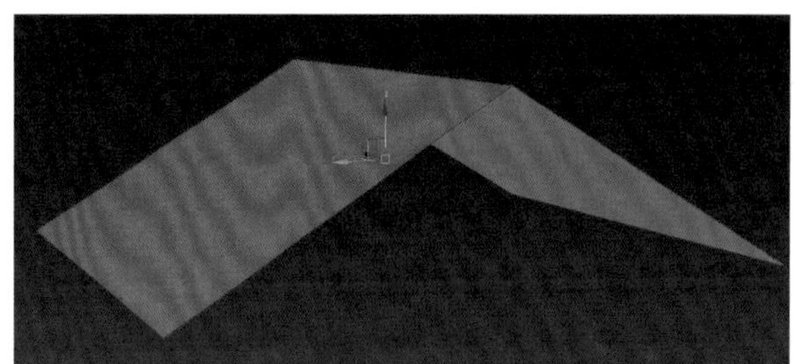
图 8-457

剩下的工作只需要将两者进行位置上的匹配即可，如图 8-458 所示。

这里需要注意在调整大小时，切忌有边从模型中穿出造成穿帮。而在处理下方的屋檐时，也只需要按照上文中的方法对其中的一个模型进行操作即可，如图 8-459 所示。

图 8-458

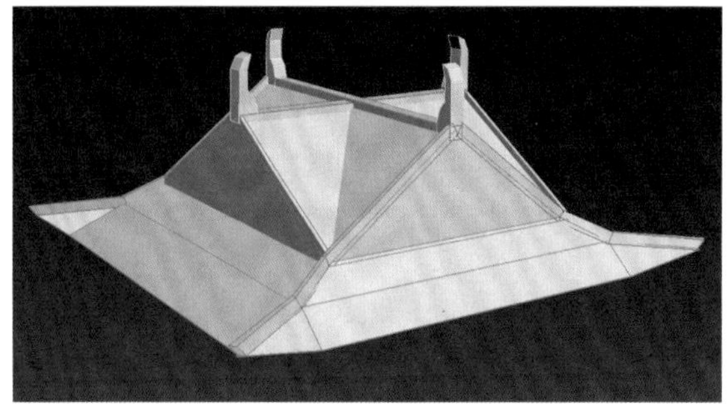
图 8-459

在完成上述基础的屋顶制作后，参照前文中的制作方法，添加博风板结构、屋脊结构及鸱吻结构，整个完整的“十字脊式屋顶”便制作完成。其中的屋脊结构有别于大明殿中的屋脊结构，在下文中会进行详细的介绍。

图 8-460 所示为处理完 UV 及贴图之后的成品，其中并没有难点，读者只需要按照后文介绍的制作方法进行操作即可。

5. 屋脊的制作

在介绍大明殿时，我们曾经提到过大明殿的屋脊结构要比其余模型的结构复杂，如果所有的模型均采用大明殿屋脊的模型面数，最终场景的面数可能会多出一倍不止，为了防止这种情况的发生，其余所有建筑我们只采用简单的 Box 结构作为其屋脊，在贴图部分再对其纹理进行效果的弥补。

创建 Box 模型，将长度分段改为 3，便于后续的调整，转换为 poly 可编辑多边形后，在点编辑模式下结合已有的屋顶模型调整屋脊的结构和位置，直至两者完美结合。在这里需要提及一点是两者可以有少量的重叠部分，但不能发生在飞檐结构处，否则在最终成品中会出现穿帮，如图 8-461 所示。

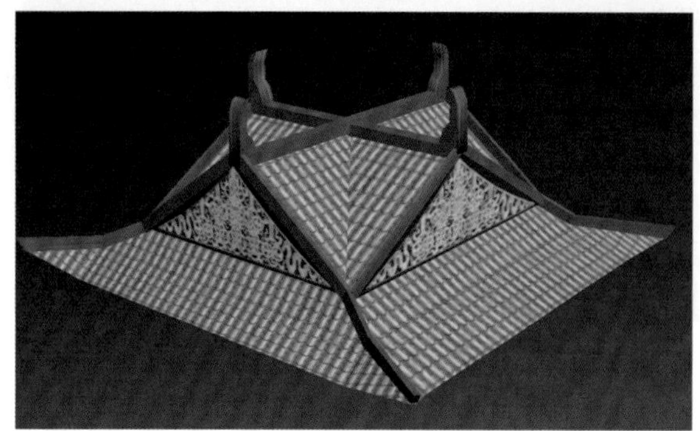

图 8-460

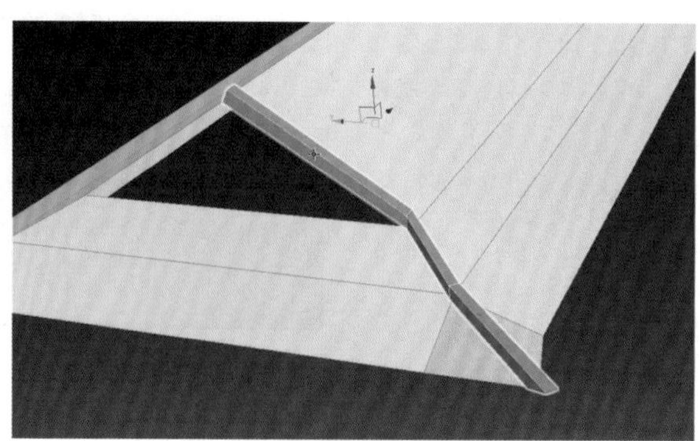

图 8-461

6. 城墙的制作

城墙在我们的场景也占据了一定的比例，但是这部分的模型制作没有任何难度，其大致分为外围的城墙和“大内”的宫墙两部分，其制作方式没有太大的区别。下面我们将对其进行一一说明。

图 8-462 所示为整个模型最外围的城墙，围绕着我们的地形制作而成，中间有分隔的部分为城门，参照元大都的历史复原平面图，我们能推断出其分布位置。图 8-463 所示为具体的城墙制作部分。

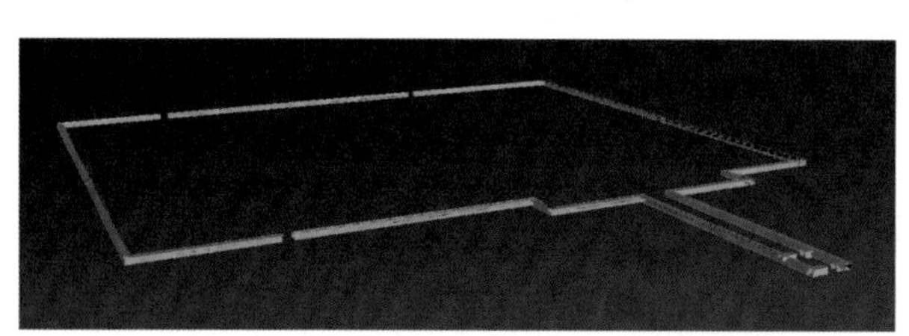

图 8-462

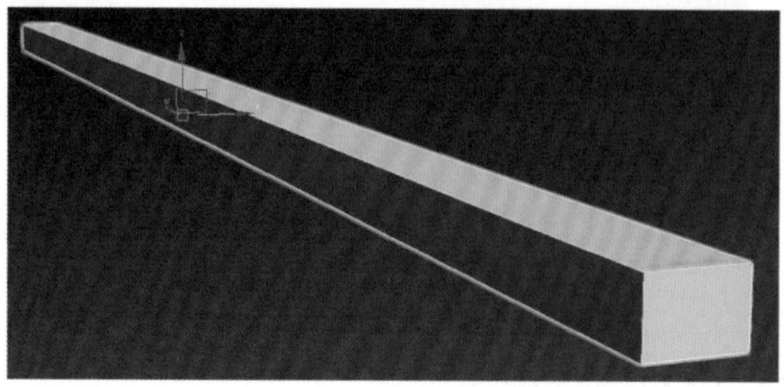

图 8-463

创建 Box 物体，将其转换成 poly 可编辑多边形，将编辑模式切换成点编辑模式，视图切换成前视图和左视图，将模型上顶面的点分别向中心移动，将模型转换为棱台形，如图 8-464、图 8-465 所示。

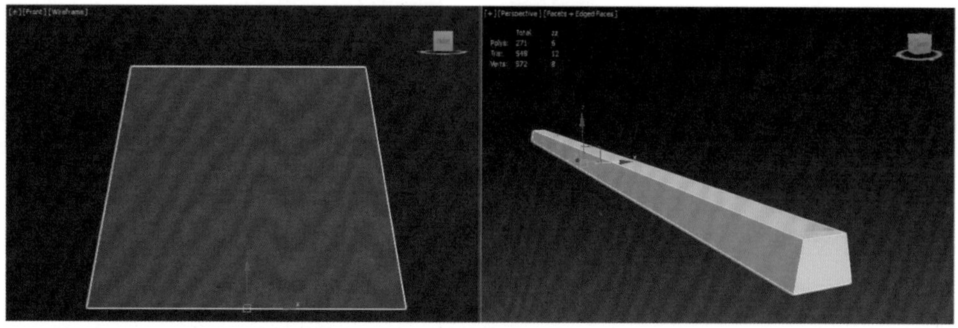

图 8-464

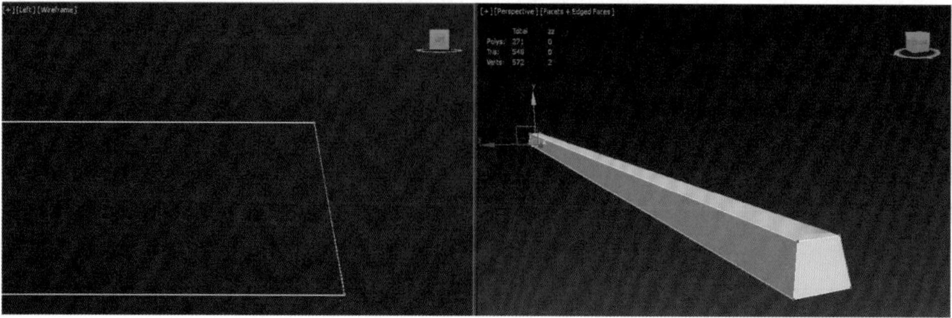

图 8-465

切换成面编辑模式，将不需要的底面删除，接着使用上文已经介绍过的“Detach”分离工具，选中模型的顶面，将其进行分离，进行这一步的目的是为了在后期贴图制作时更加方便，如图 8-466 所示。

新建 Box 物体，用于制作城墙上地面两侧的墙面，最终我们的漫游成品无法上到城墙上面，所以这里的模型建立目的只是在鸟瞰图或预览图中有更好的阴影效果的呈现，如图 8-467 所示。

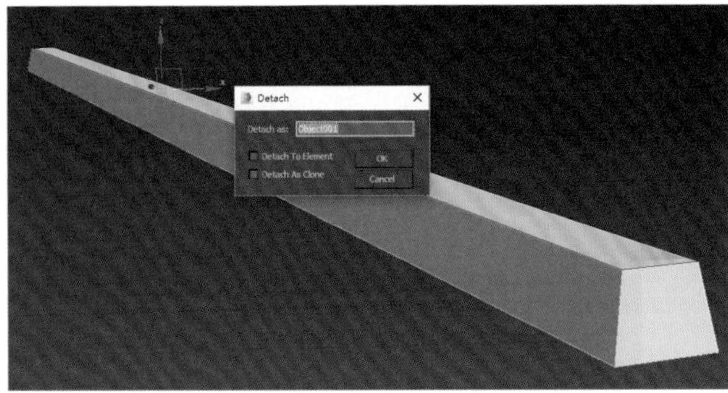

图 8-466

图 8-467

我们将新建的 Box 位置和大小调整至合适，转换成 poly 可编辑多边形后切换成面编辑模式，将不必要的底面删除，同时进行一次复制，置于城墙的另一端，如图 8-468 所示。

至此城墙的基本结构制作完成，剩余所有的模型均使用上述方法进行制作即可。在摆放时需要注意的是，由于模型与模型之间会有重叠的部分，所以需要删除一部分面结构，如图 8-469 所示。

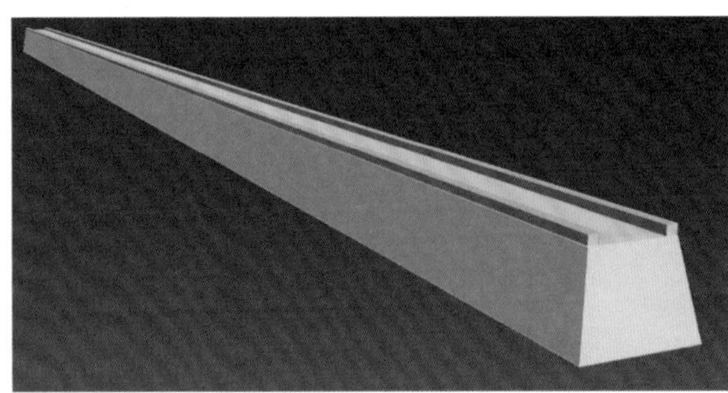
图 8-468

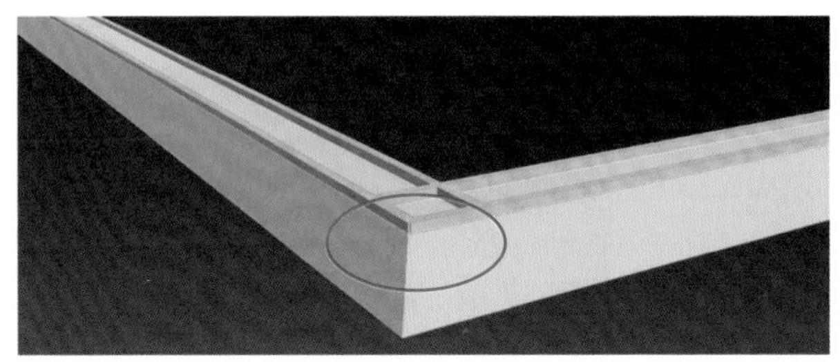
图 8-469

例如，当制作到如图 8-469 所示中的拐角处时，图中所标示的地方是有面结构的重合部分的，在这种情况下即可对其进行删除操作。同时可以看到城墙顶面的结构是不符合常识的，也需要进行一定的调整和处理。处理后效果如图 8-470 所示。

处理完 UV 即贴图效果如图 8-471 、图 8-472 所示。

图 8-470

图 8-471

配合上城门的效果如图 8-473 所示。

除了上述的城墙之外，还有前文提到的宫墙结构，这部分相对而言制作上就简单很多，只需要对 Box 进行简单的处理即可，读者要记得删除不必要的底面，如图 8-474 所示。

图 8-472

图 8-473

处理完 UV 及贴图后效果如图 8-475 所示。

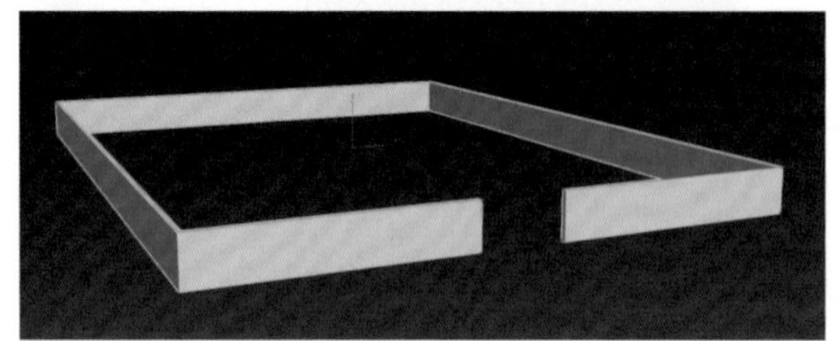
图 8-474

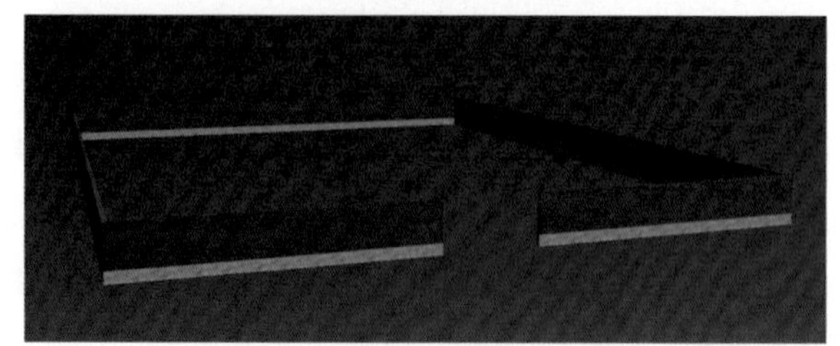
图 8-475

7．蒙古包的制作

在元大都的皇城中，大部分建筑都属于汉式风格，但是在皇宫后是有着一片蒙古包的，其正是当时所谓民族融合的象征，如图 8-476、图 8-477 所示。在制作模型时，我们也将其的制作进行了很多简化。

图 8-476

图 8-477

通过参考，最终在制作时将蒙古包的侧壁定为八棱柱的层面结构。新建 Cylinder 模型，参数如图 8-478 所示，效果如图 8-479 所示。

将模型转换为 poly 可编辑多边形，切换成点编辑模式，选中顶面的所有点结构。使用缩放工具，在 xoy 平面内进行缩放，如图 8-480 所示。

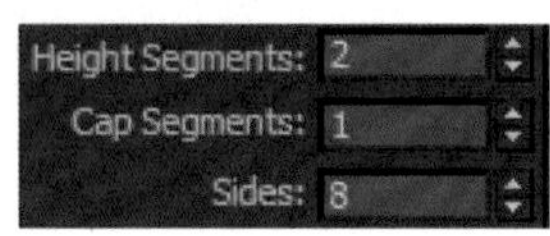

图 8-478

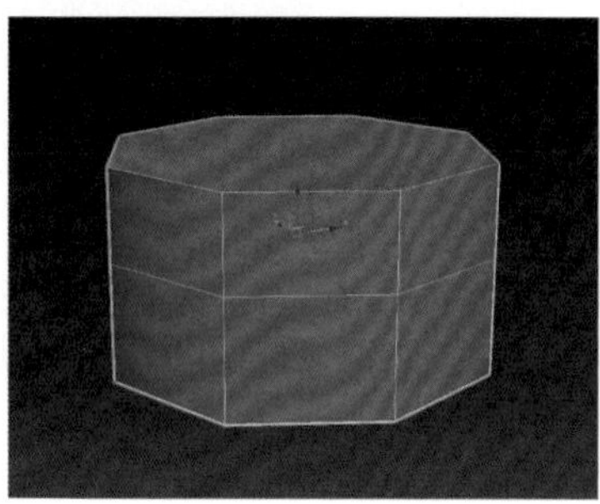
图 8-479

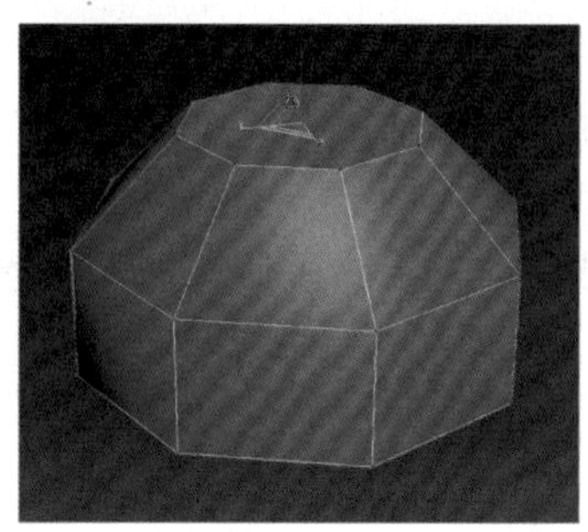
图 8-480

将顶面所有的点结构尽量归于中心的一点，然后使用“Weld”焊接工具，单击右侧的按钮，如图 8-481 所示。

调整参数，直至所有的点合并成中心的一点为止，如图 8-482 所示。

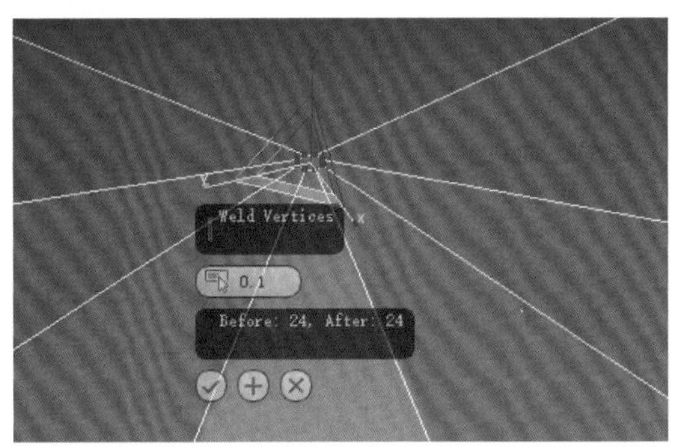

图 8-481

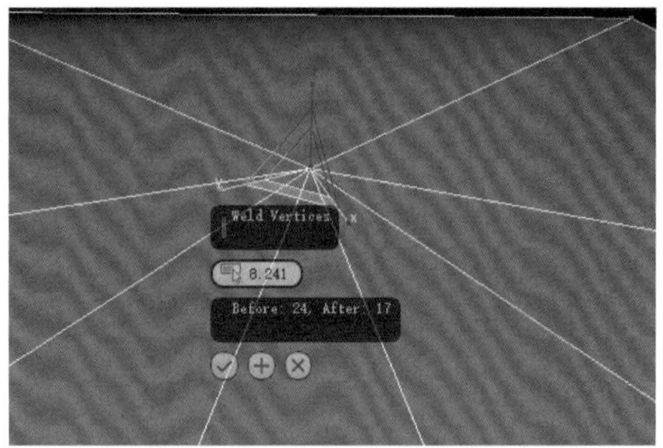

图 8-482

单击“对勾”按钮确认操作，然后切换为面编辑模式，删除不需要的底面，同时将蒙古包的侧面和顶面进行分离。

在右侧编辑界面找到“Detach”分离工具，按上文中提及的方法将两部分进行分离，如图 8-483 所示。

进行分离的这一步也是为了在后期贴图制作时更加方便快捷。至此，我们的蒙古包结构制作完毕，如图 8-484 所示。

处理完 UV 及贴图后的最终效果如图 8-485 所示。

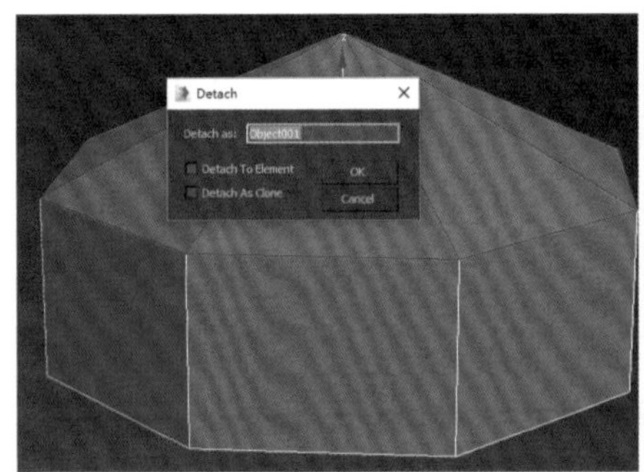

图 8-483

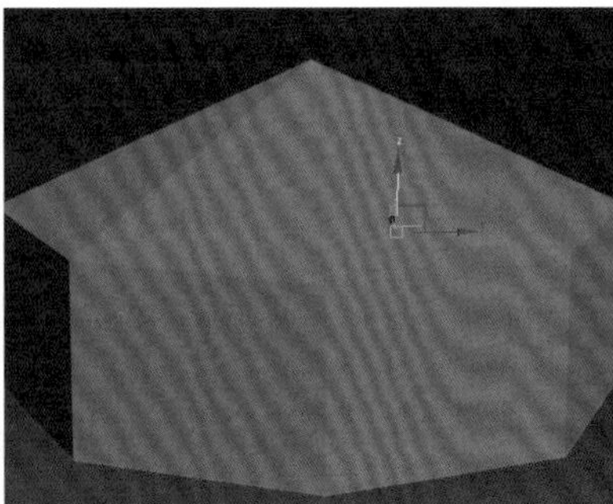

图 8-484

图 8-485

8.5 制作模型 UV

8.5.1 制作模型 UV 展开相关部分

在制作完模型与贴图后，还需要将贴图做成材质球，并将材质球赋给模型，最终完成一个完整的模型。材质球的制作十分简单，只需要将制作好的各个贴图放到对应的贴图通道上即可，如图 8-486 所示。

然而直接贴到模型上，贴图的比例、位置是完全错乱的，UV 展开就是针对这一问题的操作。UV 坐标是指所有的图像文件都是一个二维平面。水平方向是 U，垂直方向是 V，通过这个平面的二维的 UV 坐标系，可以定位图像上的任意一个象素。UV 展开则是指将三维模型的每个面映射到一个平面上（见图 8-487），调整映射后三维模型的面，从而使模型与贴图能够准确对应。

UV 展开的好坏直接影响模型的最终效果，决定了模型与贴图能否完美的结合。主要的 UV 展开方式包括 3ds Max、Maya 等三维软件内置的 UV 编辑器，其他 UV 处理软件还有 Unfold3d 和 UVLayout 等独立分 UV 软件。对于内置的 UV 编辑器，在修改 UV 的同时能看到纹理在模型上的变化，但是其展开方式较为单一，不适合处理复杂的模型面。而 Unfold3d 和 UVfayout 软件的展开算法均优于建模软件内置修改器，对复杂模型的展平快速而准确。但缺点是必须将模型导入软件处理，完成后再导回建模软件进行贴图，因而不能随时看到贴图后的效果并实时修改，相比前两种方式，其更适合用于处理复杂变化的模型。

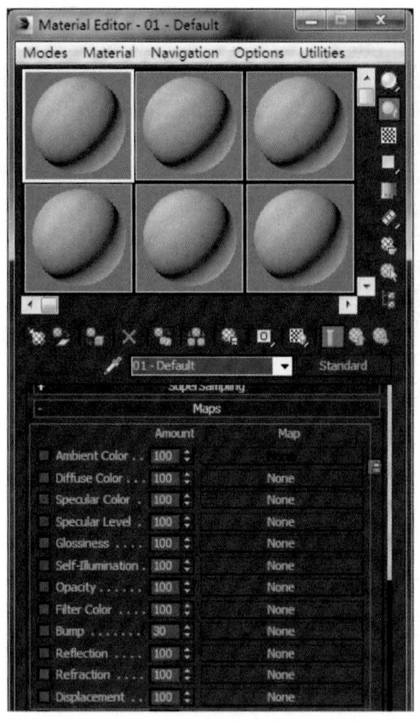

图 8-486

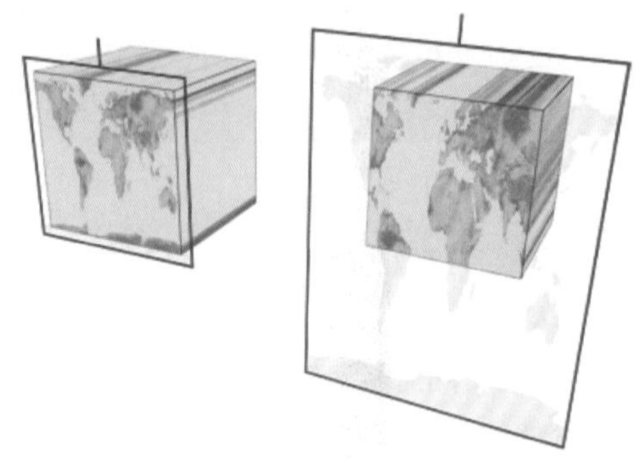

图 8-487

值得一提的是，同一个模型可以同时存在多张 UV 展开图，分别存放在不同的 UV 通道中，如果只满足贴图需要，仅需一套 UV 即可，而对于之后的渲染，根据对应的要求，需要两套 UV 甚至更多。对于本项目，由于之后在 Unreal Engine 4 引擎中需要进行灯光烘焙，对 UV 的要求有所不同，因此需要两套 UV。

本项目中模型较为简单，所以直接选择用 3ds Max 内置的 UV 修改器展开 UV。

8.5.2 UV 编辑器的基本操作

先简单介绍 UV 编辑器的基础操作和工具用法。新建一个球，转化为可编辑多边形，在修改器列表“Modifier List”中选择 Unwrap UVW 修改器，单击“Open UV Editor”按钮打开 UV 编辑器，编辑器主界面如图 8-488 所示。

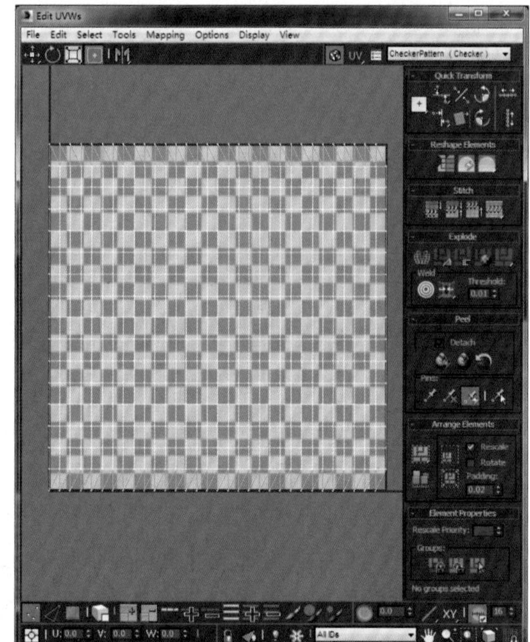

图 8-488

上方工具栏 都是对 UV 进行变化的工具，依次为 平移、 旋转、 缩放、 自由变换和 对称变换。

下方工具栏中 都是选择工具，前三个为选择模式，分别是点模式、线模式和面模式。启用后，在编辑器窗口中选择子对象将选择子对象所属的整个群集。右侧工具栏中，由于工具较多，不再做详细介绍。

Quick Transform 为快速变换工具栏，可以对选中对象进行多种常用变形。其中，、可水平 / 垂直对齐所选对象；、可使所选对象环绕轴心旋转 ±90°。

Reshape Elements 为重新塑造元素工具栏，可拉直、展平、松弛面对象。

Stitch 为缝合工具栏，可将被切开的对象重新连接。

Explode 为炸开工具栏，第一行中的工具可将纹理坐标断开为多个独立的群集。其中，可断开当前所选对象。会断开所选对象或全部对象中夹角小于一定角度的面。会按照模型中多边形的平滑组 ID，断开所选对象或全部对象中的面。会按模型中的材质 ID，断开所选对象或全部对象中的面。

第二行中的工具可焊接分离的元素，与缝合类似。

Peel 为剥工具栏，通过“剥”工具可以实现轻松直观地展平复杂的曲面。此工具栏还包括与“剥”功能的“锁定”相关的工具。

Arrange Elements 为排列元素工具栏，通过这些工具可以用各种方法自动排列元素。紧缩功能用于调整布局，使 UV 对象不重叠。

Element Properties 为元素属性工具栏，通过在修改器中分组，可以指定在某些操作时使某些纹理群集始终在一起。

8.5.3 制作第一套纹理贴图 UV

以角楼为例，详细说明 UV 制作的具体流程。打开制作好的角楼模型，如图 8-489 所示。

首先制作屋顶的 UV。选择所有正面屋顶的模型，按【Alt+q】组合键隐藏未选中对象，如图 8-490 所示。按 M 键打开材质编辑器，选择一个空白材质球，如图 8-491 修改设置，单击“Diffuse”工具，单击“Bitmap”右侧的按钮，选择瓦片贴图（见图 8-492）所在路径。

图 8-489

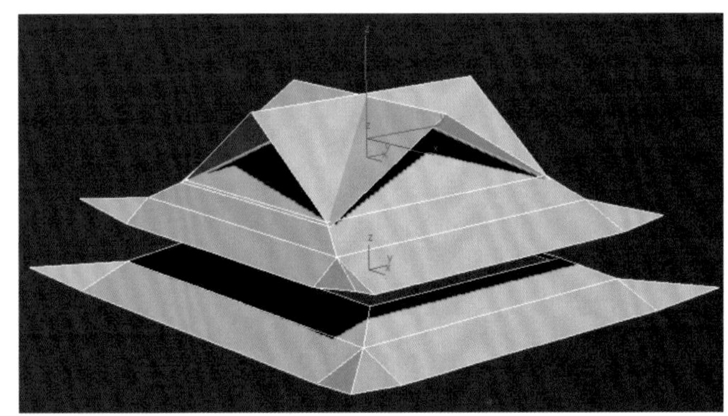

图 8-490

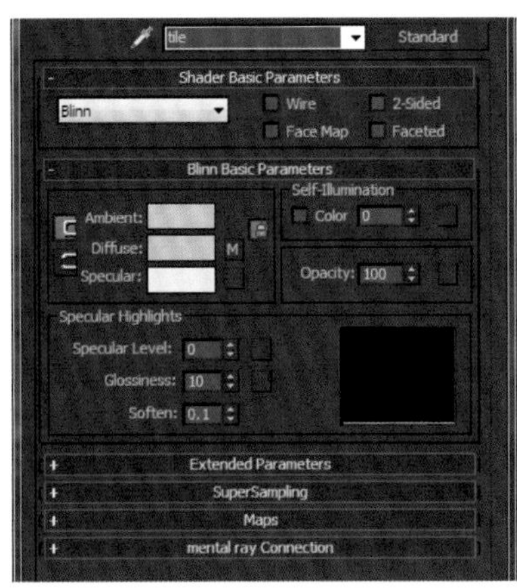

图 8-491

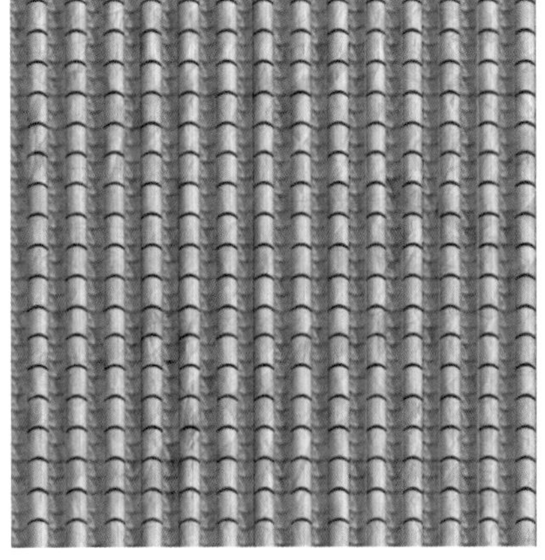

图 8-492

此时材质球预览图变为所选材质 。拖动材质球到模型上，在弹出的对话框中选择“Assign to Selection”将材质赋给所选对象，单击材质编辑器的按钮，在视图中预览贴图的效果，如图 8-493 所示。

此时的 UV 未经过编辑，纹理坐标完全是错乱的，需要对 UV 进行编辑。在修改器列表“Modifier List”中找到“Unwrap UVW”选项，打开 UV 编辑器，选择面模式，单击按钮按夹角角度断开，已经可以基本分辨出 UV 图各个部分所对应的模型位置了，结果如图 8-494 所示。

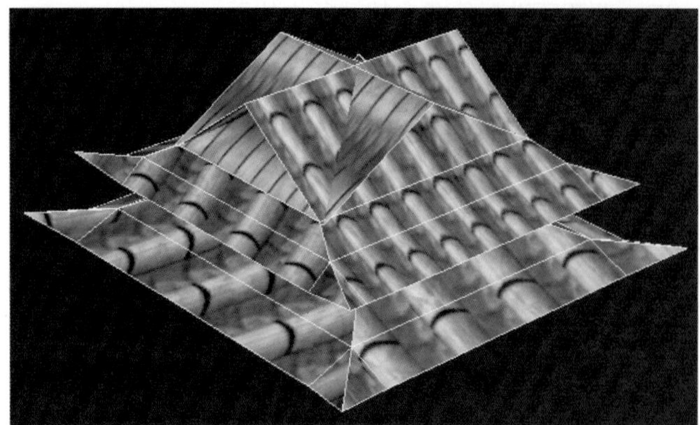
图 8-493

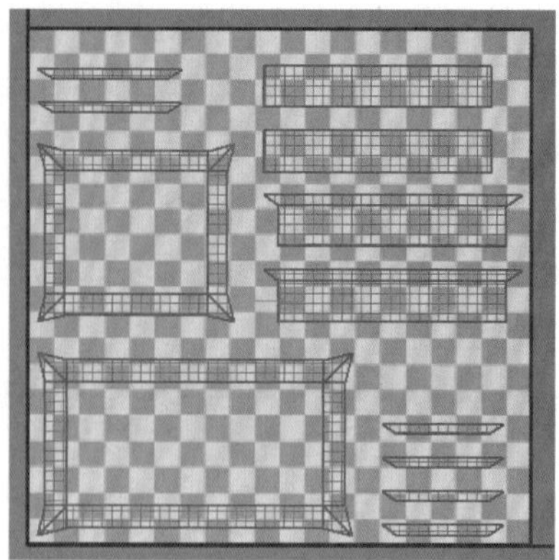
图 8-494

选择图 8-495 所示边，单击 按钮断开所选边。

由于贴图中瓦片方向皆为向下，在调整 UV 时需要注意将屋檐方向统一。另外，为便于处理和修改，将相似的面相重合。勾选 选项，通过旋转、平移及翻转，将相同 UV 面分类。在点模式下，勾选右下角 选项，可精确对齐点。调整后效果如图 8-496 所示。需要注意的是，由于这张贴图做过无缝处理，是一张循环贴图，UV 的纹理可以不限定在图 8-496 方框内，否则在模型上会出现明显的接缝。

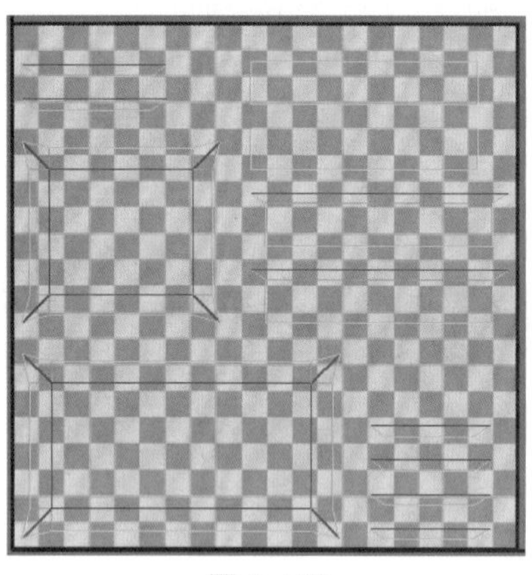
图 8-495

图 8-496

之后需要对照模型视图，调整每一个 UV 群组的大小和长宽比，UV 的大小要符合实际的情况，可以借助其他参照物来获得 UV 的真实大小比例，调整后的 UV 及模型效果如图 8-497 所示。

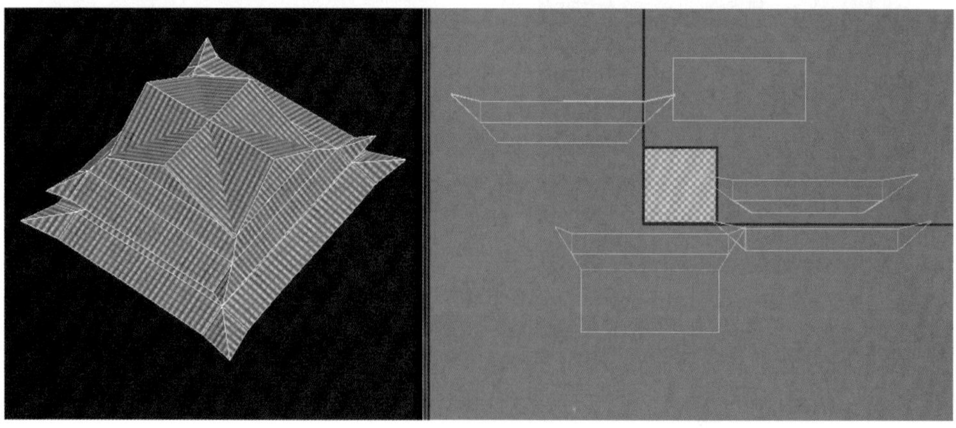
图 8-497

完成后关闭编辑器窗口，在修改器 上单击鼠标右键，选择“Collapse To”选项，将 UV 信息塌陷到模型，否则之后对模型修改时，会打乱已经完成的 UV。

之后的几个部分基本方法类似，其 UV 图及模型如图 8-498~ 图 8-504 所示。

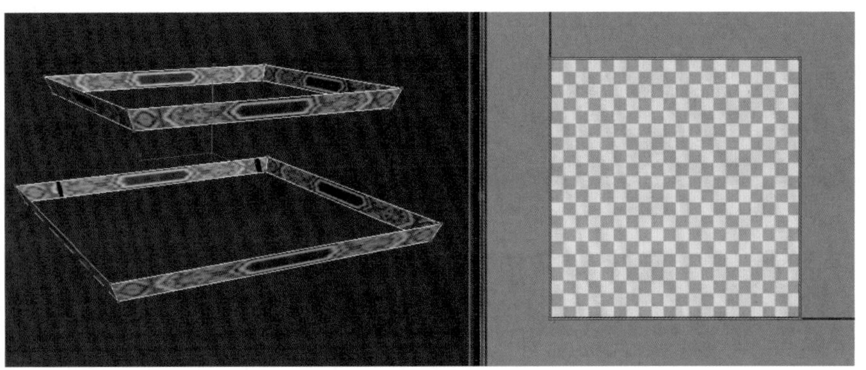

图 8-498

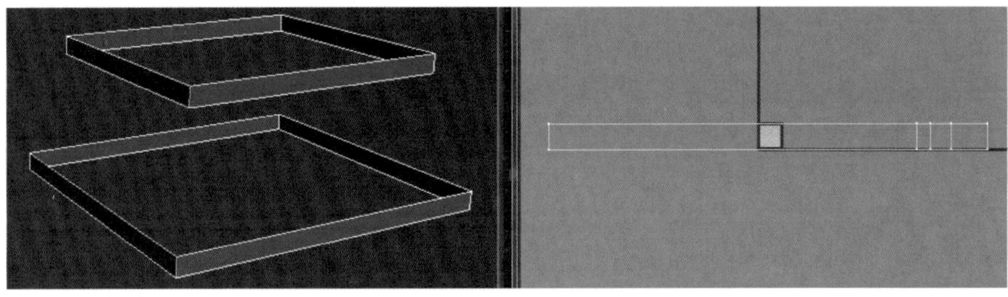

图 8-499

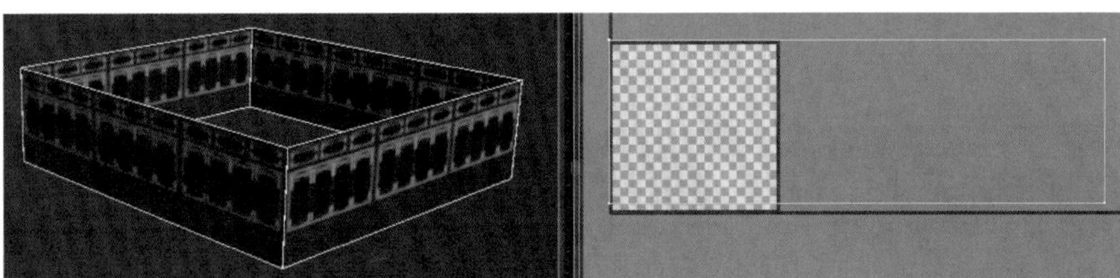

图 8-500

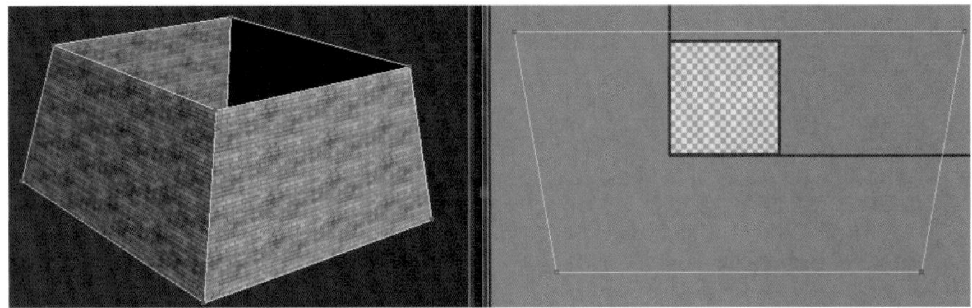

图 8-501

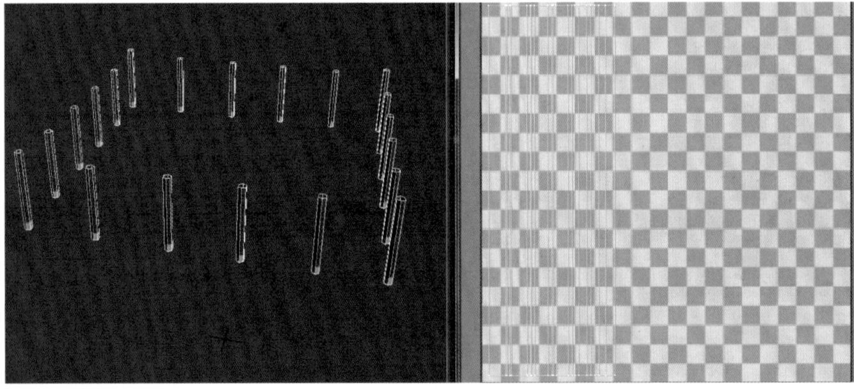

图 8-502

图 8-503

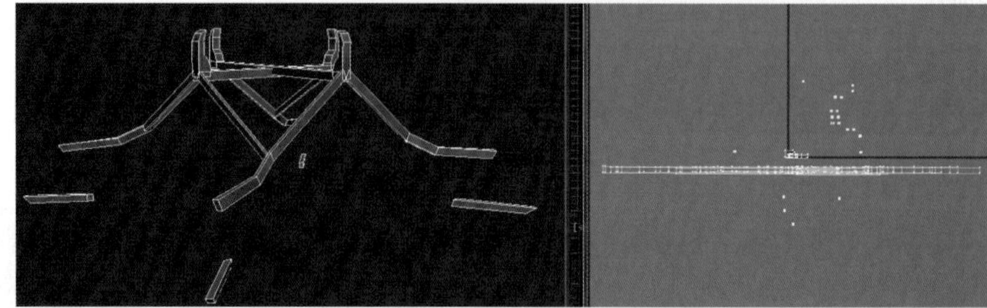

图 8-504

其中，栏杆比较特殊，用到了透明材质，其材质球设置如图 8-505 所示，相比其他材质，栏杆多加了一个“Opacity”透明通道，同时它的贴图也是透明贴图，格式为 png，只在栏杆部分有图像，其 UV 及模型如图 8-506 所示。这样做是为了减少模型的面，节约系统资源，同时能实现在远处看时呈现很好的效果，但在近处则会暴露模型的缺陷，因此只能用于远景模型的贴图。

最终整体效果如图 8-507 所示。

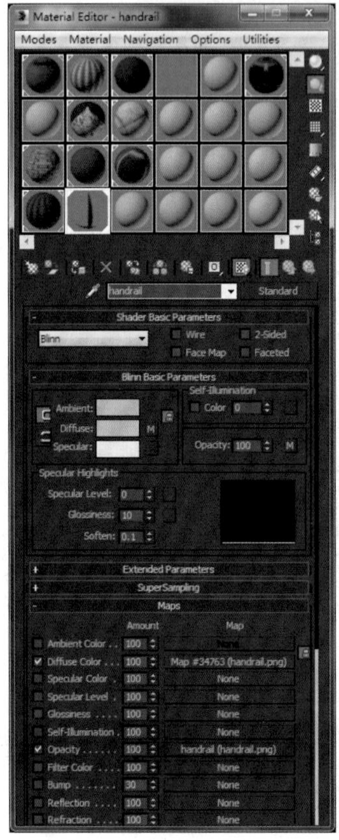

图 8-505

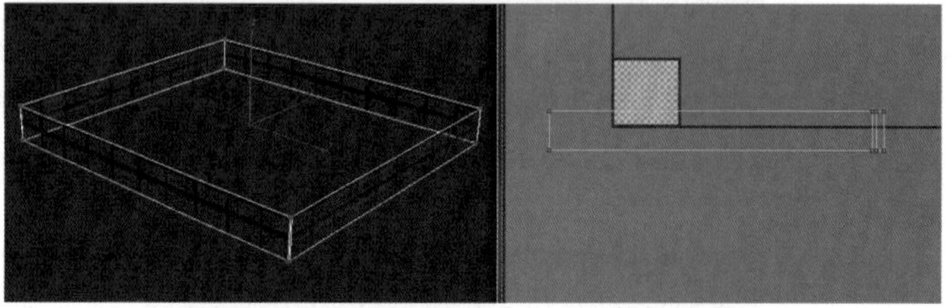

图 8-506

图 8-507

8.5.4　制作第二套光照贴图 UV

在我们的模型制作中，总共需要两套 UV，第一套 UV 是为了给模型赋予纹理贴图，通过调整 UV 的位置、大小等属性从而调整贴图的呈现效果。但与此同时，还需要第二套 UV，我们称之为光照贴图，第二套 UV 的制作相比较第一套容易很多，需要注意的地方有以下的三点。

（1）UV 不能重叠。

（2）UV 展开后全部内容需在 0—1 象限内。

（3）尽量充分利用 0—1 象限。

下面简要介绍一下有关第二套 UV 的制作方法。

选择我们合并后模型的一部分，在这里以某模型中的石柱结构为例，如图 8-508 所示。

添加“Unwrap UVW”修改器，在右侧的编辑界面找到“Channel”选项，其选项组下的“Map Channel”后面的数字为“1”，如图 8-509 所示，这即是在上文调整贴图时，最终得到的第一套 UV。

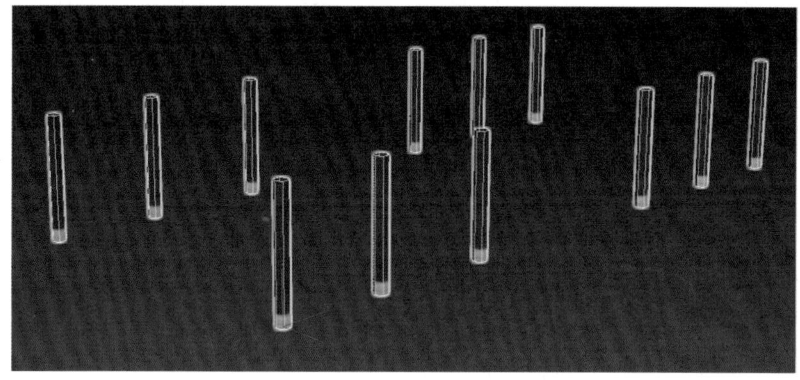

图 8-508

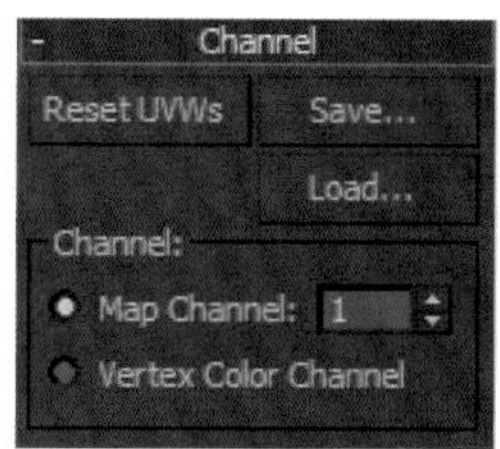

图 8-509

将“Map Channel”中微调框中的数字改为 2，此时会弹出一个对话框，如图 8-510 所示，询问要不要移动当前的 UV 至新的 UV 通道上，在这里先选择移动。

接着打开 UV 编辑器，切换成面模式后全选所有面，如图 8-511 所示。

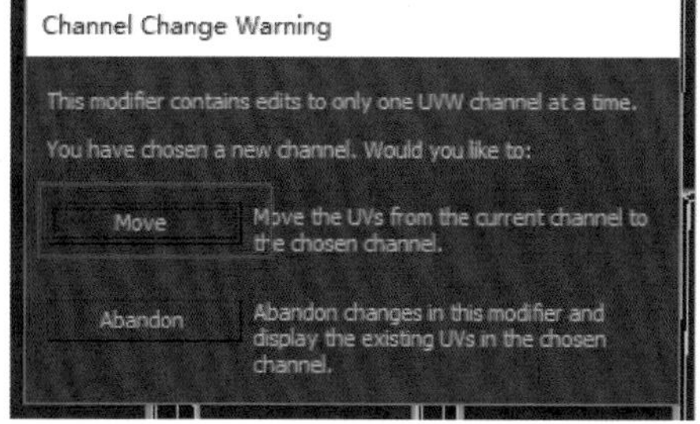

图 8-510

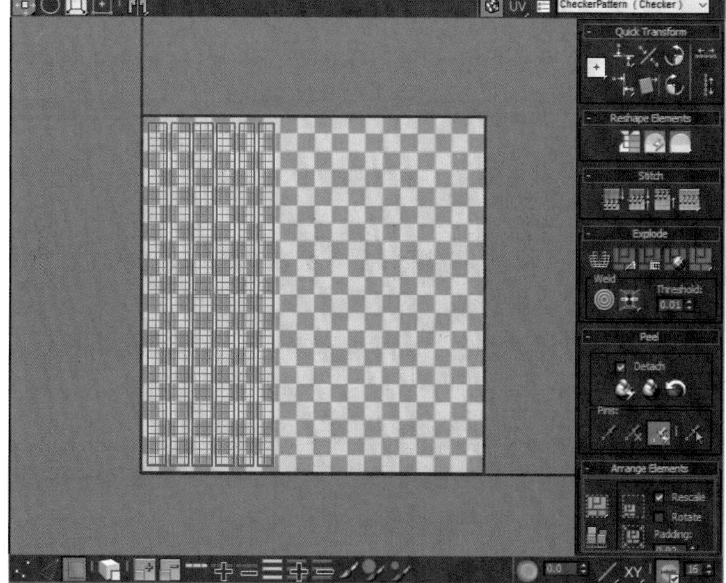

图 8-511

这里需要说明的是，由于第一套 UV 展开方式上可能出现的不同，所以在移动后的 UV 也会存在差异，这一点上无须计较。接着在编辑器界面的右下方找到自动排列按钮。在排列按钮的右侧数值作用是调整自动排列时 UV 的间距，在这里将其调至 0。然后单击按钮，会发现所有的 UV 已经被自动排列在第一象限中，效果如图 8-512 所示。

在右侧的修改器添加位置单击鼠标右键，选择“Collapse All”选项，如图 8-513 所示。至此，我们的第二套 UV 处理完毕。模型的其余部件操作方式同上。

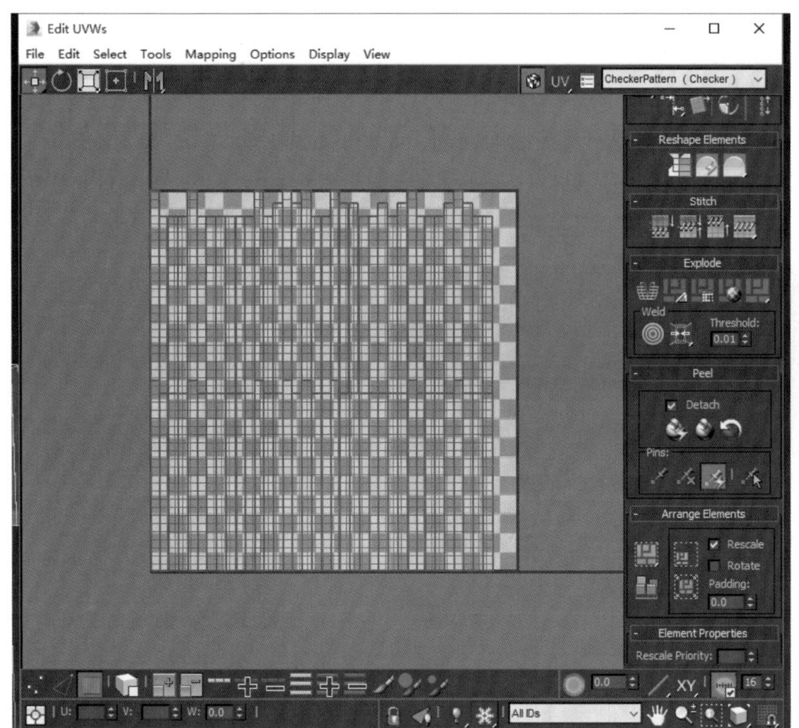

图 8-512

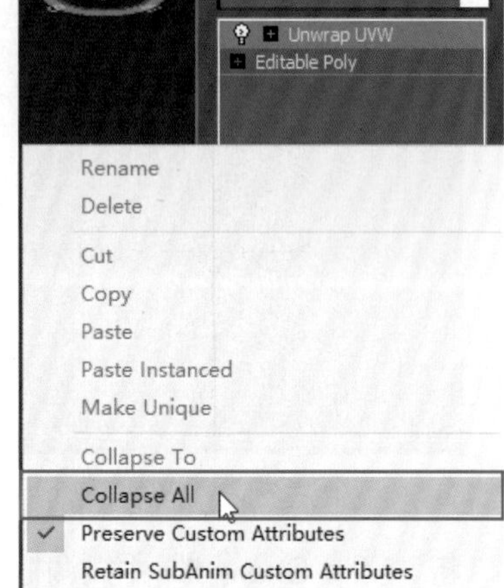

图 8-513

8.6 导出模型

在进行完以上全部操作后，整个场景的制作基本已经完成大半，但是模型的正确导出与否关系着再导入到 Unreal Engine 后能否完美运行，所以在这部分，我们将详细讲解有关导出的种种注意事项。

8.6.1 合并模型

当我们将每个模型制作完毕后，会发现其中的零部件过于冗杂，在这里就需要将模型进行合并操作，下面以制作的一个基本的房屋建筑为例，具体操作方法如下。

图 8-514 所示为一个已经将贴图制作完毕的模型，需要将其按照贴图类型进行合并（合并的原则可以按照贴图来区分，也可按照位置或其他要素，目的均为将模型中的面减少）。

选择相同材质的模型，在这里以柱子为例。

选中所有柱子后单击鼠标右键，选择“Hide Unselected”选项，如图 8-515 所示，让场景中只显示柱子模型。选择其中的一个柱子模型，如图 8-516 所示。

在右侧编辑界面中找到“Attach”命令，此命令用于将不同元素合并变为同一模型。单击该命令右侧的按钮，会弹出当前场景所有模型的列表清单，全选后单击“Attach”，会发现左右的柱子变成了一个模型，如图 8-517 所示。

图 8-514

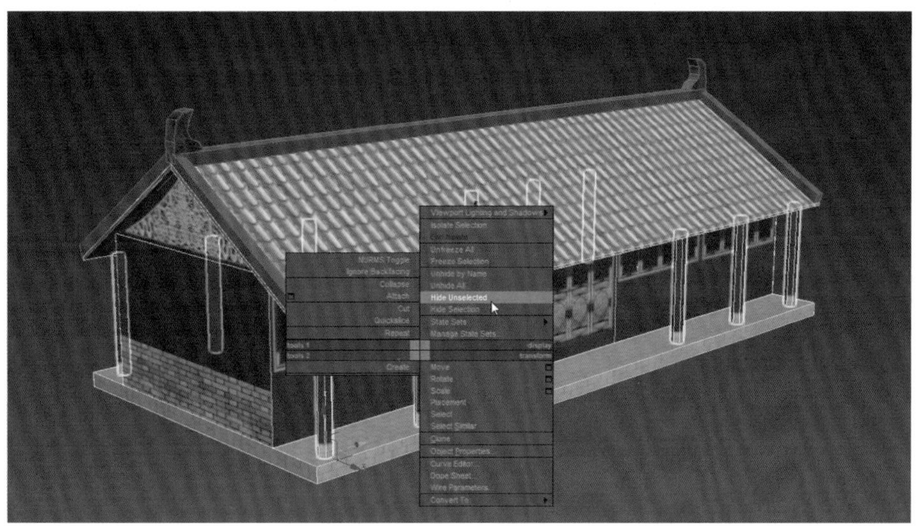

图 8-515

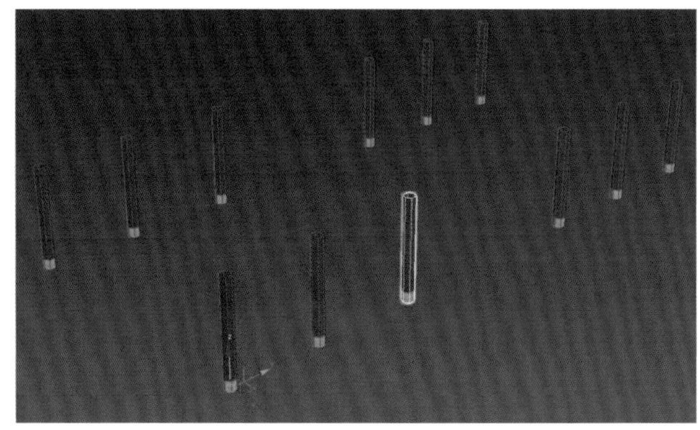

图 8-516

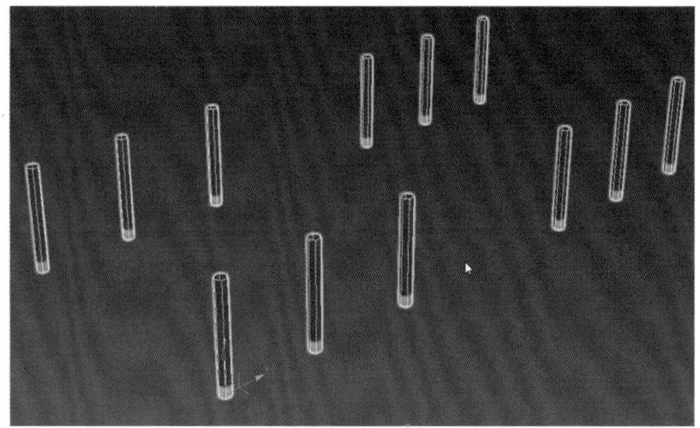

图 8-517

将合并后的模型进行改名，规则为上文提及的命名规则后加上材质名。

同理，将每部分的模型均进行合并和改名，使模型中元素达到最少。

8.6.2 检查法线并处理

在模型制作过程中，会由于种种疏忽，而导致有的模型法线错误，朝向错误的问题，如果带着这种问题继续进行制作的话，会在导入 Unreal Engine 后出现很大的问题，于是出现了检查法线的这一步操作。

同样使用上述模型进行讲解，选择想要检查的部分，隐藏其他元素，如图 8-518 所示。

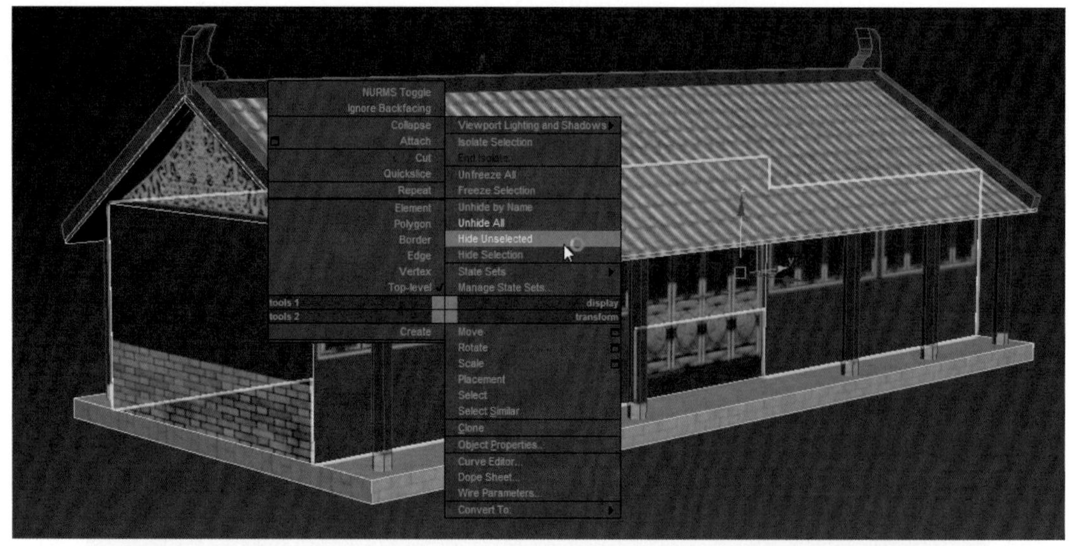

图 8-518

将模型转化成 mesh 可编辑网络，如图 8-519 所示，在这里需要注意，这是模型制作中唯一一次用到 mesh 的地方，同时在进行检查完毕后还需要将模型重新转换为 poly 可编辑多边形。

转换后选择 mesh 编辑界面中的面编辑模式，全选所有面，在编辑视窗中可以看到图 8-520 所示的界面。勾选“Show Normals”复选框，下面的 Scale 数值代表着法线的显示长度。勾选后即会在主视图中看到所有选中的面结构上都会出现一条蓝色的线，如图 8-521 所示，而蓝线所指方向即为法线方向。

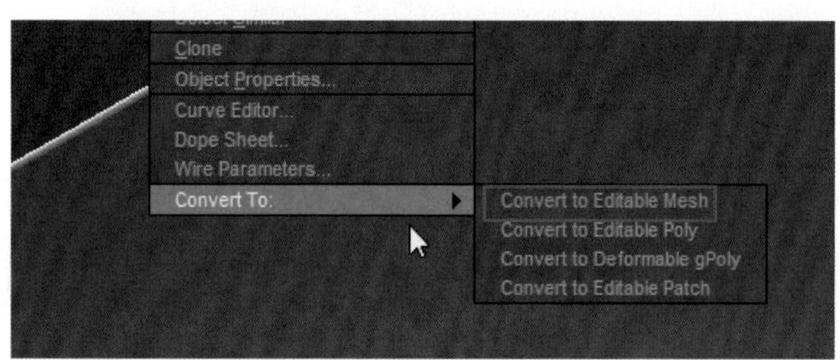

图 8-519

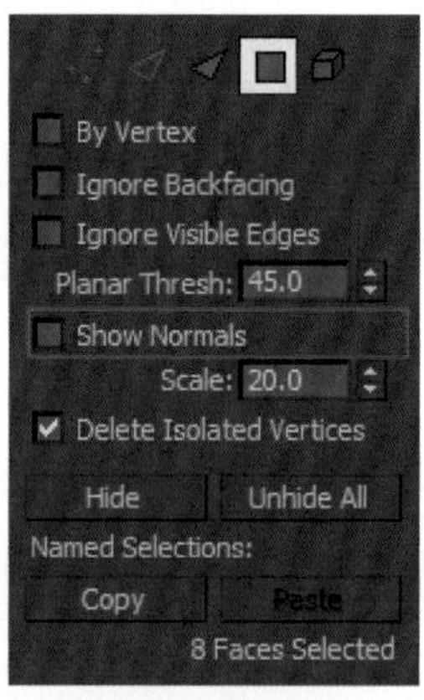

图 8-520

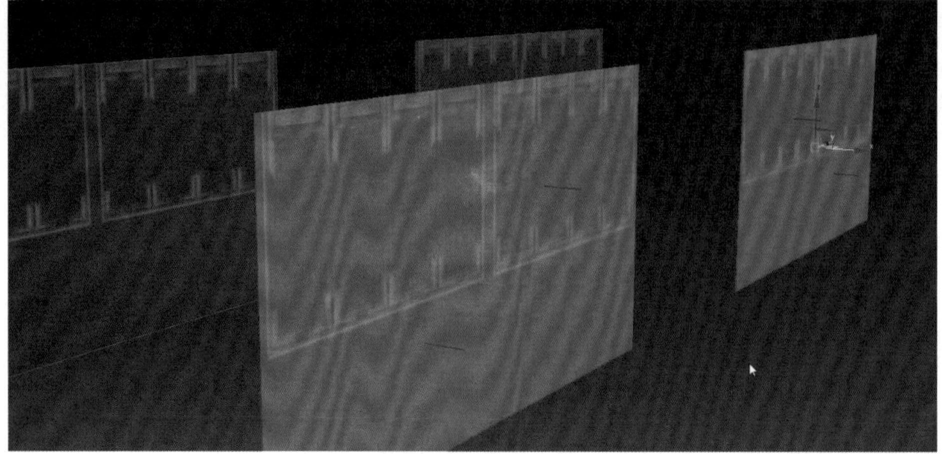

图 8-521

如果在检查过程中发现法线翻转了，即可选择法线方向错误的面后，添加“Normal”修改器，如图 8-522 所示。

选择“Normal”选项后即会发现错误的法线已经被翻转，在右侧编辑界面内单击鼠标右键，选择“Collapse All”选项，如图 8-523 所示。

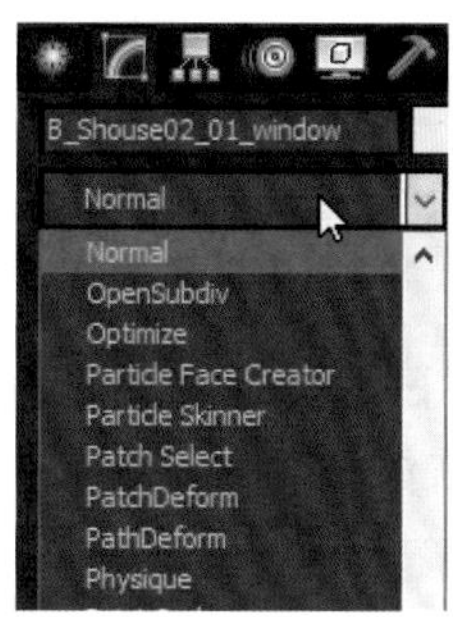

图 8-522

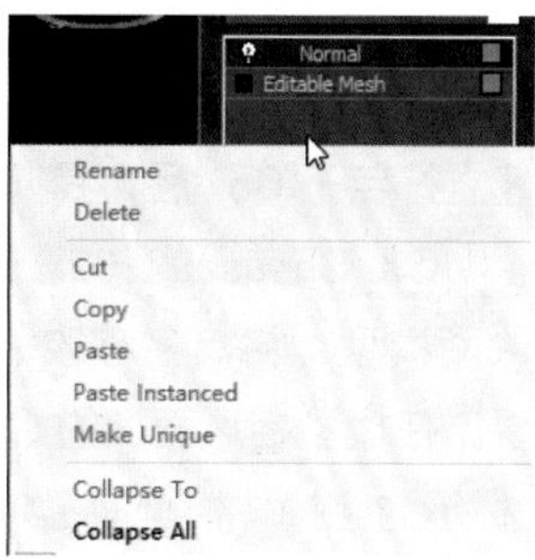

图 8-523

通过上述方法，检查所有的模型及面，使它们的法线朝向正确的方向，检查后再将模型重新转换为 poly 可编辑多边形。

8.6.3　碰撞体的制作与要求

碰撞体指的是在将模型导入到游戏引擎后，在模型周围的一层“空气墙”，这样，当游戏中的人物走到相应位置时，就会被“空气墙”挡住，无法继续前进。例如，在我们的建筑模型中，由于有这层“空气墙”的存在，才能保证人物在进行移动时不会穿过墙面来到建筑模型的里面。

而对于碰撞体，要求是尽可能贴合原模型且要大于原模型，同时需要保证所有碰撞体模型均为凸面体（一个几何体上任意两点所连的开线段都在它的内部）。下面对碰撞体的制作及命名进行一个简单的说明。

如图 8-524 所示，场景中有一个 chamfer box 倒角长方体，将其命名为 box01，为其添加一个简单的材质，为了下文更好地进行说明。现在先为其添加一个碰撞体，在场景中新建一个 Box，原则参照上文。

如图 8-525 所示，（其中的透明效果通过【Ctrl+X】组合键可以完成）碰撞体的命名规则为：UCX_ 模型名，在这里，我们将创建的 box01 模型的碰撞体命名为：UCX_box01。这样即完成了碰撞体的制作。

但是在模型制作中，难免会遇到需要为复杂模型添加碰撞体的情况，这时需要用到第二种命名规则：

如图 8-526 所示，可以看到场景中有一个相对复杂的模型结构，此模型名称为 box_ex。在给其添加碰撞体时，我们会发现无法仅通过一个简单的 Box 完成，这时需要用到 Box 的拼叠，可以建立两个（或更多）的 Box 结构来完成其碰撞体的制作（碰撞体之间可以有重叠）。

如图 8-527 所示，这样通过多个 Box 完成了此物体的碰撞体结构制作，其命名规则如下：

UCX_ 模型名 _01，UCX_ 模型名 _02... 以此类推。

在这里，对于 box_ex 模型，其碰撞体的命名为：

UCX_Box_ex_01，UCX_Box_ex_02。

图 8-524

图 8-525

图 8-526

图 8-527

在建筑模型中，需要添加碰撞体的物体繁多，若都采用上述的两种方法进行一一命名会浪费大量的时间，这里介绍第三种模型命名的方式。

图 8-528 所示为我们制作的建筑模型之一，可以看到其中需要添加碰撞体的部分为台基、石柱以及所有的墙面及窗户，若每一单个结构都采用第二种命名方式，流程会过于复杂，所以我们直接将碰撞体的命名改为：UCX_ 整个模型的名称 _01，02... 以此类推。即无须分别命名石柱、台基等部件，而是直接使用房子的名称来进行命名。

如图 8-529 所示，建立好若干 Box 后，我们来进行命名。整个建筑的名称为 Shouse02。则碰撞体的名称为：UCX_Shouse02_01，UCX_Shouse02_02... 以此类推向下排列。

同时新建一个 Plane 面模型，将其名称改为：模型名 +COL，在这里即为 Shouse02COL，将其作为一个空物体。需要说明的是，在模型名后面加的 COL 后缀可以自行删改，其仅仅作为一个碰撞体的标示，而在 Unreal Engine 中识别的标示为碰撞体模型命名中的 UCX。我们将已经创建好的所有碰撞体模型均变为其子物体，方式为在列表中直接进行拖动，如图 8-530 所示。

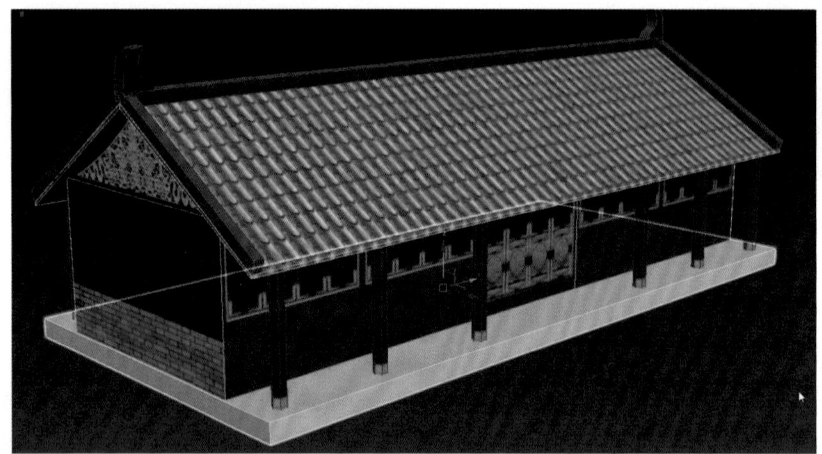

图 8-528

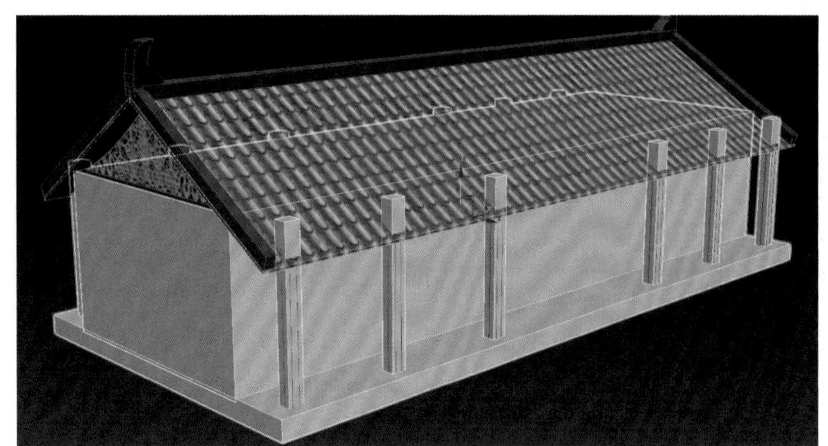

图 8-529

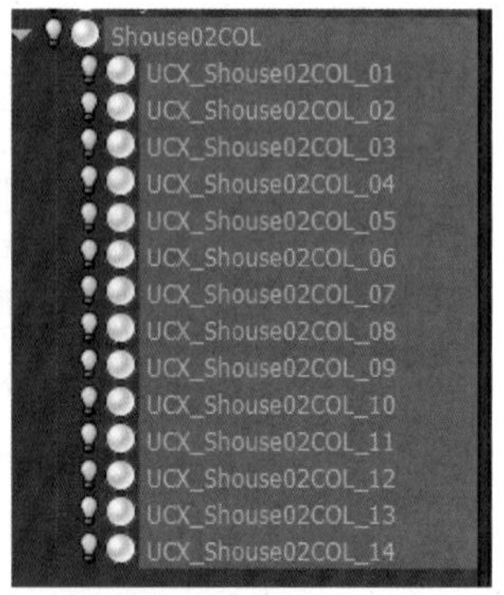

图 8-530

至此，碰撞体的三种制作和命名方式介绍完毕，第二种命名方式虽然相比较第三种麻烦很多，但在以后进行修改时，只需要更改特定的碰撞体即可。但是第三种制作方式中，由于所有碰撞体均为同一空物体的子物体，所以在需要修改时整个模型的碰撞体都需要修改甚至重新制作。两种方式各有利弊，在具体制作中，读者也可以自行选择制作的方式。

8.6.4 模型导出标准与设置

（1）将所有物体名、材质球名、贴图名保持一致。

其中，材质球的命名在材质编辑界面的位置如图 8-531 所示。

将材质球的命名和材质命名统一，由于本模型的贴图有大量重复利用的部分，所以在模型命名部分无须强制和材质命名相同，只需在上文提及的命名规范后加上材质名即可。

（2）合并顶点。

合并顶点即在已经完成的模型上寻找有哪些可以进行合并的点和线，以达到优化面数的目的，具体操作方式如下。

下面以图 8-532 所示模型为例进行讲解，在这个模型中，可以看到正面的门和窗两者属于两个模型（在之前的命名合并步骤中按照材质区分模型的结果），如图 8-533 所示。

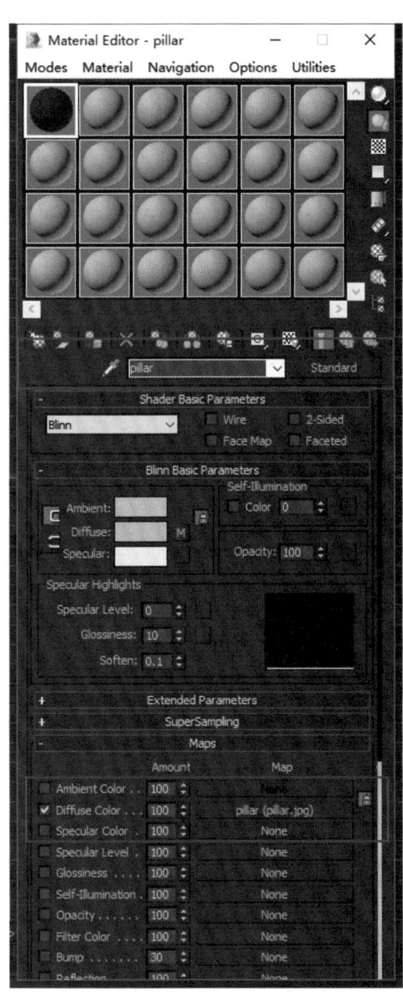

图 8-531

图 8-532

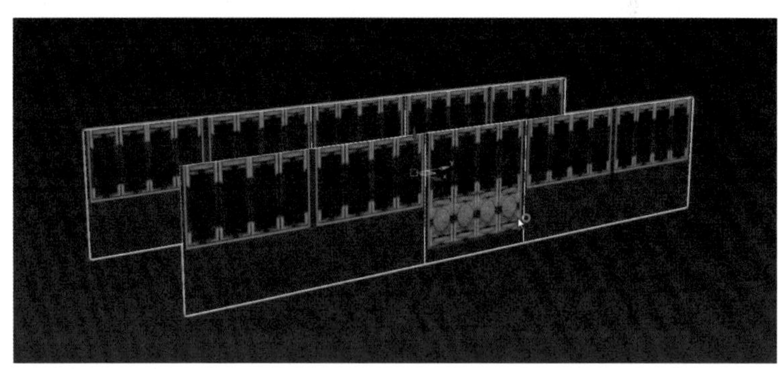

图 8-533

在进行合并塌陷时，可以选择将这两者进行合并，这样既保证了面数的优化，同时又不会影响模型本身。但需要注意的是，并非所有相连接的部分均可以进行合并塌陷来优化点的这一步，如果过多的模型被合并后，最终生成的贴图分辨率就会不足以支撑其应有的清晰度（原因详见第二套 UV 部分）。而这之间的关系则需要读者在制作时自己发掘哪些部分可以进行合并。

选中想要合并的两个模型其中之一，在右侧编辑界面中找到“Attach”工具，在这里不需要单击右侧的按钮来在列表中选择合并的模型了，只需要单击“Attach”后再选择另一物体，此时会弹出对话框，如图 8-534 所示。

在这里需要选中“Match Material to Material IDs”单选按钮，将材质保留至材质 ID 中，这样后续如果还需要进行修改时，就不会对材质本身造成破坏。

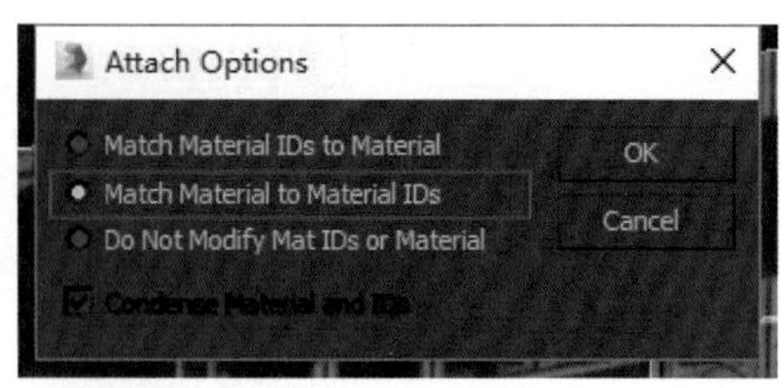

图 8-534

单击“OK”按钮后即会发现两物体已经合并在一起，但是在它们的连接处，仔细观察后会发现原本两模型的点和线并没有合并在一起。

图 8-535 所标示位置是有两个点结构的，读者可点选这里的点后使用移动工具进行拖动，即会发现还没有达成我们预期的目标（进行了拖动的操作后记得撤销）。

在图 8-535 所标示位置进行框选，保证选中要合并的两点，在右侧的编辑窗口中找到“Weld”焊接命令，将点与点进行焊接的操作，单击右侧的按钮后在视图中出现参数修改界面，如图 8-536所示。

数值代表可进行合并的点之间距离的最大值，可适当调整，直到两个目标点合并，单击“对勾”按钮。验证的方法同样是点选一点后进行一次拖动，即会发现原本的两点已经焊接成一点。（见图 8-536 所示）使用同样的方法可以调整其余的地方。

（3）清除场景除了有用的物体外，删除一切物件。

（4）清材质球删除多余的材质球（不重要的贴图要缩小）。

（5）导出 .fbx 文件。

最终的导出模型时，可以选择将模型及所有碰撞体进行打组，方法如下。

全选场景中所有模型（包括碰撞体的父子物体），如图 8-537 所示。

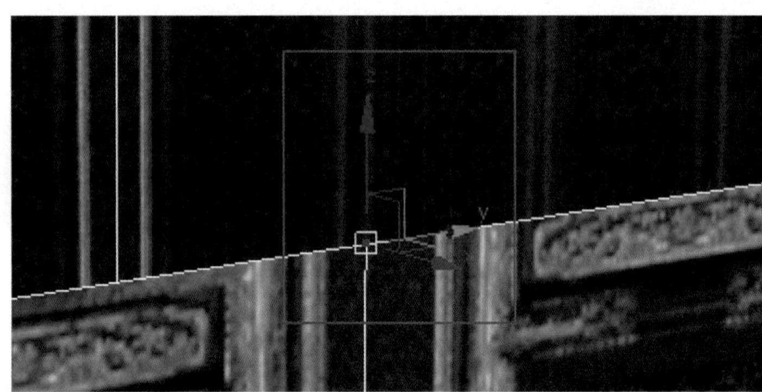
图 8-535

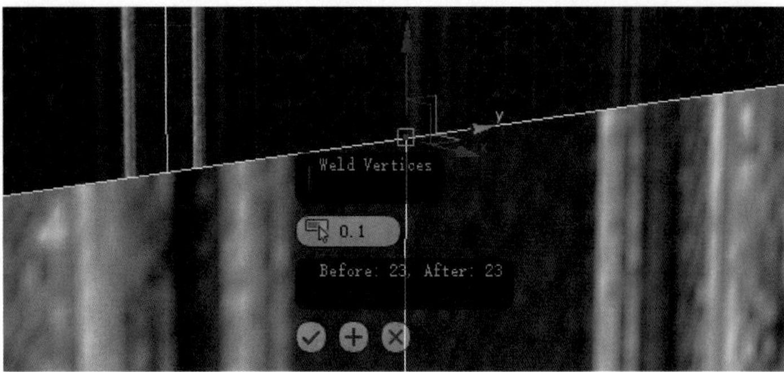

图 8-536

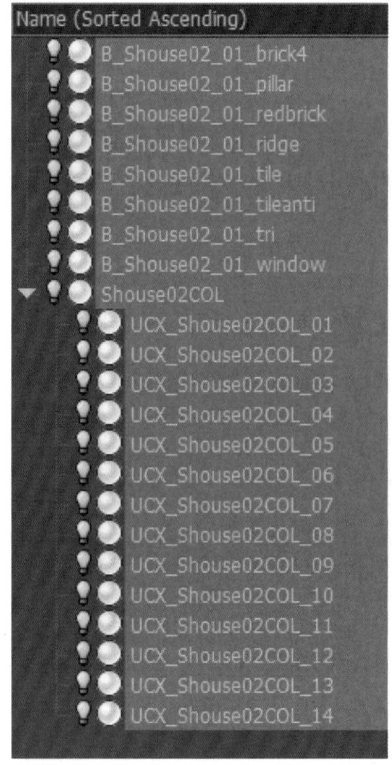

图 8-537

在上方工具栏内找到“Group”选项，如图 8-538 所示。

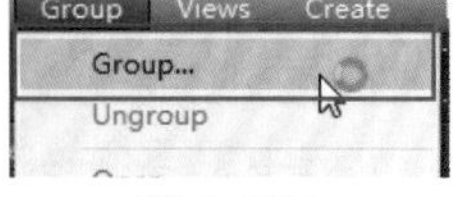

图 8-538

单击“Group”，在弹出的界面中将名称改为制作模型的命名，单击“OK”按钮。

选择导出命令，在这里需要修改某些导出选项，如图 8-539、图 8-540 所示。

按照图 8-539 所示，取消勾选不必要的 Animation 动作导出选项，同时检查最后的一个选项“Embed Media”需要勾选，以此保留材质和贴图信息。然后单击“OK”按钮，导出即可。

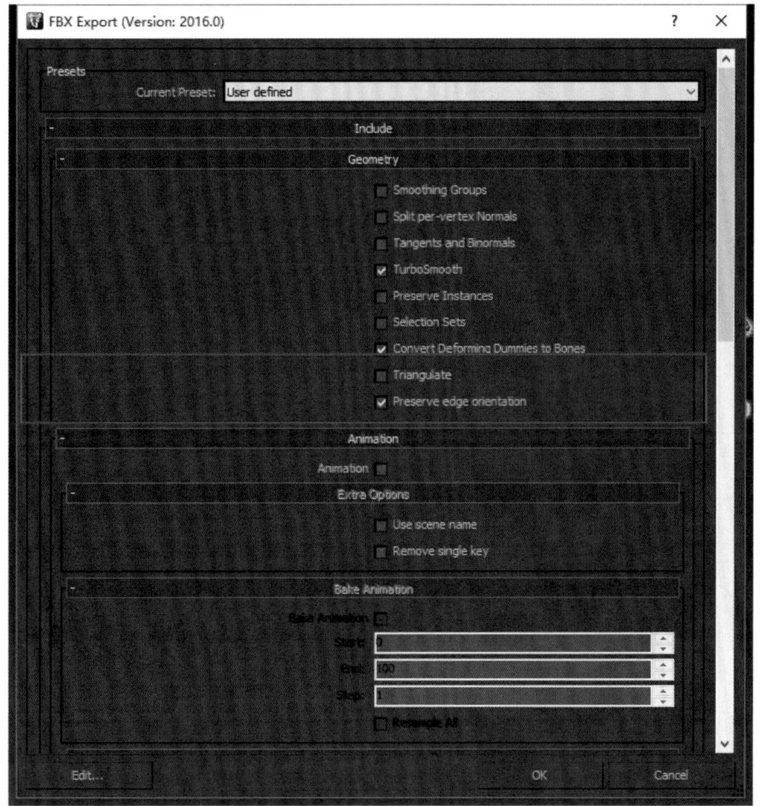

图 8-539

图 8-540

8.6.5 项目文件清单列表

项目文件清单如表 8-1 和表 8-2 所示。

表8-1 项目文件清单一

文件名	分辨率大小	图片大小（MB）	缩略图预览
board	1024*1 024	0.36	
botton	1258*1 024	1.49	
brick1	1024*1 024	1.41	
brick2	1024*1 024	1.04	
brick3	1024*1 024	0.52	

续表

文件名	分辨率大小	图片大小（MB）	缩略图预览
brick4	1280*1 024	1.31	
carved_stone	1024*1 185	1.69	
door1	1024*1 282	1.66	
door2	1263*1 10	0.21	
door3	1024*3 6	0.10	
gate	788*1 024	1.19	
grass	1024*1 021	1.93	
gray wall	1024*1 024	0.45	
handrail	1024*3 15	1.24	
handrail1	1024*4 44	0.33	
handrail2	359*1 024	0.21	
handrail3	1982*1 024	1.34	
pillar	1024*1 024	0.52	
red brick	1024*1 024	1.13	
red wall	1024*1 024	0.83	
ridge	1024*1 28	0.23	
road1	1024*1 024	0.38	

续表

文件名	分辨率大小	图片大小（MB）	缩略图预览
road2	1024*1 024	0.90	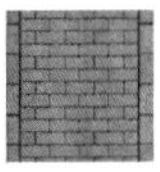
step	1024*2 56	0.30	
stone	1024*1 024	0.98	
tile anti	1024*1 033	0.82	
tile	1024*1 033	0.94	
tri	2654*1 127	2.93	
wall	1024*1 024	0.62	
white wall	1024*1 024	0.09	
window	1024*1 282	1.56	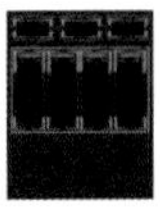
yurt1	1024*1 060	1.57	
yurt2	1024*1 024	0.43	

表8-2　项目文件清单二

模型名	模型三角面数	模型预览图	模型元素列表	第一套 UV 总览	第二套 UV 总览
B_Bgate_01	6782			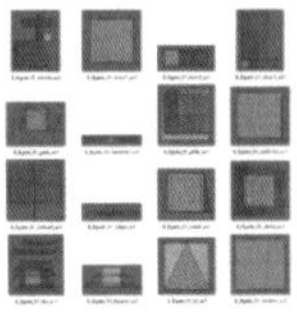	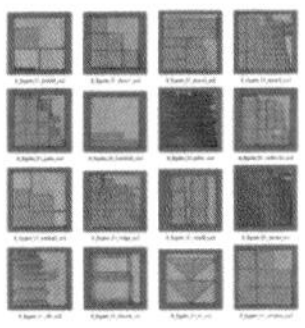
B_Bhouse_01	1332			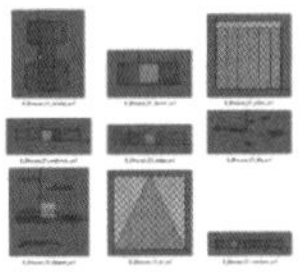	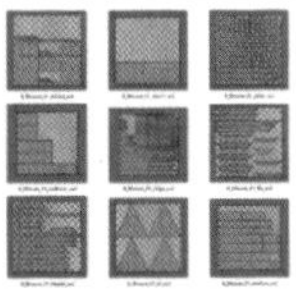

续表

模型名	模型三角面数	模型预览图	模型元素列表	第一套 UV 总览	第二套 UV 总览
B_Bhouse02_01	796		Name (Sorted Ascending) B_Bhouse02_01_brick4 B_Bhouse02_01_door1 B_Bhouse02_01_pillar B_Bhouse02_01_redbrick B_Bhouse02_01_ridge B_Bhouse02_01_tile B_Bhouse02_01_tileanti B_Bhouse02_01_window Bhouse02COL		
B_chongtianmen_01	6288		Name (Sorted Ascending) B_chongtianmen_01_aaa B_chongtianmen_01_brick3 B_chongtianmen_01_door1 B_chongtianmen_01_door4 B_chongtianmen_01_door12 B_chongtianmen_01_handrail B_chongtianmen_01_pillar B_chongtianmen_01_plaque B_chongtianmen_01_redwall B_chongtianmen_01_ridge B_chongtianmen_01_tile B_chongtianmen_01_tileanti B_chongtianmen_01_tri B_chongtianmen_01_wall B_chongtianmen_01_wall2 B_chongtianmen_01_window chongtianmenCOL		
B_damingdian_01	27754		Name (Sorted Ascending) B_damingdian_01_brick4 B_damingdian_01_door1 B_damingdian_01_door2 B_damingdian_01_door3 B_damingdian_01_gate B_damingdian_01_pillar1 B_damingdian_01_pillar2 B_damingdian_01_plaque B_damingdian_01_redbrick B_damingdian_01_redwall B_damingdian_01_redwall B_damingdian_01_ridge1 B_damingdian_01_ridge2 B_damingdian_01_stone B_damingdian_01_tile B_damingdian_01_tileanti B_damingdian_01_tri B_damingdian_01_window damingdianCOL		
B_jiaolou_01	760		Name (Sorted Ascending) B_jiaolou_01_door2 B_jiaolou_01_handrail B_jiaolou_01_pillar B_jiaolou_01_redwall B_jiaolou_01_ridge B_jiaolou_01_tile B_jiaolou_01_tileanti B_jiaolou_01_wall B_jiaolou_01_window jiaolouCOL		
B_jiaolou02_01	2427		Name (Sorted Ascending) B_jiaolou02_01_brick4 B_jiaolou02_01_door1 B_jiaolou02_01_door3 B_jiaolou02_01_door4 B_jiaolou02_01_pillar B_jiaolou02_01_redbrick B_jiaolou02_01_redwall B_jiaolou02_01_ridge B_jiaolou02_01_stone B_jiaolou02_01_tile B_jiaolou02_01_tileanti B_jiaolou02_01_window jiaolou02COL		
B_langan_01	26100		Name (Sorted Ascending) B_langan_01_carved_stone B_langan_01_handrail1 B_langan_01_handrail21 B_langan_01_handrail22 B_langan_01_handrail23 B_langan_01_handrail24 B_langan_01_handrail31 B_langan_01_handrail32 B_langan_01_white_wall langan01COL		
B_Sgate_01	1166		Name (Sorted Ascending) B_Sgate_01_brick4 B_Sgate_01_door3 B_Sgate_01_door4 B_Sgate_01_gate B_Sgate_01_pillar B_Sgate_01_redbrick B_Sgate_01_ridge B_Sgate_01_road2 B_Sgate_01_stone B_Sgate_01_tile B_Sgate_01_tileanti SgateCOL		
B_Sgate02_01	2332		Name (Sorted Ascending) B_Sgate02_01_brick4 B_Sgate02_01_door3 B_Sgate02_01_door4 B_Sgate02_01_gate B_Sgate02_01_pillar B_Sgate02_01_redbrick B_Sgate02_01_ridge B_Sgate02_01_road2 B_Sgate02_01_stone B_Sgate02_01_tile B_Sgate02_01_tileanti Sgate02COL		

续表

模型名	模型三角面数	模型预览图	模型元素列表	第一套 UV 总览	第二套 UV 总览
B_Shouse_01	484	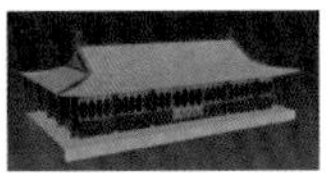	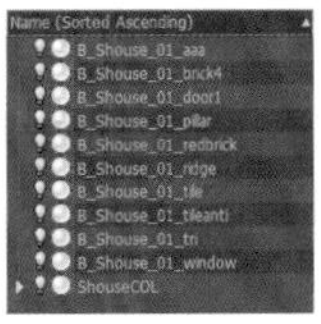	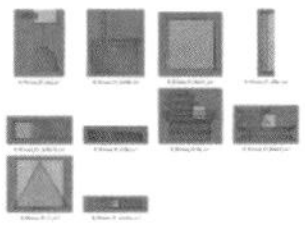	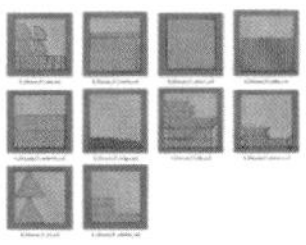
B_Shouse02_01	338		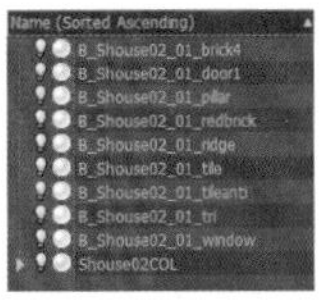	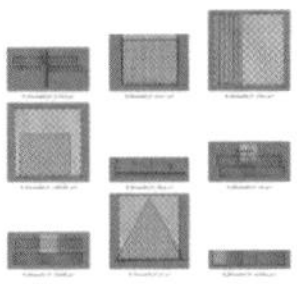	
B_Shouse03_01	324		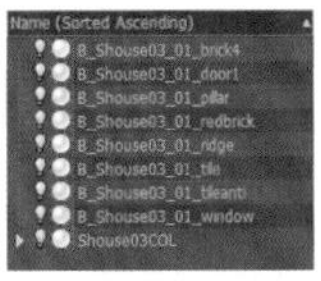	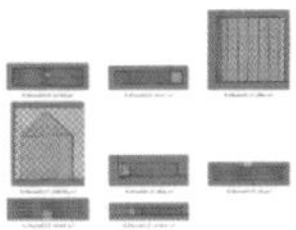	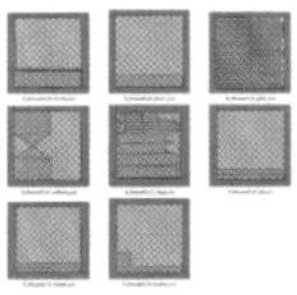
B_wallhouse_01	1082		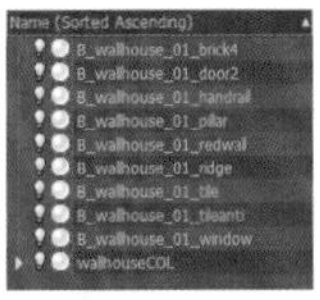	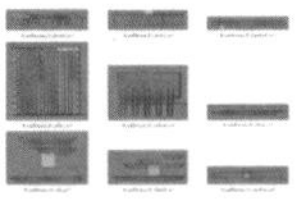	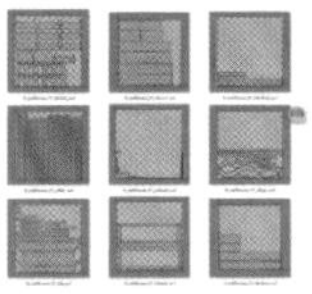
B_wallhouse02_01	810		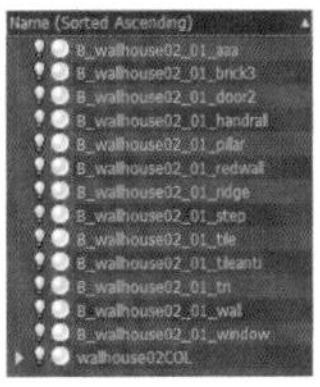	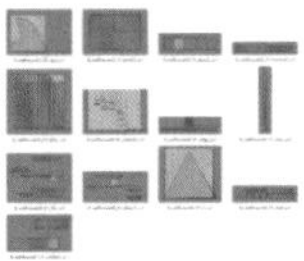	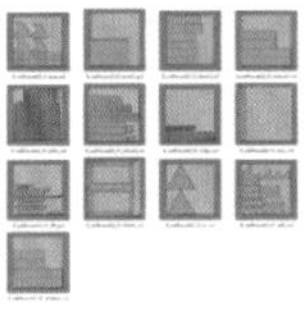
B_yanchunge_01	23480			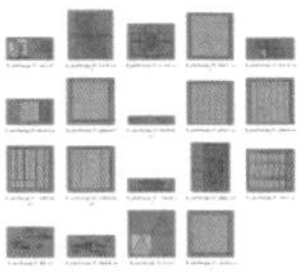	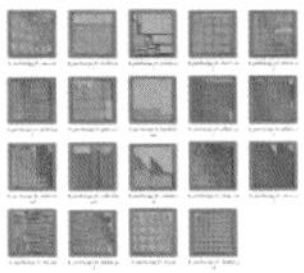
B_yurt_01	24		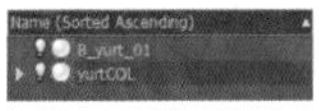	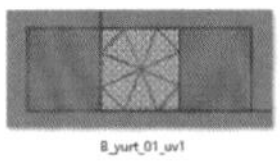	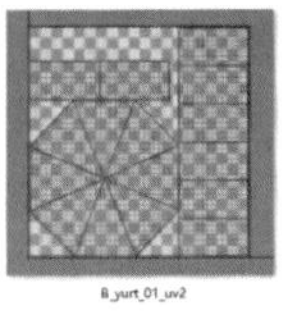
B_wall02_01	408	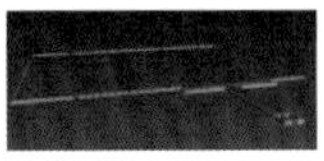	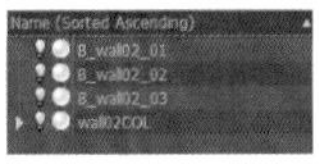		

续表

模型名	模型三角面数	模型预览图	模型元素列表	第一套 UV 总览	第二套 UV 总览
B_wall05_01	34		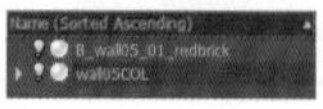		
DX_mountain_01	152	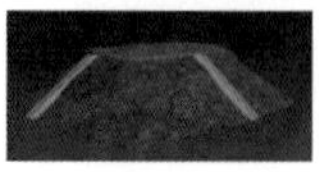	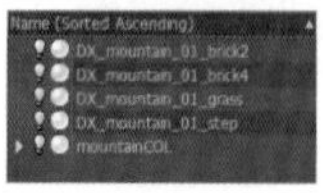	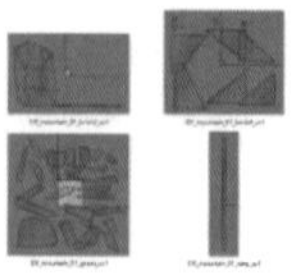	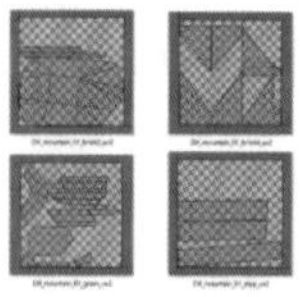
DX_mountain02_01	99		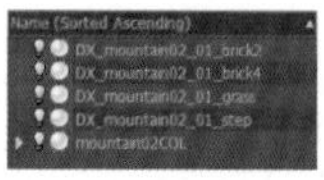	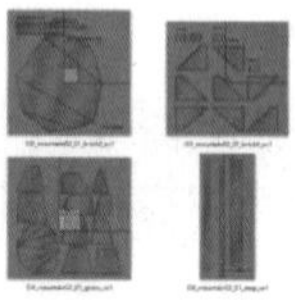	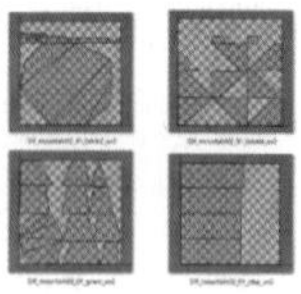
DX_ground	8765		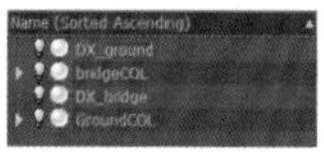	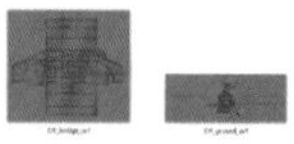	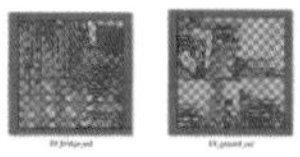

8.7 导入模型的注意事项及流程

8.7.1 模型的修改与检查

在 3ds Max 中将所有的模型元素构建完毕后，下一步即是在 Unreal Engine 中构建场景，在这里由于我们的模型特点，也就是建筑类模型居多，可以选择先将一部分模型进行合并，将其连接处进行修改，然后再导出 FBX 文件在 Unreal Engine 中使用。

这里以内城墙与城门的模型合并为例来进行讲解，由于城门结构在最终的成品场景中需要人通过，所以需要严格检查碰撞体或可能存在的穿帮，并进行一系列的修改。图 8-541 所示为崇天门所在的内城墙结构。

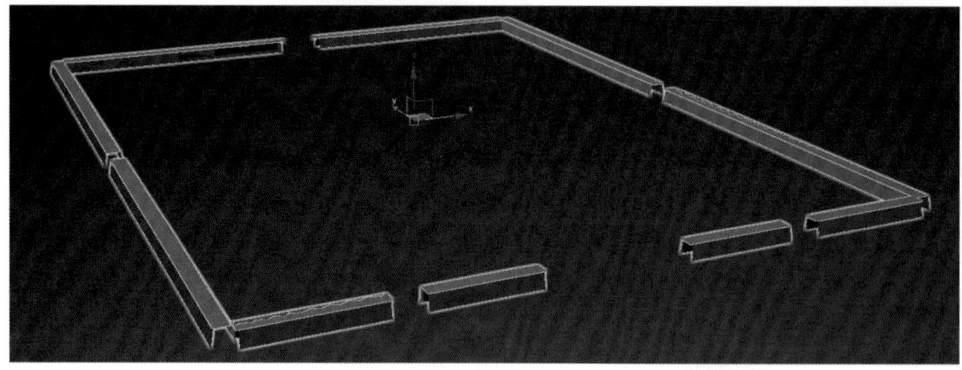

图 8-541

将制作的崇天门模型也一同导入到该场景中，使两者的底面处于同一高度，如图 8-542 所示。

在隐藏碰撞体的前提下先对模型进行调整，即观察城墙和模型之间的连接有无间隙，若存在间隔，则重新对模型进行调整，这里推荐的是对结构相对简单的城墙模型进行调整。

图 8-542

需要注意的是，在对模型结构进行调整后需要重新进行一次两套 UV 的调整，具体操作方法参照前文的讲解。

下一步需要检查模型合并后的碰撞体，将所有的碰撞体取消隐藏，如图 8-543 所示。

图 8-543

碰撞体之间的位置检查与上一步的模型检查类似，主要观察模型连接处的碰撞体是否可能在漫游时出现 BUG，若存在问题则直接进行修改即可。

确认好所有碰撞体的相对位置后，由于在制作和调整过程中，对碰撞体模型的参数修改，可能导致导出 FBX 文件时出现未知的问题，这里需要对所有碰撞体进行一次归零的设置。需要提醒的是，这一步在制作中格外重要，切忌忽视，否则会在导入 Unreal Engine 后出现种类繁多的问题。

选中要归零的碰撞体模型，先将其全部转换为 poly 可编辑多边形，如图 8-544 所示。这里需要注意的是，在选中碰撞体时不要将父物体一同选上，否则在之后的操作中会出现模型错位，如图 8-545 所示。

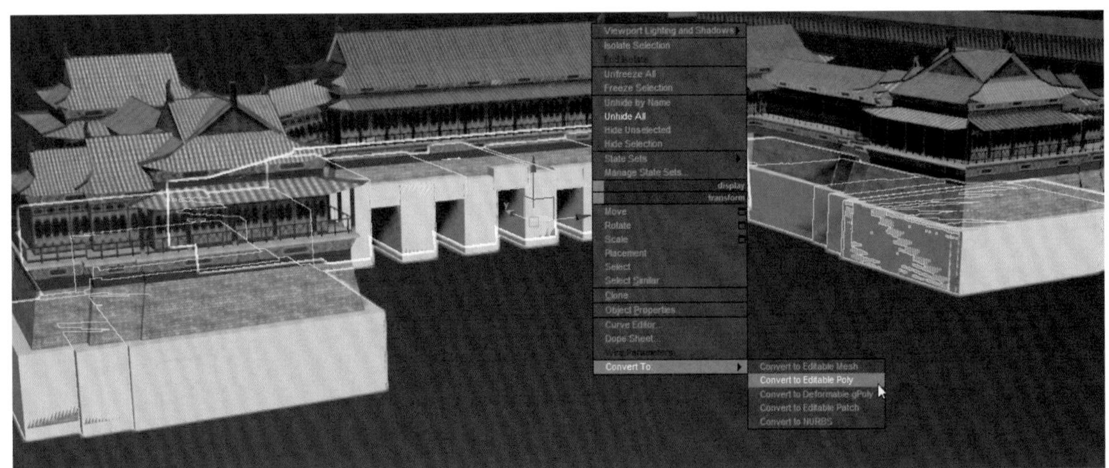

图 8-544

在右侧的编辑视窗内找到“Utilities”工具，单击后找到其下的“Reset XForm”功能，选中后单击下方的“Reset Selected”按钮，如图 8-546 所示。

将模型归零后再将选中的所有碰撞体转换为 poly 可编辑多边形，以方便后续的导出。

有的读者可能已经发现这一步的操作与前文对镜像模型的处理操作相同，其作用均为将模型的参数修改历史重置，防止在导出 FBX 文件时出现不必要的 BUG。

同理，我们处理余下的模型部分，导入城门的结构，以此进行修改与归零的调整，如图 8-547 所示。

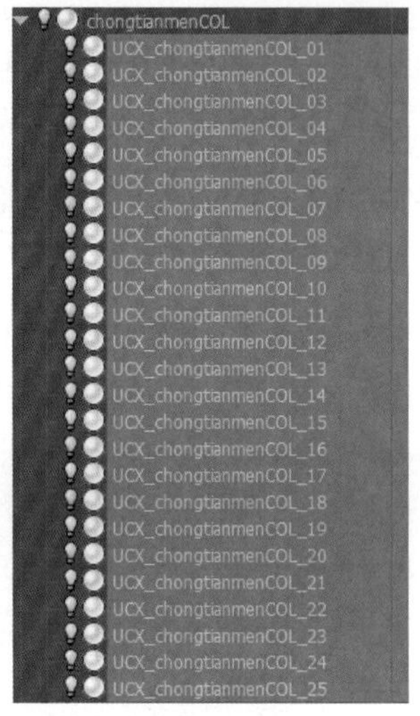

图 8-545

图 8-546

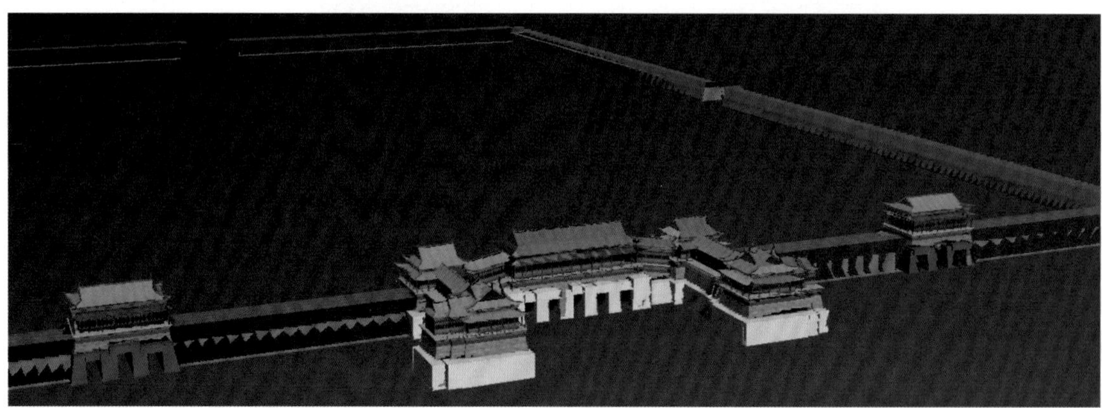

图 8-547

在这里需要注意的是，由于 3ds Max 的复制特性，复制之后的模型及其元素会自动在命名后方以此添加数字以示区分，这里就会出现碰撞体父物体与子物体命名不同的问题，如图 8-548 所示。

我们可以直观地看到两者的命名由于“001”的自动添加而不相同了，如果将此模型直接导出会导致 Unreal Engine 无法正确识别碰撞体，所以在这里需要手动删除掉父物体的 001 后缀，使两者命名统一，如图 8-549 所示。

图 8-548

图 8-549

依次调整完各个模型结构后，最终的结构如图 8-550 所示。

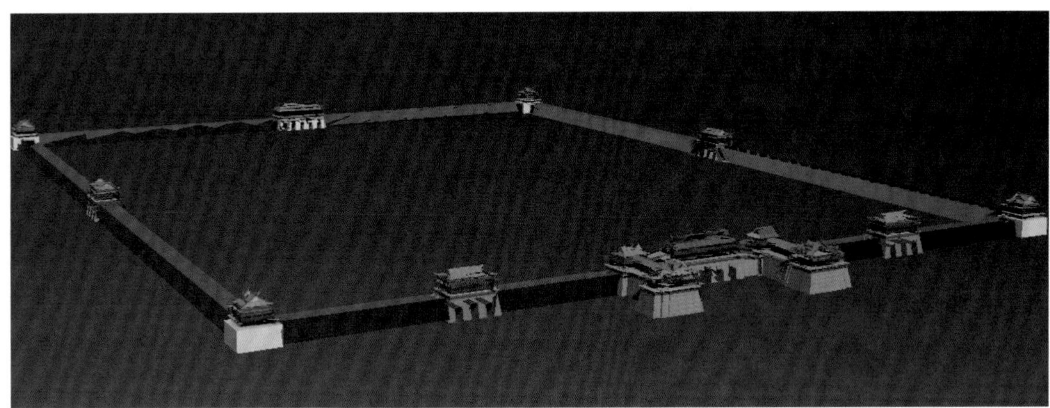

图 8-550

至此，我们即可把以上的模型作为最终模型的一部分进行导出，详细的导出设置参见前文。在总场景中有多处城墙和城门结构，均可参照上述流程进行导出。分区域进行导出也是为了在 Unreal Engine 中能更好地导入，避免出现 BUG。

8.7.2 导入模型

进行完上述所有操作后，我们可以以此将合并后的模型或单独的建筑模型导入到 Unreal Engine 中。方法为在内容管理器中新建文件夹，以将要导入的模型进行命名，单击上方的 Import 按钮，找到要导入的模型文件，这里我们仍以上文中制作的城墙城门模型为例。

在导入时的弹出选项中，需要取消勾选“Auto Generate Collision”一项，而使用我们自行添加的碰撞体模型，如图 8-551 所示。

接着单击“Import All”选项，加载完毕后会发现模型、贴图与材质球均被自动导入到我们选择的文件夹下，找到模型文件，将其拖动至场景中，即会看到最终的预览效果，如图 8-552 所示。

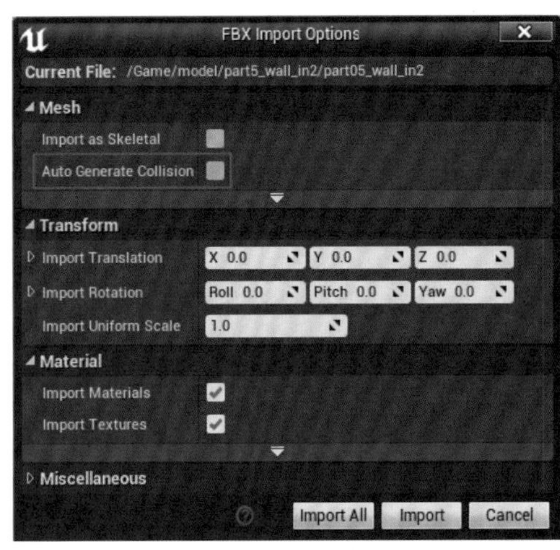

图 8-551

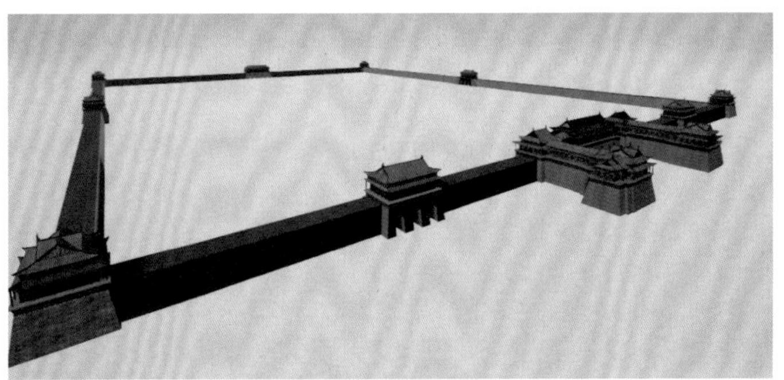

图 8-552

为了方便后续添加模型后位置的确认，在将模型拖动到场景后，在右侧的编辑视窗内找到“Transform”一项，将下拉菜单“Location”的坐标均改为 0，以方便后续的操作，如图 8-553 所示。

在模型的制作与合并中，由于多次用到了模型的复制，导致贴图和材质球均有重复的现象，我们可以在文件夹中将重复的材质球与材质直接删除。接着单击模型，在右侧的编辑界面可以找到模型每部分的材质球样式及名称，如图 8-554 所示。

在这里可以将同种材质均替换为一种材质球，方法为在左侧的内容管理器中直接将材质球进行拖动，替换到右侧的编辑界面中，如图 8-555 所示。

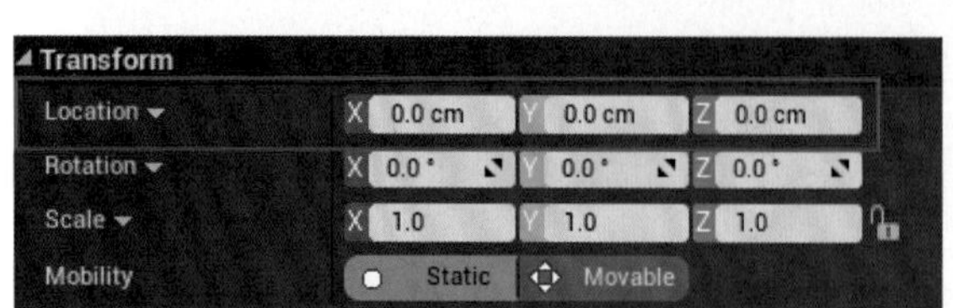

图 8-553

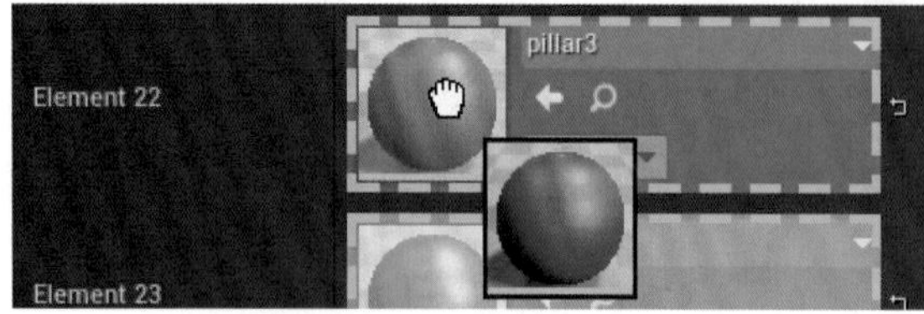

图 8-555

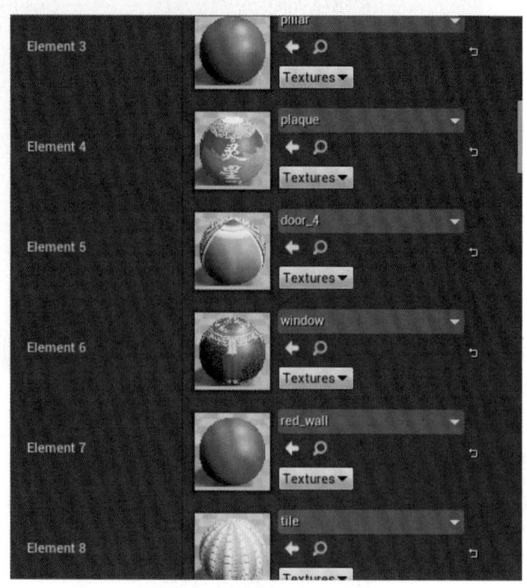

图 8-554

通过上述操作即可将重复的材质球与贴图进行简化，只留下必要的材质球，并将其赋给模型的不同元素。

8.7.3 导入地形

其他的模型导入方法大致相同，但地形的导入有所不同，因为地形的整体模型尺寸很大，还包括道路、桥梁、水面的模型及碰撞体，如果全部一起导入就会出现一些问题，为避免问题出现，我们先将模型分为水面、道路、地面和桥梁四个部分，具体流程如下。

首先确保所有模型整体位置位于世界坐标零点，然后将四个部分分别和自身碰撞体编组，各个部分如图 8-556~ 图 8-559 所示。

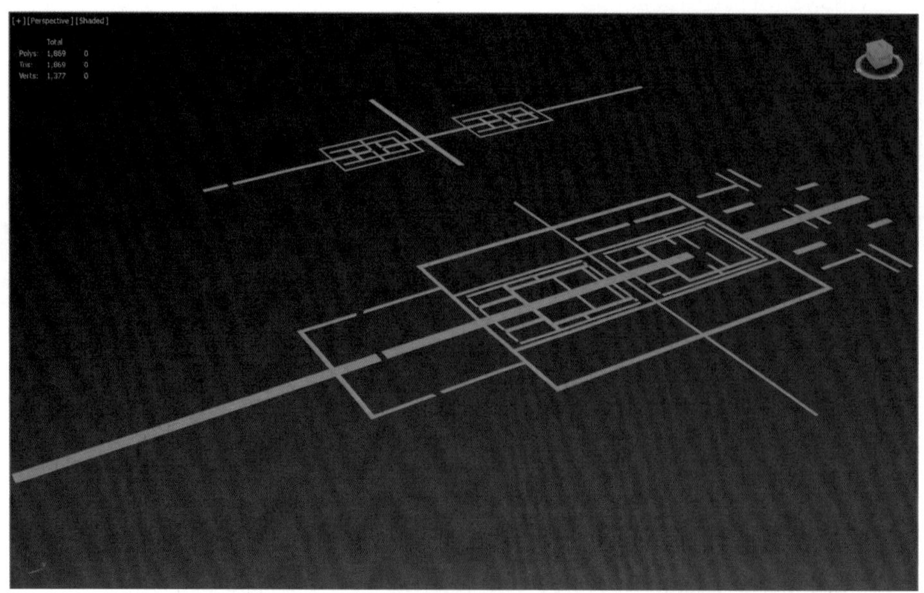

图 8-556

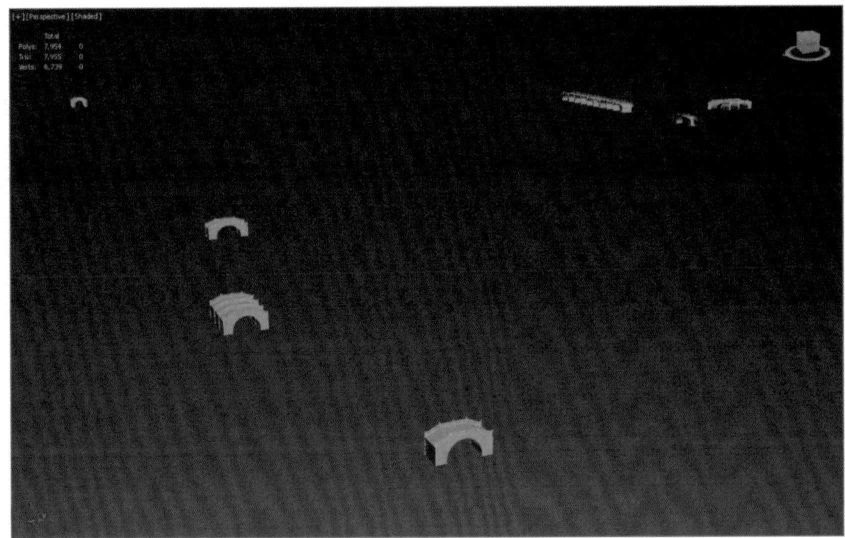

图 8-557

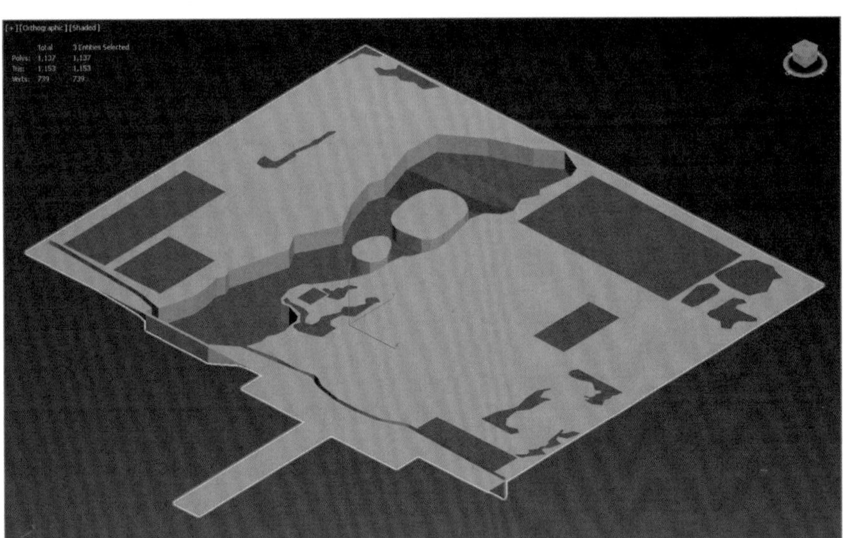

图 8-558

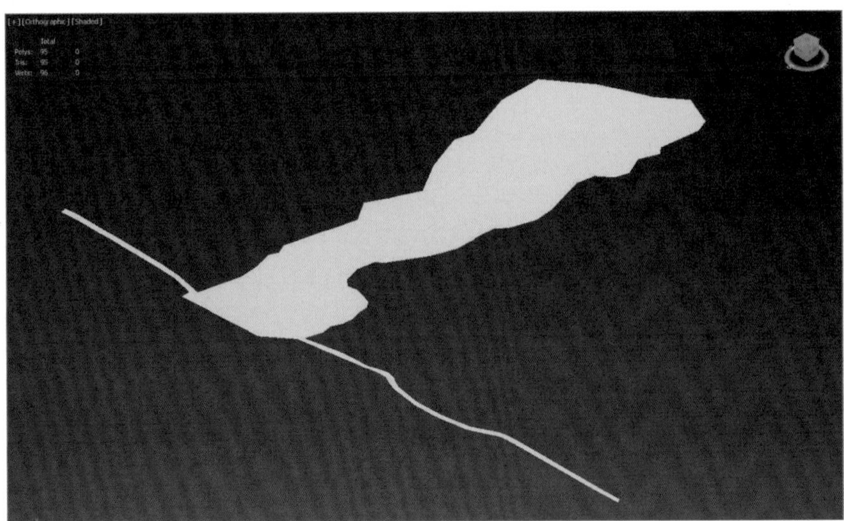

图 8-559

地形整体及模型分组如图 8-560 所示（已隐藏碰撞体）。

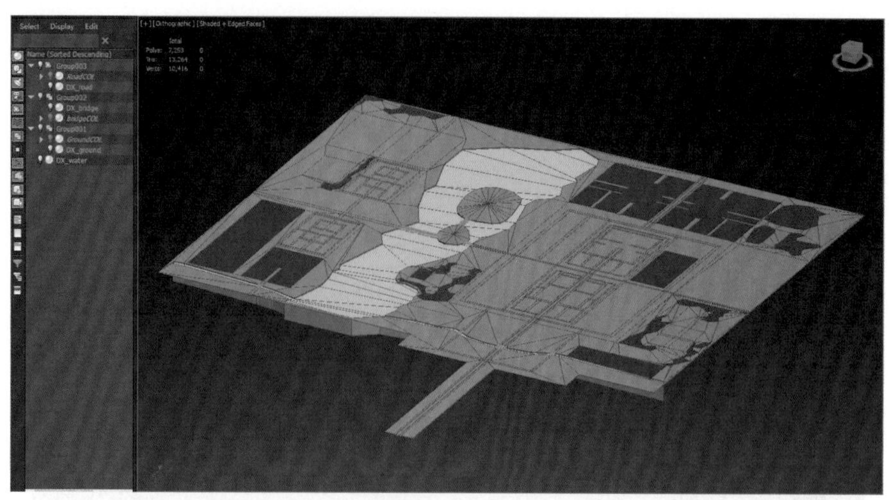

图 8-560

导入 Unreal Engine 的操作与之前相同，只需注意在 Unreal Engine 中摆放到场景中时，各个模型间的相对位置不要有偏差即可。

最后将全部模型通过上述方法进行导入，并再 Unreal Engine 中完成场景的摆放，最终的场景如图 8-561～图 8-564 所示。

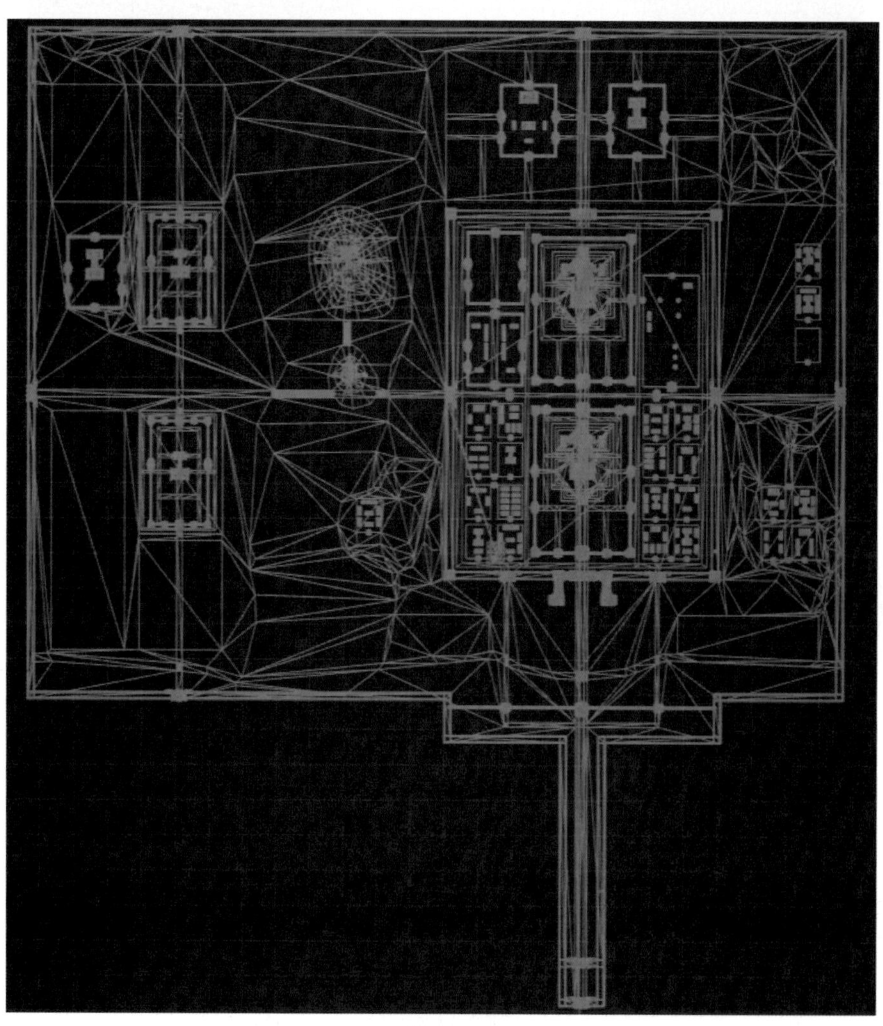

图 8-561

图 8-562

图 8-563

图 8-564

8.8 制作材质球

在 3ds Max 中制作模型时，贴图部分我们只使用了简单的 Diffuse 贴图，但在 Unreal Engine 中，为了使最后的成品效果更加逼真，要在 Unreal Engine 中重新调整材质球，使不同贴图呈现不同材质应有的效果和质感。

将已有的材质 Diffuse 贴图使用 MindTex2 进行处理，生成高光、法线等多张制作材质球所需要的贴图，详细的参数设定可根据读者自己选择的材质样式及前文有关软件的介绍得出。

8.8.1 制作屋顶材质

将通过 MindTex2 生成的图片导入到 Unreal Engine 后，新建材质球或选择已有的屋顶材质球，直接对其进行加工。

将 Diffuse 贴图连接至 Base Color，作为贴图的最基础颜色，金属性则直接为其添加一个一维数组，参数定义为 0.1，使之金属性偏弱，如图 8-565 所示。

高光部分使用经过加工的灰度图来进行处理，混合一个一维数组，参数定义为 0.8，使图片的亮度适当加高，然后与 Specular 节点进行连接，使瓦片凸起部分与凹陷部分的反光程度产生明显的区分，如图 8-566 所示。

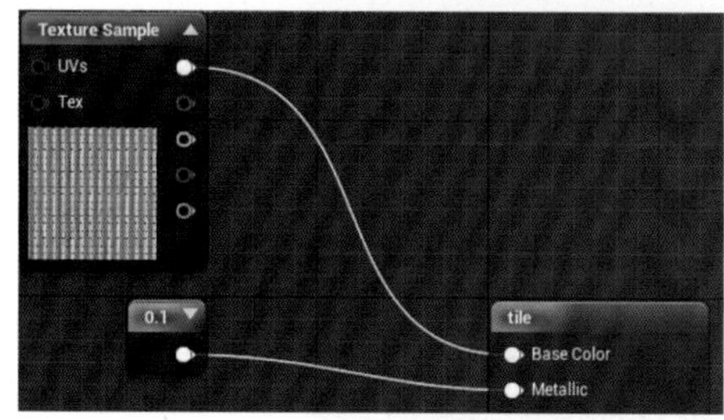

图 8-565

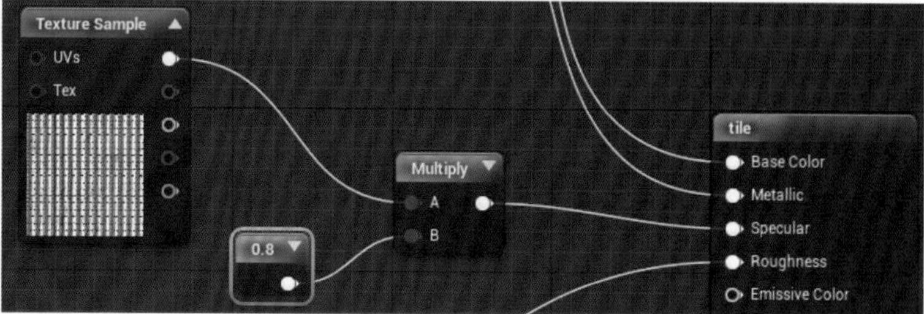

图 8-566

粗糙度部分仍然借助灰度图来进行处理，同样为使瓦片部分和凹陷部分产生区别，但是两者的粗糙度区别并不能太过明显。创建一个 Lerp 节点，A、B 两节点分别连接两个一维数组，将灰度图的任意一单色通道连接至 Alpha 节点上，作为线性变化参考。通过这样的处理让黑白部分的色差缩小，也就达成了粗糙度有区分但是区分并不大的效果。将处理后的 Lerp 节点连接至 Roughness 节点，作为粗糙度控制，如图 8-567 所示。

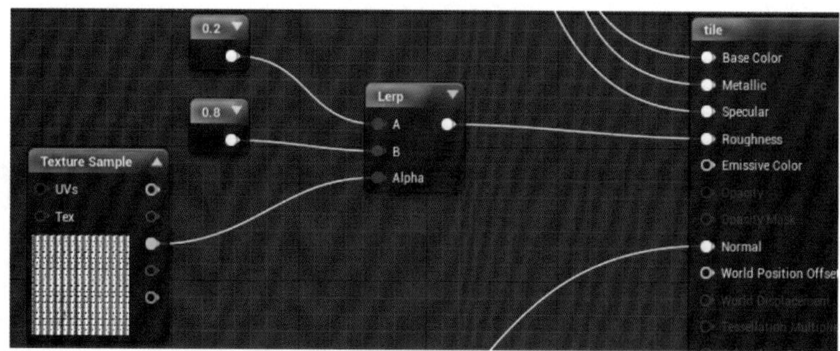

图 8-567

法线的修改可以根据读者自己在处理法线时的参数决定，若觉得法线深度不够，可以混合一个一维数组，参数定义为 1，将混合后的节点再连接至 Normal 节点上。同时将 AO贴图也连接至 Ambient Occlusion，如图 8-568 所示。

最终的节点总览如图 8-569 所示，附给模型后效果如图 8-570 所示。

除了正面的屋顶结构外，还有与之结构属性类似的下方屋檐结构，对其处理仍采取类似的方式。

Diffuse 贴图连接至 Base Color，作为其基础底色，金属性连接一维数组节点，参数定义为 0.2，如图 8-571 所示。

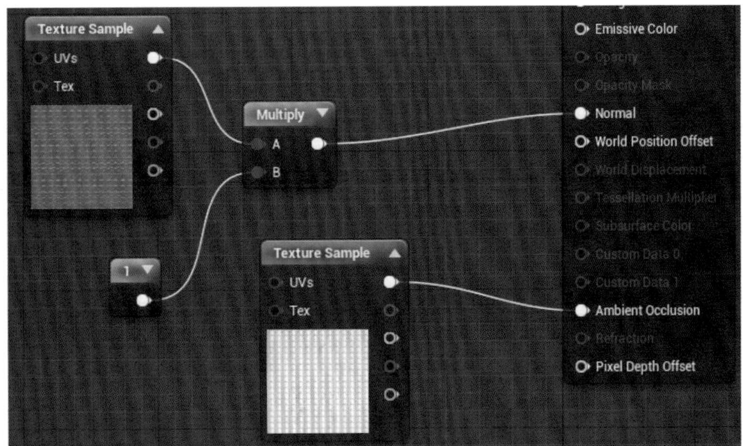

图 8-568

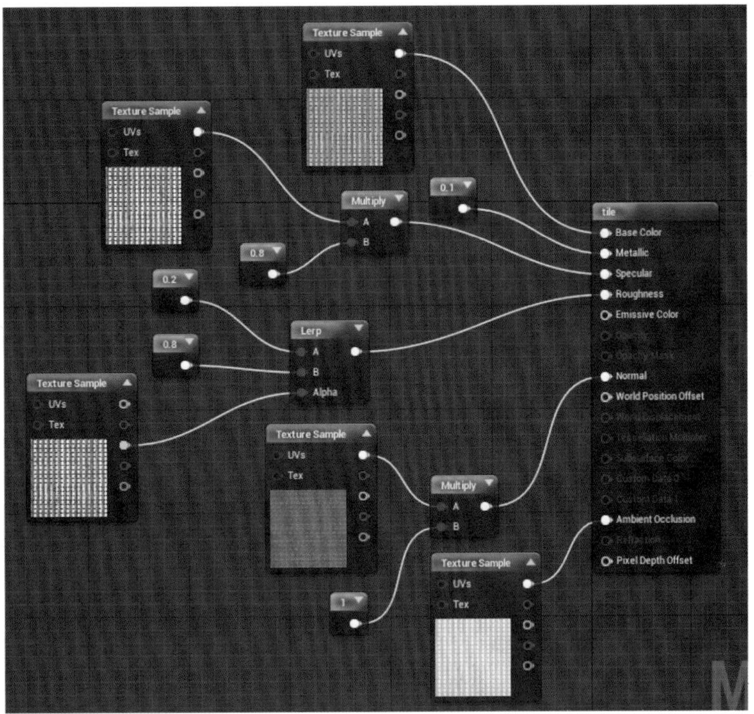

图 8-569

图 8-570

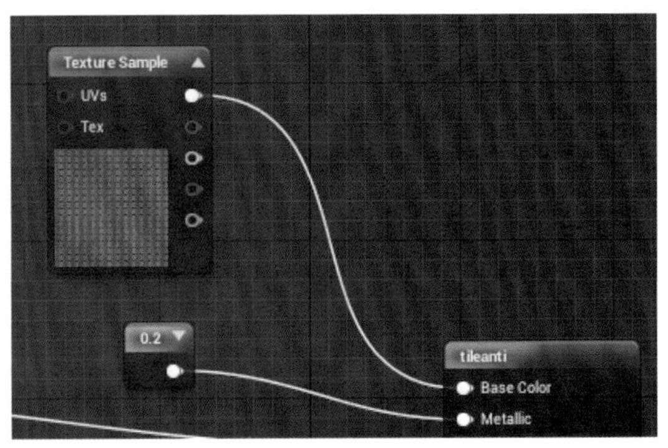

图 8-571

高光部分使用 MindTex2 生成的 Specular 贴图进行加工，创建 Lerp 节点，A、B 两节点分别连接两个一维数组，这里将参数定义为 0.4、0.7，同时将 Specular 贴图单通道连接至 Alpha 节点，使融合后的图片黑白区分不会过于明显，由此达到在背光处对光线反射区别不大的最终呈现效果，如图 8-572 所示。

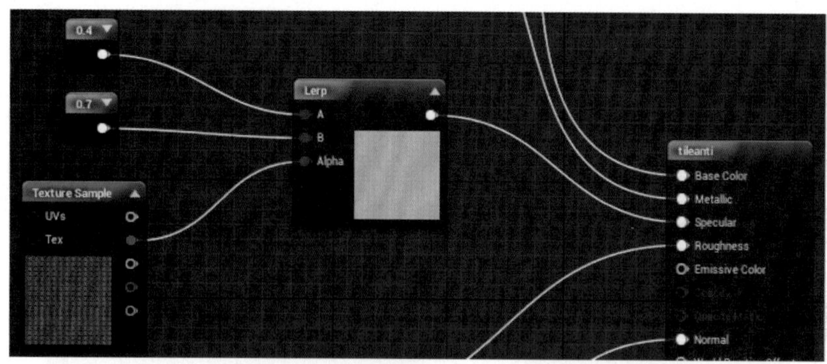

图 8-572

粗糙度部分同样以 Lerp 节点，通过两个一维数组的控制，参数分别定义为 -10 和 10，将图片的黑白信息彻底区分，接着添加一个 OneMinus 节点，将黑白翻转，再创建一个 Clamp 节点，将上下限分别定义为 0.4 和 0.8，使成品图片黑白信息不至于过于极端，最终将节点连接至 Roughness，用于控制其粗糙度，如图 8-573 所示。

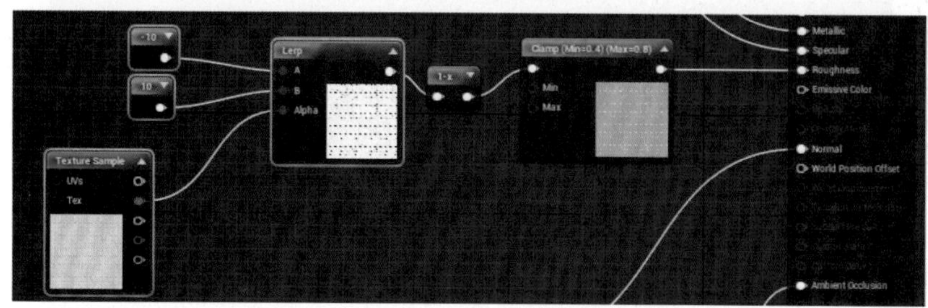

图 8-573

最终将 Normal 贴图及 AO 贴图分别连接至相对应的节点，以达成我们的最终效果，节点总览如图 8-574 所示。

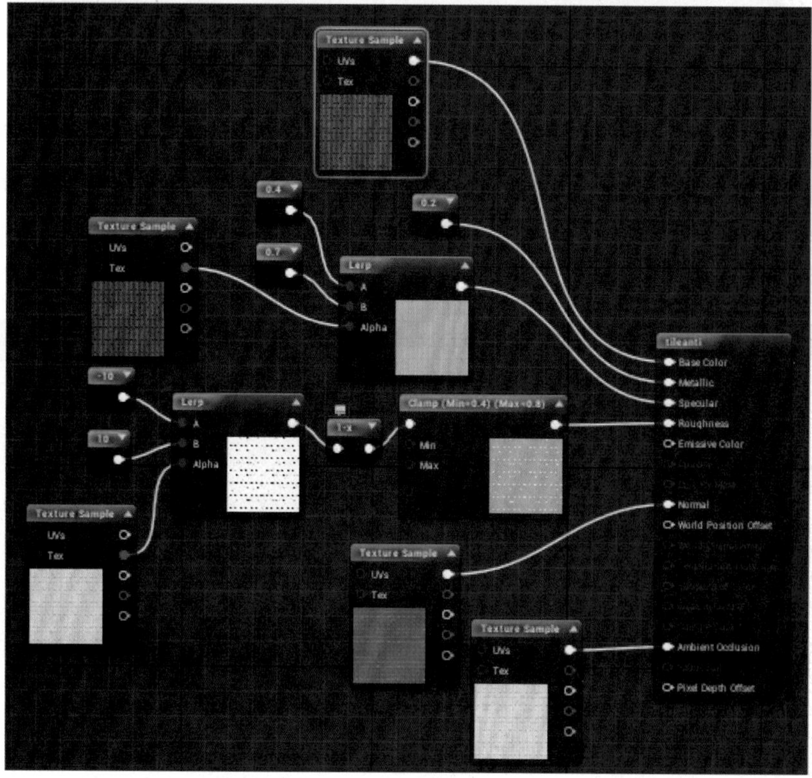

图 8-574

将材质附给模型后效果如图 8-575 所示。

图 8-575

8.8.2 制作门窗材质

在我们的模型中，门窗两种材质占据了很大一部分比重，其中的共同点是门框或窗框的材质属性区别于其他地方，所以在进行制作时要特别注意。

将需要的不同属性贴图导入后，先将门的 Diffuse 贴图与 Specular 贴图分别连接至相应位置，作为基础样式，如图 8-576 所示。

金属性的调整使用灰度图，创建 Lerp 节点，使用参数为 -10 与 10 的两个一维数组节点连接至 A、B 两端，同时使用灰度图单通道作为 Alpha 节点控制线性变化，从而分离黑白信息，达到材质属性不同的效果。接着可以再混合一个一维数组节点提高白色亮度，这里参数定义为 0.8，将混合后的节点连接至 Metallic 节点，如图 8-577 所示。

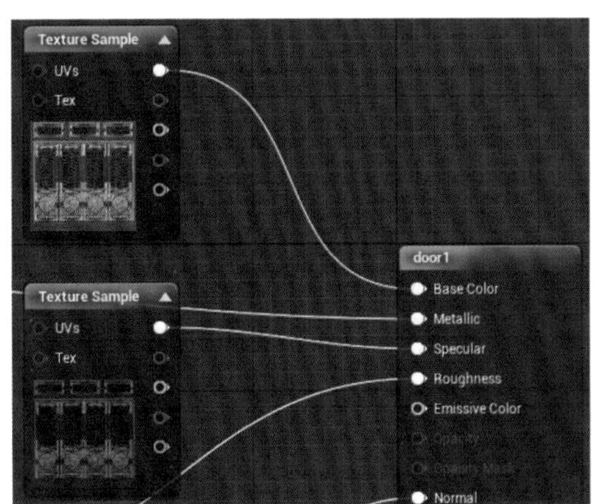

图 8-576

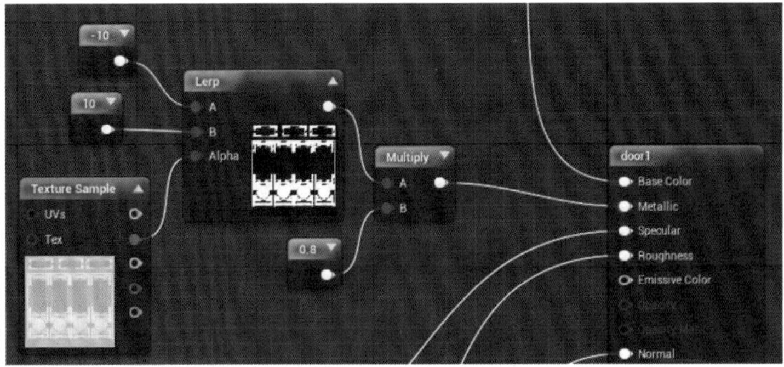

图 8-577

粗糙度的调整同样使用灰度图，在这里直接添加 OneMinus 节点，将其黑白属性翻转，使门框部分更加光滑，同时添加一个 Clamp 节点，上下限定义为 0.5 与 0.9，使门框结构与其余结构效果差距不会过大。将调整后的节点连接至 Roughness，如图 8-578 所示。

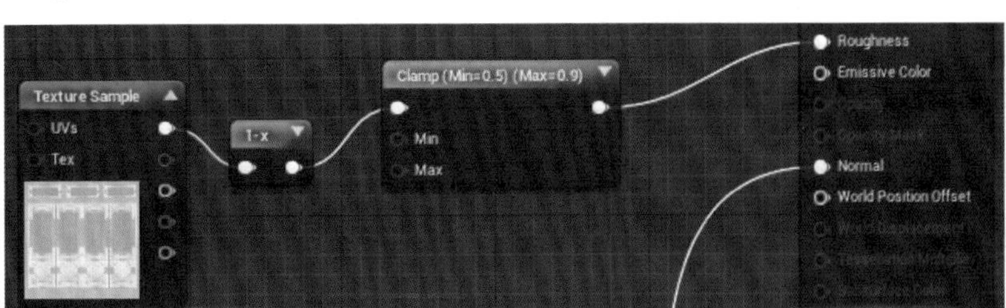

图 8-578

最终将 Normal 贴图与 AO 贴图连接至相对应的节点。节点总览如图 8-579 所示。

将材质球附给模型后效果如图 8-580 所示。

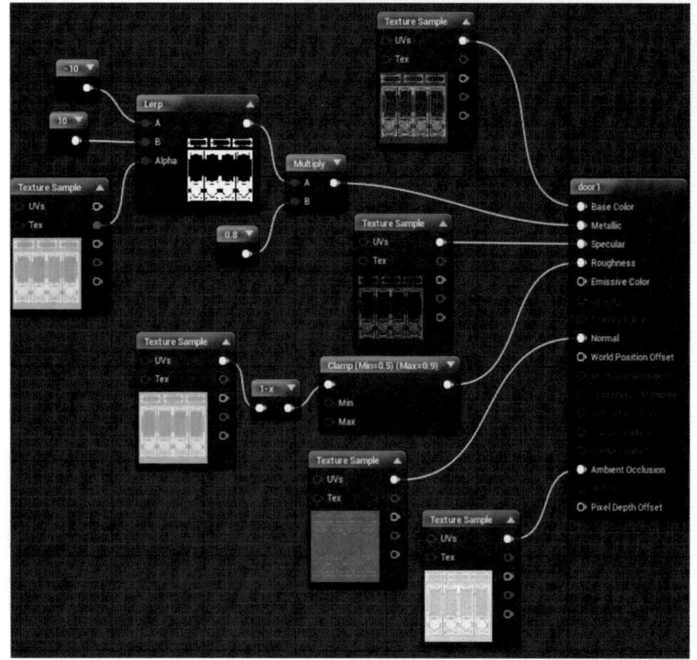

图 8-579

图 8-580

与之相对应的窗结构节点处理方式基本与门相同。在这里唯一的区别是只对 AO 图进行了颜色效果加深的处理。方法为创建 Lerp 节点，A、B 两节点分别连接参数为 0 和 0.8 的两个一维数组，同时将原本的 AO 图单通道连接至 Alpha 通道，即完成了加深颜色的效果，将处理后的节点再连接至 AO 节点，其余处理均可参考上文门贴图。节点总览如图 8-581 所示。

将材质赋予模型后效果如图 8-582 所示。

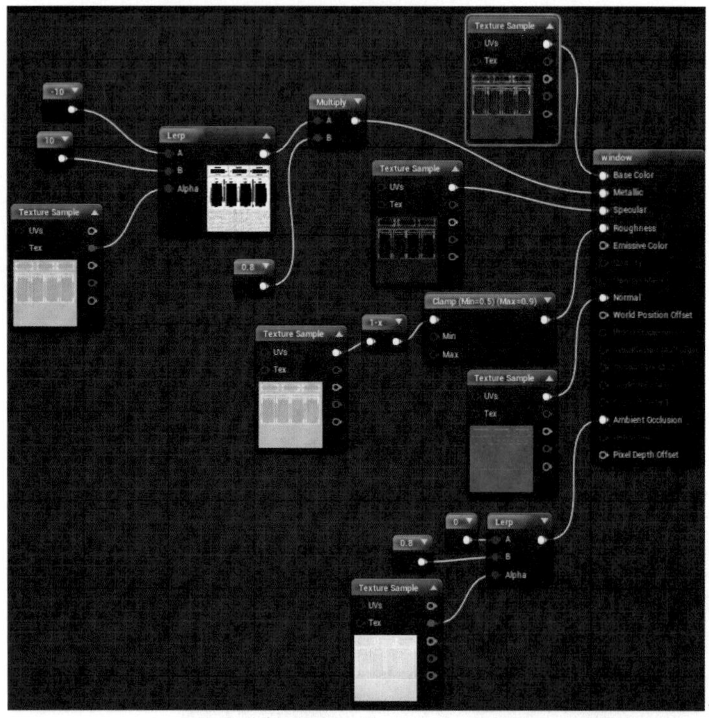

图 8-581

图 8-582

8.8.3　制作石砖材质

在我们的最终场景中，很多地方用到了不同种类的石砖，但其制作方式也均大同小异，这部分将一一介绍有关石砖的材质制作。

将处理后的 Diffuse 贴图与 Specular 贴图分别连接至相应节点，粗糙度用简单的一维节点连接，参数定义为 0.6，如图 8-583 所示。

金属性的部分还是使用灰度图作为基础，通过 Lerp 节点适当区分其黑白颜色，两个一维数组参数定义为 0 与 0.8，将灰度图的单通道连接至 Alpha 节点，接着将 Lerp 节点进行颜色翻转，使砖表面的颜色偏深，金属性偏低。创建 OneMinus 节点，连接 Lerp 节点进行翻转后，为使整体颜色加深，再混合一个一维数组，参数定义为 0.2，最终调整后节点连接至 Metallic 节点，如图 8-584 所示。

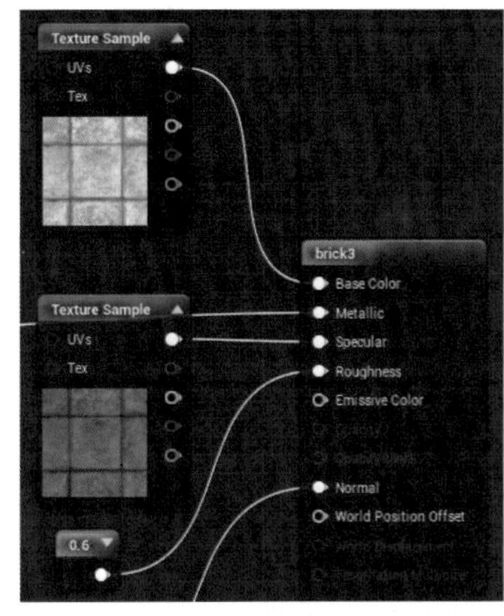

图 8-583

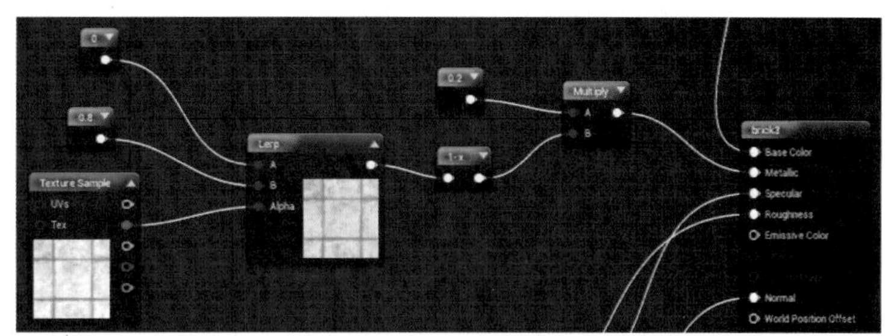

图 8-584

最终将 Normal 贴图和 AO 贴图连接至对应节点，若法线深度不够可以混合一维数组进行加深，这里创建一维数组参数为 2 进行混合，混合后连接至 Normal 节点，节点整体预览如图 8-585 所示。

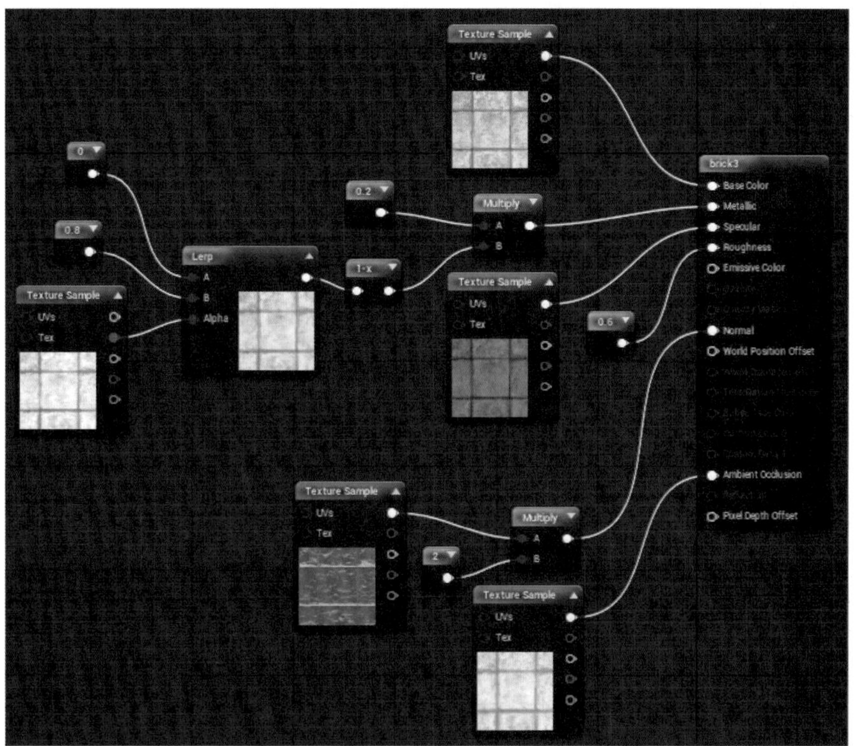

图 8-585

成品预览效果如图 8-586 所示。

图 8-586

剩余的砖结构与其结构基本类似，节点总览如图 8-587 所示。

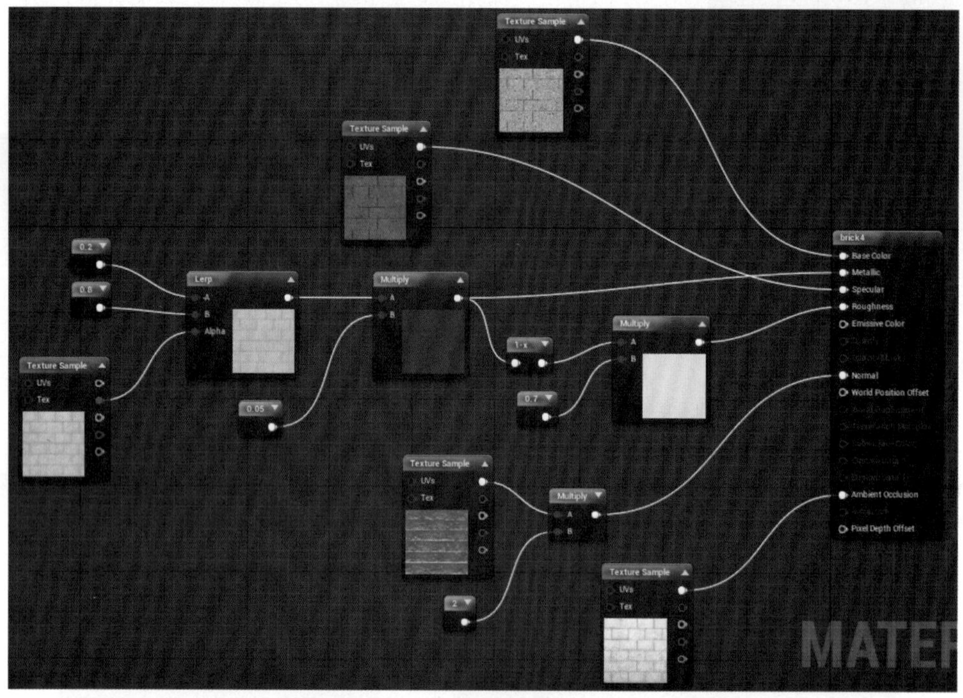

图 8-587

这里需要进行说明的是，经过黑白区分的灰度图最终分别用在了 Metallic 和 Roughness 节点上，通过 OneMinus 节点后再与一维数组的混合调整其颜色，最终再分别与上述两节点进行连接，达成理想的效果。

为了加深 Normal 法线的深度为其添加一个一维数组，参数定义为 2，混合后再连接至 Normal 节点。

最终成品样式如图 8-588 所示。

图 8-588

外围城墙的石砖结构也类似上述的处理方式，节点总览如图 8-589 所示。

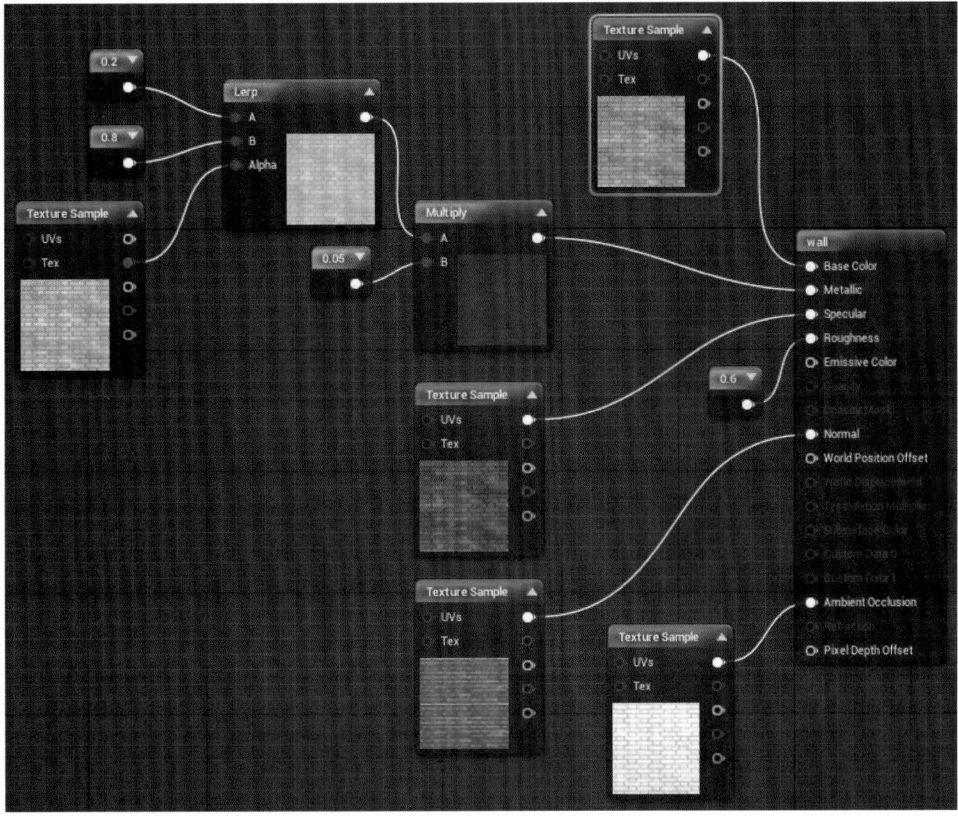

图 8-589

对该贴图我们没有进行过于复杂的处理，金属性的处理上使用了灰度图进行黑白区分后再混合一个简单的一维数组，这里参数定义为 0.05，将混合后的节点连接至 Metallic。对于 Roughness 节点，我们简单地使用一个一维数组来进行控制，参数定义为 0.6，使之更偏向于石砖的光滑程度。

成品效果如图 8-590 所示。

图 8-590

8.8.4 制作彩绘花纹的材质

场景中几乎每种建筑都会有“雕梁画栋”的结构，通过材质球的节点修改，能使之呈现的效果更加逼真。

由于作为彩绘存在，所以贴图本身并无太多的纹理凹凸，反光等参数也趋于不变，在 MindTex2 中生成的贴图基本无须过多的调整即可直接连接至各节点，如图 8-591 所示。

在这里将金属性连接至一维数组，将参数定义为 0.2。粗糙度进行同样的处理，参数定义为 0.7。最终的成品效果如图 8-592 所示。

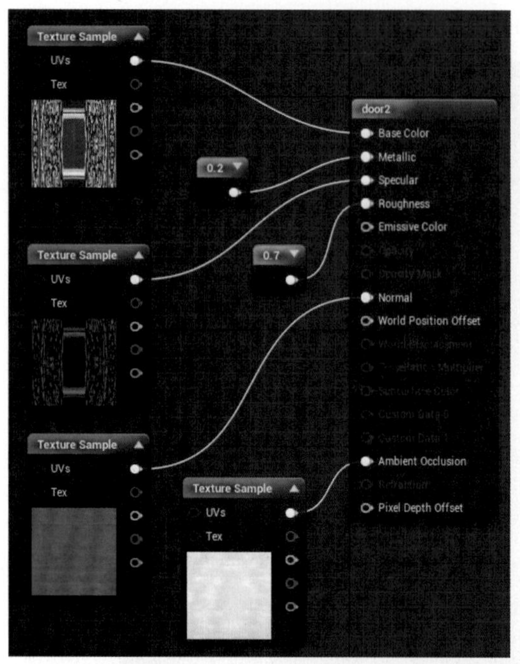

图 8-591

图 8-592

同理，我们处理另外一种彩绘样式，节点总览如图 8-593 所示。

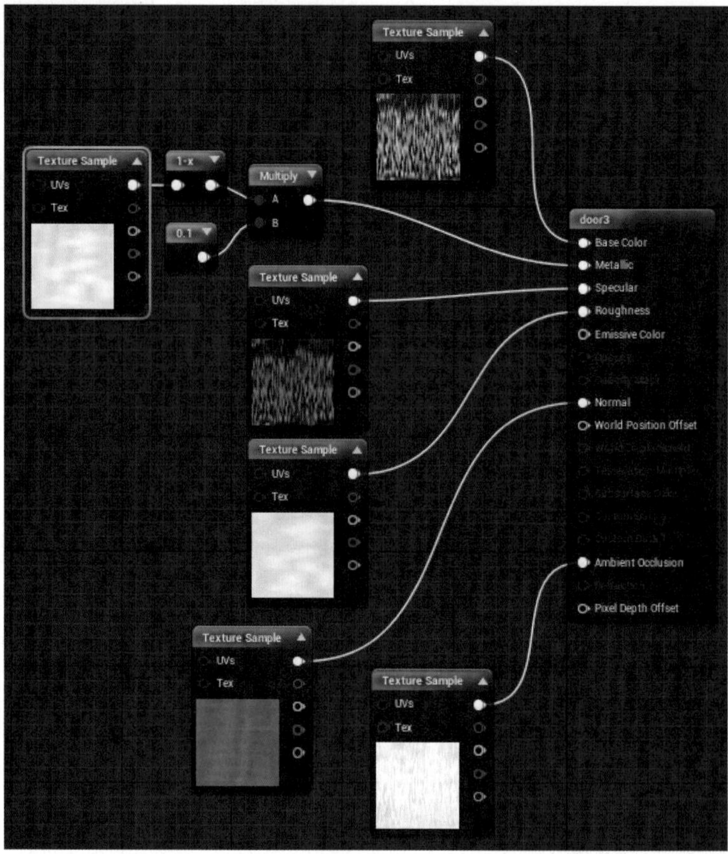

图 8-593

这里区别于上一种彩绘的地方是在控制金属性时，我们使用了灰度图，可以使成品的效果变化更加多样，添加 OneMinus 节点及融合一维数组是为了将金属性降低，这里将一维数组的参数定义为 0.1。

最终成品效果如图 8-594 所示。

我们将博风板的材质也放在这一部分进行介绍，相比较上两种简单的材质，博风板则显得更加复杂一些。将通过 MindTex2 输出的贴图导入，Diffuse 贴图连接至 Base Color，Specular 贴图也连接至相应的节点，如图 8-595 所示。

图 8-594

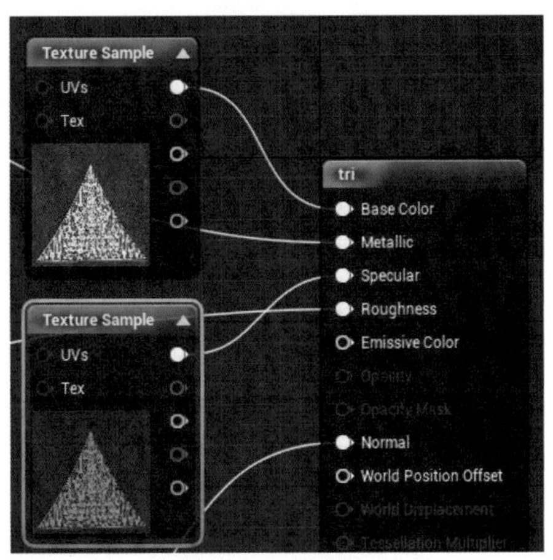

图 8-595

金属性的修改同样使用 Lerp 节点，两个一维数组分别定义参数为 -2 和 2，将黑白属性区分，连接至 A、B 两节点，同时使用灰度图的单通道连接至 Alpha 节点，将处理后的节点连接至 Metallic，用来控制其金属性，使雕花与其他部位的材质产生区分，如图 8-596 所示。

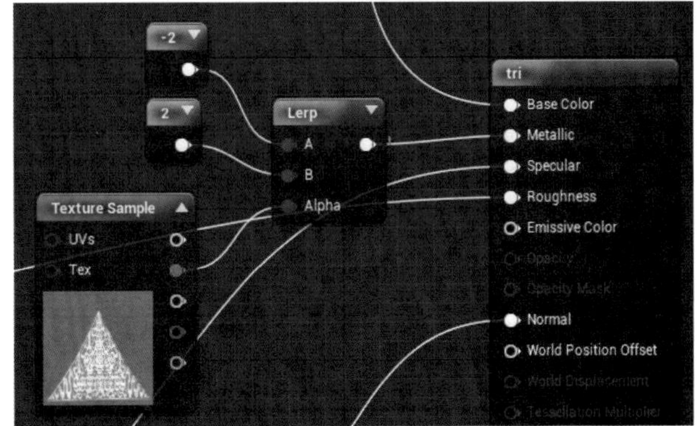

图 8-596

粗糙度的控制同样依据灰度图，通过 OneMinus 翻转灰度图黑白，然后单通道连接至 Lerp 节点的 Alpha 通道，A、B 节点连接两个一维数组，参数定义为 0.5 和 1，使融合之后的图片雕花部分颜色更深，同时与其他部分差距并不大，为了适当加深颜色，还可以融合一个一维数组，在这里将参数定义为 0.6，将融合之后的节点连接至 Roughness，如图 8-597 所示。

最终将 Normal 发现图和 AO 图连接至相应的节点，节点总览如图 8-598 所示。

成品效果如图 8-599 所示。

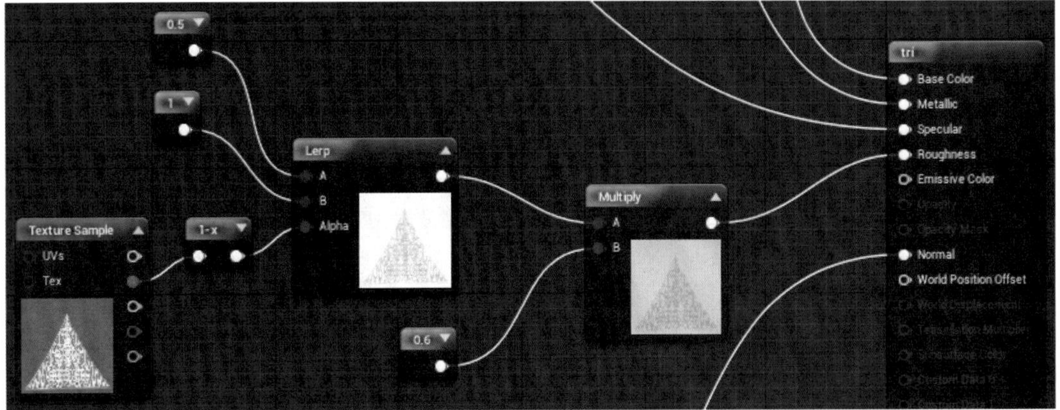

图 8-597

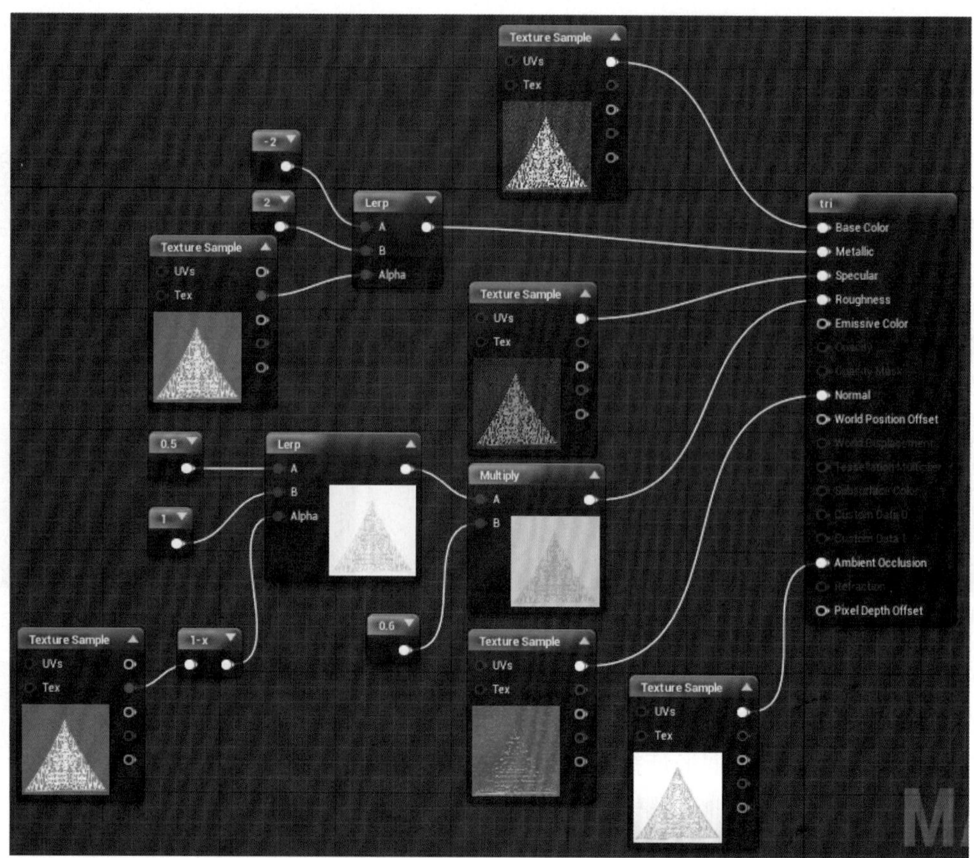

图 8-598

图 8-599

8.8.5 制作栏杆相关贴图

栏杆部分主要是法线贴图的处理，在 MindTex2 中处理过后的贴图可以直接放到材质球中使用，这里我们没有进行过多复杂的处理。金属性节点上，直接为其添加一个一维数组，参数定义为 0.1，使其金属性弱化而更偏向于石材。

粗糙度方面同样为其添加一个一维数组，参数定义为 0.8。剩余节点直接将对应的贴图相连，在这里我们将法线贴图与一个一维数组融合用来加强法线深度。节点总览如图 8-600 所示。

同理，处理栏杆之间的柱子结构时，也基本采用相同的模式，金属性为其添加一维数组来控制，这里将其参数定义为 0.2。粗糙度结合灰度图，将其与一位数组进行融合，参数定义为 0.8，使之颜色加深，再连接至 Roughness 节点。其余节点总览如图 8-601 所示。

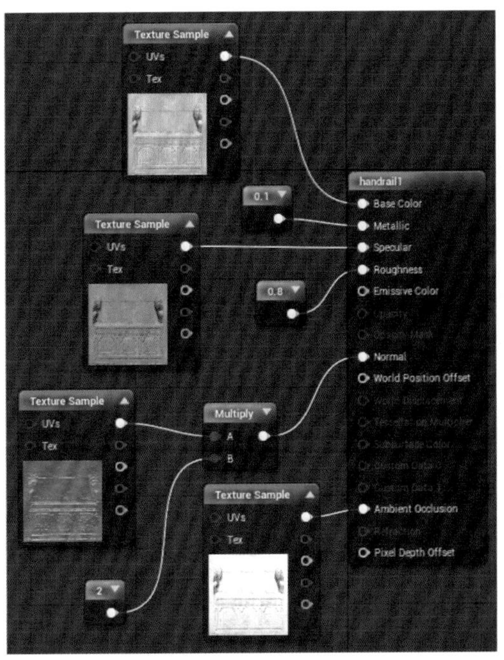

图 8-600

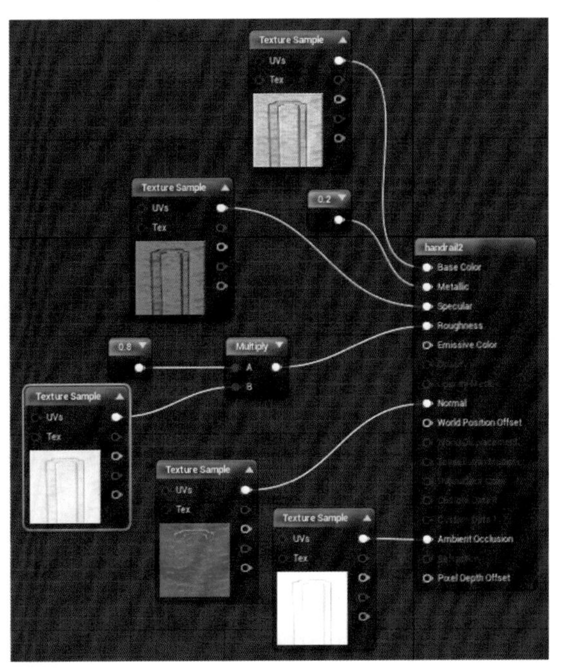

图 8-601

柱子顶部望柱结构的贴图，同样将金属性用一维数组控制，在这里将其参数定义为 0.2，粗糙度部分使用 Lerp 节点，将灰度图的颜色居中，使整个贴图的粗糙程度不会有太大的变化。法线部分将其与一维数组融合，参数定义为 2，加强法线深度。节点总览如图 8-602所示。

将上述三部分的贴图处理完毕后可以以此将其赋予相对应模型，成品效果如图 8-603 所示。

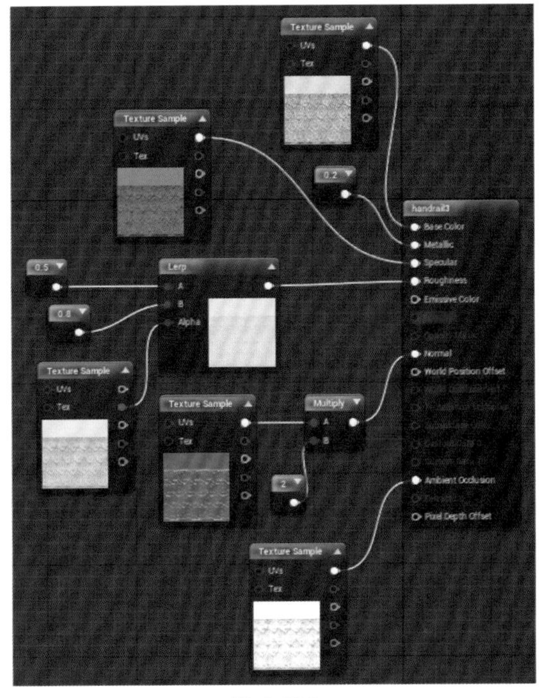

图 8-602

图 8-603

8.8.6 制作红墙贴图

在我们的场景中，建筑模型的外侧除了门窗结构就是红墙结构，材质为上墙下砖，经过 MindTex2 处理后，将贴图导入到 Unreal Engine。Diffuse 贴图与 Specular 贴图分别连接至相应节点，金属性方面同样用一维数组控制，这里将参数定义为 0.2，如图 8-604 所示。

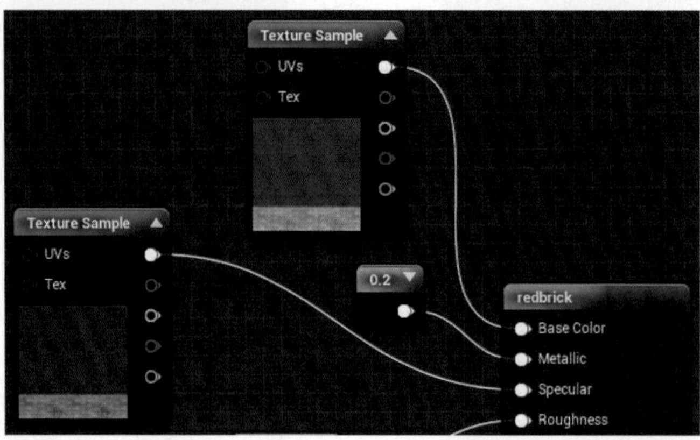

图 8-604

粗糙度的调整使用灰度图，通过 Lerp 节点的融合将其颜色变亮，这里两个一维数组的参数定义为 0.8 和 1。Normal 节点使用 Multiply 节点与一维数组融合加深法线深度，参数定义为 2。最终将 AO 贴图也连接至相应节点，节点总览如图 8-605 所示。

成品效果如图 8-606 所示。

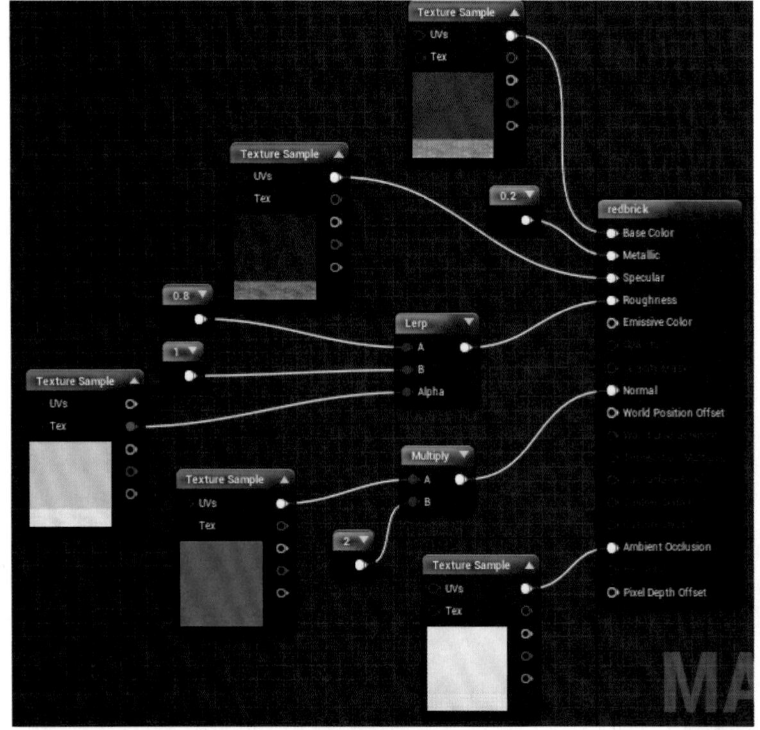

图 8-605

图 8-606

8.8.7 制作石柱结构材质

与上文中红墙材质类似，这里也只着重修改其粗糙度节点，通过灰度图与 Lerp 节点的控制，将颜色加深，这里的一维数组将参数定义为 0 与 0.2。通过 OneMinus 节点将颜色翻转后再与一维数组融合，这里的参数定义为 0.8，将颜色调整至偏亮，再与 Roughness 节点进行连接。其余节点均直接与所对应贴图相连即可，节点总览如图 8-607 所示。

成品效果如图 8-608 所示。

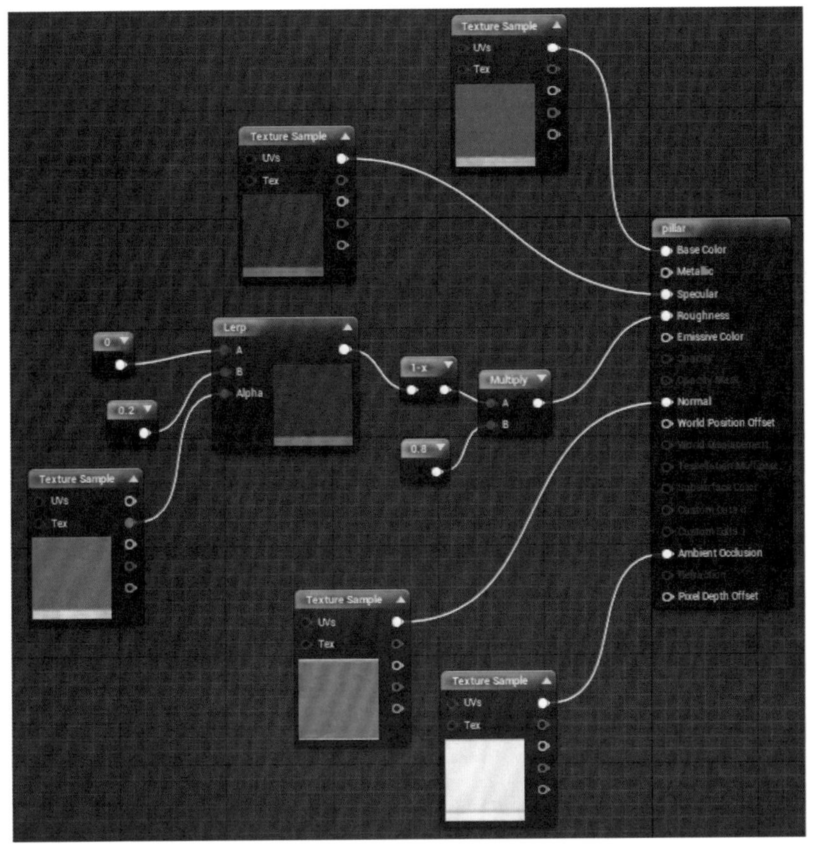

图 8-607

图 8-608

8.8.8 制作城门结构的贴图

城门结构的制作在于区分表面的凸起材质与其他材质，方法在前文也提及过多次，将灰度图的单通道连接至Lerp节点的Alpha通道，A、B节点分别连接一维数组，参数定义为-10和10，将灰度图的黑白属性区分，并将 Lerp 节点直接连接至 Metallic 节点用来控制其金属性，如图 8-609 所示。

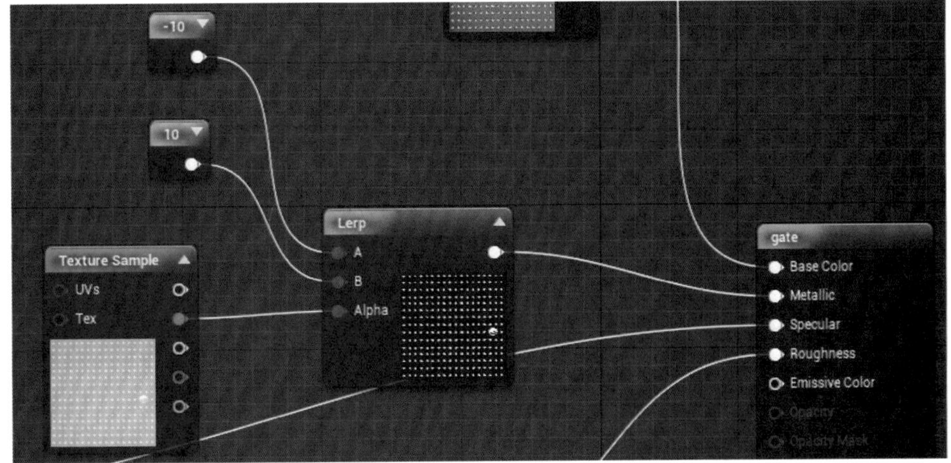

图 8-609

使用调整后的 Lerp 节点，进行 OneMinus 翻转后，使用 Clamp 节点进行范围的限制，这里上下限分别定义为 0.4 和 1，再将其连接至 Roughness 节点，使凸起处金属感更强而其余部分则基本没有金属感。

以此连接其余贴图，最终节点总览如图 8-610 所示。

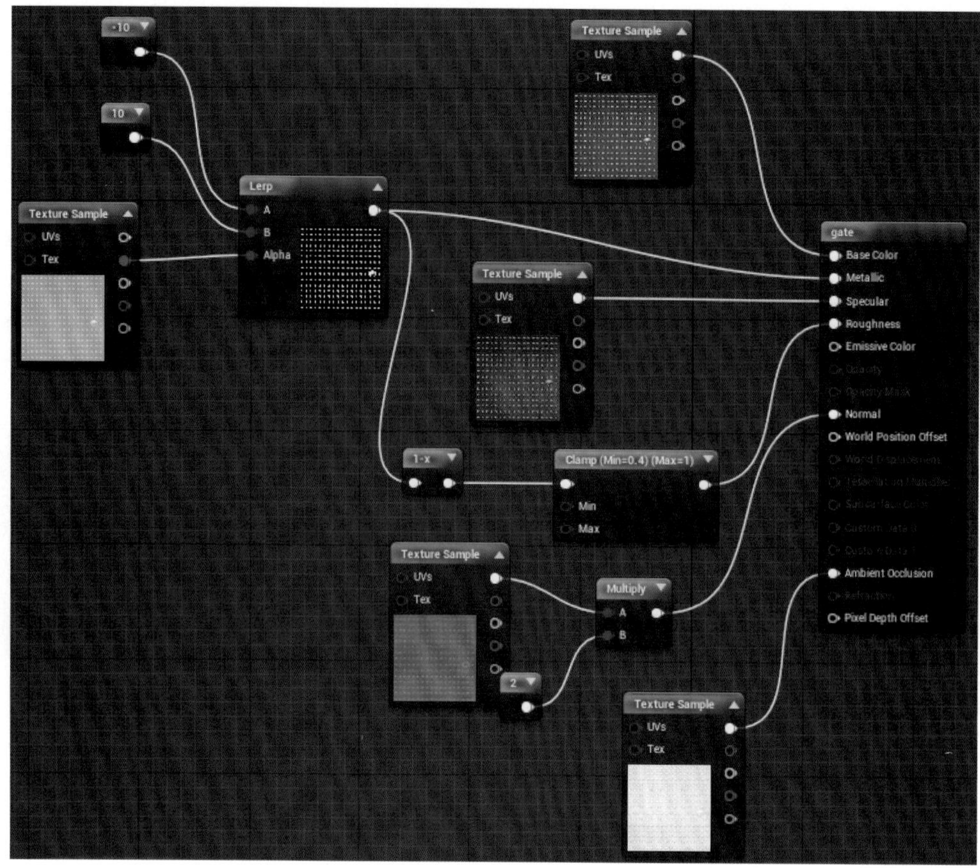

图 8-610

成品效果如图 8-611 所示。

图 8-611

8.8.9 制作水面材质

水面材质的制作和之前教程所讲的基本相同，由于节省资源的需要，不使用透明材质制作。

如图 8-612所示连接节点，将两组大波浪相叠加。TexCoord 节点数值为 UTiling 0.03 VTiling 0.02，两个 Panner 节点数值分别为 Speed X 0.04 Speed Y 0.0 和 Speed X 0.02 Speed Y -0.03，最后用 Add 节点相叠加。

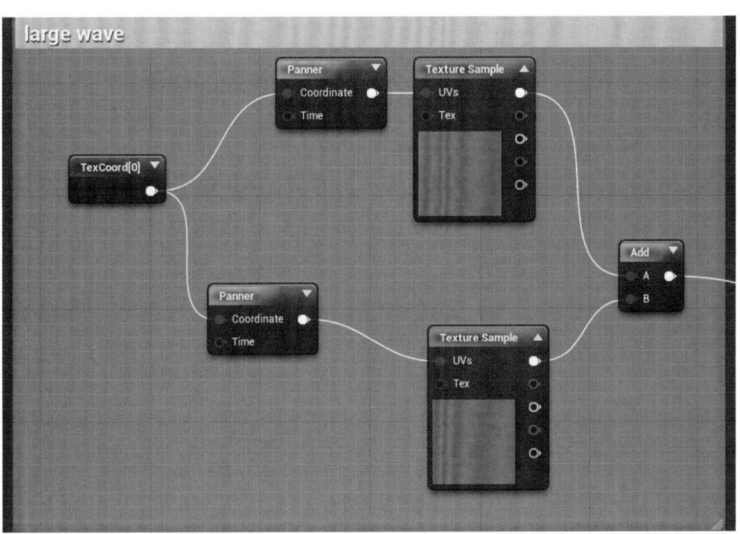

图 8-612

再制作两组小波浪，如图 8-613 所示连接节点。TexCoord 节点数值分别为 UTiling 0.18 VTiling 0.15 和 UTiling 0.2 VTiling 0.2。Panner 节点数值分别为 Speed X -0.1 Speed Y -0.08 和 Speed X -0.07 Speed Y -0.07。

图 8-613

然后如图 8-614 所示连接节点，目的是通过计算与摄像机位置的距离来改变波浪的强度。

图 8-614

法线最终的叠加方式如图 8-615 和图 8-616 所示。

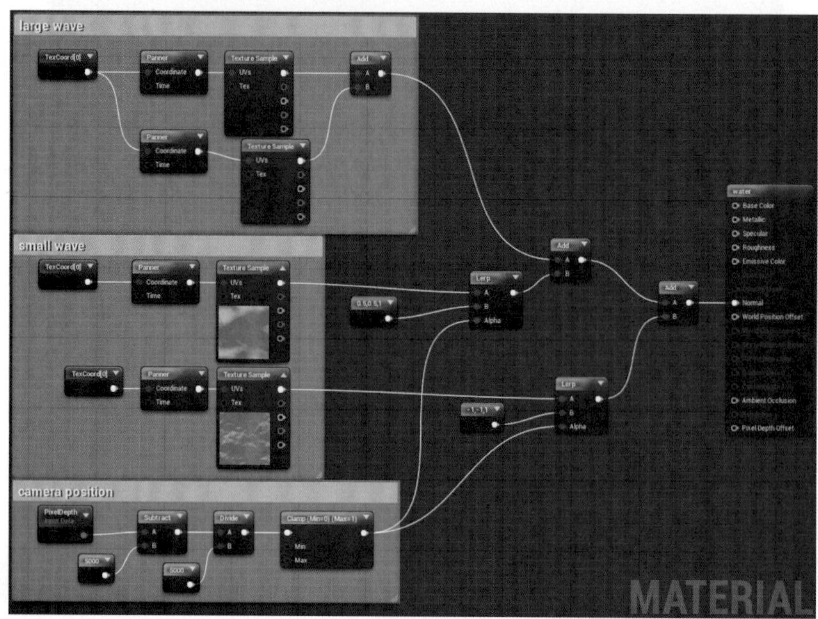

图 8-615

最后，再加上基础色和粗糙度，即可完成水面的制作，如图 8-617 所示。

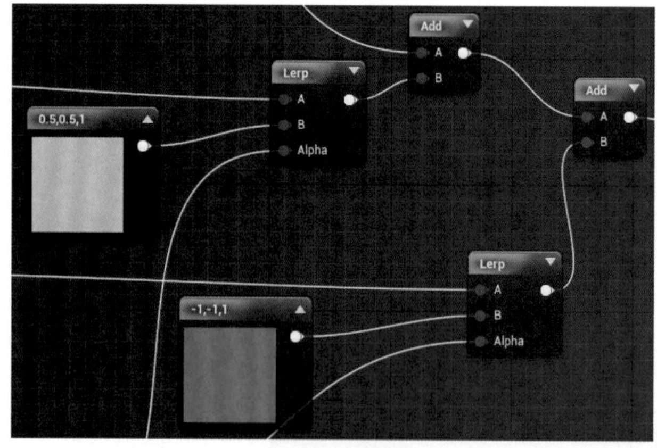

图 8-616

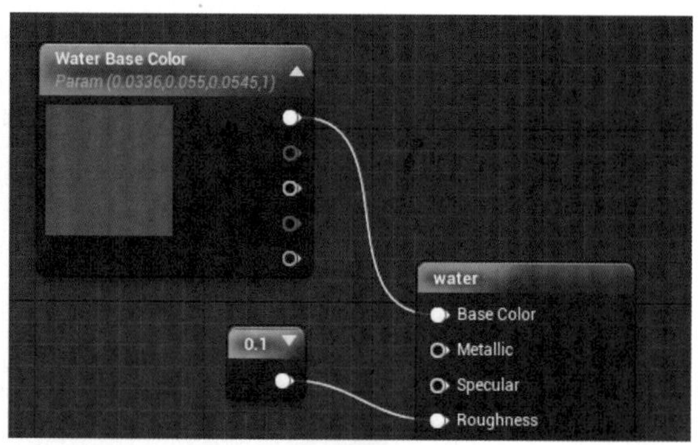

图 8-617

最终效果如图 8-618~ 图 8-620 所示。

图 8-618

图 8-619

图 8-620

8.8.10　污迹效果

对于城墙、地砖、草地这些材质，往往需要增加一些污渍使其更加真实，但合成到贴图上会导致相同的痕迹多次重复，这就需要在材质上改变。基本思路是用一张真实的污渍贴图以不同的 UV 大小叠加三层，避免贴图出现明显重复。

图 8-621 所示为污渍贴图，作为叠加的底图。

节点连接方式和水类似，如图 8-622 所示，节点数值从上到下依次为、和。

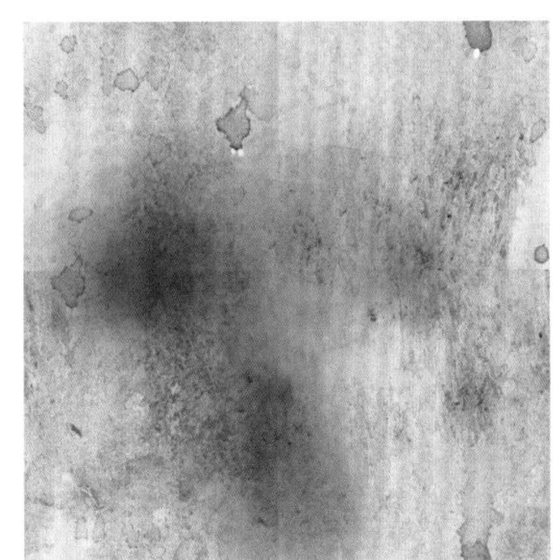

图 8-621

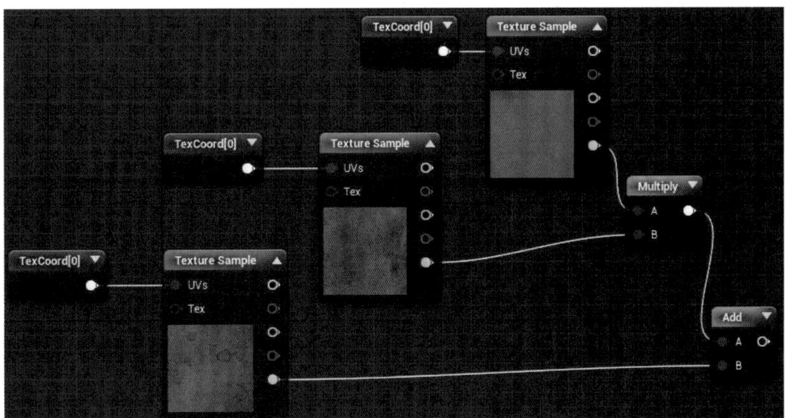

图 8-622

然后再和基础色贴图叠加就能实现真实的污渍效果，如图 8-623 所示。

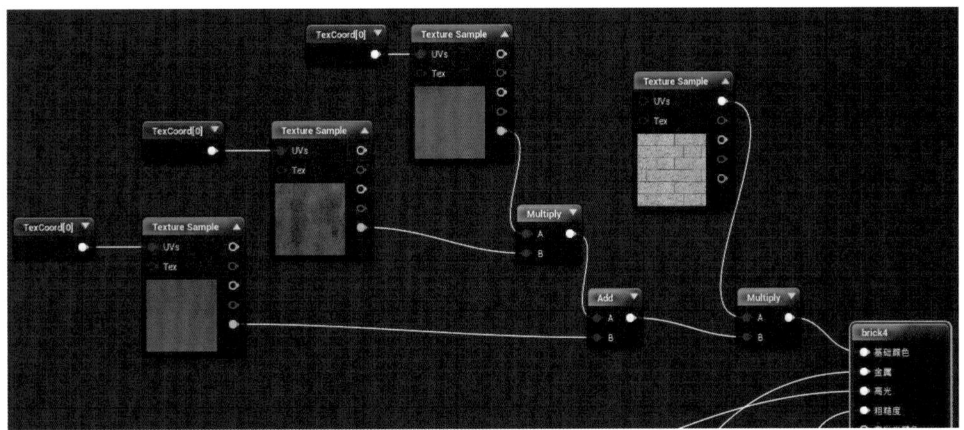

图 8-623

图 8-624、图 8-625 所示为添加污渍前后的对比，草地、城墙和地砖做法相同，不再赘述。

图 8-624

图 8-625

8.9 交互设计功能开发

8.9.1 天空同步的时间控制显示系统

制作三张图片，并在 Content Browser 面板中添加这三张图片，分别命名为 hour、min 和 num，分别作为时针、分针和表盘数字，如图 8-626 所示。

创建一个控件蓝图，命名为 Clock。打开 Clock 控件蓝图，删除 Canvas Panel，向视觉设计器图表中添加 Overlay 控件，并为添加的 Overlay 控件添加三个 Image 子控件，分别命名为 Clock、Min 和 Hour，并为这三个 Image 控件的 Appearance>Brush>Image 属性分别设置为 num、min 和 hour，如图 8-627、图 8-628 所示，注意时针和分针的图片在旋转度数为 0 时要保证指向数字 12。

保存并编译 Clock 蓝图。在 Content Browser 面板中创建一个控件蓝图，命名为 UMG，如图 8-629 所示。注意，该控件蓝图十分重要，它将包含我们现在及接下来的小节中要创建的所有 UI 控件。

图 8-626

图 8-627

图 8-628

图 8-629

打开 UMG 控件蓝图，在 Canvas Panel 控件中添加一个 Clock 蓝图控件，默认命名为 Clock2，并锚定它的四个角，如图 8-630 所示。保存并编译 UMG 蓝图，此后在关卡蓝图中布局节点将 UMG 控件添加到游戏视口上。

打开 Clock 控件蓝图，切换到 Graph 面板，添加两个 Float 变量 A、B 分别作为 Hour 控件和 Min 控件的旋转角度，且 Editable 属性皆设为 true，如图 8-631 所示。

保存并编译 Clock 蓝图。打开关卡蓝图，将 UMG 控件蓝图添加到游戏视口，拖动 Create UMG Widget 节点的 Return Value 数据引脚获取 UMG 蓝图中的 Clock2 控件，如图 8-632 所示。

在前面的小节中我们接触到了让天空流动的方法，现在在关卡蓝图中找到关于天空流动的实现节点，并将其布局更改至如图 8-633 所示。

接下来要把钟表的时间与天空的运动联系起来。现在我们可以来思考一下场景中的 24 小时内，太阳与钟表时针旋转度数之间的关系，太阳在 24 小时中旋转 360°，而时针旋转 720°，即太阳的两倍，因此，在每帧更新的频率下时针的角度 A 应为（SunSpeed * 2 + A）。节点及节点间连线如图 8-634 所示。

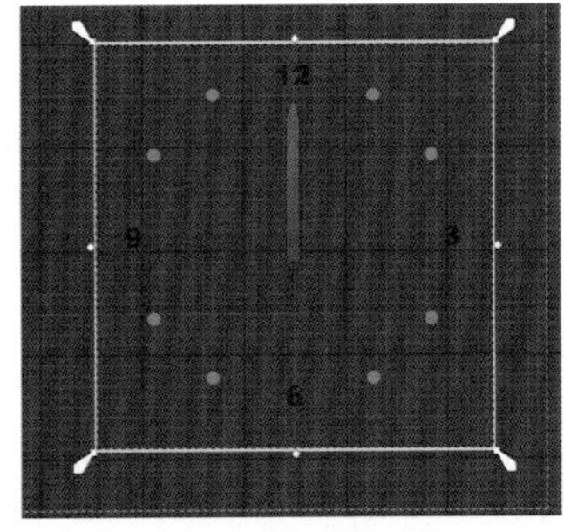

图 8-630

图 8-631

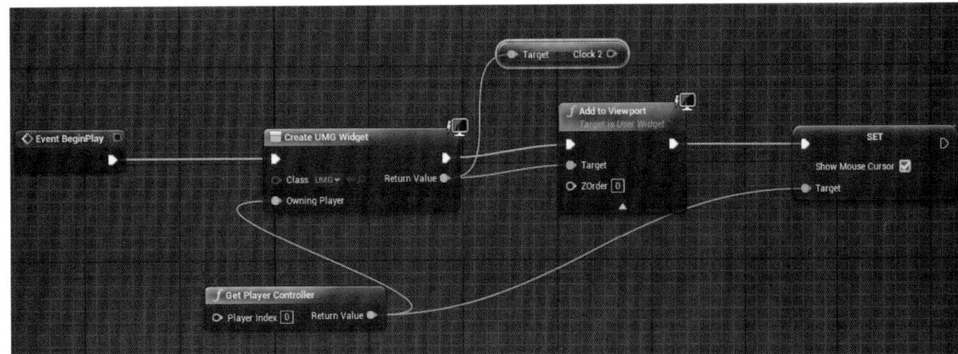

图 8-632

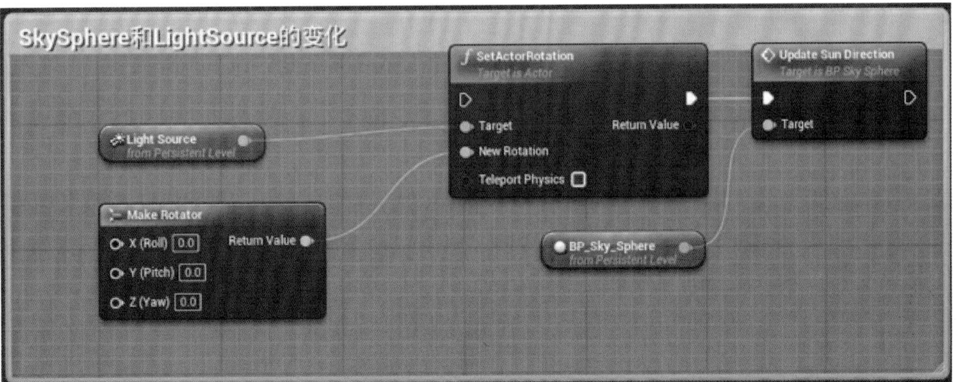

图 8-633

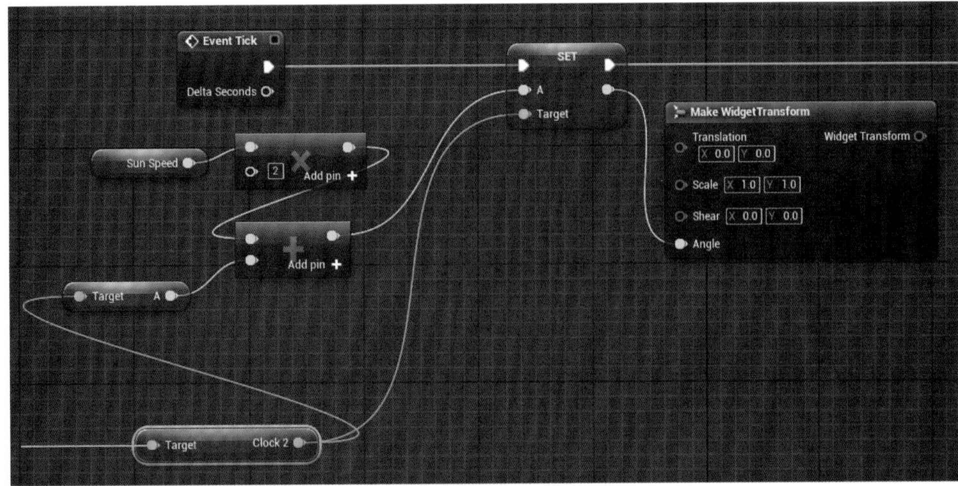

图 8-634

接图 8-634。拖动 get Clock2 节点的 Clock2 引脚添加 get Hour 节点，拖动 get Hour 节点的 Hour 引脚添加 Set Render Transform 节点，将 Make WidgetTransform 节点的 Widget Transform 引脚与 Set Render Transform 节点的 In Transform 引脚相连，如此一来，时针 Hour 的角度就设置好了。由于分针与时针的旋转角度关系是 12 ： 1，因此将 Hour 的角度返回值除以 1/12，再将运算出的结果赋值给变量 B 作为分针的旋转角度。同设置 Hour 的角度时一样，添加 Make WidgetTransform 和 Set Render Transform 节点并进行引脚间的连线，如图 8-635 所示。

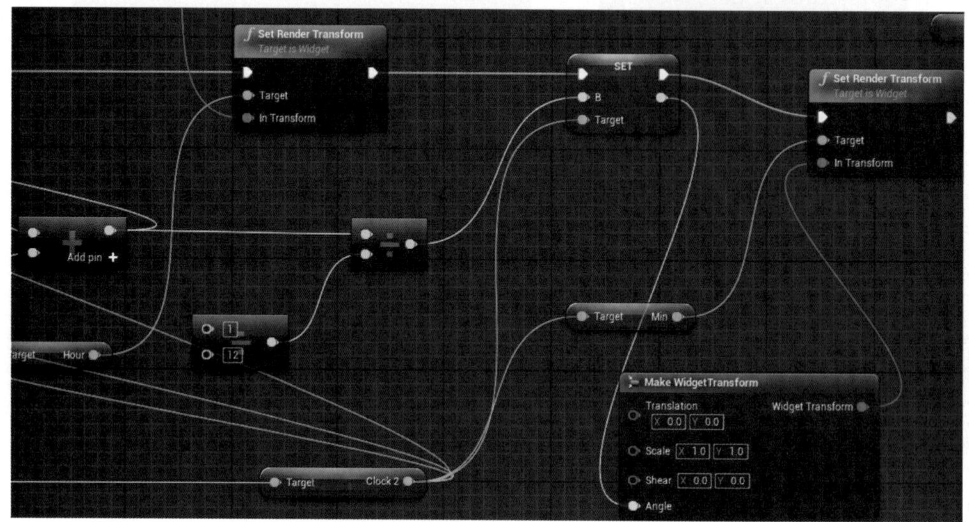

图 8-635

添加一个 Float 变量，命名为 SkyB，用来存储 Light Source 的 Y 轴角度。太阳与时针旋转角度为 1 ： 2 的关系，此外，为了与钟表的初始时间 12:00 相匹配，因此将 Hour 的旋转角度减去 180 再除以 2，如图 8-636 所示。

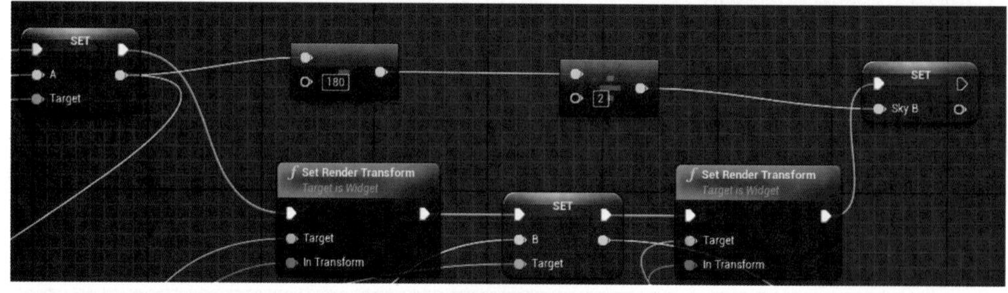

图 8-636

最后将 SkyB 与 SunSpeed 相加传递给 Make Rotator 节点中的 Y 参数，如图 8-637 所示。

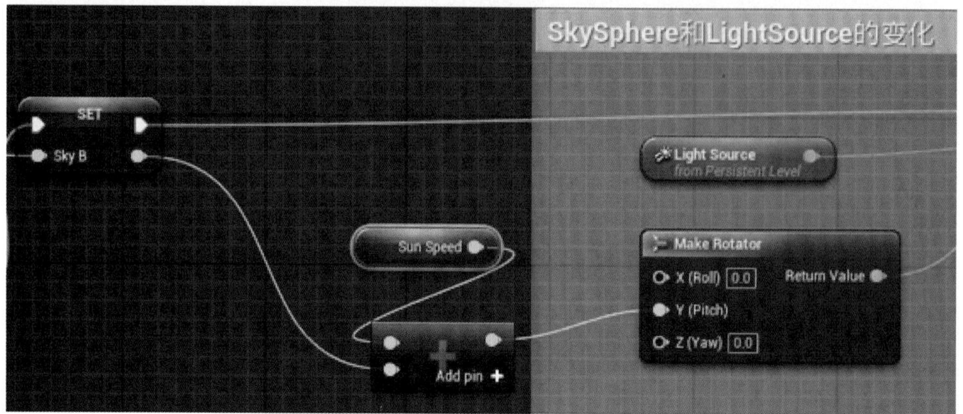

图 8-637

保存并编译关卡蓝图，运行游戏，可以发现天空变化与钟表运动之间存在联动。

8.9.2 创建导航小地图

在 Content Browser 面板空白处单击鼠标右键，找到并单击添加 Create Advanced Asset>Materials & Textures>Render Target，如图 8-638 所示。

将添加的 Render Target 命名为 Map，双击打开 Map 的操作界面，在 Details 面板中设置 Compression 类目下的 Compression Settings 属性为 UserInterface2D(RGBA)，如图 8-639 所示。

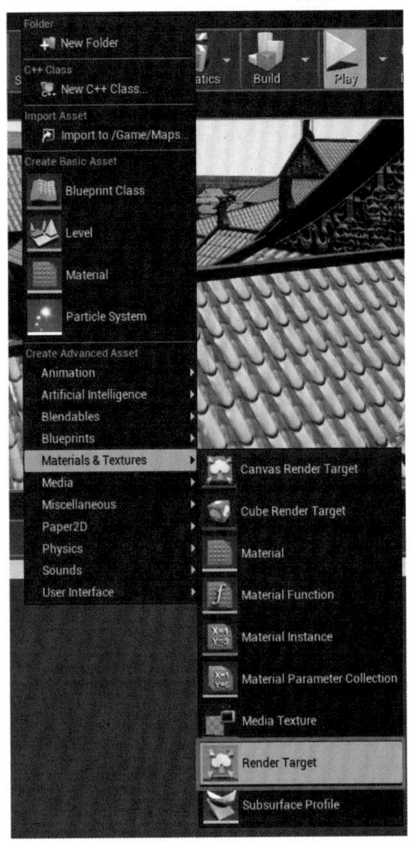

图 8-638

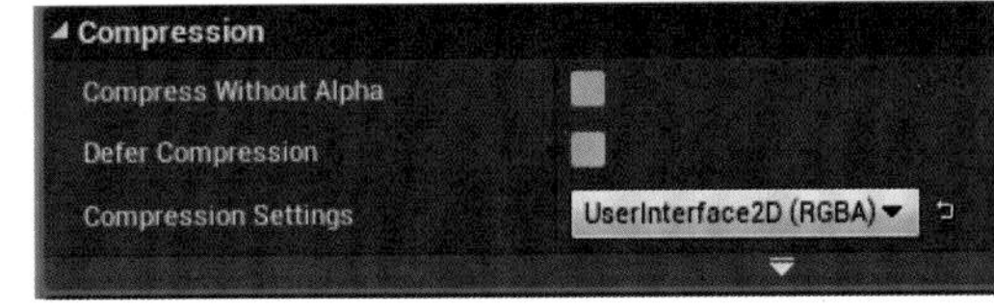

图 8-639

保存 Map，打开 ThirdPersonCharacter 蓝图，在 Components 面板再添加一个 Camera，并为该 Camera 添加子组件 SceneCaptureComponent2D，选中 Camera，找到 Details 面板中的 Transform 类目，调整相机 Y 轴角度为 -90°，此外再找到 Activation 类目下的 Auto Activate 属性，取消勾选该属性，如图 8-640、图 8-641 所示。

选中 SceneCaptureComponent2D 组件，找到 Details 面板中的 Scene Capture>Texture Target 类目，设置其为 Map 资源，并在 Transform 类目中设置该组件的位置和角度，这里的位置和角度决定了小地图中的视角效果。在此我们设定的位置坐标为（–1060，0，–340），角度为（0，60°，0），如图 8-642 所示。

保存并编译 ThirdPersonCharacter 蓝图，在 Content Browser 面板中找到刚刚创建的 Map 渲染目标，将鼠标置于 Map 之上单击鼠标右键，找到并单击添加 Render Target Actions>Create Static Texture 类目，如图 8-643 所示。

将添加的 Static Texture 命名为 Map_Mat。之后向 Content Browser 面板中随意添加一张图片，命名为 map_background，该图片将作为之后小地图的边框，如图 8-644 所示。

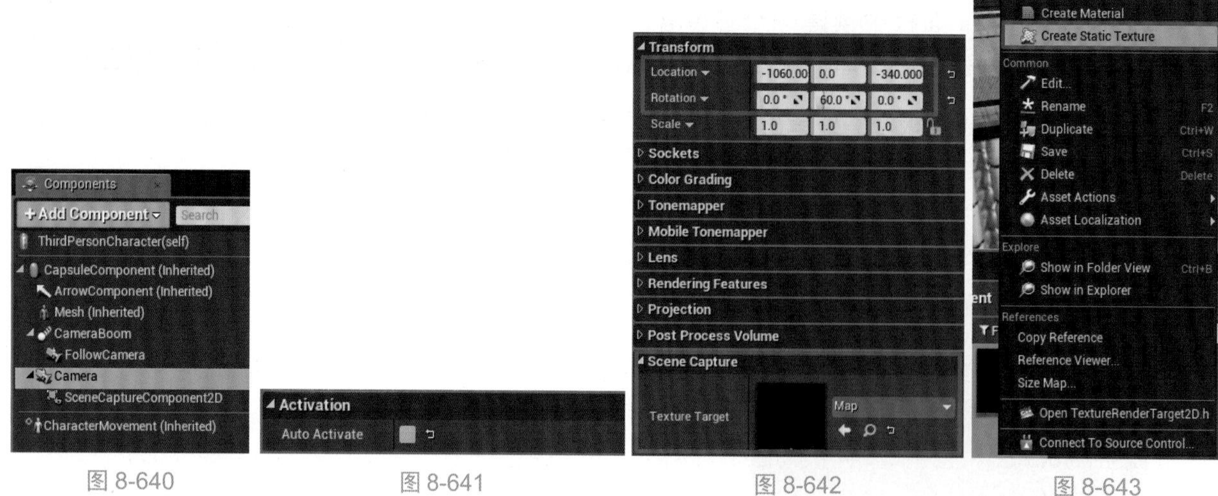

图 8-640　图 8-641　图 8-642　图 8-643

打开 UMG 蓝图，向 Canvas Panel 中添加一个 Border控件，并锚定四个角。选中 Border 控件，找到 Details 面板中的 Appearance>Brush>Image 属性，设置其为 map_background 图片资源，如图 8-645 所示。

为 Border 控件添加一个 Canvas Panel 子控件，再为该 Canvas Panel 子控件添加一个 Image 子控件，并锚定 Image 控件的四个角，同时设置其 Appearance>Brush>Image 属性为 Map_Mat 资源。为了将 Canvas Panel 填满相框控件，选中 Border 调整 Content>Padding 数值，在此设定为“34.0，22.0”，如图 8-646 和图 8-647 所示。

图 8-644　图 8-645　图 8-646　图 8-647

保存并编译 UMG 蓝图，运行游戏，可以看到地图效果，如图 8-648 所示。

图 8-648

8.9.3 实现传送门

本小节中我们将学习实现传送门功能，当人物接触到传送机关后会出现一个提示界面询问是否传送，选择“是”则进行传送，选择“否”则不进行传送。

在 Content Browser 面板中创建一个控件蓝图，命名为 Portal，该蓝图将用来设计提示界面，如图 8-649 所示。

添加两张图片，分别作为按钮 Hovered/Pressed 状态和 Normal 状态的样式，并分别命名为 Selected 和 Unselected，如图 8-650 所示，其中 Selected_Brush 和 Unselected_Brush 为 Slate Brush 资源。

图 8-649

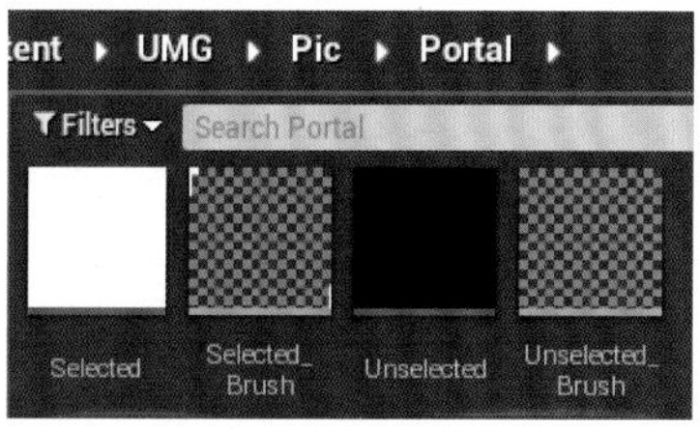

图 8-650

打开 Portal 蓝图，现在我们按步骤来设计一个提示界面。

（1）向 Canvas Panel 中添加一个 TextBlock 控件，命名为 Tips，并锚定它的四个角，同时在 Details 面板中设置 Content>Text 内容为“是否传送”，设置 Appearance>Font 属性中关于字体字号的参数。

（2）向 Canvas Panel 中添加一个 VerticalBox 控件，并锚定它的四个角

（3）为 VerticalBox 控件添加两个 Button 子控件，分别命名为“Yes”和“No”，并将 两个 Button 控件的 Appearance>Style 中 Normal、Hovered、Pressed 的 Image 属性分别赋予 Unselected、Selected、Selected 图片资源。

（4）再为两个 Button 控件分别添加两个 TextBlock 子控件，设置它们的 Content>Text 属性分别为“是”和“否”，设置 Appearance>Font 属性中关于字体字号的参数。

（5）向 Canvas Panel 中添加一个 HorizontalBox 控件，并锚定它的四个角

（6）为 HorizontalBox 控件添加一个 Image 子控件，命名为“Bar”，设置 Bar 的 Appearance>Color and Opacity 属性为白色。

提示界面设计完成后的最终效果如图 8-651 和图 8-652 所示。

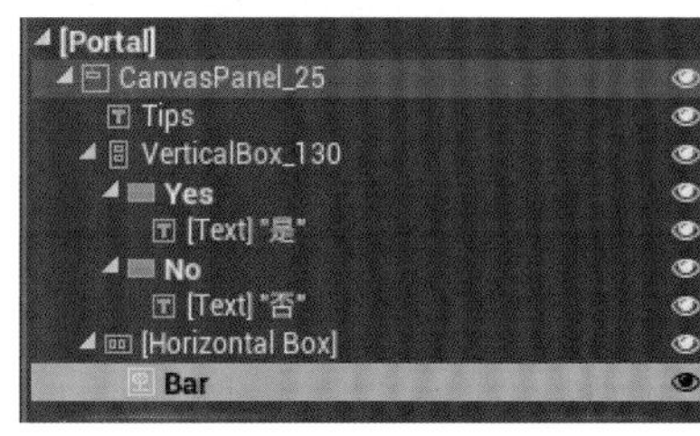

图 8-651

图 8-652

接下来设计动画效果。

在 Animations 面板中添加两个动画轨，分别命名为“Start”和“End”，它们各自用来设计显现动画和消失动画。

现在我们来设计 Start 动画轨。

激活 Start 动画轨，设定动画时长为 1s，即起始帧位于 0 时刻处，终止帧位于 1s 处。需要注意的是，由于要在 End 动画轨中设置所有界面控件的 Appearance>Color and Opacity>A 值为 0，因此在 Start 动画轨中，要在 0 时刻处为界面中的每一个界面控件设置 Appearance>Color and Opacity>A 值为 1 的关键帧，这样一来，Start 动画轨中的动画效果不会被 End动画轨影响。

之后便是为每个控件设置各自的动画效果。

（1）设置 Bar 的 Transform>Scale>X 值在 0 时刻为 0、在 1s 处为 1 的关键帧。

（2）设置 Tips 的 Slot>Offset Top 值在 0 时刻为 170（此效果可使 Tips 的上方两个角与下方两个角分别相对应重合，数值因人而异）、在 1s 处为 0 的关键帧。

（3）设置 VerticalBox 的 Slot>Offset Bottom 值在 0 时刻为 95（此效果可使 Tips 的下方两个角与上方两个角分别相对应重合，数值因人而异）、在 1s 处为 0 的关键帧。

效果如图 8-653 所示。

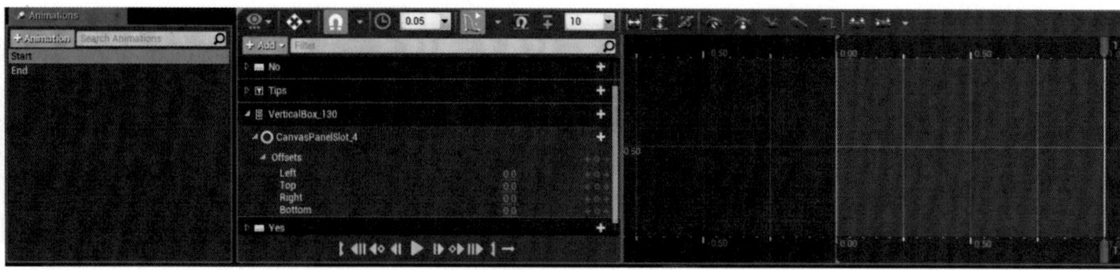

图 8-653

设置好 Start 动画轨上的动画效果后我们来设置 End 动画轨。

激活 End 动画轨，设定动画时长 2s，即起始帧位于 0 时刻处，终止帧位于 2s 处。为每一个界面控件设置 Appearance>Color and Opacity>A 值在 0 时刻处为 1、在 2s 处为 0 的关键帧。

效果如图 8-654 所示。

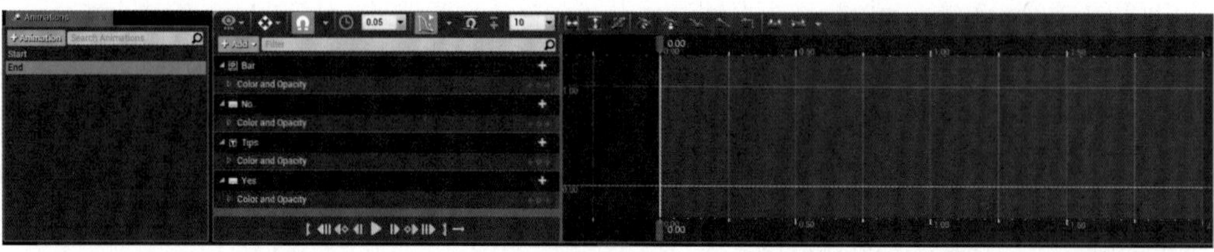

图 8-654

设置好 End 动画轨上的动画效果后，保存并编译 Portal 蓝图，打开 UMG 蓝图，向 Canvas Panel 中添加一个 Portal 控件，命名为 PortalMenu，如图 8-655 所示。

图 8-655

保存并编译 UMG 蓝图，回到 Unreal Engine 关卡编辑器界面，找到一个适合用作传送门的粒子资源，如我们在此选择了购买的某一资源包中的 P_Summon 粒子资源，如图 8-656 所示。

在 Content Browser 面板中以 P_Summon 为根组件创建一个蓝图，命名为 PortalGate，如图 8-657 所示。

打开 PortalGate 蓝图，可以看到 P_Summon 组件，为 P_Summon 组件添加一个 Box 碰撞体并调整到适合的大小，如图 8-658 所示。

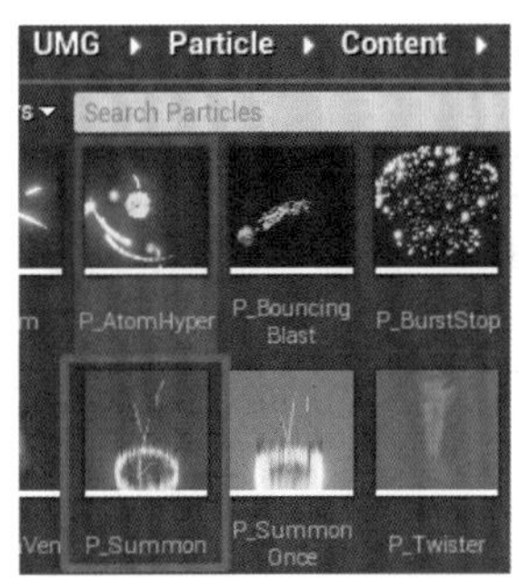

图 8-656

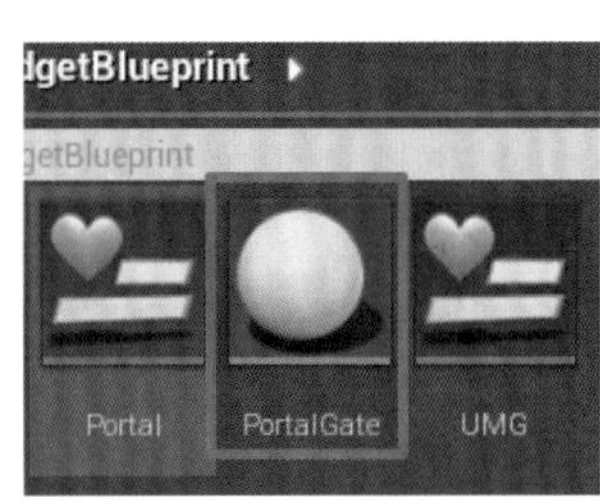

图 8-657

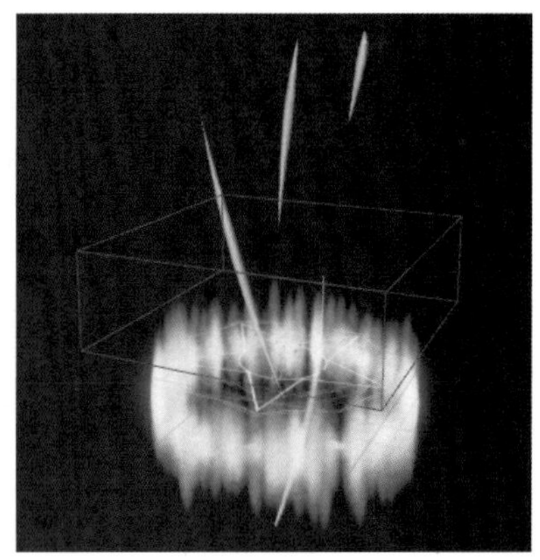
图 8-658

切换到 Event Graph 面板，创建一个 UMG 类型的变量，命名为“UMG”。利用 Get All Widgets Of Class 节点获取添加到游戏视口的 UMG 控件蓝图，并将其赋值于 UMG 变量。节点布局如图 8-659 所示。

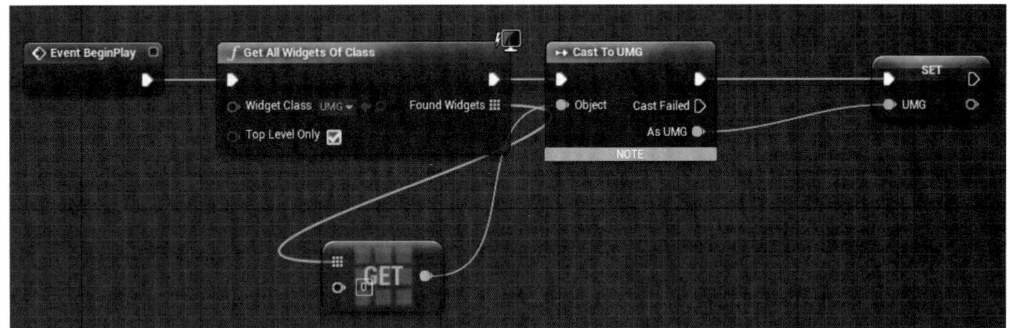

图 8-659

通过 UMG 变量获取到 PortalMenu 的 Start 和 End 动画变量，当有对象与 Box 组件产生交叠碰撞时，播放 Start 动画，并设置 PortalMenu 控件的 Is Enabled 属性为 true；当有对象与 Box 组件结束交叠碰撞时，首先判断 PortalMenu 控件的 Is Enabled 属性是否是 true 状态，如果是则播放 End 动画，继而将控件的 Is Enabled 属性设为 False 状态。节点布局如图 8-660 所示。

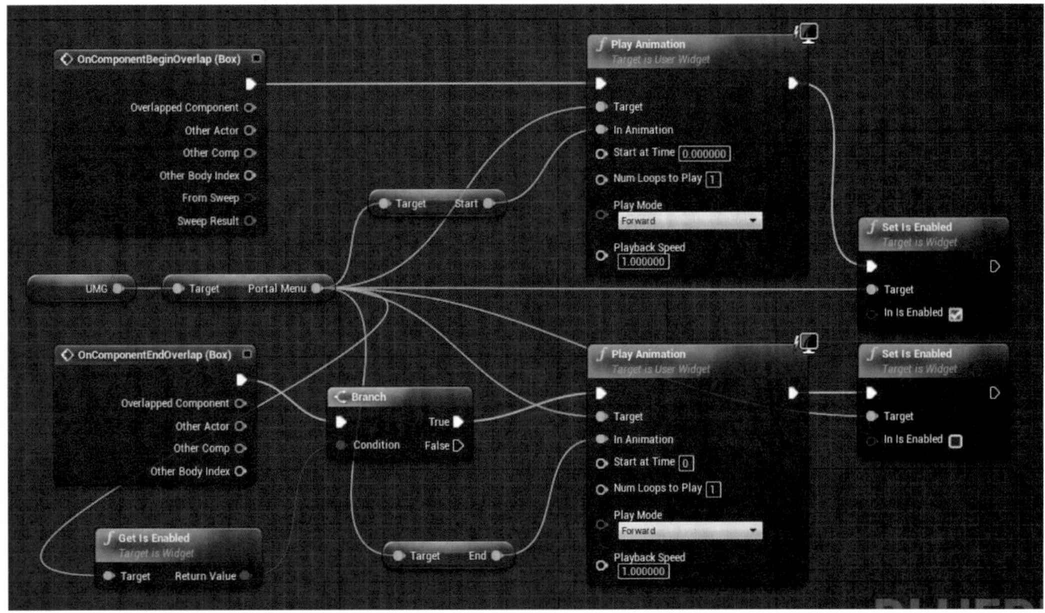

图 8-660

保存并编译 PortalGate 蓝图，回到 Unreal Engine 关卡编辑器，在游戏场景中，找到你想要被传送到的地方放置 TargetPoint 作为位置标记，如图 8-661 所示。

图 8-661

被传送到的地点附近最好有传送门，因此我们可以在不同的 TargetPoint 的位置处加载传送门，之后手动小范围调整每一个传送门的具体放置位置。

向场景中添加与 TargetPoint 同等数量的 PortalGate 实例对象。任意创建一个以 Actor 为父类的蓝图，命名为 Change，如图 8-662 所示。

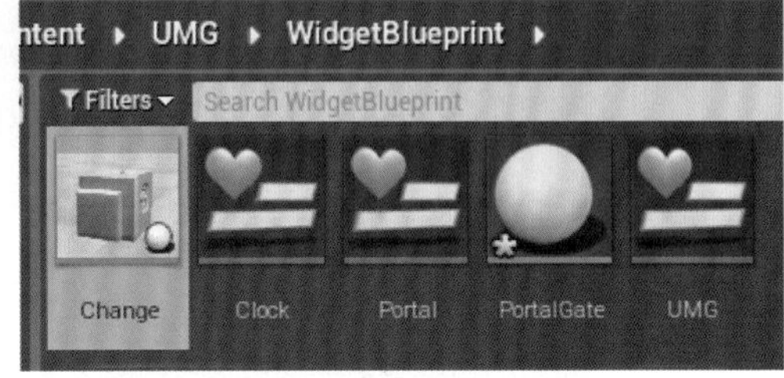

图 8-662

打开 Change 蓝图，切换到 Construction Script 面板，利用 Get All Actors Of Class 节点分别获取所有的 TargetPoint 和 PortalGate 实例对象，再利用循环将 TargetPoint 所有实例对象的位置坐标一一对应赋值给 PortalGate 所有实例对象的位置坐标。节点布局如图 8-663 所示。

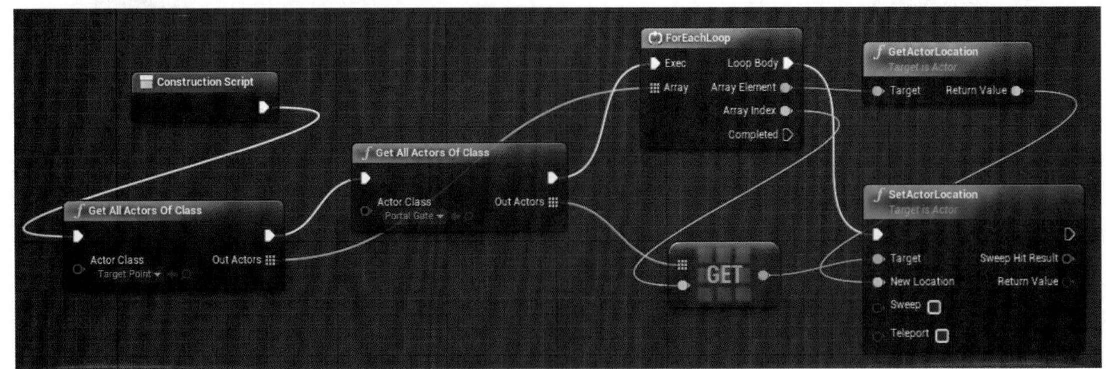

图 8-663

保存并编译 PortalGate 蓝图，回到 Unreal Engine 关卡编辑器，将 Change 任意放置到游戏视口中，之后便可以注意到 PortalGate 实例对象的位置与 TargetPoint 的位置一一对应。手动调整每个 PortalGate 的位置，如图 8-664 所示。

运行游戏，我们可以看到传送门的效果，如图 8-665 所示。

控制人物接触传送门，可以看到带有动画效果的提示界面出现，如图 8-666 所示。

接下来我们需要为提示界面的按钮添加鼠标响应事件。停止运行游戏，打开 Portal 蓝图。选中 Yes 控件，找到 Events>OnClicked 并单击，如图 8-667 所示。

同样也要找到并单击 No 控件的 Events>OnClicked。切换到 Graph 面板，添加一个 Integer 变量，命名为 TargetpointNum，该变量用于记录 Targetpoint 个数，如图 8-668 所示。

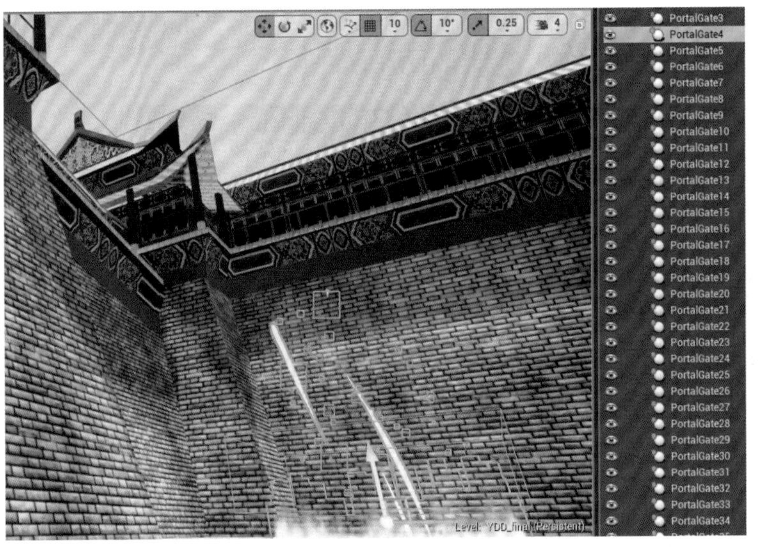

图 8-664

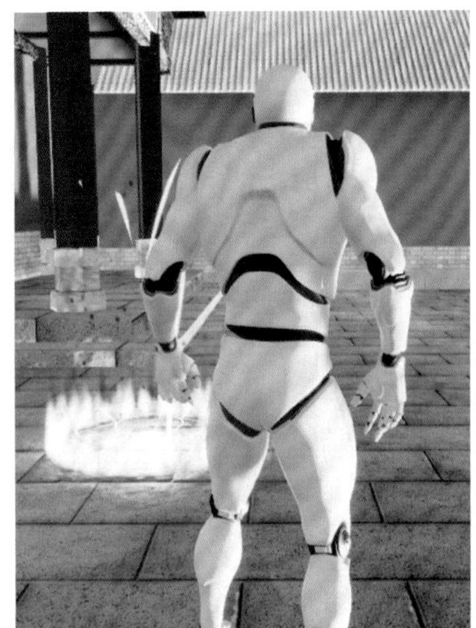

图 8-665

图 8-666

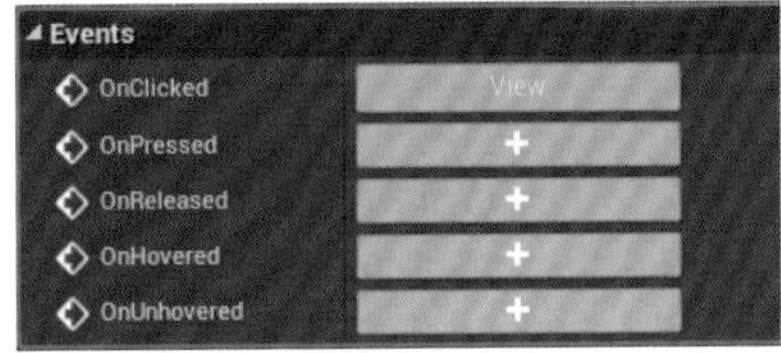

图 8-667

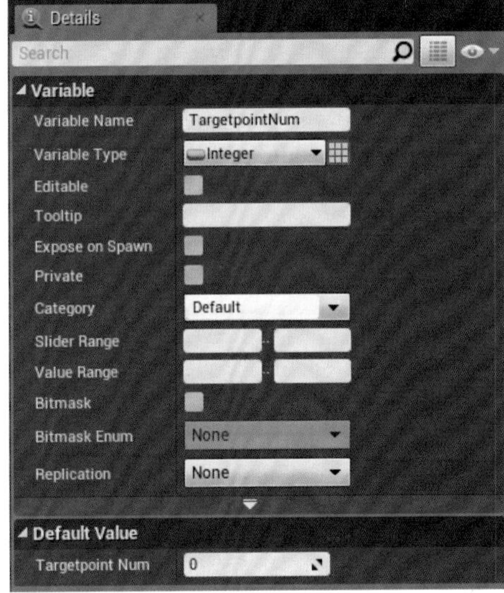

图 8-668

当玩家在传送提示界面选择“是”后，即触发了 Yes 控件的鼠标响应事件，应将游戏人物传递到任意某一个 TargetPoint 位置处，为此，利用 Get All Actors Of Class 节点在游戏运行时刻获取 TargetPoint 的个数并赋值给 TargetpointNum 变量，之后利用 Random Integer in Range 节点在 0-(TargetpointNum-1) 下标范围内随机获取一个 TargetPoint 实例对象的位置坐标，将该坐标设置为 ThirdPersonCharacter 的位置坐标。节点布局如图 8-669 所示。

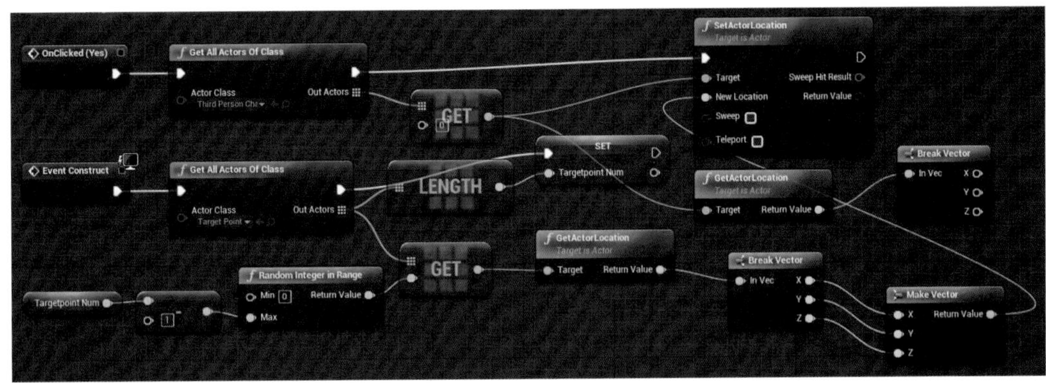

图 8-669

在传送提示界面选择“否”后，即触发了 No 控件的鼠标响应事件，此时应播放 End 动画，并设置 Self——Portal 控件自身的 Is Enabled为 False 状态，节点布局如图 8-670 所示。

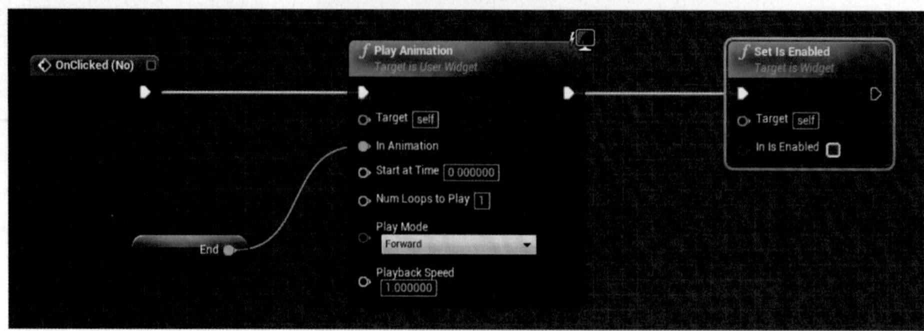

图 8-670

保存并编译 Portal 蓝图，运行游戏，控制人物接触传送门，出现带有动画效果的提示界面，将鼠标悬浮在“是”按钮上，效果如图 8-671 所示。

单击“是”后，人物被随机传送到另一个地点，同时提示界面按照 End 动画所设置的效果消失，如图 8-672 所示。

图 8-671

图 8-672

再次接触传送门，提示界面再次出现，鼠标悬浮在“否”按钮上，效果如图 8-673 所示。

单击“否”后，人物没有被传送，提示界面按照 End 动画所设置的效果消失，如图 8-674 所示。

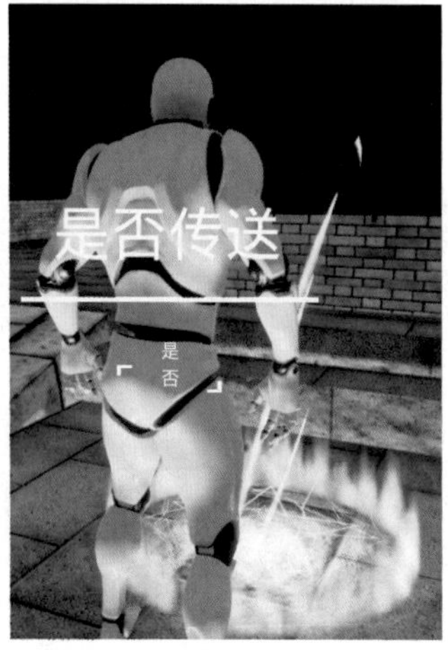

图 8-673

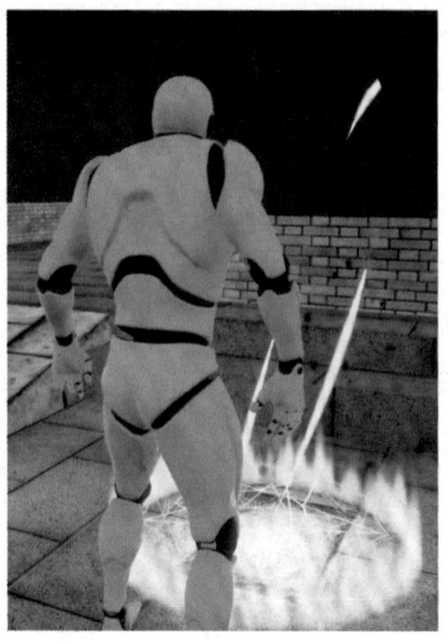

图 8-674

8.9.4 文字与语音结合的导览介绍功能

本小节将制作一个提示框来介绍元大都中的主要大殿，同时还会伴随语音介绍。

向 Content Browser 中添加一张图片作为提示框的背景，命名为 Illu_Background，如图 8-675 所示。

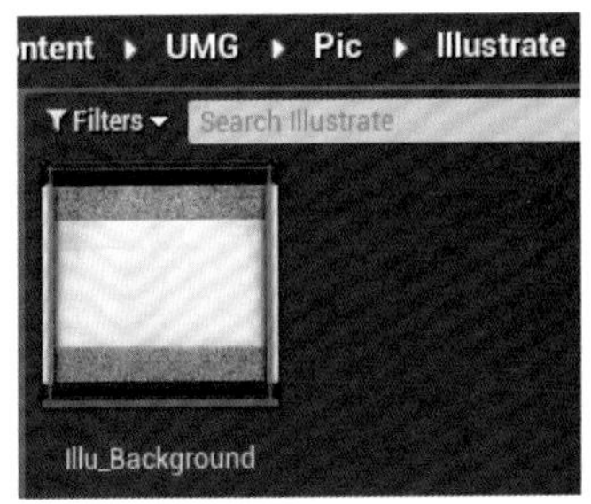

图 8-675

为需要介绍的大殿添加 TriggerBox 并调整 TriggerBox 大小，如图 8-676 所示，它的作用在于当人物与之发生交叠碰撞时便触发针对它所包围的大殿的文字与语音介绍。我们规定 TriggerBox 命名为字符串“Temple”加上两位数字，如 Temple01，其中两位数字便是对同类大殿的标记。Temple01 包围着崇天门，则名为崇天门的所有大殿编号为 01。我们会在接下来的操作中根据这两位数字来调取文字与语音。

图 8-676

再向 Content Browser 面板中添加提前制作好的语音介绍音频文件。语音内容介绍的是哪座大殿，则该语音的命名应与包围着所指大殿的 TriggerBox 的名字一致，如我们添加的语音分别用来介绍崇天门和丽正门，而包围着它们的 TriggerBox 分别是 Temple01、Temple02，因此添加的语音的命名分别为 Temple01、Temple02。需要注意的是，向 Unreal Engine 4 中导入的音频格式必须是 wav 格式，如图 8-677 所示。

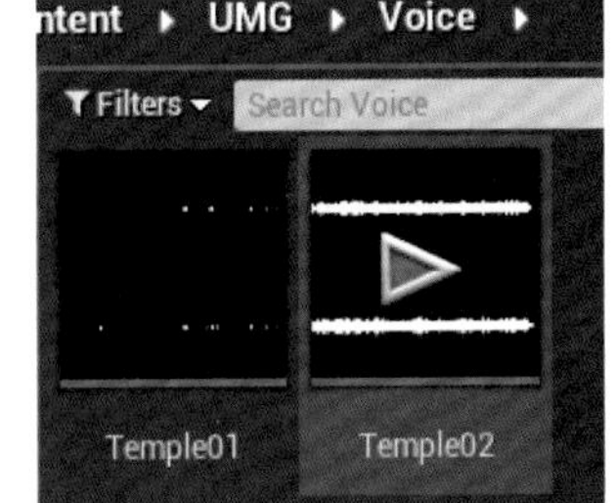

图 8-677

打开 UMG 蓝图，我们来按步骤设计提示框。

（1）向 Canvas Panel 中添加一个 Border 子控件，锚定控件的四个角，并为 Border 控件的 Appearance>Brush>Image 属性设置 Illu_Background 图片资源。

（2）为 Border 控件添加一个 Canvas Panel 子控件，命名为 TextPanel，并设置 TextPanel 的 Slot>Alignment 在 Horizontal 和 Vertical 方向上分别为 Horizontally Align Fill 和 Vertically Align Fill 模式。该 TextPanel 控件将用来承载与文本信息相关的一系列控件。

（3）为 TextPanel 添加两个 Text 控件，分别命名为 Title 和 Paragraphe，即分别用来填写标题和介绍内容，Title 的文本字体格式为 Roboto，字号 20，文本内容默认为“崇天门”；Paragraphe 的文本字体格式为 Roboto，字号 15，并勾选 Wrapping>Auto Wrap Text 属性，使得文本内容自动换行。再添加一个 Image 控件，命名为 Bar，布局在 Title 和 Paragraphe 控件之间，并设值它的 Appearance>Color and Opacity 的颜色为黑色。锚定 TextPanel 的三个子控件，效果如图 8-678、图 8-679 所示。

现在我们来为每一个控件设计动画效果。创建两个动画轨，分别命名为 Start 和 End，它们分别用来设计开始和结束的动画效果。我们想在结束时发生控件消失的变化，因此同上一小节一样，需要在 Start 动画轨的 0 时刻处为每一个控件添加一个透明度为 1 的关键帧，但由于提示框由 Border 类型控件作为根控件，因此我们可以在 0 时刻处设置一个 Border 的 Content Color and Opacity>Opacity 为 1 的关键帧，该属性用来控制 Border 控件的子控件的整体透明度，而在设计结束动画时同样针对 Content Color and Opacity>Opacity 值进行操作即可。

图 8-678

图 8-679

接下来我们设置动画时长 1s，并按步骤针对 Start 动画轨进行设置。

（1）设置 Border 的 Appearance>Brush Color>A 在 0 时刻处为 0，在 1s 处设为 1。

（2）设计 Bar 的 Slot>Offset Right 在 0 时刻处为 459.5（此效果可使 Bar 的右方两个角与左方两个角分别相对应重合，数值因人而异），在 1s 处设为 0。

（3）设计 Title 的 Slot>Offset Top 在 0 时刻处为 74.5（此效果可使 Title 的上方两个角与下方两个角分别相对应重合，数值因人而异），在 1s 处设为 0。

（4）设计 Paragraphe 的 Slot>Offset Bottom 在 0 时刻处为 151（此效果可使 Paragraphe 的下方两个角与上方两个角分别相对应重合，数值因人而异），在 1s 处设为 0。

设计好 Start 动画轨后我们来激活 End 动画轨设计结束动画效果，设置动画时长为 0.5s，在 0 时刻处设置 Border 的 Content Color and Opacity>Opacity 与 Brush Color>A 的值均为 1，在 0.5s 时刻处设置两个属性值均为 0 即可。

设计好动画后，保存并编译 UMG 蓝图，将 UMG 蓝图的 Designer 面板切换到 Graph 面板。

添加两个 Text 类型变量分别命名为 TextTitle 和 TextPara，且设置它们的 Editable 属性均为 true 状态，它们分别用来存储当前标题和介绍信息。

创建一个 Function，命名为 Set Text，并为其添加两个 Input 参数，参数皆为 Text 类型，分别命名为 Title 和 Para，该函数用来传递标题和介绍内容信息，因此添加 Set TextTitle 和 Set TextPara 节点，将 Set Text 节点的两个参数分别传递给 Title 和 Para 变量，节点布局如图 8-680 所示。

回到 Designer 面板，选中 Title 控件，将 Content>Text 属性与变量 TextTitle 绑定；选中 Paragraphe 控件，将 Content>Text 属性与变量 TextPara 绑定，如图 8-681 所示。

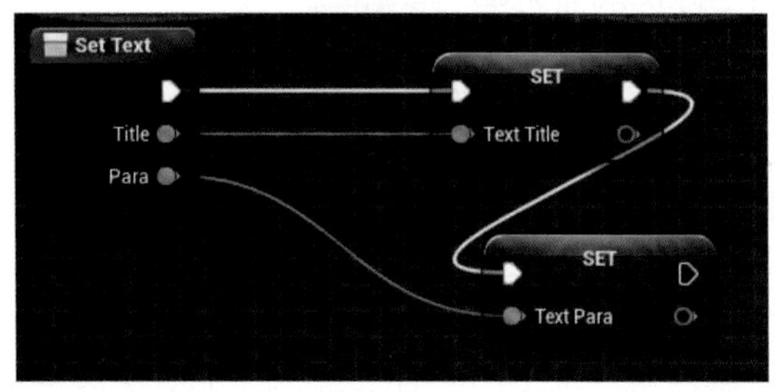

图 8-680

图 8-681

保存并编译 UMG 蓝图，打开 ThirdPersonCharacter 蓝图，我们首先需要添加一系列变量。

（1）添加一个 Sound Base 类型变量，命名为 Voice，用来存储当前语音资源。

（2）添加一个 Sound Base 类型 Array 变量，命名为 VoiceList，用来存储所有语音资源。编译当前蓝图后为 VoiceList 添加两个元素，并分别赋予资源 Temple01、Temple02。

（3）添加一个 Ambient Sound 类型变量，命名为 Sound，它相当于一个音频播放器。

（4）添加两个 Text 类型 Array 变量，分别命名为 TitleList 和 ParaList，分别用来存储所有的标题文本和介绍内容文本。编译当前蓝图后为 TitleList 和 ParaList 分别各添加 6 个元素，并按照在关卡编辑器中根据碰撞体的命名而规定好的大殿的编号顺序，为 TitleList 的 6 个元素按顺序依次添加殿名，为 ParaList 的 6 个元素按顺序依次添加介绍内容文本。

保存并编译 ThirdPersonCharacter 蓝图，回到关卡编辑器，从 Modes 面板中找到 AmbientSound 并向场景中放置一个 AmbientSound 组件，如图 8-682 所示。

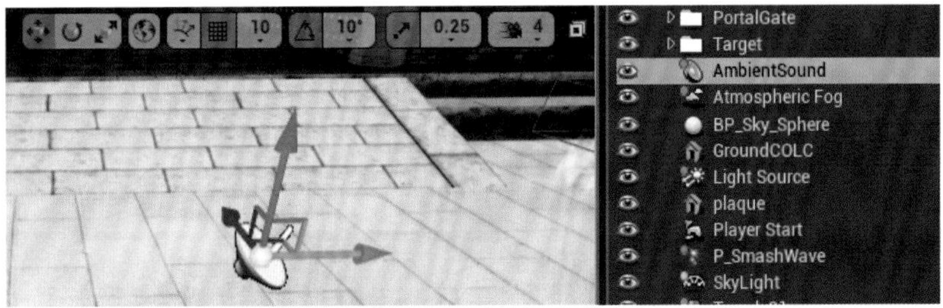

图 8-682

再次打开 ThirdPersonCharacter 蓝图，（由于接下来的部分节点布局较为复杂，因此为了布局清晰便于理解，作者依照设定完成的节点布局，在图像处理软件中将节点布局绘制而成）首先在游戏运行初始利用 Get All Actors Of Class 节点获取到场景中的 Ambient Sound 实例对象并赋予给 Sound 变量，同时设置音频处于停止播放状态。节点及节点布局如图 8-683 所示。

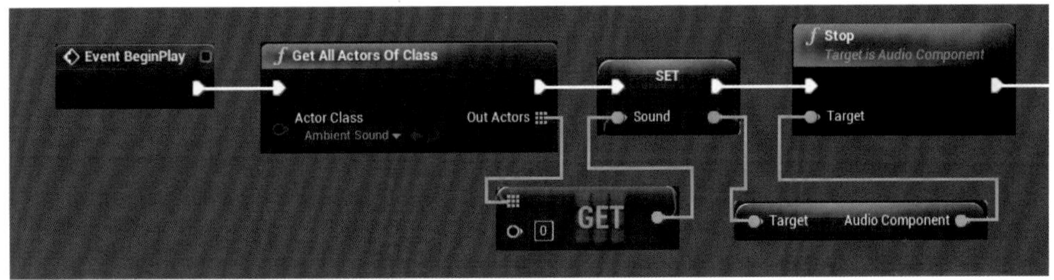

图 8-683

设置好音频后，同样在游戏运行初始时为 UMGWidget 变量赋予添加到视口中的 UMG 控件蓝图对象，如图 8-684 所示。

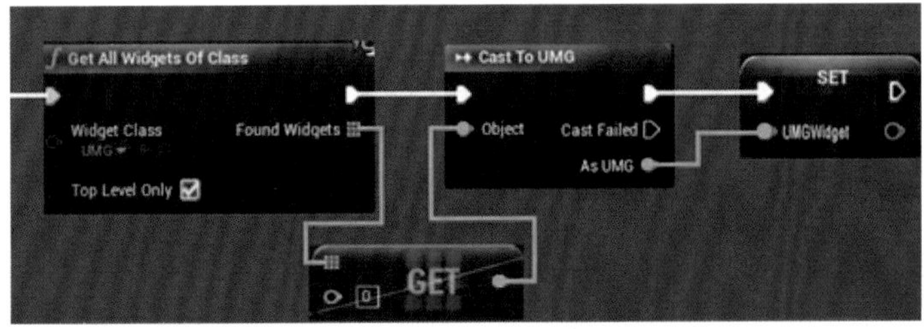

图 8-684

当人物与游戏中的对象发生碰撞时利用 Cast To TriggerBox 检测对象是否为 TriggerBox，若是，则利用 Get Display Name 节点获取到 TriggerBox 的名字。接下来利用 ForEachLoopWithBreak 节点循环调用 VoiceList 中的 Sound Base 元素，并通过 Get Object Name 获取元素名字，将其名字与当前接触到的 TriggerBox 的名字比较是否相等，若相等，则通过 Branch 节点将循环 Break，否则继续执行循环。节点及节点布局如图 8-685 所示。

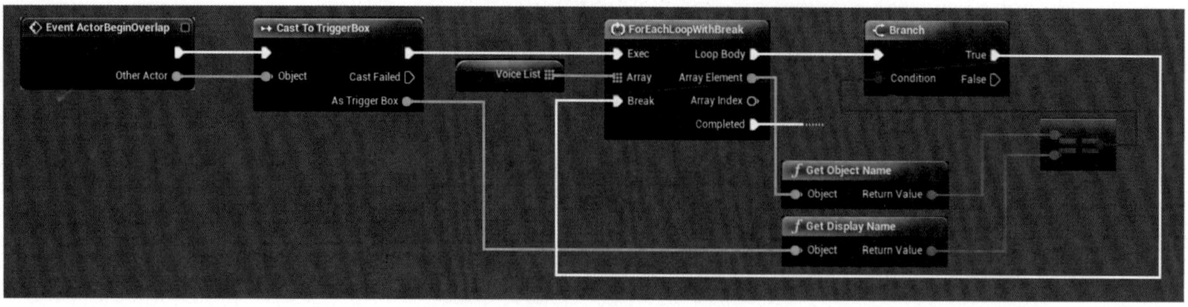

图 8-685

当循环被执行 Break 后，应执行 ForEachLoopWithBreak 的 Completed 引脚，但是若在循环过程中未执行 Break 引脚，即说明没有与当前 TriggerBox 对应的大殿，则也会执行 Completed 引脚，因此需要在执行 Completed 之后、执行下一步操作之前再次判断 ForEachLoopWithBreak 的 Array Element 返回值的名字是否与当前 TriggerBox 的名字一致，一致则执行下一步。节点及节点布局如图 8-686 所示。

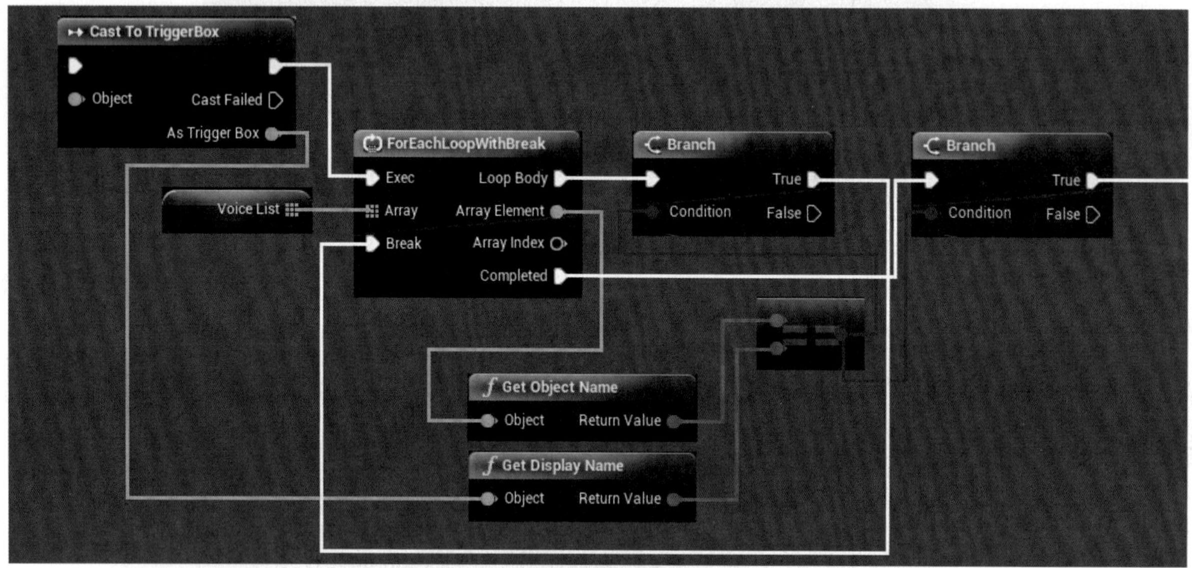

图 8-686

循环被执行 Break 后，利用 Set Voice 节点为 Voice 变量赋予 ForEachLoopWithBreak 节点输出的 Array Element 返回值。根据名称的相等，可以间接实现编号的对等，从而 Voice 存储的音频资源的内容与大殿对应。接下来需要将音频放置到播放器中。获取 Sound 变量的 Audio Component组件，由 Audio Component 组件调用 Set Sound 节点，再将 Voice 的值传递给 Set Sound 节点的 New Sound 参数，并 Play 播放 Audio Component。节点及节点布局如图 8-687 所示。

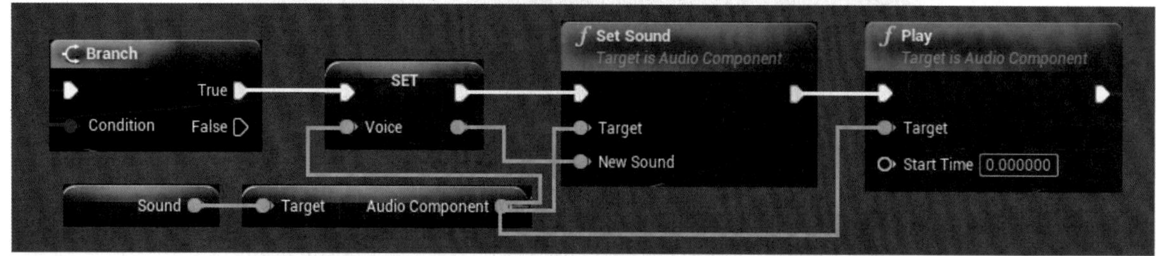

图 8-687

通过 UMGWidget 变量调用 Set Text 函数并获取 Start 动画变量，并利用 Play Animation 节点播放 Start 动画。节点及节点布局如图 8-688 所示，其中 Set Text 节点的 Title 和 Para 两个引脚的连线情况会在图 8-691 处说明。

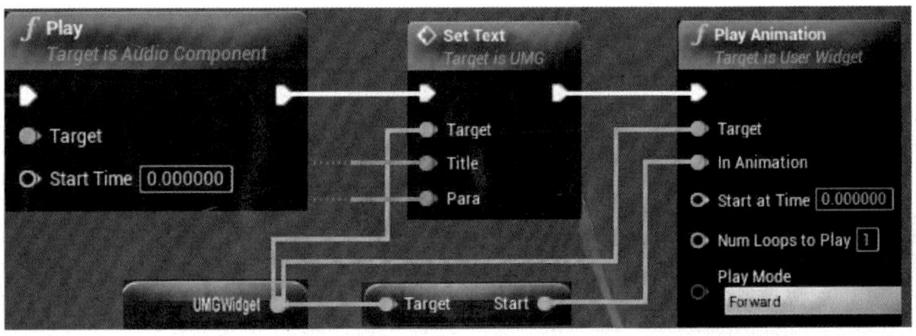

图 8-688

回到图 8-686，将通过 Get Display Name 节点获取到的 TriggerBox 的名字利用 Right 节点获取到名字最右边的两位字符，如获取“Temple01”的最右边两位字符为“01”。节点及节点布局如图 8-689 所示。

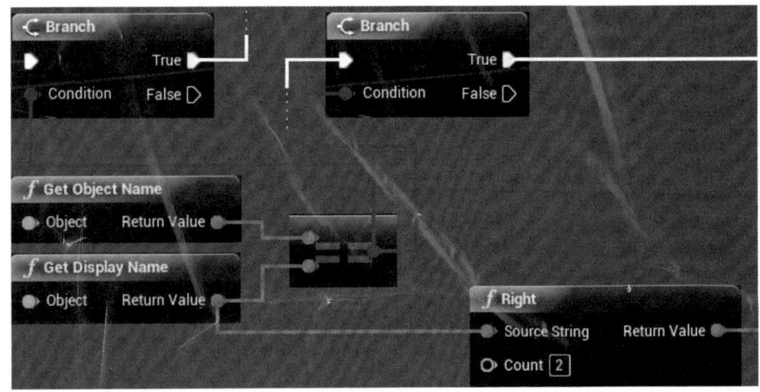

图 8-689

添加 Get TitleList 和 Get ParaList 节点，并各自调用 Get 节点，将 TriggerBox 名字最右边两位字符转换为 Integer 类型并减去 1，将减法结果传递给两个 Get 节点作为下标，节点及节点布局如图 8-690 所示。

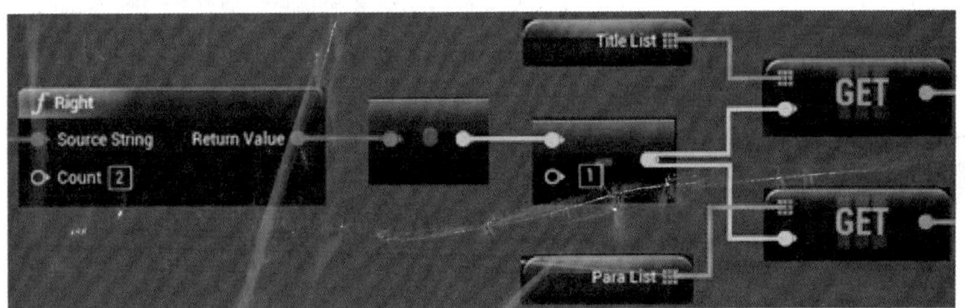

图 8-690

回到图 8-688。将两个 Get 节点的返回值分别对应传递给 Set Text 的 Title 和 Para 参数，则标题和介绍内容会根据碰撞到的 TriggerBox 的编号来调用相对应的文本，如图 8-691 所示。

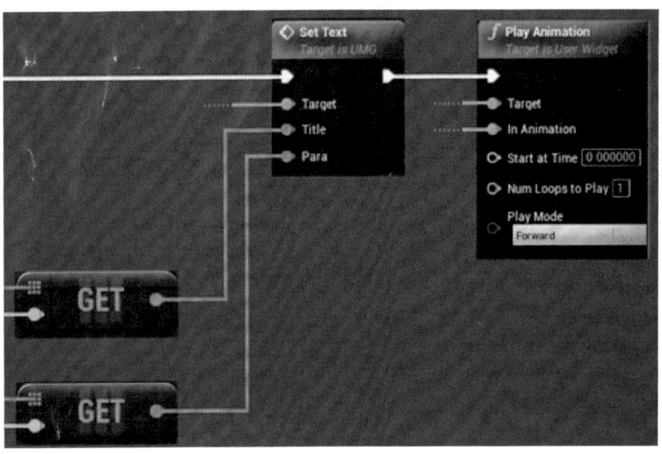

图 8-691

当人物与游戏中的对象结束碰撞时，利用 Set Sound 节点，将 Sound 变量的 Audio Component 的 Sound 属性设为空，并停止播放 Audio Component，节点及节点布局如图 8-692 所示。

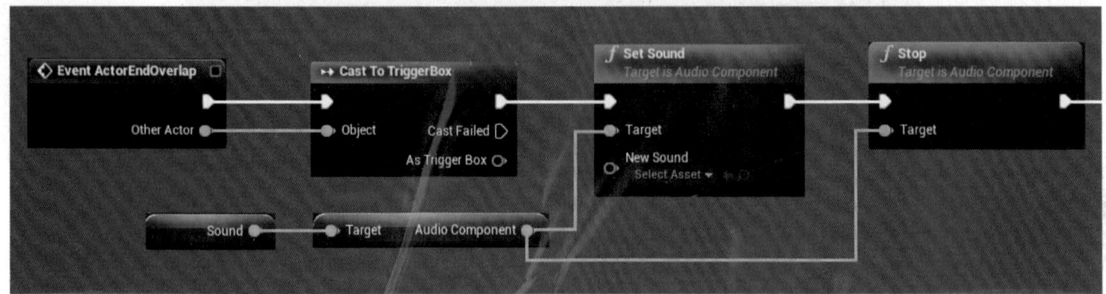

图 8-692

此时开始播放 UMG 的 End 动画，如图 8-693 所示。

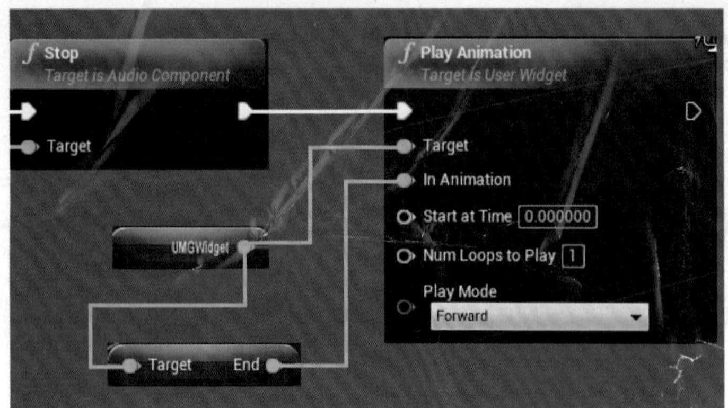

图 8-693

保存并编译 ThirdPersonCharacter 蓝图，运行游戏，靠近延春阁，可以发现带有动画效果的提示框出现，远离则消失，如图 8-694 所示。

图 8-694